C000174967

ISBN 978-0-332-05400-1
PIBN 11022049

FB &c Ltd, Dalton House, 60 Windsor Avenue, London, SW19 2RR.
Company number 08720141. Registered in England and Wales.

For support please visit www.forgottenbooks.com

STAHL UND EISEN.

Zeitschrift

für das

deutsche Eisenhüttenwesen.

Redigirt von

Ingenieur **E. Schrödter,** und Generalsecretär Dr. **W. Beumer,**

Geschäftsführer des Vereins deutscher Eisenhüttenleute, für den technischen Theil

Geschäftsführer der nordwestlichen Gruppe des Vereins deutscher Eisen- und Stahl-Industrieller, für den wirthschaftlichen Theil

17. Jahrgang. 1897.

Commissions-Verlag von A. Bagel in Düsseldorf.

I. Halbjahr. Heft 1–12.

Inhalts-Verzeichnifs

zum

XVII. Jahrgang „Stahl und Eisen“.

Erstes Halbjahr 1897, Nr. 1 bis 12.

I. Sachverzeichnifs.

(Die römischen Ziffern geben die betreffende Heftnummer, die arabischen die Seitenzahlen an.)

A.

C.

D.

E.

F.

G.

H.

I.

J.

L.

M.

N.

U.

V.

II. Autorenverzeichnifs.

O. = Originalabhandlung. R. = Referat. Z. = Zuschrift an die Redaction.

III. Patentverzeichnifs.

Deutsche Reichspatente.

Nr.

88 513. **Siemens & Halske.** Gesteins-Drehbohrmaschine mit hydraulischer Längsbewegung des Bohrers. III 104.

89 185. **A. Caleri.** Maschine zur Gewinnung anstehenden Gebirges mittels rotirender Schneidscheiben, deren Achsen einen Winkel miteinander bilden. VI 232.

89 928. **August Röhrbach.** Sperrvorrichtung an Ventilationsleitungen von Bergwerken zur Verhinderung von Explosionen und Grubenbränden. VII 279.

89 929. **Fr. Honigmann.** Verfahren zum Niederbringen von Senkschächten gemäfs dem Bohrverfahren nach Patent 80 118. VII 279.

90 271. **Valentin Most und Wilh. Kraayvanger.** Schrämmaschine für Handbetrieb. VII 278.

90 560. **Haniel & Lueg.** Verfahren und Vorrichtung zum Abteufen von Senkschächten und dergl. IX 363.

90 631. **Ugo Salvotti.** Vorrichtung zum Befestigen von Gesteins-Drehbohrmaschinen. XI 457.

91 365. **Farguhar Matheson Mc. Larty.** Bohrkopf für Hohlgestänge zu drehendem Tiefbohren. XII 509.

Klasse 7. Blech- und Drahterzeugung.

89 801. **Karl Ley.** Muffelglühöfen. V 194.

89 843. **W. H. Bailey.** Ofen mit Doppelherd zum Wärmen von Luppen und Blechen. V 194.

90 005. **C. Bremicker.** Drahtziehbank. VI 231.

90 194. **Düsseldorfer Eisen- und Drahtindustrie, Act.-Ges.** Drahtwalzwerk mit mehreren Walzenstrafsen und abwechselndem Oval- und Quadratkaliber. VI 232.

90 561. **Louis Albrecht.** Platinen- und Blechglühofen. VIII 317.

90 688. **William Edenborn.** Drahthaspel. X 425.

91 367. **Carl Arndt.** Walzwerk mit mehreren hintereinander liegenden Walzenpaaren. XII 509.

Klasse 10. Brennstoffe.

89 774. **J. de Brouwer.** Einrichtung zum Löschen der Koks beim Austreten aus den Retorten. IV 151.

89 775. **Franz Brunck.** Liegender Koksofen. IV 151.

90 499. **Dr. C. Otto & Co.** Liegender Koksofen. VII 279.

90 663. **Emanuel Stauber.** Förderwagen mit Entwässerungsvorrichtung, insbesondere für Torf. IX 363.

Klasse 18. Eisenerzeugung.

88 845. **F. Burgers.** Eiserne Tragkränze für den Schacht von Hochöfen. I 27.

89 089. **Rheinische Chamotte- und Dinaswerke, Abtheilung Bendorf.** Ausmauerung für Winderhitzer. II 60.

90 010. **Louis Grambow.** Härten von Geschossen. III 102.

90 292. **L. W. A. Jacobi und G. W. Petersson.** Verfahren zur Herstellung von Erzsteinen aus Eisenerz oder anderen Eisenverbindungen. V 193.

Nr.

90 356. **John Giers.** Verfahren und Doppelofen zur Herstellung von Stahl oder homogenem Eisen aus Roheisen oder raffinirtem Eisen. VII 278.

90 746. **Electro Metallurgical Co., Lim.** Verfahren zur Herstellung von Legirungen des Eisens mit Chrom, Wolfram, Molybdän oder dergl. VII 278.

90 879. **F. Schotte.** Verfahren zur Entschweflung von Flufseisen. XI 458.

90 961. **H. Aawyl Jones.** Retortenofen zum Reduciren von Eisenerzen. XI 457.

91 282. **Emil Servais und Paul Gredt.** Einrichtung zum Einführen von Eisenschwamm in ein Eisenbad. XI 459.

Klasse 19. Eisenbahnbau.

88 375. **Robert Behrends.** Vorrichtung zum Verlegen fertig montirter Eisenbahngeleise. I 28.

89 786. **Hörder Bergwerks- und Hüttenverein.** Schienenstofsverbindung. VIII 316.

89 920. **Hermann Biermann.** Sicherheitsschiene für Eisenbahnen. VI 232.

90 017. **G. Schubert.** Eiserne Querschwelle. VI 231.

90 082. **Carl Röstel.** Verfahren zur Herstellung von Schienenstofsbrücken. VI 233.

90 135. **W. H. Addicks.** Schienenbefestigung auf eisernen Querschwellen. VI 232.

90 473. **Union, Act.-Ges. für Bergbau, Eisen- und Stahlindustrie in Dortmund.** Befestigung der Zungen von Schmalspurweichen. IX 363.

91 356. **Martin, Alberto de Palacio.** Hängebahn XII 509.

Klasse 20. Eisenbahnbetrieb.

86 104. **Ferdinand Wilhelm Hering.** Zugvorrichtung für Seilbahn-Förderwagen. II 61.

86 121., 86 122. **Duisburger Maschinenbau-Act.-Ges., vormals Bechem & Keetman.** Mitnehmerglied für Kettenförderung. III 104.

89 170. **Emil Grund.** Buffer-Kegelfeder. III 104.

89 326. **Heinrich Altena.** Seilklemmen für Streckenförderungen. IV 151.

89 877. **G. F. Baum.** Schlagwettersichere Stromzuführungseinrichtung für elektrische Grubenbahnen. VI 233.

90 137. **P. Jorissen.** Seilklemme für Streckenförderung. VI 232.

90 441. **Otokar Novàk.** Zweipolige elektrische Grubenbahn. IX 363.

91 264. **Walther Müller.** Schmiervorrichtung für Seilbahnen. XI 458.

91 298. **Friedrich Böhle.** Eine bei Entgleisungen sich selbstthätig lösende Seilklemme für Förderwagen. XI 459.

Klasse 24. Feuerungsanlagen.

90 524. **Josef Custon.** Winderhitzer. X 424.

91 188. **Moritz Herwig.** Generatorfeuerung. XI 458.

Klasse 26. Gasbereitung.

90 747. **Dr. Hugo Strache.** Verfahren und Vorrichtung zur Erzeugung von Wassergas. XII 509.

90 001.

V 194.
90 002. **Paul Hesse.** Walzwerk zum Profiliren von runden Werkstücken in der Längsrichtung zwischen drei oder mehr Walzen. XI 457.

90 811. **Aug. Kleinsorgen.** Verfahren zur Herstellung doppelfernrohrartiger Säulen oder Masten. XI 459.

90 863. **H. d'Hone.** Vorrichtung zum ovalen schraubenförmigen Wickeln von unbegrenzt langen Drähten zwecks Erzeugung von Kettengliedern. XI 457.

91 019. **Evariste Mennier.** Walzwerk für Schmiede. X 425.

91 092. **The Patent-Weldless-Steel-Chains & Cable Company Lim.** Verfahren zur Herstellung von Ketten ohne Schweifsnaht aus Kreuzeisen. XII 510.

90 339. **Jean Heinstein.** Trommelkugelmühle mit mehreren Kammern. XI 459.

Klasse 81. Transportwesen.

90 455. **Heinrich Sallac.** Kreiswipper mit einer Vorrichtung zum gleichmäfsigen Austragen bezw. Vertheilen der ausgeschütteten Masse. IX 362.

Nr.

Klasse 84. Wasserbau.

89 713. **Carl Redlich.** Verfahren zur Herstellung von Tunnels. VII 278.

5 225/1896. **W. Hutchinson.** Vorherd für Hochöfen. XII 510.

9 514/1896. **W. Kirkham** und **D. Evans.** Blockform. IX 365.

17 168/1896. **H. Frasch.** Verfahren zur Gewinnung von Edelmetallen. VI 234.

549 818. **J. A. Potter.** Walzwerk. V 195.

549 809. **G. Mesta.** Beiz- und Waschvorrichtung für Schwarzbleche. IV 152.

556 624. **Ch. W. Flint.** Curvenschiene und Eisenbahnrad. VIII 317.

557 127. **W. Malvern Iles.** Schachtofen. VIII 317.

557 921. **Samuel T. Wellman.** Regenerativofen. VIII 318.

558 947. **F. W. Hawkins, F. B. Hawkins und G. F. Key.** Verfahren zur Herstellung von Stahlgufs. VI 234.

Nr.

559 665. **Per T. Berg.** Rollbahn für Walzwerke. VIII 318.

560 316. **Dewees W. Harrison.** Glühkiste. VIII 318.

560 934. } **J. Robertson.** Hydraulische Schmiedepresse.
560 935. } X 427.

561 922. **N. B. Taylor, J. C. Dias und J. Redfern.** Bienenkorb-Koksofen. X 426.

567 748. **H. H. Campbell.** Einrichtung zum Beschicken von Herdöfen. X 427.

Nr.

568 395. **M. A. Yeakley.** Pneumatischer Hammer. XII 511.

568 470. **The Sullivan Machinery Co.** Grubenstempel. VIII 317.

568 511. **G. Brooke.** Giefsen kleiner Blöcke. X 427.

568 786. **Th. R., W. H. und J. R. Morgan.** Anlage der

569 143. **Ch. Y. Wheeler.** Herstellung von Panzergeschossen. VIII 318.

IV. Bücherschau.

Appelt-Behrend, Commentar zum Deutschen Zolltarif. XII 519.

Dr. Ernst Bail, Allgemeine deutsche Wechselordnung. V 207.

Behrens, Beiträge zur Schlagwetterfrage. VI 247.

Y. Ph. Berger, Reichsgewerbeordnung. IX 371.

T. Ph. Berger und Dr. R. Stephan. Patentgesetz. IX 371.

de Billy, Note sur la Mine aux Mineurs de Rive-de-Gier (Loire). IX 370.

Alfred Birk und Franz Kreuter. Handbuch der Ingenieurwissenschaften. X 430.

Journal of the Iron and Steel Institute. V 206.

Dr. Jul. Kahn, Börsengesetz vom 22. Juni 1896. IX 371.

C. Kurtz, Die Armenpflege im Preufsischen Staate. IX 371.

Dr. Robert von Landmann, Die Gewerbeordnung für das Deutsche Reich. V 207, IX 371.

Heinrich Lemberg, Die Eisen- und Stahlwerke, Maschinenfabriken und Giefsereien des niederrheinisch-westfälischen Industriebezirks. X 430.

Franz Liebetanz, Die Elektrotechnik aus der Praxis für die Praxis. X 430.

P. Loeck, Das deutsche Reichsgesetz über die

Rechnen. IX 370.

VI. Tafelverzeichnifs.

VII. Ankündigungen.

Gedruckt bei August Bagel in Düsseldorf.

Die Zeitschrift erscheint in halbmonatlichen Heften.

Abonnementspreis für Nichtvereinsmitglieder: 20 Mark jährlich excl. Porto.

STAHL UND EISEN

ZEITSCHRIFT

FÜR DAS DEUTSCHE EISENHÜTTENWESEN.

Insertionspreis 40 Pf. für die zweigespaltene Petitzeile, bei Jahresinserat angemessener Rabatt.

Redigirt von

Ingenieur E. Schrödter, Geschäftsführer des Vereins deutscher Eisenhüttenleute, für den technischen Theil

und

Generalsecretär Dr. W. Beumer, Geschäftsführer der Nordwestlichen Gruppe des Vereins deutscher Eisen- und Stahl-Industrieller, für den wirthschaftlichen Theil.

Commissions-Verlag von A. Bagel in Düsseldorf

№ 1. 1. Januar 1897. 17. Jahrgang.

Hochbahn mit elektrisch betriebener Krahnanlage

auf der **Niederrheinischen Hütte** in Duisburg-Hochfeld.

(Hierzu Tafel I und II,* sowie 3 Abbildungen auf besonderen Blättern.)

Alle Werke, welche grofse Mengen Rohstoffe verarbeiten, so vor Allem die Hochofenwerke, müssen heute mehr denn je für Einrichtungen sorgen, welche die Anfuhr der Rohmaterialien rasch und billig ermöglichen.

Besucht man ein nicht am Wasser gelegenes neueres Hochofenwerk, so findet man, dafs für vollständig ausgebaute Bahnhöfe mit einer grofsen Anzahl Geleise, Centralweichenstellung, Hochbahnen mit Erz- und Kokstaschen u. s. w. ein sehr grofser Procentsatz der Gesammtanlagekosten verausgabt ist, und das mit Recht; bei dem hohen Rohmaterialverbrauch der modernen Hochofenwerke ergiebt eine Ersparnifs an Löhnen für den Transport der Rohmaterialien von nur einigen Pfennigen für die Tonne eine sehr stattliche Summe im Jahre, abgesehen davon, dafs bei mangelhaften Geleisen und Abladevorrichtungen das für derartig grofse Werke nöthige Material überhaupt nicht zuzubringen wäre. Dafs sogenannte Waggonkipper sich heute auf den Werken noch nicht vorfinden, liegt ausschliefslich an der grofsen Verschiedenheit der Eisenbahnwagen, von denen leider heute erst ein kleiner Theil zum Kippen eingerichtet ist. Hoffentlich ist die Zeit nicht mehr allzufern, wo die Construction der Transportwagen die Anlage von Waggonkippern ermöglicht. Es wird dann nicht lange mehr dauern, dafs, trotz der sehr hohen Anlagekosten, die grofsen, nicht am Wasser gelegenen Hochofenwerke mittels Waggonkipper die Rohmaterialien in eigene, selbstentladende Waggons kippen, diese dann auf Hochbahnen über Taschen fahren und hier durch den Rangirer entleeren lassen. Ein bekanntes Hochofenwerk in Westfalen hat schon vor einigen Jahren seine neuen Geleiseanlagen u. s. w. auf diese Aussicht hin angelegt. Welch grofse Summen an Arbeitslöhnen, abgesehen von der grofsen Zeitersparnifs, durch derartige Einrichtungen erspart werden, brauche ich hier nicht weiter auszurechnen.

Den gleichen Werth, den diese Werke auf die rasche und billige Entladung der Eisenbahnwagen legen, müssen die Werke, die den gröfsten Theil ihrer Rohmaterialien zu Wasser beziehen, auf eine rationelle Löschung der Schiffe, verbunden mit Einrichtungen zum Transport zu den Lagerplätzen, legen. Der Vortheil dieser Werke, eine billigere Fracht der Erze u. s. w bis zum Schiffsankerplatz gegenüber der Eisenbahnfracht zu haben, wird einerseits durch das sehr zeitraubende und kostspielige Entladen der Schiffe und andererseits durch den primitiven Transport zu den Lagerplätzen sehr oft, wenn nicht ganz aufgehoben, so doch zum gröfsten Theil eingebüfst.

Die Niederrheinische Hütte bewerkstelligte bis vor 2 Jahren das Ausladen der Schiffe mittels einer vor etwa 30 Jahren erbauten Löschvorrichtung, bestehend aus einem schwimmenden Gerüst, auf

* Tafel II wird dem nächsten Heft beigegeben. *Die Red.*

welchem zwei kleine drehbare Dampfkrähne von je rund 800 kg Tragkraft aufgebaut sind. Die mittels eiserner Gefäfse mit losen Bodenkappen aus den Schiffen gezogenen Erze wurden in hölzerne Wagen entleert, die durch Dampfhaspel auf einer schiefen Ebene auf die etwa 3,7 m über der Hüttensohle liegenden hölzernen Absturzgeleise gebracht und hier entleert wurden. Abgesehen von den sehr hohen Arbeitslöhnen, die durch diese Einrichtung entstanden, wäre es nicht möglich, die für den heutigen Betrieb nöthigen Erzmengen aus den Schiffen zu entladen. Als nun noch bekannt wurde, dafs vom 1. Januar 1891 ab die Ausladefristen der Rheinschiffe seitens der Behörde ganz wesentlich abgekürzt würden, blieb der Niederrheinischen Hütte nichts Anderes übrig, als entweder den Betrieb des Werkes ganz wesentlich einzuschränken, oder zum grofsen Theil von dem sonst so vortheilhaften Bezuge der überseeischen Erze abzusehen, oder endlich eine ganz neue, leistungsfähige Löschvorrichtung mit Hochbahn zu errichten. Naturgemäfs entschlossen wir uns zu letzterer, und diese kurz zu beschreiben, ist der Zweck dieses Artikels, wobei ich von der Annahme ausgebe, dafs die Anlage den einen oder andern Fachgenossen interessiren wird. Einige Photographien und Zeichnungen mögen zum besseren Verständnifs dienen.

Längere Erwägungen erforderte zunächst die Art der Ausladevorrichtung selbst. Anfangs hatten wir uns für Huntsche Elevatoren mit Füllrümpfen entschieden, ungeachtet etwaiger Mifsstände, die das Ausladen und Umladen sehr grofser und schwerer Erzstücke, wie sie leider vielfach in den schwedischen Magneteisensteinen vorkommen, mit sich bringen könnten. Da die Entladevorrichtung aber auch häufig zum Löschen jener Schiffe dienen mufste, welche mit in allen möglichen Formen vorkommendem Gufsschrott beladen sind, und überdies kleine Rheinkähne für Huntsche Elevatoren unserer Ansicht nach zu wenig Breite besitzen, so entschlossen wir uns schliefslich zur Anlage von Drehkrähnen derart, dafs die Hängebahnwagen unmittelbar ins Schiff hinuntergelassen und dort beladen werden.

Der Hüttenplatz der Niederrheinischen Hütte stöfst nicht unmittelbar an den Rhein, sondern ist von diesem durch die Geleise der Rheinischen Anschlufsbahn getrennt. Diese waren also mittels einer Hochbahn, die das vorgeschriebene Profil freiläfst, zu überschreiten. Hierdurch war die Höhenlage der Hochbahn mit Seilbetrieb, die von Anfang an als für den vorliegenden Fall am besten geeignet in Aussicht genommen war, festgelegt. Unmittelbar am Ufer des Rheines sind nun parallel zu diesem zwei runde Steinpfeiler mit einem oberen Durchmesser von 6,6 m, 6 m unter dem Duisburger Pegel versenkt. Dieselben stehen 10,70 m über diesem hervor. Die Ausführung dieser Pfeiler wurde nach den Abbildungen 1 bis 3 durch die Firma Gebr. Kiefer, hier, in durchaus zweckentsprechender Weise ausgeführt. Die Entfernung der Pfeiler von Mitte zu Mitte beträgt 26,15 m. Auf denselben baut sich eine Verbindungsbrücke in Eisenconstruction auf, deren Plattform 18,4 m hoch über dem mittleren Wasserstande des Rheines liegt. Diese Höhe ist derart gewählt, dafs die von der Brücke auslaufende Hochbahn vorerst die, die Niederrheinische Hütte von dem Rhein trennende Rheinische Anschlufsbahn bei einer freien Höhe von 5 m überschreitet. Auf dem Hüttenplatze ergiebt sich hierdurch eine Sturzhöhe von 7,5 m. Die Hochbahn ist eine Schienenhängebahn und besteht, wie auf Tafel II dargestellt, aus einer geraden Hauptlinie von 110 m Länge mit elektrischem Seilbetrieb, und vorläufig ti Nebenstrecken von je 40 bis 60 m Länge, welche rechts

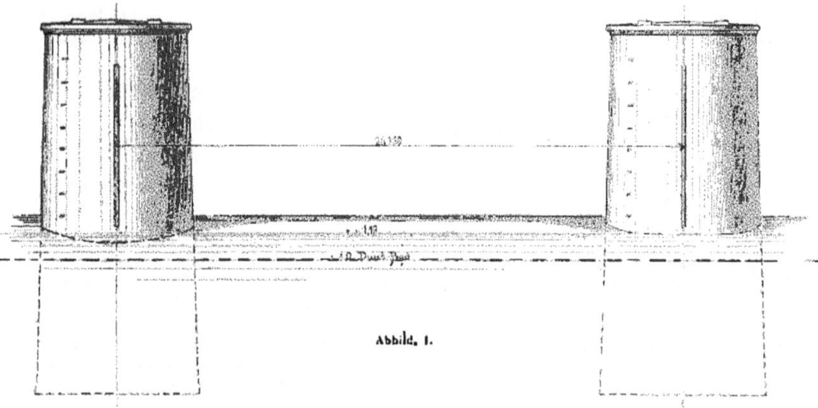

Abbild. 1.

und links an geeigneten Stellen von der Hauptlinie abzweigen. Die Gesammtlänge der Hängeschienen beträgt etwa 950 m. Der Betrieb auf den kurzen Nebenstrecken geschieht von Hand, weil Seilbetrieb auf solch kurzen Strecken sich nicht praktisch gestaltet. Für Handbetrieb ist andererseits aber eine Hängebahn das geeignetste Transportmittel, weil die Leistung eines Arbeiters dabei annähernd doppelt so grofs ist, als auf einer gewöhnlichen

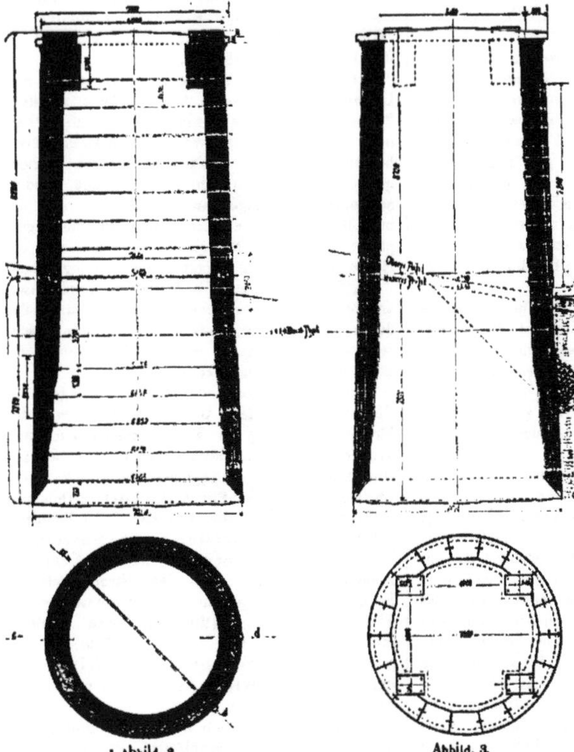

Abbild. 2. Abbild. 3.

Schienenbahn. Dieses veranlafste hauptsächlich den Verfasser, sich für eine Hängebahn als Hochbahn zu entscheiden. Andere, bei dem sehr beschränkten Lagerplatz nicht zu unterschätzende Vortheile waren in diesem Falle einerseits die Möglichkeit der Anwendung von kleinen Curven bei der Umkehr an den Enden der Nebenstrecken, und andererseits das so einfache, keine grofse Kraft erfordernde Entleeren der Hänge- bezw. Seilbahnwagen. Dieses geschieht bekanntlich durch einfaches Drehen der Wagen um ihre Zapfen und zwar auf den Hauptstrecken mit Seilbetrieb während des Fahrens, ohne den Wagen vom Zugseile, dessen Geschwindigkeit 1,5 m i. d. Sec. beträgt, abzukuppeln. Der Betrieb ist ein ununterbrochener, d. h. die Wagen laufen auf der einen Seite der Hängebahn von der Verbindungsbrücke auf den Hüttenplatz und auf der andern zurück zu der Krahnanlage am Rhein.

Die Krahnanlage (siehe Tafel I) für sich besteht aus zwei Drehkrähnen, deren Fufsgestelle in Eisenconstruction auf den oben beschriebenen Thürmen ruht. Auf diesen Fufsgestellen bauen sich die Krahngerüste auf. Die beiden elektrisch betriebenen Drehkrähne sind je für 1500 kg Tragkraft und 12 m Ausladung, von Mitte Lasthaken bis Mitte Drehpunkt gemessen, berechnet. Die Haupthöhe vom Schiff bis zur Fahrschiene der Seilbahn, auf welche die Krähne die gehobenen Fördergefäfse absetzen, beträgt im Mittel = 20 m. Die Krähne heben die Last mit ungefähr 0,650 m Hubgeschwindigkeit i. d. Sec., und es beträgt die Drehbewegung des Auslegers vom Haken gemessen ungefähr 1,5 m i. d. Sec. Drehen und Heben kann gleichzeitig ausgeführt werden. Wenn der Haken in seiner höchsten Stellung angekommen ist, wird die Hubbewegung selbstthätig unterbrochen, so dafs die Fördergefäfse unmittelbar auf die Fahrschiene der Seilbahn abgesetzt werden können und andererseits jede Gefahr ausgeschlossen ist, dafs der Krahnführer mit dem Gefäfs unter den Ausleger rammt.

Das Herablassen der leeren Fördergefäfse in das zu entladende Schiff oder das Verladen von anderen Lasten, welche vom Lande in das Schiff geschafft werden sollen, so von Roheisen und Gufswaaren, erfolgt mit beliebiger, vom Krahnführer zu regelnder Geschwindigkeit bis zu 2,5 m i. d. Sec. durch Lösen des Bremsbandes einer patentirten Sperrbremse. Dieses Bremsband bleibt während des Hebens der Last geschlossen und hält die letztere bei Unterbrechung der Hubbewegung in beliebiger Höhe selbstthätig fest. Jeder Krahn wird durch einen Elektromotor, welcher bei 110 Volt und bei 875 Umdrehungen seiner Ankerwelle 25 effect. HP leistet, angetrieben.

Die Motoren laufen stets nur in einem Drehungssinne und wird der Wechsel der Bewegungsrichtungen durch Reibungs-Wendegetriebe bewirkt.

In der Mitte der Brücke, welche die beiden Krahnthürme verbindet, ist der Antrieb der continuirlich laufenden Seilbahn angebracht, durch welche die mit Erz beladenen Gefäfse, nachdem sie von den Krähnen auf die Fahrschiene dieser Seilbahn abgesetzt sind, nach den Lagerplätzen des Werks befördert werden. Der Antrieb der Seilbahn erfolgt mittels ausrückbaren Vorgeleges von der einen oder anderen Krahnwinde aus, so dafs das Förderseil betrieben werden kann, auch wenn nur **ein** Krahn arbeitet. Die hierzu nöthige Kraft beträgt $1^1/_2$ HP.

An der Drehung der Krähne nehmen nur die Mittelsäulen derselben und die mit diesen verbundenen Ausleger theil, während die Triebwerke, die Motoren und Führerstände festliegen. Die Krahnsäulen drehen sich unten in Spurlagern, oben in Halslagern, welche in der gleichzeitig das Gerippe der Schutzhäuschen bildenden Gerüstconstruction befestigt sind.

Die Steuerung jedes Krahns wird durch Handhabung zweier Hebel bewirkt und können dieselben nach Belieben des Krahnführers und je nach Lage des Ausladepunktes im Schiff rechts und links neben der Krahnsäule stehend bedient werden. Mit dem einen dieser Handhebel wird der Ausleger gedreht, mit dem anderen wird das Heben und Ablassen der Last bewirkt und zwar in der Weise, dafs durch die Vorwärtsbewegung des Hebels die Last gehoben, in der Mittelstellung desselben durch die Bremse die Last selbstthätig festgehalten und bei leichter Rückwärtsbewegung die Last durch die dann gelöste Bremse abgelassen oder nach Belieben des Krahnführers durch das Wendegetriebe abwärts gewunden wird.

Jeder der Krahnausleger kann einen vollen Kreis beschreiben, man ist demnach imstande, die Fördergefäfse sowohl von der Wasserseite her, als auch von der Landseite aus auf die Seilbahn zu heben.

Indem die elektrischen Krähne die Hängebahnwagen unmittelbar ins Schiff hinunterlassen, fördern dieselben das Erz u. s. w. ebenso ohne Umladung aus dem Schiffe auf den Hüttenplatz. Jeder Wagen hat 6 hl = etwa 1000 bis 1500 kg Inhalt je nach dem specifischen Gewicht des Erzes. Die Leistungsfähigkeit der Hängebahn beträgt normal 60 Hängebahnwagen = 60 bis 90 t i. d. Stunde, kann jedoch noch wesentlich gesteigert werden. Die Krähne können, wenn man von den Zeitverlusten absieht, die durch das An- und Ablegen der Schiffe und durch das sehr zeitraubende sogen. Einbrechen in ein volles Schiff entstehen, bei 1500 kg Tragkraft und 0,6 m Hubgeschwindigkeit i. d. Sec. in 70 bis 80 Secunden einen Hub und zurück zum Schiff ausführen, in 10 stündiger Arbeitsschicht mithin ungefähr je 350 t Erz bequem fördern.

Der Betrieb der Anlage erfordert, aufser den Leuten im Schiff, wenn beide Krähne arbeiten, 2 Maschinisten, 2 Abnehmer, die, wenn nöthig, noch auf einer Seilbahnwaage ohne Geleiseunterbrechung sämmtliche Wagen nachwiegen können, und endlich 2 Mann zum Abkippen und Wiederankuppeln der Wagen an das Laufseil. Die Arbeitslöhne stellen sich f. d. Tonne auf die Lagerplätze gebrachtes Material noch nicht auf die Hälfte der früheren Ausgaben für dieselbe Arbeit.

Aufser diesen sehr bedeutenden Ersparnissen an Löhnen wird noch eine weitere Ersparnifs dadurch herbeigeführt, dafs wir jetzt halbe Löschzeit garantiren können, wodurch billigere Frachtsätze zur Anrechnung kommen.

Entworfen wurden die ganzen Anlagen, in Verbindung mit dem Unterzeichneten, von der Firma **J. Pohlig** in Köln, welche auch die Wagen, Antriebe, Hängeschienen u. s. w. zur Hochbahn lieferte. Hingegen wurde die Eisenconstruction von der Firma **Harkort** in Duisburg geliefert, während die elektrische Krahnanlage nebst Thürmen von der **Duisburger Maschinenbau-Actien-Ges. vorm. Bechem & Keetman** ausgeführt wurde. Die den Strom liefernde Primäranstalt besteht aus 1 Dynamomaschine von 450 Ampères und 120 Volt nebst Betriebsmaschine von 80 HP. Erstere lieferte die **Allgemeine Elektricitäts-Gesellschaft in Berlin**, letztere die **Sundwiger Eisenhütte Gebr. von der Becke & Comp.**

Zum Schlufs will ich nicht unerwähnt lassen, dafs die auf den Lagerplätzen auf gufseisernen Platten lagernden Erze u. dergl. mittels zweier die Plätze in der Längsrichtung durchquerenden maschinellen Seilförderungen zu den Gichtaufzügen gebracht werden. Die nunmehr seit fast 4 Jahren in Betrieb befindlichen Schleppbahnen mit oben liegendem Zugseil sind von Düsseldorfer Firmen erbaut und haben sich vorzüglich bewährt; dieselben bewältigen spielend die Zufuhr des gesammten Bedarfs von 4 Hochöfen an Erz, Koks und Kalkstein.

Duisburg-Hochfeld. *C. Canaris.*

Ansicht der Krahnanlage.

Lagerplatz mit Seilbahn.

Das Fahrrad und seine Fabrication.

Unter „Fahrrad“ versteht man heutzutage ein Vehikel, welches durch Treten in Bewegung gesetzt wird. Als solches stammt dasselbe aus Nürnberg, wo von Hans Hautsch im Jahre 1649, einer Nürnberger Chronik nach, ein Kunstwagen gebaut wurde, mit welchem eine Person imstande war, in einer Minute 2000 Schritt (?) weit zu fahren. Kurze Zeit darauf baute ein Uhrmacher, Stephan Farfler, ebenfalls zu Nürnberg, einen ähnlichen, vierrädrigen Kunstwagen, und bald darauf ein Dreirad.

Fig. 1. Rennrad.

Auch in Frankreich hat man sich schon früh mit dieser Aufgabe beschäftigt; im Jahre 1690 baute sich ein Pariser Arzt sogar eine durch eine Person zu bewegende Karosse. Inwieweit diese Karosse mit den Nürnberger Kunstwagen, welche etwa 30 bis 40 Jahre vorher entstanden waren, zusammenhängt, ist wohl nicht mehr zu constatiren. Einen erheblichen Fortschritt auf diesem Gebiet haben wir dem Badischen Forstmeister Freiherrn Carl von Drais zu verdanken, welcher im Jahre 1815 auf dem Wiener Congrefs seine „Laufmaschine“ vorführte, die allerdings von den Händen durch Hebel in Bewegung gesetzt wurde. Das Fahrzeug wurde nach seinem Erfinder „Draisine“ genannt, welche Bezeichnung also trotz ihrer Schreibweise als eine Deutsche gelten mufs. Bald nach der Einführung der Eisenbahnen wurde das Fahrzeug für den Betrieb auf Schienen umgebaut und thut in dieser Form und unter diesem Namen heute noch seine Dienste. Die eigentliche Erfindung des heutigen Fahrrads stammt indessen aus dem Anfang der fünfziger Jahre, wo der im Jahre 1812 geborene Instrumentenmacher Philipp Moritz Fischer zu Schweinfurt das erste Zweirad mit Trittkurbeln, am Vorderrad, also ohne Kette, erbaute, und zwar bereits so vollkommen, dafs er es zu seinen Geschäftsreisen benutzte.

Fig. 2. „Boneshaker“.

Zwischen dem Zweirad und dem Drei- bezw. Vierrad ist nämlich ein wesentlicher Unterschied in Bezug auf den Erfindergedanken.

Das erstere verhält sich zu dem letzteren etwa wie der Injector zur Pumpe. — Der Gedanke, ein Fahrzeug vom Fahrenden selbst treiben zu lassen, liegt recht nahe und der Werth weniger in diesem Gedanken als in der ersten Ausführung. So ähnlich indessen für das Auge das Zweirad dem Dreirad ist, so wesentlich verschieden ist die mechanische Grundlage. Auf dem Dreirad kann jeder sofort fahren. Dasselbe ist stets stabil und in dieser Eigenschaft von der Geschwindigkeit nahezu unabhängig. Ja, das Fahren wird mit dem Dreirad um so schwieriger und gefährlicher, je schneller man fährt. Das Zweirad hingegen erhält seine Stabilität erst durch die ihm ertheilte Geschwindigkeit und vermehrt sie mit der letzteren. Es darf wohl kaum angenommen werden, dafs der Erbauer des ersten Zweirads sich der Gesetze der „festen Achse“ der rotirenden Körper bewufst gewesen ist.

Das Vierrad und das Dreirad sind also erfunden, d. h. im Bewufstsein ihrer vorherzusehenden Eigenschaften vom Erfinder erdacht bezw. gebaut. Das Zweirad ist gefunden und entwickelte Eigenschaften, die wohl kaum beabsichtigt gewesen sind. Und hier dürfte eine Berechtigung zu der Parallele zwischen Pumpe und Injector zu finden sein. Die Eigenschaften einer Pumpe gewöhnlicher Construction konnten vorhergesehen werden, während beim Injector die Vermuthung sehr nahe liegt, dafs Giffart, falls er der erste Erbauer dieses eigenartigen Apparates war, einfach den Strahl-Exhaustor zum Kesselspeisen benutzen wollte, und dem Irrthum anheimgefallen war, es sei möglich, einen Strahl comprimirten Gases, welches einem Behälter entströmt, zu benutzen, um Wasser in denselben Behälter hineinzuspritzen. Denn wir werden kaum annehmen können, dafs damals schon klar war, — der Injector stammt etwa aus dem Anfang der fünfziger Jahre —, dafs der Versuch nur mit Dampf gelingen kann, dessen latente Wärme sich in Arbeit umsetzt, welche dem Strahl Wasser die nöthige Geschwindigkeit ertheilt. Der Injector mit seiner nicht vorhergesehenen Eigenschaft ist also gefunden, wie das Zweirad, und nicht zielbewufst erfunden. Vielleicht aber wird das Rennrad (Fig. 1) den Anfang gebildet haben. Der Apparat wurde rittlings mit den Füfsen vom Boden aus getrieben, ähnlich, wie der nach gleichen Principien verwendete Rennwolf, — ein geschobener Schlitten —, und diente, in scharfen Gang gesetzt, wohl zum zeitweiligen freien Tragen des Treibers. Es kann

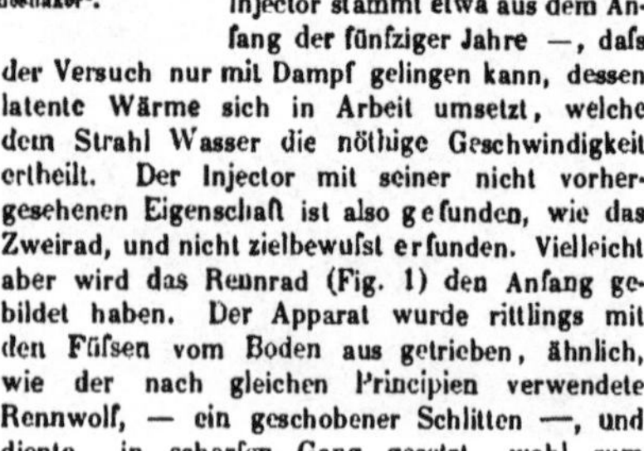

nun sein, dafs die Beobachtung gezeigt hat, dafs der Apparat durch entsprechende Geschwindigkeit sich eine gewisse Stabilität erwirbt, wobei dann der kühne Gedanke entstanden sein mag, ihn nach ertheilter Geschwindigkeit mit Trittkurbeln weiter zu treiben. Der erste Constructeur unseres Zweirades müfste also mindestens das sehr alte Rennrad in seinen Eigenschaften gekannt haben. Dann allerdings wäre das Zweirad erfunden worden. Diese Ansicht würde durch die Form unterstützt werden, in welcher der Apparat als „Boneshaker" (Fig. 2) vor etwa 30 Jahren von Paris nach Amerika kam. Hier wurde es von E. A. Cowper mit zwei wesentlichen Verbesserungen versehen: mit der an aus Draht gefertigten Speichen angehängten Nabe und dem massiven Gummireifen. Die Speichen dienten also nicht mehr als Stützen der Nabe, sondern wurden als Zugorgane ausgeführt. Dies ermöglichte die Verwendung des überaus leichten Drahtes und damit eine ganz erhebliche Verringerung des Gewichtes, während der Gummiring die Stöfse aufnahm, denen das Rad — bis dahin ein wirklicher „Knochenschüttler" - auf der Strafse ausgesetzt war.

Cowper liefs seine Verbesserungen, denen das Rad eigentlich seine Gebrauchsfähigkeit verdankt, auf den Rath seiner guten Freunde, die die Bedeutung der Neuerungen nicht erkannten, nicht patentiren. Konnte doch auch Niemand ahnen, welche Zukunft dem damaligen Spielzeug bevorstand. So verlor Cowper den pecuniären Vortheil und blieb selbst fast unbekannt, während seine Erfindung sich schleunigst, namentlich seit etwa 1875, in alle Welt verbreitete.

Die Fortschritte, welche man in der Construction machte, namentlich die Einführung des Kugellagers, brachten den Apparat dem allgemeinen Gebrauch immer näher. Man wendete diese Principien auf das längst vergessene Dreirad und Vierrad an und gab der alten Draisine ein modernes Gewand. Sie stieg von den Schienen wieder auf die Strafse und trat in den Dienst des Publikums. Wir finden die Bauart des modernen Fahrrades, dem sich auch der Kinderwagen anschlofs, für den Gepäcktransport und leichte Feuerspritzen verwendet; und selbst die Gestelle leichter Kanonen sind in dieser Weise ausgeführt worden.

Fig. 3. Damenrad von Hengstenberg & Co., Act.-Ges., Bielefeld.

Die Constructeure verfolgten nun zwei Richtungen: einerseits dem Sport zu dienen — zunächst in der Form des Hochrades — und, so wenig wie angängig auf Kosten der Solidität, eine möglichste Leichtigkeit zu erzwingen — die Rennmaschine — und andererseits ein wirkliches Gebrauchsrad zu schaffen, dessen beste Form wohl in dem heutigen Militärrad zu finden ist. Nebenher machte man das Zweirad für die Aufnahme mehrerer Personen geeignet — Tandem — und gab ihm auch Formen, welche es für den Gebrauch der Damen (Fig. 3) geeignet machten.

Es soll hier nicht die Aufgabe sein, die überaus verschiedenen Formen darzulegen, welche das Fahrrad angenommen hat.* Die Verschiedenheiten beziehen sich beinahe auf alle Details, und es giebt wohl kaum zwei Fabriken, welche dieselben Räder bauen. Selbst die an sich so einfache Art des Antriebes unterliegt großsen Verschiedenheiten, und die sinnreichsten Constructionen treten dem Vergleichenden entgegen.

An der Fabrication nehmen hauptsächlich drei Länder theil: Amerika, England und Deutschland. In geringerem Mafse sind Frankreich, Oesterreich und Italien daran betheiligt.

In den Vereinigten Staaten hat die Herstellung von Fahrrädern während der letzten Jahre einen Aufschwung genommen, wie kaum ein anderer Zweig der Industrie ihn je zu verzeichnen gehabt hat. Bis zum Jahre 1885 wurden noch alle in den Vereinigten Staaten gebrauchten Fahrräder aus Frankreich und England eingeführt. 1885 gab es dort erst 6 Fabriken, die jährlich zusammen nur 11000 Maschinen herstellten. Die eigentliche Entwicklung dieser Industrie begann erst 1890. Damals gab es 17 Geschäfte mit einer Herstellung von 40000 Rädern, 1894 wurde schon die Ziffer 100000 bis 125000, 1895 gar die Ziffer 600000 erreicht, welche Räder sich auf 500 Häuser vertheilten, von denen keines weniger als 1000 Maschinen lieferte. Gegenwärtig giebt es 800 bis 900 solcher Fabriken, das Kapital der 500 gröfsten von ihnen dürfte sich auf 460 Millionen belaufen, und die Erzeugung für 1896 wird auf mindestens 1 Million Fahrräder im Werthe von 240 Millionen Mark veranschlagt. Wenn man noch die Nebenindustrien hinzurechnet, die das Material vorbereiten und die verschiedenen Gegenstände zur Ausstattung der Fahrräder (Laternen, Glocken u. s. w.) herstellen, so kann man annehmen, dafs der heutigen Fabrication von Fahrrädern in Amerika ein Kapital von nicht weniger als 650 Millionen zu Grunde liegt.

Trotz dieser riesigen Production wurden seit einigen Jahren sogar noch aus England, Deutschland und Frankreich Fahrräder nach Amerika eingeführt, was hauptsächlich mit dem in Amerika die Production immer noch übersteigenden Bedarf, sowie mit dem Preis zusammenhängt. Es giebt in Amerika reichlich drei, vielleicht sogar vier Millionen Radfahrer; nimmt man auch nur die erste Zahl als zutreffend an, so kommt auf 21 Einwohner der Vereinigten Staaten 1 Radfahrer, das ist ein Verhältnifs, welches z. B. dasjenige in Frankreich (in Deutschland giebt es unseres Wissens noch keine derartige Statistik) um das Zehnfache übertrifft, da in Frankreich erst auf 250 Einwohner 1 Radfahrer kommt. Wie ungeheuer der Consum in den Vereinigten Staaten ist, geht aus der Thatsache hervor, dafs im letzten Jahr dort allein 263427 Stück Cyklometer von einer einzigen Firma verkauft worden sind, ein Mefsapparat, der doch nur Luxus ist und im Verhältnifs von nur wenigen Radfahrern verwendet wird. Die amerikanischen Eisenbahnen können sich vorläufig noch nicht beklagen, sie haben von dem Transport der vielen Fahrräder sogar noch einen Vortheil. Es wird angegeben, dafs in den ersten 15 Tagen des Julimonats in der Ferienzeit durch die von New York ausgehenden Eisenbahnen etwa 75000 Fahrräder transportirt werden. Natürlich nimmt die Ausfuhr amerikanischer Fahrräder auch schon beträchtliche Ausdehnung an, und in England befürchtet man, dafs im nächsten Jahre etwa 40000 bis 50000 amerikanische Fahrräder auf dem englischen Markte erscheinen werden.

Nach der „Exporters Association of Amerika" gingen im Mai dieses Jahres aus dem New Yorker Hafen Fahrräder im Werthe von nahezu $4^1/_2$ Millionen Mark nach dem Auslande. Davon kamen auf England 2199300, auf Deutschland 604060, auf die Niederlande 318100, auf Frankreich 205260 und auf Belgien 140000 ℳ. Der Rest vertheilt sich auf Rufsland, Oesterreich-Ungarn, Italien, Dänemark, Norwegen und Schweden, Griechenland, Bulgarien, Spanien und Portugal.

Ueber die rasche Entwicklung der englischen Fahrradfabrication berichtet die „Times", dafs die Gesammterzeugung auf 750000 Räder für das Jahr geschätzt wird, was ungefähr einem Werth von 220 bis 240 Millionen Mark entspricht. Hiervon wird aufserordentlich viel ausgeführt. Im letzten Jahr belief sich die Ausfuhr auf $28^1/_2$ Millionen Mark gegen $24^1/_2$ Millionen Mark im Vorjahr. Schon das diesjährige erste Vierteljahr ergab über 9 Millionen Mark für exportirte Waare, gegen etwa $6^1/_4$ Millionen Mark im Vorjahre zur selben Zeit. Ende 1889 betrug das auf Fahrräder angelegte Actienkapital für England etwa 120 Millionen Mark und wird heute auf 340 Millionen Mark geschätzt.

Die deutsche Fahrradfabrication ist nicht viel älter als ein Jahrzehnt. Die ältesten Fahrradfabriken sind die von Seydel & Naumann in Dresden und von Dürrkopp & Co. in Bielefeld. Dann folgten Kleyer in Frankfurt a. M. und Gebr. Reichstein in Brandenburg a. H. Letztere, welche bereits vor 1886 Kinderwagen fertigten, nahmen die Fabrication eigentlicher Fahrräder erst 1888/89 in die Hand. Zur Zeit sind etwa 26 Fabriken, welche Fahrräder liefern, in Deutschland in Thätigkeit, wozu eine grofse Zahl — etwa die Hälfte von Fabriken tritt, welche sich nur mit Theilfabrication beschäftigen. Allenthalben entstehen neue Fahrradfabriken. Im ganzen ist der Aufschwung der Fahrradfabrication auch in Deutschland ein gewaltiger, so dafs bereits von verschiedenen Seiten Stimmen laut geworden sind, welche die Kapitalisten warnen, ihr Geld in Fahrradfabrication anzulegen. Da indessen das Fahrrad, wie wieder-

* Siehe u. a. „Dinglers polyt. Journal" Nr. 256 Heft 8 und Nr. 301 Heft 8, sowie „Institutions of Mechanical Eng.", Mai 1886.

holt bemerkt, ein ernster Gebrauchsartikel geworden ist und auch kaum je wieder abtreten wird, so braucht man vor der Anfertigung solider Waare nicht zu warnen, wennschon freilich ein so enormer Verdienst, wie ihn die ersten gut eingerichteten Fabriken zu verzeichnen haben, nicht mehr zu erwarten ist. Das Fahrrad wird für gute Fabriken, wie alle Artikel dieser Art, so lange ein gutes Fabricationsobject bleiben, als dieselben ihre Firmen auf der Waare vermerken. Wer dann Minderwaare kaufen will, nimmt ein Rad ohne Firma, und darf sich dann nicht beklagen, wenn dasselbe alsbald den Dienst versagt.

Im allgemeinen kommt es bei der Velocipedfabrication, abgesehen von der Sorgfalt in der Auswahl des Materials, auf vorzügliche Einrichtungen an. Unsere Gewehr- und Nähmaschinenfabrication, welche mit der Fahrradfabrication in engen Beziehungen stehen, stehen auf einer anerkannt hohen Stufe, und so wird Deutschland auch auf dem Gebiete der Fahrradfabrication ruhig den Kampf mit dem Ausland aufnehmen können.

Die Production von Frankreich wird in einer neuesten Nummer der „Revue Technique" zu 250000 Maschinen für das Jahr angegeben. Bis jetzt standen die Firmen Clemant & Co., Paris und Tulle, und Peugeot frères in Mülhausen, an der Spitze. Neuerdings hat sich die erstgenannte Firma jedoch mit den zwei anderen renommirten Häusern zu der Gesellschaft Humber, Clement & Gladiator vereinigt, welche mit einem Kapital von $22^{1}/_{2}$ Millionen Francs vorgehen wird und bereits über 7 grofse Werke in verschiedenen Gegenden Frankreichs verfügt.

Oesterreich und Italien treten gegen die genannten Bezirke recht zurück. In Oesterreich ist es die berühmte Waffenfabrik in Steyr, welche die Führung übernommen hat, und in Italien die Firma Prinetti, Stucchi & Co.

In Belgien richtet sich die wohlbekannte Waffenfabrik zu Herstal auf die Fabrication von Fahrrädern ein.

Die Theilfabrication, welche sich auf dem Gebiete der Fahrradindustrie eingeführt hat, hat sehr bald eine Vereinigung verschiedener Fabricationen bewirkt, in dem Sinne, dafs während der einen Jahreszeit der eine, zur anderen der andere Artikel in Arbeit genommen wird. Fabriken, welche mit guten Fräsmaschinen zu arbeiten haben, sind an sich bereits geeignet, sich auf Fahrradfabrication zu werfen, da sie einige ihrer Werkzeugmaschinen sofort verwerthen können und so oft über die werthvollsten für die Fahrradanfertigung nothwendigen Werkzeugmaschinen bereits verfügen. Aus diesem Grunde können sich auch die mehrmals genannten Gewehrfabriken leicht auf diesen neuen Artikel werfen. Dasselbe bezieht sich auf Nähmaschinenfabriken, welche wir häufig mit der Herstellung von Fahrrädern beschäftigt finden.

Die Solinger Waffenfabrik Weyersberg, Kirschbaum & Co. ist u. a. auf die Herstellung von dünnwandigen Röhren eingerichtet, wie Säbelscheiden, welche früher zusammengelegt und gelöthet, jetzt vielfach aus gezogenen Röhren hergestellt werden. Mit Recht legt sich diese Fabrik nun auch auf Herstellung von Fahrradgestellen, und das um so mehr, als an gewissen Theilen des Fahrrads auch zusammengelegte und gelöthete Rohre Verwendung finden. Alle diese Fabriken haben den Vortheil, dafs sie jederzeit in der Lage sind, den beregten Artikel wieder zurückzustellen und sich dem früheren bezw. einem anderen zuzuwenden.

Die Fabrication des Fahrrads hat mit folgenden Zielen zu rechnen: Leichtigkeit, verbunden mit höchster Festigkeit, Leichtigkeit des Ganges und, wenigstens jetzt bei dem mächtig erwachenden Wettbewerb, mit der Billigkeit.

Diese Ziele lassen sich nur erreichen unter Anwendung der Grundlagen der modernen Fabrication: Verwendung von Rohmaterialien höherer Ordnung und Theilung der Arbeit. Die heutige Fahrradfabrik hat kaum eine Schmiede oder ein Fall- oder Hammerwerk nothwendig. Als Rohmaterial dient derselben — soweit es sich nicht um Bambus oder Papiergestelle handelt — vorzugsweise das Rohr für das Gestell, das Blech für die Reifen und Verbindungsstücke, und der Draht für die Speichen. Ferner spielt, wie bereits bemerkt, die Arbeitstheilung eine sehr ausgedehnte Rolle. Ganz abgesehen von den Zuthaten: Sattel, Schlüssel, Schmierkanne, Laterne u. s. w. werden, wie oben bereits angedeutet, die Gestelle, die Reifen, selbst die Räder, Ketten u. s. w. in gesonderten Fabriken hergestellt. Hierzu sind Tempereien bezw. Schmiedewerke zu rechnen, welche die Naben roh für die weitere Verarbeitung liefern, sowie die Gummifabriken, welche den Fahrrädern heute einen grofsen Absatz verdanken. Gehen wir nun zur eigentlichen Fabrication über.

1. Das Gestell.

Das Gestell eines Fahrrads — wir sehen hier von allen Sonderformen ab und gehen nur auf das einfache Fahrrad in der üblichen Form ein — setzt sich aus dem Rahmen und der Steuergabel zusammen. Der Rahmen besteht — abgesehen von dem zuweilen verwendeten Bambus oder anderem Ersatzmaterial — aus Rohrstäben und den nothwendigen Verbindungsstücken. Das wesentlichste Material ist das Rohr, und man kann sagen, dafs das heutige Fahrrad erst entstehen konnte, seitdem die Rohrfabrication ihre heutige Stufe erreicht hatte.

Kein Querschnitt ist so geeignet, Leichtigkeit mit Festigkeit bezw. Steifigkeit zu verbinden, wie das Rohr. Ein Rohr von 25 mm äufserem

Durchmesser und 1 mm Wandstärke besitzt einen Materialquerschnitt von 75,4 qmm, also denselben wie ein Rundstab von 9,78 mm Durchmesser, während seine Festigkeit mehr als $4^1/_2$ mal, seine Steifigkeit wohl mehr als 10 mal so grofs ist, als die des Rundstabes. Verwendet man dasselbe Material in Kreuzform, so bleibt

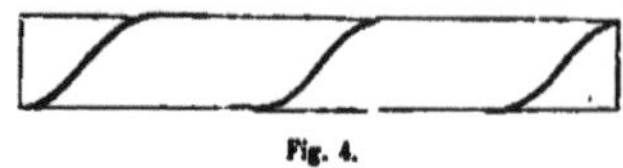

Fig. 4.

die Festigkeit des Rohrs immer noch das $2^3/_4$fache. Die für die Fabrication von Fahrrädern nothwendigen Rohre entstammen den sämmtlichen heutigen Rohrbildungsverfahren. Selbst Spiralrohre finden Verwendung. Diese Rohre (Fig. 4) werden wie die spiralgeschweifsten Rohre aus Stahlband aufgewunden und gelöthet. Das Verfahren wird, nach dem „Engineering" vom 22. März 1895, S. 362, heute noch verwendet. Die Löthung gilt als durchaus zuverlässig, und man hebt den Vorzug hervor, dafs man kohlenstoffreicheren Stahl verwenden könnte als bei den anderen Methoden. Die mindere Festigkeit des Lothes und damit der Löthstellen indessen scheint dabei nicht in Rücksicht gezogen zu werden. Immerhin sprechen die Proben für eine grofse Steifigkeit. Man verglich ein Spiralrohr von 25 mm Durchmesser mit einem gezogenen Rohr gleichen äufseren Durchmessers und legte beide frei mit etwa 400 mm Abstand auf. Bei einer Belastung von etwa 180 kg bog sich das gezogene Rohr 5 mm durch, während das gewundene Rohr bei 240 kg noch gerade blieb und erst bei 550 kg sich bog und brach. Viele andere Proben bewiesen die Verwendbarkeit dieser Spiralröhren, welche namentlich von der Premier-cycle Co. in Coventri verarbeitet werden.

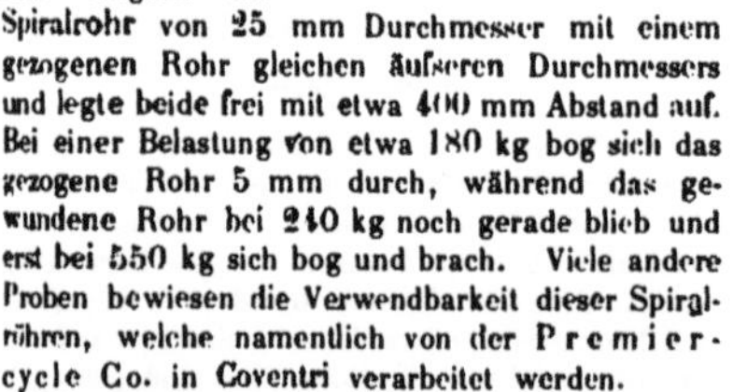

Fig. 6.

Eine erheblich ausgedehntere Verwendung finden die gezogenen Röhren, welche vielfach von Deutschland und England nach Amerika ausgeführt werden.

Bekanntlich sind es hier drei Methoden, nach denen diese Röhren hergestellt werden: aus dem Vollen gelocht* und durch Ziehen auf die erforderliche geringe Wandstärke gebracht, aus einer Blechscheibe getopft* oder nach dem Mannesmannverfahren gewalzt, in beiden Fällen wieder durch Ziehen auf das erforderliche Mafs gebracht.

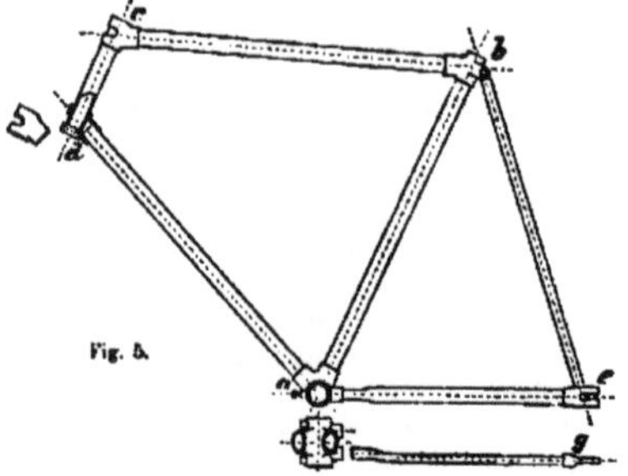

Fig. 5.

Das letztgenannte Verfahren hat sich für diesen Zweck sehr schnell eingeführt. Noch vor 6 bis 7 Jahren mufsten alle Rohre aus England bezogen werden, während heute Deutschland durchweg den Bedarf nicht nur selbst deckt, sondern auch reichlich nach England und Amerika ausführt. Vielfach werden auch die roh vorgearbeiteten Stahlrohre aus England bezogen und hier fertig ausgezogen.

Die Wandstärken dieser Rohre gehen bis zu 0,5 mm im Rahmen, bei Einsatzstücken noch weiter herunter und finden zu den aufserordentlich leichten Fabricaten Verwendung, deren Gewicht für das fertige Rad bis zu 8 kg hinabsinkt. Krumme Formen, wie sie bei den Lenkstangen und dem Rahmen der neuesten Damenräder vorkommen (Fig. 3), erzielt man durch Füllen der Rohre mit Sand und Biegen meist im erwärmten Zustande.

Der Rahmen (Fig. 5) besteht aus dem trapezförmigen geschlossenen Stück *a b c d* und dem stets aus Doppelstangen gebildeten Dreieck *a b e*. Doch werden auch die nach dem Hauptlager *a* laufenden Stangen aus je zwei Stäben hergestellt. Damenräder haben (Fig. 3) complicirtere Formen. Die Verbindung der Ecken *a b c d* mufs eine absolut starre sein, da die Figur eigentlich ein Dreieck sein sollte. Dagegen ist der Schlufs des Dreiecks *a b e* durch Gelenke gebildet. Die Eck-

* Vergl. die Mitth. vom Geh. Baurath Ehrhardt, „Stahl und Eisen" 1893, Nr. 11, Seite 473.

* S. „Besuch der niederrheinisch-westfälischen Industriellen in Belgien" 1894, Nr. 19.

bildung des Polygons wird heute seltener durch directes Verschweifsen oder Verlöthen, sondern meist durch Einschalten von Fittings bezw., wie bei *a*, durch ein besonderes Bindestück bewirkt.

Die Fittings werden auf verschiedene Weise hergestellt. Am bequemsten ist der Tempergufs, welcher am besten Aussparungen und die Verwendung einer zweckmäfsigen Form gestattet. Wir sehen in Fig. 6 bei *a* und *b* je ein solches Verbindungsstück dargestellt, welches letztere gleichzeitig die Lappen für die Aufnahme des Doppelstabes *b e* (Fig. 5) enthält, eine Form, welche auf anderem Wege nur sehr schwierig herzustellen wäre. Diese Stücke werden zu einer sehr geringen Wandstärke — 1 bis $1^1/_2$ mm — heruntergearbeitet und vereinigen so die gewünschte Festigkeit und Leichtigkeit in vollem Mafse. Zuweilen werden auch die einfacheren Formen voll unter dem Fallwerk geschlagen. Hier ist allerdings die Bearbeitung wesentlich mühsamer, da es sich um Ausbohren der Löcher aus dem Vollen handelt. In neuester Zeit stellt man diese Stücke auch aus Blech, Prefsblech, her, wie in Fig. 6 *f* und *g* gezeigt.

Ein besonders schwieriges Verbindungsstück ist das Hauptstück *a* der Fig. 5. Hier handelt es sich um Aufnahme von mindestens 4, in einigen Fällen sogar 5 Stäben, wozu 2 Stutzen für die Stellschrauben kommen, sowie des Hauptlagers, welches in die Höhlung gesetzt wird. Auch dieses Stück wird sowohl aus Tempergufs hergestellt als auch voll geschlagen, und erfordert, da man weder mit der Drehbank noch mit dem Fräser genügend herankommen kann, eine sehr zeitraubende Bearbeitung von Hand. Hier ist die Verwendung von Prefsblech, der vielen Stutzen wegen, weniger brauchbar; doch kann hier ein gewandter Schmied eintreten, der das Stück aus bestem Blech fertigt. Die Augen werden an den betreffenden Stellen herausgetrieben, das Ganze zusammengebogen und geschweifst, was bei genügender Geschicklichkeit eine sehr solide Arbeit liefert. Die Verbindung der Rohrstäbe mit den Eckstücken geschieht durch Einstecken, Verstiften und Löthen, auch Schweifsen oder, neuerdings, durch Verrollen (Fig. 6 *h*). — Die Verbindung der Gelenkecken hat nichts Besonderes in sich. Bemerkt mag nur werden, dafs selbst bei dem Bolzen, wie Fig. 6 *b* zeigt, durch Aussparen der Mitte desselben an Erleichterung des Ganzen gedacht wird.

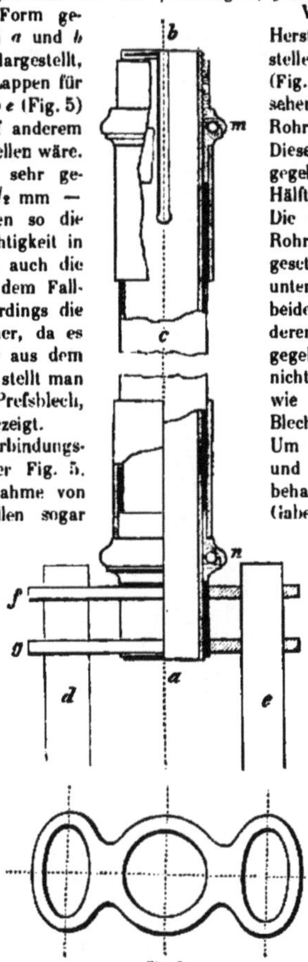

Die Doppelstäbe *b e* und *a e*, (Fig. 5) sind oval geformt, was einfach durch Zusammendrücken bewirkt wird. Diese Manipulation, bis zum völligen Flachdrücken getrieben, führt auch zur zweckmäfsigen Vorbereitung der Enden dieser Stäbe, welche als Gabel oder Gelenk verbunden werden (s. Fig. 5, *g* und Fig. 6, c und *d*).

Weniger einfach gestaltet sich die Herstellung des zweiten Theils des Gestelles, der Gabel. Dieselbe besteht (Fig. 7) aus dem oben mit Gewinde versehenen Rohr *a b*, welches durch das Rohr *c d* der Fig. 5 gesteckt wird. Dieses Rohr, in der Fig. 7 in c wiedergegeben, ist oben und unten mit den Hälften von Kugellagern *m n* versehen. Die Gegenstücke hierzu sind auf das Rohr *a b*, den oberen Theil der Gabel, gesetzt bezw. oben geschraubt. Den unteren Theil der Gabel bilden die beiden gekrümmten Arme *d* und *e*, deren Form in der Fig. 8 voll angegeben ist. Diese Arme sind nun nicht aus Rohren hergestellt, sondern, wie vielfach die Säbelscheiden, aus Blech zusammengebogen und gelöthet. Um wieder an Gewicht zu sparen und trotzdem die Festigkeit beizubehalten, ist die Wandstärke dieser Gabelarme oben gröfser als unten, der Beanspruchung entsprechend. Auch dieser Umstand verbietet bei der besseren Waare die Verwendung des Rohres. — Die unteren Enden sind flachgeprefst und gebohrt, und dienen zur Aufnahme der Achse des Vorderrades. Die Verbindung dieser Arme mit dem oberen Stück ist eine sehr verschiedene und findet oft durch unmittelbares Verlöthen statt. Im vorliegenden Fall ist eine sehr solide Verbindung gebildet durch Verwendung der beiden Verbandstücke *f* und *g* (Fig. 7), im Grundrifs in Fig. 8 dargestellt, welche wieder, wie überall, durch Verstiften und Verlöthen gesichert wird.

Fig. 7.

2. Die Lager.

Die Lager sind bei guten Fahrrädern nur Kugellager. Selbst die Auflagerung des Halses des Rahmens auf die Steuergabel (Fig. 7) ist durch Kugellagerung, bei *m* und *n*, vermittelt. Es ist dies wohl die einfachste Form eines Kugellagers. Jede Lagerhälfte besteht aus einer kreisförmigen Rinne mit halbkreisförmigem Querschnitt.

Auch das in Fig. 9 dargestellte Hauptlager ist sehr einfach gehalten. Die Kugeln liegen zwischen dem scharf gehärteten Stahlring *a* und dem ebenso gehärteten Achsenschaft *b*, jedoch so, dafs sie nur wenig Berührungsfläche haben. Durch Anziehen des Ringes *a* wird der sorgfältige Schlufs erzielt.

Fig. 8.

Aehnlich liegen die Kugeln in dem Hinterlager (Fig. 10). Hier ist indessen durch die Einlage der Dichtungsringe *ff* ein völliger Abschlufs des inneren Baumes bewirkt, so dafs derselbe mit Oel erfüllt bleiben kann, wodurch der gute Lauf der Kugeln gesichert ist. Dieselben arbeiten nämlich durchaus nicht reibungslos. Sie haben an den seitlichen Berührungsstellen, unter sich, entgegengesetzte Bewegungsrichtung, und nur die grofse Glätte der Oberfläche und die dauernde Schmierung können die Leichtigkeit des Ganges erhalten. — In gleicher Weise sind auch die Pedale gelagert. Die Fig. 11 stellt die neueste Construction der Firma **Hengstenberg & Co.**, Act.-Ges., in Bielefeld dar, deren Eigenthümlichkeit in dem einfachen und doch völligen Abschlufs der Oelkammer besteht. Derselbe ist durch die feste Kappe bei *a* gebildet, welche jede weitere Dichtung unnöthig macht.

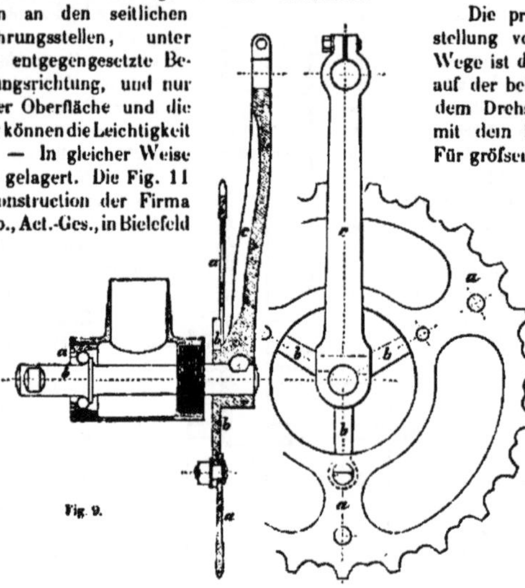

Fig. 9.

Die Lagerkörper werden, wenn nicht aus dem Vollen, aus hohlem Tempergufs durch Fräsen hergestellt. Hierzu dient (Fig. 10 a) ein sogenannter Façonfräser, welcher nach dem zu schneidenden Profil gearbeitet ist, also die äufsere Form in einem Zug liefert. Ebenso werden die inneren Partien mit dem Fräser bearbeitet, soweit sie nicht unbearbeitet bleiben dürfen. Letzteres ist z. B. bei der ganzen inneren Höhlung des Lagerkörpers (Fig. 10) der Fall, welcher nur als Oelkammer dient.

Diejenigen Stellen des Lagerkörpers, auf welchen die glasharten Kugeln laufen, müssen ebenfalls gehärtet sein. Man erreicht dies durch das sog. „Kochen". Die Gegenstände, oft selbst bereits milder Stahl, werden längere Zeit in geschmolzenen Salzen — vorzugsweise Blutlaugensalz mit Pottasche — glühend erhalten und dann in Wasser abgelöscht. — Die Lagerstellen stellt man indessen möglichst gesondert her und setzt sie, wie in Fig. 10, *a* und *b* geschehen, ein, so dafs nicht nur eine besondere Qualität des Stahls genommen, sondern auch eine Auswechselbarkeit geschaffen werden kann. — Die Achsen werden oft direct aus Stahl gefertigt, häufig aber auch, wie in Fig. 10 bei *c* und *d* geschehen, ebenfalls mit auswechselbaren Lagerstellen versehen.

3. Die Fabrication der Kugeln.

Die Kugeln bestehen aus glashartem Stahl und werden heute in einer grofsen Vollkommenheit als Massenartikel geliefert. Die Fabrication zerfällt in die Formgebung, das Härten und das Schleifen.

Zur Formgebung führen verschiedene Wege; sie kann auf kaltem und auch auf warmem Wege stattfinden.

Die primitivste Art der Herstellung von Kugeln auf kaltem Wege ist das Drehen. Man dreht auf der bekannten Drehbank mit dem Drehstahl vor und arbeitet mit dem Schablonenstahl nach. Für gröfsere Kugeln hat man Vorrichtungen, welche den Façonstahl ersetzen und den Drehstahl selbstthätig kreisförmig um das Drehstück herumführen. Beides indessen ist für die Massenfabrication namentlich der hier erforderlichen kleinen Kugeln nicht zu gebrauchen. Der Drehstahl wird daher durch den Fräser ersetzt. Eine sehr sinnreiche Vorrichtung ist in Fig. 12, im Princip, dargestellt. Der Fräser *a* ist so gestaltet, dafs er drei Kugeln gleichzeitig zu bearbeiten vermag, abgesehen von der Vorarbeit bei *b* und der Fertigstellung bei *c*. Nachdem er in die Lage vorgerückt ist, welche die Zeichnung darstellt, wird er zurückgezogen und der in dem rotirenden Futter *d* steckende Stahlstab um die Theilung vorgeschoben. Dadurch wird die letzte fertige Kugel in das elastische Futter, welches sich dabei federnd öffnen mufs, gedrückt und in den Fertigbehälter spedirt. Der Fräsergang 1 beginnt nun seine Arbeit am rohen Stab, während die folgenden Gänge die bereits vorgearbeiteten Kugeln ihrer Form gemäfs weiter bearbeiten. Die von 4 bearbeitete Kugel ist von dem elastischen Futter, welches dieselbe Rotation wie der im Hauptfutter steckende Stab macht, aufgenommen worden und wird durch das Vorschreiten des rechten Fräserrandes nicht nur abgetrennt, sondern auch formgemäfs bearbeitet, so dafs auch die Trennungsstelle der Kugelform entspricht. — Um dem Stahlstab den dem Angriff des Fräsers gegenüber nöthigen Widerstand zu geben, ist der Gegenhalter *e* angebracht, welcher sich der Achse genau in dem Mafse nähert, wie der Fräser in seiner Arbeit vorschreitet.

Die für Massenfabrication eingerichtete Kugeldrehbank arbeitet nach demselben Princip und besitzt nur statt des Fräsers den in gleicher Weise vorgerichteten Façonstahl.

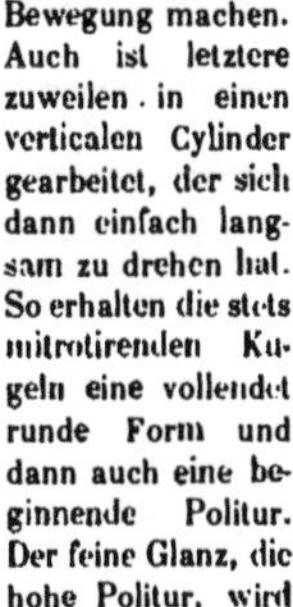

Fig. 10.
Hinterradnabe von Hengstenberg & Co., A.-G., Bielefeld.

Der Durchmesser der so hergestellten Kugeln wird etwa $^1/_{100}$ mm gröfser genommen, als ihn das Fertigfabricat erhalten soll.

Die Formgebung in warmem Zustande kann ebenfalls auf verschiedene Weise erfolgen: durch Stempeln, Walzen oder durch Schlagen. Die Fig. 13 stellt das Princip des Schlagens dar. Ober- und Untergesenk sind mit geraden Rillen versehen, welche den zu schlagenden Kugeln entsprechen, aber links weniger tief eingearbeitet sind, als rechts. Hier besitzen sie das genaue

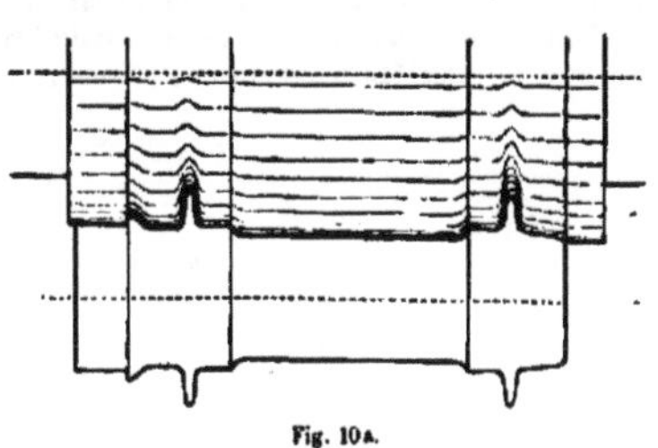

Fig. 10a.

Mafs. Man bearbeitet unter fortwährendem Drehen den rothwarmen Stab erst gleichzeitig mit allen 5 Rillen, zieht ihn dann eine Theilung zurück u. s. w., bis man allen 4 Kugeln die genaue Dimension gegeben hat. Die vorderste Kugel wird dann in dem Schlichtgesenk, event. zugleich mit der Nachbarkugel, abgeschlichtet und dann abgeschnitten u. s. w. — Die Formgebung der Kugeln auf warmem Wege bezieht sich mehr auf gröfsere Kugeln, während für kleinere das Drehen oder Fräsen vorzuziehen ist. — Der Formgebung folgt das Härten und diesem das Schleifen. Auch hier führen verschiedene Vorrichtungen zum Ziel, welche alle mehr oder weniger dem in der Fig. 14 dargestellten allgemeinen Princip entsprechen. Die Kugeln werden in eine passende Rinne, *a*, gereiht, welche hier geradlinig gedacht wurde. Die Bearbeitung geschieht durch eine schnelllaufende Schmirgelscheibe *b*, welche entweder an der Rinne längs hin und her geführt wird, oder feststeht. Im letzteren Fall mufs die Rinne die alternirende Bewegung machen. Auch ist letztere zuweilen in einen verticalen Cylinder gearbeitet, der sich dann einfach langsam zu drehen hat. So erhalten die stets mitrotirenden Kugeln eine vollendet runde Form und dann auch eine beginnende Politur. Der feine Glanz, die hohe Politur, wird den Kugeln im Rollfafs mit Sägemehl, Polirroth oder Schlemmkreide, oder auch, wie wir weiter unten sehen werden, durch die Lappenscheibe ertheilt.

In der grofsen amerikanischen „Cleveland Machine Screw Co.“, welche neuerdings von Mr. John J. Grant zu einer Kugelfabrik umgestaltet worden* und welche in den ersten beiden Monaten d. J. bereits über 14 bezw. 16 Millionen Kugeln geliefert hat, werden solche in Gröfsen über $^1/_2$" engl. unter dem Bradleyhammer in Ge-

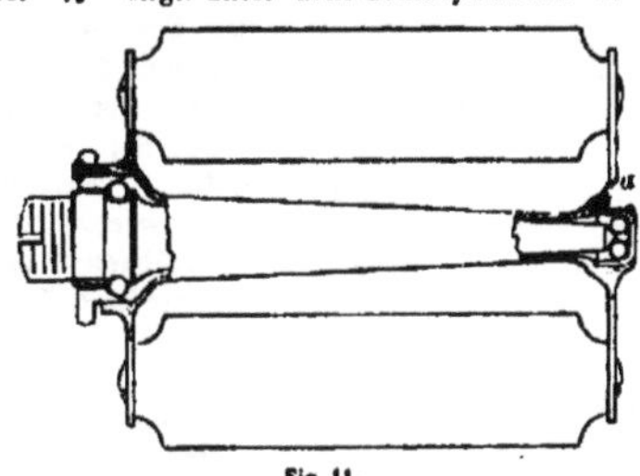

Fig. 11.

senken vorgeschmiedet, die kleineren auf den Bänken, wie etwa oben, Fig. 12, gezeigt, aus Stahlstangen vorgedreht. Die weitere Bearbeitung ist allen Kugeln gemeinsam: Vorschleifen, Feinschleifen (Poliren), Härten, Trommeln, Kalibriren und Zählen. —

Das Schleifen geschieht auf Maschinen, deren Zusammensetzung und Wirkungsweise bereits in der Fig. 14 schematisch angegeben ist. Die Kugeln liegen in der V-förmigen Rinne einer zusammengesetzten gufseisernen Scheibe *a*, Fig. 15, aus der sie unten etwas vorragen. Sie stellen sich meist gleich

* American Machinist, Oct. 1896. — In Deutschland befindet sich eine gut eingerichtete Kugelfabrik in Schweinfurt.

nach dem Einwerfen, jedenfalls sofort nach dem Beginn der Schleifarbeit, so ein, dafs die vorstehenden Theile — Reste der Schmiede- oder event. Dreharbeit — sich unten befinden. Sie werden infolgedessen von der Schmirgelscheibe zuerst in Angriff genommen. Diese (c) ist ringförmig und zur Achse der Kugelrinne um die halbe Ringbreite excentrisch gelagert, so dafs einerseits die Kugeln gezwungen werden, eine combinirte Rollbewegung in der Rinne anzunehmen und andererseits die Abnutzung des Schleifringes eine möglichst gleichmäfsige bleibt. Als Gegenhalt nach oben dient eine gufseiserne verzahnte Scheibe b, welche der Genauigkeit der Arbeit wegen durch den Trieb b_1 in Rotation erhalten wird. — Der Abstand der unteren Fläche dieser Scheibe von der Oberfläche des Schleifringes c bestimmt den Durchmesser der Kugeln. Die Spindel d ist vertical verstellbar und zwar ist diese Verstellbarkeit durch ein sehr feines Zeigerwerk unter Controle gestellt. Hebt der Arbeiter die Spindel an, nachdem sie angelassen worden, so treten zuerst die am meisten hervorragenden Punkte in Bearbeitung, nach einiger Zeit unter leisem Andrehen die anderen, bis die ganze Fläche in Angriff genommen wird. Der Arbeiter erkennt dies Vorschreiten an dem Funkensprühen, welches, zuerst nur zuckend und unregelmäfsig, immer gleichmäfsiger sich gestaltet. — Glaubt er genügend mit der Schleifarbeit vorgeschritten zu sein, so stellt er die Bewegung ab, nimmt einige Kugeln heraus und mifst sie mit einem an jeder Maschine befindlichen Mikrometer nach. Der Durchmesser soll etwa $^1/_{100}$ mm gröfser sein, als das Fertigmafs. Stimmt das noch nicht, so werden die Kugeln wieder hineingelegt und weiter geschliffen, unter genauer Beobachtung des Vorschreitens des Zeigers beim Anheben der Schleifspindel. Die Arbeiter haben eine aufserordentliche Fertigkeit in der Beurtheilung dieses Umstandes und selten nöthig, die Operation noch einmal zu wiederholen.

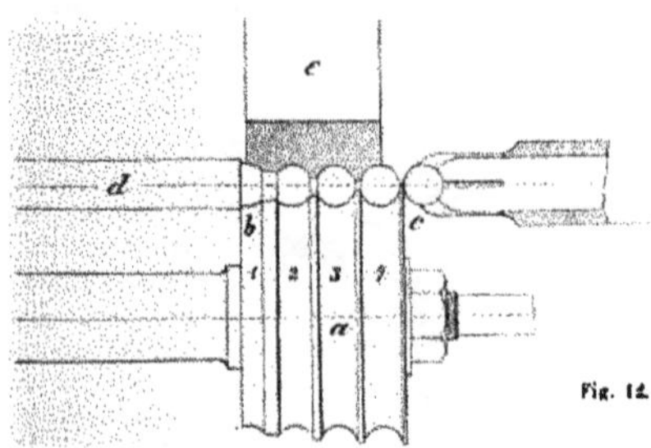

Fig. 12.

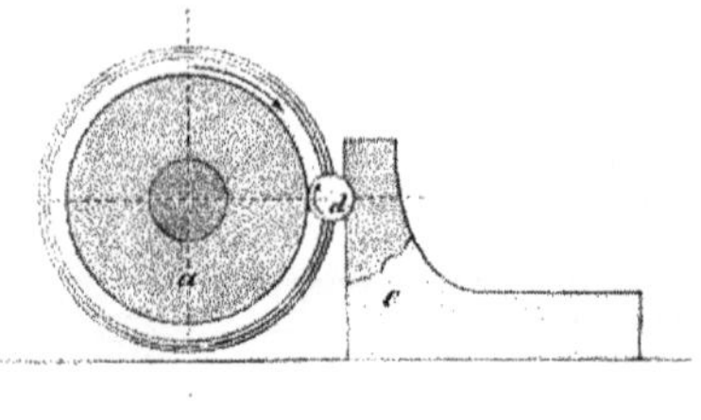

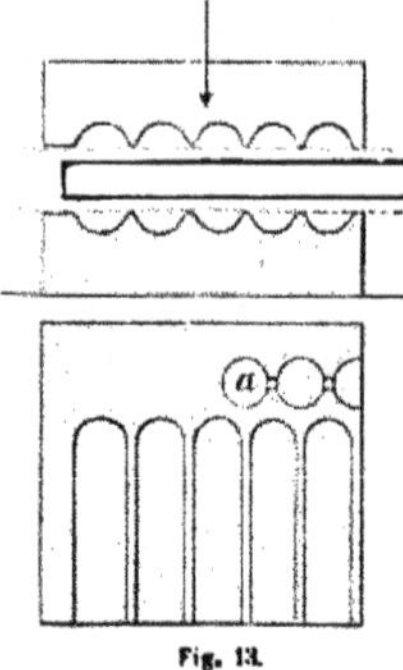

Fig. 13.

Ist auf diese Weise das richtige Mafs erreicht, so gelangen die Kugeln zur ersten Inspection. Diese wird durchweg von jungen Mädchen ausgeführt und besteht lediglich in dem Aussuchen der defecten Kugeln, unter denen die „dreieckigen Kugeln" eine grofse Rolle spielen. Diese genügen zwar in Bezug auf ihre diametralen Abmessungen, nicht aber der vollen Kugelform und entstehen wahrscheinlich durch unvollkommenes Rollen bezw. durch Fehler in der Rinne, welche aus diesem Grunde sehr oft nachgedreht werden mufs. Man erkennt die dreieckigen Kugeln (sie entsprechen dem ebenen Kreisdreieck) leicht an der Form des Glanzes, den sie im reflectirten Licht zeigen. Die Mädchen haben zu diesem Zweck flache Schalen, deren Böden etwa zu $^2/_3$ mit den Kugeln bedeckt sind und welche leise hin und her gerollt werden. Die unbrauchbaren werden mit einem Magnetstab herausgefischt.

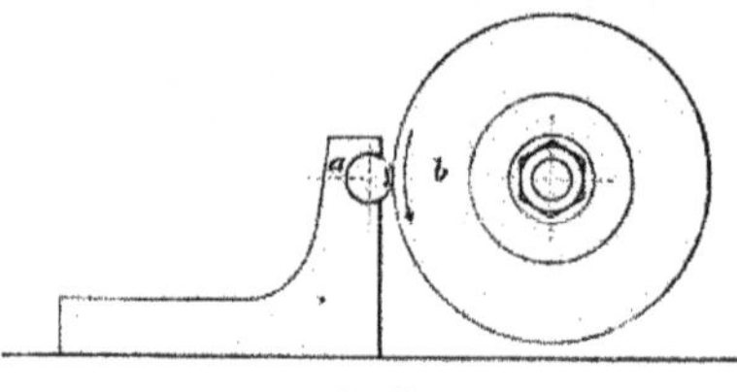

Fig. 14.

Nach der ersten Inspection gelangen die Kugeln in die Polirmaschine. Dieselbe (Fig. 16) besteht aus einer gufseisernen, horizontalen Bodenplatte a, welche mit einer übertieften halbkreisförmigen Kreisrinne versehen ist. In dieser befinden sich die Kugeln mit etwas Fett und feinstem Schmirgel. Genau concentrisch über dieser Rinne läuft eine andere gufseiserne Scheibe b mit einer weniger tiefen Rinne, welche sich mit leisem Druck auf die Kugeln legt und diese in Rotation versetzt. Da die untere Rinne genau zu den Kugeln pafst, so entsteht nicht nur ein Rollen der letzteren, sondern auch ein Reihen an den Wänden der Rille, welches eben unter Mitwirkung des Schmirgels zum Feinschleifen (Poliren) führt. Nach einiger Zeit werden die Kugeln gemessen und event. weiter geschmirgelt. Dies wird aber nach der Zeit bemessen. Eine grofse, allen Arbeitern sichtbare Uhr dient als gemeinsamer Zeitmesser, eine Zeigerscheibe jedem einzelnen. Der Arbeiter stellt sich seinen Zeiger beim Wiederbeginn des Schmirgelns ein, taxirt die noch zu verwendenden Minuten auf Grund des genommenen Mafses und fehlt selten, um sofort das richtige Mafs zu erhalten.

Hierauf werden die Kugeln mit Benzin gereinigt und dann gehärtet.

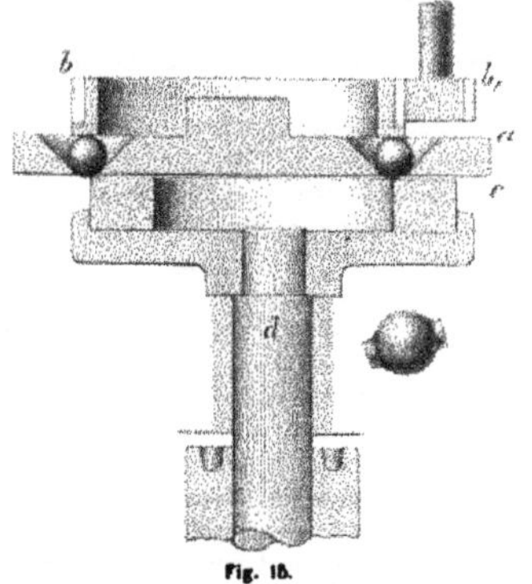

Fig. 15.

Das Härten umfafst das Glühen und Ablöschen.

Das Glühen geschieht in gufseisernen Gefäfsen von der Form etwa der bekannten zinnernen Wärmflaschen: rund, niedrig mit flachem Boden und kurzem, engem Hals. Sie werden glühend mit einer Anzahl Kugeln, die eben den Boden bedecken, gefüllt und in den Ofen — Koksfeuer — gestellt. Der Arbeiter, welcher 2 Oefen bedient, die je mit 3 bis 5 Büchsen besetzt sind, sorgt mit Hülfe eines Hakens, mit dem er dieselben dreht und schiebt, für richtige Erwärmung. Ist die gewünschte Glühfarbe erreicht, so nimmt er die Büchse heraus und schüttet die Kugeln in Oel. Die hierdurch erreichte Härte genügt nach den dortigen Anschauungen, welche die sonst zuweilen gewünschte Glashärte zu vermeiden streben.

Nach dem Härten werden die Kugeln getrommelt. Es ist auffallend, dafs das Poliren nicht hier, sondern, wie oben beschrieben, vor dem Härten stattfindet, da letzteres meist mit einem Angreifen der Oberfläche, einem Verzundern verbunden ist. Indessen wird hier durch den, wenn auch nicht vollkommenen Luftabschlufs infolge der Form des Gefäfses, auch wohl infolge des Materials desselben, sowie durch die Haltung einer reducirenden Flamme für möglichste Reinhaltung der Oberfläche gesorgt. Aus diesem Grunde genügt das einfache Trommeln ohne Anwendung eines angreifenden Materials.

Das Trommeln geschieht in kleinen, sauber polirten fafsähnlichen Gefäfsen aus Eichenholz, welche zu mehreren nebeneinander auf sich drehenden Rollen liegen und so durch Reibung herumgewälzt werden. Sollen sie entleert werden, so werden sie durch einen Handhebel etwas von den Rollen (Scheiben) abgehoben und so zum Stillstand gebracht. Nach Oeffnung eines Schiebers wird der Inhalt in einen darunter stehenden Kasten gelassen.

Dem Trommeln folgt die zweite Inspection, eine abermalige Untersuchung auf „dreieckige“ Kugeln und Ausfischen derselben mit dem Magnetstab. Dieselbe wird wesentlich erleichtert durch den hohen Glanz, den die Kugeln nunmehr erhalten haben.

Die Durchmesser der Kugeln sind nun immer noch nicht genau gleich. Es ist daher noch ein definitives Sortiren nothwendig. Dies geschieht

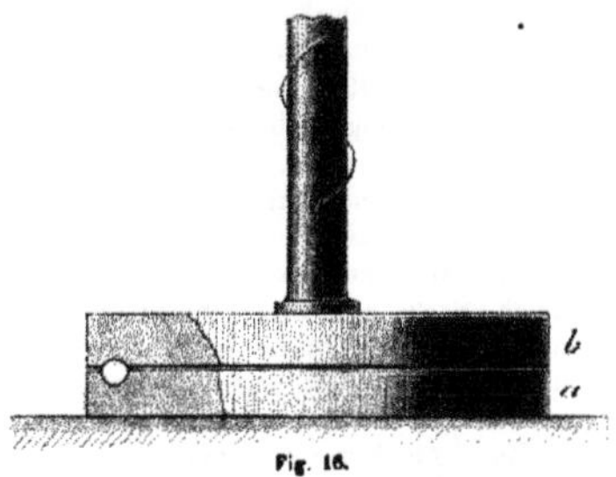

Fig. 16.

vollkommen automatisch. — Kugel auf Kugel fällt auf eine etwas geneigte Rinne, die aus zwei quadratischen, haarscharf gerade abgerichteten, gehärteten Stahlstäben besteht. Die Stäbe stehen auf der dem die Kugeln enthaltenden Gefäfs zu liegenden Seite etwas enger zusammen, als am anderen Ende, wo der Abstand etwa dem gröfsten Durchmesser entspricht. Je nach ihrer Gröfse fallen die diese Rinne entlang laufenden Kugeln früher oder später durch und werden dem entsprechend von den untergestellten Gefäfsen aufgefangen, durch unter der Rinne angebrachte Zungen hier- oder dorthin geleitet.

Den Schlufs der verschiedenen Operationen bildet das Zählen und Verpacken.

Das Zählen wird wiederum rein mechanisch durchgeführt. — Die Kugeln gelangen in flache Kästen, deren Böden mit reihenförmig angeordneten schwachen Vertiefungen versehen sind. Ein Hin- und Herrollen von geübter Hand genügt, um diese Vertiefungen zu füllen und die überflüssigen Kugeln, welche keinen Platz gefunden, abzusondern. Für gröfsere Kugeln sind die Vertiefungen mehr schachtelförmig gehalten. — (Fortsetzung folgt.)

Fortschritte in der Koksfabrication.

Im vierten Heft der vorjährigen „Zeitschrift für das Berg-, Hütten- und Salinenwesen im preufsischen Staate"* berichtet F. Simmersbach über „die Fortschritte der Koksfabrication im Oberbergamtsbezirk Dortmund in den letzten 10 Jahren" in ausführlicher sachgerechter Arbeit, auf welche hier näher einzugehen aus verschiedenen Gründen lohnend ist.

Mit dem Aufschwung, welchen die deutsche Eisenindustrie genommen hat, geht derjenige der Koksfabrication Hand in Hand. Dieser Aufschwung giebt sich nicht nur durch eine reifsende Steigerung der Erzeugung, sondern fast noch mehr durch die Vervollkommnung zu erkennen, welche die Fabricationsmethoden genommen haben. In beiden Beziehungen fällt aber dem Oberbergamtsbezirk Dortmund der Löwenantheil zu.

Nach unserer Quelle betrug die gesammte Kokserzeugung Deutschlands im Jahre 1894 nicht weniger als **8 941 391** t und von diesem Antheil entfallen nicht weniger als **71,6 %** auf den Oberbergamtsbezirk Dortmund, **17,2 %** auf die nieder- und oberschlesischen Bezirke, 10,0 % auf die Reviere an der Saar und bei Aachen, 0,3 % auf den Oberkirchener Bezirk und 0,9 % auf das Königreich Sachsen. Diese gesammte deutsche Kokserzeugung stellt einen Werth von über 80 Millionen Mark dar. Es darf hier nicht vergessen werden, darauf hinzuweisen, dafs in der allerletzten Zeit die Kokserzeugung einen weiteren, ungeahnt grofsen Aufschwung genommen hat.

Angesichts dieser Zahlen verlohnt es sich, einen Blick rückwärts zu werfen und dem Ursprung unserer einheimischen Kokserzeugung nachzuforschen. Auch hier folgen wir einer Veröffentlichung desselben Verfassers, welcher die Koksfabrication im Oberbergamtsbezirk Dortmund zum Gegenstand hat und in Band XXXV der „Zeitschrift für das Berg-, Hütten- und Salinenwesen" erschienen ist.

Die ersten Versuche Kohle zu verkoken oder — wie es damals genannt wurde — abzuschwefeln, reichen über ein Jahrhundert zurück und wurden in der Wittener Gegend angestellt.** Das Product fand auf einigen Metallhütten des Siegerlandes Absatz. Versuche, Koks im Hochofen an Stelle von Holzkohlen zu verwenden, sollen bereits im Jahre 1790 auf der Gutehoffnungshütte bei Sterkrade angestellt worden sein, welche indessen ebenso wie die Verwendung von Koks im Cupolofen keine befriedigenden Resultate ergeben haben.

Eine regelmäfsigere Koksherstellung scheint erst einige Zeit nach den Freiheitskriegen Platz gegriffen zu haben. Die erste ausschliefsliche Verwendung von Koks im Hochofen findet erst seit dem Ende der vierziger Jahre statt. In 1847 wurde der erste Kokshochofen im Siegerland erbaut und im Bereich des Oberbergamtsbezirks Dortmund der erste Kokshochofen auf der Friedrich-Wilhelmshütte in Mülheim a. d. Ruhr im Jahre 1848.

Die Einführung der Eisenbahnen gab der Koksfabrication einen neuen Anstofs. Es wurde in dieser Zeit zur Heizung der Locomotiven fast ausschliefslich Koks verwendet. Die gröfseren Eisenbahngesellschaften hatten sogar ihre eigenen Kokereien im Ruhrgebiet, so z. B. die Düsseldorf-Elberfelder Eisenbahn auf Zeche Sälzer-Neuack, die Cöln-Mindener Eisenbahn zu Dortmund und Herne, die Taunusbahn in Altenessen. In dieser Zeit sollen sogar 90 % der ganzen Kokserzeugung zur Locomotivheizung Verwendung gefunden haben.

Die Herstellung des Koks fand in Meilern, Schaumburger Oefen oder auch zum Theil in englischen geschlossenen Oefen statt, ergab aber in allen Fällen nur ein sehr mäfsiges Ausbringen. Erst die Einführung der belgischen Coppéeöfen im Jahre 1867 bedeutet hierin einen Wendepunkt.

Es mufs noch angeführt werden, dafs bis zum Jahre 1850 die Kohlen ungewaschen und ungesiebt zur Verwendung gelangten. Erst in dem genannten Jahre wurde eine Wäsche nach Oberharzer Art auf der Zeche „Victoria Mathias" eingeführt. Bessere Aufbereitungsmethoden stammten seit 1868 von der Firma Sievers & Co. in Kalk bei Cöln her.

Die Steigerung der Kokserzeugung im Oberbergamtsbezirk Dortmund geht aus folgender Aufstellung hervor:

Jahr	Erzeugung in t	Jahr	Erzeugung in t
1850 . . .	73 112	1888 . . .	3 592 990
1860 . . .	197 555	1889 . . .	3 813 027
1870 . . .	341 033	1890 . . .	4 187 780
1880 . . .	2 280 000	1891 . . .	4 388 010
1885 . . .	2 826 697	1892 . . .	4 560 984
1886 . . .	2 557 013	1893 . . .	4 780 489
1887 . . .	3 142 922	1894 . . .	5 398 612

Es hat also seit 1884 eine Verdopplung der Fabrication stattgefunden.

Diese erheblichen Erzeugungsmengen haben nun aber keineswegs ausschliefslich im Inlande Unterkunft gefunden. Bekanntlich findet seit

* XLIV. Hand.

** Die frühesten Versuche Mineralkohle „abzuschwefeln" wurden bereits in der zweiten Hälfte des 16. Jahrhunderts vom Landgrafen Wilhelm von Hessen angestellt. Vergl. Dr. L. Beck „Geschichte des Eisens" II. Band, S. 752.

Jahren eine immer stärker werdende Ausfuhr aus Deutschland statt. Dies geht aus folgender, dem Statistischen Jahrbuch für das Deutsche Reich entnommenen Aufstellung hervor:

Jahr	Kokseinfuhr t	Koksausfuhr t	Werth in Millionen Mark Einfuhr	Werth in Millionen Mark Ausfuhr
1885	151 124	633 897	1,8	7,9
1886	250 307	640 280	3,0	7,8
1887	236 729	724 768	3,0	9,4
1888	268 635	917 904	4,4	14,4
1889	385 703	812 570	7,4	15,0
1890	351 258	1 074 755	7,9	24,9
1891	318 798	1 354 298	6,9	28,6
1892	465 726	1 717 893	8,6	29,2
1893	439 182	1 902 424	6,9	29,3
1894	404 179	2 261 921	5,7	35,5

Die gesammte Koksausfuhr aus Deutschland stellt also für das Jahr 1894 einen Werth von 35,5 Millionen Mark dar. Es wird angegeben, dafs der Oberbergamtsbezirk Dortmund an diesem Betrage mit etwa 80 % Theil hat. In der eben aufgeführten Tabelle sind neben der Ausfuhr auch die entsprechenden Angaben für die stattgehabte Einfuhr mitgetheilt, welche ihrerseits ebenfalls eine erhebliche Steigerung erblicken lassen. Der Import bezieht sich in der Hauptsache auf Koks, der aus Belgien kommt und auf den Lothringer Eisenwerken verhüttet wird.

Aus den oben mitgetheilten Zahlen geht hervor, dafs etwa $^1/_3$ des an der Ruhr erzeugten Koks als Ausfuhrkoks Verwendung findet. Das Ziel desselben sind nicht nur die anderen europäischen Länder, sondern auch weit entfernte Absatzgebiete, wie z. B. Australien, China und Japan. Der Verfasser betont mit Recht, dafs zu diesem erfreulichen Aufschwung von Anfang an die gute Beschaffenheit, die hohe Festigkeit und das saubere Aussehen des Ruhrkoks die Veranlassung gegeben haben.

Bei der Herstellung der oben genannten 5 398 612 t sind im ganzen 61 Werke bezw. Gesellschaften betheiligt, welche über 8063 Koksöfen verfügten. Die Anzahl der von einer Gesellschaft betriebenen Oefen beträgt 10 im Minimum und steigt bis auf 1121. Diese Angaben gelten für das Ende des Jahres 1894 und beziehen sich auch auf die Kokereien, welche wohl im Besitze von Hüttenwerken, aber auch auf den Zechen selbst gelegen sind. Auf Koks, der auf den Hüttenwerken selbst erzeugt ist, beziehen sich diese Angaben nicht, ebensowenig wie die früher gemachten.

Es ist von Interesse, jetzt auch einen Blick auf die in den letzten Jahren für Koks erzielten Preise zu werfen.

In den Jahren 1885 bis 1887 wurde für die Tonne 7 bis 8 *M* erzielt, jedoch fiel in der zweiten Hälfte des Jahres 1886 der Preis vorübergehend bis unter 6 *M*. Von 1887 an begann bis zum Jahre 1890 ein fortwährendes Steigen. In der ersten Hälfte des Jahres 1889 stieg der Preis von 11 auf 18 *M*, um dann im Anfang des Jahres 1890 bis auf 26 *M* in die Höhe zu gehen. Jedoch noch im selben Jahre sank der Preis wieder auf 20 *M* und dann noch weiter bis auf 13 *M*. Im folgenden Jahre wurden 12 *M* erzielt und seit Anfang 1893 bis Ende 1894 ist der Preis ständig auf 11 *M* verblieben.

Indem wir jetzt die Besprechung der wirthschaftlichen Bedeutung unserer einheimischen Koksdarstellung beschliefsen, wenden wir uns den Fortschritten zu, welche die Koksfabrication in technischer Beziehung gemacht hat.

Was die Kenntnifs des Verkokungsprocesses bezw. die Fortschritte, welche die Kokschemie gemacht hat, anbelangt, so mufs man mit dem Verfasser darin übereinstimmen, dafs hier noch ein grofses Arbeitsfeld für die Forschung offen liegt. Eine Reihe der einschneidendsten Fragen harren noch der Erledigung; so sind, um ein Beispiel herauszugreifen, die Ursachen, welche gewisse Kohlenarten als sog. Kokskohlen vorausbestimmen, noch nicht in zufriedenstellender Weise aufgeklärt. Die Meinung, dafs zwischen der den Kokskohlen eigenthümlichen Schmelzbarkeit und der procentischen Zusammensetzung Beziehungen beständen, ist sehr bald fallen gelassen, denn es giebt sehr wasserstoff- und sauerstoffreiche Kohlen einerseits und sehr wasserstoff- und sauerstoffarme Kohle andererseits, welche die Eigenschaft des Backens nicht haben, während diese bei Zwischenstufen zutrifft. Ferner giebt es vollständig gleich zusammengesetzte Kohlen, die zum Theil ganz unschmelzbar sind, zum Theil sich wieder in hervorragendem Mafse als Kokskohle auszeichnen. Wedding spricht die Ansicht aus, dafs von einer Schmelzbarkeit überhaupt nicht die Rede sein könne. Dasjenige, was wir mit Schmelzen bezeichnen, sei nur ein Zusammenwachsen von ausgeschiedenem Kohlenstoff (aus der Zersetzung von Kohlenwasserstoffen herrührend), bei welcher Gelegenheit getrennt liegende Stücke vereinigt würden. Donath meint, die Ursache der Schmelzbarkeit liege noch viel tiefer und sei in der verschiedenen Gröfse und der Structur der Molecüle selbst begründet. Die Wissenschaft könnte also der Praxis einen grofsen Dienst leisten, wenn sie hier Aufklärung schaffte. Von ganz besonderer Bedeutung wäre dies für die Verkokung magerer Kohlen. Gewissermafsen ist hier die Praxis der Wissenschaft vorangeeilt, indem sie unzweifelhaft nachgewiesen hat, dafs die Anwendung entsprechend hoher Verkokungstemperaturen den Mangel an Schmelzbarkeit mehr oder weniger ersetzen kann.

Ueber die Zulässigkeit eines gewissen Wassergehaltes bei einigen Kohlensorten sind die Meinungen noch getheilte. Als Hauptvortheil einer nassen Kohle wird der Umstand angesehen, dafs eine solche Kohle im Ofen dichter liege, mithin auch ein dichterer Koks erhalten würde, und dafs eine dicht liegende Kohle der bei sehr gasreicher Kohle eintretenden Auflockerung, welche durch die stürmische Gasentwicklung hervorgerufen würde, entgegenwirke. Ohne Zweifel würde in vielen Fällen derselbe Zweck auch durch Anwendung von Druck oder durch mäfsigeres Beheizen der Ofenwände während des Beginnes der Verkokung erreicht werden, und nur dort, wo diese Mittel nicht anzuwenden sind, mag ein gewisser Wassergehalt am Platze sein. Die Nachtheile, die ein Wassergehalt hat, sind sehr erhebliche. Die zum Verdampfen des in den Koksofen gelangten Wassers erforderlichen Wärmemengen gehen für den Ofenprocefs selbst verloren. Sie können einen sehr erheblichen Umfang annehmen, wovon man sich leicht überzeugen kann, wenn man in Betracht zieht, dafs bei einer Batterie von 60 Oefen, die täglich 30 Doppellader Kohle verarbeitet, das täglich zu verdampfende Wasserquantum 45 cbm beträgt, wenn der Feuchtigkeitsgehalt 15 % ausmacht. Auf die Nachtheile, die bei nasser Kohle dadurch entstehen, dafs der Heizwerth der Abgase herabgesetzt wird, mufs hier auch noch hingewiesen werden. Der häufig geäufserten Ansicht, es sei bei Koksöfen, welche mit Einrichtungen zur Gewinnung der Nebenerzeugnisse versehen seien, erforderlich, stets auf einen gewissen Feuchtigkeitsgehalt der Kohlen zu achten, um zu verhindern, dafs wegen des maschinell stattfindenden Absaugens der Gase Kohle mitgerissen werde, welche dann die Leitungen verstopfe, mufs entgegengetreten werden. Es wird die Kraft des Ansaugens in allen Fällen so regulirt, dafs die Wirkung des Exhaustors der Expansivkraft der den Ofen verlassenden Gase das Gleichgewicht hält. Ein in den Ofen gebrachtes Manometer soll also keinen Druck, aber auch keine Depression zeigen. Unter diesen Umständen kann von einem Mitgerissenwerden natürlich keine Rede sein.

Hinsichtlich der wissenschaftlichen Untersuchung der Erzeugnisse des Koksofens, sowohl der festen und flüssigen als der gasförmigen, ist in den letzten Jahren, wie die Leser von „Stahl und Eisen" wissen, Mancherlei geschehen. Die Structurverhältnisse des Koks, das specifische Gewicht, die verschiedene Wirksamkeit im Hochofen, die Angreifbarkeit durch Kohlensäure und andere Gase sind Gegenstand eingehender Untersuchungen geworden und sind auch mancherlei wichtige Aufschlüsse gemacht. Weniger trifft dies zu für die Untersuchung der gasförmigen Producte und deren Entstehung, obwohl die genaue Kenntnifs derselben im Interesse der Gewinnung der Nebenproducte von der gröfsten Tragweite wäre. Die Bedingungen, unter denen die Theer, Ammoniak und Benzol enthaltenden Gase entstehen, sind noch nicht genügend erforscht. Vorläufig mufs man sich mit Hypothesen begnügen. Jedenfalls haben die Erfahrungen der letzten Jahre dargethan, dafs eine zur Anwendung gebrachte hohe Verkokungstemperatur wenn auch weniger, so doch werthvolleren Theer liefert, und dafs dieselbe ebenso einer vermehrten Ammoniakausbeute günstig ist.

Die von den Koksöfen abziehenden Verbrennungserzeugnisse finden bekanntlich und namentlich bei den Oefen, welche nicht mit Einrichtungen zur Gewinnung der Nebenerzeugnisse eingerichtet sind, eine sehr vortheilhafte Verwendung zur Dampferzeugung. Alt ist diese Verwendungsart noch nicht und stammt etwa aus dem Jahre 1850. Es mag hier nicht unerwähnt bleiben, dafs noch heutigen Tages eine Reihe von Koksöfen im Ruhrgebiet vorhanden sind, die weder mit Einrichtungen zur Ausnutzung der Abhitze, noch mit solchen zur Gewinnung der Nebenerzeugnisse versehen sind. Während man früher auf 1 kg in den Ofen eingesetzte Kokskohle 1 kg Wasserverdampfung rechnete, ist bei sorgfältigem Betriebe dieses Verhältnifs viel höher zu bringen. Durch richtige Behandlung der Oefen läfst sich der Werth der Abhitze steigern. Eine hohe Wasserverdampfung darf aber niemals auf einen Abbrand des Koks im Ofen zurückzuführen sein.

In der ersten Zeit der Einführung der Gewinnung der Nebenerzeugnisse wurde die Frage vielfach erörtert, ob es zweckmäfsiger sei, die Nebenerzeugnisse zu gewinnen, oder mit Verzichtleistung auf diese nur die Abhitze zur Wasserverdampfung in Dampfkesseln heranzuziehen. In der That bot das letztere in vielen Fällen erhebliche Vortheile, namentlich dort, wo, wie auf den meisten Zechen, ein grofses Bedürfnifs nach Dampf herrschte. Derartige Anlagen erforderten fast fünfmal weniger Kosten, man hatte keine Sorge, die Nebenerzeugnisse unterzubringen, eine Verschlechterung der Beschaffenheit des Koks, die hier und da befürchtet wurde, war ausgeschlossen und man brauchte kein geschultes Personal, was bei der Gewinnung der Nebenerzeugnisse doch immerhin erforderlich ist. Zudem tritt eine sehr günstige Verzinsung des angelegten Kapitals ein. Es geht dies aus der Betrachtung hervor, dafs bei einer angenommenen Verdampfung von z. B. 1,5 kg Wasser auf 1 kg eingesetzte Kohle, die in vielen Fällen noch überschritten wird, bei einer Batterie von 60 Oefen mit einem täglichen Verbrauch von 25 Doppelladern Kohle täglich 375 cbm Wasser zur Verdampfung gelangen, für welche bei Anwendung von Stochkohlen und Annahme einer 7fachen Verdampfung täglich etwa 400 *M* oder im Jahre über 140 000 *M* auszugeben wären, jetzt aber erspart werden. Die Beurtheilung der Frage:

Soll Abhitzebenutzung oder soll Gewinnung der Nebenerzeugnisse gewählt werden? kann nun, wie die neuesten Fortschritte darthun, nur noch viel seltener Gegenstand einer Erörterung sein, da man gelernt hat, unbeschadet der Gewinnung der Nebenerzeugnisse eine Wasserverdampfung zu erzielen, die der früher mit Verzichtleistung auf die Nebenerzeugnissegewinnung erzielten in vielen Fällen nahezu gleich kommt. Die Fortschritte, die hinsichtlich der Ausnutzung der Abhitze und des Gasüberschusses gemacht sind, bedeuten unzweifelhaft einen sehr großen Erfolg, den unsere einheimische Kokserzeugung in den letzten Jahren gemacht hat. Man hat gelernt, die Oefen auch mit einer geringeren Gasmenge ausreichend zu beheizen und so einen großen Gasüberschuß zu erzielen, der, unbeschadet des Umstandes, daß dem Gase die ursprüngliche Eigenwärme entzogen und auch die brennbaren Bestandtheile Theer, Ammoniak und Benzol herausgeholt sind, ein ganz vorzügliches Brennmaterial für die Kesselheizung abgiebt. Die Hütte Phönix giebt an, daß auf 1 kg in die Oefen eingesetzte Kokskohle durch Benutzung von Abhitze und Gasüberschuß eine Wasserverdampfung von 1,26 kg erzielt sei. Auf anderen Kokereien erzielte Resultate weisen noch günstigere Zahlen auf. Es darf nicht unerwähnt bleiben, daß hinsichtlich der Leistung von Abhitze bezw. Gasüberschuß die Koksöfen verschiedener Bauart auch sehr verschiedene Ergebnisse aufweisen. Einige haben viel Abhitze, aber keinen Gasüberschuß; bei anderen ist es wieder umgekehrt. Diese letzteren Oefen sind da von Nutzen, wo man das Gas nicht an Ort und Stelle, sondern auf einer weit entfernt liegenden Kesselanlage benutzen will, wie dies z. B. auf einer größeren westfälischen Kokerei auf eine über 300 m weite Entfernung geschieht.

Wenden wir uns nun dem Bau der Oefen selbst zu, so werden sich unsere Leser erinnern, daß die Erörterung der hier in Betracht kommenden Fragen in unserer Zeitschrift in einer sehr eingehenden Weise stattgefunden hat. Die Meinungsverschiedenheiten über die Zweckmäßigkeit der Anwendung von Wärmespeichern, die Vortheile wagerechter bezw. senkrechter Heizkanäle und den Nutzen der Anwendung einer trennenden Zwischenwand zwischen zwei Oefen und manches Andere äußern sich zur Zeit zwar nicht laut, aber volle Klärung ist deswegen noch nicht geschaffen, und der Umstand, daß sich die Praxis schließlich und in der Hauptsache einer ganz bestimmten Ofenbauart zugewandt, ist nicht dazu angethan, den Schluß zuzulassen, daß die wesentlichen Eigenthümlichkeiten der anderen nicht angenommenen Ofenarten etwa verwerflich seien. Es kann hier auf die Eigenthümlichkeiten der verschiedenen Bauarten nicht eingegangen werden. Es muß auf das früher an dieser Stelle Mitgetheilte hingewiesen werden.

Die Zahl der in Anwendung stehenden Ofenarten hat sich gegen früher sehr vermindert. Eine Reihe früher sehr bekannter Ofenconstructionen ist fast ganz verschwunden, so die Smetschen Oefen, die Rundöfen und die Appoltschen Oefen. Nach einer Aufstellung für das Jahr 1885 waren im Oberbergamtsbezirk Dortmund auf den Zechen und bei Privaten folgende Koksöfen vorhanden:

5067 Coppéeöfen bezw. Dr. Ottosche Oefen,
762 Rundöfen,
324 Smetsche Oefen,
306 Theeröfen verschiedener Art und
5 stehende Oefen,
zusammen 6464 Oefen,

von denen 612 ganz alte, unbrauchbare außer Betrieb standen. Es verblieben sonach 5852 betriebsfähige Koksöfen. Nur 3701 dieser Oefen waren derzeit mit einer Kesselanlage behufs Verwerthung der Koksofengase verbunden.

Anfang 1895 befanden sich auf 60 Zechen bezw. bei Privaten im ganzen 8063 Oefen, von denen aber 65 Smetsche und 132 24 stündige Coppéeöfen kalt standen, so daß 7866 betriebene Oefen verblieben. Die Zahl der Rundöfen hat sich von 762 auf 142 vermindert. Stehende Oefen und Smetsche Oefen rechnen nicht mehr mit. Vorherrschend ist das Ofensystem von Dr. C. Otto & Co. und zwar sowohl mit, als auch ohne Einrichtungen zur Gewinnung der Nebenerzeugnisse.

Die Gesammtzahl der mit Einrichtungen zur Gewinnung der Nebenerzeugnisse versehenen Oefen wird für das Ende des Jahres 1895 auf 1864 im Oberbergamtsbezirk Dortmund befindliche angegeben, welche imstande sind, 54 % der Gesammtkokserzeugung herzustellen. Eine Zusammenstellung dieser Oefen befindet sich auf nebenstehender Seite.

Der Vollständigkeit wegen mögen die Hauptabmessungen der Otto-Hoffmann-Oefen hier kurz angegeben sein. Länge 10 m, Höhe 1800 mm bis zum Widerlager und 530 mm mittlere Ofenbreite. Die Füllung beträgt 6550 kg Trockengewicht, die Garungszeit bei nicht zu hohem Wassergehalt der Kohle 30 Stunden. Die Leistungsfähigkeit für den Ofen und Tag ist 4 t Koks. Eine Abänderung an den Otto-Hoffmann-Oefen ist durch D. R.-P. 80145 patentirt.* Es sind zwei Gaskanäle statt des bisherigen einen als Sohlkanäle angeordnet. Gleichzeitig erhält jede Zwischenwand zwei Reihen verticaler Heizzüge. Der Mittelpfeiler zwischen letzteren wird durch Versteifungsrippen verstärkt, welche entsprechend der Conicität der Ofenkammer an der Koksseite stärker ausfallen als hinten an der Maschinenseite. Eine Anlage ist auf Grund dieser Abänderungen auf der Zeche „Eintracht Tiefbau" bei Steele errichtet worden. Es gelangt hier eine magere Kohle mit nur 16 % Gasgehalt zur Verkokung. Die Ofenkammer ist im Mittel 450 mm weit, an der Maschinenseite 410 mm, an der Koksseite 490 mm. Die verwendeten Kohlen erfordern eine Garungszeit von 24 bis 26 Stunden.

Wenden wir uns nun zum Schluß den Einrichtungen und Apparaten zu, die zur Gewinnung bezw. Abscheidung der Nebenerzeugnisse dienen,

* Vergl. „Stahl und Eisen" 1895, S. 428.

Nr.	Zechen und Kokereien	Ort	Zu Ende des Jahres vorhandene Oefen					System
			1881	1885	1890	1894	1895	
1	Holland	Wattenscheid	10	10	10	—	—	Dr. C. Otto & Co.
2	A.-G. Kohlendestillation .	Gelsenkirchen	100	100	100	100	100	Hüssner
3	Pluto I	Wanne	—	20	40	40	40	Dr. C. Otto & Co.
4	P. J. Wirtz, Kokerei . . .	Langendreer	—	16	20	48	48	Herbertz
5	G. Schulz, Kokerei . . .	Riemke	—	40	60	60	60	20 Ruppert 40 Dr. C. Otto & Co.
6	Kaiserstuhl I	Dortmund	—	60	60	68	68	6 Brunck 62 Dr. C. Otto & Co.
7	Germania II	Marten	—	60	60	60	60	Dr. C. Otto & Co.
8	Amalia	Werne	—	—	60	60	60	„
9	Shamrock I und II . . .	Herne	—	—	66	66	28	(Rundöfen) dto.
10	Friedrich der Grofse I .	„	—	—	60	60	60	Dr. C. Otto & Co.
11	Julia	„	—	—	—	60	60	„
12	Gneisenau	Derne	—	—	—	60	60	„
13	Recklinghausen II . . .	Bruch	—	—	—	60	60	„
14	Kölner Bergwerks-Verein	Altenessen	—	—	—	60	60	Ruppert
15	Constantin II bis III . .	Bochum	—	—	—	60	120	Dr. C. Otto & Co.
16	Eintracht II	Steele	—	—	—	—	60	„
17	Graf Schwerin	Castrop	—	—	—	—	60	„
18	Hansa	Hukarde	—	—	—	—	60	Ruppert-Collin
19	Consolidation	Schalke	—	—	—	—	60	Ruppert
20	Concordia	Oberhausen	—	—	—	—	60	Dr. C. Otto & Co.
21	Neu-Iserlohn	Langendreer	—	—	—	—	60	„
22	Shamrock I bis IV . . .	Herne	—	—	—	—	120	„
23	Berneck	Bochum	—	—	—	—	60	„
24	Victor	Castrop	—	—	—	—	60	Collin
25	Prosper I	Borbeck	—	—	—	—	60	„
26	Zollverein	Caternberg	—	—	—	—	60	Fr. Brunck
27	Carolinenglück	Bochum	—	—	—	—	40	„
28	Prinz Regent	„	—	—	—	—	60	Dr. C. Otto & Co.
29	Hörder Eisenwerk	Hörde	—	—	—	—	60	„
30	Eisenwerk Hösch	Dortmund	—	—	—	—	100	„
		Summa	110	306	536	862	1864	

so sind im Laufe der Jahre auch hier mancherlei Verbesserungen vorgenommen worden. Die Gasvorlagen werden jetzt wohl ausschliefslich aus schmiedeisernen Rohren zusammengesetzt. Solche Rohre sind inwendig ganz glatt, haben keine Nietnaht und lassen sich daher sehr leicht reinigen. Die auf vielen Anlagen errichteten Luftkühler werden jetzt vielfach mit Streudüsen ausgerüstet, um dem heifsen Gasstrom einen fein vertheilten Regen von Wasser oder Gaswasser entgegenzuwerfen. Sowohl zum Zweck der Abkühlung als der Abscheidung von Ammoniak aus dem Gase, hat sich diese Vorkehrung als sehr wirksam erwiesen. Um an Gebäulichkeiten zu sparen, setzt man neuerdings einen Theil der Apparate ganz ins Freie. Die hierdurch erzielten Ersparnisse sind nicht unwesentliche.

Die für die Nebenerzeugnisse im Laufe der letzten Jahre erzielten Preise gehen aus folgender Aufstellung hervor:

Preise in Mark zu Anfang des betreffenden Jahres:

Product	1885	1886	1887	1888	1889	1890	1891	1892	1893	1894	1895	Einheit
Theer	45	25	15	21	35	36	39	39	29	27	27	1000 kg
Schwefelsaures Ammoniak	240	230	232	240	240	240	230	220	200	270	200	1000 „
Benzol	75	40	65	65	70	63	63	45	39	31	25	100 „

A.

Zuschriften an die Redaction.

Ueber die Ungleichmäfsigkeits-Erscheinungen der Stahlschienen.

Wien, den 7. December 1896.

Geehrte Redaction!

In Nr. 22 Ihrer gesch. Zeitschrift vom 15. November 1896 ist eine kurze Wiedergabe meines Vortrages vom 1. Februar l. J., betreffend die „Ungleichmäfsigkeits-Erscheinungen des Stahlschienenmaterials" aufgenommen, zu welchem der anonyme Verfasser einige Bemerkungen macht, die leicht zu Mifsdeutungen führen könnten, und ich ersuche daher die folgenden Zeilen in der nächsten Nummer Ihrer Zeitschrift gefälligst aufnehmen zu wollen.

Wenn der Verfasser zu dem Schlusse gelangt, dafs bei den vorgeführten Studien unter ganz besonders abnormen Verhältnissen gearbeitet wurde, beziehungsweise das Probematerial hergestellt war, so könnte leicht die Vermuthung entstehen, dafs das Versuchsmaterial ganz speciell für diese Studien hergestellt wurde, was eben nicht zutreffend ist. Die Versuchsstücke wurden im Gegentheil aus den Massenfabricationen einiger Hüttenwerke herausgegriffen. Die constatirten Erscheinungen wurden schon früher an vielen Objecten beobachtet, doch war die Ausführung der Proben nicht hinreichend genau, daher zur Ausführung von Präcisionsproben geschritten wurde, welche ich in meinem Vortrage vollinhaltlich veröffentlicht habe.

Die Warnung davor, den Schlüssen allgemeinere Gültigkeit beizumessen und die vorgenommene Unterscheidung zwischen Rand- und Kernstahl als nothwendiges Attribut eines jeden Schienenprofiles hinzustellen, scheint einer übertriebenen Befürchtung zu entspringen, da ich ausdrücklich und wiederholt bemerkte (Seite 4 und 30), dafs die beobachteten Erscheinungen und die daraus gezogenen Schlufsfolgerungen sich lediglich auf den basischen Martinstahl beziehen, aus welchem die Versuchsstücke hergestellt waren. Auch ist aus meiner Veröffentlichung (Seite 9) zu entnehmen, dafs ich die Bezeichnungen Rand- und Kernstahl nur der Einfachheit wegen und daher auch nur für meinen Vortrag gewählt habe.

Des weiteren mufs ich bemerken, dafs gleiche Versuche auch mit Schienen aus Bessemer- und Thomasstahl hergestellt, und dafs bei diesen Materialien die gleichen Erscheinungen und mitunter sogar viel schärfer ausgeprägt beobachtet wurden. Nachdem gröfsere Versuchsreihen jedoch nur vom Martinstahl vorlagen, so wurden auch nur diese der Oeffentlichkeit übergeben und die beobachteten Erscheinungen, sowie die daraus gezogenen Schlufsfolgerungen nur auf diese Materialgattung bezogen.

Mit Befriedigung mufs die Nachricht begrüfst werden, dafs kein deutsches und auch kein österreichisches Werk bekannt ist, auf welchem das Schienenmaterial noch nicht als ein Specialstahl aufgefafst wird, welchem eine entsprechende Sorgfalt in der Erzeugung zu theil werden mufs. Wenn der geehrte Verfasser jedoch der Ansicht ist, dafs wir heute schon an der Grenze des Wünschenswerthen und Erreichbaren angelangt sind, so kann ich mich dieser Auffassung nicht anschliefsen und bin im Gegentheil der Ansicht, dafs der Hüttentechniker, auf der Bahn des Fortschrittes weiterschreitend, nicht nur die noch vorhandenen Ungleichmäfsigkeiten des Materials weiter einschränken, sondern auch die Qualität des Schienenstahles dem speciellen Zweck entsprechend modificiren wird.

Bei Besprechung der Forderung, dafs es endlich an der Zeit wäre, das Schienenmaterial als einen Specialstahl aufzufassen, welcher eine entsprechende Sorgfalt in der Erzeugung erfordert, wird meine Aeufserung, dafs die Hütten vorläufig noch nicht in der Lage sind, ein in allen Theilen gleichmäfsiges Material zu erzeugen, aus dem Zusammenhange herausgerissen und dazu die Bemerkung gemacht, dafs die Erreichung dieser „Idealfabrication" in der Praxis aufserhalb des Bereiches der Möglichkeit liegt, dafs man aber in der Lage ist, die Ungleichmäfsigkeiten des Materials auf ein zulässiges Mafs einzuschränken. Beim Lesen dieser Zeilen gewinnt man unwillkürlich den Eindruck, als ob die Herstellung eines solchen „Idealmaterials" von mir verlangt worden wäre, während in meiner Veröffentlichung deutlich zu lesen ist, dafs ich auf die Möglichkeit der Einschränkung der Ungleichmäfsigkeiten hingewiesen habe (Seite 30) und, um für Hauptlinien ein praktisch gleichmäfsiges Material zu erhalten, die Abtrennung des oberen Schopf-Endes für Schienen zu Nebenzwecken als wünschenswerth bezeichnete.

Die Erfahrung, dafs auf Grund derselben Lieferungsbedingungen abgenommene Schienen ein sehr ungleiches Verhalten im Betriebe zeigen können, führte zu der Erkenntnifs, dafs die heute gebräuchlichen Festigkeitsproben nicht vollkommen entsprechend und auch nicht ausreichend sind, um für den Hüttentechniker ein unverrückbares Ziel abzugeben, nach welchem derselbe zu streben hat. Diese Erwägungen waren mit ein Grund zur Ausführung der vorgeführten Studien, wobei noch zu bemerken ist, dafs der Eisenbahntechniker bei solchen Studien in einer ungleich ungünstigeren Lage sich befindet, da er seine Versuchsstücke aus der großen Masse herausgreift, also vom Zufall abhängig ist (Tabelle I auf Seite 5), was beim Hüttentechniker, der seine Proben mit Vorbedacht wählen kann, eben nicht der Fall ist. Auch ist zu berücksichtigen, dafs die praktische Erprobung des Schienenmaterials zumeist eine lange Reihe von Jahren erfordert, so dafs nur wenige Eisenbahntechniker in die Lage kommen zu sehen, wie sich ihre bezüglichen Ideen bewähren.

Was die Bemerkung betrifft, dafs ich bei dem Facit der Untersuchungen zu geringen Werth dem Einflusse der Behandlung der Blöcke und der mechanischen Bearbeitung beigemessen, so verweise ich auf Seite 85 meiner Broschüre, wo zu lesen ist, dafs ich die Behandlung der Blöcke nicht in den Rahmen meines Vortrages einbezogen habe, weil die eventuell daraus entstehenden Ungleichmäfsigkeiten des Materials keiner Gesetzmäfsigkeit unterliegen, während ich auf Seite 83 im Gegensatze zu Sauveur den Einflufs der mechanischen Bearbeitung auf die physikalischen Eigenschaften des Materials zugebe, jedoch die Ansicht zum Ausdruck bringe, dafs diesem Einflusse allgemein ein zu grofser Werth beigemessen wird.

Nachdem ich als Uebernahmsingenieur der Nordbahn sehr häufig österreichische Hüttenwerke besuche, so ist mir die Thatsache, dafs Aetzproben in den Hüttenwerken als Hülfsmittel zur Erkennung der Ungleichmäfsigkeiten des Materials dienen, viel geläufiger, als der Verfasser anzunehmen scheint. Auch ist die Aetzprobe schon viel zu lange bekannt und dabei ein so vortreffliches und einfaches Mittel, dafs garnicht angenommen werden kann, dieselbe könnte in den Hüttenwerken nicht fleifsig geübt werden, wenngleich die Erklärungen für die zu beobachtenden Erscheinungen oft sehr divergirend sind. Wenn ich jedoch auf Seite 12 meiner Broschüre den Wunsch äufserte, dafs die Aetzprobe mehr Beachtung finden sollte, wenngleich es nicht in der Weise zu erfolgen hätte, wie es in den Bedingungen einer deutschen Bahn und zwar schon im Jahre 1862 geschehen ist, in welchen es heifst: „die gebeizten Flächen dürfen weder ungleich harte und weiche Stellen oder Adern, noch kleine Löcher im Material und namentlich nicht an den Rändern des Profils erkennen lassen", so ist aus diesen Zeilen unzweifelhaft zu erkennen, dafs mein oben geäufserter Wunsch sich nur auf die Anwendung der Aetzprobe bei Uebernahmen bezogen haben konnte, und ebenso, dafs die früher genannte „Idealfabrication" mir vollständig fern gelegen war.

Zum Schlusse mufs ich noch bemerken, dafs der Sache mehr gedient gewesen wäre, wenn der Verfasser die Resultate, die anderwärts erhalten wurden, und welche grundverschieden von jenen sein sollen, welche ich veröffentlicht habe, diesen Resultaten gegenübergestellt hätte. Ein solcher Vorgang ist bei technischen Fragen gebräuchlich und wäre bei der Wichtigkeit des Gegenstandes auch zu erwarten gewesen. Es ist nicht anzunehmen, dafs die Erscheinungen beim Erstarren der Blöcke und der Einflufs der darauf folgenden Verarbeitung derselben anderwärts wesentlich verschieden sind von jenen, welche bei dem von mir vorgeführten Versuchsmateriale beobachtet wurden, und es ist daher auch nicht anzunehmen, dafs die Materialungleichmäfsigkeiten anderwärts wesentlich verschieden sind von jenen, welche bei den Versuchsschienen der Nordbahn beobachtet wurden. Sind nun die hier beobachteten Erscheinungen und die hierfür gegebenen Erklärungen zutreffend, dann müssen dieselben im grofsen und ganzen auch auf andere Stahlschienen anwendbar sein. Da nun ferner viele im Betriebe beobachtete Anbrüche bei Stahlschienen Begrenzungen erkennen lassen, welche einen unverkennbaren Zusammenhang mit der Erstarrungslinie und dem Kernstahl zeigen, so ist der Schlufs, dafs diese von Einflufs auf die Haltbarkeit der Schiene sind, jedenfalls gerechtfertigt. Sollte jedoch von anderer Seite eine entsprechendere Erklärung gegeben werden, so soll es mich sehr freuen, durch Veröffentlichung eines negativen Resultates die Anregung zu einem weiteren Schritt in der Erkenntnifs der Materialeigenschaften gegeben zu haben. Solange dieses jedoch nicht geschehen ist, mufs Einsprache erhoben werden gegen Bemerkungen, welche durch Versuche nicht erhärtet sind, der Sache nicht dienen und, wenn auch unbeabsichtigt, nur dazu geeignet sein können, die seriösen Studien der Kaiser-Ferdinand-Nordbahn in einem zweifelhaften Lichte erscheinen zu lassen.

Genehmigen Sie den Ausdruck meiner vorzüglichsten Hochachtung!

Ingenieur *Anton v. Dormus.*

* *

Getreu dem Grundsatze „audiatur et altera pars", bringen wir vorstehende Zuschrift des geschätzten Verfassers der Schrift: „Ueber die Ungleichmäfsigkeits-Erscheinungen der Stahlschienen" zum Abdruck. Indem wir die kritischen Bemerkungen, welche über letztere in dem in Nr. 22 dieser Zeitschrift veröffentlichten Auszug enthalten sind, zu den unsrigen machen, begnügen wir uns, auf die vorstehenden Einwendungen das Folgende zu berichtigen:

1. Es ist in unserm Artikel in Nr. 22 nirgendwo, auch nicht andeutungsweise, behauptet, dafs das Dormussche Versuchsmaterial „ganz speciell für diese Studien" hergestellt sei; es ist nur festgestellt, dafs „das Probematerial unter ganz besonderen abnormen Verhältnissen hergestellt war".

An dieser Ansicht halten wir auch heute fest.

Unter Hunderten von durchbrochenen Schienenblöcken haben wir nicht einen einzigen Fall gefunden, in welchem der Bruch dem von Dormus mitgetheilten Bild (Abbild. 7 und 9) auch nur entfernt ähnlich gesehen hätte. Erscheinungen, welche Dormus als Regel hinstellt, sind unseres Erachtens durchweg nur als nicht schwierig vermeidbare Ausnahmefälle bekannt.

2. Dafs Verfasser seine Schlufsfolgerungen in Bezug auf Ungleichmäfsigkeiten, lediglich auf basischen Martinstahl hat beschränken wollen, war nicht unzweifelhaft aus dem Inhalt und aus dem Titel überhaupt nicht ersichtlich.

Wir müssen aber auch Einspruch dagegen erheben, dafs Dormus seine Schlufsfolgerungen auf basischen Martinstahl im allgemeinen ausdehnt, da auch dort die von Dormus geschilderten Vorkommnisse nicht zutreffen.

3. In unserm Aufsatz ist ebenfalls nirgendwo gesagt, dafs wir heute schon an der Grenze des Wünschenswerthen und Erreichbaren in der Schienenfabrication angelangt seien. Die diesbezüglichen Bemerkungen sind daher hinfällig.

4. Es ist von uns nirgendwo der Ernst der Studien der Kaiser-Ferdinand-Nordbahn in Zweifel gezogen worden; sie haben im Gegentheil als beachtenswerther Beitrag die gebührende Anerkennung gefunden. Unser Einspruch hat sich lediglich auf die Unzulässigkeit der Verallgemeinerung der Schlufsfolgerungen bezogen, welche aus den Versuchsreihen mit 15 Stück, im sogenannten combinirten, sonst kaum üblichen Verfahren hergestellten Schienen sich ergeben hatten.

Wenn Verfasser weiter von uns verlangt, dafs wir aus der Allgemeinheit heraus den Gegenbeweis liefern sollen, so müssen wir sagen, dafs wir — entgegen seiner Meinung — der Auffassung sind, dafs es unmöglich unsere Sache sein kann, den negativen Gegenbeweis zu führen, dafs es vielmehr gilt, die Zulässigkeit der positiven, auf Einzelfällen besonderer Art begründeten Verallgemeinerungen zu erhärten.

Die Redaction.

Erzeugung der deutschen Eisen- und Stahlindustrie mit Einschlufs Luxemburgs

in den Jahren 1893 bis 1895 bezw. 1886 bis 1895.*

(Nach den Veröffentlichungen des Kaiserlichen Statistischen Amtes zusammengestellt von **Dr. H. Rentzsch.**)

In dem Rundschreiben Nr. 20 des „Vereins deutscher Eisen- und Stahlindustrieller" heifst es:

„Von dem Kaiserlichen Statistischen Amte ist die Production der Berg- und Hüttenwerke des Deutschen Reichs für 1895 veröffentlicht worden. Leider sind 113 Eisengiefsereien, 7 Schweifseisen- und 6 Flufseisenwerke mit ihren Antworten im Rückstand geblieben, von denen nur 65 Eisengiefsereien, 5 Schweifseisen- und 4 Flufseisenwerke mit ihrer Production amtlich abgeschätzt werden konnten, während 48 Giefsereien, 2 Schweifseisenwerke und 2 Flufseisenwerke mit einer Production von etwa 17600 t Eisengufswaaren im Werthe von 3630000 *M*, 3550 t Schweifseisenfabricate im Werthe von 620000 *M* und 850 t Flufseisenfabricate im Werthe von 180000 *M* durch private Sachverständige abgeschätzt worden sind.

Da eine vollständig zutreffende Ermittlung der Production für die Hüttenwerke selbst von grofsem Werth ist und die Bestrebungen unseres Vereins sich in vielen Fällen auf die Statistik zu stützen haben, darf die dringende Bitte wiederholt werden, dafs alle Herren Eisenindustriellen, vorzugsweise die geehrten Mitglieder unseres Vereins, die Mühe nicht scheuen wollen, die (demnächst wieder auszugebenden) montanstatistischen Fragebogen für 1896 so vollständig wie möglich auszufüllen und sodann an die betreffenden Behörden zurückgelangen zu lassen."

* Vergl. „Stahl und Eisen" 1896, Nr. 1, S. 31.

I. Eisenerzbergbau.

	1893	1894	1895
Producirende Werke	561	537	491
Eisenerz-Förderung . . . t	11457533	12392065	12349600
Werth *M*	39801065	42177542	41075742
Werth einer Tonne „	3,47	3,40	3,32
Arbeiter	34845	34912	33556

II. Roheisen-Erzeugung.

		1893	1894	1895
Producirende Werke		103	102	104
Holzkohlenroheisen	t	23 886	20 376	16 879
Koksroheisen und Roheisen aus gemischtem Brennstoff	t	4 962 117	5 359 663	5 447 622
Sa. **Roheisen überhaupt**	t	4 986 003	5 380 039	5 464 501
Werth	ℳ	216 326 301	231 569 647	236 952 007
Werth einer Tonne	„	43,39	43,04	43,36
Verarbeitete Erze	t	12 554 966	13 546 465	13 765 799
Arbeiter		24 201	24 110	24 059
Vorhandene Hochöfen		263	258	263
Hochöfen in Betrieb		204	208	212
Betriebsdauer dieser Oefen	Wochen	9 747	9 878	9 929
Giefserei-Roheisen	t	739 737	840 095	855 797
Werth	ℳ	36 563 437	40 146 632	40 565 224
Werth einer Tonne	„	49,43	47,79	47,40
Bessemer- und Thomas-Roheisen	t	2 831 635	3 160 848	3 373 223
Werth	ℳ	118 611 542	132 898 550	143 237 770
Werth einer Tonne	„	41,89	42,05	42,46
Puddel-Roheisen	t	1 370 298	1 334 559	1 193 992
Werth	ℳ	57 080 544	54 415 028	49 513 430
Werth einer Tonne	„	41,66	40,77	41,47
Gufswaaren I. Schmelzung	t	34 697	34 529	31 712
Werth	ℳ	3 607 296	3 652 691	3 226 209
Werth einer Tonne	„	103,97	105,79	101,74
Gufswaaren I. Schmelzung: Geschirrgufs (Poterie)	t	820	2 803	2 057
Gufswaaren I. Schmelzung: Röhren	t	14 049	14 336	13 524
Gufswaaren I. Schmelzung: Sonstige Gufswaaren	t	19 828	17 390	16 131
Bruch- und Wascheisen	t	9 635	10 007	9 777
Werth	ℳ	463 482	456 746	409 374
Werth einer Tonne	„	48,10	45,64	41,87

III. Eisen- und Stahlfabricate.

1. Eisengiefserei (Gufseisen II. Schmelzung).

		1893	1894	1895
Producirende Werke		1 221	1 235	1 232
Arbeiter		63 552	66 131	67 903
Verschmolzenes Roh- und Brucheisen	t	1 234 490	1 307 116	1 341 302
Production: Geschirrgufs (Poterie)	t	65 001	69 905	73 588
Production: Röhren	t	188 003	189 932	165 022
Production: Sonstige Gufswaaren	t	797 277	861 353	916 225
Production: **Summa Gufswaaren**	t	1 050 281	1 121 190	1 154 835
Werth	ℳ	175 014 924	176 367 257	185 026 084
Werth einer Tonne	„	166,64	157,30	160,22

2. Schweifseisenwerke (Schweifseisen und Schweifsstahl).

		1893	1894	1895
Producirende Werke		218	213	208
Arbeiter		40 342	38 851	38 190
Halbfabricate: Rohluppen und Rohschienen zum Verkauf	t	94 066	77 008	83 826
Halbfabricate: Cementstahl zum Verkauf	t	1 729	—	242
Sa. der **Halbfabricate**	t	95 796	77 008	84 068
Werth „ „	ℳ	7 040 313	5 580 854	5 991 726
Werth einer Tonne	„	73,70	72,47	71,27
Fabricate: Eisenbahnschienen und Schienenbefestigungstheile	t	11 710	6 485	1 493
Fabricate: Eiserne Bahnschwellen und Schwellenbefestigungstheile	t	3 430	204	614
Fabricate: Eisenbahnachsen, -Räder, Radreifen	t	6 787	10 865	5 332
Fabricate: Handelseisen, Form-, Bau-, Profileisen	t	807 894	820 679	789 804
Fabricate: Platten und Bleche, aufser Weifsblech	t	118 474	111 185	91 318
Fabricate: Weifsblech	t	—	—	—
Fabricate: Draht	t	57 699	57 442	36 818
Fabricate: Röhren	t	23 274	22 861	33 255
Fabricate: Andere Eisen- und Stahlsorten (Maschinentheile, Schmiedstücke u. s. w.)	t	48 796	32 086	34 019
Sa. der **Fabricate**	t	1 078 065	1 061 808	992 652
Werth „ „	ℳ	134 457 583	123 833 707	114 909 564
Werth einer Tonne	„	124,72	116,63	115,76
Sa. der **Halb- und Ganzfabricate***	t	1 177 661	1 138 816	1 076 720
Werth „ „ „ „	ℳ	142 066 000	129 414 561	120 901 290
Werth einer Tonne	„	120,68	113,64	112,29

* Einschliefslich aller geschätzten Werke.

3. Flufseisenwerke.

			1893	1894	1895
Producirende Werke			139	146	149
Arbeiter			65 944	69 372	75 080
Halbfabricate	Blöcke (Ingots) zum Verkauf	t	230 185	265 488	283 294
	Blooms, Billets, Platinen u. s. w. zum Verkauf	t	701 384	767 423	848 163
	Sa. der **Halbfabricate**	t	931 569	1 032 911	1 131 457
	Werth „ „	ℳ	69 562 278	74 350 826	80 320 012
	Werth einer Tonne	„	74,67	71,98	70,99
Fabricate	Eisenbahnschienen und Schienenbefestigungstheile	t	483 228	568 819	493 855
	Bahnschwellen und Befestigungstheile	t	150 110	138 276	143 207
	Eisenbahnachsen, -Räder, Radreifen	t	80 049	85 182	109 784
	Handelseisen, Fein-, Bau-, Profileisen	t	694 647	875 001	1 020 700
	Platten und Bleche, aufser Weifsblech	t	309 391	354 327	448 253
	Weifsblech	t	27 406	31 261	31 156
	Draht	t	394 676	447 126	465 647
	Geschütze und Geschosse	t	15 015	15 804	8 691
	Röhren	t	8 343	9 835	12 065
	Andere Eisen- und Stahlsorten (Maschinentheile, Schmiedstücke u. s. w.)	t	69 008	82 680	97 112
	Sa. der **Fabricate**	t	2 231 873	2 608 313	2 830 468
	Werth „ „	ℳ	281 228 324	312 150 231	332 374 280
	Werth einer Tonne	„	126,01	119,68	117,43
Sa. der **Halb- und Ganzfabricate***		t	3 163 442	3 641 224	3 961 925
Werth „ „ „ „		ℳ	350 791 000	386 501 057	412 694 292
Werth einer Tonne		„	110,90	106,15	104,16

Zusammenstellung der Eisenfabricate erster Schmelzung (Hochöfen), zweiter Schmelzung (Eisengiefsereien), sowie der Fabricate der Schweifseisen- und Flufseisenwerke.

		1893	1894	1895
Eisenhalbfabricate (Luppen, Ingots u. s. w.) zum Verkauf	t	1 027 365	1 109 919	1 215 525
Geschirrgufs (Poterie)	t	65 821	72 708	75 645
Röhren	t	233 669	236 964	223 866
Sonstige Gufswaaren	t	817 105	896 643	932 356
Eisenbahnschienen und Schienenbefestigungstheile	t	494 938	575 304	495 348
Eiserne Bahnschwellen und Schienenbefestigungstheile	t	153 540	138 480	143 821
Eisenbahnachsen, Räder, Radreifen	t	86 836	96 047	115 116
Handelseisen, Fein-, Bau-, Profileisen	t	1 502 541	1 695 680	1 810 504
Platten und Bleche, aufser Weifsblech	t	427 865	465 512	539 571
Weifsblech	t	27 406	31 261	31 156
Draht	t	452 375	504 568	502 465
Geschütze und Geschosse	t	15 015	15 804	8 691
Andere Eisen- und Stahlsorten (Maschinentheile, Schmiedstücke u. s. w.)	t	117 804	119 266	131 131
Sa. der **Fabricate***	t	5 439 480	5 958 156	6 247 192
Werth „ „	ℳ	673 749 296	700 112 566	726 277 875
Werth einer Tonne	„	123,86	117,34	116,25

IV. Kohlen-Förderung.

			1893	1894	1895
Steinkohlen		t	73 852 330	76 741 127	79 169 276
	Werth	ℳ	498 395 022	500 100 213	538 895 144
	Werth einer Tonne	„	6,80	6,68	6,85
	Arbeiter		290 632	299 627	303 937
Braunkohlen		t	21 573 823	22 064 575	24 788 363
	Werth	ℳ	55 022 977	53 151 635	58 011 283
	Werth einer Tonne	„	2,57	2,44	2,38
	Arbeiter		36 586	35 620	37 476

V. Beschäftigte Arbeitskräfte.

	1893	1894	1895
Eisenerzbergbau	34 845	34 912	33 556
Hochofenbetrieb	24 201	24 110	24 059
Eisenverarbeitung	169 838	174 354	181 173
Zusammen	228 884	233 376	238 788

* Einschliefslich aller geschätzten Werke.

Zehnjährige Uebersicht der Gesammterzeugung an Eisen. (Menge in Tonnen zu 1000 kg.)

	1886	1887	1888	1889	1890	1891	1892	1893	1894	1895
Erze.										
Eisenerze im Deutschen Reich	6 051 579	6 701 395	7 402 382	7 831 569	8 046 719	7 555 461	8 168 841	8 105 595	8 433 784	8 436 523
" in Luxemburg	2 434 179	2 649 711	3 261 925	3 170 618	3 359 413	3 102 060	3 370 292	3 351 938	3 958 281	3 913 077
Sa. Eisenerze	8 485 758	9 351 106	10 664 307	11 002 187	11 406 132	10 657 521	11 539 133	11 457 533	12 392 065	12 349 600
Hüttenproducte.										
Roheisen.										
Deutsches Reich: a) Masseln	3 084 281	3 485 652	3 767 005	3 919 865	4 058 788	4 049 025	4 307 048	4 383 382	4 655 685	4 728 198
Deutsches Reich: b) Gufswaaren I. Schmelzung	30 179	31 384	30 442	29 295	32 812	36 963	34 149	34 697	34 529	31 712
Deutsches Reich: c) Bruch- und Wascheisen	13 556	14 878	15 898	13 664	7 937	10 235	9 748	9 655	10 007	9 777
Roheisen in Luxemburg	400 641	492 039	523 776	561 734	558 913	544 994	586 516	558 289	679 817	694 814
Sa. Roheisen	3 528 657	4 023 953	4 337 121	4 524 558	4 658 450	4 641 217	4 937 461	4 986 003	5 380 038	5 464 501
Fabricate.										
Deutsches Reich.										
I. Gufseisen.										
a) Gufswaaren I. Schmelzung	30 179	31 384	30 442	29 295	32 812	36 963	34 149	34 697	34 529	31 712
b) " II. "	704 565	750 754	823 636	984 979	1 024 475	1 013 254	1 065 009	1 042 517	1 112 861	1 146 088
II. Schweifseisen.										
a) Rohluppen und Rohschienen zum Verkauf	51 264	75 642	85 000	75 880	74 901	68 888	83 654	94 066	77 068	83 826
b) Cementstahl zum Verkauf	287	150	645	632	504	223	352	1 729	—	212
c) Fertige Eisenfabricate	1 392 508	1 549 185	1 598 798	1 673 449	1 486 658	1 441 653	1 270 287	1 078 665	1 061 898	992 652
III. Flufseisen.										
a) Blöcke zum Verkauf	121 770 (a + b)	574 520 (a + b)	103 029	147 066	147 072	171 530	258 036	230 185	265 488	283 294
b) Blooms, Billets u. s. w. zum Verkauf			461 075	522 974	471 244	549 956	541 446	701 384	767 423	848 163
c) Fertige Flufseisenfabricate	954 586	1 163 881	1 298 574	1 425 439	1 615 783	1 844 063	1 976 735	2 231 873	2 608 313	2 830 468
Zusammen im Deutschen Reich	3 512 127	4 154 319	4 371 497	4 859 714	4 845 449	5 104 900	5 158 758	5 414 516	5 927 430	6 216 445
Luxemburg.										
Gufseisen.										
a) Gufswaaren I. Schmelzung	—	—	—	—	—	—	—	—	—	—
b) " II. "	2 585	3 774	4 615	4 643	5 909	7 063	6 281	7 764	8 328	8 747
Schweifseisen und Flufseisen.										
c) Fertige Eisenfabricate	11 574	?	?	?	?	?	?	?	?	?
Zusammen Luxemburg	14 159	3 774	4 615	4 643	5 909	7 063	6 281	7 764	8 328	8 747
Sa. Deutschland und Luxemburg	3 526 286	4 158 203	4 375 812	4 864 357	4 851 358	5 111 963	5 165 039	5 422 280	5 935 758	6 225 192
abgeschätzte Werke	—	—	—	—	—	—	—	17 200	22 400	22 000
	—	—	—	—	—	—	—	5 439 480	5 958 158	6 247 192
Werth in *M*	446 557 514	517 610 522	570 050 071	689 681 957	758 700 012	715 479 668	675 417 653	673 748 718	700 112 566	726 277 875

Bericht über in- und ausländische Patente.

Patentanmeldungen,

welche von dem angegebenen Tage an während zweier Monate zur Einsichtnahme für Jedermann im Kaiserlichen Patentamt in Berlin ausliegen.

10. December 1896. Kl. 7, F 9840. Selbstthätige Ausrückvorrichtung für Drahtziehbänke mit Riemenantrieb. Wilh. Frese, Dortmund.

Kl. 19, G 10 166. Schienenstofsverbindung. Hans von Gersdorff, Lüben, Schlesien.

Kl. 20, G 10866. Vorrichtung zur selbstthätigen Verschiebung der Seiltragrolle aus der Bewegungsbahn des Mitnehmers bei Zugseilförderung. Carl Gerhold, Düsseldorf.

Kl. 20, St. 4700. Mitnehmer für Seilförderung. Gustav Stephan, Weifsstein, Reg.-Bez. Breslau.

Kl. 49, G 9648. Einrichtung zum Ausschmieden von Metallschienen. Joseph Girlot und Charles Castin, Jumet, Belgien.

Kl. 49, H 16890. Fallwerk mit geradlinig geführtem Hammerbär. Gebr. Hartkopf, Solingen.

Kl. 49, S 9622. Biegemaschine für beliebig profilirte Metallstäbe. Montague Shaun und R. E. Churchill Shaun, London, Engl.

14. December 1896. Kl. 19, Sch 11 859. Strafsenbahnschiene. H. Schwartzenbauer, Berlin.

Kl. 20, D 7576. Seilklemmzange für Förderwagen. Vinzent Dypka, Chropaczow, Kreis Beuthen.

Kl. 40, B 18935. Verfahren und Vorrichtung zur Gewinnung von metallischem Zink aus zinkhaltigen Gasen. Robert Biewend, Clausthal, und Actiengesellschaft für Zinkindustrie vormals Wilhelm Grillo, Oberhausen.

Kl. 40, D 7575. Elektroden-Anordnung bei Apparaten zur Elektrolyse im Schmelzflufs. Pierre Dronier, Paris.

Kl. 40, H 17474. Verfahren zur Auslaugung des Silbers aus silberartigen Anodenschlämmen. Ernst Hasse, Friedrichshütte, Oberschl.

Kl. 40, L 9594. Verfahren zur Trennung von Metallgemengen. Peter Langen Sohn, Duisburg.

Kl. 49, S 9375. Fischband mit aus Flacheisen gerollter Hülse. Friedrich Sperling, Berlin.

Kl. 78, W 11514. Zündschnur, welche die Zündung ohne Feuererscheinung fortpflanzt: 4. Zusatz zum Patent 88117. Max Wagner, Berlin.

17. December 1896. Kl. 40, Sch 11689. Einrichtung zur gleichzeitigen Gewinnung von Blei und Zink. Richard Schneider, Dresden.

Kl. 49, M 11750. Walzwerk zur Herstellung von Scheibenrädern und ähnlichen Gegenständen. H. Müller, Ruhrort.

21. December 1896. Kl. 20, H 17499. Seilgabel für maschinelle Streckenförderung. Friedrich Hempel, Waldenburg i. Schl.

Kl. 48, J 3672. Verfahren zur elektrolytischen Abscheidung von Metallen aus milchsäurehaltigen Rädern. Dr. Eduard Jordis, München.

Kl. 48, J 4022. Elektrolytisches Decapirverfahren; Zus. z. Anm. J 3672. Dr. Eduard Jordis, München.

Kl. 49, D 7111. Vorrichtung zum Lochen von Metallblöcken nach Patent Nr. 77141. R. M. Daelen, Düsseldorf.

Kl. 49, H 17334. Walzwerk zum Auswalzen von hohlen Metallblöcken. Paul Hesse, früher in Iserlohn, jetzt in Düsseldorf.

Gebrauchsmuster-Eintragungen.

14. December 1896. Kl. 4, Nr. 66412. Grubenlampenkorb aus plattirtem Drahtgeflecht. Heinrich Freise, Hamme bei Bochum.

Kl. 4, Nr. 66413. Grubenlampenkorb aus einem Metall oder einer Metall-Legirung. Heinrich Freise, Hamme bei Bochum.

Kl. 4, Nr. 66541. Grubenlampenkorb aus einem Geflecht, dessen Schufs und Kette abwechselnd aus schwer- und leichtschmelzbaren Drähten aus Metall oder Metall-Legirung bestehen. Heinrich Freise, Hamme bei Bochum.

Kl. 19, Nr. 66683. Kreisbogenförmige Schienenlasche. Karl Heyer, Dortmund.

Kl. 20, Nr. 66396. Untergestell für elektrische Motorwagen mit Oeffnungen für die Achslager und Tragfedern. Bergische Stahlindustrie, Remscheid.

Kl. 20, Nr. 66397. Drehgestell für elektrische Motorwagen mit Achslagerausschnitten und Nasen zur Anbringung zweier übereinander angeordneter Tragfedern. Bergische Stahlindustrie, Remscheid.

21. December 1896. Kl. 19, Nr. 66783. Schienengeleise aus Halbschienen mit versetzten Stöfsen. Rud. Kieselbach, Rotterdam.

Kl. 49, Nr. 66913. Schmiedeform mit Windsammelraum und strahlenförmig gegeneinander oder nach der Mitte geneigten, nach oben verengten Winddüsen über dem Sammelraum. Carl Friedr. Schubert, Chemnitz.

Kl. 49, Nr. 66959. Werkzeugstahl vom Querschnitt eines annähernd rechteckigen Dreiecks mit abgerundeter Spitze und bogenförmig eingezogenen Seiten. J. Beardshaw & Son, Ld., Sheffield.

Kl. 49, Nr. 66960. Werkzeugstahl vom Querschnitt eines Rechtecks mit muldenförmiger Vertiefung. J. Beardshaw & Son, Ld., Sheffield.

Kl. 49, Nr. 66961. Werkzeugstahl vom Querschnitt eines Dreiecks mit abgerundeter Spitze. J. Beardshaw & Son, Ld., Sheffield.

Kl. 49, Nr. 66962. Werkzeugstahl vom Querschnitt eines Rechtecks mit bogenförmig vertieften Seiten. J. Beardshaw & Son, Ld., Sheffield.

Kl. 49, Nr. 66963. Werkzeugstahl von sternförmigem Querschnitt mit kreisförmiger Seele. J. Beardshaw & Son, Ld., Sheffield.

Kl. 49, Nr. 66964. Werkzeugstahl vom Querschnitt eines rechtwinkligen Dreiecks mit seitlichem Ansatz. J. Beardshaw & Son, Ld., Sheffield.

Deutsche Reichspatente.

Kl. 49, Nr. 88602, vom 16. Mai 1895. Conr. Carduck in Aachen. *Verfahren zur Herstellung von glatten Blechrohrknieen mit nur einer Naht.*

Ein in einer Ziehpresse oder auf einem Fallwerk wie gezeichnet gebogenes Blech *a* wird über einem Dorn in einer Matrize an der Nahtstelle geschlossen, ohne dafs Falten entstehen. Die Verbindung der Nahtkanten erfolgt durch Nieten oder dergleichen.

Kl. 5, Nr. 88478, vom 14. December 1895. Rud. Meyer in Mülheim, Ruhr. *Bohrgestell für mehrere Bohrmaschinen.*

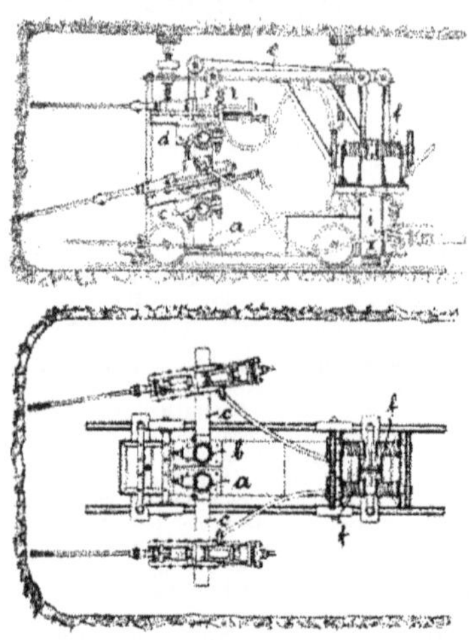

Das Bohrgestell hat 2 Säulen *a b*, auf welchen je 2 seitliche Arme *c d* vermittelst der Ketten *e* und der Windetrommeln *f* der Höhe nach verschoben und vermittelst Druckschrauben festgestellt werden können. Die Höhenverschiebung erfolgt vom hinteren Theile des Gestells aus, ohne den Betrieb der Bohrmaschinen zu beeinträchtigen. Letztere sitzen nach jeder Richtung einstellbar auf den Armen *c d* und erhalten vom Ventil *i* aus das Druckmittel.

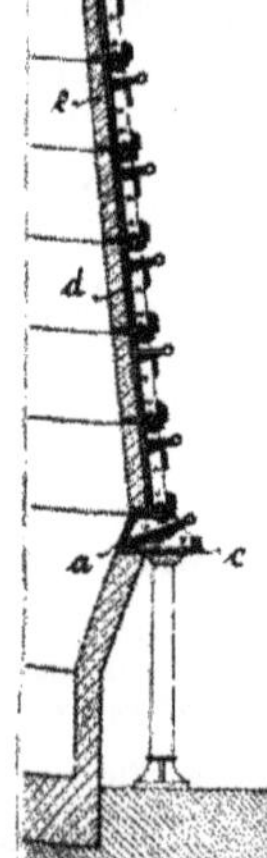

Kl. 18, Nr. 88845, vom 10. August 1895. F. Burgers in Gelsenkirchen. *Eiserne Tragkränze für den Schacht von Hochöfen.*

Der obere Theil der Rast besteht aus einem nach aufsen offenen gufseisernen Tragring *a*, dessen Innenfläche mit der Innenfläche der Rast bündig liegt, während die Aufsenfläche zur Aufnahme von Kühlwasser eingerichtet ist. Der Ring *a* setzt sich aus einzelnen Segmenten zusammen, die an den Stöfsen durch Schrauben und im ganzen durch ein umgelegtes Band *c* vereinigt sind. Aus ähnlichen Ringen *d* ist der Schacht gebildet. Diese Ringe *d* können mit einem feuerfesten Futter *e* versehen sein.

Kl. 5, Nr. 88376, vom 1. Februar 1896. Fauck & Co. in Wien. *Bohrwinde für Tiefbohrung.*

Das Bohrseil *a* ist an der durch eine Schnecke *b* mit Handrad *c* nachstellbaren Trommel *d* befestigt, geht von dort über die fest gelagerte Rolle *e*, dann um eine auf dem Kurbelzapfen *f* sitzende Rolle *g* und hiernach über die, behufs Freilegung des Bohrlochs auf ihrer Welle verschiebbare Rolle *h* bis zum Bohrgestänge *v*. Dreht sich der Kurbelzapfen *f*, so macht das Bohrgestänge *v* einen doppelt so grofsen Hub als der Durchmesser des Kurbelzapfenkreises.

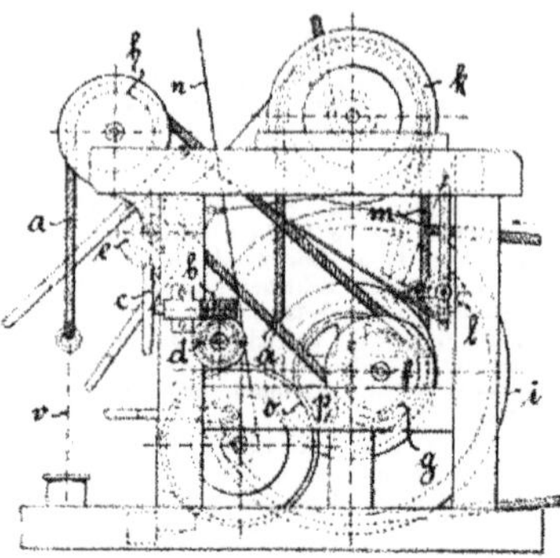

Der Antrieb des Kurbelzapfens *f* erfolgt von der Seilscheibe *i* aus. Die Trommel *k* zum Einlassen und Aufholen des Bohrgestänges *v* wird vermittelst des Seiltriebs *m* beim Anziehen der Spannrolle *l* bewegt, während das Bewegen des Löffelseils *n* durch Einrücken der Reibräder *o p* erfolgt.

Kl. 49, Nr. 88769, vom 18. Januar 1896. Firma Carl Pieper in Berlin. *Prefsform zur Herstellung von Locomotivrahmen und dergl. aus Grobblech.*

Die Prefsform besteht aus einem fest gelagerten Untertheil *a* und dem beweglichen Obertheil *b* mit dem daran lose befestigten Theil c. Die Befestigung von *b c* wird durch Hängestangen *d*, Oesen *e* und Keile *i* bewirkt. Beim Pressen wird das rothwarme

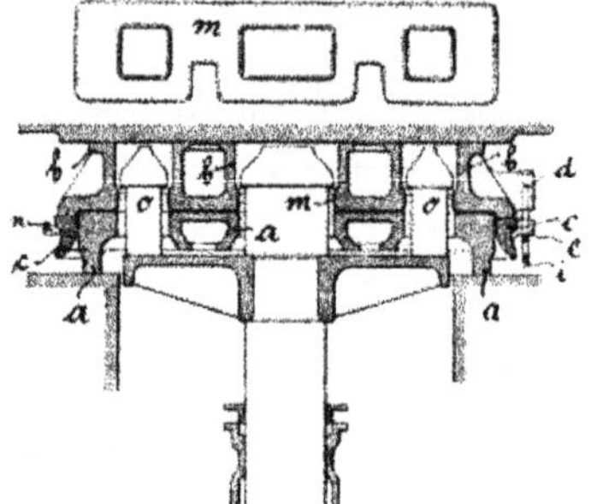

Blech *m* auf den Untertheil *a* gelegt und dann durch Herunterpressen des Obertheils *b c*, welche wie gezeichnet verbunden sind, der äufsere Flantsch gebildet. Sodann pressen die aufwärtsgehenden Stempel *o* die inneren Flantschen an das zwischen Ober- und Untertheil *b c* festgehaltene Blech *m*. Nunmehr verstellt man die Keile *i* und hebt den Obertheil *b* hoch. Derselbe löst sich hierbei zuerst von dem fertig geprefsten Rahmen *m* ab und nimmt dann erst den Theil *c* vermittelst der Keile *i* und den Rahmen *m* vermittelst der vorher vorgeschobenen Riegel *n* mit.

Kl. 49, Nr. 88771, vom 15. März 1896. Firma Carl Pieper in Berlin. *Verfahren zum Profiliren von Blechrohrenden.*

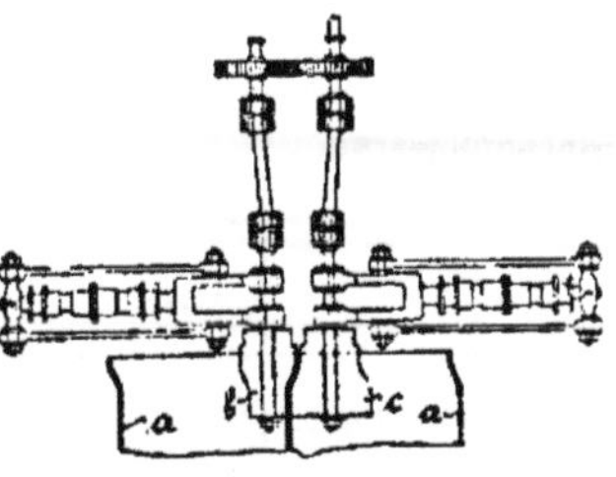

Durch Ueberschieben des Rohres *a* über die linke oder rechte Profilwalze *b c* wird das Ende desselben entweder aufgeweitet oder eingezogen. Man hat demnach nur die Hälfte der sonst üblichen Profilwalzen nöthig.

Kl. 49, Nr. 89010, vom 30. Januar 1896. Jakob Jindrich in Wolnzach, Bayern. *Fallhammer mit veränderlicher Fallkraft.*

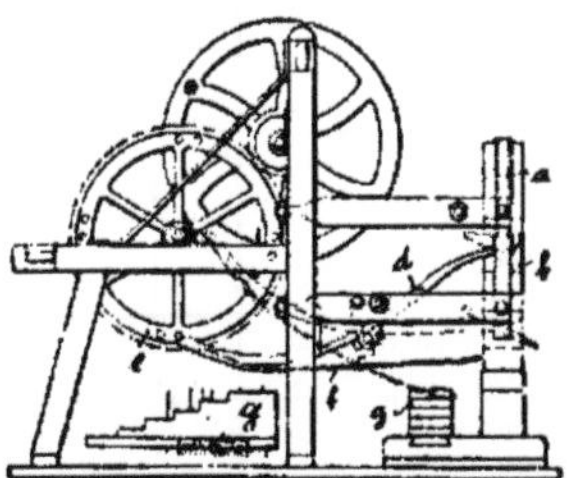

Der in der Führung *a* gleitende Bär *b* wird vermittelst des bei *c* gelagerten zweiarmigen Hebels *d* von dem Stiftenrad *e* gehoben, wobei, um den Schlag des Bärs *b* beliebig regeln zu können, eine am Hebel *d* befestigte Feder *f* auf eine verschiebbare Treppe *g* aufschlägt.

Kl. 19, Nr. 88375, vom 25. Juni 1895. Robert Behrends in Frankfurt a. M. *Vorrichtung zum Verlegen fertig montirter Eisenbahngeleise.*

Auf einem mit Motor versehenen Wagen *a*, der bis an das Ende des fertigen Geleises gefahren wird, ist ein schräger Träger *b* fest gelagert. Auf diesem läuft eine Winde *c*, welche in unbelastetem Zustande durch ein Laufgewicht *d* in der gezeichneten obersten Stellung gehalten wird. In dieser Stellung wird von der Winde *c* ein auf dem Wagen *e* liegendes fertiges Geleisstück *f* erfafst und hochgehoben, wonach Winde *c* und Geleisstück *f* infolge ihres gröfseren Gewichtes unter Verschiebung des Laufgewichtes *d* nach links den Träger *b* nach rechts bis zu dessen Ende herunterrollt. Dort findet die Verlegung des Geleisstückes *f* statt, wonach die Winde *c* selbstthätig wieder nach links rollt und zur Erfassung eines neuen Geleisstückes *f* bereit ist. Die Winde *o* dient zum Herüberziehen der mit Geleisstücken *f* beladenen Wagen *i* von dem hinteren Wagen *k* auf den vorderen Wagen *e*.

Kl. 49, Nr. 89005, vom 1. November 1895. Heinr. Ehrhardt in Düsseldorf. *Abschneidevorrichtung mit mehreren gegeneinander arbeitenden Fräsern.*

Die Fräser *a* sind genau einstellbar in den Köpfen *b* befestigt und greifen bei deren Drehung in entgegengesetzten Richtungen ineinander, ohne sich zu berühren. Die Messerköpfe *b* sind in den Schlitten *c d* gelagert und werden durch mit ihnen verbundene

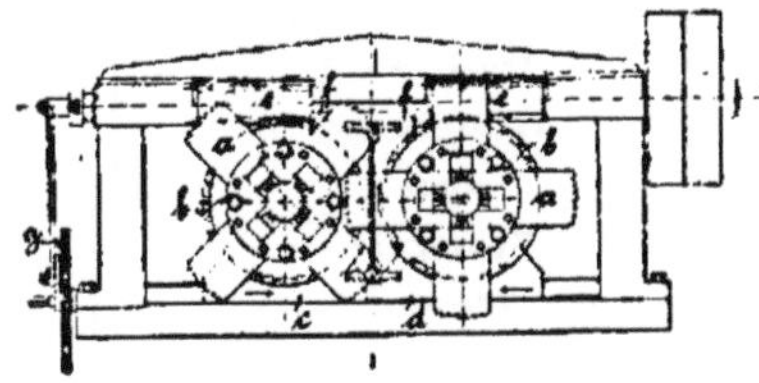

Schneckenräder *f*, in welche die Schnecken *e* greifen, gedreht. Die Verschiebung der Schlitten *c d* erfolgt durch ein Schaltgetriebe *g* und eine Rechts- und Linksschraube.

Kl. 49, Nr. 89011, vom 7. Februar 1896. G. F. Grotz in Brissingen (Württemberg). *Kaltsäge mit Vorrichtung zum Anheben des Sägeblatts beim Rückgang.*

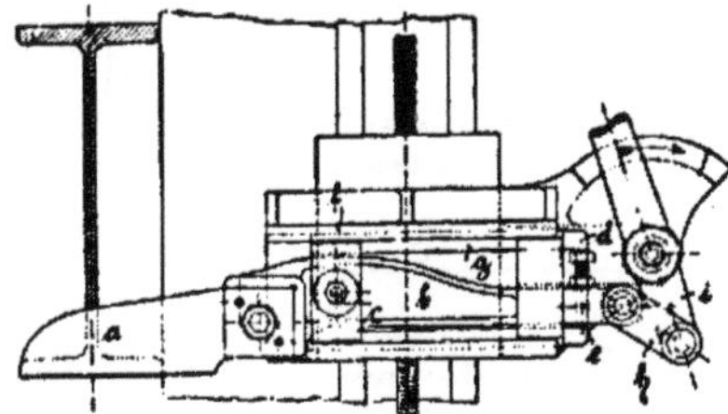

Das Sägeblatt *a* ist starr an einem Hebel *b* befestigt, welcher bei *c* in dem in der Führung *f* gleitenden Schlitten *g* derart gelagert ist, dafs er sich etwa 4 mm zwischen den Anschlägen d *e* bewegen kann. Der Hebel *b* ist durch das Gelenk *h* mit dem Handhebel *i* verbunden, so dafs beim Schnitt der Säge *a* dieselbe gegen das Werkstück (I-Eisen oder Eisenbahnschiene) gedrückt, beim Rückgang der Säge *a* aber von dem Werkstück abgehoben wird.

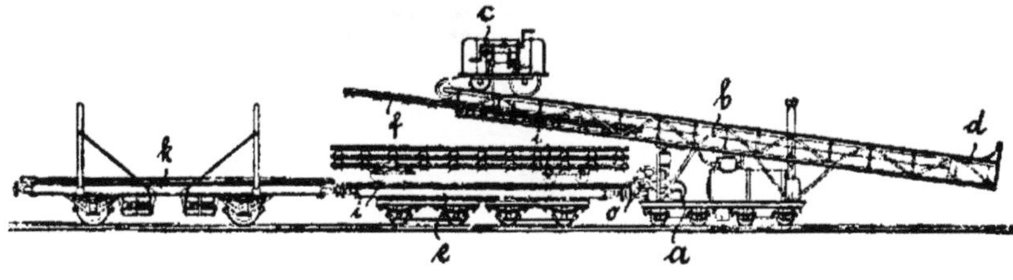

Statistisches.

Statistische Mittheilungen des Vereins deutscher Eisen- und Stahlindustrieller.

Erzeugung der deutschen Hochofenwerke.

	Gruppen-Bezirk.	Monat November 1896.	
		Werke.	Erzeugung. Tonnen.
Puddel-Roheisen und Spiegel-eisen.	*Nordwestliche Gruppe* (Westfalen, Rheinl., ohne Saarbezirk.)	41	66 998
	Ostdeutsche Gruppe (Schlesien.)	10	32 856
	Mitteldeutsche Gruppe (Sachsen, Thüringen.)	—	—
	Norddeutsche Gruppe (Prov. Sachsen, Brandenb., Hannover.)	2	235
	Süddeutsche Gruppe (Bayern, Württemberg, Luxemburg, Hessen, Nassau, Elsafs.)	5	10 651
	Südwestdeutsche Gruppe (Saarbezirk, Lothringen.)	6	23 187
	Puddel-Roheisen Summa	64	133 927
	(im October 1896	63	136 433)
Bessemer-Roheisen.	*Nordwestliche Gruppe*	8	39 932
	Ostdeutsche Gruppe	1	—
	Mitteldeutsche Gruppe	—	—
	Norddeutsche Gruppe	1	4 760
	Süddeutsche Gruppe	1	1 410
	Bessemer-Roheisen Summa	11	46 102
	(im October 1896	9	47 180)
Thomas-Roheisen.	*Nordwestliche Gruppe*	17	140 239
	Ostdeutsche Gruppe	3	16 184
	Norddeutsche Gruppe	1	14 473
	Süddeutsche Gruppe	6	35 259
	Südwestdeutsche Gruppe	8	81 491
	Thomas-Roheisen Summa	35	287 646
	(im October 1896	36	288 735)
Giefserei-Roheisen und **Gufswaaren I. Schmelzung.**	*Nordwestliche Gruppe*	13	38 049
	Ostdeutsche Gruppe	5	3 106
	Mitteldeutsche Gruppe	—	—
	Norddeutsche Gruppe	2	4 635
	Süddeutsche Gruppe	5	21 111
	Südwestdeutsche Gruppe	4	10 091
	Giefserei-Roheisen Sununa	29	76 992
	(im October 1896	31	82 054)

Zusammenstellung.

Puddel-Roheisen und Spiegeleisen	133 927
Bessemer-Roheisen	46 102
Thomas-Roheisen	287 646
Giefserei-Roheisen	76 992
Erzeugung im November 1896	544 667
" ***im October 1896***	554 402
" ***vom 1. Januar bis 30. November 1896***	5 808 263

Berichte über Versammlungen aus Fachvereinen.

Verein deutscher Eisen- und Stahlindustrieller.

Die am 10. December 1896 in Berlin abgehaltene und von Hrn. Geheimrath Gerb. L. Meyer-Hannover geleitete Hauptversammlung nahm zunächst den Geschäftsbericht entgegen, den der Landtagsabgeordnete Bueck-Berlin erstattete. Derselbe verbreitete sich über die Thätigkeit des Vereins betreffend die Verwendung deutschen Schiffbaumaterials für deutsche Schiffe, da der Vorstand beauftragt worden sei, Schritte zu thun, dafs für Schiffbaumaterial die Eisenbahnfrachten so niedrig als möglich bemessen werden, dafs zu allen staatlichen Transporten in Zukunft nur solche Schiffe benutzt werden, die aus deutschem Material hergestellt sind, dafs endlich die deutschen Schiffswerfte bei jeder Bestellung ihre Anfragen wegen Lieferung des Materials an eine Centralstelle richten, die von den deutschen Walzwerken zu bilden ist. Ueber die ganze Frage hat man an den Minister der öffentlichen Arbeiten eine Denkschrift gerichtet, der Veranlassung genommen hat, die Angelegenheit in einer am 10. Juli 1896 durch die Eisenbahndirection Altona anberaumten Conferenz eingehend erörtern zu lassen. Der Frachtermäfsigung sehen die betheiligten Kreise baldigst entgegen. Sodann verbreitet sich Redner über die Wirkung der Handelsverträge, insonderheit des deutsch-russischen Vertrages. Die Wirkungen des letzteren Vertrages sind sehr erfreuliche, obwohl nicht übersehen werden darf, dafs nicht allein die Zollermäfsigungen die Ursache waren, sondern auch die Aufwärtsbewegung im russischen Geschäftsleben, die für den Zeitraum von April 1875 bis ebendahin 1896 auf rund 100 % des vorhergehenden Jahres geschätzt werden kann. Davon sind durch die russische Industrie etwa 50 %, durch die Industrie Oesterreich-Ungarns, Belgiens und Grofsbritanniens etwa 10 % gedeckt worden, während die übrigen 40 % auf die Einfuhr aus Deutschland entfallen. Von den einzelnen Artikeln, in denen die Einfuhr aus Deutschland nach Rufsland besonders gestiegen ist, erwähnt der Vortragende namentlich Bandeisen, Bandstahl und Baueisen; in letzterem (Balken und Träger) wurde infolge der Zollermäfsigung die russische Erzeugung geradezu brach gelegt. Die russische Einfuhr in Baueisen ist auf etwa 20000 t jährlich gestiegen, von denen mindestens 85 % deutschen Ursprungs sind. Bei Schienen für Kleinbahnen trug die Ermäfsigung des Zolls um 10 Kop. zu vergröfserten Bestellungen bei. Aufserdem war die Fracht dafür im russischen Inlande schon seit dem März 1892 herabgesetzt. Dazu kam, dafs die russischen Werke wenig Profile für solche Schienen haben und gerade grofse Aufträge in Eisenbahn-Normalprofilen auszuführen hatten. Deutschland konnte daher grofse Mengen von Kleinbahnschienen liefern, oft in Verbindung mit Waggons u. s. w. Auch wurden in den letzten Jahren von deutschen Werken ganze gröfsere Strecken in russischen Kleinbahnen mit ganzem Inventar gebaut. Eingeführt wurden ferner in erhöhtem Mafse Spiralfedern, Locomotiven, Waggons für Eisen- und Pferdebahnen, Waggonbestandtheile aller Art, elektrische Kabel, dünne Eisen- und Stahldrähte, Maschinen, Locomobilen. In letzteren haben russische Werke die Erzeugung einstellen müssen, und Deutschland hat dem englischen Wettbewerb gegenüber gröfseren Boden gewonnen. Emaillirte Geschirre, Haus- und Küchengeräthe sind ebenfalls in erhöhtem Mafse eingeführt worden. Seit dem Inkrafttreten des Handelsvertrags betheiligen sich an dieser Einfuhr mehrere deutsche Häuser, die früher mit Rufsland nicht in Geschäftsverbindung standen. Kupfer hat seinen alten Platz wieder erobert, Zink wird wieder ausschliefslich aus Schlesien bezogen, soweit nicht polnisches Erzeugnifs den russischen Bedarf deckt. Die Bleieinfuhr ist ziemlich beständig geblieben. Schlesisches Blei beherrscht die südlichen und mittleren russischen Gouvernements, während nach Moskau und in die nördlichen Gegenden mehr englische, amerikanische und andere Marken gehen, da ihnen die billigere Wasserfracht über Petersburg und das sich anschliefsende Kanalsystem einen Vorsprung vor Schlesien bietet. An Rollblei ist die schlesische Einfuhr gering, aber eher im Steigen begriffen. Aus Sachsen, dem Harz und vom Rhein kommt seit mehr als 15 Jahren kein Blei mehr nach Rufsland, zur Zeit kommt nur Schlesien in Betracht. Die fortschreitende Einfuhr nach Rufsland aus Deutschland erläutert Redner schliefslich an nachfolgender Uebersicht: Es wurden eingeführt aus Deutschland an Winkeleisen, Stabeisen, Platten und Blechen, groben Eisenwaaren, Maschinen und Nähmaschinen in Doppelcentnern 1889/90: 650592, 1890/91: 850424, 1891/92: 546086, 1892/93: 626633, 1893/94: 558764, 1894/95: 1971944, 1895/96: 2251233 und in den 7 Monaten vom 1. April 1896 bis 31. October 1896: 1539230.

Redner geht sodann auf die Besserung der allgemeinen wirthschaftlichen Lage näher ein und führt aus, wie der Zusammenschlufs der einzelnen Producentengruppen zur Regelung der Erzeugung und der Preise von gröfster Wohlthat gewesen. Es sei namentlich zu betonen, dafs die Syndicate das übermäfsige Emporschnellen der Preise verhindert haben. Auch die Lage der Landwirthschaft bessere sich seit einiger Zeit, was die Industrie nur mit Befriedigung verzeichnen könne. Durch die aufsteigende Bewegung im wirthschaftlichen Leben ist auch die Arbeiterbewegung etwas lebhafter geworden. Redner weist hierbei auf die Berichte des englischen board of trade hin und bedauert, dafs von unserer deutschen Commission für Arbeiterstatistik ähnliche gediegene Arbeiten bisher noch nicht geleistet seien. In Deutschland liegen nur die socialdemokratischen Gewerkschaftsberichte über Streiks vor. Danach haben die Arbeiter 1895 durch Streiks an 43 Millionen Mark verloren. Eingehender behandelt Redner den Streik in den Steindruckereien namentlich in Bezug auf die Entscheidungen des Gewerbegerichts, durch welche der Streik eine raschere Erledigung fand, als es von Anfang schien.

Von grundsätzlicher Bedeutung sei der Ausstand der Hamburger Hafenarbeiter, bei welchem zum erstenmal die internationalen Bestrebungen der Arbeitervereine thatsächlich in die Erscheinung getreten seien. Der Ausstand sei um so frivoler, als die in Betracht kommenden Arbeiter aufsergewöhnlich gut gestellt waren, wie Redner im einzelnen nachweist. Wir entnehmen den von ihm gegebenen Ziffern nur die eine, dafs von 84 Schauerleuten nur einer unter 2000 ℳ, 65 dagegen 2500 ℳ und die übrigen 2732 ℳ reinen Arbeitsverdienst im Jahre hatten. Andere Schiffsarbeiter haben nachweislich 11,50 ℳ täglich verdient; mit Recht haben daher die Hamburger Arbeitgeber ein Schiedsgericht abgelehnt. Von England aus bestrebt man sich, die internationale Organisation der Arbeiter zu stärken und dann etwa im Frühjahr des nächsten Jahres einen Ausstand in allen Welthäfen ins Leben zu rufen; um so werthvoller sei der Widerstand der Hamburger Arbeitgeber gegen die Annahme des Schiedsgerichts. Dafür zu danken hätten die übrigen Arbeitgeber Deutschlands, die sich mit den Hamburgern solidarisch fühlen müfsten, alle Veranlassung. Die Versammlung beschliefst darauf einstimmig, nachfolgende Resolution telegraphisch an den Verein der Hamburg-Altonaer Arbeitgeber, zu Händen des Herrn Blohm, zu übermitteln:

„Die in Berlin tagende Generalversammlung des Vereins deutscher Eisen- und Stahlindustrieller legt der in Hamburg ausgebrochenen Arbeitseinstellung der Hafenarbeiter insofern eine besondere Bedeutung bei, als die auf den Kampf gegen die Arbeitgeber gerichteten internationalen Bestrebungen der Arbeitervereinigungen bei der Entstehung und während der Dauer dieses Ausstandes zum erstenmal thatsächlich mitgewirkt haben. Die Generalversammlung erkennt die in diesem Umstande für den ruhigen Fortgang der Thätigkeit und Entwicklung aller Nationen liegende Gefahr vollkommen und theilt mit den Arbeitgebern Hamburg-Altonas die Ueberzeugung, dafs jeder selbst nur scheinbare Erfolg der Arbeiter jene Gefahr in bedrohlichster Weise steigern würde. In weiterer Würdigung des Umstandes, dafs die zu den bestbezahlten Arbeitern gehörigen Ausständischen nicht aus Noth, sondern nur, um eine Machtfrage auszutragen, die Arbeit niedergelegt und eine schwere Schädigung des Verkehrs in dem gröfsten und bedeutendsten Hafenplatze Deutschlands herbeigeführt haben, spricht die Generalversammlung den betheiligten Arbeitgebern Hamburg-Altonas ihre vollste Anerkennung für ihr festes einmüthiges Handeln in diesem schweren Kampf aus und erkennt an, dafs dieselben sich durch ihr zielbewufstes opferwilliges Verhalten den angreifenden Arbeitern gegenüber um die gewerbliche Thätigkeit des Vaterlandes in hohem Grade verdient machen."

Die Versammlung trat hierauf in die Berathung der Frage der Betheiligung der deutschen Eisenindustrie an der Pariser Weltausstellung ein. Nachdem der Vorsitzende darauf hingewiesen hatte, dafs im allgemeinen in der deutschen Industrie keine besondere Neigung für Ausstellungen vorhanden sei, weil sie sich nennenswerthe Vortheile davon nicht versprechen könne, man aber immerhin vor die Frage werde gestellt werden, sich in der einen oder anderen Weise zu betheiligen, wolle er namens des Vorstandes empfehlen, die Angelegenheit weiter ausreifen zu lassen und einen entscheidenden Beschlufs noch auszusetzen. Der Vorschlag wurde angenommen.

Hierauf berichtete Hr. Bueck über die Novelle zum Alters- und Invaliditätsversicherungsgesetze, indem er in gedrängter Weise den Inhalt der neuen Bestimmungen erläuterte und kritisirte, wobei er darauf hinwies, dafs es verfehlt wäre, durch neue Vorschriften den Zeitpunkt einer gründlichen Revision dieses Gesetzes noch weiter zu verschieben. Die weitere Behandlung der Vorlage wird zuvörderst in den einzelnen Gruppen, insonderheit in der Düsseldorfer socialpolitischen Commission erfolgen, und es soll sodann der Centralverband deutscher Industrieller wie bei den früheren Arbeiterversicherungsgesetzen die Stellung der Industrie zur Kenntnifs der mafsgebenden Instanzen bringen.

Hierauf wurden die mehrstündigen Verhandlungen geschlossen.

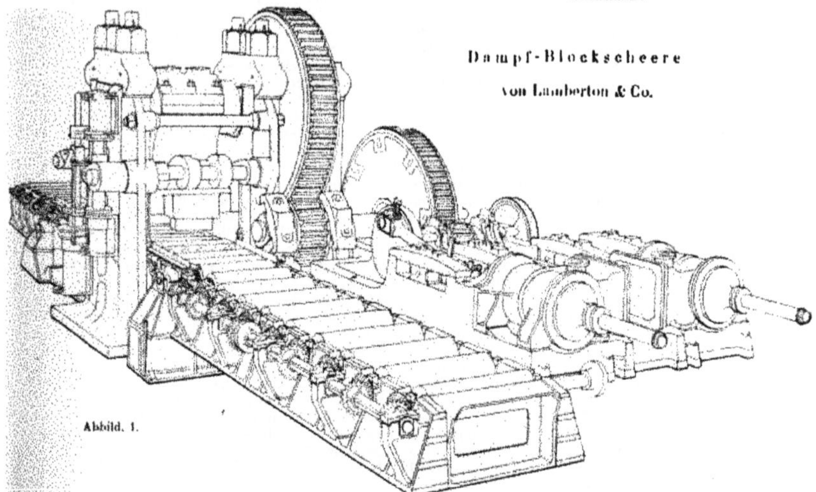
Dampf-Blockscheere von Lamberton & Co.

Abbild. 1.

Institution of mechanical Engineers.

(Fortsetzung von Seite 1026 des vorigen Jahrgangs.)

Die maschinellen Einrichtungen der neueren Stahlwerke in England und Schottland.

Nachdem James Riley in dem ersten Theil seines Vortrags die Walzenzugmaschinen, Vorwalzwerke und hydraulischen Scheeren behandelt hatte, ging er im zweiten Theile auf die Besprechung der Dampf-Blockscheeren über. Die in den Abbildungen 1 bis 3 dargestellten Scheeren von grofser Leistungsfähigkeit und Kraft sind von Lamberton & Co. für Colville & Co. zu Motherwise gebaut und dazu bestimmt, um Brammen von 1525 mm Breite bei 305 mm Dicke zu schneiden.

Die in Abbild. 4 und 5 dargestellte Scheere ist von Buckton & Co. gebaut und für das Blockwalzwerk der Wishaw Steel Works bestimmt; sie soll eine heifse Bramme von 1067 mm Breite und 305 mm Dicke schneiden. Sie wird von einer Zwillingsmaschine mit

Cylindern von 660 mm Durchm. und 508 mm Hub betrieben, das Uebersetzungsverhältnifs des Räder-Vorgeleges ist 30:1. Die Excenterwelle hat 508 mm Durchm. in den Lagerhälsen, die Deckel der Excenterwellenlager werden von vier Bolzen von 267 mm Durchm. niedergehalten, welche durch die Ständer von oben bis unten hindurchgehen. Während ein Block abgescheert wird, wird er auf dem Ambofs der Maschine durch einen selbstthätig wirkenden hydraulischen Druckstempel *F* (Fig. 4), der mit 20 t drückt, niedergehalten: dadurch wird der Block verhindert, unter der Wirkung des Schnitts nach aufwärts zu kippen. Der übrigbleibende Theil des Blocks ruht auf dem Rollapparat *C*, welcher von einem hydraulischen Cylinder, der einen constanten Druck von 20 t ausübt, von unten gestützt wird, so dafs der Block in der Höhe gehalten und verhindert wird, mit seinem hinteren Ende unter der Wirkung des Schnitts abwärts zu kippen. Beide Theile des Blocks bleiben also gezwungenerweise annähernd horizontal, infolgedessen werden die getrennten Enden rechtwinklig abgeschnitten und sind nicht merklich verscherbt. Der Rollapparat *C* sinkt unter dem Drucke des Messerschlittens, kehrt aber nach dem Schnitt in seine frühere Lage zurück. Auf der anderen Seite der Scheere ist ein hydraulisch verstellbarer Hubbegrenzer *M* angebracht, um die Längen der abgeschnittenen Stücke zu bemessen, die von 150 mm bis zu 2443 mm variiren können. Zeiger und Theilung dienen zum Messen. Der Hubbegrenzer kann mit einem hydraulischen Kippcylinder so abgedreht werden, dafs er frei über den vorrückenden Block zu liegen kommt, während letzterer bei dem Vorrücken auf den Tragwellen angehalten und auch wieder zurückgeschoben werden kann, bis er in die genaue Lage für den Schnitt gebracht ist, welche leicht bis auf Bruchtheile eines Zolles regulirt werden kann.

Abbild. 2. Seitenansicht. Dampf-Blockscheere von Lamberton & Co.

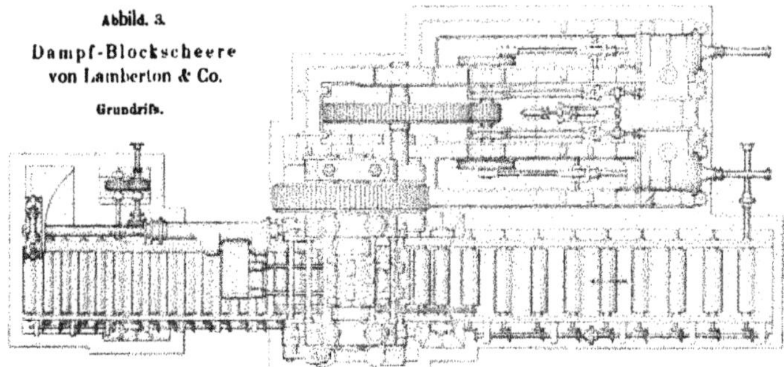

Abbild. 3. Dampf-Blockscheere von Lamberton & Co. Grundrifs.

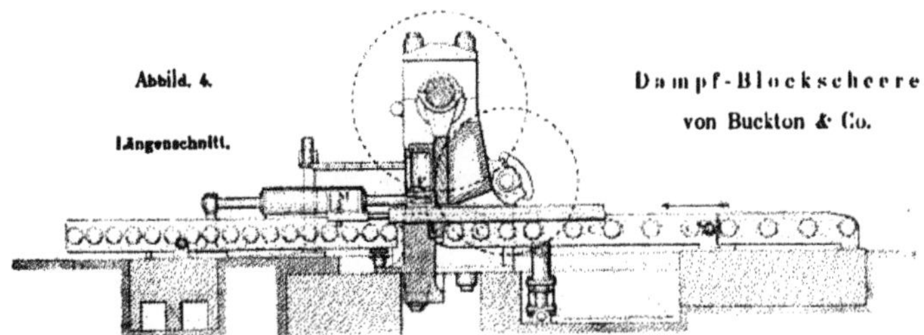

Abbild. 4. Längenschnitt. Dampf-Blockscheere von Buckton & Co.

Blechwalzwerke. In England werden Bleche von ¼ Zoll Dicke und darüber in Reversir-Walzwerken ausgewalzt, namentlich wenn sie von grofser Fläche und grofsem Gewichte, und also schwierig zu handhaben sind. Auf den Abbildungen 6 bis 8 ist das Blechwalzwerk dargestellt, das die Firma Lamberton & Co. den Wishaw-Werken geliefert hat.

Im allgemeinen werden zur Herstellung von Blechen mittlerer Dicke zwei Walzgerüste verwendet, mit Fertigwalzen in Hartgufs wie gebräuchlich. Die Walzen haben 2440 mm Länge und 762 mm Durchmesser. Die beiden oberen Walzen haben einen Hub von 457 mm und werden hydraulisch entlastet. Die Stellschrauben der Blockwalzen werden durch ein Paar kleine horizontale Dampfmaschinen mit der erforderlichen Geschwindigkeit bewegt. Die Hartwalze wird hier von Hand aus verstellt.

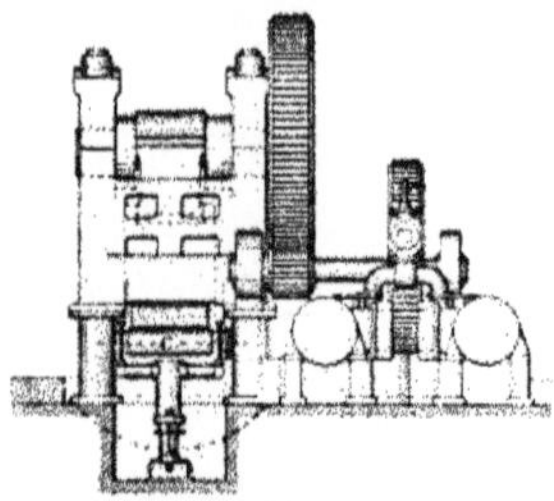

Abbild. 5. Hinteransicht.

Dampf-Blockscheere von Buckton & Co.

Vor und hinter den Walzen befinden sich bewegte Rollen, welche von einem Paar verticaler Maschinen angetrieben werden, die so aufgestellt sind, dafs der Maschinenführer die Operationen übersehen kann. Vor dem Gerüste erstrecken sich die Rollapparate auf eine beträchtliche Entfernung, hinter demselben aber nur auf eine kurze; hier werden sie durch einen Rollenapparat *T* ergänzt, welcher beiden Gerüsten dient und die Brammen oder Platten quer von dem Vorwalzwerk weg bis zu dem Fertigwalzwerk fährt. Der Rollentisch und die Rollen werden von einem Paar verticaler Maschinen in der gewöhnlichen Weise angetrieben. Der Tisch fährt in einer Grube, seine Rollen liegen im Niveau der Hüttensohle, das fertig gewalzte Blech kann rasch und ohne Anstand auf ihn geschoben werden.

In einer Linie mit diesem Gerüste befindet sich ein Walzgerüst für Handelsbleche von den gröfsten Abmessungen. Die Walzen sind 3760 mm lang und haben 1016 mm Durchmesser, die Oberwalze wird hydraulisch entlastet. Die Einbaustücke sind von Stahl mit schweren Bronzelagerschalen. Dieses

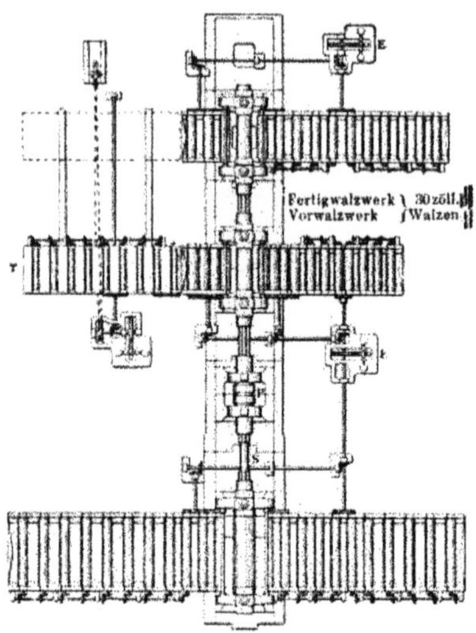

40zölliges Vorwalzwerk.

Abbild. 6.

Blechwalzwerk von Lamberton & Co.

Gerüst ist mit einer Schraubenstellvorrichtung versehen, die von horizontalen Maschinen angetrieben wird, die auf dem oberen Theile eines der Gerüstständer angebracht sind; jede der Schrauben kann für sich allein bewegt werden.

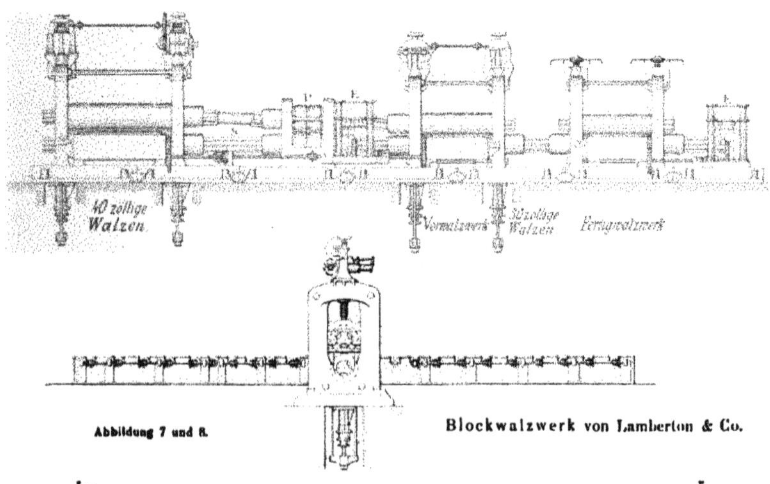

Abbildung 7 und 8. Blockwalzwerk von Lamberton & Co.

Die Spindeln (*S*) zum Antreiben der grofsen Walzen sind lang, um den Neigungswinkel zum Antreiben möglichst klein zu halten, sie bestehen, wie auch ihre Kupplungsmuffen, aus Stahl. Vor und hinter dem Gerüste sind vollständige Rollapparate, welche von einem Paare verticaler Maschinen *E* angetrieben werden, die so aufgestellt sind, dafs sie auch den Rollapparat des Vorwalzwerks antreiben können.

Das Walzwerk wird von einem kräftigen und leistungsfähigen Paar von Reversirmaschinen betrieben, welche von Duncan Stewart & Co. in Glasgow gebaut worden sind: die Cylinder haben 1320 mm Durchmesser bei 1527 mm Hub. Das Verhältnifs des Rädervorgeleges ist 2 : 1.

Trio-Blechwalzwerke. Walzwerke dieser Art sind selten in England, aber häufig in Amerika; dort haben diese Walzwerke zwischen zwei grofsen Walzen eine kleinere; sie leisten mehr in einer gegebenen Zeit und arbeiten billiger als die Reversirwalzwerke, und zwar deshalb, weil:

1. zum Antreiben eine äufserst dampfsparende Maschine verwandt werden kann, namentlich wenn Wasser zur Condensation vorhanden ist und dreifaches Verbundsystem mit selbstthätiger Ventilsteuerung angewandt wird,
2. das Walzwerk mit höherer Geschwindigkeit betrieben werden kann,
3. der Zeitverlust für das Umkehren in Wegfall kommt,
4. die Bleche deshalb rascher und dünne Bleche von grofsen Flächen auch mit gröfserer Genauigkeit in ihrer Dicke und in besseren Verhältnissen für ihre Prüfung hergestellt werden können,
5. in einer gegebenen Zeit ein gröfseres Ausbringen erzielt wird.

Das sind erhebliche Vorzüge, ihnen stehen allerdings folgende Nachtheile gegenüber:

1. die Kosten eines Trio mit Zubehör sind vielleicht etwas gröfser als die eines Reversir-Walzwerks und
2. die Kosten der Unterhaltung sind etwas höher.

Bei sorgfältiger Ausführung werden diese Nachtheile sich kaum bemerklich machen. Ein Trio-Blechwalzwerk im Betriebe zu sehen ist ein wahres Vergnügen, und der Contrast mit einem gewöhnlichen Reversir-Duo springt sehr in die Augen. Die Verwendung des Trios ist aber beschränkt auf die Herstellung von Blechen von kleinem und mittlerem Gewichte und von mittlerer Breite.

(Fortsetzung folgt.)

Referate und kleinere Mittheilungen.

Transport aufsergewöhnlich grofser, das Normalprofil überschreitender Schachtringe auf der Eisenbahn.

Wie sehr das Eisenbahnwesen sich auch entwickelt hat, nach einer Richtung hin steht es leider vor einer festen Grenze, und das ist das Normalladeprofil. Zu der Zeit, als seine Festsetzung erfolgte, hat man wohl geglaubt, dafs seine Abmessungen für alle Fälle genügten, jedoch hat die Industrie bei ihrer fortschreitenden Entwicklung das Normalprofil schon oftmals als ein Hemmnifs für die Lösung der ihr gestellten Aufgaben empfunden und Mittel und Wege gesucht, um die gesteckten Grenzen zu erweitern. Zu diesem Zwecke hat man Specialwagen gebaut, bei welchen der über den Rädern liegende Wagenboden durchbrochen oder versenkt ist, um den Raum bis nahe zu den Schienen ausnutzen zu können. Dadurch wurden manche sonst unmögliche Transporte ausführbar, z. B. die Versendung der grofsen gufseisernen Ringe zum Auskleiden von Bergwerksschächten. Bisher war eine lichte Weite dieser Ringe von 3650 mm bezw. ein äufserer Durchmesser von 3900 mm bei 1½ m Breite das Maximum für den Versand durch die Eisenbahn und stand das Normalladeprofil dem dringenden Wunsche nach einem gröfseren Durchmesser für diejenigen Schächte, welche der Gebirgsverhältnisse wegen abgebohrt und mit gufseisernen Ringen ausgekleidet werden müssen, als Hindernifs entgegen.

Durch das einsichtsvolle und sehr dankenswerthe Entgegenkommen der Eisenbahnverwaltung ist nun, soweit es überhaupt noch möglich ist, die Grenze für den Durchmesser dieser Ringe erweitert worden, indem die Verwaltung sich bereit erklärte, die Geleise unter verschiedenen Brücken tiefer zu legen und die Versendung von Schachtringen, die das Normalprofil um 300 mm überragen, in Sonderzügen zu bewirken, die an Sonntagen, wo der übrige Güterverkehr ruht und diesen aufsergewöhnlichen Transporten eine besondere Aufmerksamkeit gewidmet werden kann, gefahren werden.

Derartige Sonderzüge mit je 6 dieser grofsen Schachtringe (siehe vorstehende Abbildung), die ihrer Eigenartigkeit wegen Jedem, der sie zu sehen Gelegenheit hat, auffallen, werden für längere Zeit jeden Sonntag von dem Werk der Firma Haniel & Lueg in Düsseldorf-Grafenberg, welches diese grofsen Schachtringe als Specialität herstellt, nach der Zeche Victoria, Station Rauxel, und später nach der Zeche A. v. Hausemann bei Mengede gefahren. Selbstredend ist der Transport so aufsergewöhnlich grofser Gegenstände nur auf solchen Strecken möglich, wo eine Tieferlegung der Geleise oder eine Höherlegung von Ueberführungen stattfinden kann, und ist überall da ausgeschlossen, wo Tunnels nicht zu umgehen sind. Jedenfalls ist es aber dankbar anzuerkennen, dafs die Eisenbahnverwaltung bestrebt ist, das Normalprofil da, wo es möglich ist, zu vergröfsern.

Manganerzlager im Gouvernement Jekaterinoslaw.

Rufsland besitzt, abgesehen von den bekannten kaukasischen Erzlagern, auch im europäischen Theile abbauwürdige Lagerstätten von Manganerzen. Eine solche befindet sich nach einer Mittheilung von Glasenapp im Jekaterinoslawschen Kreise des gleichnamigen Gouvernements, in der Nähe des Städtchens Nikopol. Das Manganerz, Pyrolusit, findet sich dortselbst in einer Tiefe von 3 bis 15 Saschen (= 6,4 bis 32,0 m) in einer mittleren Mächtigkeit von 2 Arschin (= 1,42 m), während die maximale Mächtigkeit bis zu 3½ Arschin (= 2,49 m) steigt. Die horizontale Ausdehnung des Lagers scheint noch nicht bekannt zu sein. Der durchschnittliche Gehalt an metallischem Mangan beträgt 44 %. Für die Abfuhr der Erze ist das Lager günstig gelegen. Bei der gegenwärtig vorzüglich entwickelten und in raschem Aufblühen begriffenen südrussischen Eisenindustrie dürfte der örtliche Absatz bald einen beträchtlichen Umfang annehmen. Einzelne der dortigen Hütten arbeiten schon seit Jahren mit diesem Erz.

(Chemiker-Zeitung Report. 1896 S. 301.)

Nothlage der italienischen Eisen- und Stahl-Industrie.

Wie der „Corriere di Napoli“ vom 15. Nov. 1896 mittheilt, hatten einige bedeutende italienische Eisen- und Stahlwerke den Handelsminister auf die schwierige Lage, in der sie sich infolge der im Inlande herrschenden Geschäftsflaue z. Z. befänden, aufmerksam gemacht. Behufs Abhülfe der bestehenden Nothlage verlangen sie Rückvergütung der gezahlten Einfuhrzölle auf Gufseisen und Brucheisen, sowie Frachtermäfsigungen auf den Eisenbahnen. Die Antragsteller versprechen sich namentlich Vortheile von der Ausfuhr ihrer Fabricate nach dem Orient.

Eiserne Spundwände.

Beim Bau der Pfeiler zu der Bonner Rheinbrücke werden eiserne Spundwände aus I-Eisen durch die Unternehmerfirma R. Schneider, Berlin, hergestellt.

Die 14,5 m langen I-Eisenträger werden in zwei verschiedenen Profilen benutzt und eingerammt, wie dies die Skizze der Kopfflächen zeigt. Hierdurch wird ein ganz ungewöhnlich fester Verband erzielt, der sich nicht in den Fugen lösen kann, an welchen alle und jede sehr widerstandsfähige Kreuzpfeiler bilden.

Spanien.

In den letzten 16 Jahren betrug die Erzeugung an:

Jahr	Eisenerz t	Steinkohle t	Braunkohle t	Roheisen t	Stahl t
1880	3 565 338	825 790	21 338	85 939	?
1881	3 502 681	1 171 410	38 472	114 394	385
1882	4 726 293	1 165 517	30 738	120 064	554
1883	4 526 279	1 044 480	26 270	139 920	?
1884	3 907 266	952 970	26 380	124 363	373
1885	3 933 298	919 440	26 464	159 225	361
1886	4 166 946	977 559	23 873	156 204	20 261
1887	6 796 266	1 021 254	17 051	188 634	?
1888	5 609 876	1 014 720	21 846	212 116	?
1889	5 710 640	1 124 437	29 320	197 874	49 124
1890	6 065 113	1 212 089	26 307	179 782	63 011
1891	5 122 784	1 202 510	37 187	278 460	69 902
1892	5 041 317	1 392 326	33 710	211 436	57 509
1893	5 419 070	1 484 794	35 315	234 563	71 582
1894	5 352 353	1 659 274	48 460	223 798	62 853
1895	5 514 339	1 739 075	44 708	206 452	76 801

(„Revista Minera, Metalúrgica y de Ingenieria“ 1896, S. 368.)

Sinzig-Klammern.

Die in nachstehender Fig. 1 dargestellten, von dem Kölner Architekten Sinzig erfundenen und durch Gebrauchsmusternummer 61 634 geschützten Klammern dienen zum Befestigen von Fufsböden und Decken an eisernen I-Trägern.

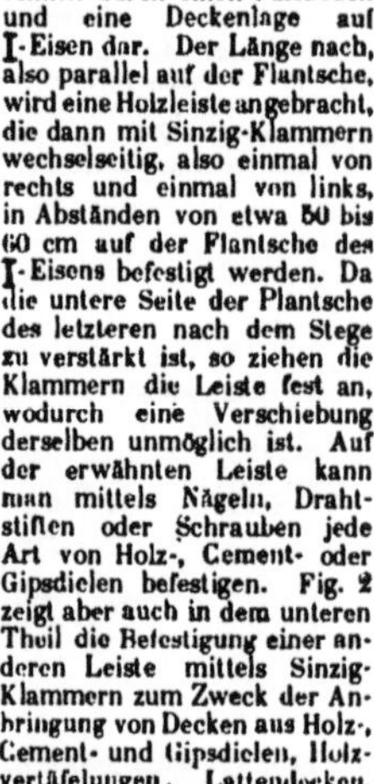

Fig. 1.

Fig. 2 stellt einen Querschnitt durch einen Fufsboden und eine Deckenlage auf I-Eisen dar. Der Länge nach, also parallel auf der Flantsche, wird eine Holzleiste angebracht, die dann mit Sinzig-Klammern wechselseitig, also einmal von rechts und einmal von links, in Abständen von etwa 50 bis 60 cm auf der Flantsche des I-Eisens befestigt werden. Da die untere Seite der Flantsche des letzteren nach dem Stege zu verstärkt ist, so ziehen die Klammern die Leiste fest an, wodurch eine Verschiebung derselben unmöglich ist. Auf der erwähnten Leiste kann man mittels Nägeln, Drahtstiften oder Schrauben jede Art von Holz-, Cement- oder Gipsdielen befestigen. Fig. 2 zeigt aber auch in dem unteren Theil die Befestigung einer anderen Leiste mittels Sinzig-Klammern zum Zweck der Anbringung von Decken aus Holz-, Cement- und Gipsdielen, Holzvertäfelungen, Lattendecken, Drahtgeweben sowie Schilfrohrdecken u. dergl. —

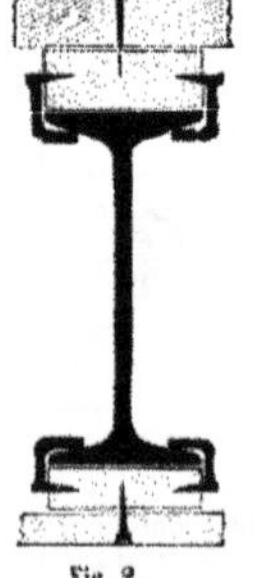

Fig. 2.

Als Vortheile der Sinzig-Klammern werden angegeben: billige, schnelle und solide Herstellung von Fufsböden, Decken und Zäunen sowie leichteres und schnelleres Abrichten als bei Holzbalken. Der Preis stellt sich auf 3,20 ℳ für 100 Stück. Die Alleinfabrication und den Vertrieb dieser Klammern hat die Firma H. Köttgen & Co. in Berg.-Gladbach und Köln übernommen.

Elektrolyt-Zink.

Wie wir der „Zeitschrift für Elektrochemie" entnehmen, ist nunmehr den Elektrischen Zinkwerken in Duisburg die schwierige Aufgabe der elektrolytischen Füllung des Zinks aus wässerigen Lösungen in Form von hinreichend dicken und dichten Platten gelungen.

Die Duisburger Zinkwerke verarbeiten die Abbrände der stark zinkhaltigen westfälischen Schwefelkiese, allein das von Professor Dieffenbach in Darmstadt ausgearbeitete Verfahren wird streng geheim gehalten. Es ist indessen anzunehmen, dafs die Abbrände einem Laugereiprocesse, vielleicht mit vorheriger Röstung unterworfen werden, und es gelingt dabei, den Zinkgehalt der Abbrände bis auf etwa 0,5 % auszubringen. Aus den gereinigten Laugen gewinnt man gegenwärtig durch Elektrolyse monatlich etwa 90 t Zink.

Dafs nicht nur die technischen Schwierigkeiten überwunden sind, sondern dafs sich das Verfahren auch in finanzieller Hinsicht bewährt, geht aus dem Umstande hervor, dafs für das kommende Jahr eine wesentliche Vergröfserung der Anlage in Aussicht genommen ist. Die Qualität des augenblicklich gelieferten Productes ist jedenfalls ausreichend, dem „Elektrolyt-Zink" einen dauernden Platz auf dem Metallmarkte zu sichern.

Die Dampfkraft in Preufsen im Jahre 1896.

Nach einer Mittheilung der Statistischen Correspondenz hat sich die Zahl der Dampfkessel und Dampfmaschinen in Preufsen mit Ausnahme der in der Verwaltung des Landheeres und der Kriegsmarine benutzten, sowie der Locomotiven zu Anfang 1896 gegen das Vorjahr in folgender Weise vermehrt:

Die Zahl der	1895	1896	Zunahme 1896
Feststehenden Dampfkessel	57 824	58 945	1131
„ Dampfmaschinen	60 488	62 611	2123
Beweglichen Dampfkessel	15 637	15 975	338
Davon mit einer Maschine verbunden	15 168	15 526	358
Binnenschiffahrts-Kessel .	1 546	1 562	16
„ Maschinen	1 465	1 513	48
Seeschiffahrts-Kessel . .	504	516	12
„ Maschinen .	369	387	18

Auf frühere Jahre zurückgreifend, findet man in Preufsen

Zu Anfang	Feststehende Dampfkessel	Zunahme gegen das Vorjahr %	Bewegliche Dampfkessel	Zu- oder (−) Abnahme %
1886	42 956	3,71	10 101	9,90
1887	44 207	2,91	10 891	7,82
1888	45 575	3,09	11 571	6,24
1889	47 151	3,46	12 177	5,24
1890	48 538	2,94	12 822	5,29
1891	49 914	2,83	13 769	7,39
1892	51 470	3,12	14 706	6,81
1893	53 024	3,02	15 725	6,93
1894	55 605	4,87	15 335	—2,48
1895	57 824	3,99	15 637	1,97
1896	58 945	1,94	15 975	2,16

Wir sehen also, dafs die Zunahme der vornehmlich in der Industrie verwendeten feststehenden Dampfkessel während des Jahres 1895 seit zehn Jahren die geringste war. Nachdem diese Vermehrung stets über 2 %, oft über 3 und 1894 sogar über 4 % jährlich betragen hatte, ging sie im Laufe des Jahres 1895 auf unter 2 % zurück.

Was die Verminderung der beweglichen Dampfkessel zu Anfang 1894 gegen das Vorjahr anlangt, so kam dieselbe vornehmlich daher, dafs im Jahre 1893 in Preufsen zahlreiche bewegliche Dampfkessel durch die Behörden als feststehende Anlagen genehmigt bezw. anerkannt worden waren. Dieser Umstand liefs gleichzeitig die Zunahme der feststehenden Dampfkessel etwas stärker erscheinen, als sie in Wirklichkeit war.

(„Z. d. i. Verb. d. Dampfkessel-Ueberwachungs-Vereine" 1896, S. 514.)

Kriegsschiffbau in Grofsbritannien im Jahre 1896.*

Von britischen Werften liefen im verflossenen Jahr 59 Kriegsschiffe vom Stapel, deren Gesammtwerth im Gefechtszustande sich auf 215 Mill. Mark belief. Der Gesammttonnengehalt betrug 155 849 t, die Stärke der Maschinen 377 980 HP. War auch in trüberen Jahren die Gesammttonnenzahl schon gröfser (1892: 168 596 t), so steht der Werth der Kriegsschiffe, welche im Jahre 1896 erbaut sind, unübertroffen da: es liegt dies daran, dafs unter den 59 Fahrzeugen sich 30 Torpedokreuzer befanden, welche einen Durchschnittswerth von 4000 *M* für die Tonne gegen 1300 *M* für Schlachtschiffe haben. Von den britischen Schiffen wurden auf den Staatswerften solche im Werth von rund 86 Mill., auf den Privatwerften solche im Werth von rund 68 Mill. Mark erbaut: der Rest mit rund 60 Mill. Mark betraf Schiffe, welche für Japan, Brasilien, Chile, Spanien und Argentinien hauptsächlich bestimmt sind. Die Erbauung von britischen Kriegsschiffen gestaltete sich in den letzten 7 Jahren wie folgt:

Jahr	Staatswerfte		Privatwerfte		Zusammen	
	Nr.	t	Nr.	t	Nr.	t
1890	8	22 520	13	42 475	21	64 995
1891	8	68 100	10	39 150	18	107 250
1892	9	50 450	13	90 750	22	141 200
1893	9	32 400	5	1 910	14	34 310
1894	8	26 700	19	4 825	27	31 525
1895	8	70 350	28	66 412	36	136 762
1896	9	71 970	26	36 515	35	108 485
Zus.	59	342 490	114	282 037	173	624 527

Japan.

Die Gesammteinfuhr von Eisen und Stahl, sowie Eisen- und Stahlwaaren bewerthete sich im Jahre 1895 auf 10 489 189 Yen gegen 9 178 768 Yen im Vorjahre.

Die wichtigeren hierher gehörenden Artikel waren, dem Einfuhrwerthe nach geordnet, folgende:

	1895 Yen	1894 Yen
Stabeisen	2 085 684	1 339 033
Eiserne Nägel	1 278 056	1 332 637
Eisenbahnmaterial . .	1 253 343	881 805
Schienen	925 531	1 209 205
Eisenplatten und Bleche	918 458	726 738
Roheisen	673 795	743 552
Eiserne Röhren	604 753	484 086
Stahl	503 571	362 365
Zinnplatten	251 131	296 284
Telegraphendraht . . .	205 714	142 214
Eisendraht	142 432	84 811

Zum bei weitem überwiegenden Theil wurden aus Grofsbritannien eingeführt: Eisenbahnmaterial, Schienen, Roheisen, Eisenplatten, eiserne Röhren,

* Vgl. „Stahl und Eisen" 1896 Nr. 24, S. 1028.

Stahl- und Weifsblech. Eiserne Nägel, Telegraphendraht und Eisendraht können fast rein deutsche Artikel genannt werden. Jedoch trat für deutsche Nägel am Schlusse des Berichtsjahres ein unerwarteter Wettbewerb seitens Amerikas auf, das plötzlich grofse Mengen zu Preisen auf den Markt warf, die um 10 % niedriger waren, als die Einstandspreise für deutsche Waare. Da der zur Nagelfabrication in Amerika verwendete Draht zum grofsen Theil aus Deutschland bezogen wird, so liegt es auf der Hand, dafs die amerikanischen Nägel unter dem Selbstkostenpreis der Fabricanten verkauft sein müssen, und es sich also offenbar um einen Versuch handelt, wenn nöthig, selbst unter grofsen eigenen Verlusten das deutsche Fabricat vom japanischen Markte zu verdrängen. Obschon die amerikanische Waare hinsichtlich guten Ausschens und sorgfältiger Arbeit der deutschen weit nachsteht, so wurde sie doch dem deutschen Fabricate überall da vorgezogen, wo es auf die erwähnten Vorzüge des letzteren weniger ankam. An die deutschen Interessenten wird daher bei einer längeren Fortdauer der billigen Einfuhr aus Amerika die Frage herantreten, ob sie nicht im Interesse einer Erhaltung des wichtigen japanischen Marktes auch ihrerseits zu einer, wenn auch nur zeitweisen Herabsetzung ihrer Preise schreiten müssen.

Bei det Einfuhr von Stabeisen kommen im wesentlichen Belgien, Grofsbritannien und Deutschland in Betracht, jedoch gelangt das belgische Fabricat seiner billigen Preise wegen in weit gröfseren Mengen zur Einfuhr, als die britische und deutsche Waare. Die deutsche Arbeit wird nach wie vor geschätzt, und in Fällen, wo auf die Qualität besonderes Gewicht gelegt werden mufs, wird daher dem deutschen Eisen vor allem anderen der Vorzug gegeben, seiner höheren Preise wegen kommt indessen weder das deutsche noch das britische Erzeugnifs für gewöhnliche Zwecke mehr in Frage.

Die belgische, britische und deutsche Einfuhr stellte sich im Berichtsjahre und Vorjahre wie folgt:

	1895 Yen	1894 Yen
Belgien	937 164	410 006
Grofsbritannien .	865 360	571 703
Deutschland . . .	254 825	340 681

Die in der japanischen Statistik für Grofsbritannien angegebenen Ziffern können jedoch nicht als mafsgebend angesehen werden, da es sich bei der britischen Einfuhr um grofse Mengen belgischen und selbst deutschen Stabeisens handelt, die über Grofsbritannien verkauft wurden.

Von **sonstigen Metallen** wurden Zink und Blei in erheblicheren Mengen eingeführt. Zink und Zinkbleche werden von Jahr zu Jahr in gröfseren Mengen eingeführt. Bei der Einfuhr von Zink im Gesammtwerthe von 134 614 Yen war Deutschland mit 103 038 Yen betheiligt; Zinkbleche, deren Gesammteinfuhr sich auf 500 802 Yen bewerthete, wurden von Deutschland im Werthe von 338 576 Yen, von Grofsbritannien im Warthe von 145 369 Yen eingeführt, während noch im Jahre 1892 die britische Einfuhr die bedeutendere war.

Blei kam wie in den früheren Jahren hauptsächlich von Grofsbritannien und Australien. immerhin hat sich der deutsche Antheil von 11 809 Yen im Vorjahre auf 48 508 Yen im Berichtsjahre gehoben.

Bei der Einfuhr von **Maschinen und Instrumenten** ist der deutsche Antheil zwar ein sehr vielseitiger, doch kommen nur wenige Artikel mit erheblicheren Einfuhrmengen in Betracht. Die britische Einfuhr ist nach wie vor überwiegend. Bei einer Einfuhr im Werthe von 1 896 195 Yen war Deutschland mit 53 023 Yen, Grofsbritannien mit 1 825 920 Yen betheiligt.

Die Einfuhr von **Eisenbahnmaterialien Eisenbahnwagen** und Theilen derselben war im Berichtsjahre eine weit erheblichere als in den Vorjahren, dagegen weist die Einfur von **Locomotiven** und **Schienen** einen Rückgang auf. Der Gesammtwerth der Einfuhr von Personen- und Güterwagen und Bestandtheilen derselben betrug 743 169 Yen gegen 180 622 im Vorjahre, woran Deutschland mit 190 457 Yen im Berichtsjahre und mit 56 987 Yen im Vorjahre betheiligt war. Die deutschen Lieferungen waren, abgesehen von kleineren Beträgen für die Beshybahn (Grubenbahn auf Shikoku), ausschliefslich für die Kiushiubahn bestimmt.

Von den aus Deutschland im Gesammtwerthe von 117 496 Yen bezogenen Locomotiven und Locomotivmaschinentheilen wurde gleichfalls der gröfsere Theil für die Kiushiubahn, der Rest für eine Eisenbahn-Gesellschaft auf der Hauptinsel eingeführt.

(„Deutsches Handelsarchiv“ 1896, S. 774.)

Die Preufsische Staatseisenbahnverwaltung.

Die „Verkehrs-Correspondenz“ bringt nachstehende interessante Zusammenstellung:

Während die Convertirung der 4 procentigen Staatsanleihen in 3½ procentige nahe bevorsteht, und bei Fortdauer der gegenwärtigen Geldverhältnisse eine weitere Convertirung der 3½ procentigen Staatsanleihen in 3 procentige nicht ausgeschlossen ist, gewährt das ungeheure Anlagekapital der preufsischen Staatseisenbahnen von rund 6,8 Milliarden Mark bereits eine Verzinsung von 5,66 %. Bei den fortdauernden Mehreinnahmen, welche in den ersten 7 Monaten des laufenden Etatsjahres schon wieder 39 990 000 ℳ betragen, ist daher der Zeitpunkt nicht mehr fern, wo die Rente der preufsischen Staatseisenbahnen das Doppelte des Zinsfufses der Staatsanleihen betragen wird, ist dieselbe doch schon jetzt, wie nachstehende Zusammenstellung zeigt, allen übrigen deutschen Staatsbahnen weit überlegen.

Preufsische Staatsbahnen	5,66 %
Oldenburgische „	4,84 „
Mecklenburg-Schweriner Staatsbahnen	4,23 „
Sächsische Staatsbahnen	4,16 „
Badische „	3,84 „
Bayrische	3,40 „
Württembergische „	2,84 „

Noch glänzender zeigt sich die Rentabilität der preufsischen Staatsbahnen, wenn wir dieselbe mit den österreichischen Staatsbahnen vergleichen, welche das Anlagekapital von fast 2 Milliarden Mark nur mit 2,74 % verzinsen. Auch die englischen Eisenbahnen, welche allerdings das riesige Anlagekapital von fast 20 Milliarden Mark verzinsen müssen, haben im letzten Jahre nur eine durchschnittliche Dividende von 4,02 % gegeben und bisher überhaupt nur einmal eine Dividende von 5 %, und zwar im Jahre 1872, erreicht. Wenn hiernach die Preufsische Staatseisenbahnverwaltung in Bezug auf die Rentabilität nicht nur allen übrigen Staatsbahnen, sondern auch dem grofsartigen englischen Eisenbahnnetz — ausschliefslich Privatbahnen — vorangeht, so zeigt doch ein näherer Vergleich zwischen unseren Staats- und den englischen Privatbahnen unter Zugrundelegung der Statistik von 1894, dafs die ungünstigeren Ergebnisse der letzteren nicht in dem System, sondern in der Verschiedenheit der Verhältnisse beruhen.

Bei diesem Vergleich darf in erster Reihe nicht aufser Acht gelassen werden, dafs unsere Staatsbahnen mit 26 368 km ein Anlagekapital von nur 259 745 ℳ, die englischen Bahnen mit 33 641 km dagegen ein mehr als doppelt so grofses Anlagekapital von 585 830 ℳ für 1 km erfordert haben, dessenungeachtet aber bei den letzteren die Gesammtausgaben nur 56 % der Betriebseinnahmen, bei den preufsischen Staatsbahnen

60,03 % betragen. Es ist dies um so auffallender, als der, höhere Betriebsausgaben erfordernde, Personenverkehr auf den englischen Bahnen eine ungleich gröfsere Bedeutung hat als bei uns. Wenn schon in England die kilometrischen Einnahmen aus dem Personenverkehr von 21 690 ℳ mehr als das Doppelte so grofs sind, als bei uns mit 9056 ℳ, so läfst doch erst die Zahl der beförderten Personen von 911,4 Millionen gegen 360,9 Millionen der preufsischen Staatsbahnen die grofsartige Entwicklung des englischen Personenverkehrs im vollen Umfange erkennen. Da der Durchschnittsertrag für eine Person auf den englischen Bahnen nur 0,62 ℳ, bei unseren Staatsbahnen dagegen 0,67 ℳ beträgt, so ist mit Rücksicht darauf, dafs die englischen Bahnen zwar höhere Einheitssätze, dafür aber sehr weit gehende Ermäfsigungen haben, zu schliefsen, dafs der Schwerpunkt der Personenbeförderung auf den englischen Bahnen in der Ausbildung des Nahverkehrs beruht.

Auch der Güterverkehr auf den

	preufsischen	englischen
	Staatsbahnen	
im ganzen . . .	174,75 t pro km	329,6 t pro km
davon Kohlen u. Erze	87,5 t pro km	238,1 t pro km

zeigt in der Zahl der auf den englischen Bahnen beförderten Tonnen einen fast doppelt so grofsen Umfang als auf den preufsischen Staatsbahnen, und läfst ebenfalls darauf schliefsen, dafs auch der Schwerpunkt des englischen Güterverkehrs im Nahverkehr liegt — eine Annahme, die auch dadurch bestätigt wird, dafs die Einnahme aus dem Güterverkehr auf den englischen Bahnen für eine Tonne Kohlen nur 1,56 ℳ, auf den preufsischen Staatsbahnen dagegen 3,3 ℳ beträgt.

Schliefslich können wir nicht unerwähnt lassen, dafs die englischen Eisenbahnen an Gepäck- und Güterwagen im ganzen 624 240 Stück oder auf 10 km Betriebslänge 185,6 Stück, die preufsischen Staatsbahnen dagegen nur 228 263 Stück oder auf 10 km Betriebslänge nur 86,5 Stück besitzen.

Auch wenn in Betracht gezogen wird, dafs die Güterwagen der englischen Bahnen meist eine geringere Tragfähigkeit haben, so scheint in den vorangegebenen Verhältnifszahlen, sowie in der Thatsache, dafs der Wagenmangel auf den englischen Bahnen nur dem Namen nach bekannt ist, eine Bestätigung dafür zu liegen, dafs die englischen Bahnen reicher mit Betriebsmitteln ausgestattet sind.

Die 25 jährige Jubelfeier

des Bestehens der Maschinen- und Armaturfabrik vormals Klein, Schanzlin & Becker in Frankenthal (Pfalz) wurde am 5. December v. J. durch ein Bankett festlich begangen. In der Festrede wies Director Klein auf die Gründung und Weiterentwicklung der Fabrik hin. Die Arbeiterzahl ist in den verflossenen 25 Jahren von 12 auf 620 gestiegen, während sich die Zahl der Beamten und Werkmeister jetzt auf 60 beläuft. Der Jahresumsatz beträgt rund 2 Millionen Mark.

Bücherschau.

Fridolin Reiser, *Das Härten des Stahls in Theorie und Praxis.* Leipzig, Arthur Felix.

Das zuerst im Jahre 1880 und nunmehr in zweiter Auflage erschienene Werk charakterisirt sich sehr gut durch die Worte des Verfassers, dafs zwar die Fachliteratur eine sehr reiche sei, indessen an jener Grenze sehr spärlich werde, wo die Fabrication aufhöre und die Verarbeitung beginne. Der Titel ist eigentlich zu bescheiden. Er sollte etwa lauten: „Die Eigenschaften und Behandlung des Stahls". Denn nahezu die Hälfte der gediegenen Arbeit ist den chemischen und physikalischen Eigenschaften des Stahls gewidmet, der Beziehung der Gattung des Stahls zur Verwendung desselben und den Prüfungsmethoden.

Eine sehr gründliche Behandlung ist dem eigentlichen Kapitel, dem Härten, zu theil geworden, wobei die Besprechung auf die wichtigsten Formen des verarbeiteten Stahls, auf die verschiedensten Werkzeuge, ausgedehnt ist. Die Ursachen der Mifserfolge und die Mittel zum Ausgleich derselben sind eingehend besprochen. Auch das Schweifsen ist in Rücksicht gezogen. Den Schlufs bildet ein kurzes, aber interessantes Kapitel über die Veredlung des Stahls.

Auch die neueren Theorien über die verschiedenen Modificationen des Kohlenstoffs haben in der neuen Auflage ihre Stellung gefunden, so dafs das Buch in Wirklichkeit Alles enthält, was über den Stahl, seine Eigenschaften und Behandlung zu sagen ist.

Das Werk kann nicht nur den Verarbeitern des Stahls, den Werkzeugfabricanten, sondern auch den Stahlfabricanten warm empfohlen werden. *Hdk.*

Spamers Grofser Handatlas in 150 Kartenseiten nebst alphabetischem Namenverzeichnifs. Hierzu 150 Folioseiten Text, enthaltend eine geographische, ethnographische und statistische Beschreibung aller Theile der Erde. Von Dr. Alfred Hettner, a. o. Prof. an der Universität Leipzig. Mit etwa 600 Karten, Plänen und Diagrammen. Leipzig, Otto Spamer. 20 ℳ.

Der gute Gedanke, mit einem grofsen Atlas einen erläuternden Text zu verbinden, hat in dem vorstehenden Werke seine glücklichste Durchführung gefunden. Auf 150 Folioseiten wird der Leser nicht allein über die Erde im allgemeinen, sondern auch über die Bodengestaltung, über das Klima, über die Thier- und Pflanzenwelt, über die Bevölkerung, die wirthschaftlichen Verhältnisse u. s. w. der einzelnen Länder und Staaten auf das eingehendste unterrichtet und so zum verständnifsvollen Gebrauch der zahlreichen Karten vorbereitet. Die letzteren sind, wie das von der Spamerschen Verlagshandlung nicht anders zu erwarten war, von einer grofsen Feinheit in der technischen Ausführung, die zugleich mit einer wohlthuenden Uebersichtlichkeit der ganzen kartographischen Darstellung gepaart ist. Zahlreiche Stichproben haben den Unterzeichneten von der Zuverlässigkeit, Genauigkeit und Vollständigkeit der Karten überzeugt. Nur in einem Falle haben wir einen allerdings auffälligen Unterlassungsfehler bemerkt. Auf Karte 19/20 Deutschland, Höhenschichten und Geologische Karte, ist nur die Niederschlesische, nicht aber die Oberschlesische productive Steinkohlenformation eingezeichnet. Es erscheint dringend wünschenswerth, dafs dies bei einer Neuauflage des Werkes nachgeholt werde. Ein von Carl Wolf bearbeitetes alphabetisches Register erleichtert den Gebrauch des Kartenwerks, welches ebenso sehr der deutschen geographischen Wissenschaft wie dem Verfasser und Verleger zur höchsten Ehre gereicht. *Dr. W. Beumer.*

Industrielle Rundschau.

Friedrich Wilhelms-Hütte zu Mülheim a. d. Ruhr.

Der Bericht des Vorstandes lautet: „Die für das Geschäftsjahr 1895/96 am 30. Juni 1896 gezogene Bilanz schliefst nach Deckung aller Geschäfts- und Handlungsunkosten mit einem Ueberschufs von 492382,72 *M*. Nach Abzug der Obligationszinsen in Höhe von 60000 *M* verbleibt ein Gewinn von 432382,72 *M* und hiervon wurden für Abschreibungen 179889,77 *M* abgesetzt. Somit verbleibt ein Reingewinn von 252492,95 *M*.

Die im vorigen Geschäftsbericht in Aussicht genommene Vermehrung des Umschlags hat im Hochofenbetrieb und im Maschinenbau unsere Erwartungen vollkommen erfüllt. Der Rechnungswerth aller abgesetzten Erzeugnisse ist von 4681855,05 *M* des Vorjahres einschliefslich einer Werthverminderung der Vorräthe von 222271,60 *M* im Berichtsjahre auf 5558585,15 *M* gestiegen, trotzdem die damals von uns befürchtete Einschränkung der Betriebsthätigkeit in unseren Giefsereien, ungeachtet der gröfsten Anstrengungen, nicht hat abgewendet werden können. Die Gufswaarenerzeugung ist von 27842 t auf 21422 t zurückgegangen, und da auch die Verkaufspreise, insbesondere von Röhren, bis in die letzten Monate des Geschäftsjahres, in denen eine mäfsige und seither stetig gewesene Besserung eintrat, sehr gedrückt und den gestiegenen Rohmaterialpreisen gegenüber viel zu niedrig waren, so wurde das Gesammt-Geschäftsergebnifs durch die ungenügende Entfaltung des Giefsereibetriebes leider ungünstig beeinflufst.

Im laufenden Geschäftsjahr ist die bereits erwähnte Besserung des Gufswaaren- und Röhrenmarktes zwar anhaltend, so dafs der gesteigerte Bedarf eine ansehnliche Verringerung der Lagerbestände herbeigeführt hat, aber weder eine ausreichende Beschäftigung in schweren Röhren, noch eine solche Erhöhung der Preise ist möglich gewesen, wie es rücksichtlich der allgemeinen Lage der Eisenindustrie hätte stattfinden müssen. Der ungünstigen Lage der Giefsereiabtheilung gegenüber ist der Verlauf des vorigen und noch mehr der Stand des gegenwärtigen Geschäftsjahres für unsere sonstigen Betriebszweige als befriedigend zu bezeichnen. Der Hochofenbetrieb war unausgesetzt regelmäfsig und die von 55789 t im Vorjahre auf 58358 t im Berichtsjahre gestiegene Erzeugung beider Hochöfen von Hämatit- und Giefsereiroheisen fand flotten Absatz. Der gestiegene Begehr hat bessere Preise und aufserdem belangreiche Aufträge zur Folge gehabt. Im Hinblick auf diese Thatsache und gestützt auf eine weitere Vermehrung der Roheisenerzeugung im laufenden Geschäftsjahre dürfen wir ein günstiges Ergebnifs aus dem gegenwärtigen Hochofenbetrieb in sichere Aussicht nehmen. Nicht minder günstig hat sich der Betrieb unserer Maschinenfabrik gestaltet. Im Berichtsjahre wurden 3360 t Maschinentheile hergestellt gegen 2453 t des Vorjahres. Da alle Maschinenfabriken schon seit Jahresfrist unausgesetzt gute Beschäftigung hatten, so war es möglich, mit den Preisen der Maschinen den steigenden Preisbewegungen auf dem Eisen- und Kohlenmarkte zu folgen. Die Nachfrage in Maschinen aller Art, insbesondere in Hütten- und Bergwerksmaschinen, ist noch immer so stark, dafs wir auf eine gute Beschäftigung unserer Maschinenbauanstalt über das laufende Geschäftsjahr hinaus um so sicherer zählen können, als wir schon mehrere grofse Maschinen in Auftrag haben, deren Lieferfristen in das Geschäftsjahr 1897/98 fallen. In unseren früheren Jahresberichten haben wir mehrfach dargelegt, dafs wir den Vertrieb unserer Erzeugnisse nach dem Auslande nicht entbehren können. Nicht nur Röhren für Gas- und Wasserleitungen, sondern auch Dampfmaschinen haben wir seit einer Reihe von Jahren dem europäischen und dem überseeischen Auslande geliefert. Um die bisherige mit Erfolg verbundene Pflege der Auslandsgeschäfte auch auf Afrika mit Nachdruck auszudehnen, haben wir uns mit verschiedenen hervorragenden industriellen Firmen zu einer Actiongesellschaft vereinigt, die ihren Sitz unter der Firma „United Engineering Company Limited" in Johannesburg hat und mit einem Kapital von 50000 £, an dem wir mit einem Zehntel betheiligt sind, ausgerüstet ist. Die Geschäftsthätigkeit der Gesellschaft hat am 1. April 1896 begonnen und heute bereits so anschauliche Erfolge erzielt, dafs unsere Kapitaleinlage zweifellos schon im ersten Jahre gute Zinsen einbringen wird. Aufserdem dürfen wir uns einen guten Absatz von Röhren und Maschinen nach Südafrika versprechen, in diesem Unternehmen überhaupt aber eine werthvolle und sichere Grundlage für regelmäfsige Auslandsgeschäfte erblicken."

Der Aufsichtsrath stellt den Antrag: nach Ueberweisung von 12500 *M* zum Reservefonds und nach Bestreitung der statutarischen und vertragsmäfsigen Gewinnantheile von 29968,34 *M* auf die Prioritätsactien eine Dividende von 7 % und auf die Stammactien eine Dividende von 1 %, insgesammt 197972,50 *M* zur Vertheilung zu bringen, aus dem alsdann noch erübrigenden Betrage von 12052,11 *M* die üblichen Gewinnantheile und Belohnungen an Beamte zu bestreiten und den dann etwa verbleibenden Rest auf neue Rechnung vorzutragen.

Rheinisch-westfälisches Kohlensyndicat.

In der in Essen am 14. Decbr. 1896 abgehaltenen Versammlung der Zechenbesitzer berichtete der Vorstand, der „Rh.-W. Ztg." zufolge, über die Ergebnisse der Monate October und November. Es betrug im October die rechnungsmäfsige Betheiligung 3887655 t, die Förderung 3584622 t, so dafs sich eine Einschränkung von 303033 t gleich 7,79 % ergiebt, gegen 8,20 % im November und 11,62 % im October 1895, obgleich die Betheiligungsziffer gegen den letzteren Monat um 7,81 % gestiegen ist. Der arbeitstägliche Versand belief sich für Kohlen auf 10091 Doppelwagen, Koks 1787 und Briketts 272 Doppelwagen, zusammen 12141 Doppelwagen, war also gegen October 1895 um 1284 Doppelwagen gleich 11,52 % höher. Im November betrug die Betheiligung 3453415 t, die Förderung 3338203 t, so dafs die Einschränkung nur 115212 t gleich 3,33 %-betrug. Die Förderung der Saargruben stellt sich im October v. J. auf 724580 t oder arbeitstäglich 26836 t gegen 25354 t im Jahre 1895 und im November v. J. auf 625510 t gleich arbeitstägliche 26063 t gegen 26047 t im Jahre 1895. An dem starken Absatz der Syndicatszechen sind im wesentlichen die Rheinhäfen betheiligt. Ueber dieselben wurden in den ersten zehn Monaten v. J. 5680054 t gegen 1442464 t im entsprechenden Zeitraum des Jahres 1895 verladen, aufserdem sind aber auch die Anforderungen der industriellen Werke nach wie vor aufserordentlich belangreich, die Verkäufe für dieses Jahr nehmen überall glatten Fortgang. Bei der endgültigen Jahresabrechnung wird sich übrigens die thatsächliche Einschränkung der Förderung voraussichtlich noch um einige Procent niedriger gestalten, als nach den bisher mitgetheilten Ergebnissen der einzelnen Monate zu erwarten ist, da bei letzteren die wegen unvorhergesehener Betriebsstörungen und infolge freiwilliger Anmeldungen auf einzelnen Zechen ausgefallenen Mengen nicht berücksichtigt sind.

Südrussische Eisenerze in Oberschlesien.

In den letzten Tagen ist, so meldet die „Oesterr.-ung. Montan- und Metallindustrie-Zeitung“ in Oberschlesien ein Abschlufs auf einige Millionen Centner reicher südrussischer Erze zustande gekommen. Dieses Erz dürfte vermöge seiner vorzüglichen Qualität einstweilen bestimmt sein, in Oberschlesien die schwedischen Magneteisensteine und die Eisensteine von Niederschlesien, Lausitz und Sachsen zum Theil zu ersetzen. Dafs der Bezug südrussischer Eisenerze vom Donez bis nach Oberschlesien bei einer Entfernung von über 1300 km Bahnweg rentabel sein kann, ist allerdings überraschend und nur möglich bei aufserordentlich billigen Eisenbahnfrachten, wie solche in Deutschland unbekannt sind. Im vorliegenden Falle ist im Interesse der russischen Eisenerz-Industrie für die zur Ausfuhr gelangenden Eisenerze seitens der betheiligten Bahnen ein Frachtsatz erstellt, welcher auf der Basis von $^1/_{100}$ Kopeken pro Pud und Werst beruht (entsprechend $1^1/_4$ ₰ f. d. tkm).

Wissener Bergwerke und Hütten, Brückhöfe bei Wissen an der Sieg.

Aus dem Bericht des Vorstandes theilen wir Folgendes mit:

„Die am Schlusse unseres vorigjährigen Berichtes ausgesprochene Annahme, für das abgelaufene Geschäftsjahr 1895/96 einen günstigen Abschlufs vorlegen zu können, hat sich voll bestätigt. Der erzielte Betriebsüberschufs beläuft sich auf 407534,91 ℳ. Der in unserem vorigjährigen Bericht bereits erwähnte Aufschwung in der Eisenindustrie hat sich erfreulicherweise noch von Quartal zu Quartal gesteigert und besteht auch zur Zeit noch unentwegt fort, was am deutlichsten darin seinen Ausdruck findet, dafs trotz der sehr gestiegenen Erzeugungsfähigkeit aller Eisen und Stahl herstellenden Werke die bei denselben vorliegenden Arbeitsmengen eine Höhe erreicht haben, wie sie in den früheren Perioden einer aufsteigenden Conjunctur auch nicht annähernd zu verzeichnen gewesen sind. Trotzdem aber bewegen sich auch heute noch die Verkaufspreise in sehr mäfsigen Grenzen und ist dies in erster Linie den festgeschlossenen Verkaufsvereinigungen zu verdanken, die ihre Hauptaufgabe weniger in der Erzielung rasch vorübergehender besonders hoher Gewinne, als vielmehr darin erblicken, die Preise stets so zu bemessen, dafs die Concurrenzfähigkeit ihrer Abnehmer im In- und Auslande erhalten bleibt, um sich dadurch die heutige günstige Geschäftslage auf möglichst lange Zeit zu sichern. Ofen I der Altehütte wurde am 5. Januar d. J. angeblasen, während Ofen II der Altehütte und Ofen III der Alfredhütte das ganze Jahr hindurch ununterbrochen im Feuer standen. Die Gesammterzeugung derselben betrug im Jahre 1895/96 an Spiegeleisen 23738150 kg, Stahleisen 16949000 kg, Puddelroheisen 10853200 kg, Thomasroheisen 3035000 kg, Graues Eisen 3172000 kg, zusammen 57747350 kg. Der Gesammtabsatz betrug 59551900 kg.“

Société de la Providence.

Der Abschlufs des 59. Geschäftsjahres ergiebt einen um 260000 Frcs. höheren Reingewinn als das vergangene. Aufser den schon durch den Selbstkostenpreis vorgesehenen Amortisationen im Betriebe werden 200000 Frcs. auf die Liegenschaften abgeschrieben und 114000 Frcs. als Prämien und Gratificationen an die Beamten und Meister bezahlt. Der nun verbleibende Reingewinn vertheilt sich wie folgt: Dividende 10 % 665000 Frcs., Statutarische Tantième 79591 Frcs., Erneuerungsfonds 350000 Frcs., Vortrag aufs neue Jahr 33822 Frcs., zusammen 1228413 Frcs. Die Erzeugung betrug 176000 t Roheisen und 118000 t Fertigfabricat in Stahl und Eisen. Verkauft wurden für 21600000 Frcs. Waaren. In den letzten drei Jahren stellen sich die Erzeugung und Verkaufssumme wie folgt:

	Roheisen	Fertigfabricat	Werth
1893/94	165000 t	90000 t	17000000 Frcs.
1894/95	180000 t	110000 t	18500000 „
1895/96	176000 t	118000 t	21600000 „

Während des 59jährigen Bestehens der Gesellschaft wurden bei einem Actienkapital von 6650000 Frcs. 34033167,58 Frcs. in Anlagen ausgegeben, und hiervon 20785249,58 Frcs. amortisirt, während dem Reserve- und Erneuerungsfonds etwa 4750000 Frcs. verbleiben.

Das Werk in Marchienne steht auf der Höhe der Zeit und hofft man im laufenden Geschäftsjahr die ursprünglich projectirte Erzeugung im Stahlwerk von 100000 t Stahl ganz bedeutend zu überschreiten, und dadurch bei der guten Geschäftslage einen vorzüglichen Geschäftsabschlufs erwarten zu dürfen.

Vereins-Nachrichten.

Verein deutscher Eisenhüttenleute.

Aenderungen im Mitglieder-Verzeichnifs.

Debus, A., Ingenieur, Tarnowitz, O.-S.

Frank, Jul., in Firma Frank & Giebeler, Adolfshütte bei Dillenburg.

Klatte, O., Hüttendirector a. D., Düsseldorf, Schillerstr. 37.

Kuntze, Ernst, Oberingenieur der A. Borsig-Berg- und Hüttenverwaltung, Borsigwerk, O.-S.

Markers, C., Ingenieur des Thomasstahlwerkes der Actiengesellschaft Phönix, Laar bei Ruhrort.

Paraquin, W., Hütteningenieur, Wiesbaden, Göthestr. 2.

Vetter, H., Director der Dampfkesselfabrik L. Burlet, Neustadt a. d. Haardt.

Eickhoff, Friedr., Geschäftsführer und Procurist der Firma Steinseifer & Co., Blechwalzwerk, Puddel- und Hammerwerk, Eiserfeld a. d. Sieg.

Hilger, Königl. Bergrath, Zabrze, O.-S.

Hohmann, Dr. Carl, Inhaber des Laboratoriums für chemische Untersuchungen, vormals Dr. C. Killing, Düsseldorf, Gneisenaustrafse 8.

Odelstjerna, Erik, Göranson, Lehrer an der Bergschule zu Filipstad, Schweden.

Pellering, Eugen, ingenieur, Stahlwerks-Betriebschef, Usines Fould-Dupont, Pompey (Meurthe et Moselle), Frankreich.

Neue Mitglieder:

Chuchul, Walzwerksingenieur, Eisenwerk Kraemer, St. Ingbert, Pfalz.

Ausgetreten:

Dütting, C., Neunkirchen.

Gufsmann, Finanzrath, Freiburg i. Br.

Martin, E. H., Philadelphia.

Thometzek, Franz, Bonn.

Die Zeitschrift erscheint in halbmonatlichen Heften.

Abonnementspreis für Nichtvereinsmitglieder: 20 Mark jährlich excl. Porto.

STAHL UND EISEN.

ZEITSCHRIFT FÜR DAS DEUTSCHE EISENHÜTTENWESEN.

Insertionspreis 40 Pf. für die zweigespaltene Petitzeile, bei Jahresinserat angemessener Rabatt.

Redigirt von

Ingenieur E. Schrödter, Geschäftsführer des Vereins deutscher Eisenhüttenleute, für den technischen Theil

und

Generalsecretär Dr. W. Beumer, Geschäftsführer der Nordwestlichen Gruppe des Vereins deutscher Eisen- und Stahl-Industrieller, für den wirthschaftlichen Theil.

Commissions-Verlag von A. Bagel in Düsseldorf

№ 2. 15. Januar 1897. 17. Jahrgang.

Ueber Saigerungen im Flufseisen.

Das Auftreten von hohlen oder doppelten Blechen, Knüppeln und Platinen ist in der Stahlfabrication sehr gefürchtet. Die Ursachen, auf welche diese Fehler zurückgeführt werden, können verschiedener Art sein. Oft giebt schon das Umfallen eines Stahlblockes, dessen Kern noch flüssig ist, dazu Anlafs. Der zuletzt gegossene Block einer Charge leidet auch häufig an diesem Uebel, wenn die aufgegossene Schlacke in den Kern des Blockes eindringt. Saugtrichter, durch zu grofsen Zusatz von Ferrosilicium oder Aluminium hervorgerufen, sind Jedem, der mit der Stahlfabrication zu thun hat, hinlänglich bekannt. Treten hohle Knüppel und dergl. plötzlich in gröfseren Mengen auf, so kann noch ein anderer Grund vorliegen. Es findet sich dann in den hohlen Stücken Schlacke vor, die in Gestalt eines feinen graugrünen Pulvers den ganzen hohlen Theil überzieht. Häufig hält man diese Schlacke für Einschlüsse von feuerfestem Material oder für gewöhnliche Converter- oder Martinschlacke. Sammelt man indessen diese nur in geringen Mengen auftretenden Einschlüsse und analysirt man sie, nachdem das etwa vorhandene metallische Eisen mittels eines Magneten entfernt worden ist, so zeigen sie eine eigenthümliche Zusammensetzung. Nachstehend die Analysenresultate dreier Proben von verschiedenen Chargen verschiedener Zeiträume:

FeO	MnO	SiO_2	CaO	S	P_2O_5
24,74	63,03	9,16	0,64	0,61	0,227
27,01	59,05	10,18	0,84	0,76	0,316
23,12	71,02	5,01	0,21	—	0,090

Die Schlacke besteht demnach hauptsächlich aus oxydirtem Mangan und Eisen sowie Kieselsäure; Kalk ist auffallend wenig vorhanden. In den meisten Fällen, die ich zu beobachten Gelegenheit hatte, hing das Auftreten solcher Einschlüsse unmittelbar mit einem fehlerhaften Arbeiten zusammen. Beim Martinflufseisen traten dieselben häufiger auf, wenn mit einem grofsen Procentsatz Roheisen gearbeitet und der Schmelzprocefs durch Zusatz von Erz oder Walzenschlacke beschleunigt wurde. Beim Thomasflufseisen konnte eine schlecht gewählte Roheisenzusammensetzung — zu viel Phosphor und zu wenig Mangan — den Anlafs geben. Solche Chargen gehen sehr heifs, sind häufig zu weit entkohlt und werden nach dem Ferromanganzusatz, um letzteres zu sparen, rasch gekippt bezw. abgestochen. Dem oxydirten Eisen, das sich bei diesen Chargen naturgemäfs in gröfseren Mengen vorfindet, wird nicht genügend Zeit zur Reduction gelassen und findet letztere theilweise noch in der Giefspfanne oder sogar in der Coquille statt. Der Sauerstoff des Eisens verbindet sich zum gröfsten Theil mit dem Mangan, und während des Entweichens der Gase aus dem Flufseisenblocke suchen die specifisch leichteren Sauerstoffverbindungen zusammen mit den Gaseinschlüssen und etwa vorhandenen Schlackenpartikelchen gewöhnlicher Zusammensetzung die Oberfläche des Blockes zu erreichen.

Erstarrt mittlerweile der Stahlblock, so wird ein grofser Theil der Oxyde im Block zurückgehalten. Sind nun die Oxyde in genügender Menge vorhanden, so trennen sie sich vom metallischen Eisen und finden sich später in der angegebenen Zusammensetzung im Blech als Schlacke wieder vor.

Eine von einem Flufseisenblock einer solchen Charge abgeschöpfte Schlacke zeigte eine ähnliche Zusammensetzung:

FeO	MnO	SiO_2	CaO	S	P_2O_5
23,82	60,45	7,71	5,92	0,59	0,25

Bei Beobachtung weiterer Chargen konnte festgestellt werden, dafs Blöcke von ein und derselben Charge, von oben in eine grofse Coquille gegossen, doppelte Bleche ergaben, während solche von kleineren steigend gegossenen Blöcken vollständig dicht waren. Die Sauerstoffverbindungen sind offenbar auch in diesen kleineren Blöcken vorhanden, jedoch nicht zur Ausscheidung gelangt und geht man mit der Annahme nicht fehl, dafs letzteren durch die rascher erfolgte Erstarrung nicht genügend Zeit blieb, sich nach oben steigend zu sammeln, und dafs sie dadurch dem Flufseisen mechanisch beigemengt wurden.

Es handelt sich im vorliegenden Falle offenbar um sehr starke Saigerungen, die durch eine zu spät erfolgte Reduction des oxydirten Eisens und der damit verbundenen Ausscheidung der Oxyde hervorgerufen wurden. Aus den Analysen geht hervor, dafs sich aufser oxydirtem Eisen auch die übrigen in jedem Flufseisen enthaltenen Fremdkörper theilweise in oxydirtem Zustande in demselben befinden können.

Der Vorgang, der hier im grofsen Mafsstabe vor sich gegangen ist, wiederholt sich, meiner Ansicht nach, in ähnlicher Weise bei den meisten Flufseisenchargen, auch dann, wenn der Chargengang einen normalen Verlauf genommen hat.

Es dürfte in der Praxis geradezu ausgeschlossen sein, den Converter- oder den Martinofenprocefs so exact zu Ende zu führen, dafs nach Zusatz von Ferromangan weder gasförmige noch flüssige Sauerstoffverbindungen im Stahlbade vorhanden sind. Selbst wenn mit einem grofsen Ueberschufs von Ferromangan gearbeitet wird, ist die Zeit vom Zusatz bis zum Giefsen in den allermeisten Fällen zu kurz bemessen, um ein vollständiges Aussaigern der vorhandenen und neugebildeten Sauerstoffverbindungen des Mangans u. s. w. zu gestatten. —

Das Stahlbad bestände demnach aus einem Gemisch von Eisen, Mangan, Silicium, Kohlenstoff u. s. w. und den Sauerstoffverbindungen derselben. Letztere selbstverständlich im geringen Procentsatz. Die reinen Eisentheilchen besitzen nun eine höhere Schmelztemperatur als die Sauerstoffverbindungen. In einer Temperatur, in der die ersteren erstarren, sind die letzteren noch flüssig. Ist nun der Flufseisenblock gegossen, so erstarren die Eisenmolecüle am Rand der Coquille zuerst, während die flüssigeren Oxyde nach der Mitte des Blockes fortgestofsen werden. Die letzteren suchen, unterstützt durch Gasblasen, nach oben steigend den Platz in der Coquille zu erreichen, der ihnen vermöge ihres specifischen Gewichtes zukommt.

Die stärkste Saigerung findet deshalb, wie ja schon häufiger nachgewiesen, immer in dem oberen Drittel, und zwar im Kern des Blockes statt. Dieselbe tritt um so stärker auf, je heifser das Flufseisen vergossen wird und je mehr Gase in demselben vorhanden sind. Durch den starken Auftrieb, den die Gase besitzen, bieten sie den Sauerstoffverbindungen eine günstige Gelegenheit, sich rascher fortbewegen und sammeln zu können.

Dadurch, dafs die Aufsenfläche des gegossenen Blockes mit der Coquille in Berührung kommt, ist es sehr natürlich, dafs ein fester Rand, der, wie oben ausgeführt, wenig oder gar keine Oxyde enthält, und infolge davon immer die reinste chemische Zusammensetzung zeigt, sich sehr bald bildet. Hat der Wärmeausgleich von Coquille und Blockrand stattgefunden, so geht der ganze innere Kern allmählich in einen teigigen Zustand über und erstarrt gleichmäfsig. Je heifser und dünnflüssiger die Charge, desto stärker der oxydfreie Rand und desto oxydreicher der Kern. Bei kalt gegossenen Blöcken zeigt der Kern umgekehrt in der Aetzprobe verhältnifsmäfsig dichtes Gefüge, während die vom Rande abgestofsenen Sauerstoffverbindungen ringförmig um denselben angeordnet liegen.

Diese Merkmale trafen bei den vielen beobachteten Chargen immer wieder zu und kann man bei einiger Uebung, wenn man den Block nach dem Giefsen beobachtet, voraussagen, wie die Aetzprobe ausfallen wird. Auf nebenstehendem Blatt sind 6 charakteristische Aetzproben wiedergegeben.

Randblasen kommen, sofern sie nicht durch Giefsfehler hervorgerufen werden, nur bei dickflüssigen zu kalt erblasenen Chargen vor.

Auf eine gleichmäfsige Zusammensetzung des Flufseisens läfst sich nachträglich in etwa einwirken, wenn man die fertige Charge in der Giefspfanne stehen läfst, damit die noch im Bade befindlichen Oxyde nach Möglichkeit aussaigern können. Gäbe es ein Verfahren, den flüssigen Stahl nur eine Stunde lang in der Giefspfanne oder sonst in einem geschlossenem Gefäfse stehen lassen zu können, ohne eine Temperaturabnahme befürchten zu müssen, so würde man einen Stahl erhalten, der die Eigenschaften des Tiegelstahles besäfse. Denn Tiegelstahl ist nichts Anderes wie vollständig ausgesaigerter Stahl, das heifst, ein Stahl ohne Sauerstoffverbindungen. Vorläufig wird man mit den im Stahlbade vorhandenen Oxyden rechnen müssen; sie sind weit weniger gefährlich als die sie zusammenführenden Gase.

Da das erblasene Flufseisen nie frei von Gasen ist, so ist es, um Saigerungen zu vermeiden, in erster Linie erforderlich, diese Gase durch geeignete Zusätze zu zerstören, um so eine gleichmäfsige Legirung von Eisen und Sauerstoffverbindungen zu erhalten.

Mit der Gasausscheidung aus einem Block ist bekanntlich häufig eine Volumenveränderung

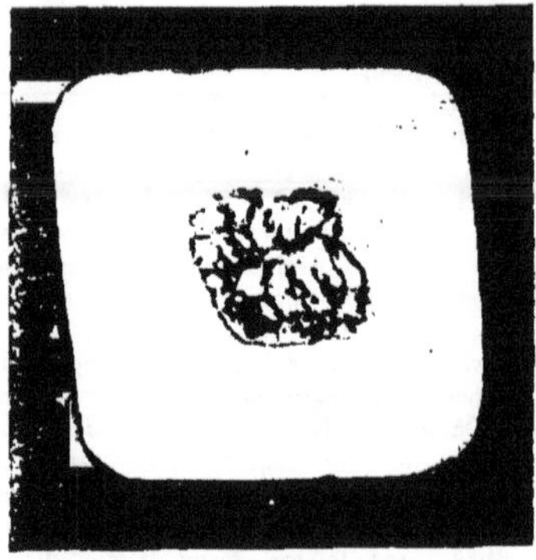

Nr. 1.
Aetzprobe einer heifsen Flufseisencharge mit ausgesaigerter Schlacke im Kern.

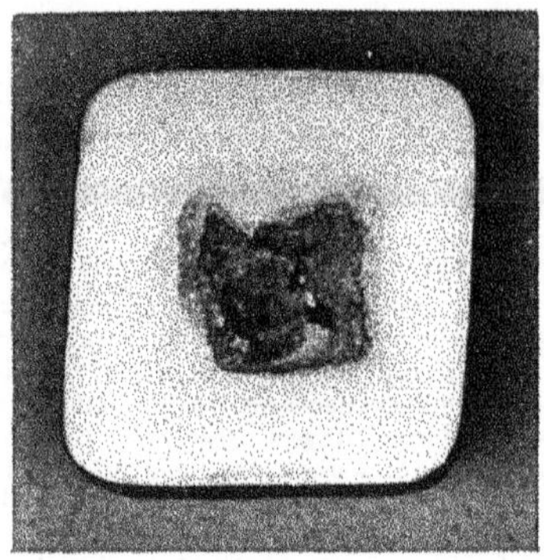

Nr. 2.
Aetzprobe wie Nr. 1 von einer andern Charge.

Nr. 3.
Aetzprobe einer Charge mit weniger heifsem Gang.

Nr. 4.
Aetzprobe einer normalen Flufseisencharge.

Nr. 5.
Aetzprobe einer Charge mit kälterem Gang.

Nr. 6.
Aetzprobe einer Flufseisencharge mit kaltem Gang.

Sämmtliche sechs Proben sind den bei der Verarbeitung abfallenden Kopfenden von Flufseisenblöcken entnommen.

Lichtdruck von Wilh. Otto, Düsseldorf.

verbunden, entweder wächst der Block in der Coquille (steigt, treibt), oder das Volumen des Blockes nimmt ab (schwindet). Das Flufseisen fällt in der Coquille und bildet dadurch, dafs eine dünne Stahlschicht, die in directe Berührung mit der Coquille kommt, die sogenannten Tuten. Setzt man einem Block letzterer Art sofort nach dem Giefsen ein kleines Stückchen Aluminium zu (etwa 10 g auf einen Block von 1000 kg), so ist die Wirkung eine sehr auffallende, das Flufseisen fällt bei anhaltender Gasausscheidung ganz plötzlich in der Coquille bis zu einer gewissen Höhe, die die Blöcke ohne Aluminiumzusatz erst nach längerer Zeit erreichen.

Durch Zusatz eines gleich grofsen Stückchens Aluminium bei steigenden Blöcken wird eine solche Wirkung nicht erzielt.

Bei einer Reihe von Chargen wurden die beim Giefsen aus dem Eisen entweichenden Gase, wie nebenstehende Figur zeigt, aufgefangen und analysirt. Nachfolgend sind die Analysenresultate nach dem steigenden Kohlenoxydgehalt geordnet:

Nr.	CO_2	O	CO	H	Summe	Verhalten des Stahls in der Coquille
1	**7,4**	1,0	52,8	27,46	88,66	fiel
2	**7,2**	0,01	60,1	21,00	88,31	stand
3	**8,2**	1,10	63,8	18,00	91,10	fiel
4	**2,1**	0,30	69,4	16,80	88,60	fiel
5	**3,9**	1,0	70,0	19,10	94,00	fiel
6	**8,3**	0,2	73,3	13,3	95,10	stand
7	**3,0**	0,7	77,0	6,0	86,70	stand
8	**5,2**	0,5	81,7	5,3	92,70	stieg
9	**4,0**	0,0	82,0	4,8	90,8	stand
10	**2,7**	0,3	85,2	4,0	92,20	stieg

Die bei jeder Probenahme gemachten Bemerkungen lassen ziemlich deutlich erkennen, dafs die zum Schwinden neigenden Blöcke den gröfseren Procentsatz Wasserstoffgas enthalten.

Die Entstehung des Wasserstoffgases ist auf eine Zersetzung des mit der Verbrennungsluft eingeblasenen Wassers zurückzuführen, während das Kohlenoxyd und die Kohlensäure als Verbrennungsproducte des im Roheisen enthaltenen Kohlenstoffs anzusehen sind. Diese Gase gelangen gleich wie die flüssigen Sauerstoffverbindungen bis zur Erstarrung des Stahlblocks nicht vollständig zur Aussaigerung. Solange Kohlenstoff im Flufseisenbade vorhanden ist, scheint das Eisen trotz des verhältnifsmäfsig geringen Procentsatzes an Kohlenstoff durch letzteren vor Oxydation beinahe gänzlich geschützt zu werden. Die auffallend heftige Wirkung, die ein Zusatz einer verhältnifsmäfsig geringen Menge von Eisenoxyden (Walzenschlacke bezw. Eisenstein) auf eine heifse, hartgehende Martincharge ausübt, dürfte dieses bestätigen. Die Verbrennung des Kohlenstoffs, die sich sonst sehr lange hinziehen kann, geht unter lebhaftem Aufkochen plötzlich vor sich.

$$FeO + C = Fe + CO.$$

Bei entkohlten Chargen, also bei solchen, die Eisenoxyde enthalten, müfsten die Sauerstoffverbindungen des Eisens umgekehrt durch einen Zusatz von Kohlenstoff Kohlenoxydgas und Eisen bilden, d. h. das Stahlbad desoxydiren.

$$C + FeO = Fe + CO.$$

Dafs diese Bildung, wenn auch in geringem Mafse, vor sich geht, ist anzunehmen, für die Praxis hat dieselbe jedoch kaum eine Bedeutung. Versuche, Koks, Graphit, Holzkohle an Stelle des Ferromangans zur Reduction der Eisenoxyde zu verwenden, erzielten eine gegentheilige Wirkung. Der Rothbruch trat nach dem Zusatz stärker auf, so dafs sich die Versuchschargen nicht verarbeiten liefsen und für jeden Zweck unbrauchbar wurden. Besonders beim Darby-Phönix-Rückkohlungsprocefs ist deshalb die desoxydirende Wirkung des Ferromangans absolut nicht zu entbehren.

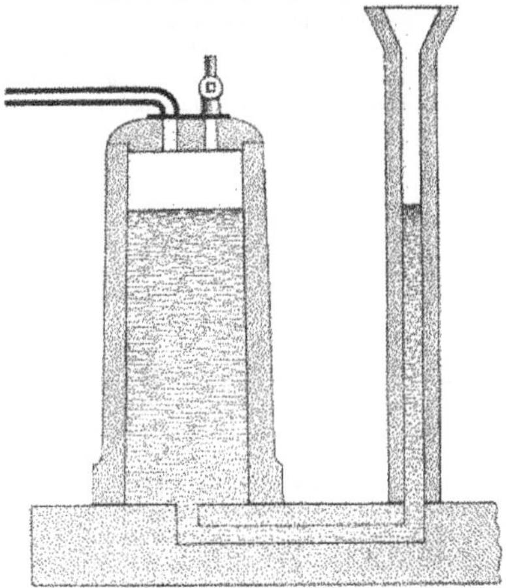

Das — wie oben angeführt — in geringer Menge zugesetzte Aluminium wird sich in erster Linie mit dem freien Sauerstoff verbinden und dann die Sauerstoffverbindungen des Kohlenstoffs zerstören. Die Ausscheidung des Wasserstoffs scheint bei diesem Vorgang beschleunigt zu werden. Setzt man beiden, sowohl schwindendem wie steigendem Flufseisen Aluminium im Ueberschufs zu, etwa 0,05 %, so ist die Wirkung bekanntlich derartig, dafs die Gasausscheidungen vollständig aufhören. Die Blöcke bekommen eine glatte Kopfoberfläche, und Blasenräume sind im Innern nicht mehr vorhanden. Durch einen Zusatz von etwa 0,2 % Silicium erreicht man dasselbe. Die zersetzten Gase CO und CO_2 haben ihren Sauerstoffgehalt zur Bildung von Thonerde bezw. Kieselsäure abgegeben. Letztere kommen also noch zu den schon im Block vorhandenen Oxyden. Der Wasserstoff wird vom Eisen absorbirt sein. Bei Blöcken, die, ohne

Gas auszuscheiden, nach dem Giefsen einen vollständig glatten Kopf bekommen, kann man mit ziemlicher Sicherheit annehmen, dafs Saigerungen nicht vorhanden sind. Durch Aetzproben ist dieses leicht nachzuweisen. Es ist dabei vollständig gleichgültig, ob das Flufseisen viel oder wenig Sauerstoffverbindungen enthält. Die Sauerstoffverbindungen werden, weil die treibende Wirkung der Gase fehlt, an der Stelle, an der sie sich im Momente nach dem Giefsen befinden, festgehalten. Das Flufseisen wird durch den Zusatz vollkommen dicht und homogen. Wie aber Alles im Leben seine zwei Seiten hat, so ist es auch hier. Denn einmal wird das Flufseisen nach Zusatz von Aluminium sowohl wie von Ferrosilicium durch die sich bildende Thonerde resp. Kieselsäure dickflüssiger, so dafs sich gröfsere Gespanne sehr schlecht steigend giefsen lassen, andererseits scheint die Dehnung ungünstig beeinflufst zu werden. Nachstehend die Zerreifsprobenresultate von je zwei Proben einer Charge *a* ohne Aluminiumzusatz, *b* mit Aluminiumzusatz (Aluminium wurde in der Coquille zugesetzt). Die zugehörigen Aetzproben ohne Aluminiumzusatz zeigten Saigerungserscheinungen, solche mit Aluminiumzusatz waren vollständig homogen.

		Festigkeit kg	Dehnung %	Contraction %
Probe I	*a* . .	42,34	27,0	51,00
	b . .	40,11	22,0	36,00
„ II	*a* . .	42,02	26,5	55,70
	b . .	41,38	23,0	33,58
„ III	*a* . .	41,28	23,0	57,70
	b . .	40,28	21,5	57,70
„ IV	*a* . .	41,38	28,0	60,00
	b . .	42,07	24,0	61,00

Beim Zusatz von Ferrosilicium kommt dazu, dafs durch den in letzterem enthaltenen Kohlenstoff die Festigkeit um einige Kilogramm zunimmt, so dafs das Flufseisen dadurch für manche Zwecke ungeeignet wird.

Bei Chargen von gröfserer Härte ist die Wirkung des Zusatzes in Bezug auf die Zerreifsresultate auffallenderweise immer eine günstige. Dieser Umstand dürfte wohl in erster Linie dem höheren Gehalt an Kohlenstoff und Mangan, den härtere Chargen besitzen, zuzuschreiben sein.

A. Ruhfus.

Das Fahrrad und seine Fabrication.

(Fortsetzung und Schlufs von Seite 14.)

Eine von dem in der Fig. 14 angegebenem Princip abgeleitete Schleifmaschine ist die in den Figuren 17 dargestellte, Patent Grant, Pittsburg.* Die Kugeln liegen hier in einer Rinne, welche sich an dem Umfang eines verticalen Cylinders befindet. Die Details dieses Cylinders sind aus der Fig. 18 zu ersehen. Der Cylinder ist natürlich aus verschiedenen Theilen zusammengesetzt, und zwar nicht nur, um die Kugeln hineinbringen und wieder herausnehmen zu können, sondern auch um ihnen die erforderliche Drehbewegung ertheilen zu können.

Die eigentliche Rinne ist in den Ring *a* eingearbeitet. Damit die Kugeln am Hinausfallen gehindert werden, wird der Stahlring *b*, befestigt an dem Ringkörper c bezw. an den Kopf *d*, übergesetzt. Dieser Ring hat innen eine Abschrägung, mit welcher er sich auf die Kugeln — die irgend einer Vorfabrication, Schmieden, Walzen, Drehen, entstammen — legt, aber so, dafs die Rundung frei herausragt und von den Schleifscheiben erfafst werden kann. Zur sichereren Lagerung ist auch die aufrechte Wand der Rille in dem Ring *a* etwas schräg angeordnet.

Der Untertheil des Cylinders ist mit Ausschnitten *e e* versehen, in welche eine Klinke *f*, Fig. 17, eingreift, die durch einen Trittthebel *g* ausgelöst werden kann und den Cylinder während der Schleifarbeit an einer Drehung verhindert. Dagegen ist der Obertheil, bestehend aus den Ringen *b* und c und dem Kopf *d*, drehbar und erhält seinen Antrieb durch das Schneckengetriebe *h* bezw. die Riemenscheiben *i*. Hierdurch werden die noch unrunden Kugeln in Drehung versetzt. Dieselben stellen sich sehr bald so ein, dafs sie auf ihren kleinsten Durchmessern laufen, also die vorstehenden Theile zuerst den Schleifscheiben darbieten. Diese, zu zweien, (*k k*) angeordnet, sind hohl ausgeformt, so dafs sie auf ihrem ganzen Umfang anzugreifen imstande sind. Selbstredend liegen die Achsen derselben in Schlitten, welche das genaue Einstellen und Nachstellen ermöglichen. Ebenso ist der Cylinderuntertheil, welcher die Kugeln enthält, durch die Spindel *l* und das Handrad *m* vertical verstellbar, so dafs der — wenn auch geringen — Abnutzung der Kugelrinne Rechnung getragen werden kann.

Um zu den Kugeln zu gelangen, ist der Kopf mitsammt den Theilen *b* und c abhebbar eingerichtet, wozu gleichfalls der Trittthebel *g* dient. Derselbe hebt also erst ab und klinkt dann, wenn weiter nach unten gedrückt, unten am Cylinder aus.

Diese Anordnung hat vor der in der Fig. 14 dargestellten den Vorzug, dafs der Schleifstaub

* „The Iron Age", 1895.

Fahrrad-Achsendreherei.

Fahrrad-Rohbau (Rohrmontage).

Montage-Raum.

möglichst aufsen bleibt, während er dort naturgemäfs leicht in die Kugelrinne gelangen und zu ungenauer Arbeit Veranlassung geben kann.

Eine andere Methode der Fertigstellung der Kugeln beruht auf der Benutzung der Lappenscheibe. Die Kugeln werden auch hier in gut

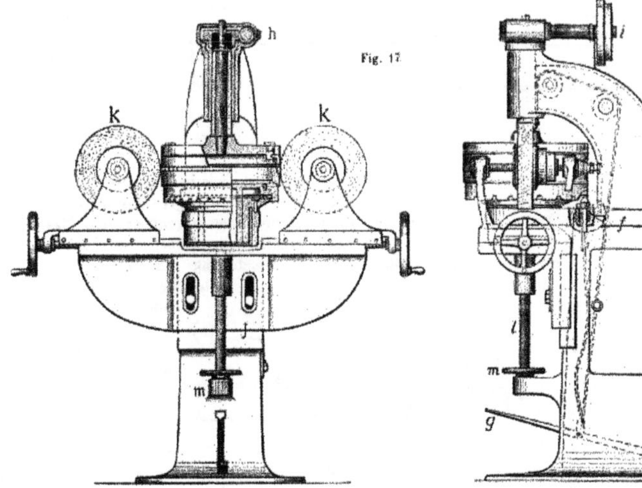

Fig. 17.

passende gufseiserne horizontale Binnen gelegt und mit schnell rotirenden Scheiben behandelt, welche aus runden Lappenstücken bestehen und mit Fett und feinem Schmirgel versehen sind.

Hierauf folgt das Kalibriren der Kugeln, d. h. das Sortiren nach ihren Gröfsen. Dazu dienen zwei im genauen Abstand voneinander befindliche Stahlstäbe, welche etwas schräg gelegt sind, so dafs die Kugeln ganz darüber hin rollen, wenn sie zu grofs sind, und je nach ihrem Durchmesser mehr oder weniger früh durchfallen. Die durchgefallenen Kugeln gelangen in nebeneinander gestellte Gefäfse und werden so durch die Schrägung der Stahlstäbe automatisch sortirt, oder sie werden über ein anderes Paar Stäbe gelassen, die ein wenig enger gestellt sind, u. s. w. Den Angaben nach handelt es sich hier um Differenzen von $^1/_{80}$ bis $^1/_{100}$ mm.

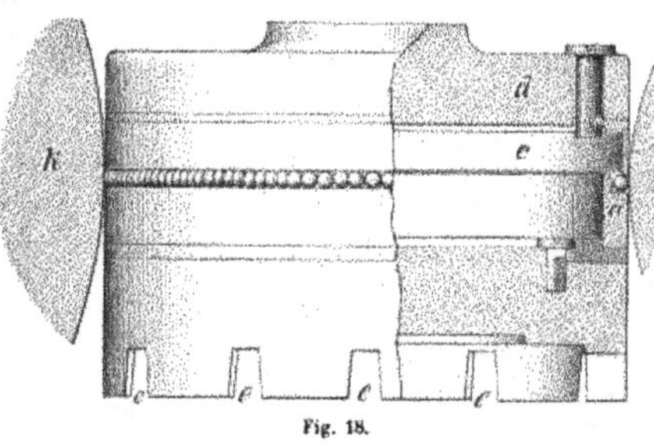

Fig. 18.

Der Bedarf an Kugeln ist enorm. Enthält doch jedes Fahrrad im Mittel über 100 Kugeln. Aufserdem bürgert sich die Kugellagerung täglich mehr in den Maschinenbau ein, wo sie sich namentlich für Spur- und Ringlager beliebt gemacht hat. Bohr- und Drehbankspindeln werden schon häufig und mit grofsem Vortheil mit Kugellagerung versehen. Auch cylindrische Lagerungen erhalten bereits vielfach statt der bronzenen Pfannen solche aus gehärtetem Stahl, mit Rillen versehen, und statt der Schmierung eingelegte Kugeln, die nur sehr wenig Fett bedürfen. Ebenso werden die Geradführungen schwerer Werkzeugmaschinen mit Kugeln versehen. Immerhin wird von der rollenden Reihung immer noch viel zu wenig Gebrauch gemacht.

Vor etwa 12 Jahren befand sich auf einer Ausstellung eine Bandsäge, öfter anscheinend im Leerbetriebe, also in vollem Gange, ohne vorgelegte Arbeit. Die Besuchenden sahen sich oft nach der Art des Antriebs um: kein Riemen, keine Schnur und auch kein elektrischer Draht oder gar Accumulator war zu finden. Man konnte sogar das ziemlich schwer gehaltene Schwungrad mit der Schirmspitze bremsen, ohne eine Minderung im Gange zu erkennen, und stand erstaunt vor dem Unikum. Die Lösung zeigte sich indessen bald in der Lagerung: es waren Kugellager, und der Aussteller konnte ab und zu einen Moment benutzen, um die Bandsäge gut in Schwung zu bringen, was dann bei dem schweren Schwungrad ungeahnt lange vorhielt. --

Neu ist die Kugellagerung übrigens nur für feinere Zwecke. Für schwere Lagerungen, Panzerthürme u. s. w. sind sogar unabgedrehte Kugeln längst im Gebrauch gewesen. Auch die Walzenlagerung der Zapfen ist schon längst verwendet worden, meines Wissens seit mindestens 35 Jahren an den Rollzapfen der Flaschenzüge. —

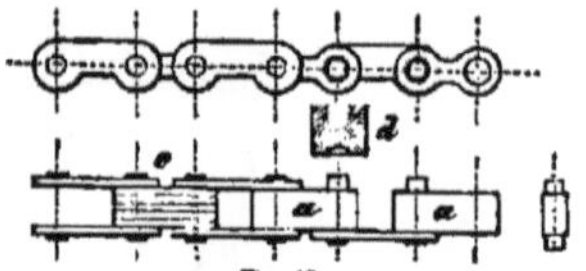

Fig. 19.

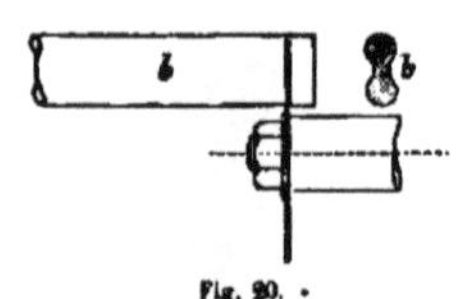

Fig. 20.

4. Das Triebwerk.

Dasselbe besteht, abgesehen von besonderen Constructionen, welche die Kurbelpedale oder die Kettenübertragung ganz umgehen, aus den Zahnrädern und der Kette. Die Zahnräder werden je nach ihrer Form durch Giefsen, Schlagen oder Pressen hergestellt. In Fig. 10 ist ein Zahnrad dargestellt, zu dessen Herstellung sich der Tempergufs, aber auch Schlagen oder Pressen (Schmiedepresse) eignet. Der Drang nach Leichtigkeit hat in der letzten Zeit die in der Fig. 9 dargestellte Form geschaffen, welche der Schmiedepresse am meisten entspricht. — Die Zähne werden in allen Fällen nachgefräst. Die in der Fig. 9 dargestellte Form des Zahnrads entstammt auch dem Wunsche, die Entfernung zwischen den Pedalen möglichst zu verringern bezw. die Kurbeln möglichst dicht an das Lager zu bringen. Das Rad ist daher nahezu zur Scheibe *a* geworden und auf ein Kreuz *b* geschraubt. Dieses ist mit der Kurbel c verlöthet. Man sieht, dafs das früher nur dem Kupferschläger geläufige Hartlöthen sich durch das Fahrrad auch dem Maschinenbauer zu eigen gegeben hat. — Die Kurbel *c* ist, um der Kette Raum zu geben, in diesem Falle leicht gebogen und der Leichtigkeit halber ausgekehlt. Das Material ist geschlagenes Eisen oder Tempergufs, welcher letztere heute vollkommene Gewähr für Solidität bietet.

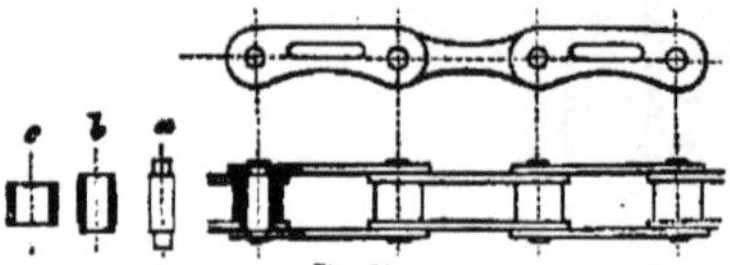

5. Die Kettenfabrication.

Die Grundlage der verschiedenen Constructionen ist die der Gallschen Gelenkkette, welche jedoch einige Abänderungen erfahren hat. In der einen Richtung ist sie zur Blockkette geworden, indem das zwischen die Zähne gelangende Glied die volle Dicke der Zahnbreite erhielt, wie in Fig. 19 (*a*) dargestellt. Während die Blattglieder einfach aus Stahlblech ausgestanzt werden, werden diese Blockglieder (Fig. 20) aus einem gezogenen Stab *b* mit der Kreissäge abgeschnitten und, wie die Blattglieder, meist gleichzeitig mit zwei Bohrern gebohrt. Auch wird das Blockglied aus Lamellen zusammengesetzt, wie in Fig. 19 *c* angegeben. Der Grund hierfür ist weniger die gröfsere Solidität des Lamellencomplexes gegenüber dem Massiv — wie beim Drahtseil gegenüber dem Stab — als die leichtere Herstellung aus Blech durch Stanzen gegenüber dem kostspieligen Absägen. — Die Verbindung geschieht durch den Nietstift, welcher durch einen mechanisch geführten Stempel *d* (Fig 19) — in kleineren Fabriken durch den Niethammer — leicht vernietet wird. — Fig. 21 stellt eine in anderer Richtung veränderte Gallsche Kette dar. Hier handelt es sich um die Leichtigkeit des Ganges bezw. um die Schmierfähigkeit der Stäbchen. Ein solches, in *a* besonders dargestellt, ist zunächst mit einer Hülse *b* umgeben, welche fest in die inneren Lamellen eingenietet ist; sie dreht sich also auf dem Stift. Die Hülse *b* ist aber noch von einer gehärteten Stahlrolle c umgeben, welche nicht nur die Abnutzung auf ein Minimum reducirt, sondern auch für geringe Reibung Gewähr leistet. Die äufseren Lamellen sind noch durch Ausstanzen erleichtert.

Fig. 21.

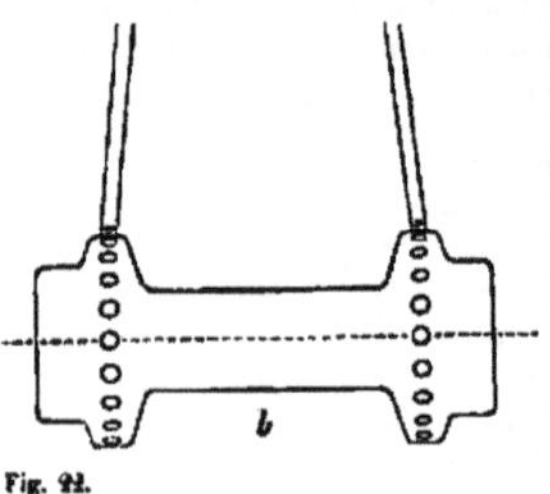

Fig. 22.

6. Die Fabrication der Räder.

a) Nabe und Speichen.

Die Räder der Fahrräder haben, wie bereits bemerkt, vor allen anderen die Eigenthümlichkeit voraus, dafs die Nabe nicht auf den Speichen steht, von ihnen gestützt wird, sondern an den Speichen hängt. Je nach der Art der Verbindung der Nabe mit den Speichen unterscheidet man Radialspeichen und Tangentialspeichen. Die ersteren entsprechen am meisten der alten Stützspeiche, sie erhalten einen Kopf wie ein Nietkopf (Fig. 27 *b*), werden durch die Reifen durchgesteckt und in die Nabe eingeschraubt

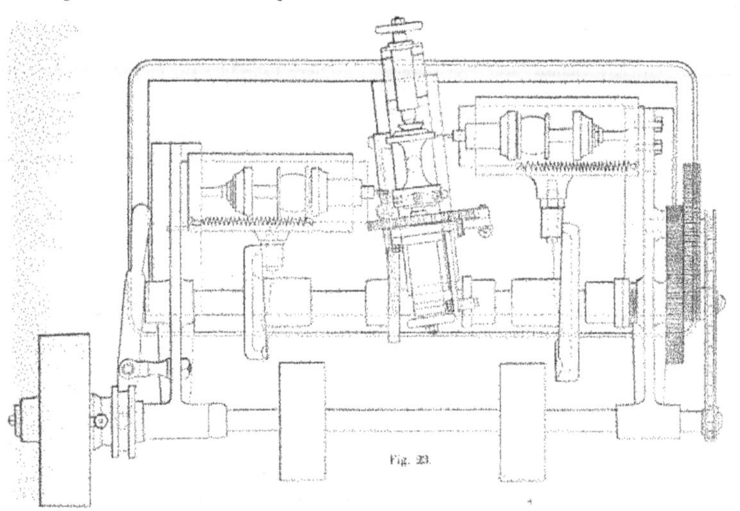

Fig. 23.

(Fig. 22*a*); diese mufs dementsprechend mit Löchern versehen sein, deren Richtung aus der Radebene herausgeht. Hierzu dienen besondere Bohrmaschinen, wie in Fig. 23 — dem „Engineering" 1895,

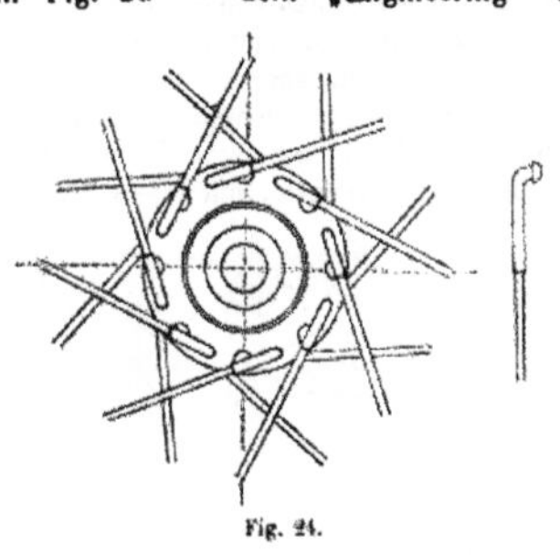

Fig. 24.

Seite 365, entnommen — dargestellt. Die Nabe wird mit einer Theilscheibe versehen, zwischen den Körnerspitzen gehalten und an beiden Bunden gleichzeitig gebohrt.

Fig. 25.

Die Tangentenspeichen werden dagegen eingehakt. Auch sie werden (Fig. 24) mit einem Nietkopf versehen, aber nach Anfertigung desselben dicht unter demselben winkelrecht umgebogen. Vielfach bleiben sie an dieser Stelle — Dickend genannt — stark und werden nur für den übrigen Theil dünner ausgezogen. Ihre Stellung zur Nabe ist nahezu tangential, um die Drehung leichter zu übertragen, also nur auf Zug beansprucht zu werden. Aus diesem Grunde kann die Tangentenspeiche auch viel dünner gehalten werden. Die Radialspeiche soll zwar auch nur auf Zug beansprucht werden, jedoch wirkt hier die zu übertragende Kraft so ungünstig, dafs eine wesentlich gröfsere Beanspruchung in Rechnung zu stellen ist. Die Befestigung der Tangentenspeiche in der Felge geschieht (Fig. 27 *h* und 25) mit Hülfe einer langen Mutter, welche ein ausgiebiges Nachziehen gestattet.

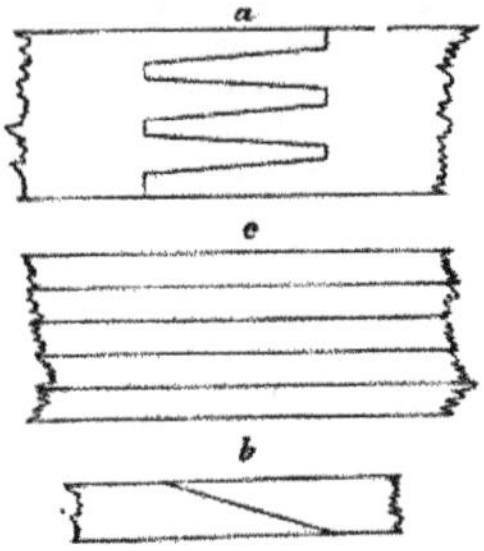

a

c

b

Fig. 26.

b) Die Fabrication der Folgen.

Die Felgen werden in Amerika noch vielfach aus Holz gemacht, doch dürfte wohl bald überall das Blech an dessen Stelle treten.

Das Material ist meist Hickory oder ein ähnliches edles Holz. Behufs des Biegens wird es gedämpft und zum Trocknen in die Form gespannt. Die Verbindung geschieht entweder einfach durch

Ueberblattung (Fig. 26 *b*) oder durch Verzinkung, wie in *a* dargestellt. Auch setzt man die Felgen, wie in c angegeben, aus Lamellen zusammen. In allen Fällen dient Leim als Bindemittel und starkes Firnissen zum Schutz gegen die Wirkung der Feuchtigkeit.

Die Blechfelgen haben sehr verschiedene Formen, welche sich hauptsächlich nach dem Gummireifen richten. Sie sind bei guten, steifen Rädern doppelt (Fig. 27 *c* und *h*), ähneln dann den Holzfelgen und werden oft gelb gemalt, andere Art. Der Ring ist hier aus einem breiten Streifen gebildet und daher nur auf einer Seite, bei *v*, verlöthet.

c) Die Gummireifen.

So elastisch an sich auch die Bauart der heutigen Fahrräder ist, und obwohl der stets auf Federn gestellte Sattel die Hauptstöfse aufnimmt, so hat das Fahrrad doch erst seinen leichten Gang erhalten, seitdem man nicht nur Gummireifen angewendet, sondern auch solche mit Luft gefüllt hat.

Fig. 27.

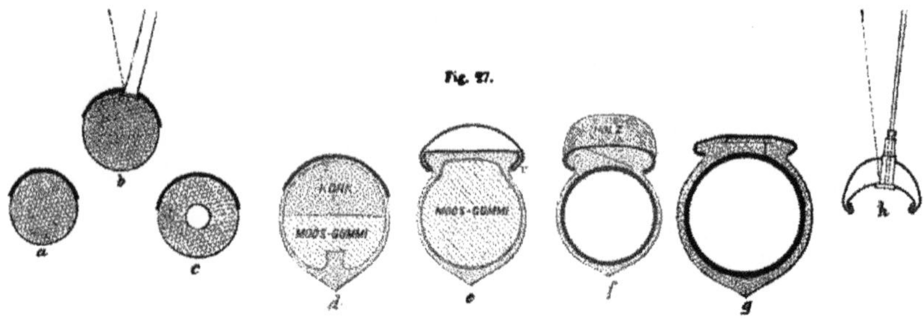

um die Täuschung zu vervollkommnen. Die Herstellung solcher Doppelfelgen ist in der Fig. 28 *a* bis *f* schematisch angegeben. Es ist eine Rollwalzung. Der Blechstreifen geht, wie bei der Blechbiegemaschine, zwischen 3 Walzen oder Rollen durch, wovon zwei zum Aendern des Profils dienen, während die dritte für die Kreisbildung sorgt.

Das Wesentliche liegt in den aufeinander folgenden Profilen der erstgenannten beiden Rollen, welche genau die Bedeutung haben, wie die Kaliber der Walzen oder die Gesenke der Fallwerke. Der auf Länge geschnittene Blechstreifen gelangt in der geraden Form *k*—*l* zwischen das Rollenpaar *a* und erhält darin die leicht gekrümmte Form *o* —*p*, dann zwischen dem Rollenpaar *b* die Form *q* —*r*, wird durch das Paar *c* noch weiter gehöht und gelangt dann zwischen die Rollen *d*, wo die Falzung beginnt, und die er in der Form *s*—*t* verläfst. Nun wird ein in ähnlicher Weise gefertigter Ring, in 28 f mit *u* bezeichnet, der aber bereits geschlossen ist, eingelegt, worauf durch die Rollen *e* die Falzung geschlossen wird, wie in *f* dargestellt.

Hierauf werden, wie bereits bei *u* geschehen, die Enden abgeschrägt und verlöthet, wonach die Verlöthung der Falzung folgt. — Fig. 27 *e* zeigt eine

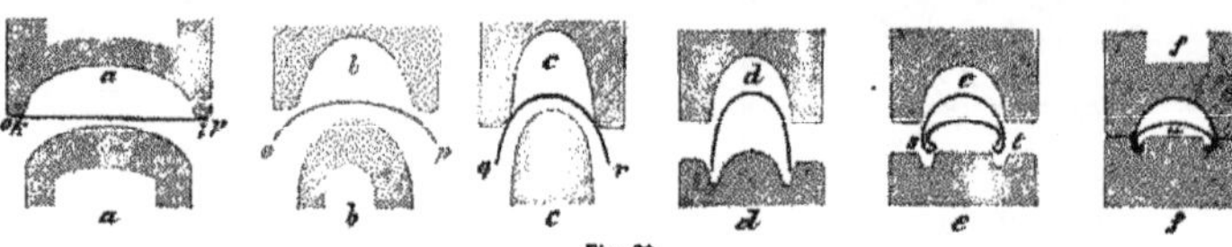

Fig. 28.

Schon die ersten massiven Reifen holen gegenüber der harten Felge einen grofsen Vortheil. Man verstärkte indessen den Reifen bald (Fig. 27 *b*) und gab ihm auch gleichzeitig, um das Gewicht zu mindern, eine Höhlung, *c*.

Aber alles dies genügte noch nicht, und man wandte sich den sogenannten pneumatischen Reifen zu. — Dieselben sind nicht, wie vielfach angenommen wird, neu, sondern bereits seit 1846 an gewöhnlichen Wagen verwendet. In diesem Jahre versah der englische Ingenieur R. W. Thomson die Räder seines Wagens mit einem hohlen Ring von Kautschuk, überzogen mit Leder. Nach einer Mittheilung des Technischen Bureaus von Richard Lüders in Görlitz machte er 1847 am 17. März im Regent Park zu London mit einem Wagen von $1\frac{1}{2}$ Ctr. Gewicht Versuche, welche auf gutem Wege eine Ersparnifs von 38 %, auf schlechtem sogar eine solche von 68 % gegenüber den gewöhnlichen Rädern ergab.

Die Sache gerieth indessen in Vergessenheit, bis vor wenigen Jahren ein Dubliner Thierarzt Namens Dunlop um die Stahlfelge des Rades seines $12\frac{1}{2}$ jährigen Söhnchens einen mit einem Ventil versehenen luftdichten Gummischlauch legte und denselben mit der Felge durch Umwinden mit einem Leinwandstreifen fest verband. Auf das Ganze wurde ein in der Mitte verdickter Streifen von Paragummi geklebt.

Damit fuhr der Knabe lustig herum, ohne dafs jedoch die Erfindung beachtet wurde. Da passirte ein englischer Rennfahrer Dublin, wurde durch den unförmigen Reifen seines zufälligen Begleiters und die Leichtigkeit, mit der derselbe das Strafsenpflaster passirte, aufmerksam und erkannte sofort die Bedeutung der Anordnung. Noch rechtzeitig erlangte Dunlop den Patentschutz, und schnell verbreitete sich der vergessene pneumatische Reifen in alle Welt, namentlich durch Vermittlung des oben genannten Clemens, (Humber, Clemens & Gladiator).* Freilich ist seine Form etwas anders geworden. Der innere Schlauch mit dem Füllventil ist geblieben, dagegen wird die Schutzhülle, wie Fig. 27 *f* und *g* zeigen, direct über denselben gestreift und in die hierfür vorbereitete Felge eingeklemmt. Lediglich in der Verschiedenheit der Form dieser Hülle unterscheiden sich die mannigfachen heutigen Fabricate dieser Art.

* „Revue Technique“, 10. October 1896, Seite 453.

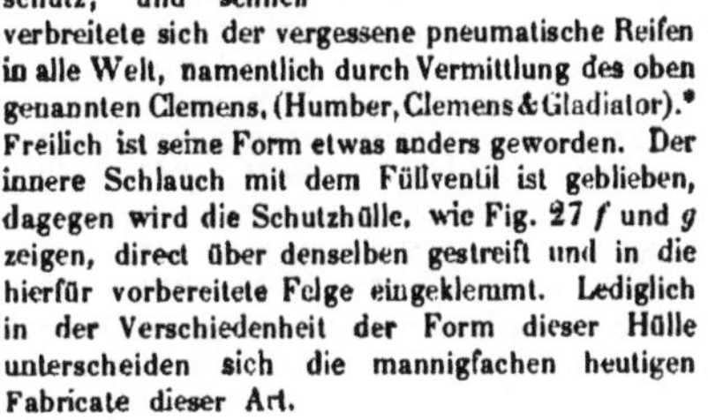

Fig. 29.

In der Fig. 29 ist die Umhüllung noch mit Zellen versehen, um etwaige Verletzungen unschädlich zu machen. Diese Zellen haben in ungespanntem Zustande des eingelegten Schlauches die Form α der Fig. *a* und *b*, wobei der Luftschlauch ganz zusammengedrängt erscheint, wie in β bei α zu erkennen. Derselbe wird dann aber mit Luft von 4 bis 5 Atm. gefüllt, wobei die Zellen sich deformiren und die in Fig. 29 *c* angegebene Gestalt annehmen.

Zum Füllen der Schläuche dient eine kleine Pumpe, welche, nach der Construction von Hengstenberg & Co. in den zum Rad gehörigen Schraubenschlüssel eingespannt und mit dem Fufs festgehalten wird.

Fig. 27 *d* und *e* zeigen noch einige seltenere Formen, welche dem Bestreben entsprangen, den leicht verletzbaren Luftschlauch zu vermeiden. —

Die beigegebenen Tafeln zeigen die Achsendreherei, den Fahrrad-Rohbau, den Montageraum und die Reparaturwerkstätte der Firma Hengstenberg & Co., Actiengesellschaft, Bielefeld, deren gütiger Führung Referent einen grofsen Theil der Kenntnifs des Fahrradbaues zu verdanken hat.

Haedicke.

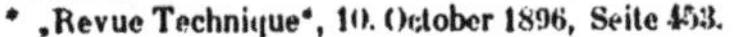

Die doppelte Härtung des Stahls.

Im vorigen Jahrgang dieses Blattes wurde auf Seite 200 eines Verfahrens gedacht, welches in Frankreich ausgebildet wurde und dort doppelte Härtung genannt wird. Es beruht auf einer Wiedererhitzung des einmal gehärteten Stahls auf eine weniger hohe Temperatur und abermaligem Ablöschen. Bei der Anfertigung von Werkzeugen hat man bekanntlich schon seit sehr langer Zeit ein ähnliches Verfahren angewendet, nur pflegt man hierbei die zweite Erhitzung — das Anlassen — nicht bis zu jenem Grade, wie bei der Behandlung von Federn, Radreifen u. s. w., auszudehnen; eine Bedeutung für letzteren Zweck konnte das Verfahren überhaupt erst gewinnen, nachdem man die Flufsstahlerzeugung in der Birne und im Martinofen erfunden hatte.

Aus einem von A. Godeaux neuerdings veröffentlichtem Bericht* über diesen Gegenstand möge das Wichtigste hier mitgetheilt werden.

* Publications de la Société des Ingénieurs sortis de l'Ecole provinciale du Hainaut, t. V, 1896; daraus in der „Revue universelle des mines“, Novembre 1896, p. 224.

Die ersten Versuche über den Einflufs der doppelten Härtung auf das mechanische Verhalten des Stahls (Flufseisens) wurden durch Walrand und Gottin in Creusot angestellt; die Veranlassung dazu bot das eigenthümliche Aussehen der Bruchfläche eines doppelt gehärteten Federblatts. Man versuchte, die gleiche Erscheinung auch bei anderen Proben hervorzurufen, und gelangte solcherart dahin, die Eigenschaften des Stahls durch das in Rede stehende Verfahren in weitgehender Weise regeln zu können. Man steigerte die Härte, Elasticität und Festigkeit und verringerte die Sprödigkeit bei der Einwirkung von Erschütterungen.

Später veröffentlichte Auscher* Versuchsergebnisse über den Einflufs der doppelten Härtung, welche die von Walrand und Gottin gemachten Beobachtungen vollauf bestätigten; aufserdem wurden von dem Verfasser der hier in Rede stehenden Abhandlung auf dem Steinkohlenwerke

* Étude sur les aciers propres à la construction des machines, conditions de recette des ces aciers. Annales des mines, 9 série, tome VIII, 1895, p. 563.

zu Bascout zahlreiche Anwendungen des Verfahrens mit gleich günstigem Erfolge gemacht, und auf dem Stahlwerke zu Indret wird die doppelte Härtung auf alle gegossenen und geschmiedeten Stahlerzeugnisse angewendet, welche überhaupt fähig sind, die Behandlungsweise zu ertragen: Achsen, Kurbelstangen, Kolbenstangen u. a. m. Da die Sprödigkeit des Stahls durch die doppelte Härtung verringert wird, erlangt man die Möglichkeit, ihn auch für mancherlei Zwecke zu verwenden, für welche er früher eben wegen seiner gröfseren Sprödigkeit als untauglich erschien.

Die Beschaffenheit des Stahls, welcher der doppelten Härtung unterzogen werden soll, mufs selbstverständlich von der ins Ange gefafsten Verwendung abhängig sein. Gewöhnlicher, in der Schmiede benutzter weicher Stahl (Flufseisen) wird deutlich durch die doppelte Härtung verbessert, aber den günstigsten Erfolg erzielt man mit mittelhartem Stahl, wie die Versuche in Bascout ergeben haben. In Indret verwendet man für Maschinentheile weichen Stahl; man würde mit noch besserem Erfolge halbharten Stahl für denselben Zweck benutzen können, wenn er nicht kostspieliger wäre. Daher beschränkt man seine Anwendung auf die Anfertigung solcher Theile, welche der Abnutzung durch Reibung unterworfen sind: Gleitbacken, Kolbenstangen u. a. Für Laufräder der Grubenwagen erwies sich in Bascout ein Stahl mit 0,40 % Kohlenstoff als am geeignetsten.

Da beim Glühen und Härten nicht immer eine Formveränderung ganz vermeidlich ist, empfiehlt es sich, solche Theile, welche einer mechanischen Bearbeitung unterzogen werden sollen, vor dem Härten zwar aus dem Gröbsten zu bearbeiten (zu schroppen), aber erst nach der Härtung zu vollenden (zu schlichten).

Sollen öfters grofse Stücke der doppelten Härtung unterworfen werden, so ist es rathsam, einen besonderen Glühofen von entsprechenden Abmessungen für diesen Zweck zu bauen. In Indret hat man Einrichtungen, um Stücke bis zu 6 m Länge zu härten. Die Erhitzung mufs so gleichmäfsig als möglich geschehen. Die erste Härtung geschieht in Hellrothgluth (au rouge jaune), die zweite in ganz dunkler Rothgluth (au rouge sombre). Je härter der Stahl ist, desto niedriger mufs die angewendete Temperatur sein. Um nach der Farbe des Arbeitsstücks die Temperatur richtig zu schätzen, thut man wohl, es im Dunkeln zu betrachten.

Zum Härten eignet sich am besten Wasser von gewöhnlicher Temperatur (Auscher bezeichnet 70° C. als die geeignetste Temperatur); ist es zu warm geworden, so mufs es abgekühlt werden. Das Eintauchen mufs rasch geschehen; flache Stücke taucht man senkrecht ein. Im Wasser bewegt man die Stücke hin und her, um die Abkühlung zu beschleunigen; ist das Stück sehr schwer, so dafs es sich schwierig bewegen läfst, so kann man das Wasser mit Hülfe eines Besens oder in anderer Weise in Bewegung setzen. Zweckmäfsig ist es, die Stücke einige Stunden im Wasser verweilen zu lassen; man verringert dadurch die Gefahr der Entstehung von Rissen. (?)

Ueber einige von Auscher bei Festigkeitsversuchen erlangten Ergebnisse geben nachstehende Ziffern Auskunft. Die Versuche wurden mit Stäben von 150 qmm Querschnitt und 100 mm Markenabstand angestellt.

	Elasticitätsgrenze E (kg auf 1 qmm)	Zugfestigkeit F (kg auf 1 qmm)	Verhältnifs $\frac{E}{F}$	Verlängerung mm
Stäbe aus halbhartem Stahl				
Ungehärtet . . .	23,00	52,00	0,44	25
Gehärtet	50,00	68,00	0,73	15
Stäbe aus weichem Stahl.				
Ungehärtet . . .	15,00	36,00	0,40	32
Gehärtet	30,00	46,00	0,64	21
Formgufs aus dem Martinofen.				
Ungehärtet . . .	32,30	58,00	0,55	16
Gehärtet	46,00	70,00	0,66	10
Formgufs aus der Robert-Birne.				
Ungehärtet . . .	20,00	43,00	0,46	26
Gehärtet	44,00	66,00	0,69	15

Eine eigentliche Verbesserung des Materials lassen nun freilich diese Ziffern nicht erkennen. Wie beim Härten überhaupt, ist die Elasticitätsgrenze und die Festigkeit gesteigert, und zwar erstere in stärkerem Mafse als letztere: das Metall ist spröder geworden, wenigstens nach der gewöhnlichen Auslegung dieses Ausdrucks. Dennoch bestätigt Godeaux, dafs bei den Versuchen in Bascout die Biegungsfähigkeit des Stahls und seine Widerstandsfähigkeit gegen Stöfse durch die doppelte Härtung wesentlich gesteigert worden sei. Ringe aus halbweichem 18 mm starkem Rundstahl aus der Bessemerbirne liefsen sich vor dem Härten nicht wieder gerade richten, nach doppeltem Härten dagegen mehrmals nach beiden Richtungen biegen; Theile von Förderschalen, welche beim Auffahren der Wagen und beim Aufsetzen der Schale Stöfsen unterworfen sind und deshalb rasch abgenutzt zu werden pflegten, wurden widerstandsfähiger, als man sie der doppelten Härtung unterzog. Hierbei scheint indefs mehr die Widerstandsfähigkeit gegen Formveränderungen, z. B. gegen Verbiegung, gemeint zu sein, als gegen Bruch. Im übrigen machte auch Le Chatelier die Beobachtung, dafs die Schlagsprödigkeit durch die doppelte Härtung verringert werde (vergl. vorigen Jahrgang, Seite 201).

Jedenfalls dürfte die Wirkung des Verfahrens einer eingehenden, in thunlichst wissenschaftlicher Weise ausgeführten Untersuchung werth sein, wobei zugleich zu ermitteln wäre, inwiefern jene Wirkung durch Nebenumstände, z. B. durch die Temperatur des Wassers, beeinflufst wird, und in welcher Weise demnach die günstigsten Ergebnisse sich erzielen lassen.

Einflufs des Hitzegrades beim Auswalzen auf die Flufseisenschienen.

Im Auftrage der Königl. Eisenbahndirection Köln (linksrheinisch) haben die Königl. technischen Versuchsanstalten zu Berlin im Jahre 1895 eine sehr dankenswerthe Untersuchung über den Einflufs des Auswalzens von Schienen bei verschiedenen Hitzegraden vorgenommen. Das hierüber von Director Prof. A. Martens ausgestellte Gutachten* geben wir nachstehend im Auszug wieder.

Das Material ist basisches Flufseisen, in der Birne erblasen.

Für die mikroskopische Untersuchung wurde von jedem Schienenstück ein Profilstück von etwa 8 bis 10 mm Dicke abgeschnitten. Nach sorgfältiger Politur auf einer ebenen, auf fester Unterlage befestigten Scheibe von feinem, weichem Gummi mit sorgfältig geschlämmtem Polirroth wurden die Stücke mit einer feinen Reifsnadel angerissen, um bestimmt begrenzte Felder zur besseren Bezeichnung der einzelnen Flächentheile zu erhalten. Diese wurden in der in nebenstehender Abbild. angegebenen Weise durch Buchstaben benannt.

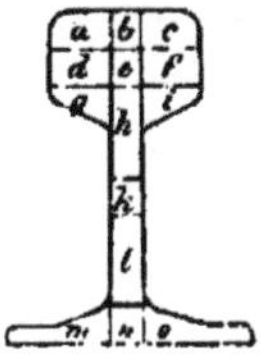

Im ganzen wurden 12 Profilabschnitte, gezeichnet von 1 bis 12, auf diese Weise zubereitet, und zwar je einer von

Gruppe I: In gewöhnlicher Weise gewalzt.

Gruppe II: Vor den beiden letzten Stichen abgekühlt, bis die Fufsränder dunkelroth, der Kopf hellroth war.

Gruppe III: Vor den beiden letzten Stichen abgekühlt, bis die Fufsränder kaum noch dunkelroth und der Kopf beginnend dunkelroth war.

Diese Stücke 1 bis 12 wurden zunächst makroskopisch und dann mikroskopisch im polirten Zustande untersucht, und hierauf wurden, um einen Ueberblick über das Gefüge zu geben, von den Schienen 1, 5 und 9 mikrophotographische Aufnahmen in 28facher linearer Vergröfserung bei senkrecht einfallendem und ebenso zurückgeworfenem Licht angefertigt.

Um einen weiteren Einblick in die Gefügeverhältnisse zu gewinnen, wurden die Schienenprofile nach sorgfältiger Entfettung und nachdem man sie kurz vor dem Eintauchen nochmals mit Polirroth auf feuchter Leinenunterlage anpolirte, mit verdünnter Salpetersäure geätzt. Hierbei wurden die Schienenstücke, deren Flächen, nach dem Poliren auf feuchter Unterlage sofort in Wasser gebracht, das Wasser gut annahmen, zunächst unter Wasser abgepinselt und mit Leinwand abgerieben, um das Polirroth zu entfernen. Nach völliger Reinigung kamen sie in das Aetzbad, dem, nach einer Andeutung von Osmond, ein Auszug von Süfsholz zugesetzt war. (Osmond hat inzwischen sein Verfahren ausführlicher veröffentlicht, es kam aber zu spät vollständig zur Kenntnifs des Verfassers, so dafs er die Erfahrungen Osmonds für diese Untersuchung nicht mehr ausnutzen konnte.) Von den geätzten Schienen Nr. 1, 5 und 9 wurden zunächst ebenfalls im Mafsstabe 28:1 möglichst in der Nähe der zuerst abgebildeten Stellen mikrophotographische Aufnahmen gemacht.

Um nun planimetrische Ausmessungen der Korngröfsen beziehentlich der Flächenantheile der Hauptgefügebildner machen zu können, sind dann von allen Schienen zunächst von Kopfmitte (Mitte e), Stegmitte (Mitte k) und Fufsecke (Ecke m) Mikrophotographien im Mafsstabe 200:1 angefertigt, die, soweit es möglich war, planimetrirt wurden.

Durch die Politur in Relief treten besonders zwei Gefügeelemente von etwas verschiedener Härte hervor, von denen das härtere dem Polirroth gröfseren Widerstand entgegensetzt, während das weichere fortgenommen wird. Die beiden Theile liegen scharf begrenzt neben- bezw. ineinander eingebettet. Neben diesen beiden Theilen finden sich mehr oder weniger zahlreiche schwarze Flecke in den Bildern, so dafs Verfasser drei sehr scharf getrennte Gefügeelemente zur Anschauung brachte, nämlich ein mechanisch härteres, ein mechanisch weicheres und die schwarzen Flecke.

Wir müssen es uns an dieser Stelle versagen, auf die interessanten Einzelheiten der Untersuchungen und die mannigfaltigen Schwierigkeiten, welche sich dabei einstellten, näher einzugehen; es handelt sich hier um wissenschaftliche Forschungen, welche noch nicht abgeschlossen sind. Nicht ohne praktische Bedeutung zur Beurtheilung der dem Verfasser gestellten Frage scheint uns jedoch die Bestimmung des Mengenverhältnisses zu sein, in welchem die verschiedenen mikroskopisch trennbaren Flächenelemente im Eisen vorkommen; mit Recht setzt Verfasser voraus, dafs zwischen diesem Mengenverhältnifs und den Festigkeitseigenschaften ein bestimmter Zusammenhang besteht. Die Bestimmung des Mengenverhältnisses geschah in der Weise, dafs bei allen Photogrammen, bei denen es möglich war, einmal mit dem Planimeter die Flächenantheile der beiden Hauptgefügebildner, nämlich der gefärbten Flächen a und als Rest der Antheil der nicht gefärbten sammt den dunklen

* In den Mittheilungen aus den Königl. technischen Versuchsanstalten zu Berlin. 1896, II. Heft. Mit 3 photolithographischen Tafeln.

Gegenüberstellung

Gruppe	Schiene	Behandlung beim Walzen	Nr.	Kopf								Steg				
1. Mittelwerthe aus den Zerreifsversuchen				Spannungen			Formänderungen		Zustandszahlen			Spannungen			Formänderungen	
				σ_P	σ_S	σ_B	$\delta_{11,3}$	q	σ_P/σ_B	σ_S/σ_B	Z	σ_P	σ_S	σ_B	$\delta_{11,3}$	q
I	W. 1 u. 2	In gewöhnlicher Hitze gewalzt	1—4	25,5	33,8	61,0	20,9	47,2	0,420	0,553	0,375	27,4	33,8	61,7	18,2	32,9
II	W. 3 u. 4	Vor den beiden letzten Stichen abgekühlt, bis Fufsränder dunkelroth, Kopf hellroth	5—8	19,8	34,4	62,8	21,0	40,1	0,314	0,548	0,384	21,0	35,5	63,8	[23,1]	[45,0]
III	W. 5 u. 6	Abgekühlt, bis Fufsränder kaum noch dunkelroth, Kopf beginnend dunkelroth	9—12	19,8	34,6	63,4	20,3	36,0	0,313	0,547	0,374	22,0	36,3	65,1	22.8	42,9
		Wirkung des kälteren Walzens:														
		II/I . 100	—	78	102	103	101	85	75	99	102	77	105	103	[127]	[105]
		III/I . 100	—	78	103	104	97	77	75	99	100	80	107	106	126	100
		Vergleiche:		Kopf = 100								Steg/Kopf.				
I	W. 1 u. 2	wie oben	1—4									108	100	101	87	91
II	W. 3 u. 4	wie oben	5—8									106	103	102	[110]	[112]
III	W. 5 u. 6	wie oben	9—12									111	105	103	112	119

Gruppe	Schiene	Behandlung beim Walzen	Nr.	Kopf					Steg			
2. Mittelwerthe aus den planimetrischen Messungen				a färbbar		b + c nicht färbbar		c Flecke	a färbbar		b + c nicht färbbar	
				M	S	M	S	S	M	S	M	S
I	W. 1 u. 2	In gewöhnlicher Hitze gewalzt	1—4	44,5	50,8	55,5	49,2	8,7	39,2	36,3	60,8	63,7
II	W. 3 u. 4	Vor den beiden letzten Stichen abgekühlt, bis Fufsränder dunkelroth, Kopf hellroth	5—8	45,0	46,7	55.0	53,3	5,0	41,0	41,2	59,0	58,8
III	W. 5 u. 6	Abgekühlt, bis Fufsränder kaum noch dunkelroth, Kopf beginnend dunkelroth	9—12	40,7	43,3	59,3	56.7	4.3	48,2	50,7	51,8	49,3
		Wirkung des kälteren Walzens:										
		II/I . 100	—	101	92	99	109	57	105	114	97	92
		III/I . 100	—	92	86	107	115	49	123	140	85	77
		Vergleiche:		Kopf = 100					Steg/Kopf.			
I	W. 1 u. 2	wie oben	1—4						88	72	109	129
II	W. 3 u. 4	wie oben	5—8						91	88	107	110
III	W. 5 u. 6	wie oben	9—12						118	117	87	87

Es bezeichnet: σ die Spannungen in kg/qmm an der Proportionalitätsgrenze (σ_P), an der Streck-

l = 11,3 √f, wenn f = Probenquerschnitt, q = Querschnittsverminderung in Procent. Die Zustandszahlen

zuverlässig, aber aus irgend einem Grunde nicht gleichwerthig den übrigen. Ferner bezeichnet a den Färben-
ausgedrückt in Procent; a + b + c = 100; M = Messung; S = Schätzung.

Flecken b + c ausgemessen, das andere Mal diese Flächenverhältnisse allein durch Schätzen nach dem Augenmafs bestimmt wurden, um zugleich über den Sicherheitsgrad solcher Schätzungen nach dem Augenmafs ein Urtheil zu gewinnen, die natürlich einfacher auszuführen sind, als die planimetrischen Messungen. Die dunklen Flecke liefsen sich wegen ihrer Zahl und Kleinheit nicht messen, sondern mufsten lediglich geschätzt werden. Ihr Antheil wurde bestimmt, obwohl nicht feststeht, dafs sie wirklich einen Gefügebestandtheil des Flufseisens bilden; will man sie nicht als solchen rechnen, so wird der für sie in den folgenden Tabellen ausgeworfene Betrag auf den unfärbbaren Bestandtheil b zu verrechnen sein. Dementsprechend ist auch nach den Schätzungen die Gröfse b + c gebildet worden.

Im zweiten Theil der Gegenüberstellung der Versuchsergebnisse (siehe obenstehende Tabelle) sind die hierbei gefundenen Mittelwerthe zusammengestellt, so dafs dieser Theil eine Uebersicht über

der Versuchsergebnisse.

Zustandszahlen			Pufs								Mittelwerthe							
			Spannungen			Formänderungen		Zustandszahlen			Spannungen			Formänderungen		Zustandszahlen		
σ_P/σ_B	σ_S/σ_B	Z	σ_P	σ_S	σ_B	$\delta_{11,3}$	q	σ_P/σ_B	σ_S/σ_B	Z	σ_P	σ_S	σ_B	$\delta_{11,3}$	q	σ_P/σ_B	σ_S/σ_B	Z
0,444	0,547	0,366	—	35,5	62,8	20,6	41,4	—	0,558	0,368	[26,5]	34,2	61,8	20,5	43,8	[0,432]	0,553	0,370
0,329	0,556	[0,425]	—	37,7	66,0	23,0	38,1	—	0,571	0,403	[20,4]	35,7	64,2	[22,6]	[40,2]	[0,322]	0,556	[0,400]
0,338	0,558	0,409	[29,7]	37,8	65,3	23,1	36,7	0,455	0,578	0,400	[23,6]	36,3	64,6	22,1	38,5	0,368	0,561	0,394
74	102	[116]	—	106	105	112	92	—	103	110	[77]	104	101	[110]	[92]	[74]	100	[108]
76	102	112	—	106	104	112	88	—	104	109	[89]	106	101	108	88	[85]	102	106
100			Fufs/Kopf . 100															
106	99	98	—	105	103	99	88	—	101	98								
105	102	[111]	—	110	105	110	95	—	104	105								
108	102	109	[150]	109	104	114	102	146	106	107								

c Flecke	a färbbar		b + c nicht färbbar		c Flecke	a färbbar		b + c nicht färbbar		c Flecke
S	M	S	M	S	S	M	S	M	S	S
3,3	49,5	57,2	50,5	42,8	5,4	44,4	48,1	55,6	51,9	5,8
1,5	—	55,0	—	45,0	7,3	43,0	47,6	57,0	52,4	4,6
—	47,5	55,3	52,5	44,7	6,5	45,5	49,8	54,5	50,2	3,6
45	—	96	—	105	135	97	99	103	101	79
—	96	97	104	104	121	103	103	98	97	62
100	Fufs/Kopf . 100									
38	111	113	91	87	62					
30	—	118	—	84	146					
—	117	128	88	79	152					

grenze (σ_S), an der Bruchgrenze (σ_B), $\delta_{11,3}$ die Dehnung nach dem Bruch gemessen auf einer Meſslänge σ_P/σ_B, σ_S/σ_B und $Z = \frac{\sigma_B}{\sigma_S} \cdot \frac{\delta_{11,3}}{100}$ sind aus diesen Wertbon abgeleitet. Die in [ ] gesetzten Zahlen sind inhalt des färbbaren, b denjenigen des nicht färbbaren Elements und c denjenigen der dunklen Flecke.

die als Folge der verschiedenen Behandlung beim Walzen nachzuweisenden Veränderungen der Gefügeverhältnisse, dagegen der erste Theil einen kurzen Ueberblick über die aus gleichem Grunde eintretenden Veränderungen der Festigkeitseigenschaften giebt.

Die Schluſsfolgerungen, welche Verfasser dann zieht, sind die folgenden:

Der Vergleich über die Wirkung des mehr oder weniger kalten Walzens (Abkühlens vor den beiden letzten Stichen) ergiebt sich leicht aus den Verhältniſszahlen in Gruppe I, welche sowohl für Kopf, Steg und Fuſs als auch für die Mittelwerthe für die einzelnen Gruppen gebildet wurden. Aus diesen Verhältniſszahlen kann man ableiten:

Abgesehen von den Werthen für die Proben aus dem Schienenfuſs (die für Gruppe I und II nicht bestanden), nimmt die Proportionalitätsgrenze infolge der Abkühlung vor dem Fertigwalzen ab und zwar um 10 bis 20 %.

Die Spannungen an der Streck- und Bruchgrenze nehmen etwa um 5 % zu.

Die Dehnbarkeit wächst in den beim Walzen stärker bearbeiteten Theilen (Steg und Fufs) und nimmt im Durchschnitt infolge des kälteren Walzens um etwa 10 % zu,

während die Querschnittsverminderung, besonders im Kopf, um etwa ebensoviel abnimmt.

Unter der Bezeichnung Zustandszahlen sind nach den Erfahrungen der letzten Jahre die Werthe σ_P/σ_B und σ_S/σ_B sowie $Z = \frac{\sigma_B}{\sigma_S} \cdot \frac{\delta_{11,3}}{100}$ $\left(= \frac{\delta_{11,3}}{100 \cdot \sigma_S/\sigma_B}\right.$ zur einfacheren Berechnung) gebildet, von denen σ_S/σ_B bei den meisten Metallen mit wachsender mechanischer Bearbeitung (namentlich bei Bearbeitung im kalten Zustande) wächst, während Z abnimmt. Diese Werthe, welche erfahrungsmäfsig für die gleichen Materialien gleichen Zustandes nur wenig schwanken, lassen sich recht gut zur summarischen Beurtheilung des Materials benutzen. Aus der Tabelle Gruppe I folgt:

Die Werthe für σ_S/σ_B ändern sich beim Walzen nach der Abkühlung vor den beiden letzten Stichen nur wenig (die Form der Schaulinien für den Zerreifsversuch ändert sich also ebenfalls nur wenig).

Die Werthe für Z wachsen um etwa 6 bis 8 %.

In der Schiene wird das ursprünglich als im ganzen Block nahezu gleich anzusehende Material in den einzelnen Theilen des Querschnittes immer bei verschiedener Wärme ausgewalzt, so dafs also etwaige Wirkungen der Walzhitze, abgesehen von den Wirkungen der an sich verschieden grofsen mechanischen Bearbeitung, in den einzelnen Profiltheilen hervortreten müssen. Daher kann man den Vergleich innerhalb der einzelnen Schienengruppen I bis III auch nach den Profiltheilen vornehmen. Hierbei ist zu beachten, dafs der Kopf in der Regel am heifsesten und die Fufsecken am kältesten fertig gewalzt zu werden pflegen. Macht man den Vergleich in dieser Richtung an Hand der Verhältnifszahlen (letzte Zahlenreihen in Gruppe I), so wird man Folgendes aussagen können:

Die Proportionalitätsgrenze liegt im Steg (und Fufs) höher als im Kopf und zwar um so mehr, je kälter die Schiene im allgemeinen fertig gewalzt wurde.

Die Streckgrenze liegt um so höher, je mehr die Fertigwalzung im kalten Zustande erfolgte; sie übertrifft im Fufs die Streckgrenze des Kopfes bis zu 10 %.

Die Bruchgrenze erfährt eine geringere Erhöhung (bis zu etwa 5 %) sowohl im Steg als auch im Fufs.

Die Dehnbarkeit wächst ganz besonders im Schienenfufs (bis zu 14 % gegen Kopf).

Die Querschnittsverminderung nimmt gegen Kopf, namentlich im Steg, beim kalten Walzen zu.

Die Zustandszahlen bleiben beim Walzen in gewöhnlicher Hitze in allen Theilen nahezu gleich, wachsen aber in Steg und Fufs ein wenig, wenn die Schienen vor dem Fertigwalzen abgekühlt wurden.

Bei Würdigung dieser letzten 6 Absätze ist indessen zu beachten, dafs, wie schon angedeutet wurde, hier die Wirkung, die durch den verschiedenen Grad der mechanischen Bearbeitung an sich erzeugt wird, bei der Beurtheilung der Wirkung des Hitzegrades mit eingeht.

Ganz ähnliche Vergleiche, wie die vorhergehenden, sind in der Uebersichtstabelle in Bezug auf die Veränderungen der Gefügeverhältnisse gegeben. Um aber den Unterschied zu berücksichtigen, der durch die Art der Feststellung der Gefügeantheile gegeben ist, und um den Vergleich übersichtlicher zu gestalten, sind die Zahlen, die sich auf die planimetrischen Messungen beziehen, mit M, diejenigen, die sich auf Flächenschätzungen beziehen, mit S überschrieben. Hierbei mufs ausdrücklich hervorgehoben werden, dafs alle Zahlen aus früher schon mitgetheilten Gründen an ziemlich starker Unsicherheit leiden und dafs man den mittels Planimeter gewonnenen Zahlen keineswegs eine gröfsere Zuverlässigkeit beimifst, als den durch Schätzung gewonnenen. Bei den hier gezogenen Schlufsfolgerungen sind daher Mittelwerthe aus beiden Verfahren im Auge behalten; aufserdem wird auch vorwiegend von dem färbbaren Bestandtheil a gesprochen werden, weil ja b sich genau umgekehrt verhalten mufs.

Die Verhältnifszahlen über die Wirkung der Abkühlung vor dem Fertigwalzen ergaben etwa Folgendes:

Der Flächenantheil der färbbaren Gefügeelemente (a) scheint sich mit dem Grade des kälteren Walzens nur sehr wenig zu verändern. (Er nimmt bei Gruppe II um etwa 3 % ab, bei Gruppe III um etwa 3 % zu; diese Zahlen liegen aber wohl noch innerhalb der Grenzen der Beobachtungsfehler.)

Aus den Verhältnifszahlen über die Gefügeverhältnisse in den einzelnen Profiltheilen (letzte Zahlenreihen in Abschn. 2) kann man ableiten:

Der Flächenantheil der färbbaren Gefügeelemente (a) scheint innerhalb der Gruppen I und II im Steg (gegen Kopf gerechnet) um etwa 10 % abzunehmen, dagegen im Fufs um etwa 15 % zuzunehmen. (Ob diese Unterschiede auch als Folgen der mechanischen Bearbeitung anzusehen sind, kann einstweilen noch nicht entschieden werden.) In Gruppe III nimmt der Flächenantheil von a im Steg um etwa 17, im Fufs um etwa 22 % zu.

Als Endergebnifs aus der ganzen Untersuchung betrachtet Verfasser als erwiesen, dafs

beim Abkühlenlassen der Schienen vor den letzten beiden Stichen die Festigkeitseigenschaften, wie es scheint, um ein Geringes verbessert werden können; ob aber diese Verbesserung grofs genug ist, um etwaigen Mehraufwand an Kapital zu rechtfertigen, entzieht sich der Beurtheilung um so mehr, als ja noch nicht feststeht, ob die Schienen durch Erhöhung der Festigkeitseigenschaften auch zugleich widerstandsfähiger gegen Abnutzung werden.

In welchem Grade die Festigkeitserhöhung von der Veränderung der Gefügeverhältnisse abhängig ist, läfst sich augenblicklich noch nicht zahlenmäfsig feststellen, weil die Versuche sich nur auf wenige Objecte beziehen und Erfahrungen anderweitig noch nicht gemacht werden konnten.

Wenn auch Messungen über die Korngröfsen aus früher angegebenen Gründen nicht gemacht werden konnten, so ergiebt sich doch beim Vergleich der Mikrophotographien, dafs man im allgemeinen berechtigt ist, zu sagen, dafs mit abnehmender Walzhitze die Korngröfse abnimmt. Trifft dies zu, so trifft im allgemeinen auch der **Sauveursche** Satz zu, dafs mit abnehmender Korngröfse die Festigkeit und die Dehnbarkeit wächst. In welchem Mafse das der Fall ist, kann aber nur durch weitere Ausdehnung der Versuche ermittelt werden, wobei zugleich auch die Methoden sich wesentlich vervollkommnen lassen würden.

Zum Schlufs macht Verfasser noch darauf aufmerksam, dafs es an sich wohl keineswegs gleichgültig sein dürfte, ob man die Schienen vor dem Fertigwalzen in den beiden letzten Stichen in Ruhe abkühlen läfst, oder ob der ganze Procefs mit kälterem Material in allen Kalibern durchgeführt wird.

Einrichtungen zur Entfernung des in den Hochofengasleitungen ausgeschiedenen Staubes.

Im Anschlufs an den Artikel von Fr. W. **Lürmann** in Osnabrück über Einrichtungen zur Entfernung des Staubes in Hochofengasleitungen, sind der Reduction die beiden nachstehenden Arbeiten zugegangen:

I.

Der Hochofen der Alfred-Hütte der **Wissener Bergwerke und Hüttengesellschaft** wurde im Laufe des vergangenen Sommers neu zugestellt und es wurden zu derselben Zeit Theile genannter Hütte wurden diese Leitungen durch ein rundes Rohr von 3 m Durchmesser ersetzt. An demselben sind Staubsäcke angebracht, welche von Mitte zu Mitte 3,225 m Entfernung haben, und bleibt zwischen den Staubsäcken ein Raum von 1,500 m Länge, der sich in kurzer Zeit mit einem Staubkegel füllen mufs. Es handelte sich nun darum, den Staub zu entfernen und ihn in die nächstgelegenen Staubsäcke zu bringen, ohne dafs hierdurh die Gasleitung aufser Betrieb gesetzt zu werden brauchte.

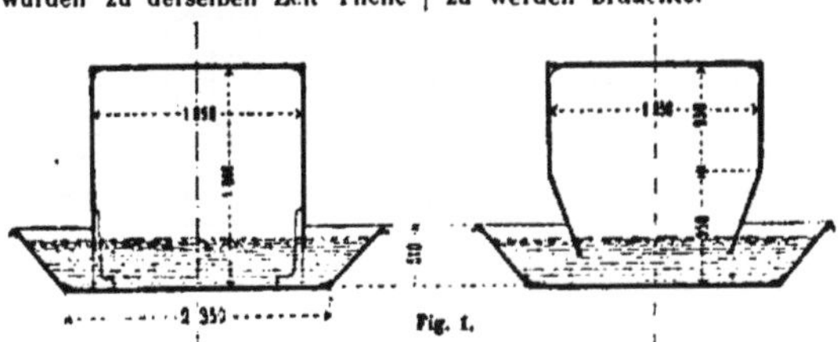

Fig. 1.

der alten Gasleitungen entfernt und durch neue ersetzt. Die alten Gasleitungen mit Wasserverschlufs hatten eine Form, wie sie früher und auch wohl heute noch auf vielen Hütten üblich ist; in denselben ziehen die Gase über einer breiten Wasserfläche hin (Fig. 1). Die Reinigung solcher Leitungen ist eine bequeme, allein diese Anordnung führt den Uebelstand mit sich, dafs das Wasser in den Leitungen erwärmt wird, wodurch die Gase sich mit Wasserdampf beladen, der bei der Verbrennung der Gase hinderlich ist. Auf oben-

Dies wurde durch die in Fig. 2 gezeichnete Einrichtung ermöglicht, und kann hier gleich hinzugefügt werden, dafs dieselbe seit $3^1/_2$ Monaten gut arbeitet und bis jetzt zu Anständen keine Veranlassung gegeben hat.

Die Fig. 2 zeigt den Quer- und Längenschnitt dieser Vorrichtung. Die Schaufelpendel *a* sind an der Firste des Rohres, in der Mitte zwischen je 2 Staubsäcken leicht beweglich aufgehangen und untereinander durch Winkeleisen verbunden, die mit Gelenken an die Pendel angreifen. Uebt man nun auf den Hebel *b* einen Zug aus, so bewegen sich sämmtliche Pendel nach einer Richtung und werfen die vorliegende Staubmasse in die Staubsäcke, bei der Bewegung nach der entgegengesetzten Richtung fällt die übrig gebliebene Hälfte des Staubes wiederum in die nächstgelegenen Staubsäcke. Die Reinigung dieser Leitung, die 24 m lang ist, wird täglich einmal vorgenommen und vollzieht sich dieselbe in etwa 2 Minuten. Ich hege keinen Zweifel, dafs auch doppelt so

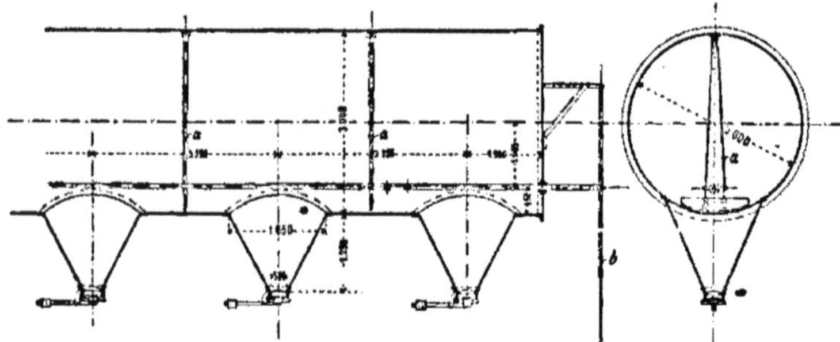

Fig. 2.

lange Leitungen auf diese Weise bequem gereinigt werden können, nur müfste dann, des gröfseren Widerstandes halber, der Zug auf die Pendel von einer Welle aus, mit oder ohne Vorgelege, ausgeübt werden.

Diese Art der Reinigung, durch schwingende Pendel, eignet sich natürlich nur für weite Leitungen, für engere empfiehlt sich dagegen eine andere Art, die auf unserer alten Hütte schon seit Jahren gut

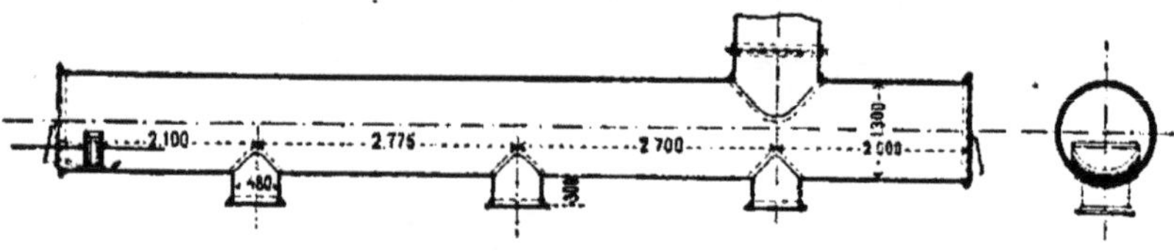

Fig. 3.

arbeitet und auch für weite Leitungen zu verwenden ist. Fig. 3 zeigt diese Einrichtung.

Ein Rohr von 1,300 m Durchmesser und 18 m Länge hat nur drei 400 mm weite cylindrische Entleerungsstutzen, mit dem bekannten beweglichen Klappenverschlufs. In dem Rohr befindet sich ein Schlitten, welcher vier unter sich parallele Läufe besitzt. Auf die Läufe sind vorn und hinten Schaufelbleche, welche dieselbe Rundung wie das Rohr besitzen, befestigt. An den 2 Räumerblechen sind auf jeder Seite je zwei dünne, 7 mm dicke Stahldrahtlitzen befestigt, die durch Nietlöcher an den Kopfplatten des Rohres nach aufsen geführt sind. Der Schlitten wird täglich einmal von Hand vor- und dann wieder zurückgezogen, dann diese Bewegung nochmals wiederholt und der in die Stutzen fallende Staub sofort entleert. Diese Reinigung ist in höchstens 2 bis 3 Minuten beendet.

Für einen andern Theil der Gasleitung wurde zur Entfernung des Flugstaubes eine andere Methode angewendet, die den Vortheil hat, eine mechanische Entfernung des Staubes entbehrlich zu machen, da sie ununterbrochen und selbstthätig wirkt.

Bei dieser Art Leitungen ist ein Wasserverschlufs vorgesehen, jedoch in einer Weise angebracht, dafs der Gasstrom mit dem Wasser kaum oder gar nicht in Berührung kommt und die Gase daher auch keine oder nur höchst geringe Mengen Wasserdampf dem Wasser entnehmen können.

Die Leitungen haben, je nach dem Zweck der Verwendung, den unter Fig. 4 angegebenen Querschnitt, und erklärt sich deren Wirkungsweise durch die Zeichnung.

Das Wasser dieser Leitungen bleibt kalt, wenn nur der Hals *a* derselben lang und eng genug genommen wird. Der Gasstrom bewegt sich vorwiegend in dem weiten Theile der Leitung und hört in dem Hals nahezu ganz auf, namentlich wenn man darauf Bedacht nimmt, das Gas möglichst unter der oberen Decke des Rohres oder Kastens abzuziehen.

Diese Leitungen haben sich auf obengenannten Hütten gut bewährt, jedoch wird es sich empfehlen, in der Nähe des Ofens, wo die Gase noch eine verhältnifsmäfsig hohe Temperatur haben und denselben grofse Mengen Möller beigemengt sind, der meistens wieder zur Verwendung kommen kann, runde Leitungen mit Staubsäcken zu wählen, und erst von da ab, wo die Staubsäcke nur noch mehlartigen Staub enthalten, zu den beschriebenen Leitungen vermittelst eines Knierohrs oder auf andere Weise überzugehen.

Alle bisher erwähnten Leitungen entfernen nur den Staub, der sich absetzt, nicht aber die von dem Gasstrom fortgeführten feinsten Theilchen, die für hocherhitztes Mauerwerk, also hier namentlich für die Winderhitzer, dadurch sehr schädlich werden, dafs sie grofse Mengen Alkalien enthalten. Diese Staubtheilchen sind selbst in sehr weiten Rohren nicht zum Niedersinken zu bringen, auch dann nicht, wenn Räume mit 12 und mehr Quadratmeter Querschnitt in Längen von 25 bis 30 m zur Anwendung kommen und zwar nur für die Gasmengen, die für 3 Cowper-Apparate genügend sind.

Sind solche grofse Räume aber schon für verhältnifsmäfsig so geringe Gasmengen nicht ausreichend, wie grofs müfsten dann erst die Leitungen ausfallen, welche Gase mehrerer Oefen an ihren Bestimmungsort, einigermafsen gereinigt, abzuliefern haben. Höchst gefährliche Dimensionen würden dann nothwendig werden.

Ebensowenig erfüllen lange Leitungen mit 4 bis 6 qm Querschnitt ihre Aufgabe. Die Gase können in ihnen dutzendfach auf und ab oder hin und her geführt werden, der feinste Staub wird flüchtig alle Windungen durchziehen, aber bei dem Verlassen dieser Vorrichtungen nur wenig an Masse verloren haben. Diese Erfahrung ist zweifellos von den meisten Betriebsführern von Hochöfen gemacht worden. Aus diesem Grunde empfiehlt es sich, jedem Ofen eine eigene Gasableitung zu geben und erst dann die Gase in eine gemeinsame Leitung treten zu lassen, wenn eine Reinigung derselben möglichst abseits der Betriebsstätte stattgefunden hat. Von diesen Erwägungen ausgehend, wurde vor nunmehr 8 Jahren in die Gasleitung, welche zu 4 Cowper-Apparaten eines Ofens führt, ein grofser Trockenreinigungsapparat eingebaut. Derselbe besitzt bei 13 qm Querschnitt eine Länge von 25 m und ist gegen Explosionen gut gesichert. Dieser Reiniger kann völlig ausgeschaltet werden und enthält in seinem Raum parallel dem Gasstrom aufgehangene Drahtnetze, um dem mit verhältnifsmäfsig geringer Geschwindigkeit vorüberziehenden Staube Gelegenheit zum Absetzen zu geben. Die austretenden Gase sind bei wenig garen Eisensorten so rein, dafs man sie wohl ohne Bedenken den Winderhitzern zuführen kann, es ist dies aber nicht der Fall, sobald gare Eisensorten oder Spiegeleisen von mehr als 12 % Mangan erblasen werden. Sie führen alsdann immer noch grofse Mengen äufserst fein zertheilten Staubes und, wie auch die reinen Gase, allen von der Beschickung herrührenden Wasserdampf mit sich. Um nun auch noch diese beiden Bestandtheile möglichst herabzudrücken, wurde hinter dem Trockenreiniger ein Nafsreiniger* eingeschaltet. Derselbe besteht aus drei Theilen. Im ersten Raum werden die bereits durch einen langen Weg stark abgekühlten Gase durch eine Anzahl Körtingscher Streudüsen ausreichend feucht gemacht. Um hier nicht überflüssiges Wasser, sondern nur feinsten Wasserstaub in den Raum zu bringen, ist der Querschnitt dieser Düsen möglichst eng, nur 1 mm weit, genommen. Das Wasser wird durch eine Pumpe mit 4 bis 5 Atmosphären Druck in dieselben geprefst, und damit die Düsen sich nicht verstopfen, was bei diesem kleinen Querschnitt leicht vorkommen kann, wird das der Druckpumpe zugeführte Wasser vorher filtrirt.

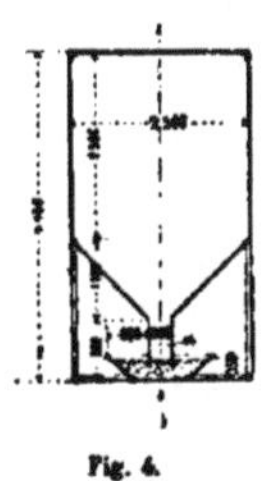
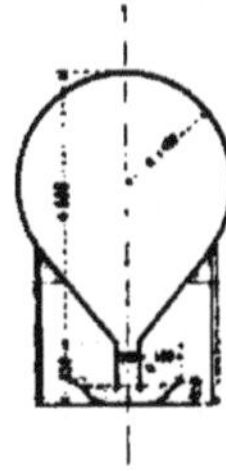

Fig. 4.

Die so behandelten Gase sind aufserordentlich nafs und brennen sehr schlecht oder gar nicht, weshalb ihnen der aufgenommene Wasserdampf, sowie die nassen, schweren Staubtheilchen entzogen werden müssen. Dies geschieht in dem zweiten Theile des Nafsreinigers. Derselbe besteht aus einem $4^1/_2$ m hohen, 1 m breiten und 20 m langen Kasten. Unter dem Deckel desselben sind leicht von aufsen auswechselbare Messingrohre,

* Vergl. „Stahl und Eisen" 1884, Nr. 1, S. 35 bis 49.

die zwei Reihen feiner Löcher besitzen, angebracht. Jedes dieser Rohre steht durch einen Hahn mit der Druckwasserleitung in Verbindung und es kann dadurch jedem einzelnen Rohre die angemessen erscheinende Wassermenge zugeführt werden. Je nach der Art des Gases wird dasselbe nun in diesem Raum mit einem gelinden, stärkeren, oder auch einem tüchtigen Platzregen behandelt, so dafs der gröfste Theil der an und für sich zum Sinken geneigten nassen und schweren Theilchen niedergeschlagen und abgeführt wird. Messungen des Schlammes in dem abfliefsenden trüben Wasser ergaben, bei sehr unreinen Gasen, dafs auf diese Weise bedeutende Staubmassen entfernt wurden.

Der von den Gasen absorbirte Wasserdampf erleidet in dem Regenapparat, der selbstverständlich mit so kaltem Wasser wie möglich gespeist wird, und der aus diesem Grunde auch nicht senkrecht, sondern horizontal angeordnet wurde, eine starke Condensation. Das Gas verläfst den Raum verhältnifsmäfsig trocken, seine Temperatur beträgt durchschnittlich 16 bis 22° C., je nach der Jahreszeit.

Hinter dem Regenraum ist der dritte Theil dieser Abtheilung, ein runder Behälter von 3 m Durchmesser und 4 m Höhe, angeordnet, der sogenannte Tropfenfänger. In ihm werden durch den Gasstrom etwa mitgerissene Wassertropfen zurückgehalten. Von diesem Behälter aus treten die Gase durch ein Knierohr in den Kanal, der unterirdisch vor den Cowper-Apparaten herläuft. Es ist wohl kaum nöthig zu erwähnen, dafs alle Leitungen während des Betriebs ohne Störung desselben gereinigt werden können.

Die so gereinigten Gase brennen in den Cowper-Apparaten mit heller blauer Flamme, und die noch von ihnen mitgeführten geringen Staubmengen greifen das hocherhitzte Mauerwerk gar nicht an. Die Schlackenbildung im Brennschacht und im Kuppelgewölbe ist so unbedeutend, dafs die Apparate jetzt bereits im 8. Jahre im Betrieb sind, ohne dafs sich Reparaturen an irgend einem Theile derselben nöthig gemacht hätten. Der Gebläsewind hat durchschnittlich eine Temperatur von 800 bis 900°, und bei reichlich vorhandenen Gasen überschreitet er durchgehends 900°.

Die hier beschriebene Reinigung der Hochofengase für eine Gruppe von 4 bezw. 3 Cowper-Apparaten reicht noch aus für die schon sehr unreinen Gase, welche bei der Erzeugung von 20 procentigem Spiegeleisen gebildet werden, aber nicht mehr für die Gase von 30 procentigem Ferromangan. Für diese Fabrication, die auf hiesigem Werke jedoch nur vorübergehend vorkommt, müfsten also noch viel umfassendere Vorrichtungen getroffen werden.

Dr. O. Hahn.

II.

Unter obigem Titel bringt Hr. **Lürmann** in Nr. 23 dieser Zeitschrift, 1896, interessante Mittheilungen über die fortschreitende Entwicklung dieser wichtigen Elemente einer Hochofenanlage. Man kann an derselben recht deutlich das Bestreben erkennen, die menschliche Arbeit zu erleichtern, gefahrloser zu machen und womöglich durch billigere Maschinenkraft zu ersetzen.

Der in den angeführten Mittheilungen gebotenen Anregung folgend, will ich eine von Hrn. **Lürmann** nicht erwähnte Einrichtung besprechen, die ich vor vielen Jahren schon in Steiermark kennen gelernt und kürzlich mit einigen Zuthaten im Resiczaer Eisenwerke der Oesterr.-ung. Staatseisenbahngesellschaft auszuführen Gelegenheit hatte. Es ist dies die schon von Hrn. Geheimrath Dr. **Wedding** in seinem Handbuch der Eisenhüttenkunde angeführte sogenannte Wasserschnecke.

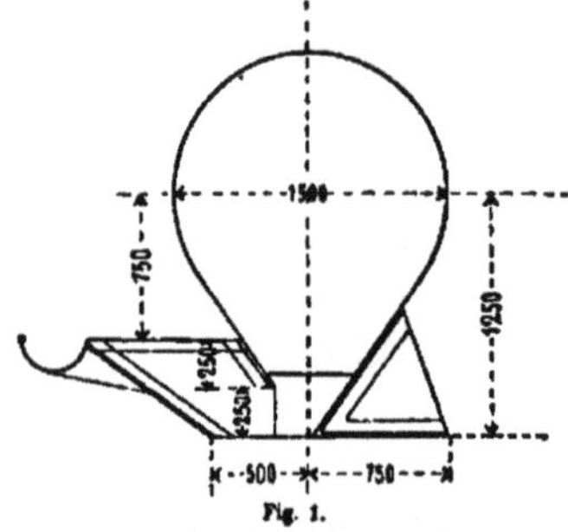

Fig. 1.

Die vorstehende Skizze (Fig. 1) erläutert besser als jede Beschreibung die Einrichtung dieser Leitung. Bezüglich der Ausführung ist Folgendes zu bemerken: Dafs der äufsere Rand gegen den inneren um so viel höher stehen mufs, als die durch die regelmäfsig vorkommende höchste Gaspressung getragene Wassersäule beträgt, ist selbstredend; in der Regel werden 250 mm genügen. Um bei immerhin möglicher Vergröfserung des Druckes, etwa durch zeitweises gleichzeitiges Schliefsen der Gasschieber an mehreren Verbrennungsstellen der Gase verursacht, zu verhindern, dafs das herausgedrückte und überfliefsende Wasser den Hüttenhof unterhalb der Gasleitung verunreinige, und um beim Reinigen der Leitung den Schlamm bequem wegschaffen zu können, wird vor dem äufseren Rand eine nicht zu schmale Rinne angebracht, die mit Gefälle zu den an geeigneten Punkten vertheilten Abflufsröhren führt. Diese letzteren stehen mit den Abwässerkanälen der Anlage in Verbindung. Zur Versteifung sind in passenden Abständen in den vorderen Wasserraum Querwände eingesetzt. Der Wasserraum wird durch die nicht geschlossene Rohrwand so abgetheilt, dafs der innere Raum kleiner ist als der äufsere. Dies hat den Zweck, dafs bei schwankendem Gasdruck das von innen herausgedrängte Wasser nicht sofort abfliefst, d. h. dafs das Schwanken des Wasserspiegels im offenen Theil geringer ist als im geschlossenen.

Die Reinigung erfolgt regelmäfsig, indem der dicke zu Boden sinkende Schlamm mit Krücken in die vorgelegte Rinne abgezogen und aus dieser mit Wasser in die Kanäle gespült wird. Der leichtere Staub wird im Wasser mehr oder weniger schwebend bleiben und wird mit diesem als dünner Schlamm abgelassen, wozu am Boden der Gasleitung Ablafsröhren angebracht sind. Zugleich läfst man am andern Ende so viel frisches Wasser zulaufen, dafs die Höhe des Wasserspiegels dieselbe bleibt.

Um auch Staubtheile, die auf dem Wasser schwimmen, wie der Kohlenstaub beim Betrieb mit Holzkohle, entfernen zu können, wird ein Ablafsrohr knapp unter dem Wasserspiegel angeordnet. Durch Oeffnen desselben sinkt der Wasserspiegel etwas und die oben schwimmenden Staubtheile fliefsen in das Rohr ab. Damit keine Luft in die Gasleitung dringen könne, läfst man das Rohr am unteren Ende in einen Wassersumpf tauchen.

In Zeltweg in Steiermark ist die ganze Gasleitung in einer Länge von nahe 100 m in dieser Weise ausgeführt. Die Säulen, welche dieselbe tragen, dienen zugleich als Unterstützungen der neben der Gasleitung angebrachten Laufbühne.

In Resicza sind die in dieser Weise ausgeführten horizontalen Leitungstheile kürzer, aber von gröfserem Querschnitt; derselbe beträgt hier 1,8 m im Durchmesser.

Das Reinigen erfolgt täglich partienweise. Der Wasserverbrauch ist nicht bedeutend; trotzdem mufs eine genügend grofse Wasserleitung (100 mm Rohrweite) vorhanden sein, um im Falle einer Explosion rasch genug nachfüllen zu können. Ist die Explosion nicht sehr umfangreich, so wird wenig Wasser und nur in der Nähe des Explosionsherdes ausgeworfen und der Abschlufs erfolgt nach Beruhigung des Wasserspiegels von selbst. Die Hochofengase sind nicht so heifs, dafs sie viel von dem Wasser verdampfen würden; auch schadet bei denselben ein etwas gröfserer Wasserdampfgehalt nicht, da man mit denselben in der Regel keine sehr hohen Temperaturen erzielen will.

Eine andere noch einfachere Einrichtung zur leichten Entfernung des Gichtgasstaubes bestünde darin, dafs man die geschlossenen Gasleitungsrohre nicht horizontal, sondern mit einem Gefälle von mindestens 5 % führen würde.

An den tiefsten Stellen wären in Wassersümpfe tauchende Abfallröhren anzuordnen, an der höchsten Stelle eine Wasserzuleitung. Zur Entfernung des Staubes würde es genügen, eine entsprechende Menge Wasser in die Leitung eintreten zu lassen, so dafs ein wirklicher Bach den Staub mit sich führt. Aus dem Sumpf kann derselbe mittels eines Ueberfalles in die Kanäle geführt werden. Es ist mir nicht bekannt, dafs diese Art der Reinigung irgendwo Anwendung gefunden habe, doch scheint sie mir die einfachste und billigste, wie auch die Anlage am billigsten sein dürfte. —

Anders liegen die Verhältnisse bei Leitungen von Generatorgasen für Martinöfen. Bei diesen ist es weniger der mitgerissene Kohlenstaub, als die Rufs- und Theerbildungen, welche ein öfteres Reinigen der Rohre nöthig machen. Es würden sich daher für solche Leitungen die für Hochofengase tauglichen Einrichtungen nicht bewähren. Man mufs bei einfachen Röhren bleiben, die direct gereinigt werden. Um dies trotzdem zu erleichtern, habe ich die Gasleitungen bei den neuen Martinofenanlagen in Resicza so ausgeführt, dafs kein Rohrstrang länger als 6 m wurde, die einzelnen Rohrstränge durch seitliche Stutzen in Verbindung standen und stufenweise aufeinander folgten. Auf diese Art erhielt jeder Rohrstrang zwei freie Endflantschen, an welche die Deckel mit Explosionsklappen befestigt waren (Fig. 2).

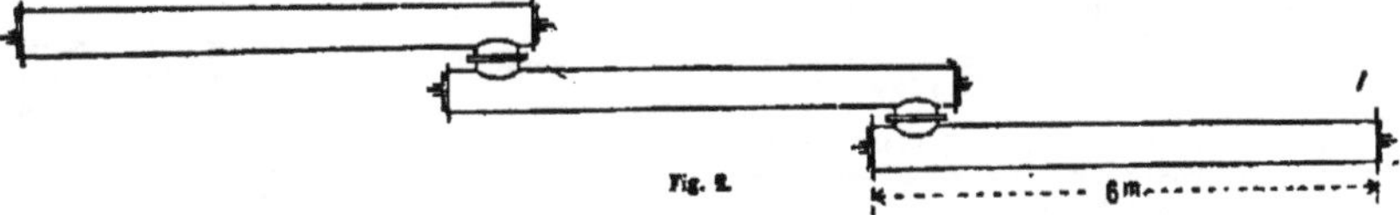

Fig. 2.

Da es keinem Anstand unterliegt, bei Martinöfen die Gasleitung einmal wöchentlich auf kurze Zeit aufser Betrieb zu stellen, so kann das Reinigen in regelmäfsigen Zwischenräumen erfolgen. Man öffnet die Explosionsklappen und reinigt mit Krücken und Stangen. Da die Rohre nicht lang und von beiden Seiten zugänglich sind, so geht das Reinigen leicht und rasch vor sich.

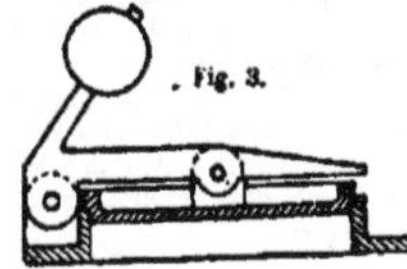
Fig. 3.

Die Explosionsklappen (Fig. 3) sind ähnlich wie Tellerventile mit kugelförmigen gedrehten Dichtungsflächen ausgeführt und hängen mit zwei in ihrer Mitte angegossenen Ohren an dem mit einem Gewicht beschwerten Hebel. Diese Klappen schliefsen dicht, Metall auf Metall, so dafs das lästige Verschmieren mit Lehm entfällt.

Wilh. Schmidhammer.

Bericht über in- und ausländische Patente.

Patentanmeldungen,

welche von dem angegebenen Tage an während zweier Monate zur Einsichtnahme für Jedermann im Kaiserlichen Patentamt in Berlin ausliegen.

24. December 1896. Kl. 1, S 9747. Siebrost. Wilhelm Seltner, Schlan, Böhmen.

Kl. 7, W 12001. Verfahren und Maschine zum Trennen von Platten oder Blechen, welche durch Walzen oder Pressen zu einem Stofs vereinigt wurden. Joseph Williams Woodlands, Gowerton, und George Henry White, Sliw Forge, Pontardulais.

Kl. 10, Q 309. Vorrichtung zum Einstampfen der Kohle zum Beschicken von Koksöfen. Julius Quaglio, Berlin.

Kl. 40, S 9351. Verfahren zur Extraction von Metallen. Siemens & Halske, Berlin.

Kl. 49, D 7722. Maschine zum gleichzeitigen Fräsen, Bohren und dergl. von mehreren auf concentrischen Kreisen symmetrisch vertheilten Flächen, Löchern u. dergl. Donnersmarckhütte, Oberschlesische Eisen- und Kohlenwerke, Actiengesellschaft, Zabrze.

Kl. 50, J 3980. Kollergang mit planetenartiger Bewegung der Kollersteine. Frau Adele Javelier, Dijon, Frankreich; Vertr.: Bernhard Brockhues und Otto Kramer, Köln a. Rh.

Kl. 50, R 10080. Erzzerkleinerungsmaschine mit federnd gelagerter Oberwalze. John Roger, Denver, Staat Colorado.

28. December 1896. Kl. 20, K 14457. Selbstthätige Schmiervorrichtung für Förderwagenräder. Otto Franz Kapp, Zwickau i. S.

31. December 1896. Kl. 1, P 8453. Scheide-Centrifuge. Orrin Burton Peck, Chicago, V. St. A.

Kl. 5, S 9588. Tiefbohrer mit Becherwerk. Otto Speck, Schöneberg, Th. Suchland und H. Weiler, Berlin.

Kl. 18, J 4124. Puddelofen mit Vorwärmer für die Beschickung. Johannes Immel, Geisweid b. Siegen i. W.

Kl. 19, W 12091. Federnde Schienenstofsverbindung. John Hinckley Williams und Thomas Mair, Boston, Mass., V. St. A.

4. Januar 1897. Kl. 49, P 7830. Gitter aus Blech. Ladislaus Prenoszyl, Prefsburg, Dynamitfabrik.

7. Januar 1897. Kl. 24, F 9212. Staubkohlenfeuerung. Heinrich Pieth, Nürnberg.

Kl. 31, G 10743. Formpresse. A. Glöckler, Frankfurt a. M.

Gebrauchsmuster-Eintragungen.

28. December 1896. Kl. 5, Nr. 67126. Erdbohrer mit Heber zum Entfernen der gelösten Erdmassen ohne Herausziehen des aus Röhren bestehenden Bohrgestänges. Hermann Tiedtke, Mehlsack.

Kl. 20, Nr. 67186. Kippwagen mit Stützschienen für den durch nicht herausziehbare Keile feststellbaren Kippkasten. Eduard Zöllner, Königshütte.

4. Januar 1897. Kl. 7, Nr. 67662. Drahtziehbank mit in schräger Ebene gelagerten durch Zahnräder umgetriebenen Ziehtrommeln. Herm. Klincke, Altena i. W.

Kl. 10, Nr. 67706. Mehrfach durchlochte Prefskohle. E. Busch, Friedrichshagen.

Deutsche Reichspatente.

Kl. 40, Nr. 88956, vom 13. Dec. 1895. James Alfred Kendall in Streatham. *Darstellung von Kalium und Natrium.*

Ein Gemenge von Kohle und kohlensauren Salzen wird in einer aus Nickel oder Kobalt hergestellten Retorte erhitzt. Hierbei ist diese Retorte von einer zweiten Retorte umgeben, während in den Raum zwischen beiden Wasserstoffgas eingeführt wird, um zu verhindern, dafs das Gemenge von Kohle und Alkali die innere Retorte angreift.

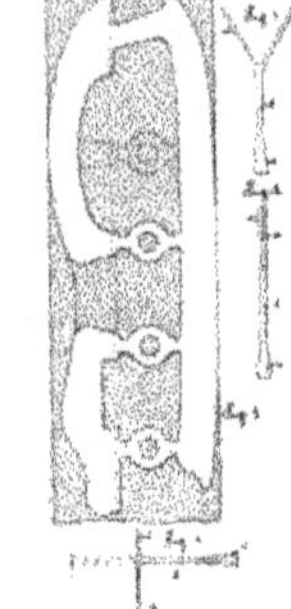

Kl. 49, Nr. 89009, vom 23. Januar 1896. Peter Holzrichter in Barmen. *Verfahren zur Herstellung von Schlittschuhen.*

Ein Walzeisen von dem Querschnitt Fig. 1 wird in den Schenkeln *a* nach Fig. 2 zusammengeprefst und dann nach Fig. 3 entsprechend der Form des Schlittschuhs ausgestanzt, wonach die Schenkel *a* nach Fig. 4 wieder in eine Ebene gebogen werden. Die Schenkel *a* ergeben dann die Sohlplatte, während der Schenkel *bc* die Laufschiene darstellt.

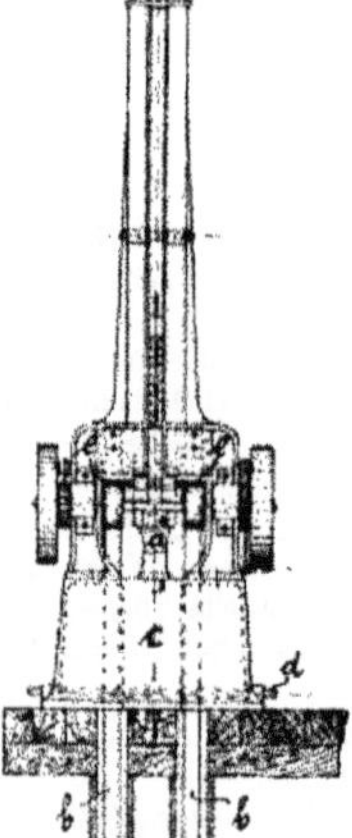

Kl. 49, Nr. 89012, vom 18. März 1896. Emil Bielass in Aerzen bei Hameln. *Frictionsfallhammer mit abwärts gerichteten Hebeschienen.*

Die am Hammerbär a befestigten Hebeschienen *b* sind nach unten gerichtet und reichen durch das Hammergestell *c* bis in das Fundament des Hammers hinein. Die Schienen *b* werden beim Niederdrücken des Fufstritts d von den stetig angetriebenen Reibrollen *e* erfafst und angehoben, bis sie über letztere treten, in welcher Lage der Hammer *a* gehalten wird, bis sich die Reibrollen *e* wieder voneinander entfernen, wonach der Hammer *a* niederfällt.

Kl. 18, Nr. 89080, vom 18. April 1896. Rheinische Chamotte- und Dinaswerke, Abtheilung Bendorf in Bendorf a. Rh. *Ausmauerung für Winderhitzer.* (Vgl. „Stahl und Eisen“ 1896, S. 907.)

Kl. 31, Nr. 89452, vom 1. Januar 1896. Franz Weeren in Rixdorf. *Verfahren zur Behandlung von Gufsformen.*

Die aus porösem feuerfestem Material (Koks, Thon, Quarz, Chromoxyd, Sandstein) bestehenden Wände der Form werden mit Theer, Pech, Melasse oder der Auflösung eines Körpers, welcher in höherer Temperatur Koks liefert, imprägnirt und der trocknen Destillation unterworfen, um eine schwache Koksschicht zwischen Form und Gufsstück zu erzeugen und dadurch die Form wiederholt verwendbar zu machen.

Kl. 49, Nr. 89298, vom 24. December 1895. Kalker Werkzeugmaschinenfabrik L. W. Breuer & Co. in Kalk bei Köln. ***Hydraulische Nietmaschine mit concentrischem Kolben und verschiedenen grofsen, nacheinander zur Wirkung kommenden Druckräumen.***

Beim Nieten wird durch Einstellen des Ventilhebels *h* zuerst durch Rohr *i* und die Kanäle *k* Druckwasser zwischen den Kolben *d b* eingelassen, welches *b*

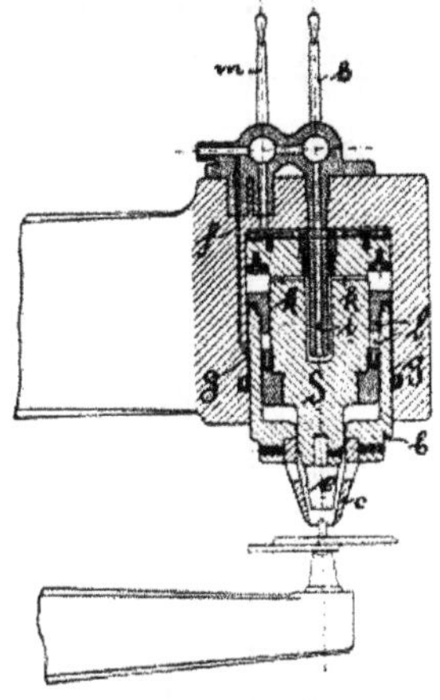

nach unten und dadurch den Halter c gegen die Bleche prefst. Gleichzeitig wird d mit einem dem Querschnitt des Rohres *i* entsprechenden Druck nach unten bewegt, wobei der Raum über *d* durch nachgesaugtes Abwasser sich füllt. Wird dann durch Einstellen des Ventilhebels *m* Druckwasser über d eingelassen, so findet die Nietpressung durch *s* statt. Das Heben der Kolben *d b* erfolgt beim Umstellen der Ventilhebel *m h* durch Eintritt von Druckwasser durch den Kanal *f* in den Ringraum *g*.

Kl. 49, Nr. 89406, vom 6. März 1895. Karl Zöllner in Halle a. S. ***Feilenhaumaschine mit Regulirung des Hammers und des Pressers.***

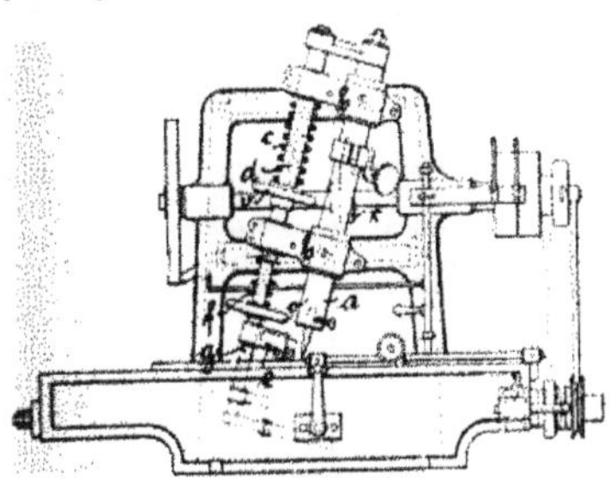

Der Hammer *a* ist in den Gestelllagern *b* geführt und wird vermittelst der Daumenscheibe *x* gehoben, wobei die Schlagfeder *c* gespannt wird. Letztere sitzt auf einer mit dem Hammer *a* fest verbundenen Hülse *d*, während die den Presser *e* gegen das Werkstück drückende Feder *f* auf einer in der Hülse *d* gleitenden Stange *g* sitzt und sich nach oben gegen die Hülse *d* stützt, so dafs beim Heben des Hammers *a* die Schlagfeder c gespannt, die Prefsfeder *f* aber entlastet wird. Die Spannung der beiden Federn *c f* ist vermittelst der Handräder *o v* regelbar.

Kl. 49, Nr. 89407, vom 29. Juni 1895. Eduard Blass in Essen a. d. Ruhr. ***Vorrichtung zum Zuführen zu schweifsender Röhren und dergl. an ihren Schweifskanten.***

Das auf dem Wagen *a* liegende, in Rohrform gebogene Blech *b* wird von den Klemmen *c* gehalten

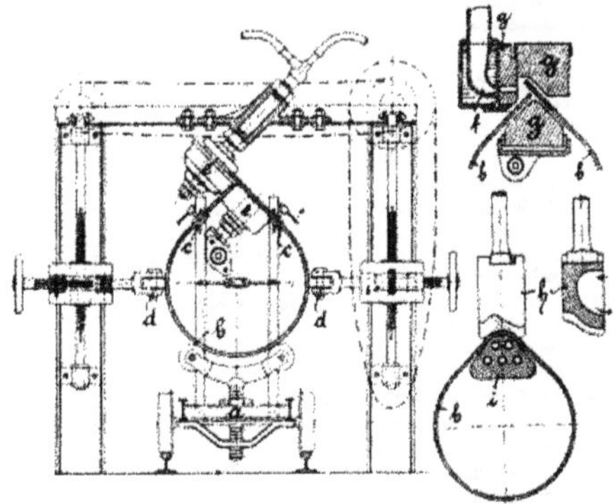

und von den Stellrollen d geführt, so dafs die zu verschweifsenden Kanten in bestimmter Stellung zwischen die gekühlten Rollen *e* gelangen. Diese — welche auch durch feste gekühlte Führungsbacken ersetzt werden können — führen die Blechkanten der Schweifsflamme zu. Diese entwickelt sich aus einem gekühlten Brenner *f* zwischen den feuerfesten Backen *g*. Die Rohrkanten gelangen dann zwischen den mit Spritzkühlung versehenen Hammer *h* und den von innen gekühlten Ambofs *i*, wo die Rohrkanten zusammengeschweifst werden. Die Walzen *e*, der Brenner *f* für die Schweifsflamme und der Hammer *h i* liegen dicht hintereinander.

Kl. 20, Nr. 86104, vom 6. Aug. 1895. Ferdinand Wilhelm Hering in Dortmund. ***Zugvorrichtung für Seilbahn-Förderwagen.***

Um das über den Wagen fortlaufende Seil mit ersterem zu kuppeln, ist an einer Kopfwand *a* des Wagens ein Lager *b* mit Tragrolle *c* für das Seil

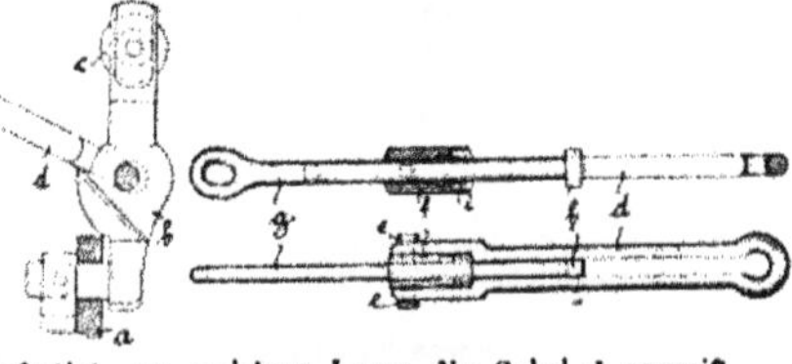

befestigt, an welchem Lager die Gabel *d* angreift. Diese trägt in Schildzapfen *e* den Theil *f*, in welchem sich der an das Seil festgeklemmte Zugbolzen *g* derart verschieben kann, dafs nach der Kupplung der Bolzen *g* bis zu den Ansätzen *h* im Theil *f* sich verschieben mufs, ehe der Zug auf die Gabel *d* und den Wagen *a* übertragen wird. Die Feder *i* soll hierbei einen Stofs verhindern.

Statistisches.

Deutschlands Ein- und Ausfuhr.

	Einfuhr 1. Januar bis 30. November		Ausfuhr 1. Januar bis 30. November	
	1895	1896	1895	1896
Erze:	t	t	t	t
Eisenerze	1 885 698	2 440 846	2 288 271	2 388 246
Schlacken von Erzen, Schlackenwolle	473 390	617 686	19 384	15 501
Thomasschlacken	82 878	76 029	74 281	124 527
Roheisen:				
Brucheisen und Eisenabfälle	10 743	13 361	80 039	49 280
Roheisen	172 422	290 915	120 694	132 038
Luppeneisen, Rohschienen, Blöcke	644	870	55 046	46 024
Fabricate:				
Eck- und Winkeleisen	117	163	158 929	165 354
Eisenbahnlaschen, Schwellen etc.	670	128	39 569	48 164
Eisenbahnschienen	1 815	138	102 748	119 543
Schmiedbares Eisen in Stäben, Radkranz- und Pflugschaareneisen	17 582	21 217	257 453	241 291
Platten und Bleche aus schmiedbarem Eisen, roh	3 911	2 153	113 272	121 727
Desgl. polirt, gefirnifst etc.	96	4 022	3 984	5 089
Weifsblech	1 362	9 631	236	132
Eisendraht, roh	4 531	5 395	104 640	103 701
Desgl. verkupfert, verzinnt etc.	441	656	80 841	85 243
Ganz grobe Eisenwaaren:				
Geschosse aus Eisengufs	—	1	—	—
Andere Eisengufswaaren	4 412	6 245	17 499	17 233
Ambosse, Brecheisen	240	305	2 652	3 308
Anker, Ketten	2 282	3 065	452	720
Brücken und Brückenbestandtheile	65	143	3 724	7 649
Drahtseile	147	158	1 688	1 707
Eisen, zu grob. Maschinentheil. etc. roh vorgeschmied.	93	98	1 811	2 159
Eisenbahnwagenachsen, Räder	1 259	1 855	23 474	23 188
Kanonenrohre	2	5	687	279
Röhren, geschmiedete, gewalzte etc.	2 573	5 417	28 928	27 162
Grobe Eisenwaaren:				
Nicht abgeschliffen und abgeschliffen, Werkzeuge	7 875	11 956	105 920	124 493
Geschosse aus schmiedb. Eisen, nicht abgeschliffen	27	1	2 085	939
Drahtstifte	31	39	57 754	53 356
Geschosse, ohne Bleimäntel, abgeschliffen	1	—	31	226
Schrauben, Schraubbolzen	239	314	2 450	2 249
Feine Eisenwaaren:				
Aus Gufs- oder Schmiedeisen	1 490	1 822	16 850	18 909
Spielzeug	34	23	—	—
Kriegsgewehre	2	2	1 563	1 858
Jagd- und Luxusgewehre, Gewehrtheile	136	119	84	87
Nähnadeln, Nähmaschinennadeln	8	8	711	1 133
Schreibfedern aus Stahl	118	116	35	35
Uhrfournituren	33	36	426	491
Maschinen:				
Locomotiven und Locomobilen	1 979	1 960	6 730	12 522
Dampfkessel	178	317	3 083	3 488
Maschinen, überwiegend aus Holz	3 015	2 683	1 406	1 416
" " " Gufseisen	30 056	42 619	88 862	100 568
" " " Schmiedeisen	2 861	3 731	14 536	18 810
" " " and. unedl. Metallen	256	363	768	876
Nähmaschinen ohne Gestell	?	542	?	2 807
Nähmaschinen mit Gestell, überwieg. aus Gufseisen	4 157	2 568	8 726	6 424
Desgl. überwiegend aus Schmiedeisen	35	26	4	—
Andere Fabricate:				
Kratzen und Kratzenbeschläge	149	212	205	192
Eisenbahnfahrzeuge:				
ohne Leder- etc. Arbeit, je unter 1000 *M* werth (Stück)	147	134	5 022	2 250
" " " " " über 1000 " " (Stück)	4	173	394	403
mit Leder- etc. Arbeit (Stück)		7	47	70
Andere Wagen und Schlitten (Stück)	213	209	210	238
Zus., ohne Erze, doch einschl. Instrum. u. Apparate t	278 938	437 497	1 531 426	1 572 737

Berichte über Versammlungen aus Fachvereinen.

Verein deutscher Fabriken feuerfester Producte.

Auf der letzten Hauptversammlung sprach Herr Dr. Heintz über die

Stellungnahme zur verlangten Gewährleistung von Minimal-Procent-Gehalten an Thonerde und Kieselsäure, beziehungsweise Maximal-Gehalten an Flufsmitteln, namentlich bei Steinen für Hochöfen, Winderhitzern und Koksöfen.

„Die Zeit liegt noch im Bereiche unserer eigenen Praxis und Erinnerung, sagte der Vortragende, wo die Beurtheilung der feuerfesten Thone und der daraus hergestellten Producte nach chemischen oder schmelzkritischen Gesichtspunkten sehr wenig verbreitet war, so wenig, dafs von sonst recht intelligenten Hüttenleuten bei Anfragen als Anhaltspunkte z. B. lediglich die Analysen von eigentlich geringwerthigen, aber englischen fire-bricks mitgetheilt wurden, nach denen man sich richten sollte!

Seit bald 30 Jahren hat sich nun die chemische und schmelzkritische Charakterisirung und Beurtheilung mehr und mehr eingebürgert. Wenn wir zunächst von den unter uns sogenannten reinen Chamottesteinen sprechen, so wissen wir, dafs solche um so teuerfester sind, je mehr sie sich in ihrer Zusammensetzung der reinen kieselsauren Thonerde nähern. Die reine kieselsaure Thonerde (in gebrannter Substanz $2\,SiO_2 + Al_2O_3$) würde zerlegt 53,9 % Kieselsäure und 46,1 % Aluminiumoxyd geben. Leider sind die Fundorte solcher Stoffe, die sich dieser Zusammensetzung thunlichst nähern, selten. Wenn wir die Begrenzung des Sichnäherns ebenso einschränkten, so hätten wir in der Regel mit mehreren Procenten Flufsmitteln und ebenso bei den meisten Rohstoffen mit so und so viel überschüssiger Kieselsäure zu rechnen. Natürlich wird der Gehalt der Hauptcomponenten herabgedrückt, je mehr die Flufsmittel zunehmen.

Die Werthschätzung der chemischen Analyse feuerfester Producte und Steine hat seitens der Hochofentechniker, namentlich im Laufe der letzten 10 Jahre so zugenommen, dafs es Brauch geworden ist, sich einen Minimalgehalt von $Al_2O_3 + SiO_2$ und einen Maximalgehalt an Flufsmitteln und freier Kieselsäure garantiren zu lassen. Wären nun die feuerfesten Steine in jedem kleinsten Theile ihrer Masse homogen, d. h. chemisch gleichartig, dann wäre der Gradmesser, ganz abgesehen von anderen so wichtigen Punkten, welche die Feuerbeständigkeit bestimmen, klar und unanfechtbar. Leider ist dem aber durchaus nicht so. Gewifs liefsen sich ja Steine herstellen, die in ihrer Masse ziemlich oder fast ganz homogen sind. Setzen wir den Fall, wir nehmen einen guten Kaolin, schlämmen ihn, controliren das Product auf Entfernung des Feldspaths und der freien Kieselsäure analytisch, kommen also zu einem Stoff, der beispielsweise 44,5 % Al_2O_3, 1 % Flufsmittel und den Rest Kieselsäure enthält, brennen dann diesen geschlämmten Kaolin zu Chamotte und machen aus diesem Chamotte als Magermittel und demselben Koalin als Bindemittel Steine, so sind in chemischer Beziehung die einzelnen Cubikmillimeter gewifs homogen. Wer aber fabricirt solche Steine? Meistentheils sind die Bindetheile und Magertheile heterogen. In den meisten praktischen Fällen, wenn auch nicht in allen, werden die Magertheile, wenn es sich darum handelt, hochthonerdereiche Producte zu erzeugen, im Thonerdegehalt die reicheren, die Bindethone die daran ärmeren Substanzen sein. Ja, es kann der Fall bei sehr thonerdereichen Producten, die, wie wir praktisch zu sagen pflegen, quarz- oder sandfrei sind, eintreten, dafs ein höchst thonerdereiches Chamottekorn gerade wegen des sehr hohen Aluminiumoxydgehalts gewissen, mehr physikalischen Angriffen weniger Widerstand bietet, als der verklinkerte, versinterte, thonerdeärmere Bindethon. Um ein Beispiel zu wählen, wollen wir einmal einen gebrannten Bauxit von 70 % Aluminiumgehalt nehmen, mit einem ganz mäfsigen, praktisch unschädlichen Eisengehalt von wenigen Procenten, und dazu einen jener guten, in Westdeutschland viel bekannten Thone, die schon bei relativ niedriger Hitze sich dicht und hart brennen, dann haben wir ein in gewissen Temperaturen, z. B. der Hochöfen, unschmelzbares Chamottekorn, der Stein wird aber trotzdem unter Umständen mechanisch leichter zerstört werden können, als ein anderer von summarisch niedrigerem Aluminiumoxydgehalt! Wenn das auch paradox klingen mag, so ergiebt sich, dafs man bei nicht homogenen Steinen den Werth des möglichst hohen Aluminiumoxydgehalts nicht überschätzen darf.

Der Fundort guter thonerdereicher Stoffe, guter auch in dem Sinne, dafs sie verhältnifsmäfsig früh im Brande sich hart und dicht brennen, concurrirt auf weitere Entfernungen mit Rohstoffen, die wie Bauxit und Dracenit aus Südfrankreich einen wesentlich höheren Aluminiumoxydgehalt in ihrer Substanz bieten oder zur künstlichen Anreicherung des gesammten Aluminiumsgehalts sich vielleicht billiger stellen. Ich hatte vor Jahren einmal Gelegenheit, bei sehr heifs gehenden Feuerungen mit solchen Draceuitsteinen concurriren zu müssen. Letztere enthielten 33,7 % Kieselsäure, 60,4 % Thonerde, Rest meist Eisenoxyd. Es wurden diese Steine auf ihre Schwindung geprüft, und zeigte sich, dafs diese Steine aufserordentlich zum Schwinden neigten. Ein paar Tage der Ofentemperatur Segerkegel 17 bis 18 ausgesetzt, waren sie mehrere Procente kürzer geworden, obgleich sie von Hause aus den Eindruck machten, verhältnifsmäfsig gut und scharf gebrannt zu sein.

Nun möchte ich noch einen anderen Fall zahlenmäfsig ausführen. Da die Rohstofflieferanten nicht gern einen Mindestgehalt von Aluminiumoxyd und einen Maximalgehalt von Flufsmitteln garantiren, so mufs man eine mehr oder minder grofse Gleichmäfsigkeit der Bezugsquellen und fleifsiges Analysiren verlangen. Es giebt bekanntlich Rohstoffe, welche ziemlich zuverlässig in gebrannter Substanz 44 % Aluminiumoxyd bieten. Nehmen wir dazu einen recht aluminiumoxydreichen Bindethon, wie er ja auch im Westen und Osten und aufserhalb Deutschlands zu finden ist, so kann uns ein solcher Bindethon 40 % bieten; rechnet man einen Theil Bindethon und drei Theile Chamotte, dann kommt man gerade auf 43 % Aluminiumoxyd. Wo also derartige Rohstoffe genommen werden und wo der Consument Preise anlegen mag, die den Selbstkosten der feuerfesten Producte gerecht werden, da ist man wohl in der Lage, ohne gefährliche Zusätze derartige Steine auf Verlangen herzustellen. Aber man darf dabei nicht vergessen, dafs man heterogene Substanzen hat, die den Stein zusammensetzen. Ist das aluminiumoxydreiche Magermittel fest, hart und zäh und der Bindethon desgleichen und nicht in gröfserer Hitze zum Erweichen und Deformiren geneigt, so hat man immerhin noch eine ziemlich gleichmäfsig gebrannte Masse.

Ganz anders aber gestalten sich die Verhältnisse da, wo, sei es aus Preisrücksichten, sei es geradezu aus technischen Gründen, aus Rücksichten auf die Verwendungsart, ein durchaus heterogenes Material besonders erforderlich ist. Wenn man z. B. in gewissen Fällen einer hochthonerdereichen Grundmasse, deren Gemenge bereits aus Chamotte und Bindethon besteht, zu bestimmten Zwecken körnigen Quarz zusetzt, so hat man da gewifs höchst heterogene Bestandtheile nebeneinander. Drückt man nun bei einem Material mit 43 % Aluminiumoxyd durch Zusatz von körnigem Quarz den Aluminiumoxyd-Gesammtgehalt herunter, sagen wir einmal auf 39 %; nimmt man dann die gleichen Verhältnisse der Grundmasse und statt des körnigen Quarzes feinstes Kieselsäuremehl und drückt man diese Zusammensetzung auf 39 % Aluminiumoxyd herunter, — so erhält man ein ziemlich homogenes Material, insofern sich dieses feine Quarzmehl in der ganzen Masse besser vertheilt, allerdings nicht in jedem Cubikmillimeter Chamottemasse —, so kann man mit der ersten Zusammensetzung 2, selbst 3 Seger-Schmelzkegel höher brennen als mit der zweiten Zusammensetzung. Es sind dieselben Zahlen, dafs aber diese Mischungen mit Quarz ein falsches Bild einer summarischen Analyse geben müssen, liegt auf der Hand. Der Eisenhüttenmann wird zugeben, dafs die summarische chemische Analyse eines Gegenstandes, der aus contructiven Gründen theils aus Schmiedeisen, theils aus Gufseisen, theils aus Rothgufs besteht, praktisch nichts werth ist. Also bei denjenigen Steinen, welche aus Quarz, sei es in körniger, sei es in feiner Substanz, und Bindethon, vielleicht auch aus Chamotte bestehen, ist die summarische Analyse unbrauchbar und die Discussion über derartige Gewährleistungen herzlich unfruchtbar. Gewifs giebt sie charakteristische Anhalte, aber man hat es mit Gemischen zu thun, bei denen die Eigenschaften der einzelnen Körnchen die Feuerfestigkeit doch wesentlich beeinflussen. Es ist demnach bei Koksöfen und Winderhitzern wohl auch weniger der Fall, dafs solche Procentgehalte gewährleistet werden, jedenfalls irrationell. Bei Winderhitzern wird es allerdings sowohl im Westen wie im Osten oft verlangt, aber soweit meine Erfahrungen reichen, ist es nicht ohne weiteres richtig, für Winderhitzer dieselben Anforderungen wie für beste Rast- und Gestellsteinmassen zu verlangen; ich glaube, die Herren, die in Winderhitzern in verschiedenen Gegenden Erfahrungen gemacht haben, werden mir beipflichten — doch die Anforderungen unterliegen dem subjectiven Ermessen und dem Uebereinkommen zwischen Verkäufer und Käufer. Auf die Gefahr hin, dafs Sie mir vorwerfen, pro domo zu sprechen, will ich schliefslich noch dem Gedanken begegnen, als sei es kaum ausführbar, bei hohem Thonerdegehalt und ohne Anwendung hydraulischer Pressen mechanisch feste Steine zu erzeugen."

Die Steine, welche Redner vorlegt, enthielten 45,9 % Thonerde, 52,2 % Kieselsäure, 1 % Eisen als Oxyd berechnet und im ganzen unter 2 % Flufsmittel. Diese Steine bestanden aus 80 % eines aluminiumoxydreichen Chamottes, enthielten keinen Bauxit und keinen Kaolin, weder als Chamotte noch als Bindethon. Die mechanische Festigkeit wurde von der mechanisch-technischen Versuchsstation zu Charlottenburg festgestellt, und es fand sich eine Druckfestigkeit von 214 kg a. d. qcm und bei der Prüfung der Biegefestigkeit eine solche von 91 kg a. d. qcm, gewifs Zahlen, die völlig befriedigen. —

Die diesjährige, 17. Generalversammlung, findet am Dienstag, den 23. Februar, im Architektenhause zu Berlin statt.

Verein für Eisenbahnkunde zu Berlin.

Die Sitzung des Vereins vom 8. December v. J. fand unter dem Vorsitz des Wirkl. Geh. Ober-Bauraths Streckert statt. Baurath Fischer-Dick verbreitete sich über die Verbesserungen und Erfahrungen, die im elektrischen Strafsenbahnbetriebe in Berlin von der Grofsen Pferdeeisenbahn-Gesellschaft gemacht worden sind. Das Fahrpersonal ist jetzt so eingeübt, dafs Betriebsunfälle immer seltener werden. Störungen durch Unberufene an den unterirdischen Leitungen kommen nicht mehr vor und gegenwärtig werde auf eine Verbesserung des Stromabnehmers und der Isolirung Bedacht genommen, sowie dafür Sorge getragen, dafs die elektrische Centrale andauernd genügend Strom liefert. Der Vortragende weist, wie bei früherer Gelegenheit, auch jetzt wieder nachdrücklichst darauf hin, dafs eine Vereinigung von ober- und unterirdischer Leitung, die sich noch im Versuchsstadium befindet, für Berlin ungeeignet sei. Geheimrath Prof. Reuleaux führt aus, dafs die elektrischen Bahnen den Anwohnern infolge des von ihnen verursachten Geräusches schwere Bedrängnifs verursachen; von diesem Uebelstande seien andere Systeme frei, so das Druckluftsystem, das in seinen neuesten Verbesserungen, wie es in Amerika erprobt sei, jetzt das vollkommenste aller Systeme überhaupt sei. Die Ausführungen über das Druckluftsystem werden in der Versammlung nicht durchweg getheilt, während die starken Klagen über die elektrische Betriebsweise von anderer Seite bestritten werden; insbesondere stellt Eisenbahndirector Bork fest, dafs man mit Erfolg sich bemüht habe, störendes Geräusch der Strafsenbahnwagen dadurch zu beseitigen, dafs man Motoren anwende, bei denen die Kraft unmittelbar auf die Achse übertragen werde. Andere Redner finden, dafs den ästhetischen Rücksichten bei der Anlage elektrischer Bahnen nicht genügend Raum gelassen werde.

Major Gerding spricht über die Frage der Uebertragung der elektrischen Betriebsweise auf die Haupteisenbahnen, insbesondere auch darüber, ob vom Standpunkte der Landesvertheidigung etwa Bedenken gegen die Einführung des Betriebes mit unmittelbarer Stromzuführung obwalten möchten. Nach seiner Meinung, die jedoch in der Versammlung nicht durchweg getheilt wird, sind die Vortheile der elektrischen Betriebsführung so bedeutend, dafs militärische Rücksichten gegen eine derartig weitgehende Vervollkommnung des Eisenbahnbetriebes nicht aufkommen können, sobald die Prüfung der in Betracht kommenden wirthschaftlichen und technischen Fragen zu Gunsten der elektrischen Betriebsweise endgültig erledigt sei.

Iron and Steel Institute.

Die Frühjahrs-Versammlung wird wie üblich in London, die Herbst-Versammlung dagegen in Cardiff stattfinden.

Referate und kleinere Mittheilungen.

Fabrication nahtloser Röhren für Fahrräder im Ausland.

Die Herstellung nahtloser Röhren für Fahrräder in der soeben eröffneten Fabrik der Cycle Manufacturers Tube Comp. in Coventry wird im „Eng." vom 4. Dec. v. J. wesentlich wie folgt beschrieben:

Als Halbfabricat dienen massive runde Stahlblöcke von 508 mm Länge bei 152 mm Durchmesser mit angeblich 0,25 % Kohlenstoffgehalt. Zuerst wird ein Loch von 28$^1/_2$ mm Durchmesser in der Weise durchgebohrt, dafs auf einer Specialmaschine 2 horizontal liegende Spiralbohrer gleichzeitig in Bewegung gesetzt werden, dann kurz vor dem Zusammentreffen in der Mitte der eine Bohrer zurückgezogen wird und der andere durchbohrt. Die dergestalt ausgebohrten Blöcke werden dann warm über einem Dorn ausgewalzt, wobei man zwei- bis dreimal in einer Hitze walzen kann und etwa 12 Stiche im ganzen nimmt. Diese vorgewalzten Röhren werden dann auf Ziehbänken gewöhnlicher Construction durch Stahlringe und über dem Dorn ausgezogen, zwischendurch gehörig gebeizt und ausgeglüht. Es sollen 6 Walzenstrafsen und 14 Ziehbänke vorhanden sein, auf welchen man wöchentlich 100 000 Fufs engl. Röhren herstellen will.

Angesichts dieser andeutungsweisen Beschreibung, aus welcher indessen soviel hervorgeht, dafs die deutschen Röhrenfabriken sicherlich in diesem neuesten englischen Werke nichts lernen können, mag eine Mittheilung von interesse sein, welche im „Bulletin of the American Iron and Steel Association" über dieselbe Fabrication in den Ver. Staaten veröffentlicht wird. Nach dieser Quelle waren in Amerika die Verbraucher von Fahrradröhren auf das höchste erstaunt, als die Shelby Tube Co. in Shelby (Ohio) im Jahr 1890 die Kühnheit hatte, den Bau einer Fabrik für Fahrradröhren, welche bis dahin ausschliefslich vom Ausland bezogen worden waren, in Vorschlag zu bringen. Damals seien, so erzählt unser amerikanischer Gewährsmann, in England zwei derartige Fabriken, die „Weldless" und die „Credenda", in Betrieb gewesen; der Zutritt daselbst sei für Fremde verboten gewesen, es sei aber den hartnäckigen wie schlauen Bemühungen der Amerikaner gelungen, als Arbeiter verkleidet Zutritt zu erlangen (!) und die Fabrication kennen zu lernen. Am 24. Juli 1891 sei das erste Fahrradrohr in Amerika gezogen worden; jetzt könne das Werk 2 000 000 Fufs im Monat, entsprechend 100 000 Fahrräder herstellen.

Manganerze in Indien.

Nach einer Mittheilung des „Indian and Eastern Engineer" 1896 S. 332 werden Manganerze in grofsen Mengen längs der East Coast Railway im Staate Vizianagram in Taschen nahe an der Erdoberfläche gefunden. Ein anderes vielversprechendes Vorkommen befindet sich in Jubbulpore; überdies werden im Bezirk Bombay und in Unter-Burma Manganerze gefunden. Der Bezirk Madras ist der einzige, aus welchem gegenwärtig Manganerze ausgeführt werden, und zwar in einer Menge von 23 122 t im Werthe von 349 563 *M* in 1895/96, gegen 1016 t im Werthe von 15 360 *M* in 1892/93. Von ersterer Menge gingen 3154 t nach den Vereinigten Staaten, der Rest nach Grofsbritannien. Nach Frankreich gingen im Jahre 1894/95 305 t.

Natürliches Gas in den Vereinigten Staaten.

Die Angaben über die Abnahme des natürlichen Gases schwanken nicht wenig; die zuverlässigsten Mittheilungen giebt uns Joseph D. Weeks in Dr. Days „Mineral Resources for 1895", zufolge welchen sich der Werth der Erzeugung in $ wie folgt gestaltete:

Jahr	Pennsylvanien	Ohio	Indiana	Insgesammt*
1886	9 000 000	400 000	300 000	10 012 000
1887	13 749 500	1 000 000	600 000	15 817 500
1888	19 282 375	1 500 000	1 320 000	22 629 875
1889	11 593 989	5 215 669	2 075 702	21 107 099
1890	9 551 025	4 684 300	2 302 500	18 792 725
1891	7 834 016	3 076 325	3 942 500	15 500 084
1892	7 376 281	2 136 000	4 716 000	14 800 714
1893	6 488 000	1 510 000	5 718 000	14 346 250
1894	6 279 000	1 276 100	5 437 000	13 954 400
1895	5 852 000	1 255 700	5 203 200	13 006 650

* Einschl. der anderen Staaten.

Hiernach hat der Rückgang, welcher sich seit 1888 zuerst reifsend vollzog, ein mäfsiges Tempo angenommen.

Südrussische Eisenerze in Oberschlesien.

In der unter dieser Ueberschrift in voriger Nummer (S. 40) gebrachten Notiz war der für die Verfrachtung der Erze vom Donez nach Oberschlesien in Anwendung gebrachte Satz von $^1/_{150}$ Kopeken f. d. Pud und Werst unter Zugrundelegung des Goldrubels mit 1$^1/_4$ ₰ f. d. tkm angegeben; da nun aber in Rufsland bei Frachtenberechnung mit dem Silberrubel gerechnet wird, der allgemein nicht höher, wie 2,16 bis 2,17$^1/_2$ *M* angenommen werden kann, so ergiebt sich als Einheitssatz f. d. tkm derjenige von 0,8 bis 0,9 ₰, was wir berichtigend mittheilen.

Amerikanisches Roheisen in Oesterreich.

Nach einer Mittheilung der „Oesterr.-ung. Montan- und Metallindustrie-Zeitung" vom 3. Januar 1897 ist der Dampfer „Powhattan" mit 890 t Manganeisen aus New York in Fiume angekommen. Es ist dies der erste Fall, dafs amerikanisches Roheisen nach Oesterreich-Ungarn eingeführt worden ist.

Die neuen Eisencartelle in Oesterreich-Ungarn.

Die Interessengegensätze zwischen einzelnen österreichischen Stabeisenproducenten sind in letzter Stunde ausgeglichen worden, so dafs die neuen Cartelle als fertig anzusehen sind. Allerdings sind jetzt noch die Verhandlungen mit den ungarischen Stabeisenwerken zu Ende zu führen, doch ergeben dieselben keine Schwierigkeiten mehr, da diesbezüglich schon früher vollkommenes Einverständnifs erzielt wurde. Es treten demzufolge von Neujahr an statt des bisherigen allgemeinen Cartells nunmehr vier Cartelle in Wirksamkeit, jenes für Handelseisen (Stab- und Formeisen), für Träger, für Bleche und für Kleinmaterial. Die Cartelle wurden auf fünf Jahre abgeschlossen, woraus geschlossen werden kann, dafs die Werke die derzeitigen günstigen Verhältnisse der Eisenindustrie auch für die nächsten Jahre für gesichert halten.

Neueren Nachrichten zufolge haben sich die ungarischen Eisenwerke den Vereinbarungen der österreichischen Werke angeschlossen, aber **nur für die Dauer eines einzigen Jahres.** Es geschah dies hauptsächlich deshalb, weil man in Ungarn noch nicht weifs, wie sich das Krompacher Werk, welches wahrscheinlich Mitte 1898 mit seiner vollen Leistungsfähigkeit an den Markt herantreten wird, sich zu den Cartellen stellen wird, und man sich daher bis dahin wieder freie Hand schaffen will. Es wurde dementsprechend auch die engere Vereinigung unter den ungarischen Werken selbst blofs auf die Dauer eines Jahres abgeschlossen.

(„Oesterr.-ung. Montan- und Metallindustrie-Zeitung“ vom 3. und 10. Januar 1897.)

Noch einmal die allgemeine Einführung von Schiffahrts-Abgaben.

Durch ein unliebsames Versehen ist in der Nr. 24 unserer Zeitschrift vom 15. December 1896 zu dem Artikel „Die allgemeine Einführung von Schiffahrts-Abgaben“, den wir der „V. C.“ entnommen, die Fufsnote ausgefallen, in welcher die Redaction erklärte, den Ausführungen der V.-C. nicht durchweg beitreten zu können. Wir holen daher an dieser Stelle die Erklärung nach, dafs wir eine Erhebung von Schiffahrts-Abgaben, insbesondere auf unseren natürlichen Wasserstrafsen, der sowohl Art. 54 der Reichsverfassung als auch die Verträge mit den Niederlanden und Oesterreich entgegenstehen, für gänzlich verfehlt halten und in ihr einen Verkehrsrückschritt erblicken würden, der zumal Frankreich gegenüber, wo sämmtliche Flüsse und Kanäle als „nationale Wege“ den Interessenten völlig abgabenfrei zur Verfügung stehen, zu den unheilvollsten Folgen im Wettbewerbe führen müfste. Wir werden daher einen solchen Rückschritt mit aller Macht zu bekämpfen suchen. *Die Redaction.*

Sir John Brown †.

Sir John Brown ist, volle achtzig Jahre alt, auf seinem Landsitz bei Kent am 27. December v. J. heimgegangen. Er war ein Sheffielder Kind, hatte in seiner Jugend die mäfsige Bildung erhalten, die in jenen Tagen eine Privatschule seiner Vaterstadt zu geben vermochte, und war dann als Lehrling in eine Fabrik getreten, die Feilen und Tafelmesser herstellte. Hier that sich der junge Mann bald so sehr hervor, dafs er, kaum zur Grofsjährigkeit gelangt, von verschiedenen Seiten Anerbietungen zur Theilhaberschaft erhielt, die er wegen Mangels an Kapital ablehnen mufste. Dafür machte ihn sein eigener Principal sehr bald mit eigener und fremder Geldunterstützung selbständig, indem er ihm den Vertrieb seiner Erzeugnisse übertrug. Doch des jungen Mannes Zukunft sollte auf dem Gebiete der eigenen Fabrication liegen. Im Jahre 1848 erfand er die Pufferspiralfeder. Bis dahin hatten die Eisenbahnwagen keine Puffer, aber die neue Erfindung kam sehr rasch in Aufnahme, und es dauerte nicht lange, so stellte John Brown wöchentlich genug Puffer für 150 Wagen her und erzeugte aufserdem in verschiedenen Werkstätten noch eine Reihe anderer Artikel. Erst 16 Jahre später vereinigte er diese verschiedenen Werkstätten an anderem Orte und gab ihnen den Gesammtnamen „Atlas Works“. Das neue Werk hat sich inzwischen mächtig ausgebreitet, einen Weltruf erlangt und beschäftigt 4000 Arbeiter.

Um die Zeit seiner Neubauten warf sich Brown auch auf die Stahlfabrication, errichtete zehn Schmelzöfen und brachte es bald dahin, nicht nur seine eigenen Bedürfnisse zu decken, sondern ganz Sheffield mit Stahl zu versorgen und von Schweden nahezu unabhängig zu machen. Er war es auch, der das Eisen aus Yorkshire zuerst für Kessel- und Brückenbleche geeignet herstellte und diese allgemein in Aufnahme brachte. Seinen grofsen geschäftlichen Namen erlangte Brown indessen erst nach dem Jahre 1860. Er kam auf einem Ausflug nach dem Festlande nach Toulon und sah dort das französische Kriegsschiff La Gloire einlaufen. Das Fahrzeug war ursprünglich als ein hölzerner Dreidecker, ein Linienschiff von 90 Kanonen, gebaut, dann abgeschnitten und umgewandelt, mit gehämmerten $4^{1}/_{2}$zölligen Platten aus Schmiedeisen gepanzert und mit 40 schweren Geschützen bewaffnet werden. Die englische Admiralität gerieth über die Neuerung so sehr in Unruhe, dafs sie den Bau von zehn neuen hölzernen Schiffen von 90 und 100 Kanonen alsbald unterbrach und anordnete, sie allesammt in ähnlicher Weise zurechtzustutzen und zu panzern. John Brown erhielt keine Erlaubnifs, La Gloire an Bord zu untersuchen, fafste aber das Schiff vom Ufer aus scharf ins Auge und kam zur Erkenntnifs, dafs die Platten zur Panzerung ebensogut gewalzt werden könnten. Er machte sich daheim ans Werk, und als nicht lange Zeit darauf Lord Palmerston Sheffield besuchte, wurde in seiner Gegenwart eine 140 mm dicke Platte von 1143 mm Breite und über 5500 mm Länge gewalzt, die über 6 t wog. Im Jahre 1863 liefs der unternehmende Mann in einem mittlerweile erbauten neuen Walzwerk in Gegenwart des Herzogs von Somerset, des damaligen Hauptes der Admiralität, einige riesige Platten herstellen, von denen eine 305 mm dick, 4572 mm breit und 6096 mm lang war. Bis zum Ende blieb Sir John Brown dann auch in Panzerplatten der leitende Fabricant und behauptete fast das Monopol der Lieferungen für die englische Flotte, die anscheinend auch heute noch an der Verbundplatte festhält. Brown war auch einer der ersten, die den Bessemerprocefs entwickelten und Stahlschienen neben allem möglichen sonstigen Eisenbahneisen herstellten. Die Fabrication von Stahlschienen ist heute allerdings für Sheffield verloren. Fremder Wettbewerb und hohe Eisenbahnfrachtsätze haben ihr den Garaus gemacht. Brown wurde 1867, nachdem er schon alle möglichen Ehrenämter bekleidet, in den Ritterstand erhoben. Die „Atlas Works“ sind bereits vor längerer Zeit in eine Actiengesellschaft umgewandelt worden, und der Gründer des Unternehmens zog sich bei gebrechlicher Gesundheit vom Geschäft zurück. Im ersten Jahre seiner selbständigen Thätigkeit hatte er 3000 £, im Jahre vor der Umwandlung 3 Millionen £ umgeschlagen. Bestellungen fremder Regierungen für Panzerplatten hat er stets nur mit Zustimmung der englischen Regierung angenommen.

Bücherschau.

Weisbachs Ingenieur. Sammlung von Tafeln, Formeln und Regeln der Arithmetik, der theoretischen und praktischen Geometrie, sowie der Mechanik und des Ingenieurwesens. In VII. Auflage neubearbeitet von Prof. Dr. F. Reuleaux, Geh. Regierungsrath. Mit 746 Holzstichen. Braunschweig bei F. Vieweg & Sohn. Preis geh. 10 *M*, geb. 12 *M*.

Wie es in der Ankündigung heifst, soll „namentlich die vierte Abtheilung“ (Formeln und Regeln aus verschiedenen, getrennt behandelten Gebieten der Technik) wesentliche Umgestaltungen erfahren haben.

Um den Werth eines solchen vielgestaltigen Werks zu beurtheilen, liest man naturgemäfs die Capitel über den Gegenstand durch, mit welchem man am innigsten vertraut ist. Die §§ 138 bis 146 behandeln die Gewinnung und Bearbeitung des Eisens; u. a. ist dort auf Seite 922 zu lesen:

„§ 140 Eisenhochöfen. Der Grundbau des Hochofens steht rund herum 0,3 m über der Grundfläche desselben vor und enthält zwei Trockenkanäle von etwa 0,3 m Breite und Tiefe, welche sich in

der Ofenachse unter rechtem Winkel kreuzen. Grofse Kokshochöfen erhalten aufserdem noch einen tiefer zu legenden, etwa 0,62 m breiten und ebenso hohen Feuerungskanal. Ueber den Grundbau steigen die vier Ofenpfeiler empor, welche oben in der Höhe der Rast durch die Form- und das Arbeitsgewölbe mit einander verbunden sind. Die Seite des durch diese Pfeiler gebildeten Mauerkörpers ist $2\frac{1}{2}$ bis 3 mal so grofs, als der Kohlensackdurchmesser; die Weite der Gewölbe ist aufsen 3 bis 5 m, innen 2 bis $2\frac{1}{2}$ m, und die Höhe der Gewölbscheitel über der Hüttensohle $2\frac{1}{2}$ bis 3,7 m. In den Pfeilern steigen von den Kanälen im Grundbau aus andere Trockenkanäle und zwar entweder nur bis zum Rauhgemäuer oder bis zur Gicht empor; übrigens werden die Pfeiler noch durch 3 bis 7 Ankervierecke aus 3 bis 4 cm dicken Eisenstäben fest zusammengehalten. Der über den Pfeilern stehende Rauhschacht enthält noch ring- und strahlenförmige Trockenkanäle in verschiedenen Höhen über einander. Vierkantige Rauhschächte werden wie die Grundbauten durch eiserne Anker, cylindrische Rauhschächte durch Reifen oder einen Blechmantel zusammengehalten" u. s. w.

Im § 146, Stahlfabrication, ist auf Seite 938 nach einer 2 Seiten langen Einleitung u. a. gesagt:

„Die hervorragendste Stelle unter den Stahlgattungen für gewerbliche Zwecke hat jetzt der Flufsstahl eingenommen, nachdem sich seine Erzeugung verbreitet hat und man mit seiner Herstellung vertraut geworden ist. Diese geschieht in Flammöfen, die mit Wärmehaltungen ausgerüstet sind. Die durch Friedr. Siemens eingeführten Wärmespeichor (von ihm Regenerativöfen genannt) sind aufgesetzte Ziegelmassen mit Durchlässen, die paarweise in nächster Nähe unter den Defeu errichtet sind und abwechselnd von den abziehenden Feuergasen und der zutretenden Verbrennungsluft durchstrichen werden. Die Feuergase geben an den einen Wärmespeicher den gröfsten Theil der mitgeführten Wärme ab, die darauf, nach Umstellung der Kanalventile von der frisch zuströmenden Verbrennungsluft aufgenommen wird. Diese Einrichtung führt dazu, den Herd des Flammofens grofs zu machen, z. B. bei den Defeu mit festem Bett 4 bis 5 m. Hierbei kommt nach dem Vorgang von Friedrich Siemens das Verfahren zur Verwendung, die Flamme nicht, wie früher gebräuchlich, durch Leitung, sondern durch Strahlung wirken zu lassen, indem die Decke so hoch gewölbt wird, dafs an ihr hin die Flamme zieht und blofs durch Strahlung auf den Herd und die Schmelzschicht wirkt; dadurch werden chemische Umsetzungen, die bei Berührung durch die Flamme entstanden, vermieden und zugleich die Wärmewirkung erhöht. Nach Eintritt der Schmelzung wird der Lehmverschlufs des Stichlochs ausgestofsen und der Flofs abgelassen. Durch theilweise bewirktes Ablassen und entsprechendes Nachsetzen am oberen Ende kann, ähnlich wie beim Kuppelofen, auch eine Art stetigen Betriebs erzielt werden."

Es folgt dann eine eingehende Beschreibung der niemals in den praktischen Betrieb eingeführten älteren Kippöfen, während die neueren Wellmannschen Oefen eben erwähnt werden.

Ein Bessemer und ein Thomas werden in dem Capitel todtgeschwiegen, sie scheinen dem Bearbeiter unbekannte Gröfsen zu sein — doch halt: in § 144 ist unter „Erzeugung des Stabeisens in Flammoder Puddelöfen" auf Seite 933 zu lesen:

„Die Verwendung des flüssigen Roheisens zum Puddeln bildet den Grundzug des Bessemer-Verfahrens. Bei diesem wird das geschmolzene Roheisen in einen kippbaren Kessel, die „Birne", geleitet und durch einen starken Luftstrom des überflüssigen Kohlenstoffs beraubt.

Bei Verwendung von gutem Roheisen werden hier binnen 10 Minuten 5- bis 6000 kg Roheisen in Flufseisen oder Flufsstahl (je nach dem belassenen Bestand von Kohlenstoff) verwandelt, wobei aber eine Windmenge von 2- bis 300 cbm in der Minute mit einem Ueberdruck von $\frac{3}{4}$ bis $1\frac{3}{4}$ Atmosphären nöthig ist, und ein Eisenabgang von 18 bis 22 Hundertsteln stattfindet."

Es werden diese Proben genügen, um unsere Leser in den Stand zu setzen, sich ein Urtheil über die Bearbeitung und den jetzigen Werth des einst so berühmten Buchs des sächsischen Mathematikers zu bilden. Es erscheint um so unverständlicher, wie solche theils veralteten, theils grundfalschen Darstellungen möglich sind, als zahlreiche treffliche Lehrbücher der Eisenhüttenkunde bestehen und aufserdem die Fachleute mit anerkanntem Erfolg bemüht gewesen sind, weitere Kreise durch gemeinfafsliche Darstellungen über die einschlägigen Verhältnisse aufzuklären. Vom eisenhüttentechnischen Standpunkt aus können wir von dem Buch in Erinnerung an ein einst berüchtigt gewordenes Schlagwort nur sagen: „Theuer und Schlecht!

Die Redaction.

Die dynamo-elektrischen Maschinen. Ein Handbuch für Studirende der Elektrotechnik. Von Silvanus P. Thompson. Fünfte Auflage. Deutsch von C. Grawinkel, besorgt von K. Strecker und F. Vesper. Theil I. 374 Seiten gr. 8°, mit 271 in den Text gedruckten Abbildungen und 10 grofsen Figurentafeln. Halle a. S. 1896, Verlag von W. Knapp. Preis 12 *M*.

Es ist eine Frage, die immer und immer wieder an den Elektrotechniker und namentlich einen Docenten herantritt: Welches Buch würden Sie mir empfehlen, um mich auf elektrotechnischem Gebiete weiterzubilden? Abgesehen davon, dafs die Elektrotechnik bereits einen derartigen Umfang und eine derartige Specialisirung erlangt hat, dafs ein häufig gewünschtes Universalbuch, welches auch Details behandelt, weder vorhanden, noch vorläufig zu erwarten ist, so wird auch die Beantwortung dieser Frage bezüglich gröfserer Theilgebiete immer wieder mit Schwierigkeiten und Bedenken verknüpft sein. Vielleicht das wesentlichste Gebiet der Elektrotechnik wird für jeden näheren Interessenten nun durch die Eigenschaften, den Bau und Betrieb der Dynamos mit allem Zubehör von Betrachtungen gebildet, so dafs die Empfehlung eines derartigen Buches am häufigsten nothwendig wird. Bis jetzt wurde der Gefragte in solchen Fällen fast stets wieder zur Empfehlung des vorliegenden Werkes veranlafst, da dasselbe vor allen Dingen vollständig, noch nicht allzu umfangreich und auf Grund der mehrfachen Auflagen verhältnifsmäfsig gut durchgearbeitet ist. Wird auch der fertige Elektrotechniker an manchen Stellen Bedenken nicht unterdrücken können wegen des Hanges des Verfassers, sich zu sehr an der Oberfläche zu halten und wichtige Dinge oft in zu allgemeinen Wendungen zu behandeln, so tritt doch dies Bedenken bei dem für Studirende bestimmten Handbuch mehr in den Hintergrund. Eine nähere Besprechung des vorliegenden ersten Theiles scheint an dieser Stelle nicht nothwendig, zumal die ersten Lieferungen der vor drei Jahren in Uebersetzung erschienenen vierten Auflage hier bereits inhaltlich eingehender besprochen wurden, und gerade der erste Theil naturgemäfs weniger wesentliche Aenderungen aufweist. Aufser jenen seiner Zeit besprochenen ersten Lieferungen enthält dieser Theil I, noch anschliefsend an den praktischen Aufbau des Dynamo-Ankers, die Elemente für den Entwurf von Dynamomaschinen, woraus der Studirende den allgemeinen Gang bei der Dynamoconstruction, allerdings nicht wesentlich mehr, ersehen kann. *C. H.*

Vierteljahrs-Marktberichte.

(October, November, December 1896.)

I. Rheinland-Westfalen.

Die nun schon seit längerer Zeit andauernde günstige allgemeine Geschäftslage ist auch im letzten Vierteljahr 1896 im wesentlichen dieselbe geblieben; sie hat sich nur noch etwas ausgeprägter gestaltet. Fast ausnahmslos sind alle Industrien gut beschäftigt gewesen und in Rückwirkung hiervon besonders die tonangebende Eisen- und Kohlenindustrie, welche mit Aufträgen bis weit in das laufende Jahr (1897) hinein versehen sind und noch täglich neue Lieferungen hereinholen, so dafs begründete Aussicht auf Fortdauer der besseren Conjunctur vorhanden ist. Es darf hier ausgesprochen werden, dafs die Syndicate einen segensreichen Einflufs auf die Stetigkeit der Geschäftslage ausgeübt haben: es wird überall wohlthätig empfunden, dafs man mit stetigem festen Preis rechnen kann und vor ungesunden, sprungweisen Preiserhöhungen gesichert ist. Aufserdem aber spricht auch die ganz aufsergewöhnlich starke Inanspruchnahme des Maschinenbaues für einen umfassenden allgemeinen gewerblichen Aufschwung.

Auf dem Kohlen- und Koksmarkt erfuhr die für die Vormonate gemeldete rege Nachfrage im letzten Vierteljahr 1896 eine weitere Steigerung, da zu dem gröfseren Bedarf der Industrien die Eindeckung des Winterbedarfs für Hausbrand hinzutrat. Die Versandziffern erreichten eine noch nie dagewesene Höhe (beispielsweise am 19. December 14 200 Doppelwagen, das gröfste bisher erreichte Tagesquantum); der Gesammtversand für die Berichtszeit (October bis December 1896) ist noch nicht abgeschlossen, jedoch steht jetzt schon fest, dafs er alle vorhergehenden Quartale übersteigen wird. Trotz dieses grofsen Absatzes ist es Thatsache, dafs die Zechen und Kokereien zeitweise nicht imstande waren, allen an sie gestellten Anforderungen zu entsprechen, und es verblieben sowohl in Kohlen als in Koks gröfsere Rückstände. Entsprechend der lebhaften Nachfrage waren die Preise fest und es liefsen infolgedessen für neue Abschlüsse die Syndicate sowohl für Kohlen als Koks mäfsige Erhöhungen eintreten.

Schliefslich müssen wir noch erwähnen, dafs auch in diesem Jahre, im October beginnend, leider wieder Wagenmangel und zwar theilweise in so grofsem Umfange auftrat, dafs einzelne Zechen gezwungen waren, wegen fehlender Wagen Feierschichten einzulegen. Wir erkennen gerne an, dafs die Eisenbahnverwaltung sofort dankenswerthe Anstrengungen machte, diesen, alle Industrien schädigenden Uebelstand rasch zu beseitigen; jedoch wurden die Mafsregeln — wie Aufhebung der Sonntagsruhe im Güterverkehr u. s. w. — erst getroffen, als der Wagenmangel schon vorhanden war. Es dürfte sich unserer Ansicht nach aber empfehlen, derartige Vorbeugungsmafsregeln viel früher zu treffen, um eben den Eintritt des Wagenmangels zu verhindern. Letzteres wäre um so wünschenswerther, als dadurch Unklarheiten, die zur Zeit eines Wagenmangels stets zwischen den Kohlen und Koks liefernden Zechen einerseits und den Verbrauchern andererseits zu entstehen pflegen, in wünschenswerther Weise aus dem Wege geräumt würden.

Der Erzmarkt blieb ein sehr guter, und es war vorzüglich nach besseren Spatheisensteinsorten sehr lebhafte Nachfrage, so dafs den Anforderungen der Werke kaum genügt werden konnte.

Im Siegerlande stieg die Förderung, genügte aber nicht ganz zur Deckung des vorhandenen grofsen Bedarfs. Gegen Ende des Vierteljahres zeigte sich bereits Kauflust für Lieferung über Anfang October 1897 hinaus: bis dahin ist die ganze Förderung verkauft.

Im Nassauischen waren die besseren Rotheisensteine sehr gesucht, und die Gruben sind auch hier für längere Zeit ausverkauft.

Das Geschäft in allen Roheisensorten blieb auch im vergangenen Quartal ein recht lebhaftes, da der Roheisenverbrauch während dieser Zeit aufsergewöhnlich stark und der Begehr so lebhaft war, wie selten zuvor.

In Puddel- und Stahleisen wurden die Preise seitens der Verkaufsstellen nicht erhöht, und es sind gröfsere Abschlüsse bereits für das III. Quartal gethätigt worden. Die Preise für Thomaseisen wurden dagegen um einige Mark erhöht; ebenso war es auch möglich, infolge der steigenden Roheisenpreise in England und Schottland die Preise für Giefsereiroheisen um 2 bis 3 ℳ f. d. Tonne hinaufzusetzen.

Der Syndicatsvertrag, der gegen Ende December 1896 von den rheinisch-westfälischen und Siegerländer Hochofenwerken vollzogen worden, ist mit dem 1. Januar d. J. in Kraft getreten: derselbe umfafst alle Roheisensorten, mit Ausnahme von Spiegeleisen, Ferromangan und Ferrosilicium.

Der Stabeisenmarkt hat sich günstig weiter entwickelt. Der Bedarf für Bauzwecke ist in einem solchen Mafse gestiegen, dafs Baueisen bereits für einen guten Theil des neuen Jahres ausverkauft ist. Auch die Lieferungen für den unmittelbaren Verbrauch in den Werkstätten für Eisenbahnbedarf und Maschinenbau drängen sich nach wie vor, während der Abruf für Lager die um die Jahreswende übliche Zurückhaltung zeigt. Eine Aufbesserung der Preise dürfte sich den mehrfachen Steigerungen von Roheisen und Halbzeug gegenüber kaum noch abweisen lassen. —

Das Drahtgewerbe zeigte auch im abgelaufenen Vierteljahr immer noch eine Verschiedenheit in dem Verhalten von gezogenem Draht und von Drahterzeugnissen, vor Allem Drahtstiften. Während der erstere andauernd guten Absatz bot, fingen letztere erst in jüngster Zeit an, die Folgen des amerikanischen Einbruches in den englischen Markt zu überwinden. Seitdem aber ist eine stetig steigende Zunahme der Ausfuhr zu verzeichnen.

Die Beschäftigung in Grobblech war im ganzen mäfsig, da der Winter sich hierbei auch geltend zu machen pflegt. In Kesselblechen war die Beschäftigung befriedigend. Abschlüsse zu den jetzt geltenden Preisen erfolgten in den letzten Wochen des Quartals sehr zahlreich.

In Feinblechen waren die Specificationen nicht so reichlich wie in den Sommermonaten, wobei die Jahreszeit naturgemäfs auch eine Rolle spielt. Bei einigen Werken machte sich dieser Umstand bereits fühlbar.

Auf dem Gebiete des Eisenbahnmaterials waren die Bestellungen der Staats-Eisenbahnen in Schienen, eisernen Schwellen, Radsätzen, Wagen, Kleineisenzeug u. s. w. reichlicher als erwartet wurde, so dafs die Werke für das erste Semester 1897 und noch darüber hinaus angestrengt arbeiten müssen, da sie auch für sonstige Lieferungen sehr in Anspruch genommen sind.

In den Eisengiefsereien und Maschinenfabriken herrschte anhaltend lebhafte Thätigkeit. Zu dem vorhandenen guten Stock von Aufträgen sind in den letzten 3 Monaten ansehnliche neue Bestellungen hinzugekommen. Dabei zeigte sich auch am

Schlusse des Berichtsvierteljahrs eine andauernd rege Nachfrage, so dafs auf eine gute Beschäftigung der Maschinenfabriken und Eisengiefsereien während des begonnenen neuen Jahres fest gerechnet werden kann.

Die Preise stellten sich wie folgt:

	Monat October	Monat November	Monat December
Kohlen und Koks:	ℳ	ℳ	ℳ
Flammkohlen	9,50	9,50	9,50
Kokskohlen, gewaschen	7,00	7,00	7,00
„ melirte, z. Zerkl.	9,00	9,00	9,00
Koks für Hochofenwerke	13,00	13,00	13,00
„ „ Bessemerbetr. .	14,00—15,00	14,00—15,00	14,00—15,00
Erze:			
Rohspath	10,80 11,40	10,80—11,40	10,80—11,40
Geröst. Spatheisenstein .	16,00	16,00	16,00
Somorrostro f. a. B. Rotterdam	—	—	—
Roheisen: Giefsereieisen			
Preise ab Hütte { Nr. I . . .	66,00	67,00	67,00
Preise ab Hütte { „ III . . .	58,00	60,00	60,00
Preise ab Hütte { Hämatit . . .	66,00	67,00	67,00
Bessemer	—	—	—
Preise ab Siegen { Qualitäts-Puddeleisen Nr. I .	57,00	57,00	57,00
Preise ab Siegen { Qualit.-Puddeleisen Siegerl.	57,00	57,00	57,00
Stahleisen, weifses, mit nicht über 0,1% Phosphor, ab Siegen . .	58,00	59,50	59,50
Thomaseisen mit mindestens 2% Mangan, frei Verbrauchsstelle, netto Cassa	58,00	59,80	62,00
Dasselbe ohne Mangan .	—	—	—
Spiegeleisen, 10 bis 12%	65,00	65,00	65,00
Engl. Giefsereiroheisen Nr. III, franco Ruhrort	58,00	60,00	60,00
Luxemburg. Puddeleisen ab Luxemburg . . .	—	—	—
Gewalztes Eisen:			
Stabeisen, Schweifs- . .	131,00	131,00	131,00
„ Flufs-	126,00	126,00	126,00
Winkel- und Façoneisen zu ähnlichen Grundpreisen als Stabeisen mit Aufschlägen nach der Scala.			
Träger, ab Burbach . .	102,00	102,00	102,00
Bleche, Kessel-, Schweifs-	177,50	177,50	177,50
„ sec. Flufseisen .	137,50	137,50	137,50
„ dünne	135,00-140,00	135,00-140,00	135,00-140,00
Stahldraht, 5,3 mm netto ab Werk	—	—	—
Draht aus Schweifseisen, gewöhnl. ab Werk etwa	—	—	—
besondere Qualitäten	—	—	—

Dr. W. Beumer.

II. Oberschlesien.

Gleiwitz, 7. Januar 1897.

Die allgemeine Lage des Eisen- und Stahlmarktes im IV. Quartal war eine günstige, jedoch mufs bemerkt werden, dafs die Umstände, welche in früheren Jahren eine Verminderung im Versand von Handelseisen und Feinblechen in der zweiten Hälfte des Quartals herbeiführten, auch in diesem Jahre in die Erscheinung traten.

Kohlen und Koks. Der Bedarf an Kohlen aller Art war ein lebhafter, die Bestände auf den meisten Gruben sind geräumt.

Nach den eisenbahnamtlichen Wagengestellungsübersichten versandten die oberschlesischen Gruben zur Bahn insgesammt:

im IV. Quartal	1896	3726810 t
„ III. „	1896	3560120 t
„ IV. „	1895	3582910 t.

Das oberschlesische Kohlengeschäft wurde durch den über 2½ Monate sich erstreckenden Wagenmangel auf das empfindlichste beeinträchtigt. Während in den Vorjahren der Wagenmangel Mitte November aufhörte, dauerte derselbe im Jahre 1896 bis Mitte December und war dies die Veranlassung, dafs der Versand im IV. Quartal nur um rund 4 % höher war, als in der gleichen Zeit des Vorjahres. Da nach den eingegangenen Bestellungen, sowie nach der Absatzentwicklung der drei Vorquartale, in welchen eine durchschnittliche Steigerung gegenüber dem Vorjahre um 11 % stattgefunden hatte, auf eine 10 bis 12 %ige Zunahme auch im letzten Quartal hätte gerechnet werden können, so bedeutet jene Steigerung um nur 4 %, dafs Oberschlesien lediglich durch den Wagenmangel um 6 bis 8 % des Gesammtabsatzes in seiner natürlichen Entwicklung zurückgehalten worden ist. Auch ist diese Thatsache um so bedauerlicher, als der so verloren gegangene Absatz in der Hauptsache dem ausländischen (englischen und böhmischen) Wettbewerb zufiel. Dabei ist es auffallend, dafs der Wagenmangel im Ruhrgebiet zeitweilig nicht so intensiv auftrat.

Die Nachfrage nach Koks überwog die Erzeugung, so dafs Koks aus anderen Revieren hierher gebracht wurde, um den Bedarf zu decken.

Roheisen. Der Absatz an Puddel- und Thomasroheisen war bei der lebhaften Beschäftigung der Eisen- und Stahlwerke ein äufserst intensiver. Die ohnehin geringen Bestände wurden vor den Weihnachtsfeiertagen ganz minimale.

Die Nachfrage nach Giefsereiroheisen war eine steigende.

Stabeisen. Wenn schon, wie oben erwähnt, der Begehr in Stabeisen gegen Ende des Quartals ein nicht so lebhafter war als in den Vorquartalen, so liefs namentlich die Beschäftigung in Fein- und Bandeisen zu wünschen übrig.

Grobes Formeisen wurde bei steigenden Preisen und für lange Abnahmefristen in grofsen, die Leistungsfähigkeit der Werke erreichenden Posten geschlossen.

In Draht und Drahtstiften war die Beschäftigung der Jahreszeit entsprechend eine befriedigende. Sammelten sich auch der Saison gemäfs die Lagerbestände im IV. Quartal, so sind doch für das bevorstehende Frühjahr sehr reichlich Aufträge eingegangen, so dafs die Geschäftslage als eine günstige zu beurtheilen ist.

Grob- und Feinblech. Die Nachfrage in Feinblechen für das Inland liefs im IV. Quartal, namentlich in seiner letzten Hälfte, zu wünschen übrig. Nach dem Inlande bewegte sich der Versand bis Mitte November in befriedigendem Mafse, von da ab arbeiteten die Feinblechwalzwerke à conto der schon eingelaufenen Frühjahrsbestellungen auf Lager.

Der Begehr nach Grobblechen war ein lebhafter.

Die Aufträge für Eisenbahnmaterial haben gegen das letzte Quartal noch zugenommen. Bei der starken Beschäftigung sämmtlicher Stahlwerke konnten die unerwartet vermehrten Anforderungen nur mit langer Lieferfrist übernommen werden.

Es ist sehr schade, dafs gerade jetzt, wo ohnehin Arbeit in Formeisen und Halbzeug fast unbeschränkt vorliegt, ungeahnt grofse Bestellungen auf Eisenbahnmaterial herauskommen, die in Zeiten minder guten Geschäftsgangs viel willkommener gewesen wären.

Eisengiefsereien und Maschinenfabriken sind reichlich mit Aufträgen, jedoch nur zu mäfsigen Preisen im Vergleich zu den gestiegenen Rohstoffen versehen.

Preise.

	ℳ f. d. Tonne		
Giefsereiroheisen ab Werk	58	bis	60
Hämatit „ „	68	„	75
Puddel- u. Thomasroheisen ab Werk	59	„	60
Gewalztes Eisen ab Werk	117½	„	140
Kesselbleche, Grundpreis.	152½	„	180
Bleche, Flufseisen, Grundpreis . .	132½	„	135
Dünne Bleche, Grundpreis	130	„	150
Stahldraht 5,3 mm netto ab Werk	115	„	118.

Eisenhütte Oberschlesien.

III. England.

Middlesbro-on-Tees, 8. Januar 1897.

Der Jahresbericht über das hiesige Roheisengeschäft stöfst diesmal auf grofse Schwierigkeiten, weil für das letzte Vierteljahr keine Monatsausweise der Hütten erschienen sind. Die Unterlassung beruht auf Zahlenverweigerung von ein oder zwei Werken. Wären die Verhältnisse nicht im allgemeinen sehr günstig für die Fabricanten, so würde man voraussetzen, dafs keine Aenderung zu Gunsten der Hochofenwerke stattgefunden hätte. Einzelne Firmen haben versucht, unter Zugrundelegung der Anzahl der in Betrieb befindlichen Hochöfen eine Schätzung zu veranstalten. Die so ermittelten Zahlen können weit über die Grenzen des Thatsächlichen hinausgehen, denn es ist nicht immer möglich zu wissen, wieviel Hochöfen an jedem Tage und wie sie gearbeitet haben.

Zu Ende des Jahres waren im Clevelander District 94 Hochöfen in Betrieb, davon 48 gewöhnliche Qualität, 46 Hämatite, Spiegel, Ferrosilicium und basisches Eisen erzeugend. Die einzigen Statistiken, die erhältlich, sind Verschiffungen, und da der Consum nicht allein im Auslande, sondern auch im Inlande sehr stark war, so ist die Abnahme der Vorräthe so grofs, dafs bereits öfters Mangel an Eisen bei einzelnen Hütten eintrat. Im vorigen Jahre wurden 1 238 932 tons verschifft, und das ist mehr als je zuvor. Zu beachten ist, dafs diese Zunahme besonders in den letzten Monaten stattfand.

Im allgemeinen verlief das Geschäft in den letzten drei Monaten unter stetig steigenden Preisen, welche nur durch kleine Schwankungen unterbrochen wurden. Angefacht durch den starken Versand und die günstigen Berichte von den Walzwerken und Giefsereien sind auch von Privatleuten mehrfach Speculationen in Warrants eingegangen worden. Ein besonderes Interesse wurde für Hämatit-Qualitäten bemerklich, worin enorme Abschlüsse auf längere Zeit gemacht worden sind. Preise von hiesigen Hämatite-Warrants hoben sich von 45/4 auf 49/10. Es stiegen hiesige G. m. B. Warrants von 38/3 auf 40/10, Schottisch M. N. von 46/2½ auf 48 9½, Cumberland-Hämatite von 47/3 auf 50/1½.

Besondere Ereignisse, welche auf die Marktlage einwirkten, sind kaum zu erwähnen. Anfangs October und Ende December befürchtete Lohnstreitigkeiten wurden ohne Störung beigelegt. Im October wurde das Geschäft durch plötzlich eingetretene bedeutende Frachterhöhung beeinflufst. Nicht allein die Erzfrachten, sondern auch die Roheisenfrachten auswärts stiegen so erheblich, dafs sich nicht nur die Productionskosten für Hämatiteisen sehr erhöhten, sondern auch den Export im allgemeinen vertheuerten. Die Folge für die Walzwerke war eine bedeutende Zunahme von Bestellungen für Schiffbaumaterial.

Die auf das Ergebnifs der Wahlen in den Vereinigten Staaten gesetzten Hoffnungen auf Besserung der dortigen Eisenindustrie haben sich nicht verwirklicht, sondern im Gegentheil, die amerikanischen Hütten fangen an, Bestellungen auf Schienen u. s. w. in Gegenden aufzunehmen, welche man für europäische Werke gesichert glaubte, auch Roheisen ist von Amerika nach England gekommen.

Es wird soeben bekannt, dafs eine Lohnerhöhung von 1 % für die Hochofenarbeiter infolge der erhöhten Roheisenpreise eintritt.

Die Vorräthe haben enorm abgenommen, die Hütten haben theilweise ihre ganze Production schon auf Monate hinaus verkauft, und die Nachfrage für Giefsereieisen und besonders für Hämatiteisen hält an.

Die Preisschwankungen stellen sich wie folgt:

	October		November		December	
Middlesbro Nr. 3 G. M. B.	38/6	à 39/10½	40/—	à 40/9	40/3	à 41/9
Warrants-Cassa-Käufer Middlesbro Nr. 3	38/3	à 40/3	39/10	à 41/1	39/9½	à 40/10
Schottische Warrants	46/2½	à 48/6	47/10½	à 49/2	47/10	à 48/9½
Middlesbro Hämatit M. N.	45/4	à 47/9	48/4	à 49/2½	48/1	à 49/10
Westküsten Hämatit M. N.	47/3	à 50/1	49/10	à 51/2½	46/11½	à 51/1½

In Connels hiesigem Lager waren am 31. December 161 384 tons gegen 171 700 tons am 31. December 1895.

Es wurden verschifft im Jahre:

1887	814 294 tons	1888	938 384 tons
1889	959 311 „	1890	804 208 „
1891	903 331 „	1892	663 487 „
1893	975 151 „	1894	996 688 „
1895	1 047 400 „	1896	1 238 932 „

Heutige Preise (8. Januar) sind für prompte Lieferung:

Middlesbro G. M. B. ab Werk Nr. 3	41/—	Netto Cassa gezucht.
„ „ Warrants	41/4	
„ M. N. Hämatite Warrants	50/2½	
Schottische M. N. Warrants	48/6	
Westküsten Hämatite M. N. Warrants	51/3½	
Eisenplatten ab Werk hier	£ 5.5.—	mit 2½ % Disconto
Stahlplatten „ „ „	„ 5.10.—	
Stabeisen „ „ „	„ 5.10.—	
Stahlwinkel „ „ „	„ 5.7.6	
Eisenwinkel „ „ „	„ 5.5.—	

H. Ronnebeck.

IV. Vereinigte Staaten von Nordamerika.

Pittsburg, Anfangs Januar.

Die Hoffnungen, welche an die neue Präsidentenwahl in Amerika hinsichtlich Aufbesserung der allgemeinen Marktverhältnisse geknüpft worden waren, haben sich nicht erfüllt; im Gegentheil, es ist allgemeine Verschlechterung eingetreten.

Das Hauptinteresse unter den Vorgängen des letzten Vierteljahres erregte der Zusammenbruch des Stahlknüppel-Syndicats, welches zwar nominell noch fortbesteht, aber die Festhaltung an bestimmten Preisen aufgegeben hat. Der Stahlknüppelpreis ist infolgedessen neuerdings wiederum auf 15,50 $ heruntergegangen, während gleichzeitig Bessemerroheisen bei neuerlichen gröfseren Abschlüssen auf 10 $ loco Hochofen bei Pittsburg gesunken ist.

Die Ungewifsheit, welche den amerikanischen Markt beherrscht, ist um so gröfser, als der Einflufs Carnegies sich noch in aufserordentlicher Weise dadurch gesteigert hat, dafs er an dem Mesabi-Erzvorkommen grofse Antheile übernommen hat, welche bisher der Rockfeller-Gruppe zugehörten. Sobald Carnegie die Eisenbahnverbindung, welche er von den Seen nach Pittsburg selbst baut, fertiggestellt haben wird, wird es ihm möglich sein, die Frachtsätze von den Seehäfen nach Pittsburg um die Hälfte zu ermäfsigen. Da er in dieser Weise sowohl über Erz und Koks — denn die Fricke-Coke Company wird bekanntlich auch durch Carnegie controlirt — als auch über die Frachten die Preisbestimmung gewissermafsen selbst in Händen hat, so wird er in der Lage sein, nicht nur alle amerikanischen Stahlwerke zu unterbieten, sondern auch in noch kräftigerer Weise als bisher auf dem Weltmarkt aufzutreten. Hierzu sei bemerkt, dafs die Ausfuhr der Vereinigten Staaten an Eisen- und Stahlfabricaten sich bedeutend hebt; so sind schon mehr als 50 000 t Schienen in den ersten 10 Monaten 1896 verschifft worden.

Industrielle Rundschau.

Tarnowitzer Actiengesellschaft für Bergbau und Eisenhüttenbetrieb.

Der Bericht des Vorstands lautet:

„Das abgelaufene Geschäftsjahr 1895/96 ist für die Eisenindustrie, welche sich lediglich mit der Verarbeitung von Eisenrohmaterialien zu Fertigfabricaten beschäftigt, kein günstiges gewesen. Das in Tarnowitz gelegene Hochofenwerk, welches an die oberschlesische Eisenindustrie-Actiengesellschaft für Bergbau und Hüttenbetrieb zu Gleiwitz verpachtet ist, wurde von der Pächterin voll betrieben, da diese als Inhaberin der im Tarnowitzer Bergrevier vorhandenen Eisenerze das producirte Roheisen in ihren Veredelungsanstalten weiter verarbeiten kann. Die Marktpreise für oberschlesisches Roheisen waren auch am Schluſs des Berichtsjahres nicht wesentlich gestiegen, so daſs die Selbstbewirthschaftung dieses Werkes wenig gewinnbringend gewesen wäre. Unser in Braunschweig belegenes Eisenwerk, welches bekanntlich nur Schweiſseisenfabricate und Guſswaaren erzeugt, war gleichfalls voll im Betriebe. Zu Anfang des Betriebsjahres litt dasselbe unter den ungemein niedrigen Verkaufspreisen, welche bisher in der Eisenconjunctur noch nie vorhanden gewesen waren. Erst am Schluſs des Jahres 1895 machte sich eine kleine Preisbesserung auf dem Eisenmarkt bemerkbar, welche sofort durch höhere Preisnotirungen auf dem Alteisen- und Steinkohlenmarkt wett gemacht wurden, so daſs wir nur den in den Vorjahren eingeführten Verbesserungen unserer Walzwerke es zu verdanken haben, die Selbstkostenpreise unserer Fabricate mit den Verkaufspreisen so in Einklang zu bringen, um ohne Betriebsverlust abschlieſsen zu können. Das Braunschweiger Werk erzielte nach Deckung der Hypothekenzinsen, der Aufwendungen für Reparaturen und der Handlungsunkosten einen Gewinn von 500,17 ℳ. Das Tarnowitzer Werk gebrauchte einen Zuschuſs von 960,10 ℳ, so daſs für beide Werke ein Betriebsverlust von 459,93 ℳ resultirt. Die durch den Zusammenbruch dieser Firma zu erleidenden Verluste betragen 286 457,65 ℳ. In der am 26. September cr. zu Braunschweig abgehaltenen Aufsichtsrathssitzung wurde beschlossen, diesen Verlust ganz abzuschreiben. Ferner wurde beschlossen, an Abschreibungen für beide Werke 100 000 ℳ aufzuwenden, und diese Abschreibungen sowie den vorhandenen Betriebsverlust von 459,93 ℳ aus den Beträgen der Specialreservefonds I und II zu entnehmen, so daſs ein Specialreservefonds von 140 700,52 ℳ verbleiben wird."

Westfälische Drahtindustrie, Hamm i. W.

Dem Bericht für 1895/96 entnehmen wir:

„Unsere Hoffnung, daſs uns zur Erleichterung der Tragung der enormen Kosten für socialpolitische Abgaben und Steuern ermäſsigte Frachten seitens der zuständigen Staatsbehörden zu theil würden, ist nicht in Erfüllung gegangen. Wir bezahlen nach den Seehäfen fast genau dieselben Frachtsätze, wie vor 20 Jahren, so daſs die Eisenbahnen den groſsen Vortheil durch die enorme Steigerung der zum Export kommenden Quantitäten genieſsen und die deutsche Drahtindustrie die zeitweise groſsen Opfer auf dem Exportmarkte — infolge nöthiger Arbeitsbeschaffung im Interesse ihrer Arbeiter — allein zu tragen hat. Hierbei ist noch zu berücksichtigen, daſs der Procentsatz des Betrages des Frachtsatzes bis zu den Seehäfen bei der Zusammenstellung der heutigen Selbstkosten bezw. Verkaufspreise im Verhältniſs über 100 % höher ist, als vor 20 Jahren. Mit anderen Worten, es sind die heutigen Verkaufspreise für unsere Fabricate nur noch halb so hoch, wie vor etwa 20 Jahren, wohingegen die Frachtsätze dieselben geblieben sind. Wir können deshalb, wie seit Jahren, nur wiederholt die Hoffnung aussprechen, daſs die zuständigen Behörden durch Schaffung von Wasserwegen das groſse Exportgeschäft und den dadurch bedingten groſsen Nutzen dem Vaterlande erhalten mögen. (Für uns würde natürlich die baldige Kanalisirung des Lippeflusses in erster Linie von Interesse sein.) Da sich Kanäle aber nicht in so kurzer Zeit herstellen lassen, so dürfte eine baldige Ermäſsigung der Eisenbahnfrachten am Platze sein. Daſs unter solchen Verhältnissen das groſse Exportgeschäft, welches, abgesehen von unserem eigenen Interesse, in nationalwirthschaftlicher Beziehung für die Wohlfahrt unseres Landes von so groſser Bedeutung ist, immer mehr zurückgehen muſs, ist selbstverständlich. Nach den neuesten Zeitungsnachrichten soll die preuſsische Finanzverwaltung sich entschlossen haben, in eine erhebliche Herabsetzung der Frachtentarife der preuſsischen Staatsbahnen für Erze, Kohlen, Koks und Kalksteine einzuwilligen. Deshalb hoffen wir das Beste auch für unsere wohlberechtigten Wünsche. Der Bruttogewinn des Geschäftsjahres 1895/96 beläuft sich auf 1 307 754,56 ℳ, unter Hinzurechnung des Gewinnvortrages aus 1894/95 auf 1 314 000,63 ℳ. Die Abschreibungen betragen für unsere Werke in Hamm 242 566,02 ℳ und wurden, wie bisher, in reichlichem Maſse vorgenommen. Für Neubauten wurden 335 768,22 ℳ verausgabt. Der Netto-Reingewinn von 653 754,69 ℳ soll wie folgt vertheilt werden: 8 % Dividende aus 7 999 800 ℳ = 639 984 ℳ, Gewinnvortrag pro 1896/97 13 770,69 ℳ."

Westfälisches Kokssyndicat.

Der in Bochum in der Monatsversammlung am 29. December 1896 erstattete Bericht des Vorstands verbreitete sich (wie die „K. Ztg." berichtet) über die Ergebnisse der Monate September, October, November und verzeichnete eine anhaltende starke Zunahme des Versandes. Der Mehrversand in den ersten drei Vierteln dieses Jahres gegenüber den ersten drei Vierteln des Vorjahres belief sich auf 590 000 t, das sind ungefähr 14 %. Der Mehrabsatz vertheilt sich, namentlich soweit er Hochofenkoks betrifft, auf Luxemburg, Lothringen, Nassau-Siegen und Kohlenrevier, während der Absatz nach Frankreich und Belgien, den Absichten des Syndicats entsprechend, eine Verminderung erfuhr. Während im Kohlenbezirk 1893 nur 178 000 t Hochofenkoks abgesetzt wurden, wird der Absatz in diesem Jahre rund 485 000 t betragen. Des weitern wurde ausgeführt, daſs die Erzeugung des nächsten Jahres begeben ist. Die für November schon früher in Aussicht genommene Umlage von 15 % wurde genehmigt; für December war früher eine Umlage von 15 % vorgesehen, sie konnte indessen auf 12 % ermäſsigt werden. Der Beschluſs über eine von einem Mitglied erhobene Berufung wurde vertagt. Die Versammlung war zwar nicht beschluſsfähig, die förmliche Bestätigung der heutigen Beschlüsse wird aber nachgeholt werden.

Vereins-Nachrichten.

Verein deutscher Eisenhüttenleute.

Aenderungen im Mitglieder-Verzeichnifs.

Goury, Alexandre, Paris, Rue Taitboul 80.
Kayfser, A., Hütteningenieur, Mainz, Kaiserstrafse 22.
Lelong, Emile, Directeur Gérant, Couillet, Belgien.
Platz, H., stellvertretender Director der Deutschen Waffen- und Munitionsfabriken, Karlsruhe i. B., Westendstrafse 51.
Rau, Dr. Oskar, Privatdocent an der Kgl. Technischen Hochschule, Aachen, Monheimsallee 69.
Roemer, A., Ingenieur, Jurjewka, Süd-Rufsland.
Schmidhammer, Wilhelm, Oberingenieur des Gufsstahlwerks Kapfenberg, Kapfenberg, Steiermark.
Toldt, Friedrich, Adjunct der Lehrkanzel für Metallurgie an der k. k. Bergakademie Leoben, Leoben, Steiermark.
Waechtler, C., Ingenieur, Düsseldorf, Schillerstrafse 2.
Wolff, Theod., Ingenieur, Deutsche Metallpatronenfabrik Karlsruhe, Act.-Ges., Karlsruhe i. B.

Neue Mitglieder:

Benni, B., Ingenieur, Ostrowiec.
Broglio, Paolo, Ingenieur, Director des Röhrenwalzwerks A. Migliavacca & Co., Vobarno, italien.
Brühl, Emil, Stahlwerksassistent, Eisenhütten-Actionverein, Düdelingen, Luxemburg.
Breidbach, J., Ingenieur und Ressortchef bei Fried. Krupp, Essen a. d. Ruhr.
Chantraine, Joseph, Directeur Gérant de la Société Anonyme des Aciéries d'Angleur, Tilleur bei Lüttich, Belgien.
Erdmann, Georg, Betriebsingenieur des Peiner Walzwerks, Peine.
Ehrhardt, Maschinenfabricant, in Firma Ehrhardt & Schmer, Schleifmühle bei Saarbrücken.
Everken, H., Ingenieur bei Fried. Krupp, Essen a. d. Ruhr, Maxstrafse 40.
Faust, Johann, Betriebsführer der Hagener Gufsstahlwerke, Hagen i. W.
Henrion, J. J., Betriebschef des Hochofenwerks, Ostrowiec.
Jöhnssen, H., Ludwig Lütbgen Nachfolger, Köln.
Kausch, Rud., Geschäftsleiter und Theilhaber der Frankenthaler Kesselschmiede, Velthuysen & Co., Frankenthal, Pfalz.
Krause, Theodor, Bergwerksdirector der Witkowitzer Bergbau- und Eisenhütten-Gewerkschaft, Kolterbach, Ober-Ungarn.
Kowarsky, J., Ingenieur-Chemiker, Katharinahütte, Sosnowice, Russ.-Polen.
Leonard, Ant., Ingenieur, Betriebsleiter des Walzwerks Poldihütte, Kladno, Böhmen.
Moritz, Adolf, Bergwerksdirector, Reufsische Erzbergbau-Gewerkschaft, Lobenstein (Reufs j. L.).
Mügge, Paul, Ingenieur, Leipzig-Plagwitz.
Müller, Carl, Walzwerksdirector, Burbacher Hütte, Burbach bei Saarbrücken.
Oberegger, Franz, Ingenieur, Eisenwerk Kladno, Kladno, Böhmen.
Pander, Ernst, Betriebschef des Martinwerks, Ostrowiec.
Reifs, Robert, Ingenieur des Stahlwerks Königshof, Königshof, Böhmen.
Rottmann, Fr., Ingenieur, St. Johann a. d. Saar.
Schilling, Wilhelm, Ingenieur der Wissener Bergwerke und Hütten, Wissen a. d. Sieg.
Schmeltzer, L., Ingenieur der Einsaler Walzwerke, Einsal b. Altena i. Westfalen.
Schoenawa, J., Stahlwerkschef der Röchlingschen Eisen- und Stahlwerke, Völklingen a. d. Saar.
Schmer, Th., Maschinenfabricant, i. F. Ehrhardt & Schmer, Schleifmühle bei Saarbrücken.
Theisen, Eduard, Civilingenieur, Baden-Baden.
Tockert, Nicolaus, Fabricationschef bei Metz & Co., Dommeldingen (Luxemburg).
Zmerzlikar, Director, Schwientochlowitz, O.-S.

Ausgetreten:

Grofs, W., Director, Werden.
Schiele, F., ingenieur, Giefsen.

Verstorben:

Weeks, J. D., Pittsburg, Pa.

Die Zeitschrift erscheint in halbmonatlichen Heften.

Abonnementspreis für Nichtvereinsmitglieder: 20 Mark jährlich excl. Porto.

STAHL UND EISEN

ZEITSCHRIFT FÜR DAS DEUTSCHE EISENHÜTTENWESEN.

Insertionspreis 40 Pf. für die zweigespaltene Petitzeile, bei Jahresinserat angemessener Rabatt.

Redigirt von

Ingenieur E. Schrödter, Geschäftsführer des Vereins deutscher Eisenhüttenleute, für den technischen Theil

und

Generalsecretär Dr. W. Beumer, Geschäftsführer der Nordwestlichen Gruppe des Vereins deutscher Eisen- und Stahl-Industrieller, für den wirthschaftlichen Theil.

Commissions-Verlag von A. Bagel in Düsseldorf

№ 3. 1. Februar 1897. 17. Jahrgang.

Der Etat der Königlich Preufsischen Eisenbahn-Verwaltung für das Jahr 1897/98.

Nachstehend theilen wir aus dem Etat für 1897/98 die wichtigsten Angaben mit:

I. Einnahmen.

	Betrag für 1. April 1897/98 ℳ	Der vorige Etat setzt aus ℳ	Mithin für 1897/98 mehr oder weniger ℳ
Für Rechnung des Staats verwaltete Bahnen:			
1. Aus d. Personen- u. Gepäckverkehr	299084000	273700000	+ 25384000
2. Aus dem Güterverkehr	735805000	680300000	+ 55505000
3. Sonstige Einnahmen	75321350	66592400	+ 8728950
	1110210350	1020592400	+ 89617950
ferner:	—	2253138	− 2253138
Antheil an dem Reingewinn der Main-Neckarbahn	615277	688577	− 73300
Antheil an der Brutto-Einnahme der Wilhelmsh. Oldenburgerbahn	564411	518824	+ 45587
	1111390038	1024052939	+ 91989975
Privat-Eisenbahn., bei welchen der Staat betheiligt ist	176601	171386	+ 5215
Sonstige Einnahm.	300000	5202000	− 4902000
	1111866639	1029426325	+ 82440314
Beiträge Dritter zu einmaligen Ausgaben	6488000	—	+ 6488000
	1118354639	1029426325	+ 88928314

II. Ausgaben.

	Betrag für 1. April 1897/98 ℳ	Der vorige Etat setzt aus ℳ	Mithin für 1897/98 mehr oder weniger ℳ
Für Rechnung des Staats verwaltete Bahnen	617083850	580453700	+ 36629650
Antheil des Hess. Betriebs-Ueberschusses d. preufs. hess. Bahn	7955837	—	− 7955837
Main-Neckar-Eisenbahn	39948	59485	− 19537
Wilhelmsh.-Oldenburger Bahn . . .	101500	125100	− 23600
Zinsen und Tilgungsbeträge . .	4311478	3174948	+ 1136530
Ministerialabtheilungen für das Eisenbahnwesen.	1508572	1460539	+ 47733
Dispositionsbesoldungen u. s. w. .	3426700	3644000	− 217300
	634427085	588917772	+ 45509313

III. Gesammtergebnifs des Ordinariums.

Die Gesammtsumme der ordentlichen Einnahmen und dauernden Ausgaben des Etats der Eisenbahnverwaltung für 1897/98 stellt sich gegenüber der Veranschlagung für 1896/97 wie folgt:

Es betragen die ordentlichen Einnahmen:

im Jahre 1897/98	1 111 866 639 ℳ
„ „ 1896/97	1 029 426 325 „
mithin im Jahre 1897/98 mehr	82 440 314 ℳ

Die dauernden Ausgaben:

im Jahre 1897/98	634 427 085 *M*
„ „ 1896/97	588 917 772 „
mithin im Jahre 1897/98 mehr	45 509 313 *M*

und der Ueberschufs;

im Jahre 1897/98	477 439 554 *M*
„ „ 1896/97	440 508 553 „
mithin im Jahre 1897/98 mehr	36 931 001 *M*

Nach der auf Grund des Gesetzes vom 27. März 1882 (Ges.-Samml. S. 214), betreffend die Verwendung der Jahresüberschüsse der Verwaltung der Eisenbahn-Angelegenheiten, aufgestellten Berechnung sind:

auf den vorgedachten Ueberschufs für 1897/98 von	477 439 554,— *M*
zur Verzinsung der Staatseisenbahn-Kapitalschuld	190 957 804,30 „
in Rechnung zu stellen, so dafs zur Tilgung der Staatseisenbahn-Kapitalschuld	286 481 749,70 *M*
verbleiben. Nach dem Etat für 1896/97 sind zu dieser Tilgung bestimmt	238 847 651,34 „
mithin für 1897/98 mehr	47 634 098,36 *M*

Werden die Ausgaben an Dispositionsbesoldungen, Wartegeldern und Unterstützungen für die infolge der Umgestaltung der Eisenbahnbehörden zur Verfügung gestellten oder auf Wartegeld gesetzten Beamten (Gesetz vom 4. Juni 1894, Ges.-Samml. S. 89) aufser Betracht gelassen, so stellt sich der Ueberschufs der ordentlichen Einnahmen über die ordentlichen Ausgaben auf 480 866 254 *M*.

Zur Tilgung der Staatseisenbahn-Kapitalschuld würden alsdann 289 908 449,70 *M* oder 51 060 798,36 *M* mehr, als nach dem Etat für 1896/97 zu dieser Tilgung bestimmt sind, verbleiben.

IV. Die einmaligen aufserordentlichen Ausgaben.

Die Ausgaben für Neu- und Umbauten stellen sich für die Directionsbezirke wie folgt:

Berlin		6 710 000
Breslau		1 817 000
Bromberg		250 000
Kassel		564 000
Köln		2 678 000
Danzig		250 000
Elberfeld		1 074 000
Erfurt		385 000
Köln		2 155 000
Frankfurt a. M.		1 163 000
Halle		3 410 000
Hannover		636 000
Kattowitz		700 000
Magdeburg		2 061 000
Mainz		63 000
Münster		350 000
Posen		6 500 000
St. Johann-Saarbrücken		250 000
Stettin		992 000
Wilhelmshafen-Oldenburgerbahn		100 000
Zur Herstellung von Weichen und Signalstellwerken . .	500 000	
Zur Beseitigung von Schneeverwehungen	200 000	
Zur Herstellung von elektr. Sicherungsanlagen	800 000	16 000 000
Vermehrung d. Betriebsmittel	12 000 000	
Dispositionsfonds	2 500 000	
		48 108 000

V. Nachweisung der Betriebslängen.

Bezirk der Eisenbahndirection	Nach d. Veranschlagung zum Etat für 1897/98: Betriebslänge für öffentlichen Verkehr		Davon Bahnstrecken untergeordneter Bedeutung am Ende des Jahres
	zu Anfang des Jahres	zu Ende des Jahres	
	km	km	km
1. Altona	1 514,75	1 607,13	454,00
2. Berlin	577,24	581,26	42,55
3. Breslau	1 813,38	1 858,15	593,17
4. Bromberg	1 680,12	1 582,59	729,58
5. Cassel	1 389,16	1 435,66	309,24
6. Köln	1 254,59	1 365,69	455,76
7. Danzig	1 417,71	1 515,24	887,73
8. Elberfeld	1 059,77	1 103,48	467,60
9. Erfurt	1 505,21	1 580,46	521,30
10. Essen a. d. Ruhr .	800,25	803,62	43,93
11. Frankfurt a. Main .	1 996,06	1 561,36	497,81
12. Halle a. d. Saale .	1 918,74	1 939,14	214,10
13. Hannover	1 673,25	1 679,65	274,40
14. Kattowitz	1 277,70	1 277,70	393,68
15. Königsberg i. Pr. . .	1 581,20	1 581,20	997,26
16. Magdeburg	1 680,17	1 680,17	449,63
17. Mainz	—	813,42	145,59
18. Münster i. W. . . .	1 247,23	1 247,23	342,28
19. Posen	1 481,09	1 481,09	594,09
20. St. Johann-Saarbrücken	845,17	830,25	321,16
21. Stettin	1 648,30	1 673,00	449,27
	27 691,09	29 197,49	9 184,13

VI. Erläuterungen zu den Einnahmen.

Personen- und Gepäckverkehr.

Die Einnahmen aus den alten, am 1. April 1895 im Betriebe gewesenen Strecken haben im Rechnungsjahre 1895/96 271 200 000 *M* betragen. Aus dem Betriebe der nach dem 1. April 1895 neu eröffneten und der bis zum Schlusse des Etatsjahres 1897/98 zur Eröffnung kommenden Strecken ist eine Einnahme von 2 315 000 *M* zu erwarten. Infolge Hinzutritts der im Jahre 1895/96 neu erworbenen Privatbahnen Weimar—Gera, Saal- und Werra-Eisenbahn ist nach Abrechnung der Einnahme für die am 1. April 1896 auf den Sächsischen Staat übergegangene Strecke Zittau—Nikrisch ein Betrag von 2 361 000 *M* in Zugang zu bringen. Aus Anlafs des Erwerbes der Hessischen Ludwigsbahn für den Preufsischen und Hessischen Staat, sowie der Bildung einer Eisenbahn-Betriebs- und Finanzgemeinschaft zwischen Preufsen und Hessen gehen die Einnahmen der Hessischen Ludwigsbahn, der Oberhessischen Eisenbahn und der Hessischen Nebenbahnen auf den Etat der Preufsischen Staatseisenbahnverwaltung über. Dieselben sind auf 9 154 000 *M* zu veranschlagen. Aus der weiteren Ausdehnung der Bahnsteigsperre, soweit dieselbe nicht das volle Jahr 1895/96 in Wirksamkeit war, ist auf eine Mehreinnahme von 190 000 *M* zu rechnen. Da in das Jahr 1895/96 ein Schalttag fiel, so ist die Einnahme dieses Jahres zum Zwecke der Etatveranschlagung für 1897/98 um den Ertrag eines Tages mit rund 600 000 *M* zu kürzen. Das Gleiche hat bezüglich derjenigen Einnahmen zu geschehen, welche diesem Jahre aus aufsergewöhnlichen Anlässen (Eröffnung des Kaiser-Wilhelms-Kanals, Huldigungsfahrten nach Friedrichsruh, Gedenkfeiern der Siegestage von 1870/71 u. s. w.) zufielen und auf 1 660 000 ℳ zu schätzen sind.

Die Einnahmevermehrung des Jahres 1895/96 aus reiner Verkehrssteigerung belief sich gegenüber dem Vorjahre 1894/95 auf 5,93 %, während der Durchschnitt der Steigerungsziffern der letzten 10 Jahre von 1886/87 bis 1895/96 eine Verkehrszunahme von 4,10 % ergiebt. Da auch die Einnahmen des laufenden Jahres eine anhaltend günstige Fortentwicklung des Verkehrs erkennen lassen, so erscheint es selbst im Hinblick darauf, dafs die Einnahmen des Jahres 1895/96 bereits eine beträchtliche Höhe erreicht haben, unbedenklich, den Zuschlag der Mehreinnahmen aus allgemeiner Verkehrssteigerung auf 3 % jährlich zu bemessen. Für einen zweijährigen Zeitraum ist danach von der Einnahme des Jahres 1895/96 (abzüglich der oben erwähnten Ausfälle) eine Mehreinnahme von rund 16 124 000 ℳ in Ansatz zu bringen. Die zu veranschlagende Gesammteinnahme beträgt hiernach 299 084 000 ℳ.

Güterverkehr.

Die Einnahmen aus den alten, am 1. April 1895 im Betriebe gewesenen Strecken beliefen sich in 1895/96 auf 692 850 000 ℳ. Aus dem Betriebe der neu hinzugetretenen und bis zum Ablaufe des neuen Etatsjahres noch hinzutretenden Strecken sind 3 262 000 ℳ zu erwarten. Für die im Jahre 1895/96 neu erworbenen Privatbahnen ist nach Abrechnung des Ausfalles für die an den Sächsischen Staat abgetretene Strecke Zittau—Nikrisch eine Einnahme von 3 645 000 ℳ in Ansatz zu bringen.

An Dienstgutfrachten, soweit solche noch berechnet werden, werden nach dem Stande der Neubauten im Jahre 1897/98 voraussichtlich 250 000 ℳ mehr zu vereinnahmen sein. Für den Schalttag des Jahres 1895/96 sind 1 950 000 ℳ in Abzug zu bringen. Im Jahre 1895/96 wurden wegen des ungünstigen Wasserstandes der grofsen Ströme der Eisenbahnverwaltung Transporte zugeführt, die unter regelmäfsigen Verhältnissen dem Wasserwege zugefallen wären. Auf die hieraus erzielte Mehreinnahme von 3 500 000 ℳ ist im neuen Etatsjahre nicht mit Sicherheit zu rechnen. Als Folge der Eröffnung des Emshafenkanals und der weiteren Einwirkung des Kaiser-Wilhelms-Kanals (im Jahre 1895/96 kam dieselbe nur für ³/₄ Jahre zur Geltung) wird zunächst ein Einnahmeausfall von 350 000 ℳ veranschlagt. Wegen der Beschränkung der Einfuhr dänischen Viehes auf die hierfür eingerichteten Quarantäne-Anstalten ist eine Mindereinnahme von 170 000 ℳ zu erwarten. Aus Anlafs der Ermäfsigung der Steinkohlentarife von Schlesien nach Stettin u. s. w. und der Ausdehnung der niedrigeren Viehtarife der östlichen Bezirke auf den ganzen Staatsbahnbereich ist eine Mindereinnahme von 530 000 ℳ in Ansatz gebracht. Die Einnahmevermehrung des Jahres 1895/96 aus reiner Verkehrssteigerung belief sich gegenüber dem Vorjahre 1894/95 auf 6,29 %, während der Durchschnitt der Steigerungsziffern der letzten 10 Jahre von 1886/87 bis 1895/96 eine Verkehrszunahme von 4,08 % ergieht. Für das laufende Etatsjahr hat sich in der Zeit von April bis October 1896 eine Mehreinnahme — ausschliefslich der Einnahmen von hinzugekommenen neuen Strecken — von über 5 % gegen den gleichen Zeitraum des Vorjahres ergeben. Ungeachtet der fortgesetzt günstigen Verkehrsentwicklung wird in Anbetracht der an sich schon hohen Einnahmen des Jahres 1895/96 bei vorsichtiger Schätzung über einen Zuschlag von 3 % jährlich, d. i. von 6 % gegen 1895/96 nicht hinaus zu gehen sein. Dies ergiebt von der Einnahme von 1895/96 (abzüglich der oben erwähnten Ausfälle) eine Mehreinnahme von rund 41 163 000 ℳ. Die zu veranschlagende Gesammteinnahme würde hiernach 750 805 000 ℳ betragen. Es werden jedoch nur 735 805 000 ℳ in den Etat eingestellt, da die gleichmäfsige Einführung der in den östlichen Directionsbezirken für Güter der Specialtarife bestehenden niedrigeren Abfertigungsgebühr auf die sämmtlichen Staatsbahnen, sowie die Ausdehnung des Rohstofftarifs auf Brennstoffe in Aussicht genommen ist, welche Mafsnahme an der für das Jahr 1897/98 oben in Aussicht genommenen Einnahme einen Ausfall von etwa 16 500 000 ℳ ergeben würde. Da zu hoffen ist, dafs auch schon im ersten Geltungsjahre des neuen Tarifs durch Vermehrung des Verkehrs ein theilweiser Ausgleich eintreten wird, sind nur 15 000 000 ℳ abgesetzt worden.

Für Ueberlassung von Bahnanlagen und für Leistungen zu Gunsten Dritter.

Die Veranschlagung der Einnahmen an Vergütungen für Ueberlassung von Bahnanlagen und für Leistungen zu Gunsten Dritter stützt sich im wesentlichen auf die darüber abgeschlossenen Verträge. Die Vergütungen für verpachtete Strecken sind auf 1 948 000 ℳ veranschlagt, übersteigen mithin die gleichen Ergebnisse für 1895/96 um rund 228 500 ℳ. Der Mehrbetrag findet im wesentlichen seine Begründung in der Verkehrssteigerung auf den Oberschlesischen Schmalspurbahnen und deren Erweiterung, sowie in einer Erhöhung der Pachteinnahme von der Strecke Görlitz—Landesgrenze infolge Vereinigung der Sächsischen mit der Preufsischen Güterabfertigungsstelle in Görlitz. Die Vergütungen fremder Eisenbahnverwaltungen oder Besitzer von Anschlufsgeleisen u. s. w., für Mitbenutzung von Bahnhöfen, Bahnstrecken und sonstigen Anlagen, sowie für Dienstleistungen von Beamten sind mit 4 570 000 ℳ in Ansatz gebracht. Abgesehen von den geringeren, aus dem Umfange der Mitbenutzung der Bahnhöfe u. s. w. sich ergebenden Mehr- oder Mindereinnahmen ist hierbei berücksichtigt, dafs die bisherigen Beiträge der allgemeinen Bauverwaltung für die auf die Eisenbahnverwaltung übergegangene Unterhaltung u. s. w. der dem Landverkehre dienenden Theile der Weichselbrücken bei Thorn, Fordon und Graudenz in Fortfall kommen. Ferner sind die bisherigen Einnahmen der Preuſsischen Staatsbahnen aus den Mitbenutzungsverhältnissen mit den in 1895 erworbenen Privatbahnen und mit der nunmehr hinzutretenden Hessischen Ludwigsbahn — besonders hinsichtlich der Bahnhöfe Limburg, Eschhofen, Höchst, Wiesbaden, Frankfurt a. M., Hanau und Bingerbrück — sowie mit den gleichfalls hinzutretenden Oberhessischen Eisenbahnen — besonders hinsichtlich der Bahnhöfe Gelnhausen, Fulda und Gieſsen — abgesetzt. Dagegen sind die Einnahmen aus den in Kraft bleibenden Mitbenutzungsverhältnissen der Hessischen Ludwigsbahn mit fremden Bahnen — besonders hinsichtlich der Bahnhöfe Aschaffenburg, Eberbach, Worms, Osthofen, Reinheim — zugesetzt worden. Hieraus und aus dem Umstande, daſs in 1895/96 zu den Kosten der Anlage neuer Haltestellen u. s. w. von den Interessenten wesentliche Beiträge eingekommen sind, welche in diesem Umfange für 1897/98 nicht zu veranschlagen waren, ergiebt sich gegen die Ergebnisse in 1895/96 eine Mindereinnahme von rund 890000 ℳ. An Vergütungen für Wahrnehmung des Betriebsdienstes für fremde Eisenbahnverwaltungen oder in gemeinschaftlichen Verkehren sind 575900 ℳ vorgesehen, gegen die wirkliche Einnahme für 1895/96 = 22900 ℳ mehr. Das Mehr ist im wesentlichen dadurch entstanden, daſs infolge Zutritts der Hessischen Ludwigsbahn Erstattungen der Reichseisenbahnen und sonstiger fremder Bahnen an Gehältern u. s. w. für das den directen Zügen beigegebene diesseitige Zugbegleitungspersonal zu berücksichtigen waren. Die Vergütungen für Verwaltungskosten von Eisenbahnverbänden und Abrechnungsstellen sind den zu erwartenden Anforderungen entsprechend zu 271100 ℳ, mithin gegen 1895/96 um rund 4600 ℳ höher angenommen. Die Vergütungen für die in den Werkstätten ausgeführten Arbeiten für Dritte sind nach den wirklichen Ergebnissen des Jahres 1895/96 und unter Berücksichtigung der zu erwartenden Veränderungen für die älteren Staatsbahnstrecken mit 2258200 ℳ, mithin gegen 1895/96 um rund 29000 ℳ geringer, angesetzt, für die Hessische Ludwigsbahn u. s. w. sind diese Vergütungen zu 32600 ℳ veranschlagt worden. Was die Vergütungen der Reichspostverwaltung betrifft, so sind dieselben sowohl im Hinblick auf die zu erwartende Steigerung des Postverkehrs, als auch wegen des Hinzutritts der in 1895 erworbenen Privatbahnen, sowie der Hessischen Ludwigsbahn und der Oberhessischen Bahnen höher veranschlagt worden. Für Benutzung von Wagenabtheilungen zum Postdienst, Beförderung von Eisenbahnpostwagen und Gestellung von Beiwagen sind 2342400 ℳ, mithin gegen 1895/96 rund 202600 ℳ mehr veranschlagt. Ferner sind für das Unterstellen, Reinigen, Beleuchten, Schmieren, Rangiren u. s. w. der Eisenbahnpostwagen 1232200 ℳ, mithin gegen 1895/96 rund 79200 ℳ mehr vorgesehen. Ebenso sind für Benutzung von Hebevorrichtungen auf den Bahnhöfen 169550 ℳ, mithin gegen 1895/96 rund 6100 ℳ mehr aufgenommen. Für das Bestellen und die Abnahme von Eisenbahnpostwagen sind, entsprechend der bezüglichen Einnahme in 1895/96, 9400 ℳ eingestellt. Endlich sind für Bewachung der Reichs- oder Staatstelegraphenanlagen, für Benutzung und Begleitung von Bahnmeisterwagen u. s. w. 88400 ℳ, mithin gegen 1895/96 mehr rund 5400 ℳ veranschlagt. Die Vergütung der Neubauverwaltung an allgemeinen Verwaltungskosten, welche für 1895/96 in Wirklichkeit rund 2094600 ℳ betragen hat, ist für 1897/98 zu 5739600 ℳ, mithin um rund 3645000 ℳ höher angenommen. Der Mehrbetrag erklärt sich dadurch, daſs vom Jahre 1896/97 ab sämmtliche Verwaltungskosten der Neubauverwaltung auf den Betriebsetat übernommen und die dementsprechenden Erstattungen hier zur Vereinnahmung gelangen. Im übrigen ist der veranschlagte Betrag nach dem durch den Hinzutritt der Hessischen Bahnen vergröſserten Umfange der Bauthätigkeit in 1897/98 bemessen. Die Gesammteinnahme stellt sich sonach auf 19237350 ℳ, mithin gegen 1895/96 mehr 3308000 ℳ.

VII. Einleitung zu den allgemeinen Erläuterungen.

Mit dem Beginn des Etatsjahres 1897/98 wird die Preuſsisch-Hessische Eisenbahn-Betriebs- und Finanzgemeinschaft nach Maſsgabe des durch das Gesetz vom 16. December 1896 (Ges.-Samml. S. 215) genehmigten Staatsvertrages vom 23. Juni 1896 (Ges.-Samml. S. 223) in Kraft treten. Demgemäſs umfaſst der Etat der Eisenbahnverwaltung für das Etatsjahr 1897/98, der im übrigen in derselben Gestalt aufgestellt ist, welche ihm nach den Erläuterungen zum Etat für das Jahr 1895/96 gegeben ist, in den Einnahmen und Ausgaben den Gesammtbereich der Betriebs- und Finanzgemeinschaft (also einschlieſslich des Hessischen Eisenbahnbesitzes). Neu hinzugefügt ist dem Etat zum Zwecke des Nachweises des Antheils Hessens an den Ergebnissen der gemeinsamen Verwaltung des Preuſsischen und Hessischen Eisenbahnbesitzes das Capitel 24. Das Endergebniſs der Veranschlagung stellt den Preuſsischen Ueberschuſs aus der Preuſsischen Eisenbahnverwaltung dar, welcher den Bestimmungen des Gesetzes vom 27. März 1882 (Ges.-Samml. S. 214), betreffend die Verwendung der Jahresüberschüsse der Verwaltung der Eisenbahnangelegenheiten, unterliegt.

Durch den Hinzutritt der Strecken der Hessischen Ludwigsbahn sowie der Oberhessischen Eisenbahnen und der Hessischen Nebenbahnen werden umfangreiche Verwaltungsmaſsnahmen erforderlich, deren Durchführung auf Grund der neuen, sich fortgesetzt gut bewährenden Verwaltungsordnung der Staatseisenbahnen indessen keine Schwierigkeit bietet. Nach Artikel 13 des Staatsvertrages vom 23. Juni 1896 hat die unmittelbare Leitung und

Beaufsichtigung der in die Gemeinschaft eingeworfenen Hessischen Bahnstrecken durch eine in Mainz zu errichtende Eisenbahndirection bezw. durch die Eisenbahndirection in Frankfurt a. M. zu erfolgen. Die Bildung des neuen Eisenbahn-Directionsbezirks Mainz und die Zutheilung der in das Verkehrsgebiet der Eisenbahndirection in Frankfurt a. M. fallenden Strecken der Oberhessischen Eisenbahnen und mehrerer Strecken der Hessischen Ludwigsbahn zu dem Bezirke dieser Direction läfst gleichzeitig eine anderweite Abgrenzung der angrenzenden Eisenbahn-Directionsbezirke St. Johann-Saarbrücken, Köln und Elberfeld auf einigen Bahnlinien geboten erscheinen.

VIII. Erläuterungen zu den Ausgaben.

Zusammenstellung.

Titel 1—6.	Persönliche Ausgaben . .	302 324 650 ℳ
„ 7.	Unterhaltung der Inventarien u. s. w.	65 128 000 „
„ 8.	Unterhaltung der baulichen Anlagen u. s. w.	115 190 000 „
„ 9.	Unterhaltung der Betriebsmittel u. s. w.	103 579 000 „
„ 10.	Benutzung fremder Bahnanlagen	4 425 100 „
„ 11.	Benutzung fr. Betriebsmittel	9 618 900 „
„ 12.	Verschiedene Ausgaben . .	16 817 700 „
		617 083 350 ℳ

Titel 8. Für Unterhaltung, Erneuerung und Ergänzung der baulichen Anlagen.

Für die Unterhaltung der baulichen Anlagen ist ein Lohnaufwand von 33 460 000 ℳ veranschlagt, wovon 691 000 ℳ auf die Hessische Ludwigsbahn und Oberhessische Bahn entfallen. Auf die älteren Staatsbahnstrecken und die im Etatsjahre 1897/98 zur Eröffnung gelangenden neuen Strecken, für deren Unterhaltung zusammen im Jahresdurchschnitt 54 210 Arbeiter in Ansatz gebracht sind, kommt sonach eine Lohnausgabe von 32 769 000 ℳ. Im Jahre 1895/96 betrug die wirkliche Ausgabe an Löhnen bei einer Beschäftigung von durchschnittlich 47 125 Arbeitern rund 28 123 000 ℳ. Hiernach sind für 1897/98 — abgesehen von der Hessischen Ludwigsbahn u. s. w. — gegenüber der Wirklichkeit 1895/96 = 7085 Arbeiter und 4 646 000 ℳ Lohn mehr vorgesehen. Für die unter der Voraussetzung normaler Witterungsverhältnisse erfolgte Veranschlagung war die Erweiterung des Bahnnetzes sowie die Vermehrung der Unterhaltungsgegenstände auf den älteren Betriebsstrecken, ferner die stärkere Inanspruchnahme des Oberbaues infolge der Steigerung der Betriebsleistung, der gröfsere Umfang des Geleisumbaues und die beabsichtigte Verbesserung des Oberbaues älterer Formen zu berücksichtigen. Insgesammt war hierfür eine Mehrausgabe von 2 524 000 ℳ in Ansatz zu bringen. Die Durchführung der Lohnstufentafeln und die bereits im Etatsjahre 1895/96 nothwendig gewesenen Lohnerhöhungen erfordern insgesammt einen Mehraufwand an Lohn von 417 000 ℳ. Die Kosten der Schneeräumung sind — wie in den Vorjahren — nach dem Durchschnitt der in den letzten 10 Jahren für diesen Zweck auf 1 km Betriebslänge aufgewendeten Beträge veranschlagt und demgemäfs 1 705 000 ℳ mehr als die wirkliche Ausgabe des Jahres 1895/96 beträgt, zum Ansatz gekommen. Die für die gewöhnliche Unterhaltung der baulichen Anlagen überhaupt in Betracht kommende Arbeiterkopfzahl für 1 km Betriebslänge im Jahresdurchschnitt ist von 1,76 im Jahre 1895/96 auf 1,93 im Jahre 1897/98 gestiegen. Der besonders günstige Satz für 1895/96 ist auf den aufsergewöhnlich geringen Bedarf für die Schneeräumung zurückzuführen.

Von Materialien sind a) zur Abgabe an die Neubauverwaltung, die Reichspostverwaltung sowie an fremde Eisenbahnverwaltungen und Privatpersonen Materialien im Gesammtkostenbetrage von 3 935 000 ℳ und b) zur Verwendung auf der Hessischen Ludwigsbahn u. s. w. Materialien im Kostenbetrage von 1 225 000 ℳ vorgesehen. Hiervon entfallen auf

	zu a)	zu b)
Schienen	886 300 ℳ	365 900 ℳ
Kleineisenzeug . .	479 000 „	141 100 „
Weichen	568 400 „	78 400 „
Schwellen.	1 690 400 „	537 800 „
Baumaterialien . .	310 900 „	102 300 „

Die bei den Unterpositionen 1 bis 4 nach Abzug der vorstehend mit ihren Beschaffungskosten angegebenen Mengen verbleibenden Materialien sind für die Erneuerung des Oberbaues auf den älteren Staatsbahnstrecken bestimmt. Der Bedarf hierfür ist durch örtliche Aufnahme festgestellt, wobei insbesondere die Länge der zum Zwecke der Erneuerung mit neuem Material umzubauenden Geleise zu 1456,96 km ermittelt ist. Von dieser Gesammtlänge sollen 900,75 km mit hölzernen Querschwellen, 555,66 km mit eisernen Querschwellen und 0,55 km mit Schwellenschienen hergestellt werden. Zu den vorbezeichneten Geleiserneuerungen sowie zu den nothwendigen Einzelauswechslungen sind erforderlich:

	ℳ	ℳ
1. Schienen 120 708 t, durchschnittlich zu 109,56 ℳ, rund	—	13 224 800
2. Kleineisenzeug 42 265 t, durchschnittlich zu 166,40 ℳ, rund	—	7 032 900
3. Weichen, einschl. Herz- und Kreuzungsstücke,		
a) 5078 Stück Zungenvorrichtungen zu 407 ℳ, rund .	2 066 700	
b) 2885 Stück Stellböcke zu 42 ℳ, rund	121 200	
c) 7386 Stück Herz- und Kreuzungsstücke zu 104 ℳ, rund	768 100	
d) für einzelne Weichentheile und Zubehör, rund . . .	613 200	3 569 200
4. Schwellen		
a) 2 425 600 Stück hölz. Querschwellen, durchschnittlich zu 3,90 ℳ, rund	9 459 800	
b) 382 200 m hölz. Weichenschwellen, durchschnittlich zu 2,52 ℳ, rund	963 100	
c) 62 959 t eiserne Schwellen zu Geleisen und Weichen, durchschnittl. zu 101,74 ℳ, rund	6 405 400	16 828 300
	—	40 655 200

Gegen die wirkliche Ausgabe für die Erneuerung des Oberbaues im Jahre 1895/96 stellt sich die vorstehende Veranschlagung um rund 8 729 000 *M* höher. Die Länge des für diesen Zweck nothwendigen Geleisumbaues mit neuem Material übersteigt die Länge der im Jahre 1895/96 mit solchem Material wirklich umgebauten Geleise um rund 135 km (10,2 vom Hundert). Auch für die Einzelauswechslung stellt sich das unter Berücksichtigung der aufkommenden und der in den Beständen vorhandenen brauchbaren Materialien festgestellte Bedürfnifs an neuen Geleis- und Weichenmaterialien höher als im Jahre 1895/96. Aus wirthschaftlichen Rücksichten war ferner auf die Verbesserung des Querschwellenoberbaues mit Stahlschienen älterer Formen Bedacht zu nehmen. Dieser Oberbau erfordert meist erhebliche Unterhaltungskosten, weil die Stofsverbindungen durch Verschleifs der Laschen und Schienen an den Laschenanlageflächen sich gelockert haben und weil die Unterstützung des Oberbaues durch die vorhandenen Querschwellen jetzt stärker als früher beansprucht wird. Es ist in Aussicht genommen, den Oberbau auf den in Betracht kommenden Strecken nach und nach durch Einziehen neuer verstärkter Laschen und Vermehrung der Schwellen zu verbessern, um dadurch nicht nur eine Verminderung der Unterhaltungskosten zu erzielen, sondern auch die Nothwendigkeit einer vorzeitigen Erneuerung des Oberbaues zu vermeiden. Endlich mufsten die bei einzelnen Materialien inzwischen eingetretenen Preissteigerungen bei der Veranschlagung berücksichtigt werden. Im einzelnen beträgt der Mehrbedarf gegen die wirklichen Ergebnisse des Jahres 1895/96:

a) für Schienen rund . .	1 604 000 *M*
b) für Kleineisenzeug rund	2 022 000 „
c) für Weichen rund . .	1 153 000 „
d) für Schwellen rund . .	3 950 000 „
zusammen wie oben	8 729 000 *M*

Zu a). Der Preis der Schienen ist entsprechend dem bestehenden Lieferungsvertrage angenommen. Derselbe stellt sich unter Berücksichtigung der Nebenkosten für die Tonne etwas niedriger als der rechnungsmäfsige Preis der Schienen im Jahre 1895/96, was, auf den Umfang der Beschaffungen dieses Jahres bezogen, einem Minderbetrage bei der Veranschlagung von rund 286 000 *M* entspricht. Dem steht infolge des gröfseren Umfanges der Erneuerung ein Mehrbedarf von rund 1 890 000 *M* gegenüber. Zu b). Die Einheitspreise sind beim Kleineisenzeug gemäfs den stattgehabten Ausschreibungen höher zum Ansatz gekommen, wodurch ein Mehrbetrag bei der Veranschlagung von 748 000 *M* verursacht wird. Für den aus dem gröfseren Umfang der Erneuerung und aus der beabsichtigten Verbesserung des Oberbaues älterer Formen erwachsenden Mehrbedarf an Kleineisenzeug ist ein Betrag von 1 274 000 *M* vorgesehen. Zu c). Bei den Weichen ist der Preis der Stellböcke und Herzstücke gestiegen, derjenige der Zungenvorrichtungen dagegen zurückgegangen. Für die Veranschlagung ergiebt sich hieraus eine Minderausgabe von rund 22 000 *M*. Eine Mehrausgabe im Betrage von rund 1 175 000 *M* erwächst aus dem gröfseren Bedarf an Zungenvorrichtungen, Stellböcken und Herzstücken. Zu d). Durch die Vermehrung der Geleiserneuerung entsteht eine Mehrausgabe von rund 880 000 *M*, während die Einzelauswechslung und die Verbesserung des Oberbaues älterer Formen einen Mehrbetrag von rund 2 880 000 *M* erfordern. Durch Preisveränderungen wird ein Mehrbetrag von rund 190 000 *M* verursacht.

Bei der Veranschlagung des Bettungsmaterials, wofür die Kosten bei Position 2 Unterposition 5 vorgesehen sind, war neben der Erweiterung des Bahnnetzes und der Vermehrung der Geleise auf den älteren Betriebsstrecken der gröfsere Umfang der Geleiserneuerung zu berücksichtigen und der mehr und mehr sich geltend machenden Nothwendigkeit Rechnung zu tragen, besseres Bettungsmaterial (gesiebten Kies und Steinschlag), namentlich bei der Geleiserneuerung und zwar theilweise unter vollständiger Beseitigung der alten unbrauchbar gewordenen Bettung, zu verwenden, um die Geleise bei der gesteigerten Beanspruchung des Oberbaues ohne unwirthschaftliche Vermehrung der Unterhaltungskosten in ordnungsmäfsigem Zustande erhalten zu können. Der Gesammtbedarf an Bettungsmaterial für die Unterhaltung und Erneuerung der Geleise auf den Staatsbahnen mit Ausschlufs der Hessischen Strecken ist zu rund 1 980 000 cbm ermittelt. Von der bei Position 3 vorgesehenen Ausgabe von 25 994 000 *M* entfallen auf die Hessische Ludwigsbahn u. s. w. 634 000 *M*. Für die älteren Staatsbahnstrecken und die im Etatsjahre 1897/98 zur Eröffnung kommenden neuen Strecken verbleiben somit 25 360 000 *M*. Hiervon kommen 8 561 000 *M* auf aufsergewöhnliche Unterhaltungsarbeiten [und kleinere Ergänzungen, der Rest mit 16 799 000 *M* auf die gewöhnliche Unterhaltung der baulichen Anlagen.

Titel 9. Für Unterhaltung, Erneuerung und Ergänzung der Betriebsmittel und der maschinellen Anlagen.

Die Kosten, welche für Unterhaltung, Erneuerung und Ergänzung der Betriebsmittel und der maschinellen Anlagen bei Position 1, 2 und 3 für erforderlich erachtet werden, sind zu 65 582 000 *M* angenommen. Hierin ist für die Hessische Ludwigsbahn und die Hessischen Staatsbahnen ein Betrag von 1 660 000 *M* enthalten, von welchem 829 000 *M* auf Pos. 1, 601 000 *M* auf Pos. 2 und 230 000 *M* auf Pos. 3 entfallen. Für die älteren Staatsbahnstrecken und die im Etatsjahre 1897/98 zur Eröffnung gelangenden neuen Strecken verbleibt demnach bei den Pos. 1, 2 und 3 eine Gesammtausgabe von 63 922 000 *M*, welche nachstehend im einzelnen nachgewiesen ist: Aufser den bei Pos. 1 eingestellten Tage- und Stücklöhnen für Werkstättenarbeiter sind noch bei Tit. 7 und 8 des Etats 2 210 500 *M* vorgesehen, so dafs im ganzen eine Lohnausgabe von 40822500 *M* für Werkstättenarbeiter angenommen ist. Während im Jahre 1895/96 im Durchschnitt 39605 Arbeiter beschäftigt waren, sind für 1897/98 mit Rücksicht auf die gegen 1895/96 angenommene Mehrleistung der Betriebsmittel 41392 Arbeiter, mithin 1787 Köpfe mehr, als erforderlich erachtet worden. An Werkstattsmaterialien sind veranschlagt:

1. für Metalle	13 846 000 *M*
2. „ Hölzer	2 765 000 „
3. „ Drogen und Farben	1 265 000 „
4. „ Manufactur, Posamentier-, Leder- und Seilerwaaren	1 033 000 „
5. „ Glas und Glaswaaren	219 000 „
6. „ sonstige Materialien	2 045 000 „
zusammen	21 173 000 „

wovon 19926000 *M* auf Tit. 9 entfallen, während die verbleibenden 1247000 *M* bei Tit. 7 und 8 vorgesehen sind. Der unter 1. für Metalle veranschlagte Betrag enthält für Erneuerung einzelner Theile:

der Locomotiven und Tender	2 929 000 *M*
der Personenwagen	395 000 „
der Gepäck- und Güterwagen	1 085 000 „

Die Ausgaben bei Pos. 1, 2 und 3 sind veranschlagt nach den wirklichen Ausgaben des Jahres 1895/96 unter Berücksichtigung der eingetretenen oder zu erwartenden Veränderungen und den zur Zeit der Veranschlagung geltenden Lohnsätzen und Materialpreisen. Die Kosten für Unterhaltung der Betriebsmittel sind im besonderen abhängig von der Anzahl der hierfür veranschlagten Locomotivkilometer und Wagenachskilometer. Die Leistungen sind festgesetzt auf 390000000 Locomotivkilometer und 10401000000 Wagenachskilometer, wobei zur Berechnung gezogen sind:

a) bezüglich der Locomotivkilometer: die Leistungen der Locomotiven vor Zügen (Nutzkilometer), zusätzlich der Leerfahrtkilometer und der Nebenleistungen im Rangirdienst. Betreffs der letzteren ist jede Stunde Rangirdienst zu 10 Locomotivkilometer gerechnet; dagegen ist der Zugreservedienst aufser Betracht gelassen;

b) bezüglich der Wagenachskilometer: die Leistungen der eigenen Wagen auf eigenen und fremden Strecken.

Die hiernach für 1897/98 ermittelten Ausgaben bei Pos. 1, 2 und 3 übersteigen die wirklichen Ausgaben des Etatsjahres 1895/96 um rund 2512000 *M*. Dieser Mehraufwand findet seine Begründung im wesentlichen in der für 1897/98 angenommenen vermehrten Leistung der Betriebsmittel sowie in der Steigerung der Einheitspreise einzelner Werkstattsmaterialien. Von dem für Ergänzungen an Betriebsmitteln vorgesehenen Betrage sind rund 500000 *M* zur weiteren Umänderung der Luftdruckbremsen bei den Betriebsmitteln der Personenzüge zur Schnellwirkung um rund 137000 *M* zur weiteren Ausrüstung bedeckter Güterwagen mit Vorrichtungen für Militärtransporte bestimmt. Der Bedarf für die aufsergewöhnliche Unterhaltung und Ergänzung der maschinellen Anlagen ist nach örtlicher Prüfung festgestellt worden. Es sind für den Staatsbahnbezirk mit Ausschlufs der Hessischen Ludwigsbahn im einzelnen veranschlagt:

Gegenstand	Betrag	Davon entfallen auf		
		Pos. 1 Löhne d. Werkstättenarbeiter	Pos. 2 Beschaffung der Werkstattsmaterialien	Pos. 3 Sonstige Ausgaben
	M	*M*	*M*	*M*
Gewöhnliche Unterhaltung.				
1. Locomotiven und Tender nebst Zubehör: 390000000 Locomotivkilometer, für 1000 Locomotivkilometer 71,70 *M*, rund	27 963 000	18 768 000	8 495 400	699 600
2. Personenwagen nebst Zubehör: 1951000000 Achskilometer der Personenwagen, für 1000 Achskilometer 4,38 *M*, rund	8 545 400	5 712 600	2 543 000	289 800
3. Gepäck-, Güter- und Arbeitswagen nebst Zubehör, einschliefslich der Wagendecken: 8450000000 Achskilometer der Gepäck- und Güterwagen, für 1000 Achskilometer 2,30 *M*, rund	19 435 000	11 722 700	7 084 700	627 600
4. Bahndienstwagen, wie Krahn-, Gewichts-, Profil-, Gastransportwagen nebst Zubehör	72 900	46 500	17 500	8 900
5. Mechanische und maschinelle Anlagen und Einrichtungen nebst Zubehör mit Ausschlufs der Trajecte	2 235 900	1 052 200	394 700	789 000
6. Dampfboote, Schalden, Prahme und maschinelle Anlagen der Trajecte nebst Zubehör	56 900	28 700	14 000	14 200
7. Aufsergewöhnliche Unterhaltung und Ergänzung der Betriebsmittel und maschinellen Anlagen	4 294 600	443 700	964 700	2 886 200
8. Arbeitsausführungen der Werkstätten für die Neubauverwaltung, Reichspostverwaltung, fremde Eisenbahnen und Privatpersonen	1 318 300	837 600	412 000	68 700
Zusammen	63 922 000	38 612 000	19 926 000	5 384 000

Von den Kosten für die Beschaffung ganzer Fahrzeuge (Pos. 4) entfallen auf den Staatsbahnbezirk mit Ausschlufs der Hessischen Ludwigsbahn 36 887 000 *M*. Es sind im einzelnen, wie folgt, veranschlagt: 348 Stück Locomotiven verschiedener Gattung 15 602 000 *M*, 297 Stück Personenwagen verschiedener Gattung 4 073 000 *M*, 5950 Stück Gepäck- und Güterwagen verschiedener Gattung 17 212 000 *M*.

Die Gesammtkosten von 36 887 000 *M* übersteigen die wirkliche Ausgabe des Jahres 1895/96 um rund 2 969 000 *M*, was darin seine Begründung findet, dafs das Erneuerungsbedürfnifs bei den Güterwagen ein gröfseres sein wird, als im Jahre 1895/96. Aus dem für die Hessische Ludwigsbahn u. s. w. vorgesehenen Betrage von 1 110 000 *M* sind zur Beschaffung in Aussicht genommen: 16 Stück Locomotiven, 19 Stück Personenwagen und 87 Stück Gepäck- und Güterwagen.

IX. Berechnung der Rücklage für 1897/98.

Die nachstehende Rücklageberechnung ist im allgemeinen nach denselben Grundsätzen aufgestellt, welche für die gleichartige Berechnung zum vorjährigen Etat mafsgebend gewesen sind.

1. Bezüglich der Schienen. a) Hauptgeleise. Die Länge der durchgehenden Geleise sämmtlicher Preufsischer Staatsbahnen wird nach dem Jahresmittel für 1897/98 rund 39 320 km betragen, von denen 36 790 km aus Stahlschienen, 2530 km aus Eisenschienen bestehen. Der Jahresverkehr auf sämmtlichen Hauptgeleisen ist zu rund 250 702 000 Nutzkilometern veranschlagt, von denen rund 237 629 000 Nutzkilometer auf die Stahlschienen und 13 073 000 auf die Eisenschienen entfallen. Es wird demnach im Jahre 1897/98 jede Stelle der mit Stahlschienen versehenen Hauptgeleise durchschnittlich von 6460 Zügen, der mit Eisenschienen versehenen von 5170 Zügen befahren werden. Unter der Annahme, dafs Stahlschienen einer Beanspruchung durch 200 000 Züge, Eisenschienen einer solchen durch 70 000 Züge widerstehen, würde — einen gleichen Verkehr, wie den für 1897/98 veranschlagten, auch für die folgenden Jahre vorausgesetzt — die Dauer der Stahlschienen auf $\frac{200000}{6460}$ = rund 31 Jahre, die der Eisenschienen auf $\frac{70000}{5170}$ = rund 14 Jahre anzunehmen sein.

Für die Erneuerung werden gegenwärtig ausschliefslich Stahlschienen verwendet, deren Neuwerth durchschnittlich zu rund 110 *M* f. d. Tonne, bei einem mittleren Gewichte von 33,4 kg für 1 m Schiene anzunehmen ist. Das durchschnittliche Gewicht der auszuwechselnden alten Schienen ist zu rund 33 kg für 1 m und der Materialwerth derselben zu rund 65 *M* f. d. Tonne angesetzt.

Um hiernach den Werth der jetzigen Stahlschienengeleise, nach Abzug des künftigen Altwerthes derselben durch 31 malige Rücklagen zu decken, mufs die Jahresrücklage x in einer Höhe erfolgen, welche sich bei Annahme des Zinsfufses von $3\frac{1}{2}$ % aus der Gleichung

$$x = \frac{2 \cdot 36790 (33,4 \cdot 110 - 33 \cdot 65) \cdot 0,035}{(1,035)^{31} - 1} = \text{rund } 2067000 \text{ M}$$

ergiebt.

In ähnlicher Weise ermittelt sich die erforderliche Jahresrücklage für die Eisenschienen zu:

$$y = \frac{2 \cdot 2530 (33,4 \cdot 110 - 33 \cdot 65) \cdot 0,035}{(1,035)^{14} - 1} = \text{rund } 437000 \text{ M}.$$

b) Nebengeleise. Auf sämmtlichen Nebengeleisen, deren Länge im Jahresdurchschnitt rund 13,720 km beträgt, soll nach der Veranschlagung eine Betriebsleistung von rund 12 108 000 Rangirstunden, also rund 0,90 Rangirstunden für 1 m Geleise, stattfinden. Wird der Schienenverschleifs mit Rücksicht darauf, dafs zu den Nebengeleisen im allgemeinen die in den Hauptgeleisen ausgewechselten Schienen Verwendung finden, bei je 12 Rangirstunden zu 1 m Geleise angenommen, so ist die mittlere Dauer der Schienen in den Nebengeleisen zu $\frac{12}{0,90}$ = rund 13 Jahren zu rechnen.

Der Werth der zu Nebengeleisen noch brauchbaren Schienen ist zu rund 75 *M* f. d. Tonne, der spätere Altwerth zu rund 57 *M* veranschlagt; das anfängliche Gewicht von rund 34 kg für 1 m Schiene wird auf durchschnittlich 32,5 kg sinken.

Hiernach ermittelt sich der Rücklagesatz:

$$z = \frac{2 \cdot 13720 (34 \cdot 75 - 32,5 \cdot 57) \cdot 0,035}{(1,035)^{13} - 1} = \text{rund } 1188000 \text{ M}.$$

Für die Erneuerung der Schienen sind im Etat nach Abzug der für die zu gewinnenden Schienen anzunehmenden Werthe rund 5 744 000 *M* vorgesehen, gegenüber der erforderlichen Rücklage also mehr: 5744000 − (2067000 + 137000 + 1188000) = 2052000 *M*.

2. Kleineisenzeug. Das für die Haupt- und Nebengeleise zu verwendende Kleineisenzeug hat nach dem Mittel der verschiedenen Oberbausysteme ein anfängliches Gewicht von rund 17,5 t für 1 km Geleise, während das Gewicht des auszuwechselnden alten Materials zu rund 7,5 t für 1 km Geleise zu rechnen ist. Der Neuwerth des Kleineisenzeugs ist im Durchschnitt zu rund 162 *M*, der Altwerth zu rund 65 *M* f. d. Tonne veranschlagt. Die mittlere Dauer des Kleineisenzeugs ist auf 20 Jahre anzunehmen. Der erforderliche Rücklagesatz ergiebt sich demnach für die vorhandenen 53 040 km Haupt- und Nebengeleise zu:

$$x = \frac{53040 (17,5 \cdot 162 - 7,5 \cdot 65) \cdot 0,035}{(1,035)^{20} - 1} = \text{rund } 4403000 \text{ M}.$$

Der Unterschied gegen den für die Erneuerung vorgesehenen Betrag beläuft sich auf:

5188000 − 4403000 = 785000 *M*.

3. Weichen. Die Zahl der im Jahresdurchschnitt vorhandenen Weichen beträgt 86 000 Stück, die durchschnittliche Dauer einer Weiche erfahrungsmäfsig 14 Jahre. Der Neuwerth einer Weiche ist zu rund 589 *M*, der Altwerth zu rund 111 *M* angenommen. Die erforderliche Jahresrücklage ermittelt sich hiernach aus der Gleichung:

$$x = \frac{86000 (589 - 111) \cdot 0,035}{(1,035)^{14} - 1} = \text{rund } 2322000 \text{ M}.$$

Für die Erneuerung der Weichen sind nach Abzug des Altwerthes vorgesehen 2 855 000 ℳ, gegenüber der erforderlichen Rücklage also mehr

2 855 000 – 2 322 000 = 533 000 ℳ

4. Schwellen. Von den im Jahresdurchschnitt 53 040 km umfassenden Haupt- und Nebengeleisen sind 39 150 km mit hölzernen Querschwellen, 11 140 km mit eisernen Querschwellen und 2750 km mit eisernen Langschwellen versehen.

a) Hölzerne Querschwellen. Auf 1 km Geleise sind rund 1200 Stück Schwellen zu rechnen, der Werth einer Schwelle unter Berücksichtigung des Altwerthes ist zu rund 3,40 ℳ veranschlagt; die Dauer hölzerner Schwellen ist im Mittel auf 15 Jahre anzunehmen. Der für dieselben erforderliche Rücklagesatz findet sich also aus der Gleichung:

$$x = \frac{39150 . 1200 . 3,4 . 0,035}{(1,035)^{15} - 1} = \text{rund } 8278000 \text{ ℳ}.$$

b) Eiserne Querschwellen. Nach den seitherigen Erfahrungen kann die Dauer der eisernen Querschwellen zu 15 Jahren angenommen werden. Auf 1 km Geleise sind, wie vor, 1200 Querschwellen zu rechnen; der zeitige Beschaffungswerth einer eisernen Querschwelle, nach Abzug des künftigen Altwerthes, ist zu rund 3,60 ℳ veranschlagt. Der erforderliche Rücklagesatz findet sich hiernach:

$$y = \frac{11140 . 1200 . 3,6 . 0,035}{(1,035)^{15} - 1} = \text{rund } 2494000 \text{ ℳ}.$$

c) Eiserne Langschwellen. Die Dauer der eisernen Langschwellen ist gleich der der eisernen Querschwellen, d. h. zu 15 Jahren angenommen worden. Für 1 km Langschwellengeleise sind rund 2300 m Schwellen erforderlich, deren Gewicht bei der Verlegung durchschnittlich 30 kg, bei der späteren Auswechslung voraussichtlich 26 kg für 1 m beträgt. Der Neuwerth ist zu rund 102 ℳ, der Altwerth zu rund 47 ℳ f. d. Tonne veranschlagt. Die erforderliche Jahresrücklage beträgt hiernach:

$$z = \frac{2750 . 2,3 (30 . 102 - 26 . 47) . 0,035}{(1,035)^{15} - 1} = \text{rund } 602000 \text{ ℳ}.$$

Für die Erneuerung der Schwellen sind im Etat nach Abzug des Altwerthes derselben vorgesehen 12 783 000 ℳ, also gegenüber der erforderlichen Rücklage mehr:

12783000 – (8278000 + 2494000 + 602000) = 1409000 ℳ.

5. Locomotiven. Die Gesammtleistung einer Locomotive ist auf 800 000 Locomotivkilometer angenommen worden. Der für 1897/98 veranschlagten Jahresleistung von 35 000 Locomotivkilometer für 1 Locomotive entsprechend ist daher die Dauer einer Locomotive mit durchschnittlich 23 Jahren in Ansatz zu bringen. Während dieses Zeitraumes sind jedoch noch besonders zu erneuern 1 Feuerbuchse und 1 Satz Siederohre, sowie 3 Satz Radreifen. Nach Abzug des Altwerthes stellt sich in Uebereinstimmung mit der Etatsveranschlagung der gegenwärtige Neuwerth einer Locomotive durchschnittlich zu 35 800 ℳ, einer kupfernen Feuerkiste zu 1200 ℳ, eines Satzes Siederohre zu 1100 ℳ, eines Satzes Radreifen zu 800 ℳ. Die Jahresrücklage berechnet sich hiernach:

a) für die Locomotive ohne die Theile b und c . . $\frac{(35800 - 3100) . 0,035}{(1,035)^{23} - 1}$ = 948,93 ℳ

b) für die Feuerbuchsen und Siederohre, entsprechend einer Dauer von 11,5 Jahren . . . . . $\frac{2300 . 0,035}{(1,035)^{11,5} - 1}$ = 165,88 „

c) für die Radreifen, entsprechend einer Dauer von 5,75 Jahren $\frac{800 . 0,035}{(1,035)^{5,75} - 1}$ = 128,03 „

zusammen für 1 Locomotive 1242,84 ℳ

oder für 1 Locomotivkilometer $\frac{1242,84}{35000}$ = 0,0355 ℳ.

Die gesammte Rücklage für das Jahr 1897/98 beträgt demnach bei 390 000 000 Locomotivkilometer:

390 000 000 × 0,0355 = rund 13 845 000 ℳ.

Für die Erneuerung der Locomotiven nebst Ersatzstücken sind für 1897/98 nach Abzug des Altwerthes der gewonnenen Materialien veranschlagt rund 16 973 000 ℳ, also den berechneten Rücklagen gegenüber mehr:

16 973 000 – 13 845 000 = 3 128 000 ℳ.

6. Personenwagen. Die Gesammtleistung eines Personenwagens ist zu 3 000 000 Achskilometer angenommen worden. Der für 1897/98 veranschlagten Jahresleistung von 99 000 Achskilometer für 1 Personenwagen entsprechend ist die Dauer eines Personenwagens mit durchschnittlich 30 Jahren in Ansatz zu bringen. Während dieses Zeitraums sind jedoch noch 3½ Satz Radreifen besonders zu erneuern. Die Kosten eines Personenwagens nach Abzug des Altwerths sind nach Maßgabe der bei der Etatsveranschlagung angenommenen Einheitssätze zu 11 150 ℳ, 1 Satzes Radreifen zu 200 ℳ angenommen. Hiernach berechnet sich die Rücklage:

a) für den Personenwagen ohne die Radreifen . . . $\frac{(11150 - 200) . 0,035}{(1,035)^{30} - 1}$ = 212,12 ℳ

b) für die Radreifen, entsprechend einer Dauer von 6,67 Jahren $\frac{200 . 0,035}{(1,035)^{6,67} - 1}$ = 27,14 „

zusammen für 1 Personenwagen 239,26 ℳ

oder für 1 Achskilometer $\frac{239,26}{99000}$ = 0,0024 ℳ. Die gesammte Rücklage würde demnach für das Jahr 1897/98 bei 1 951 000 000 Achskilometer der Personenwagen betragen:

1 951 000 000 . 0,0024 = rund 4 682 000 ℳ.

Für die Erneuerung der Personenwagen und Ersatzstücke sind für 1897/98 nach Abzug des Altwerths des gewonnenen Materials rund 4 348 000 ℳ veranschlagt, also den berechneten Rücklagen gegenüber weniger:

4 682 000 – 4 348 000 = 334 000 ℳ.

7. Gepäckwagen. Die Gesammtleistung eines Gepäckwagens ist zu 3 700 000 Achskilometer angenommen worden. Der für 1897/98 veranschlagten Jahresleistung von 103 000 Achs-

kilometer für 1 Gepäckwagen entsprechend, ist die Dauer eines Gepäckwagens zu rund 36 Jahren in Ansatz zu bringen. Während dieses Zeitraums sind jedoch noch 4 Satz Radreifen besonders zu erneuern. Die Kosten eines Gepäckwagens nach Abzug des Altwerths sind nach Maſsgabe der bei der Etatsveranschlagung angenommenen Einheitssätze zu 6835 ℳ, 1 Satzes Radreifen zu 200 ℳ angenommen. Hiernach berechnet sich die Rücklage:

a) für den Gepäckwagen ohne die Radreifen . . . . $\frac{(6835-200) . 0{,}035}{(1{,}035)^{36}-1} =$ 94,78 ℳ

b) für die Radreifen entsprechend einer Dauer von 7,2 Jahren $\frac{200 . 0{,}035}{(1{,}035)^{7{,}2}-1} =$ 24,91 „

zusammen für 1 Gepäckwagen 119,69 ℳ

oder für 1 Achskilometer $\frac{119{,}69}{103\,000} = 0{,}0012$ ℳ. Die gesammte Rücklage würde demnach für 1897/98 bei 540 000 000 Achskilometer der Gepäckwagen betragen:

540 000 000 . 0,0012 = rund 648 000 ℳ.

Für die Erneuerung der Gepäckwagen und Ersatzstücke sind für 1897/98 nach Abzug des Altwerths des gewonnenen Materials rund 1 953 000 ℳ veranschlagt, also den berechneten Rücklagen gegenüber mehr:

1 953 000 − 648 000 = 1 305 000 ℳ.

8. Güterwagen. Die Leistung eines Güterwagens ist zu 1 200 000 Achskilometer angenommen worden. Der für 1897/98 veranschlagten Jahresleistung von rund 32 500 Achskilometer für 1 Güterwagen entsprechend ist die Dauer eines Güterwagens zu rund 37 Jahren in Ansatz zu bringen. Während dieses Zeitraums sind jedoch noch 2½ Satz Radreifen besonders zu erneuern. Die Kosten eines Güterwagens nach Abzug des Altwerthes sind nach Maſsgabe der bei der Etatsveranschlagung angenommenen Einheitssätze zu 2550 ℳ, 1 Satzes Radreifen zu 200 ℳ anzunehmen. Hiernach berechnet sich die Rücklage:

a) für den Güterwagen ohne die Radreifen . . . . $\frac{(2550-200)\ 0{,}035}{(1{,}035)^{37}-1} =$ 31,99 ℳ

h) für die Radreifen, entsprechend einer Dauer v. 10,57 Jahren $\frac{200 . 0{,}035}{(1{,}035)^{10{,}57}-1} =$ 15,96 „

zusammen für 1 Güterwagen 47,95 ℳ

oder für 1 Achskilometer $\frac{47{,}95}{32\,500} = 0{,}0015$ ℳ. Die gesammte Rücklage würde demnach für das Jahr 1897/98 bei 7 910 000 000 Achskilometer der Güterwagen betragen:

7 910 000 000 . 0,0015 = rund 11 865 000 ℳ.

Für die Erneuerung der Güterwagen und Ersatzstücke sind für 1897/98 nach Abzug des Altwerths des gewonnenen Materials rund 15 621 000 ℳ veranschlagt, also der berechneten Rücklage gegenüber mehr:

15 621 000 − 11 865 000 = 3 756 000 ℳ.

Wiederholung.

	Für die Erneuerung nach Abzug des Altwerths sind vorgesehen ℳ	Die Rücklage würde betragen ℳ	Die Erneuerung beträgt also mehr als die erforderliche Rücklage ℳ	Die Erneuerung beträgt also weniger als die erforderliche Rücklage ℳ
Schienen. . .	5 744 000	3 692 000	2 052 000	—
Kleineisenzeug . .	5 188 000	4 403 000	785 000	—
Weichen . . .	2 855 000	2 322 000	533 000	—
Schwellen . .	12 783 000	11 374 000	1 409 000	—
Locomotiven	16 973 000	13 845 000	3 128 000	—
Personenwagen .	4 348 000	4 682 000	—	334 000
Gepäckwagen	1 953 000	648 000	1 305 000	—
Güterwagen .	15 621 000	11 865 000	3 756 000	—
zusammen	65 465 000	52 831 000	12 968 000	334 000
			12 634 000	—

X. Zusammenstellung

der veranschlagten Gesammtbeschaffungen an eisernen Oberbaumaterialien, Kohlen und Koks.

	Es sind veranschlagt: im Gewicht von Tonnen	im Gesammtkostenbetrage von ℳ	Durchschnittspreis für 1 Tonne ℳ
Oberbaumaterialien.			
1. Schienen	132 098	14 477 000	109,6
2. Kleineisenzeug . . .	46 104	7 653 000	166,0
3. Eiserne Lang- und Querschwellen . . .	68 744	6 997 000	101,8
Zusammen Oberbaumaterialien ausschl. Weichen	246 946	29 127 000	—
4. Weichen nebst Zubehör	—	4 216 000	—
Zusammen Oberbaumaterialien	—	33 343 000	—
Kohlen und Koks.			
A. Steinkohlen.			
Westfälischer Bezirk .	1 943 640	17 181 500	8,84
Oberschlesischer Bezirk	1 247 170	9 615 700	7,71
Niederschlesisch. Bezirk	272 270	2 578 400	9,47
Saarbezirk	143 000	1 484 300	10,38
Wurm- u. Indebezirk .	90 000	833 400	9,26
Sonstige	920	12 900	14,02
Summa A.	3 697 000	31 706 200	8,58
B. Steinkohlenbriketts.			
Westfälischer Bezirk .	338 400	3 268 900	9,66
Oberschlesischer Bezirk	38 770	290 000	7,48
Sonstige	2 000	18 900	9,45
Summa B.	379 170	3 577 800	9,44
C. Koks.			
Westfälischer Bezirk .	57 970	724 400	12,50
Niederschlesisch. Bezirk	30 600	395 000	12,91
Sonstige	4 070	66 400	16,31
Summa C.	92 640	1 185 800	12,80
D. Braunkohlen und Braunkohlenbriketts	30 100	164 200	5,46
Zusammen Kohlen und Koks	4 198 910	36 634 000	8,72

XI. Erläuterungen zu den einmaligen und aufserordentlichen Ausgaben.

Erweiterung der Bahnhofsanlagen in Crefeld. Die gegenwärtigen Bahnhofsanlagen in Crefeld, welche von den früheren Privateisenbahnverwaltungen nach und nach hergestellt worden sind, genügen den derzeitigen Betriebs- und Verkehrsverhältnissen nicht mehr. Auch ist es als ein wesentlicher Uebelstand zu bezeichnen, dafs die Anlagen für den Ortsgüter- und den Rangirverkehr an mehreren weit auseinander liegenden Stellen sich befinden. Dadurch wird ein häufiges Umsetzen von Wagen von einem Bahnhofstheil zum andern nothwendig, wobei die Hauptgeleise der in Crefeld zusammentreffenden Bahnen gekreuzt werden müssen und immer wiederkehrende Betriebsstörungen hervorgerufen werden. Des weiteren wird auf den zahlreichen, in Schienenhöhe vorhandenen Strafsenkreuzungen der Stadt sowohl der Strafsen- wie der Eisenbahnverkehr empfindlich gestört. Eine Erweiterung der Bahnhofsanlagen unter Beseitigung dieser Strafsenkreuzungen in Schienenhöhe ist daher als ein dringendes Bedürfnifs zu bezeichnen, dessen Befriedigung näher getreten werden kann, nachdem die Verlegung der Locomotivwerkstätte in Crefeld nach Oppum genehmigt und für diesen Zweck im Etat für 1896/97 unter den einmaligen und aufserordentlichen Ausgaben der Eisenbahnverwaltung — Tit. 18 — eine erste Baurate bewilligt worden ist.

Bei der Erweiterung des Bahnhofes ist angenommen, dafs nur die Anlagen für den Personenverkehr, unter entsprechender Hebung der Geleise und Bahnsteige, an ihrer jetzigen Stelle belassen werden, während der Bahnhof für den Ortsgüterverkehr nach Osten verschoben und die Anlagen für den Rangirverkehr zwischen dem Ortsgüterbahnhof und Station Oppum hergestellt werden. Hierdurch wird neben der Wahrung der Erweiterungsfähigkeit auch auf eine Ermäfsigung der Anlagekosten hingewirkt, weil der für den Ortsgüter- und Rangirbahnhof nothwendige Grunderwerb sich erheblich billiger stellen wird, als wenn für diese Anlagen das noch erforderliche Gelände im Anschlusse an den jetzigen Bahnhof, der schon ringsherum von einer weit vorgeschrittenen Bebauung umgeben ist, zu erwerben sein würde. Der Ausbau des Rangirbahnhofes macht es nothwendig, für die Einführung der Güterzüge von Köln und Hochfeld besondere Geleispaare herzustellen, was bei der Lage des Bahnhofes in der Nähe von Oppum mit verhältnifsmäfsig nicht erheblichen Kosten zu ermöglichen ist und wodurch zugleich eine nothwendige Entlastung der stark belasteten Strecke Oppum—Crefeld erreicht wird.

Mit Rücksicht darauf, dafs die Stadt Crefeld aus der Höherlegung des Personenbahnhofes, welche die Beseitigung der jetzt vorhandenen Strafsenübergänge in Schienenhöhe gestattet und die Möglichkeit gewährt, noch weitere Strafsenverbindungen unter den Bahnhofsanlagen herzustellen, wesentliche Vortheile zieht, ist die Ausführung des Baues davon abhängig, dafs die genannte Stadt als Zuschufs zu den Baukosten die Grunderwerbskosten gegen Zahlung einer Pauschsumme von 1 000 000 ℳ übernimmt. Die Grunderwerbskosten sind auf 1 650 000 ℳ veranschlagt. Einschliefslich der Pauschsumme von 1 000 000 ℳ sind die staatsseitig aufzuwendenden Kosten zu insgesammt 7 500 000 ℳ veranschlagt, wovon für 1897/98 eine erste Rate von 800 000 ℳ erforderlich wird. Das frei werdende Eisenbahngelände kann hiernächst zum Verkauf gelangen.

Herstellung einer Verbindungsbahn von Ehrenbreitstein nach Bahnhof Coblenz (M.) unter Benutzung der Horchheimer Rheinbrücke. Zwischen dem Ruhrkohlenbezirk und dem lothringisch-luxemburgischen Erzgebiet bewegt sich ein lebhafter Güterverkehr, der bei der erheblichen Belastung der linksrheinischen Linien und der unterhalb Coblenz gelegenen Rheinbrücken ausschliefslich über die rechtsrheinische Strecke geleitet werden mufs. Zur Ueberführung dieses Verkehrs nach und von der Mosel ist die Rheinbrücke bei Pfaffendorf wegen der starken Steigung und Krümmung namentlich der rechtsrheinischen Anschlufsrampe völlig ungeeignet. Auch würde die Benutzung dieser Brücke für die Ueberleitung des betreffenden Verkehrs das Umsetzen der Züge in dem ohnehin schon stark belasteten Güterbahnhofe Coblenz (Rh.) erfordern. Für den genannten Verkehr steht somit nur die Horchheimer Rheinbrücke zur Verfügung, wobei aber die gedachten Züge in den Bahnhof Niederlahnstein eingeführt und daselbst umgesetzt werden müssen. Bei dem lebhaften Aufschwunge des vorbezeichneten Verkehrs, der noch im Jahre 1885 mit 6 Zügen in jeder Richtung bewältigt werden konnte, inzwischen aber stetig angewachsen und gegenwärtig bis auf 17 Züge für jede Richtung täglich gestiegen ist, sind auf dem genannten Bahnhofe Vorkehrungen um so mehr zu treffen, als auch der sonstige Verkehr erheblich zugenommen hat. Von besonderem Nachtheile erweist sich das Umsetzen der zahlreichen schweren Moselzüge, das nur unter Benutzung der freien Strecke zwischen Nieder- und Oberlahnstein erfolgen kann und die Hauptgeleise der hier zusammentreffenden beiden Linien — der Rhein- und Lahnstrecke — jedesmal auf längere Zeit sperrt. Die Verbesserung der Zustände durch eine entsprechende Erweiterung des Bahnhofs Niederlahnstein herbeizuführen, empfiehlt sich aus dem Grunde nicht, weil hierdurch wegen der theilweise werthvollen Bebauung des benachbarten, in Anspruch zu nehmenden Geländes unverhältnifsmäfsig hohe Kosten entstehen würden. Auch die etwaige Durchführung der betreffenden Züge bis Oberlahnstein empfiehlt sich, abgesehen von den dadurch entstehenden Umwegen, schon deshalb nicht, weil dann dieser Bahnhof, der schon durch den ihm nach seiner Lage naturgemäfs zufallenden Verkehr stark belastet ist, mit erheblichen Kosten erweitert werden müfste. Auf zweckmäfsigere Weise läfst sich vielmehr die Beseitigung der Uebelstände dadurch erzielen, dafs die Linie Ehrenbreitstein—Niederlahnstein auf der freien Strecke mit der Horchheimer Rheinbrücke in unmittelbare Verbindung gebracht und damit die Möglichkeit gewonnen wird, den Verkehr nach und von der Moselbahn ohne Betheiligung des Bahnhofs Niederlahnstein überzuleiten. Zugleich bietet eine solche Ausführung noch den nicht unwesentlichen Vortheil, dafs für die in Betracht kommenden Güterzüge gegenüber der Leitung über Niederlahnstein ein Weg von etwa 5 km Länge und ein verlorenes Gefälle von rund 4 m, sowie gegenüber der etwaigen Leitung über Oberlahnstein sogar ein Weg von 10 km erspart wird. Die Kosten dieser Verbindungsbahn belaufen sich anschlagsmäfsig auf 924 000 ℳ, von welchem Betrage für 1897/98 eine erste Rate von 200 000 ℳ erforderlich ist.

Erweiterung der Freiladegeleise auf dem Güterbahnhofe zu Bonn. Auf den Freiladegeleisen des Güterbahnhofes Bonn können nur 70 bis 75 Wagen gleichzeitig laderecht gestellt werden, während die durchschnittlich täglich bereitzustellende Wagenzahl in den Herbstmonaten 97 bis 98 beträgt und nicht selten bis zu 120 bis 140 steigt. Durch die vorübergehende Aufstellung derjenigen Wagen, welche nicht alsbald auf den Freiladegeleisen bereitgestellt werden können, in anderen Geleisen entstehen Erschwernisse und erhöhte Kosten im Rangirdienst, auch wird die Abwicklung des übrigen Betriebsdienstes störend beeinflufst und die Ausnutzung sowie der Umlauf der Wagen beeinträchtigt. Es ist daher geboten, die Freiladegeleise nebst zugehörigen Ladestrafsen zu erweitern. Da die Stadt Bonn, besonders auch in gewerblicher Hinsicht, in rascher Entwicklung begriffen ist und der Güterverkehr daselbst stark steigt — er zeigt von 1888/89 bis 1894/95 im Empfang eine Zunahme von 24,2 %, im Versand eine solche von 82 % — so empfiehlt es sich, die Erweiterung, besonders bezüglich des Grunderwerbes, so zu bemessen, dafs sie auch einer gesteigerten Verkehrszunahme noch zu entsprechen vermag. Die Kosten der geplanten Anlage sind zu 173 000 ℳ veranschlagt und mit diesem Betrage für 1897/98 voll eingestellt.

Herstellung eines Ausziehgeleises auf dem Bahnhofe zu Barmen. An der Ostseite des Bahnhofes Barmen ist ein Ausziehgeleis nicht vorhanden. Infolgedessen mufs für den sehr lebhaften Rangirverkehr das Ausfahrtsgeleis nach Barmen-Rittershausen benutzt werden. Dieses Ausfahrtsgeleis ist indefs durch die dichte Zugfolge derart belastet, dafs es nur zu einigen bestimmten Tageszeiten und auch dann nur für kurze Fristen zu Rangirzwecken Verwendung finden kann. Auch entstehen Schwierigkeiten bei der Wagengestellung und Verzögerungen des Wagenumlaufes. Zur Abhülfe soll ein Ausziehgeleis an der Ostseite des Bahnhofes hergestellt werden. Zu diesem Zwecke wird es erforderlich, den vorhandenen 3 bis 8 m tiefen Bahneinschnitt unter Herstellung einer 270 m langen Futtermauer zu verbreitern. Gleichzeitig mufs der Umbau der bestehenden gewölbten Ueberführung im Zuge der Fischerthalerstrafse in ein Bauwerk mit gröfserer Lichtweite zur Ausführung gelangen. Die Kosten sind veranschlagt zu 249 000 ℳ, wovon für 1897/98 als erste Rate erforderlich sind 100 000 ℳ.

Herstellung des zweiten Geleises auf der Strecke von 5,0 bis 6,1 km der Bahnlinie Ohligs—Solingen-Süd. Auf der Bahnlinie Ohligs—Solingen-Süd verkehren täglich aufser den fahrplanmäfsigen 49 Zügen — darunter 32 Personenzüge — zahlreiche Bedarfszüge und leerfahrende Maschinen. Zur Bewältigung eines solchen Verkehrs sind zwei Geleise um so mehr erforderlich, als die Schwierigkeiten in der Durchführung eines geordneten Betriebes dadurch vermehrt werden, dafs die starke Steigung der Strecke — 1 : 60 bis 1 : 70 — nur die Beförderung von Zügen mit beschränkter Wagenzahl zuläfst. Ueberdies wird eine weitere erhebliche Belastungszunahme nach der im Jahre 1897 zu erwartenden Eröffnung der Bahnlinie Remscheid—Solingen eintreten. Ein Theil des hier in Betracht kommenden Bahnabschnitts ist bereits im Jahre 1896/97 mit dem zweiten Geleis ausgestattet, so dafs nur noch die Herstellung des zweiten Geleises zwischen der Abzweigung nach Solingen-Weyersberg in 5,0 km und Solingen-Süd in 6,1 km übrig bleibt. Die Kosten der geplanten Anlagen betragen 320 000 ℳ, welcher Betrag für 1897/98 voll zum Ansatz kommt.

Erweiterung des Bahnhofs zu Ruhrort. In den mit dem Bahnhofe Ruhrort verbundenen umfangreichen Hafenanlagen sind mit dem raschen Anwachsen des Umschlagsverkehrs neue Ladestellen, Kipper und Pfeilerbahnen für die Entladung von Kohlenwagen angelegt worden. Bei der starken Zunahme der den Hafeneinrichtungen zuzuführenden Wagen ist auf dem Bahnhof eine Vermehrung der Aufstellungs- und Vertheilungsgeleise nothwendig. Der Betrieb wird überdies dadurch erschwert, dafs unter den obwaltenden Verhältnissen ein zweimaliges Rangiren sämmtlicher einlaufender Güterzüge erforderlich ist, weil die Wagen zunächst nach Rheinstation und Hafenstation zu trennen und dann auf diesen Stationen nach den verschiedenen Ladeplätzen, Kippern und Pfeilerbahnen in Vertheilungsgeleisen zu ordnen sind. Zudem mündet die Bahnlinie von Sterkrade insofern ungünstig ein, als die von dort kommenden Güterzüge zunächst durch den Bahnhof nach den Einfahrtsgeleisen bei Meiderich zurückgezogen werden müssen, bevor das Ausrangiren erfolgen kann. Es ist daher zur Vermeidung von Verkehrsstockungen geboten, Geleiseänderungen auszuführen. Zu dem Zwecke sollen die Einfahrtsgeleise bei Meiderich, welche aufser zahlreichen Bedarfszügen täglich 37 fahrplanmäfsige Züge aufzunehmen haben, von 4 auf 6 vermehrt werden, wobei die nutzbare Länge auf je 595 bis 660 m zu bemessen ist. Ferner sind die für die Bedienung der Hafenanlagen bestimmten Vertheilungsgeleise um 5 zu vermehren und derart abzuändern, dafs sie je 500 bis 670 m nutzbare Länge erhalten. Dabei ist der zugehörende Ablaufberg wegen der schärferen Geleiskrümmungen zu erhöhen und der ganzen hier in Betracht kommenden Geleisanlage ein geringes Längengefälle zu geben. Aufserdem müssen die Geleiseanlagen in der Rheinstation so umgestaltet werden, dafs beim Vertheilen der Wagen die Verbindung nach dem Hafen nicht gekreuzt wird. Für die Unterbringung der Maschinen ist die Herstellung eines Locomotivschuppens mit 15 Ständen erforderlich. Die Kosten der geplanten Anlagen belaufen sich anschlagsmäfsig auf 1 450 000 ℳ, wovon für 1897/98 eine erste Rate von 350 000 ℳ zum Ansatz kommt. In Verbindung mit diesem Erweiterungsbau hat eine Erweiterung der Hafengeleise zu erfolgen. Dieselbe wird durch die Hafenverwaltung zur Ausführung gebracht werden.

Erweiterung des Bahnhofs zu Wanne. Die westliche Zufahrt nach dem Bahnhofe Wanne, die von den Zügen aus der Richtung von Bismarck, Schalke (K. M.), Gelsenkirchen, Ueckendorf-Wattenscheid und Bochum benutzt werden mufs, ist so stark belastet, dafs es nothwendig ist, für die genannten Linien eine neue Einfahrt und die nöthigen Verbindungsgeleise herzustellen. Die dadurch zu schaffende neue Verbindung zwischen Gelsenkirchen und Wanne ist auch von grofser Bedeutung für die Betriebsführung zwischen Wanne einerseits und den westlichen Ausgangspunkten des Kohlenbezirks sowie den Rheinhäfen andererseits. Die Betriebsstockungen, welche das Hochwasser des Winters 1890/91 im Gefolge hatten, führten dazu, parallele Verbindungen von Westen nach Osten als nothwendig zu erkennen. Infolgedessen wurde die Verbindungsbahn zwischen dem Sammel-Rangirbahnhof Osterfeld und Oberhausen (Rh.) — Duisburg bezw. Ruhrort gebaut, die früher aufser Betrieb gesetzte Linie Osterfeld — Vogelheim — Caternberg mit Anschlufs nach Frintrop wiederhergestellt und der Bau der Verbindung Caternberg — Schalke (Rh.) in Angriff genommen. In diesen Parallellinien bildet die jetzt geplante neue Verbindung Gelsenkirchen — Wanne eine wesentliche und vortheilhafte Ergänzung. Die Gesammtkosten der im Entwurf vorgesehenen Anlagen belaufen sich anschlagsmäfsig auf 1 828 000 ℳ, von welchem Betrage für 1897/98 eine erste Rate von 300 000 ℳ in Ansatz gebracht wird.

Der Lehrgang für Bergbau- und Hüttenkunde am Massachusetts Institute of Technology zu Boston.*

Wenn wir Deutschen stolz darauf sind, unser Unterrichtswesen häufig als mustergültig anerkannt zu sehen, so ist es für uns um so nothwendiger, auch die Einrichtungen, welche anderwärts getroffen werden, vorurtheilsfrei zu verfolgen, damit wir nicht stehen bleiben und von anderen Völkern überflügelt werden. Aus diesem Grunde verdient ein kürzlich von dem Massachusetts Institute of Technology veröffentlichter Bericht über den in der Ueberschrift bezeichneten Gegenstand auch die Beachtung deutscher Leser.*

Die Abtheilung für Bergbau- und Hüttenkunde war von der Gründung des Institutes (1865) an bis jetzt dazu bestimmt, den Schülern neben Ertheilung einer guten allgemeinen Ausbildung den späteren Eintritt in den Betrieb eines Berg- oder Hüttenwerks zu ermöglichen. Zur Erreichung des letzteren Ziels ist den Schülern vielfache Gelegenheit auch zu praktischen Beschäftigungen gegeben, welche sie anregen sollen, selbständig denken und urtheilen zu lernen.

Ueberblickt man nun den vier Jahre umfassenden und in dem Berichte vollständig wieder-

* Wenn hier von allgemein hochanerkannter fachmännischer Seite darauf hingewiesen wird, dafs auf dem Gebiet des Hüttenwesens eine Verquickung der Schule mit der Werkstatt — wie sie für ältere Schulen auch in der „Michigan Mining Scltool in Houghton" („Stahl und Eisen" 1891, Seite 217 u. f.) durchgeführt worden — mindestens für die höchsten Ziele sich nicht empfiehlt, so zeigen doch die Schulen in Frankreich (Châlons sur Marne, Paris — Boulevards de la Vilette —), Oesterreich (Steyr, Waidhofen, Komotan) und, uns am nächsten liegend, Iserlohn und Remscheid, dafs auf dem Gebiet der Metallverarbeitung sehr wohl tüchtige Resultate zu erreichen sind. Diese Anstalten beziehen sich allerdings nur auf mittlere Techniker, welche auf die Hochschule verzichten wollen. Dagegen liegen neuerdings Vorschläge vor, den bedeutenden Vortheil der praktischen Vorbildung (nicht Ausbildung) auch den oberen Schichten der Maschinentechniker zukommen zu lassen. Wir verweisen dieserhalb auf die Nr. 17 1896/97 der „Zeitschrift des Verbandes deutscher Gewerbeschulmänner", in welcher ein Vortrag des Directors Haedicke in Remscheid über dieses Thema enthalten ist, und behalten uns vor, bei späterer Gelegenheit auf die Angelegenheit zurückzukommen. *Die Redaction.*

gegebenen Lehrplan der Anstalt, so bekommt man freilich den Eindruck, dafs ihre Ziele mehr denen einer deutschen Gewerbeschule als denen einer technischen Hochschule (oder Bergakademie) zu vergleichen sind. In dem ersten Jahre wird Algebra, ebene Geometrie, französische und deutsche Sprache, englischer Aufsatz und Rhetorik, Geschichte und — Kriegswissenschaft (military tactics) gelehrt; aufserdem allgemeine Chemie und Zeichnen. Zum gröfsten Theil sind das Wissenschaften, welche der junge Mann bereits beherrschen mufs, wenn er eine deutsche Hochschule beziehen will. Im zweiten Jahre folgt theoretische Chemie, Differential- und Integralrechnung, beschreibende Geometrie, Physik, Feldmessen, Mechanik, Löthrohrblasen, daneben wieder Unterricht in Sprachen und Geschichte; im dritten Jahre Probirkunde, qualitative Analyse, Statistik, Volkswirthschaftslehre, bürgerliche Rechtskunde, Festigkeitslehre, Maschinenlehre, Mineralogie, Geologie und wiederum Sprachen; im vierten Jahre werden endlich die eigentlichen Fachwissenschaften: Allgemeine Hüttenkunde, Eisenhüttenkunde und Bergbaukunde, gelehrt, daneben quantitative Analyse, Wärmemessung, Hydraulik und das Lesen deutscher und französischer technischer Zeitschriften.

Aus dem Lehrplane läfst sich schliefsen, dafs die Schüler in weit jugendlicherem Alter aufgenommen werden, als es auf deutschen Hochschulen üblich ist. Verhältnifsmäfsig viel Zeit wird deshalb auf den Unterricht in Wissenschaften verwendet, welche nur die allgemeine Ausbildung bezwecken und bei uns nur noch nebenbei allenfalls vorgetragen werden, ohne dafs der Studirende verpflichtet ist, sie zu hören. Die dafür erforderliche Zeit wird denjenigen Wissenschaften entzogen, deren Pflege der eigentliche Zweck der Anstalt ist. Drei Jahre lang pflegt der deutsche Student, welcher allgemeine Hüttenkunde oder Eisenhüttenkunde als Berufsstudium erwählt hat, im chemischen Laboratorium zu arbeiten; man erwartet, dafs, wenn er die Hochschule verläfst und seine Schuldigkeit gethan hat, er in jedes metallurgische Laboratorium als zuverlässiger Analytiker einzutreten befähigt ist. Nur während eines einzigen Jahres scheint dagegen in der amerikanischen Lehranstalt die Analyse auf nassem Wege praktisch geübt zu werden. Da darf man sich freilich über die grofsen, von amerikanischen Eisenhüttenleuten beklagten Unterschiede in den Ergebnissen der von verschiedenen Chemikern angestellten Untersuchungen nicht wundern.

Wenn dagegen in den Erläuterungen zu dem Lehrplan gesagt ist, dafs es nicht in den Zielen einer solchen Anstalt liegen könne, Constructeure von Dampf- und sonstigen Maschinen auszubilden, sondern dafs man nur bestrebt sein müsse, die Studirenden eine Maschine, einen Dampfkessel u. s. w. verstehen und richtig behandeln zu lernen, so kann man, glaube ich, diesem Ausspruch im allgemeinen beipflichten. Der Eisenhütteningenieur soll eine Hochofenanlage in ihrer allgemeinen Anordnung planen, auch die Oefen und sonstigen dem Eisenhüttenbetriebe eigenthümlichen Anlagen in allen Einzelheiten entwerfen können; er mufs die für die Benutzung zu seinen Zwecken erforderlichen Maschinen richtig verstehen, behandeln und in ihren Hauptabmessungen berechnen können, aber die Ausführung dieser Maschinen in den Einzelheiten möge er dem Maschineningenieur überlassen. Das Gleiche gilt vom sogenannten Metallhüttenmanne und dem Bergmanne.

Umfänglichere Gelegenheit als in den meisten europäischen technischen und montanistischen Hochschulen ist den Schülern zu Schmelzversuchen und ähnlichen Uebungen gegeben. Eigene Werkstätten, nach ihrem Begründer John Cummings Laboratories genannt, welche nach Aussage des Berichts als Muster für viele ähnliche Anlagen benutzt worden sind, dienen diesem Zweck. Ihre Bestimmung ist zweifach. Sie sollen das Verständnifs der gehaltenen Vorträge erleichtern und dem Schüler die Ausführung mechanischer und metallurgischer Versuche über das Verhalten von Erzen, Brennstoffen und Ofenbaumaterialien lehren. Wie der Bericht sagt, ist die Gröfse der einzelnen Vorrichtungen derartig bemessen, dafs bei ihrer Benutzung nicht allzuviel Material und Zeit verbraucht wird, auch nicht zu hohe Ansprüche an die Körperkräfte des Schülers gestellt werden, trotzdem aber Erfolge von Werth sich erreichen lassen. Die Maschinen sind so angeordnet, dafs jede von ihnen sowohl allein, als in Gemeinschaft mit anderen in Betrieb gesetzt werden kann, dafs sie mit verschiedener Geschwindigkeit betrieben werden können, und dafs sie sich leicht auseinander nehmen und ihre Theile sich vertauschen lassen, wenn die Eigenart des anzustellenden Versuchs dieses nothwendig machen sollte. Die mechanischen Arbeiten erstrecken sich auf die Aufbereitung der Erze, die metallurgischen auf deren Verhüttung. Nachdem der Schüler eine geeignete Menge des zu behandelnden Erzes bekommen und sich durch mineralogische, chemische und sonstige Versuche über dessen Beschaffenheit Aufschlufs verschafft hat, stellt er die Schmelzprobe an und vermerkt jede gemachte Beobachtung sorgfältig in seinem Bericht. Für das Aufbereiten, Rösten, Auslaugen, Amalgamiren der Erze und für die Elektrometallurgie sind die von den Schülern erlangten Ergebnisse, dem Berichte zufolge, in der Regel zutreffend; wenn die Ergebnisse der Schmelzversuche nicht immer mit den Ergebnissen des wirklichen Betriebes übereinstimmen, so wird trotzdem Gewicht auf diese Versuche gelegt, weil der Schüler nur hierdurch die Grundsätze kennen lernen kann, auf welchen die Schmelzarbeiten fufsen (?), und das Verfahren, die Arbeiten durch chemische Untersuchung zu überwachen. Dem Bericht sind

Abbildungen der Tiegelschmelzerei, eines Brückner-Röstofens, eines Schachtofens mit wassergekühltem Schmelzraum zur Verhüttung von Blei- und Kupfererzen, sowie einiger Aufbereitungsmaschinen und ein Grundrifs der sämmtlichen Anlagen des John Cummings Laboratory beigefügt. Letzterer ist nachstehend wiedergegeben. In dem Grundrifs bedeutet: 1. Zerkleinerungswerkstatt (milling-room); 2. Blakes Steinbrecher; 3. Cornisches Erzwalzwerk; 4. Gates Steinbrecher; 5. Bolthoffs Probenreiber; 6. Eiserner Fufsboden zum Probennehmen; 7. Kessel-Aufgebevorrichtung (Cornish feeder); 8. Selbstthätiger Aufgebetrog (feed-trough); 9. Richards Spitzlutte; 10. Colloms Grobkornsetzmaschine; 11. Colloms Feinkornsetzmaschine; 12. Kugelherd; 13. Hendye Challenges Erzeintragevorrichtung; 14. Pochwerk; 15. Amalgamirte Bleche; 16. Frues Goldwäsche; 17. Richards Stauchsieb-Setzmaschine; 18. Wasserbehälter; 19. Dampftrockentische; 20. Scheidetische und Taylors Hand-Quetschmaschine; 21. Probentisch; 22. Erzkästen; 23. Block zum Zerklopfen der Proben (pounding block); 24. Stehende Maschine; 25. Dynamo von 50 V., 50 A.; 26. Dynamo von 2 V., 50 A.; 26 I. Umlaufende Trommel; 27. Schlämmheerd; 28. Laugebottiche; 29. Grofse Amalgamirpfannen; 30. Kleine Amalgamirpfannen; 31. Niederschlagsbottich (settler); 32. Wasserbehälter; 33. Freier Raum; 34. Vorrathsraum; 35. Bohrmaschine für Metall; 36. Hobelbank; 37. Probirraum; 38. Pulte der Schüler; 39. Waagen; 40. Muffelöfen; 41. Tiegelöfen; 42. Esse; 43. Eiserner Tisch; 44. Wägeraum; 45. Waagen; 46 und 47. Vorrathsräume; 48. Schmelzofenraum; 49. Schmiedefeuer; 50. Ambofs; 51. Werkbank; 52. Wassergekühlter Schmelzofen; 53. Erzbehälter; 54. Brückners Röstofen; 55. Läuterofen für Kupfer; 56. Grofser Röstflammofen; 57. Röstofen (roasting-stall); 58. Gufseiserner Kessel; 59. Grofser Treibofen; 60. Kleiner Flammröstofen; 61. Kleiner Treibofen (vermuthlich Capellenofen); 62. Tiegelöfen; 63. Freier Raum; 64. Tisch für elektrotechnische Arbeiten; 66. Spitzlutte für Versuche; 67. Tische für chemische Arbeiten; 68. Wanne; 69. Zimmer zum Löthrohrblasen; 70. Tische; 71. Apparatenbehälter; 72. Rinnstein; 73. Bibliothek; 74. Bücherschränke; 75. Freier Raum; 76. Tisch; 77. Arbeitspult des Professors; 78. Lithographie; 79. Ankleideraum; 80. Schränke; 81. Waschbecken; 82. Aborte; 83. Lehrerzimmer; 84. Esse.

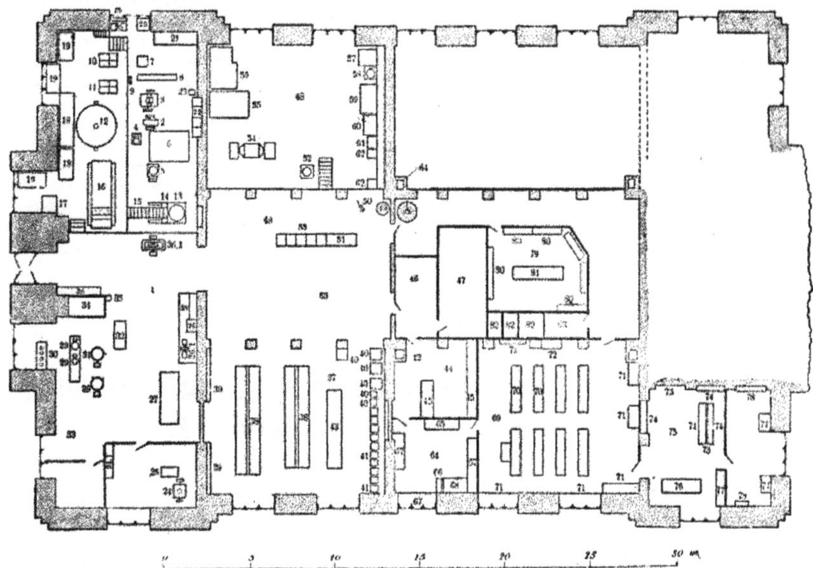

Auch in Deutschland ist mehrfach der Wunsch ausgesprochen worden, dafs man den Studirenden technischer Hochschulen Gelegenheit zu solchen Beschäftigungen geben möge. Man kann jedoch verschiedener Meinung darüber sein, ob der Nutzen, welcher dadurch sich erreichen läfst, wohl im richtigen Verhältnifs zu den erheblichen Kosten steht, welche die Beschaffung, Benutzung und Instandhaltung der betreffenden Einrichtungen erheischt. Ich bin der Meinung, dafs es nicht der Fall ist. Die Zeit, welche auf jene Beschäftigungen verwendet wird, geht für das eigentliche Studium sowie für die Uebungen im Zeichensaale, im chemischen Laboratorium u. s. w. verloren. Entweder mufs also die theoretische Ausbildung Einbufse erleiden oder die Studienzeit mufs verlängert werden. Ersteres würde nicht möglich sein, ohne dafs die Ansprüche abgemindert würden, welche man in der Jetztzeit an die wissenschaftliche Befähigung des Berg- und Hütteningenieurs stellt; ich glaube nicht, dafs ein solcher Schritt unserer Gewerbthätigkeit zum Nutzen gereichen würde. Wenn junge Männer aus allen Erdtheilen auf unseren Hochschulen sich zusammenfinden, so ist nicht ihre Liebe zur reinen Wissenschaft die Veranlassung dafür, sondern die Erkenntnifs, welches Uebergewicht eine tüchtige wissenschaftliche Schulung, wie sie die deutschen Hochschulen ermöglichen, auch dem Betriebsmanne verleiht.

Eine Verlängerung der Studienzeit zu dem Zwecke, auch die obenerwähnten Uebungen mit einzureihen, wäre nun zwar möglich, aber ihr Nutzen würde auch nicht annähernd das Mafs erreichen, wie eine ebenso lange Beschäftigung im Betriebe selbst. In früherer Zeit galt es als unumstöfsliche Regel, dafs ein junger Mann, welcher sich zum Berg-, Hütten- oder Maschinen-ingenieur ausbilden wollte, mindestens ein Jahr lang auf einem Werke als Arbeiter thätig gewesen sein mufste, bevor er die Hochschule bezog. Manchem deucht jetzt dieser Weg unbequem zu sein, aber er führt am sichersten zur Erlangung einer tüchtigen Grundlage für die weitere Ausbildung. Jene Vorrichtungen, welche eine Schule bietet, um den Betrieb kennen zu lernen, bleiben immerhin nur Modelle, welche ziemlich rasch veralten, und die Beschäftigung mit ihnen grenzt doch mehr oder minder an Spielerei. Im Betriebe dagegen lernt der junge Mann die Vorrichtungen kennen, wie sie wirklich beschaffen sind, er hat Gelegenheit, die Schwierigkeiten zu beobachten, welche oft ihre Beherrschung mit sich bringt, und die Mittel kennen zu lernen, welche zur Ueberwindung jener Schwierigkeiten angewendet werden. Daneben bleibt ihm der Vortheil, dafs er auch Erfahrung im Verkehr mit dem Arbeiterstande gewinnt und dabei vielleicht manches Vorurtheil ablegt, welches er bis dahin gehegt hat. Er lernt die Anschauungsweise der Arbeiter besser kennen, als wenn er ihnen sofort als Vorgesetzter gegenübertritt.

Aus diesen Gründen ist nach meiner Ueberzeugung die Beschäftigung im Betriebe nicht ersetzbar durch Uebungen auf einer wissenschaftlichen Lehranstalt. Zu wünschen ist nur, dafs seitens der Werkvorstände den jungen Männern, welche jenen immerhin mühseligen Weg einschlagen wollen, die Erreichung des Ziels nach Möglichkeit erleichtert werde.

A. Ledebur.

Die neue Hubbrücke im Zuge der Halstedstrafse zu Chicago über den südlichen Arm des „Chicago-River".

Die vor einer Anzahl von Jahren über den südlichen Arm des „Chicago-River" gebaute Drehbrücke wurde am 30. Juni 1892 durch ein gegen sie anlaufendes gröfseres Schiff derart zerstört, dafs ein vollständiger Neubau nicht zu umgehen war. Während die Stadtgemeinde Chicago die Brücke in der alten Form wieder aufbauen wollte, forderten die Schiffahrtsinteressen die Beseitigung des mitten im Strom stehenden Drehpfeilers und die Ueberbrückung der ganzen Oeffnung durch einen Träger ohne mittlere Unterstützung. Da sich der letzteren Ansicht das Kriegs-Departement der Vereinigten Staaten anschlofs und für den Neubau aufserdem die Bedingung aufstellte, dafs eine freie Durchfahrtshöhe von 47,3 m über dem mittleren niedrigen Wasserstande inne zu halten sei, so entschlofs man sich nunmehr allgemein, den Neubau in Gestalt einer Hubbrücke, wie sie die Abbildung 1 darstellt, zur Ausführung zu bringen. Die Beschaffung der zum Bau nothwendigen Fonds, die Vergebung der Arbeiten, ein öfterer Wechsel in den leitenden bezw. ausführenden städtischen Behörden liefsen jedoch das Jahr 1894 herankommen, ehe mit der Ausführung des Projectes begonnen werden konnte.

Das eigentliche Brückenbauwerk, welches bei einer Fahrbahnbreite von 10,37 m und zwei aufsenliegenden Fufswegen von je 2,13 m lichter Weite dem Wagen- und Fufsgängerverkehr dient, ist, obwohl die Halstedstrafse den Flufsarm unter einem schiefen Winkel schneidet, rechtwinklig zur Ausführung gelangt. Es besteht im wesentlichen aus den beiden Thürmen — je einer an einem Ufer — der zwischen diesen liegenden eigentlichen Hubbrücke, dem Maschinenbaus und der Hebevorrichtung.

Die Hubbrücke besitzt zwei Hauptträger mit parallelem Ober- und Untergurt; von 39,65 m Stützweite. Jeder Hauptträger ist in sieben gleiche Felder getheilt, deren Höhe 7 m beträgt. Dient die Hubbrücke dem Strafsenverkehr, so liegt ihre Unterkante etwa 4,57 m über dem normalen Wasserspiegel; es ist dann noch genügend freier Raum zum Durchgang der gewöhnlich verkehrenden Schleppdampfer — mit niedergelegtem Schornstein — vorhanden. Von dieser Lage aus wird die Brücke vermittelst Stahldrahtkabeln um 43,5 m gehoben, wodurch eine freie Durchfahrtshöhe über mittlerem Niedrigwasser von 47,3 m, wie gefordert, erreicht ist. Die aus Stahl erbauten, seitlichen Thürme haben eine Höhe von rund 55 m über Strafsenkrone; sie bestehen aus zwei verticalen und zwei geneigten Streben und sind durch Gitterwerk auf allen vier Seiten, sowie durch horizontale Kreuze versteift. An ihren Spitzen tragen sie die Hauptbetriebsscheiben von 3,66 m Durchmesser, über welche die 38 mm starken stählernen Kabel, welche die Brücke mit den Gegengewichten verbinden, und die 22 mm starken, dem Heben und Senken der Brücke dienenden Drahtseile gehen. Die Scheiben sind von kleinen decorativ ausgestalteten Häuschen umschlossen. Die obersten Theile der gegenüberstehenden Thürme sind durch je einen flachgekrümmten Gitterträger verbunden und mit letzterem fest vernietet. Der Zweck dieser Anordnung ist der, die Thürme gegeneinander festzulegen, Zwischenstützpunkte für die Führung der Kabel zu gewinnen und den Uebergang des Brückenwärters von einem Thurm auf den andern

Abbild. 1.

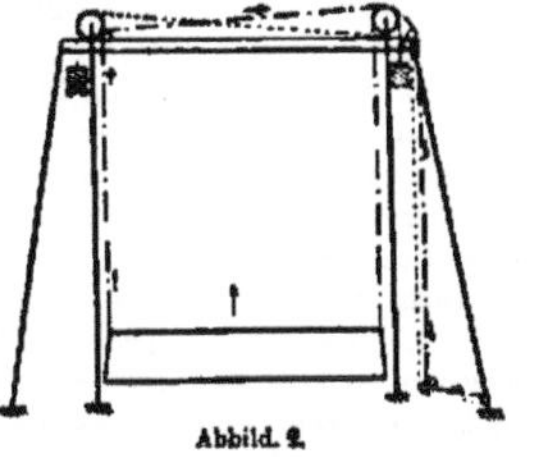

Abbild. 2.

zu ermöglichen. Auch tragen diese Träger vier hydraulische Puffer, welche den Stofs der, mit einer Geschwindigkeit von 1,22 m in der Secunde gehobenen, Brücke unschädlich auf die Eisenconstruction übertragen sollen. Gleichartige Puffer befinden sich für den Herabgang der Brücke auf den Pfeilern. Das Gewicht der Hubbrücke — 290 t im ganzen — ist durch Gegengewichte genau ausbalancirt, die aus einer Anzahl horizontal liegender gufseiserner Barren von 254 × 305 mm Querschnitt und 2,6 m Länge bestehen, in besonderen Führungsgerüsten der Stahlthürme gleiten und durch je 4 Stahlkabel mit dem anliegenden Ende des einen der Hauptträger der Hubbrücke verbunden sind. In ähnlicher Weise ist das Gewicht der Kabel — 10 t — durch schmiedeiserne Ketten ausbalancirt, so dafs also — welches auch immer die Hebung der Brücke gerade sein mag — die Maschinen in normalen Verhältnissen nur die einzelnen Reibungswiderstände zu überwinden haben. Sollten die normalen Gleichgewichtsverhältnisse durch irgend welche Zufälligkeiten eine Störung erfahren, so kann eine Veränderung des Gegengewichts oder des Brückengewichts entweder durch Hinzufügen von Gufseisenbarren oder durch Nutzbarmachung von vier an den Auflagern und im Innern der Brücke liegenden, mit Wasser gefüllten, stählernen Tanks erreicht werden, deren Füllung zusammen rund 8600 kg wiegt.

Diese Wasserbehälter dienen auch für den Fall, dafs die Maschinen versagen oder sonstige Störungen eintreten sollten, zur Aufrechterhaltung des Hubbetriebes, indem die Brücke nach Entleerung der Wasserbassins durch die Gegengewichte gehoben wird, nach Einführung von

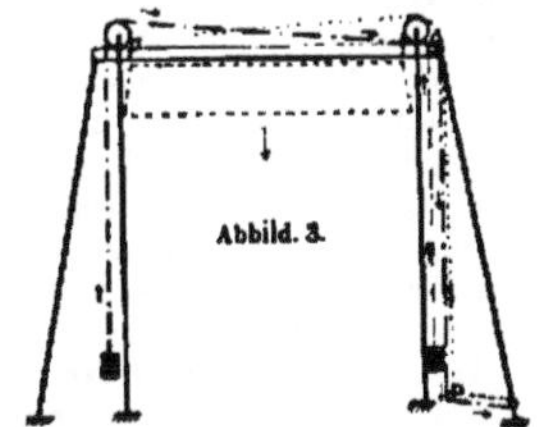

Abbild. 3.

Wasser aus einem auf den Thürmen angelegten Hochreservoir hingegen sich wieder senkt.

Der Vorgang beim Heben und Senken der Brücke ist in den Abbildungen 2 und 3, welche nur die hierfür nothwendigen Kabel darstellen, erläutert. Nach Verlassen des am Nordufer gelegenen Maschinenhauses, woselbst zwei Dampfmaschinen von je 70 HP für Hebung und Senkung der Brücke Sorge tragen, gehen vier Kabel unter den

1,5 m starken Führungsrollen und dem Nordthurm hindurch, und von hier aus zur Spitze dieses, woselbst sie über die Hauptbetriebsrolle laufen. Von hier aus laufen zwei Kabel zum Nordende der Hubbrücke, während die andern beiden, mit Hülfe einer Rolle auf dem Gitterträger, zum Südende der Brücke geführt werden. In ähnlicher Weise sind, wie Abbildung 3 zeigt, die Drahtseile, welche ein Senken der gehobenen Brücke zur Folge haben, geführt. Sie greifen an den Gegengewichten an.

Aus den Abbild. 2 und 3 ist ersichtlich, da Hub und Senkungskabel durchlaufend miteinander verbunden sind, dafs mit dem Anziehen der einen eine Verlängerung der anderen und umgekehrt stattfindet, dafs also beim Anziehen der Kabel in der dafür bestimmter Richtung ein Heben der Brücke und Senken der Gegengewichte, beim Anziehen in entgegengesetztem Sinne eine Hebung der Gegengewichte und ein Niedergang der Brücke erreicht ist.

Wie aus den Ausschreibungsbedingungen zum Bau der Brücke hervorgeht, ist als Material zur Herstellung der Thürme und der Hubbrücke Flufseisen von mittlerer Härte vorgeschrieben worden; für die Niete ist weiches Flufseisen verlangt; die verstellbaren Stücke sind aus Schmiedeisen, die Bewegungstheile aus zähem grauem Gufseisen anzuliefern. Das zur Verwendung kommende Flufseisen ist entweder durch den Bessemer- oder Martinprocefs zu gewinnen. Die stärkste Zugfestigkeit soll beim mittelharten Flufseisen mindestens zwischen 42,2 kg/qmm und 47,8 kg/qmm, beim weicheren Nietstahl zwischen 37,25 und 42,88 kg/qmm liegen. Vom Gufseisen wird verlangt, dafs ein freiaufliegender Probestab vom Querschnitt = 2,54 qcm und 1,37 m Länge eine Einzellast in der Mitte von 227 kg tragen könne.

Bezüglich der stählernen, 38 mm bezw. 22 mm starken Drahtkabel ist vorgeschrieben, dafs sie entweder sogenannte Herkulesseile von der Firma A. Leschen & Sons, Rope Company in St. Louis sein sollen oder auch von anderer Stelle in gleicher Art und Güte wie die erstgenannten bezogen werden können.

Reg.-Baumeister *M. Foerster*,
Docent an der Königl. Techn. Hochschule zu Dresden.

Fortschritte in der Ausnutzung der Koksofengase.

I. Gewinnung von Cyan aus Koksofengasen.

Cyan, im Jahre 1815 von Gay-Lussac entdeckt, ist eine gasförmige, aus Kohlenstoff und Stickstoff bestehende Verbindung, die in der Natur nicht frei vorkommt und aus ihren Elementen nur dann entsteht, wenn unter sonst geeigneten Umständen beim Zusammentreffen derselben ein dritter Körper zugegen ist, mit dem sie eine feste Cyanverbindung bilden kann; so entsteht sie z. B. beim Ueberleiten von Kohlensäure und Ammoniakgas über erhitztes Kaliummetall in Form von Cyankalium. Die technische Darstellung der Cyansalze hat lange Jahre auf die Weise stattgefunden, dafs stickstoffhaltige organische Körper (Horn, Leder und dergl.) mit kohlensaurem Kali erhitzt wurden. Durch den Kohlenstoff der organischen Körper findet eine Reduction des kohlensauren Kalis statt, und das frei werdende Kalium verbindet sich im status nascendi mit Kohlenstoff und Stickstoff zu Cyankalium. Diese Herstellungsart ist jetzt, namentlich in Deutschland, fast ganz verlassen, nachdem man in der Reinigungsmasse der Gasfabriken eine weit ergiebigere Quelle zur Herstellung von Cyanverbindungen erschlossen hat.

Den Hochofenleuten ist das Auftreten von Cyanverbindungen eine längst bekannte Thatsache. Im Mauerwerk der Hochöfen sich bildende Ausschwitzungen enthalten häufig Cyankalium oder dieses in Gemenge mit kohlensaurem Kali. Das Vorkommen dieser Verbindungen ist deswegen von hohem wissenschaftlichem Interesse, weil es ganz unzweifelhaft den Schlufs zuläfst, dafs der Stickstoff der atmosphärischen Luft, ein sonst so indifferenter Körper, an dieser Bildung betheiligt sein mufs. Der Einwand, dafs die Bildung auf Zersetzung von Ammoniak, das im Brennstoff eingeschlossen sei, zurückgeführt werden müsse, ist hinfällig. Bunsen hat zuerst auf die wichtige Thatsache der Mitwirkung der atmosphärischen Luft hingewiesen und den Beweis für seine Behauptung auch auf experimentelle Weise erbracht. Um das Zustandekommen dieser Verbindungen zu ermöglichen, ist aber eine sehr hohe Temperatur erforderlich, mindestens so hoch, als zur Reduction des Kaliums angewandt werden mufs, und dann mufs die Zuführung des Stickstoffs in glühend heifsem Zustande erfolgen. Diese Bedingungen sind also schwerlich danach angethan, eine technische Darstellung auf Grundlage des genannten chemischen Vorganges auszuarbeiten.

Durch einen Laboratoriumsversuch läfst sich nachweisen, dafs beim Ueberleiten von Ammoniak über in einer Porzellanröhre eingeschlossene glühende Kohle Cyanverbindungen entstehen. Derselbe Vorgang mufs auch im Koksofen stattfinden, allerdings beeinflufst durch die Höhe der zur Anwendung gebrachten Temperatur, durch die Beimischung von anderen Gasen und durch die Geschwindigkeit, mit der die Gase sich über bezw. durch die Kohle bewegen. Das Vorkommen von Cyan im Koksofengase ist unzweifelhaft in der Hauptsache auf die Zersetzung von vorher entstandenem Ammoniak zurückzuführen. Ist der Umfang dieser Zersetzung ein grofser, so entsteht viel Cyan und es findet sich weniger Ammoniak im Gase. Es ist also ersichtlich, dafs es sich nicht vereinigen läfst, gleichzeitig viel Cyan und viel Ammoniak zu erhalten. Ohne Zweifel ist die Anwendung einer hohen Temperatur der Ammoniakbildung im Koksofen günstig. Eine hohe Temperatur ist unter gewissen Umständen aber auch geeignet, eine umfangreiche Zersetzung von Ammoniak herbeizuführen. Welche Umstände dies sind, ist noch nicht hinreichend ermittelt. Jedenfalls spielt die Geschwindigkeit der abziehenden Gase keine unwesentliche Rolle. Es bleibt der wissenschaftlichen Forschung vorbehalten, hier weitere Aufklärung zu schaffen. Die Thatsache indessen, dafs überhaupt Cyanmengen im Gase auftreten, hat die Frage näher gelegt, wie diese Mengen nutzbar zu machen seien, und ist die Frage dadurch dringender geworden, dafs die Nachfrage nach der Verbindung des Cyan mit Kalium, dem Cyankalium, eine neuerdings lebhaftere geworden ist.

W. Foulis in Glasgow hat ein durch englisches Patent* Nr. 9474 vom 18. Mai 1892 geschütztes Verfahren zur Gewinnung von Cyaniden aus Leucht- und Heizgasen angegeben. Nach dieser Erfindung wird das vorher von Ammoniak befreite Gas in Berührung mit einer Soda- oder Pottaschelösung gebracht, in der Eisencarbonat oder Eisenoxyd suspendirt ist. Dieses Präparat wird auf folgendem Wege dargestellt: 25 Liter Eisenchlorürlösung, die 150 g metallisches Eisen im Liter enthält, giebt man zu einer Lösung von 7,5 kg calcinirter 98grädiger Soda in 150 Liter Wasser. Es fällt Eisencarbonat; die überstehende Kochsalzlösung wird abgegossen und der Niederschlag mit einer Lösung von 13,5 kg calcinirter Soda versetzt und das Ganze auf 200 Liter gebracht. An Stelle der 13,5 kg Soda können 17,5 kg Pottasche verwendet werden. Als Absorptionsapparat wird ein Skrubber benutzt, der eine ähnliche Einrichtung hat, wie die bekannten Glockenwascher. Der Apparat ist durch horizontale Platten in mehrere Kammern getheilt. Die Platten sind mit zahlreichen Löchern versehen, auf welchen kurze Rohrstücke sitzen, die mit Glocken bedeckt sind, deren jede einen hydraulischen Verschlufs bildet. Das Absorptionsmittel wird über dem Skrubber in einem mit Rührwerk versehenen Cylinder vorräthig gehalten und beständig oder in Zwischenräumen dem Skrubber zugeführt, wo es durch Ueberlaufen über den Rand der Rohrstutzen aus einer Kammer in die andere tritt und unten schliefslich abgelassen wird. Das Gas geht von unten nach oben durch den Apparat und mufs beim Uebertritt von einer Kammer zur anderen die Flüssigkeit passiren. Der Niederschlag soll durch den Gasstrom genügend in Bewegung erhalten werden. An Stelle dieses Apparats kann auch ein Wascher mit mechanischem Betrieb angewandt werden, wo grofse, mit dem Absorptionsmittel benetzte Flächen dem Gasstrom ausgesetzt werden, z. B. durch rotirende Bürstenwalzen. Die Ferrocyanidlösung wird schliefslich zur Trockne verdampft. Nach dem Auflösen des Rückstandes kann es von Verunreinigungen getrennt werden und die klare Lösung wird dann zur Krystallisation eingedampft.

An welchen Orten obiges Verfahren zur Ausführung gekommen, ist in unserer Quelle, dem „Journal für Gasbeleuchtung und Wasserversorgung" in Nr. 2 vom 9. Januar d. J., nicht mitgetheilt. Es wird aber angegeben, dafs die Mengen des so gewonnenen neuen Nebenproducts beträchtlich schwanken. Bei mäfsiger Temperatur, 800 bis 900° C., wurden nur 8 g krystallisirtes Ferrocyannatrium aus 1 cbm Gas erhalten, bei 950° C. und höheren Temperaturen aber 56 bis 95 g. Dafs solche Schwankungen auftreten, kann nach dem oben über die Zersetzung des Ammoniaks Mitgetheilten nicht wundernehmen. Ueber die Kosten des Verfahrens werden keine Mittheilungen gemacht. Sehr beträchtlich können die Herstellungskosten nicht sein, da die zur Fabrication erforderlichen Materialien billig sind; ohne Zweifel dürfte daher dieses Verfahren ganz erheblich billiger als alle vorher bekannten Cyangewinnungsmethoden sein.

Die Absatzverhältnisse des Cyan sind im Vergleich zu denen des Ammoniaks, namentlich des schwefelsauren Ammoniaks, nur geringfügig zu nennen. Während früher die Cyanverbindungen nur zur Erzeugung von Blutlaugensalz und Berliner Blau dienten, fand später ein gröfserer Verbrauch infolge der Anwendung einiger Cyanverbindungen in der Galvanoplastik statt. Neuerdings findet eine lebhaftere Nachfrage nach Cyankalium infolge der Anwendung desselben bei dem Mac Arthur Forrestschen Goldextractionsverfahren aus Golderzen, namentlich den südafrikanischen, statt.

Es wird berichtet, dafs die Absicht vorliegt, auf einer zu den Brymbo-Stahlwerken in Belgien gehörigen Kokerei das neue Verfahren in Anwendung zu bringen. Durch Versuche ist daselbst festgestellt, dafs aus 1 cbm Gas 0,43 g Ferrocyannatrium erhalten werden kann. Eine deutsche Kokerei hat bereits vor Jahren ein dem genannten ähnliches Verfahren zur Anwendung

* „Journal für Gasbeleuchtung und Wasserversorgung", XXXVI. Jahrgang, Seite 680.

gebracht, dasselbe aber aus unbekannt gebliebenen Gründen wieder fallen lassen. Der Preis des Ferrocyannatriums wird zu 73 ℳ für 100 kg angegeben.

II. Benutzung der Koksofengase zu Beleuchtungszwecken.

Jede Koksofenanlage mit Gewinnung der Nebenerzeugnisse ist als eine Gasanstalt anzusehen, nur mit dem Unterschiede, dafs die erzeugten Gasmengen ganz erheblich gröfsere sind, und dafs bei der Herstellung auf den Werth des erzeugten Gases als Beleuchtungsmaterial keine Rücksicht genommen wird. Es ist nur die Heizkraft, die man schätzt. In der Gasindustrie haben schon wiederholt Koksöfen Anwendung gefunden, wie dies z. B. von Paris und London berichtet wird. Aus nicht näher bekannt gewordenen Gründen hat man von dieser Anwendung wieder Abstand genommen. Die Erzeugung von Gas in Koks- oder diesen ähnlichen Oefen bietet aber in der That so grofse Vortheile, auf die wir weiterhin noch eingehender zurückkommen, dafs es sich wohl der Mühe lohnt, diese Fabricationsweise näher zu beleuchten. In England haben sich sehr einflufsreiche Männer in dieser Hinsicht verwendet. Interessant ist auch die Aeufserung, die Professor Bunte in Karlsruhe, eine bekannte Autorität im Gasfache, auf der letzten (XXXIII.) Jahresversammlung des Deutschen Vereins von Gas- und Wasserfachmännern in Dresden gethan hat. Hiernach könne man, wenn man darauf verzichte, das Gas in einer Operation, also ohne Carburirung, herzustellen, ohne weiteres zur Anwendung grofser Destillationskammern, wie sie die Kokereien aufweisen, übergehen, ein Verfahren, das weit billiger als die üblichen Gaserzeugungsmethoden sei. Ein solches Verfahren sei ähnlich der Herstellung von carburirtem Wassergas, jedoch habe das erzeugte Gas viele Vorzüge vor dem stark kohlenoxydhaltigen Wassergas und gestatte die Gewinnung der Nebenerzeugnisse. Die Entwicklung der deutschen Gasindustrie, soweit es sich um die Darstellung grofser Gasmengen handle, halte er in der angedeuteten Richtung sehr wohl möglich. Die Frage sei jedenfalls interessant genug, um die Lösung durch praktische Versuche zu verfolgen.

Auf vielen Kohlendestillationsanstalten findet die Beleuchtung durch das eigene Gas statt. Ungereinigt und ohne Zusatz von Benzol hat dasselbe allerdings nur eine geringe Leuchtkraft, etwa halb so grofs als die von gutem Leuchtgas. Unter Anwendung genügend grofser Brenner war aber immerhin eine Benutzung möglich. Der Grund, warum Koksofengas im allgemeinen eine geringere Leuchtkraft aufweist als Retortengas, ist in der Hauptsache auf beigemengte Luft zurückzuführen, die durch nie zu vermeidende Undichtigkeiten der Ofenwände zu dem Gase tritt. Die Arbeit des Exhaustors ist auf die Leuchtkraft des Gases von grofsem Einflufs. Dieselbe mufs der Gasproduction angepafst werden. Wird die hierfür erforderliche Leistung überschritten, so wird zu viel Luft angesaugt und die Leuchtkraft sinkt. Bleibt die Leistung hinter der in gleicher Zeit erzeugten Gasmenge zurück, so steigt die Leuchtkraft, obwohl es auch in diesem Falle nicht zu ermöglichen ist, den Zutritt von Luft zum Gas ganz fernzuhalten. Dieser Fehler läfst sich aber verbessern, wenn man dem Gase auf leicht zu bewerkstelligende Weise geringe Mengen Benzol zusetzt, d. h. das Gas carburirt. Einfache und leicht auszuführende Versuche bestätigen sofort diese Thatsache.

Die Vortheile, die in der Herstellung des Leuchtgases in Koksöfen bezw. in diesen ähnlichen Oefen liegen, die allerdings nur da besonders scharf hervortreten, wo es sich um Erzeugung von bedeutenden Gasmengen handelt, sind sehr grofse. Die Bedienung der Koksöfen an Stelle der Retorten ist eine wesentlich einfachere und billigere. Die Arbeitskosten gehen also zurück. Dasselbe ist hinsichtlich der Unterhaltungskosten zu sagen. Bezüglich der Auswahl der zu verwendenden Kohle hat man einen viel gröfseren Spielraum. Nicht allein, dafs der sonst fast immer stattfindende Zusatz einer Aufbesserungskohle wegfallen kann, man ist in der Lage, fast jede beliebige genügend gasreiche Kohle zur Anwendung zu bringen, also auch eine solche, die gleichzeitig einen guten Koks liefert, der sich viel höher verwerthen läfst als der allgemein als minderwerthig erachtete bisherige Gaskoks, wie ihn die Retorten liefern. Ob die Koksöfen in ihrer jetzigen Form geeignet sind als Gaserzeuger zu dienen, mufs dahingestellt bleiben. Von Gasfachleuten wird allerdings darauf hingewiesen, dafs gutes Leuchtgas nur bei einer raschen Verkokung und bei Anwendung kleiner Kohlenmengen zu erhalten sei. Im Gegensatz zu den Retorten liegen also die Verhältnisse bei Koksöfen viel ungünstiger. Hier sind indessen Aenderungen möglich in der Richtung einer möglichst weitgehenden Verminderung der Ofenweite, so dafs die befürchtete Zersetzung der lichtgebenden Bestandtheile des Leuchtgases vermieden bezw. vermindert wird. Die Schäden einer etwaigen Zersetzung von lichtgebenden Bestandtheilen lassen sich aber durch nachträgliche Carburation wieder ausgleichen.

Im Folgenden mögen die hauptsächlichsten Betriebsangaben einer belgischen Kokerei, die sich durch grofse Enge der Kammern auszeichnet und bei der die Benutzung des Gases zu Beleuchtungszwecken in umfangreichem Mafse stattfindet, Platz finden. Das System ist ein dem Semet-Solvayschen ähnliches. Die Oefen dieser Kokerei sind 9,6 m lang, 1,68 m hoch, an der Maschinenseite 0,375 m und an der Koksseite 0,399 m breit. Für die Heizung sind auf jeder Ofenseite drei Kanäle übereinander der Länge des Ofens nach angeordnet. Das von der Condensation kommende Gas tritt auf der einen Seite des Ofens in den obersten Kanal ein, wo gleichzeitig vorgewärmte Luft zugeführt wird. Die Verbrennungsproducte ziehen nach der anderen Seite des obersten Kanals, hier treten sie nach unten in den zweiten Kanal, wo eine zweite Einströmung von Gas und Luft erfolgt, ziehen der Länge nach durch diesen Kanal und gelangen am Ende derselben noch unten in den dritten. Ehe sie das Ende derselben erreichen, ziehen sie von beiden Seiten in einen Kanal, welcher den Boden des Ofens bildet. Von da gelangen sie in den Abzugskanal unter den Boden. Ehe sie in den Kamin entweichen, werden noch zwei Dampfkessel damit geheizt. Jeder Ofen hat drei Füllöffnungen und eine Oeffnung für die Aufnahme des Gases. Die Garungsdauer beträgt 22 Stunden. Die Condensation und Waschung der Gase findet auf die übliche Weise durch Luft- und Wasserkühler sowie durch Gaswascher statt. Um die Vorlage von Theeransätzen freizuhalten, wird der erhaltene Theer nach der Vorlage zurückgepumpt. Nach erfolgter Abscheidung von Theer und Ammoniak wird auch Benzol gewonnen durch Waschung des Gases mit schweren Theerölen. Der Gasüberschufs findet zum Theil Verwendung auf einem benachbarten Stahlwerk und zum Theil als Beleuchtungsmaterial. Zu diesem Zwecke wird das Gas sorgfältig gereinigt und dann carburirt. Die Lichtstärke wird zu 15 bis 16 Kerzen angegeben.

Es mögen hier einige Analysen des auf genannter Kokerei erhaltenen Gases mitgetheilt werden. Zum Vergleich sind einige Analysen von gutem Leuchtgas beigefügt:

	Koksofengas			Leuchtgas von London	Leuchtgas von Birmingham
	Nr. I	Nr. II	Nr. III		
SH_2 }	3,8	0,8	—	—	—
CO_2 }		3,3	—		—
O	—	—	—	0,1	—
C_nH_{2n}	4,3	3,7	3,7	4,7	4,9
CO	10,1	9,9	9,8	7,5	6,8
CH_4	29,6	22,9	29,4	34,2	37,5
H	52,2	45,9	57,1	49,2	46,2
N (Differenz) . .	—	13,5	—	4,3	4.6

Nr. I und II sind ungereinigtes Gas. Bei II war eine grofse Menge Luft eingesaugt. Die übrigen Bestandtheile zeigen eine gute Uebereinstimmung mit den angegebenen Leuchtgasanalysen.

III. Die Verwendung von Benzol zum Carburiren von Leuchtgas.

Vor 1887 fand die Gewinnung von Benzol hauptsächlich durch Destillation von Theer statt. In dem genannten Jahre führte **Brunck** in Dortmund die Gewinnung aus dem Koksofengase ein und zeigte damit den Weg, wie fast unbegrenzte Benzolmengen erhalten werden können. Während früher das Benzol fast ausschliefslich in der Farbenfabrication Anwendung fand, ist seit einigen Jahren die Verwendung desselben als Aufbesserungsmaterial für minderwerthiges Leuchtgas hinzugetreten. Die Bedeutung, die dem Benzol in dieser Hinsicht zukommt, ist eine grofse. Ein erheblicher Theil der vorhandenen Destillationsanlagen hat bekanntlich aus Besorgnifs einer mangelnden Rentabilität bzw. befürchtetem Mangel an Absatz auf die zudem mit hohen Anlagekosten verbundene Benzolgewinnung verzichtet. Würde es gelingen, dem Benzol in der angedeuteten Richtung ein weiteres und, wie leicht einzusehen, sehr umfangreiches Absatzgebiet zu erschliefsen, so wäre den Destillationskokereien damit eine weitere lohnende Einnahmequelle gesichert. Es verlohnt sich daher wohl, auf die einschlägigen Verhältnisse etwas näher einzugeben.*

Ueberall dort, wo eine gute Gaskohle zur Verfügung steht, wo auf eine hohe Gasausbeute verzichtet wird, und wo ferner auf sehr hohe Leuchtkraft (etwa über 16 Normalkerzen bei Anwendung eines Argandbrenners und einem stündlichen Gasverbrauch von 150 Liter) kein Werth gelegt wird, kann von der Anwendung eines Aufbesserungsmaterials Abstand genommen werden. Diese Umstände treffen aber in vielen Fällen nicht zu. In Amerika ist z. B. eine gute Gaskohle selten. Man hilft sich daher damit, aus dem in grofsen Mengen vorkommenden Anthracit Wassergas zu erzeugen, wozu sich Anthracit zudem besser eignet als die meisten anderen Steinkohlensorten, und das erhaltene Gas nachträglich zu carburiren, wozu die Destillationsproducte der Petroleumrückstände ebenfalls in grofsen Mengen zur Verfügung stehen. Es wird berichtet, dafs etwa $^2/_3$ der gesammten Gasbeleuchtung der Vereinigten Staaten durch carburirtes Wassergas erfolgt, und dafs diese Verwendung noch weitere Fortschritte macht.

In England ist eine gute Gaskohle vorhanden. Aber hier sind die Anforderungen an die Leuchtkraft theilweise so hohe (in London gesetzlich normirte), dafs ohne Zuhülfenahme eines Aufbesserungsmaterials die Gaskohle allein nicht ausreicht. Als derartiges Material dient in vielen Fällen Cannelkohle oder andere ähnliche Steinkohlensorten. Die Verwendung derselben gestaltet sich aber häufig so theuer, dafs man auch hier in Betracht gezogen hat, in gröfserem Umfange, als dies bisher der Fall gewesen ist, zur Verwendung von Benzol als Carburationsmittel zu schreiten.

Technische Bedenken stehen, wie wir nachher noch sehen werden, der Einführung nicht entgegen. Es ist lediglich die Preisfrage des Benzols, die dabei eine Rolle spielt. Von Interesse ist hier der Ausspruch **Buntes**, den derselbe auf der

* „Journal für Gasbeleuchtung und Wasserversorgung", XXXVII. Jahrgang, Seite 81.

bereits erwähnten Versammlung der Gas- und Wasserfachmänner in Dresden gethan hat. Benzol sei gewissermafsen das natürliche Carburationsmittel für Steinkohlengas. In dem aus den Koksofengasen ausgewaschenen Benzol sei eine reiche Quelle von Aufbesserungsmaterial erschlossen, der bisher seiner Meinung nach keine genügende Beachtung geschenkt worden sei.

Die Carburation des Gases kann auf die Weise vorgenommen werden, dafs man einen Theil des Rohgases abzweigt, denselben durch Gefäfse leitet, in denen das Gas Benzoldampf aufnimmt, und dann wieder mit dem Hauptgasstrom vereinigt. Nachträgliche Condensationen von Benzol sind auch in der Kälte* nicht zu befürchten, wenn die Zusatzmenge eine mäfsige bleibt, die ja auch in keinem Falle überschritten zu werden braucht.

Es ist erforderlich, dafs das zur Anwendung kommende Rohbenzol möglichst frei von Toluol und Xylol sei, weil die Aufnahmefähigkeit des Gases für diese letztgenannten Kohlenwasserstoffe eine erheblich geringere ist.

* „Journal für Gasbeleuchtung und Wasserversorgung", XXXVII. Jahrgang, Seite 84.

Als erforderliche Zusatzmenge für 1 cbm Steinkohlengas von mittlerer Leuchtkraft wird 4—5 g Benzol angegeben, um die Leuchtkraft um 1 Hefnerlicht (1,2 Hefnerlicht = 1 Normalkerze) zu verbessern. Bei geringerer Leuchtkraft des ursprünglichen Gases ist der Verbrauch geringer. Für stärkere Leuchtkraft wächst der Benzolverbrauch.

Von Gasfachleuten wird darauf aufmerksam gemacht, dafs von einer weitergehenden Verwendung des Benzols als Carburirungsmittel nur dann die Rede sein könne, wenn das Benzol für diesen Zweck billig genug sei (etwa 30 ℳ für 100 Kilo). Uebersteige der Preis diese Grenze, so sei die Verwendung nicht mehr von Vortheil und es würde die Calculation für viele Gasfabriken die Verwendung von Zusatzkohle rationeller erscheinen lassen.

Jedenfalls wäre es vom hüttenmännischen Standpunkte zu wünschen, wenn die vielfachen Bemühungen, dem auf unseren Kokereien gewonnenen Benzol einen umfangreicheren Eingang in die Gasindustrie zu schaffen, von Erfolg gekrönt würden. Zur Zeit werden nur etwa 5 % der gesammten Leuchtgasproduction Deutschlands mit Benzol aufgebessert. *A.*

Beanspruchungen der Seeschiffe II.

In einem früheren Aufsatze* wurden die Beanspruchungen der Seeschiffe besprochen, welche sich aus der ungleichmäfsigen Vertheilung der Gewichte des Schiffskörpers und der sie tragenden Auftriebskräfte in der Längsrichtung des Schiffes ergeben; es erübrigt noch, eine Art von Beanspruchungen zu berühren, welche nur bei Dampfschiffen auftreten und sich aus dem Gange der Maschine ergeben, Beanspruchungen, welche in höchst unangenehmer Weise auf den Schiffskörper einwirken und deren Beseitigung heutzutage für alle Techniker des Schiffbaufaches eine hochwichtige, im Vordergrund der Ueberlegung stehende Frage ist. Die Schiffsvibrationen, die wellenartigen, kurzen und rasch aufeinander folgenden Schwingungen des Schiffskörpers in seiner Längsrichtung sind die zweite Art der Beanspruchungen, welche hier kurz gestreift werden soll. Dafs diese Vibrationen, die wohl ein Jeder, der jemals eine Fahrt auf einem gröfseren Dampfer gemacht hat, mehr oder weniger gefühlt haben wird, durch die bewegten Massen in der oder den Maschinen hervorgerufen werden, unterliegt wohl keinem Zweifel. Früher, als man einmal noch nicht so grofse Maschinen mit solch enormen bewegten Massen baute, wie dies die Neuzeit mit sich bringt, oder auch die Umdrehungszahlen im allgemeinen niedriger lagen, wie heutzutage, waren die Vibrationen noch nicht in dem Mafse störend, wie dies bei den neuen grofsen Maschinen mit höheren Kolbengeschwindigkeiten und den grofsen bewegten Massen der Fall ist. Besonders bei den Schnelldampfern sind diese Vibrationen zeitweilig fast unerträglich gewesen und demgemäfs richtete sich die Aufmerksamkeit vieler hervorragender Fachleute auf die Lösung dieser brennenden Frage. Hauptsächlich ist es das Verdienst der Ingenieure Kleen, Middendorf, Ziese und Schlick, welche nicht nur zur Erkenntnifs der Ursachen und des Wesens der Vibrationen, sondern auch zu ihrer Vermeidung Hervorragendes beigetragen haben. In erster Linie hat Hr. Schlick sich der Sache erfolgreich gewidmet. Schon in den 80er Jahren construirte er ein Instrument und vervollkommnete es in der späteren Zeit, welches er Pallograph nannte, ein Instrument, welches, auf dem Princip der Trägheit eines Gewichtes basirend, auf einem in Fahrt begriffenen und vibrirenden Schiffe aufgestellt, automatisch auf einem an einem Zeichenstift vorüberlaufenden Papierstreifen die Form der

* „Stahl und Eisen" 1895, Seite 910.

Vibrationen in natürlicher Gröfse aufzeichnete; eine neben diesem Vibrationsdiagramm herlaufende Secundentheilung förderte die Beurtheilung der aufgezeichneten Curven. Mittels dieses Pallographen, den man an verschiedenen Punkten der Schiffslänge aufstellte, liefsen sich die Vibrationen des Schiffskörpers an den einzelnen Theilen seiner Länge genau bestimmen und es ergaben diese zahlreich ausgeführten Versuche das überraschende Resultat, dafs jeder Schiffskörper ganz ähnlich schwingt wie ein elastischer Stab, oder eine Saite, dafs es auf ihm Punkte giebt, an welchen die Schwingungen ein Maximum erreichen, und andererseits wieder Punkte, sogenannte Knotenpunkte, an denen die Schwingungen Null sind. Naturgemäfs ergiebt sich nun, dafs diese Schwingungen, oder noch besser die Schwingungszahlen, wesentlich beeinflufst werden einmal von der Länge, Breite und Höhe des Fahrzeuges, dann von der Art und Anordnung seiner Längsverbände, also der Lage seiner neutralen Faser und dem Trägheitsmoment seines Querschnitts und schliefslich von der Gewichtsvertheilung nicht nur des Baumaterials, sondern auch der Ladung in der Längsrichtung des Schiffes. Hr. Schlick hat nun constatirt, dafs im allgemeinen jeder Schiffskörper zwei Hauptknotenpunkte hat, dafs er also hauptsächlich Schwingungen von einer bestimmten Zahl ausübt. Wenn nun an einer Stelle des Schiffskörpers, an welcher nicht gerade ein Schwingungsknotenpunkt liegt, vertical nach unten Stöfse in gleichen Zeitintervallen ausgeübt werden, so ist es möglich, durch ein schnelleres oder langsameres Aufeinanderfolgenlassen dieser Stöfse den Schiffskörper in mehr oder minder heftige Schwingungen zu versetzen; ein Maximum erreichen die Vibrationen, wenn die Anzahl der Stöfse pro Zeiteinheit mit der natürlichen Schwingungszahl des Schiffes zusammenfällt resp. ein Vielfaches von ihr bildet, ein Minimum, wenn die kritischen Zahlen möglichst weit voneinander ab liegen. Diese regelmäfsig sich wiederholenden, auf den Schiffskörper ausgeübten Stöfse resultiren nun, wie weiter unten angegeben, aus den Massenbewegungen in der Maschine, sind also in der Schnelligkeit ihrer Aufeinanderfolge abhängig von der Umdrehungszahl der Maschine. Jene für einen Schiffskörper kritische Schwingungszahl festzustellen, ist das Schwierige bei einem Neubau; bei einem fertigen Schiffe läfst sie sich leicht durch den Schlickschen Pallographen ermitteln, allein wenn dann das Schiff vibrirt, so ist diese Erkenntnifs der Thatsache leider zu spät erfolgt, und eine Abhülfe meist nur unter Aufwendung namhafter Kosten oder Aufgabe sonstiger constructiver Vortheile möglich. Deshalb strebt die heutige Schiffbautechnik danach, entweder jene kritische Schwingungszahl des Schiffskörpers im voraus zu bestimmen, oder aber, weil ersteres meist nicht mit Sicherheit möglich ist, die Ursachen zu vermeiden, welche überhaupt Vibrationen hervorrufen, also jene sich in bestimmten Zeitintervallen gleichmäfsig wiederholenden Stöfse der Maschine auf das Schiff zu beheben. Mit ersterem Problem beschäftigt sich die in Nr. 48, „Zeitschrift des Vereins deutscher Ingenieure“, Jahrgang 1893, veröffentlichte Arbeit des Hrn. Kleen. Er giebt eine Methode, mittels deren es möglich ist, bei Flufsdampfern und wohl auch bei Seedampfern, wenn genügende Beobachtungen ähnlicher Fahrzeuge vorliegen, so dafs die in seinen Gleichungen erforderliche Constante bestimmt werden kann, die kritischen Schwingungszahlen für ein neues Schiff im voraus zu bestimmen; man hat dann, um Vibrationen zu vermeiden, nur Sorge zu tragen, dafs die Umdrehungszahlen der Maschine möglichst weit ab von jenen Schwingungszahlen liegen. Hr. Kleen läfst also durch die Maschine dem Schiff fortgesetzt Stöfse ertheilen, allein er hemifst die Anzahl dieser Stöfse pro Zeiteinheit so, dafs sie der Ruhe des Schiffes nicht schaden, also gewissermafsen belanglos werden.

Aehnliches bezweckt das Verfahren des Hrn. Middendorf. Hr. M. fafst ebenfalls nicht das Uebel an seiner Wurzel, sondern läfst die Maschine ruhig auf den Schiffskörper stofsend wirken, will aber den Einflufs dieser Stöfse dadurch unschädlich machen, dafs er dem Schiff eine sehr starke Längsverbindung giebt, indem er durch das ganze Schiff in seiner Längsrichtung, in der Symmetrieebene liegend, einen richtigen Gitterträger aus Flacheisen mit oberer und unterer Gurtung einbaut; es ist ganz fraglos, dafs auf diese Weise die Längsfestigkeit des Fahrzeuges ungemein gehoben wird; hauptsächlich tritt aber dieser Träger in Action, wenn es sich um Beanspruchungen des Schiffskörpers handelt, wie sie im ersten Theil dieses Aufsatzes besprochen wurden.

Schon etwas näher an die Ursache der Vibrationen macht sich der Vorschlag von Ziese heran. Hr. Z. schlägt vor, die Cylinder möglichst nahe aneinander zu rücken, damit dadurch der Abstand der Cylindermitten, also der Ebenen, in welchen bei jedem Cylinder die auf Vibrationen wirkenden freien Kräfte der Massenbewegungen auftreten, thunlichst gering werde, also die aus jenen Kräften sich ergebenden Momente ebenfalls verkleinert werden; sodann aber auch einmal die Cylinder unter sich möglichst fest und starr, als auch mit der Grundplatte der Maschine zu verbinden, damit so die Gesammtmasse der festen Theile der Maschine auf Grund ihrer Trägheit den aus den bewegten Maschinentheilen resultirenden freien Kräften entgegenwirke. Dafs durch solche Bauart im allgemeinen weniger Schiffsvibrationen sich ergeben, ist wohl einzusehen.

Am gründlichsten geht aber Hr. Schlick dem Uebel zu Leibe, indem er die Maschine so umconstruirt, dafs sie keine Stöfse mehr auf das Fahrzeug ausüben kann, die, als freie Kräfte resp. Momente, Vibrationen hervorzurufen imstande sind.

Bevor nun dieses Schlicksche Verfahren näher durchgesprochen wird, ist es nöthig, zu zeigen, inwiefern und aus welchen Ursachen eine Maschine beim Gange freie Kräfte auf das Fundament erzeugt, und dann erst klar zu machen, inwiefern die Methode des Hrn. Schlick diese Kräftewirkungen beseitigt.

Betrachtet man zunächst eine stehende Eincylinder-Maschine, so lassen sich die bewegten Theile in zwei Hauptgruppen eintheilen: 1. in Theile, welche vertical auf und nieder gehen, also Kolben, Kolbenstange, Kreuzkopf und ein Theil der Pleuelstange, 2. in Theile, welche rotiren, also Kurbel, Pleuelkopf und der zweite Theil der Pleuelstange. Während alle diese Theile die ihnen eigenthümliche Bewegung ausführen, wirken sie zunächst alle fortwährend mit ihrem constanten Gewicht gleichmäfsig auf die Fundamentplatte und somit auch auf den Schiffskörper. Weil diese Gewichtseinwirkung stets die gleiche bleibt und nicht wechselnd auftritt, kann sie dem Schiff auch keine Stöfse ertheilen, also keine Vibrationen verursachen. Als weitere Kräfte, welche auf die bewegten Maschinentheile wirken, sind die Dampfdrucke zu nennen, und zwar sowohl die absoluten Drucke auf jeder Kolbenseite, als auch die nutzbaren Drucke, welche sich aus der Differenz der auf beiden Kolbenseiten gleichzeitig wirkenden absoluten Dampfdrucke ergeben, Drucke, welche sich mit Leichtigkeit aus den Indicatordiagrammen abmessen und berechnen lassen. Der Einflufs dieser Dampfdrucke auf das Maschinenfundament ist ebenfalls ein solcher, dafs er nicht imstande ist, Vibrationen hervorzurufen. Tritt Dampf über den Kolben, so drückt er theils gegen den Cylinderdeckel, theils auf den Kolben, den er nach unten treibt. Der Druck gegen den Cylinderdeckel pflanzt sich durch das Maschinengestell auf die Grundplatte fort, das Gleiche thut der Druck auf den Kolben durch die Pleuelstange, da es ja ein bekanntes Gesetz ist, dafs alle Kräfte, welche am Kolben resp. Kreuzkopf vertical wirken, sich durch die Pleuelstange stets so nach unten auf die Welle fortpflanzen, als wenn sie im Wellenmittel vertical wirkten. Es begegnen sich also unten in der Fundamentplatte die beiden gleich grofsen, aber entgegengesetzt gerichteten Dampfdrucke und heben sich auf, wirken also gar nicht auf das Fundament; genau Gleiches geschieht mit den Dampfdrucken unterhalb des Kolbens, folglich ergiebt sich, dafs die Dampfdrucke keine wechselnd auf das Fundament wirkenden freien Kräfte sind, also auch keine Schiffsvibrationen hervorrufen können. Eine dritte Art von Kräften, welche bei einer Maschine auftreten, sind die Beschleunigungsdrucke. Während nämlich die Kurbel eine gleichmäfsige oder doch praktisch als gleichmäfsig anzusehende Peripheriegeschwindigkeit hat, ist die Bewegung des durch die Pleuelstange mit der Kurbel verbundenen Kreuzkopfs und Kolbens, kurz der vertical auf und ab bewegten Massen, keineswegs eine gleichförmige, sondern sehr ungleichförmige; und zwar ungleichförmig deswegen, weil die Strecken, um welche die Kurbel, wenn sie durch die oberen resp. unteren Todtpunkte hindurchgetreten ist, in verticaler Richtung sich bewegt, bis zur horizontalen Kurbelstellung sehr zunehmen, dann aber bis zur anderen Todtpunktlage wiederum abnehmen, und zwar aus dem einfachen Grunde, weil bei unendlich langer Pleuelstange diese Wegstrecken in den einzelnen Kurbelstellungen mit dem Cosinus des jeweiligen Kurbelwinkels variiren. Also bei 0° und 180° Kurbelstellung, den beiden Todtpunktlagen, ist während der Kurbeldrehung für die mit der Kurbel verbundenen Theile gar keine Bewegung in verticaler Richtung vorhanden, es wächst aber diese Bewegung während des weiteren Fortschreitens der Kurbel von 0° bis 90° resp. von 180° bis 270° immer mehr, bis sie bei horizontaler Kurbelstellung, also bei 90° und 270°, genau so grofs geworden ist, wie die Umfangsgeschwindigkeit der Kurbel. Es resultirt hieraus, wie ja leicht einzusehen, dafs die Geschwindigkeit, mit welcher die vertical auf und ab gehenden Massen in den Zonen von 0° bis 90° und 180° bis 270° sich bewegen, fortwährend wächst, dafs also diese Theile auf jenen beiden Quadranten nothwendig eine Beschleunigung erfahren müssen. Man kann diesen Vorgang ganz oberflächlich etwa vergleichen mit einem aus dem Ruhezustand anfahrenden Eisenbahnzug, dessen Geschwindigkeit fortwährend zunimmt, bis sie ihr Maximum erreicht. Naturgemäfs ist es nun, dafs sich sowohl der Eisenbahnzug, wie auch die vertical auf und ab gehenden Massen der Maschine diesem Geschwindigkeitszuwachs, dieser Beschleunigung widersetzen, und zwar widersetzen auf Grund ihrer Trägheit, und somit entstehen also in jedem einzelnen Momente jener beiden Quadranten Kräfte, welche der Kurbeldrehung einen Widerstand entgegensetzen, Kräfte, die man Beschleunigungsdrucke nennt, Kraft = Masse mal Beschleunigung, Kräfte, welche an der Kurbel in entgegengesetzter Richtung ziehen, in welcher die Kurbel sich bewegt, wenn also die Kurbel von 0° bis 90° hinübergeht, nach oben ziehen, also vom Maschinenfundament abheben (positiver Zählsinn), und wenn die Kurbel von 180° bis 270° hinaufgeht, nach unten ziehen, also auf das Fundament drücken (negativer Zählsinn), da ja jene bewegten Massen nicht mitgehen wollen, sich vielmehr mit ihrer Trägheit der Beschleunigung durch die Kurbel widersetzen. Betrachtet man nun die beiden anderen Quadranten einer Kurbelumdrehung, denjenigen von 90° bis 180° und denjenigen von 270° bis 360° (0°), so treten die vertical auf und ab gehenden Massen in diese Quadranten mit der Geschwindigkeit ein, welche sie bei 90° resp. 270° haben, also, wie oben gezeigt, mit ihrer Maximalgeschwindigkeit, gleich Umfangsgeschwindigkeit der Kurbel. Die Massen haben nun das Bestreben, sich ebenfalls auf Grund ihres Beharrungsvermögens mit dieser Maximalgeschwindigkeit weiter zu bewegen, allein das erlaubt die Kurbel nicht, vielmehr nehmen die Wegstrecken, um welche die Kurbel und die mit ihr verbundenen Massen in verticaler Richtung bei gleichbleibender Umfangsgeschwindigkeit fortschreitet (immer natürlich eine stehende Maschine vorausgesetzt), fortwährend ab, bis sie im unteren resp. oberen Todtpunkt gleich Null geworden sind. Hieraus folgt also, dafs jene vertical auf und ab gehenden Massen continuirlich verzögert werden, bis am Ende jedes der beiden Quadranten von 90° bis 180°, resp. 270° bis 360° = 0° ihre Geschwindigkeit Null geworden ist. Vergleicht man das wieder einmal mit jenem Eisenbahnzug, so hat man hier den Fall, wo der Zug aus voller Geschwindigkeit durch Bremsen bis zum Stillstand gebracht wird. Die in diesen beiden Quadranten auftretenden freien Kräfte, die man etwa mit Verzögerungsdrucken, Kraft = Masse mal Verzögerung, bezeichnen könnte, sind selbstredend weiter nichts wie negative Beschleunigungsdrucke und berechnen sich demgemäfs auch genau so wie diese, nur hat man ihr Vorzeichen umzuändern, also den Zählsinn von vorher beibehalten, wirken jene Drucke in der Zone von 90° bis 180° drückend nach unten auf die Kurbel, also auch auf das Fundament (negative Kräfte), und in der Zone 270° bis 360° = 0° ebenfalls drückend nach oben

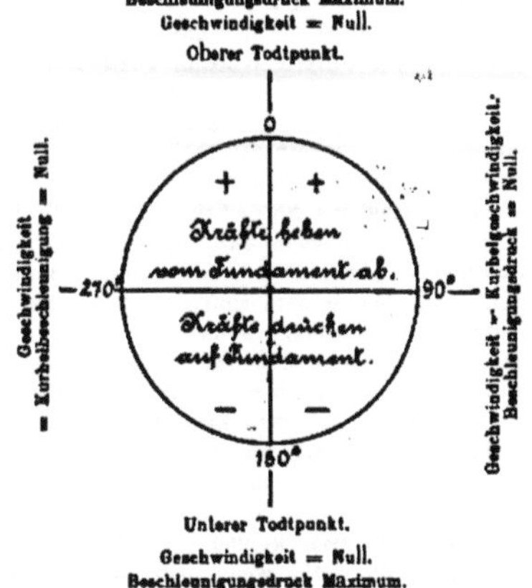

auf die Kurbel, also vom Fundament abhebend (positive Kräfte), und somit ergiebt sich für eine Umdrehung einer stehenden Maschine vorstehendes Bild. (Schlufs folgt.)

Ueber die Schlofsfabrication in Velbert.*

Von **E. Cremer**, Rector in Crefeld.

Der Uebergang von der Handarbeit zum Fabrikbetrieb hat, wie in anderen Zweigen der Industrie, so auch in der Fabrication der Schlösser eine vollständige Umwälzung hervorgerufen. Mit der stetigen Vervollkommnung der Maschinen ist die Erzeugung bis ins Unglaubliche gesteigert worden, und der Preissturz wurde ein so gewaltiger, dafs heute das Dutzend kaum mehr gilt, als vor 30 Jahren das Stück. Der Handwerksmeister, der noch in den 60er Jahren die Erzeugnisse seines mehrwöchentlichen Schweifses auf der Schulter zum Grofskaufmann trug, um sie dort in blanke Münze umzusetzen, sieht sich heute genöthigt, Agenten in den entferntesten Ländern zu halten, sich mit Cours- und Wechselrechnung bekannt zu machen und mit Pferd und Wagen die gewaltigen Frachten zu befördern, die wöchentlich in die weite Welt hinauswandern. Ein Blick in eine heutige Schlosserwerkstatt wird uns zeigen, welche Summe von Scharfsinn und Geschicklichkeit angewandt wird, um auch nur das Schuhladenschlofs einfachster Art herzustellen, und wie man durch ein unaufhörliches Fortschreiten in den maschinellen Einrichtungen die Leistungsfähigkeit zu erhalten und zu erhöhen sucht.

Beginnen wir mit einem kurzen geschichtlichen Rückblick auf die Schlofsindustrie. — Hab und Gut gegen heimliche und gewaltthätige Angriffe zu schützen, hat sich seit den ältesten Zeiten als nothwendig erwiesen. In den den entferntesten Jahrhunderten angehörenden Aufzeichnungen, wie z. B. in der Bibel und den homerischen Gesängen, ist häufig von Verschlufsmitteln die Rede. Dafs solche verhältnifsmäfsig einfach waren, ist sehr wohl anzunehmen, und sie werden auch mehr oder weniger gleicher Beschaffenheit gewesen sein, indem sie sich darstellten als Vorsteckbolzen oder Einfallriegel, welch letztere entweder mittels einer

* Wenngleich der nachfolgende Artikel sich nicht innerhalb des streng technischen Kreises bewegt, so bietet er doch namentlich in geschichtlicher Hinsicht des Anziehenden so viel, dafs wir ein Interesse für denselben bei den Lesern unserer Zeitschrift voraussetzen zu dürfen meinten. *Die Redaction.*

Schnur oder eines einfachen Schlüssels gehoben wurden. Derartige primitiven Verschlüsse fanden sich noch bis in unser Jahrhundert vielfach und sind auch heute noch in solchen Gegenden in Gebrauch, wo sich bis jetzt ein Bedürfnifs nach gröfserer Sicherheit nicht geltend gemacht hat. Wenn Walther Fürst's Wort in „Tell":

„. . . . . Bald thät es noth,
Wir hätten Schlofs und Riegel an den Thüren",

den damaligen Sicherheitsverhältnissen auch nur in etwa entsprach, und wenn wir z. B. lesen, dafs das Königliche Palais Friedrichs des Grofsen so wenig verschlossen war, dafs der mit den Oertlichkeiten Bekannte in einer warmen Sommernacht wohl bis zu dem einfachen Ruhebette des Königs hätte vordringen können, so ersehen wir daraus zur Genüge, dafs die allgemeine Anwendung des künstlichen Schlosses vornehmlich der neueren und neuesten Zeit angehört.

In Aegypten war, wie aus Darstellungen der ältesten Sculpturen hervorgeht, schon sehr früh ein sinnreiches Schlofs in Anwendung. Dasselbe wurde aus Holz gefertigt und zeigt in seinem Bau schon „Zuhaltungen", wenn auch in einfachster Form, beruht somit auf demselben Grundgedanken, auf welchem auch unsere modernen Kunstschlösser aufgebaut sind. Dieses Schlofs ist noch heute in Aegypten und in weiten Theilen des türkischen Reiches in Gebrauch.

Wie man aus den Ruinen von Pompeji ersieht, benutzten die Römer dicke Querbalken zum Verschlufs der Thüren; Kisten und Schränke dagegen wurden künstlicher verschlossen. Man gebrauchte anfänglich eine Art Vorlegeschlofs, welches durch eine Kette an dem Schranke befestigt war, später das berühmt gewordene lacedämonische Schlofs, das auch schon eine Art Eingerichte hat. Es zeigt sich, dafs mit dem Verfall der Sitten im republikanischen Rom, wo naturgemäfs die Unsicherheit gröfser wurde, die Schlosserei sich vervollkommnete.

So lange das Schlofs nicht als ein von Jedermann benöthigter, also kein allgemein verbreiteter Artikel war, vielmehr ausschliefslich da angewandt wurde, wo grofse Schätze zu verwahren oder Eingänge zu Häusern, Burgen und Städten zu schützen waren, mufste die Schlosserei auch ein Kunstgewerbe sein und bleiben. Thatsächlich wird es im Mittelalter, zur Zeit des Faustrechts, kaum einen andern Gegenstand geben, an dem sich Erfindungsgeist und Scharfsinn in gleicher Weise geübt hätten, als gerade an den Schliefsvorrichtungen. Deutschland war in der Herstellung von künstlichen Metallwaaren allen Ländern voraus, und die Zunft der Schlosser war eine sehr angesehene. Man gehe nur in unsere Museen und betrachte sich einmal ein solch complicirtes, verkünsteltes Schlofs auf der Innenseite eines Geldkistendeckels. Das Schlofs füllt nicht selten den ganzen Deckel aus und erregt die Bewunderung auch eines geschickten Schlofsfabricanten unserer Zeit. Die damals alle in Gebrauch gekommenen, nachmals oft berühmt gewordenen Schlösser können hier nicht einmal dem Namen nach genannt werden; es waren eine Menge von Vexir- und Combinationsschlössern, die fort und fort verbessert wurden. Besonders beliebt waren die sogenannten Buchstabenschlösser, die auch heute noch viel gebraucht werden. Ihre Einrichtung darf als bekannt vorausgesetzt werden. — Mit der Verbesserung der Schlösser hat aber auch die Kunst, sie heimlich mit Nachschlüsseln zu öffnen, gleichen Schritt gehalten, und gegen den gefürchteten „Dietrich" mufste man sich wieder auf andere Weise zu schützen suchen. So besteht die Schlofsfabrication als Kunst auch heute noch fort. Sie richtet ihr Augenmerk vornehmlich auf die Herstellung feuerfester Geldschränke, diebessicherer Kassen, Pulte u. dergl. Sie aber ist es nicht sowohl, die uns hier beschäftigen soll, als vielmehr das Schlossergewerbe in seinem fabrikmäfsigen Massenbetriebe. Da bewundern wir die Kunst nicht so sehr an dem einzelnen Schlosse, als vielmehr in den maschinellen Einrichtungen, die erdacht sind, den Gegenstand möglichst schnell, gut und billig herzustellen. Wir thun einen kurzen Blick in die Räume, wo unser einfaches Thür-, Kasten- und Schubladenschlofs entsteht.

Velbert, der Mittelpunkt der deutschen Schlofsfabrication, ist heute eine Stadt von etwa 20000 Einwohnern (mit Umgebung) und liegt auf den letzten Ausläufern des bergischen Landes zur unteren Ruhr und der Rheinebene hin auf einem hohen Bergrücken lang hingestreckt. Seine Kirchthürme sind weithin sichtbar, und die rauchenden Schlote verkünden von weitem die Rührigkeit und den Fleifs seiner Bewohner. Vor 20 Jahren zählte Velbert, das jetzt mit seiner Industrie, soweit die Herstellung von Schlössern in Betracht kommt, einzig dasteht, noch kaum $^{1}/_{3}$ seiner jetzigen Einwohner, und die maschinellen Betriebe konnten an den Fingern einer Hand aufgezählt werden. Heute besitzt die Stadt Wasser- und Gasleitung, elektrische Beleuchtung in vielen Betrieben, wohl an 50 gröfsere Fabriken, in denen fast ausnahmslos Schlösser und Schlofstheile hergestellt werden; es ist Eisenbahnstation und wird demnächst auch der Centralpunkt von mehreren elektrischen Bahnen, welche es mit den grofsen Industriestädten des Kohlenreviers und des Wupperthales noch enger verbinden werden. Den mächtigen Aufschwung verdankt Velbert ausschliefslich seiner blühenden Industrie, die mehr denn neun Zehnteln der Bevölkerung einen lohnenden Verdienst gewährt. Hier reiht sich Werkstätte an Werkstätte. Aus allen vernehmen wir ein lautes Geräusch von Hämmern, Feilen, Knarren und Kreischen, das jedoch übertönt wird von den lustigen Liedern der Arbeiter. Treten wir einmal in eine solche Schlosserwerkstatt ein und machen wir einen kurzen Rundgang durch dieselbe.

Wir gelangen, ein weit geöffnetes Thor durchschreitend, auf einen geräumigen Hof, der ringsum von Werkstätten eingeschlossen ist. Rufsige Burschen sind damit beschäftigt, neu angekommene Vorräthe von einem Wagen abzuladen, um sie in dem Vorrathsraum zu ordnen. Daselbst sehen wir Hunderte von Eisen- und Messingtafeln, ihrer Dicke nach geordnet, in langer Reihe aufgestellt; grofse Ringe von Draht sind an den Balken der Decke befestigt; eine Menge von Kisten und Körben, alle mit Rohgufs gefüllt, nehmen fast die Hälfte des Raumes ein. Dieser Gufs besteht nur aus Schlüsseln und einer kleinen Sorte von Riegeln, und von unserm Begleiter hören wir, dafs es die einzigen Schlofstheile sind, welche heute noch gegossen werden,* alle übrigen vielmehr aus Schmiedeisen bestehen. Die Stempel zum Ausstanzen dieser letztgenannten Theile, wie vornehmlich auch des Bleches, sind deshalb, entsprechend der verschiedenen Gröfse und Art des Schlosses, sehr mannigfaltig. Sie vor Allem sind der Gradmesser für die Leistungsfähigkeit der Fabrik. Bemerkt sei auch, dafs alle Schlösser heute noch mit dem alten Zoll gemessen werden. Man spricht nur von ein-, fünfviertel-, einundeinhalb- u. s. w. zölligen Schlössern. Noch werfen wir einen kurzen Blick in die Kasten und Fächer, die den ganzen Raum der Hinterwand einnehmen. Sie enthalten Riegel, Federn, Dorne, Schlofsdecken, Schlüsselschilder, Nieten, Schrauben und hundert andere Theile. Hier ist der Lehrling zu Hause. Mit derselben Sicherheit, mit welcher der Buchdrucker in den Setzkasten greift, zieht er uns ein beliebiges Theil heraus, immer geschickt an der Wand umherkletternd.

Die erste Werkstätte, in welche wir nun eintreten, enthält die Schneidpressen. Die gröfste von ihnen hat Schnitte von 2 m Länge. Das untere Stück derselben liegt fest, das obere bewegt sich mittels Dampfkraft langsam auf- und abwärts. Die ganze Länge einer Eisentafel wird durch einen Druck mit einer Leichtigkeit durchschnitten, als ob man mit einer Scheere einen Streifen Papier abschneidet. Wir sehen dasselbe auch an einem Stück Bandeisen, das eine Dicke von 6 mm hat. Die abgeschnittenen Streifen begleiten wir in die Schleiferei. Hier sitzt eine kräftige, musculöse Gestalt vor einem etwa 30 cm breiten Schleifsteine, der einen Durchmesser von $2^1/_2$ m hat. Der Schleifer drückt den auf einem Holzstück aufgespannten Eisenstreifen mit den Knien durch ein Querholz gegen den Stein, dafs die Funken in hellen Strahlen zischend unter den Schleifstein fahren. Ist der Streifen, der glühend heifs geworden war, etwas erkaltet, so läuft er unter einem Schmirgelrade her, das ihm erst den Glanz verleiht. In einer andern Werkstatt sind die Lochpressen aufgestellt. Das festgeschraubte Lager zeigt alle Durchlochungen, welche für das Schlofsblech erforderlich sind: Ausschnitte für den Schlüsselbart, für den Riegel in der Stulpe, Nieten- und Nagellöcher. In dem sich über dem Lager auf und ab bewegenden Stempel sind entsprechende Stahlstäbchen eingeschraubt, die genau in jene Durchlochungen passen und behufs besseren Durchschlags mit abgeschrägten Grundflächen versehen sind. An der Hinterseite befindet sich eine Eisenscheere, die dergestalt arbeitet, dafs sie ein Stück abschneidet, während ein zweites zugleich durchlocht wird. Gleich nebenan bemerken wir eine sehr genau angreifende Frictionsmaschine. Sie ist dazu bestimmt, in einem Druck die Beugung der Stulpe — bei umgezogenen Schlössern auch der beiden seitlichen Ränder — zu bewerkstelligen. Es geschieht mit grofser Leichtigkeit, fast ohne Geräusch. Das Schlofsblech ist fertig. Die Herstellung der Feder und des Riegels ist verhältnifsmäfsig einfach. Letzterer wird mit den nöthigen Ausschnitten aus Tafeleisen ausgeprefst, zwei passende Kopfstücke werden zur Verstärkung aufgenietet, und ein Dampfhammer zeigt uns, wie diese Nieten dann „gestemmt", d. h. gefestigt und geglättet werden. Der Riegel wandert alsdann noch unter die Fräsmaschine, welche denselben auf allen drei Kanten sehr schnell und glatt abfräst. Um das Heifswerden der Räder und das Rosten der Riegel zu verhüten, läuft dabei beständig Seifenwasser über die sich sehr schnell drehenden Räder. Es bedarf jetzt nur noch eines Druckes auf das Schmirgelrad, um den Riegel blank zu schleifen und ihn seiner Bestimmung übergeben zu können.

In einem kleinen, dunkeln Raume, dessen Fenster mit rothem Staube dicht belegt sind, herrscht ein Getöse, dafs man seines Nachbars Wort nicht mehr verstehen kann. Zwei achtseitige, eiserne Kasten mit wagerecht liegender Achse — „Bommeln" genannt — drehen sich mit Blitzesschnelle. Der eine derselben wird soeben geöffnet, und seinem Bauche entfällt ein Gemengsel von Asche, Gufs und Lederfetzen. Wir werden belehrt, dafs die roh gegossenen Schlüssel im Ringe sowohl, wie auch an Bart und Kralle noch vielfach den sogenannten „Draht" zeigen. Durch eine etwa 6 stündliche Umdrehung werden sie davon nicht nur gereinigt, sondern auch derart blank polirt, dafs sie mit einigen Glättungen am Bart für rauhe Schlösser schon benutzbar sind. Bessere Sorten dagegen erfordern eine feinere Bearbeitung des Schlüssels. Er wird, wenn nöthig, gebohrt und dann geschliffen. Dabei ist vollständige Arbeitstheilung eingeführt. Eine ganze Reihe von Arbeitern steht an einer Bank vor den sich mit grofser Schnelligkeit drehenden Schmirgelrädern. Der erste bearbeitet den Bart, der zweite die Pfeife, der dritte die Kralle, der vierte den Ring. Es bedarf nur eines kurzen Druckes, um der betreffenden Stelle den nöthigen „Schliff" zu ver-

* Vergl. „Stahl und Eisen" 1895, Nr. 19, S. 890.

leihen. Dutzend auf Dutzend fällt so in rascher Folge in den untergestellten Korb. Dabei arbeitet ein Mann dem andern stets in die Hand, so dafs täglich eine Unmenge Schlüssel fertiggestellt werden können. Mit welcher Fixigkeit hier hantirt wird, mag beispielsweise aus dem Umstande ersehen werden, dafs für 100 Stück fertig geschliffener Schlüssel im ganzen 22 Pfg. gezahlt werden, und jeder hier beschäftigte Arbeiter es bei nicht allzugrofser Anstrengung auf einen Tagelohn von 5 ℳ bringen kann.

Wenden wir uns nunmehr jener Werkstätte zu, wo die fertiggestellten Theile zum Schlofs „aufgesetzt" werden. Es sind in der Fabrik selbst damit nur wenige Arbeiter beschäftigt. Die gröfsere Anzahl, besonders die Familienväter, erhalten die ausgestanzten und vorgerichteten Stücke ins Haus gebracht, um sie dort zu Schlössern zusammenzustellen. Hier finden wir deshalb meist jüngere Leute, die mit bewundernswerther Geschicklichkeit ihrem Handwerk obliegen. Es gilt auch, keine Zeit zu verlieren, denn sie erhalten für das Dutzend gangbarer Sorten 20, höchstens 30 bis 35 Pfg. Nur wenige Minuten Verweilens genügen, um ein ganzes Dutzend fertiggestellter Schlösser vor unseren Augen erstehen zu sehen. In einem besonderen Raume werden sie alsdann gereinigt, sortirt und dutzendweise verpackt. — Die Anfertigung der Schlösser geschieht durchgehends nur nach Bestellungen. Da aber, wie das leicht verständlich ist, bei einem Mangel an Commissionen der ganze Betrieb nicht gleich stille gelegt werden kann, auch das Ausstanzen der Theile fast nur in grofsen Mengen geschieht, so braucht es nicht wunder zu nehmen, dafs wir auf den Lagerstuben gröfserer Geschäfte oft bis an 15- bis 20 000 Dutzend Schlösser aufgespeichert finden. Auch in die Schmiede, wo beständig „ein lustig Feuer Flammen schlägt" und die beschädigten und abgenutzten Theile ausgebessert werden, werfen wir noch einen kurzen Blick, um unsern Rundgang damit zu beenden. —

Die Zahl der auf solche Weise in jenem Industriebezirk tagtäglich erzeugten Schlösser ist eine kaum glaubhafte. Nehmen wir rund 4000 in diesem Zweig beschäftigte Arbeiter an, so darf mit Sicherheit geschlossen werden, dafs dieselben in jedem Tage wenigstens 10 000 Dutzend Schlösser der verschiedensten Art fertigstellen, was einem Jahresumsatz von 4 Millionen Dutzend gleichkommt. Es scheint diese Summe durchaus nicht zu hoch gegriffen, wenn man sieht, welche Frachten täglich zu- und abgefahren werden. Es giebt kaum ein Land der Erde, wohin nicht Velberter Erzeugnisse versandt werden: Rufsland, Italien, Spanien, Amerika und die Levante sind die wichtigsten Absatzgebiete. Von den vielen Arten, die zum Versand kommen, seien nur folgende wenige genannt: Umgebogene und einlassende deutsche Möbelschlösser, belgische und italienische aufspiekende Uhrkasten- und Glasschrankschlösser, das Koffer- und Vorhangschlofs, das schwere deutsche Thür-, das holländische Thor- und das Schweizer Kellerschlofs, Klavier-, Glocken-, Kasettenschlösser u. a. m.

Nur wenige Arbeiter erhalten Tagelohn, die meisten haben Vereinbarungen in Accord und fahren dabei gar nicht übel. Ueberhaupt dürfen die Lohnverhältnisse bei der Schlofserzeugung, worüber oben schon einige Andeutungen gegeben wurden, im Vergleich zu manchen anderen — wir erinnern hier z. B. nur an die Sammet- und Seidenindustrie des linken Niederrheins — sehr günstige genannt werden. Dazu tritt noch ein anderer beachtenswerther Umstand. Obschon die Herstellung der Schlösser in erster Linie maschinelle Thätigkeit ist, ist es doch jedem Familienvater ermöglicht, seiner Beschäftigung im eigenen Hause nachgehen zu können. Haus- und Fabrikindustrie heben sich nicht auf, sondern können friedlich nebeneinander bestehen. Welchen Vortheil das aber für das Familienleben und besonders für solche Leute hat, die neben ihrem Hause noch einen Garten oder ein Stück Feld zu bebauen haben, braucht hier nicht des näheren ausgeführt zu werden. Die wohlthätigen Folgen treten offen zu Tage. Wer sich die reinlichen, wohnlich ausgestatteten Arbeiterhäuser dieser Gegend ansieht, erkennt auf den ersten Blick, dafs Mühe und Fleifs des Arbeiters hier ihren Lohn finden. Es macht sich bei der Bevölkerung ein gewaltiger Umschwung bemerkbar in Bezug auf Ansprüche an Luxus und Bequemlichkeit, an Kleidung, Wohnung und Lebensgenüsse.

Wäre dieses der Segen allein, den das Emporblühen einer Industrie mit sich bringt, er dürfte gewifs nicht gering angeschlagen werden. Doch die Cultur birgt ungezählte Früchte in ihrem Schofse. Mit der Sorge für das bessere Wohlbefinden geht ein Streben nach besserer Erkenntnifs Hand in Hand. Wo Handel und Wandel blühen, da können sich Kunst und Wissenschaft entfalten, und jeder Fortschritt im Gewerbe bedeutet einen Sieg für Sitte und Verstand. Auch die Schlosserwerkstätte, des sind wir gewifs, darf mit Recht ein solcher Kampfplatz des Geistes genannt werden.

Mittheilungen aus dem Eisenhüttenlaboratorium.

Bestimmung des Chroms in Ferrochrom und Chromstahl.

Von J. Spüller und A. Brenner.

Die früher beschriebene Methode* ist nunmehr folgendermaßen abgeändert worden.

1. Ferrochrom. 0,35 g der sehr fein gepulverten Probe werden in einer halbkugelförmigen Silberschale mit 2 g möglichst trockenen, gepulverten Aetznatrons mittels eines Silberspatels innigst gemischt und hierauf mit 4 g Natriumsuperoxyd überschichtet. Die Schale sammt Inhalt wird nun ziemlich stark erhitzt. Sobald die Probe zu schmelzen anfängt, wird der Brenner rasch zur Seite gestellt. Infolge der Reactionswärme beginnt nun fast der ganze Inhalt der Schale allmählich zu schmelzen, wobei man mit Hülfe des Spatels die noch festen Theile des Natriumsuperoxydes mit der schmelzenden Probe vorsichtig mischt, so dafs die ganze Masse in Flufs geräth. Sobald die erste Reaction vorüber ist, wird die Probe wieder mit ziemlich starkem Brenner erhitzt. Nach 10 Min. langem Schmelzen werden unter Umrühren 5 g Natriumsuperoxyd vorsichtig eingetragen, und nun steigert man die Temperatur, bis die Masse vollständig dünnflüssig wird. Nach Verlauf von 30 Min. werden neuerdings 5 g Natriumsuperoxyd zugesetzt War die Probe hinreichend fein gepulvert, so ist nach weiteren 20 Min. die Oxydation vollständig erfolgt und die Substanz vollkommen aufgeschlossen. Es werden nun abermals 5 g Natriumsuperoxyd in die Schmelze eingetragen, mittels des Silberspatels verrührt und hierauf sofort der Brenner abgedreht.

Zum Auslaugen wird eine geräumige halbkugelförmige Porzellanschale in einer der Gröfse der Silberschale entsprechenden Höhe mit kaltem Wasser gefüllt. Die auf 80—90° C. abgekühlte Silberschale wird mit Hülfe einer Pincette mit ihrer unteren Fläche zunächst vorsichtig mit der Oberfläche des Wassers in Berührung gebracht, wobei durch die rasche Abkühlung ein theilweises Ablösen der Schmelze von der Wand der Schale bewirkt wird. Sodann wird durch entsprechendes Neigen der Schale etwas Wasser zu dem Inhalte derselben zufliefsen gelassen. Es tritt sofort ein sehr lebhaftes Zersetzen des überschüssigen Natriumsuperoxydes und ein theilweises Auflösen der Masse ein. Nach einigen Secunden wird nun die Schale ganz in das Wasser gesenkt und die Porzellanschale mit einem Uhrglase vollständig bedeckt. Nach 1—2 Min. ist die Auslaugung, die früher mindestens 1 Stunde in Anspruch genommen hat, beendet.

* Vgl. „Stahl und Eisen" 1894. Nr. 3. S. 137.

Der Gang der weiteren Arbeit ist ganz derselbe wie bei der früheren Methode. Die ausgelangte Schmelze ist im allgemeinen vor dem Absitzen braun, nach dem Absitzen gelb gefärbt. Sollte dieselbe jedoch durch noch nicht zersetztes mangansaures oder übermangansaures Natron grün oder roth gefärbt sein, so reducirt man diese durch Eintragen von etwas Natriumsuperoxyd. Nun wird die Silberschale aus der Lösung herausgenommen, mit heifsem Wasser gründlich abgespült, sodann in die heifs gemachte Lösung ½ Stunde hindurch ein starker Strom von Kohlensäure eingeleitet. Nach dem Abkühlen wird in 1 Liter-Kolben gebracht, zur Marke aufgefüllt, durchgeschüttelt, filtrirt und in 250 ccm des Filtrates die Chromsäure nach Schwarz* titrirt.

Es kommt mitunter vor, dafs die Lösung der Schmelze nach dem Auslaugen noch durch Spuren von mangansaurem Natron, die sich auch durch wiederholtes Eintragen von Natriumsuperoxyd nicht zersetzen lassen, schwach grün gefärbt erscheint, und die Flüssigkeit bleibt dann selbst nach dem Kochen und Einleiten von Kohlensäure noch immer grünlich gefärbt. In diesem Falle hilft man sich in der Weise, dafs man in die Lösung der Schmelze vor dem Einleiten der Kohlensäure einige ccm einer starken Chamäleonlösung bringt, und nun reducirt man aufs neue durch entsprechende Mengen von Natriumsuperoxyd. Man erhält jetzt bestimmt eine rein gelb gefärbte, von mangansauren Salzen freie Lösung.

2. Chromstahl. 2 g des zu untersuchenden Chromstahles werden in 20 ccm concentrirter Salzsäure in einer Porzellanschale unter Erwärmen gelöst, hierauf mit 10 ccm Schwefelsäure (1 Vol. H_2SO_4 : 1 Vol. H_2O) versetzt, die Lösung eingedampft und die überschüssige Schwefelsäure abgeraucht. Der Rückstand wird in eine halbkugelförmige Silberschale gebracht, mit etwa 2 g gepulvertem, möglichst trockenem Aetznatron vermischt und sodann mit etwa 5 g Natriumsuperoxyd überschichtet. Es wird nun mit schwach aufgedrehtem Brenner erhitzt, bis die Umsetzung der Sulphate — welcher Procefs ruhig verläuft — erfolgt ist und die Substanz theilweise zusammenbackt. Nun wird mit ziemlich starkem Brenner erhitzt und noch etwa 5 g Natriumsuperoxyd eingetragen. Nach kurzer Zeit beginnt die Masse zu schmelzen, wobei man das Natriumsuperoxyd mittels des Silberspatels in die Schmelze einmischt, um auf diese Weise das Schmelzen der Masse zu beschleunigen. Nach etwa 20 Min. werden neuerdings 5 g Natriumsuperoxyd zugesetzt und, wenn die Schmelze noch nicht genügend dünnflüssig ist.

* Fresenius: Anleitung zur quant. chem. Analyse. I. 381.

noch stärker erhitzt. Nach Verlauf von weiteren 20 Min. ist die Oxydation beendigt. Nun werden behufs leichterer Auflösung der Schmelze noch etwa 5 g Natriumsuperoxyd zugesetzt und der Brenner rasch abgedreht. Auslaugung der Schmelze und Titration der Chromsäure sind wie beim Ferrochrom; doch wird blofs auf 500 ccm aufgefüllt und nicht der vierte Theil, sondern die Hälfte des Filtrates, also 250 ccm = 1 g Substanz zur Titration verwendet.

Für die Titration von Chromstahlen mit geringem Chromgehalte empfiehlt es sich, nicht die Schwarz'sche, sondern die Zulkowsky'sche Methode anzuwenden. Die Verfasser führen dieselbe wie folgt aus: 250 ccm des Filtrates, entsprechend 1 g Substanz, werden in ein hohes und enges Becherglas gebracht, mit 10 ccm einer 10procentigen Jodkaliumlösung versetzt und hierauf bei thunlichst bedecktem Uhrglase vorsichtig mit Salzsäure von der Dichte 1,12 (sogenannte medicinische Salzsäure, concentrirte Salzsäure ist stets chlorhaltig) bis zur sauren Reaction versetzt. Gleichzeitig nimmt man 20 ccm einer Kaliumbichromatlösung, die 0,9833 g $K_2Cr_2O_7$ auf 1 l enthält, verdünnt auf etwa 250 ccm, versetzt mit 10 ccm einer 10proc. Jodkaliumlösung und säuert mit Salzsäure an. Beide Proben werden 15 Min. im Dunkeln stehen gelassen und hierauf mit einer Natriumhyposulphitlösung, die beiläufig 4,96 g $Na_2S_2O_3 + 5aq.$ in 1 l enthält, unter entsprechendem Zusatz von Stärkekleister titrirt.

Die Berechnung des Resultates ist äufserst einfach: hat man zur Titerstellung der Natriumhyposulphitlösung von obiger Kaliumbichromatlösung 20 ccm = 0,007 g Chrom genommen und zu derselben a ccm Natriumhyposulphitlösung verbraucht, hat man ferner von dem zu untersuchenden Filtrate 250 ccm = 1 g Substanz verwendet und mit b ccm Natriumhyposulphitlösung titrirt, so findet man die Procente Chrom durch die Gleichung:

$$\text{Proc. Chrom} = 0,7\ \frac{b}{a}.$$

Das Verfahren ist auch für Chromnickelstahle anstandslos verwendbar. (Chemiker-Ztg. 1897. S. 3.)

Bericht über in- und ausländische Patente.

Patentanmeldungen,

welche von dem angegebenen Tage an während zweier Monate zur Einsichtnahme für Jedermann im Kaiserlichen Patentamt in Berlin ausliegen.

11. Januar 1897. Kl. 40, R 10699. Elektrolytisches Bad zur Zinkfällung aus alkalischer Lösung. W. Stepney Rawson, London.

Kl. 49, L 10675. Maschine zum Biegen von Walzeisen beliebiger Profile unter einem bestimmten Winkel in hoher oder flachkantiger Lage. Louis Leistner, Dresden.

14. Januar 1897. Kl. 5, R. 10412. Nachlafsvorrichtung für Bohrgestänge. Anton Raky, Dürrenbach, Elsafs.

Kl. 5, S 9455. Rückzug-Federwerk für direct wirkende Stofsbohrmaschinen. Siemens & Halske, Berlin SW.

Kl. 31, W 12335. Zahnräderformmaschine; Zusatz zum Patent 89684. Joseph Wierich, Düsseldorf.

18. Januar 1897. Kl. 10, C 6418. Liegender Koksofen mit horizontalen Wandkanälen. F. J. Collin, Dortmund.

Kl. 40, F 9308. Amalgamator. Ewald Fischer, Breslau, und Charles Gregory Penney, London.

21. Januar 1897. Kl. 1, P 7731. Scheidecentrifuge. Orrin Burton Peck, Chicago, V. St. A.

Gebrauchsmuster-Eintragungen.

11. Januar 1897. Kl. 10, Nr. 67892. Mittels Pech zusammengehaltene Briketts aus Koksmaterial mit oder ohne Kohlenkleinzusatz für rauchfreie Verbrennung. Otto Streiber, Mannheim, und Friedrich Kiefer, Karlsruhe.

Kl. 49, Nr. 67851. Schmiedeform für längliche Feuer mit Schalthebel zum Drehen der Form im Herd. C. F. Schubert, Chemnitz.

18. Januar 1897. Kl. 5, Nr. 67984. Bohrer mit vom Gestänge abschraubbarem Theil mit doppelgängigem Gewinde. Heinrich Kneider, Günnigfeld.

Kl. 19, Nr. 68171. Schienenlaschenpaar, mit seitlich geschlitzten Löchern und genutheten Kopfansätzen, die dazwischen befindlichen Schienenenden haltend. J. M. Halfpenny, Swengel.

Kl. 31, Nr. 68052. Modellplattenrahmen für Eisengufs mit Ausschnitten oder Zapfen zur Sicherung der Modellplatte. Gebr. Schmitz, Solingen.

Kl. 31, Nr. 68056. Glüh- und Schmelzofen mit luftdicht durch anschraubbaren Deckel oder Rohrschieber abschliefsbarem Rost und durch Drosselklappe oder Drehrohrschieber verschliefsbarem Abzugsrohr. H. N. Gauthier, Pforzheim.

Kl. 31, Nr. 68117. Vorwärmer für zu schmelzendes Metall aus zwei ineinandergefügten Theilen mit glattfortlaufender Innenwand. Rudolf Baumann, Seebach bei Zürich.

Deutsche Reichspatente.

Kl. 18, Nr. 90040, vom 24. März 1895. Louis Grambow in Berlin. *Härten von Geschossen.*

Um Geschossen aus Stahl oder härtbaren Stahlmischungen an einzelnen Theilen, namentlich am ogivalen Theil eine besondere Härte, im übrigen Theil, namentlich am Bodentheil oder auch im Innern, eine besondere Zähigkeit zu ertheilen, werden die Geschosse in der Weise behandelt, dafs man die zu härtenden Theile bis zu der der verlangten Härte entsprechenden hellen Rothgluth, die anderen Theile dagegen nur bis auf einen derartigen Grad der Rothgluth erhitzt, dafs eine Härtung der betreffenden Theile beim Abschrecken ausgeschlossen ist, wonach das Geschofs im ganzen abgeschreckt wird.

Dieser Behandlung kann ein Erhitzen des ganzen Geschosses auf einen Grad der Rothgluth, der eine Härtung noch nicht zuläfst, und dann ein Abschrecken des ganzen Geschosses vorangehen, um dasselbe in seiner ganzen Masse zähe zu machen.

Endlich kann beiden Behandlungen noch ein Härten des Geschosses in seiner ganzen Masse vorangehen, wobei dasselbe bis zum Schwinden des krystallinischen Gefüges erhitzt und dann im ganzen abgeschreckt wird.

Bei der Theilhärtung können dem Geschofs die verschiedenen Temperaturen in einem Ofen gegeben werden, wobei die weniger zu erhitzenden Stellen mit Sand oder dergl. bedeckt werden, oder zur Erhitzung der einzelnen Stellen werden erhitzte Gasströme benutzt, die durch Scheidewände eines das Geschofs umhüllenden Gehäuses voneinander getrennt sind.

Kl. 40, Nr. 89062, vom 14. December 1895. Société civile d'études du Syndicat de l'acier Gérard in Paris. *Verfahren zur Darstellung von pulverförmigem Metall.*

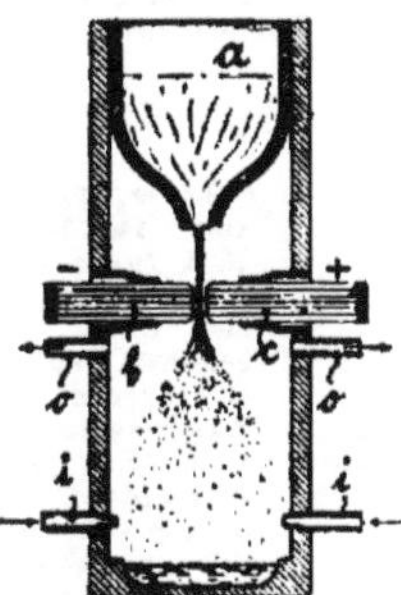

Man läfst das flüssige Metall aus einem Behälter *a* in dünner Schicht zwischen 2 Elektroden *b c* durch einen elektrischen Strom von grofser Intensität aber schwacher Spannung durchfallen. Durch die hierbei stattfindende hohe Erhitzung sollen die Massetheilchen sich voneinander trennen und dadurch ein um so feineres Pulver entstehen, je mehr die Temperatur der Verflüchtigungstemperatur sich nähert. Der freifallende Pulverregen kann bei der Gewinnung von Stahl aus Roheisen einem bei *i* ein- und bei *o* austretenden Luftstrom ausgesetzt werden.

Kl. 49, Nr. 89259, vom 23. April 1895. Theodor Herbst in Berlin. *Maschine zur Herstellung von Ketten aus Draht.*

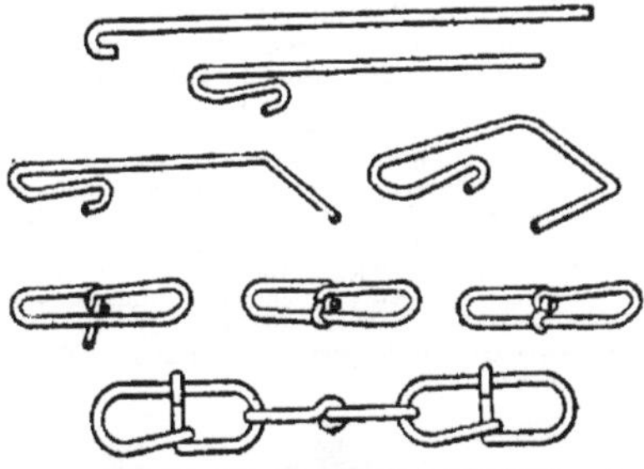

Die Skizze zeigt die verschiedenen Stadien der Verarbeitung des Drahtes bis zur fertigen Kette. Im übrigen wird auf die Patentschrift verwiesen.

Kl. 40, Nr. 89818, vom 5. Januar 1895. J. J. Hood in London. *Extraction von Edelmetallen.*

Das Erz wird mit einer Lösung behandelt, welche neben einem Cyankali ein Salz oder eine Verbindung eines minder edlen Metalls (lösliches Quecksilber- oder Bleisalz) enthält, welches letztere Metall durch das edle Metall aus seiner Verbindung ausgefällt wird, während das edle Metall in Lösung geht.

Kl. 49, Nr. 89098, vom 5. Oct. 1895. H. d'Hone in Duisburg. *Gesenk zum Schweifsen und Kalibriren von Kettengliedern.*

Der Untertheil *a* des Gesenkes besteht aus einem ovalen, der lichten Weite des Kettengliedes entsprechenden Dorn *b*, zwei festen, einen Spalt für das

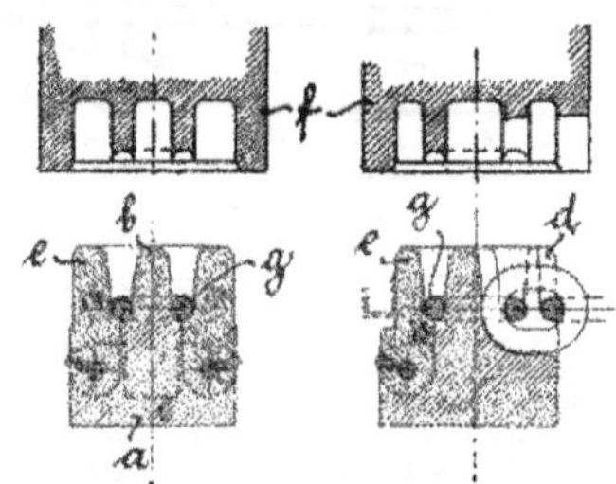

schon fertige Kettenglied *c* zwischen sich freilassenden Backen *d* und drei umklappbaren Backen *e*, über welchen Untertheil — nach Einlegung der Kette — sich der Obertheil *f* senkt, so dafs dessen festen Wände den Untertheil *a* umgreifen und das Kettenglied *g* formen und kalibriren.

Kl. 49, Nr. 89502, vom 21. Januar 1896. L. Mannstaedt & Co. in Kalk bei Köln. *Herstellung gewundener Voll- oder Hohlkörper mit gleichbleibendem oder wechselndem Querschnitt.*

Profilirte schmiedbare Metallstäbe, von zu diesem Zweck besonders gewähltem Querschnitt, werden schraubenförmig gewunden. Dies kann mit nur

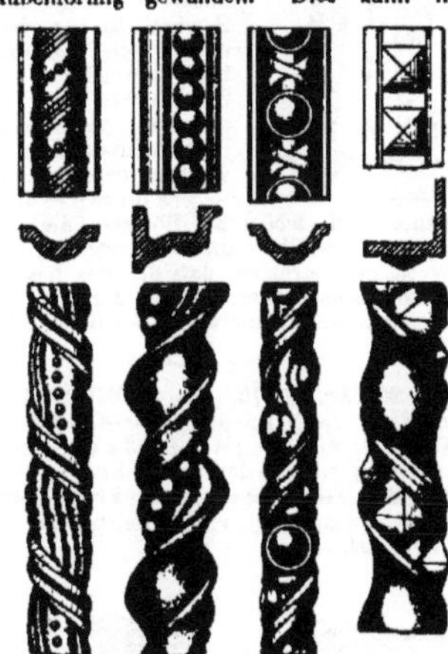

einem Metallstab oder mit mehreren Metallstäben verschiedener Form und Art (Eisen, Kupfer, Bronze u. s. w.), die bündelweise zusammengelegt sind, vorgenommen werden. Die vier Figuren zeigen derartige Metallstäbe in der Rohform, im Querschnitt und in gewundener Form.

Kl. 20, Nr. 86121 und 86122, vom 9. Juli 1895. Duisburger Maschinenbau-Act.-Ges., vormals Bechem & Keetman in Duisburg. *Mitnehmerglied für Kettenförderung.*

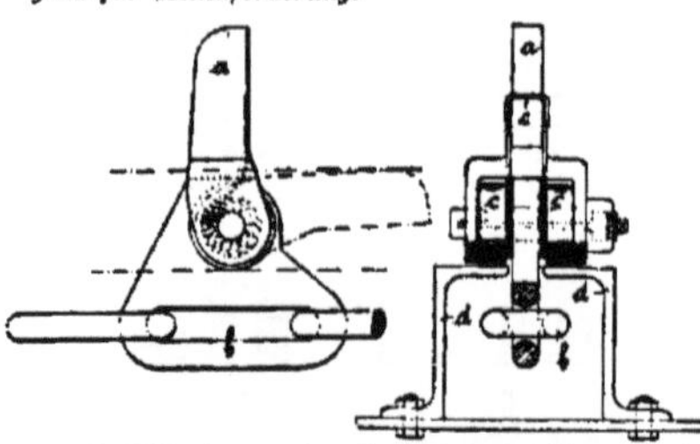

Der Mitnehmer *a* ist gelenkig mit dem Kettenglied *b* verbunden und wird durch eine Feder *e* in aufrechter Stellung erhalten, so dafs er bei einem von links kommenden Zuge nachgeben kann.

Behufs Unterstützung der Kette *b* sind die Mitnehmerglieder mit Rollen c versehen, die auf Z-Eisen *d* laufen und zwischen diesen die Kette *b* tragen. Diese Führung d ist auch bei Ketten mit festen Mitnehmern anwendbar.

Kl. 40, Nr. 89347, vom 17. December 1895. C. Fr. Claus in London, C. Göpner und C. Wichmann in Hamburg. *Rösten von Erzen.*

Die Röstung wird in Schachtöfen in der Weise vorgenommen, dafs das Roherz oben, bei a, aufgegeben und das geröstete Erz unten, bei *g*, abgezogen wird, während in die Beschickungssäule in verschiedenen Höhen heifse Luft im Ueberschufs und Dampf eingeblasen werden und die gebildete schweflige Säure die Beschickung von oben nach unten durchdringt und unten, bei *f*, entweicht. Statt eines Schachtofens können auch mehrere nebeneinander liegende Kammern benutzt werden, deren Beschickung — jede für sich — auf einmal abgeröstet wird, wobei die Röstgase die einzelnen nacheinander gefüllten und entleerten Kammern in der Weise durchströmen, dafs die mit frischem Erz beschickte Kammer ihre Gase in der Richtung nach der Kammer, welche zuerst mit Erz beschickt wurde, abgiebt.

Kl. 20, Nr. 89170, vom 2. Mai 1896. Emil Grund in Köln-Nippes. *Buffer-Kegelfeder.*

Die Feder wird aus einem Band *a* des gezeichneten Querschnitts gerollt, so dafs beim achsialen Zusammendrücken der Feder eine radiale Erweiterung ihrer Windungen stattfinden mufs, welche das Zurückfedern bremst.

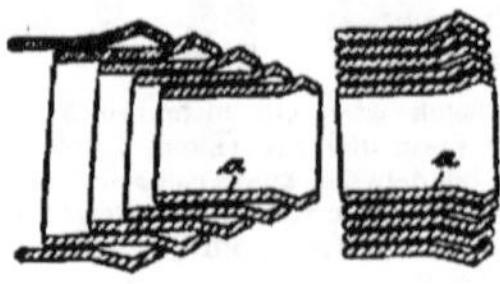

Kl. 49, Nr. 89508, vom 15. April 1896. Ch. B. Albree in Allegheny City (Pa., V. St. A.). *Maschine zum Pressen, Nieten und dergl.*

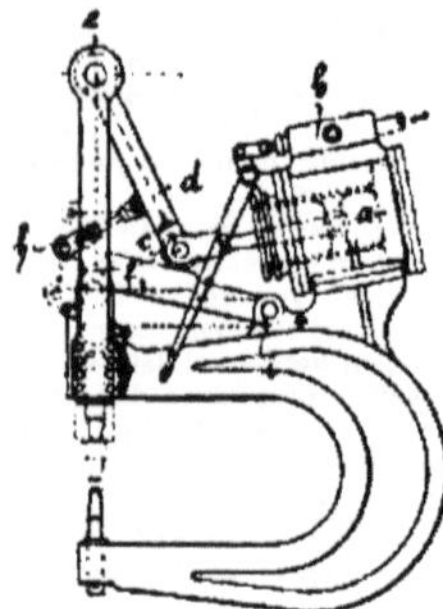

Der Kolben *a* des Motors *b* ist durch einen Lenker *d* mit einem Festpunkt *e* des Gestells verbunden und mit einer Rolle *c* versehen, die auf einem Arm *f* läuft, der bei *i* an das Gestell angelenkt ist und mit seinem freien Ende auf dem Nietstempel ruht. Wird demnach der Kolben *a* vorbewegt, so drückt die Rolle *c* den Arm *f* und damit auch den Nietstempel nach unten. Beim Rückgang des Kolbens *a* nimmt der in sich federnde Lenker *h* den Arm *f* wieder mit nach oben.

Kl. 49, Nr. 89099, vom 14. Februar 1896. Zusatz zu Nr. 87026 (vergl. „Stahl und Eisen“ 1896, Seite 685). Deutsch-Oesterreichische Mannesmannröhren-Werke in Düsseldorf. *Herstellung v. Doppelbördeln an Rohrenden.*

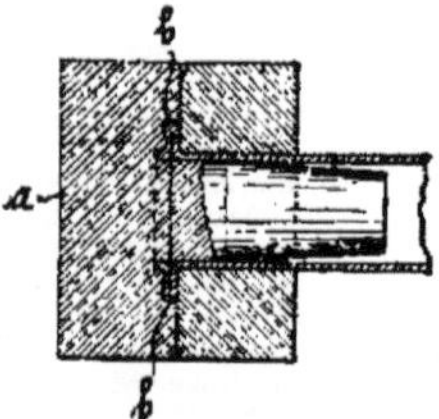

Die Matrize *a* hat eine Eindrehung *b*, in welcher das Rohrende beim Bördeln festgehalten wird, so dafs ein gleichmäfsiges Umlegen des Bordes erfolgt.

Kl. 5, Nr. 88513, vom 31. März 1895. Siemens & Halske in Berlin. *Gesteins-Drehbohrmaschine mit hydraulischer Längsbewegung des Bohrers.*

Mit dem von dem Zahnrad *a* gedrehten Zahnrad *b* sind sowohl das Rohr *c* als auch das Rohr *d* starr verbunden, welches letztere durch Keil und Nuth das Bohrrohr *e* mitnimmt. Letzteres ist gegen das Rohr *c* durch zwei Manschetten *f g* abgedichtet, so dafs, wenn Druckwasser vor oder hinter den Kolben *g* tritt, ein Vor- oder Zurückschieben des Bohrrohres *e* stattfindet. Beim Vorschieben von *e* strömt ein Theil des Druckwassers durch die Oeffnung *i* in die Bohrkrone und wirkt hier spülend und kühlend. Der Druckwassereintritt richtet sich nach der Stellung des Dreiwegehahnes *o*.

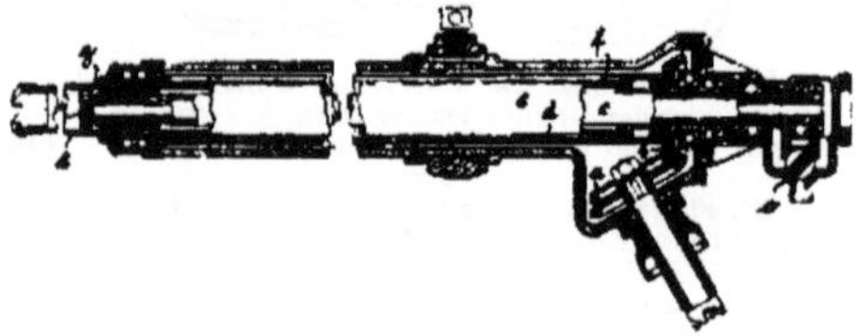

Statistisches.

Statistische Mittheilungen des Vereins deutscher Eisen- und Stahlindustrieller.

Erzeugung der deutschen Hochofenwerke.

	Gruppen-Bezirk.	Monat December 1896. Werke.	Erzeugung. Tonnen.
Puddel-Roheisen und Spiegel-eisen.	*Nordwestliche Gruppe* . . . . (Westfalen, Rheinl., ohne Saarbezirk.)	42	79 946
	Ostdeutsche Gruppe . . . . (Schlesien.)	10	30 088
	Mitteldeutsche Gruppe . . . . (Sachsen, Thüringen.)	—	—
	Norddeutsche Gruppe . . . . (Prov. Sachsen, Brandenb., Hannover.)	1	450
	Süddeutsche Gruppe . . . . (Bayern, Württemberg, Luxemburg, Hessen, Nassau, Elsafs.)	5	12 912
	Südwestdeutsche Gruppe . . . . . . (Saarbezirk, Lothringen.)	7	24 904
	Puddel-Roheisen Summa .	65	148 300
	(im November 1896	64	133 927)
Bessemer-Roheisen.	*Nordwestliche Gruppe*	6	35 938
	Ostdeutsche Gruppe	1	1 054
	Mitteldeutsche Gruppe	—	—
	Norddeutsche Gruppe	1	4 170
	Süddeutsche Gruppe	1	1 480
	Bessemer-Roheisen Summa .	9	42 642
	(im November 1896	11	46 102)
Thomas-Roheisen.	*Nordwestliche Gruppe*	18	132 559
	Ostdeutsche Gruppe	3	15 980
	Norddeutsche Gruppe	1	14 612
	Süddeutsche Gruppe	6	35 134
	Südwestdeutsche Gruppe	8	85 110
	Thomas-Roheisen Summa .	36	283 395
	(im November 1896	35	287 646)
Giefserei-Roheisen und Gufswaaren I. Schmelzung.	*Nordwestliche Gruppe*	14	39 043
	Ostdeutsche Gruppe	5	4 529
	Mitteldeutsche Gruppe	—	—
	Norddeutsche Gruppe	2	5 050
	Süddeutsche Gruppe	6	21 400
	Südwestdeutsche Gruppe	4	8 360
	Giefserei-Roheisen Summa .	31	78 382
	(im November 1896	29	76 992)

Zusammenstellung.

Puddel-Roheisen und Spiegeleisen . .	148 300
Bessemer-Roheisen	42 642
Thomas-Roheisen	283 395
Giefserei-Roheisen	78 382
Erzeugung im December 1896	552 719
„ *im November 1896*	544 667
„ *vom 1. Januar bis 31. December 1896*	6 360 982

Schwedens Montanindustrie 1895.

Die Förderung und Erzeugung der schwedischen Berg- und Hüttenwerke beziffert sich in 1897 wie folgt:

Bergeisenerze	1 901 971 t	(1 926 523 t)
See- und Moorerze	2 691 t	(689 t)
Goldhaltige Erze	459 t	(— t)
Blei- und silberhaltige Erze	12 045 t	(14 825 t)
Kupfererze	26 009 t	(25 710 t)
Zinkerze	31 349 t	(47 029 t)
Manganerze	3 117 t	(3 359 t)
Antimonerze	1,5 t	(0,03 t)
Schwefelkiese	221 t	(656 t)
Steinkohlen	223 652 t	(195 950 t)
Feuerfeste Thone	120 385 t	(129 617 t)
Roheisen	462 930 t	(462 809 t)
Halbfabricate:		
Nicht ausgeschmiedete Luppen, Schmelzstücke und Rohschienen	188 726 t	(204 517 t)
Flufsmetallblöcke	197 177 t	(167 835 t)
Blasenstahl (Brennstahl)	653 t	(905 t)
Aus vorstehenden Halbfabricaten an Fertigfabricaten:		
Eisen und Stahl in Stangen	168 270 t	(146 786 t)
Nicht specificirtes Formeisen und Stahl	12 171 t	(8 824 t)
Eisen und Stahl in Band-, Ruthen- u. s. w. Form	78 168 t	(78 092 t)
Walzdraht in Ringen	26 038 t	(25 764 t)
Grobbleche	12 028 t	(10 850 t)
Eisenbahnschienen	2 884 t	(3 664 t)
Kleineisenzeug	387 t	(384 t)
Eisenbahnradreifen	900 t	(1 391 t)
Achsen	1 897 t	(1 975 t)
Anker und Grobschmiedestücke	695 t	(1 009 t)
Gold	85,3 kg	(93,6 kg)
Silber	1 188 „	(2 869,5 „)
Blei	1 256 079 „	(330 363 „)
Kopfer	216 305 „	(349 899 „)
Kupfervitriol	1 195 408 „	(722 501 „)
Eisenvitriol	94 125 „	(361 918 „)
Rothfarbe	1 290 970 „	(1 563 731 „)
Alaun	286 284 „	(261 009 „)
Graphit	6 912 „	(106 630 „)

Gegen das Vorjahr haben sich die in Förderung stehenden Eisenerzgruben Schwedens um eine vermehrt, sie zählen im Berichtsjahre 327 und sind, wie bisher, in 11 Regierungsbezirke vertheilt; ihre Förderung belief sich, wie in vorstehender Zusammenstellung aufgeführt, auf 1901971 t gegen 1926523 t in 1894, blieb mithin um 24552 t = 1,3 % zurück, obschon die Zahl der bei ihnen beschäftigten Arbeiter eine mäfsige Vergröfserung — von 7562 auf 7644 — zeigt. Die Erzhaltigkeit des geförderten Gesteins ist in vier verschiedenen Regierungsbezirken — Stockholm, Westmanland, Gefleborg und Kopparberg — eine gegen das Vorjahr um Weniges gröfsere geworden, nur im Bezirke Jönköping sind, wie auch im Vorjahre, ausschliefslich Erze als gefördert angegeben, in allen übrigen aber hat sich nach den statistischen Zahlenangaben die Erzhaltigkeit des geförderten Gesteins mehr oder weniger verringert; für das ganze Land gerechnet ist sie von 64,4 auf 59,1 % zurückgegangen. Im ganzen wurden im Berichtsjahre 3195545, im Jahre vorher nur 2973024 t Gestein gebrochen und gefördert, aber im Bezirk Norbotten fielen aus 1020783 t Gestein nur mehr 627579 t haltige Erze = 61,5 %, während in 1894 aus 790050 t Gestein 655401 t Erze = 83,0 % durch Scheidung gezogen werden konnten.

Die meisten Erze lieferten die Bezirke Kopparberg — 612569 t — und Norbotten — 627579 t — 33 bezw. 32,2 % der Gesammtförderung Schwedens. Gegen die vorjährige Förderung erscheint im Berichtsjahre nur in drei Bezirken, Stockholm, Östergotland und Kopparberg, ein Förderungsmehr mit 755, 78 und 64658 t, in den übrigen 8 in Frage kommenden dagegen ist die Förderung an rein geschiedenen Erzen zurückgegangen; nicht am wenigsten in den Revieren, welche qualitativ reine d. h. phosphorärmere Vorkommen bearbeiten: der Bezirk Westmanland blieb mit 23627, Orebro mit 13693, Upsala mit 7256, Gefleborg mit 7392 und Södermanland mit 4997 t gegen das Vorjahr zurück. Der Aufgang und Niedergang der Förderungen in den Bezirken Kopparberg und Norbotten einerseits und in den übrigen 9 Bergbaubezirken Schwedens andererseits vom Jahre 1891 an veranschaulicht in deutlichster Weise das Ueberbandnehmen der entphosphorenden Betriebe und das relative Stagniren des eigentlichen Bessemerverfahrens, wenn nicht gar seinen Rückgang: Gellivara (Norbotten) und Grängesberg (Grangärde-Kopparberg) mit ihren hochphosphorhaltigen Erzen steigern ihre Förderung, Norberg (Westmanland), Nora (Örebro), Dannemora (Upsala) mit renommirten Bessemererzen blieben darin stehen bezw. gehen zurück. Das basische Entphosphorungsverfahren gewinnt Jahr um Jahr an Ausdehnung, und 20,5 % aller im Converter und Martinofen im Berichtsjahr erzeugten Blöcke waren im basischen Verfahren entphosphort worden.

Die eingangs dieses angegebene Fördermenge an Bergerzen zerlegt sich nach Sorten in 1651378 t Magneteisensteine (Schwarzerze) und 250593 t Eisenglanze (Blutsteine), 86,8 bezw. 13,2 % der Gesammtförderung; Glanze wurden im Berichtsjahre in gröfseren Mengen gefördert in den Bezirken Örebro 116069, Westmanland 75115, Kopparberg 54009 und Wermland 4600 t.

Wie in früheren Jahren wurden auch in 1895 im Wege magnetischer Separation aus alten Halden dem Magnete folgende Erze zurückgewonnen; es standen 10 magnetische Separatoren in 5 Bezirken in Verwendung, welche zusammen 15040 t schmelzwürdige Erze lieferten. Vorhanden sind überhaupt 12 Separatoren in 7 Bezirken, von denen im Berichtsjahre je einer in 2 Bezirken aufser Betrieb blieb.

Die Gewinnung von See- und Moorerzen stieg von 689 t im Vorjahre auf 2691 t.

Schweden zählte in 1895 192 betriebsfähige Oefen, von denen bei 125 verschiedenen Werken 146 zusammen 36773 Tage im Feuer standen und bei denen 462930 t Roheisen, davon 6235 t als Gufswaaren erster Schmelzung, fielen; im Vorjahre waren anstatt der soeben gegebenen Zahlen die in gleicher Reihenfolge hier folgenden Zahlen statistisch festgestellt: 195, 126, 145, 37235, 462809 und 6537. Es hat im Berichtsjahre mithin nur eine kleine, nur 121 t = 0,03 % betragende Vergröfserung der Roheisenerzeugung in Schweden stattgehabt, dagegen ist die durchschnittliche Leistung eines Ofens im Tage um 0,15, von 12,43 in 1894 auf 12,58 t in 1895 gestiegen, während die durchschnittliche Länge der einzelnen Hüttenreise von 257 auf 255 und die ebenso durchschnittliche Erzeugung eines Ofens von 3192 auf 3171 t zurückging. 27,63 % der Gesammt-Roheisenerzeugung Schwedens im Berichtsjahre entfallen auf den Bezirk Kopparberg, 25,14 % auf Örebro, 14,51 % auf Gefleborg und 10 % auf Wermland; von den übrigen beim Hochofenbetrieb in Frage kommenden 12 Bezirken hatten 2 — Westerbotten und Norbotten — keinen Ofen im Feuer.

Nach Sorten vertheilt sich die Roheisenerzeugung in Schweden

	1895		1894	
in Schmied- bezw. Puddelroheisen . .	240 666 t	(52,70 %)	257 275 t	(56,39 %)
„ Bessemer- und Martinroheisen . .	198 475 t	(43,46 „)	183 395 t	(40,19 „)
„ Spiegeleisen	1 338 t	(0,29 „)	1 046 t	(0,23 „)
„ Giefsereieisen zum Tempern . . .	8 500 t	(1,86 „)	5 935 t	(1,30 „)
„ „ zu anderen Zwecken	7 716 t	(1,69 „)	8 621 t	(1,89 „)
Zusammen .	456 695 t	(100 %)	456 272 t	(100 „)
in Gufswaaren I. Schmelzung	6 235 t	(—)	6 537 t	(—)
Insgesammt .	462 930 t	(—)	462 809 t	(—)

In zwei Bezirken verwendete man bei Erzeugung von Spiegeleisen (Schifshytta) bezw. Giefsereiroheisen und Gufswaaren einen Zusatz von Koks. Bessemer- und Martinroheisen erblies man in 9 Bezirken — Kopparberg 59 816, Gefleborg 44 067, Örebro 42 109 und Wermland 23 555 t — Temperroheisen in fünf — Orebro 6538 t — Spiegeleisen nur im Bezirk Kopparberg. Bei der Roheisenerzeugung führten Kopparberg mit 127 924 t aus 33, Orebro mit 116 357 t aus 42 und Gefleborg mit 67 152 t aus 17 Hochöfen.

Schmiedbares Eisen und Stahl stellten 145 (152) Werke in 19 verschiedenen Bezirken her, — Orebro 24 (26), Kopparberg 19 (20), Westmanland 16, Gefleborg 15 u. s. w. — in welchen 306 (337) Lancashire-, 35 (39) Franche comté-, 23 (24) Wallon- und 16 (14) Schrott-, im ganzen 380 Schmelzherde vorhanden waren. Puddelöfen finden sich nur in Westmanland — 3 — und in Ostergötland — 1 —, Bessemerbirnen 30 (31) arbeiten in 5, Martinöfen 33 (32) in 10 und Tiegelstahlöfen 5 (5) in 3 Bezirken.

In Lancashireherden wurden erzeugt an Halbfabricaten 172 883 t Schmelzstücke und Rohschienen, in anderen Herden 14 051 t, in Puddelöfen 1792 t. Die Birnen lieferten 17 824 t Thomas- und 79 470 t Bessemerblöcke, die Martinöfen 19 934 t basische und 76 541 Bessemerblöcke. Die Flufsmetallerzeugung — 197 177 t Blöcke und Gufsstücke — hat die Erzeugung von Schmelzstücken und Rohschienen in Frischherden und Puddelöfen — 187 726 t — im Berichtsjahre bereits überholt, im Vorjahre standen noch 167 825 t gegen 204 517 t, in 1892 aber 159 595 t gegen 235 426 t.

Procentual stehen sich Schweifseisen- und Flufsmetall-Fertigfabricate im Berichtsjahre mit 49,86 und 50,14 % gegenüber, in 1894 war das Zahlenverhältnifs noch 55 zu 45 %; die Erzeugung von Fertigfabricaten in beiden belief sich auf 312 026 (286 302 t) und zerlegt sich in die eingangs dieses aufgeführten Sortenmengen: Die Erzeugung im Berichtsjahre hat sich gegen das Vorjahr um 26 624 t vergröfsert, in der Hauptsache beim Stangeneisen und Stangenstahl — 168 270 t gegen vorjährige 146 786 t — um 14,6 % ausgeschweifstes Materialeisen für den Export — Blooms, Billets u. s. w. 9488 (8083 t), wurden in 6 Regierungsbezirken gefertigt, davon rund $^3/_4$ in Wermland — 2272 t — und Gefleborg — 4165 t, Stangen-Eisen und -Stahl in 18 — Westmanland lieferte 35 692, Kopparberg 30610, Gefleborg 21354, Östergötland 19938, Orebro 18538, Wermland 17 356, Upsala (Dannemora) 12916 t u. s. w. Formeisen und Formstahl wurden vorzugsweise in Kopparberg, Gefleborg und Orebro — 8754, 6982 bezw. 1213 t — erzeugt, bei der Band-, Nagel- und Feineisenproduction führt der Bezirk Orebro — 23 880 t —, Kopparberg, Wermland, Westmanland und Gefleborg lieferten 14 642, 12 701, 10 086 und 9611 t. Walzdraht in Ringen fertigte zumeist Kopparberg — 10 976 t, — ebenso Grobbleche — 7430 t — und Achsen — 819 t. Schienen und Eisenbahn-Kleineisenzeug liefert nur Kopparberg (Domnarfvet). Die Menge des ausgeschmiedeten Stangen-Eisens und -Stahls belief sich im Berichtsjahre auf 37 381, die des ausgewalzten auf 117 329 t = 24,2 und 75,8 %; im Jahre 1892 standen sich 34,1 und 65,9 als Verhältnifszahlen beider Sorten gegenüber. Wie die Herdfrischerei, so geht auch die Hammerschmiederei immer mehr zurück.

Eigentliche Manufacturwaaren, wie Feinbleche, Nägel, Geräthschaften (Blankschmiedewaaren) aus vorher ausgeschweifstem Eisen und Stahl, sowie Eisenguts zweiter Schmelzung führt die Montanstatistik nicht mehr besonders auf.

Die Steinkohlenförderung Schwedens ist auf Schonen beschränkt; daselbst wurden 223 652 t gefördert. Mit den Kohlen gelangt ein guter feuerfester Thon und ein recht guter feuerfester Schiefer zur Förderung, im Berichtsjahre zum Belaufe von 120 385 t.

Vorhanden waren 1191 Wasserräder und Turbinen, aber nur 315 Dampfmotoren.

Die Kopfzahl der beschäftigten Arbeiter belief sich im Berichtsjahre auf 26 284 (25 452), von denen 11 026 — 41,9 % — auf die Bergwerke und von diesen wieder 66,33 % auf die Eisenerzgruben entfallen, von welchen 51,9 % (5726) unter Tage und (5300) = 48,1 % über Tage arbeiteten.

Das Jahr 1896 wird voraussichtlich der Statistik wesentliche Productionssteigerungen zu verzeichnen geben. Insbesondere entstand plötzlich, wie dem Referenten aus Schweden geschrieben wurde, eine lebhafte Nachfrage vom Auslande nach schwedischem Martinstahl zur Fahrradfabrication, die zur Bauaufnahme einer Menge neuer Martinöfen veranlafste, durch welche eine Verdoppelung der 1895er Production schon in 1897 vorausgesehen wird. Die meisten der neuen Oefen sind sauer zugestellt. Drei gröfsere weitere Martinwerke sind für 1897 an der Ostseeküste geplant und werden auf Holzkohlenroheisen aus Gellivara- und Grängesbergerzen basirt, an gleicher Stelle erzeugt. Im Bezirke Köping wurde in 1896 der Bau eines für schwedische Verhältnisse aufsergewöhnlich grofsen Hochofens aufgenommen und nahezu fertiggestellt, der eine Jahresproduction in Höhe von 100 000 t liefern soll, der das Vorbild für die an der Ostseeküste zu bauenden zu werden scheint. Man beabsichtigt, einem Ofen daselbst einen Gestelldurchmesser von 1,8 m, einen Kohlensack von 2,87 m, eine Höhe von 18 m, eine Gicht, enger als das Gestell und einen fast cylindrischen Schacht zu geben, auf magnetischem Wege angereicherte Erze mit 1 mm Kurugröfsa und mit aus Sägewerksabfällen erbrannten Kohlen zu verblasen, und hofft damit eine Production von wahrhaft amerikanischer Gröfse zu erreichen.

Dr. Leo.

Berichte über Versammlungen aus Fachvereinen.

Institution of mechanical Engineers.

(Fortsetzung von Seite 34.)

(Fortsetzung von Seite 34.)

Die maschinellen Einrichtungen der neueren Stahlwerke in England und Schottland.

Dampfscheeren für Bleche. Abbildung 9 zeigt eine vor kurzem von Lamberton & Co. für Colville & Co. zu Motherwell gebaute Blechscheere. Sie soll Platten von 51 mm Dicke bei einer Schnittbreite von 940 mm schneiden. Der Ständer ist aus mehreren Stücken zusammengesetzt, welche durch zwei Stahlbolzen von 320 mm Durchmesser, die von oben bis unten den Ständer durchdringen, fest mit einander verbunden werden. Während des Abscheerens nehmen diese Bolzen die ganze Kraft auf. Die Betriebsmaschinen sind gekuppelt und umkehrbar. Hydraulische Tauchkolben sind vorgesehen, um die Platte während des Abscheerens fest auf die Unterlage zu pressen.

Hydraulische Blechscheeren. Ob die Dampfscheeren die geeignetsten für die schwersten Arbeiten sind, darüber sind die Ansichten getheilt und statt diesen sind hydraulische Scheeren vorge-

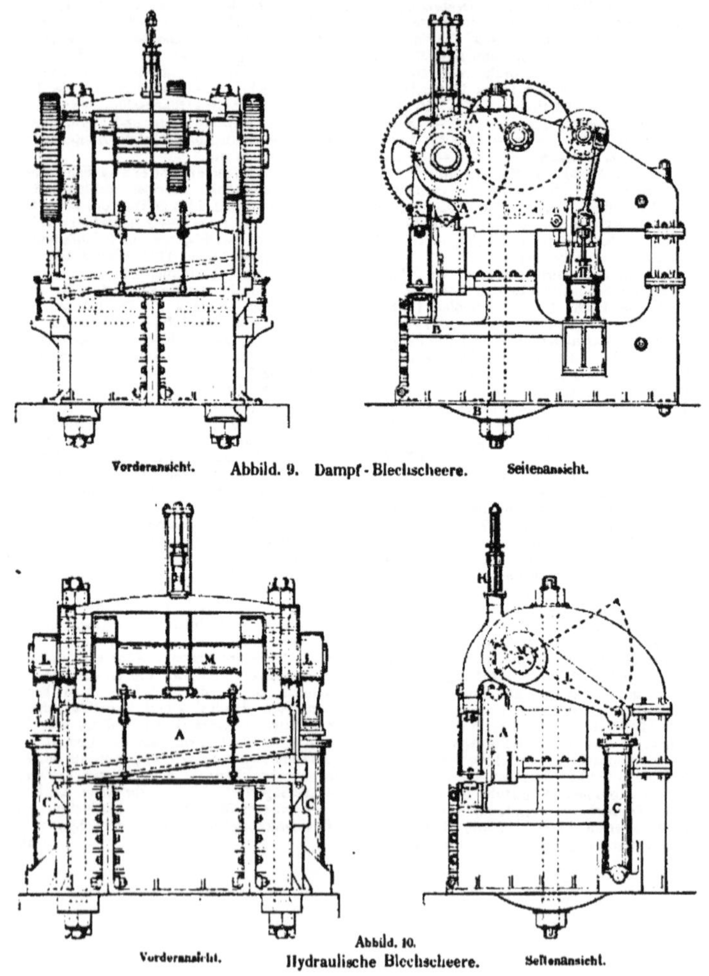

Vorderansicht. Abbild. 9. Dampf-Blechscheere. Seitenansicht.

Vorderansicht. Abbild. 10. Hydraulische Blechscheere. Seitenansicht.

schlagen worden. Eine solche wurde von der Firma Beardmore hergestellt. In Abbild. 10 ist ein Entwurf der Firma Lamberton dargestellt, nach welchem der Ständer fast genau dem der eben beschriebenen Dampfscheere entspricht. Der Messerhalter erhält seine Bewegung durch ein Paar sehr kräftiger Hebelarme, welche mit der Hauptwelle *M* verbunden sind, auf letztere sind 2 Hebel *L* aufgekeilt, welche gelenkartig von den Tauchkolben von 2 hydraulischen Cylindern erfafst werden. Der Druck in einem oben auf dem Gestell befestigten hydraulischen Cylinder *H* gleicht das Gewicht des Messerhalters *A* aus und bewirkt den Rücklauf der Tauchkolben in ihre Cylinder *C*, sobald das Auslafsventil derselben geöffnet wird. Der Parallelismus des Messers (mit sich selbst) wird während der ganzen Schnittlänge erhalten, die nach modernen Anforderungen 3660 bis 4580 mm erreicht.

Die Firma Beardmore hat über eine kürzlich von ihr gebaute Scheere folgende Mittheilungen gemacht: Sie ist sehr massiv gebaut und soll 63 mm dicke Flufseisenplatten durchschneiden. Jeder Ständer besteht aus 2 Stahlplatten von 4270 mm Länge, 2990 mm Breite und 152 mm Dicke, die unter sich durch ein gufsstählernes Zwischenstück gesteift sind, so dafs die Entfernung der Ständer von Mitte zu Mitte 4120 mm beträgt. Bei dieser Anordnung können 63 mm dicke Platten von 1832 mm Breite und von beliebiger Länge von einem Ende bis zum andern mit Leichtigkeit geschnitten werden. Die Triebkraft wird von zwei aufrecht stehenden gufsstählernen hydraulischen Cylindern geliefert, die 570 mm Durchmesser bei 1374 mm Hub haben und fest an die Seitenwände der Ständer angefügt und angeschraubt sind. Der hydraulische Druck wird von jedem Kolben zu dem Messer oder Messerhalter durch einen Hebel mit einem Uebersetzungsverhältnifs von 3:1 übertragen. Beide Hebel sind auf eine gemeinsame Achse von 458 mm Durchmesser und 5497 mm Länge aufgekeilt, welche quer durch die Maschine hindurchgeht und von gufsstählernen mit Bronze gefütterten Lagern getragen wird, die durch die Ständer gehen und an dieselben angeschraubt sind. Der Torsionswiderstand der Achse hindert das Messer, sich nach aufwärts zu biegen. Der Plunger beider Cylinder hat die Gestalt von einem Taucherkolben, an welchen eine Zugstange von weichem Stahl angeschlossen ist. Das Wasser wirkt unter einem Druck von 46,6 Atm. auf die untere Plungerfläche von 2128,5 qcm, und unter einem gleichzeitigen constanten, nach abwärts gerichteten Druck von 46,6 Atm. auf eine ringförmige Fläche der oberen Seite des Plungers von 303 qcm. Dadurch kann das Messer sich heben, wenn der Druck unter dem Plunger abgelassen wird. Der effective Druck gegen die untere Plungerfläche beträgt 88500 kg, und deshalb der gesammte, dem Messer zu jeder Zeit übermittelte Druck über 530 t; da nun die Messerkante eine Neigung von 1:9 hat, so wird die Intensität des Druckes f. d. Flächeneinheit auf den Querschnitt einer 2zölligen Platte während des Abscheerens annähernd 30 t betragen, so dafs ein weiter Spielraum für die Reibungsverluste in den arbeitenden Theilen verbleibt. Während des Schneidens wird die Platte fest gegen ihre Auflage durch 3 kleine an die Vorderführung der Maschine geschraubte hydraulische Cylinder geprefst, von denen jeder 10 t abgiebt.

Cylinder für hydraulische Schmiedepressen. So wie die Hämmer seit Einführung der Blockwalzwerke aufser Gebrauch gekommen sind, so

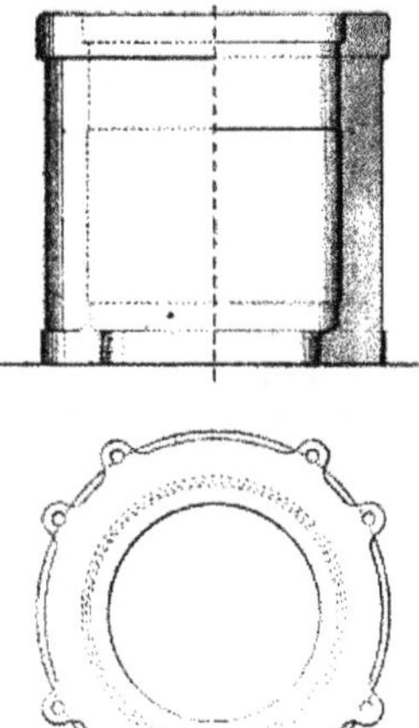

Abbild. 11.

müssen sie auch mehr und mehr den Schmiedepressen für alle Art anderer Arbeiten weichen. Abbild. 11 zeigt einen Cylinder, den die Firma Beardmore für eine solche Presse gegossen hat; er ist aus Nickelstahl und wahrscheinlich das schwerste Stück, das aus diesem Materiale bis jetzt gegossen wurde. Das Gewicht des Gufsstücks (mit verlorenem Kopf) beträgt 64 t und das Fertiggewicht wird noch 42 t betragen. Eine Probe mit diesem Gufsstücke ist bisher noch nicht gemacht worden, aber aus einem Theil der Charge wurde ein Block von 838 × 457 mm gegossen und dann zu einem Stab von 127 × 178 mm geblockt, der folgende Prüfungsresultate lieferte: Absolute Festigkeit: 63 kg/qmm, Dehnung bei 203 mm Länge = 20 %, Elasticitätsgrenze: 55,8 % der Festigkeit, Contraction: 43,4 % und Lloyds Biegungsprobe wurde ohne Bruch bestanden.

(Fortsetzung folgt.)

Referate und kleinere Mittheilungen.

Reversirwalzenzugmaschine von 10000 HP.

Eine direct wirkende Reversirmaschine von aufserordentlicher Gröfse ist, wie wir der amerikanischen Zeitschrift „Iron Age" vom 5. November v. J. entnehmen, kürzlich auf den Werken von Makintosh, Hemphill & Co. in Pittsburg gebaut worden. In dem Entwurf wurde der Umsteuervorrichtung besondere Aufmerksamkeit gewidmet: überdies war man bestrebt, durch kräftige breit auflagernde Fundamentrahmen grofse Stabilität zu erzielen, um den starken Stöfsen, welche in Stahlwalzwerken vorkommen, Widerstand zu leisten.

Die Fundamentrahmen haben an den Lagerstellen eine Höhe von 1,52 m von der Mitte der Achse an bis zur Basis gerechnet, und an anderen Stellen im allgemeinen eine Höhe von 1,22 m. Jeder Fundamentrahmen besteht aus zwei Stücken, die sorgfältig miteinander verbolzt und verbunden sind, während diese beiden Rahmen zu einem gewaltigen einheitlichen

Stücke der Quere nach durch kräftige Zwischenrahmen, Schrauben und Keile an ihrem hinteren und vorderen Theile verbunden sind. Die Welle bildet mit ihrer gekröpften Kurbel ein einziges Stück von geschmiedetem Stahl von 24 t Gewicht. Die drei Achsenläufe haben 610 mm Durchmesser; einer derselben hat 1016 mm Länge, die beiden anderen je 916 mm. Der Hauptkurbelzapfen hat 584 mm Durchmesser bei 432 mm Länge. Eine gufsstählerne durch Keile und Bolzen eingestellt werden kann. Die Kreuzköpfe sind kräftige Stahlgufsstücke mit angegossenem Zapfen; sie sind mit Bronzelagern ausgebüchst und haben stählerne Keile und Bolzen, um den Zapfen richtig einstellen zu können. Die

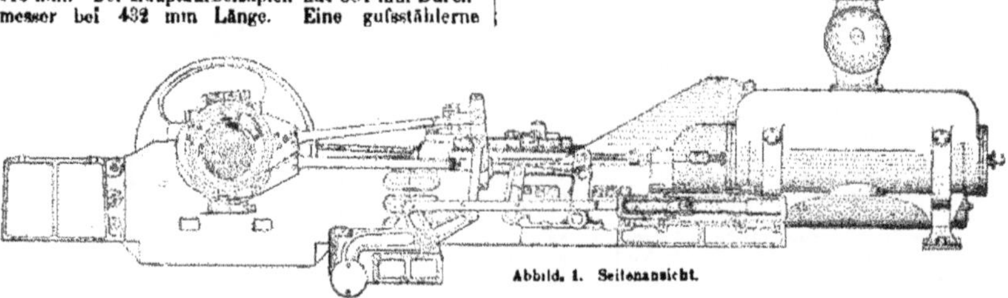

Abbild. 1. Seitenansicht.

Kurbelscheibe mit einem Triebzapfen von 380 mm Durchmesser und 805 mm Länge ist auf das Ende der Hauptwelle aufgezogen. Zwischen den Kurbelzapfen in der Mitte der Maschine befindet sich ein Schwungrad von 3,054 m Durchmesser, in welchem Gewichte angebracht sind, um das Moment der Kurbelzapfen und Triebstangen auszugleichen und auf diese Geradführungen bestehen aus Gufseisen und sind auf den Fundamentrahmen mit Schrauben und Steinholzen befestigt.

Die Cylinder von 1270 mm Durchmesser und 1830 mm Hub haben Kolbenventile, die in auswechselbaren Einsätzen arbeiten; grofse Eintrittsöffnungen mit möglichst kleinem schädlichem Raume sind durch

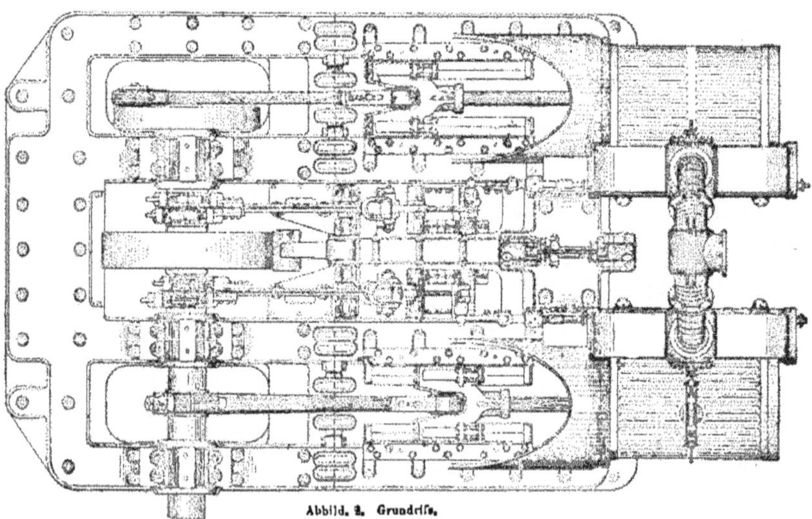

Abbild. 2. Grundrifs.

Weise einen ruhigen Gang zu sichern und ein zu plötzliches Anlaufen und Anhalten der Maschine zu verhüten.

Die Triebstangen bestehen aus soliden Stahlstücken; die Enden beider Stangen haben am Kreuzkopfe starke Stahlbügel, welche mit Keilen und Schrauben befestigt sind; das Kurbelzapfenende der gröfseren Stange ist mit einer Kappe versehen, die durch zwei sehr starke Bolzen gehalten und mit Zwischenlagen aufgepafst ist (Marine-Construction), während das gleiche Ende der dünneren Stange mit derselben aus einem Stück besteht und ihr Lager kurze und gerade Dampfkanäle zum Cylinder erreicht worden. Die Cylinder werden freigetragen; das hintere Ende ist zwar unterstützt, ist aber imstande sich frei nach aufwärts zu bewegen, um Störungen bei starker Ausdehnung zu verhüten.

Die Art der Umsteuerung kann den Walzwerksbetriebsleitern wie auch allen anderen Ingenieuren empfohlen werden. Alle Kräfte wirken in geraden Linien und alle Theile sind unter sich ausbalancirt. Beide Coulissen sind durch Stützstangen auf jeder Seite getragen, wodurch seitliche Bewegung verhütet wird. Die Coulissen werden durch hydraulische Cylinder und Plunger bethätigt, welche von aufsen verpackt sind und durch ein Ventil von dem Führerstand aus gesteuert werden. Die Cylinder sind mit Reinigungshähnen und verbesserten selbstthätigen Ablafsventilen versehen.

Die Hauptlagerzapfen sind mit seitlichen Lagerschalen und Stellkeilen ausgerüstet; die Unterseiten- und Deckellager und ebenso alle Wellen- oder Zapfenlager sind entweder mit Weifsmetall ausgegossen oder mit Bronze gefüttert. Alle Zapfen bestehen aus gehärtetem Stahl.

Zur Handhabung der Ablafs-Ventile dient eine besondere Vorrichtung; dieselbe besteht aus zwei kleinen hydraulischen Cylindern, die mit dem Rücken gegeneinander gekehrt und deren Tauchkolben miteinander verbunden sind. Die zwei Anlafs-Ventile sind durch eine gemeinsame Spindel verbunden, welche an einen der Kolben angeschlossen ist; sie werden durch die Steuerung eines kleinen Ventils, welches in einiger Entfernung von der Maschine angebracht werden kann, geöffnet und geschlossen. — Die Maschine wiegt 362400 kg und kann bei normaler Geschwindigkeit 10000 HP entwickeln. Eine Vorstellung von der Gröfse dieser Maschine kann man sich machen, wenn man bedenkt, dafs die Hauptwelle mit ihrem Zubehör allein 54380 kg wiegt.

Abbild. 3. Rückwärtige Ansicht.

Eisenfabrication in Japan.

Nachdem schon vor einiger Zeit bekannt geworden, dafs das japanische Parlament eine gröfsere Summe zur Anlage von Eisenhütten in Japan bewilligt hat, ging vor kurzer Zeit durch die amerikanische Presse die Nachricht, dafs eine Commission von japanischen Beamten in den Vereinigten Staaten eingetroffen sei, um sich die dortigen Eisenwerke anzusehen. Diese Commission besteht aus den HH. Michitaro Oshima, techn. Director des projectirten Kaiserl. Stahlwerks, Gisho Yasuaga, Maschineningenieur, F. Obana, Ingenieur, J. Takayama, Chefchemiker (die drei Letztgenannten ebenfalls von dem Kaiserl. Stahlwerk), und R. Kommura vom Kamaishi-Eisenwerk.* Sie wurden in den verschiedenen Eisencentren der Vereinigten Staaten bewillkommnet und herumgeführt, und zugleich wurde mitgetheilt, dafs es in ihrer Absicht stände, von New York nach England und von da nach dem europäischen Festlande zum Besuch von Frankreich und Deutschland** zu reisen.

Im „Engineering" vom 8. Januar lesen wir nunmehr, dafs die Japaner in England angekommen sind: dasselbe Blatt giebt gleichzeitig einen Rückblick über die Vorgänge, welche sich in Japan vor Absendung der Commission abgespielt haben. Danach hat der dortige Minister dem japanischen Parlament sofort nach dessen Errichtung den Plan zur Errichtung einer eigenen Stahlwerksanlage vorgelegt — damals wurde die Vorlage abgelehnt. Später aber entschlofs man sich, eine Commission einzusetzen, welcher als besondere Aufgabe die Untersuchung der heimischen Eisenerzlager und die Aufstellung von Unterlagen zu Plänen und Kostenanschlägen zur Errichtung eines Eisenwerks gestellt wurde. Das Ergebnifs der Commission fiel damals befürwortend aus; das Parlament hielt die Angelegenheit für verfrüht, setzte aber im Jahre 1894 eine zweite Commission, bestehend aus 28 Mitgliedern, ein mit dem Auftrage, die Eisenwerke in Europa und Amerika zu bereisen. Der damalige Minister, welcher inzwischen gewechselt hatte, war indessen Gegner des Projectes, deshalb waren die bewilligten Mittel zu knapp und man erreichte nichts. Nachdem dieser Minister nach einiger Zeit durch den Grafen Enomoto, einen eifrigen Anhänger des Planes, ersetzt worden war, ging letzterer in Verbindung mit seinem Stellvertreter Kaneko eifrig ins Zeug und man beschlofs vor allen Dingen, dafs die Anlage durch den Staat und nicht durch Privatkapitalisten übernommen werden soll.

Im Parlamente hatte der Plan mittlerweile viele Anhänger gewonnen und man bewilligte eine Summe von 4095700 Yen oder annähernd 18 Millionen Mark für eine Stahlwerksanlage zur Erzeugung von jährlich 60000 t Stahl, darunter 35000 t Bessemerstahl, 20000 t Siemens-Martinstahl, 4500 t Schweifseisen und 500 t Tiegelstahl.

Die Leitung des Werkes soll aus einem Vorsitzenden, einem Oberingenieur, zwei Betriebsdirectoren, acht Ingenieuren, vier ausländischen berathenden Ingenieuren und einer Zahl von jüngeren Ingenieuren und Gehülfen bestehen. Zum Vorsitzenden ist Yamanouchi, der Urheber der Hokkaido-Bergwerks-Eisenbahn, und zum Oberingenieur Oshima, früher Oberingenieur der Ikuno-Silberbergwerke, bestimmt, beides Leute, welche als fähig zur Uebernahme dieser Posten bezeichnet werden.

Die Eisenerzvorkommen in Japan sind noch nicht gründlich erforscht, es ist aber bekannt, dafs sich sehr hochhaltiger Magneteisenstein in der Nähe von Kamaishi, im Norden Japans findet, woselbst bereits mehrere Hochöfen gebaut sind. Wenn man auch von dort den Haupttheil der Erze zu beziehen gedenkt, so hat man doch auch noch umfassende Versuche mit anderen Materialien angestellt, namentlich mit dem in grofsen Massen in Japan vorkommenden Eisensand. Diese Versuche gingen darauf aus, festzustellen, ob der Eisensand zur Fabrication von Schweifseisen und Siemens-Martinstahl Verwendung finden könnte. Der Eisensand ist eine Art von Magnetit und frei von störenden Bestandtheilen, der auch früher schon zur directen Erzeugung von Stahl von angeblich ausgezeichneter Qualität benutzt wurde. Die in einem Siemens-Martinofen ausgeführten Versuche haben zu einem sehr guten Ergebnifs geführt.

* An der Westküste der Provinz Kiutschiu.

** Sind am 27. Januar in Aachen eingetroffen.

Eine erhebliche Schwierigkeit entstand indessen hierbei aus der Bildung von Eisensilicat, da der Eisensand, der eine stark basische Reaction zeigt, sich mit der Kieselsäure der Futtersteine verband. Der Schwerpunkt der Frage lag daher nicht darin, ob der Eisensand im Siemens-Martinofen zu gebrauchen sei, sondern, ob hinreichend widerstandsfähige Steine erzeugt werden konnten; von den Versuchen in der Fabrication feuerfester Steine hing daher das Schicksal der Stahlfabrication in Japan ab. Bis dahin waren die in Japan erzeugten feuerfesten Steine bezüglich ihrer Widerstandsfähigkeit in der Hitze mangelhaft; man fand indessen, dafs bei geeigneter Auswahl und geeigneter Fabricationsmethode Ziegelsteine von sehr grofser Feuerbeständigkeit in beliebigen Mengen in Japan hergestellt werden können. Wie es heifst, erwiesen sich die nun hergestellten feuerfesten Steine als weit überlegen den französischen und als ebenbürtig den besten englischen Steinen. Hiernach zögerte man nunmehr nicht, mit der Ausführung des Projectes vorzugehen, so dafs wir zu erwarten haben, dafs Japan in nicht langer Zeit in die Reihe der eisenerzeugenden Länder eintreten wird.

Browns Segment-Drahtkanone.

Im Mai 1896 hat man auf dem Schiefsplatz bei Sandy Hook aus einer Brownschen 12,7-cm-Segment-Drahtkanone* 200 Schufs mit braunem und rauchlosem Pulver unter allmählicher Steigerung der Ladung verfeuert, bis man bei einem Gasdruck von 4465 Atmosphären 986 m Mündungsgeschwindigkeit erreichte. Dieser günstige Erfolg hat, wie „Scientific American" vom 28. November 1896 mittheilt, zu dem Beschlufs geführt, die Versuche mit einem 10zölligen (25,4 cm) Rohr dieses Systems fortzusetzen, um festzustellen, ob sich dasselbe für grofse Kaliber in gleich günstiger Weise bewährt, wie bei mittleren. Sollte dies der Fall sein, so würde man in den Besitz eines Geschützsystems gelangt sein, welches an Leistungsfähigkeit dem in den Vereinigten Staaten ausgebildeten und eingeführten Ringrohrsystem weit überlegen ist. Die daraus hervorgehenden Vortheile für die Ausrüstung der Kriegsschiffe mit schwerer Artillerie sind so bedeutend, dafs sie die Fortsetzung der Versuche mit dem Brownschen Constructionssystem rechtfertigen.

Die Construction des 25,4-cm-Versuchsrohrs wird jedoch von der des bereits erprobten 12,7- und 15,2-cm-Rohrs etwas abweichen. Die Zahl der Segmentstäbe ist von 12 auf 48 gestiegen (Fig. 1). Die Stäbe sollen auch nicht mehr aus Tiegelchromstahl, sondern aus Herdstahl gefertigt werden, vermuthlich deshalb, weil sie nicht mehr die Seelenwand bilden, sondern ein besonderes Seelenrohr umschliefsen, in welches die Züge eingeschnitten sind. —

* „Stahl und Eisen" 1892 Seite 1008, und 1893 Seite 1021.

Wenn die Segmentstäbe zu einem Hohlcylinder, gleich einem Fafsmantel zusammengesetzt und durch übergeschobene Reifen vorläufig zusammengehalten sind, werden sie an beiden Enden aufsen mit einem Gewinde versehen, auf welches je ein Ring aufgeschraubt wird. Diese Ringe vergleichen sich mit der Mündungs- und Bodenfläche und dienen nicht nur zum Zusammenhalten der Stäbe, sondern hauptsächlich als seitliches Widerlager für die Drahtumwicklung. Das durch die Segmentstäbe gebildete Rohr hat einen äufseren Durchmesser am Boden von 557, an der Mündung von 347,5 mm, es verjüngt sich also auf den Meter um etwa 19 mm. Um diesen 11,277 m langen Hohlcylinder wird nun Stahldraht von quadratischem Querschnitt mit 3,6 mm Seitenlänge mittels einer für diesen Zweck besonders construirten Vorrichtung gewickelt, welche den Draht mit einer regulirbaren Spannung auf das in der Drehbank sich drehende Rohr ablaufen läfst. Bemerkenswerth ist, dafs der Draht nicht durchweg in einer Richtung, sondern, nachdem die Drahtenden am Ende der Lage verlöthet sind, in der nächsten Lage in entgegengesetzter Richtung aufgewunden wird. Wenn der Drahtmantel an der Mündung einen äufseren Durchmesser von 423,6 mm erreicht, werden die folgenden Lagen nach der Mündung zu nach und nach kürzer. Am Boden erhält der fertige Drahtmantel nach 28 Lagen einen äufseren Durchmesser von 762 mm, so dafs die Verjüngung desselben auf den Meter 30 mm beträgt. Die Länge des Drahtes für die 25,4-cm-Kanone soll 120,7 km (75 miles) betragen.

Nach dem Aufwinden des Drahtes wird das Rohr innen für das Einsetzen des zweitheiligen, dünnwandigen Seelen-(Futter-)rohres aus Stahl ausgebohrt. Das Ladungsraumfutterrohr hat 12,7 mm Wanddicke, 330,2 mm äufseren und 304,8 mm inneren Durchmesser und 2,336 m Länge. Das Seelenrohr für den gezogenen Theil hat 22,9 mm Wanddicke und verläuft auf eine Länge von 406,4 mm sich verjüngend in den Ladungsraum, so dafs beide Rohre auf eine Länge von 508 mm sich decken (Fig. 2). Zum Einsetzen dieser Futterrohre wird das ausgebohrte Segmentrohr innen mittels Gas erwärmt und so auf die Futterrohre aufgeschrinkt.

Nach dem Erkalten des Rohres wird auf die Drahtumwicklung, 3,35 m von der Bodenfläche, ein etwa 350 mm breiter Stahlring aufgeschrinkt (Fig. 2), der insofern von grofser Wichtigkeit für den festen

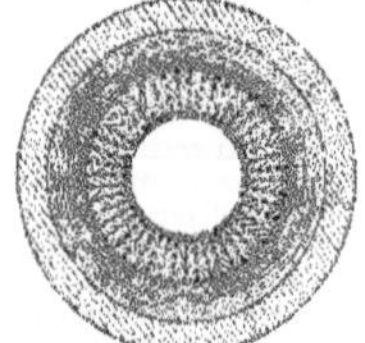
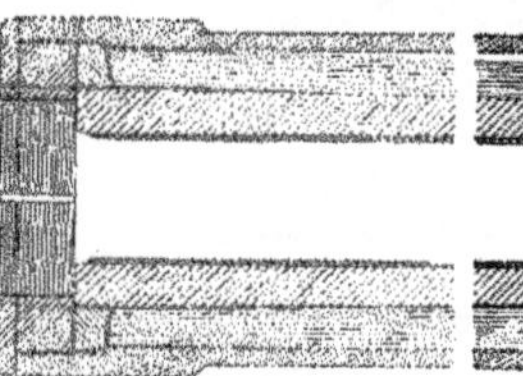
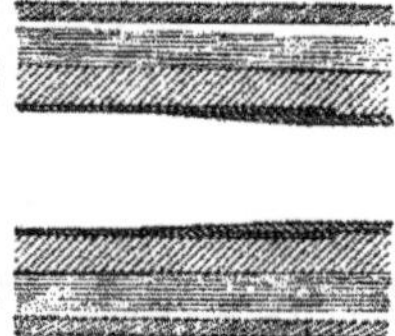
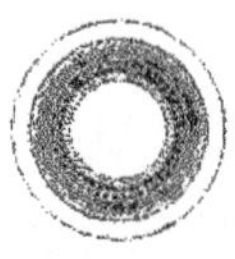

Fig. 1.

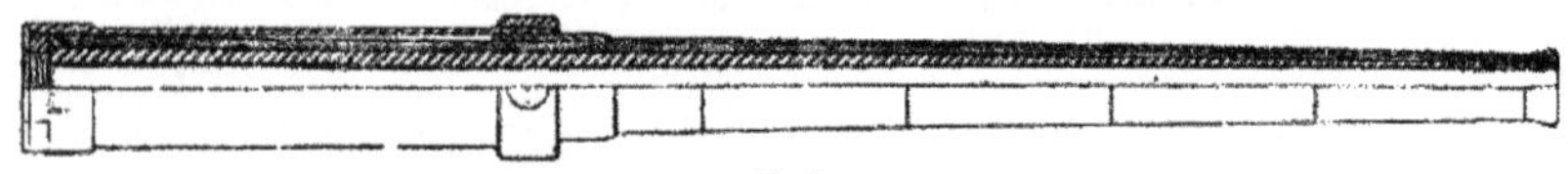

Fig. 2

Aufbau des Rohres ist, als er die Rückstofsarbeit auf die Laffete zu vermitteln hat. Es wird nämlich von der Bodenfläche her ein erwärmter Stahlmantel so über das Rohr geschoben, dafs er mit seinem vorderen Ende auf jenen Ringe mit dem hinteren Ende auf den Draht und den Schulterring an der Bodenfläche sich aufschrinkt, über die letztere aber noch 203 mm hinausragt. Auf das vordere Ende des Stahlmantels wird dann der Schildzapfenring aufgeschraubt, in das hinten überstehende Ende ein Futter-(Naben-)ring eingeschraubt. Letzterer enthält das Muttergewinde für den Schraubenverschlufs. Der vor dem Schildzapfenring liegende Theil der Drahtumwicklung erhält eine Schutzhülle von 5 dünnwandigen, aufgeschrinkten Stahlringen und einen verstärkten Mündungsring, der den Geschützkopf bildet.

Bemerkenswerth ist es, dafs man das Einsetzen eines Seelenrohrs für nothwendig gehalten hat; ob sich aber seine Theilung beim Beginn des Uebergangskonus bewähren wird, bleibt abzuwarten. Die bisher anderwärts gemachten Erfahrungen mit getheilten Seelenrohren sprechen nicht dafür und dürfte die Fuge dort ein Schwächepunkt der Construction werden. Die früheren Versuchsrohre hatten kein Seelenrohr. Vermuthlich sind bei ihnen in den Längsfugen zwischen den Stäben, wie früher bei den Armstrongschen, aus spiralförmig aufgewickelten und dann geschweifsten Stäben hergestellten Rohren, Ausbrennungen entstanden, die zum Einziehen des Seelenrohrs Anlafs gaben. Damit ist aber auch eine peinliche Bearbeitung der Segmentstäbe zur Vermeidung von Längsfugen nicht mehr nothwendig und sollen sie deshalb durch Pressen und Kaltziehen ohne weitere mechanische Bearbeitung die Gebrauchsform erhalten. Ihre Querschnittsverminderung gegen früher soll wohl diese Bearbeitung erleichtern. Immerhin erscheint die Zwischenfügung dieses schweren Segmentmantels nicht recht verständlich, weil er zum Widerstande des Geschützrohrs gegen den Gasdruck senkrecht zur Seelenachse nichts beiträgt, am Widerstande in der Längsrichtung dürfte er sich auch nur wenig betheiligen. Es scheint, als ob dieses Mafs der Beanspruchung zu der grofsen Anhäufung von Material in den Segmentstäben zu deren Nutzen nicht im zweckdienlichen Verhältnifs stehe. Die Verschlufsschraube überträgt den Rückstofs auf den Aufsenmantel, der sich mit einem Absatz gegen den auf die Segmentstäbe an der Bodenfläche aufgeschraubten Ring anlehnt. Auf diesem Wege müfste die Uebertragung des Rückstofses vor sich gehen. Der Erfinder scheint auf dieselbe doch grofsen Werth zu legen, da er die Segmentstäbe aus Stahl von 123,8 kg/qmm Zerreifsfestigkeit und 88,6 kg/qmm Elasticitätsgrenze herstellt. Der Draht hat 184,4 kg/qmm Zerreifsfestigkeit und 161,9 kg/qmm Elasticitätsgrenze.

Brown verspricht sich eine Mündungsgeschwindigkeit von 914 m, wobei das Widerstandsvermögen des Geschützrohrs nur mit 60 % in Anspruch genommen werden soll. Dieser Geschofsgeschwindigkeit würde eine lebendige Kraft von 11 707,3 mt* entsprechen, während die 25,4-cm-Marineringkanone L/35 der Vereinigten Staaten nur 4734 mt, selbst die 33-cm-(13") Ringkanone L/36,9 nur 10414 mt lebendige Kraft (an der Mündung) besitzt. Die Brownsche 25,4-cm-Drahtkanone wäre der letzteren noch um 1293 mt überlegen. Dabei wird das Rohrgewicht der Brownschen Kanone mit 30 t nur um 2 t über das der erwähnten 25,4-cm-Kanone L/35 hinausgehen, während die 33-cm-Kanone 61,5 t wiegt.

Wenn die Brownsche 25,4-cm-Drahtkanone bei ihrer künftigen Erprobung wirklich das leisten wird, was man von ihr auf Grund der Constructionsberechnungen erwartet, so würde sie allerdings, soviel uns bekannt, von keinem anderen Geschütz gleichen oder ähnlichen Kalibers erreicht werden, wenn man die Leistungen lediglich als Arbeitsleistung des Geschosses an der Mündung auf das Gewicht des Geschützrohrs bezieht. Es sind hierbei also alle ballistischen Folgerungen, bei denen das Geschofsgewicht in Betracht kommt, ausgeschlossen. In der nachstehenden Uebersicht sind einige Geschützrohre verschiedener Constructionssysteme, von diesem Gesichtspunkte aus betrachtet, zusammengestellt. Aus einem Vergleich derselben gewinnt man Anhaltspunkte für die Beurtheilung der verschiedenen Constructionssysteme als technische Leistung der Geschützfabriken.

* Geschofs- und Ladungsgewicht sind von unserer Quelle nicht mitgetheilt.

Constructionsart des Geschützrohres		Kaliber	Rohrgewicht	Mündungsgeschwindigkeit	Lebendige Kraft überhaupt	Lebendige Kraft auf das kg Rohrgewicht
		cm	t	m	mt	mkg
Browns Segment-Drahtkanone . . .	Vereinigte Staaten von Nord-Amerika	25,4	30	914	11 707,3	308
Marine-Stahlringrohr L/36,9		33	61,5	640	10 414	169
„ L/35		25,4	28,1	640	4 734	169
„ L/40		15,2	6,1	655	992	162,6
Marine-Drahtkanone System Woolwich	England	30	46,7	731	10 512	224
Feld-Drahtkanone „ „ L/22,3		7,5	0,308	472	64,44	209,2
Stahlringrohr „ „		30,5	46,7	580	5 596	119
„ „ „		25,4	29,5	622	4 469	151
„ „ „		15,2	5,1	598	825	161
Stahlringrohr	Frankreich	30	45	800	9 265	206
„		27	34,4	600	3 963	115
„		16	5	600	826	165
Mantelringrohr L/35	Krupp	21	14,2	646	2 978	210
„ L/40		15	4,5	725	1 072	237,7
„ L/40		12	2,1	788	569,7	269,7
Mantelrohr L/25		7,5	0,320	500	76,5	239

Zu der vorstehenden Uebersicht sei noch bemerkt, dafs die Stahlringrohre von Nordamerika, England und Frankreich die neuester Construction sind, soweit sie zur Einführung in die Marine gelangten. In England sollen die schweren Geschütze für die Marine nur noch nach der „Drahtconstruction Woolwich" gefertigt werden. Die 7,5-cm-Drahtkanone für die Feldartillerie ist erst in neuester Zeit endgültig angenommen worden, und befindet sich noch in der Herstellung. Zum Vergleich mit dieser Drahtconstruction ist die Kruppsche 7,5-cm-Kanone L/25 aufgeführt, die ihm in der Länge am nächsten steht, denn die längeren Kruppschen 7,5-cm-Schnellladekanonen leisten bedeutend mehr. Von den neuesten Kruppschen 24-, 21- und 15-cm-Schnellladekanonen, deren Einführung in die deutsche Marine bei Gelegenheit der Beiwohnung von Schiefsversuchen auf dem Kruppschen Schiefsplatz bei Meppen durch Se. Majestät den Kaiser befohlen wurde, sind noch keine Angaben veröffentlicht; es ist aber mit Sicherheit anzunehmen, dafs ihre Leistungen über die in vorstehender Tabelle aufgeführten Kanonen gleichen Kalibers hinausgehen, vermuthlich sogar so viel, dafs sie der Brownschen Drahtkanone — immer vorausgesetzt, dafs sie in Wirklichkeit leistet, was hier als erwartet angegeben ist — nicht mehr fern bleiben. Da nun der Vortheil der Drahtrohre darin bestehen soll, dafs sie vermöge ihres durch die Construction bedingten grofsen Widerstandsvermögens gegen hohen Gasdruck bei geringerem Rohrgewicht den Geschützrohren jeder bis heute bekannten Constructionsart überlegen sein sollen, so besitzt die Drahtconstruction für Deutschland (Krupp) nichts Verlockendes, das uns veranlassen könnte, die altbewährte Kruppsche Mantelringconstruction gegen dieselbe aufzugeben. Es ist gleichviel, ob die Kruppsche Fabrik diese ausgezeichneten Erfolge ihrer Constructionsweise, oder ihrem Geschützstahl in erster Linie zu verdanken hat, jedenfalls sind beide vortrefflich einander angepafst. Diejenige Rohrconstruction, welche geeignet wäre, die Kruppsche Fabrik zum Aufgeben ihrer seit drei Jahrzehnten sorgsam entwickelten und allezeit verläfslich befundenen Ring- und Mantelringconstruction zu veranlassen, müfste daher noch mehr, noch Besseres leisten, als die bis heute bekannt gewordenen Drahtconstructionen, über welche aufserdem längere Erfahrungen, die unter ungünstigen Verhältnissen in Betreff ihres Verhaltens gewonnen wurden, noch nicht vorliegen. England und Frankreich, wo die Drahtconstruction bereits eingeführt ist, und die Vereinigten Staaten von Nordamerika, wo seit Jahren Drahtrohre nach den Systemen Woodbridge, Crozier und Brown versucht werden, befinden sich nicht in der günstigen Lage Deutschlands, da die Leistungsfähigkeit ihrer Ringrohre hinter der der Drahtrohre erheblich zurückbleibt; es ist wohl anzunehmen, dafs sie, gleich Krupp, zunächst ihre Ringconstruction zu höherer Leistung verbessert haben würden, bevor sie zur Drahtconstruction übergingen, wenn sie dazu in der Lage gewesen wären. Auch in Amerika wird man sich für eine Drahtconstruction vermuthlich bald entscheiden, weil das Rohrgewicht der Geschütze bei der anscheinend noch immer wachsenden Neigung, die Artillerieausrüstung der Schiffe zu steigern, eine so wichtige Rolle spielt; zumal der Panzer in neuester Zeit an Widerstandsvermögen so erheblich gewonnen hat und deshalb zu einer Verstärkung des Artilleriefeuers geradezu herausfordert. *J. Castner.*

Export nach Rufsland.

Firmen, welche an dem Export nach Rufsland Interesse haben, machen wir darauf aufmerksam, dafs von russischen Behörden ein für Fabricanten, Kesselbauer, Ingenieure und Dampfkesselrevisionsvereine bestimmtes Auskunftsbuch in Vorbereitung ist, das voraussichtlich im Juli d. J. in St. Petersburg erscheinen wird.

Das Buch soll neben den gesetzlichen Bestimmungen, Lieferungsvorschriften, Tabellen und Formeln auch eine Abtheilung für Bekanntmachungen bezw. Empfehlungen von in- und ausländischen Hüttenwerken und sonstigen Unternehmungen, die für den Kesselbau von Interesse sind, gegen entsprechende die Druckkosten deckende Zahlung enthalten und sind die näheren Bedingungen von dem Assistenten des Oberinspectors der Inspection der Chausseen und Wasserwege, Hrn. A. A. **Beresowsky**, St. Petersburg, Fontanka Nr. 115, zu erfahren.

Amerikanische Warrants.

Unter den Auspicien der New Yorker Metallbörse hat sich in New York vor einiger Zeit die „American Pig Iron Storage Warrant Co.“ gebildet und zwar veröffentlicht sie vom 1. Januar d. J. ab täglich Notirungen. Nachstehend geben wir einen Abdruck der Lagerscheine, welche die Gesellschaft herausgiebt:

Warrant No .... One Hundred Tons.

New York City, ... 18 .

ONE HUNDRED TONS OF .... PIG IRON

STORED IN YARD NO LOCATED AT ... IN THE STATE OF . U. S. A.

AMERICAN PIG IRON STORAGE WARRANT CO.

COUNTERSIGNED & REGISTERED AT *The Farmers Loan & Trust Company,* NEW YORK. by ... Registrar

THIS COMPANY has received into its Storage Yard, located as above and entered in its Storage Books in New York in the name and subject to the order of ....

One Hundred Tons of 2240 pounds each of Pig Iron of the brand grade and weight represented by this warrant, which will be delivered free on board cars, in the yard above named, only on surrender of this warrant, at the New York office, properly endorsed and witnessed, with payment of charges as noted below. This warrant is not valid until countersigned by The Farmers Loan and Trust Company, Registrar.

A storage charge of two cents per ton per month, or fraction of a month, to run from the first of the month, following the date of this warrant, will be payable annually and at the time of its surrender.

AMERICAN PIG IRON STORAGE WARRANT CO.

Verified and Registered at Office in New York City.

.... Secretary. .... President.

Ein Vergleich mit den Glasgower Warrants von Connal & Co.* zeigt, dafs die amerikanischen Lagerscheine von den ersteren sich dadurch unterscheiden, dafs jeder Schein auf die bestimmte Menge von 100 tons ausgestellt ist, während auf den Glasgower Lagerscheinen die Menge Roheisen, für welche sie ausgegeben werden, jeweils vermerkt wird.

Die Gesellschaft will selbst für Lieferung von Roheisen von guter Beschaffenheit einstehen und hat zu dem Zweck als Grundlage für Lieferung auf Warrants Giefsereiroheisen (Foundry) Nr. 2 festgesetzt. Für andere Qualitäten sind folgende Ueber- bezw. Unterpreise festgesetzt.

Nr. 1 Foundry	50 Cents mehr,
„ 1 Soft	wie Foundry Nr. 2,
„ 2 Soft	50 Cents weniger,
„ 3 Foundry	50 „ „
„ 4 Foundry	75 „ „
Grey Forge	75 „ „

In Deutschland hat sich bekanntlich die gesammte Eisenindustrie ablehnend gegen Einführung von Lagerscheinen verhalten. Der Verein deutscher Eisen- und Stahlindustrieller nahm am 22. November 1887** folgende Resolution an:

„Der Verein spricht seine Ansicht dahin aus, dafs die Eisen- und Stahlindustrie an der Emanirung eines Warrantgesetzes kein Interesse hat und die eventuelle Anwendung desselben auf ihre Erzeugnisse für schädlich hält. Er beschliefst, eine entsprechende motivirte Eingabe an den Herrn Reichskanzler zu richten.“

Es erfolgte dieser einstimmige Beschlufs nach einem eingehenden Referat, welches Hr. C. **Lueg**-Oberhausen über diesen Punkt erstattet hatte, indem

* Vergl. „Stahl und Eisen“ 1881, Nr. 4, S. 163.
** „Stahl und Eisen“ 1889, Nr. 2, S. 142 ff.

er ausführte, dafs das Warrantsystem in England zu einer Speculation im Eisengeschäft geführt habe, welche fast alle Bevölkerungskreise in ungesundester Weise erfafste. Die durch das Warrantsystem erleichterte Beleihung von Waaren würde auch bei uns, ganz besonders bei der Roheisenerzeugung, zu einer Ueberproduction führen, unter welcher die Eisen- und Stahlindustrie schwer zu leiden haben würde. Es sei dies mit um so gröfserer Sicherheit zu erwarten, als die Natur des Hochofenbetriebes es schon an sich sehr erschwere, diesen den wechselnden Bedürfnissen der schwankenden Conjuncturen anzupassen. Würde die Beleihung erleichtert werden, so sei zu erwarten, dafs bei sinkender Conjunctur die Production unverändert fortgesetzt und dann das gesammte Eisen- und Stahlgeschäft schwer geschädigt werden würde. Dasselbe Verhältnifs werde sich auch in Bezug auf Fabricate herausstellen, was nicht weniger eine Benachtheiligung der Eisen- und Stahlindustrie mit sich bringen müfste. Diese Industrie habe deshalb Veranlassung, sich gegen den Erlafs eines Warrantgesetzes auszusprechen.

Zwischenzeitlich sind keinerlei Umstände eingetreten, welche eine Aenderung der damals ausgesprochenen Ansicht herbeizuführen geeignet gewesen wären.

Ein alter Renntopf.

Der in „Stahl und Eisen" 1896, Seite 981 abgebildete und beschriebene Renntopf ist jetzt dem Museum für schlesische Alterthümer in Breslau einverleibt worden und findet sich auch in „Schlesiens Vorzeit in Bild und Schrift" dargestellt.

Industrielle Rundschau.

Amerikanische Eisenindustrie im Jahre 1896.

Aus dem Jahresbericht der New Yorker Metallbörse geht hervor, dafs die Roheisenerzeugung der Vereinigten Staaten für 1896 auf 8 692 261 t, d. h. auf 905 188 t geringer, als diejenige des Vorjahres geschätzt wird. Die Productionsschwankungen während des Jahres waren wiederum beträchtlich, da im Anfang des Jahres die Erzeugung in wenigen Monaten um ein Drittel gesteigert wurde, dann aber wieder erheblich zurückging. Die Preise zeigten ebenfalls entsprechende Unterschiede; so wurde in den Südstaaten Koksroheisen im Januar zu 9 $ loco Birmingham verkauft, während der Preis im Juli auf 6½ $ stand; Bessemerroheisen ging von 16 $ auf weniger als 10 $ loco Pittsburg herunter; graues Puddelroheisen aus dem nördlichen Bezirk sank von 12 auf 9 $ und graues Puddelroheisen von Alabama, das im Januar zu 7,50 $ loco Birmingham verkauft wurde, sank im Juli auf 5,90 $.

Während das Roheisen, das im Januar auf den Hochöfen fiel, einer Jahreserzeugung von 10 Millionen Tonnen entsprach, sank die Verhältnifszahl im Juli auf 6 Millionen und erholte sich erst wiederum im Herbst etwas.

Eine ganz neue und bemerkenswerthe, auch in England schon viel besprochene Erscheinung bildet die Nachfrage nach amerikanischem Roheisen von England aus; nachdem im Jahre 1895 bereits kleinere Posten verschifft waren, nahm der Versand 1896 beträchtlich zu und wird geschätzt, dafs allein die Südstaaten im verflossenen Jahre 100 000 t Roheisen zur Lieferung nach England abgeschlossen haben. Die amtlichen Ausfuhrziffern stimmen hiermit freilich nicht überein, da nach denselben im Jahre 1896 52 296 t gegen 26 840 t im Vorjahre ausgeführt worden sind. Ohne Zweifel geht aber in Amerika die allgemeine Richtung dahin, dafs die Preise für Roh- und Halbfabricate ständig sinken, während bei uns in Deutschland und auch in Grofsbritannien zur Zeit das Umgekehrte der Fall ist.

Der basische Procefs hat sowohl für das Herdverfahren als auch für den Converter grofse Fortschritte in Amerika gemacht; namentlich soll das Roheisen der Südstaaten sehr geeignet für das erstere Verfahren sein.

Dafs an der New Yorker Börse mit dem 1. Januar d. J. tägliche Notirungen von Roheisen-Warrants eingeführt sind, ist schon an anderer Stelle in dieser Nummer mitgetheilt.

Das Eisenerzsyndicat, welches zum Schlufs des Jahres 1895 gebildet wurde, hat den Preis von 4 $ franco Cleveland für bestes Bessemererz auch im Jahre 1896 festgehalten. Durch den Umstand, dafs A. Carnegie die grofsen Eisenfelder der Mesabi-Vorkommen, welche bisher Rockfeller besafs, erworben hat, ist in diese Verhältnisse jetzt eine gewisse Unsicherheit gebracht.

Der Koks in Connelsville war während des ganzen Jahres fest im Preise; der Preis betrug 2 $ f. d. Tonne.

Der Preis von Stahl-Halbzeug, welcher zu Anfang des Jahres auf 16 $ stand, wurde bald darauf durch das damals gebildete Syndicat auf 20¼ $ erhöht, sank dann aber nach dessen Zusammenbruch im December wiederum schnell und betrug zu Ende des Jahres nur noch 15 $ f. d. Tonne.

Während der Roheisenmarkt einen Rückschritt gegen das Vorjahr aufwies, war die Lage des Kupfermarktes im Jahre 1896 eine glänzende, die Production stieg auf die vorher nie erreichte Zahl von 205 511 t und überholte diejenige des „Bannerjahres" 1895 um nahezu 20 %. Der heimische Markt in Kupfer war wenig belebt, dagegen überstieg der europäische Bedarf alle Erwartungen; die Ausfuhr belief sich auf 127 332 t im Werthe von etwa 32 Millionen Dollars, das ist mehr als das Doppelte des Vorjahres.

Für die junge amerikanische Weifsblechindustrie war das abgelaufene Jahr das schlechteste seit ihrem Bestehen; wenige Ausnahmen abgerechnet, haben die Werke mit Verlust gearbeitet. Die Erzeugung an Weifsblech, die im Jahre 1891/92 (von Juli zu Juli) 6189 t und 1894/95 87 891 t betrug, stieg im Jahre 1895/96 auf 139 333 t, während der Verbrauch durch die allgemein gedrückte Geschäftslage des Landes ein geringerer war als früher; dazu kommt noch, dafs Weifsblechwaaren vielfach durch emaillirte Waaren verdrängt werden. Gegen Ende des Jahres befestigte sich der Markt und werden die Aussichten für das neue Jahr als sehr gute bezeichnet. Die schon seit 1890 rapide abnehmende Einfuhr von Weifsblech aus England (Süd-Wales) belief sich im verflossenen Kalenderjahr auf 120 378 t.

Rheinisch-westfälisches Kohlen-Syndicat.

Die „K. Z." vom 20. Januar 1897 giebt aus dem in der jüngsten Versammlung der Zechenbesitzer erstatteten Bericht über den Gang der Geschäfte und die Marktlage folgenden Auszug. Es betrugen in den Monaten

	Dec. 1896	Dec. 1895	Dec. 1894
die rechnungsmäfsige Betheiligung . . .	3495693 t	3252523 t	2943319 t
die thatsächliche Förderung	3378431 t	3183653 t	2921176 t
die Einschränkung .	117262 t	68870 t	22143 t
das sind in Procenten der Betheiligung .	3,35	2,12	0,75

Das Mehr der Förderung im verflossenen Monat bezifferte sich demnach gegen December 1895 auf 194778 t oder 6,10 vom Hundert und gegen December 1894 auf 457255 t oder 15,56 v. H. Für Rechnung des Syndicats wurden im December 1896 = 92,40 % versandt; der Selbstverbrauch stellte sich auf annähernd 24 v. H. des Gesammtabsatzes. Die rechnungsmässige Förderbetheiligung für das Jahr 1896 betrug 42626516 t, die Förderung selbst 38916112 t und die Minderförderung oder Einschränkung somit 3710404 t oder 8,705 v. H., während die Betheiligung für 1895 39481398 t, die Förderung 35354842 t, sowie die Einschränkung 4126556 t oder 10,45 v. H. und für 1894 die Betheiligung 36978603 t, die Förderung 34993116 t, sowie die Einschränkung 1985487 t oder 5,37 % betrugen. Die Betheiligung war somit im verflossenen Jahre gegen 1895 um 3145118 t oder 7,78 %, die Förderung indefs um 3568382 t oder 10,10 % gestiegen, so dafs die Einschränkung eine Verminderung von 2,56 v. H. erfahren hat. Für Rechnung des Syndicats wurden im Jahre 1896 = 92,58 % gegen 90,86 % im Jahre 1895 versandt; auf den Selbstverbrauch entfielen 24,24 % gegen 23,49 % im Jahre 1895. Die Steigerung des Absatzes bezw. der Förderung bezifferte sich im Jahre 1895 gegen das Jahr 1894 nur auf 361726 t oder 1,03 v. H.; sie betrug somit im Jahre 1896 = 3207656 t oder 9,07 v. H. mehr. Von den im Kohlensyndicat vereinigten 93 Gesellschaften überschritten im December 1896 ihre Förderungsbetheiligungen 35, 24 förderten über die beschlossene Einschränkung und 24 Gesellschaften blieben noch unter der letzteren. Da trotz der dringenden Nachfrage immer noch mit Einschränkungen gerechnet werden mufs, empfiehlt der Verbandsvorstand der nächsten Beirathssitzung vorzuschlagen, eine Einschränkung für 1897 nicht eintreten zu lassen bezw. zu beschliefsen, solche vielmehr einstweilen gänzlich aufzuheben. Die endgültige Fördereinschränkung für 1896 wird sich nach vorläufiger Ermittlung auf ungefähr 7,30 v. H., d. h. auf annähernd $1^1/_2$ v. H. weniger berechnen wie ursprünglich festgestellt worden ist. Eine Ausdehnung des Ausfuhrgeschäfts soll vorläufig nicht angestrebt, indefs sollen die bisherigen Absatzgebiete behauptet werden, da man selbst die durch die Inbetriebnahme einer Anzahl neuer Zechen im begonnenen Jahre hinzukommenden Mengen auch ohnedies bei der starken Nachfrage nach Kohlen zu besseren Preisen mit Rücksicht auf die gute Lage der Eisenindustrie unterzubringen hofft. Betreffs des Absatzes wurde bemerkt, dafs er von Monat zu Monat zugenommen habe und man ein recht befriedigendes neues Geschäftsjahr bestimmt erwarte. Der December 1896 würde eine Einschränkung nicht ergeben haben, wenn nicht die grofse Anzahl der Feiertage einen namhaften Ausfall in der Förderung zur Folge gehabt hätte.

Vereins-Nachrichten.

Verein deutscher Eisenhüttenleute.

Aenderungen im Mitglieder-Verzeichnifs.

Guthmann, A., Director, Berlin W. 50, Tauenzienstr. 9.
Kolb, F., Ingenieur, Königshütte, O.-Schl.
Körösi, Emil, Ingenieur, Moskau, Twerskaja, Haus Hirschmann Nr. 68.
Ljungberg, E. J. Generaldirector der Gesellschaft Stora Kopparbergs-Bergslag, Falun, Schweden.

Neue Mitglieder:

Bachmann-Wehrli, J., Betriebschef der Actiengesellschaft der Eisen- und Stahlwerke von Georg Fischer, Schaffhausen.
Brassert, Hermann, Hütteningenieur, Freiburg in Baden, Stadtstrafse 11.
Brasseur, Ernesto, Ingenieur, Couillet, Belgien.
Butsch, Max, Ingenieur der Rheinischen Stahlwerke, Ruhrort.
Custer, Josef, Civilingenieur, Saarbrücken.
de Fries, Heinrich, in Firma de Fries & Co., Düsseldorf.
Langheinrich, Ernst, Maschineningenieur der Gutehoffnungshütte, Oberhausen 2.
Pattberg, H., Zeche Rheinpreufsen, Homberg a. Rhein.
Röper, Anton, in Firma de Fries & Co., Düsseldorf.
Schemmann, Fritz, Ingenieur des Köln-Müsener Bergwerks- und Hüttenvereins, Creuzthal b. Siegen.
Schmitz, J., Ingenieur der Maschinenbau-Actiengesellschaft vorm. Gebrüder Klein, Dahlbruch.
Schmitkowski, Ingenieur, Ostrowiec.
Sensenbrenner, C., Maschinenfabricant, Düsseldorf, Steinstrafse 66.
Werbeck, Gustav, Ingenieur, Borsigwerk, O.-Schl.

Ausgetreten:

Brand, Robert, Schalke.

Verstorben:

Goetz, Georg, W., Milwaukee.

Eisenhütte Oberschlesien.

Die ordentliche Hauptversammlung findet am Sonntag den 21. Februar 1897, Nachmittags 2 Uhr, im oberen Saale des Theater- und Concerthauses in Gleiwitz statt.

Tagesordnung:

1. Geschäftliche Mittheilungen.
2. Vorstandswahl.
3. „Ueber die Einschränkung des Rauches bei industriellen Feuerungsanlagen." Vortrag des Herrn Hüttendirector Niedt-Gleiwitz.
4. „Die beabsichtigte Aenderung der Arbeiterversicherungsgesetze." Vortrag des Hrn. Landtagsabgeordneten, Generalsecretär Bueck-Berlin.
5. „Mittheilungen über den Ersatz der Luppenhämmer durch dampfhydraulische Pressen." Vortrag des Hrn. Ingenieur Bendix Meyer-Gleiwitz.

Die gemeinschaftliche Festtafel findet um 5 Uhr ebendaselbst in dem im Erdgeschofs liegenden Saale statt.

Inhalt der Inserate.

Die Zeitschrift erscheint in halbmonatlichen Heften.

Abonnementspreis für Nichtvereinsmitglieder: 20 Mark jährlich excl. Porto.

STAHL UND EISEN
ZEITSCHRIFT
FÜR DAS DEUTSCHE EISENHÜTTENWESEN.

Insertionspreis 40 Pf. für die zweigespaltene Petitzeile, bei Jahresinserat angemessener Rabatt.

Redigirt von

Ingenieur E. Schrödter, Geschäftsführer des Vereins deutscher Eisenhüttenleute, für den technischen Theil

und

Generalsecretär Dr. W. Beumer, Geschäftsführer der Nordwestlichen Gruppe des Vereins deutscher Eisen- und Stahl-Industrieller, für den wirthschaftlichen Theil.

Commissions-Verlag von A. Bagel in Düsseldorf.

№ 4. 15. Februar 1897. 17. Jahrgang.

Bericht an die am 29. Januar 1897 abgehaltene Hauptversammlung der Nordwestlichen Gruppe des Vereins deutscher Eisen- und Stahlindustrieller.

Die Aufgabe der Gruppe besteht in der Wahrung der wirthschaftlichen Interessen der Eisen- und Stahlindustrie; sie hat sich daher mit allen Fragen zu beschäftigen, welche dies Gebiet berühren, und mufs vorzugsweise der Gesetzgebung auf wirthschaftlichem und socialpolitischem Gebiete folgen. In dieser Beziehung nahm in der Periode, welche seit der letzten Hauptversammlung (7. December 1895) verstrichen ist, wiederum die Arbeiterschutzgesetzgebung das Interesse und die Thätigkeit der Gruppe in Anspruch.

Unserem, durch den Hauptverein unter dem 20. Juni 1895 an den Bundesrath gerichteten Antrage,

„dahin wirken zu wollen, dafs in Bessemer- und Thomasstahlwerken, Martin- und Tiegelgufsstahlwerken, Puddelwerken, Walz- und Hammerwerken, zu denen insbesondere auch die Weifsblechwalzwerke zu rechnen sind, in Verzinkereien sowie in Hochofengiefsereien, an allen Sonntagen und in die Woche fallenden Feiertagen, mit Ausnahme des Weihnachts-, Neujahrs-, Oster- und Pfingstfestes, der Betrieb von 6 Uhr Abends bis 6 Uhr Morgens gestattet, sowie das Entladen und Verschieben von Eisenbahnwagen erlaubt werde, soweit es die Einrichtungen des Betriebes und die Einhaltung der Ladefristen erfordern, unter gleichzeitiger Ausdehnung dieser Erlaubnifs für das Entladen der Schiffe bei denjenigen Werken, die an einer fahrbaren Wasserstrafse liegen,"

wurde leider nicht stattgegeben, vielmehr lehnte der Bundesrath diesen Antrag in allen seinen Theilen ab. Das Gleiche war der Fall mit einer Sondereingabe der an Stelle der zwölfstündigen mit einer achtstündigen Schicht arbeitenden Weifsblechwalzwerke, die Sonntagsruhe auf 12 Stunden herabzusetzen. Eine Gewährung dieses Antrages, der im Juni 1896 an den Herrn Handelsminister gerichtet wurde, wäre um so wichtiger, als die deutsche Weifsblechindustrie im allerschwierigsten Wettbewerb mit der englischen steht.

Neue Befürchtungen brachte die v. Berlepsch'sche Handwerkervorlage, deren Bestimmungen nach den verschiedensten Richtungen hin in den Interessenkreis der fabrikmäfsig betriebenen Gewerbe eingreifen. So sollen nach § 126 des Entwurfs alle Personen unter 17 Jahren, die mit technischen Hülfeleistungen beschäftigt werden, als Lehrlinge gelten, sofern die Beschäftigung nicht lediglich ausnahmsweise oder vorübergehend stattfindet. Es liegt auf der Hand, dafs hiernach in den meisten Fällen die jugendlichen Arbeiter zwischen 14 und 16 Jahren unter die Kategorie der Lehrlinge fallen und damit die betreffenden Fabrikbetriebe unter die Ueberwachung der Innungen, Handwerkerausschüsse und Handwerkerkammern gestellt werden würden. Die naturgemäfse Folge davon aber würde sein, dafs die Grofsindustrie, welche sich doch unmöglich eine solche Ueberwachung gefallen lassen kann, jugendliche Arbeiter überhaupt nicht mehr beschäftigen würde. Welche

Nachtheile damit in wirthschaftlicher und socialer Hinsicht, namentlich für die Arbeiterfamilien, verknüpft sein würden, das ist in früheren Jahresberichten der Gruppe so oft dargelegt worden, dafs wir darauf zurückzukommen unterlassen können. Nur darauf möchten wir wiederholt aufmerksam machen, dafs die Beschäftigung jugendlicher Arbeiter von den Eltern sehnlichst gewünscht wird, dafs das Angebot weit gröfser ist als die Nachfrage und dafs die Werke ein bei weitem geringeres Interesse an der Einstellung solcher Arbeiter haben, als die Arbeiterfamilien, die denn auch jede Erschwerung nach dieser Seite hin nicht etwa als eine socialpolitische Wohlthat, sondern als eine drückende Last empfinden.

Auch die übrigen Bestimmungen der Handwerkervorlage, welche namentlich aus dem Mangel genügender Grenzbestimmungen zwischen Handwerk und Industrie entspringen, erschienen uns unannehmbar und so stimmten wir den Beschlufsanträgen des „Centralverbandes deutscher Industrieller" zu, die in der Sitzung vom 30. September 1896 in folgender Fassung angenommen wurden:

„1. Der »Centralverband deutscher Industrieller« erachtet den Zusammenschlufs von Berufsgenossen zur Wahrung ihrer berechtigten Interessen als nützlich und wünschenswerth für die Betheiligten und auch als dienlich zur Förderung des wirthschaftlichen Gesammtwohles; er hegt jedoch die Ueberzeugung, dafs von solchen Vereinigungen die förderliche und gedeihliche Wirksamkeit im Interesse der Einzelnen, wie der Gesammtheit nur erwartet werden kann, wenn sie auf der Freiwilligkeit des Anschlusses und demgemäfs auf der selbstthätigen Mitwirkung der einzelnen Genossen beruhen. 2. Der Centralverband hält demgemäfs die Innungen als Vereinigungsorgane für diejenigen, die ein Gewerbe handwerksmäfsig betreiben, für zweckmäfsig und nützlich, jedoch nur soweit auch sie auf voller Freiwilligkeit beruhen und nicht berechtigt werden, einen zwingenden Einflufs irgend welcher Art auf die aufserhalb des Innungsverbandes verbleibenden Gewerbetreibenden auszuüben. 3. Der Centralverband erklärt sich daher gegen die Errichtung von Zwangsinnungen, wie sie der Entwurf eines Gesetzes, betreffend die Abänderung der Gewerbeordnung, beabsichtigt. Er erachtet die Zwangsinnungen sowie die Organisation, der sie als Grundlage dienen sollen, um so weniger für annehmbar, als Unterscheidungsmerkmale zwischen den Gewerbetreibenden festgestellt werden sollen, die geeignet sind, den Einzelnen in der freien Bethätigung seiner Kräfte und Fähigkeiten in einer, der wirthschaftlichen Entwicklung unserer Zeit nicht entsprechenden Weise einzuengen und zu behindern. 4. Zu seiner ablehnenden Stellungnahme wird der Centralverband ferner durch den Umstand veranlafst, dafs der Gesetzentwurf Bestimmungen enthält, die unzuträglich in den Interessenkreis der fabrikmäfsig betriebenen Gewerbe eingreifen. Es sind die allgemeinen, das bisherige Verhältnifs der jugendlichen Arbeiter vollkommen umgestaltenden Bestimmungen über die Lehrlingsverhältnisse und die im Zusammenhange damit den Innungen, Handwerksausschüssen und Handwerkskammern ertheilte Befugnifs zur Ueberwachung auch der Fabrikbetriebe. Hierzu kommen noch die Unzuträglichkeiten, die aus dem Mangel einer bestimmten Grenze zwischen handwerksmäfsig und fabrikmäfsig betriebenen Gewerben und daher aus der Unsicherheit darüber entstehen müssen, auf welche Betriebe sich die Zugehörigkeit zur Zwangsinnung erstrecken wird. 5. Ferner kann der Centralverband die Bildung und Mitwirkung von Ausschüssen von Gesellen und Gehülfen insofern nicht billigen, als damit, nach Lage der Verhältnisse in der deutschen gewerblichen Arbeiterschaft, die Socialdemokratie in die Vereinigungen der selbständigen Gewerbetreibenden eingeführt und der agitatorischen Thätigkeit der Socialdemokratie auf einem neuen Gebiete Vorschub geleistet werden würde. 6. Der Centralverband spricht endlich seine Ueberzeugung dahin aus, dafs die geplante Organisation nicht geeignet erscheint, eine irgend günstige Wirkung auf die allgemeine Lage des Handwerks auszuüben, enthält sich aber, weiter auf die einzelnen ihm bedenklich erscheinenden materiellen Bestimmungen des Entwurfs einzugehen. Dagegen erkennt der Centralverband die Nothwendigkeit, das Lehrlingswesen in den handwerksmäfsig betriebenen Gewerben zu heben, und damit das auf die Besserung dieser Verhältnisse gerichtete Streben der königlichen Staatsregierung als berechtigt an. 7. Mit Rücksicht auf die wesentlich überwiegenden Bedenken beschliefst der Centralverband, das Directorium zu beauftragen, an den hohen Bundesrath das Ersuchen zu richten, dem Entwurf die Zustimmung zu versagen."

Die in dem letzten Hauptversammlungsbericht besprochenen Gesetzentwürfe betr. die **Abänderung des Unfallversicherungsgesetzes** und die **Erweiterung der Unfallversicherung** sind gegenüber der damaligen Fassung wesentlich abgeändert worden und in einer Gestalt an den Reichstag gebracht worden, die auf manche der von uns erhobenen Bedenken Rücksicht genommen und dieselben beseitigt. Gleichwohl enthält auch der neue Gesetzentwurf eine ganze Reihe für die Industrie unannehmbarer Punkte, wie sich bei Behandlung des 5. Punktes unserer heutigen Hauptversammlung ergeben dürfte.

Nicht minder ist das der Fall bei dem die Reform des **Invaliditäts- und Altersversicherungsgesetzes** betreffenden Gesetzentwurf, der ebenfalls in der heutigen Hauptversammlung zur Verhandlung steht. Die Verhandlung über beide Gesetzentwürfe ist zunächst innerhalb des Vorstandes der Gruppe und sodann innerhalb der socialpolitischen Commission, welche wir gemeinschaftlich mit dem „Verein zur Wahrung der gemeinsamen wirthschaftlichen Interessen in Rheinland und Westfalen" gebildet haben, eine aufserordentlich gründliche gewesen.

Wenn sich die Industrie gegen neue Lasten wehrt, die ihr durch diese Gesetzgebung zugedacht werden, so erscheint das begreiflich, wenn man bedenkt, dafs bisher bereits gegen 1 1/2 Milliarden Mark durch die Kranken-, Unfall-, Invaliditäts- und Altersversicherung den Versicherten zu gute gekommen sind. Allein für die Krankenversicherung ist während der 12 Jahre des Bestehens dieses Gesetzes fast eine Milliarde von den verschiedenen Krankenkassen ausgezahlt worden. Allein im Jahre 1894 wurden 111 1/2 Millionen Mark für 2 1/2 Millionen Erkrankte verausgabt. Davon entfielen auf Krankengeld 42, auf ärztliche Behandlung 22, auf Arzneien 17 und auf Krankenhauspflege ebenfalls 17 Millionen Mark. Für Unfallversicherung sind von 1885 bis jetzt rund 250 Millionen Mark an durch Unfall verletzte Arbeiter oder an die Hinterbliebenen von verunglückten Arbeitern ausgezahlt worden. Im Jahre 1895 allein wurden 50 1/4 Millionen Mark aufgebracht, die 388 184 Personen zu gute kamen. Die Invaliditäts- und Altersversicherung hat vom Jahre 1891 bis 1895 insgesammt 425 477 Renten in einem Geldbetrage von 144 Millionen Mark ausbezahlt. Im Jahre 1895 bezogen 347 700 Personen 42 1/10 Millionen Mark Renten, davon 26 6/10 Millionen Altersrenten und 15 1/2 Millionen Invalidenrenten.

Mit Rücksicht auf die Novelle zur Invaliditäts- und Altersversicherung bietet die dem Reichstage vorgelegte, im Reichsversicherungsamt aufgestellte Nachweisung der Geschäfts- und Rechnungsergebnisse der Invaliditäts- und Altersversicherungsanstalten für das Rechnungsjahr 1895, welche die sämmtlichen 31 Versicherungsanstalten des Deutschen Reichs umfafst, diesmal ein besonderes Interesse. Wie die Nachweisung erkennen läfst, sind für diese Versicherungsanstalten mit insgesammt 151 Vorstandsmitgliedern, 24 Hülfsarbeitern der Vorstände, 610 Ausschufsmitgliedern, 66 205 Vertrauensmännern, 352 Controlbeamten, 499 Schiedsgerichten, 9176 besonderen Markenverkaufsstellen, 5014 mit der Einziehung der Beiträge betrauten Krankenkassen und 2939 in gleicher Weise mitwirkenden Gemeindebehörden und sonstigen von der Landes-Centralbehörde bezeichneten Stellen an Entschädigungsbeträgen 15 630 814,37 ℳ für Altersrenten und 8 396 990,25 ℳ für Invalidenrenten, zusammen 24 027 804,62 ℳ gezahlt worden. Die Zahl der im Rechnungsjahre bewilligten Altersrenten betrug 52 062, die der Invalidenrenten 29 417, zusammen 81 479.

An Verwaltungskosten sind aufgewendet worden 5 570 939,34 ℳ, was für den Kopf des Versicherten eine Ausgabe von etwa 0,57 ℳ ergiebt oder 5,25 % der Gesammteinnahme an Beiträgen (der erhobenen Prämie) ausmacht. Die Gesammteinnahme aus Beiträgen belief sich mit Einschlufs der Beiträge für Seeleute auf 95 351 893,17 ℳ, die Zahl der verkauften Beitragsmarken beträgt rund 103 Millionen in Lohnklasse I, 177 Millionen in Lohnklasse II, 107 Millionen in Lohnklasse III und 66 Millionen in Lohnklasse IV. An Doppelmarken werden rund 373 000 als verkauft nachgewiesen. Der Antheil der Versicherungsanstalten an den bis zum Schlusse des Jahres 1895 vom Rechnungsbureau endgültig vertheilten Renten ergiebt bei 268 337 Einzelfällen an Altersrenten und 148 427 Einzelfällen an Invalidenrenten, zusammen 416 764, einen Jahresbetrag von 19 642 497,93 ℳ für Altersrenten und 9 381 574,46 ℳ für Invalidenrenten, zusammen 29 024 072,39 ℳ. Diese Rentenbelastung repräsentirt einen Kapitalwerth von 112 021,887 ℳ für Altersrenten und 82 842 777 ℳ für Invalidenrenten, zusammen 194 864,664 ℳ. Bis zum Schlusse des Jahres 1895 sind 72 614 Altersrenten und 38 450 Invalidenrenten, zusammen 111 064 Renten mit einem auf die Versicherungsanstalten entfallenden Jahresbetrage von 5 197 122,46 ℳ für Altersrenten und 2 380 944,17 ℳ für Invalidenrenten, zusammen 7 578 066,63 ℳ in Wegfall gekommen. Es verbleiben demnach am Schlusse des Jahres noch 195 723 Altersrenten mit einem abzüglich des Reichszuschusses sich berechnenden Jahresbetrage von 14 445 375,47 ℳ und 110 377 Invalidenrenten mit einem entsprechend berechneten Jahresbetrage von 7 000 680,29 ℳ.

Der Vermögensbestand der Versicherungsanstalten, einschliefslich des Werths der Inventarien, belief sich bei Ablauf des Jahres 1895 auf 381 677 360,77 ℳ, wovon bis dahin 33 210 333,77 ℳ dem Reservefonds überwiesen worden sind. Die durchschnittliche Verzinsung der Kapitalanlage ist 3,58 % gegenüber von 3,65 % im Vorjahre. Der Durchschnittssatz der Altersrenten, der für die im Jahre 1891 begonnenen 123,60 ℳ betrug, ist für die im Jahre 1892 beginnenden Renten auf 127,69 ℳ und für die im Jahre 1893 beginnenden auf 130 ℳ gestiegen, dagegen für die im Jahre 1894 beginnenden auf 126,14 ℳ zurückgegangen und hat sich für die im Jahre 1895 beginnenden Altersrenten wieder auf 132,80 ℳ gehoben. Dagegen hat die Durchschnittshöhe der Invalidenrente, die sich für die im Jahre 1891 beginnenden Renten auf 113,38 ℳ belief, für die im Jahre 1895 beginnenden Renten den Betrag von 123,92 ℳ erreicht.

Ueber die Arbeiterverhältnisse im Bezirk der Gruppe können wir erfreulicherweise die bereits im vorigen Jahresbericht enthaltene Thatsache wiederholen, dafs der gesunde Sinn, der in der eisenarbeitenden Bevölkerung Rheinlands und Westfalens steckt, sich auch in dem verflossenen Jahre vielfach in der ablehnenden Haltung gezeigt hat, die man der socialdemokratischen

Bewegung gegenüber an den Tag legte. Freilich fürchten wir, dafs die letztere aus der Fortsetzung von Experimenten, wie wir sie in den letzten Jahren auf dem Gebiete der Versuche zur „Besserung des Verhältnisses zwischen Arbeitgeber und Arbeitnehmer" erlebt haben, nur gewinnen würde. Je mehr Fremde sich in das Verhältnifs, das zwischen dem Arbeiter und dem Fabricanten besteht, hineinzudrängen suchen, je mehr man mit Arbeiterausschüssen u. dgl. natürliche Verhältnisse künstlich stört, desto mehr Unzufriedenheit erzeugt man, eine desto gröfsere Ernte aus dem Kreise der Unzufriedenen hält die Socialdemokratie. Wie wenig gerechtfertigt übrigens das Gerede von der Unterdrückung des wirthschaftlich Schwachen durch die Arbeitgeber ist, — ein Gerede, dem ja alle jene Experimente ihre eigentliche Entstehung verdanken —, zeigt am besten der Hamburger Arbeiterausstand, in welchem mit einer Frivolität ohne Gleichen seitens der Arbeitnehmer ein Kampf um die Macht vom Zaune gebrochen wurde, der die Nothwendigkeit einer Coalition der Arbeitgeber in das hellste Licht setzte. Mit Freuden stimmte deshalb die Gruppe dem Telegramm zu, welches der Hauptverein am 10. December 1896 nach Hamburg sandte und welches folgenden Wortlaut hat:

„Die in Berlin tagende Generalversammlung des »Vereins deutscher Eisen- und Stahlindustrieller« legt der in Hamburg ausgebrochenen Arbeitseinstellung der Hafenarbeiter insofern eine besondere Bedeutung bei, als die auf den Kampf gegen die Arbeitgeber gerichteten internationalen Bestrebungen der Arbeitervereinigungen bei der Entstehung und während der Dauer dieses Ausstandes zum erstenmal thatsächlich mitgewirkt haben. Die Generalversammlung erkennt die in diesem Umstande für den ruhigen Fortgang der Thätigkeit und Entwicklung aller Nationen liegende Gefahr vollkommen und theilt mit den Arbeitgebern Hamburg-Altonas die Ueberzeugung, dafs jeder selbst nur scheinbare Erfolg der Arbeiter jene Gefahr in bedrohlichster Weise steigern würde. In weiterer Würdigung des Umstandes, dafs die zu den bestbezahlten Arbeitern gehörigen Ausständischen nicht aus Noth, sondern nur um eine Machtfrage auszutragen, die Arbeit niedergelegt und eine schwere Schädigung des Verkehrs in dem gröfsten und bedeutendsten Hafenplatze Deutschlands herbeigeführt haben, spricht die Generalversammlung den betheiligten Arbeitgebern Hamburg-Altonas ihre vollste Anerkennung für ihr festes, einmüthiges Handeln in diesem schweren Kampf aus und erkennt an, dafs dieselben sich durch ihr zielbewufstes opferwilliges Verhalten den angreifenden Arbeitern gegenüber um die gewerbliche Thätigkeit des Vaterlandes in hohem Grade verdient machen."

Aus der übrigen wirthschaftlichen Gesetzgebung erwähnen wir zunächst das Inkrafttreten des Gesetzes gegen den unlauteren Wettbewerb, das am 7. Mai 1896 vom Reichstag angenommen wurde und seit dem 1. Juli desselben Jahres in Geltung ist. Wie sich dasselbe in der Praxis bewähren wird, nachdem der Reichstag an dem Entwurfe mehrere Abänderungen vorgenommen, die wir nicht als Verbesserungen ansehen können, mufs die Zukunft lehren. Ein erfreuliches Ereignifs war die Annahme des Entwurfes eines Bürgerlichen Gesetzbuches durch den Reichstag am 1. Juli 1896, das, im Jahre 1900 in Kraft tretend, nicht nur einem im deutschen Volke längst gehegten Verlangen entgegenkommt, sondern auch die durch die Verschiedenheit der bürgerlichen Gesetzgebung Deutschlands fortdauernd entstehenden Schädigungen der wichtigsten Lebensinteressen beseitigen und die Entwicklung der wirthschaftlichen Verhältnisse in günstigster Weise fördern dürfte. Gerne verzeichnen wir dabei die Thatsache, dafs das Plenum des Reichstages unserem Ersuchen entsprochen hat, das sich gegen die Commissionsbeschlüsse in Sachen der Rechtsfähigkeit der Vereine wendete. Das Plenum stellte, unserem, durch den Centralverband deutscher Industrieller wirksam unterstützten Antrage entsprechend, die Fassung des Entwurfes wieder her und beseitigte dadurch grofse Unzuträglichkeiten, die sich infolge einer so aufserordentlichen Erweiterung der Rechtsfähigkeit der Vereine, wie sie die Commissionsbeschlüsse wollten, mit Nothwendigkeit ergeben hätten.

Eine sehr eingehende Arbeit lieferte die Gruppe in Gemeinschaft mit dem „Verein zur Wahrung der gemeinsamen wirthschaftlichen Interessen in Rheinland und Westfalen", dem „Verein für die bergbaulichen Interessen im Oberbergamtsbezirk Dortmund", dem „Verein der Industriellen des Regierungsbezirks Köln" und dem „Berg- und Hüttenmännischen Verein zu Siegen" zum Entwurf eines Handelsgesetzbuchs. Nach aufserordentlich gründlicher Arbeit in der Commission und einer Behandlung des Entwurfs in einer gemeinschaftlichen Sitzung der Gesammt-Vorstände und -Ausschüsse jener Vereine wurde eine Denkschrift verfafst, welche neben derjenigen der vereinigten hanseatischen Handelskammern schon Ende September in den Händen des Bundesraths und des Reichsjustizamtes war und dem Reichstag bei seinem Zusammentreten im December 1896 übergeben wurde. Wir erkannten in dem Entwurf des Handelsgesetzbuches eine durch das spätere Inkrafttreten des Bürgerlichen Gesetzbuches nothwendig gewordene, in Fassung und Anordnung wohlgelungene Arbeit, hatten aber in Bezug auf mehrere Einzelbestimmungen, namentlich auch in Bezug auf solche, die das Actienrecht betreffen, erhebliche Bedenken, die in jener Denkschrift eingehend erörtert worden sind.

Auf dem Gebiete der Handelsverträge verzeichnen wir mit Genugthuung die Thatsache, daſs der unter Mitwirkung industrieller Sachverständiger zustande gekommene deutsch-russische Vertrag günstige Wirkungen gehabt hat, die sich in einem Fortschreiten der Einfuhr nach Ruſsland aus Deutschland äuſsern, wie nachfolgende Uebersicht ergiebt:

Es wurden eingeführt in Ruſsland aus Deutschland an Winkeleisen, Stabeisen, Platten und Blechen, groben Eisenwaaren, Maschinen und Nähmaschinen in Doppelcentnern

1889/90	1890/91	1891/92	1892/93	1893/94
650 592	850 424	546 086	626 633	558 764

1894/95	1895/96	1. April 1896 bis 1. October 1896 (7 Monate)
1 971 944	2 251 233	1 539 230

Der Zollkrieg mit Spanien erreichte am 10. Juli 1896 durch Aufhebung der Kampfzollverordnungen beider Länder sein Ende. Mit Recht gingen die spanischen Erze auch während des Zollkrieges zollfrei in Deutschland ein und so blieb dieser Zweig des spanischen Exports von den Wirkungen des Zollkrieges durchaus verschont und an ihm zeigt sich wohl am deutlichsten, welcher Steigerung der deutsch-spanische Handelsverkehr unter günstigen Bedingungen fähig ist. Die Einfuhr spanischer Eisenerze in Deutschland betrug in den ersten 5 Monaten des Jahres 1889 1 937 893 Doppelcentner. Im gleichen Zeitraum 1893 belief sie sich auf 3 248 247 Doppelcentner, und für Januar bis Mai 1896 hat sie sich auf 4 792 472 Doppelcentner gesteigert. Diese zunehmende Einfuhr entspricht nur dem vermehrten Bedarf an spanischen Eisenerzen in der deutschen Eisenindustrie. Die Zahlen allein enthalten schon eine scharfe Kritik des s. Z. von agrarischer Seite gestellten Verlangens, die spanischen Eisenerze mit einem Zoll in Höhe von 20 % ihres Werthes zu belegen. Graf Kanitz regte diesen Gedanken schon in der Reichstagssitzung vom 26. Januar 1895 an und die „Deutsche Tageszeitung" hat ihn mit einem verdächtigen Eifer vertreten. Alle Gründe, welche von seiten der Sachverständigen der Eisenindustrie dagegen eingewendet wurden, auch der Nachweis, daſs die spanischen Eisenerze für die deutsche Eisenindustrie unentbehrlich seien, wurden von dem agrarischen Organ in den Wind geschlagen. Glücklicherweise haben die verbündeten Regierungen nicht ein Gleiches gethan mit den Warnungen eines Abgeordneten aus unserm Industriebezirk, der dem Grafen Kanitz gegenüber dringend davon abrieth, in „kritikloser Benutzung der Macht" Maſsregeln zu ergreifen, welche die wirthschaftlichen Interessen unseres Landes fundamental verletzen würden. Die Reichsregierung hat gezeigt, daſs sie auch ohne die von agrarischer Seite gewünschte Schädigung der Industrie zum Ziele, zur Beseitigung des Zollkrieges, gelangen konnte.

Der Handelsvertrag mit Japan wurde am 4. April 1896 abgeschlossen.

Die Einführung des Quebrachozolles hat der Bundesrath zu unserer Genugthuung abgelehnt und damit Störungen in unserem Verhältniſs zu Argentinien verhindert, die für die gesammte deutsche Industrie sich sehr verhängniſsvoll hätten gestalten können.

Am 1. Januar d. J. ist der Nachtrag des amtlichen Waarenverzeichnisses zum Zolltarif in Kraft getreten. Wie noch eine kürzlich im Reichstage stattgehabte Erörterung gezeigt hat, kommen bei der Auslegung einzelner Zolltarifpositionen seitens der unteren Zollbeamten Irrthümer vor, die für die Importeure mit groſsem Schaden verbunden sein können, weil diese infolgedessen bei ihren Preiscalculationen entweder den Zoll gar nicht oder nicht in genügendem Maſse berücksichtigen. Das amtliche Waarenverzeichniſs enthält nun für recht viele Tarifpositionen eingehende Erläuterungen und ist deshalb geeignet, die Zollbeamten sowohl wie die Importeure über die Bedeutung der Tarifpositionen aufzuklären. Indessen kann das Verzeichniſs einmal nicht alle Waaren genau schildern, und sodann steht die Waarenerzeugung nicht still, so daſs stets neue, bis dahin unter einer Tarifposition noch nicht klassificirte Waaren zur Einfuhr gelangen. Dieser Bewegung wie nicht minder bei der praktischen Handhabung des Zolltarifs als nothwendig sich herausstellender Aenderung muſs das Waarenverzeichniſs folgen können. Es sind ja auch früher mehrfach Umgestaltungen des Verzeichnisses vorgenommen, indessen in zu langen Zwischenräumen. So ist, abgesehen von Nebensachen, seit der letzten beispielsweise ein Zeitraum von 8 Jahren, von 1888 bis 1896, verstrichen. Hier hatte der Staatssecretär des Reichsschatzamtes ein schnelleres Vorgehen versprochen. Er hat sein Versprechen so gehalten, daſs, nachdem am 1. Januar 1896 das neue amtliche Waarenverzeichniſs in Kraft gesetzt war, am Ende des Jahres schon der erste Nachtrag erschienen ist. Es hat jetzt nur ein Jahr gedauert, bis der nothwendig gewordene Nachtrag erschienen ist; vielleicht kann man daraus, und zwar nur mit Genugthuung, entnehmen, daſs die jährliche Revision eine dauernde Einrichtung werden soll.

Ueber Zollplackereien seitens der italienischen Zollämter mehren sich neuerdings die Klagen, denen abzuhelfen das Auswärtige Amt gebeten worden ist.

Wenden wir uns nunmehr zur einheimischen Steuergesetzgebung, so hat der übertriebene Gebrauch, den manche Gemeinden von der Kopfsteuer als Gewerbesteuer machen, mit Recht in industriellen Kreisen die gröſsten Befürchtungen erweckt und zu einer berechtigten scharfen Kritik Veranlassung gegeben. Unter dem 7. December 1895 wurde seitens des Herrn Finanzministers und des Herrn Ministers des Innern ein Erlafs veröffentlicht, in welchem unter Nr. 1 wiederholt darauf hingewiesen wird, „dafs es eines der hauptsächlichsten Ziele der Steuerreform und insbesondere der Aufhebung der staatlichen Realsteuern sei, vermöge einer entsprechend schärferen Heranziehung der Realsteuern zu den Communallasten die thunlichste Verminderung der Gemeindezuschläge zur Einkommensteuer bis zu einer diese neben der Ergänzungssteuer einzige directe Staatssteuer nicht mehr gefährdenden Höhe herbeizuführen und den Haushalt der Gemeinden mehr als bisher auf die Besteuerung der mit der Gemeinde auf Gedeihen und Verderb verbundenen Realitäten zu begründen". Ferner wird unter Nummer 2 hervorgehoben, „dafs die vom Staate veranlagten Realsteuern, die in der Regel mindestens zu dem gleichen und höchstens zu einem um die Hälfte höheren Procentsatze heranzuziehen seien, als Zuschläge zur Einkommensteuer erhoben werden". In Nummer 3 wird auf § 54 Abs. 4 des Communal-Abgaben-Gesetzes aufmerksam gemacht, wonach „nur in der Regel nicht mehr als 200 % der veranlagten Realsteuern erhoben werden sollen, das Gesetz somit unverkennbar sich darüber klar sei, dafs unter Umständen auch mehr als 200 % der Realsteuern zu erheben seien."

Dieser ministerielle Erlafs, welcher von neuem thunlichste Freilassung der staatlichen Einkommensteuer von Gemeindezuschlägen scharf in den Vordergrund stellt, hat mehrere Gemeinden unseres Industriebezirks zu dem Versuch veranlafst, die Belastung der gröfseren Gewerbebetriebe noch erheblich zu steigern und dafür die Form einer im Communal-Abgaben-Gesetz zugelassenen besonderen Gewerbesteuer zu wählen. Bekanntlich haben im Jahre 1895 verschiedene Gemeinden, zuerst die Stadt Wattenscheid, beschlossen, als besondere Gewerbesteuer eine Kopfsteuer von 25 ℳ für jeden in gröfseren Betrieben beschäftigten Arbeiter zu erheben. Diese Beschlüsse haben die Zustimmung der zuständigen Fachminister nicht erhalten. In dem betreffenden Bescheide heifst es wörtlich: „Die Belastungen, wie sie sich aus den vorliegenden Steuerordnungen ergeben, scheinen aber — soviel sich von hier aus beurtheilen läfst — entschieden viel zu weit zu gehen." Dennoch haben im Laufe des Jahres 1896 verschiedene Gemeinden wiederum eine hohe Kopfsteuer beschlossen. Sie soll von allen Betrieben erhoben werden, welche mehr als 100 Arbeiter beschäftigen, und bei einer Belastung der Grund- und Gebäudesteuer und der für die übrigen gewerbesteuerpflichtigen Betriebe staatlich veranlagten Gewerbesteuer mit 150 % Zuschlag 15 ℳ für den Kopf des Arbeiters betragen. Steigen die Zuschläge zu den Realsteuern, so steigt auch verhältnifsmäfsig die Kopfsteuer.

Diesen Beschlüssen gegenüber erscheint es doch erforderlich, auf die Absichten des Gesetzes etwas näher einzugehen. Nach § 54 des C.-A.-G. dürfen mehr als 200 % der Staatssteuern in der Regel nicht erhoben werden. § 56 bestimmt, dafs zur Deckung des durch Realsteuern aufzubringenden Steuerbedarfs die veranlagten Grund-, Gebäude- und Gewerbesteuern in der Regel mit dem gleichen Procentsatz heranzuziehen seien. Bei anderweitiger Untervertheilung seien Grund- und Gebäudesteuer höchstens doppelt so stark heranzuziehen, wie die Gewerbesteuer und umgekehrt. Ausnahmen können aus besonderen Gründen von den Ministern des Innern und der Finanzen zugelassen werden. Nach § 57 ist bei der Vertheilung des Steuerbedarfs das Aufkommen besonderer Gemeindesteuern je nach ihrer Einrichtung und Beschaffenheit auf denjenigen Theil des Steuerbedarfs zu verrechnen, welcher durch Procente der entsprechenden, vom Staate veranlagten Steuer aufzubringen ist.

Noch deutlicher spricht sich in dieser Hinsicht der Artikel 39 der Ausführungsanweisung aus. Danach ist der Steuerbedarf zunächst auf die Gesammtheit der Realsteuern und auf die Einkommensteuer zu vertheilen, der auf die Gesammtheit der Realsteuern entfallende Betrag ist weiter auf die einzelnen Arten der Realsteuern unterzuvertheilen. Das Verhältnifs, nach welchem die Vertheilung oder Untervertheilung erfolgt, ist vom Gesetze in Procenten der vom Staat in der Gemeinde veranlagten Realsteuern und der Staatseinkommensteuer bestimmt. Weiter heifst es in Art. 39: „Hiernach ist auch im Falle der Einführung besonderer Steuern lediglich nach dem Sollaufkommen der entsprechenden, vom Staate veranlagten Steuer zu prüfen, ob die Vertheilung des Steuerbedarfs den Vorschriften des Gesetzes entspricht. Die nach dem Sollaufkommen der vom Staate veranlagten Steuer bemessene Summe bildet den durch die entsprechende besondere Steuer aufzubringenden Betrag."

Nach vorstehenden Ausführungen kann es keinem Zweifel unterliegen, dafs besondere Gewerbesteuern in ihrer Höhe begrenzt sein sollen: 1. durch den in der Regel zulässigen höchsten Satz von 200 % der staatlich veranlagten Realsteuern; 2. durch das Verhältnifs der besondern Gewerbesteuer zur Belastung der Grund- und Gebäudesteuer; 3. durch die Summe der Aufwendungen, welche durch Realsteuern oder die einzelnen Arten der Realsteuern aufzubringen sind. Ein Abweichen von den Regeln erscheint nur dann zulässig, wenn und soweit die Ausgaben der Gemeinde dem Gewerbebetriebe zur Last fallen. Es darf aber als unbestritten gelten, dafs im ganzen Industriebezirke bei gewissenhafter Vertheilung des Steuerbedarfs auf die Gesammtheit der Realsteuern und auf die Einkommensteuer oder bei Untervertheilung auf die einzelnen Arten der Realsteuern nach Mafsgabe der Bestimmungen des Gesetzes und der Ausführungsanweisung keine Gemeinde den Nachweis für die Gesetzlichkeit der Kopfsteuer von 15 ℳ führen kann. Wir haben hierbei gerade diejenigen Gemeinden im Auge, welche in der That ungünstige Steuerverhältnisse haben; von besser gestellten Gemeinden kann selbstverständlich gar nicht die Rede sein. Dennoch wird man, falls auch nur eine der beschlossenen Steuerordnungen genehmigt werden sollte, auf der ganzen Linie versuchen, sich in gleicher Weise eine feste Einnahme zu verschaffen. Für die Gemeinden ist es unzweifelhaft bequem und angenehm, dauernd auf bestimmte, sich wenig verändernde Einnahmen rechnen zu können. Eine andere Frage ist es jedoch, ob diese Steuer nicht willkürlich und ungesetzlich, daher nicht geeignet ist, die Genehmigung der Aufsichtsbehörden zu erlangen. Uns will es scheinen, dafs die Genehmigung nicht ertheilt werden darf. Mag das C.-A.-G. mit seinen vielen Regeln und Ausnahmen noch so dehnbar sein, eine derartige unerhörte Ueberlastung wird sich beim besten Willen nicht mit dem Geiste des Gesetzes in Einklang bringen lassen. Bei einer Belastung der Grund- und Gebäudesteuer und der für die etwanigen gewerbesteuerpflichtigen Betriebe staatlich veranlagten Gewerbesteuer mit 150 % würde die erwähnte Kopfsteuer durchschnittlich eine Belastung von mehreren Tausend Procenten der staatlich veranschlagten Gewerbesteuer der betreffenden Betriebe darstellen.

Die Gemeindevertretungen in unserem Industriebezirke gehen bei ihren, die Mehrbelastung der Grofsindustrie betreffenden Beschlüssen von der Erwägung aus, dafs die Grofsindustrie die Gemeinden aufserordentlich belaste und zwar über die Steuerleistungen der Industriellen sowie ihrer Angestellten und Arbeiter hinaus. Wenn schon diese Annahme generell unzutreffend ist, so berücksichtigen die Gemeindevertretungen bei der Betonung, dafs die Industrie Lasten und Unbequemlichkeiten für die Gemeinden im Gefolge habe, nicht genügend, in welch' hohem Mafse die wirthschaftliche Existenz eines grofsen Theiles der Gemeindeeingesessenen, und zwar nicht blofs der Arbeiter, von dem Gedeihen der Grofsindustrie mehr oder minder abhängig ist. Dies gilt sowohl von den vielen Kleingewerbtreibenden, welche direct oder indirect von der Grofsindustrie leben, wie auch von den Landwirthen. Es ist eine unbestreitbare Thatsache, dafs die Landwirthschaft nirgendwo bessere Erträge aufzuweisen hat, als mitten im Industriebezirke, da ihre sämmtlichen Erzeugnisse vortheilhaft verwerthet werden können, abgesehen davon, dafs der Grund und Boden infolge der industriellen Thätigkeit aufserordentlich im Werthe steigt. Man sollte daher entschieden vermeiden, die Quelle des Wohlstandes zu verstopfen, indem man die Industrie rücksichtslos von Jahr zu Jahr mit Steuern und Lasten überbürdet und allmählich dem Auslande gegenüber concurrenzunfähig macht. Von dieser wirthschaftlichen Erwägung abgesehen, ist es auch unzweifelhaft ungesetzlich, vorzugsweise der Industrie Lasten aufzubürden, welche durch sie gar nicht verursacht werden, beispielsweise die erheblichen Wegebaukosten, welche überwiegend der Landwirthschaft und nur zum kleineren Theil der ihre Erzeugnisse und Rohstoffe durchweg mit der Eisenbahn verfrachtenden Grofsindustrie zu gute kommen und daher gerechterweise von der ersteren getragen werden müfsten.

Und wenn man schliefslich immer wieder auf die durch die Industrie gesteigerten Schul- und Armenlasten hinweist, so vergifst man vielfach erstens, dafs die Arbeiter doch auch Steuern zahlen, und zweitens, dafs seit Einführung der Kranken-, Unfall-, Alters- und Invaliditäts-Versicherung — deren erhebliche Kosten zum bei weitem gröfsten Theil der Industrie zur Last fallen — sich die Armenpflegekosten der Gemeinden, soweit industrielle Arbeiter in Betracht kommen, bedeutend vermindert haben. In mehreren Fällen ist seitens der zur Kopfsteuer veranlagten Werke festgestellt worden, dafs keine einzige Familie aus dem Kreise ihrer Arbeiter in der betreffenden Gemeinde Armenunterstützung empfängt noch je empfangen hat. Zu der Ungesetzlichkeit tritt also bei dieser Steuer auch noch das Moment der Unbilligkeit in ganz besonderem Mafse hinzu.

Auf dem Gebiete des Ausstellungswesens rechtfertigte die Berliner Gewerbeausstellung unsere, s. Z. gegen die Abhaltung einer Weltausstellung zu Berlin erhobenen Bedenken im vollsten Mafse. In ihrer ganzen Anlage und in ihrem Verlaufe erbrachte diese Ausstellung den Beweis dafür, dafs derartige Unternehmungen sich heutzutage aus Rücksicht auf die Rentabilität mit einem Wust von Veranstaltungen, als da sind unzählige Wirthschaften, Vergnügungsparks u. dgl. m., umgeben, die mit einer eigentlichen Ausstellung nichts zu thun haben. Aber auch diese Veranstaltungen vermochten das Berliner Unternehmen finanziell nicht zu retten: es schlofs mit einem recht bedeutenden Deficit, das hoffentlich insofern gute Wirkungen zeigen wird, als es auf andere ausstellungslustige Kreise einigermafsen besänftigend einwirken dürfte.

Betreffs der Pariser Weltausstellung 1900 hat die Gruppe ebenso wie der Hauptverein eine Entschliefsung wegen der Beschickung noch hinausgeschoben, weil eine endgültige Erklärung erst im Jahre 1898 abgegeben zu werden braucht. Dafs aber eine besondere Freude über die Veranstaltung dieser Ausstellung in ihrem Kreise nicht herrscht, darf schon heute als Thatsache festgestellt werden.

Im Verkehrswesen beschäftigte uns in erster Linie wiederum die Frage einer Herabsetzung der Erztarife, worüber wir bereits im vorigen Jahresbericht erschöpfendes Material gebracht haben. Des historischen Zusammenhanges wegen mag an dieser Stelle in Uebereinstimmung mit unserer jüngsten Denkschrift noch einmal daran erinnert werden, dafs unser Antrag auf billigere Tarifirung der Erze ein allgemeiner ist und nicht allein die Interessen des engeren Bezirks vom Niederrhein und Westfalen berührt. Ebenso sind wir von jeher im Bezirkseisenbahnrath als auch im Landeseisenbahnrath für die Ermäfsigung der Kohlen- und Kokstarife eingetreten, indem wir die Ausdehnung des sogenannten Rohstofftarifs auf die genannten Producte befürwortet haben. Der Landeseisenbahnrath hat dann ja auch einen Beschlufs im Sinne dieser Ausdehnung gefafst, der aber bekanntlich s. Z. mit dem Hinweis auf die Finanzlage des Staates nicht zur Ausführung kam. Angesichts dieser Thatsache sagten wir uns damals, dafs nunmehr zunächst mit der Ermäfsigung wenigstens der Erztarife vorgegangen werden müsse, und hatten dazu um so mehr begründete Veranlassung, als infolge der Vertheuerung der Puddelschlacke, des Mangels an Rasenerzen und der hohen Frachten für den Minettebezug die niederrheinisch-westfälischen Werke nach der Frachtermäfsigung vom 1. Mai 1893 ihr Roheisen im Verhältnifs zu Luxemburg-Lothringen theurer herstellen, als vor dem genannten Termin.

Es ist von uns wiederholt dargelegt worden, wie sich die wirthschaftlichen Verhältnisse in den Erzeugungsbedingungen für das Roheisen in beiden Bezirken verändert und verschoben haben. An der Ruhr einerseits wurden die Erze und Schlacken stets seltener und theurer, während an der Westgrenze den Hochöfnern Erze in beliebigen Mengen zur Verfügung standen und infolge der Fortschritte der Technik der Koksverbrauch, welcher dort den wesentlichsten Factor in den Selbstkosten bildet, ständig zurückging.

War der Vorsprung, den die westdeutschen Werke auf diese Weise gewannen, für die Roheisendarstellung, namentlich für solche Hochöfen, welche auf den Verkauf ihres Roheisens angewiesen sind, schon lange empfindlich bemerkbar, so ist durch die zunehmende Verarbeitung des Thomasroheisens in den westdeutschen Stahlwerken die Gefährlichkeit des Wettbewerbs derselben für die gesammte niederrheinisch-westfälische Eisenindustrie noch erheblich gestiegen. Diese Zunahme der Verarbeitung des Thomasroheisens zu Fertig- und Halbfabricaten aller Art hat eine kräftige Unterstützung dadurch erhalten, dafs man neuerdings gelernt hat, die dem flüssigen Thomasroheisen innewohnende Schmelzwärme zu seiner weiteren Verarbeitung vollständig auszunutzen. Das Roheisen wird in flüssigem Zustande den Convertern zugeführt; in den gegossenen Stahlblöcken, bei welchen nach Herausnahme aus der Coquille zwar die Oberfläche erstarrt, das Innere aber noch flüssig ist, wird in den sogenannten Durchweichungsgruben die Temperatur so ausgeglichen, dafs sie ebenfalls mit ihrer Schmelzwärme verarbeitet und bei guten Einrichtungen direct ohne weitere Anwärmung zu Schienen, Knüppeln und Platinen verwalzt werden können. Während man also schon keinen Koks mehr zum Umschmelzen des Thomasroheisens in Cupolöfen und keine Kohle zum Wärmen der Stahlblöcke gebraucht, ist es jetzt ferner auch möglich, mit dem Ueberschufs der Hochofengase einen grofsen Theil der Kessel zu heizen, welche zum Betrieb der Stahlwerksmaschinen u. s. w. dienen; d. h. ein modernes, mit Hochöfen verbundenes Stahlwerk, das die oben bezeichneten Fabricate herstellt, bedarf fast keines weiteren Brennstoffes als des Koks, der zur Erblasung des Thomasroheisens so wie so erforderlich ist.

Dafs durch diese Fortschritte in der Ausnutzung der Koks den westdeutschen Werken ein weiterer enormer Vortheil erwachsen ist, der ihnen in weit höherem Mafse zu gute kommt, als den Ruhrwerken, liegt auf der Hand; ebenso ist klar, dafs den letzteren der Wettbewerb weiter erschwert wird, wofür die Thatsache spricht, dafs es den Saar- u. s. w. Werken, von welchen ohnehin der grofse Markt in Süddeutschland und der Schweiz beherrscht wird, möglich ist, Träger in das Herz des hiesigen Reviers zu legen.

Ein ferneres Recht, die billigere Tarifirung des Erzes und insbesondere der luxemburgisch-lothringischen Minette zu verlangen, erblicken wir darin, dafs der Werth dieses Materials ein verhältnifsmäfsig niedriger ist; repräsentirt er doch auf den Eisenbahnwagen an Stationen des von uns vertretenen Bezirkes nur einen Bruchtheil des Frachtbetrages, welcher auf den Wagen lastet. Der Grundsatz aber, dafs minderwerthiges Material billiger gefahren werden müsse, als höherwerthiges, ist von jeher bei der Tarifirung als richtig anerkannt worden, und so steht auch der Frachtsatz für das höherwerthige Material (Kohlen und Koks) nicht annähernd im Verhältnifs zu unseren Frachten für Minetteerze.

Auch war für uns die Nothwendigkeit mafsgehend, die niederrheinisch-westfälischen Hochöfen möglichst unabhängig zu machen in ihren Erzbezügen vom Auslande. Die deutsche Einfuhr von fremden Eisenerzen hat sich in den letzten 15 Jahren verdreifacht; sie ist im Jahre 1895 auf nicht weniger als auf 2017136 t gestiegen (1894: 2093007 t). Im ersten Halbjahr des laufenden Jahres hat die Erzeinfuhr in das Deutsche Reich nach den amtlichen Ausweisen gar schon die Höhe von 1488722 t (gegen 1085651 t im ersten Halbjahr 1895) erreicht und nach uns vorliegenden zuverlässigen privaten Mittheilungen ist die Menge bei uns eingeführter schwedischer Erze für 1896 auf 700000 t, für 1897 auf 900000 t zu schätzen. Durch diesen, aus den zu hohen Erzfrachten resultirenden Zustand wird nicht nur ein grofser Theil der deutschen Hochofenindustrie in Verlegenheit gebracht, sondern es wird auch der nationalen Wirthschaftspolitik, welche in erster Linie die Erhaltung der Arbeit im Lande anzustreben und den Grundsatz „Deutsche Erzlager für deutsche Hochöfen" durchzuführen hat, geradezu ein Schlag ins Gesicht versetzt. Denn dieser Zustand wird wesentlich dadurch verschlimmert, dafs sich unser Wettbewerb in den Nachbarstaaten vermöge niedriger Erztarife die Schätze unseres Minettebezirks, den man füglich die Erzschatzkammer des Deutschen Reiches nennen kann, in weit erheblicherem Mafse zu nutze macht, als es uns möglich ist.

Es betrug die deutsche Erzausfuhr:

	1892	1893	1894	1895
nach Belgien .	1029169	1076959	1260188	1203629
„ Frankreich	1193971	1219849	1228698	1214199

Die nach Belgien und Frankreich gehenden Erze sind fast ausschliefslich Minette. In ersterem Lande werden sie entweder bei Lüttich oder Charleroi verschmolzen, d. h. sie haben Entfernungen von Esch bis dorthin von etwa 163 bezw. 192 km zu durchfahren. Die Tarife, welche für diese Strecken Gültigkeit haben, sind annähernd nur halb so hoch als die in Preufsen gültigen Sätze.

Nach Frankreich wandert infolge seines vorzüglichen Wasserstrafsennetzes und ebenfalls billiger Eisenbahntarife eine fast ebenso grofse Menge Erz aus dem Zollvereinsgebiete, wie nach Belgien, und so hat sich der eigenthümliche, vom nationalen Gesichtspunkte aus höchst beklagenswerthe Zustand herausgebildet, dafs die ausländischen Hochöfen von unserem deutschen Erz leben, während ein grofser Theil unserer deutschen Hochöfen dasselbe zu beziehen nicht in der Lage ist.

Somit kann ein Zweifel über die Nothwendigkeit einer Tarifherabsetzung für den Bezug deutscher Erze nicht wohl bestehen.

Was nun die Befürchtung der lothringischen Eisen- und Stahlindustriellen betrifft, durch eine solche Tarifermäfsigung geschädigt zu werden, so haben wir wiederholt die Präponderanz der dortigen Erzeugung ziffernmäfsig dargelegt. Die dortseitig aufgestellte Behauptung, dafs Lothringen-Luxemburg schlechter als Niederrhein und Westfalen gestellt sei, erhält eine merkwürdige Illustration durch die Veröffentlichung der Differdinger Hochofengesellschaft, in welcher der Selbstkostenpreis für Thomasroheisen auf 28,80 ℳ und derjenige für Puddelroheisen auf 27,72 ℳ berechnet und der Gewinn auf 12 ℳ bezw. 13,8 ℳ beziffert ist. Der bei Veröffentlichung dieser Angaben gemachte Versuch, die genannten Zahlen als unrichtig darzustellen, ist nicht gelungen. Wir brauchen nicht hervorzuheben, dafs auch nur der Versuch, solche Selbstkosten und Gewinne für ein niederrheinisch-westfälisches Werk aufzustellen, der Lächerlichkeit anheimfallen würde. Wenn unter solchen Verhältnissen die Behauptung aufgestellt wird, dafs „die luxemburgisch-lothringische Hochofenindustrie durch eine Herabsetzung der Eisenerztarife ohne gleichzeitige Gewährung eines Ausgleichs durch Ermäfsigung der Tarife für Koks von Westfalen und für Roheisen dahin in ihrem Fortbestand gefährdet werde" oder, wie auch gesagt wurde, „das Bestehen der luxemburgisch-lothringischen Eisenindustrie unmöglich gemacht werde", so bedürfen derartige Uebertreibungen keiner Widerlegung. Wenn man daher versuchsweise die billigeren Erztarife einführte, so wäre doch erst abzuwarten, ob sich die genannten Befürchtungen für Elsafs-Lothringen auch nur theilweise bewahrheiten werden. Sollte das aber wirklich der Fall sein — was wir einstweilen durchaus bestreiten — so würde die Staatseisenbahnverwaltung doch sicher nicht zögern, dann entsprechende Compensationen zu gewähren. Führt man dagegen die billigeren Erztarife jetzt ein, so wird man in der Lage sein, vorab Erfahrungen zu sammeln, sowohl hinsichtlich der Mengen von Minette, welche bezogen werden, als auch hinsichtlich desjenigen Betrages der Frachtermäfsigungen, welcher den Käufern thatsächlich zu gute kommen wird. Werden nämlich die Frachten ermäfsigt, so ist zweifellos zu erwarten, dafs infolge gesteigerter Nachfrage der Preis für die Erze in die Höhe geht, so dafs aus diesem Grunde die in der luxemburgisch-lothringischen Denkschrift aufgestellte Berechnung bezüglich der geforderten Ermäfsigung für Koksfrachten als richtig nicht anerkannt werden kann; auch ist in jener Berechnung aufser Betracht gelassen, dafs die dort in Aussicht genommenen Mengen Minette zunächst sehr wahrscheinlich gar nicht bezogen werden können, weil die Erzfelder noch nicht entsprechend aufgeschlossen sind. Es scheint somit, dafs die Denkschrift lediglich den Zweck verfolgt, die bisherige Präponderanz von Elsafs-Lothringen zu retten und jede Tarifermäfsigung für Erze zu hintertreiben; denn gleichzeitig Alles fordern, heifst eine jede Tarifermäfsigung zu Falle bringen.

Dem Einwande, dafs die gegenwärtige gute Conjunctur eine Ermäfsigung der Erztarife überflüssig mache, glauben wir nicht erst begegnen zu sollen. Schwankungen im geschäftlichen Leben zur Unterlage derartiger Entscheidungen machen zu wollen, wird stets zu den bedenklichsten Ergebnissen führen müssen. Wenn aber bei der Erörterung über Tarifherabsetzungen mit Vorliebe die Möglichkeit von Verschiebungen ins Treffen geführt wird, so dürfte folgerichtiger Weise gerade die Zeit einer guten Conjunctur die allergeeignetste für Tarifermäfsigungen sein, da möglicherweise eintretende Verschiebungen in der Zeit einer aufsteigenden Geschäftsrichtung viel weniger empfunden werden, als in der Zeit einer niedergehenden Conjunctur.

Ueber unsere Anträge wurde in der Sitzung des Landeseisenbahnraths vom 10. December 1896 verhandelt. Es lag der vom Ausschufs einstimmig beschlossene Antrag vor, dem Landeseisenbahnrath zu empfehlen, dahin schlüssig zu werden, dafs 1. die von der Nordwestlichen Gruppe des Vereins deutscher Eisen- und Stahlindustrieller beantragte Herabsetzung der Eisenerzfrachten auf weitere Entfernungen, und zwar auf der von den Eisenbahndirectionen vorgeschlagenen Grundlage (allgemeiner Tarif mit 2 ₰ Streckensatz f. d. tkm auf 1 bis 100 km, 1,5 ₰ auf 100 bis 150 km und 1 ₰ für jedes weitere Kilometer nebst 70 ₰ Abfertigungsgebühr f. d. Tonne) im allgemeinen öffentlichen Interesse befürwortet, und dafs 2. ein Ausgleich zur Erhaltung des Gleichgewichts in den Wettbewerbsverhältnissen durch Ermäfsigung der Roheisenfracht, und zwar auf der von den Eisenbahndirectionen vorgeschlagenen Grundlage (allgemeiner Tarif mit 2,2 ₰ Streckensatz f. d. Kilometer auf Entfernungen von 100 km ab nebst 70 ₰ Abfertigungsgebühr f. d. Tonne) — unter Vortragung des Frachtsatzes für 100 km auf kürzere Entfernungen — für geboten erachtet werde. Vor Eintritt in die Berathung erklärte der Minister der öffentlichen Arbeiten, dafs vom 1. April 1897 ab der Rohstofftarif auch auf Brennstoffe ausgedehnt werden würde. In der Erztariffrage wurden die einstimmig vom Ausschufs angenommenen Anträge auf das sachlichste und wärmste von seiten der Eisenbahnverwaltung befürwortet; nach mehrstündiger Verhandlung wurden aber diese Anträge zur nochmaligen Prüfung an den Ausschufs zurückverwiesen. Diese Zurückweisung erfolgte hauptsächlich aus dem Grunde, weil Freiherr v. Stumm behauptete, dafs, wenn der beantragte Tarif zur Einführung gelange, die Ruhr in der Lage sein werde, Thomaseisen aus reinem lothringischen Eisenstein billiger herstellen zu können, als die Werke an der Saar, in Lothringen und in Luxemburg. Freiherr v. Stumm behauptete, dafs infolge des ermäfsigten Erztarifs 3 t Erz billiger befördert werden würden als 1 t Koks und 1 t Roheisen; auf diese Weise werde die Ruhr die gesammte Thomasroheisenerzeugung in die Hand bekommen. Bisher ist eine derartige Behauptung weder von der Saar noch von den luxemburgisch-lothringischen Eisengewerkschaften aufgestellt worden; im Gegentheil haben beide Gruppen der Wahrheit entsprechend zugegeben, dafs, wenn der ermäfsigte Tarif zur Einführung gelange, die Ruhr wahrscheinlich nur $^1/_3$ ihres Erzbedarfs, also 1 t Minette auf 1 t Roheisen, beziehen würde. Freiherr v. Stumm führte ferner die sociale Gefahr ins Treffen, welche darin liege, dafs der Verdienst an der Tonne Roheisen, der sich schon heute auf 15 bis 20 ℳ belaufe, — was von den Vertretern der Ruhr und des Siegerlandes aufs entschiedenste bestritten wurde —, durch die Erztarifermäfsigung noch erhöht werden würde. Das hinderte ihn aber bezeichnenderweise nicht, sich für den Fall mit den Ausschufsanträgen einverstanden zu erklären, dafs der Erztarif für die Saar sich um weitere 2 ℳ für 10 t günstiger gestelle, also im ganzen für die Saar eine Ermäfsigung von 4 ℳ für 10 t gewährt werde; dafs ferner die Ermäfsigung der Roheisenfracht schon bei 80 km Entfernung eintrete, dafs die Koks- und Kohlenfrachten für Elsafs-Lothringen um 1 ℳ die Tonne ermäfsigt und den anderen Bezirken entsprechende Koksfrachtermäfsigungen gewährt würden, und dafs endlich der Nothstandstarif für Lahn, Dill und Sieg auch in der Richtung nach der Saar und Lothringen-Luxemburg auf 1 ₰ bei 60 ₰ Abfertigungsgebühr ermäfsigt würde. Für diesen Fall also verschwindet für Freiherrn v. Stumm die sociale Gefahr, die darin besteht, dafs durch höhere Verdienste am Roheisen Socialdemokraten erzeugt werden. Mit den obengenannten Ausschufsanträgen wurde auch der weitere Antrag, betreffend Frachtermäfsigungen für Eisenerze aus dem Lahn- und Dillgebiet, bezüglich deren der Ausschufs beantragt hatte, zu erklären, „es könne unter den gegenwärtigen Verhältnissen nicht anerkannt werden, dafs in den Erzeugungs- und Absatzverhältnissen des Eisenerzbergbaues an der Lahn und Dill eine solche Verschlimmerung eingetreten sei, dafs die Einführung der erbetenen Frachtermäfsigung sich rechtfertige", an den Ausschufs zurückverwiesen. Bezüglich der Erklärung des Ministers in Bezug auf die Ausdehnung des Rohstofftarifs auf Brennstoffe wiesen die Vertreter von Niederrhein und Westfalen darauf hin, dafs diese Ausdehnung von ihnen freudig begrüfst werde, wenngleich die Hochofenwerke an der Ruhr von dieser Kohlenfrachtermäfsigung keinen Nutzen haben würden, da der Tarif nur bei bestimmten Entfernungen Vortheil gewähre. Auch gaben sie der Hoffnung Ausdruck, dafs durch diese Ausdehnung des Rohstofftarifs die socialen Gefahren, welche Freiherr von Stumm von der Einführung des ermäfsigten Erztarifs befürchte, nicht in die Erscheinung treten würden.

Somit sind wir in Bezug auf die Lösung dieser wichtigen, die niederrheinisch-westfälische Eisen- und Stahlindustrie in ihren Lebensbedingungen auf das tiefste berührenden Frage wiederum auf das Warten angewiesen.

Das Gleiche ist der Fall in Bezug auf die Tarifermäfsigung für deutsches Schiffbaumaterial. In Erledigung des Beschlusses der bekannten Sitzung zu Hannover vom 16. November 1895 hatte der Hauptverein Schritte gethan, dafs 1. die Eisenbahntarife für Schiffbaumaterial so niedrig als eben möglich bemessen werden, dafs 2. für alle zu staatlichen Transporten dienende Schiffe regierungsseitig die Verwendung deutschen Materials vorgeschrieben werde, dafs 3. die deutschen Schiffbauwerfte bei jeder Lieferung ihre Anfragen an eine Centralstelle der deutschen Walzwerke richten.

Auf Grund einer vom Hauptverein eingereichten Denkschrift berief im Auftrage des Herrn Ministers der öffentlichen Arbeiten die Königl. Eisenbahndirection in Altona auf den 10. Juli 1896 eine Versammlung ein, in welcher aufser der Eisenbahnverwaltung die Schiffswerften und die Eisen- und Stahlindustriellen zahlreich vertreten waren.

Der Vertreter der Eisenbahnverwaltung betonte, dafs die Voraussetzung der in einem neuen Tarifentwurfe niedergelegten Herabsetzungen darin bestände, dafs die von der Hannoverschen Versammlung beschlossene Errichtung einer Centralstelle durchgeführt werde. Nur unter dieser Voraussetzung werde man dem Minister die Annahme des Tarifs empfehlen können, mit dem man nicht halbe, sondern ganze Arbeit gemacht zu haben glaube. Aus der Mitte aller Interessenten wurde die Wichtigkeit der Tarifherabsetzung anerkannt. In nachdrücklicher Weise wurde ausgeführt, dafs die westliche Industrie das gröfste Interesse daran habe, sich in Deutschland den Markt für Schiffsmaterial zu erobern, und insbesondere die Vertreter der grofsen Werke erklärten, dafs diese jetzt schon im Begriff stehen, so grofse technische Einrichtungen zu treffen, dafs sie imstande sein würden, allen herantretenden Forderungen zu genügen. Um die Eroberung dieses Marktes durchzusetzen, sei man sogar bereit, in erster Zeit ohne Nutzen, ja selbst mit leichtem Schaden zu arbeiten. Voraussetzung dabei sei die starke Herabsetzung der Tarife. Von seiten der Werfte wurde betont, dafs diese aus patriotischen Beweggründen den lebhaftesten Wunsch hegten, ihr Material nur aus Deutschland zu beziehen, dafs sie das aber nur insoweit könnten, als sie durch den Preisunterschied zwischen deutschem und englischem Material nicht concurrenzunfähig gemacht würden. Sie seien bereit, den deutschen Werken einen um 3 bis 5 ℳ höheren Preis zu bewilligen, als den Engländern; doch genüge das noch nicht, um den heute bestehenden Preisunterschied aufzuheben. Dazu müsse noch hinzukommen die Herabsetzung der Tarife und eine gröfsere Nachgiebigkeit der Coulanz der Hüttenwerke. Was das von der Eisenbahn in ihrem Entwurfe gezeigte Entgegenkommen betreffe, so könne es als im allgemeinen ausreichend betrachtet werden. Abgesehen von dem patriotischen Interesse, hätten die Werfte auch ein geschäftliches daran, die deutsche Industrie zu bevorzugen. In interessanter Weise wurde dann ausgeführt, dafs auch die Eisenbahn sehr wohl auf ihre Kosten kommen werde, wenn der Minister, wie zu hoffen, die Preisherabsetzung bewilligte. Selbst wenn die Eisenbahn am Transport des Schiffmaterials wenig verdiene, so erwüchsen ihr indirect daraus grofse Vortheile. Die Herstellung dieses Materials bedinge andere Transporte an Erzen und Rohmaterial u. s. w., durch die erheblich gröfsere Massen bewegt werden müfsten; eine Transportleistung, die der Eisenbahn sonst entgehen würde. Für die Tonne fertiges Material werde das einen Transport von mindestens 10 t Rohmaterial bedeuten. Kaufmännisch sei es unbedingt richtig, dafs man ein Geschäft auch ohne Verdienst abschliefse, wenn man dadurch in die Lage komme, zwei oder drei andere gewinnbringende zu erhalten, die sonst ausfallen würden.

Es wurde auch der Frage näher getreten, ob die Werfte nicht ihr Material ab Rheinhafen zu Schiffe nach den Häfen der Nord- und besonders der Ostsee transportiren könnten. Die Werfte erklärten aber, dafs der Transport zu Wasser mit so grofsen Unzuträglichkeiten verbunden sei, dafs man bei dem neuen Tarif wohl niemals auf den Wassertransport zurückgreifen würde.

Zur Betheiligung der schlesischen Hüttenwerke wurde bemerkt, dafs diese wohl in früherer Zeit zur Lieferung von Schiffsmaterial herangezogen worden seien, dafs sie namentlich für die Ostseehäfen sich auch in ähnlich bevorzugter Lage befänden, wie die westlichen zu den Nordseehäfen, dafs aber die schlesischen Installationen noch nicht derart seien, dafs man auf sie für die Bauten gröfster Schiffe mit Sicherheit rechnen könne. Für diese werden in absehbarer Zeit nur die westlichen Werke in Betracht kommen.

Neben den Vertretern der Seewerfte hatten sich auch zahlreiche Vertreter der Werfte für Flufsschiffahrt eingefunden, deren Bedeutung, namentlich für die Rhein- und Elbschiffahrt, eine sehr grofse ist. Diese Herren erklärten, dafs auch sie in gleicher Weise wie die Seewerfte mit dem Preisunterschiede englischen und deutschen Materials zu rechnen hätten, und verlangten auch für ihre Materialien die gleiche Frachtbegünstigung. Die hierbei in Betracht kommenden Verhältnisse sind sehr verwickelter Natur und haben schon zu manchem Zollcuriosum Anlafs gegeben. Auch hier wurde ein Einverständnifs erzielt in dem Sinne, dafs die Flufswerfte in gleicher Weise die Wohlthaten der Tarifherabsetzung geniefsen sollten, wie die Seewerfte.

Wenn wir seiner Zeit das Gesammtergebnifs der Altonaer Verhandlungen dahin zusammenfafsten, dafs auch hier eine sehr bedeutsame Frage durch Zusammengehen der Staatseisenbahnverwaltung, der Hüttenwerke und der Werften in die Wege geleitet sei, von der man zuversichtlich hoffen könne, dafs sie recht bald zum Ziele führen und die Verwirklichung der für unser wirthschaftliches Leben aufserordentlich bedeutsamen Wünsche erfüllen werde, so haben wir uns damals zu unserem Bedauern getäuscht. Unter dem 23. December 1896 wurden die Betheiligten durch ein Schreiben der Königl. Eisenbahndirection in Altona benachrichtigt, dafs der Herr Minister Bedenken trage, zu der beantragten Frachtermäfsigung schon jetzt die Genehmigung zu ertheilen. Zunächst sei es bedenklich erschienen, dafs die Vertreter der Schiffswerften, welche seiner Zeit von der genannten Direction u. a. auch über die etwaigen Wirkungen der fraglichen Ermäfsigung befragt worden seien, — besonders in ihren schriftlichen Aeufserungen —, sich nur vorsichtig und zurückhaltend über den von dem Verein erhofften Erfolg geäufsert und ihre Ansichten über die Wirkung einer Frachtermäfsigung an die verschiedensten Bedingungen geknüpft hätten, während sogar von einigen Vertretern der Werften bei dem grofsen Preisunterschiede zwischen englischem und deutschem Material eine Frachtermäfsigung geradezu als werthlos bezeichnet sei. Auch aus der Erklärung des Vertreters eines Eisen- und Stahlwerks in der Verhandlung am 10. Juli 1896 sei zu entnehmen, dafs, wenn die Preise der deutschen Walzwerkserzeugnisse zu Zeiten aufsteigender Conjunctur sich nur etwas heben, ein ernster Wettbewerb in den Specialitäten des Schiffbaueisens gegen die auf deren Herstellung besser eingerichteten und in kurzer Frist pünktlich liefernden englischen Werke deutscherseits nicht aufgenommen werde.

Sodann scheine die Bildung der Centralstelle, die den Abschlufs und die Vertheilung der Lieferungen auf die Walzwerke den Werften gegenüber vermitteln solle, nicht weiter gefördert zu sein. Ohne sichere Anhaltspunkte für einen Erfolg müsse aber die beantragte Frachtermäfsigung um so bedenklicher erscheinen, als es sich um Gewährung von Frachtsätzen für verhältnifsmäfsig werthvolle Artikel handele, die die niedrigsten für Rohstoffe, wie Kohle und Erze, geltenden Ausnahmesätze noch unterbieten würden.

Der Herr Minister habe die Eisenbahndirection Altona vor weiterer Entscheidung beauftragt, mit den Interessenten unter Betheiligung der Königlichen Eisenbahndirection Essen, Hannover und Stettin „hinsichtlich der durch die bisherigen Verhandlungen nicht gehobenen, sondern verstärkten Bedenken" in nochmaliges mündliches Benehmen zu treten und dabei vornehmlich zu erörtern, ob und welche Garantien oder wenigstens Anhaltspunkte gegeben werden könnten, dafs den deutschen Walzwerken auch aufser den durch Verträge der deutschen Industrie gesicherten nennenswerthe Lieferungen von Schiffbaueisen zu theil werden, ferner festzustellen, ob die gedachte Centralstelle noch nicht ins Leben getreten sei, oder ob etwa einzelne Werke dem Plane nicht mehr geneigt seien.

Diese Verhandlungen werden voraussichtlich Ende Februar d. J. stattfinden und hoffentlich ein befriedigendes Ergebnifs haben; denn unserer Ansicht nach liegen bezüglich der Altonaer Verhandlungen vom 10. Juli v. J. mifsverständliche Auffassungen vor, die in erneuter Besprechung leicht die wünschenswerthe Klärung finden werden. Auf alle Fälle handelt es sich hier um eine Frage, die vom nationalen sowohl, als vom wirthschaftlichen Standpunkte aus eine Frage allerersten Ranges ist, deren Lösung im Interesse unserer vaterländischen Industrie gefunden werden mufs.

Wenig oder gar nichts Günstiges kann von dem Ausbau eines leistungsfähigen deutschen Wasserstrafsennetzes gemeldet werden. Im Gegensatz zu Frankreich, wo seit 16 Jahren die künstlichen und natürlichen Wasserstrafsen als „nationale Strafsen" den Interessenten abgabenfrei zur Verfügung stehen, hat sich bei uns aus engherzigster und kurzsichtigster Fiscalität einerseits und aus übertriebener Rücksicht auf agrarische Wünsche andererseits eine Abneigung gegen den Wasserstrafsenverkehr herausgebildet, die man geradezu als Wasserfeindschaft bezeichnen kann. Trägt man sich doch mit dem Gedanken, Schifffahrtsabgaben auf natürlichen Wasserstrafsen wieder einzuführen. Ganz abgesehen davon, dafs einem solchen Versuche zunächst Artikel 54 unserer Reichsverfassung und unsere internationalen Verträge mit Holland und Oesterreich-Ungarn entgegenstehen, kommen die gröfseren oder geringeren Aufwendungen für die Correctionsbauten unserer Ströme der Allgemeinheit und dem Lande in so hohem Grade zu gute, dafs sie durchaus nicht lediglich im Interesse der Schiffahrt gemacht werden. Die Tarife der Wasserwege aber um deswillen zu vertheuern, weil man nur auf diese Weise eine dauernde Rentabilität der Staatseisenbahnen erzielen könne, — vergl. Ulrich: „Staffeltarife und Wasserstrafsen" —, ist denn doch eine so ungeheuerliche Verkehrspolitik, dafs man dieselbe im 19. Jahrhundert für unmöglich halten sollte. Zudem erscheint uns die Annahme, dafs der billige Wassertransport die Eisenbahnen schädige, nicht richtig; denn die Statistik lehrt, dafs ein lebhafter Wasserverkehr stets auch einen lebhaften Eisenbahnverkehr im Gefolge hat. Wenn aber derartige Ansichten sich bezüglich der natürlichen Wasserstrafsen Geltung zu verschaffen suchen, dann ist es nicht zu verwundern, dafs wir auf dem Gebiete der Erbauung künstlicher Wasserstrafsen nicht weiter kommen. So ruht das Vorhaben der Moselkanalisirung, die wir vor wie nach für die billigen Transporte der lothringischen Minette, zum Kohlenrevier und der Kohlen und Koks zum Minetterevier für durchaus nothwendig halten, vergraben in den Acten, und auch vom Dortmund-Rheinkanal, der dem Torso des Dortmund-Emshäfen-Kanals erst rechtes Leben einzuflöfsen geeignet sein würde, ist viel Erfreulicheres nicht zu melden. Demgegenüber halten wir daran fest, dafs der Ausbau eines leistungsfähigen Wasserstrafsennetzes für die weitere Entwicklung unseres wirthschaftlichen Lebens eine Nothwendigkeit bleibt, zumal im Hinblick auf den Wettbewerb mit dem Auslande, wo, wie beispielsweise in Frankreich, ein solches Wasserstrafsennetz bereits vorhanden ist, dessen Wirkungen dann noch mehr in die Erscheinung treten werden, wenn die dortigen Privatbahnen fast kostenlos dem Staate zufallen werden. In welche Lage dann unser Vaterland kommt, wenn es ohne ein Netz künstlicher Wasserstrafsen seine Staatseisenbahnschuld noch nicht amortisirt haben wird, braucht nicht erst dargelegt zu werden.

Was die Lage des **Eisen- und Stahlmarktes** in der seit unserer letzten Hauptversammlung abgelaufenen Periode anbelangt, so hat sich unsere damals ausgesprochene Hoffnung, dafs die im IV. Quartal 1895 vorhandene zufriedenstellende Haltung des Marktes weiter andauern werde, in vollem Umfange erfüllt. Besonders erfreulich war dabei die Thatsache, dafs nicht nur der Bedarf des Auslandes, sondern in viel höherem Mafse die gesteigerte Verbrauchskraft des Inlandes die Ursache der Besserung bildete. Dafs die letztere in so erfreulicher Weise auch heute noch andauert, ist ohne Zweifel auf die segensreiche Thätigkeit der Syndicate zurückzuführen, welche die Preise in mäfsiger Höhe zu halten wufsten. Denn dafs ohne die Syndicate ein geradezu wildes Hinaufschnellen der Preise eingetreten sein würde, dem dann ein entsprechend rasches Sinken hätte folgen müssen, bedarf für den mit den Verhältnissen Vertrauten nicht erst des Beweises. Es charakterisirt sich die hinter uns liegende Periode mit ihrer lebhaften Gewerbethätigkeit als das Ergebnifs einer ruhigen, stetigen Entwicklung und gesunder Verhältnisse, die, soweit menschliche Voraussicht es beurtheilen kann, vor der Hand eine wesentliche Aenderung nicht erleiden werden. Eine besonders erfreuliche Beobachtung bei dieser, seit dem Monat Mai 1895 eingetretenen Gesundung des Marktes besteht auch noch darin, dafs die vertraglichen Abnahmefristen seitens der Kundschaft wieder gewissenhafter eingehalten werden, womit den Werken eine zuverlässigere Grundlage für ihre Dispositionen geboten ist.

Wir lassen nunmehr in gewohnter Weise die statistischen Aufzeichnungen folgen:

1. Qualitäts-Puddeleisen und Spiegeleisen.

	1894 Tonnen	1895 Tonnen		mehr oder weniger Tonnen
I. Quartal.				
Vorrath 1. Januar .	60 121	57 507	weniger	2 614
Production	119 301	101 459	„	17 842
Verkauf u. Verbrauch	128 906	103 137	„	25 869
Vorrath 1. April . .	50 516	55 829	mehr	5 313
II. Quartal.				
Vorrath 1. April . .	50 516	55 829	mehr	5 313
Production	113 251	91 945	weniger	21 306
Verkauf u. Verbrauch	119 207	98 823	„	20 384
Vorrath 1. Juli . . .	44 560	48 951	mehr	4 391
III. Quartal.				
Vorrath 1. Juli . . .	44 560	48 951	mehr	4 391
Production	115 459	91 121	weniger	24 338
Verkauf u. Verbrauch	106 157	97 646	„	8 511
Vorrath 1. October .	53 862	42 426	„	11 436
IV. Quartal.				
Vorrath 1. October .	53 862	42 426	weniger	11 436
Production	103 685	100 587	„	3 098
Verkauf u. Verbrauch	100 040	110 611	mehr	10 571
Vorrath 31. December	57 507	32 402	weniger	25 105

Zusammen Qualitäts-Puddeleisen und Spiegeleisen.

	1894	1895		
Vorrath 1. Januar .	60 121	57 507	weniger	2 614
Production	451 696	385 112	„	66 584
Verkauf u. Verbrauch	454 310	410 217	„	44 093
Vorrath 31. December	57 507	32 402	„	25 105

2. Ordinäres Puddeleisen.

	1894 Tonnen	1895 Tonnen		mehr oder weniger Tonnen
I. Quartal.				
Vorrath 1. Januar .	15 883	16 823	mehr	990
Production	24 844	43 840	„	18 996
Verkauf u. Verbrauch	29 243	42 102	„	12 859
Vorrath 1. April . .	11 434	18 561	„	7 127
II. Quartal.				
Vorrath 1. April . .	11 434	18 561	mehr	7 127
Production	30 720	12 973	weniger	17 747
Verkauf u. Verbrauch	29 364	17 298	„	12 066
Vorrath 1. Juli . . .	12 790	14 236	mehr	1 446
III. Quartal.				
Vorrath 1. Juli . . .	12 790	14 236	mehr	1 446
Production	25 024	19 278	weniger	5 746
Verkauf u. Verbrauch	22 821	22 388	„	433
Vorrath 1. October .	14 993	11 126	„	3 867
IV. Quartal.				
Vorrath 1. October .	14 993	11 126	weniger	3 867
Production	21 488	26 725	mehr	5 237
Verkauf u. Verbrauch	19 658	26 235	„	6 577
Vorrath 31. December	16 823	11 616	weniger	5 207

Zusammen ordinäres Puddeleisen.

	1894	1895		
Vorrath 1. Januar .	15 833	16 823	mehr	990
Production	102 076	102 816	„	740
Verkauf u. Verbrauch	101 086	108 023	„	6 937
Vorrath 31. December	16 823	11 616	weniger	5 207

3. Bessemer- und Thomaseisen.

	1894	1895		
I. Quartal.				
Vorrath 1. Januar .	31 071	40 393	mehr	9 322
Production	293 077	274 542	weniger	18 535
Verkauf u. Verbrauch	298 116	289 615	„	8 501
Vorrath 1. April . .	26 032	25 320	„	712
II. Quartal.				
Vorrath 1. April . .	26 032	25 320	weniger	712
Production	311 507	340 518	mehr	29 011
Verkauf u. Verbrauch	320 629	326 646	„	6 017
Vorrath 1. Juli . .	16 910	39 192	„	22 282
III. Quartal.				
Vorrath 1. Juli . .	16 910	39 192	mehr	22 282
Production	304 967	323 237	„	18 270
Verkauf u. Verbrauch	296 146	337 073	„	40 927
Vorrath 1. October .	25 731	25 356	weniger	375
IV. Quartal.				
Vorrath 1. October .	25 731	25 356	weniger	375
Production	327 842	341 963	mehr	14 121
Verkauf u. Verbrauch	313 180	359 499	„	46 319
Vorrath 31. December	40 393	7 820	weniger	32 573

Zusammen Bessemer- und Thomaseisen.

	1894	1895		
Vorrath 1. Januar .	31 071	40 393	mehr	9 322
Production	1 237 393	1 280 260	„	42 867
Verkauf u. Verbrauch	1 228 071	1 312 833	„	84 762
Vorrath 31. December	40 393	7 820	weniger	32 573

Die Eisenpreise betrugen im Jahre

	Januar	Februar	März	April	Mai
Qualitäts-Puddeleisen Nr. 1 . .	46,00	46,00	46,00	46,00	46,00
" " Siegerländer	44,00	44,00	44,00	44,00	44,00
Deutsches Bessemereisen . . .	—	—	—	—	—
" Giefsereiroheisen Nr. 1	63,00	63,00	63,00	63,00	63,00
" " " 3	54,00	54,00	54,00	54,00	54,00
Spiegeleisen 10 bis 12 % Mangan	52,00	52,00	52,00	52,00	52,00
Engl. Giefsereiroheisen Nr. 3 franco Ruhrort	55,00	55,00	55,00	55,00	55,00
Luxemburger Puddeleisen, ab Luxemburg	35,20	35,20	35,20	35,20	35,20
Stabeisen . . . . } Grundpreise	98,00—102,00	98,00—102,00	98,00—102,00	98,00—104,00	98,00—104,00
Kesselbleche . . . } Grundpreise	—	—	—	140,00	145,00
Gewöhnliche Bleche } Grundpreise	—	—	—	120	120—125
Dünne Bleche . . . } Grundpreise	—	—	—	115—120	115—120

Die Production in 1895 im Vergleich zu derjenigen in 1894 ergiebt folgendes Resultat:

	1895 Tonnen	1894 Tonnen	mehr	weniger	in %
Qualitäts-Puddelroheisen und Spiegeleisen . .	385112	451696	—	66584	14,74
Ordinäres Puddelroheisen	102816	102076	740	—	0,72
Bessemer- und Thomaseisen	1280260	1237393	42867	—	3,46
	1768188	1791165	—	22977	1,28

Die Roheisenproduction in ganz Deutschland betrug in:

1895 Tonnen	1894 Tonnen	1895 mehr	weniger	in %
5 788 798	5 559 322	229 476	—	4,13

Demgemäfs wurden im Bezirk der Gruppe in 1895 von der Gesammtproduction 30,54 % erzeugt, in 1894 dagegen 32,22 %.

In England und in Schottland wurden an Roheisen erzeugt:

1895 Engl. Tonnen	1894 Engl. Tonnen	1895 mehr	weniger	in %
8 022 000	7 364 745	657 255	—	8,93

Die Roheisenproduction der Vereinigten Staaten von Amerika betrug:

1895 Netto-Tonnen	1894 Netto-Tonnen	1895 mehr	weniger	in %
10 579 865	7 456 274	3 123 591	—	0,42

Im Bezirk der Gruppe betrug der Vorrath an den Hochöfen:

	Ende 1895 Tonnen	Ende 1894 Tonnen	1895 mehr	weniger
Qualitäts-Puddelroheisen und Spiegeleisen . .	32 402	57 507	—	25 105
Ordinäres Puddelroheisen	21 616	16 823	—	5 207
Bessemer- u. Thomaseisen	7 820	40 393	—	32 573
	51 838	114 723	—	62 885

Der Vorrath betrug daher in unserem Bezirk Ende 1895 von der Gesammtproduction 2,88 % gegen 6,40 % in 1894.

Die Roheisenvorräthe in England und Schottland betrugen:

Ende 1895 Engl. Tonnen	Ende 1894 Engl. Tonnen	1895 mehr	weniger	in %
1 500 000	1 043 178	456 822	—	43,79

Ende 1895 betrug der Vorrath 18,70 % von der Gesammtproduction gegen 16,71 % 1894.

In den Vereinigten Staaten stellten sich die Roheisenvorräthe wie folgt:

Ende 1895 Netto-Tonnen	Ende 1894 Netto-Tonnen	1895 mehr	weniger	in %
497 651	669 410	—	171 751	25,66

Ende 1895 betrug also der Vorrath 4,70 % von der Jahresproduction gegen 8,98 % in 1894.

Die Gesammtproduction an Roheisen in Deutschland hatte gegen 1894 um 4,13 % zugenommen, im Bezirk der Gruppe jedoch um 1,28 % abgenommen.

Ende 1895 betrugen die Vorräthe im Bezirk der Gruppe 51 838 t, Ende 1894 betrugen dieselben 114 723 t, die Abnahme beträgt demnach 54,81 %.

An Thomaseisen wurden producirt im Bezirk der Gruppe:

1894 = 988 875 t
1895 = 1 085 437 t
Zunahme = 96 562 t oder 9,76 %.

Die Ein- und Ausfuhr gestaltete sich wie folgt:

Einfuhr.		Ausfuhr.	
Brucheisen und Eisenabfälle.			
1895	11 339 t	1895	84 814 t
1894	7 910 t	1894	77 723 t
1895 mehr .	3 439 t	1895 mehr .	7 091 t
Roheisen aller Art.			
1895	188 217 t	1895	135 289 t
1894	203 948 t	1894	154 617 t
1895 weniger	15 731 t	1895 weniger	19 328 t
Eck- und Winkeleisen.			
1895	124 t	1895	172 863 t
1894	245 t	1894	130 458 t
1895 weniger	121 t	1895 mehr .	42 405 t
Eisenbahnlaschen u. s. w.			
1895	671 t	1895	45 619 t
1894	877 t	1894	43 343 t
1895 weniger	206 t	1895 mehr .	2 276 t
Eisenbahnschienen.			
1895	1 831 t	1895	116 627 t
1894	3 542 t	1894	119 410 t
1895 weniger	1 711 t	1895 weniger	2 783 t

1895 pro Tonne ab Werk in Mark:

Juni	Juli	August	September	October	November	December
46,00	46,00	46,00	49,00	49,00	49,00	49,00
44,00	44,00	44,00	47,00	48,00	48,00	48,00
—	—	—	—	—	—	—
63,00	63,00	63,00	65,00	65,00	65,00	65,00
54,00	54,00	54,00	56,00	56,00	56,00	56,00
52,00	52,00	52,00	53,00	55,00	55,00	55,00
55,00	55,00	55,00	58,00	58,00	58,00	58,00
35,20	35,20	35,20	37,20	40,00	40,00	40,00
98,00–104,00	98,00–104,00	98,00–104,00	104—108	108	108	108
145—155	145—155	145—155	155—160	160	160	160
125	125	125	125	125	125	125
115—120	115—120	120—125	125—135	130—140	130—140	130—140

Einfuhr. **Ausfuhr.**

Radkranz- Pflugschaareisen.

Einfuhr		Ausfuhr	
1895	7 t	1895	287 t
1894	6 t	1894	145 t
1895 mehr .	1 t	1895 mehr .	142 t

Schmiedbares Eisen in Stäben.

Einfuhr		Ausfuhr	
1895	19 777 t	1895	277 991 t
1894	19 966 t	1894	300 558 t
1895 weniger	189 t	1895 weniger	22 567 t

Luppeneisen, Rohschienen, Blöcke.

Einfuhr		Ausfuhr	
1895	757 t	1895	61 808 t
1894	719 t	1894	41 992 t
1895 mehr .	38 t	1895 mehr .	19 816 t

Rohe Eisenplatten und Bleche.

Einfuhr		Ausfuhr	
1895	4 968 t	1895	124 015 t
1894	4 409 t	1894	90 012 t
1895 mehr .	559 t	1895 mehr .	34 003 t

Polirte u. s. w. Eisenplatten und Bleche.

Einfuhr		Ausfuhr	
1895	106 t	1895	4 506 t
1894	66 t	1894	3 276 t
1895 mehr .	40 t	1895 mehr .	1 230 t

Weifsblech.

Einfuhr		Ausfuhr	
1895	1 440 t	1895	284 t
1894	2 041 t	1894	317 t
1895 weniger	601 t	1895 weniger	33 t

Draht.

Einfuhr		Ausfuhr	
1895	5 583 t	1895	205 332 t
1894	4 888 t	1894	209 818 t
1895 mehr .	705 t	1895 weniger	4 486 t

Grobe Gufswaaren.

Einfuhr		Ausfuhr	
1895	5 121 t	1895	19 066 t
1894	4 246 t	1894	16 239 t
1895 mehr .	875 t	1895 mehr .	2 827 t

Ambosse, Bolzen.

Einfuhr		Ausfuhr	
1895	256 t	1895	2 910 t
1894	289 t	1894	3 164 t
1895 weniger	33 t	1895 weniger	254 t

Anker, grobe Ketten.

Einfuhr		Ausfuhr	
1895	1 389 t	1895	729 t
1894	1 415 t	1894	644 t
1895 weniger	26 t	1895 mehr .	85 t

Einfuhr. **Ausfuhr.**

Brückentheile.

Einfuhr		Ausfuhr	
1895	65 t	1895	4 392 t
1894	136 t	1894	6 211 t
1895 weniger	71 t	1895 weniger	1 819 t

Drahtseile.

Einfuhr		Ausfuhr	
1895	1 194 t	1895	1 819 t
1894	546 t	1894	1 614 t
1895 mehr .	648 t	1895 mehr .	205 t

Eisenbahnachsen u. s. w.

Einfuhr		Ausfuhr	
1895	1 465 t	1895	25 824 t
1894	536 t	1894	24 318 t
1895 mehr .	929 t	1895 mehr .	1 506 t

Röhren, geschmiedet.

Einfuhr		Ausfuhr	
1895	2 886 t	1895	32 592 t
1894	1 989 t	1894	28 552 t
1895 mehr .	897 t	1895 mehr .	4 040 t

Grobe Eisenwaaren, nicht abgeschliffen.

Einfuhr		Ausfuhr	
1895	4 133 t	1895	116 326 t
1894	5 040 t	1894	103 818 t
1895 weniger	907 t	1895 mehr .	12 508 t

Drahtstifte.

Einfuhr		Ausfuhr	
1895	33 t	1895	63 662 t
1894	118 t	1894	56 425 t
1895 weniger	85 t	1895 mehr .	7 237 t

Eisenwaaren, abgeschliffen u. s. w.

Einfuhr		Ausfuhr	
1895	4 789 t	1895	18 823 t
1894	5 021 t	1894	15 874 t
1895 weniger	232 t	1895 mehr .	2 949 t

Dampfkessel.

Einfuhr		Ausfuhr	
1895	211 t	1895	3 376 t
1894	312 t	1894	2 912 t
1895 weniger	101 t	1895 mehr .	464 t

Locomotiven und Locomobilen.

Einfuhr		Ausfuhr	
1895	2 003 t	1895	7 988 t
1894	2 538 t	1894	5 686 t
1895 weniger	535 t	1895 mehr .	2 302 t

Andere Maschinen und Maschinentheile.

Einfuhr		Ausfuhr	
1895	44 993 t	1895	125 708 t
1894	41 668 t	1894	116 558 t
1895 mehr .	3 325 t	1895 mehr .	9 150 t

Dr. W. Beumer,

Geschäftsführendes Mitglied im Vorstande der „Nordwestlichen Gruppe des Vereins deutscher Eisen- und Stahlindustrieller“.

Protokoll

über die Verhandlungen der am 29. Januar 1897 zu Düsseldorf abgehaltenen Hauptversammlung der Nordwestlichen Gruppe des Vereins deutscher Eisen- und Stahlindustrieller.

Zu der Hauptversammlung waren die Mitglieder durch Rundschreiben vom 8. Januar d. J. eingeladen. Die Tagesordnung war wie folgt festgesetzt:

1. Ergänzungswahl für die nach § 3 al. 3 der Statuten ausscheidenden Mitglieder des Vorstandes.
2. Bericht über die Kassenverhältnisse und Beschlufs über die Einziehung der Beiträge.
3. Jahresbericht, erstattet vom Geschäftsführer.
4. Die Novelle zum Invaliditäts- und Altersversicherungsgesetz. Referent: Hr. Finanzrath Klüpfel.
5. Die Novelle zum Unfallversicherungsgesetz. Referent: Dr. Beumer.
6. Etwaige Anträge der Mitglieder.

Die Hauptversammlung wird um 1 Uhr Mittags durch den Vorsitzenden Hrn. Commerzienrath Servaes eröffnet.

In Erledigung der Tagesordnung werden zu 1. die HH. Bueck, Jencke, Kamp, Ed. Klein, C. Lueg, Massenez, E. Poensgen, E. v. d. Zypen wieder- und Hr. Emil Guilleaume zugewählt.

Zu 2. wird der Vorstand ermächtigt, die Beiträge pro 1896 bis zu 100 % der eingeschätzten Jahres-Beitragssumme einzuziehen. Die erste Rate in Höhe von 50 % soll im Laufe des Monats Februar d. J. erhoben werden.

Zu 3. wird der vorstehend abgedruckte Jahresbericht des Geschäftsführers einstimmig genehmigt. Zur näheren Prüfung und Darlegung der Mifsstände, welche sich bei der Handhabung der Bestimmungen, betreffend die gewerbliche Sonntagsruhe, herausgestellt haben, wird die bereits bestehende Commission demnächst zusammentreten. Den Vorsitz in der Commission wird Hr. Finanzrath Klüpfel führen. — Zur weiteren Verfolgung der Angelegenheit der Erztarife wird eine aus den HH. Servaes, C. Lueg, Brauns, Weyland, ingenieur Schroedter und Dr. Beumer bestehende Commission mit dem Recht der Zuwahl eingesetzt.

Zu 4. und 5. werden nach dem Vortrag der HH. Finanzrath Klüpfel und Dr. Beumer die Beschlufsanträge der socialpolitischen Commission einstimmig genehmigt. Bezüglich des Wortlauts dieser Anträge wird auf Seite 146 dieses Hefts verwiesen.

Zu 6. liegen Anträge der Mitglieder nicht vor.

Schlufs der Hauptversammlung $2^3/_4$ Uhr.

Der Vorsitzende:	Der Geschäftsführer:
gez. Commerzienrath *Servaes*.	gez. *Dr. W. Beumer*.

Stehende Verbund-Hochofen-Gebläsemaschine.

Für die Construction und Ausführung der in Abbild. 1 und 2 dargestellten von der Kölnischen Maschinenbau-Actiengesellschaft in Köln-Bayenthal für die Rheinischen Stahlwerke in Ruhrort gebauten Gebläsemaschine waren folgende Bedingungen mafsgebend:

Die Maschine soll stehend nach dem Verbundsystem gebaut werden, unter Zugrundelegung von $6^1/_2$ Atm. Ueberdruck und 9facher Expansion; sie soll 50 Umdrehungen in der Minute machen, 1350 cbm Luft ansaugen und auf 0,9 Atm. pressen. Die Maschine soll jedoch mit 60 Umdrehungen in der Minute sicher arbeiten, 1635 cbm Luft ansaugen und eine Windpressung von 1,1 Atm. erzeugen. Gegengewichte im Schwungrad sollen nicht zur Verwendung kommen. Die Maschine mufs vom Regulator beinflufste Ventilsteuerung erhalten und in den Grenzen von 20 bis 60 Umdrehungen leicht verstellbar sein.

Als die günstigsten Abmessungen wurden gefunden:

Hochdruckcylinder . . .	1340	mm Durchmesser
Niederdruckcylinder . . .	2000	„ „
Gebläsecylinder	2200	„ „
Gemeinsamer Hub . . .	1800	„ „

Die Maschine ist in folgender Weise aufgebaut: Auf den beiden Fundamentplatten mit angegossenen Wellenlagern ruhen vier Hohlgufsständer. Auf den Ständern liegen zweitheilige Holme zur Aufnahme der Dampfcylinder. Auf den Holmen stehen je zwei Verlängerungsstücke der Ständer, welche die Gebläsecylinder tragen.

Die Ständer sowohl wie die Gebläsecylinder sind durch Querstücke abgesteift, so dafs die

Maschinenmittel unverrückbar fest liegen. Die Dampfcylinder sind mit den zweitheiligen Holmen derart verschraubt, dafs die durch die Wärme bedingte Ausdehnung der Cylinder nicht behindert, ein Versetzen der Cylindermittel aber ausgeschlossen ist.

Die Hauptmaschinenständer sind soweit auseinandergeschoben, dafs die Dampfkolben nach unten herausgenommen werden können. Zur Vermeidung grofser Gestängegewichte sind die Dampfkolben und Gebläsekolben als trichterförmige Scheibenkolben in Stahlgufs ausgeführt. Die Dampfcylinder, deren Deckel und die Zwischenbehälter (Receiver) werden geheizt. Die Steuerung des Hochdruckcylinders erfolgt mittels einer durch einen Weifsschen Regulator beeinflufsten Sulzer Ventilsteuerung, welche derart construirt ist, dafs das Rückwärtslaufen der Maschine einen Bruch der Steuerung nicht veranlassen kann. Die Ventilsteuerung des Niederdruckcylinders kann durch Handrad und Schnecke verstellt werden.

Die ausgebohrte Kurbelwelle liegt glatt, ohne Anläufe, in den Lagern, so dafs sich dieselbe bei Temperaturänderungen frei ausdehnen kann, ohne die Lager zu klemmen.

Die Luftpumpe, welche durch einen Balancier vom Kreuzkopf des Niederdruckcylinders angetrieben wird, ist, um das Fundament nicht zu schwächen, über Flur angeordnet. Die Aufstellung der Luftpumpe über Flur bedingte, entsprechend einem Wasserstand von 9 m unter Flur, die Anlage einer Kaltwasserpumpe, welche in derselben Weise, wie die Luftpumpe von der Hochdruckseite bewegt wird.

Zur Bedienung der Maschine sind im Maschinenhause, welches aus Eisen-Fachwerk besteht, zwei Etagen angeordnet, die jedoch in keiner Verbindung mit der Maschine stehen, um die Uebertragung von Vibrationen der Maschine auf das Gebäude auszuschliefsen.

In der Höhe der oberen Dampfcylinder-Deckel ist eine Bühne zum Ein- und Ausbau der Gebläseventile vorgesehen, welche an die Maschine befestigt, aber unabhängig vom Gebäude ist.

Da das Gestängegewicht von 25 000 kg nicht ausgeglichen ist, so bleibt die Maschine nach Absperrung des Dampfes in der unteren Todtlage stehen. Die Kurbelstellung und Umlaufrichtung wurden aus diesem Grunde derart gewählt, dafs der Hochdruckcylinder dem Niederdruckcylinder vorangeht.

Die Kurbel des Hochdruckcylinders steht dann zum Anlassen in der günstigsten Lage. Dreht der Maschinist das Absperrventil auf, so läuft die Maschine unfehlbar an. Besondere Anlafsvorrichtungen oder Andrehvorrichtung am Schwungrad sind nicht vorhanden.

Die Gebläseventile sind in ringförmigen, um die Gebläsecylinder angeordneten Ventilkasten untergebracht. Die Ventile sind Ringventile aus Rothgufs mit Stahlgufssitzen. Um das Tanzen der Ventile zu verhüten, sind dieselben durch Spiralfedern entlastet und die Ventilhub-Diagramme beweisen die Richtigkeit dieser Anordnung. Der Ventilschlag gegen den Fänger wird durch eine Spiralfeder aufgenommen, die das Ventil nicht belastet.

Beim Hubwechsel bleibt im Gebläsecylinder Luft von 1,1 Atm. zurück, deren Druck sich auf das Gestänge überträgt und den Dampfdruck vergröfsert. Diese durch den Gebläsecylinder verursachte Druckvermehrung beträgt 41 800 kg gegenüber dem maximalen Dampfdruck von 70 000 kg. Dieser durch den Winddruck vermehrten Belastung des Triebwerks ist bei Bemessung der Achse, Zapfen und Gestänge reichlich Rechnung getragen.

Die Luftpumpe ist eine doppeltwirkende Plungerpumpe mit getrennter Luft- und Wasserabführung und erzeugt ein Vacuum von etwa 70 cm. Die Kaltwasserpumpe, welche 5 m unter Flur aufgestellt ist, arbeitet bei hohen Rheinwasserständen unter Wasser, und in solchen Fällen können die Windkessel dieser Pumpe mit Gebläseluft gefüllt werden.

Ein in die Ausblaseleitung eingeschaltetes Wechselventil gestattet, die Maschine ohne Condensation zu betreiben. Der zwischen den beiden Gebläsecylindern angeordnete Windsammler ist aus Blech hergestellt, damit die Ausdehnung der Gebläsecylinder nicht beschränkt wird. Die Wellenlager, Zapfenlager und Gradführungsplatten sind mit Weifsmetall ausgegossen. Die Schmierung der Dampf- und Gebläsecylinder geschieht durch vier Möllerupsche Apparate.

Ueber der Maschine befindet sich ein Laufkrahn von 15 m Spannweite, 15 m Hubhöhe und 18 t Tragfähigkeit.

Die in den Kreisen der Hüttenleute vielfach herrschende Ansicht, dafs die stehende Gebläsemaschine nicht übersichtlich und Reparaturen schwierig auszuführen seien, ist nach dem Gesagten wohl nur auf die stehenden Maschinen älterer Construction zurückzuführen. Die auf der Zeichnung dargestellte Anordnung gestattet den Aus- und Einbau eines Kolben-Dichtungsringes in wenigen Stunden.

Die Kolben- und Kolbenstangen-Reibung der stehenden Gebläsemaschine ist im Vergleich zur liegenden Maschine gleich Null. Die stehende Maschine bedarf, wenn die Wellenlager in Ordnung sind, überhaupt keiner Wartung, und Reparaturen sind in absehbarer Zeit nicht erforderlich.

Die im Vorstehenden beschriebene Maschine hat während des $1^1/_2$ jährigen Betriebes tadellos gearbeitet, zeitweise 1,4 kg Winddruck geliefert. Die Direction der Rheinischen Stahlwerke hat nunmehr der Kölnischen Maschinenbau-Actiengesellschaft eine zweite Gebläsemaschine in Auftrag gegeben. *Nockher.*

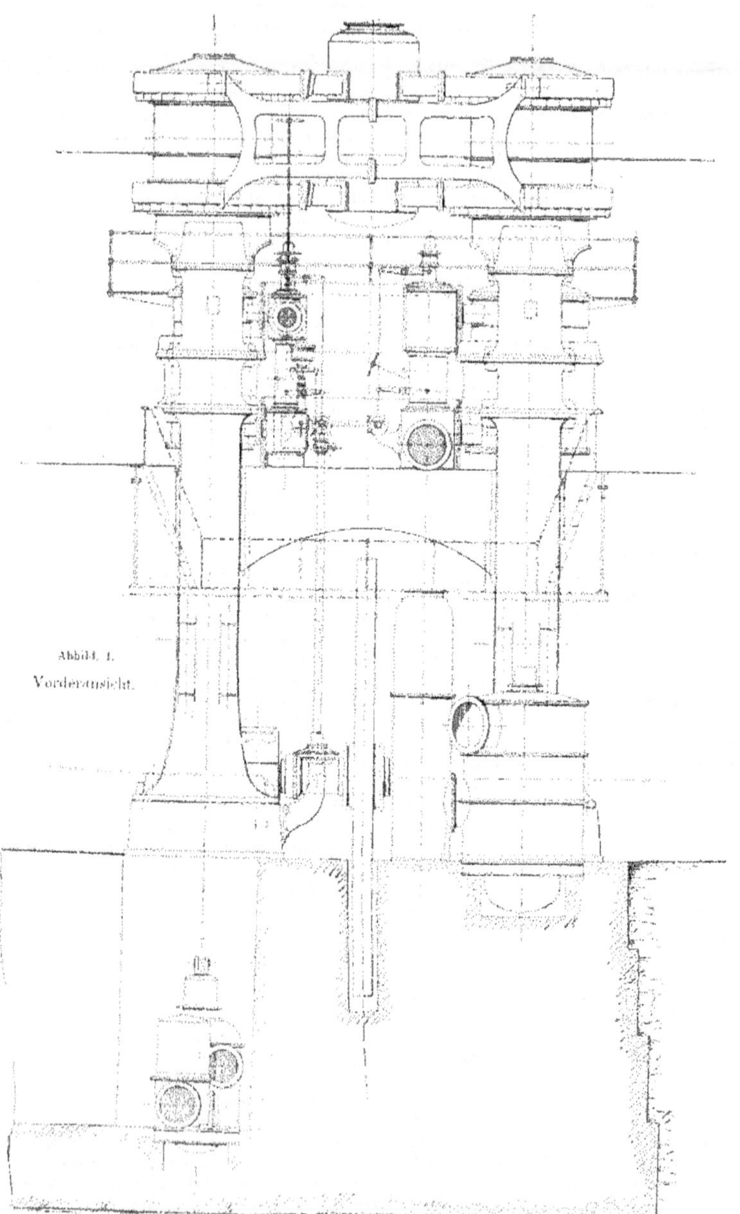

Stehende Verbund - Hochofen - Gebläsemaschine.

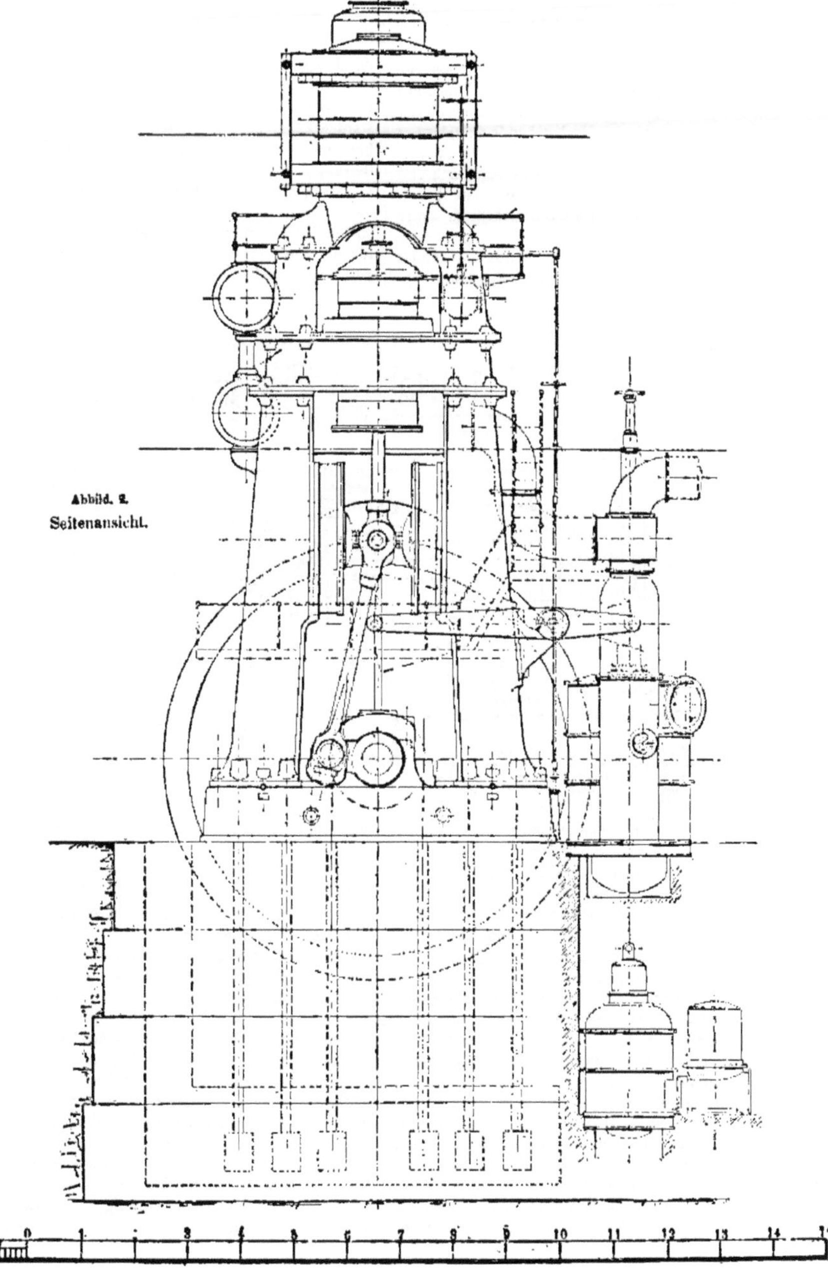

Abbild. 2.
Seitenansicht.

Neue amerikanische Walzwerke.

Der bekannte amerikanische Hütteningenieur Samuel T. Wellman hielt in der Versammlung der Civil Engineers einen Vortrag über diesen Gegenstand, dem wir das Nachstehende entnehmen:

Die Bestrebungen, sparsamer zu arbeiten, haben in den amerikanischen Walzwerken eigentlich erst begonnen, als George Fritz das erste Blockwalzwerk auf den Cambria-Eisenwerken im Jahre 1871 baute.

A. L. Holley hatte zwar schon im Januar 1871 ein Blockwalzwerk zu Troy aufgestellt, aber durch eine andere ersetzt, bei welcher vermittelst einer kleinen Reversirmaschine die Rollen in jeder Richtung und Stellung des Tisches angetrieben werden konnten. Der Vorschlag rührte von Fritz her und kam zuerst in Bethelhem zur Ausführung; der Antrieb geschah durch Riemen an Stelle von Zahnrädern. Holley verbesserte denselben, indem er wieder Räder- statt Riemenbetrieb anwandte. Diese Antriebsmethode für die Tischrollen hat sich bei jahrelanger angestrengter Arbeit bewährt, und wurden keine

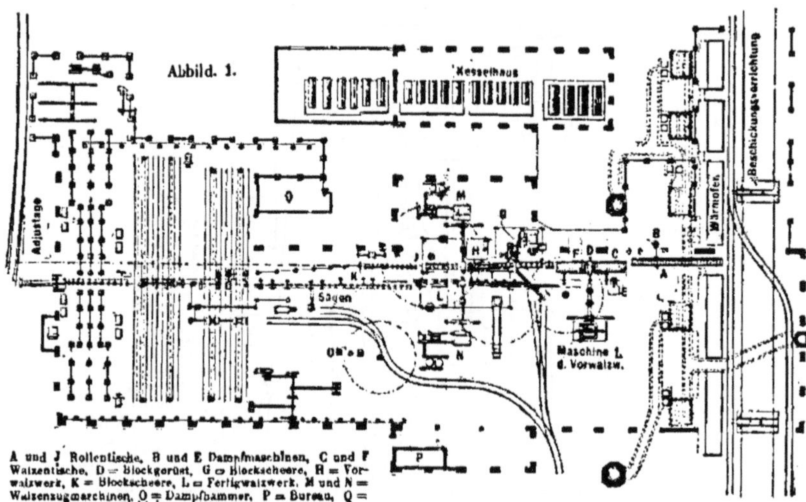

A und J Rollentische, B und E Dampfmaschinen, C und F Walzentische, D = Blockgerüst, G = Blockscheere, H = Vorwalzwerk, K = Blockscheere, L = Fertigwalzwerk, M und N = Walzenzugmaschinen, O = Dampfhammer, P = Bureau, Q = Elektrische Lichtanlage.

es hatte noch keinerlei Einrichtung zum Drehen der Blöcke, auch waren die Rollen in den Hebetischen noch nicht angetrieben; beide Arbeiten wurden noch mit Haken und Zangen von Hand bewerkstelligt. Das Holleysche Blockwalzwerk war ein Trio mit fester Ober- und Unterwalze aber beweglicher Mittelwalze, die bei jedem Stich eingestellt wurde, um das richtige Kaliber zu erhalten. In dem Walzwerke von Fritz war die mittlere Walze fest und Ober- und Unterwalze wurden bei jedem Stiche eingestellt. Die Tischrollen waren durch ineinandergreifende Zahnräder verbunden und wurden durch V-förmige Frictionsräder angetrieben, die von dem Walzwerke selbst durch Riemen ihre Bewegung erhielten. Die Rollen konnten nur in einer Richtung betrieben werden, wenn der Tisch oben, und in der entgegengesetzten Richtung, wenn der Tisch unten war. Diese Antriebsmethode der Rollen hat sich nicht bewährt, sie wurde daher später Aenderungen vorgenommen bis vor zwei Jahren, als der elektrische Motor in einigen neuen Werken an Stelle der kleinen Reversirmaschine trat. Der elektrische Motor wird nach des Verfassers Ansicht die kleine Dampfmaschine in den Eisen- und Stahlwerken ersetzen.

Die Vorrichtung zum Umwenden und Einstellen der Blöcke von einem Kaliber zum andern war eine Erfindung von Fritz. Sie ist sehr einfach und wirksam und für ihre Bestimmung als sehr zweckmäfsig erkannt worden, so dafs sie bis zum heutigen Tage so geblieben ist, wie der Erfinder sie geschaffen hat. Die einstellbaren Walzen in dem Trioblockwalzwerk sind aufgegeben worden, alle neuen amerikanischen Trioblockgerüste haben feste Walzen, bei welchen allgemein je ein Stich oben und unten in jedem Kaliber gemacht wird. Die meisten amerikanischen Bessemerstahlwerke, welche Schienen anfertigen, gebrauchen ausschliefslich oder zumeist das Trioblockgerüst, doch haben andere Werke, namentlich das Cambria-Eisenwerk, obschon es die Heimath des Trios ist, das Reversirwalzwerk angenommen.

Die beiden Werke, welche die gröfste Leistung entwickeln, sind das Edgar Thompson- und das South Chicago-Werk, beide haben Trio-Blockwalzgerüste. Es scheint dort kein Zweifel zu herrschen über die Vortheile des Trioblockgerüstes bei der Erzeugung einer grofsen Menge gleicher Blöcke.

Wenn aber ein Walzwerk alle Sorten von Blöcken und Brammen herzustellen hat, verdient das Duo-Reversirwalzwerk unzweifelhaft den Vorzug, da hier alle Sorten von quadratischen und flachen Blöcken, für welche das Walzwerk überhaupt eingerichtet ist, auf ein und demselben Satze von

Im Folgenden sollen verschiedene maschinelle Einrichtungen, insbesondere solche zur Handhabung des Walzstücks, beschrieben werden. Die erste Einrichtung dieser Art wurde von Robert W. Hunt ausgeführt, welcher im Jahre 1884 auf dem Schienenwalzwerk zu Troy (N. Y.) die Walzentische vor den Fertigwalzen mit angetriebenen Rollen versah.

Diese Tische arbeiteten von vornherein gut, so dafs sie auch bald bei den Vorwalzen angebracht wurden. Tische mit angetriebenen Rollen, ähnlich denen auf den Troy-Werken, wurden bald nachher an der Schienenstrafse auf den Edgar Thompson-Stahlwerken angebracht. Auch diese Tische gingen sofort gut, die Ersparnifs an Arbeit war sehr bedeutend und die Erzeugung

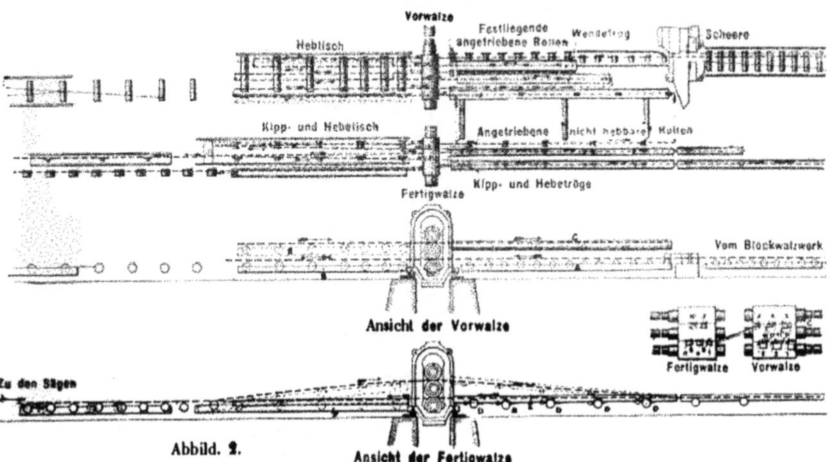

Abbild. 2.

Walzen vorgeblockt werden können. Da nun bei jedem Walzwerk mehr und mehr die Absicht zu Tage tritt, alle Sorten herzustellen, so scheint es wahrscheinlich, dafs zum Vorwalzen der Stahlblöcke das Reversirwalzwerk vielfach das Triowalzwerk verdrängen wird.

Zum Fertigwalzen von Schienen und anderen schweren Stäben wird in den Vereinigten Staaten fast allgemein das Triowalzwerk angewandt; die einzigen nennenswerthen Ausnahmen bilden das Schienenwalzwerk auf den „South Works" der Lackawanna-Eisen- und Stahl-Gesellschaft zu Stranton (Pa.) und die neuen Werke der Johnson-Gesellschaft zu Lorraine (Ohio),* die noch im Bau begriffen sind. Die Scranton-Werke haben Vorzügliches geleistet, aber ihre Gesammterzeugung hat das Ausbringen einiger anderer Werke nicht erreicht.

* Vergl. „Stahl und Eisen" 1895, S. 901.

in der gleichen Zeit eine wesentlich gröfsere. Nach Hunt betrug die Anzahl der für ein Triogerüst erforderlichen Arbeiter nach der althergebrachten Methode 15 bis 17; durch die Einführung der Tische und ihres Zubehörs wurde diese Zahl auf 4 bis 5, einschliefslich des Walzers, vermindert und aufserdem ermöglicht die Erzeugung des Werks bedeutend zu steigern.

Die Joliet-Werke der Illinois Stahl-Gesellschaft zu Joliet (Ill.).

Die Joliet-Stahl-Gesellschaft versah im Jahre 1885 ihr Schienenwalzwerk mit selbstthätig wirkendem Walzentisch, baute im Jahre 1894 die Blockwärmöfen in dem Blockwalzwerk um und errichtete neue Siemenssche Regenerativ-Wärmöfen mit Wellmanscher elektrisch-hydraulischer Beschickungsvorrichtung. Abbild. 1 zeigt den Grundrifs des Schienenwalzwerks und Abbild. 2 einen Linienzug, der den Lauf der Schiene durch die

Walzen darstellt. Die Beschickungs-Vorrichtungen (Abbild. 3) sind auf einem Rahmen von stählernen I-Schienen montirt, der auf 4 Rädern ruht, welche längs der Oefen auf einem Geleise mit breiter Spur laufen und von einem Elektromotor angetrieben werden, der auf einer der beiden Achsen in derselben Weise angebracht ist, wie die Motoren bei den elektrischen Strafsenbahnwagen. Die Blöcke werden von den Convertern in aufrechter Stellung auf Blockwagen vor den Wärmofen gebracht. Alle Bewegungen zum Ergreifen, Heben, Umwerfen, Einsetzen in den Ofen, Umwenden, wenn dies nöthig, Herausnehmen u. s. w. erfolgen durch hydraulische Kraft. Die Drillingspumpen sind auf der Maschine montirt und werden durch einen elektrischen Motor betrieben. Das Anlassen und Abstellen der Pumpen geschieht selbstthätig und erfolgt durch Veränderung des Druckes, der auf den Rheostat wirkt. Der Accumulator besteht aus einem Behälter, der beim Anlassen mit comprimirter Luft von 7 kg/qcm

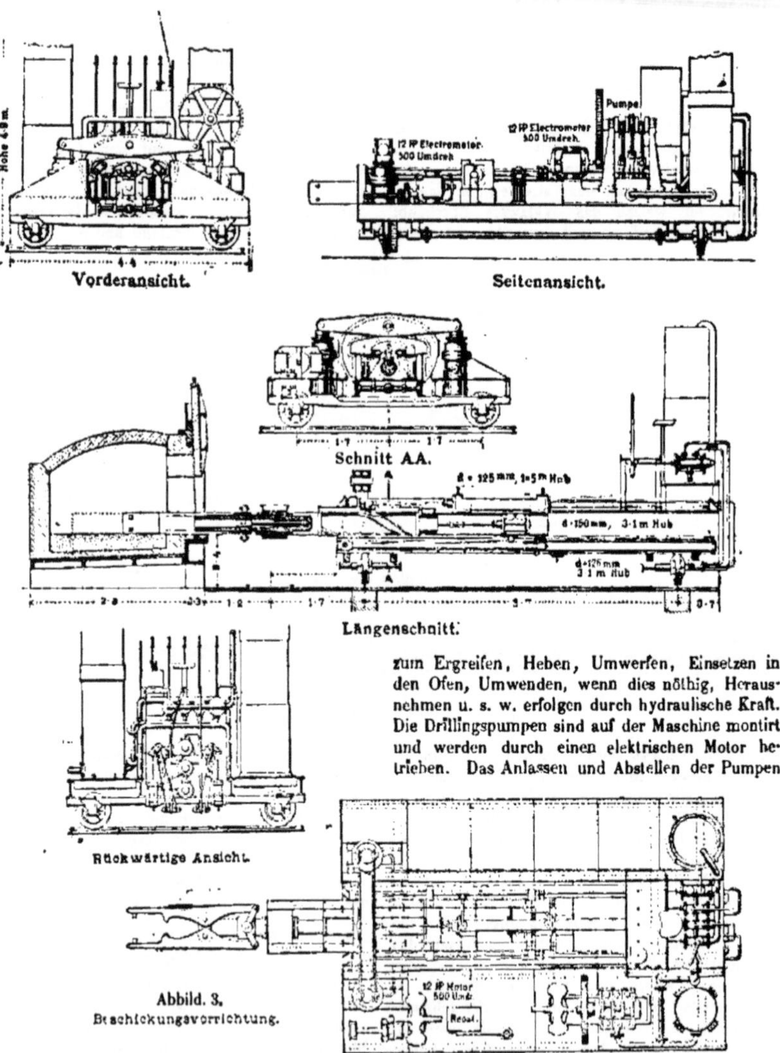

Abbild. 3.
Beschickungsvorrichtung.

gefüllt ist, während das darin eingepumpte Wasser den Druck bis zu 28 kg/qcm steigert. Die Leistung dieser Maschinen ist sehr zufriedenstellend gewesen und die Ersparnifs an Arbeit gröfser, als sie bisher beim Behandeln solcher Blöcke auf dem Blockwalzwerk erreicht wurde. Ein Heizer besorgt das Beschicken der fünf Oefen; ein Hülfsarbeiter ist jedem Ofen und ein anderer jeder Maschine zugetheilt.

Wenn der Block aus dem Ofen genommen wird, so wird er auf einen Wagen gestellt, der auf dem schmalen Geleise vor der Ofenthür steht. Dieser Wagen wird von einer kleinen Dampfmaschine, welche sich an einem Ende des Gebäudes befindet, vermittelst eines Drahtseils bis zu dem Ende des Rollentisches *A* bewegt, welches sich nach rückwärts bis zwischen die Oefen hin erstreckt. Der Blockwagen hat gezahnte Rollen, auf welchen der Block liegt. Wenn der Wagen vor dem Tische *A* hält, so wird ein Zwischenstück von unten durch motorische Kraft hinaufgedrückt, welches dann die Verbindung des Wagens mit dem Tische herstellt. Die Tischrollen werden von einer kleinen Dampfmaschine *B* angetrieben. Die Blöcke gehen von dem Rollentisch *A* zu dem Walzentisch *C* des Blockgerüstes *D*, dessen Rollen auch von einer Dampfmaschine *E* angetrieben werden. Das Blockgerüst is ein Fritzsches Trio mit drei festen Walzen. Der Block, von 406 × 406 mm Querschnitt, der für 4 Schienen ausreicht, wird in 13 Stichen bis zu 190 mm × 140 mm ausgewalzt. Nun wird der vorgestreckte Block über angetriebene Rollen *F* zu der Blockscheere *G* geführt, wo das Kopf- und Fufsende des Blockes abgetrennt und der Block in 2 Stücke zerschnitten wird, von denen ein jedes zu 2 Schienen ausgewalzt wird. Die Endstücke fallen auf einen unter der Scheere befindlichen Transporteur, durch welchen sie gehoben und in Wagen gelegt werden. Von der Scheere gehen die Blöcke zunächst zu den Vorwalzen *H*. Die selbstthätige maschinelle Einrichtung zum Handhaben des Stückes an den Vor- und Fertigwalzen, die in ihren Haupttheilen von F. H. Treat entworfen ist, bildet einen der sinnreichsten und wirksamsten Theile der bisherigen Walzwerks-Einrichtung und legt das glänzendste Zeugnifs ab von der Geschicklichkeit und dem Genie des Erfinders.

Der Block geht, wie Abbild. 2 zeigt, direct von der Scheere über die Tragrollen zum ersten Kaliber der Vorwalze, wo er zwischen der mittleren und unteren Walze auf den Hebetisch gelangt. Hier wird er gehoben und gleichzeitig soviel seitwärts verschoben, um ihn dem nächsten Kaliber gegenüber zu bringen, durch welches er hindurch geht und dann in den Wendetrog gelangt. Dieser ist drehbar am Boden, und wenn er das Stück sinken läfst, giebt er ihm eine viertel Drehung, so dafs es auf den Tragrollen in die richtige Lage fällt, um in das dritte Kaliber eintreten zu können. Das Heben des Stücks vom dritten zum vierten Kaliber geschieht genau so, wie das vom ersten zum zweiten. Im allgemeinen macht der zweite Block den ersten Stich, während der erste den dritten macht. Das Senken und Wenden von dem vierten zum fünften Kaliber geschicht genau in derselben Weise, wie das von dem zweiten zum dritten, und das Heben vom fünften zum sechsten in der gleichen Weise wie das vom dritten zum vierten. Sobald das Stück aus dem sechsten Kaliber kommt, gelangt es auf drei schrägen Gleitstücken abwärts auf die Tragrollen und vor den siebenten Stich der Fertigwalzen. Nach dem Passiren desselben kommt es zu dem Kipp- und Hebetisch, auf welchem ihm, durch die Gestalt der Walzen selbst, eine viertel Drehung gegeben wird. Dieser Tisch hat ein Gelenk an seinem hinteren Ende, und wird an seinem vorderen Ende gehoben und seitwärts geführt, bis das Stück dem achten Kaliber gegenüber liegt, durch welches es in den ersten der Kipp- und Hebetröge gelangt. Das hintere Ende dieses U-förmig gestalteten Troges ist fest aber drehbar, und sobald das vordere Ende gesenkt wird, bewegt es sich diagonal, bis das Stück sich gegenüber dem neunten Kaliber befindet. Der Durchgang durch dieses sowie das zehnte und elfte Kaliber ist derselbe wie der vorhin erwähnte; die fertig gewalzten Schienen gehen von dem letzten Kaliber unmittelbar zu den Sägen.

Während des mit Ende Mai 1895 schliefsenden Jahres wurden auf den Joliet-Werken meist 100 mm dicke und ebenso breite Knüppel von weichem Stahl gewalzt. Zum Herstellen derselben wurden besondere Walzen im Vorwalzwerk verwendet, und der Block wurde in fünf Stichen bis auf 100 × 100 mm herabgewalzt. Er lief direct vom Hebetisch *J* zu einem Paar von hydraulischen Scheeren *K*, von welchen die Knüppel aufserhalb des Walzwerks ungefähr 300 m weit, vermittelst des selbstthätigen Transporteurs, liefen. Verschiedene Arten von Stab- und Winkeleisen, einschliefslich grofser Mengen von Laschen für Schienen und Winkeleisen bis zu 50 × 50 mm Schenkellänge, sind in diesem Walzwerk direct von 16zölligen Blöcken ohne Nachwärmen gewalzt worden. Wenn Winkel oder andere fertige Stäbe gewalzt werden, so werden die Fertigwalzen in die Schienengerüstständer eingesetzt und in derselben Zahl von Stichen abgewalzt wie die Schienen. Im allgemeinen wird die eine Hälfte des Blockes zunächst zu einem Knüppel von geeigneter Gröfse und dieser dann auf der Fertigwalze fertig gewalzt. Die andere Hälfte des Blockes wird in der gleichen Zeit bis auf 100 × 100 mm abgewalzt und für das Stabwalzwerk in kurze Längen geschnitten. Die gröfste 12stündige Arbeitsleistung des Walzwerks betrug 679 t Knüppel, die gröfste Monatsleistung

27003 t, die durchschnittliche Erzeugung einer Schicht ungefähr 500 t.

Bei den Oefen sind, einschliefslich der Heizer, Gehülfen und Maschinenwärter, 9 Mann beschäftigt, bei dem Blockwalzwerk und seiner Maschine auch 9 Mann, bei dem Schienenwalzwerk und seiner Maschine 13, wenn Billets, und 17 Arbeiter, wenn Schienen gewalzt wurden. Die ganze Anzahl betrug 35 in der zwölfstündigen Schicht; im Durchschnitt kommt also eine Erzeugung von 14,28 t auf einen Mann.

In Bezug auf sparsame Arbeit und Gleichförmigkeit der Waare stehen die Joliet-Werke in der ersten Reihe der amerikanischen Walzwerke, ein Resultat, das ein günstiges Licht sowohl auf den früheren als auf den jetzigen Leiter, H. S. Smith und Charles Pettigrew, wirft.

(Fortsetzung folgt.)

Beanspruchungen der Seeschiffe II.

(Schlufs von Seite 97.)

Das Resultat der bisherigen Betrachtung ist nun Folgendes. Bei jeder einzelnen Umdrehung der Eincylinder-Maschine erleidet das Fundament der Maschine und somit auch der Schiffskörper zwei freie Kraftäufserungen: einen Stofs nach unten, dessen Maximum im unteren Todtpunkte liegt, und einen Zug nach oben, dessen Maximum im oberen Todtpunkt liegt. Nimmt man demnach eine Reihe von Umdrehungen, so ergiebt jede einzelne Umdrehung eine sich gleichmäfsig wiederholende Stofs- resp. zugartige Einwirkung auf das Fundament, und diese Einwirkungen sind, wie oben gezeigt, lediglich die Folge der Beschleunigungsdrucke der vertical auf und ab gehenden Massen.

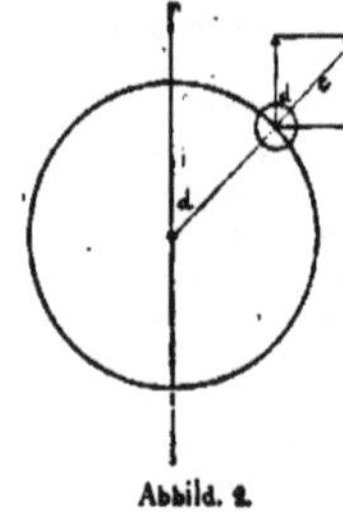
Abbild. 2.

Sieht man nun zu, wie die übrigen bewegten Massen der Maschine sich verhalten, also die rotirenden Massen: Kurbel, Pleuelkopf und unterer Theil der Pleuelstange, so folgt, dafs alle diese Massen zunächst infolge ihrer gleichförmigen Umdrehungsgeschwindigkeit stets der gleichen Centrifugalkraft unterliegen. Die Centrifugalkraft wirkt radial und läfst sich in allen Kurbelstellungen in zwei Componenten zerlegen, von welchen die eine horizontal, die andere vertical gerichtet ist (Abbild. 2). Heifst die Centrifugalkraft C und ist der jeweilige Kurbelwinkel α, so lautet die Horizontalcomponente $C . \sin . \alpha$ und die Verticalcomponente $C . \cos . \alpha$. Hieraus folgt aber, dafs die Verticalcomponente, welche also senkrecht auf das Maschinenfundament wirkt, ebenfalls mit dem Cosinus des Drehungswinkels variirt, wie das auch die Beschleunigungsdrucke der auf und ab gehenden Massen thaten; d. h. dafs die Verticalcomponente der Centrifugalkraft ihr Maximum nach oben gerichtet im oberen Todtpunkt, also bei $\alpha = 0^\circ$ hat und gleich der Centrifugalkraft selbst ist, denn $C . \cos . \alpha$ ist für $\alpha = 0$ gleich $C . 1 = C$, und ihr zweites Maximum nach unten gerichtet im unteren Todtpunkt bei 180° hat, denn hier ist ebenfalls $C . \cos . \alpha = C$, dagegen in den anderen Kurbelstellungen $\alpha = 90^\circ$ und $\alpha = 270^\circ$ gleich Null ist, weil $C . \cos . 90^\circ$ bezw. $C . \cos . 270^\circ = 0$ ist.

Folglich wirken die Verticalcomponenten der Beschleunigungsdrucke der rotirenden Massen genau so wie die Beschleunigungsdrucke der vertical auf und ab gehenden Massen, verstärken also dieselben in erheblichem Mafse; der einzige Unterschied ist der, dafs die Beschleunigungsdrucke der vertical auf und ab gehenden Massen stets im Wellenmittel angreifen, während die Verticalcomponenten der Beschleunigungsdrucke der rotirenden Massen nur im oberen und unteren Todtpunkt senkrecht im Wellenmittel wirken, sonst aber mit der Kurbel auf der Peripherie des Kurbelkreises wandern, also einmal auf der einen Seite der Welle und im folgenden Halbkreis auf der anderen Seite wirken. Ganz analog verhält es sich mit den Horizontalcomponenten der Centrifugalkräfte der rotirenden Massen: sie varriiren, wie eben gezeigt, mit dem Sinus des Kurbelwinkels, haben also ihre Maxima in den horizontalen Kurbelstellungen bei 90° und 270° und sind gleich Null in dem oberen Todtpunkt 0° und dem unteren 180°. Diese Horizontalcomponenten kommen nun nicht senkrecht auf das Fundament und den Schiffskörper zur Wirkung, sondern greifen stets horizontal die Maschine bezw. ihr Fundament an; zu eigentlichen Vibrationen geben sie kaum Veranlassung, wohl aber ergeben sie, wie alle diese Kräfte, Beanspruchungen der Schiffswellen, welche oft sehr unangenehm, besonders bei einem unzweckmäfsigen Maschinensystem auftreten, und welche event., wenn der Schiffskörper oder das Maschinenfundament zu weich ist, zu Brüchen der Welle führen können, die dann leicht auf die Qualität der Welle geschoben werden, während in Wirklichkeit ganz andere Ursachen für den Bruch vorhanden sind!

Noch einen Schritt mufs man in diesen Betrachtungen weiter thun, um zu den dynamischen

Verhältnissen unserer modernen Schiffsmaschine zu kommen: Bis jetzt ist immer nur eine stehende Eincylindermaschine mit unendlich langer Pleuelstange bezw. Kurbelschleife betrachtet worden, unsere Schiffsmaschinen haben aber stets mehr Cylinder, meist drei Cylinder und endliche Pleuelstange, und dadurch erleidet die bisherige Betrachtung noch eine kleine Ausgestaltung. Zunächst werden die Formeln für die Berechnung der Beschleunigungsdrucke für eine endliche Pleuelstange etwas umgeformt, und zwar umgeformt unter Berücksichtigung des Verhältnisses der endlichen Pleuelstange zum Kurbelradius, ein Verhältnifs, welches bei den meisten heutigen Schiffsmaschinen zu 4 : 1 angenommen wird. Sehr schöne Annäherungsformeln hierfür sind von Prof. Radinger in Wien angegeben. — Etwas einflufsreicher aber ist die Berücksichtigung der Anzahl der Cylinder sowie ihrer gegenseitigen Anordnung. Hier ist die Betrachtungsweise die folgende:

Für jeden einzelnen Cylinder ist die Wirkungsweise der bei ihm auftretenden Kräfte der auf und ab gehenden sowie der rotirenden Massen die gleiche, wie sie bisher an der Eincylindermaschine besprochen ist, allein dadurch, dafs die verschiedenen Cylinder der modernen Schiffsmaschine an ein und derselben Welle arbeiten, dadurch, dafs die einzelnen Kurbeln dieser Cylinder unter einem bestimmten Winkel gegeneinander stehen, dadurch, dafs auch meistens die bewegten Massen, mit Ausnahme der rotirenden, verschieden grofs sind, ergiebt sich, dafs die Totalwirkung, welche seitens dieser einzelnen Cylinder auf das Fundament, also den Schiffskörper ausgeübt wird, eine ganz andere ist, wie diejenige jedes einzelnen Cylinders, dafs man z. B. aus allen in den einzelnen Kurbelstellungen sich ergebenden Beschleunigungsdrucken der auf und ab gehenden Massen einen mittleren resultirenden Beschleunigungsdruck sich bilden kann, während z. B. bei Dreicylindermaschinen mit einer gegenseitigen Kurbelstellung von 120° die Centrifugalkräfte der rotirenden Massen der drei Cylinder eine Resultirende gleich Null ergeben. Fafst man mithin die dynamischen Vorgänge bei einer gewöhnlichen Dreicylindermaschine zusammen, so folgt, dafs

1. die Beschleunigungsdrucke der auf und ab gehenden Massen im allgemeinen eine Mittelkraft ergeben, dafs aber diese Mittelkraft sehr unbedeutend ist und sogar bei gleichen Massen an den Dreicylindern, wie manche Firmen das thun, völlig aufgehoben werden kann; wohl aber geben diese Beschleunigungsdrucke Momente von ganz bedeutendem Werth, und hierauf kommt es ja hauptsächlich an;
2. die Centrifugalkräfte der rotirenden Massen keine Mittelkraft ergeben, wohl aber horizontale und verticale Momente von ebenfalls bedeutender Gröfse; auch dies ist daher sehr zu berücksichtigen.

Denkt man sich daher ein räumliches Achsensystem durch das Schiff gelegt, also eine Achse horizontal in der Längsrichtung des Schiffes, eine Achse horizontal in der Querrichtung des Schiffes und schliefslich eine Achse senkrecht zu der Ebene der beiden vorigen Achsen von oben nach unten durch das Schiff, so ergiebt sich folgende Wirkung der bis jetzt besprochenen freien Kräfte in der Maschine:

1. Es drehen um die horizontale Längsachse, welche angenommen ist in Steuerbord-Seitenkante der Maschinen-Grundplatte,
   a) die Momente, welche sich aus der wechselnden Mittelkraft der Beschleunigungsdrucke der auf und ab gehenden Massen ergeben und dem Abstand des Wellenmittels von Kante-Grundplatte,
   b) die Kräftepaare der Pumpenmassen, deren Kräfte angreifend gedacht werden können einmal am Kreuzkopf und dann am anderen Ende des Balanciers, also etwa in der Mitte der Pumpencylinder; Hebelarm ist dann annähernd der Pumpenbalancier. Vorausgesetzt ist hierbei die gewöhnliche Art des Antriebs der Pumpen von HDC bezw. MDC Kreuzkopf aus.
2. Es drehen, um die horizontale Querachse gelegt einmal in die Vorderkante-Grundplatte und dann in die Hinterkante-Grundplatte
   a) die Verticalmomente, welche sich ergeben aus den Beschleunigungsdrucken der auf und ab gehenden Massen der einzelnen Cylinder, multiplicirt mit dem jeweiligen Abstande der einzelnen Cylindermitten von der betrachteten horizontalen Querachse,
   b) die Verticalmomente der ebenso gerechneten verticalen Componenten der Centrifugalkräfte der rotirenden Massen.
3. Es drehen, um die verticale Achse gelegt auch durch die Vorderkante bezw. Hinterkante der Grundplatte die Horizontalmomente, welche sich ergeben aus den Horizontalcomponenten der Centrifugalkräfte der rotirenden Massen, multiplicirt mit ihrem jeweiligen Abstande von der Verticalachse.

Es ist nun ganz klar, dafs, wenn man für eine Mehrcylindermaschine, deren Kurbeln unter einem bestimmten Winkel zu einander stehen, unter Berücksichtigung dieses Kurbelwinkels die Momente der einzelnen Cylinder, bezogen auf jede der drei Achsen, berechnet und graphisch aufträgt, dafs sich dann aus diesen Momentencurven der Einzelcylinder durch algebraische Addition der Einzelwerthe eine Summencurve herleiten läfst, welche genau angiebt, welche Gesammtmomente hinsichtlich der drei Achsen sich ergeben. Diese Summencurven geben dann ein ungemein anschauliches Bild der Fundamentbeanspruchung einer Mehrcylindermaschine während einer Umdrehung, und daran läfst sich dann auch sofort die Ueberlegung anknüpfen, wie wohl jene oft sehr stark auftretenden Momente zu beseitigen wären, damit eine möglichst geringe Beanspruchung des Fundaments bezw. des Schiffskörpers eintrete.

Zum besseren Verständnifs sei hier etwas über die Wirkung solcher Gegengewichte gesagt. Der Gedanke, durch Gegengewichte den Gang einer Maschine zu einem möglichst ruhigen zu gestalten, ist schon alt. Am meisten hat man sich damit begnügt, die Kurbeln auszubalanciren, um dadurch die Wirkungen der rotirenden Massen möglichst zu paralysiren. Eine solche Kurbelausbalancirung hat bei Schiffsmaschinen unseres Typs nur halben Nutzen; wenn auch die Momente der rotirenden Massen alle ausgeglichen werden, so bleiben doch immer noch die mindestens ebenso grofsen Momente der auf und ab gehenden Massen; man hat also nicht viel gewonnen; aufserdem sind die zum Ausbalanciren der Kurbeln

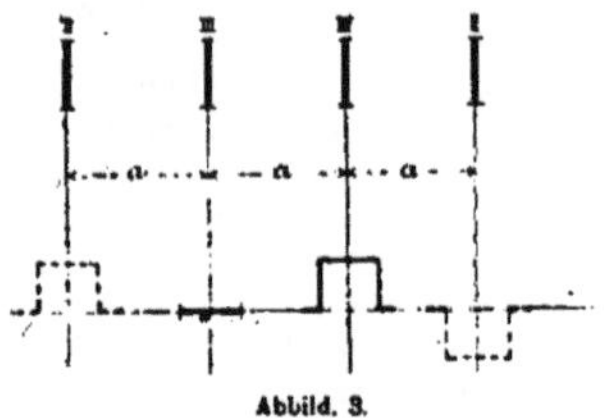

Abbild. 3.

anzubringenden Gewichte ganz enorm; bei der Scandia-Maschine Hamburg-America-Linie betrugen sie rund 18000 kg! Um nun auch noch die übrigbleibenden Momente der auf und ab gehenden Massen, bezogen auf die hintere und vordere Querachse, auszugleichen, hat Yarrow die Einrichtung getroffen, dafs er vor und hinter der Maschine mittels Kurbeltrieb und Pleuelstange ein Gegengewicht senkrecht an einer Gleitbahn genau wie einen Kolben auf und ab bewegen läfst, welches, unter dem entsprechenden Winkel aufgestellt, die Verticalmomente aufhebt, derart, dafs das vordere Gegengewicht die Momente bezogen auf die hintere Achse, das hintere Gegengewicht die Momente auf die vordere Achse paralysirt. Für die Scandia-Maschine würden diese Gegengewichte zusammen etwa 7800 kg betragen und mit all den Vorrichtungen für ihr sachgemäfses zwangläufiges Arbeiten mindestens etwa 12000 kg! So hätte man also nach dieser Yarrowschen Methode zum Ausbalanciren der sämmtlichen Momente in Summa 18000 + 12000 = **30000** kg nöthig! Ein kolossales Gewicht, ganz abgesehen von den Erschwerungen der Maschinenbedienung, welche solche Contregewichte nothwendig herbeiführen. Betreffs der 3400-HP-Maschine der Dania & Scandia der Hamburg-Amerika-Linie, wurde durch Herrn Schiffsingenieur Laas der Versuch gemacht, durch Anbringung eines rotirenden vorderen und hinteren Contregewichtes im Betrage von in Summa 7650 kg = 4050 kg hinten, etwa 3600 kg vorn, oder mit Anbringungsvorrichtungen von 10 t die auftretenden Momente zu balanciren. Gefährlich ist bei dieser Anbringung nur die Wirkung der Gegengewichte bezogen auf die Verticalachse, allein auch hier sind die Beträge fast gleich den an dieser Stelle auftretenden Horizontalmomenten der nicht ausbalancirten Maschine, nur werden sie einfach umgekehrt.

Aus alledem erhellt jedenfalls, dafs man durch Anbringung von Gegengewichten die beim Gange einer Maschine auftretenden freien Kraftwirkungen ziemlich aufheben, also auch die Stöfse auf das Fundament bezw. den Schiffskörper sehr reduciren kann, dafs also auf diese Weise auch ihre Folgen, die Schiffsvibrationen, sich sehr herabmindern lassen. Herr Schlick hat nun bei seinem System zur Vermeidung von Vibrationen den Weg der Anbringung der Contregewichte nicht beschritten, wenn man nicht etwa die Anbringung des vierten Cylinders sowie die geänderte Kurbelstellung als verdeckte Gegengewichtswirkung auffassen will.

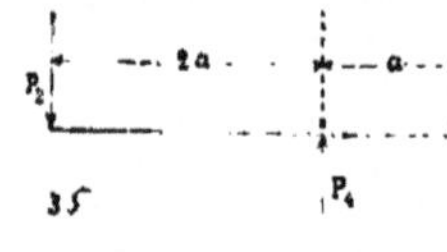

Abbild. 4.

Da schon öfters in der neueren Zeit Schiffsmaschinen mit vier Cylindern gebaut wurden, entweder als dreistufige Expansionsmaschinen mit getheiltem Niederdruckcylinder oder aber auch als Vierfach-Expansivmaschinen mit stufenweiser Expansion in den einzelnen Cylindern, so hat Hr. Schlick auch seine Maschine als Viercylinder-Maschine construirt und derart eingerichtet, dafs sie absolut ohne wechselnde Einwirkungen auf das Fundament arbeitet, dafs sie also gewissermafsen ohne Fundamentschrauben frei hingestellt werden könnte, ohne beim Gange nach irgend einer Seite hin zu kippen. Hr. Schlick ist hierbei von folgenden Gesichtspunkten geleitet worden. Zwei Elemente sind es, mit denen sich variiren liefs, 1. die Gewichte der bewegten Massen und zwar in erster Linie die **Kolbengewichte**, da man ja bekanntlich bei Schiffsmaschinen alle anderen bewegten Theile wie Pleuelstange, Kurbel u. s. w. der bequemeren Auswechselung wegen genau gleichhält, und 2. die Winkel, unter welchen die vier Kurbeln der einzelnen Cylinder zu einander stehen. Hr. Schlick geht nun davon aus, dafs er zwei Cylinder, am zweckmäfsigsten Cylinder III und IV mit all ihren Theilen und auch mit ihrem Kurbelwinkel gegeneinander als gegeben aufnimmt, und jetzt die beiden noch übrigen Cylinder I und II in ihren Gewichten und in ihrer Kurbelstellung gegen III und IV so bemifst, dafs die Maschine vollkommen als ausbalancirt anzusehen ist. Die Herleitung dieser beiden Werthe ist sehr interessant.* Nimmt man an, in vorstehender Abbild. 3 seien die vier Cylinder mit I, II, III, IV bezeichnet, die Gewichte ihrer Massen seien P_1, P_2, P_3, P_4, ferner seien die Abstände der Mitten alle unter sich gleich gewählt = a, ferner seien III und IV gegeben und die Kurbeln von III und IV stünden in einem ∢ = 90° zu einander, so betrachte man zunächst Cylinder IV und suche denselben durch die Cylinder I und II in seinen kippenden Momenten auszubalanciren. Nach dem bisher Gesagten ist ganz klar, dafs die Kurbeln der Cylinder I und II gegen die Kurbel des Cylinders IV genau um 180° gedreht stehen müssen, denn nur bei solcher gegenseitiger Lage ist es möglich, dafs die in den einzelnen Cylindern I und II auftretenden Kräfte denen des Cylinders IV diametral entgegengesetzt gerichtet sind. Bezeichnet man also die von den Massen des Cylinders IV ausgeübten Kräfte mit P_4, also dem **Gewichte** der bewegten Massen des Cylinders IV, da ja diese Kräfte d. h. die Beschleunigungsdrucke abhängig sind von der Masse der bewegten Theile, die Masse ihrerseits aber wieder durch das **Gewicht** bestimmt wird, so mufs die Summe der von den Cylindern I und II in entgegengesetzter Richtung ausgeübten Kräfte ebenfalls gleich P_4 sein, es mufs also mit anderen Worten das Gewicht der beiden Cylinder I und II zusammen so grofs wie P_4 sein, denn dann heben die Kräfte sich auf (siehe Abbild. 4) $P_1 + P_2 = P_4$. Denkt man sich nun durch Cylinder IV eine Achse gelegt, so bildet der Cylinder I mit seinem Gewicht P_1 am Hebelarm a wirkend ein Moment $P_1 . a$, welches bezüglich der Achse durch Cylinder IV das Bestreben hat, die Maschine nach rechts umzukippen: diesem Drehmoment wirkt nun entgegen das Gewicht von Cylinder II, wirkend am Hebelarm 2 a, also $P_2 . 2a$. Denn dieses Drehmoment hat das Bestreben, die Maschine nach links umzukippen. Es mufs also die Gleichung bestehen: $P_1 . a = P_2 . 2a$. Da nun auch, wie gezeigt sein mufs: $P_1 + P_2 = P_4$, so folgt, dafs $P_1 = {}^2/_3 P_4$ und $P_2 = {}^1/_3 P_4$ zu machen ist, denn dann ist 1) ${}^2/_3 P_4 + {}^1/_3 P_4 = P_4$ und 2) ${}^2/_3 P_4 . a = {}^1/_3 P_4 . 2a$ identisch. Will man daher die Wirkungen des Cylinders IV auf das Fundament aufheben, so hat man 1. die Kurbeln der beiden Cylinder I und II diametral der Kurbel von Cylinder IV gegenüber zu stellen, und 2. das Gewicht der bewegten Masse von Cylinder I, also $P_1 = {}^2/_3 P_4$, und das Gewicht der bewegten Masse von Cylinder II, also $P_2 = {}^1/_3 P_4$, zu machen. Es ergiebt sich demnach das folgende Bild (Abbild. 5) der Kurbelstellung:

Abbild. 5.

Somit hätte man also Cylinder IV durch Cylinder I und II ausbalancirt. Jetzt kommt noch Cylinder III an die Reihe, der ja noch übrig ist und der ebenfalls durch die beiden Cylinder I und II ausbalancirt werden soll. Cylinder III ist in seinen Gewichten, sowie seiner Kurbelstellung gegenüber Cylinder IV gegeben; der Einfachheit wegen sei angenommen, dafs Cylinder III und IV mit ihren Kurbeln um 90° gegeneinander versetzt stehen. Nach dem bezüglich der Ausbalancirung von Cylinder IV Gesagten folgt nun in ganz genau gleicher Weise für den Cylinder III bezüglich seiner Ausbalancirung, dafs

Abbild. 6.

1. die Cylinder I und II dem Cylinder III mit ihren Kurbeln diametral gegenüber stehen müssen, und dafs $P_1 + P_2 = P_3$ sein mufs, denn dann heben sich ja die Kraftwirkungen dieser drei Cylinder auf das Fundament auf (Abbild. 6);

2. die Kippmomente der Cylinder I und II, bezogen auf die durch Cylinder III gelegte Achse einander gleich aber entgegengesetzt gerichtet sein müssen, dafs also wiederum sein mufs: $P_2 . a = P_1 . 2a$. Hieraus folgt dann genau wie oben, dafs $P_1 = {}^1/_3 P_3$ und $P_2 = {}^2/_3 P_3$ sein mufs. Um also Cylinder III auszubalanciren, mufs man: 1. die Kurbeln der beiden Cylinder I und II diametral der Kurbel III gegenüber stellen, und 2. das Gewicht der bewegten Masse von Cylinder I,

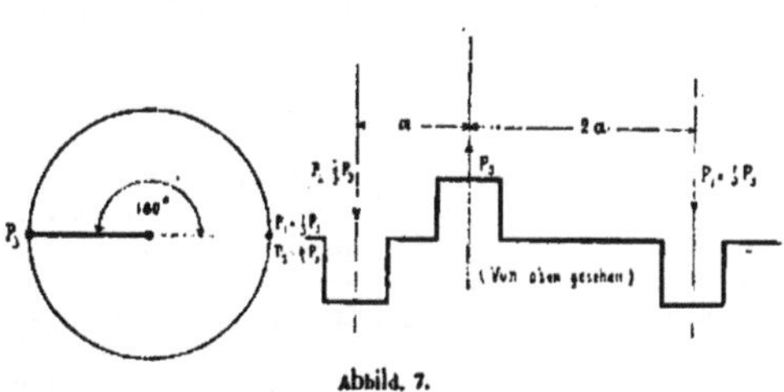

Abbild. 7.

* Vergl. auch „Z. d. V. d. I.", Jahrgang 1894.

also $P_1 = {}^1/_3\, P_3$, und das Gewicht der bewegten Masse von Cylinder II, also $P_2 = {}^2/_3\, P_3$, machen, denn dann ist wie vorher: 1) ${}^1/_3\, P_3 + {}^2/_3\, P_3 = P_3$ und 2) ${}^1/_3\, P_3 \,.\, 2\,a = {}^2/_3\, P_3 \,.\, a$, und es ergiebt sich folgendes Bild der Kurbelstellung (Abbild. 7).

Legt man nun dieses Bild zur Ausbalancirung des Cylinders III auf das vorige zur Ausbalancirung von Cylinder IV, unter Berücksichtigung, dafs

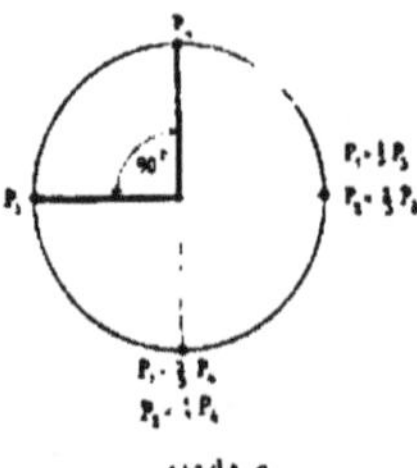

Abbild. 8.

Kurbel III und IV unter 90° zu einander stehen, so entsteht vorstehendes Bild (Abbild. 8).

Es müfste also Cylinder I sowohl senkrecht nach unten mit einem Gewicht ${}^2/_3\, P_4$ wirken, als auch horizontal mit einem Gewicht ${}^1/_3\, P_3$, also gewissermafsen an zwei Kurbeln; das ist selbstredend unmöglich, und nun macht Hr. Schlick den hübschen Schlufs, dafs er sagt: man gebe daher dem Cylinder I eine solche mittlere Kurbelstellung und ein solches Gewicht P_1, dafs die

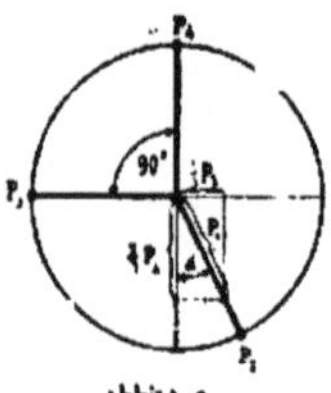

Abbild. 9.

Componenten aus dieser Stellung und dem Gewicht diametral gegenüber Cylinder IV $= {}^2/_3\, P_4$ wird und diametral gegenüber Kurbel III $= {}^1/_3\, P_3$ werden. Und dies wird praktisch ausgeführt, indem man in irgend einem Mafsstab auf der Richtung der Kurbel 4 nach unten hin eine Strecke $= {}^2/_3\, P_4$ und auf der Richtung der Kurbel 3 nach rechts hin ein Stück $= {}^1/_3\, P_3$ abträgt (Abbild. 9), dann das Parallelogramm vervollständigt und in demselben vom Centrum des Kreises aus die Diagonale zieht, dann ist diese Diagonale in Gröfse gleich dem constructiv nöthigen Gewicht des Cylinders I, also $= P_1$, und ihre Richtung giebt genau die erforderliche Stellung der Kurbel des Cylinders I an, Winkel α. Macht man dann noch genau dasselbe bezüglich der Kurbel des Cylinders II, trägt also in der Richtung der Kurbel 4 nach unten hin eine Strecke $= {}^1/_3\, P_4$ und in der Richtung der Kurbel 3 nach rechts hin eine Strecke $= {}^2/_3\, P_3$ ab, bildet das Parallelogramm, so giebt die Diagonale in ihrer Gröfse genau das erforderliche Gewicht des Cylinders P_2 an, und ihre Richtung genau den erforderlichen Kurbelwinkel β (Abbild. 10).

Nach dem Pythagoräischen Lehrsatz ergiebt sich dann in Gleichungsform sofort:

$$P_1 = \sqrt{({}^2/_3\, P_4)^2 + ({}^1/_3\, P_3)^2}$$

$$P_2 = \sqrt{({}^2/_3\, P_3)^2 + ({}^1/_3\, P_4)^2}, \text{ ferner:}$$

$$\text{tang. } \alpha = \frac{{}^1/_3\, P_3}{{}^2/_3\, P_4}, \quad \text{tang. } \beta = \frac{{}^1/_3\, P_4}{{}^2/_3\, P_3}.$$

Eine solche Maschine ist, wenn man das Gesagte auf sämmtliche bewegten Theile ausdehnt, also auch auf die Steuerungstheile, vollkommen

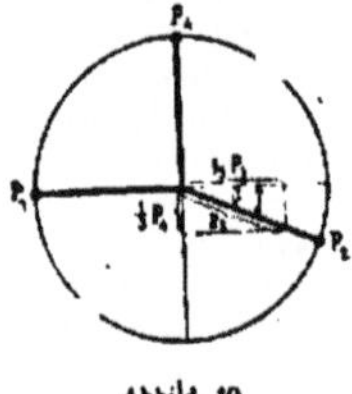

Abbild. 10.

ausbalancirt, sie verhält sich bei jeder beliebigen Tourenzahl vollkommen ruhig und könnte, wie gesagt, ohne Fundamentschrauben im Schiffe aufgestellt werden, wenn das Schiff stets in ruhigem Wasser genau gerade schwämme. Vibrationen sind, soweit sie von der bewegten Masse der Maschine herrühren, vollkommen ausgeschlossen, und dadurch auch die zweite Art der besprochenen Schiffsbeanspruchungen aufgehoben. Wenn augenblicklich eine ganze Reihe der im Bau befindlichen grofsen Dampfer unserer Handelsmarine, besonders auch der auf dem Vulkan in Stettin im Bau befindliche gröfste Schnelldampfer der Welt, solche Maschinen mit Schlickscher Kurbelstellung bekommt, so steht zu hoffen, dafs dadurch der Aufenthalt auf diesen Dampfern ein ungleich angenehmerer gegenüber den früheren Dampfern sein, und dafs hier der deutsche Schiffbau einen ganz bedeutenden Erfolg zu verzeichnen hat, der auch von anderen Nationen anerkannt wird.

Einrichtungen zur Entfernung des in den Hochofengasleitungen ausgeschiedenen Staubes.

Dieser Ueberschrift entsprach der Inhalt der Mittheilungen von **Lürmann**-Osnabrück in Nr. 23 von „Stahl und Eisen" 1896, S. 955; in denselben war nur angedeutet, dafs besondere Einrichtungen vorhanden sind, um die Hochofengase zu reinigen, bevor dieselben in die Gasleitungen gelangen, und wo diese in dieser Zeitschrift beschrieben sind.*

Hr. Dr. **Hahn** beschreibt nun in seinen interessanten Mittheilungen** mit derselben Ueberschrift wie oben auch von ihm mit Erfolg angewendete Trocken- und Nafsreiniger; letztere mit sogenannten „Körtingschen Streudüsen." Der Verfasser weist in einer Fufsnote auf einen von **Lürmann**-Osnabrück 1884 erstatteten Bericht über Hochofen-Gasreiniger hin. In diesem Bericht*** sind S. 37 Einrichtungen beschrieben, welche man jetzt „Körtingsche Streudüsen" zu nennen beliebt, und in Fig. 3, 4 und 5 gekennzeichnet. Jene kurze, jedoch dem Zweck entsprechende, Mittheilung über diese Streudüsen war, wie auch angegeben, einer Broschüre entnommen, welche schon 1876 erschienen ist.†

Der Verfasser E. **Belani**, Hüttendirector in Hieflau, schreibt uns jetzt mit Recht wie folgt:

„Zur »Entfernung des in den Hochofengasen „ausgeschiedenen Staubes« erlaube mir unter „Beilage einer Abhandlung aus den 70er Jahren „zu bemerken, dafs es voller 20 Jahre bedurft hat, „bevor ich meiner damals besprochenen und auch „zur Ausführung gelangten Gasreinigung in dem „Artikel des Hrn. Dr. **Otto Hahn** wieder begegne, „und ersehe mit Befriedigung, dafs der Erfolg in „der Praxis ein ganzer geworden ist. Für die „damaligen geringen Erzeugungsmengen der Hoch„öfen sind auch die von mir angeführten Dimen„sionen des Reinigers bescheidene, doch erfüllten „sie ihren Zweck vollkommen. So eilt manchmal „ein Gedanke dem Bedürfnisse seiner Zeit weit „voraus."

Welche Gedanken Hrn. **Belani** schon 1876 auf den nunmehr wieder betretenen Weg der Nafsreinigung der Hochofengase geleitet haben, sei nachträglich in Folgendem aus seiner Broschüre mitgetheilt:

„Bei der Fabrication von grauem Koksroheisen, „besonders bei der heute so verbreiteten Erzeu„gung von Bessemermarken, wo ein hoch erhitzter „Wind eine Grundbedingung für das Zustande„kommen von stark silicirtem Roheisen ist, „zeigt sich der Uebelstand einer höchst mittel„mäfsigen Qualität der Ofengase, die zum Heizen „der Dampfkessel und Windheizapparate verwendet „werden. Wie ich in meinen »Untersuchungen „über die Brennbarkeit der Hochofengase« nach„gewiesen habe, findet bei steigendem Kalk„zuschlage sehr wahrscheinlich die Bildung einer „mit alkalischen Erden übersättigten Schlacke im „Hochofen statt, die eine Umwandlung in feinen „Staub erfährt, der sich dem Gasstrom beimischt „und auf die Verbrennung desselben einen äufserst „schädlichen Einflufs ausübt, indem er einestheils „verdünnend auf das Gasgemenge, in der Haupt„sache aber stark wärmeabsorbirend wirkt. Die „Erscheinung, dafs das schlechteste Hochofengas, „wenn es von diesem Staube befreit wird, ganz „vorzüglich brennt, mufste unwillkürlich das „Nachdenken über eine für den Hochofenbetrieb „geeignete Methode der Gasreinigung wachrufen. „Alle heutzutage im Gebrauche stehenden Gas„reiniger beruhen auf dem Princip, durch Er„weiterung des Querschnittes die Geschwindigkeit „des Gasdurchzuges zu verringern, und somit „dem mitgerissenen Staub Gelegenheit zum Ab„setzen zu geben. Die meisten dieser Apparate „erreichen wohl auch diesen Zweck insoweit, dafs „sie einen gröfseren Theil des groben, schweren „Gichtsandes zurückhalten, allein die feineren „Staubmengen, und besonders der äufserst leichte „Schlackenstaub, wird durch sie nicht beseitigt.

„Wie ich schon früher mitzutheilen Gelegen„heit hatte, ist selbst das sorgfältigste Waschen, „das Durchleiten des Gases durch verschiedene „Flüssigkeiten nicht imstande, diesen Staub zu „entfernen und ein klares Gas zu liefern. Ueber„dies wäre eine solche Waschung der Gase im „grofsen nicht ausführbar wegen der damit ver„bundenen höheren Gaspressungen, die hier sehr „schädlich auf die Geschwindigkeit des Gasstromes „im Hochofen, und mithin auf den Ofengang „selbst, rückwirken müfsten. Die Anforderungen, „die man deshalb an einen verwendbaren Reinigungs„apparat zu stellen hätte, wären in erster Reihe: „eine gründliche Beseitigung allen Staubes, und „zweitens: Vermeidung jeder Irritation der Gas„pressung am Hochofen. Eine einfache, com„pendiöse Construction, die sein Anbringen in „jeder bestehenden Röhrentour gestattet, ist selbst-

---

* „Stahl und Eisen" 1883, S. 498 und 609; 1884, S. 35 bis 49; 1886, S. 532.

** „Stahl und Eisen" 1897, S. 57.

*** „Stahl und Eisen" 1884, S. 35 bis 49.

† Die Reinigung der Hochofengase von Eduard Belani, Hütteningenieur in Wien. Vortrag des Verfassers, 1876.

„verständlich. Von diesen Bedingungen ausgehend, „habe ich einen Apparat construirt, von dem ich „glaube, dafs er wohl geeignet sein dürfte, Eingang „in die Roheisenindustrie zu finden, vermöge der „grofsen Vortheile, die er in der Oekonomie des „Hochofenbetriebes bietet.

„Das Princip meiner Gasreinigungsmethode „ist ein sehr einfaches. Es beruht darauf, das „specifische Gewicht des fein vertheilten Staubes „zu vergröfsern und ihm zugleich die Fähigkeit „zu ertheilen, sich niederzuschlagen. Ich erreiche „dies vollständig durch Wasserdampf. Derselbe „mischt sich auf das innigste mit dem im Gase „suspendirten Staub und schlägt sich bei der „darauf stattfindenden Condensation zugleich mit „demselben nieder. Wie meine Versuche ergeben „haben, geschieht dies sehr exact, da der Staub „die Eigenschaft hat, begierig Wasser an sich zu „ziehen. Das Resultat ist ein klares, trockenes Gas „von vorzüglicher Brennkraft. Die Einrichtung „des Gasreinigers ist folgende: Die angeführten „Dimensionen desselben sind für eine tägliche „Erzeugung von 35- bis 40000 kg Bessemerroheisen „berechnet.

„Wie die beigefügte Zeichnung des Apparates „ersichtlich macht, erfolgt der Gaseintritt von „oben durch einen Rohrstutzen von 1.2 m Durch„messer. Daselbst ist ein kleiner Apparat an„gebracht, der unter dem Namen »Pulverisateur« * „hinlänglich bekannt sein dürfte."

Die fernere Beschreibung findet man mit der Zeichnung in „Stahl und Eisen" 1884, S. 87.

Die Beobachtungen des Hrn. Belani im Jahre 1876 stimmen genau mit denjenigen überein, welche Hr. Dr. O. Hahn mittheilt.

Die Redaction.

* Pulverisateur oder Streudüse.

Die Stellungnahme der niederrheinisch-westfälischen Industrie zu den neuen Gesetzentwürfen, betreffend die Invaliditäts- und Altersversicherung, sowie die Unfallversicherung.

Behufs Berathung der neuen Gesetzentwürfe, betr. die Invaliditäts- und Altersversicherung, sowie die Unfallversicherung, halte die „Nordwestliche Gruppe des Vereins deutscher Eisen- und Stahlindustrieller" in Gemeinschaft mit dem „Verein zur Wahrung der gemeinsamen wirthschaftlichen Interessen in Rheinland und Westfalen" eine Commission gebildet, welche unter dem Vorsitz des Hrn. Commerzienrath Servaes-Ruhrort am 23. Januar d. J. in Düsseldorf zusammentrat. An den Verhandlungen nahmen theil die HH.: Geh. Finanzrath Jencke, Commerzienrath C. Lueg, Commerzienrath Brauns, Generaldirector Kamp, Finanzrath Klüpfel, Dr. jur. Goecke-Bonn, Generalsecretär Dr. Baare, Professor Dr. van der Borght, Landtagsabgeordnete H. A. Bueck und Dr. Beumer. Die Referate lagen in Händen der HH. Finanzrath Klüpfel und Dr. Beumer. Die Beschlüsse der Commission wurden von beiden genannten Körperschaften zu den ihrigen gemacht und lauten also:

A. Invaliditäts- und Altersversicherung.

Wir theilen die Gründe der Denkschrift, aus denen sich z. Z. eine Verschmelzung der invaliditäts- und Altersversicherung mit der Kranken- und Unfallversicherung verbietet. Im einzelnen bemerken wir Folgendes:

I. Vertheilung der Rentenlast.

Die Bestimmung, wonach an Stelle der bisherigen Rentenvertheilung nach Mafsgabe der den einzelnen Versicherungsanstalten aus den betreffenden Versicherungen zufliefsenden Beträge die Vertheilung zu $^1/_4$ auf die bewilligende Versicherungsanstalt und zu $^3/_4$ auf die Gesammtheit der Versicherungsanstalten nach Mafsgabe ihres Vermögens treten soll, erregt grofse Bedenken.

Die nach der Begründung des Entwurfs in den ersten vier Jahren zu Tage getretenen Verschiedenheiten in der finanziellen Lage der einzelnen Versicherungsanstalten und die aufgestellten Berechnungen über die wahrscheinliche zukünftige finanzielle Entwicklung bilden keinen genügenden Grund, um das bisherige System der Rentenvertheilungen, welches dem Wesen der Versicherung und der bestehenden Organisation in verschiedenen territorial begrenzten selbständigen Versicherungsanstalten am meisten entspricht, aufzugeben, und eine neue Versicherungsart einzuführen, bei welcher einestheils der zufällige Umstand des letzten Beschäftigungsorts des Versicherten, anderntheils die Vermögenslage der einzelnen Versicherungsanstalten den Ausschlag giebt.

Die Verschiedenheiten in der finanziellen Lage beruhen zum grofsen Theil auf vorübergehenden Ursachen (starke Belastung mit Altersrenten ohne entsprechendes Einnahme-Aequivalent infolge der Uebergangsbestimmungen des Gesetzes und Ueberwiegen der bei allen Lohnklassen gleichen Anfangssumme der Invalidenrente). Hier findet mit längerer Dauer der Versicherung, je näher der Beharrungszustand kommt, von selbst ein Ausgleich statt.

Zum Theil ist die Verschiedenheit die Folge der verschiedenen Behandlung der Beitrags- und Rentensätze in den verschiedenen Lohnklassen, indem das Verhältnifs zwischen Beitrags- und Rentensatz bei den niederen Klassen für die Versicherten günstiger normirt ist als bei den höheren.

Die Schaffung eines Ausgleichs durch neue gesetzliche Bestimmungen erscheint nur berechtigt, soweit die Verschiedenheiten dauernd sind und in der verschiedenen Altersgruppirung der versicherungspflichtigen Bevölkerung ihren Grund haben. Mit dieser Ausgleichung mufs aber noch gewartet werden, da die Erfahrungen weniger Jahre keine genügenden Unterlagen geben und daher eine zuverlässige Berechnung des Erfordernisses noch nicht möglich ist. Eine Dringlichkeit wird auch durch die berechnete Unzulänglichkeit der gesetzmäfsigen Kapitaldeckung bei zwei Versicherungsanstalten keineswegs begründet, da diese Unzulänglichkeit zunächst lediglich auf dem Papier steht und die Beseitigung aus den vorhandenen Mitteln der Gesammtheit der Versicherungsanstalten später ebensogut möglich ist.

Der im Entwurf vorgesehene Ausgleich durch Vertheilung der Rentenlast nach dem Vermögen der einzelnen Anstalten ist jedenfalls unrationell, weil die finanzielle Selbständigkeit und das Interesse der einzelnen Anstalten an der günstigen Vermögensgestaltung dadurch zu sehr beeinträchtigt wird.

Die Bedenken gegen die neue Vertheilungsart werden auch dann nicht beseitigt, wenn etwa an Stelle des Verhältnisses von $^1/_4$ und $^3/_4$ für die beiden Vertheilungsarten ein anderes Verhältnifs bestimmt werden sollte.

In der vorliegenden Form kommt der Ausgleich der Confiscation eines Theils des Vermögens der günstiger situirten Versicherungsanstalten gleich. Seine Motivirung in der Denkschrift entspricht zudem nicht den thatsächlichen Vorgängen bei Emanirung des Gesetzes und darum nicht dem Geist des letzteren.

Die in der Denkschrift hervorgehobenen Unzuträglichkeiten (namentlich für Ostpreufsen) würden vermieden worden sein, wenn man s. Z. unserem Vorschlage gemäfs zur Errichtung einer Reichsversicherungsanstalt oder wenigstens zu einer Landesversicherungsanstalt für Preufsen übergegangen wäre. Auf dem Wege einer Organisationsänderung durch Zusammenfassung lebensfähiger Gruppen würde darum in Zukunft eine Abstellung etwa dauernd hervorgetretener Unzuträglichkeiten zu suchen sein.

II. Organisation der Versicherungsanstalten.

Die neuen Bestimmungen über die Beaufsichtigung der Versicherungsanstalten enthalten eine Häufung von Aufsichts- und Controlmafsregeln, für welche kein Bedürfnifs vorliegt, und welche als schädlich für die Thätigkeit der Versicherungsanstalten zu bezeichnen sind.

Die Erweiterung der Aufgaben und Befugnisse des Staatscommissars mufs zur Erschwerung und Verlangsamung des Geschäftsgangs führen und enthält den Keim zu fortgesetzten Reibungen und Zwistigkeiten zwischen Staatscommissar und Versicherungsanstalt.

Das neu eingeführte Genehmigungsrecht der Landescentralbehörde erscheint nicht nothwendig, da eine Aufsichtsinstanz (Reichs-Versicherungsamt) genügt. Jedenfalls aber geht dieses Genehmigungsrecht viel zu weit in das Detail der einzelnen Verwaltungs-Mafsregeln.

Die Erweiterung des Aufsichtsrechts des Reichs-Versicherungsamts, so dafs dasselbe jede Verwaltungshandlung aus Zweckmäfsigkeitsgründen beanstanden und anders anordnen kann, geht zu weit. Das Aufsichtsrecht sollte, wie im geltenden Gesetz der Fall, auf die Beobachtung von Gesetz und Statut beschränkt bleiben.

Die neuen Bestimmungen würden zu einer vollständig bureaukratischen Verwaltung führen. Die Selbstverwaltung würde im Widerspruch mit den Absichten des geltenden Gesetzes und den in anderen Verwaltungszweigen durchgeführten Bestrebungen vernichtet, ohne dafs in der Natur der in Frage stehenden Verwaltung und in der bisherigen Entwicklung der Versicherungsanstalten ein zwingender Grund dazu gegeben ist. Für ernste Männer aus dem praktischen Leben würde kein Platz mehr für die Mitwirkung in einer solchen Verwaltung sein, und die Beibehaltung von einzelnen Selbstverwaltungsformen in der ganzen Organisation würde keinen Werth mehr haben.

III. Einziehung der Beiträge.

Bezüglich der Beitragseinziehung ist anzuerkennen, dafs der Entwurf manche Verbesserungen bringt, und Unzuträglichkeiten, die sich bei dem Marken- und Kartensystem gezeigt haben, beseitigt. Ebenso stimmen wir der in der Begründung ausgesprochenen Ansicht zu, wonach das Markensystem nach Abstellung der bestehenden Mängel als die richtigste Art und Weise für die Beitragseinziehung zu betrachten und deshalb beizubehalten ist. Dagegen fragt es sich, ob es nothwendig und wünschenswerth ist, bei den Bestimmungen über die Einrichtung örtlicher Hebestellen, die (eventuelle) Einziehung der Krankenkassenbeiträge durch diese Hebestellen und die Entbindung von der Markenverwendung bei den Einzugstellen so, wie es in dem Entwurfe geschieht, von der Mitwirkung und Zustimmung der Versicherungsanstalten abzusehen.

IV. Erhöhung der Leistungen.

Mit einer Reihe der vorgeschlagenen Erhöhungen können wir uns einverstanden erklären. Jedoch geben die in dem Entwurf vorgesehenen Erhöhungen der Leistungen, soweit solche eine gröfsere Tragweite haben (Gleichstellung der Altersrenten mit den Invalidenrenten, Erhöhung des Steigerungssatzes in der ersten Lohnklasse von 2 auf 3 ₰, Einführung einer fünften Lohnklasse mit dem Steigerungssatz von 15 unter gleichzeitiger Herabsetzung des Steigerungssatzes der vierten Lohnklasse von 13 auf 12 ₰), zu gewichtigen Bedenken Anlafs, da dieselben auf die Dauer nicht ohne eine Steigerung der Beiträge durchzuführen sein werden. Für dieselben kann nicht auf die in der amtlichen Denkschrift berechneten Ueberschüsse gerechnet werden. Abgesehen davon, dafs diese Ueberschüsse mangels ausreichender Grundlagen für die Berechnung keineswegs als sicher betrachtet werden können, werden dieselben zur Deckung der künftigen Verpflichtungen erforderlich, da mit dem längeren Bestehen der einzelnen Versicherung die zu bewilligenden Renten erheblich steigen und überdies auch beträchtliche Mittel für die Rückzahlung von Beiträgen in Heiraths- und Todesfällen nöthig werden. Die Ausführungen der amtlichen Denkschrift über die dauernden Erfordernisse sind, wenn sie auch die Hoffnung ausspricht, dafs keine Erhöhung der Beiträge nothwendig sein werde, nur geeignet, die obige Annahme zu bestätigen.

B. Unfallversicherung.

Es wird dankbar anerkannt, dafs der Entwurf in einer ganzen Reihe von Paragraphen diejenigen Wünsche und Bedenken berücksichtigt hat, welche seitens der Industrie gegen die im Jahre 1894 der öffentlichen Besprechung unterbreiteten Novellen zur Unfallversicherung ausgesprochen worden sind. Insbesondere ist es erfreulich, dafs von einer Ausdehnung der genannten Versicherung auf das Handwerk, das Klein- und Handelsgewerbe abgesehen worden, und diese Frage als zu denjenigen auf dem Gebiete der Arbeiterversicherung gehörenden bezeichnet worden ist, hinsichtlich deren die Ansichten noch zu wenig geklärt sind, als dafs es rathsam sein könnte, schon jetzt eine Regelung zu versuchen.

Den bei weitem meisten Bestimmungen des Gesetzentwurfs ist beizutreten. Für durchaus verfehlt ist dagegen der Versuch zu erachten, die Competenz des Reichs-Versicherungsamts zu vermindern und an dessen Stelle die Landes-Centralbehörden u. s. w. zu setzen. Es liegen die allergewichtigsten Gründe vor, dem Reichs-Versicherungsamt als „der Centralstelle des Reichs für Arbeiterversicherung" eine möglichst grofse Selbständigkeit zu belassen. Mit aller Entschiedenheit wird deshalb auch der § 63 zurückgewiesen, nach welchem die Frage, ob und in welchem Grade eine Verminderung der Erwerbsfähigkeit eingetreten ist oder fortbesteht, oder ob die Berechnung des Jahresarbeitsverdienstes auf einer thatsächlichen Unrichtigkeit beruht, nicht zum Gegenstand des Recurses gemacht werden kann. Hierdurch wird die Competenz des Reichs-Versicherungsamts in einer Weise eingeschränkt, dafs an die Stelle einer einheitlichen Rechtsprechung durch dasselbe die Endurtheile von 400 Schiedsgerichten treten würden, woraus ganz unhaltbare Zustände entstehen müfsten.

Endlich bekämpfen wir alle diejenigen Bestimmungen, welche eine neue unberechtigte Belastung der Industrie in sich schliefsen, namentlich

§ 6a 1b Erhöhung der Kinderrenten auf 20 %,

§ 6b eventuelle Renten des Wittwers und der hinterbliebenen mutterlosen Kinder,

§ 6d Rentenansprüche elternloser Enkel.

Im einzelnen ist zu den Paragraphen Folgendes zu bemerken:*

§ 3 Abs. 1. Es empfiehlt sich die Beibehaltung der bisherigen Fassung, weil die untere Verwaltungsbehörde schwerlich im Stande sein dürfte, den durchschnittlichen Werth der sehr verschiedenen Naturalleistungen für die einzelnen Arbeiter festzustellen.

In der Bestimmung des § 5: „der Anspruch kann ganz oder theilweise abgelehnt werden, wenn der Verletzte bei Begehung eines Verbrechens oder vorsätzlichen Vergehens von dem Betriebsunfall betroffen worden ist", wird zwar ein Fortschritt erblickt; es wird aber zugleich dem Bedauern darüber Ausdruck gegeben, dafs grobe Fahrlässigkeit, Zuwiderhandeln gegen ausdrückliche Anweisung und offenbarer Leichtsinn nicht auch eine ganze oder theilweise Ablehnung des Rentenanspruchs herbeiführen können.

§ 5c. Die Bestimmung im letzten Absatz: „Die Landes-Centralbehörde kann die den Berufsgenossenschaften im § 76c des Krankenversicherungsgesetzes eingeräumte Befugnifs gegenüber solchen Knappschaftskassen, sonstigen Krankenkassen und Verbänden von Krankenkassen (§ 46 a. a. O.) aufser Kraft setzen, welche für die Heilung der durch Unfall verletzten Kassenmitglieder ausreichende Einrichtungen getroffen haben", ist zu streichen, da durch dieselbe die unter einem Aufwand von vielen Millionen Mark bereits errichteten Unfallkrankenhäuser der Berufsgenossenschaften in ihrer Existenz gefährdet erscheinen oder doch zum Nachtheil der Arbeiter gröfstentheils ihrem Zweck entzogen werden würden. Nicht minder würde auch das Recht der Berufsgenossenschaften, in das Heilverfahren des Verletzten einzugreifen, durch diese Bestimmung eine Durchbrechung erleiden.

§ 6a Abs. 1b. Die Worte: „oder wenn die Mutter erwerbsunfähig ist oder wird", sind zu streichen, da die Feststellung des Grades der Erwerbsunfähigkeit in den meisten Fällen mit grofsen Unzuträglichkeiten verbunden ist. Zudem würde eine solche Bestimmung ganz von selbst die Folge haben, dafs überall vorzeitige und nicht gerechtfertigte Ansprüche wegen Erwerbsunfähigkeit gemacht würden.

* Denjenigen Paragraphen, zu welchen nichts bemerkt ist, stimmen wir zu.

Auch dem § 6 b (Ausdehnung des Kreises der Rentenberechtigten auf den Wittwer und mutterlose Kinder) kann nicht zugestimmt werden, weil in diesen Bestimmungen eine unberechtigte Entlastung der Gemeinden hinsichtlich ihrer Unterstützungspflicht auf Kosten der Industrie erblickt werden mufs.

§ 6 d (Rentenbezug elternloser Enkel) ist abzulehnen, weil ein Bedürfnifs dafür nicht vorliegt.

§ 6 e ist mit Rücksicht auf die bei § 6 b und § 6 d gestellten Anträge zu streichen und an seiner Stelle die bisherige Fassung beizubehalten.

Im § 6 f sind die Worte: „für bestimmte Grenzgebiete, sowie" zu streichen, weil das Interesse der ausländischen Staaten an Gegenseitigkeitsverträgen weniger grofs sein würde, wenn die bezeichneten Worte stehen blieben.

Es wird für den Zusatz zu Abs. 2 des § 9 des Gesetzes die schon 1894 von uns vorgeschlagene nachfolgende Fassung beantragt: „Werden einzelne ihrer Natur nach dem Betriebe angehörenden Betriebshandlungen für Rechnung anderer Betriebsunternehmer verrichtet, so geht die mit diesen Betriebshandlungen verbundene Unfallgefahr auf diejenige Berufsgenossenschaft über, der die Unternehmer angehören, welche den Lohn für die vom Unfall betroffenen versicherten Personen zahlen."

§ 37 Abs. 5 mufs in der alten Fassung bestehen bleiben, weil es sonst vorkommen kann, dafs ein Betrieb, der nach Ansicht der unteren Verwaltungsbehörde nicht zu einer anderen Berufsgenossenschaft gehört, überhaupt nicht in das Kataster einer Berufsgenossenschaft aufgenommen wird.

In § 46, Abs. 2 ist an Stelle des Wortes „Reichskanzler" „Reichs-Versicherungsamt" zu setzen.

Im § 47 Abs. 4 müssen die beiden letzten Sätze heifsen: „Das Wahlverfahren wird durch ein Regulativ geregelt, welches das Reichs-Versicherungsamt erläfst. Ein Beauftragter des Reichs-Versicherungsamtes leitet auch das Wahlverfahren."

In § 50 Abs. 6 ist statt der Worte „die Landes-Centralbehörde" „das Reichs-Versicherungsamt" zu setzen.

§ 50 Abs. 7 soll lauten: „Dem Vorsitzenden und dessen Stellvertreter darf eine Vergütung von der Genossenschaft nicht gewährt werden, auch nicht für Abhaltung von Terminen aufserhalb des Schiedsgerichts."

In § 59 letzter Abs. müssen am Schlusse des zweiten Satzes die Worte „welche Berufsgenossenschaft entschädigungspflichtig ist" wie folgt umgewandelt werden: „welche Berufsgenossenschaft den Bescheid über den Entschädigungsanspruch zu erlassen hat."

§ 63 Abs. 2 ist zu streichen. Als einziger Grund für die neue Mafsregel führt die Denkschrift die Nothwendigkeit einer Entlastung des Reichs-Versicherungsamtes an. — Demgegenüber haben wir schon 1894 auf das bestimmteste erklärt, dafs dieser Grund keineswegs mafsgebend sein darf, dafs vielmehr durch die Vermehrung der Zahl der Räthe im Reichs-Versicherungsamt Unzuträglichkeiten der genannten Art thunlichst abgestellt werden können. Eine Beibehaltung der bisherigen Fassung empfiehlt sich nicht nur im Interesse der Berufsgenossenschaften, sondern vielmehr im Interesse der Arbeiter, welche in der Neuerung eine bedeutende Verschlechterung des Unfallversicherungsgesetzes erblicken.

Zu § 65 beziehen wir uns auf das, was wir in unseren Anträgen vom Jahre 1894 gesagt haben. Die Unfallversicherung bezweckt, wie jede Versicherung, nur den Ersatz eines thatsächlich entstandenen Schadens, nicht aber eine Bereicherung des Versicherten. Ferner empfinden es die Mitarbeiter des Verletzten als eine Ungerechtigkeit, wenn der Verletzte neben seiner oft beträchtlichen Rente ganz denselben oder einen höheren Lohn verdient, wie ein Unverletzter. Aufserdem wird die Unvorsichtigkeit der Arbeiter und die Simulation gefördert, wenn die Möglichkeit geboten wird, sich durch Verletzung in den gesammten Lebensverhältnissen zu verbessern.

Zu § 66 a ist als Ziffer 2 einzuschieben: „So lange der Berechtigte länger als zwei Monate zum Militärdienst eingezogen ist."

In § 67 Abs. 1 ist statt „zehn oder weniger Procent" „fünfzehn oder weniger Procent" zu setzen.

In Abs. 2 des § 67 sind die Worte „für bestimmte Grenzgebiete oder" zu streichen.

In § 76 sind an Stelle der Worte „die Landes-Centralbehörde" die Worte „das Reichs-Versicherungsamt" zu setzen.

In § 87 Abs. 3 sind die Worte „und zwar mindestens vier" zu streichen, da Werth darauf gelegt wird, dafs die vom Bundesrath zu wählenden nichtständigen Mitglieder des Reichs-Versicherungsamtes auch aus der Mitte des Bundesraths hervorgehen.

In den §§ 90, 92, 93 sind die sämmtlichen Neuerungen zu streichen und ist die alte Fassung wiederherzustellen. Es genügt nicht, dafs die Spruchkammern lediglich durch Wahl des Präsidenten gebildet werden, vielmehr ist eine erweiterte Spruchkammer nach den Grundsätzen erforderlich, wie sie bei der Bildung der übrigen Spruchkammern des Reichs-Versicherungsamts mafsgebend sind.

In § 93 d ist statt der Worte „durch die Landes-Centralbehörde" zu setzen „durch das Reichs-Versicherungsamt".

Ebenso ist in § 106 an Stelle der drei letzten Zeilen „soweit besondere u. s. w." zu setzen: „die Beschwerde an das Reichs-Versicherungsamt zu".

Bericht über in- und ausländische Patente.

Patentanmeldungen,

welche von dem angegebenen Tage an während zweier Monate zur Einsichtnahme für Jedermann im Kaiserlichen Patentamt in Berlin ausliegen.

25. Januar 1897. Kl. 18, L 10797. Befestigung der Mulde am Schwengel von Beschickungsvorrichtungen. Actiengesellschaft „Lauchhammer“, vereinigte vormals Gräfl. Einsiedelsche Werke, Lauchhammer.

Kl. 24, B 19538. Füllstein für Winderhitzer; Zusatz zum Patent 87728. C. A. Brackelsberg, Steele.

Kl. 24, P 8243. Steinerner Winderhitzer. Jules Puissant d'Agimont, Malstatt-Burbach a. d. Saar.

Kl. 31, B 19779. Formmaschine mit rotirendem Tisch. Orrin Bryant, Buffalo, Grfsch. Erie, Staat New York, V. St. A.

Kl. 31, F 9443. Feststellvorrichtung für Kernstützen. Franz Fickweiler, Weifsenfels a. S.

Kl. 31, P 8483. Giefspfanne. Franz Pacher, Dortmund.

28. Januar 1897. Kl. 10, M 13274. Verfahren zum Brikettiren von Sägespänen und dergl. Robert Meyer, Breslau.

Kl. 18, H 17666. Verfahren zum Zähemachen von Manganstahlgüssen. R. A. Hadfield, Sheffield.

Kl. 24, A 4793. Ueberhitzer für Gase und Dämpfe. Desider Adorján, Budapest.

1. Februar 1897. Kl. 1, H 17984. Verfahren zur Verarbeitung von Kohlenschlamm. Carl Haarmann, Friedrichsthal bei Saarbrücken.

Kl. 7, H 16993. Führungsrohr für (Draht-) Walzwerke. Isaac Hayward, Warrington, Grfsch. Lancaster.

Kl. 24, D 7446. Feuerungsanlage. August Dauber, Bochum.

Kl. 24, K 13986. Retorteneinbau, insbesondere für Gasöfen. August Klönne, Dortmund.

Kl. 49, S 9560. Verfahren zur Herstellung von Rohrverbindungsstücken mit Flantschen aus einem Stück. H. Spatz, Essen a. d. Ruhr.

4. Februar 1897. Kl. 1, P 7730. Scheidecentrifuge für ungleich schwere feste Stoffe mit innerem Drehkörper im drehbaren Scheideraum. Orrin Burton Peck, Chicago, V. St. A.

Kl. 10, A 4701. Liegender Koksofen. Actiengesellschaft für Kohlendestillation, Bulmke bei Gelsenkirchen.

Kl. 31, R 10691. Formmaschine. Carl Reuther, in Firma Hopp & Reuther. Mannheim.

Kl. 81, C 6390. Verschlufs für abnehmbare Deckel. Consolidirte Redenhütte, Zabrze, O.-Schl.

8. Februar 1897. Kl. 7, M 13051. Walzen zum Ziehen von Draht. Justin Joseph Mouton, Paris.

Kl. 18, St 4714. Verfahren zur Kohlung von Flufseisen. Karl Stobrawa, Gleiwitz, O.-Schl.

Kl. 49, J 4115. Fallhammer mit veränderlicher Fallkraft. Jakob Jindrich, Sebastian Jindrich und Johann Jindrich, Wolnzach, Bayern.

Gebrauchsmuster-Eintragungen.

25. Januar 1897. Kl. 40, Nr. 68388. Mit mechanischen Hindernissen zur stetigen Erneuerung der Oberfläche flüssiger Kathodenmasse versehener Boden für elektrolytische Zersetzungsgefäfse. Dr. Karl Kellner, Wien.

Kl. 49, Nr. 68424. Dem Esseisen direct angeschlossener Ventilator mit Handbetrieb und Riemenübertragung. Rudolf Auerbach & Scheibe, Saalfeld a. S.

1. Februar 1897. Kl. 1, Nr. 68658. Durchwurf für Kies, Sand, Kohlen u. s. w. mit zwei übereinanderliegenden und zu einander verstellbaren Sieben. Carl Peschke, Zweibrücken.

Kl. 5, Nr. 68505. Eisenstange mit Zinkrohr-Umkleidung und mit Kupferkopf (mit seitlicher Rille für die Zündschnur) als Stampfer zum Besetzen von Bohrlöchern mit Sprengmaterial. Grillo & Fecht, Oberhausen, Rheinland.

Kl. 19, Nr. 68669. Träger für zweigeleisige Schwebebahnen, mit durch je ein Horizontalfachwerk versteiften Gurten. Maschinenbau-Actiengesellschaft Nürnberg, Nürnberg.

Kl. 24, Nr. 68638. Feuerungsanlage zur Verbrennung von Hochofengasen in Dampfkesseln mit an den Hochofenfuchs angeschlossenem Einführungsbrenner, regelbarer Luftzuleitungsdüse und Reinigungskammer. Babcock & Wilcox Ltd., Berlin.

Kl. 31, Nr. 68681. Formmaschine mit in starr mit einer Grundplatte verbundenen Büchsen geführter Wendeplatte zum Ausheben der Modelle. Karl Kayser, Düsseldorf.

Kl. 49, Nr. 68666. Lösbare Verbindung zwischen oberem Prefstisch und Hebeplungern an hydraulischen Pressen durch mehrtheilige Büchsen und Schellen. Duisburger Maschinenbau-Actiengesellschaft, vormals Bechem & Keetman, Duisburg.

Kl. 49, Nr. 68667. Concentrische Anordnung mehrerer, in Zapfen drehbarer Druckcylinder am oberen Prefstisch von hydraulischen Pressen. Duisburger Maschinenbau-Actiengesellschaft, vormals Bechem & Keetman, Duisburg.

Kl. 49, Nr. 68758. Schweifsfertig vorbereitetes Kettenglied mit verzahnten Schweifsflächen. Carl Schlieper, Grüne bei Iserlohn.

Kl. 49, Nr. 68791. Maschine zum Biegen aller Profile, mit durch verticale Spindel verstellbarem Schlitten und zwei gezahnten verstellbaren Druckwalzenlagern auf der ebenfalls gezahnten Schlittenoberfläche. Robert Auerbach, Saalfeld a. S.

8. Februar 1897. Kl. 5, Nr. 68866. Ein- oder zweitheilige Seilmuffe für mechanische Streckenförderung, deren innere konische Form mit Schraubengängen versehen ist. Joseph Ulbrich, Zaborze C.

Kl. 19, Nr. 69075. Kleinbahngeleise auf ländlichen Strafsen aus auf die Grabenböschung gesetzten Mauerwerkspfeilern und Längsträgern mit auswechselbaren Schienenköpfen. Th. Kirschstein, Pillkallen.

Kl. 31, Nr. 69016. Zahnräderformmaschine mit Kugel- oder Rollenlagerung. Peter Valerius, Düsseldorf.

Deutsche Reichspatente.

Kl. 48, Nr. 89780, vom 24. Mai 1896. The Electro-Metallurgical Company, Limited in London. *Kathode.*

Die Kathode besteht aus einem spiralförmig zusammengerollten Blech, welches, nachdem es den Metallniederschlag aufgenommen hat, enger zusammengerollt wird, wobei der Niederschlag sich löst. Hiernach federt das Blech wieder in seine ursprüngliche Form.

Kl. 31, Nr. 89458, vom 5. April 1896. Richard Skowronek in Breslau. *Schmelztiegel mit zwei Schmelzzellen.*

Der zur Herstellung von Phosphor-Kupfer oder -Zinn dienende, aus einem einzigen Stück bestehende Tiegel besitzt eine Scheidewand *a* mit kleiner Oeffnung *b* und wird in der Weise benutzt, dafs in den oberen Raum das Kupfer, Zinn oder dergl. gelegt und dieses geschmolzen wird, wobei dasselbe durch *b* in den unteren Theil fliefst. Man läfst dann das Ganze erkalten und bringt hiernach den Phosphor durch die Oeffnung *b* in den unteren Raum, schliefst *b* durch einen Lehmpfropfen und erhitzt den Tiegel wieder bis zum Schmelzen, wobei der Phosphor mit dem Metall sich verbindet.

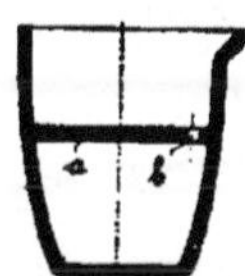

Kl. 1, Nr. 89446, vom 10. September 1895. Ph. Bunau-Varilla in Paris. *Wasch- und Scheideapparat für Erz, Kohle und dergl.*

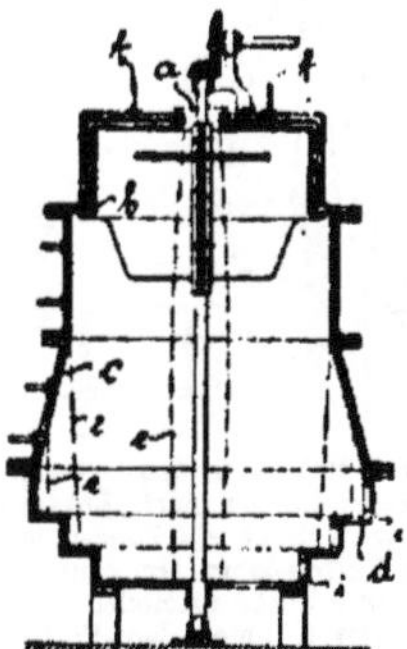

Das Gemisch von Erz, Kohle oder dergl. mit Wasser wird bei a in den Apparat eingeleitet und von der sich drehenden Trommel *b* in Umdrehung gesetzt. Hierbei trennen sich bei gefülltem Apparat die verschiedenen Bestandtheile des Erzes oder der Kohle entsprechend ihrem specifischen Gewicht an der Wandung des sich nach unten erweiternden Cylinders c infolge der Fliehkraft, so dafs sie in nahezu concentrischen Schichten *e* sich ablagern und an den Oeffnungen *i* der Absätze *d* abgeführt werden können. Die Röhren *f* dienen zum Zuführen von Waschwasser.

Kl. 31, Nr. 89684, vom 20. December 1895. Joseph Wierich in Düsseldorf. *Zahnräder-Formmaschine.*

Die Theilscheibe *a* ist auf der Säule *b* befestigt, während um diese der Halter c der Zahnmodelle *d*

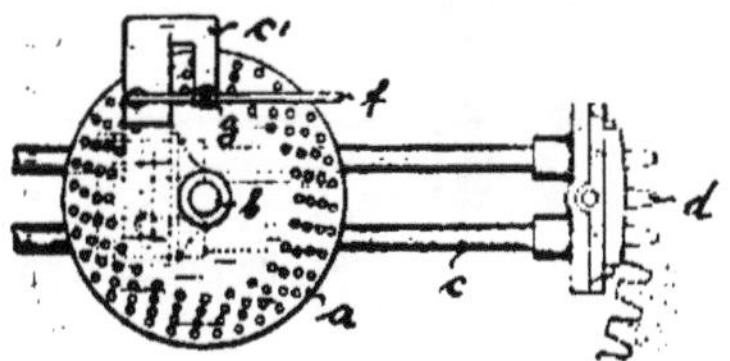

sich drehen kann. Mit diesem Halter *c* ist ein Arm *c'* starr verbunden, in welchem vermittelst des Hebels *f* ein Stift *g* verschoben werden kann, um in die Löcher der verschiedenen Theilkreise eingeschoben zu werden.

Kl. 10, Nr. 89775, vom 7. Februar 1896. Firma Franz Brunck in Dortmund. *Liegender Koksofen.*

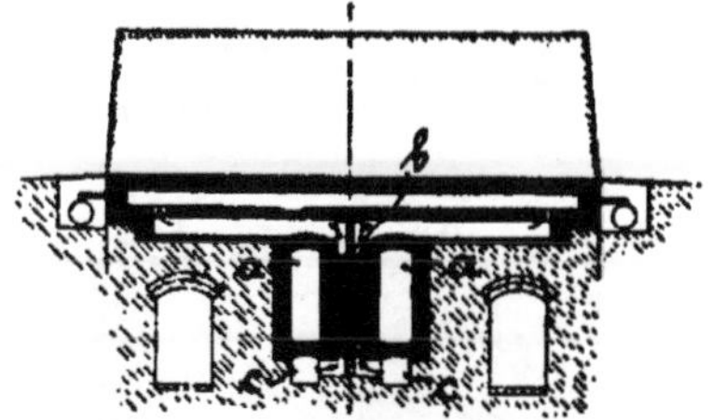

Zwischen den beiden Füchsen *a* des Ofens ist ein Gitterwerk *b* angeordnet, durch welches die aus den Kanälen *c* kommende Kaltluft nach oben streicht, um erhitzt in die Verbrennungskanäle zu gelangen.

Kl. 10, Nr. 89774, vom 8. December 1895. J. de Brouwer in Brügge. *Einrichtung zum Löschen der Koks beim Austreten aus den Retorten.*

Beim Austreten aus den Retorten fällt der Koks in eine zuerst wagerecht und dann geneigt nach oben verlaufende Rinne *a*, in welcher sich eine Mitnehmerkette *b* nach aufwärts bewegt, wobei Wasser auf den Koks läuft. Die Kette *b* nimmt den Koks mit, führt ihn über das Sieb c und dann bis zum Ende der Rinne, von wo er in die untergestellten Wagen fällt.

Kl. 20, Nr. 89826, vom 2. April 1896. Heinrich Altena in Court, Kreis Dortmund. *Seilklemmen für Streckenförderungen.*

Die beiden Klemmen *a b* sitzen auf cylindrischen nach oben convergirenden Zapfen und haben eine nach oben wachsende Excentricität, so dafs das von

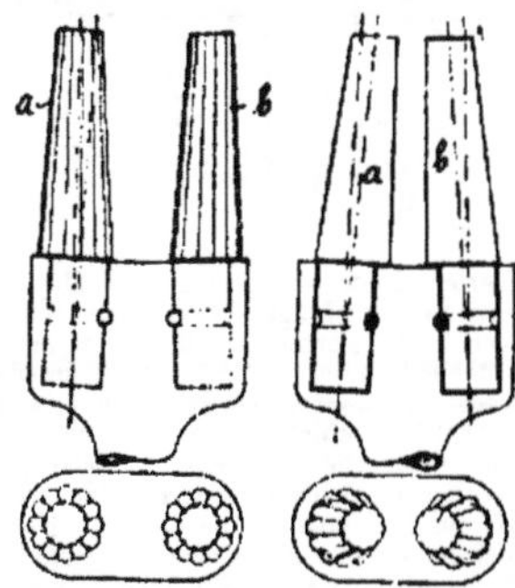

oben zwischen die Klemmen *a b* sich legende und nach irgend einer Richtung sich bewegende Seil diese dreht und dadurch sich festklemmt. Umgekehrt findet eine Lösung der Klemmen statt, wenn — bei Gefällen — der Wagen schneller sich bewegt als das Seil.

Patente der Ver. Staaten Amerikas.

Nr. 567414. W. Rotthoff und M. A. Neeland in Duquesne, Pa. *Gasfang für Schachtöfen.*

Um eine Ablagerung des Gichtstaubes im Gasfang zu verhindern, gehen die Röhren *a* aus dem

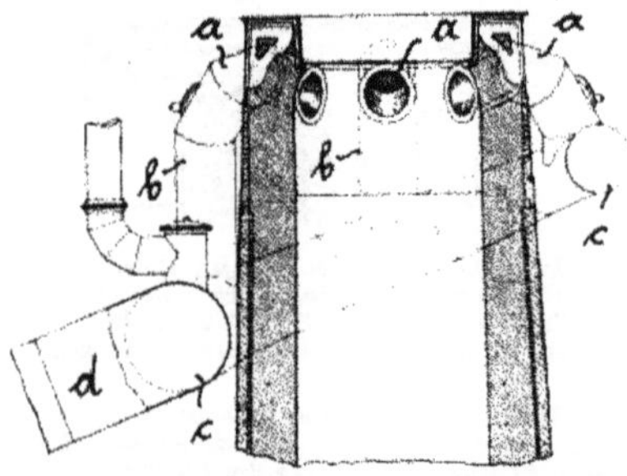

Schacht durch das Mauerwerk schräg nach oben und dann in einem Knick nach unten, um vermittelst eines senkrechten Stutzens *b* in das Ringrohr *c* zu münden. Letzteres liegt schräg und erweitert sich nach dem Sammelrohr d hin, welches die Gase den Reinigungsapparaten zuführt.

Nr. 553458. J. Gayley in Braddock und P. D. Mackey in Wilkinsburg, Pa. *Giefsanlage für Flufseisen.*

Der um seine Säule *a* drehbare Krahn *b* trägt eine Giefspfanne *c*, welche unter die Birnen oder die Flammöfen derart gestellt werden kann, dafs deren Inhalt in die Pfanne c sich entleert. Der Krahn *b* mit der Pfanne *c* wird dann so eingestellt, dafs letztere auf die Träger *d* geschoben werden kann, wozu ein auf den Trägern *d* oder dem Krahn *b* angeordneter

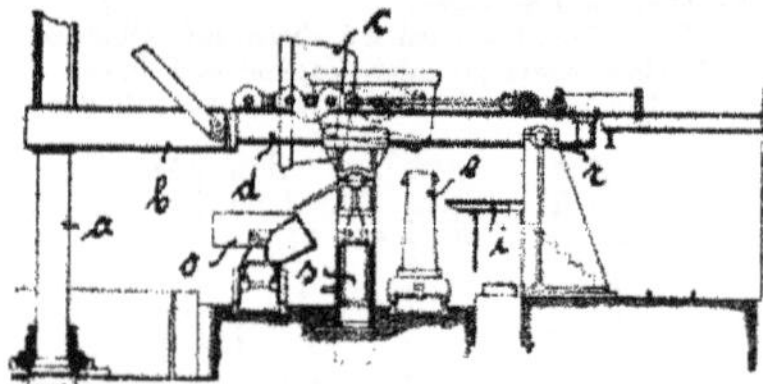

hydraulischer Motor vorgesehen ist. Die Pfanne c wird dann auf den Trägern *d* so eingestellt, dafs ihr Inhalt sich in die Formen *e* entleeren kann, die, auf Wagen stehend, unter der Pfanne in gerader Linie vorbeigeschoben werden können. Die Handhabung des Giefsventils geschieht hierbei von der Plattform *i* aus. Auf einem die Formen e tragenden parallelen Geleise laufen die Schlackenwagen *o*, in welche die Pfanne c durch Kippen entleert wird. Hierbei und beim Giefsen können die Träger *d* vermittelst des hydraulischen Motors *s* um die Achse *r* gehoben und gesenkt werden.

Nr. 549809. G. Mesta in Pittsburg, Pa. *Beiz- und Waschvorrichtung für Schwarzbleche.*

Die Beiz- und Waschbottiche sind in bekannter Weise rings um den Cylinder *a* angeordnet, dessen Kolben *b* durch Hydraulik sich auf und ab bewegt und hierbei auch die mit Blechen gefüllten Körbe in den Beiz- und Waschbottichen auf und ab bewegt. Ist der Procefs beendet, so läfst man den Kolben *b* seinen vollen Hub nach oben machen, so dafs die Körbe aus den Bottichen heraustreten. Infolgedessen tritt aus dem Cylinder *a* durch Rohr *c* Druckwasser über den Kolben *d*, der das unter ihm befindliche Wasser

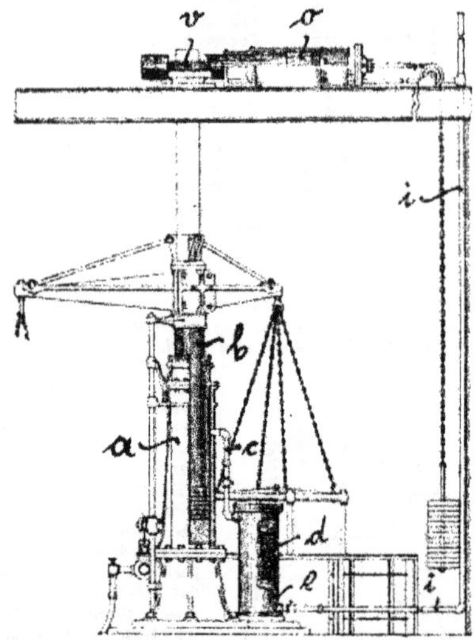

aus dem Cylinder *e* durch Rohr *i* in den Cylinder *o* prefst und dadurch dessen Kolben nach links verschiebt. Infolgedessen wird durch ein Zahnstangengetriebe *v*, welches die Kolbenstange von *b* umfafst, *b* gedreht, so dafs sich die Körbe umstellen. Läfst man dann die Druckflüssigkeit unter dem Kolben *b* entweichen, so senkt sich derselbe mit den Körben, wonach der Vorgang sich wiederholt.

Nr. 548146. E. Uehling in Birmingham, Ala. *Giefsen der Masseln von Hochöfen.*

Die gufseisernen Masselformen bilden die Glieder einer endlosen Kette *a*, die sich um die Räder ce in der Pfeilrichtung ununterbrochen bewegt. In diese Formen wird das Roheisen, nachdem es in die

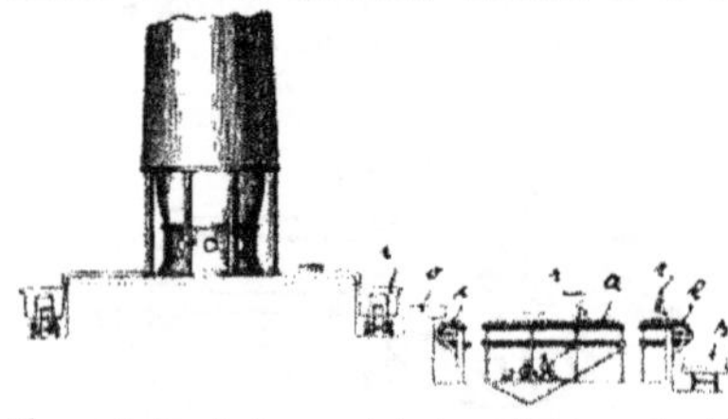

Pfanne *i* abgestochen und dort gemischt worden ist, durch Rinne *o* ausgegossen, wonach die Masseln durch Wasserbrausen *r* abgekühlt werden und am Ende der Kette in Wagen *s* fallen. Auf der unteren Seite des Kettenstranges werden die leeren Formen mit Lehmbrei bespritzt, um ein Anhaften der Masseln an die Formen zu verhindern.

Statistisches.

Roheisenerzeugung der deutschen Hochofenwerke (einschl. Luxemburg) in 1896.*

(Nach der Statistik des „Vereins deutscher Eisen- und Stahlindustrieller".)
Tonnen zu 1000 Kilo.

	Puddel-Roheisen und Spiegeleisen	Bessemer-Roheisen	Thomas-Roheisen	Giefserei-Roheisen	Summa Roheisen in 1896	Summa Roheisen in 1895
Januar	138 278	31 345	254 324	73 534	497 481	489 575
Februar	130 811	35 276	251 921	63 242	481 250	434 704
März	152 675	46 013	271 385	64 677	534 750	481 144
April	143 825	44 259	257 113	77 804	523 001	470 420
Mai	144 474	45 123	268 953	85 642	544 192	489 629
Juni	138 699	44 364	263 425	68 643	515 131	469 892
Juli	149 096	46 803	270 226	73 651	539 776	472 003
August	135 903	46 166	280 784	76 587	539 440	490 985
September	136 779	40 079	274 858	82 457	534 173	478 955
October	136 433	47 180	288 735	82 054	554 402	511 264
November	133 927	46 102	287 646	76 992	544 667	489 822
December	148 300	42 642	283 395	78 382	552 719	510 405
Summa in 1896	1 689 200 = 26,6 %	515 352 = 8,1 %	3 252 765 = 51,1 %	903 665 = 14,2 %	6 360 982	5 788 798
(1895	26,3 %	7,7 %	50,1 %	15,9 %		

Vertheilung auf die einzelnen Gruppen.

	Nord-westliche Gruppe	Oestliche Gruppe	Mittel-deutsche Gruppe	Nord-deutsche Gruppe	Süd-deutsche Gruppe	Südwest-deutsche Gruppe	Deutsches Reich
Gesammt-Erzeugung	3 278 795	613 211	—	275 502	818 650	1 374 824	6 360 982
Puddel- und Spiegeleisen	51,4	20,8	0,0	0,4	9.6	17,8	= 100,0 %
Giefsereieisen	48,4	5,8	0,0	5,9	28,2	11,7	= 100,0 „
Bessemereisen	82,0	6,0	0,0	8,9	3,1	0,0	= 100,0 „
Thomaseisen	47,6	5,5	0,0	5,2	11,9	29,8	= 100,0 „
Gesammte Roheisenerzeugung	51,6	9,6	0,0	4,3	12,9	21,6	= 100,0 „

Nach amtlicher Statistik (für 1896 noch unbekannt) wurden erzeugt:

	Puddeleisen	Bessemer- und Thomas-Roheisen	Giefserei-Roheisen	Bruch- und Wascheisen	Roheisen Summa
In 1895 . . . t	1 193 992	3 373 223	887 509	9 777	5 464 501
„ 1894 . . . t	1 334 559	3 160 848	874 624	10 007	5 380 038
„ 1893 . . . t	1 370 298	2 831 635	774 434	9 635	4 986 003
„ 1892 . . . t	1 491 596	2 689 910	746 207	9 748	4 937 461
„ 1891 . . . t	1 553 835	2 337 199	739 948	10 235	4 641 217
„ 1890 . . . t	1 862 895	2 135 799	651 820	7 937	4 658 451
„ 1889 . . . t	1 905 311	1 965 395	640 188	13 664	4 524 558
„ 1888 . . . t	1 898 425	1 794 806	628 293	15 897	4 337 421
„ 1887 . . . t	1 756 067	1 732 484	520 524	14 878	4 023 953
„ 1886 . . . t	1 590 792	1 494 419	429 891	13 556	3 528 658
„ 1885 . . . t	1 885 793	1 300 179	486 816	14 645	3 687 433
„ 1884 . . . t	1 960 438	1 210 353	414 528	15 293	3 600 612
„ 1883 . . . t	2 002 195	1 072 357	379 643	15 524	3 469 719
„ 1882 . . . t	1 901 541	1 153 083	309 346	16 835	3 380 806
„ 1881 . . . t	1 728 952	886 750	281 613	16 694	2 914 009
„ 1880 . . . t	1 732 750	731 538	248 302	16 447	2 729 038
„ 1879 . . . t	1 592 814	461 253	161 696	10 824	2 226 587
„ 1878 . . . t	1 548 589	447 712	111 734	10 956	2 147 641

* Ohne Holzkohlen — Bruch- und Wascheisen.

Handelsstatistik Grofsbritanniens für das Jahr 1896.*

Von **M. Busemann.**

Die Engländer sind mit dem Abschlufs ihres auswärtigen Handels im verflossenen Jahre zufriedener als in den unmittelbar voraufgegangenen Jahren.

Die Gesammteinfuhr stellt einen Werth dar von 441 807 000 Pfund Sterling gegen 417 Mill. Pfund im Jahre 1895, 409 Mill. Pfund in 1894, 405 Mill. Pfund in 1893, 424 Mill. Pfund in 1892, 421 Mill. Pfund in 1890. Speciell gegen das Jahr 1895 beträgt also die Zunahme 25 Mill. Pfund oder gerade 6 %. Die Zunahme vertheilt sich im grofsen und ganzen auf alle Zweige des Einfuhrhandels; hervorragend betheiligt ist die Einfuhr von Eisenerz und die von Eisenfabricaten. Von ersterem wurden 5 417 476 tons im Werthe von 3 761 722 Pfd. eingeführt, das sind an Gewicht 21,7 % und an Werth 26,3 % mehr als 1895. Den gesammten Mehrbedarf hat Bilbao geliefert. Der Import von Eisenfabricaten erreichte einen Werth von 4 574 588 Pfd., um 1 276 233 Pfd. mehr als im Jahre zuvor. Hervorgehoben zu werden verdient noch die Mehreinfuhr von Zink, an welchem der Bedarf mit 76 663 tons um 7,7 % (im Werthe von 1 245 000 Pfd., 33,3 %) über das Vorjahr hinausging. Dagegen ist die Einfuhr von Zinn, 767 495 engl. Centner, um 7,7 %, also um ebensoviel zurückgegangen.

Die Gesammtausfuhr britischer Erzeugnisse belief sich auf 239 922 000 Pfd. Werth, gegen 226 Mill. Pfund im Vorjahre, 216 Mill. Pfd. in 1894, 218 Mill. Pfd. in 1893, 227 Mill. Pfd. in 1892, 264 Mill. Pfd. in 1890. Die Zunahme beträgt gegen das Jahr 1895 also 6,2 %. Trotzdem ist der Werth der Ausfuhr des Jahres 1890 noch nicht wieder erreicht; zum Theil hat das seinen Grund darin, dafs die Preise im grofsen Durchschnitt auch in diesem Jahre noch niedriger waren als vor 6 Jahren. Bei einzelnen Waarengattungen ist auch im Vergleich zum Jahre 1895 im Berichtsjahre die Exportmenge zwar gröfser gewesen, der Werth aber niedriger. Das trifft namentlich auf den Kohlenexport zu, der an Menge 34 262 077 tons betrug, das sind 3,5 % mehr als 1895, während der Werth mit 15 160 577 Pfd. um 1,8 % hinter dem Vorjahre zurückgeblieben ist. Man hofft für das neue Jahr auf bessere Preise. Die Zunahme des Exports in Kurzwaaren und Messern beträgt 14,3 %, in Maschinen 12,5 % und in Eisen und Stahl und Fabricaten daraus 21 %. Einen wesentlichen Antheil an der Zunahme hat die Ausdehnung der Eisenbahnnetze in Indien, Südafrika, Argentinien, Australien, Japan; stieg doch die Ausfuhr von eisernem Eisenbahnmaterial, abgesehen von Locomotiven und Wagen, von 1 897 000 Pfd. auf 3 566 000 Pfd., also annähernd um das Doppelte.

Einen erheblichen Rückgang des Exports finden wir nur bei Weifsblechen, von 4 239 000 Pfd. an Werth auf 3 036 000 Pfd., veranlafst durch die gesteigerte Production und infolgedessen vermindertes Importbedürfnifs der Vereinigten Staaten. Die Zunahme in der Ausfuhr von Maschinen beträgt ihrem Werthe nach nicht weniger als 2 Mill. Pfd. Den Hauptantheil an dieser Steigerung haben vermehrte Nachfragen nach Locomotiven in Südamerika und Britisch-Südafrika, nach Dampfmaschinen zu industriellen Zwecken in Rufsland, nach Bergwerksmaschinen in Südafrika, nach Textilmaschinen in Britisch-Ostindien. Landwirthschaftliche Maschinen, sowohl die mit als ohne Dampfbetrieb, zeigen dagegen eine Abnahme des Exports.

Weitere Einzelheiten sind aus der nachstehenden Uebersicht zu entnehmen:

* Vergl. Seite 132 des vorigen Jahrgangs.

In Werthen von je 1000 £	1892	1895	1896
Einfuhr:			
Eisenerz	2 717	2 978	3 762
Davon aus Spanien	2 364	2 431	3 105
Winkel-, Stangen-, Riegel- u. s. w. Eisen	692	550	570
Rohstahl	62	95	158
Träger und Pfeilereisen	503	436	467
Radreifen und Achsen	—	22	35
Andere Eisenwaaren	2 532	2 841	4 078
Ausfuhr:			
Roheisen	1 975	2 077	2 536
Davon nach Deutschland	388	441	676
„ „ Rufsland	194	257	160
„ „ Italien	177	219	228
„ „ V. St. v. Amerika	228	243	164
„ „ Brit. N.-Amerika	79	33	28
Winkel-, Stab-, Riegeleisen	1 148	854	1 104
Davon nach Deutschland	18	16	20
„ „ Rufsland	13	14	18
„ „ Japan	39	31	57
„ „ Ostindien	220	136	158
„ „ Australien	202	146	237
Schienen	1 662	1 433	2 598
Schwellen	281	171	387
Anderes Eisenbahnmaterial	304	293	581
Von allem Eisenbahnmaterial nach Deutschland	35	4	2
„ Schweden u. Norwegen	222	65	156
nach Japan	7	117	235
„ China	47	1	59
„ Mexiko	115	40	91
„ Chile	40	77	61
„ Argentinien	68	122	427
„ Brit. Südafrika	138	55	275
„ „ Ostindien	629	574	1 139
„ Australien	139	156	325
„ Brit. Nordamerika	374	144	174
Draht und Drahtwaaren, ausgenommen Telegraphendrähte	794	711	904
Davon nach Australien	256	173	302
Bandeisen, Feinbleche, Kessel- und Panzerplatten	1 264	765	847
Davon nach Deutschland	22	8	7
„ „ Rufsland	91	68	31
„ „ V. St. v. Amerika	178	27	47
„ „ Australien	123	94	107
Verzinkte Bleche	2 077	2 251	2 845
Davon nach Chile	146	107	89
„ „ Brit. Ostindien	341	385	465
„ „ Australien	564	518	815
„ „ Brit. Südafrika	210	352	326
Weifsbleche	5 330	4 239	3 036
Davon nach Deutschland	55	60	167
„ „ Frankreich	136	162	142
„ „ V. St. v. Amerika	3 702	2 578	1 280
„ „ Brit. N.-Amerika	226	180	184
Gufs- u. Schmiedeisenwaaren	4 362	3 728	4 724

In Werthen von je 1000 £	1892	1895	1896
Davon nach Deutschland . .	120	101	145
„ „ Rufsland . . .	41	74	87
„ „ Brasilien . . .	338	272	294
„ „ Australien . . .	816	507	755
„ „ Brit. Ostindien .	690	652	762
„ „ Brit. Südafrika .	410	449	638
Alleisen	328	253	339
Davon nach Italien	80	106	132
„ „ China	94	75	117
„ „ V. St. v. Amerika	54	12	4
„ „ Brit. N.-Amerika	80	24	16
Rohstahl	1 741	1 949	2 510
Davon nach Rufsland . . .	160	189	287
„ „ Deutschland . .	229	360	483
„ „ V. St. v. Amerika	354	331	275
„ „ Australien . . .	121	99	158
Waaren aus Stahl oder aus Stahl und Eisen zugleich . .	501	961	1 403
	21 767	19 685	23 814
Kurzwaaren und Messer . . .	2 195	1 857	2 121
Davon nach Deutschland . .	116	106	125
„ „ Frankreich . .	110	59	71
„ „ V. St. v. Amerika	253	191	164
„ „ Brasilien . . .	133	128	117
„ „ Brit. Südafrika .	154	156	202
„ „ Brit. Ostindien .	214	183	209
„ „ Australien . . .	360	266	371
Werkzeug und Geräthe und Theile davon	1 262	1 240	1 414
Messer und Geräthe zusammen	3 457	3 097	3 535
Locomotiven	984	798	1 077
Davon nach Deutschland . .	9	3	2
„ „ Rufsland . . .	12	11	9
„ „ Südamerika . .	183	179	262
„ „ Brit. Südafrika .	97	4	119
„ „ Brit. Ostindien .	160	305	187
Landwirthschaftl. Maschinen .	789	647	545
Davon nach europ. Ländern .	502	400	382
„ „ Südamerika . .	155	144	69
„ „ Australien . . .	62	8	14
Andere Dampfmaschinen . . .	1 445	1 338	1 670
Davon nach Rufsland . . .	186	120	227
„ „ Südamerika . .	235	147	150
„ „ Brit. Ostindien .	196	286	297
„ „ Deutschland . .	72	65	92
Dampfmaschinen im ganzen .	3 218	2 783	3 292
Landwirthschaftl. Maschinen ohne Dampfbetrieb	817	797	662
Davon nach europ. Ländern .	551	535	462
„ „ Südamerika . .	137	131	75
„ „ Australien . . .	58	26	45
Nähmaschinen	818	914	959
Davon nach europ. Ländern .	731	778	825
Bergwerksmaschinen	—	717	1 064
Davon nach europ. Ländern .	—	25	31
„ „ Südafrika . . .	—	488	589
„ „ Südamerika . .	—	29	46
Textilmaschinen	—	6 152	6 754
Davon nach europ. Ländern .	—	3 924	3 956
„ „ V. St. v. Amerika	—	478	477
„ „ Südamerika . .	—	266	179
„ „ Brit. Ostindien .	—	826	1 246
Andere Maschinen ohne Dampfbetrieb	9 035	3 788	4 305
Davon nach europ. Ländern .	4 375	1 645	1 850
„ „ V. St. v. Amerika	757	83	40
„ „ Südamerika . .	683	381	376
„ „ Brit. Ostindien .	1 541	584	609
Maschinen ohne Dampfbetrieb im ganzen	10 670	12 368	13 745
Maschinen überh. im ganzen .	13 887	15 151	17 037
Gesammtwerth der Eisen- und Eisenwaaren-Ausfuhr	39 111	37 933	44 386

Berichte über Versammlungen aus Fachvereinen.

Centralverband deutscher Industrieller.

Am 3. und 4. Februar ds. Js. tagte zu Berlin unter dem Vorsitz des Reichsrath Hrn. Hassler-Augsburg die Delegirtenversammlung des Centralverbands deutscher Industrieller, die aufserordentlich zahlreich besucht war und an der seitens der Reichs- und Staatsbehörden u. a. der Staatssecretär Hr. v. Bötticher, der Präsident des Reichsversicherungsamts Hr. Bödiker und eine gröfsere Anzahl von Räthen des Reichsversicherungsamts sowie des Reichsamts des Innern theilnahmen.

In Erledigung der Tagesordnung erstattete zunächst der Geschäftsführer Hr. Landtagsabgeordneter Bueck den Jahresbericht.

Nachdem er der vielfachen Thätigkeit des Centralverbandes im einzelnen gedacht, legte er bezüglich unserer Handelsverträge und der Handelsvertragspolitik im allgemeinen dar, dafs wir uns seit einiger Zeit unverkennbar in einer aufsteigenden wirthschaftlichen Bewegung befinden, die sich durchaus nicht auf einzelne Industrien oder die industrielle Thätigkeit im allgemeinen beschränkt. Redner führt zum Beweise dafür die Zunahme der Eisenbahnüberschüsse und das Wachsen der Einkommensteuer an. Die ersteren, welche im laufenden Haushaltsjahr auf 400 Millionen Mark veranschlagt waren, sind für das nächste Jahr um 36 Millionen Mark mehr angenommen. Die Bruttoeinnahmen der preufsischen Staatsbahnen sind für das nächste Jahr um rund 89 Millionen höher veranschlagt und zwar, was doch auch auf eine allgemeine Besserung der Verhältnisse schliefsen läfst, mit 25 384 000 *M* Mehreinnahme im Personen- und 55 505 000 *M* Mehreinnahme im Güterverkehr. Die Einkommensteuer ist um 3 Millionen Mark höher geschätzt, was einem Mehreinkommen von 100 Millionen Mark entspricht. Trotz dieses ersichtlichen Aufschwungs wird von grofsen Gruppen Gewerbetreibender behauptet, dafs sie sich in entschiedener Nothlage befinden. Dafs die Landwirthschaft thatsächlich mit grofsen Schwierigkeiten zu kämpfen hat, ist nicht zu leugnen. Es hat dies in den gewaltigen Umwälzungen unseres Wirthschaftslebens, namentlich auch auf dem Gebiete des Verkehrswesens, seinen Grund. Die Industrie begrüfst und unterstützt deshalb freudig jede

Maſsnahme der Reichs- und Staatsregierung, die geeignet erscheint, die Lage der Landwirthschaft zu bessern, soweit solche Maſsnahmen vereinbar sind mit der Rücksicht auf das Gesammtwohl. Nach dieser Richtung hin ist zu unterscheiden zwischen der sachgemäſsen Vertretung berechtigter landwirthschaftlicher Interessen und der maſslosen Uebertreibung und demagogischen Verhetzung, die sich in Feindseligkeit gegen Handel, Industrie und Kapital täglich überbietet, wie Redner an mehreren Beispielen aus den bündlerischen Organen überzeugend nachweist. Einen besonders beliebten Gegenstand derartiger Angriffe bietet die Handelsvertragspolitik, die unverkennbar zu einer günstigen Entwicklung unserer Wirthschaftslage und besonders unserer Ausfuhr beigetragen hat. Warum einzelne Handelsverträge nicht günstig gewirkt haben und nicht günstig wirken konnten, ist oft nachgewiesen worden. Viele Meistbegünstigungsverträge aber, die uns die Sicherheit gewähren, daſs wir nicht ungünstiger als die mit uns im Wettbewerb stehenden Nationen behandelt werden, und ganz besonders der mit Ruſsland geschlossene Tarifvertrag haben sich als auſserordentlich werthvoll für unser Wirthschaftsleben erwiesen. Die Agrarier verlangen, daſs bei Erneuerung der Handelsverträge keine Bindung der Getreidezölle irgendwie zugestanden werde. Demgegenüber weist Redner nach, daſs mit dieser Forderung der Schwerpunkt der Frage vollkommen verrückt wird, wenn man ihn in die Bindung der Getreidezölle legt; er liegt vielmehr in der Höhe des gebundenen Zolls. Hier aber ist der Punkt, wo die Industrie vielleicht zu einer Verständigung mit der Landwirthschaft gelangen könnte. Die Industrie hat gelegentlich der Verhandlungen mit Oesterreich die Ermäſsigung der Getreidezölle nicht gefordert. Es steht nichts im Wege, daſs die Industrie einer Erhöhung des Getreidezolls beim Ablauf unserer Verträge bezw. beim Abschluſs neuer Verträge zustimmt. Denn es ist festgestellt, daſs der höhere oder niedere Stand der Brotpreise keinen oder nur einen verschwindenden Einfluſs auf die Gestaltung der Löhne ausübt. Andererseits gehört eine prosperirende, consumfähige Landwirthschaft mit zu den wesentlichsten Grundlagen des Gedeihens der Industrie. Ueber die Stellung der Regierung zu der bisher eingehaltenen Handelspolitik sind neuerdings Zweifel entstanden, die an gewisse, von dem Staatssecretär des Reichsschatzamtes im Reichstag gemachte Aeuſserungen anknüpfen. Redner vermag diese Aeuſserungen nicht in dem angedeuteten Sinne auszulegen. Daſs die neu abzuschlieſsenden Handelsverträge nicht eine Abschrift der bestehenden sein werden, ist selbstverständlich; die Industrie würde entschiedenen Einspruch erheben, wenn die Verträge mit Belgien, der Schweiz, Italien, Oesterreich-Ungarn einfach abgeschrieben werden sollten. Daſs die bestimmte Absicht vorliegt, unsern eigenen Tarif besser auszugestalten, kann nur mit Freuden begrüſst werden. Die fremden Unterhändler, namentlich die russischen, waren äuſserst gewiegte und gewitzigte Leute, ihnen sind die Schwierigkeiten sicher nicht entgangen, die unsern Unterhändlern aus unsern höchst einfachen Tarifen ihren fein gegliederten Tarifen gegenüber erwuchsen. Daſs Deutschland in dieser Beziehung für Abhülfe sorgen werde, war leicht vorauszusehen. Dankbar muſs man dem Staatssecretär für die bestimmt ausgesprochene Absicht sein, die schwierige Arbeit nicht zum Abschluſs zu bringen, ohne die Interessenten gehört zu haben. Ueber das Schicksal unserer Handelsverträge werden die nächsten Reichstagswahlen entscheiden. Sollte es dem Agrarierthum gelingen, seinen unheilvollen Einfluſs nach allen Richtungen und selbst dahin noch weiter auszudehnen, wo man es am wenigsten erwarten sollte, so dürfte unser Vaterland bezüglich der Ausgestaltung seines Wirthschaftslebens und damit seiner gesammten Stellung schweren traurigen Zeiten entgegengehen. Redner gedenkt im ferneren Verlauf seiner Darlegungen der Entsendung einer Commission zum Studium der ostasiatischen Verhältnisse, der Entwicklung unseres Verkehrswesens und der Nothwendigkeit einer Ermäſsigung der Gütertarife und behandelt sodann eingehend die Arbeiterfrage, indem er an den Ausstand der Hamburger Hafenarbeiter anknüpft, das Treiben der Naumann und Genossen einer berechtigten scharfen Kritik unterzieht und schlieſslich darlegt, daſs nur durch einen festen Zusammenschluſs der Arbeitgeber, die mit Geld auch die geboycotteten kleinbürgerlichen Gewerbetreibenden unterstützen müssen, ein Sieg über die Socialdemokraten zu erringen sei. Den fesselnden Ausführungen folgt lebhafter, anhaltender Beifall.

Darauf erhält Geh. Finanzrath J e n c k e das Wort zu einem auſserordentlich eingehenden und glänzenden Vortrage über den Entwurf, betreffend die Abänderung der Invaliditäts- und Altersversicherung, indem er zunächst die Frage der Zusammenlegung der jetzt nebeneinander bestehenden verschiedenen Zweige der Arbeiterversicherung erörtert und das Unzutreffende der vielfach verbreiteten Ansicht klarlegt, daſs die Nothwendigkeit einer Zusammenlegung sämmtlicher drei Zweige der Arbeiterversicherung zu einer einzigen Organisation eines Beweises überhaupt nicht bedürfe. In den Kreisen der Industrie wünsche man eine Umwälzung der jetzt bestehenden Einrichtung nicht und erkennt zwingende Gründe für eine Vereinigung nicht an, wohl aber ist man der Ansicht, daſs die einzelnen Gesetze noch dies und jenes zu wünschen übrig lassen und immer zu wünschen lassen werden. Vor Allem möchte Redner die Krankenkassen unverändert erhalten wissen; ihr Bestehen geht vielfach in die Zeit vor Erlaſs des Gesetzes zurück, sie sind ihren dermaligen Aufgaben voll gewachsen, wie allerseits anerkannt wird. Die Uebertragung eines Mehr von Pflichten auf sie würde die Grundlagen ihrer gesammten Organisation erschüttern. Auch die Berufsgenossenschaften bewähren sich auſserordentlich gut, die Aufhebung derselben würde eine auſserordentliche Benachtheiligung der durch das Unfallversicherungsgesetz der Industrie zugewiesenen Aufgabe bedeuten, was Redner des nähern nachweist. Zudem müſste eine Verschmelzung der Unfall- mit der Invaliditätsversicherung nothgedrungen zu einem einheitlichen Beitragssystem führen, d. h. wir würden auch für die Unfallversicherung, da eine Aufhebung des Kapitaldeckungsverfahrens für die Invaliditäts- und Altersversicherung als ausgeschlossen gelten muſs, zu diesem Deckungsverfahren gelangen, was Niemand wünschen kann. Redner ist daher der Meinung, daſs man die drei Zweige der Versicherung auch ferner ruhig nebeneinander bestehen läſst und sein Bemühen darauf richtet, jeden dieser Zweige in sich auszubilden und zu verbessern. Er hat aber selbstverständlich nichts dagegen einzuwenden, wenn, wie beabsichtigt, die für den einen Versicherungszweig bestehenden Schiedsgerichte auch für den andern Zuständigkeit erhalten, wenn die Krankenkassen die Einziehung der Beiträge zur Invaliditätsversicherung übernehmen und dergl. mehr. Solche Bestimmungen und Erleichterungen haben mit dem Wesen der Organisation nichts zu thun. Die veränderte Vertheilung der Rentenlast nach den Bestimmungen findet Redner willkürlich, die Begründung derselben läſst nur die eine Schluſsfolgerung zu, nämlich die, daſs die Einrichtung der Invaliditäts- und Altersversicherung eine verfehlte und die einzig gesunde Grundlage für dieselbe die von der Industrie vorgeschlagene Reichsversicherungsanstalt war. Auch widerspricht sie dem Geiste des Gesetzes. Die neuen Vorschläge bedeuten eine Beeinträchtigung wohlerworbener Rechte. Redner führt sodann des weitern aus, wie die Bestimmung, $^3/_4$ oder einen sonstigen Bruchtheil oder das Ganze auf alle Träger der Versicherung zu vertheilen, das Gesetz ganz und gar unvolksthümlich machen würde. Der westfälische Bergmann, der hessische oder sächsische Arbeiter, der badische Tagelöhner werden es nie verstehen, wieso sie dazu kommen, mit ihren Beiträgen dem ostpreufsischen Bauern oder dem Niederbayern aufzuhelfen; sie werden dies ganz einfach als einen Raub erachten. Wollte man überdies eine Vertheilung eines der Gesammtlast so sehr nahe kommenden Bruchtheils, so hätte das Fortbestehen von 40 verschiedenen Vermögensverwaltungen gar keinen Zweck. Dann würde man besser diese 40 Vermögen zusammenwerfen und so nachträglich noch den Zustand herbeiführen, welchen man bei einer Centralisation der Versicherung von vornherein geschaffen haben würde. Das im Entwurf vorgeschlagene Vertheilungsverfahren ist nichts weniger als einfach. Zunächst ist der Kapitalwerth jeder einzelnen Rente zu ermitteln, weiter der Vermögensbestand jeder einzelnen Versicherungsanstalt zu berechnen; danach erfolgt dann die Repartition auf die 40 verschiedenen Anstalten. Wenn man nun eine Aenderung der bisherigen Gesetzgebung anstreben will, so mag man da reformiren, wo man bei der Organisation gefehlt hat, d. h. es den Bundesstaaten überlassen, innerhalb je ihres Bereiches die Versicherungsanstalten so zusammenzulegen, dafs der Eintritt einer Insolvenz der einen oder andern Anstalt ausgeschlossen ist. Es war ein Fehler, dafs Preufsen statt einer Landesversicherungsanstalt deren 13 errichtete, wovon 8 für ausschliefslich preufsische Gebietstheile, 5 für Gebietstheile von Preufsen und anschliefsender kleiner Bundesstaaten; es war ein Fehler, dafs Bayern 8 Versicherungsanstalten errichtete, von denen nunmehr die Anstalt Niederbayern in ähnlich schlechten Verhältnissen ist, wie die Anstalt Ostpreufsen, während die Gesammtheit der bayrischen Anstalten die Gefahr eines Fehlbetrags nicht läuft; es war ein Fehler, Versicherungsanstalten mit nur 81 000 und 1000 Versicherten zu errichten, wie Oldenburg und Braunschweig. Die Gesetzgebung veranlafste zu solcher Zersplitterung nicht. § 41 des Gesetzes nahm die Errichtung der Versicherungsanstalten für weitere Communalverbände als auch für das Gesammtgebiet eines Bundesstaates oder die Errichtung einer Anstalt für mehrere Bundesanstalten ausdrücklich in Aussicht, und man tröstete sich seinerzeit im Centralverbande, als die Hoffnung auf Erlangung einer Reichsversicherungsanstalt aufzugehen war, damit, dafs Preufsen nur eine Anstalt errichte, und dafs es dann im ganzen Deutschen Reiche nur etwa 6 bis 7 geben werde. Statt dessen sind es 40 geworden! Hätte Preufsen für sein Landesgebiet nur eine Versicherungsanstalt, so hätte diese zuzüglich der kleinen Bundesstaaten Anhalt, Lippe und Waldeck, welche sich Preufsen angeschlossen haben, am 1. Jan. 1896 ein Vermögen von 225 728 000 ℳ und bei einem erforderlichen Deckungskapital von 119 459 000 ℳ einen Ueberschufs von 106 269 000 ℳ aufzuweisen. Es will Redner daher als das Richtigste erscheinen, dafs den Bundesstaaten die anderweite Gruppirung als eine lediglich sie, nicht aber das Reich betreffende interne Angelegenheit überlassen werde. Dann mag der Staat Preufsen die von ihm bei der Organisation gemachten Fehler wieder gut machen, wenn er will, die Anstalt Ostpreufsen mit einer beliebigen Zahl anderer Versicherungsanstalten zusammenlegen bis zur Schaffung eines solventen Ganzen. Bayern mag betreffs der Anstalt Niederbayern ähnlich verfahren, und die übrigen deutschen Bundesstaaten mögen, soweit sie später etwa das Bedürfnifs hierzu empfinden sollten, Anschlufs an die Versicherungsanstalt eines andern Bundesstaates suchen. Das Reich als solches ist an dieser Ordnung der Dinge gar nicht interessirt. Es will dem Redner scheinen, als ob ein ähnlicher Gedanke der Reichsregierung bei Abfassung des Gesetzentwurfs bereits nahe gelegen hätte. Redner weist das an verschiedenen Bestimmungen des Entwufs nach. Wird der in diesem Gesetzvorschlage liegende Gedanke, dafs die Centralbehörde eines Bundesstaates mehrere für letztern bestehende Träger der Versicherung verpflichten kann, die Lasten der Versicherung in ihrem ganzen Umfange gemeinsam zu tragen, Gesetz, so bedarf es eines weitern nicht, um den gewünschten Ausgleich herbeizuführen. Ob sich der betreffende Bundesstaat alsdann darauf beschränkt, die gemeinsame Tragung der Gesammt-Rentenlast durch mehrere Versicherungsanstalten zu verfügen, oder ob er vorzieht, die letzteren überhaupt organisch zu vereinigen, ist materiell und für die Allgemeinheit vollständig gleichgültig. Redner würde damit einverstanden sein, dafs, sofern Träger der Versicherung in Frage kommen, deren Bezirke sich über mehrere Bundesstaaten erstrecken, der Bundesrath in dem Falle entscheidet, dafs ein Einverständnifs der betheiligten Landesregierungen nicht zu erzielen ist. Im übrigen würde es bei dem bisherigen Repartitionsverfahren sein Bewenden haben. (Lebhafter, langanhaltender Beifall.)

Ueber die von dem Entwurf im einzelnen vorgeschlagenen Abänderungen berichtet sodann Landtagsabgeordneter Bueck. Derselbe fafste die Abänderungen, die er der Berathung und Beschlufsfassung zu Grunde zu legen vorschlug, in folgende Gruppen zusammen. 1. Aenderungen der das Markensystem und die Erhebung der Beiträge betreffenden Bestimmungen. 2. Die im Gesetzentwurf vorgesehenen Erhöhungen der Lasten. 3. Aenderungen betreffend die Organisation, die Ressortverhältnisse und den Geschäftsgang. Redner hob hervor, dafs die mit dem Markensystem verbundenen Belästigungen wesentlich dazu beigetragen haben, eine gewisse Mifsstimmung über das Gesetz zu erregen. Meist seien jedoch diese Klagen aus dem Kreise solcher Arbeitgeber hervorgegangen, deren Angestellte besser überhaupt nicht in das Gesetz einbezogen wären. Redner zählt hierzu die grofse Klasse der weiblichen Dienstboten, die sich in den meisten Fällen verheirathen und damit Anspruch auf Rückerstattung eines Theils ihrer Beiträge erwerben, und weiter solche Arbeiter, die in kein dauerndes Arbeitsverhältnifs treten, sondern hier und da etwas arbeiten, um dann wieder einige Tage zu feiern. Dafs das Markensystem keinen integrirenden Theil des Gesetzes bildet, werde von den Motiven zugegeben; andererseits werde aber mit vollem Recht festgestellt, dafs bislang ein besseres und zuverlässigeres System nicht gefunden sei. Alle bisher zum Ersatz des Markensystems gemachten Vorschläge seien undurchführbar; dies treffe auch hinsichtlich des vom Bunde der Landwirthe gemachten und im Reichstag von dem Abg. v. Plötz als Antrag eingebrachten Vorschlags zu, die Kosten der Invaliditäts- und Altersversicherung nach Mafsgabe der Einwohnerzahl auf die Bundesstaaten zu vertheilen und sie durch Zuschläge zu den Staatssteuern, die auf das Einkommen begründet sind, aufzubringen. Redner bezeichnet diesen Vorschlag als einen unreifen, der zudem in seiner Bestimmung, wonach Einkommen unter einer gewissen Grenze von den Zuschlägen befreit sein sollen, die Tendenz aufweise, die Hauptlast der Versicherung den gewerblichen und industriellen Kreisen zuzuschieben. Als Aenderungen, die bestimmt und geeignet sind, die mit dem Markensystem verbundenen Belästigungen zu verringern, bezeichnet Redner die Bestimmung, wonach es der Versicherungsanstalt anheimgegeben werden soll, festzusetzen, dafs und inwieweit Arbeitgeber zu andern als den aus der Lohnzahlung sich ergebenden

Terminen gehalten sein sollen, Beitragsmarken beizubringen; ferner die Entlastung des Arbeitgebers von der Verpflichtung, die Quittungskarten für die Versicherten zu besorgen und die Uebertragung dieser Verpflichtung auf die Versicherten, die Einführung der Beitragsmarken für gröfsere Zeiträume, die Einführung von Sammelkarten (Conten) für die einzelnen Versicherten bei den Versicherungsanstalten, die vorgesehene Erleichterung der Einziehung der Beiträge durch Krankenkassen und besondere örtliche Hebestellen. Alle diese Bestimmungen seien geeignet, Unzuträglichkeiten zu beseitigen, doch sei auch hervorzuheben, dafs es den Versicherungsanstalten überlassen werden müsse, selbständig zu entscheiden, ob im Einzelfalle die Errichtung öffentlicher Hebestellen angezeigt erscheine oder nicht. Von den Aenderungen, die mit einer Erhöhung der Belastung verbunden sind, erkannte Redner die Verkürzung der Wartezeit, die Anrechnung der an eine bescheinigte Krankheit sich anschliefsenden Reconvalescenz als Beitragszeit, die Belassung des ganzen Monatsbeitrages bei Entziehung der Renten als praktisch und im Interesse der Beseitigung von Härten liegend an, dagegen machte er gegen die Vorschläge der anderweitigen Berechnung der Altersrenten, gegen die geplante Erhöhung des Rentensteigerungssatzes in der ersten Lohnklasse von 2 auf 3 ₰ sowie gegen die Einführung eines Rentensteigerungssatzes von 15 ₰ in die neu eingefügte fünfte Lohnklasse erhebliche Bedenken geltend. Die Vermögenslage der Versicherungsanstalten rechtfertige die mit diesen Abänderungen verbundenen Steigerungen der Rentenlast nicht, denn diese Vermögenslage sei nur scheinbar eine glänzende, sie beruhe auf dem Umstande, dafs der für die erste zehnjährige Beitragsperiode festgesetzte Durchschnittsbeitrag um ein Drittel zu hoch war. Wenn bei dem am 1. Januar 1901 erfolgenden Ablauf dieser ersten Periode ein Vermögensbestand von 466 Millionen Mark vorhanden sein werde, so werde dieser Ueberschufs nach den eignen Ausführungen der der Regierungsvorlage beigegebenen Denkschrift, wenn schon jetzt die Steigerung der Rentenlast in Betracht gezogen werde, bei Forterhebung des gegenwärtigen Durchschnittsbeitrages im allgemeinen ausreichen, um die nach den bestehenden gesetzlichen Bestimmungen bis zu einem gewissen Grade steigenden Leistungen zu decken, so dafs eine Erhöhung der Beiträge in den nächsten Jahrzehnten voraussichtlich ausgeschlossen sein werde, mit andern Worten, der Ueberschufs werde in den folgenden Jahrzehnten zur Deckung der in gegebener Weise steigenden Lasten verbraucht werden, wenn die Beiträge nicht erhöht werden sollten. Daraus folge, dafs eine Erhöhung der Renten sich nur ermöglichen lassen werde durch eine weitere Erhöhung der jetzt bestehenden Beiträge. Wenn nun auch Jeder den Wunsch hegen müsse, dafs unsere altersschwachen und invaliden Arbeiter und deren Angehörige so gut als möglich versorgt werden und eine Erhöhung der Lasten von der Industrie in Zeiten des Aufschwungs getragen werden könne, so dürfe nicht aufser acht gelassen werden, dafs aufsteigende Conjuncturen mit niedergehenden wechseln und dafs gerade in Zeiten einer wirthschaftlichen Depression die Lasten der Versicherungsgesetzgebung mit besonderer Schwere wirken. Die Wohlfahrt der bedeutendsten unserer Gewerbezweige sei bedingt durch die Möglichkeit, einen Theil ihrer Erzeugnisse im Auslande abzusetzen; diese Möglichkeit verringere sich von Jahr zu Jahr; denn ein Volk nach dem andern trete aus der Reihe der Abnehmer in die Reihe der Producenten. Diese Entwicklung vollziehe sich mit immer gröfserer Beschleunigung; mit ernster Besorgnifs müsse man schon heute auf die Bewegung der Völker im fernen Osten blicken; es sei gar nicht zu übersehen, welche Folgen diese Entwicklung für unsern heimischen Gewerbebetrieb haben werde, und ob nicht die nächsten Generationen schwere wirthschaftliche Kämpfe zu bestehen haben würden, die es ihnen unmöglich machen könnten, Lasten, die ihnen heute aufgebürdet werden, und die ohne tiefgreifende, das ganze Staatswesen berührende Umwälzungen nicht rückgängig zu machen sind, zu tragen. Aus diesen Gründen empfehle es sich, die vorgeschlagenen Steigerungen der Renten, so wünschenswerth sie erscheinen mögen, abzulehnen. Als die einschneidendsten Aenderungen des Gesetzentwurfs bezeichnet Redner diejenigen auf den Gebieten der Organisation der Versicherungsanstalten, der Ressortsverhältnisse und des Geschäftsganges. Er kritisirte die aufserordentliche Erweiterung der Befugnisse des Staatscommissars, dessen Stellung zu derjenigen eines directen Aufsichtsbeamten ausgestaltet werde, und der die Macht erhalten solle, überall hindernd und erschwerend in den Geschäftsgang einzugreifen. Er verhielt sich auch ablehnend gegen die Erweiterung der bisher auf die Einhaltung der gesetzlichen und statutarischen Vorschriften beschränkten Aufsicht des Reichsversicherungsamtes zu einem allgemeinen, fast schrankenlosen Aufsichtsrechte, durch welches die Bedeutung des Vorstandes und der sonstigen Organe der Versicherungsanstalten herabgedrückt werde, er verwarf schliefslich die weitgehende Ausdehnung der Befugnisse der Landescentralbehörden und hob hinsichtlich all dieser Punkte hervor, dafs der Gesetzentwurf keine irgendwie ausreichende Begründung für derartige tiefe Eingriffe in die bisherige Selbstverwaltung beibringe. Diese Bestimmungen seien nicht nur sachlich, sondern auch im Hinblick auf den Umstand abzulehnen, dafs die so überaus werthvolle und wünschenswerthe ehrenamtliche Thätigkeit selbständiger Männer bei unserer Arbeiterversicherung durch solche Mafsregeln naturgemäfs Einschränkungen erleiden müsse. (Lebhafter Beifall.)

Geheimer Finanzrath **Jencke** und Landtagsabgeordneter **Bueck** stellen nunmehr folgende Anträge: 1. Der Centralverband hält die Zusammenlegung der Invaliditäts- und Altersversicherung mit andern Zweigen der Arbeiterversicherung, demgemäfs auch die Verschmelzung der Kranken-, Unfall- und Invaliditäts- und Altersversicherung in eine diese drei Zweige der Versicherung in sich vereinigende Organisation für unausführbar. Auch erkennt derselbe das Dasein zwingender Gründe für die Herbeiführung einer solchen Vereinigung nicht an, indem vorhandenen Mängeln der einzelnen Versicherungszweige im Rahmen der bestehenden Organisationen abgeholfen werden kann. 2. In Bezug auf den Entwurf eines Gesetzes, betreffend die Abänderung von Arbeiterversicherungsgesetzen Artikel I und des Altersversicherungsgesetzes vom 22. Juni 1889 erkennt der Centralverband gerne an, dafs der Gesetzentwurf geeignet ist, eine Reihe von Mifsständen zu beseitigen, die bei der Durchführung des Gesetzes hervorgetreten sind. 3. Der Centralverband erachtet insbesondere, dafs die bezüglich des Markensystems und der Erhebung der Beiträge vorgeschlagenen neuen Bestimmungen geeignet sind, das Verfahren zu erleichtern und die Erhebung der Beiträge mehr als bisher sicher zu stellen, und erkennt an, dafs bis auf weiteres die Rentenbemessung nach Arbeitsdauer und Lohnhöhe und in Verbindung damit auch das Markensystem beizubehalten sei. 4. Der Centralverband erklärt sich mit den die Erhöhungen der Leistungen für die Versicherten betreffenden Bestimmungen des Gesetzentwurfs einverstanden, durch welche bestehende Härten des jetzigen Gesetzes beseitigt werden. Dagegen erhebt er Einspruch gegen diejenigen Erhöhungen, welche die Gleichstellung der Altersrente mit der Invaliditätsrente, die Erhöhung des Steigerungssatzes in der 1. Lohnklasse von 2 auf 3 ₰, die Einführung einer 5. Lohnklasse mit dem Steigerungssatze von

15 ₰ unter gleichzeitiger Herabsetzung des Steigerungssatzes für die 4. Lohnklasse betreffen. 5. Der Centralverband erklärt sich ferner mit aller Entschiedenheit gegen diejenigen Bestimmungen, durch welche die Aufgaben und Befugnisse des Staatscommissars, das Aufsichts- und Genehmigungsrecht der Landescentralbehörde bezüglich der einzelnen Verwaltungsmafsregeln und auch das Aufsichtsrecht des Reichsversicherungsamts über die Bestimmungen des gegenwärtigen Gesetzes hinaus aufserordentlich erweitert werden sollen. Diese neuen Bestimmungen enthalten eine Häufung von Aufsichts- und Controlmafsregeln, für die kein Bedürfnifs vorliegt, die aber als schädlich für die Thätigkeit der Versicherungsanstalten bezeichnet werden müssen.

Die Erörterung dieser Anträge war eine sehr eingehende und konnte am ersten Tage nicht zu Ende geführt werden. Sie zog sich unter Betheiligung der HH. Geheimrath König, Geheimrath Director Dr. Woedtke, Generalsecretär Stumpf, Finanzrath Klüpfel, Präsident Dr. Bödiker, Bergrath Greff, Generaldirector Kamp u. a. bis in den zweiten Verhandlungstag hinein und führte schliefslich zur Annahme der Anträge mit überwiegender Mehrheit.

Zum dritten Punkt der Tagesordnung berichteten darauf die HH. Director Dittmar-Mainz und Landtagsabgeordneter Dr. Beumer-Düsseldorf über den Entwurf eines Gesetzes, betr. die Abänderung der Unfallversicherungsgesetze.

Die speciellen Anträge der Referenten zu den einzelnen Paragraphen der Novelle werden dem Directorium als Material überwiesen und sodann die allgemeinen Anträge des Landtagsabgeordneten Dr. Beumer in folgender Fassung angenommen: „1. Der Centralverband deutscher Industrieller erkennt gern an, dafs der Entwurf eines Gesetzes, betreffend die Abänderung der Unfallversicherungsgesetze, in einer ganzen Reihe von Bestimmungen diejenigen Wünsche und Bedenken berücksichtigt hat, die seitens der Industrie gegen die im Jahre 1894 der öffentlichen Besprechung unterbreiteten Novellen zur Unfallversicherung ausgesprochen worden sind. Insbesondere ist es erfreulich, dafs von einer Ausdehnung der Versicherung auf das Handwerk, das Klein- und Handelsgewerbe abgesehen worden und diese Frage als zu den auf das Gebiet der Arbeiterversicherung gehörenden bezeichnet worden ist, hinsichtlich derer die Ansichten noch zu wenig geklärt sind, als dafs es rathsam erscheinen könnte, schon jetzt eine Regelung zu versuchen. Den bei weitem meisten Bestimmungen des Gesetzentwurfs tritt der Centralverband bei. 2. Für durchaus verfehlt erachtet er dagegen den Versuch, die Competenz des Reichsversicherungsamts zu vermindern und an Stelle des letztern die Landescentralbehörden u. s. w. zu setzen. Es liegen die allergewichtigsten Gründe vor, dem Reichsversicherungsamt die bisherige Selbständigkeit zu belassen. Mit aller Entschiedenheit weist deshalb der Centralverband insbesondere den § 63 des Entwurfs zurück, nach dem die Frage, ob und in welchem Grade eine Verminderung der Erwerbsfähigkeit eingetreten ist oder fortbesteht, oder ob die Berechnung des Jahresarbeitsverdienstes auf einer thatsächlichen Unrichtigkeit beruht, nicht zum Gegenstande des Recurses gemacht werden kann. Die Beibehaltung der bisherigen Bestimmung wird im Interesse einer einheitlichen Rechtsprechung für unumgänglich nothwendig erachtet. 3. Für aufserordentlich bedenklich hält der Centralverband weiterhin die Bestimmung, nach der die Landescentralbehörde die den Berufsgenossenschaften in § 76 c des Krankenversicherungsgesetzes eingeräumte Befugnifs gegenüber solchen Knappschaftskassen, sonstigen Krankenkassen und Verbänden von Krankenkassen aufser Kraft setzen kann, die für die Heilung der durch den Unfall verletzten Kassenmitglieder ausreichende Einrichtungen getroffen haben; denn es liegt die Gefahr nahe, dafs durch diese Bestimmung die unter einem Aufwand vieler Millionen Mark bereits errichteten Unfallkrankenhäuser der Berufsgenossenschaften in ihrer Existenz erschüttert oder doch zum Nachtheil der Arbeiter gröfstentheils ihrem Zwecke entzogen werden. 4. Der Centralverband bekämpft weiterhin diejenigen Bestimmungen des Entwurfs, die eine neue und unberechtigte Belastung der Industrie in sich schliefsen: er rechnet dahin insbesondere die Erhöhung der Kinderrenten auf 20 %, die eventuellen Renten des Wittwers und der hinterbliebenen mutterlosen Kinder und die Rentenberechtigung elternloser Enkel." Darauf werden die Verhandlungen durch den Vorsitzenden mit herzlichem Danke an die Vortragenden, die Gäste und die Theilnehmer um 4½ Uhr Nachmittags geschlossen.

Verein für Eisenbahnkunde zu Berlin.

In der Versammlung am 12. Januar unter dem Vorsitz des Wirkl. Geh. Oberbaurath Streckert hielt Hr. Geh. Regierungsrath Professor Dr. Slaby einen fesselnden, mit grofsem Beifall aufgenommenen Vortrag:

Über das Acetylen und seine Explosionsgefährlichkeit.

Calciumcarbyd mit Wasser übergossen giebt Acetylen. Diesen Körper zu erforschen, ist neuerdings von Berufenen und Unberufenen versucht. Die gefährlichen Explosionen, welche letzthin bei den von Laien vorgenommenen Experimenten vorgekommen sind und Menschenleben gefordert haben, haben mit Recht die Behörden veranlafst, Vorschriften zu berathen, welche geeignet erscheinen, die in Behandlung des Acetylen liegenden Gefahren für Leben und Gesundheit zu beheben. Es besteht aber die Besorgnifs, dafs diese Vorschriften einem Verbot der Anwendung des Acetylens gleich werden könnten, und bei den hervorragenden Eigenschaften des Körpers wäre es im Interesse der Wissenschaft und der Industrie zu beklagen, wenn diese Besorgnifs sich als begründet erweisen sollte, wenn ein ungeschicktes und leichtsinniges Behandeln des Körpers seitens einiger ungenügend vorgebildeter Erfinder oder Speculanten der weiteren zielbewufsten Untersuchung bezw. Erforschung seiner Eigenschaften ein Ziel setzen würde. Hr. Geheimrath Slaby gab einen Rückblick auf die Entstehungsgeschichte des Körpers und schilderte dessen hervorragenden Eigenschaften, seine Leuchtkraft, die 15 mal gröfser ist als die des gewöhnlichen Leuchtgases, 8 mal so grofs als die des Oelgases. Es ist leicht begreiflich, dafs die Gastechnik bemüht ist, zu erproben, ob das Acetylen für die Zugbeleuchtung Verwendung finden kann, ob es für den Betrieb von Gasmaschinen sich eignet. Diesen Bestrebungen kann man nur gedeihlichen Fortgang wünschen. Sind die Eigenschaften des Körpers bekannt geworden, so kennt man auch die Mittel, seine Gefahren zu vermeiden, und wird die Herstellung preiswerther als zur Zeit, so ist auch die Aussicht einer praktischen Verwerthung näher gerückt. Der Vortragende machte auf die aus der Versammlung an ihn gerichteten vielfachen Fragen weitere eingehende Mittheilungen.

Referate und kleinere Mittheilungen.

Ein- und Ausfuhr Frankreichs in den Jahren 1895 und 1896.*

	Einfuhr		Ausfuhr	
	1896 t	1895 t	1896 t	1895 t
Koks	1422130	1412960	62510	84592
Eisenerz	1862065	1651369	238075	236923
Giefserei- und Puddelroheisen	19488	33694	195212	161247
Ferromangan u. Ferrosilicium	2705	3537	44	17
Ferroaluminium	—	—	52	45
zusammen	22193	37231	195308	161309
Schmiedeisen in verschiedenen Formen	24341	21678	42087	28867
Stahlschienen	74	150	15782	10535
Stahlblöcke	2785	1715	26618	9533
Werkzeugstahl	1316	1158	47	65
Achsen und Radreifen aus Stahl	48	528	409	219
Stahlbleche	1204	996	1554	322
Stahlbänder	319	224	227	15
Stahldraht	385	311	13	5
zusammen	6131	5082	44680	20724
Roheisen, Schmiedeisen und Stahl zusammen	52665	63991	282075	210900

	Einfuhr für den Veredelungsverkehr		Wiederausfuhr	
	1896 t	1895 t	1896 t	1895 t
Roheisen	76 952	43 981	55 159	37 966
Schweifseisen	13 640	13 557	12 774	11 057
Bleche	3 934	4 508	3 431	4 226
Stahl	6 617	2 950	4 309	1 523
zusammen	101 143	64 996	75 673	54 772

(„Comité des Forges de France", Bulletin Nr. 1142, 1897.)

Der Schienenverbrauch Frankreichs im Jahre 1896

vertheilt sich auf die einzelnen Bahnen wie folgt:**

Ostbahn	4 140 t
Staatsbahn	4 330 t
Südbahn	11 889 t
Nordbahn	10 799 t
Orléans-Bahn	16 000 t
Westbahn	15 787 t
Paris-Lyon-Méditerranée	14 159 t
	77 104 t

Während der letzten 10 Jahre betrug der Schienenverbrauch Frankreichs:

1887	108 898 t	1892	163 840 t
1888	93 868 t	1893	129 338 t
1889	58 046 t	1894	110 609 t
1890	66 844 t	1895	85 214 t
1891	112 857 t	1896	77 104 t

(Bulletin Nr. 1161 des „Comité des Forges de France".)

* Vergl. „Stahl und Eisen" 1896, Nr. 7, Seite 294.
** Vergl. „Stahl und Eisen" 1896, Nr. 6, S. 272.

Neues Gufsstahlwerk in Rufsland.

Die Stahlfirma Gebr. Böhler & Co. in Wien hat sich mit der neugegründeten Actiengesellschaft Wolga-Stahlwerke in St. Petersburg (Actienkapital 1000000 Rubel Gold) durch Erwerbung von Actien sowohl als durch Vereinbarungen vereinigt, in deren Folge die Fabricationsmethode der altrenommirten Gufsstahlfabrik Kapfenberg in Steiermark auf den Stahlwerken der Wolga-Actiengesellschaft in Saratow zur Einführung und Verwerthung gelangen wird.

Die Wolga-Stahlwerke werden sich insbesondere der Herstellung bester Qualitäten Werkzeugsstahles unter Einschmelzung der reinen Materialien der Krous-Eisenwerke im Ural widmen, und ist vereinbart, dafs das solchergestalt hergestellte Fabricat die Marke „Wolga-Böhlerstahl" tragen wird.

Eisenbahnbauten auf Formosa.

Dem Vernehmen nach ist einer Japanischen Eisenbahngesellschaft die staatliche Genehmigung zum Ausbau des Eisenbahnnetzes auf Formosa und zur Uebernahme der schon bestehenden Linien ertheilt worden. Die einzelnen Bedingungen, an welche die Concession geknüpft ist, sollen erst nachträglich unter Zuziehung des Japanischen Colonialraths festgestellt werden, doch ist bereits über eine Anzahl von Hauptpunkten eine Verständigung erzielt worden, zu denen u. a. Zollbefreiung für die eingeführten Materialien gehört. Vereinbart ist, dafs mit dem Bau der Hauptlinie Taipeh-Tainan spätestens in drei Monaten begonnen werden mufs. Das Grundkapital der Gesellschaft wird sich auf die Summe von 15 Milionen Dollar belaufen.

Da das rollende Material, die Schienen u. s. w. nach Lage der Verhältnisse vom Auslande bezogen werden müssen und voraussichtlich gröfsere Aufträge zu erwarten sein werden, dürfte es sich für die Interessenten empfehlen, der Angelegenheit schon jetzt ihre Aufmerksamkeit zuzuwenden.

Preisausschreiben.

Die Société de l'Industrie Minérale, Saint-Étienne, hat laut Rundschreiben vom 12. Januar eine Reihe von Preisen im Betrage von 500 bis 1000 Frcs. ausgesetzt für Arbeiten, die sich auf Bergbau, Hüttenwesen und den einschlägigen Maschinenbau beziehen. Für das Hüttenwesen sind drei Fragen zur Preisbewerbung gestellt, nämlich:

1. die Staubreinigung der Verbrennungsgase,
2. Darstellung der heutigen Fabrication des Siemens-Martin-Flufseisens,
3. Denkschrift über die Dampfkessel, welche zur Ausnutzung der Abzugsgase von Schmelzöfen u. s. w. dienen.

Bücherschau.

Die Eisenerze an der Nordküste von Spanien, in den Provinzen Vizcaya und Santander. Von Prof. Geh. Bergrath Dr. Wedding in Berlin. Sonderabdruck aus den Verhandlungen des Vereins zur Beförderung des Gewerbfleifses. Berlin, bei Leonhard Simion.

Aus dem Reisebericht, den der geschätzte Verfasser in dieser Zeitschrift über das Meeting des „Iron and Steel Institute" in Bilbao veröffentlichte, ist den Lesern der wesentliche Inhalt dieser Abhandlung bekannt. Sie beginnt mit allgemeinen Mittheilungen über die geologische Beschaffenheit des Bilbao-Districts, welche durch Beigabe zweier trefflicher geologischer Karten vervollständigt werden, es folgen dann die Beschreibung der Handhabung der Bergwerksverleihungen in Spanien, die Erzförderung, das Rösten der Spatheisensteine und Beschreibung der Röstöfen, von welchen jetzt 17 bestehen, die Verladung der Eisenerze, und Mittheilungen über den Hafen und die Schwebebrücke zwischen Las Arenas und Portugalete. In kürzerer Weise wird dann noch das zur Zeit zwar nicht ebenmäfsig wichtige, aber aussichtsreiche Gebiet von Santander behandelt und dabei besonders der magnetischen Aufbereitung auf der Grube Reocin gedacht. Zum Schlufs folgt dann die Darstellung der Grundlagen der spanischen Eisenindustrie und ihrer Erzeugungsmengen sowie eine Beschreibung der hauptsächlichen Hüttenwerke.

Der Text ist durch viele Abbildungen anschaulich unterstützt. Sind unsere Leser auch mit dem Inhalt der Darstellung zum gröfsten Theil vertraut, so wird ihnen dieselbe deshalb doch willkommen sein.

Dr. Johannes Wernicke, *System der nationalen Schutzzollpolitik nach Aufsen.* Nationale Handels-, (insbesondere auch Getreide-,) Colonial-, Währungs-, Geld- und Arbeiterschutzpolitik. Ein Handbuch für die Gebildeten aller Stände. Jena 1896. Gustav Fischer.

Wir haben lange kein Buch gelesen, welches uns nach allen Seiten hin in solchem Mafse befriedigt hat, wie das vorstehende. Ausgehend von der Theorie des Schutzes der nationalen Arbeit nach Aufsen, bespricht der Verfasser in aufserordentlich sachverständiger Weise die verschiedenen Arten des Zollschutzes, die Handelsverträge, die Ausfuhrprämien, Freihäfen, Schiffahrt, Eisenbahntarife, Consulatwesen, Colonialpolitik, Währungs-Theorie und -Politik, äufsere Bank- und Geldpolitik, besondere Schutzmittel für die Landwirthschaft und die innere Colonisation. Eine glänzendere Rechtfertigungsschrift für die Bismarcksche Schutzzollpolitik von 1879 ist bisher noch nicht geschrieben worden. Dabei ist das statistische Material bis auf die jüngste Zeit fortgeführt, und für die Währungsfrage sowie zur Beurtheilung des Antrags Kanitz ist hier ein ganzes Arsenal von Waffen geliefert. In Bezug auf den letzteren Antrag unterschreiben wir Wort für Wort das Urtheil des Verfassers: „Die Industrie würde durch die Durchführung dieses Antrages geschädigt, ebenso die Arbeiter. Von den Landwirthen würde ein vorübergehender Vortheil den hauptsächlich auf den Getreide**verkauf** angewiesenen zufallen. Die hauptsächlich Viehzucht oder Rübenbau treibenden Gegenden, welche noch Getreide zukaufen müssen, würden durch den Antrag Kanitz Schaden erleiden; ebenso diejenigen Landwirthe, welche in dieser Periode der Hochconjunctur Güter theuer kaufen oder pachten oder Erbregulirungen vornehmen würden. Nach Zusammenbruch dieses ganzen künstlichen Gebäudes würden aber die nachtheiligen Folgen dieser kurzen Blüthezeit mit all' den geweckten und wieder zerstörten Hoffnungen um so furchtbarer sein. Dazu kommt nun noch, dafs mit vollem Recht auch alle anderen Berufsstände vom Staate eine Garantie für ihre Einnahmen verlangen können. Das kann aber der Staat nicht, da er nicht omnipotent ist. Der Antrag Kanitz führt so bei näherer Betrachtung zu unhaltbaren Consequenzen. Er ist wohlgemeint, aber er ist ein unnatürliches Mittel, das allen wirthschaftlichen und socialen Gesetzen ins Gesicht schlägt."

Dr. W. Beumer.

Industrielle Rundschau.

Blechwalzwerk Schulz Knaudt, Actiengesellschaft zu Essen.

Der Bericht des Vorstands über das Jahr 1896 lautet: „Die günstige Tendenz des Eisenmarktes, welche um die Mitte des Jahres 1895 ihren Anfang nahm, hat sich im Berichtsjahre noch weiter befestigt und zugleich einen erfreulichen Aufschwung auf anderen Gebieten gewerblicher Thätigkeit herbeigeführt. Allgemein blickte man der Zukunft wieder mit gröfserer Zuversicht entgegen; das zurückgekehrte Vertrauen veranlafste zahlreiche Neuanschaffungen, und diese, in Verbindung mit dem gröfseren Bedarf der Eisenbahnverwaltung sowie des zu hoher Blüthe gelangten deutschen Schiffbaues, führten den hiesigen Werken eine so reichliche Arbeitsmenge zu, dafs der Nachfrage, trotz der seit Jahren gestiegenen Leistungsfähigkeit, nicht immer voll entsprochen werden konnte. Dabei bewegten sich die Notirungen, der Rohstoffe sowohl als auch der Fertigfabricate, dank dem mafsvollen Vorgehen der verschiedenen ins Leben gerufenen Preisconventionen, durchweg in angemessenen Bahnen. Ohne dieses weise Mafshalten seitens der Verbände würde zeitweilig eine geradezu stürmische Aufwärtsbewegung unvermeidlich gewesen sein: wir möchten deshalb auch nicht unterlassen, an dieser Stelle besonders darauf hinzuweisen, dafs die von gegnerischer Seite vielfach angefeindeten Cartelle nicht nur im Interesse der Producenten, sondern auch der Verbraucher eine ersprießsliche Thätigkeit entfalten. Die vorerwähnten günstigen Verhältnisse haben naturgemäfs auf das finanzielle Erträgnifs unserer Gesellschaft pro 1896 einen recht förderlichen Einflufs ausgeübt; sie versetzen uns in die angenehme Lage, heute eine Bilanz vorzulegen, welche mit einem höheren Ueberschufs abschliefst, als im Vorjahr. Unsere Production im Jahre 1896 betrug 25 209 033 kg und zwar ausschliefslich Qualitäts-Kesselbleche; es ist dies die höchste Ziffer, welche bisher auf unserem Werke erreicht wurde. Der Versand stellte sich auf 23 414 928 kg Fertigfabricate, 1 815 850 kg Nebenproducte, im Gesammtfacturenwerthe von 6605670,75 ℳ. Für Neuanlagen mufste abermals ein erheblicher Betrag aufgewendet werden. Wir verausgabten hierfür im Berichtsjahre insgesammt 318456,58 ℳ; sonst weist die Bilanz gegen das Vorjahr nennenswerthe Aenderungen nicht auf. In technischer Hinsicht ist über das verflossene Geschäftsjahr im allgemeinen wenig zu berichten. Der ungemein forcirte Betrieb in sämmtlichen Werkstätten verursachte zwar zahlreiche Störungen, doch waren dieselben immer nur von kürzerer Dauer. Selbst ein im Mai 1896 plötzlich aufgetretener Cylinderbruch an unserer grofsen Walzenzugmaschine, welcher zuerst ganz bedrohliche Consequenzen im Gefolge zu haben schien, konnte glücklicherweise schnell reparirt werden, so dafs unsere Blechstrafsen nur für einige Tage zum Stillliegen kamen. Um uns in der Folge gegen ähnliche Störungen nach Möglichkeit zu schützen, haben wir den Bau eines neuen Triowalzwerks in Angriff genommen, welches voraussichtlich schon in den nächsten Monaten dem Betriebe übergeben werden kann."

Es wird beantragt, den verfügbaren Gewinn für 1896, welcher einschliefslich des Vortrages aus dem Jahre 1895 1247743,95 ℳ beträgt, wie folgt zu verwenden: 1. für Abschreibungen 192655,58 ℳ, 2. Ueberweisung an den Reservefonds 48000 ℳ, 3. Statutgemäfse Tantième 49236,37 ℳ, 4. Dividende pro 1896: 15% auf das Actienkapital von 4000000 ℳ = 600000 ℳ, 5. Ueberweisung an den Bau- und Schäden-Reservefonds 95000 ℳ, 6. Ueberweisung an die Karl-Adolf-Stiftung 34417 ℳ, 7. Extra-Abschreibungen 191900 ℳ, zusammen 1211208,95 ℳ, während der Rest von 36535 ℳ auf neue Rechnung vorgetragen wird.

Rheinisch-westfälisches Kohlensyndicat.

In der am 9. Februar in Essen im Hotel Hartmann abgehaltenen Versammlung der Zechenbesitzer des Rheinisch-westfälischen Kohlensyndicats, in der von 4392 berechtigten Stimmen 4268 Stimmen vertreten waren, wurde (der „Rh.-W. Ztg. zufolge) zunächst vom Vorstande der Bericht für den Monat Januar erstattet. Es betrug nach demselben die rechnungsmäfsige Betheiligung 3540452 t, die Förderung 3365225 t, so dafs sich eine Einschränkung von 175227 t oder 4.95 % ergiebt gegen 3,35 % im Monat December und 3,50 % im Monat Januar des vorigen Jahres. Nach Absatz des Selbstverbrauchs mit 826903 t ergab sich ein Versand von 2519880 t, wovon 92,83 % für Rechnung des Kohlensyndicats versandt wurden. Der arbeitstägliche Versand der Syndicatszechen stellte sich wie folgt:

	Januar 1897	December 1896	Januar 1896
Kohlen . .	10391 D.-W.	10566 D.-W.	9957 D.-W.
Koks . . .	1956 „	2015 „	1769 „
Briketts .	295 „	299 „	278 „
	12642 D.-W.	12880 D.-W.	12004 D.-W.

gegen December 1896 238 D.-W. weniger, gegen Januar 1896 638 D.-W. mehr. Der Absatz ist nach wie vor ein sehr reger und auch die Verhandlungen auf längere Abschlüsse nehmen andauernd guten Fortgang. Erwähnenswerth ist namentlich, dafs der Norddeutsche Lloyd seinen ganzen Bedarf für zwei Jahre mit dem Rheinisch-westfälischen Kohlensyndicat abgeschlossen hat, was gegen die bisherigen Mengen eine erhebliche Steigerung bedeutet. Es kam sodann der Antrag des Beiraths auf Aufhebung der Fördereinschränkung zur Verhandlung und wurde nach längerer eingehender Berathung mit 2539 gegen 1729 Stimmen beschlossen, vom 1. März d. J. ab jegliche Fördereinschränkung aufzuheben. Schliefslich wurde dem Vorsitzenden noch mitgetheilt, dafs der in der vorigen Zechenbesitzerversammlung beschlossenen Verlängerung der Verträge mit dem Westfälischen Kokssyndicat und dem Brikettverkaufsverein nunmehr alle Zechen zugestimmt haben bis auf zwei, mit welchen die Verhandlungen noch schweben.

Vereins-Nachrichten.

Verein deutscher Eisenhüttenleute.

Auszug aus dem Protokoll der Vorstandssitzung vom 29. Januar 1897, Nachmittags 5 Uhr, in der Restauration Thürnagel, Düsseldorf.

Anwesend die HH.: C. Lueg (Vorsitzender), H. Brauns, Ed. Elbers, Dr. Beumer, R. M. Daelen, F. Kintzlé, E. Klein, Fritz W. Lürmann, H. Macco, J. Massenez, L. Metz, O. Offergeld, G. Weiland, E. Schrödter.

Die übrigen Herren waren entschuldigt.

Das Protokoll wurde geführt durch den Geschäftsführer E. Schrödter.

Die Tagesordnung lautete:

1. Feststellung der Tagesordnung der nächsten Hauptversammlung.
2. Abrechnung für 1896, Voranschlag für 1897.
3. Umbau des Hauses Jacobistrafse 5.
4. Verschiedenes.

Vor Eintritt in die Tagesordnung begrüfst der Vorsitzende Hrn. Metz, welcher zum erstenmal anwesend ist.

Zuerst gelangt Punkt 2 der Tagesordnung zur Verhandlung. Hr. Elbers bringt die Abrechnung für das verflossene Vereinsjahr zur Kenntnifs; dieselbe ist noch von den Rechnungsprüfern nachzusehen.

Der Voranschlag für 1897 wird sodann wie folgt festgestellt:

An Einnahmen:	
Beiträge	30000 ℳ
Eintrittsgelder	500 „
Zinsen	3300 „
Verschiedenes	2700 „
Aus der Zeitschrift	50500 „
	87000 ℳ

An Ausgaben:	
Geschäfts- und Kassenführung	7500 ℳ
Miethe und Unkosten	4500 „
Hauptvers. und Vorstandssitzungen . .	4000 „
Commiss.- und Vers.-Arbeiten	4000 „
Zeitschrift	67000 „
	87000 ℳ

Der Vorsitzende spricht sodann Hrn. Elbers für seine fortgesetzte Mühewaltung warmen Dank aus, welchem sich die Anwesenden lebhaft anschliefsen.

Zu Punkt 3 werden die für den zweckentsprechenden Umbau des Vereinshauses, Jacobistrafse 5, nothwendigen Mittel bewilligt.

Auch wird die Baucommission ersucht, die Prüfung der Rechnung vorzunehmen.

Zu Punkt 1 wird in Aussicht genommen, die nächste Hauptversammlung in der zweiten Hälfte des

März in Düsseldorf abzuhalten: man hofft, dafs die Verleihung der Corporationsrechte an den Verein bis dahin erfolgt ist.

Die Tagesordnung wird wie folgt festgesetzt:

1. **Ueber die Bedeutung und Entwicklung der Flufseisen-Industrie.**

Dieser Vortrag soll aus Einzelreferaten bestehen, zu deren näherer Festsetzung eine Commission, bestehend aus den HH. Kintzlé, Malz, Springorum, Daelen und Schrödter, mit dem Rechte der Zuwahl, eingesetzt wird.

Ein Einzelreferat über den Bertrand-Thiel-Procefs wird Hr. Thiel-Kladno übernehmen.

2. **Die Herstellung der für die Eisenindustrie wichtigen Producte der elektrischen Oefen.** Vortrag mit Experimenten unter Vorführung der verschiedenen Ofentypen, von Dr. Borchers-Duisburg.

Zur Berathung über einen dritten eventuell zur Tagesordnung zu stellenden Vortrag, über die Verwendung von Flufseisen zu Locomotiv-Feuerbuchsen, wird eine Commission, bestehend aus den HH. Böcking, Eichhoff, Knaudt, Lentz, Otto und Schrödter, eingesetzt.

Zu Punkt 4. Der Vorstand bewilligt zunächst einen Jahresbeitrag von 100 ℳ für den Deutschen Verband für die Materialprüfungen der Technik, wählt 2. in die Commission zur Bearbeitung der von diesem Verbande gestellten Aufgabe 3: „Eine möglichst zuverlässige Sammlung der wichtigsten Vorschriften aller grofsen Staaten für die Qualität, Prüfung und Abnahme von Eisen- und Stahlmaterial aller Art zu beschaffen", die HH. Jacobi, Spannagel und Springorum und nimmt 3. Kenntnifs von einer zwischen dem Verein und dem Herrn Eisenbahnminister gepflogenen Correspondenz, betreffend die „Bedingungen für die Ausführung und Lieferung von Eisenbahnmaterial aller Art", und beschliefst die Veröffentlichung derselben in „Stahl und Eisen".

Da Weiteres nicht zu verhandeln war, erfolgte um 8 Uhr Schlufs.

E. Schrödter.

Düsseldorf, den 30. Januar 1897.

Vorschriften

für die

Lieferung von Eisenbahn-, Bau- und Betriebsmaterial für die Königlich Preufsischen Staatseisenbahnen.

Auf Grund von Klagen darüber, dafs in den Bedingungsheften, welche auf den deutschen Eisenhütten für die Lieferungen von Eisen- und Stahlerzeugnissen für die Königl. Preufs. Staatseisenbahn heute im Gebrauch sind, nicht unerhebliche Abweichungen vorhanden seien, je nachdem solche von der einen oder andern Direction herstammen, und aus der Erwägung, dafs eine solche Verschiedenheit weder für den Besteller noch für die Fabrication von Vortheil sei, hatte der Vereinsvorstand durch einzelne seiner Mitglieder den Thatbestand feststellen lassen. Ueberall, wo Anfrage nach den heute im Gebrauch befindlichen Lieferungsbedingungen für Betriebsmaterialien gehalten wurde, ergab sich, dafs Klagen über Verschiedenheit der Bestimmungen vorhanden waren. So waren z. B. die für Bauwerksflufseisen verlangten Festigkeitszahlen für die Längsrichtung bei einer Direction 37 bis 44, bei einer anderen Direction 38 bis 42, bei einer dritten 35 bis 42 kg/qmm: bei einer Direction war aufserdem eine Bestimmung über die Querproben da, bei der andern nicht.

Es möge schliefslich genügen, nachstehend eine Aufstellung der Bestellungen nebst den zugehörigen Bedingungsheft-Ausgaben zu geben, welche bei einem Stahlwerk im Jahre 1896 in Arbeit waren:

Königl. Preufs. Eisenbahn-Direction	Art der Fabricate	Abnahme hat begonnen am	Ist beendet am	Datum der Ausgabe der Bedingungen
X	Radreifen für Locomotiven, Tender und Wagen	18.3.95	9. 1.96	April 1893
„	Achsen für Wagen .	20.4.95	14.11.95	Desgl.
Y	Radreifen für Locomotiven	20.4.95	19.12.95	Jan. 1895
„	Tender und Wagen .	11.5.95	9. 1.96	Nr. 2000
„	Desgl.			
Z	Achsen für Wagen .	28.8.96	Zur Zeit noch nicht beendet	Juli 1895
„	Radreifen u. Tender	26.5.96		Desgl.
Y	Desgl.	26.5.96		Desgl.

Auf Grund dieses Thatbestands, der sich überall wiederholt, ging folgende Eingabe an den Herrn Minister der öffentlichen Arbeiten:

Düsseldorf, den 13. Januar 1897.

Excellenz!

Die Vorschriften, welche die Preufsische Staatseisenbahn-Verwaltung für Ausführung und Lieferung von bei dem Bau und Betrieb der Eisenbahnen zur Verwendung gelangenden Materialien aus Eisen und Stahl in Gebrauch hat, enthalten in den verschiedenen Directionsbezirken in wichtigen Punkten nicht unwesentliche Abweichungen untereinander.

Es ist uns bekannt geworden, dafs in der Staatseisenbahn-Verwaltung Arbeiten im Gange sind, welche eine Vereinheitlichung dieser verschiedenartig gestalteten Vorschriften herbeizuführen bezwecken. Im interesse sämmtlicher betheiligten Parteien stimmen wir diesem Bestreben freudig zu, gestatten uns aber gleichzeitig, an Euere Excellenz die ehrerbietige Bitte zu richten,

den Verein deutscher Eisenhüttenleute zu diesen Verhandlungen in berathender Weise zuzuziehen.

Wir begründen dieses Gesuch mit dem Hinweis, dafs unseren Mitgliedern vermöge ihrer Thätigkeit die Kenntnifs über die Eigenschaften des in Frage kommenden Materials in erster Linie zugesprochen werden mufs. Diese Kenntnisse stellen wir bereitwillig in den Dienst der Königlichen Staatseisenbahn-Verwaltung, damit sie in der Richtung verwerthet werden, dafs dem Staat ein so hochwerthiges Material zur Verfügung gestellt werde, wie dies nach dem heutigen Standpunkte der Fabrication möglich ist.

Indem wir Euere Excellenz bitten, unser Gesuch wohlwollend in Erwägung zu ziehen, und im Falle seiner Annahme uns gütige Mittheilung zukommen zu lassen, auch eventuell die Anzahl der Gutachter und die Specialfabricate, bei welchen sie mitwirken sollen, geneigtest zu bezeichnen, verharren wir

ehrerbietigst

Verein deutscher Eisenhüttenleute.

Der Vorsitzende: gez. *C. Lueg*, Königl. Commerzienrath, Oberhausen. Der Geschäftsführer: gez. *E. Schrödter*.

Wir empfingen darauf die folgende Antwort:

Berlin, den 22. Januar 1897.

Die in der gefälligen Eingabe vom 13. d. Mts. enthaltene Annahme, als ob bei der Preufsischen Staatseisenbahn-Verwaltung in den verschiedenen Directionsbezirken verschiedene Vorschriften für Ausführung und Lieferung von bei dem Bau und Betrieb der Eisenbahnen zur Verwendung gelangenden Materialien aus Eisen und Stahl vorhanden seien, ist eine irrige. Bereits seit längerer Zeit sind hierfür einheitliche Vorschriften erlassen worden. Es sind demnach zur Zeit auch keine Arbeiten für die Feststellung solcher Vorschriften im Gange, so dafs die hierbei gewünschte Betheiligung des Vereins deutscher Eisenhüttenleute nicht in Frage kommen kann.

Der Minister der öffentlichen Arbeiten.
gez.: *Thielen.*

Mit besonderer Genugthuung werden unsere Mitglieder vom Inhalt dieser Antwort in der Hoffnung Vermerk nehmen, dafs die vom Herrn Minister seit längerer Zeit getroffene Fürsorge für Vereinheitlichung der Lieferungsbedingungen bald in Erscheinung treten werde.

Aenderungen im Mitglieder-Verzeichnifs.

Bracher, G., Walzwerks-Betriebschef des Eisenhütten-Actienvereins, Düdelingen, Luxemburg.
Ehrensberger, Emil, Procurist der Firma Fried. Krupp, Essen a. d. Ruhr.
Eppenich, H., Ingenieur, Durlach bei Karlsruhe.
Gillhausen, Gisbert, Procurist der Firma Fried. Krupp, Essen a. d. Ruhr.
Gouvy, Alexander, Director der Domänen und Hochöfen der Ural-Wolga-Gesellschaft, Owzianopetrowski per Sterlitamak, Gouv. Ufa, Rufsland.
Kuphaldt, G., Director der Abtheilung Riga der Maschinenbau-Actiengesellschaft vorm. Gebr. Klein in Dahlbruch, Riga, Paulanistr. 11, Quartier 6.
Pucher, J., Eisenwerksdirector in Firma Hesse & Schulte, Siegen, Sandstrafse 33.
Pellering, Eugen, Ingenieur, Forges et Aciéries du Donetz Droujkowka (Gouvernement Ekaterinoslaw), Südrufsland.
Reuter, Camille, Ingenieur des Eisenhütten-Actienvereins, Düdelingen, Luxemburg.
Strand, Ferdinand, Civilingenieur, Berlin N. W. 23, Schleswiger-Ufer 14.

Neue Mitglieder:

Danzer, A., Ingenieur, Hörde i. W.
Faragó, Julius, Ingenieur, Stahlwerk Salgó-Tarján, Ungarn.
de Gerlache, A., Differdingen, Luxemburg.
Heil, Aug., Betriebsingenieur der Maschinenbau-Actiengesellschaft vormals Gebr. Klein, Dahlbruch.
Klein, Jean, Betriebsleiter des Stahlwerks der Friedenshütte, Friedenshütte bei Morgenroth, O.-Schl.
Kleritz, Domänenrath, Slawentzitz, O.-Schl.
Krumholz, Aug., Betriebsassistent, Hüsten.
Lecoz, T., Stenay, Frankreich.
Motl, Ladislaus, Betriebschef des Hörder Bergwerks- und Hüttenvereins, Hörde i. W.
Pufahl, Königl. Regierungs- und Gewerberath, Oppeln.
Schoener, C., Hochofenassistent der Röchlingschen Eisen- und Stahlwerke, Völklingen a. d. Saar.
Schweisgut, Ernst, Kruppsches Hüttenwerk, Rheinhausen, Post Friemersheim.
Wenner, Carl, Ingenieur des Hörder Bergwerks- und Hüttenvereins, Hörde i. W.

Ausgetreten:

Jüdel, Dr. A., Köln.

Verstorben:

Hahn, Rich., München.
Wanke, Alfred, Henrichshütte bei Hattingen.

Eisenhütte Oberschlesien.

Die ordentliche Hauptversammlung findet am Sonntag den 21. Februar 1897, Nachmittags 2 Uhr, im oberen Saale des Theater- und Concerthauses in Gleiwitz statt.

Tagesordnung:

1. Geschäftliche Mittheilungen.
2. Vorstandswahl.
3. „Ueber die Einschränkung des Rauches bei industriellen Feuerungsanlagen." Vortrag des Herrn Hüttendirector Niedt-Gleiwitz.
4. „Die beabsichtigte Aenderung der Arbeiterversicherungsgesetze." Vortrag des Hrn. Landtagsabgeordneten, Generalsecretär Bueck-Berlin.
5. „Mittheilungen über den Ersatz der Luppenhämmer durch dampfhydraulische Pressen." Vortrag des Hrn. Ingenieur Bendix Meyer-Gleiwitz.

Die gemeinschaftliche Festtafel findet um 5 Uhr ebendaselbst in dem im Erdgeschofs liegenden Saale statt.

Die nächste

Hauptversammlung des Vereins deutscher Eisenhüttenleute

findet in der zweiten Hälfte des Monats **März** in **Düsseldorf** statt.

Die Zeitschrift erscheint in halbmonatlichen Heften.

Abonnementspreis für Nichtvereinsmitglieder: 20 Mark jährlich excl. Porto.

STAHL UND EISEN.

ZEITSCHRIFT FÜR DAS DEUTSCHE EISENHÜTTENWESEN.

Insertionspreis 40 Pf. für die zweigespaltene Petitzeile, bei Jahresinserat angemessener Rabatt.

Redigirt von

Ingenieur E. Schrödter, Geschäftsführer des Vereins deutscher Eisenhüttenleute, für den technischen Theil

und

Generalsecretär Dr. W. Beumer, Geschäftsführer der Nordwestlichen Gruppe des Vereins deutscher Eisen- und Stahl-Industrieller, für den wirthschaftlichen Theil.

Commissions-Verlag von A. Bagel in Düsseldorf

№ 5. | 1. März 1897. | 17. Jahrgang.

Locomotiv-Feuerkisten aus Flufseisen.

In drei Abhandlungen, welche früher in dieser Zeischrift erschienen sind, ist die Verwendung von Flufseisen für Dampfkessel und für Feuerkisten* von Locomotiven im besonderen** an Stelle von Schweifseisen bezw. Kupfer ausführlich behandelt worden. Der Redaction war damals — es war in der Mitte der 80er Jahre — die Thatsache aufgefallen, dafs in den Ver. Staaten im Vergleich zu Deutschland die Verwendung von Flufseisen zu obengenannten Zwecken wesentlich vorangeeilt war, während dies gleichzeitig für die Herstellung der Flufseisenbleche, namentlich der weicheren Sorten, nicht der Fall war. Die Redaction begrüfste es daher freudig, als ihr damals Gelegenheit geboten wurde, durch zuverlässige Mittheilungen, welche sie dem Ingenieur aus dem Materialien-Abnahmebureau der Pennsylvania-Railroad Co., Paul Kreuzpointner, über die damalige thatsächliche Lage dieser wichtigen, bei uns noch sehr strittigen Frage in Amerika verdankte, weitere Anregungen zu ihrer Klarstellung bei uns zu geben. Wenngleich nun schon seit Anfang der 80er Jahre — von vereinzelten früheren Versuchen sehen wir ab — seitens einer Firma fortgesetzt Bestrebungen vorhanden gewesen sind, die kostspieligen kupfernen Wandungen unserer Locomotiv-Feuerkisten durch solche aus Flufseisen zu ersetzen, so glauben wir doch nicht fehl zu gehen, dafs die Anregungen, welche durch jene Kreuzpointnerschen Mittheilungen gegeben wurden, zur Folge hatten, dafs man in umfangreicherer Weise als früher mit Versuchen nach dieser Richtung vorging.

Zwei Berichte, welche in dankenswerther Weise Regierungs- und Baurath von Borries zwischenzeitlich veröffentlicht hat, gaben nun Aufschlufs über die seit jener Zeit stattgehabte Einführung von Flufseisen bei Locomotiv-Feuerkisten der Königlich Preufsischen Staatseisenbahnverwaltung und die Erfahrungen, welche damit im Betriebe gesammelt worden sind.

In dem ersten, aus dem Jahre 1893 stammenden Bericht beschreibt der Verfasser unter Beigabe von Zeichnungen die Bauart der Kessel und giebt an, dafs die Wandstärken der Feuerkistenbleche mit Rücksicht auf den Dampfüberdruck von 12 Atm. wie folgt angenommen wurden:

Rohrwand	13 mm
Rückwand	10 „
Seitenwände und Decke	9 „
Stehbolzeneintheilung höchstens .	100 „

Eine Rohrwand wurde versuchsweise nur 10 mm stark hergestellt.

Für die Beschaffenheit der Bleche wurden folgende Bedingungen gestellt:

„Zu den Blechen des Langkessels, der äufseren und inneren Feuerkiste ist besonders gutes und weiches, im Flammofen erzeugtes Flufseisen mit 34

* Wir haben den Ausdruck „Feuerkiste“ statt der früher von uns angewandten Bezeichnungen „Feuerbüchse“ oder „Feuerbuchse“ eingeführt, weil derselbe in neuerer Zeit in Fachkreisen allgemein gebräuchlich geworden ist, auch die passendere Ausdrucksweise sein dürfte. *Die Redaction.*

** Vergl. „Stahl u. Eisen“ 1886, Oct., S. 647 u. f.
„ „ „ 1887, Sept., S. 611 u. f.
„ „ „ 1888, August, S. 335 u. f.

* „Organ für die Fortschritte des Eisenbahnwesens“ (Wiesbaden, Kreidels Verlag) 1893, V. Heft, Seite 168; 1897, I. Heft, Seite 7.

bis 41 kg Zugfestigkeit und mindestens 25 % Dehnung auf 200 mm Länge zu verwenden. Zu den Rauchkammerblechen kann Flufseisen derselben Zugfestigkeit mit mindestens 20 % Dehnung verwendet werden.

Probestäbe aus Blechen und Formeisen beider Flufseisensorten, kirschroth in Wasser von 28° C. abgekühlt, müssen sich, ohne Risse und Anbrüche zu zeigen, derartig um 180° biegen lassen, dafs der kleinste Halbmesser der Krümmung gleich der Stärke ist. Im übrigen mufs das Flufseisen sich leicht schweifsen lassen.

Die Probestäbe zu den Zerreifsversuchen und Biege- und Härteproben sind sowohl lang als quer zur Walzrichtung von den Blechen zu entnehmen.

Proben: ein Stück von jedem Kesselbleche, im übrigen nach Ermessen des überwachenden Beamten.

Zu den Winkel- und Formeisen, Ankern, Stehbolzen, Nieten, Schrauben u. s. w. kann Flufseisen von derselben Beschaffenheit, wie die Bleche des Langkessels verwendet werden."

Ebenso waren auch für die Bearbeitung der Flufseisenbleche genaue Vorschriften gegeben; der Beschaffungspreis der Kessel wird schliefslich auf durchschnittlich etwa 80 % desjenigen der Kessel älterer Bauart von gleichen Abmessungen mit kupfernen Feuerkisten angegeben.

Für die Behandlung im Betriebe wurden folgende Vorschriften erlassen:

„Rasche und ungleichmäfsige Erwärmung und Abkühlung der Feuerkistenwände ist zu vermeiden, daher:

Beim Anheizen und während der Fahrt das Feuer überall gleichmäfsig zu halten, damit der Zutritt kalter Luft an einzelnen Stellen vermieden wird. Gröfsere Mengen feuchter Kohlen dürfen nicht gegen die Wände geworfen werden. Das Fahren mit offener Feuerthür ist verboten.

Beim Ausschlacken und Ausreifsen des Feuers müssen die Aschklappen und der Bläser geschlossen sein, erstere bleiben auch nach dem Ausreifsen geschlossen. Das Auswaschen und Füllen mit kaltem Wasser ist strengstens untersagt.*

Es empfiehlt sich, mehrfach besetzte Locomotiven möglichst lange im Feuer zu lassen."

Ueber die Betriebsergebnisse berichtet alsdann Verfasser weiter, dafs das Verhalten der Kessel anfangs wenig ermuthigend war, da die Verschraubungen der Wasserrohre nicht dauernd dicht zu halten waren; dieser Uebelstand wurde durch Entfernung der Wasserrohre beseitigt. Als das wesentlichste Ergebnifs der damaligen Versuche betrachtete Verfasser die Thatsache, dafs kein Feuerkistenblech nach kurzer Betriebsdauer gesprungen sei, dafs sich also das von verschiedenen Werken bezogene Flufseisen als für Locomotiv-Feuerkisten geeignet erwiesen habe.

In einem zweiten Aufsatz über denselben Gegenstand, welcher vom selben Verfasser zu Anfang dieses Jahres erschienen ist,** berichtet der Verfasser über weitere Erfahrungen über flufseiserne Feuerkisten und fafst alsdann das Ergebnifs wie folgt zusammen:

1. Undichtigkeiten der Heizrohre, Stehbolzen und Nähte treten bei eisernen Feuerkisten bei Anstrengung und mangelhaftem Speisewasser leichter auf, als bei kupfernen. Nur bei sehr gutem Speisewasser entsprechen die eisernen Feuerkisten allen Anforderungen.
2. Die Abnutzung der eisernen Feuerkisten wird durch das in Europa vorwiegend übliche Abkühlen und Wiederanheizen der Locomotiven für jede Dienstleistung befördert.
3. Die Feuerkistenbleche müssen von möglichst weicher und zäher Beschaffenheit sein und dürfen sich auch beim Bearbeiten nicht als hart erweisen.

„Nach diesen Erfahrungen", so heifst es im Bericht weiter, „dürfte die Anwendung flufseiserner Feuerkisten an Personenzug-Locomotiven einstweilen nicht, an Güterzug-Locomotiven nur bei sehr gutem Speisewasser zu empfehlen sein. An Tender-Locomotiven für Verschiebedienst können weitere Versuche bei gutem Wasser empfohlen werden."

Inzwischen war im „Centralblatt der Bauverwaltung" in der Ausgabe vom 27. Juni 1896 schon die folgende Notiz erschienen:

„Die Dauer der flufseisernen Feuerkisten hat nach den auf den preufsischen Staatseisenbahnen angestellten Probeversuchen durchschnittlich nur drei Jahre betragen, unter ungünstigen Verhältnissen, insbesondere bei mangelhaftem Speisewasser, noch erheblich weniger, in einem Falle sogar nur etwa sechs Monate. Auch hat sich gezeigt, dafs während des Betriebes nicht selten Risse in den Feuerkistenwandungen entstanden sind, deren Ausbesserung nicht nur schwierig war, sondern auch mehrfach zu bedeutenden Kosten und Zeitverlusten Anlafs gegeben hat. Unter diesen Umständen unterliegt es keinem Zweifel, dafs trotz des verhältnifsmäfsig niedrigen Beschaffungspreises der flufseisernen Feuerkisten die Anwendung derselben mit Rücksicht auf die mit der Auswechslung verbundenen Kosten und den geringen Werth des Altmaterials im allgemeinen unwirthschaftlich sein würde.

Für die Folge soll daher von der Beschaffung flufseiserner Feuerkisten bei Locomotiven im allgemeinen abgesehen werden. Nur in solchen Fällen, in denen es sich darum handelt, ältere Locomotiven durch Auswechslung der Feuerkiste soweit instand zu setzen, dafs dieselben bis zu ihrer Ausmusterung noch einige Jahre Verschubdienst zu leisten vermögen, wird als Feuerkistenmaterial Flufseisen in Betracht kommen können."

Da aber der Redaction dieser Zeitschrift gleichzeitig zuverlässige Nachrichten darüber vorlagen, dafs im Eisenbahnbetriebe der Vereinigten Staaten, im Gegensatz zu den Preufsischen Staatsbahnen, sehr günstige Erfahrungen mit der Verwendung von Flufseisen zu Feuerkisten gemacht worden waren, so hatte sie sich an ihren früheren geschätzten Mitarbeiter, Hrn. Paul Kreuzpointner in Altoona, gewandt, um von dieser Stelle aus nochmals bestimmte Angaben über den dortigen Betrieb zu erhalten und, wenn möglich, die Ursachen festzustellen, welche an dem hier in Deutschland eingetretenen Mifserfolg die Schuld tragen.

* Im Bezirk der Königl. Eisenbahndirection zu Hannover wird in der Regel mit warmem Wasser ausgewaschen und gefüllt.

** „Organ für die Fortschritte des Eisenbahnwesens" 1897, 1. Heft.

Mit gewohnter Liebenswürdigkeit entsprach unser amerikanischer Freund der an ihn gerichteten Bitte durch Einsendung des folgenden im Wortlaut wiedergegebenen Berichts.

„Da ich in den Jahren 1886 und 1887 in »Stahl und Eisen« Einiges über den Gebrauch von Flufseisen für Locomotivkessel in den Vereinigten Staaten und auf der Pennsylvania-Eisenbahn im besonderen schrieb, und jene Mittheilungen mehr oder weniger zum versuchsweisen Gebrauch von Flufseisen für Dampfkessel und Feuerkisten den Anstofs gaben, so interessirte mich Ihre freundliche Mittheilung über den anscheinenden Mifserfolg auf den Königl. Preufsischen Eisenbahnen sehr, und benutze ich mit Vergnügen die Gelegenheit, Ihre Frage über den Erfolg, welcher sich bei Anwendung dieses Metalls in den Vereinigten Staaten gezeigt hat, zu beantworten, und auch mir zu gleicher Zeit die Freiheit zu nehmen, auf die Ursachen hinzuweisen, welchen wohl zu dem bekannt gegebenen Mifserfolg auf den Königl. Preufsischen Staatsbahnen bei der Anwendung von Flufseisen für Feuerkisten die Schuld beizumessen ist. Ich darf mir diese Freiheit wohl um so mehr nehmen, als sich im Laufe der Zeit aus Ingenieur- und Eisenbahnkreisen zahlreiche Personen privatim bei mir Auskunft über diesbezügliche Punkte geholt haben; während der vergangenen Jahre, seit 1889, hatte ich die Ehre, einer gröfseren Anzahl deutscher Ingenieure, Bahnbeamten und Regierungsbaumeister, welche die Vereinigten Staaten besuchten, hier in den Altoonaer Werkstätten der Pennsylvania-Eisenbahn persönliche Mittheilungen über den erfolgreichen Gebrauch von Flufseisen für Feuerkisten und Locomotivkessel zu machen und diese Mittheilungen durch greif- und mefsbare Anschauungen zu bestätigen, unterstützt durch 15jährige Erfahrung in vergleichenden Versuchen und Untersuchungen von altem ausgenutztem, oder vorzeitig zerstörtem Kesselmaterial und allem neuen, an der ganzen Pennsylvania-Bahn für etwa 3200 Locomotiven benöthigten Flufseisen für Kessel und Feuerkisten.

Dafs der Gebrauch von Flufseisen für Dampfkessel und Feuerkisten sicher und zugleich wirthschaftlich ist, beweist die Thatsache, dafs sich der Gebrauch von Flufseisen für Dampfkessel seit dem Jahre 1861, in welchem Jahre die Pennsylvania-Bahn die ersten Versuche mit diesem Material für Locomotiv-Feuerkisten machte, immer mehr ausdehnte und gegenwärtig alle amerikanischen Eisenbahnen und Fabricanten von stationären Kesseln ausschliefslich Flufseisen von 38 bis 46 kg/qmm Zugfestigkeit verwenden.

Auf eine kürzlich an ein Blechwalzwerk, das sich eines hohen nationalen Rufes wegen ausgezeichneter Schweifseisen-Kesselbleche erfreut, gerichtete Anfrage, inwieweit Flufseisen deren Geschäft beeinträchtigt habe, wurde mir die Antwort, dafs noch vor zehn Jahren die Nachfrage nach Kesselblechen von Schweifseisen sehr lebhaft gewesen wäre, dafs aber heute, Juli 1896, keine Nachfrage mehr dafür vorhanden sei, und dafs das ganze Geschäft in diesem Zweige sich auf Bleche für Reparatur von alten Kesseln und »Mud-Drums« (Schlammsammlern) beschränke. Hieraus ist ohne weiteres der Schlufs zu ziehen, dafs die Erfahrungen mit Flufseisen solcher Art sind, dafs dasselbe wirthschaftlich über dem Schweifseisen steht. Freilich ist damit nicht gesagt, dafs alle amerikanischen Kesselbauer in ein uneingeschränktes Lob für die Vorzüge des Flufseisens einstimmen. Wie nicht Alles Gold ist, was glänzt, so weist auch Flufseisen für Kessel seine schwachen Seiten auf. Aber die Thatsache der praktisch allgemeinen Anwendung von Flufseisen, in einem grofsen Lande wie die Vereinigten Staaten, ist jedenfalls Beweis für gewisse Vorzüge, welche schuld gewesen sind, dafs das Schweifseisen verdrängt worden ist. Unsere deutschen Freunde mögen sicher sein, dafs der praktische Amerikaner auf die Dauer nicht etwas bezahlt, das ihm keinen klingenden Vortheil bringt.

Gegenüber der obigen Thatsache, dafs wir in Amerika mit der Verwendung von Flufseisen einen grofsartigen Erfolg zu verzeichnen haben, finden wir auf den Königl. Preufsischen Staatsbahnen einen solchen Mifserfolg im Gebrauche von Flufseisen für Feuerkisten, dafs es anscheinend für nöthig erachtet wird, den ferneren Gebrauch dieses praktisch so werthvollen Materials zu verbieten oder wenigstens wesentlich einzuschränken.

Drei Ursachen liegen meines Erachtens diesem Mifserfolge zu Grunde:

Entweder verstehen die deutschen Hüttenleute es nicht, das richtige Metall herzustellen — was kaum glaublich ist — oder die Construction der Kessel und Feuerkisten und die Behandlung der Bleche in den Werkstätten ist so fehlerhaft, dafs dabei das beste Material vor der Zeit zu Grunde gehen mufs, oder die Liebe zum Alten, das Vorurtheil der betreffenden Behörden und Angestellten, und der Unwille, die Eigenthümlichkeiten des Flufseisens im Dienst zu studiren, sind so grofs, dafs ein Mifserfolg unausbleiblich ist.

Eigenthümlich berührt mich, dafs mir schon vor sechs Jahren von zuständiger Seite die Mittheilung gemacht wurde, dafs die versuchsweise Anwendung von Flufseisen für Feuerkisten an den Königl. Preufsischen Bahnen unfehlbar von Mifserfolg begleitet sein werde.

Deutschem Wissen und deutscher Gründlichkeit und zäher Grübelei, die sonst nicht wenig bespöttelt wird, macht dies sicherlich keine Ehre.

Die erfolgreiche Anwendung von Flufseisen für Locomotivkessel und Feuerkisten erfordert die Berücksichtigung von einer Reihe wichtiger Factoren. Der Härtegrad und die Beschaffenheit des zu verwendenden Materials, die Construction des Kessels und der Feuerkiste, die Dicke der anzuwendenden

Bleche, die Beschaffenheit des Wassers, die Art der Feuerung und die Behandlung des Kessels im Dienst spielen hierbei gleichwichtige Rollen.

Der Härtegrad mufs insofern berücksichtigt werden, als zu hartes Material leicht Sprüngen ausgesetzt ist. Als die Pennsylvania-Bahn im Jahre 1861 anfing die schweifseisernen und kupfernen Feuerkisten durch anderes Material zu ersetzen, wurden zuerst Tiegelstahlbleche angewendet. Diese erwiesen sich bekanntermafsen überall, wo man sie versucht hat, für die Bearbeitung und im Betrieb zu hart. Gelang es, diese Bleche nach vieler Mühe zu börteln und in den Kessel zu bringen, so zeigten sich manchmal nach der Abkühlung des Kessels feine, durch die ganze Länge des inneren Feuerkistenbleches gehende Risse, wodurch dieselben unbrauchbar wurden.

Im Laufe der Zeit zeigte dann die Erfahrung, die ja der beste Lehrmeister ist, dafs ein Metall von 38,6 bis 46,4 oder 47,8 kg/qmm Zugfestigkeit mit einer Dehnung von etwa 24 % auf 200 mm Länge am besten sei.

Die Nothwendigkeit, auf welche wir später zurückkommen, bei Anwendung von Flufseisen möglichst dünne Bleche zu verwenden, macht ein etwas steiferes Material wünschenswerth und ist dies um so mehr der Fall, als die Abmessungen der Stehbolzen voneinander ziemlich weit sein sollen, um den Wirkungen der Ausdehnung und des Zusammenziehens möglichst viel Spielraum zu geben. Es möge hier nebenbei bemerkt werden, dafs es meines Wissens in den Vereinigten Staaten nicht üblich ist, Bleche oder Probestücke auszuglühen. Nur solche Bleche, welche vieler Börtelung bedürfen, werden nach dem Börteln ausgeglüht, um zu grofse Verschiedenheiten in den Spannungen auszugleichen.

Ich möchte bei dieser Gelegenheit wiederholt, wie schon früher, darauf aufmerksam machen, dafs uns nur das Erzeugnifs des Martinofens für Locomotivkessel wünschenswerth erscheint. Was die weitere Beschaffenheit des zu verwendenden Materials anbelangt, so soll dasselbe in Gemäfsheit der Lieferungsbedingungen für Kesselbleche, wie solche an der Pennsylvania-Bahn in Kraft sind und auch mit geringen Abweichungen bei anderen grofsen Bahnen des Landes verwendet werden, für Mantelbleche eine Zerreifsfestigkeit von mindestens 38,6 kg/qmm haben bei einer Dehnung, deren Mindestmafs durch einen Quotienten (140 000 : Belastung in engl. Pfunden a. d. Quadratzoll) dargestellt wird. Ueberschreitet die Festigkeit 46,4 kg, so ist dies nur erlaubt, wenn gleichzeitig die Dehnung mindestens 26 % ist. Für Feuerkistenbleche wird gleiche Festigkeit, aber für den Dehnungsquotienten 145 000 als Dividend vorgeschrieben.

Die Construction mufs natürlich so sein, dafs bei genügender Stärke der Bauart genügend Spielraum für die Bewegungen des Kessels bezw. der Feuerkiste vorgesehen ist. Ist die Bauart zu steif und sind die Stehbolzen zu dicht gesetzt, so mufs etwas nachgeben, und vorzeitige Reparaturen sind die Folge. Bei zu weiter Versetzung der Stehbolzen untereinander haucht sich das innere Seitenblech gern zwischen den Stehbolzen aus. Die Dicke der Bleche in einem flufseisernen Kessel spielt eine äufserst wichtige Rolle in Bezug auf die Lebensfähigkeit eines Locomotivkessels.

Es ist nicht allein von besonderer Wichtigkeit, dafs die durch brennende Kohle oder Holz erzeugte Wärme sich möglichst schnell und ohne grofsen Verlust dem Wasser an der andern Seite des Bleches mittheilt, sondern dafs sich die an der Wasserseite des Bleches befindlichen Molecüle des Metalles dem Gesetz der Ausdehnung und Zusammenziehung durch gröfsere oder geringere Wärme ebenso schnell folgen können wie die an der Feuerseite des Bleches befindlichen Molecüle. Je gröfser der Unterschied in den Wärmegraden auf beiden Seiten der Feuerkiste, je gröfser der Zeitraum, der nothwendig ist zur Fortpflanzung der Wärmewellen von der Feuerseite des Bleches nach der Wasserseite, desto ungleicher und gröfser sind die Spannungen in dem Metalle; Ungleichheiten, welche durch den unvermeidlichen ungleichen Hitzegrad, der zwischen der Feuerlinie und dem höher gelegenen Theile des Bleches besteht, noch complicirter gemacht werden.

Diese verderblichen Folgen der ungleichen Spannungen bezw. der Verschiedenheit des Wärmegrades auf beiden Seiten der Feuerkistenbleche werden noch durch den anhaftenden Kesselstein auf der Wasserseite vermehrt.

Die Naturgesetze lassen sich nicht in eine Zwangsjacke stecken. Das Gesetz der Wärmeleitung fordert in einem flufseisernen Locomotivkessel eine möglichst geringe Dicke der Bleche, widrigenfalls die ungleichen Spannungen, verursacht durch die verschiedenen Wärmegrade auf beiden Seiten der Feuerkistenbleche, eine verhältnifsmäfsig schnelle Zerstörung des Materials durch Sprünge herbeiführen. Dreifsigjährige Erfahrung in den Ver. Staaten hat dies immer und immer wieder bewiesen und zu den geringen Dicken der Bleche geführt, welche den europäischen Besuchern in unseren Werkstätten so sehr auffielen.

An der Pennsylvania-Bahn sind die inneren Feuerkistenbleche für Locomotiven von 9,8 Atm. Dampfdruck und weniger $^1/_4$ engl. Zoll = 6,35 mm dick. Für Locomotiven mit mehr als 9,8 Atm. bis zu 14 Atm. sind sie $^5/_{16}$ Zoll = 7,937 mm dick. Und die Frage wurde bereits aufgeworfen, ob es nicht besser wäre, auch für Locomotiven für hohen Dampfdruck wieder auf $^1/_4$ Zoll dicke Bleche zurückzugeben. Wenn je $^3/_8$ Zoll = 9,525 mm dicke Bleche verwendet wurden, so stellte sich Zerstörung durch Sprünge ein, veranlafst durch zu grofse ungleiche Spannungen, das Uebel verschwand wieder mit dünneren Blechen. Der vielerfahrene Aufseher der Kesselschmiede in den Werkstätten in Altoona erzählte mir von einem

Falle, wo er in Ermangelung des richtigen Materials $^3/_{16}$ Zoll = 4,762 mm dicke Bleche zum Nothfall verwendete und keinerlei Ungelegenheiten dadurch hervorrief. Man kann die Thatsache nicht oft genug wiederholen, dafs, wo alle anderen Umstände die gleichen sind, zu dicke Bleche in einem flufseisernen Kessel bald die Unbrauchbarkeit des Kessels und theure Reparaturen herbeiführen.

Von der Beschaffenheit des Wassers hängt ferner viel für die Lebensfähigkeit eines Locomotivkessels ab. Säure- und alkalienhaltiges Wasser zerstört das Metall; fleifsiges Auswaschen und Neutralisiren der schädlichen Substanzen durch Zinkspäne oder Chemicalien sind dann nothwendig. Vor kurzer Zeit hörte ich von einer westlichen Bahn, wo fortwährend Klagen über die unrichtige Beschaffenheit des verwendeten Flufseisens einliefen. Nach mehrfachen Versuchen stellte es sich jedoch heraus, dafs nicht die Beschaffenheit des Metalls die Schuld trug, sondern die unrichtige Behandlung der Kessel in Bezug auf Auswaschen. Nachdem andere Methoden eingeführt worden waren, und das Personal geschult war, gab es so wenig Kesselreparatur, dafs von je acht Kesselschmieden sechs, d. h. Dreiviertel, wegen Mangels an Arbeit entlassen wurden. Messing- oder Kupferröhren, wenn diese direct dem Einflusse des Wassers ausgesetzt sind, erzeugen häufig galvanische Ströme, welche das Metall in der unmittelbaren Nähe dieser Theile zerstören, was sich durch schwarzen, schlammigen Niederschlag kundgiebt.

Dies zeigt sich häufig in der Nähe der Messingstopfen, „Mudplugs“, von 76 mm Durchmesser und gleicher Länge, welche am Boden des Kessels in die Auswaschlöcher geschraubt sind. Rings um dieselben zersetzt sich das Flufseisen, und auch der „Mudring“, der schwere, 100 mm dicke, schmiedeiserne Kranz, welcher den Raum zwischen dem Boden der inneren und äufseren Feuerkistenbleche verschliefst, wird oft durch die stattfindende galvanische Einwirkung angefressen.

Auf einigen Theilen der Chicago-, Milwaukee- und St. Paul-Bahn ist das zu verwendende Speisewasser aufserordentlich alkalienhaltig, und um den Boden des Kessels unter den Sicderöhren vor baldigem Zerfressen zu schützen, behilft man sich manchmal auf folgende Weise: Der Boden des Kessels wird bis zur Höhe der seitlichen Nietreihe mit Cement bis zur Dicke der Nietköpfe belegt. Auf diesen Cementboden schiebt man dann ein 4,76 mm dickes Blech, das der Rundung des Kessels angepafst ist. Anstatt dafs nun der Boden des eigentlichen Kessels zerfressen wird, wie dies anderswo häufig zu beobachten ist, wird nur das ordinäre, eingeschobene Stück Blech zerstört, das dann bei nächster nothwendiger Reparatur herausgenommen und durch ein neues ersetzt wird.

Nachfolgend gebe ich in Uebersetzung ein paar Briefe, welche bezüglich des vorerwähnten Punktes von Interesse sein dürften.

S. P. Bush, Superintendent des „Southwest Systems“ der Pennsylvania-Linien westlich von Pittsburg, schrieb auf meine Anfrage hierzu Folgendes:

Columbus, Ohio, 5. Aug. 1896.

„Zu Ihrer Anfrage, unsere Methode, die verderblichen Einflüsse des Speisewassers, wenn dieses von schlechter Beschaffenheit ist, zu neutralisiren betreffend, bemerke ich, dafs die Behandlung der Kessel, welche wir seit längerer Zeit in Anwendung bringen, nicht bei uns zuerst in Anwendung kam. Es steht jedoch ganz aufser Frage, dafs wir während der letzten Jahre ganz bedeutende Fortschritte gemacht haben, um die schnelle Zerstörung der Feuerkisten durch schlechtes Speisewasser zu verhindern, und es ist mir ein Vergnügen, Ihnen mitzutheilen, wie wir das zuwege gebracht haben. Ich möchte vorausschicken, dafs beinahe alle unsere Speisewässer sehr viel kohlensauren Kalk und in einigen Fällen schwefelsauren Kalk enthalten. Vor ungefähr zwei Jahren bestimmten wir möglichst genau die den Kesselstein bildenden Substanzen in unseren Speisewässern, und wir gelangten zu der Einsicht, dafs infolge der gröfseren Menge von kesselsteinbildenden Substanzen auf einigen Strecken unserer Bahnen das gründliche Auswaschen der Kessel auf diesen Strecken öfter vorgenommen werden müfste als auf anderen Strecken, auf welchen das Speisewasser nicht so schlecht war. Es wurde deshalb die Verfügung getroffen, dafs, mit Ausnahme eines Betriebsamts, das Auswaschen der Kessel gegen früher zweimal so oft stattfinden müsse. Mit alleiniger Ausnahme des Pittsburger Betriebsamts werden daher in allen Betriebsämtern die Kessel je alle 400 bis 500 Meilen (640 bis 800 km) ausgewaschen.

Unmittelbar nach Anwendung dieser Praxis machten sich die wohlthätigen Einflüsse dieser Verfügung geltend. Die Abnahme der Zerstörung der Feuerkisten war überraschend. Vor dieser Verfügung litten die Feuerkisten durch Ausbauchen der Bleche zwischen den Stehbolzen. (Anmerkung: Derartig ausgebauchte Seitenbleche der Feuerkisten sahen manchmal aus wie ein Stück gepolstertes Möbel, in dem die Knöpfe tief eingezogen sind. P. K.).

Die Bleche überhitzten sich an der Feuerseite infolge des sich auf der Wasserseite ablagernden Kesselsteins. Unmittelbar nach Einführung der Praxis fleifsigen Auswaschens verminderten sich die Einflüsse des Ueberhitzens. Ungefähr sechs Monate nach Einführung dieser Praxis untersuchten wir den seit Jahren an der Chicago-, Milwaukee- und St. Paul-Bahn angewandten Zusatz von Soda zum Speisewasser behufs Niederschlags der Kesselstein erzeugenden Verunreinigungen. Die Speisewässer an dieser Bahn sind den unsrigen sehr ähnlich; die Benutzung von Soda in Verbindung mit fleifsigem Auswaschen der Kessel war von den günstigsten Resultaten begleitet. Wir begannen den Versuch mit Soda im Betriebsamt Chicago. Die Soda wurde einfach in das Wasser des Tenders eingebracht, wo sich dieselbe auflöste.

Am Ende einer jeden Fahrt wurde so viel Wasser ausgeblasen, als ungefähr der Höhe von drei Wasserstandsgläsern entsprach, wobei auf diesem Wege gleichzeitig ein grofser Theil des Niederschlags ausgetrieben und ferner noch die Sättigung des Wassers mit Soda verhindert wurde. Diese verhindert das Schäumen des Wassers. Wird das Ausblasen des Wassers nicht gewissenhaft besorgt, dann erzielt man ungünstige Resultate und das Wasser schäumt.

Die günstigen Resultate dieser Probe im Chicagoer Betriebsamt mit Soda waren nach dreimonatlichem Gebrauch ersichtlich. Obwohl die Soda selbst den alten Kesselstein nicht auflöste, so löste er sich doch von den Blechen der Feuerkiste entweder durch die Bewegung des Wassers während des Auswaschens, oder durch die Ausdehnung und Zusammenziehung, oder wurde durch Desintegration langsam zerkleinert. Alle Feuerkistenbleche der Kessel auf dem Chicago- und den anderen Betriebsämtern, wo die Soda angewandt wurde, sind jetzt frei von Kesselstein, und obwohl die günstige Wirkung sich an den Siederöhren nicht in demselben Mafse bemerkbar macht wie am Kesselboden, so hat sich die Anhäufung des Kesselsteins an den Röhren doch auch bedeutend vermindert und, was besonders wichtig ist, es hat die Ansammlung von Kesselstein zwischen den Siederöhren an dem hinteren Siederöhrenblech aufgehört. Dies ist dasjenige, was bisher bei uns gethan wurde; soweit der Gebrauch von Flufseisen für Feuerkisten in Betracht kommt, so wurde hierdurch die Dienstdauer des Metalls ganz bedeutend verlängert. Um wieviel, kann ich noch nicht sagen, da wir die jetzige Praxis noch nicht lange genug eingeführt haben. In der Hoffnung, dafs die obige Mittheilung Ihrer Anfrage Genüge leistet, zeichnet

Aufrichtig Ihr
S. P. Bush,
Supt. Motive Power.

Auf Anfrage an die Great Northern Railroad, auf deren Strecke sich sehr schlechte Speisewässer finden, erhielt ich folgende Antwort:

St. Paul, Minnesota, den 31. Juli 1896.

In Beantwortung Ihrer Anfrage vom 27. Juli bezüglich unserer Erfahrungen im Westen über die Brauchbarkeit von Flufseisen für Locomotiv-Feuerkisten möchte ich bemerken, dafs es für uns schwierig ist, genaue Daten über die durchschnittliche Lebensfähigkeit der Feuerkisten zu geben.

Die meisten Bahnen, welche von St. Paul nach der Küste des Stillen Oceans gehen, haben mit der Unannehmlichkeit zu kämpfen, dafs ihr Speisewasser die denkbar schlechtesten Eigenschaften besitzt. Im allgemeinen ist das für den Bahndienst zur Verfügung stehende Speisewasser in Minnesota und Süd-Dakota sehr hart und enthält häufig 50 bis 70 grains kesselsteinbildende Substanzen in der Gallone Wasser (= 0,71 bis 0,99 %), meist kohlensauren Kalk und Magnesia und schwefelsauren Kalk. Das Wasser in Nord-Dakota enthält bedeutende Quantitäten von Alkalisalzen (schwefel- und kohlensaure, sowie Chlorsalze), welche durch Schäumen des Wassers in den Kesseln sehr viel Unannehmlichkeiten bereiten. Weiter westlich, in Montana, enthält das Wasser grofse Quantitäten von Alkalisalzen sowie Kalk- und Magnesiasalzen.

Trotz der erschwerenden Umstände, unter denen die Locomotivkessel hier im Westen arbeiten: schwerer Dienst, aufserordentlich schlechtes Wasser, ungewöhnliche Kälte im Winter, kann man die durchschnittliche Lebensdauer einer flufseisernen Feuerkiste auf 5 bis 7 Jahre schätzen; an ungewöhnlich ungünstigen Plätzen weniger und an anderen Plätzen zweimal so lange. Soweit ich ein Urtheil abgeben kann, erzielen wir jedes Jahr bessere Resultate und längere Lebensdauer der Feuerkisten in dem Mafse, als wir mehr und mehr Erfahrungen sammeln in Bezug auf die richtige Behandlung des Flufseisens in den Werkstätten sowie der Behandlung der Kessel im Dienst und Locomotivschuppen. Die Praxis herrscht allgemein, die Kessel nur mit warmem oder heifsem Wasser auszuwaschen und den Dampfdruck vor dem Auswaschen langsam, anstatt plötzlich zu erniedrigen.

Seit diese Praxis eingeführt wurde, hat sich die Zahl gesprungener Bleche ganz bedeutend vermindert, zu Gunsten längerer Dienstfähigkeit der Feuerkisten.

Wenn wir die Thatsache in Betracht ziehen, dafs es auf einigen Strecken der Bahn nothwendig ist, die Kessel jede Woche einmal auszuwaschen, und wir selbst dann noch gezwungen sind, die Locomotive alle 6 bis 10 Monate in die Werkstätte zu bringen, um den Kesselstein zu entfernen, der sich an den Siederöhren und Seitenplatten ansetzt; wenn wir ferner den hohen Dampfdruck von 11,2 bis 12,6 kg/qcm, und endlich das sehr kalte Klima und den schweren Dienst in Betracht ziehen, so kann man füglich kaum mehr als 5 bis 10 Jahre Dienstzeit oder Lebensdauer von einer Feuerkiste erwarten. Während der letzten 5 oder 6 Jahre kam es einmal oder zweimal vor, dafs ein Feuerkistenblech in 6 Monaten unbrauchbar wurde. Die Untersuchung zeigte, dafs physikalische Fehler in den Blechen daran schuld waren. Einige derartige Fälle können natürlich den Werth des Flufseisens für Feuerkisten nicht verringern. Es ist selbstverständlich, dafs obige Mittheilungen nur einen ganz allgemeinen Ueberblick über die Thatsachen geben können.

Aufrichtigst Ihr
P. H. Conradson, Chemiker.

Aus einem Briefe über dieses Thema von George Gibbs, Maschineningenieur der Chicago-, Milwaukee- und St. Paul-Ry. vom 6. August 1896 entnehme ich Folgendes:

„...... Unsere flufseisernen Feuerkisten dauern durchschnittlich 12 Jahre. Ich denke jedoch, dafs sich diese Dienstzeit in nächster Zeit wegen allgemeiner Anwendung von hohem Dampfdruck verringern wird. Ich bin der Ansicht, dafs es unrichtig ist, die Lebensdauer einer Feuerkiste nach der Durchschnittszeitdauer ausgewechselter, schadhaft gewordener Seitenplatten zu berechnen.

...... Ich kann nicht begreifen, was man mit einer Feuerkiste aus $^9/_{16}$ Zoll = 14,287 mm dicken Blechen thun kann. Solange wir $^3/_8$ Zoll = 9,525 mm dicke Bleche für Feuerkisten verwendeten, hatten wir ungemein viel Unannehmlichkeiten. Dies hat vollständig aufgehört, seit wir Bleche mit einer Normaldicke von $^5/_{16}$ Zoll = 7,937 mm anwenden.

Wir gebrauchen Soda, die unter dem Namen »Boiler Compound« bekannt ist, um die Kessel frei von Kesselstein zu halten. Ohne Zweifel trägt diese Praxis zur Verlängerung der Dienstzeit der Feuerkisten ganz erheblich bei." —

Die Erfahrungen, welche in den vorhergehenden Mittheilungen wiedergegeben sind, sind im ganzen Lande ähnliche.

Im Jahre 1889 verbanden sich die amerikanischen Dampfkessel-Fabrikanten zu einer Vereinigung unter dem Namen: „American Boiler Manufacturers Association of the United States and Canada".

Das erste, was der Verein nach seiner Organisation in Pittsburg im Jahre 1889 that, war die Annahme von gemeinsamen Lieferungsbedingungen, und nach längerer Besprechung, zu welcher Schweifs- und Flufseisenblech-Fabricanten eingeladen wurden und sich auch hören liefsen, sprach sich der Verein für Verwendung von Flufseisen aus, das auch seitdem von den Mitgliedern verwendet wird.

Ich schrieb kürzlich an den Secretär jenes Vereins, E. D. Meier in St. Louis, um Auskunft über die Erfahrungen zu erlangen, welche von den Mitgliedern in der Anwendung von Flufseisen bisher gemacht wurden. Man schreibt mir, dafs dieselben günstig seien und er könne nicht einsehen, wie heutigen Tages noch Jemand an der ökonomischen Anwendung von Flufseisen für Kessel zweifeln könne, wenn nur der Schwefel- und Phosphorgehalt niedrig genug gehalten werde.

Da die Pennsylvania-Eisenbahn im Jahre 1861 mit Tiegelstahlblechen für Feuerkisten Versuche machte, dann nach Erscheinen des im Martinofen erzeugten Flufseisens sogleich auf dasselbe überging und seitdem in ihren etwa 3200 Locomotiven ausschliefslich verwendet, so brauche ich wohl nichts weiter in Bezug auf dieses grofse Bahnnetz zu sagen, als dafs die Schwierigkeiten, welche Wasser, Material u. s. w. im Locomotivdienst bei Anwendung von Flufseisen zuerst boten, gänzlich überwunden sind.

Es soll damit nicht gesagt sein, dafs sich nicht immer wieder neue Probleme zur Lösung bieten; ein solches tritt zum Beispiel, wie G. Gibbs von der Chicago-, Milwaukee- und St. Paul-Bahn zutreffend bemerkt, durch die steigende Forderung für höheren Dampfdruck auf, welcher die Dienstzeit der Kessel erniedrigen werde.

Aber das ist eines der Probleme, welches, wie viele andere moderne Fragen, aus der raschen Entwicklung unseres Industrie- und Verkehrswesens entspringt und nichts mit der Frage, ob Flufseisen für Locomotivkessel und Feuerkisten überhaupt verwendet werden könne, zu thun hat.

Nach genauer Zusammenstellung der Lebensdauer von 215, zwischen 1888 und 1894, einschl. ausrangirten Feuerkisten an den Pennsylvania-Bahnen, finde ich eine durchschnittliche Dienstzeit von 7 Jahren und 2 Monaten. Hierin sind Personen-, Fracht- und Rangirlocomotiven einbegriffen, sowie solche, welche sehr gutes, wie die anderen, welche sehr schlechtes Speisewasser auf den verschiedenen Strecken verwenden mufsten und müssen. Eine der obigen Locomotiven wies eine Dienstzeit von 17 Jahren und 8 Monaten auf, während die kürzeste Dienstzeit einer derselben 2 Jahre und 9 Monate betrug.

Die gröfste durchlaufene Meilenzahl hat eine Feuerkiste einer Personenzuglocomotiven aufzuweisen, nämlich 498 439 Meilen oder rund 824 000 km, die kürzeste 86 830 Meilen = 139 000 km.

Man will die Bemerkung gemacht haben, dafs Locomotivkessel, welche stets eine Woche ununterbrochen unter Feuer und im Dienst sind, selbst bei harter Arbeit verhältnifsmäfsig weniger Reparatur bedürfen als solche mit leichterem Dienst und daher wechselnden Hitzegraden.

Ich sende Ihnen ein Stück* aus einer inneren Seitenplatte einer Frachtlocomotiv-Feuerkiste. Die Locomotive gehörte zur Klasse R, für schweren Dienst in unserer gebirgigen Gegend; die Feuerkiste war zehn Jahre im Dienst, vom Juli 1886 bis zum Juni 1896, mit einer Dienstmeilenzahl von 264 816 Meilen = 394 905 km.

Nachfolgend führe ich einige Proberesultate von $^5/_{16}$ Zoll = 7,937 mm dicken inneren Feuerkistenblechen an, wie wir gewohnt sind solche zu erhalten, gleich gültig ob dieselben dem basischen oder sauren Martinofen entstammen. Die Resultate repräsentiren eine Lieferung von einem Werke.

---

* Steht Interessenten zur Ansicht zur Verfügung. *Schrödter.*

Zugfestigkeit		Dehnung
Pfund a. d. Quadratzoll	kg/qmm	Procente auf 8 Zoll = 200 mm Länge
58 200	40,91	26,5
57 300	40,28	29
60 900	42,8	27
58 600	41,2	27,5
57 800	40,63	29,5
56 800	39,93	29
60 600	42,6	24
60 600	42,6	30
59 500	41,83	28,5

In den Locomotivschuppen der Pennsylvania-Bahn befinden sich grofse, stets mit heifsem Wasser gefüllte Kessel, welches zum Auswaschen der Locomotivkessel benutzt wird. Seitdem mit warmem Wasser ausgewaschen wird, haben sich Reparaturen bedeutend vermindert, und die lästigen Sprünge, welche entstehen, wenn mit kaltem Wasser ausgewaschen wird, kommen nicht mehr vor.

Ich glaube im Vorhergegangenen den jetzigen Stand der Anwendung von Flufseisen für Locomotivkessel in den Vereinigten Staaten genügend dahin abgeklärt zu haben, um zu behaupten, dafs bei uns kein Rückschritt, sondern ein ganz bedeutender Fortschritt in dessen Anwendung seit den letzten 10 Jahren stattgefunden hat. Nunmehr werde ich versuchen, die Factoren, welche anscheinend das Mifslingen des Versuchs auf preufsischen Bahnen verursachten, kritisch zu beleuchten.

Aus den mir gemachten Angaben über Dicke der Bleche für Feuerkisten u. s. w. und dem mir zur Probe eingesandten Ausschnitt von einem neuen Kesselblech und dem Stück Blech aus einem, wie ich verstehe, ausrangirten Kessel,* schliefse ich auf Grund meiner Erfahrungen Folgendes:

1. Die Bleche sind viel zu dick, um praktisch nützlich sein zu können.
2. Es scheint eine galvanische Wirkung hervorgerufen durch messingene oder kupferne Siederöhren, das Zerfressen des Flufseisens zu begünstigen.
3. Die physikalischen wie chemischen Eigenschaften des mir zugesandten Materials bewegen sich innerhalb der gegenwärtig an der Pennsylvania-Bahn gültigen Lieferungsbedingungen und kann deshalb die Beschaffenheit des Materials Ursache jenes Mifslingens nicht sein.

Was die Dicke der Bleche anbelangt, so ist es als ein sehr grofser Mifsgriff und als gegen Naturgesetz und Erfahrung zu bezeichnen, 15 mm und 17 mm dicke Bleche in irgend einem Theile eines flufseisernen Kessels zu verwenden, es sei denn als Verbindungsring, wie z. B. zu dem an einer Klasse unserer Locomotivkessel, Rundkessel und Dampfsammler verbindenden Ring, welcher 22 mm dick ist. Flufseisen ist ein so dichtes, homogenes Metall, dafs dasselbe die Wärme unzweifelhaft auf andere Weise in Bewegung setzt als das Kupfer. Es ist wohl nicht zu bezweifeln, dafs 6 mm dicke kupferne Feuerkistenbleche in Bezug auf Wärmeübertragung auf das Wasser besser wirkten als 17 mm dicke, wenn die Weichheit des Kupfers solche geringe Dicken nicht ausschlösse.

Die inneren Seitenwände einer Feuerkiste haben die Aufgabe, die durch das Verbrennen der Kohle erzeugte Wärme auf das Wasser zu übertragen. Die durch das Material strömende Wärme wird vom Wasser sofort aufgesaugt. Nun kann aber das Wasser nicht mehr Wärmegrade aufsaugen, als zum Verdampfen desselben nothwendig ist. Sobald dieser Zeitpunkt eintritt, tritt kälteres Wasser an Stelle des Dampfes. Infolgedessen ist, selbst unter günstigsten Umständen, der Unterschied in den Wärmegraden zwischen der inneren Feuerseite der Feuerkistenbleche und deren Wasserseite sehr grofs und zwar am gröfsten entlang der Feuerschicht. Dieser grofse Wärmeunterschied auf den beiden Seiten der Feuerkistenbleche mufs, nach den Gesetzen der Natur, im Laufe der Zeit das beste Material zerstören bezw. untauglich zu fernerem Dienst machen. Dieser Zerstörungsprocefs mufs um so schneller vor sich gehen, je länger die Zeit ist, d. h. bis ein gegebener Wärmegrad, von der inneren Seite der Feuerkistenwand aufgenommen, durch das Blech hindurchgeht und auf der anderen Seite vom Wasser aufgesaugt und fortgeführt wird. Diese Zeitdauer ist aber jedenfalls von geringerer Bedeutung als der Umstand, dafs, je weiter ein Gegenstand von einem Wärme ausstrahlenden Punkte entfernt

* Es waren dies zwei Blechausschnitte. Der eine rührte aus einer neuen Flufseisenplatte her, welche nach der Ansicht des liefernden Blechwalzwerks als Feuerkistenmaterial sich geeignet hätte; das Walzwerk hatte sich bisher mit der Lieferung von Blechen für diesen Sonderzweck noch nicht beschäftigt. Da, wie die Redaction nachträglich erfuhr, andere Blechwalzwerke bereits gröfsere Lieferungen von Feuerkistenblechen ausgeführt haben und von diesen zum Theil gerade darauf Werth gelegt wurde, den zu diesem Zweck bestimmten Blechen solche Eigenschaften zu verleihen, dafs sie denjenigen des Kupfers möglichst nahe kamen, so ist anzunehmen, dafs die nach Amerika von uns geschickte Probe nicht die beste deutsche Qualität für diesen Zweck vorstellt.

Das zweite Probestück ist aus dem unteren Theil des Langkessels einer Locomotive entnommen, welche im Jahre 1893 erbaut und drei Jahre auf der Preufsischen Staatsbahn in Betrieb war. Da aus anderem Anlafs die Siederöhren herausgezogen werden mufsten, so wurde eine Besichtigung des Kesselinnern ermöglicht, welche alsdann ergab, dafs der Langkessel in seinem unteren Theil einen die ganze Länge einnehmenden etwa 400 mm breiten Streifen zeigte, in welchem tiefe Narben (Pocken) eingefressen waren, an den Blechstöfsen sich sogar bis 4 mm tiefe Furchen zeigten. Wenngleich somit die Beurtheilung dieses Stücks nur indirect mit dem durch den Titel angegebenen Inhalt der Abhandlung in Beziehung steht, so glaubten wir doch den dieses Stück betreffenden Theil des amerikanischen Gutachtens nicht ausscheiden zu sollen.

Die Redaction.

ist, desto weniger der betreffende Gegenstand erwärmt wird. Wir können das Ende einer Stahlstange, dessen entgegengesetztes Ende wir in der Hand haben, verbrennen ohne Schaden für unsere Hand, vorausgesetzt, dafs die Stange lang genug ist.

Das Fortpflanzungsvermögen der Wärme in Metall hat aber eine Grenze. Uebertragen wir dieses gemeinfafsliche Beispiel auf eine Feuerkiste, so ist es selbstverständlich, dafs, je dicker das Blech, desto geringer das Wärmefortpflanzungsvermögen des Metalles an der Wasserseite, desto gröfser aber die nothwendige Hitze, um das Wasser in Dampf zu verwandeln, desto gröfser ferner die Spannungen im Metall infolge der ungleichen Wärmevertheilung in den verschiedenen Schichten und desto gröfser endlich die Gefahr der Ueberhitzung und schnelleren Desintegration des Metalles an der Feuerseite der Bleche und als ganz natürliche Folge desto unökonomischer die Verwendung von Flufseisen für Feuerkisten.

Die Erfahrung hat unwiderleglich gelehrt, dafs 10 mm dicke Flufseisenplatten für Feuerkisten zu dick sind und man ging daher, wie schon bemerkt, immer wieder auf 8,7 und 6 mm zurück. Warum man daher, nach all meinen diesbezüglichen Erklärungen und Ermahnungen, nachdem viele unserer Locomotivkesselzeichnungen nach Deutschland gewandert sind, nachdem sich Regierungsbaumeister, Bauräthe u. s. w. in unseren Werkstätten und auf den amerikanischen Bahnen von dem praktischen Werth von dünnen Flufseisenblechen für Feuerkisten durch eigene Anschauung und eigenes Messen überzeugt haben, dennoch das Unmögliche möglich zu machen suchte und gegen alle Erfahrung und Naturgesetz dennoch solche Dickhäuter verwandte und damit wirthschaftlich praktische Resultate zu erzielen hoffte, ist mir unbegreiflich. Im Gegentheil dazu denkt man bei uns daran, noch von 8 mm auf 7 mm zurückzugehen. Der Dampfdruck auf deutschen Locomotiven ist doch gewifs nicht gröfser als bei uns, nämlich 180 bis 190 Pfund a. d. Quadratzoll (= 12,6 bis 13,3 kg/qcm).

In all den verschiedenen Klassen von Locomotiven an der Pennsylvania-Bahn ist nur ein Blech, das sogenannte „Front Tube Sheet“, des eigentlichen Kessels 12 mm dick. Alle anderen Abmessungen bewegen sich zwischen 6 und 11 mm. Ungeschminkte, vergleichende Kritik mufs daher angesichts all dieser unwiderlegbaren Thatsachen und Erfahrungen die Anwendung von dickeren, flufseisernen Blechen für irgend einen Theil eines Locomotivkessels als fehlerhaft und unwirthschaftlich bezeichnen.

Bezüglich des zweiten Punktes, galvanische Wirkung betreffend, so kann man selbe durch den Gebrauch von schweifseisernen oder flufseisernen Siederöhren vermeiden, auch dadurch, dafs man die Entfernung zwischen den untersten Siederöhren und dem Boden des Rundkessels gröfser macht.

Um allenfallsige schädliche Einwirkungen des Speisewassers zu neutralisiren, gebrauche man Zinkspäne oder passende Chemicalien. Praktische Versuche an Ort und Stelle in dieser Richtung müssen sich den jeweiligen Bedürfnissen anschmiegen.

Das mir zugesandte Stück aus dem Boden eines Rundkessels, das durch säurehaltiges Speisewasser oder galvanische Einwirkung angefressen war, war nach dem Abhobeln aller Vertiefungen immer noch stärker, bezw. dicker als unsere derartigen Bleche, wenn sie neu eingesetzt werden.

Was die Eigenschaften des zu verwendenden Flufseisens anbetrifft, so sollte dasselbe nicht zu weich sein, um bei den anzuwendenden geringen Dicken ein gewisse Steifheit zu behalten. Ist das Metall zu weich, dann müssen die Stehbolzen zu nahe gesetzt werden, was wiederum die Elasticität des Kessels beeinträchtigt. Das Ideal eines Kessels ist ein solches ohne Stehbolzen, in welchem sich das Metall ungehindert ausdehnen und zusammenziehen kann.

Ein Flufseisen mit einer Mindestzugfestigkeit von = 38 kg/qmm und 25 oder 26 % Dehnung in 200 mm Länge bis zu einer Zugfestigkeit von 46 kg/qmm und 21 oder 22 % Dehnung scheint sich am besten zu bewähren. Die Elasticität und Zugfestigkeit durch Kaltwalzen in die Höhe zu treiben, ist nicht rathsam, weil die anhaltende Wärme diesen künstlich erzeugten Vortheil wieder zerstört. Verglichen mit diesen Anforderungen, entsprachen die physikalischen Eigenschaften des mir gesandten, aus dem Boden eines Rundkessels ausgeschnittenen Stückes nicht allein den Lieferungsbedingungen der Pennsylvania-Bahn und anderer Bahnen, sondern auch meinen persönlichen Erwartungen, welche ich, durch 15jährige Erfahrung belehrt, an ein gutes, für Locomotivkessel bestimmtes Material stelle.

Die Streckgrenze war 20,9 kg/qmm, die Bruchgrenze 39,1 kg/qmm und die Dehnung 24,5 %.

Vor dem Probiren liefs ich das Probestück abschleifen und poliren, um die Bewegungen des Metalls unter Zug besser beobachten zu können, und fand auch in dieser Beziehung das Metall sehr gut. Im Laufe der Jahre lernte ich, dafs diese Methode mir einen guten, freilich mathematisch nicht mefsbaren, Fingerzeig über die Beschaffenheit des Gefüges und den Einflufs von Zugkräften auf dasselbe gab. Namentlich zu Vergleichen zwischen altem und neuem Material verschiedener Fabricate fand ich diese Methode des öfteren sehr nützlich.

Die Analyse des mir zugesandten Stückes Kesselblech ergab folgendes Resultat:

Kohle	0,155
Mangan	0,35
Phosphor	0,053
Schwefel	0,077
Silicium	0,002

Gemäfs den Lieferungsbedingungen der Pennsylvania-Bahn ist der Schwefel etwas hoch. Die übrigen Elemente bewegen sich innerhalb annehmbarer Grenzen.

Wenn ich im Vorhergehenden mich frei und ungezwungen ausgesprochen habe, so that ich es einerseits, um die von mir im Laufe der Zeit erholten Rathschläge und Mittheilungen zu bestätigen, und andererseits, um den Eindruck zu widerlegen, als ob der deutsche Hüttenmann unfähig wäre, gutes, dienst- und lebensfähiges Flufseisen für Kessel- und Feuerkistenbleche herzustellen. Ich sehe keinen Grund, warum er das nicht sollte thun können, und wenn die mir übersandten Probestücke allgemein das Erzeugnifs deutscher Hüttenindustrie repräsentiren, so beweist es, dafs der deutsche Hüttenmann in dieser Beziehung den an ihn gestellten Ansprüchen gerecht werden kann.*

Freundlichst Ihr

P. Kreuzpointner.

Soweit die liebenswürdigen Mittheilungen unseres amerikanischen Gewährsmanns. Wir weisen auf den grofsen Unterschied hin, welcher zwischen der deutschen und der amerikanischen Praxis besteht, und auf den Gegensatz in den Erfahrungen, welche man hier und dort gesammelt hat; wir hoffen dabei, dafs die obigen Mittheilungen in den betheiligten Kreisen die gebührende Beachtung finden werden. Die Redaction: *E. Schrödter.*

Neuerungen im Hochofenbetriebe.

Von Hochofendirector **C. Th. Jung**-Burbacherhütte.

(Vorgetragen im Pfalz-Saarbrücker Bezirksverein des Vereins deutscher Ingenieure.)

Der Bau unseres Hochofens Nr. 5 hat uns Gelegenheit gegeben, verschiedene zweckmäfsige Neuerungen einzuführen, die von mehr oder weniger grofser Bedeutung immerhin aber wichtig genug sind, eingehender besprochen zu werden. Besonders waren es die Cowper-Apparate, die weitgehende Veränderungen erfahren haben und die zum Theil durch die Patente der HH. Ingenieure Puissant d'Agimont in Burbach und Joseph Custor in Saarbrücken gesetzlich geschützt sind.

Die Frage, ob man heutzutage für den Betrieb der Cowper - Apparate gufseiserne oder feuerfeste Roste anwenden soll, dürfte zu Gunsten der letzteren Construction entschieden sein und zwar hauptsächlich in Anbetracht der fortwährenden kostspieligen, nicht zu vermeidenden Reparaturen durch das Brechen des gufseisernen Rostes und das Nachstürzen des Gittermauerwerks. Ein weiterer Fehler der Construction wird infolge der ungleichen Ausdehnung von Gufseisen und feuerfesten Steinen hervorgerufen, so dafs die Gittersteine fortwährend (wenigstens die auf dem Rost zunächst liegenden) in Bewegung bleiben und auf dem härteren Gufseisen abschleifen, der Apparat also nicht zur Ruhe kommen kann. Die feuerfesten Steinroste haben, weil sie aus gleichem Material hergestellt sind, diesen Uebelstand nicht, allein es läfst sich nicht leugnen, dafs die vielfach ausgeführten feuerfesten Steinroste dem einfachen gufseisernen Rost bedeutend nachstehen, vielfach sehr schwerfällig und massig ausgefallen sind, so dafs sowohl der freibleibende Raum unter dem Roste sehr beengt, ja sogar durch die Construction ein Theil der freien Durchgangsöffnungen (Zellen) sich sehr leicht zusetzen und später kaum mehr zu reinigen bezw. offen zu erhalten sind. Das ist und bleibt ein Uebelstand, der dem gufseisernen Rost nicht anhaftet; ebenso sind auch bei dem letzteren vorkommende Reparaturen leicht auszuführen.

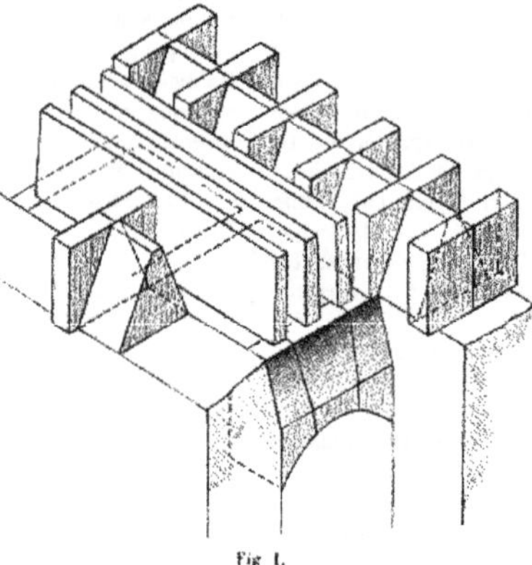

Fig. 1.

Um das fortwährende Abschleifen der Besatzsteine auf dem Rost zu verhüten, haben wir uns frühzeitig dadurch geholfen, dafs wir im Rauhschacht in Entfernungen von je 1 m, zwei bis drei Aussparungen aushielten, in welche die Gittersteine einsetzten, um auf diese Weise den Gesammtdruck der Gittersteine gewölbeartig auf das Rauhgemäuer zu übertragen; allein wir sind auch hier nicht ganz vollständig zum Ziel gekommen, indem manches Mal Steine aus höheren Lagen nachstürzten. Immerhin ist diese kleine Aenderung beim Aufbau des Rauhschachtes, die ohne Mühe und Kosten herzustellen ist, wohl zu empfehlen, da sie den eigentlichen Rost entlastet.

Ein weiterer nicht zu unterschätzender Uebelstand einer modernen feuerfesten Rostconstruction ist die Anwendung der durchschnittlich sehr langen, hohen, ungenügend unterstützten Rostbalken, bei deren Fabrication vielfach ungleiche Spannungsverhältnisse hervorgerufen werden, wodurch die Steine leichter springen und somit die ganze Construction gefährden können. Während aber Reparaturen bei dem gufseisernen Rost verhältnifsmäfsig einfach, wenn auch kostspielig und zeitraubend auszuführen sind, können solche bei dem feuerfesten Steinroste unter Umständen recht viel Schwierigkeiten bereiten, ja unter Umständen ganz unmöglich werden.

Die in Burbach angewandte feuerfeste, dem Hrn. Puissant d'Agimont patentirte Rostconstruction (Fig. 1) vereinigt die Vorzüge der beiden Systeme ohne die Nachtheile derselben, ja, sie ist noch wesentlich solider, indem die Hälfte des Gewichtes des Gitterwerks durch die Mauerpfeiler aufgenommen und nur die andere Hälfte gewölbeartig abgestützt wird. Weiterhin ermöglicht dieselbe die Verwendung aufserordentlich kräftig gehaltener, verhältnifsmäfsig kürzerer Rostbalken, die trotz ihrer geringen Länge (bei unserer Construction nur 700 mm lang) dreimal unterstützt werden.

Während bei den meisten Constructionen die Gitteröffnungen Gefahr laufen, sich nach unten hin zuzusetzen, haben wir hier genau das Gegentheil: die Zellenöffnungen erweitern sich nach unten und bieten durch die konische Anordnung der kleinen Gewölbe noch die weitere Möglichkeit, den Querschnitt der einzelnen Zellen durch Auflegen eines Steines bequem und nach Belieben reguliren zu können. Das wäre an und für sich ein sehr grofser Vortheil der Construction und Wirkungsweise des Apparats gewesen, wenn dieser nicht durch die Anwendung der durchlochten Steine (auf die ich später noch zurückkommen werde) überholt worden wäre. Weiterhin ist die Anordnung der einzelnen Mauerpfeiler eine aufserordentlich zugängliche, nirgends ein Hindernifs, das dem regelmäfsigen Abflufs der Gase und des Windes hinderlich sein könnte.

Eine weitere Verbesserung bei dem Bau der Cowper-Apparate war die Aenderung der nach oben sich erweiternden Zellen (Fig. 2) infolge der Verringerung der Steindicken, wodurch nicht allein eine zweckentsprechende Vertheilung der feuerfesten Steinmassen, eine gleichzeitige Erhöhung der Heizflächen, sondern auch eine bessere Ausnutzung der Heizgase, sowie auch Erwärmung des Windes stattfindet. Es war bis jetzt Gewohnheit, beim Bau der Cowper-Apparate die Zellen in genau gleichen Querschnitten durch den ganzen Apparat durchzuführen. Eine derartige gleichmäfsige Anordnung entspricht aber keineswegs den Eigenthümlichkeiten des Winderhitzungsbetriebes; sie ist widersinnig und unlogisch, wenn man bedenkt, dafs die gleichen Steinquerschnitte nicht gleichzeitig richtig für die Abgabe der Wärme der Heizgase für hohe und niedrige Temperaturen, gerade so wie auch für die Wärmeaufnahme des zu erhitzenden wärmeren oder kälteren Windes dienen können, d. h. also mit anderen Worten: bei dem Betriebe von Winderhitzungsapparaten werden Heizgase und kalter Wind genau nach entgegengesetzten Richtungen ausgenutzt und geführt. Nichtsdestoweniger sollen sie aber in jedem einzelnen Querschnitte des Apparates der Wärme-Aufnahme und -Abgabe entsprechend richtig arbeiten, was aber nur dann der Fall ist, wenn wir für stark erhitzte Heizgase und Wind grofse Querschnitte, verhältnifsmäfsig bessere Wärmeaufnahme schaffen (dünnwandigere Steine), für kalte Heizgase und Wind aber verhältnifsmäfsig kleinere Querschnitte mit dickeren Steinstärken. Wir sind also durch Verminderung der jeweiligen Steindicken der Besetzsteine (ohne die fixen Längen zu berühren) in der glücklichen Lage, diesen Principien von Flammen- und Windführung theilweise nachkommen zu können, wenn auch nicht so vollständig, wie es den Temperaturgraden in den Zellen im allgemeinen entsprechen dürfte.

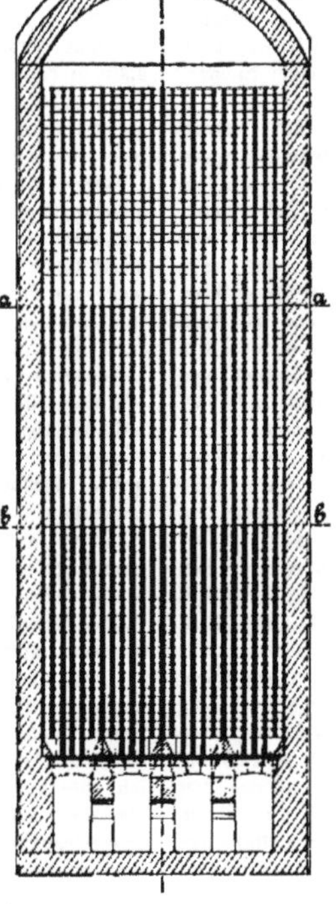

Fig. 2.

Nun hat es sich in der Praxis herausgestellt, dafs ein Stein von 50 mm Steindicke die Temperaturgrade am schnellsten aufnimmt und abgiebt, dafs wiederum Steindicken von 70 mm und mehr für den gleichen Zweck sich schon als unvortheilhaft erwiesen haben. Diesen Spielraum können wir somit für unsere Zwecke auf die einfachste Weise ausnutzen, indem wir die Steinstärken um je 2½ und 5 mm in gewissen Abständen geringer oder gröfser nehmen. Diese Veränderungen in den Steinstärken können natürlich an jedem und beliebigem Gittersteine vorgenommen werden, am bequemsten und besten aber an unserem Backstein gewöhnlichen Formates, den ich in Anbetracht seiner aufserordentlichen Einfachheit, sowie bequemen und genauen Darstellung u. s. w. unter allen Formsteinen für die allein richtige, praktische Form aller in Anwendung gekommenen Besetz- oder Gittersteine halte und dem ich vor allen anderen, mehr oder weniger künstlichen Steinen, den Vorzug gebe.

Wir besitzen in Burbach für den Betrieb unserer vier alten Hochöfen 14 Cowper-Apparate, je 7 Stück für eine Gruppe von 2 Hochöfen. Die ersten 6 Cowper-Apparate haben Zellenlöcher von 100 × 100 mm, die zuletzt errichteten dagegen solche von 120 × 120 mm. Mit diesen Querschnitten, die vielleicht Manchem etwas klein erscheinen dürften, sind wir bis jetzt gut ausgekommen; trotzdem wir Apparate von nur 18 m Höhe haben, erzielen wir bei dem Betrieb von nur 3 Apparaten (der siebente, gemeinschaftliche, steht beständig in Reserve) noch immer Windtemperaturen von 800 bis 830 ° C., und dieses günstige Resultat haben wir wohl in erster Linie unseren staubfreien Hochofengasen zu verdanken. Aus diesem Grunde bin ich auch kein grofser Freund der neueren Richtung, d. h. der grofsen Zellenöffnungen, ich arbeite vielmehr lieber mit gut gereinigten Hochofengasen und guter Ausnutzung der Heizfläche.

Nichtsdestoweniger haben wir uns entschlossen, auch den gröfseren Querschnitten etwas Rechnung zu tragen. Unter Beibehaltung unseres Anfangsquerschnittes der Zellenöffnungen von 120 × 120 mm und einer Steindicke von 70 mm würden wir beispielsweise bei einer Verringerung von 5 mm Steindicke, einer absoluten Höhe des Gitterwerks von 20 m und einer stufenweisen Absetzung von je 4 m nachstehende Zahlen erhalten:

4 m	70 mm Steinstärke	120 × 120 mm	= 144 qmm
4 „	65 „ „	125 × 125 „	= 156 „
4 „	60 „ „	130 × 130 „	= 159 „
4 „	55 „ „	135 × 135 „	= 182 „
4 „	50 „ „	140 × 140 „	= 196 „

unter den gleichen Verhältnissen bei einer Verringerung der Steindicke um 2½ mm und einer stufenweisen Absetzung von je 2 m dagegen:

2 m	70 mm Steinstärke	120 × 120 mm	= 144 qmm
2 „	67½ „ „	122½ × 122½ „	= 150 „
2 „	65 „ „	125 × 125 „	= 156 „
2 „	62½ „ „	127½ × 127½ „	= 163 „
2 „	60 „ „	130 × 130 „	= 169 „
2 „	57½ „ „	132½ × 132½ „	= 176 „
2 „	55 „ „	135 × 135 „	= 182 „
2 „	52½ „ „	137½ × 137½ „	= 189 „
4 „	50 „ „	140 × 140 „	= 196 „

somit eine Querschnittsvermehrung von etwa 36 %, einzig und allein durch richtige, rationelle Vertheilung der Steinmassen für logische Auf- und Abgabe der Wärme an Heizgase und Wind; ferner eine Erhöhung der Heizfläche von 8,3 % resp. 9,2 % im zweiten Falle. Ein derartiger Apparat wird also gleichbedeutend sein an Gewicht und Oberfläche einer Zellenöffnung von 130 × 130 mm und 60 mm Steindicke.

In der Verringerung der Steindicke ist man natürlich unbeschränkt, Jeder kann sich alle möglichen Variationen erlauben, ebenso auch in der Höhe des Gitterwerkes.

Eine derartige Anordnung ist unter allen Umständen rationell, weil sie sich genau den Eigenthümlichkeiten der Wärme und Temperatur abgebenden Heizgase und ebenso auch des Wärme und Temperatur aufnehmenden Windstroms zur besseren Ausnutzung der Heizgase anschliefst, gleichmäfsigere Geschwindigkeiten, geringere Pressungsverluste des Windstroms durch Reibungswiderstände mit sich führt. Sie bietet aber auch weiterhin den Vortheil, dafs die Construction an und für sich solider ist, indem da, wo es noth thut, die direct auf dem feuerfesten Rost liegenden Gittersteine viel kräftiger gehalten und ebenso auch wiederum der feuerfeste Steinrost selbst mit verhältnifsmäfsig viel stärkeren, dickeren Rostbalken ausgerüstet werden kann, und es ist jedenfalls ein grofser Vortheil, wenn man bedenkt, dafs man heutzutage schon Cowper-Apparate bis zu 30 m Höhe und mehr baut, sich im Besitze einer soliden Grundlage zu wissen. Die Construction selbst wird absolut nicht theurer, im Gegentheil, sie ist, was Masse, Oberfläche und Steindicke anbelangt, allen anderen Constructionen vorzuziehen.

Nun könnte man aber entgegnen, dafs derartig angeordnete Steinquerschnitte sich schlecht reinigen lassen, dafs bei dem Ausbürsten der Staub sich festkeilen mufs u. s. w.; diese Befürchtung theile ich aber keineswegs, denn erstens wird eine Verstärkung eines Steines um eine Querschnittserweiterung von 2½ bezw. 5 mm keinen nennenswerthen Einflufs auf dieses Einkeilen haben, und weiterhin dürfte es sich hier an und für sich nur um die ersten 3 bis 4 m unter der Kuppel eines Cowper-Apparates handeln, da die nächstfolgenden Meter sich nur mit Staub festsetzen und diese unter allen Umständen bequem gereinigt werden können. Freilich würde diese Reinigung einer gröfseren Anzahl Bürsten benöthigen, allein die kostspielige Anschaffung der letzteren dürfte wohl kaum in Betracht kommen.

Weiterhin behaupte ich, dafs 2½ bezw. 5 mm Steindicke-Verstärkung keine Rolle spielen können, wohl aber machen viel Weniges ein Viel und, wenn wir diese Verstärkung einigemal, in unserem Falle also 9 × 2½ oder 5 × 5 mm, durchführen können, so kommen wir schon zu ganz respectabelen Procentsätzen der Querschnittserweiterung resp. Erhöhung der Heizflächen.

Der gröfste Uebelstand der Construction wäre also der, dafs man sich mehrere Bürsten anschaffen, eine zweite, folgende, glücklicherweise kleinere anwenden mufs, wenn die zuletzt in Gebrauch gewesene Bürste nicht mehr durch die Löcher gehen sollte. Da wir nun aber wissen, in welcher Höhenlage wir die Querschnittsverengungen vorgenommen haben, so sind wir jederzeit in der Lage, an der Länge des herabgelassenen Seiles beurtheilen zu können, in welchen Punkten der Höhe des Apparates wir uns befinden. Die Reinigung der nur lose bestaubten Zellen bietet aber gar keine Schwierigkeiten, gleichgültig, ob wir dieselben Querschnittsöffnungen von oben nach unten durchlaufen oder, wie in unseren Anordnungen, zeitweise in bestimmten Absätzen Querschnittsveränderungen um je $2^1/_2$ bezw. 5 mm begegnen. Somit dürfte auch der Vorwurf, dafs derartige Zellen sich nur schwer reinigen lassen, vollständig abgewiesen sein. Wie gesagt, ich sehe nirgends einen Nachtheil, schätze aber den Vortheil der Querschnittserweiterung, rationellen Vertheilung der feuerfesten Steine für die Ausnutzung der Heizgase und des Windes aufserordentlich hoch und bin überzeugt, dafs uns hier ein Mittel an die Hand gegeben ist, die vielfach zu hohen Abgangstemperaturen in dem Schornstein bis zu 400 ° C. und mehr leicht auf ein Minimum herabzudrücken und weiterhin einen nicht unwesentlichen Gewinn aus den geringeren Pressungsverlusten des Windes zu erzielen.

Ich komme nun zu der dritten Neuerung unserer Cowper-Apparate, und wenn die Besprechung der vorhin erwähnten Verbesserungen ganz sicher das Gefühl aufserordentlicher Einfachheit hervorgerufen hat, so ist die Erfindung der durchlochten Steine als Besetzstein und deren Wirkungsweise von ganz grofsartiger Bedeutung, nicht allein für den Betrieb von Cowper-Apparaten, sondern auch für Regeneratoren und technische Feuerungsanlagen, welche mit einer Umkehr der Heizflammen zu rechnen haben. Ich habe daher die feste Ueberzeugung, dafs die Erfindung des Hrn. Custor, für die nächste Zukunft vielfache Verwendung finden wird.

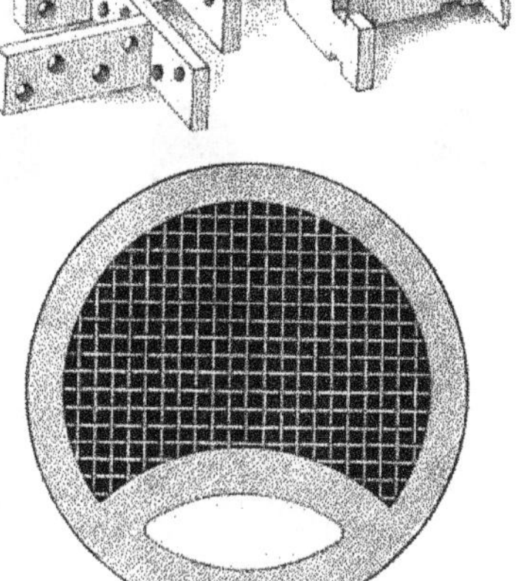

Fig. 3.

Bekanntlich ist der Schornsteinzug über dem Gesammtquerschnitt der Cowper-Apparate in den einzelnen Zellen ein recht ungleichmäfsiger; die Folge davon ist, da einzelne Zellen von den Heizgasen mehr bevorzugt, andere wiederum stark benachtheiligt werden, dafs einzelne Zellen sich schneller und stärker zusetzen und somit die Wirkung des Apparates durch den ungleichmäfsig erwärmten Wind stark heruntergedrückt wird. Es ist hier nicht der Platz, auf die bis jetzt in Vorschlag gebrachten Verbesserungen in der Bauart, die diesen Fehler beseitigen sollen, näher einzugehen; es dürfte genügen hier darauf hinzuweisen, dafs die bekannten Constructionen den eigentlichen Zweck mehr oder weniger nicht erfüllt haben. Dieser Uebelstand wird aber ganz vollständig und in überaus einfacher Weise beseitigt, wenn man die Gittersteine mit Löchern auch die Formsteine mit Oeffnungen versieht, so dafs die einzelnen Zellen untereinander in Verbindung stehen. Durch derartig angeordnete Steine findet dann nicht allein über dem Gesammtquerschnitt ein Wärmeausgleich statt, sondern, was noch viel wichtiger ist, es werden dadurch gleiche Druck- bezw. Saugverhältnisse, eine Art Regulator für den gleichmäfsigen Schornsteinzug sämmtlicher Zellen, sowohl für die Wärme-Aufnahme als auch -Abgabe geschaffen. Ein weiterer, nicht zu unterschätzender Vortheil ist die nicht unwesentliche Erhöhung der Heizfläche durch die Aussparung der Löcher. Diese Löcher können natürlich in verschiedenen Anordnungen vorgenommen werden, Bedingung bleibt natürlich, dafs die Steine nicht geschwächt und der Staub keine Gelegenheit zum Ansetzen findet. Auch hier gebe ich den Backsteinen gewöhnlichen Formates den Vozug vor allen gekünstelten Formsteinen. Bei unserer ersten Anordnung in Burbach hat jeder Besetzstein je vier, an den Enden etwas konisch gehaltene Löcher von je 35 mm Durchmesser erhalten (siehe Fig. 3), hauptsächlich um die Bewegung des Gases und des Windes in den Ecken des Querschnittes zu erhöhen. Die Heizflächenerhöhung betrug dabei etwa 12 % des Normalsteines. Heute würde ich der in Fig. 4 und 5 dargestellten Form den Vorzug geben. Dieselbe giebt nicht allein eine Oberflächenerhöhung von etwa 14 %, sondern sie hat auch den Vorzug, dafs Staub sich in diesen Löchern überhaupt nicht absetzen kann. Fig. 6 zeigt einen projectirten Stein für Zellenquerschnitte von 160×160 und 170 mm Höhe. Die Steine sind aufserdem viel härter gebrannt, widerstandsfähiger für Verschlackungen und in ihrer Festigkeit absolut nicht gefährdet. Aufserdem haben die Steine etwas geringeres Gewicht; allein dieser Vortheil dürfte durch höhere Fabricationskosten zum Theil wieder ausgeglichen werden. Immerhin aber ist und bleibt es die Hauptsache, dafs eine derartig durchbrochene Form zur schnellsten Wärme-Aufnahme bestens geeignet ist. Das Princip der durchlochten Steine kann natürlich beim Neubau von Cowper-Apparaten für die ganze Höhe des Gitterwerks Verwendung finden und man kann sich leicht vorstellen, dafs sich, mag man die Löcher wählen wie man will, eine Heizflächenerhöhung von mindestens 15 % ergeben wird, wenn man nur einigermafsen praktische Lochformen anwendet. Eine derartige Ersparnifs ist gewifs nicht zu verachten, denn sie dürfte sich immerhin bei einem heutigen modernen Apparat auf 3000 bis 4000 ℳ belaufen. Für den Augenblick dürfte jedoch der Hauptvortheil darin zu finden sein, dafs man auch alte Cowper-Apparate ohne wesentliche Unkosten noch nachträglich mit dieser einfachen und doch so vollkommenen Einrichtung ausrüsten kann. Bekanntlich leiden die oberen 3 bis 4 m Gittersteine unter der Kuppel unserer Cowper-Apparate durch Verschlackung in der starken Hitze gerade am allermeisten und bedürfen nach mehreren Reinigungen (was bei uns z. B. nach einem Zeitraum von 5 bis 6 Jahren der Fall ist) einer Reparatur durch Ersatz von neuen Gittersteinen. Das ist dann für alle alten Cowper-Apparate der geeignete Zeitpunkt, die durchlochten Steine zur Verwendung zu bringen und die alten Apparate mit der Neuerung auszustatten; 2 bis 3 m derartig angewandter Steine halte ich für die Erzielung des Zweckes bereits vollständig ausreichend (ein Mehr schadet nichts). Ein Verstopfen derartiger Lochsteine halte ich für ausgeschlossen, ja, ich möchte sogar behaupten, dafs durch dieselben beim Betriebe eher ein minimales Ansaugen der Heizgase stattfindet, und wenn man weiterhin bedenkt, dafs in einer Lage von 150 bis 170 mm Höhe der Gittersteine 1000 bis 1200 Löcher über dem Gesammtquerschnitt des Cowper-Apparates vertheilt sind, so ist ein Zusetzen mit Staub, das dem gleichmäfsigen Zuge gefährlich werden dürfte, jedenfalls ausgeschlossen. Sollte es aber dennoch der Fall sein, so steht ja auch hier einer gründlichen Reinigung nichts im Wege. Damit will ich aber noch lange nicht gesagt haben, dafs man die Reinigung der Gase aufser Acht zu lassen habe; im Gegentheil, derselben soll nach wie vor die gröfste Aufmerksamkeit geschenkt werden. Wenn auch in den letzten Jahren gerade auf diesem Gebiete grofse Anstrengungen gemacht worden sind, so kann doch im Interesse des guten Betriebes unserer Cowper-Apparate hier nicht genug geleistet werden. Es ist doch mehr wie thöricht, sich mit dem lästigen Staub in den Apparaten abzuquälen, wenn man in der Lage ist, durch vortheilhafte Einrichtungen denselben auf ein Minimum bringen zu können. Es würde mich zu weit führen, auf dieses Capitel näher einzugehen; die allerorts eingeführte stärkere Windpressung im Hochofenbetrieb verlangt gebieterisch bessere Einrichtungen als früher. Immerhin möchte ich anführen, dafs man im Betriebe

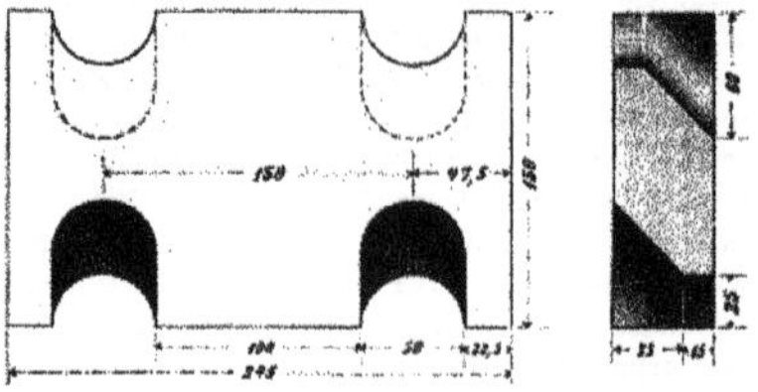

Fig. 4.

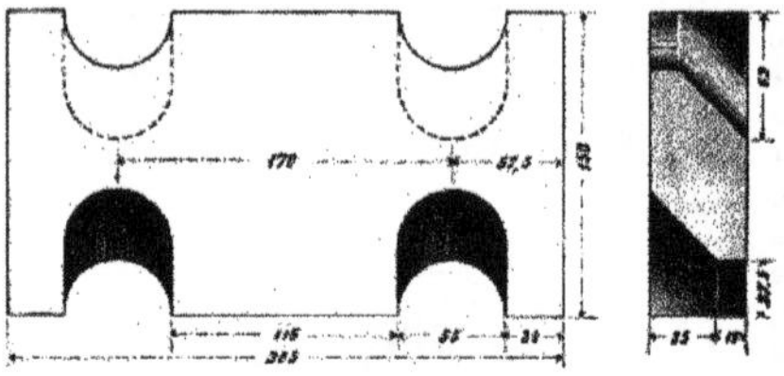

Fig. 5.

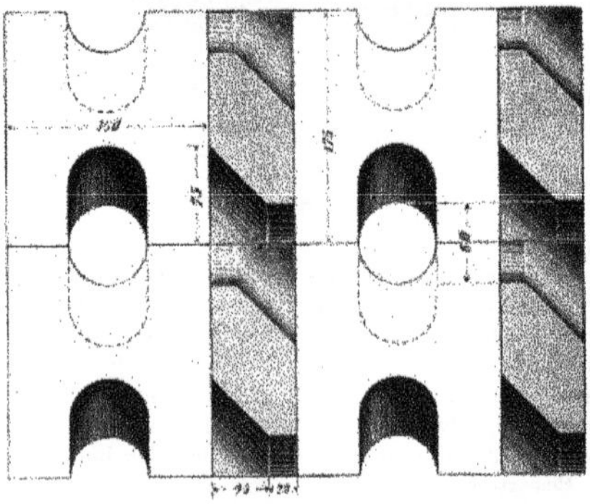

Fig. 6.

auf eine recht kalte Gicht hinzuarbeiten hat und dafs ein Auswaschen der Gase mit kaltem Wasser weitaus die besten Resultate ergeben wird.

Aus dem bisher Gesagten geht somit hervor, dafs mit der Verwendung durchlochter Steine absolut kein Risico verbunden ist und dafs wir mit der Verwendung derselben auf aufserordentlich einfache Weise verschiedene Uebelstände unseres augenblicklichen Cowper-Betriebes abzustellen in der Lage sind, und dafs ferner die von mir geschilderten Vortheile derartig hergerichteter Apparate:

1. gleichmäfsiger Zug über dem Gesammtquerschnitt,
2. vortheilhaftere und ökonomischere Ausnutzung der Heizgase mit geringeren Abgangstemperaturen in den Schornsteinen,
3. höhere und gleichmäfsigere Windtemperaturen,
4. längere Betriebsdauer der Apparate,
5. Erhöhung der Heizfläche der neuen Apparate um mindestens 15 % und der damit verbundenen Ersparnisse,
6. schärfer gebrannte und zur Verschlackung weniger geeignete Besetzsteine, ohne deren Festigkeit zu gefährden,
7. relativ geringere Steingewichte u. s. w.,

wohl Beachtung beim Hochofenbetrieb verdienen.

Fig. 7 giebt ein Gesammtbild der im Vorstehenden beschriebenen Neuerungen.

Erfahrungen liegen für den Augenblick noch nicht vor; unser Ofen Nr. 5 ist seit Mitte November im Betrieb, entspricht aber ganz vollständig meinen Erwartungen; im übrigen sind die Anordnungen so einfach, dafs sie Jedem einleuchten müssen, und ist es wirklich nur zu verwundern, dafs diese Erfindung nicht schon früher gemacht worden ist, der ich, wie bereits gesagt, noch eine sehr grofse Bedeutung für alle diejenigen technischen Feuerungen zusprechen mufs, die mit Rückkehr der Flammen zu arbeiten haben.

Weiterhin arbeiten wir bei unseren neuen Cowper-Apparaten mit vorgewärmter Luft, um die zweifellos höhere Temperatur in dem Verbrennungsschacht, anstatt wie dies bis jetzt bei dem Betriebe der kalten Verbrennungsluft der Fall gewesen, in die Kuppel und die ersten Meter Gitterwerk zu

Fig. 7.

verlegen. Diese Anordnung ist ja nicht neu, jedoch vielfach verlassen worden, weil häufige Störungen durch das geschwächte Mauerwerk des Verbrennungsschachtes den Vortheil der höheren Temperaturgrade wieder hinfällig machten. Ich habe mich aber doch nicht abschrecken lassen und dem Aufbau der Luftkanäle eine ganz besondere Beachtung geschenkt, weiterhin aber auch die Anordnung getroffen, die Hochofengase mit kalter Luft verbrennen zu können. Auf diese Weise sind wir in der glücklichen Lage, was besonders beim directen Convertiren wünschenswerth ist, ein Mittel in der Hand zu haben, kleinere Schwankungen in der Roheisenqualität durch mehr oder weniger stark erhitzten Wind auszugleichen, indem wir mit mehr oder weniger vorgewärmter Verbrennungsluft arbeiten. Und das ist ein Vortheil, den ich nicht mehr missen möchte. Ferner haben wir unsere Cowper-Apparate so ausgerüstet, dafs wir den geprefsten Wind beim Umwechseln der Apparate hinten am Schornstein sowohl als auch am Verbrennungsschacht ablassen können. Es ist somit ausgeschlossen, den Staub der Apparate durch einseitiges Ausblasen einzukeilen.

Ich verlasse nunmehr die Cowper-Apparate und gehe zu einem weiteren Punkte, unserem neuen **Gasfang**, über. Ich habe schon in meinem Vortrag über „Roheisenproduction an der Saar und Mosel" * darauf hingewiesen, dafs das Dampfbedürfnifs der Anlagen, die mit Stahl- und Walzwerken verbunden sind, wie bei uns in Burbach, von Jahr zu Jahr gröfser wird, einestheils durch die verstärkten Productionen gegenüber dem Schweifseisen, anderntheils durch den Umstand, dafs in geregeltem Betriebe die Blöcke sehr warm in den Vorwärmofen kommen, somit flotter gewalzt werden kann, und dafs die neuerdings mehr und mehr zur Verwendung kommenden Siemens-Gasöfen als Schweifsöfen (Vorwärmöfen) keinen Dampf liefern.

Der ökonomischen Ausnutzung der Hochofengase habe ich von jeher die gröfste Aufmerksamkeit gewidmet und habe schon früher darauf hingewiesen, welche enormen Gasmengen, in Dampf umgesetzt, wir für unsere anderen Betriebsabtheilungen übrig haben, welches Ergebnifs einzig und allein der rationellen Ausnutzung der Gase zuzuschreiben ist. Ich habe auch schon damals erwähnt, dafs wir fast ideal, ohne Luftüberschufs verbrennen, kesselsteinfreies Wasser zur Verfügung haben, die Kessel tagtäglich mit Dampf ausblasen und mit Hülfe des **Lux**schen Zugmessers die Kessel genau, einen wie den anderen, einstellen können und dergleichen mehr, kurz und gut, dafs wir fortgesetzt die gröfste Ausnützung unserer Hochofengase anstreben und zu erhalten suchen. Dabei hat sich dann herausgestellt, dafs, obgleich wir mit **Parry**schem Trichter und eingehängtem Centralrohr arbeiten, doch viel Hochofengase verloren gehen, die durch einen zweiten Deckelverschlufs noch gewonnen werden können. Sobald nämlich ein Ofen begichtet wird, gehen nicht allein die Gase des betreffenden Ofens verloren, sondern es findet auch noch ein weiterer Verlust durch Druckausgleich in den Leitungen bis zur atmosphärischen Pressung statt, ja, an den entfernt liegenden Verbrennungsstellen wird sogar durch den Schornsteinzug Gegendruck (Depression) in den Leitungen entstehen. Während der Beschickung wird also unter allen Umständen viel mehr kalte Luft an den einzelnen Verbrennungsstellen eingesaugt und es wird dadurch eine mangelhafte Verbrennung und Abkühlung der Flammen stattfinden.

Wenn man bedenkt, dafs man zum Gichten im Durchschnitt mindestens 30 Secunden gebraucht (glücklicherweise arbeiten wir noch mit grofsen Sätzen von 5 t Koks und lassen auch den ganzen entsprechenden Erzsatz auf einmal herunter), so berechnet sich der tägliche Gasverlust bei etwa 24 Gichten in 24 Stunden auf etwa 24 Minuten, während welcher Zeit nicht allein die Hochofengase des betreffenden Ofens verloren gehen, sondern auch ein freier Austritt aus den Gasleitungen durch den beschickenden Ofen und, wie schon erwähnt, eine dadurch bedingte, mangelhafte Verbrennung an Apparaten und Kesseln stattfindet.

Auch hieraus geht hervor, dafs im allgemeinen weite Gasleitungen mit geringem Gasdruck den engen Leitungen vorzuziehen sind. Wenn man alle diese, für die normale Verbrennung bezw. Ausnutzung der Hochofengase nachtheiligen Umstände berücksichtigt, so glaube ich wohl, dafs wir den eigentlichen Gasverlust eines Ofens, der durch das Beschicken täglich 24 Minuten beträgt, auch ganz gut auf 60 Minuten bei 24stündiger Schicht anschlagen können; somit gehen unter den allergünstigsten Verhältnissen etwa 5 % der Gesammtgasmenge verloren, und da lohnt es sich denn doch, Verbesserungen zu treffen, um derartige Verluste zu vermeiden, und einen zweiten Deckelverschlufs einzuführen. Im Grunde genommen ist auch diese Anordnung nichts Neues, und den älteren Hochofenleuten ist es ja bekannt, dafs eine derartige Construction schon Ende der 50er Jahre in Hörde von dem damaligen Director **von Hoff** ausgeführt worden ist. Die Construction dieses Gasfanges wurde jedoch wieder aufgegeben, wahrscheinlich weil das Dampfbedürfnifs für reine Hochofenwerke nicht so bedeutend ist, d. h. also, dafs auch bei weniger guten Einrichtungen von Kesseln und Maschinen immer noch genügend Hochofengase vorhanden sind, um den Betrieb aufrecht zu erhalten. Ob die Construction für die damaligen Betriebsverhältnisse sonst noch Uebelstände gezeigt hat, ist mir nicht bekannt geworden.

* Vergl. „Stahl und Eisen" 1895, Nr. 13, S. 617 und Nr. 14, S. 656.

Anders gestaltet sich dies jedoch in der Neuzeit, wo Dampfbedürfnisse vorliegen. Ich habe schon früher einmal erwähnt, dafs wir bis zu 40 % Hochofengase an andere Betriebsabtheilungen abgeben, und sind wir heute in dieser Beziehung in noch viel glücklicherer Lage, da unser neuer Ofen Nr. 5 seine gesammten Gase, mit Ausnahme der für den Cowperbetrieb, abgeben kann. Dieses günstige Verhältnifs ist allerdings der Anlage zweier moderner Gebläsemaschinen der Firma Ehrhardt & Schmer in Schleifmühle bei Saarbrücken zu danken, an Stelle unserer alten, nunmehr als Reserve zur Ruhe gesetzten, seit dem Jahre 1861 in Betrieb gewesenen, eincylindrischen Seralnger Gebläsemaschinen.

Mit derselben Dampfmenge leisten diese neuen Maschinen etwa 260 % mehr an Wind und nunmehr beträgt die Abgabe von Hochofengas zwischen 53 und 54 % der Gesammtmenge. Diese Zahlen berechnen sich nach den Gaseinströmungs-Querschnitten sämmtlicher Verbrennungsstellen zu unserem augenblicklichen Betriebsverbrauch — also Kessel und Cowper-Apparate — unter der Voraussetzung gleicher Gasdruckverhältnisse und nahezu gleichem Schornsteinzug.

Unser neuer Gasfang (Parryscher Trichter) mit Deckelverschlufs ist von der bekannten Dinglerschen Maschinen- und Kesselfabrik in Zweibrücken geliefert. Auf dem Deckelverschlufs befinden sich 3 Blechstutzen von 350 mm Weite und 2 m Höhe, dieselben haben Drosselklappen und den Zweck, sobald der Trichter geschlossen ist, durch Oeffnen der Klappe den Ueberdruck der eingeschlossenen Gasmengen auszugleichen. Da ein Anzünden der Hochofengase ausgeschlossen ist, so mufs nach erfolgter Abdichtung des Konus beim Aufheben des Deckelverschlusses für eine lebhafte Vermischung der unverbrannten Gase mit atmosphärischer Luft gesorgt werden, so dafs die Arbeiter nicht belästigt werden. Dies geschieht durch auf dem Gichtplateau nach der Windrichtung eingestellte Windfänge, welche die Gase vor sich hertreiben und schnellstens für eine innige Mischung sorgen, so dafs schon nach einigen Secunden nach dem Austritt ganz reine, gesunde Luft auf der Gicht vorhanden ist. Auch kann man die Luft von unten durch das Gichtplateau schornsteinartig ausströmen lassen, kurz und gut das Beschicken bietet keine Schwierigkeiten, wenn die Arbeiter ihrer Vorschrift gemäfs den Ofen bedienen und immer darauf halten, dafs die austretenden Gase durch den künstlichen Luftzug vor sich hergetrieben werden. Wir haben bis jetzt noch gar keine Anstände gehabt. Unser eingehängtes centrales Rohr hat dieses Mal andere Abmessungen erhalten, die Gase entweichen mit etwa 35 bis 40° Temperatur, und ich bin der Ueberzeugung, dafs wir beim späteren Umbau den gleichen Gasfang überall einbauen werden.

Neue amerikanische Walzwerke.

(Fortsetzung von Seite 140.)

Die Südwerke der Illinois-Stahlgesellschaft, Süd-Chicago (Ill.).*

Das alte Schienenwalzwerk enthielt ein Triovorwalzwerk und eine Fertigstrafse mit direct angekuppelter Reversirmaschine. Im Jahre 1890 wurde diese Strafse mit einem Triogerüst versehen und das ganze Walzwerk umgebaut, mit Ausnahme des Blockgerüstes, das nur eine neue Antriebsmaschine erhielt.

Das Wärmen der Blöcke geschieht in stehenden Siemens-Gasöfen, die zuweilen fälschlich „Durchweichungsgruben" genannt werden, und welche sowohl für Generatorgas als auch für Rohpetroleum eingerichtet sind. Die Blöcke werden von dem Gufs an bis zum Eintritt in das Blockwalzwerk in senkrechter Stellung gehalten, um zu vermeiden, dafs die durch Schwinden oder Lunkern des Blockes entstehende Höhlung von oben nach der Seite wandert, was eintreten könnte, wenn der Block auf die Seite gelegt wird, während sein Inneres noch flüssig ist; dies könnte aber einen bedenklichen Fehler verursachen, der vor dem Verlegen der Schiene schwer zu entdecken wäre.

Es sind acht solcher Oefen vorhanden, von denen jeder acht Blöcke fafst, die auf schmalspurigem Wagen aus dem Stahlwerk gebracht, mittels eines Wellmanschen hydraulischen Krahnes in die Oefen eingesetzt und ebenso ausgehoben werden.

Die gewärmten Blöcke werden, sobald sie zum Walzen bereit sind, auf einen schmalspurigen Wagen gesetzt, der zwischen den Oefen herläuft und von einer kleinen an einem Ende der Bahn befindlichen Maschine angetrieben wird. Sobald der Wagen vor dem Tisch des Blockwalzwerkes ankommt, wird der Block durch einen hydraulischen Cylinder auf die Rollen umgelegt, auf denen er dann zu den Blockwalzen geführt wird;

* Siehe „Stahl und Eisen" 1891, Nr. 1, Seite 32. Daselbst befindet sich auf Tafel II der Grundrifs der Anlage.

diese arbeiten fast genau so wie jene der Joliet-Werke, nur mit dem Unterschied, dafs die Arbeit in neun anstatt in elf Stichen ausgeführt wird. Die vorgestreckten Blöcke werden dann in Stücke (Rohschienen) zerschnitten, welche drei, zuweilen auch vier Schienen liefern; jeder Block liefert zwei, bei sehr leichtem Profil auch drei Rohschienen. Falls dieselben rissig oder zu kalt sind, um direct gewalzt zu werden, oder im Falle eines verläfst, wird es wiederum durch Führungen und die Form der Rollen in dem Hebetisch um 90° gedreht. Der Tisch wird gehoben und das Stück geht durch das siebente Kaliber, sinkt dann auf den feststehenden Tisch herab und tritt wieder in die Walzen ein. In dem achten Stich wird es durch eine besondere Hebevorrichtung von dem Tisch gehoben und zu dem dritten Satz Walzen hinübergeleitet, in denen nur ein Stich gemacht

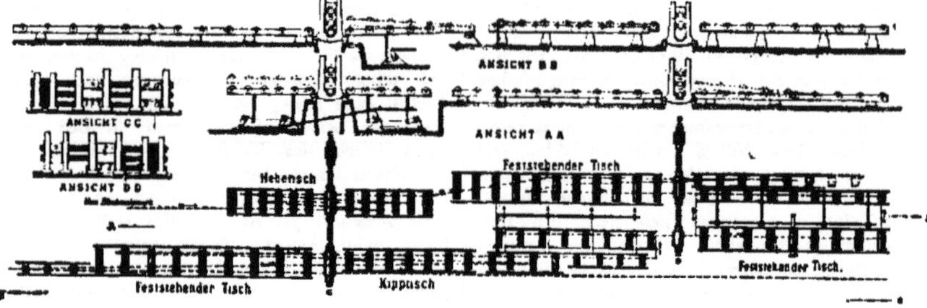

Abbild. 4.

Stillstands im Walzwerk, werden sie mittels einer Schwebebahn zu dem grofsen Wärmofen gefahren, der durch eine Wellmansche hydraulische Beschickungsvorrichtung bedient wird. Die Schienenwalzen haben 686 mm Durchmesser. Die erste Strecke besteht aus zwei Gerüsten und enthält das erste Vor- und Fertigwalzenpaar, sie wird durch eine Porter-Allen-Maschine mit 1372 mm Durchmesser und 1676 mm Hub getrieben, welche 85 Umdrehungen in der Minute macht. — wird. Von dem feststehenden Tisch gleitet die Schiene auf die Tragrollen, wobei sie um 90° gedreht wird, die Rollen leiten sie alsdann zu den vom Ende der ersten Vorwalze angetriebenen Fertigwalzen. In diesen passirt das Stück vier Kaliber; die fertige Schiene läuft nun über einen feststehenden Tisch zu den Sägen und von da wird sie nach dem Passiren der Richtmaschine zum Warmbett geführt. Die Schienen werden nun an dem Ende des Warmbetts durch Maschinenkraft auf Eisenbahnwagen geladen, von welchen sie auf die verschiedenen Kaltbetten in den Adjustageraum umgeladen werden. — Das Umlegen geschieht durch einen Hebelmechanismus, der von Dampfcylindern bewegt wird. Der Dampf wird der Locomotive entnommen, deren Führer das Umsteuern besorgt. —

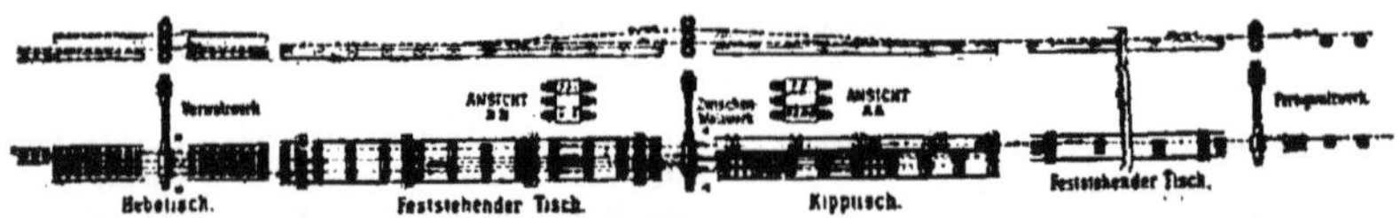

Abbild. 5.

Die zweite Strafse enthält die zweiten und dritten Vorwalzen und wird ebenfalls durch eine Porter-Allen-Maschine mit 1118 mm Cylinderdurchmesser und 1676 mm Hub betrieben, die gleichfalls ungefähr 85 Umdrehungen in der Minute macht. Der Block wird mittels Hebetischen durch das erste Kaliber und zurück durch das zweite geführt (Abbild. 4). Wenn der erste Tisch gesenkt wird, wird das Stück selbstthätig zu dem dritten Stich geleitet. Der dritte und vierte Stich wird gerade so wie der erste und zweite ausgeführt. Wenn der Hebetisch sinkt, um den fünften Stich zu machen, wird das Stück um 90° gedreht, dann durch Bollett zu dem feststehenden Tisch geleitet, und durch das sechste Kaliber hindurch zu dem Kipptisch gebracht. Wenn das Stück dieses Kaliber

Die geringe Nachfrage nach Schienen zwang die Südwerke, Flufseisenknüppel in ausgedehntem Mafse zu erzeugen; diese wurden in den zweiten Vorwalzen fertiggestellt, welche lang genug sind, um sowohl die Kaliber für die 100 × 100 mm Knüppel, als auch diejenigen für die Schienen selbst aufzunehmen. Wenn weiche Flufseisenblöcke ausgewalzt werden, dann wird ein Führungsstück auf dem ersten feststehenden Tisch angebracht und dadurch das Stück in das richtige Kaliber eingeführt. Dem Stücke werden drei Stiche gegeben, dann wird es auf 100 X 100 mm Querschnitt ausgewalzt, über den Tisch zu den hydraulischen Scheeren geführt, und endlich durch einen Transporteur zu dem Knüppellager geschafft, das 25 000 t fafst. Diese Anordnung zum Abwalzen der Knüppel ohne Auswechseln der Walzen ermöglicht es, die Oefen, das Block- und das Vorwalzwerk voll auszunutzen, während die Schienen-Fertigwalzen für ein neues Profil ausgewechselt werden.

Die Leistungsfähigkeit dieses Walzwerks ist sehr bedeutend; in 12 Stunden wurden 1025 t Schienen und 1829 t in 24 Stunden abgewalzt, im Mai 1893 erreichte die Schienenerzeugung die Summe von 38 093 t.

Alle Einzelheiten des Werks wurden unter der unmittelbaren Leitung Robert Forsyths, des Ingenieurs der Gesellschaft, entworfen. Die ausgerüstet, so dafs hier nicht wie auf manchen anderen Werken erst veraltete entfernt werden mufsten; Jones war wie John Fritz der Ansicht, dafs bei Schienen das Hauptgewicht auf die vorzügliche Beschaffenheit des Materials zu legen sei, und dafs, um die nothwendige Vollkommenheit der Structur zu erreichen, alle Rohschienen nach dem Verlassen des Blockwalzwerks

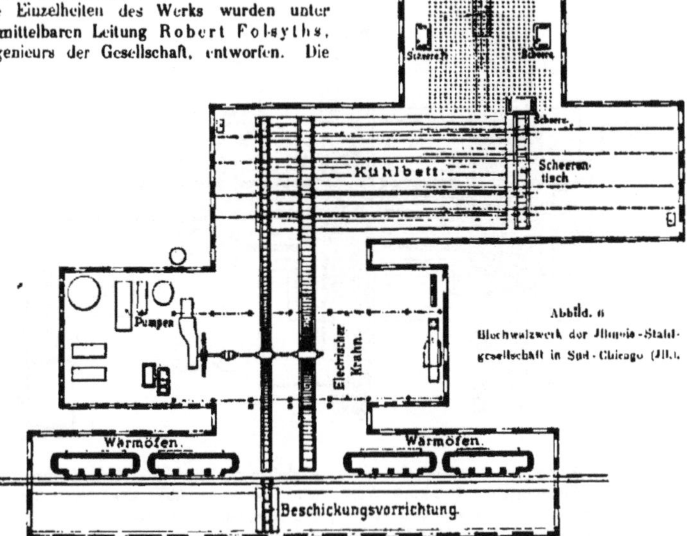

Abbild. 6
Blockwalzwerk der Illinois-Stahlgesellschaft in Süd-Chicago (Ill.).

Leistungsfähigkeit des Walzwerks ist bisher nur durch diejenige des Stahlwerks begrenzt worden. Ohne Zweifel könnten, wenn genügend Blöcke vorhanden wären, in einem Monate 50 000 t gewalzt werden.

Das neue Schienenwalzwerk der Edgar-Thomson-Stahlwerke.*

Das von Wm. R. Jones, dem ehemaligen Ingenieur der Carnegie Co., erbaute neue Schienenwalzwerk wurde mit durchweg neuen Einrichtungen ausgerüstet, nochmals gewärmt werden müssen, und dafs fehlerhafte Blöcke erst unter dem Hammer zu bebauen seien, bevor sie in die Wärmöfen kommen. Das Blockwalzwerk auf den Edgar-Thomson-Werken ist das nämliche, welches früher die Knüppel für die alle Schienenstrafse lieferte, was auch jetzt noch zeitweise geschieht. Es hat im wesentlichen dieselben Einrichtungen, wie die bei dem Joliet- und South-Chicago-Werk beschriebenen. Es besteht aus einem Fritzschen Triogerüst mit Walzen von 1016 mm Durchmesser und 2237 mm Länge, welche von einer Maschine von 1118 mm Cylinderdurchmesser und 1525 mm Hub angetrieben werden. Der zu verwalzende Block mifst 425 X 482 mm am dicken Ende.

* Siehe „Stahl und Eisen“ 1891, Nr. 1, Seite 28 und 33. Auf der dazugehörigen Tafel II ist auch der Grundrifs des Schienenwalzwerks dargestellt.

Die Rohschienen werden auf Rollen vom Blockwalzwerk ins Schienenwalzwerk gebracht. Gegenwärtig ist nur ein Wärmofen im Gebrauch, um diejenigen Rohschienen anzuwärmen, die aus irgend einer Ursache zu kalt geworden sind. Nach dem ursprünglichen Arbeitsplane wurden die Rohschienen an der Hinterseite der Wärmöfen mittels Beschickungsmaschinen eingesetzt und an der Vorderseite herausgezogen. Die geringe Anzahl der nachgewärmten Blöcke wird jetzt durch dieselbe Maschine eingesetzt und herausgezogen.

Die Walzenstrafse besteht aus drei Gerüsten, deren Walzen 648 mm Durchmesser haben. In dem ersten Vorwalzengerüst werden fünf Stiche gemacht. Die Walzen werden von einer Allis-Maschine betrieben, die 1168 mm Durchmesser an, um die Arbeit zu erleichtern und Zeitersparnisse dabei zu erzielen.

Der Weg, den die Schienen nehmen, ist in Abbild. 5 dargestellt. Die Rohschiene geht direct durch den ersten Stich in dem ersten Vorwalzwerk zu dem ersten Hebetisch; dieser wird dann gehoben, die Walzen umgestellt, und der Rückkehrstich ohne Drehung ausgeführt. Wenn der Hebetisch gesenkt wird, drehen Führungen, welche zwischen den Walzen nach oben vorspringen, selbstthätig das Stück, das nun in dieser Stellung durch das dritte Kaliber geht. Sobald es zu dem vierten Stich geschoben wird, wird es selbstthätig um 90° gedreht. Der Lauf des Stückes von dem fünften zum sechsten Kaliber ist derselbe, wie derjenige von dem zweiten zum dritten.

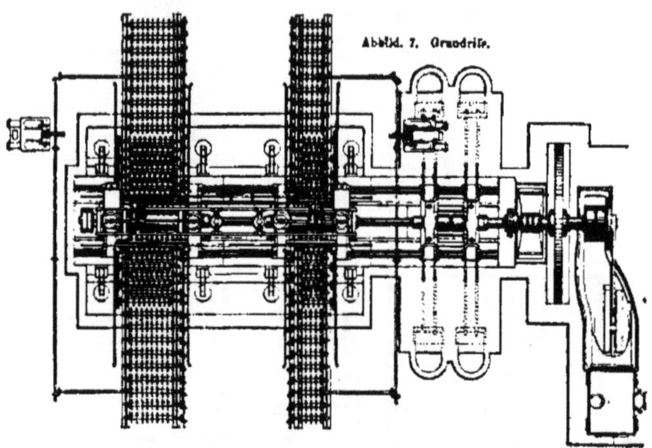
Abbild. 7. Grundrifs.

bei 1525 mm Hub hat, und welche 85 Umdrehungen in der Minute macht. Das zweite Vorwalzengerüst (Trio) ist 23,5 m von dem ersten entfernt, und wird von einer Porter-Allen-Maschine von 1372 mm Cylinderdurchmesser bei 1676 mm Hub und mit 90 Umdrehungen in der Minute betrieben. Die Fertigwalzen sind 36,6 m von den zweiten Vorwalzen entfernt; sie liegen in Duogerüsten, in denen nur ein einziger Stich gemacht wird. Diese Walzen werden von einer Allis-Maschine von 762 mm Cylinderdurchmesser und 1220 mm Hub mit 70 Umdrehungen in der Minute betrieben. Alle Walzenständer sind oben offen und die Deckel so angeordnet, dafs sie von Hand aus von ihrem Platz geschwungen werden können. Wenn Walzen ausgewechselt werden sollen, wird das ganze Gerüst mit allen zugehörigen Einbaustücken herausgenommen; ein neuer Satz steht alsdann bereit, um in derselben Weise an Ort und Stelle gebracht zu werden. Aufserdem wendet man verschiedene Einrichtungen

Nachdem das Stück das fünfte Kaliber passirt hat, wird es direct über den festen Tisch geleitet und unmittelbar vor seinem Eintritt in das sechste Kaliber durch Führungen und durch die Gestalt der Rollenfurchen um 90° gedreht.

Der Tisch an der Hinterseite des Zwischenwalzwerks ist in der Längenrichtung getheilt; der Theil gegenüber dem sechsten und achten Kaliber ist an einem Ende drehbar. Das gegen die Walzen gewendete Tischende kann in die Höhe steigen, während der dem zehnten Kaliber gegenüberliegende Theil des Tisches stehen bleibt. Sobald der Tisch gehoben wird, um das Stück vom sechsten zum siebenten Kaliber zu bewegen, wird es selbstthätig um 90° gedreht; sobald es aber auf den feststehenden Tisch herabsinkt, wird es zu dem achten Kaliber geleitet, in welches es sofort eintritt. Nach dem Durchlaufen desselben gelangt die Schiene auf den Kipptisch, wird gehoben und zu dem neunten Kaliber ohne Drehung geleitet, und dann zu dem zehnten herab, durch welches sie über die festen Tische bis zu dem Fertigwalzwerk gelangt, in welchem ihr nur ein Stich gegeben wird, worauf sie sofort zu den Sägen, und dann zu den Richtmaschinen und auf das Warmbett gelangt. Die Schienen werden von diesem zu kurzen angetriebenen Rollen hingeschoben, von welchen sie an die verschiedenen Richtpressen vertheilt werden. Nach dem Adjustiren werden die Schienen durch Oeffnungen in der Seite des Gebäudes zu dem Abnahmeraum geschafft.

Wenn Knüppel von 100 × 100 mm Querschnitt gewalzt werden sollen, dann müssen sämmtliche Walzen ausgewechselt werden. Wie beim Schienenwalzen, werden fünf Stiche in dem ersten Vorwalzwerk gegeben, ein Stich in den zweiten Vorwalzen und einer in den Fertigwalzen. Der fertige Knüppel wird an beiden Enden mittels Sägen beschnitten und gelangt dann direct quer über das Ende des Warmbettes zu einer Scheere, mit welcher er im heifsen Zustande auf die gewünschte Länge geschnitten wird. Die Scheere hat Messer, die lang und stark genug sind, um vier bis fünf Knüppel auf einmal zu durchschneiden.

Man kann sowohl von den Edgar-Thomson- als von den Süd-Chicago-Werken sagen, dafs ihre Leistungsfähigkeit noch nicht bekannt ist. Bisher ist sie nur durch die vorhandenen Bestellungen, durch das Schienenprofil und die Leistungsfähigkeit des Stahlwerks begrenzt gewesen. Die gröfste Monatsleistung hatte der October 1894 mit 36 200 t Schienen aufzuweisen, das beste 24stündige Ausbringen betrug 1945 t Schienen, und etwa 1500 t, wenn Knüppel gewalzt wurden.

Blechwalzwerk der Illinois-Stahlgesellschaft, Süd-Chicago (Ill.).

Dieses neue Blechwalzwerk (Abbild. 6) ist gleichzeitig mit der neuen Siemens-Martin-Anlage in den letztverflossenen Monaten in Betrieb gesetzt worden. Es ist das gröfste und am besten ausgestattete Blechwalzwerk der Vereinigten Staaten. Die Walzenstrafse (Abbild. 7 bis 9) besteht aus zwei Lauthschen Triogerüsten; das erste Gerüst in der Nähe der Kammwalzen hat Walzen von 2286 mm Länge; die Ober- und Unterwalzen haben 863 mm und die Mittelwalzen 457 mm Durchmesser. Alle sind aus Hartgufs. Das zweite Walzgerüst hat Walzen von 3353 mm Länge. Die Ober- und Unterwalzen sind aus Stahl und haben 863 mm Durchmesser, die Mittelwalze ist aus Hartgufs und hat 533 mm Durchmesser. Das Walzwerk ist für Blöcke von 610 mm Dicke eingerichtet. Der Tisch handhabt mit Leichtigkeit Blöcke von 7 bis 8 t Gewicht. Der Antrieb erfolgt von einer Porter-Allen-Maschine, welche bei 1370 mm Cylinderdurchmesser 1925 mm Hub hat, und ungefähr 60 Umdrehungen in der Minute macht. Die Blöcke werden von dem Stahlwerk aus mittels einer Schmalspurbahn in das Walzwerk und bis vor die Siemensschen Wärmöfen gefahren. Letztere werden durch eine elektrische hydraulische Beschickungsvorrichtung bedient, die in ihrer Construction ähnlich ist der in Abbild. 3 dargestellten Maschine der Juliet-Werke. Diese Maschine nimmt die Blöcke aus den Oefen und bringt sie bis zum Ende der Tische, über welche sie auf Rollen gleiten. Nachdem die Blechtafel fertig gewalzt ist, wird sie durch angetriebene Rollen zum Kühlbett geschafft, auf welchem die Tafeln bewegt, gehoben und durch vier Wagen transportirt werden. Letztere laufen auf Schwebebahnen und werden von elektrischen Motoren betrieben, wie dies durch die punktirten Linien im Grundrifs angedeutet ist. Wenn die Bleche angezeichnet, und zum Beschneiden bereit sind, werden sie auf den Tisch hinter der Scheere gelegt, in welche sie dann eingeschoben und nach Bedarf in kurze Stücke zerschnitten werden, während die Kanten auf

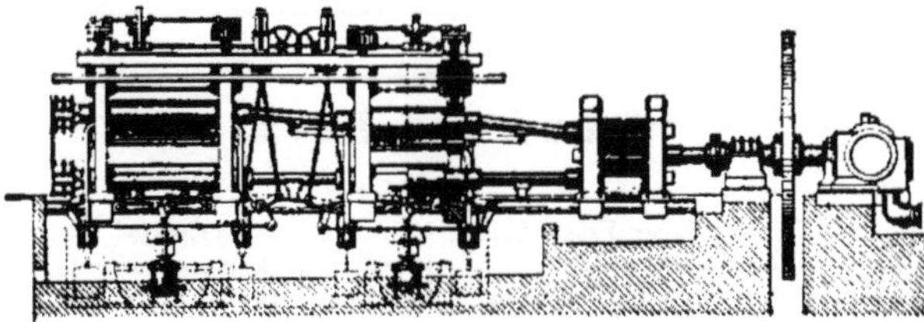

Abbild. 8. Ansicht.

Abbild. 9. Seitenansicht.

einer der anderen Scheeren zugerichtet werden. Der Raum um jene Scheeren wird von zwei elektrischen Krähnen von je 5 t Tragfähigkeit beherrscht. Dieselben dienen dazu, die Tafeln auf Eisenbahnwagen zu legen, welche auf einem am Ende des Tiebändes befindlichen Geleise zur Verladung bereit sind.

Die Anlage ist speciell zur Herstellung grofser Blechtafeln bestimmt, welche in viele kleinere Tafeln zerschnitten werden, wobei man einen grofsen Theil des Abfalls erspart, der entstehen würde, wenn die Tafeln einzeln gewalzt würden. Die Werke besitzen kein Vorwalzwerk, die Bleche werden vielmehr unmittelbar aus den warmen Blöcken ohne Nachwärmen gewalzt; dabei ergeben sich nur unbedeutende Störungen durch fehlerhafte Tafeln, aber wie zu erwarten, entsteht dabei mehr Abfall, als beim Verwalzen von Brammen. (Fortsetzung folgt.)

Sehne und Korn.

Als Beitrag zur Klärung dieser Frage kann vielleicht der folgende Versuch dienen.

Ein Stück zölliges Quadrateisen (Fig. 1), Sehne, Nachrodt i. W., wurde in kaltem Zustande so bearbeitet, dafs wechselseitig auf dieselbe Stelle 15600 ziemlich schwere Hammerschläge fielen, bis es von selbst sprang. Der Bruch erschien etwa wie der des Feinkorneisens. Die Fig. 2 zeigt die ursprüngliche Sehne, nachträglich an einer nicht erschütterten Stelle aufgebrochen, und Fig. 3 die Sprungfläche. Dieselbe weist einen anfänglichen Rifs auf, der sich unter der Einwirkung der Schläge gebildet und bis zur vollständigen Trennung fortgesetzt hat, ähnlich wie ich es bereits unter dem Kapitel „Wellenrisse und Lagerung", August 1884 dieser Zeitschrift, angeführt.

Fig. 1.

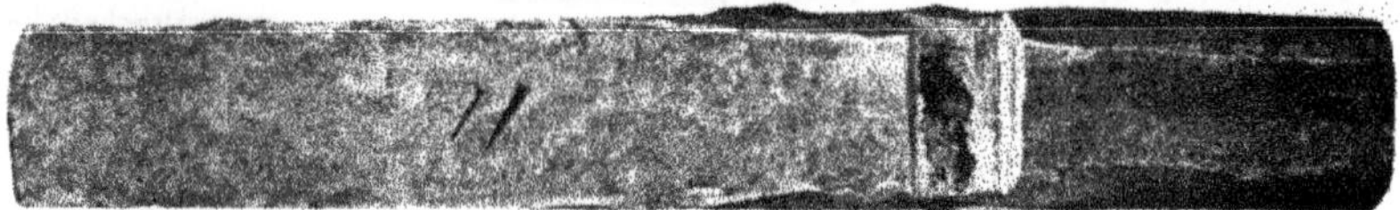
Fig. 2

Die Oberfläche des gehämmerten Stückes zeigt sich bei manchen Exemplaren dieser Art blättrig zersetzt, ein Beweis, dafs die Wirkung der Schläge weit über die Elasticitätsgrenze hinausging. Wohl erst unter diesem Einflufs wandelt sich die Sehne in Korn um, während die neueren Untersuchungen, namentlich an abgetragenen Brücken, bekanntlich erwiesen haben, dafs das Eisen, innerhalb der zulässigen Grenzen beansprucht, sich trotz langjähriger Benutzung unverändert gehalten hat.

Fig. 3.

Interessant ist noch die Einwirkung der genannten Behandlung auf das specifische Gewicht. Kick hat nachgewiesen, dafs selbst die gröfsten Pressungen beim Blei nicht imstande gewesen waren, das spec. Gewicht zu erhöhen. Professor Hetzer zu Hagen hat die Freundlichkeit gehabt, das spec. Gewicht der auf obigem Wege hergestellten Proben zu bestimmen und gefunden:

für das ungehämmerte Eisen . . . 7,838
„ „ gehämmerte „ . . . 7,843

bei einer Genauigkeit von 0,0005 Gramm.

Die Zahlen ergeben also eine für die Praxis wohl nur unwesentliche Dichtigkeitsvermehrung durch starkes Hämmern. Hierbei mag die bekannte Thatsache noch Erwähnung finden, dafs man imstande ist, bei sehnigem Eisen auch durch kurzen, schnellen Bruch Korn zu erzeugen. *Haedicke.*

Zuschriften an die Redaction.

Ueber die Ungleichmäfsigkeits-Erscheinungen der Stahlschienen.

Wien, den 17. Februar 1897.

Geehrte Redaction!

Mit Bezug auf Ihre Gegenäufserungen zu meiner Erwiderung, betreffend die Recension des Aufsatzes „Ueber Ungleichmäfsigkeits-Erscheinungen der Stahlschienen“, in Nr. 1 Ihrer geschätzten Zeitschrift vom 1. Januar 1897, ersuche ich die folgenden Zeilen in der nächsten Nummer gefälligst aufnehmen zu wollen.

Es ist mir vollständig fern gelegen, mich in eine weitere, zwecklose Polemik darüber einzulassen, was ich in meinem Aufsatze als Regel hingestellt oder nur beispielsweise angeführt habe, gleichwie auch darüber, was die geehrte Redaction ausdrücklich behauptet oder nur in einer Weise dargestellt hat, dafs daraus Mifsverständnisse entstehen könnten, und so überlasse ich dieses der Beurtheilung der geehrten Leser.

Mit Rücksicht auf die Bedeutung des Gegenstandes halte ich es jedoch für nothwendig, auf zwei mittlerweile erschienene Veröffentlichungen hinzuweisen, welche die Richtigkeit der aus den Studien der K. F. Nordbahn gezogenen Schlufsfolgerungen zum grofsen Theile schon bestätigen.

In den Nummern 19 bis 25 der „Schweizerischen Bauzeitung“ vom Jahre 1897 veröffentlicht Prof. Tetmajer unter „Metamorphosen der basischen Schienenstahlbereitung und des Prüfungsverfahrens der Stahlschienen“ seine jüngsten Studien über Flufseisen und gelangt mit Bezug auf meinen Aufsatz zu der Schlufsfolgerung: „Die Korn- und Randstahlbildung besteht; wir haben dieselbe sowohl bei Producten des Martinverfahrens, als auch bei Bessemer- und Thomasschienen angetroffen.“ Ebenso zeigen die von Prof. Tetmajer untersuchten Stahlsorten etwelche Unterschiede in der chemischen Zusammensetzung des Metalls am Rande und im Kern des Profils. Es ist nur zu bedauern, dafs die Aetzbilder und chemischen Analysen dieser Arbeit nicht auch durch Zerreifsproben aus verschiedenen Querschnittstheilen der Schienen ergänzt wurden, da die Minderwerthigkeit des Kernstahls vom oberen Schopfende besonders durch diese Probe deutlich zum Ausdruck gelangt.

Einen weiteren Beweis für das Vorhandensein der Rand- und Kernstahlbildung liefern die jüngst von Ruhfus („Stahl und Eisen“ 1897, Nr. 2) veröffentlichten schönen Aetzbilder von Blechquerschnitten, und ist Ruhfus gleichfalls der Ansicht, dafs die unvermeidlichen Aussaigerungen zu solchen Erscheinungen Veranlassung geben.

Genehmigen Sie den Ausdruck besonderer Hochachtung!

Ant. v. Dormus.

Zolltarifirung.

Schon seit Jahren beschäftigt sich der Reichstag mit der Frage, wie den zu Tage getretenen Mifsständen in der Zolltarifirung vorgebeugt werden kann. Auch in dieser Tagung hat er schon zweimal dasselbe Thema verhandelt. Der Zolltarif vom Jahre 1879 war noch nicht ein paar Jahre in Kraft, als in der Geschäftswelt schon mifsliebig bemerkt wurde, wie wenig die Zolltarifirung den gerechten Wünschen der Importeure entsprach. Man wirkte deshalb auf die Reichstagsabgeordneten ein und diese haben sich fortlaufend bemüht Abhülfe zu schaffen. In allen Legislaturperioden wurden Anträge nach dieser Richtung gestellt, aber irgend einen Erfolg hatten sie nicht. In neuster Zeit sind diese Anträge schneller aufeinander gefolgt; man kann daraus entnehmen, dafs der Druck der Mifsstände ein gröfserer geworden ist. Aber obschon sonach die Geschäftswelt sich mehr als je bemüht hat, ihren berechtigten Wünschen Gehör zu verschaffen, ist bisher von einem nennenswerthen Erfolg aller dieser Bestrebungen nicht die Rede gewesen.

Die Mifsstände in der Zolltarifirung machen sich hauptsächlich nach zwei Richtungen hin bemerkbar. Einmal kommt es nicht selten vor, dafs Entscheidungen der unteren Instanzen von den höheren Zollbehörden abgeändert werden. Ein Importeur, der eine Waare einführt, erlegt dafür bei dem betreffenden Zollamte einen gewissen Zoll oder führt sie zollfrei ein. Das Zollamt hat die Pflicht, der vorgesetzten Instanz Bericht über seine Thätigkeit zu erstatten. Die letztere entdeckt, dafs der geforderte Zoll oder die gewährte Zollfreiheit nicht mit ihren Anschauungen über die Auslegung des Zolltarifes übereinstimmt, und der Importeur, der vielleicht seine Waare schon verkauft hat, erhält nach Monaten die Nachricht, dafs er Zollnachzahlungen zu leisten hat, beziehungsweise, dafs er überhaupt einen Zoll entrichten mufs. Wenn der Importeur sich vor Einführung der Waare bei dem Zollamte nicht über die Klassification erkundigt hat, so wird ihm eine solche nachträgliche Benachrichtigung schon recht schmerzlich sein. Noch unangenehmer aber wird er es empfinden, wenn er vor der Einführung der Waare sich bei der Zollbehörde über die Tarifirung erkundigt und auf Grund dieser Erkundigung sich überhaupt erst zur Einführung entschlossen hat. Es sind in dieser Hinsicht schon die sonderbarsten Fälle dagewesen. Es ist natürlich, dafs Geschäftsleute durch eine solche Behandlung des Zolltarifes vollständig ruinirt werden können. Entschliefst sich Jemand auf Grund einer bei einer Behörde geholten Auskunft zum Import einer Waare im grofsen Umfange, hat er also die behördliche Auskunft zur Grundlage seiner geschäftlichen Calculation gemacht, so kann er, wenn die Zollnachzahlungen, was ja bei einem grofsen Geschäft sehr wohl möglich ist, beträchtliche Summen ausmachen, infolge der nachträglichen Rectification der Unter- durch die Oberbehörde durch dieses Geschäft zum Bettler werden.

Die zweite Kategorie von Mifsständen bezieht sich auf die Verschiedenheit der Tarifauslegungen durch die verschiedenen Zollämter der einzelnen Staaten. Es ist ja ein offenes Geheimnifs, dafs von der Geschäftswelt bestimmte Waarengattungen nur über bestimmte Zollämter vom Ausland bezogen werden. Der Grund dafür liegt darin, dafs diese Zollämter den Tarif anders auslegen als andere, und dafs sie auf die Waaren einen geringeren Zollsatz in Anwendung bringen. Es entspricht doch aber nicht der einheitlichen Handhabung eines Gesetzes, wenn solche Vorgänge sich ereignen können. Jedes Gesetz, das für das Reich gilt, mufs einheitlich gehandhabt werden, und wenn die Verwaltung dazu nicht imstande ist, so müssen eben besondere Bestimmungen getroffen werden, welche den Mifsstand beseitigen.

An und für sich wäre es nicht schwer, beide Kategorien von Unzuträglichkeiten aus der Welt zu schaffen. Man brauchte blofs eine höchste Reichsinstanz zu schaffen, welche über die Auslegung des Zolltarifs im einheitlichen Sinne wacht, und alle Klagen der Geschäftswelt würden bald auf diesem Gebiete gegenstandslos werden. Die Anträge, welche im Reichstag gestellt wurden, haben sich denn auch bis vor kurzem auf dieser Linie bewegt. Entweder wollten sie ein Reichszolltarifamt errichten oder den Rechtsweg in Zollstreitigkeiten eingeführt haben. So leicht ausführbar an und für sich beide Vorschläge wären, so schwer, ja unmöglich lassen sie sich infolge der verfassungsrechtlichen Bestimmungen im Reich und in den Einzelstaaten in die Wirklichkeit übersetzen. Die Zollverwaltung und Zollerhebung ist durch die Verfassung den einzelnen Bundesstaaten garantirt, d. h. die obersten Entscheidungen in Zollsachen und Zollstreitigkeiten haben die Landesfinanzbehörden. Die einzige Instanz, an welche gegen die Auslegung dieser Behörde appellirt werden kann, ist der Bundesrath. In diesem aber sind doch eben dieselben Regierungen, zu denen die Landesfinanzbehörden gehören, vertreten. Man appellirt also bei Zollbeschwerden eigentlich an denselben Richter, und dafs dabei für den Beschwerdeführer nicht viel herauskommt, ist ohne weiteres klar. Würden die Landesregierungen auf ihre Competenz in Zollsachen verzichten, so würde es sehr leicht sein, eine Instanz im Reiche zu schaffen, die eine Einheitlichkeit in der Zolltarifirung verbürgte; indessen die Einzelregierungen haben bisher weder die geringste Lust gezeigt auf ihre Competenz zu verzichten, noch ist Aussicht vorhanden, dafs dies in einer nahen Zukunft geschehen wird. Bei diesem Stande der Dinge mufs man eigentlich die Beharrlichkeit bewundern, mit welcher von einzelnen Reichstagsabgeordneten die Anträge auf Errichtung eines Reichszolltarifamtes oder auf Einführung des Rechtsweges in Zollstreitsachen stets von neuem hervorgeholt werden. Es giebt in der That kein Mittel, diese Vorschläge zu realisiren.

Die Reichsverwaltung hat sich, wie anerkannt werden mufs, Mühe gegeben, so viel als möglich zu helfen. Der Reichsverwaltung stand nur ein Weg offen, Mifsständen möglichst vorzubeugen, und das war die möglichst präcise Erklärung der einzelnen Zolltarifspositionen durch das Amtliche Waarenverzeichnifs. Das Amtliche Waarenverzeichnifs beruht auf den eingehendsten Untersuchungen über die Natur sämmtlicher im Zolltarif aufgeführten Waarengattungen; je nach dem Wechsel, der in den Waarengattungen entsprechend den Neuerungen in der Technik oder im Verkehr selbst vorkommt, mufs es umgestaltet werden, wenn es den Interessen der Geschäftswelt entsprechen soll. Früher war dies leider nicht der Fall. Grundlegende Umgestaltungen sind eigentlich nie vorgenommen worden. Erst im Anfang der neunziger Jahre bemühte man sich, ein ganz neues Amtliches Waarenverzeichnifs anzulegen. Die Anfertigung hat mehr Zeit in Anspruch genommen, als von der Geschäftswelt für nöthig erachtet wurde; aber schliefslich ist doch ein Werk zustande gekommen, welches im ganzen Billigung gefunden hat. Und nun ist die Reichsverwaltung dazu übergegangen, periodisch, wie es scheint von Jahr zu Jahr, Revisionen des Waarenverzeichnisses vorzunehmen. Nachdem das neue Waarenverzeichnifs am 1. Januar 1896 in Kraft getreten war, ist die erste Revision während dieses Jahres vorgenommen und am 1. Januar 1897 zur Geltung gebracht. Man kann also nach dieser Richtung hin für die Zukunft beruhigt sein. Indessen viel ist damit nicht erreicht, und die beiden Kategorien von Mifsständen werden als solche dadurch nicht beseitigt.

Reichstag und Reichsverwaltung haben sich also, wie festgestellt werden mufs, vergeblich bemüht, den Mifsständen abzuhelfen. Nunmehr scheint es aber, als wenn ein Weg betreten werden soll, der eher zum Ziele führt. Da durch reichsgesetzliche Regelung nichts zu erreichen war, so liegt es eigentlich nahe, den landesgesetzlichen Weg zu betreten, und diesen hat jüngst im Reichstage der Abgeordnete Dr. Hammacher beschritten. Seine Anträge wollen zwei Neuerungen eingeführt haben. Einmal wünscht er, dafs in den Einzelstaaten Auskunftsstellen geschaffen werden, welche autoritative Erklärungen der einzelnen Zolltarifspositionen geben können, und sodann verlangt er, dafs die Zollbeschwerden in den Einzelstaaten durch Verwaltungs- oder Schiedsgerichte, zu denen waarenkundige Personen zugezogen werden, entschieden werden. Man wird abwarten müssen, wie die einzelnen Regierungen sich zu diesem Antrage stellen werden. Jedenfalls ist anzuerkennen, dafs damit endlich die Aussicht auf Erfolg eröffnet ist, und zwar um so mehr, als sich der Vertreter der Reichsverwaltung im Reichstage selbst wenigstens für den ersten Theil des Antrages Hammacher erwärmt hat. Allerdings darf nicht verkannt werden, dafs selbst bei der vollständigen Annahme des Hammacherschen Antrages die zweite Kategorie der von uns erwähnten Mifsstände nicht im mindesten berührt würde. Aber es wäre schon viel erreicht, wenn uns eine Stelle geschaffen würde, bei welcher sich die Geschäftswelt authentische Auskunft holen könnte, bevor sie Importgeschäfte macht. Hätte der Geschäftsmann eine solche Erklärung in der Hand, so könnte er sie unbedenklich seiner Calculation zu Grunde legen und er würde nicht wie bisher Gefahr laufen, eines Tages infolge dieses Geschäftes an den Bettelstab zu kommen. Auch eine Entscheidung über Beschwerden durch Instanzen, zu denen waarenkundige Personen zugezogen würden, liefse sich wohl billigen. Natürlicher aber wäre es, diese Instanz für das Reich zu schaffen, denn erst dadurch würde die Garantie geboten, dafs nicht verschiedene Auslegungen einer und derselben Tarifposition durch die Zollämter der verschiedenen Einzelstaaten bewirkt würden. Ja, es gewinnt den Anschein, als sollte man dem zweiten Theile des Antrages Hammacher nicht zu schnell Folge leisten; denn wenn einmal einzelstaatliche Instanzen derart, wie sie vorgeschlagen, geschaffen worden sind, dann würde ja geradezu die Verschiedenheit der Auslegungen in den verschiedenen Staaten sanctionirt werden. Sicherlich aber ist der Antrag Hammacher seines ersten Theiles wegen und wegen der Tendenz, endlich einmal einen Weg zu suchen, auf dem wirklich ein Erfolg zu erreichen ist, mit Freuden zu begrüfsen.

Die Abstellung der Mifstände infolge der verschiedenen Auslegung einer Tarifposition durch die Aemter der verschiedenen Bundesstaaten läfst sich vielleicht auch in nächster Zeit zu einem grofsen Theil anders erreichen. Spätestens im Jahre 1903 wird man daran denken müssen, die internationalen Handelsbeziehungen Deutschlands zu anderen Ländern einer erneuten Betrachtung zu unterwerfen; Deutschland hat bei den letzten Handelsvertrags-Verhandlungen gesehen, welchen Werth es hat, sich schon Jahre vorher auf diese Arbeit vorzubereiten. Andere Länder, wie die Schweiz, Spanien, Portugal, hatten, ehe sie in Handelsvertrags-Verhandlungen mit Deutschland eintraten, sich durch die Schaffung eines Maximaltarifs eine Position geschaffen, in welcher sie recht erfolgreich operiren konnten und, soweit die Schweiz in Betracht kommt, operirt haben. Man wird in Deutschland schon in den nächsten Jahren überlegen müssen, wie man durch gesetzliche Umgestaltung unseres Zolltarifs sich in eine möglichst günstige Lage bringt. Dabei wird es dann natürlich sein, dafs auch Aenderungen des Zolltarifs, die schon seit langem von der Geschäftswelt gewünscht werden, Berücksichtigung finden. Zu diesen Aenderungen gehören in erster Linie alle diejenigen, welche auf eine Vereinfachung des Tarifs abzielen. In dem jetzigen Tarif sind bei recht vielen Waarengattungen Unterschiede in der Verzollung gemacht, die weder dem Reichssäckel noch dem zu schützenden Gewerbezweig Nutzen gebracht haben. Es wäre gut, wenn bei diesen Waarengattungen die verschiedenen Zollsätze unter Abwägung der dabei in Betracht kommenden Interessen auf einen einheitlichen Zoll gebracht würden, und sobald einigermafsen systematisch mit einer derartigen Aenderung vorgegangen würde, würde natürlich zu einem guten Theil die Grundlage für die Verschiedenheit der Zollauslegungen seitens der einzelnen Zollämter verschwinden. Dann würde auch die zweite Kategorie von Mifsständen, die wir erwähnt haben, wenigstens zu einem grofsen Theil beseitigt sein.

Jedenfalls werden sich auch die Einzelregierungen durch die Vorgänge der letzten Zeit überzeugen lassen, dafs es mit der gegenwärtigen Handhabung des Zolltarifs nicht lange mehr weiter geht. Etwas mufs geschehen, damit die Geschäftswelt wieder bei dem Importgeschäft richtig calculiren kann, und wenn die Einzelregierungen ihre Competenzen in der Zollverwaltung und Zollerhebung nicht aufgeben wollen, so werden sie wohl nicht umhin können, wenigstens dem ersten Theil des Antrags Dr. Hammacher Rechnung zu tragen und im übrigen darauf Gewicht zu legen, durch Vereinfachung des Zolltarifs der verschiedenartigen Auslegung der einzelnen Zolltarifpositionen vorzubeugen. *R. Krause.*

Die Haftpflicht der gewerblichen Unternehmer in Deutschland.

Die deutsche Unfallversicherung bedeutete einen grundsätzlichen Bruch mit der Auffassung, dafs der einzelne Unternehmer unbedingt persönlich verantwortlich zu machen sei für die Unfälle, die aus den Gefahren seines Betriebes hervorgehen. Der beste Grund für diese überaus bedeutsame Neuerung ist die Erkenntnifs, dafs die moderne Productionsweise in sich Gefahrenquellen birgt, die der einzelne Unternehmer nicht verschuldet hat und auch nicht zu verstopfen imstande ist.

Trügerisch war aber die Hoffnung, dafs die Haftpflichtgefahr durch die Einführung der Unfallversicherung, die ja den Unternehmern grofse und schwere Lasten auferlegte, im wesentlichen beseitigt sei. Wiederholte Gerichtsentscheidungen zeigten deutlich, dafs sowohl gegenüber betriebsfremden Personen als auch unter Umständen gegenüber Betriebsangehörigen noch eine Haftpflicht des Unternehmers besteht, zu der dann noch die Regrefsansprüche der Berufsgenossenschaften gegen eigene Mitglieder und gegen dritte Personen hinzutreten.

Die Bedeutung der Haftpflichtreste — es sind in der That nur noch Reste — wurde sehr verschieden beurtheilt. Manche unterschätzten, Andere überschätzten sie. Ein erheblicher Theil der Unternehmer suchte sich bei Versicherungsgesellschaften zu decken, die diese Zweige der Versicherung vielfach erst in den letzten Jahren aufgenommen bezw. in stärkerem Mafse betrieben haben. Eine grofse Zahl von Unternehmern schlofs sich zusammen zu einem „Haftpflicht-Schutzverbande", um sich gegen die üblen Folgen der noch bestehenden Haftpflicht durch Umgestaltung der Gesetzgebung und durch Beeinflussung des Verhaltens der Privatversicherung zu sichern.

Die Beunruhigung über die Gefahren der Haftpflicht für den einzelnen Unternehmer wurde noch gesteigert durch die Unkenntnifs der thatsächlichen Bedeutung der Haftpflicht. Es darf als ein besonderes Verdienst des „Deutschen Haftpflicht-Schutzverbandes", an dessen Spitze der Abgeordnete Commerzienrath Th. Möller-Brackwede steht, angesehen werden, dafs er vor Allem einmal gröfsere Klarheit über die thatsächlichen Verhältnisse zu schaffen suchte. Da die amtliche Statistik Materialien über diesen Punkt nicht enthält, blieb nur der Weg einer privaten statistischen Erhebung übrig. Um zu sehen, wie weit dabei auf eine Mitwirkung der ja ohnehin reichlich belasteten gewerblichen Unternehmer zu rechnen sei, wurde anfangs 1895 eine Vorerhebung veranstaltet. Ihr Ergebnifs war so günstig, dafs eine gröfsere Erhebung durchführbar erschien. Im Herbst 1895 trat deshalb der Haftpflicht-Schutzverband an die Berufsgenossenschaften mit der Bitte heran, einerseits einen Fragebogen über die Regrefsfälle aus § 96 bis 98 des Unfallversicherungsgesetzes vom 6. Juli 1884 auszufüllen und andererseits ihren Mitgliedern einen Fragebogen über die Haftpflicht im engeren Sinne zur Ausfüllung zu übergeben. Der Erfolg dieser Bitte war überraschend günstig. Von 30 Berufsgenossenschaften wurden Angaben über die Regrefsfälle gemacht und von etwa 10000 Unternehmern — 14000 waren befragt worden — wurden die Fragebogen über die Haftpflicht ausgefüllt zurückgereicht.

Das grofse Material wurde im Laufe des Jahres 1896 von Prof. Dr. R. van der Borght-Aachen bearbeitet. Die Ergebnisse liegen jetzt vor in einer kleinen Schrift: „Die Haftpflicht der gewerblichen Unternehmer in Deutschland", die im Verlage von Siemenroth & Troschel zu Berlin erschienen ist. Die Schrift hält sich von jeder agitatorischen Tendenz frei. Sie erscheint als eine rein sachliche wissenschaftliche Untersuchung. Um so mehr sind ihre Ergebnisse geeignet, die Aufmerksamkeit weitester Kreise zu erregen.

An dieser Stelle kann natürlich nicht den Einzelausführungen nachgegangen werden, in denen der Verfasser das Material nach den verschiedensten Richtungen hin untersucht. Es genügt, die Hauptergebnisse hervorzuheben.

Vorweg sei bemerkt, dafs die Statistik sich nicht auf die gesammte deutsche Industrie erstreckt. Bezüglich der Regrefsfälle liegt das Material für 30 Berufsgenossenschaften mit etwa $2^1/_2$ Millionen versicherter Personen vor, bezüglich der Haftpflichtfälle für 8 Berufsgruppen: Eisen- und Stahlindustrie, Edel- und Unedel-Metallindustrie, Holzindustrie, Textilindustrie, Brauerei-, Tiefbau-, Hochbau- und Binnenschiffahrtsgewerbe. Das Material ist aber in jeder Gruppe umfangreich genug, um einen Einblick in die Verhältnisse zu gestatten.

Die allgemeine Bedeutung der Untersuchung ist u. E. in drei wichtigen Ergebnissen zu suchen, nämlich in der Aufklärung über den thatsächlichen Umfang, die Kosten und die Leistungen der privaten Haftpflichtversicherung, weiter in der deutlichen Kennzeichnung der Gefahren der Regrefs- und Haftpflicht für den einzelnen Unternehmer und endlich in dem unwiderleglichen Nachweis der geringfügigen Gesammtlast der Haft- und Regrefspflicht für die Gesammtheit der Unternehmer.

Was zunächst den Umfang anlangt, in welchem die Unternehmer eine Sicherstellung durch private Haftpflichtversicherung gesucht haben, so waren 1894 von den 9918 Betrieben, deren Fragebogen brauchbar waren, 3406 oder 34,34 % versichert. In der Brauerei steigt der Procentsatz bis auf

59,24 %, in der Rheinisch-Westfälischen Hütten- und Walzwerks-B.-G. bis auf 64,89 %, während in der Nordwestlichen Eisen- und Stahl-Berufsgenossenschaft 55,53 %, in der Sächs.-Thür. Eisen- und Stahl-B.-G. 46,42 % und in der Nordöstl. Eisen- und Stahl-B.-G. nur 15,16 % der berücksichtigten Betriebe versichert waren.

Vollständige Angaben liegen für 3185 Betriebe mit 243 270 Arbeitern vor. Sie zahlten 1894 im ganzen 327 393,57 ℳ oder pro Kopf der Arbeiter 1,35 ℳ Jahresprämie. Auffällig ist die verschiedene Höhe der Prämien pro Kopf der Arbeiter für dieselbe Industrie bei den verschiedenen Gesellschaften.

Es betrug

	Die niedrigste	Die höchste	Im Durchschnitt
	Prämie pro Kopf der Arbeiter		
in der Eisen- und Stahlindustrie . . .	0,54	10,33	1,11
„ „ Edel- und Unedelmetallindustrie	0,17	2,81	0,87
„ „ Holzindustrie	0,82	6,99	1,77
„ „ Textilindustrie	0,28	2,67	0,66
„ „ Brauereiindustrie	0,34	4,90	3,55
im Tiefbaugewerbe	0,66	2,79	1,43
„ Hochbaugewerbe	0,73	11,90	1,31
in der Binnenschiffahrt	2,08	123,24	5,93

Selbstverständlich spielen bei den Prämien besondere Verhältnisse eine große Rolle. Eine Uebereinstimmung besteht zwischen den verschiedenen Gesellschaften insofern, als Textil-, Metall- und Eisen- und Stahlindustrie meist am niedrigsten, dagegen Brauerei und Binnenschiffahrt meist am höchsten tarifirt werden.

Diesen Prämien für 1894 steht im Durchschnitt der 6 Jahre 1889 bis 1894 eine jährliche Entschädigungslast (kapitalisirt) von 90 971,55 ℳ bei den in Frage kommenden versicherten Betrieben gegenüber. Mithin wurden 27,34 % der Prämien für Entschädigungskapitalien beansprucht, wobei zu berücksichtigen ist, daß die Kapitalbeträge der Renten absichtlich zu hoch gerechnet sind. Bei der Eisenindustrie machen die Entschädigungskapitalien 18,59 %,* bei der Textilindustrie 16,41 %, bei der Metallindustrie 22,56 % aus.

Zu den Entschädigungen treten noch die Verwaltungskosten hinzu. Der Verfasser stellt sie mit 25 % der Prämienreste ein, die nach Abzug der für Schäden bezahlten bezw. reservirten Kapitalbeträge übrig bleiben.

Dieser Satz schwebt nicht in der Luft. Die Versicherungsgesellschaften, mit denen der Haftpflichtschutzverband besondere Abkommen getroffen hat, setzen für die Berechnung der Gewinnantheile der Verbandsmitglieder die Verwaltungskosten mit demselben Betrage ein. Man darf also annehmen, daß die Verwaltungskosten vom Verfasser **nicht** zu niedrig eingestellt sind. Nach dieser Rechnung lassen die Entschädigungskapitalien und Verwaltungskosten von der Gesammtprämie in der

Eisenindustrie	noch	61,06 %
Metallindustrie	„	58,08 „
Holzindustrie	„	58,19 „
Textilindustrie	„	62,69 „
Brauerei	„	45,63 „
im Tiefbaugewerbe	noch . .	49,45 „
„ Hochbaugewerbe	„ . .	32,58 „
in der Binnenschiffahrt	noch .	70,70 „

und im Durchschnitt aller Berufsgruppen noch **54,49 %** übrig. Nach den Verhältnissen der Jahre 1889/94 zahlten hiernach die versicherten Unternehmer Prämien, die reichlich doppelt so hoch waren, als die Entschädigungslasten und Verwaltungskosten, die den Versicherungsgesellschaften aus diesen Versicherungen erwuchsen.

Daß die Unfallversicherungslasten der betheiligten Unternehmer durch diese Prämien erheblich gesteigert wurden, liegt auf der Hand. Ein Vergleich zwischen den Prämien und den berufsgenossenschaftlichen Umlagen, beide auf einen Arbeiter für 1894 gerechnet, ergiebt, daß die Prämien für die private Haftpflichtversicherung im Gesammtdurchschnitt **13,61 %** der Umlage ausmachten (in der Eisen- und Stahlindustrie 9,22 %, in der Metallindustrie 19,55 %, in der Textilindustrie 24 % u. s. w.).

Läßt sich schon hieraus schließen, daß für die Gesammtheit die Haftpflichtlasten nicht erheblich sein können, so zeigt sich doch andererseits, daß für den einzelnen Unternehmer die Haftpflicht und ebenso die Regreßpflicht verderblich sein kann, wenn er isolirt bleibt. Die Denkschrift erwähnt Regreßfälle, in denen Summen von 8000, 10 000, ja 18 000 ℳ für einen Fall zu zahlen waren, und andererseits Haftpflichtfälle mit je 3500, 4000 und über 12 000 ℳ Zahlung. Die Mehrzahl der Fälle ist freilich nicht von Belang. Das Gefährliche bei der Haft- und Regreßpflicht ist für den isolirten Unternehmer lediglich darin zu erblicken, daß unter Umständen ungewöhnlich hohe Lasten für ihn erwachsen können, ohne daß er einen Rückhalt an anderen hat. Uns sind nach dem Erscheinen der Arbeit noch neuere Fälle bekannt geworden, die das Gesagte vollauf bestätigen. Eine Berufsgenossenschaft hat unlängst gegen einen Unternehmer Regreß für die Summe von **70 000** ℳ genommen. Ein großer kapitalkräftiger Unternehmer kann das überwinden, ein mittlerer und kleinerer Unternehmer geht daran zu Grunde.

In der allerjüngsten Zeit erst ist ein kleiner Unternehmer der Rheinprovinz zu einer Haftpflichtentschädigung verurtheilt worden unter Umständen,

* Im einzelnen bei der

Rhein.-Westf. Hütten- und Walzwerks-B.-G.	23,76 %
Nordöstl. Eisen- und Stahl-B.-G.	28,16 „
Nordwestl. „ „ „ „	12,48 „
Sächs.-Thür. „ „ „ „	17,20 „

die so charakteristisch sind, dafs sie hier erwähnt werden müssen. Der Unternehmer war für Unfälle seiner Arbeiter bei einer Gesellschaft versichert. Einer der versicherten Arbeiter behauptete, am 18. August 1884 in der Fabrik einen Unfall erlitten zu haben, der eine rechtsseitige Hüftgelenkentzündung zur Folge gehabt habe. Zeugen waren nicht vorhanden, und der Arzt constatirte, dafs der Arbeiter schon als Kind an einer rechtsseitigen Hüftgelenkentzündung gelitten habe. Nach mehrwöchentlicher Spitalbehandlung wurde der Arbeiter 1884 als gebessert entlassen. Die Versicherungsgesellschaft lehnte eine Entschädigung ab. Später verschlimmerte sich der Zustand des Arbeiters so, dafs ihm 1886 das rechte Bein abgenommen wurde. 1891 klagte nun der Arbeiter auf Grund der Versicherungspolice, die er sich vom Arbeitgeber hatte aushändigen lassen, gegen die Versicherungsgesellschaft auf Entschädigung, wurde aber abgewiesen, weil die Klage innerhalb 6 Monate nach dem Unfall hätte angestellt werden müssen, also verjährt sei. Trotzdem schlofs die Versicherungsgesellschaft einen Vergleich mit dem Arbeiter, zahlte ihm 400 ℳ und übernahm die Procefskosten, wogegen der Arbeiter sich „für alle seine Ansprüche befriedigt erklärte und auf Fortsetzung oder Erneuerung seiner Klage und auf jedes Rechtsmittel gegen das Urtheil verzichtete".

Sofort nach diesem Vergleich, im März 1893, klagte der Arbeiter gegen den Unternehmer auf Schadenersatz dafür, dafs der Unternehmer nicht für rechtzeitige Inanspruchnahme der Versicherungsgesellschaft gesorgt habe. Das Landgericht wies die Klage ab, das Oberlandesgericht stellte dagegen in einem Zwischenurtheil den Satz auf, der Unternehmer sei verpflichtet gewesen, die Rechte seines Arbeiters gegen die Versicherungsgesellschaft selbst rechtzeitig wahrzunehmen oder aber dem Arbeiter die Verfolgung seines Anspruches durch Belehrung über die einschlägigen Bestimmungen des Versicherungsvertrages und durch rechtzeitige Aushändigung der Police zu ermöglichen. Daraufhin ist der Unternehmer vor kurzem verurtheilt worden, 7000 ℳ Entschädigung und 5000 ℳ Kosten, zusammen 12000 ℳ, zu zahlen. Der Unternehmer ist dadurch ruinirt worden und hat Concurs anmelden müssen.

Der Fall zeigt die ganze Härte der Haftpflicht deutlich und lehrt, wie bedenklich es ist, sich durch das relativ seltene Vorkommen von Haftpflichtfällen in Sicherheit wiegen zu lassen, und wie verhängnifsvoll trotz der privaten Versicherung eine an sich unbedeutende Unterlassung in diesen Dingen werden kann.

Solange der Unternehmer isolirt der Haftpflicht gegenüber steht, kann sie eben für ihn gefährlich werden, und dieser Erkenntnifs ist auch die verhältnifsmäfsig häufige Privatversicherung der Unternehmer zuzuschreiben, wie sie von Professor van der Borght in seiner Schrift nachgewiesen wird. Von selbst drängt sich dabei aber die Frage auf, ob nicht schliefslich durch Uebernahme der hauptsächlichsten heutigen Haftpflichtmöglichkeiten noch ein wirksamerer Schutz gegen die Haftpflichtgefahren geschaffen werden kann. Auch für diese Seite der Sache liefert die Schrift van der Borghts ein sehr beachtenswerthes Material. Der Verfasser stellt eingehende Vergleiche zwischen der Bedeutung der Haftpflichtfälle und der berufsgenossenschaftlich entschädigten Betriebsunfälle an. Das wichtigste Ergebnifs dieser umfassenden Untersuchungen ist, dafs — auf 1000 Arbeiter umgerechnet — die während der sechs Jahre 1889/94 entstandenen Haftpflichtlasten von den gleichzeitig erhobenen berufsgenossenschaftlichen Umlagen der betheiligten Berufsgenossenschaften nur 2,9 % ausmachen (in der Eisen- und Stahlindustrie 2,41 %, in der Metallindustrie 2,84 %, in der Textilindustrie 1,86 %, in der Holzindustrie 3,00 %, im Tiefbaugewerbe 1,57 %, in der Brauereiindustrie 3,52 %, im Hochbaugewerbe 4,22 % und in der Binnenschifffahrt 5,86 %).

Noch unbedeutender sind im ganzen die Lasten der Regrefsfälle. Sie stellen sich bei den Regressen gegen eigene Unternehmer bezw. deren Angestellte auf 0,10 % und bei den Regressen gegen sonstige Dritte auf 0,06 % der gleichzeitigen Umlagen der drei Berufsgenossenschaften, für welche Angaben vorliegen. Mit anderen Worten, die ganze Regrefs- und Haftpflichtlast beläuft sich im Durchschnitt nur auf etwa 3 % der Umlagen, während die Haftpflichtprämien 1894 13,1 % der Umlagen — auf gleiche Arbeiterzahl umgerechnet — betrugen.

Finanziell liefse sich die Sicherstellung gegen die Haftpflicht also ohne Zweifel günstiger einrichten als jetzt, wenn die reichsgesetzliche Unfallversicherung die vorhandenen Rechte der Haftpflicht übernehmen würde.

Welche sonstige Erwägungen etwa für oder gegen ein solches Vorgehen sprechen können, steht hier nicht zur Erörterung.

Zum Schlufs sei erwähnt, dafs sich gegen die Darlegungen des Verfassers unseres Erachtens nur zwei Einwände erheben lassen, nämlich einmal, dafs von den berücksichtigten Haftpflichtfällen vielleicht noch einige bei genauerer Aufhellung des Sachverhalts hätten ausgeschieden werden können, weil sie nicht als Haftpflichtfälle im Sinne der Untersuchung erscheinen, und weiter, dafs die Haftpflichtlasten überall sehr hoch gerechnet sind. Die Kapitalisirung der Jahresrenten ist entschieden zu hoch gegriffen, und auch bei dem Vergleich mit den Umlagen macht der Verfasser Voraussetzungen, die geeignet sind, die Haftpflichtlast höher erscheinen zu lassen, als sie in Wirklichkeit bei Uebernahme der Haftpflichtfälle in die berufsgenossenschaftliche Versicherung sein würde. Der Verfasser betont selbst wiederholt, dafs er diese ungünstigen Voraussetzungen absichtlich gewählt habe, um dem Vorwurf der Schönfärberei zu entgehen. Diese Thatsache ist nur geeignet, die Beweiskraft seiner Ausführungen zu stärken. Sind die Haftpflichtlasten im ganzen thatsächlich noch geringer, als der Verfasser berechnet, so mufs einerseits ein noch gröfserer Bruchtheil der Haftpflichtprämien als Ueberschufs verbleiben und so mufs sich andererseits die Steigerung der Umlagen durch etwaige Uebernahme der Haftpflicht auf die Berufsgenossenschaften in noch engeren Grenzen vollziehen, als es nach den überaus vorsichtigen Berechnungen des Verfassers der Fall sein würde.

Jedenfalls ist durch diese Untersuchung die ganze Haftpflichtfrage in ein neues Licht gerückt worden, und für das praktische Verhalten gegenüber der Haftpflicht sind die Ergebnisse der Statistik sehr bedeutsam.

Bericht über in- und ausländische Patente.

Patentanmeldungen,

welche von dem angegebenen Tage an während zweier Monate zur Einsichtnahme für Jedermann im Kaiserlichen Patentamt in Berlin ausliegen.

11. Februar 1897. Kl. 7, St 4768. Glühofen mit zwei Herden. Arnold Stein, Düsseldorf-Grafenberg.

Kl. 35, B 19544. Fangvorrichtung für Förderkörbe. B. Bessing, Hochlar bei Recklinghausen i. W.

Kl. 49, J 4067. Verfahren zur Herstellung von Rädern aus Blech mit Nabe und Speichen aus einem Stück. Ludwig Jecho, Wien.

Kl. 49, K 14505. Verfahren zur Herstellung der Glieder von sogenannten Schneckengangketten. Kollmar & Jourdan, Pforzheim.

15. Februar 1897. Kl. 5, G 10689. Tiefbohrvorrichtung mit Hebung des Bohrschmandes durch Prefsluft. Friedrich Grumbacher, Berlin.

Kl. 7, T 5212. Platinen- und Blechglühofen. Hermann Tümmler, Dillingen a. Saar, und Louis Albrecht, Siegen i. W.

Kl. 31, L 10409. Maschine zum Formen von sectorförmigen Kernstücken für Riemscheiben und dergleichen. Robert Lehnert, Olbernhau i. S.

Kl. 40, G 10726. Reinigung geschmolzener Metalle. Jean Léon Gauharou, Paris.

18. Februar 1897. Kl. 31, C 6502. Giefsverfahren. Compagnie Anonyme des Forges de Châtillon et Commentry, Paris.

Kl. 49, P 8577. Verfahren zur Herstellung von Doppelhohlfelgen. Eug. Jul. Post, Köln-Ehrenfeld.

Kl. 49, R 10770. Verfahren zur Herstellung von Drahtwicklungen wechselnder Form. Rodi & Wienenberger, Pforzheim.

22. Februar 1897. Kl. 5, J 4065. Zweispuriges Kreissägeblatt für Schrämmaschinen. Peter Ilberg, Langendreer.

Kl. 40, C 5655. Verfahren zur Gewinnung von Gold und Silber. John Jeremiah Crooke, New York.

Kl. 40, T 5037. Verfahren der Behandlung von silberhaltigen sulphidischen Erzen. Ernest Frederick Turner, Adelaide, Süd-Australien.

Gebrauchsmuster-Eintragungen.

15. Februar 1897. Kl. 1, Nr. 69434. Im Innern mit stellenweise unterbrochenen Rippen versehene hohle Stofsplatte mit Löchern in der oberen Decke für Pfannenstofsherde. Hennig & Bourdeaux, Münchenbernsdorf bei Gera.

Kl. 5, 69283. Seilklemme für Streckenförderung aus Kurbel mit senkrechtem Zapfen und fester Gabel. Pet. Jorissen, Düsseldorf.

Kl. 7, Nr. 69496. Mehrfach-Drahtziehmaschine mit kreisförmig angeordneten, senkrecht oder geneigt stehenden Ziehcylindern. C. Schniewindt, Neuenrade i. W.

Kl. 24, Nr. 69403. Heizschachtsteine mit Aussparungen zur Erzielung gleichmäfsiger Wandstärken. W. Eckardt, Köln.

Kl. 49, Nr. 69164. Prefsformen für Kesselböden mit Einsatzringen für gröfsere oder kleinere Flammrohrhälse. Thyssen & Cie., Mülheim a. d. Ruhr.

Kl. 49, Nr. 69383. Vorrichtung zum Härten von Stahlband mit luftdicht abgeschlossener, ein Schauloch tragender Beobachtungskammer. Carl Arndt, Braunschweig.

Kl. 49, Nr. 69401. Unterlagskörper für Feilenhaumaschinen mit so gestalteter Feilenlagerfläche für halbrunde Feilen, dafs die Mittelpunkte der Krümmungsradien der Feile in die Drehungsachse des Ambosses fallen. J. A. Zenses, Haddenbach-Remscheid.

22. Februar 1897. Kl. 1, Nr. 69605. Erzwaschtrommel mit scheibenförmiger Waschfläche aus Segmenten mit Stoffbezug. E. A. Sperry, Gunnison.

Kl. 4, Nr. 69909. Grubenlampe mit Sicherheitszündung durch eine zum Hammer ausgebildete Feder. Carl Bohlmann, Dortmund.

Kl. 5, Nr. 69706. Stofsende Bohr- und Schrämmaschine mit sägeartig gezahnter Arbeitsstange und selbstthätig durch Federn bewirktem Vorschub. Friedrich Sommer, Essen a. d. Ruhr.

Kl 31, Nr. 69954. Zwei zusammengehörende, wechselbare Modellformplatten mit Führungsstiften und Pafsstiftöffnungen, für zwei Originalformkasten und eine Formmaschine passend. Wilhelm Schmitz, Schlagbaum bei Solingen.

Deutsche Reichspatente.

Kl. 18, Nr. 90292, vom 5. April 1896. L. W. A. Jacobi und G. W. Petersson in Stockholm. *Verfahren zur Herstellung von Erzsteinen aus Eisenerz oder anderen Eisenverbindungen.*

Eisenerz wird zum Theil reducirt und dann zu Briketts geprefst, wobei das zu Eisenschwamm reducirte Erz dem nicht reducirten Erz als Bindemittel dient. Gegebenenfalls kann die Masse vor dem Pressen mit Wasser, Dampf, Kohlensäure, Essigsäure oder dergl. behandelt werden, um durch die entstehenden Salze die Bindekraft des Eisenschwammes zu vergröfsern.

Kl. 7, Nr. 89801, vom 24. September 1895. Karl Ley in Lüdenscheid. *Muffelglühofen.*

Die Muffel *a* ist derart unsymmetrisch zum Glühraum *c* angeordnet, dafs die die Muffel *a* von der

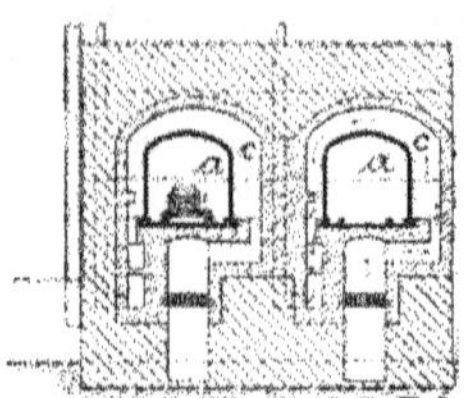

einen zur anderen Seite umspülende Flamme um so mehr zusammengeprefst wird, je kälter sie wird, zu dem Zweck, eine gleichmäfsige Wärmeabgabe an die Muffel *a* zu erzielen.

Kl. 49, Nr. 89946, vom 18. März 1896. Th. Gare in Stockport und Th. S. Hardeman in Manchester. *Verfahren zur Herstellung gewickelter Schraubenmuttern.*

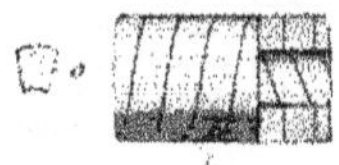

Um aus einem Stab gewickelte, sich selbst sichernde Schraubenmuttern mit dicht aufeinander liegenden Windungen herzustellen, giebt man dem Stab den Querschnitt *a*. Derselbe wird bei rechtsgängigen Muttern links herum, bei linksgängigen Muttern rechts herum gewickelt, so dafs das Streben der Mutter, sich loszudrehen, sie noch fester auf die Spindel anzieht. Nach Wicklung des Cylinders *b* erfolgt die Bearbeitung ihrer Aufsenform in bekannter Weise.

Kl. 49, Nr. 89045, vom 31. December 1895. J. Macdonald in Edinburg (Schottland). *Gebläselampe.*

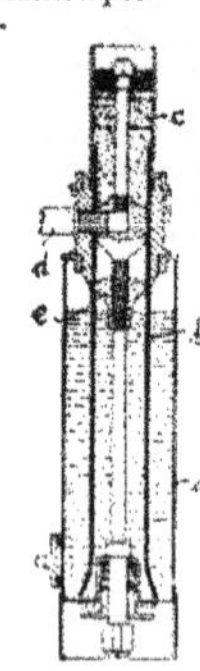

Aus dem mit Benzin oder dergl. gefüllten Behälter *a* steigt ersteres durch den Docht *b* in die mit Asbest oder dergl. gefüllte Mischkammer *c*, während gleichzeitig durch diese ein Luftstrom geblasen wird. (Das diesem Zweck dienende Rohr liegt neben dem Rohr *d*, ist aber in der Skizze nicht sichtbar.) Infolgedessen wird das im Asbest *c* befindliche Benzin vergast und tritt mit Luft gemischt oben aus, während in dieses Gasgemisch durch Rohr *d* ein centraler Luftstrom geblasen und eine Stichflamme erzeugt wird. Die beiden Rohre *d* werden durch einen Schlauch mit einem Gebläse verbunden. Der nachstellbare Kegel *e* dient zum Zusammenpressen des Dochtes *b*, um mehr oder weniger Benzin zu dem Asbest *c* gelangen zu lassen.

Kl. 48, Nr. 90468, vom 20. Juni 1896. Zusatz zu Nr. 89146 (vergl. „Stahl und Eisen" 1896, S. 1018). *Ätzverfahren.*

Die ätzende Flüssigkeit wird allein (ohne gepulverte Stoffe) unter hohem Druck gegen die zu ätzende Fläche geschleudert.

Kl. 7, Nr. 89843, vom 3. März 1896. W. H. Bailey in Piqua (Ohio, V. St. A.). *Ofen mit Doppelherd zum Wärmen von Luppen und Blechen.*

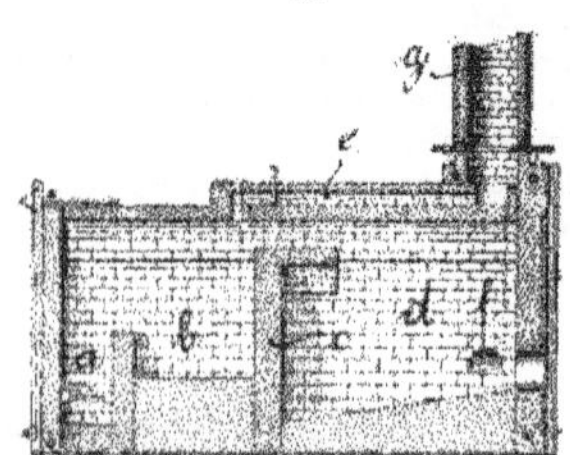

Der Ofen hat eine Feuerung *a*, einen Luppenherd *b* und, von diesem durch die Brücke *e* getrennt, einen Blechherd *d*. Von *b* aus geht ein Zug *e*, und von *d* aus zwei Züge *f* zur Esse *g*. Alle Züge *ef* sind durch Schieber einstellbar, um die Flamme in beiden Herden *bd* unabhängig voneinander regeln zu können.

Kl. 35, Nr. 88608, vom 6. Juli 1895. Königl. Hüttenamt in Gleiwitz. *Vorrichtung zur Verhütung des Uebertreibens von Förderschalen.*

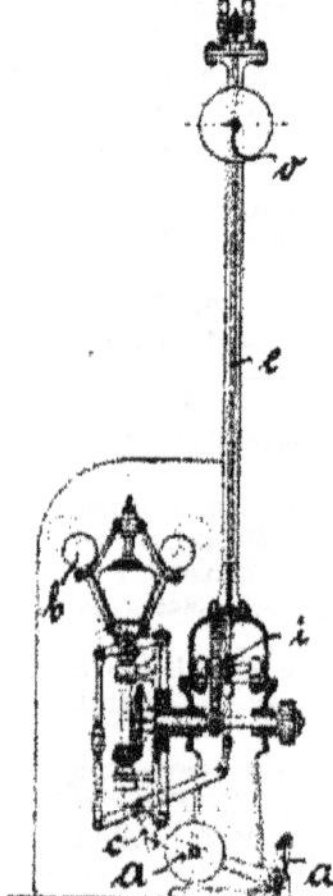

Das Dampfabsperrventil und die Dampfbremse der Fördermaschine sind mit einem Gewichtshebel *a* verbunden, der von einer Klinke *c* hochgehalten wird, beim Auslösen dieser Klinke *c* herunterfällt, dadurch zuerst das Dampfventil schliefst und dann die Bremse anzieht. Die Klinke *c* steht unter dem Einflufs des von der Fördermaschine gedrehten Regulators *b* und zweier Anschlagstangen *e*, die von den Mitnehmern einer zwischen *e* entsprechend den Fördergefäfsen auf und ab gehenden endlosen Kette *i* derart bethätigt werden, dafs die Anschläge von den Mitnehmern in der zulässig höchsten Stellung erreicht werden und damit der Gewichtshebel *a* ausgelöst wird, und dafs dieser Augenblick um so eher eintritt, je schneller der Regulator *b* bezw. die Fördermaschine sich dreht.

Britische Patente.

Nr. 18209, vom 17. August 1896. Ch. Cholat und Henri Harmet in St. Etienne (Frankreich). *Herstellung von Rohren für Kanonen, Gewehre u. dergl.*

Um den Rohren eine gröfsere Festigkeit zu geben, wird der in die ungefähre Endform durch Schmieden gebrachte Block auf Rothgluth erhitzt und dann tordirt, wobei die Torsion an beiden Enden des Blocks nach entgegengesetzten Richtungen oder nur an einem Ende unter Festhaltung des anderen Endes vorgenommen werden kann.

Patente der Ver. Staaten Amerikas.

Nr. 547 918. A. C. Dinkey in Munhall, Pa. *Blockstrafse.*

Auf dem Krahnausleger *a* läuft eine Katze *b*, zwischen deren Wangen c der die Zangenschenkel *d* tragende Halter *e* befestigt ist. Die Zangenschenkel *d* sind vermittelst Gelenke mit der Stange *o* verbunden, die an die zwischen den Wangen c verschiebbare Stange *i* angreift. Wird letztere nach rechts ge-

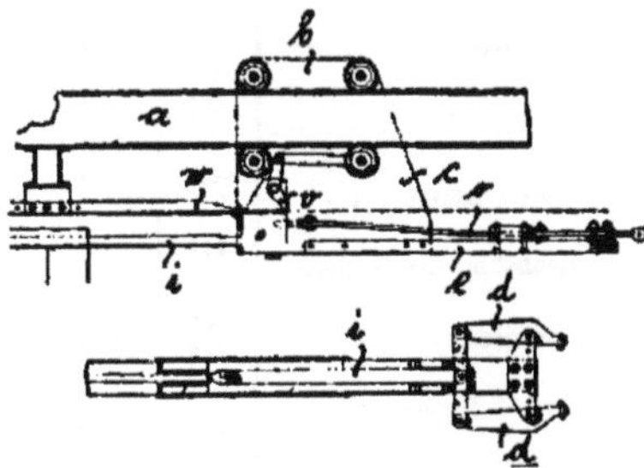

schoben, so öffnet sie zuerst die Zangenschenkel d und nimmt dann diese und die Katze *b* mit, bis erstere sich über den zu greifenden Block eingestellt haben. Zieht man die Stange *i* nach links, so schliefsen sich zuerst die Zangenschenkel *d* um den Block und fassen ihn, wonach Katze, Zange und Block zusammen nach links sich bewegen. Trifft hierbei der Hebel *v* auf den Anschlag *w*, so bewegt sich die Katze *b* relativ gegen die Zange *d* nach links, was deren Oeffnung und Freigeben des Blocks zur Folge hat.

Nr. 549 818. J. A. Potter, Munhall, Pa. *Walzwerk.*

Um ein Trio- in ein Duowalzwerk umwandeln zu können, ist die mittlere Schleppwalze *a* leicht entfernbar, während die Kuppelhülse *b* zwischen der

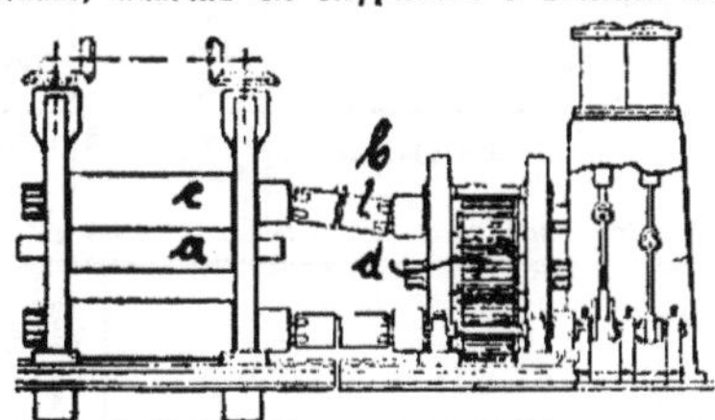

Oberwalze *c* und dem Zwischenrad *d* eingesetzt werden kann. Die Antriebsmaschine ist eine Reversirmaschine ohne Schwungrad.

Nr. 549 962. J. Hemphill in Pittsburg, Pa. *Wärmofen für Blöcke.*

Die Herdsohle des Wärmofens besteht der Länge nach aus drei Streifen, wovon die beiden Seitenstreifen fest stehen, während der Mittelstreifen *a* heb- und senkbar und der Länge nash verschiebbar ist. Die Länge dieses Mittelstreifens *a* ist gröfser als die Länge des Ofens, so dafs in der gezeichneten Stellung der Mittelherd *a* mit seinem einen Ende über den Ofen herausragt und mit einem Block belegt werden kann. Oeffnet man nun die Thüren *bc* des Ofens und hebt den Mittelherd *a* etwas an, so hebt er alle Blöcke, die auf ihm liegen, von den Seitentheilen des Herdes ab, so dafs er mit den Blöcken um eine Blockbreite der Länge nach verschoben werden kann. Es tritt dann der eben aufgelegte kalte Block in den Ofen ein und ein warmer Block am anderen Ende des Herdes aus dem Ofen heraus, welcher Block dann

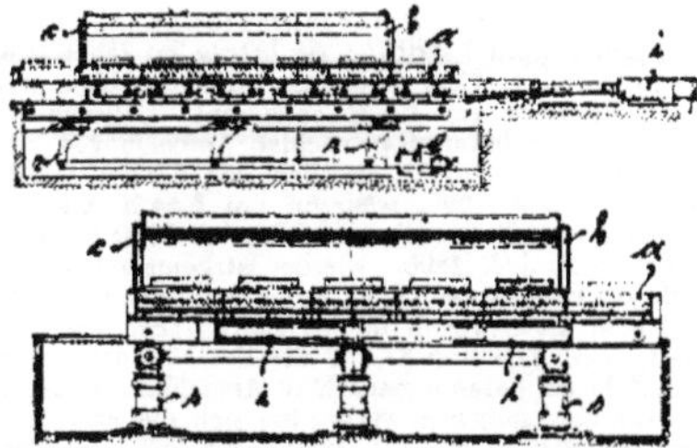

abgenommen und verarbeitet werden kann. Sodann wird der mittlere Herdtheil *a* wieder gesenkt, so dafs sich die auf ihm liegenden Blöcke auf die Seitenstreifen des Herdes auflegen und der Mitteltheil *a* unter denselben fort wieder in die Anfangsstellung geschoben werden kann. Letzteres erfolgt durch die hydraulischen Motoren *i*, während das Heben und Senken des Herdes durch den Motor *s* und die Winkelhebel r oder durch die Motoren *s* bewirkt wird.

Nr. 564 276. E. L. Ford in Youngstown, Pa. *Dreh-Puddelofen.*

Der Puddelofen *a* sitzt an einem Stiel *b*, der in dem in den Lagern *c* ruhenden Bügel *d* gehalten wird, so dafs dem Puddelofen *a* jede Neigung zur Wagrechten ohne Unterbrechung seiner Drehbewegung gegeben werden kann. Letztere wird vom Motor *e* aus vermittelst der Zahnräder *io* bewirkt, während

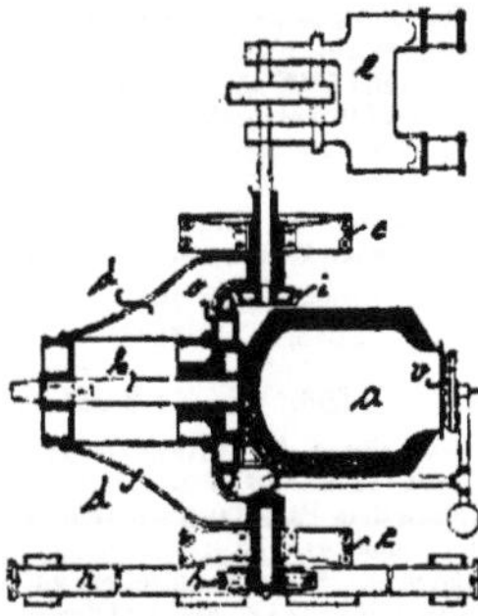

die Kippbewegung des Ofens durch ein hydraulisch bewegtes Zahnstangengetriebe *rs* erfolgt. Die Heizflamme geht vom Brenner *v* aus, der mit dem Ofen sich dreht und zur Seite geschwenkt werden kann, wenn der Ofen gefüllt und entleert wird. Die Abgase entweichen zwischen Brenner *v* und Ofenmund. Die Führung des Puddelprocesses geschieht hierbei in der Weise, dafs beim Aufkochen des Eisens der Puddelofen nahezu die senkrechte Stellung einnimmt, während er beim Luppenmachen wagrecht eingestellt wird.

Vergleichende Statistik des Kaiserlichen Patentamtes für das Jahr 1896.

(Vergl. Blatt für Patent-, Muster- und Zeichenwesen 1897, Nr. 1.)

— —.

Aus der Statistik ist Folgendes zu entnehmen:

Die Zahl der Patentanmeldungen ist in stetigem Steigen begriffen; sie betrug im Jahre 1896 = 16 486, d. h. 1423 mehr als im Jahre 1895, was einer Zunahme von 9,4 % entspricht. Dagegen hat die Zahl der bekannt gemachten Anmeldungen nur um 1,5 % sich erhöht, nämlich von 6112 i. J. 1895 auf 6205 i. J. 1896, während um 5,44 % weniger Patente ertheilt worden sind, nämlich 5410 i J. 1896 gegen 5720 i. J. 1895. Hierbei ist bemerkenswerth, dafs die Patentertheilungen schon seit 1893 stetig abnehmen; sie betrugen in den Jahren 1893 bis 1896 44,3, 43,9, 41,6 und 37,4 % der Patentanmeldungen. Die Zahl der bekannt gemachten Anmeldungen, gegen welche eingesprochen wurde, hat sich nur unwesentlich geändert — 894 i. J. 1895 gegen 897 i. J. 1896. Diese Einsprüche führten i. J. 1895 zu 236 und i. J. 1896 zu 228 Versagungen. Beschwerden wurden i. J. 1895 2030 erhoben. Hiervon sind 1861 z. Z. erledigt, und zwar wurden 553 anerkannt und 1158, das sind 67,60 %, zurückgewiesen. Nichtigkeits- bezw. Zurücknahmeanträge liefen i. J. 1895 102 bezw. 14 und i. J. 1896 129 bezw. 10 ein. Vernichtet und zurückgenommen wurden i. J. 1895 18 und i. J. 1896 32 Patente. Von den von 1877 bis 1896 ertheilten 90 750 Patenten waren beim Jahresschlufs nur noch 18 486 Patente in Kraft.

Die Zahl der Gebrauchsmusteranmeldungen ist von 9066 i. J. 1892 auf 19 090 i. J. 1896 gestiegen, davon sind i. J. 1896 17 525 eingetragen worden, während 1182 ohne Eintragung erledigt und 2715 noch unerledigt sind. Von den von 1891 bis 1896 überhaupt eingetragenen 68 000 Gebrauchsmustern wurden 17 356 wegen Zeitablaufs und 676 durch Verzicht oder Urtheil gelöscht, während 3814 durch Zahlung von 60 *M* verlängert wurden.

Von den in den Jahren 1894 bis 1896 angemeldeten 32 399 Waarenzeichen gelangten 21 335 zur Eintragung, während 5608 abgewiesen und zurückgezogen wurden und am Jahresschlufs 5456 noch der Erledigung harrten. Die Zahl der Beschwerden betrug im gleichen Zeitraume 924.

Von den Patenten, Gebrauchsmusteranmeldungen bezw. eingetragenen Waarenzeichen entfallen i. J. 1896 ·

2229, bezw. 10 398, bezw. 4205 auf Preufsen,
1259, „ 7 044, „ 3628 auf die übrigen Bundesstaaten,
1922, „ 1 598, „ 1048 auf das Ausland.

Die Bearbeitung der 3 Ressorts führte im Patentamt i. J. 1896 zu 257 184 Journalnummern. An Gebühren flossen dem Patentamt i. J. 1896 3 747 865,55 *M* zu, welcher Summe Ausgaben in Höhe von 1 622 021,11 *M* gegenüberstehen. Hiervon entfallen auf Besoldungen der Beamten 1 213 137 *M*, auf Amtsbedürfnisse, Reisekosten u. s. w. 139 233 *M*, auf Herstellung von Veröffentlichungen 247 876 *M*.

Die Gesammteinnahmen des Patentamtes von 1877 bis 1896 betrugen 34 087 295,23 *M*.

Im Jahre 1896 vertheilten sich die Patentanmeldungen, Ertheilungen, Beschwerden und Gebrauchsmuster-Anmeldungen auf die einzelnen Klassen des Berg- und Hüttenwesens und die denselben verwandten Zweige wie folgt:

Klasse		Patent-Anmeldungen, Ertheilungen	Beschwerden	Gebrauchsmuster-Anmeldungen
1	Aufbereitung	36 / 12	7	8
5	Bergbau	46 / 28	6	24
7	Blech- und Drahterzeugung	22 / 23	10	12
10	Brennstoffe	65 / 17	9	31
13	Dampfkessel	255 / 78	31	101
18	Eisenerzeugung	43 / 17	12	8
19	Eisenbahn-, Strafsenbau .	111 / 30	20	79
20	Eisenbahnbetrieb	609 / 187	48	281
24	Gewerbl. Fenerungen . . .	261 / 141	52	150
27	Gebläse	72 / 18	7	58
31	Giefserei	59 / 26	5	30
40	Hüttenwesen	74 / 30	26	6
48	Chem. Metallbearbeitung .	54 / 19	4	10
49	Mech. .	482 / 219	51	415
62	Salinenwesen	1 / 1	1	—
65	Schiff-Bau und -Betrieb .	173 / 64	16	58
78	Sprengstoffe	87 / 27	14	23
80	Thonwaaren	336 / 88	47	182
	In allen Klassen . .	16 486 / 5 410	2092	19 090

Von den Waarenzeichen fallen i. J. 1896 auf:

Klasse		Anmeldungen	Eintragungen
9	Rohe und theilweise bearbeitete Metalle, Messerschmiedswaaren, Nähnadeln, Hufeisen, Nägel, Gufswaaren und sonstige Metallwaaren	695	630
20	Heizstoffe, Kohlen, Torf, Brennholz, Koks, Briketts, Kohlenanzünder . .	40	32
23	Maschinen, Maschinentheile und Geräthe, einschl. Haus- und Küchengeräthe	287	215
36	Sprengstoffe, Zündwaaren, Feuerwerkskörper	216	185
37	Steine, natürliche und künstliche und andere Baumaterialien	73	51

Berichte über Versammlungen aus Fachvereinen.

Verein der Montan-, Eisen- und Maschinen-Industriellen in Oesterreich.

Unter Vorsitz des Vereins-Präsidenten Sr. Excellenz Graf Larisch-Mönnich fand am 16. December 1896 die 22. ordentliche General-Versammlung des Vereins der Montan-, Eisen- und Maschinen-Industriellen in Oesterreich statt.

Dem Bericht des Vereins-Ausschusses über das Geschäftsjahr 1896 entnehmen wir das Folgende:

Schon im vorigen Jahre wurden Verhandlungen eingeleitet, um eine Organisation der verschiedenen montanistischen Vereine Oesterreichs zu schaffen. Es hatte sich zu verschiedenen Malen gezeigt, dafs anläfslich der wirthschaftlichen und socialpolitischen Fragen und Gesetzesvorlagen, welche in den gesetzgebenden Körperschaften zur Erörterung gelangten, abweichende Anschauungen in den diesbezüglichen Eingaben der montanistischen Vereine zum Ausdruck gelangten, welche einen klaren Einblick in die Sachlage verhinderten und auf die Entscheidungen schädlich einwirkten.

Es erschien sonach bei dem Umstande, als in letzter Zeit abermals Fragen den Bergbau Oesterreichs betreffend auf der Tagesordnung erschienen, äufserst dringend geboten, in allen Fragen bergrechtlicher oder socialpolitischer Natur, welche den Gesammtbergbau Oesterreichs berühren, ein einheitliches Votum aller montanistischen Vereine abzugeben, welches durch das Gewicht der durch dasselbe vertretenen Interessen volle Berücksichtigung in Anspruch zu nehmen berechtigt war. Es gelang diese Organisation zu bilden, und sämmtliche montanistische Vereine Oesterreichs haben sich zu einer Delegirten-Conferenz vereinigt, welche von den einzelnen Vereinen berufen und berechtigt ist, allein und ausschliefslich ein Votum abzugeben in allen Fragen berggesetzlicher und socialpolitischer Natur, welche den Gesammtbergbau Oesterreichs betreffen.

Die Delegirten-Conferenz hatte im Laufe des Jahres in zwei Angelegenheiten Gelegenheit gehabt sich zu äufsern.

Bei Berathung des Berginspectoren-Gesetzes im Abgeordnetenhause wurden in Bezug auf die bei den österreichischen Bergwerken bestehenden Einrichtungen und Verhältnisse Aeufserungen gemacht und Anschauungen entwickelt, über den technischen Betrieb, über die Arbeiter und Beamten und deren Verhältnisse zu den Werksbesitzern und über diese selbst Urtheile gefällt, welche eine mangelhafte Information oder Unkenntnifs der Sachlage bekundeten, ohne dafs die Regierung die Richtigstellung derselben veranlafste. Die Delegirten-Conferenz hat aus diesem Anlafs dem Ackerbauminister eine Denkschrift überreicht, in welcher die tiefe Entmuthigung der Bergbau-Industriellen über diese Vorfälle zur Kenntnifs gebracht, das Unrichtige jener Aeufserungen nachgewiesen und derselbe gebeten wurde, derartigen unberechtigten Angriffen entgegen zu treten, da ja ihm als obersten Chef des Bergwesens und als Verwalter der staatlichen Bergwerke die thatsächlichen Verhältnisse vollkommen bekannt sind.

Nachdem im Abgeordnetenhause das Berginspectoren-Gesetz in dritter Lesung angenommen und dem Herrenhause zur weiteren Behandlung überwiesen wurde, hat die Delegirten-Conferenz an das Herrenhaus eine Petition gerichtet, in welcher sie bat, dem vom Abgeordnetenhause beschlossenen Gesetz die Zustimmung zu versagen. Das Herrenhaus hat auch diesen Erwägungen Rechnung getragen. Im Vereine mit mehreren gröfseren industriellen Firmen hat der Verein eine Petition an das Handelsministerium gerichtet, welche die Beseitigung der im § 2 des neuen ungarischen Patentgesetzes verfügten Nichtpatentirfähigkeit kriegstechnischer Artikel ermögliche. Bei den fortdauernden Neuerungen auf dem Gebiete der Erfindungen, welche gleicherweise für die Technik im allgemeinen, wie für die Kriegstechnik im besonderen zur Anwendung gelangen, ist die Versagung des Patentnehmens gleichbedeutend mit der Beschränkung des Erfindungsgeistes und der Entwicklung der Industrie. Der Centralverband der Industriellen Oesterreichs hat an seine Mitglieder das Ersuchen gerichtet, zur Frage der Einführung des zehnstündigen Arbeitstages ein Gutachten einzusenden. Der Verein ist diesem Ersuchen nachgekommen und hat in seiner Eingabe den Standpunkt der von ihm vertretenen Industriezweige dahin präcisirt, dafs die Normirung der Arbeitsdauer und das Gesetz überhaupt verfehlt sei, dafs die Frage der Arbeitsdauer sich nach den jeweiligen Umständen zu richten hat, und zwar hauptsächlich nach der Qualität des Arbeitsmaterials und der Art der Arbeit selbst. Ein gesetzlicher Eingriff wird nicht nur die Industrie, sondern auch die Arbeiter selbst in empfindlichster Weise schädigen.

Auch bezüglich der Verordnung, betreffend die Sonntagsruhe in Martin-Thomas- und Bessemer-Anlagen, welche mit Hochöfen in Verbindung stehen, wurde dem Wunsche Ausdruck verliehen, diese dahin zu erweitern, dafs sie bei allen Anlagen dieser Art gestattet werde. Auch Reichstagsabgeordneter Oberbergrath Kupelwieser hat auf Wunsch des Handelsministers diesem eine Denkschrift in dieser Angelegenheit übergeben, in welcher das Gesuch auf das wärmste befürwortet und als im berechtigten Interesse der Industriellen gelegen bezeichnet wird. Eine Entscheidung ist jedoch noch nicht erfolgt.

Ferner hat der Verein sich an das Ministerium des Innern mit der Bitte gewendet, das Geeignete veranlassen zu wollen, damit von den Arbeiter-Unfallversicherungsanstalten, wie von der k. k. Statthalterei Erledigungen über Gesuche, Vorstellungen oder Recurse in kürzeren Zeiträumen vorgenommen werden. Für das Handelsministerium hat der Verein ein Gutachten über den Gesetzentwurf betreffend Herkunftsbezeichnungen im Waarenverkehre abgegeben.

Der „Industrielle Club“ hat an den Verein die Einladung gerichtet, an einer Besprechung über die Frage der Steigerung des österreichischen Exportes theilzunehmen, auf Grund welcher dem Ministerium des Aeufseren eine Denkschrift überreicht wurde.

Bezüglich der Betheiligung an der Weltausstellung im Jahre 1900 in Paris konnte der Verein dem Handelsministerium berichten, dafs nach gepflogener Rücksprache mit den bedeutendsten Firmen im allgemeinen eine ablehnende Haltung gegenüber einer Betheiligung an dieser Ausstellung zu erwarten sei. Dieselbe wird mit der Ausstellungsmüdigkeit, ferner mit den aufser allem Verhältnifs stehenden grofsen materiellen Opfern, welche durch die bisherigen Ausstellungen auferlegt wurden, und mit der ganz ungenügenden Vertretung selbst der berechtigten Interessen der Unternehmer seitens der Ausstellungs-Commission begründet. —

Was die geschäftliche Lage im allgemeinen betrifft, so ist zu bemerken, dafs sowohl den Producenten der Rohmaterialien, wie Kohle, Koks und Roheisen, als auch den Producenten von fertigem Eisen und Maschinen der Aufschwung, welchen die Industrie im Auslande, namentlich in Deutschland, seit einigen Jahren nimmt, insofern zu statten gekommen ist, als das Angebot dieser Länder auf dem österreichischen Markte weniger dringend und fühlbar war. Im Auslande, namentlich in Deutschland, hat sich die Industrie in weit größerem Maße entwickelt als in Oesterreich.

Auf die einzelnen Zweige übergehend, ist zu bemerken, daß die Kohlen- und Kokswerke eine Vermehrung der Production vornehmen konnten und die Preise in vielen Fällen sich nicht nur behauptet haben, sondern auch mäßig erhöht wurden.

Die Roheisenerzeugung hat sich auf einer annähernd gleichen Höhe erhalten wie im Vorjahre. Für das eingeführte Gießereiroheisen mußte ein erhöhter Preis bezahlt werden. (Middlesborougher Roheisen 41 sh gegen 38 sh im Vorjahre.) Diese Steigerung des ausländischen Roheisenpreises hat namentlich die kleineren Gießereien schwer betroffen, da der Preis im Inlande für fertige Gußwaare nicht zu steigern war. Das Geschäft in Handelseisen war während des Berichtsjahres ein schwaches. Für den Ausfall in Handelseisen wurden jene Eisenwerke, welche sich mit der Erzeugung von Constructionseisen, als Trägern, Winkeln, U-Eisen u. s. w. befassen, durch einen größeren Verbrauch in diesen Artikeln entschädigt. Die Preise sowohl für Handels- als auch für Constructionseisen sind beinahe gleich geblieben und konnten nur an jenen Punkten, an welchen in früheren Jahren die deutsche Einfuhr besonders fühlbar war, um 25 bis 50 kr für 100 kg erhöht werden. Der Absatz in Grob- und Feinblechen weist ebenfalls nur eine geringe Steigerung auf. Die Preise namentlich für Feinbleche müssen im Verhältniß zu den Herstellungskosten als sehr niedrige bezeichnet werden.

Hinsichtlich der Erzeugung von Eisenbahnschienen ist eine Besserung infolge der erhöhten Thätigkeit beim Bau von Localbahnen zu erwarten. Die Locomotivfabriken waren besonders durch Aufträge der k. k. Staatsbahnen besser beschäftigt als im Vorjahre. Dasselbe fand bei den Waggonfabriken statt, doch steht diese größere Thätigkeit mit der Leistungsfähigkeit dieser Fabriken noch nicht im Einklange, noch weniger aber zu den Anforderungen des Verkehrs und dem bestehenden anhaltenden Wagenmangel. Das Geschäft in landwirthschaftlichen Maschinen war infolge der mißlichen Lage der landwirthschaftlichen Verhältnisse in den Balkanstaaten gedrückt. Auch den Maschinenfabriken für die Textil- und Zuckerindustrie fehlt infolge der ungünstigen Geschäftslage dieser Industriezweige Beschäftigung. Die immer mehr erstarkende und aufstrebende Petroleumindustrie hat den Maschinenfabriken ein gut Theil Beschäftigung zugeführt. Was den Schiffbau anbelangt, so ist bislang die durch das Gesetz „betreffend Unterstützung der Handelsmarine" erhoffte Belebung des inländischen Schiffbaues und einer Zunahme des Bedarfs an inländischem Eisen nicht erfüllt. Die Schiffswerften sind indeß durch die Bestellungen des österreichischen Lloyd, insbesondere aber durch die Anforderungen der Kriegsmarine ziemlich beschäftigt. Es werden die Kriegsschiffe nunmehr ausschließlich aus inländischem Material angefertigt.

Der Markt in unedlen Metallen hat im Laufe des Jahres einen befriedigenden Verlauf genommen und war von großen Preisschwankungen verschont. Die Kupfer- und Bleierzeugung nimmt durch den erhöhten Verbrauch für elektrische Leitungen und den Kriegsbedarf stetig zu. Der Preis für Kupfer erhöhte sich mäßig, während der für Blei sich herabminderte. Zink wie Zinkblech fanden guten Absatz bei wenig veränderten Preisen. Zinn und Antimon blieben sowohl im Absatz als im Preis das ganze Jahr hindurch gedrückt. Quecksilber hatte im laufenden Jahre stetigen Absatz bei kleinen Preisschwankungen behauptet. —

Die Zahl der Mitglieder des Vereins hat sich um 9 vermehrt und betrug die angemeldete Arbeiterzahl 75 738 gegen 68 964 im Vorjahre.

Die Generalversammlung ertheilte dem Vereinsausschusse das Absolutorium für die Geschäftsführung des Jahres 1896 und genehmigte ferner die vorgelegte Jahresrechnung für 1896 und den Voranschlag für 1897. Der bisherige Vereinsausschuß wurde wiedergewählt.

Hierauf trat der Vereinsausschuß zu einer constituirenden Sitzung zusammen und wählte einstimmig zum Präsidenten Se. Excellenz Heinrich Graf Larrisch-Mönnich, zu Vicepräsidenten die HH. Carl Wittgenstein und Bernhard Demmer und zum Vereinskassirer Hrn. Alphons v. Huze.

Oesterreichs Ein- und Ausfuhr von Eisen und Eisenwaaren, Maschinen und Apparaten, sammt deren Werth in den Jahren 1891 bis 1895.

Waarengattung	Einfuhr					Ausfuhr				
	1891	1892	1893	1894	1895	1891	1892	1893	1894	1895
	Menge in 100 kg					Menge in 100 kg				
1. Roheisen (Eisen, roh, auch alt gebrochen und in Abfällen).										
Frischroheisen, Gießereiroheisen, Spiegeleisen	408874	469610	604310	1063107	1339179	86879	90853	96449	90992	73797
Ferromangan, Ferrosilicil, Ferronatrium, Ferroaluminium und ähnliche Eisenverbindungen . .	3558	6807	18080	8664	6213	3316	8851	8713	8706	10392
Luppeneisen, Blöcke	34812	20024	9382	25359	16774	3473	3899	2497	2915	3701
Eisen und Stahl, alt gebrochen und in Abfällen	149859	164520	124447	241360	391838	9685	12089	16950	13214	9969
Zusammen .	597103	660965	756219	1338490	1754004	103353	115692	124609	115827	97859
Handelswerth in Tausenden von Gulden	2041	2185	2491	3957	5127	439	517	487	467	441

Waarengattung	Einfuhr					Ausfuhr				
	1891	1892	1893	1894	1895	1891	1892	1893	1894	1895
	Menge in 100 kg					Menge in 100 kg				
II. Eisen und Stahl (in Stäben, Platten, Blechen, Drähten u. s. w.).										
Eisen und Stahl in Stäben, geschmiedet oder gewalzt	88502	97348	148707	150295	188331	90876	66894	115053	94005	88777
Blech u. Platten aus Eisen u. Stahl	59547	68455	53293	71405	103138	21552	14480	15820	8209	5331
Draht aus Eisen und Stahl . . .	11933	16948	25246	21429	17624	7482	5624	6120	7415	5824
Zusammen .	159982	182751	227246	243129	309093	119910	86998	136993	109629	99932
Handelswerth in Tausenden von Gulden	1657	1754	2009	2058	2556	1837	952	1298	989	1732
III. Eisenwaaren.										
Eisenbahnschienen	7045	3330	9275	1006	2356	2531	1609	203	162	519
Gemeiner Eisengufs, wie: Röhren, Oefen, Kochgeschirr; auch emaillirt, verzinnt u. s. w.	26205	27343	54641	32526	48115	41170	47461	23540	26456	20278
Gemeine Eisen- und Stahlwaaren, auch in Verbindung mit Holz, grob angestrichen, gebohrt oder an einzelnen wenigen Stellen abgeschliffen, wie: Achsen, Waggonfedern, Radkränze, Bandagen, Radsterne, Bau- und Brückenconstructionstheile . .	43428	34075	58941	54004	56312	28892	33177	25981	25468	21911
Gemeine Eisen- und Stahlwaaren, abgeschliffen, abgedreht, gehobelt, verkupfert, verzinnt, verzinkt, verbleit oder fein angestrichen	10120	7638	10949	15355	16066	15030	12553	26159	16149	10135
Schmiedeiserne Röhren, auch Verbindungsstücke	11323	13794	14233	12996	13732	4425	3611	2190	1621	1857
Sensen und Sicheln	322	282	365	365	329	31282	29776	33487	42967	43838
Nägel (mit Ausnahme der Hufnägel und Zwecke) und Drahtstifte .	1977	1563	2168	2473	2766	15004	13081	15177	17267	14837
Waaren aus oder in Verbindung mit Schwarzblech	3551	3310	4239	9373	6140	3421	1375	1795	2759	1524
Dampfkessel und andere geschmiedete Kessel	4681	7184	7811	6008	14440	5572	2375	1143	2675	2677
Blechwaaren, n. b. b., verkupfert, verzinnt, verzinkt, verbleit, fein angestrichen	3503	4110	5625	5728	7691	3556	2399	2342	3028	2930
Eisenbahnräder, fertige, auch auf Achsen	14127	12436	14331	5142	5746	326	88	111	404	359
Bänder, Federn für Strafsenfahrzeuge, Schrauben; Werkzeuge wie: Sägen, Feilen, Raspeln, Bohrer, Hämmer, Aexte, Hobel u. s. w.; Geräthe wie: Heu- und Dunggabeln, Hauen, Schaufeln u. s. w.	21281	23036	24746	26469	26038	19277	13679	14453	17858	16952
Drahtwaaren, wie: Seile, Bürsten, Siebböden, auch feine Drahtwaaren und Draht mit Gespinnstfäden übersponnen	5382	5365	5580	5865	6111	1504	835	841	1525	1560
Geschirre und andere Waaren aus Eisen und Stahl, polirt, lackirt, vernickelt, emaillirt, Kinderspielwaaren, Schlittschuhe . .	6387	7536	9276	10953	11882	36599	33594	35784	39620	29843
Weberkämme und Weberzähne, Kratzen aller Art	944	1071	1030	1321	1277	587	388	626	799	628
Messerschmiedwaaren u. Bestandtheile von solchen	1731	1927	1913	1890	1870	1049	1024	1075	1435	1393
Möbel aus Eisen oder Stahl, gepolstert, überzogen oder fein ornamentirt	125	141	122	175	188	2402	3523	3218	1974	2642

Waarengattung	Einfuhr 1891	Einfuhr 1892	Einfuhr 1893	Einfuhr 1894	Einfuhr 1895	Ausfuhr 1891	Ausfuhr 1892	Ausfuhr 1893	Ausfuhr 1894	Ausfuhr 1895
	Menge in 100 kg					Menge in 100 kg				
Handfeuerwaffen, Gewehrläufe . .	547	543	586	589	692	11771	2474	2066	1170	9452
Andere Waffen- u. Waffenbestandtheile	1481	411	1532	2060	420	3203	600	1177	1110	605
Schreibfedern	739	764	778	775	750	18	18	21	16	18
Steck-, Bäkel- und Stricknadeln, Schnürstifte, Hafteln und dergl., kleine Gebrauchsgegenstände; Federn, mit Ausnahme der Schreib-, Uhr-, Wagen- und Möbelfedern	1192	1332	1475	1727	2035	1338	1513	1606	1271	1435
Nähnadeln	567	468	408	490	513	28	18	13	47	32
Andere feine Eisen- u. Stahlwaaren	2474	2443	3208	4421	5812	2185	2107	2047	3054	1559
Zusammen .	169032	160102	233232	201711	230781	231169	207278	195055	208835	186984
Handelswerth in Tausenden von Gulden	7517	7442	8982	9334	9976	15700	10984	11058	11099	12423
IV. Maschinen und Apparate, Fahrzeuge.										
Locomotiven, Locomobilen, Tender	19772	25118	22249	20101	19844	2185	1917	1034	5754	2409
Näh- und Strickmaschinen . . .	5801	7975	9280	8858	10517	2203	1514	1870	1616	1840
Maschinen für die Textil-Industrie:										
Maschinen zur Vorbereitung und Verarbeitung von Spinnstoffen .	30953	33277	39695	60509	62523	581	84	685	388	274
Spinn- und Zwirnmaschinen . .	19952	20221	22510	39114	36771	126	206	79	194	82
Web- u. Wirkstühle, Stickmasch. .	30027	38033	45007	38625	32625	603	1458	528	2973	1970
Andere Maschinen f. d. Textilindustrie, wie: Zeugdruckmaschinen, Kratzensetzmaschinen, Platten und Walzen für Zeugdruckereien	21547	16213	16622	21524	17815	3349	4437	7537	8786	4280
Landwirthschaftliche Maschinen:										
Dampfpflüge	3197	4832	2557	6204	5880	—	21	—	—	—
Dreschmaschinen	19224	23080	19534	15416	12591	2317	3224	5258	8317	5070
Andere wirthschaftl. Maschinen .	11738	10435	11537	12254	12368	20074	19294	19452	15026	14767
Stabile Dampfmaschinen, Schiffsdampfmaschinen, Motoren, n. h. b., elektrodynamische Maschinen	13647	6755	6750	11373	12697	1552	2230	1263	2039	3120
Andere Maschinen und Apparate	120293	155297	158941	201806	209808	57264	45846	50064	50588	45089
Fahrzeuge:										
Last- u. Personenwagen u. Schlitten	817	1086	1025	1743	2125	2018	2376	3113	2504	2005
(Strafsenfahrzeuge) . . . . Stck.	150	239	295	185	282	934	700	841	749	817
Velocipèdes . . . . Stck.	1256	1968	3110	3646	2343	574	395	455	658	1955
Eisenbahn- und Tramwaywagen .	2517	7143	1855	1221	6569	3546	1926	1303	4191	1758
Schiffe . . . . 100 kg	371	71	602	3897	7903	150	1475	3752	—	90
Schiffe . . . . t	404	769	835	557	1809	98713	54743	65335	73110	57624
Zusammen . 100 kg	299866	349536	358167	442545	450029	95968	86008	95938	102376	82754
Zusammen . . . St	1406	2207	3405	3831	2625	1508	1095	1296	1407	2772
Zusammen . . . t	404	769	835	557	1809	98713	54743	65335	73110	57624
Handelswerth in Tausenden von Gulden	18006	19515	19725	23719	24179	6062	4943	5350	5696	4821

Hiernach ergiebt sich in der Einfuhr von I eine Zunahme dem Gewichte nach von 193 % und dem Werthe nach 94 %
„ „ „ „ „ Ausfuhr „ I „ Abnahme „ „ „ „ 5 „ „ „ „ „ 0,2 „
„ „ „ „ „ Einfuhr „ II „ Zunahme „ „ „ „ 52 „ „ „ „ „ 52 „
„ „ „ „ „ Ausfuhr „ II „ Abnahme „ „ „ „ 17 „ „ „ „ „ 3 „
„ „ „ „ „ Einfuhr „ III „ Zunahme „ „ „ „ 18 „ „ „ „ „ 32 „
„ „ „ „ „ Ausfuhr „ III „ Abnahme „ „ „ „ 19 „ „ „ „ „ 21 „
„ „ „ „ „ Einfuhr „ IV „ Zunahme „ „ „ „ 33 „ „ „ „ „ 26 „
„ „ „ „ „ Ausfuhr „ IV „ Abnahme „ „ „ „ 14 „ „ „ „ „ 20 „

Es hat sonach in den Jahren 1891 bis 1895 die Einfuhr an Eisen, Eisenwaaren, Maschinen und Fahrbetriebsmitteln sowohl dem Gewichte als dem Werthe nach zugenommen, die Ausfuhr aber abgenommen.

Erzeugung, Verbrauch, Einfuhr und Ausfuhr von Roheisen in Oesterreich-Ungarn.

Jahr	In Meter-Centnern					Procente der Einfuhr im Verhältnifs	
	Erzeugung	Einfuhr	Summa	Ausfuhr	Verbrauch	zur Erzeugung	zum Verbrauch
1891	9 125 457	597 103	9 722 560	103 353	9 619 207	6,5	10,5
1892	9 406 469	660 965	10 067 434	115 692	9 951 722	7	10,6
1893	9 826 923	756 219	10 583 142	124 609	10 658 533	7,7	10,8
1894	10 723 570	1 388 490	12 112 060	115 827	11 996 223	12,9	11,2
1895	11 030 724	1 754 004	12 784 728	91 859	12 686 869	15,9	13,8

Die Erzeugung stieg um 20,8 %, die Einfuhr stieg um 193,9 %, der Verbrauch stieg um 31,9 %.

An der obigen Einfuhr von Roheisen ist England mit 69 %, das Deutsche Reich mit 27 %, Spanien mit 4 % betheiligt.

Referate und kleinere Mittheilungen.

Oesterreichs Bergwerks- und Hüttenbetrieb im Jahre 1895.*

An Bergwerkserzeugnissen wurden im Jahre 1895 u. A. gewonnen:

	Tonnen	im Werthe von Gulden
Steinkohle	9 722 679	34 104 407
Braunkohle	18 389 147	34 923 528
Graphit	28 443	985 771
Eisenerz	1 384 911	2 971 384
Manganerz	4 352	41 600
Wolframerz . . .	35	9 154
Golderz	104	38 997
Silbererz	18 113	2 294 044
Quecksilbererz . .	86 683	797 218
Kupfererz	7 435	286 897
Bleierz.	12 919	883 244
Zinkerz	25 862	384 330
An Hüttenerzeugnissen u. A.:		
Frischroheisen . .	660 550	22 858 237
Giefsereiroheisen .	117 961	4 913 470
Silber	40	2 524 993
Blei	8 085	1 204 980
Quecksilber . . .	535	1 168 512
Zink	6 456	1 096 008
Kupfer	865	460 900

Die Erzeugung von Eisenerzen und Roheisen vertheilt sich auf die einzelnen Kronländer in folgender Weise:

Kronland	Eisenerz t	Roheisen t	Roheisenerzeugung %
Böhmen	504 597	204 515	26,27
Niederösterreich . .	7 079	55 754	7,16
Salzburg	7 253	2 281	0,29
Mähren	8 554	230 099	29,56
Schlesien	138	53 072	6,82
Steiermark	769 174	182 675	23 46
Kärnten	78 442	39 408	5,06
Tirol	1 589	1 051	0,14
Krain	7 384	7 152	0,92
Galizien	701	2 503	0,32
zusammen	1 384 911	778 510	100,—

* Vgl. „Stahl und Eisen" 1896, Nr. 8, S. 325.

Eine Zunahme hat die Roheisenerzeugung erfahren in:

Niederösterreich	um	23 685 t =	73,86 %
Mähren	„	8 012 t =	3,61 „
Schlesien	„	3 384 t =	6,81 „
Steiermark . . .	„	12 270 t =	7,20 „
Galizien	„	19 t =	0,75 „

Eine Abnahme in:

Böhmen	um	6 812 t =	3,22 %
Salzburg	„	80 t =	3,39 „
Kärnten	„	2 137 t =	5,14 „
Tirol	„	1 928 t =	64,71 „
Krain	„	274 t =	3,69 „

Für ganz Oesterreich betrug der Mittelpreis am Erzeugungsort 2,15 fl. f. d. Tonne Eisenerz, 34,6 fl. f. d. Tonne Frischroheisen und 41,7 fl. f. d. Tonne Giefsereiroheisen. Bei den Eisenerzbergbauen waren 4502 (+ 171) und bei den Eisenhütten 6270 (+ 168) Arbeiter beschäftigt. Es bestanden 97 (— 1) Hochöfen, von welchen 60 (— 1) während 2597 (— 51) Wochen im Betrieb standen.

Die Mineralkohlengewinnung vertheilt sich folgendermafsen:

Kronland	Braunkohle Menge in Tonnen	%	Steinkohle Menge in Tonnen	%
Böhmen	14 939 682	81,24	3 864 108	39,74
Niederösterreich	2 296	0,01	44 731	0,46
Oberösterreich .	390 926	2,13	—	—
Mähren	126 974	0,69	1 444 919	14,86
Schlesien	583	0,00	3 608 751	37.12
Steiermark . . .	2 406 192	13,09	140	0,00
Kärnten	80 994	0,44	—	—
Tirol	17 454	0,10	—	—
Krain	247 052	1,34	—	—
Dalmatien . . .	59 379	0,32	—	—
Istrien	71 834	0,39	—	—
Galizien	45 780	0,25	760 031	7,82

Verkokt wurden 1 114 180 t Steinkohlen, woraus 732 856 t Koks im Werthe von 5 656 993 fl. gewonnen wurden. Das Ausbringen betrug sonach 65,78 %

und der Durchschnittspreis 7,72 fl. f. d. Tonne. Von der gesammten Kokserzeugung entfallen:

346 929 t auf Mähren
333 984 t „ Schlesien
51 942 t „ Böhmen.

Ausgeführt wurden:

7 514 787 t Braunkohlen
1 074 968 t Steinkohlen
106 512 t Koks.

(„Oesterr. Zeitschr. f. B. u. H.-W.“ 1896, Nr. 51 und 53).

Spaniens Eisenindustrie im Jahre 1896.

Die Eisenerzförderung ist im Berichtsjahre von 5 514 339 t auf 6 808 000 t gestiegen; an dieser Steigerung sind, wie folgende Zusammenstellung zeigt, alle Erzdistricte betheiligt:

Provinz:	1895 Tonnen	1896 Tonnen
Vizcaya	4 571 724	5 300 000
Santander	448 286	530 000
Murcia	164 453	300 000
Sevilla	122 808	265 000
Almeria	99 511	275 000
Oviedo	59 253	60 000
Malaga	17 503	38 000
Andere Provinzen	27 801	40 000
Zusammen	5 514 339	6 808 000

Die Eisenerzausfuhr betrug 6 253 473 t gegen 5 248 192 t im Vorjahre und vertheilt sich in folgender Weise:

Provinz:		1895	1896
Almeria . .	Almeria . . .	4 760	55 591
	Garrucha . . .	98 688	219 087
Guipúzcoa .	Behovia . . .	8 380	13 870
	Irún	630	1 131
	Pasajes	—	440
Huelva . .	Hneiva	1 551	20 774
Málaga . .	Marbella . . .	38 329	37 679
Murcia . . .	Cartagena . .	138 353	277 836
	Aguilas	24 510	17 868
Oviedo . . .	Gijón	4 335	—
Santander .	Suntander . .	204 651	231 133
	Castro Urdiales	250 310	298 456
Sevilla . . .	Sevilla	88 582	265 314
Vizcaya . .	Bilbao	4 354 133	4 798 283
	Poveña	32 080	30 690
Valencia und Alicante		4 000	—
	Zusammen	5 248 192	6 253 473*

Die Roheisenerzeugung betrug im Berichtsjahre 246 326 t; an Bessemerstahl wurden 62 511 t, an Siemens-Martinstahl 42 066 t erzeugt; die Gesammtmenge des verarbeiteten Eisens und Stahls betrug 137 809 t. An Roheisen wurden 1895 22 669 t und 1896 23 805 t ausgeführt. Von letzterer Menge gingen 7595 t nach Deutschland, 5828 t nach Italien, 4860 t nach Holland, 2894 t nach Grofsbritannien und 2015 t nach Belgien.

Eingeführt wurden:

	Steinkohle	Koks	Roheisen	Gufseisen	Schienen u. Stabeisen	Eisenblech
1895	1505541 t	219643 t	12384 t	7768 t	18232 t	1240 t
1896	1447345 t	234033 t	8607 t	14832 t	26265 t	970 t

	1895	1896
An Steinkohle wurden gefördert	1 739 075 t	1 830 771 t
„ Braunkohle „ „	44 708 t	44 700 t

(„Revista Minera“ 1897, Seite 26, 33 und 42.)

* Nach den „Statistischen Monatsheften“ betrug die Eisenerzeinfuhr nach Deutschland aus Spanien 1 240 055 t.

Belgiens Eisenindustrie in den Jahren 1894, 1895 und 1896.*

Erzeugung an:	1894 t	1895 t	1896 t	Zunahme (+) Abnahme (—) in 1896 t	%
Roheisen					
Giefsereiroheisen . .	80110	85450	66945	— 18505	= 21,65
Puddelroheisen . .	378045	329750	364640	+ 34890	= 10,58
Bessemer- und Thomasroheisen . .	360442	414034	501195	+ 87161	= 21,05
Zusammen .	818597	829234	932780	+ 103546	= 12,48
Schweifseisen					
Bleche **	118596	109209	127893	+ 18684	= 17,10
Sonstige Eisenwaaren	334694	336690	391964	+ 55274	= 16,41
Zusammen .	453290	445899	519857	+ 73958	= 16,58
Stahl					
Blöcke und gegossene Waare	405661	454619	598755	+ 144136	= 31,70
Bleche, Schienen etc.	341318	367947	498765	+ 130818	= 35,55

(Bulletin Nr. 1148 des „Comité des Forges de France“.)

Die gröfste Heizgasanlage.

Das städtische Heizgaswerk in Bridgeport, Conn., U. S. A., welches daselbst kürzlich von der Citizens Gas Company erbaut wurde, dürfte wohl die gröfste derartige Anlage sein. Zur Zeit können täglich 141 580 cbm Gas erzeugt werden, und läfst sich die Leistungsfähigkeit bei Bedarf auf das Doppelte steigern. Obgleich die Werke erst seit einigen Monaten bestehen, haben sie doch schon 500 Verbrauchsstellen mit Gas zu versehen. Zur Verwendung kamen die schon an anderer Stelle beschriebenen Loomis-Gas-Generatoren † von 2,75 m Durchmesser und 4,60 m Höhe, deren 8 vorhanden sind, die paarweise angeordnet und immer zu zweien mit einem stehenden Röhrenkessel und mit den Wäschern und Condensatoren verbunden sind. Die verwendete Kohle ist eine billige bituminöse Kohle, die Bedienung ist eine fast ausschliefslich maschinelle. Die Kosten betragen 8 ₰ f. 1 cbm Gas. Das Gas wird in 3 Hauptleitungen vom Werk bis in die Stadt geleitet; zwei derselben haben 508 mm und eine hat 305 mm Durchmesser. Das für Schmelz-, Schmiede- und ähnliche Zwecke dienende Gas steht unter einem Druck von 228 mm Wassersäule, während das für Haushaltungszwecke bestimmte Gas nur einen Druck von 76 mm Wassersäule besitzt. Bezüglich weiterer Einzelheiten verweisen wir auf unsere Quelle: „Iron Age“ 1896, Seite 949 bis 953.

Drillings-Prefspumpe.

Von Pumpen zur Erzeugung von hohem Wasserdruck in Hüttenwerken ist die von der Maschinen- und Armaturfabrik vormals Klein, Schanzlin & Becker, Frankenthal (Rheinpfalz), für die Firma Fried. Krupp, Essen gelieferte Drillings-Dampfprefspumpe, wegen verschiedener Neuerungen, beachtenswerth. Dieselbe ist für dreierlei Arbeitsdruck (für 100, 200 und 300 Atm.) bestimmt.

* Vergl. „Stahl und Eisen“ 1896, Nr. 6, S. 272.

** Für das Jahr 1894 sind die schweifseisernen Schienen hier einbezogen; für 1895 und 1896 jedoch unter den sonstigen Eisensorten.

† „Stahl und Eisen“ 1891, Nr. 10, Seite 822.

Nachdem der Druck im Accumulator auf eine der genannten drei Atmosphärenzahlen von Hand eingestellt ist, arbeiten bis zu 100 Atm. alle drei Plunger. Steigt der Druck höher als 200 Atm., so wird durch selbstthätiges Aufheben eines Saugventils die äufserste rechte Pumpe ausgelöst. Wird der Accumulator auf 300 Atm. gestellt, so wird ein zweites Saugventil gehoben und die zweite Pumpe leistet ebenfalls nichts; es arbeitet dann nur noch die dritte Pumpe. Der vierte, im entgegengesetzten Sinne laufende, sogenannte Verdrängerplunger, welcher nur den halben Querschnitt wie der Pumpenplunger hat, macht diese Pumpe doppeltwirkend. Beide Plunger arbeiten zusammen mit Differentialwirkung, d. h. einfach saugend und doppelt drückend und zwar auf 300 Atm. Es wird in allen drei Fällen dadurch eine nahezu gleichförmige Kraftbeanspruchung erzielt, die drei Dampfkolben

werden ständig ausgenützt. Die Wasserförderung nimmt bei dieser Anordnung in umgekehrtem Verhältnifs mit dem Druck ab.

Ist der Accumulator hoch gegangen, so wird die Pumpe selbstthätig abgestellt und läuft bei Niedergang des Accumulators von selbst wieder an.

Die Construction der Pumpe ist eine äufserst solide und dauerhafte. Die Plunger sind aus Deltametall, die Pumpenstiefel aus Stahlgufs. Ein Theil der Ventilkasten ist aus massiv geschmiedetem Stahl. Der Durchmesser der Dampfkolben beträgt 400 mm, der Hub 300 mm. Die drei Schieberkasten sind hier in vortheilhafter Weise nach vorn gelegt und ist es durch Anordnung einer besonderen Excenterwelle ermöglicht, kleine Exceuter zu nehmen und mit den Excenterstangen direct — ohne Hebelwerk — zu den Schieberstangen zu gehen.

Die Pumpe arbeitet mit Expansion, vom Regulator verstellbar, und erfüllt ihre schwierigen Bedingungen in exacter und ökonomischer Weise. Sie arbeitet ganz in sich und beansprucht nur sehr wenig Raum.

Schiffbau in Deutschland und Grofsbritannien im Jahre 1896.

Aus einer Uebersicht über den deutschen Schiffbau im Jahre 1896, welche der Germanische Lloyd zusammengestellt hat, ergiebt sich, dafs die 34 in dem Verzeichnifs aufgeführten Werfte fast sämmtlich eine rege Thätigkeit entfalten konnten und dafs die deutsche Schiffbau-Industrie sich erfreulich weiter entwickelt hat. Der Bericht betont, dafs im vergangenen Jahre in Deutschland vier grofse Schnelldampfer von über 10000 t abgelaufen seien, in England nur einer. Das mag wenigstens als Beweis dienen, dafs der deutsche Schiffbau imstande ist, den gröfsten Ansprüchen der Rhederei zu genügen, wenngleich, wie schon mitgetheilt, der englische Schiffbau im vorigen Jahre sonst einen Umfang erreicht hat, hinter dem die Ermittlungen für den deutschen weit zurückbleiben. Von den gröfsten Dampfern sind zu nennen: Frachtdampfer „Ceres", 4933 t, für die Deutsche Dampfschiff-Rhederei; Reichspostdampfer „Herzog", 4933 t, für die deutsche Ostafrika-Linie, „Barbarossa", 10769 t für den Norddeutschen Lloyd, sämmtlich erbaut auf der Werft von Blohm & Vofs in Hamburg, Doppelschraubendampfer „König", 4820 t, erbaut auf den Reiherstiegwerften in Hamburg, Doppelschraubendampfer „Bangalore", 5060 t, Doppelschraubendampfer „Bhandara", 5043 t, beide für die Hamburg-Kalkutta-Linie, Dampfer „Theben", 4600 t, alle drei erbaut von der Flensburger Schiffbaugesellschaft, Doppelschraubendampfer „Friedrich der Grofse", 10536 t, Doppelschraubendampfer „Königin Louise", 10536 t, und „Kaiser Wilhelm der Grofse", 13500 t (letztere beide in der Fertigstellung begriffen), alle drei für den Norddeutschen Lloyd, Doppelschraubendampfer „Bremen", 10550 t, und Doppelschraubendampfer „Kaiser Friedrich", 12- bis 13000 t (letztere in der Herstellung), beide für den Norddeutschen Lloyd, erbaut von F. Schichau in Danzig. Soweit sich die Tonnenzahl ermitteln läfst, sind zusammen Schiffe von einem Gehalt von rund 107 000 t erbaut worden gegen 101 400 t im Vorjahr und 117 600 t im Jahre 1894. Wenn demnach auch die Zahlen eine besondere Verschiebung nicht zeigen, so ist eine solche doch hinsichtlich der Art der erbauten Schiffe zu Gunsten des deutschen Schiffbaues zu merken. Während früher Segelschiffe und mittlere Frachtdampfer die Hauptart der Bauten bildeten, sind jetzt vorwiegend mächtige Doppelschraubendampfer und namentlich auch Fischdampfer für die Hochseefischerei im Bau. Endlich ist die erfreuliche Thatsache zu verzeichnen, dafs im abgelaufenen Jahr eine gröfsere Reihe auswärtiger Besteller die deutschen Werften in Thätigkeit gesetzt hat. Insgesammt sind für auswärtige Rechnung 20 Schiffe in Deutschland gebaut worden. Unter den Bestellern befindet sich die brasilische Regierung und die rumänische Regierung, die übrigen Besteller kamen aus Rufsland, Dänemark, Holland und Südamerika.

In Grofsbritannien gestaltete sich die Leistung des Schiffbaues* in den letzten fünf Jahren wie folgt:

1892 . . .	1 194 784 tons
1893 . . .	878 000 „
1894 . . .	1 080 419 „
1895 . . .	1 074 890 „
1896 . . .	1 316 906 „

Der Bau im Jahre 1896 war in den Hauptdistricten:

Clyde-District . . .	420 841 tons
Tyne	246 882 „
Wear	218 350 „
Belfast	119 656 „
Tees	110 314 „
West-Hartlepool . .	83 299 „ u. s. w.

Der grofse Aufschwung ist ersichtlich; die Gesammtleistung des Jahres 1896 wurde in früheren Jahren nur durch das Jahr 1889 mit 1 332 889 tons übertroffen. Im übrigen haben auch deutsche, namentlich Hamburger, Aufträge die Production Englands im Jahre 1896 wesentlich vergröfsert.

Im Vergleich zu den aufserordentlichen Fortschritten, welche die deutsche Eisenindustrie gemacht hat, ist der deutsche Schiffbau, der immer noch nur einen kleinen Bruchtheil der englischen Production aufzuweisen hat, in der Menge seiner Erzeugung unverkennbar zurückgeblieben.

Nicaragua. Costarica.

Die Centralamerikanischen Republiken nehmen in dem Aufsenhandel Deutschlands nicht den Raum ein, der ihnen zukommt. Der ganze Export Deutschlands nach jenen von der Natur höchstbegünstigten und gröfstentheils gut cultivirten Ländern belief sich im Jahre 1895 auf nur 10 Millionen Mark, gegenüber einer Ausfuhr im Werthe von 26 Millionen Mark einheimischer Producte aus England und von 25,5 Millionen Mark aus den Vereinigten Staaten von Amerika. Darunter waren:

	Eisen und Eisenwaaren überhaupt im Werthe von ℳ	Maschinen im Werthe von ℳ
Aus Deutschland	1 890 000	850 000
„ England	4 475 000	938 000
„ den Ver. Staaten v. Amerika	5 004 000	1 322 000

* Ueber Kriegsschiffbau vergl. Seite 36 v. J.

Unter solchen Umständen verdient es Beachtung, dafs in den letzten Tagen zwischen dem Deutschen Reiche und Nicaragua ein Handelsvertrag abgeschlossen ist, und dafs Costarica den Vertrag mit Deutschland gekündigt hat.

Der Vertrag mit Nicaragua ist ein einfacher Meistbegünstigungsvertrag, wie er mit den vielen anderen Staaten besteht. Eine Einschränkung seines Meistbegünstigungsrechts hat Deutschland anerkannt zu Gunsten eines etwa sich bildenden engeren Zusammenschlusses der mittelamerikanischen Freistaaten untereinander. Die Dauer des Vertrages ist auf zehn Jahre festgesetzt.

Nicaraguas Werth als Exportland ist nicht so grofs, wie er sein könnte. Die gesammte Einfuhr bewerthete sich 1895 auf rund 5 000 000 Silberdollar = 10 000 000 ℳ. Unglückliche politische Verhältnisse haben das wirthschaftliche Gedeihen des äufserst fruchtbaren, auch edle und unedle Metalle besitzenden Landes schwer geschädigt. Nach Rückkehr geordneter Zustände ist indefs ein Aufschwung zu erwarten, insbesondere der Kaffeecultur, und damit wird der Bedarf an Maschinen, Draht, Gezäth, Eisenbahnmaterial sich heben. Aber auch davon abgesehen, ist speciell Deutschlands Export noch sehr steigerungsfähig, denn er nimmt neben dem Englands und der Vereinigten Staaten von Amerika nicht die Stelle ein, die ihm nach Mafsgabe seiner Einfuhr aus Nicaragua zukäme. Es betrug nämlich im Jahre 1895 dem Werthe nach:

	Einfuhr aus Nicaragua ℳ	Ausfuhr nach Nicaragua ℳ	Darunter Eisen und Eisenwaaren ℳ
Deutschlands (über Hamburg)	7 774 000	2 150 000	378 000
Englands	1 785 000	4 851 000	875 000
der Ver. Staaten von Amerika	6 155 000	3 869 000	560 000

Während also Deutschland Nicaraguas bester Kunde ist, setzt es seinerseits weit weniger ab als die beiden einzig in Frage kommenden Concurrenten, im ganzen sowohl wie namentlich auch in Eisen und Eisenwaaren. Besonders stark tritt das Mifsverhältnifs bei Maschinen zu Tage, indem nach den Werthangaben der betreffenden Staaten von Deutschland über Hamburg für nur 38 000 ℳ, von England dagegen für 290 000 ℳ und von den Vereinigten Staaten von Amerika für 114 000 ℳ exportirt ist. Hier dürfte in erster Linie eine Steigerung des deutschen Absatzes zu erzielen sein.

Während demnach seitens Nicaraguas eine Begünstigung anderer Staaten, namentlich der Vereinigten Staaten von Amerika, vor Deutschland für zehn Jahre ausgeschlossen ist, bewegt sich das Vorgehen der benachbarten Republik Costarica mehr im panamerikanischen Fahrwasser, indem sie den seit dem Jahre 1875 mit Deutschland bestehenden Handelsvertrag zum 7. December 1897 gekündigt hat. Ideale Beweggründe kommen dabei allerdings schwerlich in Betracht. Aber die Vereinigten Staaten sind die Hauptkäufer des in Costarica gewonnenen Kaffees, des einzigen Productes von Bedeutung, infolgedessen ist ihr Einflufs im Lande sehr grofs, und es scheint, als ob sie diesen benutzen wollen zur Erlangung von Zollerleichterungen gegenüber Deutschland und England. Jedenfalls handelt es sich nicht, wie man vermuthen könnte, um Erlangung der Aufhebung der Meistbegünstigung, sobald centralamerikanische Staaten in Frage kommen. Denn diesen gegenüber hat Costarica bereits in dem alten Vertrage sein freies Verfügungsrecht gewahrt.

Dafs die Freundschaft der Vereinigten Staaten für Costarica von grofsem Werth ist, welchem der Nutzen, den der amerikanische Export daraus zieht, nicht entspricht, zeigt die Handelsstatistik.

Die Ein- und Ausfuhr aus bezw. nach Costarica belief sich nämlich im Jahre 1895 dem Werthe nach auf:

	Einfuhr aus Costarica ℳ	Ausfuhr nach Costarica ℳ	Darunter Eisen und Eisenwaaren ℳ
Deutschlands (über Hamburg)	2 824 000	2 608 000	254 000
Englands	5 780 000	5 310 000	583 000
der Ver. Staaten von Amerika	13 182 000	3 936 000	498 000

Wie bei Nicaragua zeigt sich auch hier ein bemerkenswerthes Zurückstehen der Ausfuhr aus Deutschland, sowohl überhaupt wie namentlich in Eisen und Eisenfabricaten; und auch hier scheinen deutsche Maschinen bisher wenig bekannt geworden zu sein, denn 1895 wurden aus Ramborg für nur 9300 ℳ, aus England dagegen für 122 000 ℳ und aus den Vereinigten Staaten von Amerika für 140 000 ℳ Maschinen nach Costarica exportirt. Das ist um so mehr zu bedauern, als im allgemeinen deutsche Fabricate einen guten Namen im Lande haben, wenigstens räth der deutsche Consul in San José de Costarica den deutschen Fabricanten, ihre Erzeugnisse mehr als bisher unter Betonung des Ursprungsortes und mit der Marke „alemán" einzuführen. Gröfsere Beachtung verdient das Land auch insofern, als man für die nächsten Jahre eine Zunahme der Production von Kaffee und damit eine Hebung des wirthschaftlichen Lebens überhaupt erwartet. Dann werden wahrscheinlich auch die in Angriff genommenen Bahnen zwischen Jiménez und Nicaragua und zwischen Limón und Mantia weitergebaut werden, sowie der Plan, das mittlere Hochland mit einem Hafen am Stillen Meer zu verbinden, schneller zur Durchführung kommen.

Die erste Bedingung für eine Steigerung der Ausfuhr nach Costarica ist jedoch, dafs rechtzeitig ein neuer Handelsvertrag geschlossen wird, und dafs in diesem Deutschland die volle Meistbegünstigung, abgesehen etwa von den anderen mittelamerikanischen Republiken, gewahrt bleibt. *M. Bussmann.*

Bücherschau.

Bericht über den Neubau, die Einrichtung und die Betriebsverhältnisse der schweiz. Materialprüfungs-Anstalt. Von ihrem Director Prof. L. Tetmajer. II. Auflage, in Commission bei J. Speidel, Zürich.

Durch den Umstand, dafs den Theilnehmern an dem 1895er internationalen Congrefs des Verbandes für Materialprüfungen der Technik ausgiebige Gelegenheit geboten war, die in unmittelbarer Nähe der Züricher technischen Hochschule sich erhebende schweizerische Materialprüfungsanstalt in Augenschein zu nehmen, ist dieser prächtige Bau bereits in weiten Kreisen bekannt geworden. Eine willkommene Gabe bietet nun Prof. Tetmajer, der bekanntermafsen schon seit einer Reihe von Jahren der bewährte Leiter dieser Anstalt ist, durch den vorliegenden Bericht, welcher in erschöpfender Darstellung ihre geschichtliche Entwicklung, den Neubau, die Einrichtung, die Ziele und Zwecke der Anstalt, deren Reglement, die daselbst in Benutzung stehenden Methoden zur Materialprüfung und eine Uebersicht über ihre umfassenden und vielseitigen Leistungen giebt.

Der Rohbau des stattlichen Gebäudes ist mit einem Kostenaufwand von 161 600 ℳ errichtet; sein Aeufseres und die innere Einrichtung wird uns durch 12 schöne Lichtdrucktafeln veranschaulicht. Der schweizerischen Regierung mufs hohe Anerkennung gezollt werden dafür, dafs sie die Mittel zur Schaffung und Unterhaltung einer mustergültigen Anstalt dieser Art in reichlicher Weise zur Verfügung gestellt hat.

Den breitesten Raum in dem Bericht nimmt die Beschreibung der in Verwendung stehenden Methoden für die Prüfungen ein, welche sich auf Bausteine, Dachschiefer und Ziegel, Bindemittel, Bauholz, Metalle, Draht und Drahtseile, Treibriemen, Schmier- und Anstrichöle, Anstrichmassen, Papier und chemisch-analytische Arbeiten erstrecken. Namentlich verdient hervorgehoben zu werden, dafs hierbei auch die chemischen Methoden genau beschrieben sind.

Die schweizerische Anstalt hat in gleicher Weise wie unser Charlottenburger Institut einmal die Aufgabe, als Prüfungsstation, d. h. zur Feststellung der Güte- und Festigkeits- u. s. w. Verhältnisse solcher einschlägigen Materialien, welche von Behörden, Privaten u. s. w. eingeschickt werden, zu dienen und ferner auch in fachwissenschaftlicher Forschung auf dem ihnen zugetheilten Gebiete thätig zu sein. Durch die zahlreichen Arbeiten von z. Th. bahnbrechender Bedeutung, welche die Anstalt auf letzterem Gebiet geleistet hat, hat sie sich einen wohlbegründeten Ruf erworben; für die deutsche Eisenindustrie sind von besonderer Bedeutung die Untersuchungen über den relativen Werth des basischen Flufseisens als Constructions- und Schienenmaterial und über Schlackencement gewesen.

Das als „Landesausstellungsausgabe 1896" in II. Auflage erschienene Buch ist für alle Interessenten an den Materialprüfungen der Technik ein höchst schätzenswerther Beitrag. *E. Schrödter.*

Taschenbuch für Bergmänner. Herausgegeben von Prof. Hans Höfer in Leoben. Bei Ludw. Mittler. Preis gebunden 12,50 ℳ.

„Dieses Buch soll, heifst es im Vorwort, ein Nach- „schlagebuch zur raschen Orientirung in berg- „männischen Fragen sein und insbesondere dem „Praktiker die wichtigeren Erfahrungszahlen und „Formeln in übersichtlicher, handlicher Form bieten; „es liegt ihm somit fern, die grofsen Hand- und Lehr- „bücher der bergbaulichen Wissenschaften ersetzen „oder die für den Maschinenbauer, Mathematiker, „Mineralogen u. s. w. bestimmten Taschenbücher ver- „drängen zu wollen.

Die erste Abtheilung bringt Angaben über Zusammensetzung, Härte und Dichte der nutzbaren Minerale, Formationsreihe und Eintheilung der Lagerstätten. In der zweiten Abtheilung wird, natürlich lediglich vom technischen Standpunkt aus, das Schürfen, das Erdbohren, die Häuer- und Gewinnungsarbeiten, die Grubenbaue, die Abbaumethoden, der Grubenausbau, die Verdämmungen, Förderung und Fahrung behandelt (Verfasser Waltl), dann folgt der als Specialist auf seinem Gebiet bekannte Prof. v. Hauer mit Bergwesensmaschinen und Prof. Bilharz mit Aufbereitung.

Ueber den Ausbau der Gruben mit Eisen findet sich ein erschöpfend behandeltes Capitel, das jeder Eisenhüttenmann mit Interesse lesen wird. Unter den Maschinen vermifsten wir etwas in Berücksichtigung der neuesten Leistungen, so beim Capitel der Wasserhaltungen diejenigen von Ehrhardt & Schmer, Haniel & Lueg, Friedrich-Wilhelmshütte, Gutehoffnungshütte, Isselburgerhütte, Schwarzkopff u. a. m.

Bergrath Lohe-Königshütte giebt in einem knappen, übersichtlich gehaltenen Capitel eine treffliche Anleitung zur Werthschätzung von Bergwerks-Unternehmungen, Waltl desgleichen über Mafsscheidekunst. Zum Schlufs ist mit Rücksicht auf den Umstand, dafs die älteren Bergleute mit diesem Kinde der Neuzeit nicht vertraut sind, eine gemeinfafsliche Darstellung der Elektrotechnik angehängt.

Was in der Vorrede des 672 Seiten starken Buchs versprochen ist, halten Verfasser und seine Mitarbeiter in vollem Mafse; es sei ihm daher beste Empfehlung als Geleit auf den Weg in die fachmännische und besonders auch die Praktiker-Kreise mitgegeben.

Schr.

Mehrphasige elektrische Ströme und Wechselstrommotoren. Von Silvanus P. Thompson. Autorisirte deutsche Uebersetzung von K. Strecker. 250 Seiten mit 171 in den Text gedruckten Abbildungen und 2 Tafeln. Halle a. S. 1896, Verlag von W. Knapp. Preis broschirt 12 *M.*

Es ist unleugbar, dafs sich bei der letztjährigen Entwicklung der Elektrotechnik gerade nach Seite der mehrphasigen Ströme ein gewisses Bedürfnifs nach einem Buche herausgestellt hat, welches diese keineswegs leichten Verhältnisse näher behandelt. Das vorliegende Buch einem auf diesem Gebiete Belehrung Suchenden zu empfehlen, mufs man indessen einige Bedenken tragen. Ist auch nicht zu verkennen, dafs dasselbe eine ganze Reihe interessanter und dem Studirenden nützlicher Einzelheiten enthält, so kann man sich auf Grund der wenig übersichtlichen und auch zu wenig systematischen Anordnung und Behandlung des Stoffes, welche bei schwierigen Gebieten doppelt wichtig erscheint, sowie einzelner Versehen doch der Einsicht nicht verschliefsen, dafs das Werk etwas rasch und flüchtig verfafst wurde und noch nicht gehörig ausgereift war. Ferner wäre bei der gröfseren Schwierigkeit des Gegenstandes hier eine etwas tiefer gehende und das Wesentliche mehr hervorhebende Behandlung der elementaren Theorie und Wirkungsweise der Wechselstrommotoren erforderlich gewesen. Auch leiden einige Abschnitte unter dem Hange des Verfassers, sich gern zu allgemein und zu wenig greifbar auszudrücken. Die ausführliche Bibliographie der mehrphasigen Ströme und Drehfeldmotoren wird Manchem willkommen sein, obwohl auch hier eine Sichtung in mehr originale und mehr reproducirende Arbeiten vortheilhafter erschiene.

C. H.

Alphons Custodis in Düsseldorf, *Bau runder Fabrikschornsteine, Instandsetzung, Binden u. s. w. ohne Betriebsstörung.*

Der durch seine Schornsteinbauten in allen Erdtheilen bekannte Inhaber dieser Firma versendet eine reich illustrirte Schrift, die uns lehrt, welch aufserordentliche Erfolge derselbe auf diesem Sondergebiet erzielt hat. Eingangs setzt er die Vorzüge des runden Schornsteins mit Benutzung von gelochten radialen Formsteinen und dem ihm patentirten Etagenfutter in ebenso anschaulicher wie wissenschaftlich begründeter Weise auseinander. Es folgt dann eine Liste von 1760 von der Firma bis zum 1. Januar v. J. errichteten Kaminbauten, darunter solche in allen europäischen Staaten, namentlich viele in Rufsland, Dänemark, Schweden, Norwegen, Frankreich, Belgien, den Niederlanden, Oesterreich und Ungarn, aber auch in Niederl. Westindien, je zwei in England, Brasilien und den Ver. Staaten. Es ist dieser Erfolg um so bemerkenswerther und eigenartiger, als Bauten aus Ziegelsteinen sonst zumeist rein örtlichen Ursprungs zu sein pflegen: unser Vaterland ist in Bezug auf Kaminbauten allen anderen Industriestaaten vorangeeilt und mit Recht kann man daher diese 1760 Kamine als ebensoviele Wahrzeichen deutschen Unternehmungsgeistes ansehen.

Journal of the Iron and Steel Institute. Vol. II, 1896.

Der gegenüber den Vorjahren frühzeitig erschienene Band von 507 Seiten Stärke enthält den Bericht über die Bilbaoer Versammlung; neben den zu den Vorträgen gehörigen Tafeln ist er mit einer grofsen Anzahl von Nachbildungen nach photographischen Aufnahmen geschmückt.

Pizzighelli, *Anleitung zur Photographie.* 8. Aufl. Halle a. S., bei Wilh. Knapp. Preis 3 *M.*

Die 1. Auflage ist im Jahre 1887, die 7. Auflage im Herbst 1894 erschienen und bereits wieder liegt eine neue Auflage uns vor. Nach Angabe der Verlagsbuchhandlung sind von dem Buche innerhalb 8 Jahren 18000 Exemplare abgesetzt worden: der beste Beweis für die Brauchbarkeit desselben, das nunmehr auf 332 Seiten mit 153 Abbildungen herangewachsen ist und durch Aufnahme einer gröfseren Anzahl Nachbildungen nach ausgewählten Aufnahmen von Liebhabern eine angenehme Erweiterung erfahren hat.

Ein Band der *Meggendorfer Blätter*, München, Schubertstr. 6,

hat sich auf dem Redactionstisch zwischen die Fachliteratur verirrt. Durch einen Einblick in das Heft verdanken wir dem Einsender ein paar fröhliche Minuten und herzerquickende Erfrischung. Wir empfehlen Jedem, der ein Bedürfnifs zu einer solchen hat, sich an die obengenannte Geschäftsstelle zu wenden.

Red.

Ferner sind bei der Redaction folgende Werke eingegangen, deren Besprechung vorbehalten bleibt:

Börsengesetz, vom 22. Juni 1896. Nebst den dazu erlassenen Ausführungsbestimmungen. Textausgabe mit Anmerkungen und Sachregister. Unter Mitwirkung des Kaiserl. Geheimen Ober-Regierungsraths und vortragenden Raths im Reichsamt des Innern A. Wermuth, bearbeitet von H. Brendel, Gerichtsassessor, commissarischer Hülfsarbeiter im Reichsamt des Innern. Berlin 1897. J. Guttentag, Verlagsbuchhandlung.

Gesetz, betreffend die Pflichten der Kaufleute bei Aufbewahrung fremder Werthpapiere. Vom 5. Juli 1896. Textausgabe mit Erläuterungen, Einleitung und Sachregister. Bearbeitet von F. Lusensky, Geheimer Regierungsrath und vortragender Rath im Ministerium für Handel und Gewerbe. Berlin 1896. J. Guttentag, Verlagsbuchhandlung.

Allgemeine deutsche Wechselordnung. Auf der Grundlage der von Dr. S. Borchardt, Ministerresident, Geheimer Justizrath, Ritter u. s. w. verfafsten Ausgabe. Bearbeitet von Dr. Ernst Ball, Rechtsanwalt am Landgericht Berlin I. Siebente vermehrte und veränderte Auflage. Berlin 1897. J. Guttentag, Verlagsbuchhandlung.

Das deutsche Reichsgesetz über die Wechselstempelsteuer. Bearbeitet von P. Loeck, Regierungsassessor an der Königl. Prov.-Steuerdirection zu Berlin. Sechste vermehrte und veränderte Auflage. Berlin 1897. J. Guttentag, Verlagsbuchhandlung.

Hand- und Lehrbuch der Staatswissenschaften in selbständigen Bänden. Herausgegeben von Kuno Frankenstein. II. Abtheilung: *Finanzwissenschaft.* 3. Band. *Die Steuern,* besonderer Theil von Dr. Albert Schäffle, K. K. Minister a. D. Leipzig 1897. Verlag von C. L. Hirschfeld.

Dr. jur. Vosberg-Rekow, *Die Reform des deutschen Consulatswesens und die Errichtung deutscher Handelskammern im Auslande.* Berlin 1897, Siemenroth & Troschel.

Dr. Karl Dickel, Amtsgerichtsrath, *Bemerkungen zu dem Entwurfe des neuen Handelsgesetzbuches.* Mit besonderer Berücksichtigung der Land- und Forstwirthschaft. Berlin 1897, Franz Vahlen. Preis 2 *M.*

Dr. Robert von Landmann, Königl. Bayr. Staatsminister, *Die Gewerbeordnung für das Deutsche Reich* unter Berücksichtigung der Gesetzgebungsmaterialien, der Praxis und der Literatur. Dritte Auflage, unter Mitwirkung des Verfassers bearbeitet von Dr. Gustav Rohmer. München 1897, C. H. Beck. I. Band, I. Hälfte. Preis 4,50 *M.*

Industrielle Rundschau.

Fabrikanlagen in Rufsland.

Wie wir dem Organ des russischen Finanzministeriums' entnehmen, beabsichtigt das "Hüttenwerk Creusot in Gemeinschaft mit der Banque de Paris et de Pays-Bas in Kasan eine Eisengiefserei und Locomotivenbauanstalt zu begründen. Das Eisen soll diesen Werken vom Ural her über den Kamastrom zugeführt werden. Als Brennmaterial beabsichtigt man Petroleumrückstände zu verwenden. Für das neue Unternehmen sollen in Kasan bereits bestehende Fabrikgebäude angekauft sein.

Dasselbe Blatt berichtet ferner, dafs die Berliner Firma Arthur Koppel beabsichtigt, in St. Petersburg und im Süden des europäischen Rufslands Fabriken für Herstellung aller Bestandtheile beweglicher Feldbahnen sowie der zugehörigen kleinen Waggons zu errichten. Derartige Feldbahnen wurden bisher fast sämmtlich aus dem Auslande bezogen, das russische Blatt begrüfst daher freudig die bevorstehende Verpflanzung dieser Fabrication nach Rufsland, um so mehr, als die neuen Werke gleich in grofsem, auf ausgiebige Production berechnetem Mafsstabe angelegt werden sollen.

Ferner hat die belgische Gesellschaft „Providence", die kürzlich in der Nähe von Kerisch umfangreiche Erzlagerstätten pachtweise erworben hat, in Mariapol ein grofses Grundstück angekauft, um dort unter Betheiligung russischer Kapitalisten ein ausgedehntes Eisen-, Stahl- und Walzwerk zu errichten. Hinsichtlich des Arbeitsplanes der neu zu errichtenden Fabrik ist bisher nur bekannt, dafs man zunächst Schienen und Profileisen zur Versorgung des inneren Marktes zu walzen beabsichtigt. „Die glänzende Stellung" — schreibt das amtliche Blatt hierzu — „welche diese Gesellschaft in der Industrie Belgiens einnimmt, die anerkannt hohe Befähigung ihrer Leiter für den Betrieb derartiger Werke und die sehr günstige Wahl der Oertlichkeit für das neue Unternehmen gewährleisten einen sicheren Erfolg. Die Gründung dieser Fabrik mufs begrüfst werden als ein neuer weiterer Schritt zur Begelung des einheimischen Eisenmarktes."

In Jekaterinoslaw hat die „Duisburger Maschinenbau-Actiengesellschaft", Duisburg, ein Landstück angekauft, um dort unter Theilnahme russischen Kapitals eine Fabrik für Herstellung schwerer Walzwerkmaschinen und anderer Maschinen mit Dampfbetrieb zu errichten.

Aufserdem beabsichtigt eine Gruppe belgischer Fabricanten, ebenfalls unter Betheiligung russischer Kapitalisten, in der Stadt Lugansk, woselbst auch die „Sächsische Maschinenbauanstalt" eine gröfsere Anlage errichtet, eine Walzengiefserei zu begründen. Das Blatt macht darauf aufmerksam, dafs dieser Fabricationszweig in Rufsland bisher noch wenig entwickelt ist. Es mache sich dort ein Mangel an Fabriken für Herstellung grofser Maschinen im allgemeinen und der Vorrichtungen und Bestandtheile für Walzwerke insbesondere sehr fühlbar, namentlich in gegenwärtiger Zeit, wo alle Fabriken dieser Art im Auslande — also aufserhalb Rufslands — mit Arbeit überhäuft seien. Diese neuen Unternehmungen würden daher seitens der industriellen Welt Rufslands, die ihrer so sehr bedürfe, sympathisch begrüfst, um so mehr, als die leitenden Techniker der hier in Frage stehenden Industriegesellschaften des Auslands in ihrer Heimath eines ganz vorzüglichen Rufes sich erfreuten.

Am 9. Febr. hat die Gesellschaft der Maschinenbau-Anstalten und Eisenwerke von Kolomna (im Gouv. Moskau) das Jubiläum ihres 25 jährigen Bestehens gefeiert. Begründer der Gesellschaft waren die Ingenieure A. E. v. Struve, G. E. v. Struve und A. J. Lessing.* Im Jahre 1868 ging aus den Werkstätten der Gesellschaft ihre erste Locomotive hervor, die zugleich die erste war, welche überhaupt in Rufsland gebaut worden. Im Jahre 1873 begründete die Gesellschaft dann noch, als Filiale, das Eisen- und Stahlwerk Kulebaki. 8500 Arbeiter sind ständig in den Kolomnaer Werkstätten beschäftigt. Während des Vierteljahrhunderts ihres Bestehens haben die Werke von Kolomna 1930 Locomotiven, 23330 Waggons und 1259000 Pud eiserner Brücken geliefert, im Gesammtwerthe von 113677000 Rubeln. Das Hüttenwerk Kulebaki hat aufserdem 9800000 Pud Gufseisen und anderweitiges verschiedenartiges Material im Gesammtwerthe von 19500000 Rubeln producirt. Der Werth der Gesammtproduction aller Werke der Gesellschaft beläuft sich also für dies erste Vierteljahrhundert auf 133177000 Rubel.

Emaillirwerke in Lübeck 1896.*

Dem vorläufigen Bericht der Handelskammer zu Lübeck zufolge hat die Fabrication von verzinnten und emaillirten Haus- und Wirthschaftsgeräthen im verflossenen Jahre sich derselben lebhaften Nachfrage, wie Ende des Jahres 1895 zu erfreuen gehabt, und durch das vereinte Vorgehen der gröfseren Werke Deutschlands gelang es auch, eine kleine Aufbesserung der Verkaufspreise und Bedingungen zu erreichen. Die Preisaufbesserung wurde jedoch zum gröfsten Theil durch die wesentlich gestiegenen Preise für Eisenbleche wieder ausgeglichen. Immerhin ist auf ein zufriedenstellendes Jahr zurückzublicken, und dieses gilt sowohl für das Inlandsgeschäft, als auch für das Ausfuhrgeschäft.

Empfindlich benachtheiligt ist die Lübecker Industrie dadurch, dafs die Bahnfrachttarife für Kohlen von Westfalen nach Lübeck nicht dieselben Vergünstigungen bieten, wie nach Hamburg, und die Folge ist, dafs die an sich theurere englische Kohle, weil mit geringeren Kosten herzulegen, den eigentlich billigeren deutschen Kohlen vorgezogen werden mufs. Eine fernere nicht unwesentliche Beeinträchtigung hat der Fabricationszweig für Blech-Email-Industrie durch die im verflossenen Jahre geänderte Handhabung des Zolltarifs bei Verzollung englischer Bleche erfahren. Während früher englische Bleche zum Zollsatz von 3 *M* für 100 kg verzollt wurden, ist dieser Satz auf Antrag der deutschen Blechwalzwerke um 2 *M* erhöht worden, und runde Blechtafeln, die früher 3 *M* Zoll kosteten, sind sogar mit 6 *M* zur Verzollung gezogen.

Der Absatz nach dem Auslande war sehr lebhaft, besonders nach Rufsland, allein auch hier sind die schlechten Preise sehr zu beklagen. — Spanien wird dem Absatz immer noch verschlossen bleiben, solange für diese Artikel nicht günstigere Zollverhältnisse eintreten.

In Lübeck hatten sich über 300 Arbeiter einer Emailwaarenfabrik zu einem Ausstand verleiten lassen, doch gelang es der Werksleitung, durch Vermittlung des kürzlich entstandenen Arbeitsnachweises des Vereins Lübecker Metall-Industrieller andere Arbeitskräfte heranzuziehen und dem Streik erfolgreich zu begegnen.

M. B.

* Vergl. Bericht auf S. 138 des vorigen Jahrgangs.

Westfälisches Kokssyndicat.

Im Monat Januar cr. wurden (nach der „R.-W. Z." v. 19. Febr.) von den dem Kokssyndicat angehörenden Zechen 461 734 t Koks abgesetzt, hierzu kommt der Versand der Privatkokereien mit 14 280 t, so dafs sich ein Gesammtabsatz von 476 014 t gegen 488 532 t im Monat December 1896 ergiebt oder 12 528 t weniger. Bei der gleichen Anzahl von Arbeitstagen stellt sich die arbeitstägliche Leistung im December auf 20 855 t, im Januar auf 19 834 t. Für den Monat Februar mit nur 23 Arbeitstagen (für die meisten Zechen wenigstens) ist ein entsprechend weiterer Ausfall in der Gesammthervorbringung an Koks zu erwarten.

Vereins-Nachrichten.

Verein deutscher Eisenhüttenleute.

Aenderungen im Mitglieder-Verzeichnifs.

Boecker, Hermann, Director der Firma Boecker & Co., Schalke.
Bourggraff, August, Hochofen-Betriebsingenieur der Société John Cockerill, Seraing, Belgien.
Herold, Dr. F., Düsseldorf, Adlerstrafse 12.
Klaacker, Chr., Ingenieur und Betriebsführer bei Fried. Krupp, Essen a. d. Ruhr.
Krieger, Richard, Hütteningenieur, Procurist des Gufsstahlwerks Oeking & Co., Düsseldorf, Grafenberger-Chaussee 97.
Neumann, J., Hochofenwerk der Ladoga-Gesellschaft, Ust-Slawjanka bei St. Petersburg.
Oberegger, Franz, Ingenieur, Maxhütte, Rosenberg, Oberpfalz.
Sahlin, Carl, techn. Assistent des Generaldirectors, Stora Kopparbergs Bergslags Actiebolag, Eisenhüttenabtheilung, Falun, Schweden.
Schott, Otto, Milano, Porta Nuova Nr. 11.
Wester, Reinhold, Maschinen- und Bauingenieur der Landeskrona- und Helsingborgs-Eisenbahnen, Helsingborg, Schweden.

Neue Mitglieder:

Böcking, Gustav, Betriebsingenieur der Firma E. Böcking & Co., Mülheim a. Rhein.
Gottwald, Fritz, Walzwerkschef der Huldschinskyschen Hüttenwerke, Actiengesellschaft, Gleiwitz, O.-Schl.
Jensch, Edmund, Hütteninspector, Kunigundehütte bei Kattowitz, O.-Schl.
Klofs, Ch., Ingenieur, Differdinger Hochöfen, Differdingen.
Moeser, Adolf, Ingenieur, Gutehoffnungshütte, Oberhausen II.
Norris, Francis, Embury, Ingenieur der Troy Steel Co., Troy N. Y. Un. St. America.
Rave, Hans, Maschinenmeister, Bismarckhütte bei Schwientochlowitz, O.-Schl.
Schmitz, Albert, Ingenieur, Leiter und Theilhaber der Commanditgesellschaft Schmitz & Co., Eisenwerk Düsseldorf-Oberbilk, Düsseldorf, Kaiser Wilhelmstr. 17.
Schulze, Ernst, Civilingenieur, Kattowitz, O.-Schl.

Ausgetreten:

Vogel, Geh. Bergrath, Saarbrücken.

Verstorben:

Schilling, Otto, Kattowitz, O.-Schl.

Die nächste

Hauptversammlung des Vereins deutscher Eisenhüttenleute

findet Ende **März** oder Anfangs **April** in **Düsseldorf** statt.

Gebr. Körting, Körtingsdorf b. Hannover.

Condensations-Anlagen für Dampfmaschinen jeder Art, auch Centralcondensationen mit Körting's Strahlcondensator.

Bei mangelndem Kühlwasser mit **Wiederbenutzungsanlagen** für dasselbe Wasser eigenen Patentes ohne hohen Kraftverbrauch.

Einfach, billig, sehr hohe Nutzwirkung. 2144 b

Dortmunder Werkzeugmaschinen-Fabrik
WAGNER & Co. in Dortmund.

Alleinige Specialität: **Werkzeugmaschinen.**

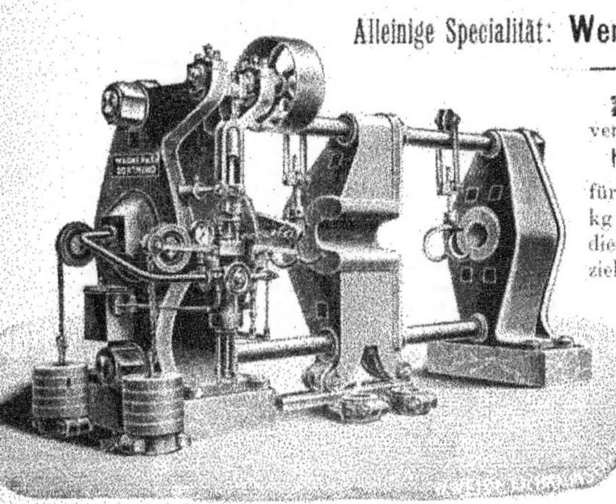

☞ Die nebenstehend veranschaulichte **hydraulische Presse,** für einen Druck von 200 000 kg bei 300 Atm construirt, dient zum Auf- und Abziehen der Locomotiv- und Wagenräder und ist mit einer Pumpe für Hand- und Riemenbetrieb ausgerüstet, die selbstthätig auslösenden Hoch- und Niederdruckkolben erhält. 1960 c

Inhalt der Inserate.

Die Zeitschrift erscheint in halbmonatlichen Heften.

Abonnementspreis für Nichtvereinsmitglieder: 20 Mark jährlich excl. Porto.

STAHL UND EISEN

ZEITSCHRIFT

FÜR DAS DEUTSCHE EISENHÜTTENWESEN.

Insertionspreis 40 Pf. für die zweigespaltene Petitzeile, bei Jahresinserat angemessener Rabatt.

Redigirt von

Ingenieur E. Schrödter, Geschäftsführer des Vereins deutscher Eisenhüttenleute, für den technischen Theil

und

Generalsecretär Dr. W. Beumer, Geschäftsführer der Nordwestlichen Gruppe des Vereins deutscher Eisen- und Stahl-Industrieller, für den wirthschaftlichen Theil.

Commissions-Verlag von A. Bagel in Düsseldorf.

№ 6. 15. März 1897. 17. Jahrgang.

Elektromagnetische Aufbereitung der Eisenerze.

Geheimrath Professor Dr. H. Wedding hat schon in seinem vor dem „Iron and Steel Institute" gehaltenen Vortrag über das Rösten der Eisenerze zum Zwecke der Magnetisirung* kurz auf die Mittheilungen von Phillips** hingewiesen. Die „Zeitschrift für Elektrochemie"*** bringt nun einen Auszug aus einer Reihe von Artikeln, die der letztgenannte Verfasser im „Engineering and Mining Journal" im vorigen Jahre veröffentlicht hatte† und in denen er die Erfahrungen mittheilt, welche er bei der Aufbereitung absolut oxydulfreier Rotheisensteine gewonnen hatte.

Weicher „Clinton" Rotheisenstein wurde getrocknet, in einem Steinbrecher aufgebrochen, auf einem Walzwerke weiter zerkleinert und durch ein 40maschiges und ein 15maschiges Sieb klassirt (es ist nicht gesagt, ob die 40 bezw. 15 Maschen der Siebe auf den laufenden oder den Quadratzoll gezählt sind). Die mittleren der aus den Sieben erhaltenen Körnungen wurden mittels eines elektromagnetischen Scheiders von Wetherill, auf dessen Einrichtung wir noch zurückkommen werden, geschieden. Der Gang der Scheidung war der folgende:

Beim Aufgeben des rohen Erzes, welches etwa 39,20 % Eisen und 40,16 % Unlösliches enthielt, betrieb man den Scheider mit einem Strome von 10 Ampère und 15 Volt.* Es wurden erhalten: 59,3 % Haltiges und Durchwachsenes mit 54,10 % Eisen und 18,80 % Unlöslichem; ferner 40,7 % Taubes mit 16,70 % Eisen und 74,10 % Unlöslichem. Das Gemisch aus reichhaltigem Erz und Durchwachsenem wurde noch einmal durch den Scheider geschickt, indem bei derselben Spannung die Stromstärke auf 8 Ampère verringert wurde. Nun erhielt man: 4 % (vom ursprünglichen Erze) Durchwachsenes mit 31,40 % Eisen und 52,20 % Unlöslichem; aufserdem 55 % (des ursprünglichen Erzes) Reicherz und Durchwachsenes mit 54,10 % Eisen und 18,70 % Unlöslichem.

Auch dieses letzte Product wurde noch einmal durch den Scheider geschickt und ergab schliefslich bei einem Strome von 6 Ampère und 15 Volt 2,9 % Durchwachsenes mit 46,30 % Eisen und 30,50 % Unlöslichem und 52,4 % (vom ursprünglichen Erze) Reicherz mit 56,40 % Eisen und 17,10 % Unlöslichem. Das Gesammtresultat war also:

	% des Roherzes	% Eisen	% Unlöslich
Reicherz	52,4	56,40	17,10
Durchwachsenes .	6,9	38,85	41,35
Taubes	40,7	16,70	74,10

Man hätte natürlich, wie dies auch in der Praxis geschehen wird, nach der ersten Scheidung die Arbeit unterbrechen sollen; denn man hatte

* Vgl. „Stahl und Eisen" 1896, Nr. 19, S. 771.

** Transaction of the American Institute of Mining Engineers. Vol. XXV, 1896, S. 399 bis 423.

*** Nr. 13 1896/97, S. 291—293.

† Vol. LXII, S. 75, 105, 124 und 151.

* In der Quelle sind hier und im Folgenden stets 100 Volt angegeben, das ist ein Irrthum; mit dieser Spannung arbeitete die Beleuchtungsanlage, welcher der Strom entnommen wurde, die Scheider selbst brauchten nur etwa 15 Volt.

ja da schon 59,3 % Reicherz mit 54,10 % Eisen und 18,80 % Unlöslichem und hat schliefslich nach zweimaliger Wiederholung der Scheidung den Eisengehalt nur auf 56,40 % angereichert, dabei aber einen Verlust von 6,9 % Reicherz erlitten, was jedenfalls als ein recht ungünstiges Ergebnifs auffallen mufs. Betrachtet man dagegen nur das Ergebnifs der ersten Scheidung, nach welcher man eine Anreicherung von 38 % des Eisengehalts und einen Verlust von 53 % des Unlöslichen zu verzeichnen hatte, so könnte man damit wohl zufrieden sein. Eine Tonne des Concentrates würde seinem Eisengehalte nach etwa 1,69 t des ursprünglichen Erzes gleichwerthig geworden sein, ganz abgesehen davon, dafs letzteres überhaupt nicht verkäuflich war, während das Concentrat überall als gutes Erz Absatz findet.

Bei der Untersuchung des durch das 40maschige Sieb hindurchgegangenen Erzkleines stellte man darin einen Eisengehalt von 49,4 % neben 26,5 % Unlöslichem fest. Dafs sich lediglich durch den Zerkleinerungs- und Siebprocefs eine derartige Anreicherung vollziehen konnte, läfst sich ja leicht durch die geringere Härte des Eisen führenden Bestandtheils des Erzes erklären. Die Menge dieses Erzkleines beträgt 25 bis 35 % des groben Erzes. Man kann, selbst wenn das Fördererz durchschnittlich nur 37 % Eisen enthält, 1/4 bis 1/3 des letzteren während der trockenen mechanischen Aufbereitung als 49 bis 54 procentige Waare erhalten. Das durch noch feinere Siebe erhaltene Erzklein zeigt nur einen um Weniges höheren Eisengehalt, so dafs man sich endgültig für das 40maschige Sieb entschieden hat. Durch den Wetherill-Separator kann natürlich auch dieses Product noch weiter angereichert werden. Es ergab bei 10 Ampère und 15 Volt: 12,6 % Eisenerz mit 55,30 % Eisen, und 17,12 % Unlöslichem; ferner 22,8 % Durchwachsenes mit 51,75 % Eisen und 21,10 % Unlöslichem und endlich 64,6 % Taubes mit 45,8 % Eisen und 30,35 % Unlöslichem. Es hat sich mithin der Eisengehalt im Reicherze um 11,9 % vermehrt, während sich der Gehalt an Unlöslichem um 35,4 % vermindert hat. Bei diesem Producte erwies sich die elektromagnetische Aufbereitung also nicht als lohnend. Richtiger würde es vielleicht sein, dasselbe direct nach dem Sieben zu brikettiren.

Auf alle Fälle mufs es von den für den Scheider besser geeigneten gröberen Körnungen getrennt werden, wie ja auch bei allen Aufbereitungsprocessen ein möglichst gleichmäfsiges Korn des Scheidegutes die zweckmäfsige Durchführung der Arbeit wesentlich erleichtert. Auch an dem zwischen 8- und 15maschigen Sieben ausgetragenen Materiale wurde die Wirksamkeit der Wetherillmaschine versucht, und zwar mit folgendem Resultate:

	% vom urspr. Erz	% Eisen	% Unlöslich
Grobe Körnung zwischen 8- bis 15maschigen Sieben .	24,0	35,40	46,34
Reicherz bei 6 Ampère .	45,5	50,20	24,34
Durchwachsenes	19,0	43,00	34,95
Taubes	55,5	15,40	75,35

Durch nochmalige Scheidung des Durchwachsenen konnte man etwa die Hälfte desselben noch auf 50 % Eisen anreichern, so dafs die Gesammtausbeute an Reicherz 55 % mit 50 % Eisen betrug.

Werden diese Resultate auf eine Tonne ursprünglichen Erzes umgerechnet, so ergiebt sich Folgendes:

	kg	Werth f. d. Tonne
Erzklein, durch 40maschiges Sieb	334,8	1,89
Concentrat, durch 15maschiges Sieb	243,6	4,20
Concentrat, durch 8maschiges Sieb	133,9	2,31

Demnach würde sich der Gesammtwerth der aus einer Tonne Roherz erhältlichen Producte auf 1,93 ℳ stellen, kann aber nach Phillips Ansicht auch leicht auf 2,10 ℳ steigen, da die der Rechnung zu Grunde gelegten Werthe sehr niedrig gewählt sind. Immerhin würden schon 1,93 ℳ einen recht ansehnlichen Nutzen erwarten lassen; denn die Kosten, einschliefslich Transport zu den Hochofenwerken des dortigen Districts, würden sich höchstens auf 84 ₰ f. d. Tonne stellen.

Versuche mit einem härteren Erze ergaben folgende Resultate:

Die zwischen einem 15- und einem 40maschigen Siebe ausgetragenen Körnungen enthielten 37,60 % Eisen, 16,20 % Unlösliches und 15,00 % Kalk. Bei einer Stromstärke von 5 Ampère wurden erhalten.

	% vom urspr. Erz	% Eisen	% Unlösliches	% Kalk
Reicherz	55	48,70	10,26	9,76
Durchwachsenes .	15	29,00	18,20	21,40
Taubes	29	18,20	27,00	25,12

Der Gewinn an Eisen betrug also 29,5 %, während sich die Verluste an Unlöslichem und Kalk im angereicherten Erze gegenüber dem Roherze auf 36,6 bezw. 34,9 % stellten.

Die zwischen Sieben von 8 und 15 Maschen ausgetragenen Körnungen, welche 34,50 % Eisen, 18,04 % Unlösliches und 17,10 % Kalk enthielten, lieferten bei 6 Ampère:

	% vom urspr. Erz	% Eisen	% Unlösliches	% Kalk
Reicherz	64	45,40	12,25	11,45
Durchwachsenes .	7	25,80	17,95	24,02
Taubes	29	13,55	30,34	27,10

Dieser Versuch ergab also in den Anreicherungsproducten einen Gewinn von 34,5 % Eisen, und einen Verlust von 32,1 % Unlöslichem und 33,0 % Kalk.

Ermuthigt durch diese Ergebnisse, welche zeigten, dafs der als verschlackender Zuschlag geschätzte Kalk nicht vollständig in das Taube überging, sondern noch in hinreichender Menge in dem Reicherze verblieb, wurde nun ein noch ärmeres Erz in Arbeit genommen.

Das in Mengen von etwa 47 % zwischen den 15- und 40 maschigen Sieben Ausgetragene enthielt 32,8 % Eisen, 33,70 % Unlösliches und 9,90 % Kalk. Bei einer Stromstärke von 5,5 Ampère fielen:

	% vom urspr. Erz	% Eisen	% Unlöslichen	% Kalk
Reicherz	43	47,70	14,50	8,40
Durchwachsenes .	10	35,90	23,28	13,20
Taubes	47	21,60	42,70	8,80

Gewinn an Eisen im Reicherz 45,4 %, Verlust an Unlöslichem 56,9 %, an Kalk 15,1 %.

Gröbere, zwischen Sieben von 8 und 15 Maschen ausgetragene Körnungen (etwa 25 % vom ursprünglichen Erze), welche mit 31,8 % Eisen, 33,10 % Unlöslichem und 10,79 % Kalk zur Scheidung kamen, lieferten bei 8 Ampère:

	% vom urspr. Erz	% Eisen	% Unlösliches	% Kalk
Reicherz	44	43,15	19,66	8,80
Durchwachsenes .	6	29,45	32,90	12,40
Taubes	50	22,80	43,82	12,52

Gewinn an Eisen 35,7 %, Verlust an Unlöslichem 40,6 %, an Kalk 18,4 %.

28 % des Roberzes gingen durch das 40 maschige Sieb hindurch. Dieses Erzklein enthielt: 42 % Eisen, 18,4 % Unlösliches und 10,9 % Kalk. Das harte Erz verhält sich also in Bezug auf die Anreicherung des Eisens in dem Erzklein beim Zerkleinern und beim Sieben genau wie das zuerst benutzte weiche Erz.

Der Phosphorgehalt erlitt keine merkliche Veränderung bei diesen Arbeiten und will man die Verminderung desselben auf chemischem Wege versuchen, da der Phosphor in Mengen von 0,35 % in dem Erze und dem Concentrate enthalten ist. Hochofenwerken, welche auf Thomasroheisen arbeiten, könnte dieses Erz nur erwünscht sein.

Der Berichterstatter fafste damals seine Ansicht folgendermafsen zusammen:

Aus allen diesen Angaben geht hervor, dafs der Wetherill-Scheider die gröfste Beachtung sowohl der Eisen-Industriellen als auch der Zinkhüttenleute verdient. —

Mittlerweile hatte die Actiengesellschaft für Zinkindustrie vormals Wilhelm Grillo auf ihrem Zinkwerke zu Hamborn (Rheinland) eine Versuchsanlage errichtet, welche von dem zur Zeit dort anwesenden Vertreter der Wetherill Concentrating Company, Hrn. Ingenieur Wilkens aus South Bethlehem (Pennsylvanien), eingerichtet und in Betrieb gesetzt worden war. Auf Grund einer Besichtigung dieser Anlage schreibt Dr. Borchers in der von ihm herausgegebenen „Zeitschrift für Elektrochemie"*:

„Wenn wir nach den Arbeiten von Faraday, Plücker, sowie ganz besonders Wiedemann, alle bekannten Stoffe in paramagnetische und diamagnetische eintheilen und unter ersteren diejenigen Stoffe verstehen, welche von Magneten angezogen, unter letzteren solche, welche von beiden Polen eines Magneten abgestofsen werden, so zerfällt doch die erste Gruppe wieder in zwei Klassen, von denen eine äufserst leicht magnetisirbar, die andere für magnetische Einflüsse nur in sehr geringem Mafse empfänglich ist. Aufser den Metallen Eisen, Nickel und Kobalt gehören zu der ersteren dieser Klassen noch die bekannten Mineralien Magnetit (Magneteisenerz, Fe_3O_4) und Pyrrhotin (Magnetkies, $Fe_{11}S_{12}$). Zu der zweiten Klasse sind dann alle übrigen paramagnetischen Metalle und viele ihrer Verbindungen, auch eine grofse Zahl der nicht genannten Verbindungen von Eisen, Kobalt und Nickel zu rechnen.

Die paramagnetischen Metalle sind: Eisen, Nickel, Kobalt, Mangan, Chrom, Cer, Titan, Palladium, Platin, Osmium.

Die diamagnetischen Metalle sind: Wismuth, Antimon, Zink, Zinn, Cadmium, Natrium, Quecksilber, Blei, Silber, Kupfer, Gold, Arsen, Uran, Rhodium, Iridium, Wolfram.

Die Aufbereitungstechnik hat natürlich in erster Linie die paramagnetischen Stoffe ins Auge zu fassen. Unter diesen hatte man sich bisher ausschliefslich mit der oben zuerst aufgeführten Klasse von Stoffen beschäftigt, welche, um mit Faraday zu sprechen, eine hervorragende Leitfähigkeit für den magnetisirenden Inductionsstrom bezw. für die inducirenden Kraftlinien besitzen. Wie grofs der Abstand der genannten wenigen Metalle und Erze der ersten Klasse von der grofsen Zahl der Vertreter der zweiten Klasse gerade in Bezug auf diese Eigenschaft ist, wird ein einfaches Zahlenbeispiel zeigen. Drücken wir das Leitvermögen des Stahls für die magnetischen Inductionslinien durch die Zahl 100 000 aus, so kommt dem Magnetit die Zahl 65 000, dem Siderit (Spatheisenstein, $FeCO_3$) nur 120, dem Hämatit (Rotheisenerz, Eisenglanz, Fe_2O_3) 93 bis 43 und dem Limonit (Brauneisenstein, Ferrihydrate mit wechselndem Hydratwassergehalt) 73 bis 43 zu.

Wer die Literatur über elektromagnetische Scheider verfolgt hat, wird wissen, dafs alle die vor Wetherill construirten Apparate nur solche Producte zu gute zu machen imstande waren, welche Bestandtheile hoher Leitfähigkeit oder, um in der Sprache der neueren Elektrotechnik zu sprechen, hoher Permeabilität für die inducirenden Kraftlinien enthielten. Vom Standpunkte der Aufbereitungspraxis galten thatsächlich aufser Eisen, Nickel, Kobalt, Magnetit und Pyrrhotin alle Metalle, Erze und sonstigen Metallverbindungen für unmagnetisirbar. Der klarste Beweis für die allgemeine Anerkennung dieser irrthümlichen Auffassung der wahren Verhältnisse liegt darin, dafs bei allen bisher zur Ausführung gekommenen und dauernd in Betrieb genommenen Anlagen — und es handelte sich hier stets nur um die Verarbeitung von Eisen führendem Materiale — für die elektro-

* 1896/97, Nr. 17, Seite 377 bis 382.

magnetisch zu scheidenden Erze, welche das Eisen nicht in Form von Fe_3O_4 enthielten, Röstprocesse vorgesehen waren, um die vorhandenen Eisenverbindungen in Fe_3O_4 oder, wie einige Patentbeschreibungen behaupten, in Metall überzuführen. Zahlreiche Anlagen dieser Art sind in Deutschland, Oesterreich, Frankreich, Spanien, Sardinien und Nordamerika in Betrieb.

Wetherill hat als der Erste den praktischen Beweis erbracht, dafs nicht nur die Verarbeitung aller vom praktischen Standpunkte aus bisher für unmagnetisirbar gehaltenen Eisenerze ohne jede Röstung möglich ist; er hat auch die directe Scheidung von Producten durchgeführt, an deren elektromagnetische Aufbereitung man selbst unter Berücksichtigung einer vielleicht möglichen vorgängigen Röstung nie gedacht hat.

Das Princip des Verfahrens besteht in der Verwendung eines hoch concentrirten magnetischen Feldes, durch welches die schwach permeablen Stoffe eine geringe Ablenkung aus der ihnen durch

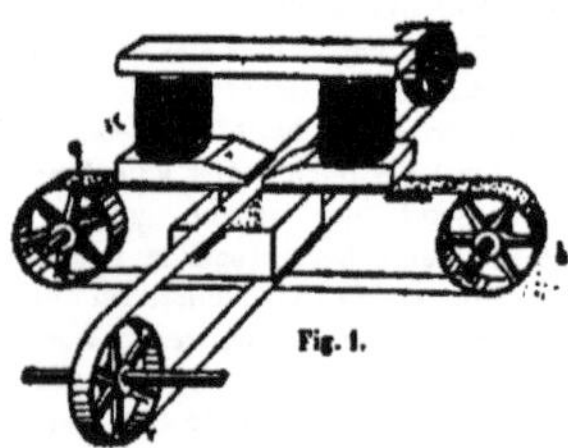

Fig. 1.

die Transportvorrichtungen der Maschine ertheilten Bewegungsrichtung erfahren, um somit direct oder indirect in ein für sie bestimmtes Sammelgefäfs übergeführt zu werden. Dieser Zweck wird nun durch verschiedene äufserst einfache Apparate erreicht.*

Wir wollen nun die Einrichtung der bisher von Wetherill gebauten Scheidertypen zunächst an einigen rein schematischen Skizzen erörtern.

Form I. Die Fig. 1 zeigt uns zwei auf je zwei Riemenscheiben laufende, sich kreuzende Transportbänder, von denen das obere unmittelbar unter den Enden der nach dem magnetischen Felde zu keilförmig sich verjüngenden Pole eines Elektromagneten fortschleift. Das zweite Transportband, welches bei *a* mit dem zu scheidenden Gemische beschickt wird, zieht unterhalb des magnetischen Feldes dicht unter dem ersten Bande her. Magnetisirbares Material wird nun während des Vorbeiziehens unter dem starken Magnetfelde gegen die Unterseite des obersten Riemenstranges angezogen, fällt aber, sobald der Riemen das Magnetfeld wieder verläfst, gleich wieder in einen bereit gehaltenen Sammelkasten ab, während das durch die Elektromagnete nicht beeinflufste Material bei *b* ausgetragen wird.

Form II. Die schraffirten Flächen in Fig. 2 zeigen die keilförmig zugespitzten Magnetpole im Schnitt. Um dieselben werden in der Richtung der Pfeile Riemen aus Segeltuch oder anderem nicht leitendem Materiale gezogen. Kommt nun das zu scheidende Erz, von einem Transportbande *a* geführt, in das magnetische Feld, so wird das

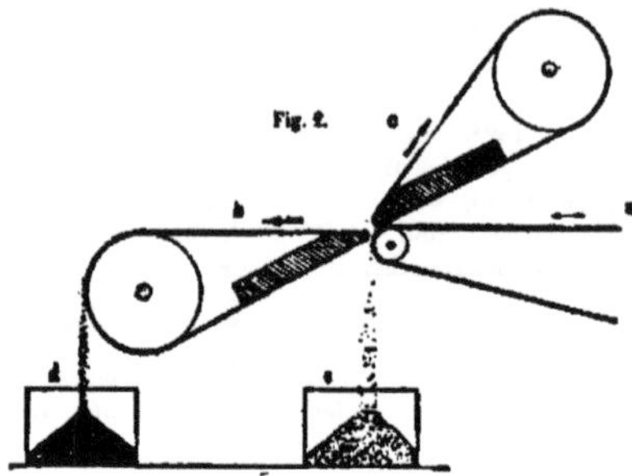

Fig. 2.

Magnetisirbare genug gehoben, um nun dem Transportbande *b* zu folgen und endlich in den Kasten *d* abgeliefert zu werden. Die Stärke der Magnetisirung genügt aber nicht zur Ueberwindung des steilen Hubes des Riemens *c*; es wird also bei *d* Paramagnetisches abgeliefert, während das weniger Parmeable und das Diamagnetische in den Kasten *e* fällt.

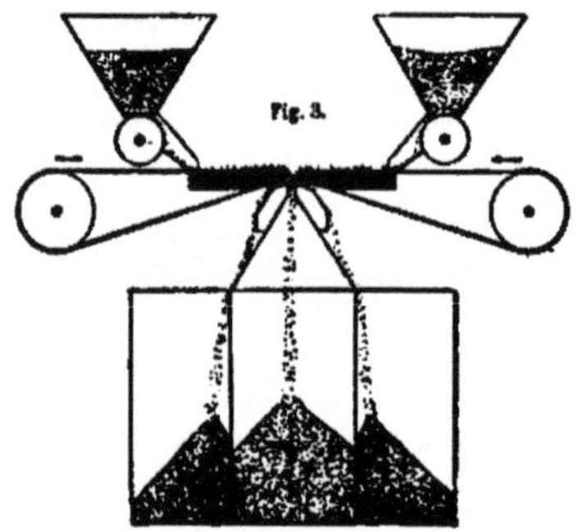

Fig. 3.

Form III. Bei der in Fig. 3 dargestellten Construction führen beide Transportbänder das zu scheidende Material dem magnetischen Felde zu. Innerhalb des letzteren fällt der nicht magnetisirte Theil der Beschickung senkrecht nach unten in einen mitten unter dem Magnetfelde aufgestellten Kasten. Das Paramagnetische wird durch die beiden Transportbänder ein wenig nach beiden Seiten gezogen; es wird sich also in den beiden seitlich aufgestellten Kästen sammeln.

Maschinen nach der Form II sind vorwiegend für feinere Körnungen geeignet und haben sich besonders für Rotheisenstein führende Sande im Birmingham-Districte des Staates Alabama, Nordamerika, bewährt. —

Nach der Beschreibung einiger betriebsfähiger Erzscheider geht Dr. Borchers auf den Kraftverbrauch und die Verwendbarkeit der Wetherill-Scheider ein.

„Trotz der hohen Concentration des magnetischen Feldes, wie sie für diese wenig permeablen Stoffe erforderlich ist, genügt für den Betrieb derselben eine verhältnifsmäfsig geringe Stromstärke.

Für die Scheidung der Zink und Eisen führenden Erze der Franklin- und Sterling-Gebiete in New Jersey, Nordamerika, in welchem die paramagnetischen Stoffe aus Franklinit, Zn (Mn) OFe_2O_3, Tephroit, Mn_2SiO_4, Rhodonit, $MnSiO_3$, Granat, $R_3''R_2'''(SiO_4)_3$, (R'' = Ca, Mg, Fe, Mn; R''' = Al, Fe, Cr) und anderen seltenen Verbindungen bestehen und als erste Concentrate erhalten werden, braucht man Stromstärken von 3 bis 8 Ampère.

Sandiger Rotheisenstein des Clinton-Gebietes verlangte 4 bis 8 Ampère.

Limonite (Brauneisenstein) und Pyrolusit (MnO_2) erforderten 10 bis 15 Ampère.

Es ist natürlich nicht möglich, für alle Mineralien einen bestimmten Stromverbrauch festzustellen, da selbst eine und dieselbe Art von verschiedenen Fundorten verschiedene Permeabilitäten aufweisen wird. Auch wird der Arbeitsaufwand oft sehr wesentlich durch die neben dem in erster Linie auszuscheidenden Bestandtheile noch vorhandenen ebenfalls paramagnetischen Stoffe gröfserer oder geringerer Permeabilität beeinflufst werden. Aber darin, dafs man oft durch eine geringe Veränderung der Intensität des magnetischen Feldes eine ganze Reihe paramagnetischer Stoffe verschiedener Permeabilität glatt von einander scheiden kann, liegt auch wieder ein sehr grofser Vorzug des Wetherill-Systems. So bietet die Scheidung der nutzbaren Silicate der Willemit-, Olivin- und verwandter Gruppen sehr grofses Interesse. Der in neuerer Zeit so gesuchte Monazitsand z. B. wurde durch zweimaliges Passiren über eine kleine Modellmaschine der Form I in reinen Monazit (Phosphate der seltenen Erdmetalle), Granat, dessen Zusammensetzung oben angegeben wurde, und Rutil, TiO_2, geschieden.

Abgesehen von der Möglichkeit der Scheidung verschiedener Mineralien, hat man es auch in der Hand, aus einem einfacheren Erze Concentrate verschiedenen Gehaltes und verschiedener Menge auszubringen, da ja die magnetisirbaren Körner selbst in solchen Fällen nicht die gleiche magnetische Permeabilität besitzen.

An elektromotorischer Kraft verbrauchen die bis jetzt auf Leistungen von 0,75 bis 3 t gebauten Maschinen je nach der Natur des zu scheidenden Materiales von 6 bis 30 Volt. Da die Maschinen aufserdem an mechanischer Kraft etwa 0,25 HP verbrauchen, so beläuft sich der Gesammtkraftbedarf eines Scheiders auf 0,25 bis 0,75 HP.

Um nun noch einen kurzen Ueberblick über die Erze zu geben, mit welchen bisher erfolgreiche Scheidungsversuche gemacht worden sind, so sei zunächst auf die gewifs nicht allgemein bekannte Thatsache hingewiesen, dafs die Mangansalze eine beträchtlich gröfsere Permeabilität besitzen, als die entsprechenden Eisensalze, gleichgültig, ob diese Salze natürlichen Vorkommens oder künstlich dargestellt waren; so erforderte z. B. Mangansulphat, $MnSO_4$, 1 Ampère in derselben Maschine, in welcher zum Anziehen von Ferrosulphat, $FeSO_4$, 8 Ampère nöthig waren. Auch die natürlich vorkommenden Silicate des Mangans besitzen Eisen führenden Silicaten gegenüber eine bemerkenswerth hohe Permeabilität.

Die Möglichkeit der Ausscheidung von Eisensalzen aus Salzkrystallgemischen oder anderen Fabricaten und Zwischenproducten verdient ganz besonders von der chemischen Industrie beachtet zu werden; sie wird gewifs oft eine wesentliche Arbeitserleichterung gewähren.

Als paramagnetisch bei wechselnder Permeabilität haben sich nach zahlreichen Versuchen mit technisch wichtigeren Erzen erwiesen:

Rother und brauner Hämatit (Fe_2O_3), Siderit ($FeCO_3$), Chromit ($FeCr_2O_4$), Menaccanit (Titaneisensand mit Fe_2O_3 und wechselnden Mengen Ti_2O_3), Rutil (TiO_2), Franklinit (Zn(Mn)OFe_2O_3), Pyrolusit (MnO_2), Psilomelan (Manganhydrate wechselnder Zusammensetzung), Tephroit(Mn_2SiO_4), Rhodonit ($MnSiO_3$), Granat [Silicat der allgemeinen Formel $R_3''R_2'''(SiO_4)_3$, worin R'' aus wechselnden Mengen Ca, Mg, Fe'', Mn und R''' aus Al, Fe''' und Cr zusammengesetzt sein kann].

Allem Anschein nach giebt es also kaum ein Erz oder anderes Mineral, welches sich bei Gegenwart von Eisen-, Mangan- und Chromverbindungen oder der Verbindungen der übrigen oben als paramagnetisch bezeichneten Stoffe nicht direct aufbereiten liefse.

Die ausgedehnteste Anwendung wird das Verfahren wohl in der Aufbereitung armer Rotheisensteine, Spathe des Eisens und des Mangans, anderer Manganerze und der genannten Zink führenden Erze finden, obwohl heute kaum abzusehen ist, welchem speciellen Zweige der metallurgischen oder sonstigen chemischen Technik das neue Verfahren den gröfsten Nutzen bringen wird.

Für Deutschland wird diese Scheidungsart ganz besonders für die Aufbereitung der Blende und Bleiglanz führenden Eisenspathe von Wichtigkeit sein, da diese Erze nun keiner vorbereitenden Röstung mehr bedürfen. Eine Anlage für diesen Zweck ist auch bereits in Siegen auf der Grube Lohmannsfeld in Bau begriffen.

eins der wenig permeablen Erze eine der Maschinen passirt hatte und glatt geschieden war, Magnetit aufgeben. Sofort setzte sich zwischen die Pole eine so feste Schicht des Erzes, dafs die Maschine zum Stillstand kam. Der ganze Transportriemen bedeckte sich mit Säulen von Magnetit, welche sich in der Richtung der magnetischen Kraftlinien aufbauten."

Ein besonders schlagender Beweis für das Abweichende der Wetherillschen Arbeitsweise von den übrigen elektromagnetischen Aufbereitungsprocessen wurde durch Hrn. Wilkens bei Gelegenheit der Vorführung der Maschinen in Hamborn durch folgenden Versuch geliefert: Er liefs unter denselben Bedingungen, unter welchen vorher

Neue amerikanische Walzwerke.

(Fortsetzung von Seite 186.)

Das Blechwalzwerk der Bethlehem Iron Company South-Bethlehem.*

Die Werke der Bethlehem Iron Co. in South-Bethlehem gehörten seit vielen Jahren zu den gröfsten Eisenwerken der Vereinigten Staaten. In der letzten Zeit wurde die Anlage noch vergröfsert, indem ein neues Blechwalzwerk erbaut wurde, das in der unmittelbaren Verlängerung des Martin-Stahlwerks liegt. Letzteres enthält vier grofse Martinöfen, ferner zwei Whitworthsche Pressen und eine Anlage zum Verdichten des flüssigen Stahles. Das ursprüngliche Gebäude war 228,7 m lang. Um Raum für den neuen Anbau zu schaffen, mufste ein Bergabhang abgetragen und zu diesem Zwecke etwa 60- bis 70000 t Kalkstein abgegraben werden. In dem Neubau, welcher eine Länge von 350 $^1/_2$ m besitzt, sind, wie Abbildung 10 zeigt, vier neue Martinöfen von je 40 t Fassungsraum, ferner ein Vorwalzwerk, ein Blech- und ein Universalwalzwerk untergebracht.

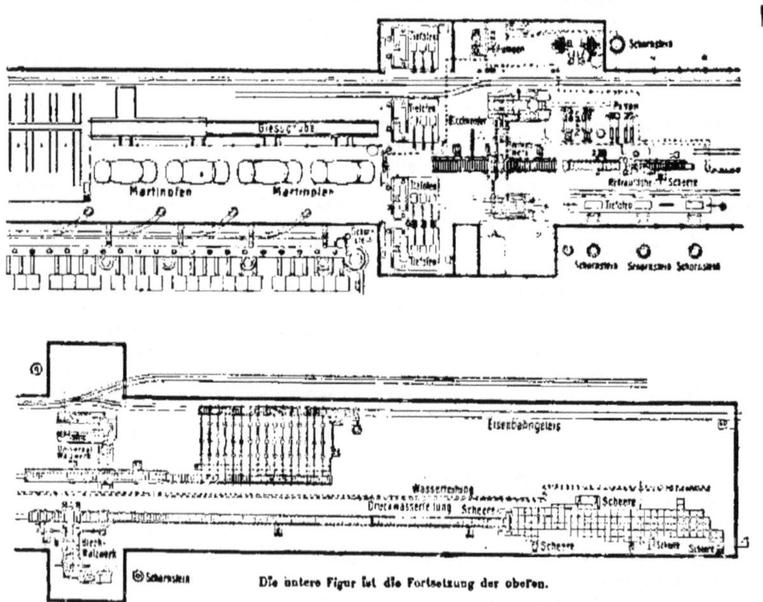

Die untere Figur ist die Fortsetzung der oberen.

Abbild. 10. Das Blechwalzwerk der Bethlehem Iron Company.

Die neue Martinofenanlage umfafst, wie erwähnt, vier 40-t Oefen, von denen einer vielleicht

* Nach „Iron Age" vom 21. Januar 1897.

basisch zugestellt werden wird. Sie sind ebenso gebaut, wie die seit einer Reihe von Jahren in der Panzerplatten- und Geschützabtheilung verwendeten vier Oefen. Das Gas wird von 29 Siemens-Generatoren geliefert. Jeder Ofen ist mit einem Aufzug von 18 t Tragfähigkeit versehen, der seinerseits mit dem Eisenbahngeleise in Verbindung steht, so dafs das Beschickungsmaterial unmittelbar hinter die Oefen geschafft werden kann. Aufserdem sind Vorkehrungen getroffen, um das geschmolzene Metall von der Bessemerei auf die Beschickungsplattform der Martinöfen bringen zu können. Die Giefsgrube wird von einem elektrischen Laufkrahn von 75 t Tragfähigkeit bedient; ein zweiter 100-t Krahn ist für die neue Martinanlage vorgesehen. Von dem Martinwerk gelangen die Blöcke zu vier Tieföfen, von denen jeder sechs Blöcke aufnehmen kann.

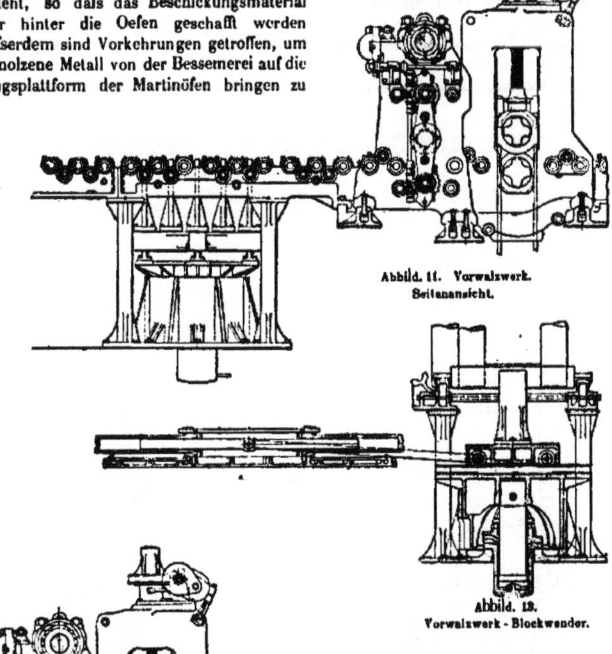

Abbild. 11. Vorwalzwerk. Seitenansicht.

Abbild. 13. Vorwalzwerk - Blockwender.

Schnitt. Ansicht.

Vorwalzwerk. Abbild. 12.

Das Vorwalzwerk wird von zwei von Mackintosh, Hemphill & Co. in Pittsburg gebauten Maschinen angetrieben, von denen die eine 1168 mm Cylinderdurchmesser bei 1525 mm Hub hat und zum Antreiben der horizontalen Walzen dient, während die andere, auf der anderen Seite der Walzenstrafse gelegene Maschine von 711 × 1218 mm die verticalen Walzen antreibt. Beide Maschinen sind mit hydraulischen Reversirvorrichtungen versehen und sind imstande, mit einem Dampfdruck von 7 Atmosphären 6000 bezw. 2240 HP zu leisten. Die Aikenschon Hebetische werden von zwei Zwillings-Reversirmaschinen von 305 × 305 mm angetrieben. Abbildung 11, 12 und 13 zeigen die Einrichtung des Vorwalzwerks, welches nebenbei bemerkt bald auf 2743 mm erweitert werden soll. Die verticalen Walzen haben 508 mm, die horizontalen dagegen 813 mm Durchmesser. Die Schraubenstellung erfolgt mittels elektrischer Motoren. Der Blockwender wird, wie aus der Abbildung 13 hervorgeht, von zwei hydraulischen Cylindern bewegt. Von dem Vorwalzwerk gelangen die Brammen auf den Tisch einer hydraulischen Scheere von Mackintosh, Hemphill & Co. in Pittsburg, die imstande ist,

Brammen von 508 X 1218 mm zu durchschneiden. Die Tische werden von zwei Zwillings-Reversirmaschinen von 203 X 305 bezw. 203 X 203 mm angetrieben. In unmittelbarer Nähe der hydraulischen Scheere befinden sich 3 Tieföfen; zwischen diesen und der Scheere führt ein Geleise, auf welchem die Brammen auf eisernen Wagen, die mittels eines Drahtseils und einer Dampfwinde bewegt werden, zu dem **Blechwalzwerk** geschafft werden. Der Antrieb des letzteren erfolgt durch eine Mackintosh-Hemphill-Maschine von 1168 X 1524 mm. Der Durchmesser der Unter- und 16 gezeichnet ist. Die Stahlrollen des Tisches werden von einer Zwillings-Reversirmaschine von 305X305 mm angetrieben, deren Lage aus dem allgemeinen Plan ersichtlich ist. Die fertiggewalzten

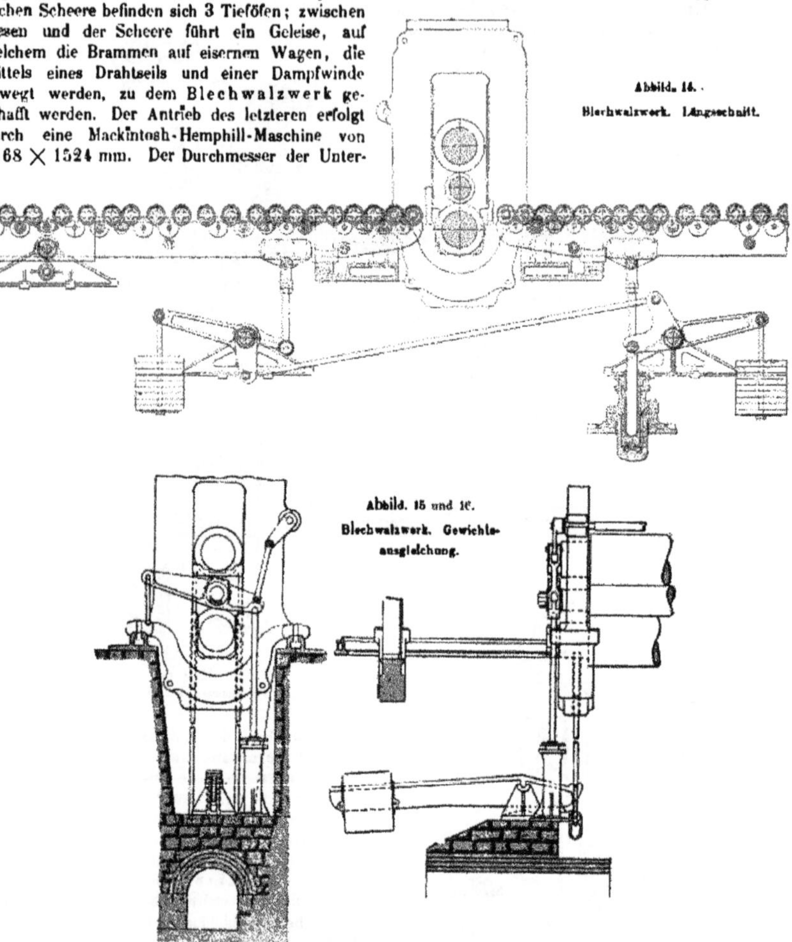

Abbild. 14. Blechwalzwerk. Längsschnitt.

Abbild. 15 und 16. Blechwalzwerk. Gewichtsausgleichung.

und Oberwalze dieses Triogerüstes beträgt 864 mm, jener der Mittelwalze 508 mm. Die Länge der Walzen ist 3251 mm. Die allgemeine Anordnung ist in Abbild. 14 veranschaulicht. Die Entfernung von der Mitte der Walzen bis zur Mitte der Zapfen beträgt 7 mm; die Anordnung der hydraulischen Cylinder sowie die der Hebevorrichtung für die Walzentische geht aus Abbild. 15 hervor, während die Gewichtsausgleichung der Mittelwalzen in Abbild. 15

Bleche werden mittels eines 90,2 m langen Rollentisches zu den Scheeren geschafft. Die Rollen dieses Tisches werden von zwei Zwillings-Reversirmaschinen von 152X254 mm bewegt. Die Lage dieser sowie zwei anderer ganz gleicher Scheeren von 3353 mm Länge sowie zwei kleinerer Scheeren ist aus dem Plan ersichtlich.

Das **Universalwalzwerk**. Die allgemeine Anordnung dieses Walzwerks geht aus dem Lageplan hervor. Es wird von einer 5000pferdigen Mackintosh-Hemphill-Zwillings-Reversirmaschine von 1066 × 1524 mm angetrieben. Die horizontalen Walzen haben 660 mm Durchmesser und 1829 mm Länge; die Oberwalze läfst sich um 457 mm heben; Gewichtsausgleichung und Zustellung erfolgen mittels Elektromotoren. Abbild. 17 zeigt die Art der Gewichtsausgleichung der Oberwalze. Die zwei verticalen Walzenpaare haben je 413 mm Durchmesser; Abbild. 17, 18, 19 und 20 veranschaulichen die Einzelheiten derselben. Auf diesem Walzwerke können Bleche von 254 bis 1066 mm Breite und 12,7 mm Dicke auf Längen von 18,3 bis 21,3 m gewalzt werden. Bei leichteren Blechen kann die Länge bis zu 30 m betragen. Die Einrichtungen für den Transport der Bleche zu den Scheeren sind ohne weiteres aus dem Lageplan verständlich. Von anderen maschinellen Einrichtungen sind insbesondere die elektrischen Krahnanlagen zu erwähnen. Die Giefsgruben des Martinstahlwerks werden, wie schon erwähnt, von einem 75-t-Laufkrahn bedient, während ein 100-t-Krahn hinzukommen soll; dieselben heben und bewegen die schweren Blöcke und Gufsformen, laden erstere auf Eisenbahnwagen, welche über Brückenwaagen zu den Tieföfen in das Walzwerk gefahren werden. Die Oefen selbst werden von zwei elektrischen Laufkrähnen von 15 t Tragfähigkeit bedient, von denen jeder sämmtliche 4 Oefen und den Walzentisch des Vorwalzwerks beherrscht. Alle Theile des Walzwerks sowie der Antriebsmaschine des Vorwalz-

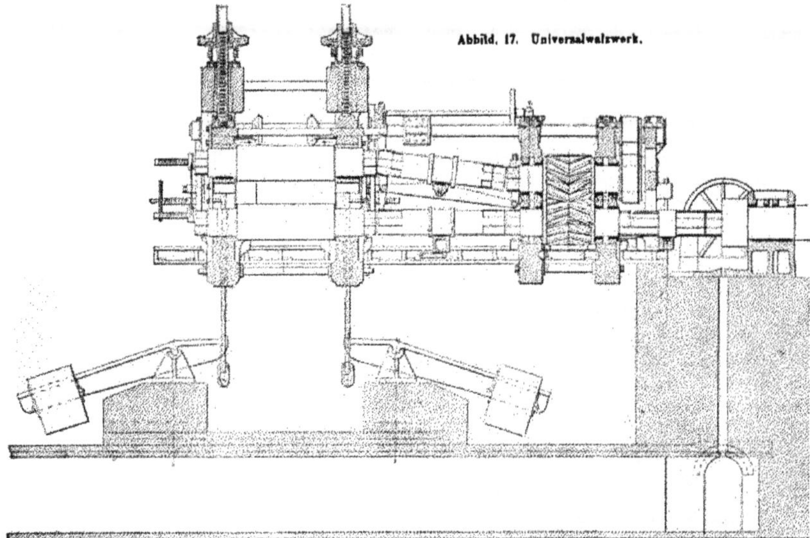
Abbild. 17. Universalwalzwerk.

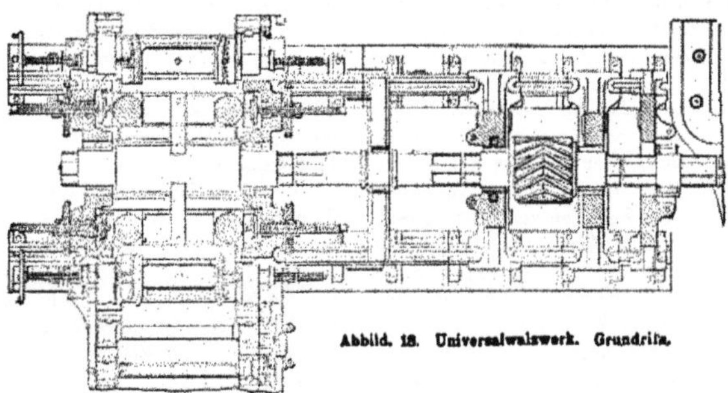
Abbild. 18. Universalwalzwerk. Grundrifs.

werks können mittels eines elektrischen 25-t-Krahnes, welcher den ganzen Flügel beherrscht, ausgewechselt werden. In diesem Flügel ist auch Raum für die Reservewalzen, Spindeln und Muffen u. dergl. vorhanden. Zwei elektrische Laufkrähne, einer von 5 und einer von 10 t Leistungsfähigkeit, überspannen die ganze Breite des Gebäudes, bringen die Blöcke von den Tieföfen zu dem Blech- und Universalwalzwerk und bedienen auch das Vorwalzwerk. Die Blech- und Universalwalzen werden ähnlich wie das Vorwalzwerk von einem elektrischen 20-t-Krahn bedient, der sowohl die Maschinen dieser beiden Strecken, als auch die im östlichen Theile gelegene Walzdrehbank versorgt. Aufserdem laufen zwei elektrische Krähne von 10 bezw. 5 t Leistungsfähigkeit über die ganze Länge des

Ansicht und Schnitt.

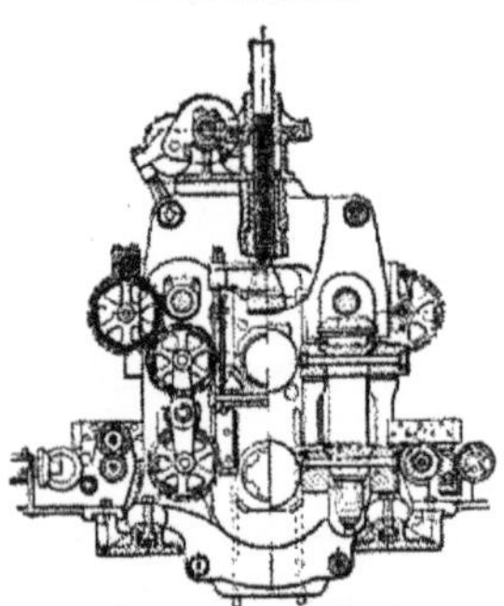

Abbild. 19. Universalwalzwerk.

Blechwalzwerks, welche zum Transport der Bleche von dem Universalwalzwerk zu den Scheeren und dem Warmbett dienen. Ein breites Eisenbahngeleise läuft, wie im Grundrifs ersichtlich ist, längs des Gebäudes hin, und ermöglicht es, die Bleche von jedem beliebigen Punkte aus auf Eisenbahnwagen verladen zu können. Anfser den erwähnten Krahnanlagen befindet sich noch ein elektrischer 8-t-Verladekrahn an der Aufsenseite des Walzwerks.

Den Dampf zum Antrieb der Walzenzugmaschinen liefern sechs Batterien von Leavittkesseln von 3000 HP; die zum Theil unterirdisch verlegte Dampfleitung hat 610 m Länge, und der Durchmesser schwankt zwischen 610 bis 203 mm. Der Dampfdruck beträgt $7^3/_4$ Atm.

Zwei Druckwasserleitungen, von denen die eine Wasser von 2,46 kg/qcm Druck, und die andere solches von 33,4 kg/qcm liefert, ziehen sich längs des ganzen Walzwerks hin. Das abfliefsende Wasser wird in einem unterirdischen Behälter gesammelt, aus welchem dasselbe wieder für die Hochdruckanlage entnommen wird.

Die Pumpenanlage besteht aus zwei Willson-Snyder-Verbunddruckpumpen von 559 × 924 × 254 × 914 mm. Diese Pumpen stehen mit einem Accumulator und einer 203 mm weiten

Querschnitt.

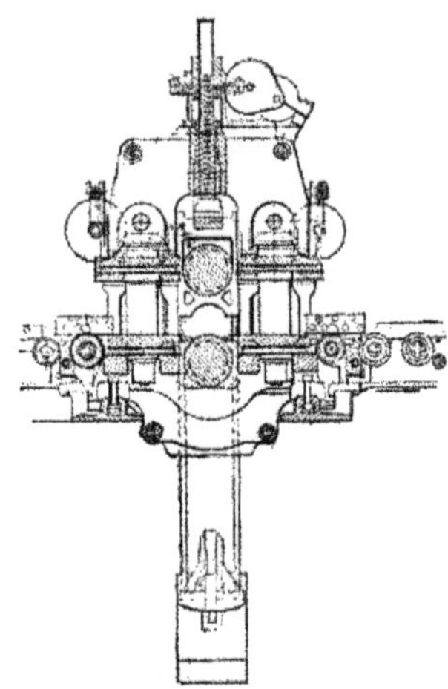

Abbild. 20. Universalwalzwerk

Druckleitung in Verbindung, welche sich von den Martinöfen bis zu dem entgegengesetzten Ende des Walzwerks erstreckt und das Wasser mit einem Druck von 33,4 kg/qcm führt. Eine Pumpe allein ist imstande, den ganzen Wasserverbrauch zu liefern. Zwei Willson-Snyder-Pumpen von 1066 × 127 × 914 mm liefern das Druckwasser für die Blockscheere mit einer Pressung von 422 kg/qcm.

Die Kesselspeisung besorgen zwei einfache Cameronpumpen von 406 × 228 × 406 mm; das Speisewasser wird auf 88 bis 94° C. vorgewärmt.

Die gesammte maschinelle Einrichtung wurde von der Firma Mackintosh-Hemphill & Co. geliefert. Die Leistungsfähigkeit soll nach der Fertigstellung der ganzen Anlage 90600 t Bleche im Jahre betragen. (Schlufs folgt.)

Zur Elektrometallurgie des Aluminiums.

Im Anschlufs an die früher in dieser Zeitschrift erschienenen Mittheilungen über die Darstellung des Aluminiums* geben wir nachstehend einen Auszug aus einem längeren Vortrag** von Joseph W. Richards, dem bekannten Verfasser des vortrefflichen Werkes „Aluminium", wobei wir uns auf die Wiedergabe des rein praktischen Theils beschränken, während wir bezüglich der höchst beachtenswerthen theoretischen Auseinandersetzungen auf die Quelle und auf eine frühere Abhandlung desselben Verfassers verweisen.***

Ihrer Beschaffenheit nach können die elektrometallurgischen Verfahren in drei Klassen eingetheilt werden, nämlich:

I. Elektrolyse wässeriger Lösungen;
II. Elektrolyse geschmolzener Elektrolyte;
III. Elektrische Schmelzung oder elektrothermische Arbeiten.

Das hauptsächlich für die Aluminiumdarstellung in Betracht kommende Verfahren ist das zweite, bei welchem der Apparat so eingerichtet ist, dafs die elektrische Energie nach Möglichkeit in Wärme verwandelt und letztere zur Erzeugung chemischer Reactionen oder Reductionen verwendet wird. Letzterem Zweck dient auch der für die Zuleitung des Stroms angewendete Kohlenstoff.

Die in elektrischen Schmelzöfen erreichten Temperaturen sind meistens sehr hoch und reichen nahe an 4000° C., und unter solchen Bedingungen werden diejenigen Reactionen erzielt, welche in irgend einer anderen Ofenform unmöglich sind.

Für die Elektrometallurgie des Aluminiums werden von natürlichen Mineralien: Bauxit und Kryolith verwendet; letzterer für sich bei heller Rothgluth schmelzbar, ersterer in geschmolzenen Fluoridsalzen, besonders in den Doppelfluoriden des Aluminiums und der Alkalimetalle löslich, und beide im Schmelzbad als guter Elektrolyt dienend.

Als Mineral für die Darstellung von Thonerde, zumal von Aluminiumfluorid, ist der Kaolin zu bezeichnen. Die technisch hergestellten chemischen Verbindungen des Aluminiums werden meist als Vermittlungsstoffe verwendet, und sind solche: Aluminiumchlorid oder besser Aluminium-Alkalichlorid, ferner Aluminiumfluorid, an sich unschmelzbar, aber in vielen geschmolzenen Salzen löslich und dann ein guter Elektrolyt; vortheilhafter wirkt Aluminiumfluorid mit Alkali- und Erdalkalifluoriden, welche leicht schmelzbare Salze und gute Elektricitätsleiter bilden; sie lösen die Thonerde glatt auf und gestatten deren Elektrolysirung, ohne selbst zersetzt zu werden.

Ebenso liefert das Aluminiumsulphid, welches für sich schwer schmelzbar und für irgend einen elektrischen Procefs kaum brauchbar ist, in der Verbindung mit Alkalisulphiden leicht schmelzbare und im geschmolzenen Zustande die Elektricität gut leitende Salze; durch den Strom werden sie in Aluminium und Schwefel zerlegt.

Betrachten wir im Anschlufs an die oben gegebene Eintheilung die elektrischen Verfahren, so steht aus der Elektrolyse wässeriger Lösungen nur die Raffination von Rohmetall als das für die Praxis bedeutsame Verfahren da.

Die Praxis hat von diesem Verfahren bisher nur in der Form Anwendung gemacht, dafs man für die Aluminiumplattirung von eisernen Thurmkuppeln* ein Bad von Aluminiumsalz unter Zusatz von Zinnsalz elektrolysirt hat, aus welchem ein Gemisch, vielleicht auch eine Legirung von Aluminium und Zinn resultirt; diese ist viel leichter niederzuschlagen, weil das Zinn die Aluminiumtheilchen in der Ausfällung vor Oxydation schützt.

In der Elektrolyse geschmolzener Verbindungen hat 1. die Reinigung von Rohmetall noch keinen praktischen Angriff erfahren, wiewohl darauf hinzuweisen ist, dafs unter Verwendung des zu reinigenden Rohmetalls als Anode und der gut leitenden Doppelchloride oder -Fluoride des Aluminiums und der Alkalien als Elektrolyte sich ein Erfolg erzielen läfst, insofern bei dem jetzigen Extractionsverfahren unreines Aluminium direct aus Erzen um fast 0,42 ℳ billiger aufs Pfund als reines Metall hergestellt werden kann.

2. Die directe Elektrolyse geschmolzener Aluminiumverbindungen, für welche als einzig schmelzbares Erz sich der Kryolith darbietet, scheitert daran, dafs das Bad mit der fortschreitenden Abscheidung von Aluminiummetall an Aluminiumfluorid allmählich verarmt, schliefslich auch Natrium frei wird und das Bad thatsächlich die Arbeit einstellt; dabei ist die Entwicklung von gasförmigem Fluorkohlenstoff an der Anode äufserst unangenehm.

3. Die Elektrolyse des in eine passende schmelzbare Verbindung verwandelten Erzes bringt uns auf das ursprüngliche Verfahren von Deville und Bunsen, nach welchem dieselben im Jahre 1854 Aluminium in gröfserer Menge darstellten. Unabhängig voneinander behandelten sie das Aluminium-Natrium-Doppelchlorid, welches bei etwa 185° C. schmilzt, in einem Porzellantiegel mittels des Stroms einer Primärbatterie mit der Kathode aus

* „Stahl und Eisen" 1889 S. 16, 106; 1890 S. 217, 517, 695; 1892 S. 510.

** „Journal of the Franklin Institute", 1896, Nr. 5, S. 357 bis 381.

*** Ebenda 1895, Nr. 4, S. 295.

* „Stahl und Eisen" 1892, Nr. 7, Seite 347.

Platinblech und der Anode aus Kohle; es genügten zwei hintereinander aufgestellte Bunsenelemente von 3,6 Volts Spannung zur Zerlegung des Bades und wurde in das zerlegte Bad frisches Salz nachgetragen, bis die Anreicherung desselben an Natriumchlorid den Procefs aufhören macht. Hätte Deville Dynamos zu seiner Verfügung gehabt, so würde selbst dieses unvollkommene Verfahren zu einem billigeren als seinem Natriumverfahren geführt haben.

Die folgende Abtheilung, das Erz zu einem geschmolzenen, als Lösungsmittel wirkenden Salz aufzulösen, enthält die einzigen Verfahren, nach welchen käufliches Aluminium zur Zeit hergestellt wird. Auf dieser Grundlage gingen, unabhängig voneinander, 1886 Héroult in Europa und Hall in Amerika vor, nur dafs der letztere seine Idee schneller in gewerbliche Form und danach verfertigtes Aluminium zuerst auf den Markt brachte; dies war im Jahre 1888.

Das lösende Bad besteht aus dem Doppelfluorid von Aluminium und Natrium, d. h. einfach aus Kryolith, besser jedoch mit einem Zusatz von Aluminiumfluorid und Flufsspath; in dasselbe wird reine, in besonderem chemischem Verfahren dargestellte Thonerde eingeführt, welche von dem Bade bis zu $^1/_5$ ihres Gewichts aufgelöst wird. Zur Durchleitung des Stroms dienen als Anoden in das Bad von oben laufende Kohlenstäbe, während die Kathode von dem Kohlenfutter des Gefäfses gebildet wird, auf dessen Boden sich das geschmolzene Aluminium ansammelt. Mit der nahezu gänzlichen Abscheidung der aufgelösten Thonerde wächst der Widerstand des Bades und treten Fluordämpfe infolge der Zersetzung des Lösungsmittels auf; auf Zusatz frischer Thonerde nimmt die Verarbeitung ihren Fortgang.

Auf den Werken der Pittsburgh Reduction Company, wo das Hall-Verfahren betrieben wird, stehen im Schmelzraum 5 grofse rechteckige Schmelzkessel aus Kesselblech mit einem starken Futter aus hartgebackener Kohle versehen, welches als Kathode dient. Eine schwere Kupferstange führt über den Kasten den positiven Strom zu, an welcher mittels Schraubenklammern aus Gufseisen verbunden 10 Kupferstäbe herabhängen, an deren unterem Ende schwere Kohlencylinder als unmittelbare positive Elektroden in das Schmelzmaterial eintauchen. Das Ganze steht auf Ziegeln, um durch die umspülende Luft den Boden vor Ueberhitzung zu schützen. An der Wand angebrachte Kästen enthalten empfindliche Voltameter, welche das Anwachsen des im Kessel absorbirten Potentials anzeigen, und damit dem Arbeiter zum Nachsetzen neuer Thonerde das Zeichen geben. Das Schmelzbad ist mit einer Decke von Kohlenstaub bedeckt. Der Kesselbauch enthält einen Sumpf zur Ansammlung des geschmolzenen Metalls, welches in Löffel abgestochen wird.

Die im Bade vereinigten Bestandtheile und deren zur Zerlegung erforderliche bezügliche Potentiale sind folgende:

Thonerde	2,8 Volts
Aluminiumfluorid . . .	4,0 „
Natriumfluorid	4,7 „

Die Arbeit des Stroms ist bei nicht zu hoher Spannung lediglich auf die Zerlegung der Thonerde, solange solche im Bade in hinreichendem Betrage vorhanden, gerichtet; der Sauerstoff verbindet sich einfach mit den Kohlenanoden und geht als Kohlensäure von dannen.

Das praktische Ausbringen dieses Verfahrens berechnet sich wie folgt: Angenommen, dafs ein Kessel durchschnittlich 6 Volts verbraucht, so giebt ein Strom von 1 Ampère, durch ein Potential von 6 Volts bewegt, 6 Watts elektrischer Arbeit, welcher nach früherer Angabe 7,09 g ($^1/_4$ Unze) Aluminium in 24 Stunden abscheidet. Da 746 Watts das elektrische Aequivalent einer englischen Pferdekraft darstellen, so ist eine Pferdekraft abzuscheiden imstande $7{,}09 \times \frac{746}{6} = 881{,}5$ g in 24 Stunden, und bei Annahme einer Nutzleistung von 80 % würde man immer noch 695 g Aluminium f. d. Tag und die verbrauchte Pferdekraft erhalten.

Die mit der Aluminiumfabrication nach diesem Verfahren beschäftigten Anlagen sind folgende:

Die Pittsburgh Reduction Companys-Werke zu New Kensington, Pa., am Alleghenyflufs bei Pittsburg. Diese Anlage wird mit Dampfkraft betrieben, da die verwendete Kohle nur 2,73 ℳ die Tonne kostet, und der Betrieb so wirthschaftlich eingerichtet ist, wie dies bei einer Dampfanlage nur möglich ist.

Im Maschinen- und Dynamohause befinden sich die neuen sechspoligen, 600 pferdekräftigen Westinghouse-Dynamomaschinen sowie zwei andere Dynamos verschiedenen Systems, welche von selbstthätigen Westinghouse-Maschinen angetrieben werden.

Die in der Kensington-Anlage verwendete Kraft beträgt nahezu 1500 HP und das Ausbringen durchschnittlich 906 kg im Tage. Auf demselben Werke hat die Gesellschaft ein Walzwerk für Platten, Stangen, Balken und Bleche und richtet zur Zeit einen neuen Walzengang von 1500 HP ein, auf welchem Aluminiumplatten und Bleche bis zu 2,70 m Breite gewalzt werden sollen. Die von der Gesellschaft verwendete gereinigte Thonerde wird zum Theil aus Deutschland eingeführt, theils von heimischen Werken bezogen. Die Gesellschaft ist gleichfalls Eigenthümerin der gröfsten Bauxitlager in Georgia.

Seit Juli 1895 hat diese Gesellschaft eine Schmelzanlage an den Niagara-Fällen im Betriebe, welche auf den Ländereien der Niagara Falls Power Company, eine viertel Meile (400 m) oberhalb des neuen Krafthauses belegen ist. Der elektrische Wechselstrom von 2500 Volts Spannung und 500 Ampères Dichte (1700 elektrische Pferdekräfte) wird nach den Schmelzwerken durch eine Untergrundleitung geführt; er geht dann durch sechs stehende Transformer, welche mit einem Verlust von etwa 3 % den Strom von 2500 Volts in 115 Volts umwandelen, bei gleichzeitig entsprechender Vermehrung der Ampères. Die Ströme eines jeden Paars dieser Transformer werden in drehende Transformer, jeder von 500 HP, geleitet, deren jeder den Wechselstrom von 115 Volts auf 3600 Ampères in einen Gleichstrom von 160 Volts auf 2500 Ampères mit einem abermaligen Verlust von 3 % umwandelt. Drei dieser parallel aufgestellten Transformer liefern einen Strom von 7500 Ampères, welcher auf schweren Kupferstangen von 51,6 qcm (8 Quadratzoll) zu dem Schmelzhause geleitet wird; hier läuft der Strom durch eine Reihe von 30 Kesseln, mit welchen ein Gesammtausbringen von etwa 1 t Aluminium im Tag erzielt wird.

Man beabsichtigt jedoch die Anlage zu erweitern in der Weise, dafs jeder der drehenden 500pferdekräftigen Transformer zu 800 HP umgebaut wird und ein fünfter von gleicher Leistung hinzugefügt wird. Hierdurch wird die Kraft verdoppelt und die unbesetzte Hälfte des Schmelzraumes wird mit einem zweifachen Satze von Kesseln ausgerüstet werden. Die Leistung der so vergröfserten Anlage wird dann 2,5 t Aluminium im Tag betragen.

Dieselbe Gesellschaft baut ferner ein Werk auf dem Gebiete der Hydraulic Power Company am Niagara, dicht an der Ecke des Schlundes, wo sie die Entnahme von 4500 HP gepachtet hat. Sechs grofse Dynamos von je 750 HP werden von der Westinghouse Electric Company für diese Anlage gebaut, die gegen Schlufs des laufenden Jahres in Betrieb kommen sollen. In der äufseren Anordnung ähneln dieselben den berühmten Oerlikon-Dynamos von Zürich; auf der neuen Niagara-Anlage sollen diese Maschinen direct an die Turbinen angeschlossen werden. Die Leistung dieser Anlage wird nahezu 2,26 tons Aluminium täglich betragen.

Die Erzeugung der jetzt im Betriebe befindlichen Anlagen der Pittsburgh Reduction Company beträgt daher täglich gegen 1900 kg, während dieselbe nach Vollendung der Vergröfserungen täglich 5000 kg oder 1500 tons im Jahre sein werden. Nach einer Mittheilung in „Dinglers Polytechnischem Journal" betrug die Aluminiumerzeugung der Vereinigten Staaten:

Jahr	Erzeugung in kg	Jahr	Erzeugung in kg
1883 . . .	38	1889 . . .	21 000
1884 . . .	68	1890 . . .	27 700
1885 . . .	119	1891 . . .	68 000
1886 . . .	1 460	1892 . . .	117 500
1887 . . .	8 160	1893 . . .	153 800
1888 . . .	8 600	1894 . . .	250 000

In der Schweiz haben die an den Rheinfällen gelegenen Werke der Aluminium-Industrie-Actien-Gesellschaft 8 Jahre in Betrieb gestanden unter Anwendung des Héroult-Verfahrens. Die derzeitige Kraft der Gesellschaft beträgt 4000 HP und ihre tägliche Erzeugung 2270 kg Aluminium.* Drei Jahre lang fabricirte die Gesellschaft nur Aluminium-Legirungen mit Kupfer und Eisen nach Héroults Legirungsverfahren, welches weiter unten beschrieben ist. Als mit dem Auftreten billigen Aluminiums der Markt für direct erzeugte Legirung schwand, begann die Gesellschaft unter der Leitung des verstorbenen Dr. Martin Killiani nach Héroults Kryolith- und Aluminium-Verfahren Aluminium darzustellen. Die Grundlagen dieses Verfahrens sind praktisch dieselben wie diejenigen des Hall-Verfahrens. Hall sagt: „Schmelze Kryolith, löse Thonerde auf und elektrolysire." Héroult sagt: „Verflüssige Thonerde durch Zusammenschmelzen mit Kryolith und elektrolysire dann." Die Verfahren sehen sich so ähnlich, dafs das Patentamt der Vereinigten Staaten Héroults Beschreibung zurückwies und das Patent allein an Hall verlieh. Die praktische Ausführung von Héroults Verfahren zu Neuhausen ist dem Hallschen so ähnlich, dafs es nach der obigen Beschreibung des letzteren einer ferneren Beschreibung nicht bedarf. Zu erwähnen bleibt, dafs die Kosten aller Posten für Rohmaterial, Arbeit und Kraft in Europa um so viel billiger sind als in Amerika, dafs der gegenwärtige Eingangszoll von 0,42 ℳ (10 Cents) f. d. Pfund lediglich den Unterschied in den Gestehungskosten darstellt.

Die Werke zu Neuhausen liegen malerisch am nördlichen Rheinufer in Steinwurfsabstand von den berühmten Rheinfällen. Das Wasser hat einen Fall von ungefähr 25 m und wird in zwei grofsen Rohren in eine Hauptleitung geführt, von welcher es auf 7 Dynamos vertheilt wird. Die Anordnung dieser Zuflufsrohre steht zwar nicht im Einklang mit der gröfsten Kraftersparnifs, aber der Entwurf war in gröfserer Ausdehnung durch die gegebene Situation, unmittelbar neben den Felsenklippen, eingeengt. Die ältere Anlage besteht aus einer 300-HP-Turbine aus 1888 und zwei 600-HP-Turbinen aus 1891. Die neue Anlage besteht aus vier 600-HP-Turbinen aus 1893 und einer später aufgestellten Reserveturbine von derselben Stärke. Die grofsen Turbinen sind Jonvalturbinen mit senkrechter Welle.**

Die Dynamos stehen auf der Bühne über den Turbinen und liegen deren Wellen in der Fortsetzung der Turbinenachsen. Die Armatur ist an der Welle befestigt und macht 150 Touren in der Minute, während die Feldringe und Pole feststehen. Die Bürsten sind auf der Bühne unmittelbar über der Turbine zugänglich, während

* Vergl. „Stahl und Eisen" 1889 S. 20, u. 1890 S. 697.

** Vergl. „Stahl und Eisen" 1890, S. 518.

das Feld auf der oberen Bühne liegt; die ganze Anordnung geht durch 3 Stockwerke des Gebäudes.

Jeder Generator liefert einen Strom von 7500 Ampère bei einer Spannung von 55 Volts und dient zum Betriebe einer Reihe von 6 Schmelzkesseln; die Voltspannung ist mithin eine gröfsere als die auf den Kessel in Amerika verwendete. Die Kosten des Aluminiums sind auf diesen Werken vermuthlich nicht höher als 2,34 ℳ f. d. kg, der Marktpreis des Neuhausener Metalls war im Jahre 1895 3,28 ℳ.

Die Gesellschaft zu Neuhausen baut zur Zeit eine 10000-Pferdekraft-Anlage bei Rheinfelden,* nahe Basel, welche in 1897 in Betrieb kommen soll; sie hat ebenfalls eine Wasserkraft in Oesterreich (in Lend bei Gastein) erworben. In Frankreich hatte die Société Electro-métallurgique française das Héroult-Verfahren von 1889 bis 1893 zu Froges in Betrieb** und hat ihn seitdem nach La Praz am Arc in Savoyen verlegt, wo sie eine Anlage mit einer täglichen Leistung von 1360 kg reinen Aluminiums besitzt. Die Société Industrielle de l'Aluminium wurde in 1895 für den Betrieb des Hall-Verfahrens in Frankreich gebildet; sie besitzt ein grofses Werk zu St. Michel in Savoyen, wo 4000 HP verfügbar sind, von denen die Hälfte bereits nutzbar gemacht ist und die andere Hälfte während 1896 herangezogen werden sollte.

In Grofsbritannien erwarb die British Aluminium Company eine Pachtung in den irischen Bauxitgruben und errichtete ein Werk zur Aluminiumdarstellung zu Larne Harbor bei Belfast. Ferner kaufte die Gesellschaft Wasserrechte an den Fällen von Foyers in Schottland, wo 4000 HP verfügbar sind. Die daselbst zu erbauende Anlage, deren Leistung nach dem Héroult-Verfahren ungefähr 2270 kg täglich betragen wird, soll noch in diesem Jahr in Betrieb kommen.***

In Norwegen hat ein Syndicat deutscher und amerikanischer Kapitalisten Wasserrechte an den Wasserfällen von Sarpsfos im Bezirk Hafslund, zwischen Christiania und Göteborg, gekauft. Die daselbst vorhandene Kraft ist auf 10000 HP geschätzt und ist beabsichtigt, ein Aluminiumwerk daselbst im Jahre 1898 im Betrieb zu haben.

Eine tabellarische Zusammenstellung der im Betrieb stehenden Aluminiumwerke, über deren Kraft und tägliche Leistung ergiebt Folgendes:

* Vergl. „Stahl und Eisen" 1896, S. 552.
** „ „ „ „ 1890, S. 522.
*** Nach „The Mineral Industry" 1895, Vol. IV S. 19 beträgt das Ausbringen der Neuhausener Werke jetzt 650000 kg, jenes der Werke von Froges 100000 kg. Die British Aluminium Company, welche beabsichtigt Aluminium aus irischem Bauxit darzustellen, ist noch nicht in Betrieb gekommen.

	Pferdekräfte	Tägliche Leistung Pfund (engl.)
Vereinigte Staaten:		
New Kensington, Pa. . . .	1600	2000
Niagara Falls, N. Y. . . .	1600	2400
Schweiz:		
Neuhausen	4000	5000
Frankreich:		
La Praz	2500	3000
Saint Michel	2000	2500
Zusammen . .	11700	14900

oder 6800 kg; hiermit erweist sich eine derzeitige Erzeugung von 2000 t im Jahr; die Erzeugung in 1895 betrug annähernd 1200 t.

Die in den Jahren 1897/98 beabsichtigten Vergröfserungen werden liefern:

	Pferdekräfte	Tägliche Leistung Pfund (engl.)
Vereinigte Staaten:		
Niagara Falls, N. Y. . . .	5500	7000
Schweiz:		
Rheinfelden	6000	8000
Frankreich:		
Saint Michel	2000	2500
Grofsbritannien:		
Foyers-Fälle	3000	4000
Norwegen:		
Sarpsfos-Fälle	5000	6500
Gesammtleistung der projectirten Anlagen	21500	28000
Gesammtleistung der betriebenen Anlagen	11500	14500
Gesammtleistung in 1898 .	33000	42500

oder 19300 kg, daher die jährliche Production in 1898 = 5790 t. Mit dieser Production dürfte der Marktpreis des Aluminiums auf 2,34 ℳ f. d. Kilogramm herabgehen, gegen welchen es an gewerblichen Metallen dann nur noch drei billigere giebt — Eisen, Blei und Zink.

Elektrothermische Verfahren. Die dieser Abtheilung einzureihenden Verfahren gehören zu denjenigen, welche ihre Anwendbarkeit überlebt haben. Die Verwandlung des Stroms in Wärme und die bei der erzeugten Temperatur erfolgende Reduction der Thonerde durch Kohlenstoff bildeten die Grundlage für die Darstellung von Aluminiumlegirungen in dem Verfahren der Gebr. Cowles* und von Héroult.**

Die Darstellung von Aluminium mittels elektrothermischen Verfahrens kann für ihre Ausführung nur in der Anwendung grofser, den Hochöfen ähnlicher elektrischer Oefen gedacht werden, in welchen unter Anwendung passender Flufsmittel, reducirender Agentien und der durch den elektrischen Bogen zu erzeugenden Wärme roher Bauxit im grofsen zu Aluminium reducirt wird, welches dann auf chemischem oder elektrolytischem Wege zu reinigen wäre.*** *Dr. K.*

* Vergl. „Stahl und Eisen" 1889, Seite 19.
** Ebenda Seite 20.
*** Vergl. hiermit das D. R. P. Nr. 86503 von Jos. Heibling, betreffend die Darstellung von Legirungen des Eisens, insbesondere mit Mangan, Chrom, Aluminium und Nickel. „Stahl und Eisen" 1896, Seite 549.

Der Uebersetzer.

Bericht über die Ergebnisse des Betriebs der preufsischen Staatseisenbahnen im Betriebsjahr 1895/96.

Aus diesem dem Abgeordnetenhaus vorgelegten Bericht geben wir nachstehend die in Bezug auf den Güterverkehr wichtigsten Angaben wieder:

Gesammteinnahmen.

Im Vergleich zur vorjährigen Wirklichkeit.

Die Gesammteinnahmen haben 1039420046 *M* im Berichtsjahre gegen 955938395 *M* im Vorjahre betragen; dieselben sind somit um 83481651 *M* oder 8,73 % gestiegen. An dieser Steigerung der Einnahmen sind die verstaatlichten Eisenbahnen mit 6243660 *M* oder 0,65 % betheiligt. Auf 1 km durchschnittlicher Betriebslänge zurückgeführt, ergeben die Einnahmen im Berichtsjahre 38468 *M*, im Vorjahre 36555 *M*, im ersteren mithin eine Steigerung um 1913 *M* oder 5,23 %.

Die Einnahmen des Jahres 1895/96 würden sich um 23157506 *M* höher gestellt haben, wenn die Reichspostverwaltung die Leistungen der Eisenbahnverwaltung voll vergütet hätte.

Von diesen Einnahmen entfielen auf:

Einnahme	im Jahre 1895/96			
	im Wirklichkeit		nach dem Etat	
	M	%	*M*	%
a) Verkehrseinnahmen:				
aus dem Personen- und Gepäckverkehr	273 901 836	26,35	255 400 000	26,04
aus dem Güterverkehr	697 206 028	67,08	661 738 000	67,46
im ganzen Verkehrseinnahmen .	971 107 864	93,43	917 138 000	93,50
b) Sonstige Einnahmen:				
für Ueberlassung von Bahnanlagen und für Leistungen zu Gunsten Dritter . .	16 044 409	1,54	14 987 000	1,53
für Ueberlassung von Betriebsmitteln .	12 478 351	1,20	9 931 900	1,01
Erträge aus Veräufserungen	20 804 637	2,00	20 636 600	2,10
Verschiedene Einnahmen	18 984 785	1,83	18 267 500	1,86
im ganzen sonstige Einnahmen .	68 312 182	6,57	63 823 000	6,50
Summe der Gesammteinnahmen .	1 039 420 046	—	980 961 000	—

Gesammtausgaben.

Im Vergleich zur vorjährigen Wirklichkeit.

Die Gesammtausgaben haben 569951357 *M* im Berichtsjahre gegen 570523588 *M* im Vorjahre betragen; dieselben sind somit um 572231 *M* oder 0,10 % zurückgegangen. Da die verstaatlichten Bahnen mit einer Ausgabe von 4079048 *M* in der obigen Gesammtausgabe für das Jahr 1895/96 mit enthalten sind, so berechnet sich der gegen das Vorjahr eingetretene Ausgaberückgang in Wirklichkeit auf 4651279 *M* oder 0,82 %.

Im Verhältnifs zur durchschnittlichen Betriebslänge, sowie zu den Leistungen der Betriebsmittel ist gleichfalls ein allgemeiner Rückgang der Gesammtausgaben eingetreten, und zwar betrugen dieselben:

bei Zurückführung auf:	im Jahre		im Berichtsjahre weniger	
	1895/96	1894/95		
	M	*M*	*M*	%
1 km mittlerer Betriebslänge	21 094	21 817	723	3,31
je 1000 Locomotivnutzkilometer	2 390	2 477	87	3,51
je 100000 Wagenachskilometer	5 737	6 071	334	5,50

Im Verhältnifs zu den Gesammteinnahmen betragen die Gesammtausgaben im Berichtsjahre 54,83 % gegen 59,68 % im Vorjahre.

Gesammtüberschufs.

Im Vergleich zur vorjährigen Wirklichkeit.

Der Ueberschufs der Betriebseinnahmen über die Betriebsausgaben betrug 469468689 *M* im Berichtsjahre gegen 385414807 *M* im Vorjahre. Derselbe ist somit im Jahre 1895/96 um 84053882 *M* oder 21,80 % höher gewesen als im Jahre 1894/95. An diesem Mehrüberschufs sind die verstaatlichten Bahnen mit 2175612 *M* oder 0,56 % betheiligt, so dafs sich derselbe ohne diese Bahnen auf 81878270 *M* oder 21,24 % berechnet haben würde.

Auf 1 km durchschnittlicher Betriebslänge stellte sich der Ueberschufs auf 17374 *M*, im Vorjahre dagegen auf 14738 *M*; derselbe ist somit um 2636 *M* oder 17,89 % gestiegen.

Im Verhältnifs zu den Gesammteinnahmen beträgt der Ueberschufs im Berichtsjahre 45,17 %, im Vorjahre 40,32 %. Im Verhältnifs zum durchschnittlichen statistischen Anlagekapital ergiebt sich eine Verzinsung von 6,75 % gegen 5,66 % im Vorjahre. Die verstaatlichten Bahnen haben sich mit 3,78 % verzinst. Ohne Berücksichtigung der letzteren Bahnen ist das Anlagekapital der preufsischen Staatseisenbahnen im Berichtsjahre mit 6,77 % verzinst worden.

Verkehrsumfang und Einnahme.

Im Vergleich zur vorjährigen Wirklichkeit.

Der Güterverkehr hat im Berichtsjahre, sowohl hinsichtlich des Umfanges als auch der Einnahme, einen erfreulichen Aufschwung genommen, während der Viehverkehr eine Abnahme zeigte.

Die Gesammtzahl der gegen Frachtberechnung beförderten Tonnen ist zwar um 1 159 452 t oder 0,75 % zurückgegangen, da von dem Berichtsjahre ab eine Fracht für Betriebsgut überhaupt nicht mehr berechnet wird, doch ist gleichwohl die Anzahl der gegen Bezahlung gefahrenen Tonnenkilometer um 358 840 522 tkm oder 2,05 % und die Einnahme um 31 702 202 ℳ oder 4,76 % gestiegen. — Der Viehverkehr ist um 54 994 t oder 3,14 %, 53 304 912 tkm oder 15,22 % und um 762 748 ℳ oder 3,21 % zurückgegangen.

An der Steigerung des Güterverkehrs dem Vorjahre gegenüber hat neben dem Aufschwunge in Handel und Industrie, dem Hinzutritt neuer Bahnstrecken und der verstaatlichten Bahnen, die im allgemeinen befriedigende Ernte, die durch die günstige Witterung gesteigerte Bauthätigkeit, der bedeutendere Exportverkehr Hamburgs und der infolge der Arbeiterausstände im Ostrauer und Karwiner Kohlenrevier stattgehabte gröfsere Kohlentransport nach Oesterreich-Ungarn hervorragenden Antheil. Daneben haben die der Schifffahrt nachtheiligen Wasserverhältnisse und der Schalttag des Jahres 1896 Mehreinnahmen hervorgerufen.

Was den Rückgang beim Viehverkehr angeht, so war im Vorjahre (1894/95) eine bedeutende Zunahme des Viehverkehrs zu verzeichnen, da der nach der Futternoth des Jahres 1893 in vielen Landstrichen verringerte Viehbestand damals wieder ergänzt wurde. — Für das Jahr 1895/96 kamen solche Transporte nicht mehr in Betracht; aufserdem haben häufige Sperrungen infolge der in verschiedenen Bezirken aufgetretenen Maul- und Klauenseuchen auf die Einnahmen aus dem Viehverkehre nachtheilig eingewirkt.

Die Transportmengen ergaben für die beiden Vergleichsjahre das folgende Bild:

Es wurden befördert:

als	im Jahre 1895/96 t	%	im Jahre 1894/95 t	%
Güter.				
a) Eilgut, einschl. Fahrzeuge aller Art . .	469 817	0,31	418 687	0,27
b) Frachtgut, einschl. Fahrzeuge aller Art . . .	146 169 307	95,44	135 669 897	87,92
c) Leichen	14 725	0,01	13 355	0,01
zusammen . .	146 653 849	95,76	136 101 939	88,20

Für Eisenerz, Roheisen und bearbeitetes Eisen stellte sich die Transportmenge für die einzelnen Provinzen wie folgt:

Provinz	Eisenerz t	%	Roheisen t	%	Bearbeitetes Eisen t	%
Ost- u. Westpreufsen	11	—	16066	—	41851	1
Pommern	52	—	7506	—	20029	—
Schleswig-Holstein .	30	—	9112	—	18328	—
Hannover mit Oldenburg und Braunschweig	86890	4	166269	5	327962	6
Posen	8063	—	18202	1	31091	1
Schlesien	108066	5	417174	12	674052	13
Berlin (Stadt) . . .	220	—	54020	2	99780	2
Brandenburg . . .	1474	—	53621	2	88269	2
Sachsen mit Anhalt und Thüringen .	3364	—	107814	3	227939	4
Hessen-Nassau mit Oberhessen . . .	776948	31	150005	4	107241	2
Westfalen	600340	24	1210708	35	1521487	30
Rheinprovinz . . .	896215	36	1253886	36	2010540	39
zusammen . .	2481673	—	3464383	—	5168569	—

Von den im ganzen beförderten Gütermengen sind an Tonnenkilometer zurückgelegt worden:

als	im Jahre 1895/96 tkm	%	im Jahre 1894/95 tkm	%
Güter.				
a) Eilgut, einschl. Fahrzeuge aller Art . .	69189053	0,39	61430353	0,35
b) Frachtgut, einschl. Fahrzeuge aller Art	17237075234	96,46	15974621724	91,22
c) Leichen	2821995	0,01	2230798	0,01
zusammen . .	17309086282	96,86	16038282875	91,58

Von den Gesammteinnahmen aus dem Güterverkehr entfallen auf Eilgut, Frachtgut und Leichen:

auf	im Jahre 1895/96 ℳ	%	im Jahre 1894/95 ℳ	%
Güter.				
a) Eilgut, einschl. Fahrzeuge aller Art . .	16 618 094	2,38	14 821 972	2,23
b) Frachtgut, einschl. Fahrzeuge aller Art .	634 335 259	90,98	588 722 062	88,46
c) Leichen	312 694	0,05	279 011	0,04
zusammen . .	651 266 047	93,41	603 823 045	90,73

Die Beförderung von Eilgut und Exprefsgut, Stückgut und gewöhnlichem Frachtgut, einschliefslich Fahrzeuge aller Art (jedoch ohne Vieh, Postgut, Militärgut, Dienstgut und Nebenerträge) stellte sich in ihren Ergebnissen wie folgt dar: Die Einnahme betrug im Berichtsjahr 651 266 047 ℳ gegen 603 823 045 ℳ im Vorjahr, im ersteren sonach 47 443 002 ℳ oder 7,86 % mehr. Hieran sind die verstaatlichten Bahnen mit 3 413 055 ℳ oder 0,56 % der Mehreinnahme betheiligt.

Die Gesammteinnahme vertheilte sich auf die einzelnen Tarifklassen:

Tarifklasse	im Jahre 18.5/96		im Jahre 1894/95	
	ℳ	%	ℳ	%
I. Nach dem einheitlichen Normaltarif.				
a) Eil- und Exprefsgut	16 769 149	2,57	14 936 272	2,47
b) Frachtgut:				
Stückgut der allgemeinen Stückgutklasse	81 634 977	12,53	75 219 698	12,46
Bestimmte Stückgüter der Specialtarifklasse	17 473 268	2,68	15 390 839	2,55
Frachtgut der Wagenladungen				
der Klasse A 1	18 256 214	2,80	17 273 123	2,86
„ „ B	35 787 589	5,50	32 229 470	5,34
„ Specialtarifklasse A 2	18 364 657	2,82	16 736 927	2,27
„ „ I	45 585 887	7,00	39 444 460	6,53
„ „ II (in Ladg. von 10 000 kg)	29 290 542	4,50	24 070 917	3,99
„ „ II („ „ „ 5 000 „)	8 243 217	1,27	7 431 600	1,23
„ „ III	163 664 953	25,13	141 771 520	23,48
zusammen b) Frachtgut	418 301 304	64,23	369 568 554	61,21
zusammen I. Eilgut und Frachtgut nach einheitlichem Normaltarif	435 070 453	66,80	384 504 826	63,68
II. Nach Ausnahme- und sonstigen abweichenden Tarifen.				
Eil- und Exprefsgut, Stückgut und Wagenladungen von 5 bis 10 t	5 517 527	0,85	4 740 543	0,78
Wagenladungen von mindestens 10 t	210 657 020	32,35	214 577 676	35,54
Schmalspurbahntarif: a) Eilgut	704	(0,0001)	—	—
„ b) Frachtgut	20 343	(0,003)	—	—
im ganzen II. Eilgut und Frachtgut nach Ausnahmetarifen	216 195 594	33,20	219 318 219	36,32
zusammen Güterverkehr	651 266 047	—	603 823 045	—

Die Transportmengen sind von 136 101 939 t im Vorjahr auf 146 653 849 t im Berichtsjahr, mithin um 10 551 910 t oder 7,75 % gestiegen.

Die Einnahme für 1 t betrug in beiden Jahren 4,44 ℳ. Diese Ergebnisse vertheilen sich auf die einzelnen Tarifklassen, wie folgt:

Tarifklasse	im Jahre 1895/96			im Jahre 1894/95		
	Transportmenge		Einnahme für 1 t	Transportmenge		Einnahme für 1 t
	t	%	ℳ	t	%	ℳ
I. Nach dem einheitlichen Normaltarif.						
a) Eil- und Exprefsgut	476 803	0,33	35,17	423 611	0,31	35,26
b) Frachtgut:						
Stückgut der allgemeinen Stückgutklassen	5 095 649	3,47	16,02	4 699 394	3,45	16,01
Bestimmte Stückgüter der Specialtarifklasse	1 501 569	1,02	11,64	1 325 160	0,97	11,61
Frachtgut in Wagenladungen						
der Klasse A 1	1 539 722	1,05	11,86	1 421 127	1,05	12,15
„ „ B	2 816 670	1,92	12,71	2 547 858	1,87	12,65
„ Specialtarifklasse A 2	2 886 488	1,97	6,36	2 605 205	1,91	6,42
„ „ I	8 031 318	5,48	5,68	7 131 544	5,24	5,53
„ „ II (in Ladg. von 10 000 kg)	5 381 526	3,67	5,44	4 323 028	3,18	5,57
„ „ II („ „ „ 5 000 „)	1 979 174	1,35	4,17	1 778 664	1,31	4,18
„ „ III	46 944 858	32,01	3,49	41 604 336	30,57	3,41
zusammen b) Frachtgut	76 176 974	51,94	5,49	67 436 316	49,55	5,48
zusammen I. Eilgut und Frachtgut nach einheitlichem Normaltarif	76 653 777	52,27	5,68	67 859 927	49,86	5,67
II. Nach Ausnahme- und sonstigen abweichenden Tarifen.						
Eilgut und Exprefsgut, Stückgut und Wagenladungen von 5 bis 10 t	297 493	0,20	18,55	258 397	0,19	18,35
Wagenladungen von mindestens 10 t	69 693 190	47,52	3,02	67 983 615	49,95	3,16
Schmalspurbahntarif: a) Eilgut	65	—	10,83	—	—	—
„ b) Frachtgut	9 324	0,01	2,18	—	—	—
im ganzen II. Eilgut und Frachtgut nach Ausnahmetarifen u. s. w.	70 000 072	47,73	3,09	68 242 012	50,14	3,21
zusammen	146 653 849	—	4,44	136 101 939	—	4,44

Eine jede Tonne ist im Durchschnitt befördert worden: 118,03 km im Berichtsjahre gegen 117,84 km im Vorjahre. Von den vorstehend nachgewiesenen Transportmengen sind an Tonnenkilometer im Berichtsjahre 17 309 086 282, im Vorjahre 16 038 282 875 zurückgelegt worden, im ersteren also 1 270 803 407 oder 7,92 % mehr. Die Einnahme für 1 tkm betrug in beiden Jahren 3,76 Pfg.

Auf die einzelnen Tarifklassen vertheilen sich diese Ergebnisse, wie folgt:

Tarifklasse	im Jahre 1895/96 Transportleistung tkm	%	Einnahme für 1 tkm ₰	im Jahre 1894/95 Transportleistung tkm	%	Einnahme für 1 tkm ₰
I. Nach dem einheitlichen Normaltarif.						
a) Eil- und Exprefsgut	70 679 415	0,41	23,73	62 158 159	0,38	24,03
b) Frachtgut:						
Stückgut der allgemeinen Stückgutklasse	665 078 676	3,84	12,27	612 572 613	3,82	12,28
Bestimmte Stückgüter der Specialtarifklasse	192 575 211	1,11	9,07	173 634 785	1,08	8,86
Frachtgut in Wagenladungen der Klasse A I	246 995 105	1,43	7,39	234 237 801	1,46	7,37
" " B	562 720 806	3,25	6,36	500 002 487	3,12	6,45
" Specialtarifklasse A 2	319 397 684	1,85	5,75	294 520 068	1,84	5,68
" " I	869 283 540	5,02	5,24	756 522 174	4,72	5,21
" " II (in Ladg. von 10 000 kg)	715 140 412	4,13	4,10	588 616 867	3,67	4,09
" " II (" " " 5 000 ")	201 295 929	1,16	4,10	176 985 290	1,10	4,20
" " III	5 561 081 104	32,13	2,94	4 871 254 257	30,37	2,91
zusammen b) Frachtgut	9 333 568 467	53,92	4,48	8 208 346 342	51,18	4,50
zusammen I. Eilgut und Frachtgut nach einheitlichem Normaltarif	9 404 247 882	54,33	4,63	8 270 504 501	51,56	4,65
II. Nach Ausnahme- und sonstigen abweichenden Tarifen.						
Eil- und Exprefsgut, Stückgut und Wagenladungen von 5 bis 10 t	95 202 180	0,55	5,80	77 862 868	0,49	6,09
Wagenladungen von mindestens 10 t	7 809 481 774	45,12	2,70	7 689 915 506	47,95	2,79
Schmalspurbahntarif: a) Eilgut	940	—	74,89	—	—	—
" b) Frachtgut	153 506	(0,001)	13,25	—	—	—
im ganzen II. Eilgut und Frachtgut nach Ausnahmetarifen	7 904 838 400	45,67	2,73	7 767 778 374	48,44	2,82
zusammen	17 309 086 282	—	3,76	16 038 282 875	—	3,76

Auf 1 km mittlerer Betriebslänge für den Güterverkehr entfielen 642 981 tkm im Berichtsjahre gegen 615 540 tkm im Vorjahre.

Ausgaben.

Im Vergleich zur vorjährigen Wirklichkeit.

Bei dem Ausgabetitel 8 werden diejenigen Kosten nachgewiesen, welche für Unterhaltung, Erneuerung und Ergänzung der baulichen Anlagen, wie Bahnkörper, Oberbau, Gebäude u. s. w. aufgewendet worden sind. Der Umfang bezw. die Anzahl dieser Anlagen hat infolge des Zuganges neu eröffneter Strecken und der vom Staate erworbenen Bahnen gegen das Vorjahr nicht unbeträchtlich zugenommen. Insbesondere gilt dies vom Bahnkörper und Oberbau, denn die Länge der Bahnstrecken, die im Jahresdurchschnitt unterhalten worden sind, ist von 26 386,29 km im Jahre 1894/95 auf 27 111,22 km im Jahre 1895/96, mithin um 724,93 km oder 2,75 % gestiegen.

Die Länge der unterhaltenen Geleise hat durchschnittlich betragen:

	im Jahre 1895/96 km	im Jahre 1894/95 km
a) durchgehende Geleise	37 966,74	36 862,72
b) alle übrigen "	13 098,74	12 289,95
im ganzen	51 065,48	49 152,67

Hiervon waren versehen:

	im Jahre 1895/96 mit Stahlschienen km	im Jahre 1895/96 mit Eisenschienen km	im Jahre 1894/95 mit Stahlschienen km	im Jahre 1894/95 mit Eisenschienen km
in durchgehenden Geleisen	36 634,56	3 332,18	33 569,71	3 293,01
" Nebengeleisen	6 180,95	6 917,79	5 163,95	7 126,00
zusammen	42 815,51	10 249,97	38 733,66	10 419,01
	53 065,48		49 152,67	

Im Berichtsjahr bestanden hiernach 79,93 % der unterhaltenen Geleise aus Stahlschienen und 20,07 % aus Eisenschienen, während sich im Vorjahre das Verhältnifs auf 78,80 : 21,20 gestellt hat.

Als Befestigungsmaterial für die Schienen werden überwiegend hölzerne Querschwellen gebraucht; mit eisernem Oberbau sind im Berichtsjahr nur rund 13 503 km oder 26,44 % gegen rund 12 666 km oder 25,77 % im Vorjahre versehen gewesen. Hiervon entfallen:

	im Jahre 1895/96		im Jahre 1894/95	
	auf eisernen Querschwellenoberbau km	auf eisernen Langschwellenoberbau km	auf eisernen Querschwellenoberbau km	auf eisernen Langschwellenoberbau km
in Hauptgeleisen rund	8 335	2 692	7 739	2 949
in Nebengeleisen rund	2 154	322	1 725	253
zusammen rund	10 489	3 014	9 464	3 202
	13 503		12 666	

Die Ausgaben des Titels 8 haben sich im Berichtsjahr — die Aufwendungen für die verstaatlichten Bahnen mit 857 348 ℳ eingerechnet — auf 106 350 315 ℳ beziffert. Bei Zurückführung auf Längen- und Leistungseinheiten betragen dieselben

für 1 km durchschnittlich zu unterhaltender Geleislänge . . . . 2083 ℳ
„ 1000 Nutzkilometer . . . . 446 „
„ 1000 Locomotivkilometer . . . . 286 „
„ 1000 Wagenachskilometer aller Art . . 10,70 „

Die Beschaffung der Oberbau- und Baumaterialien erforderte einen Kostenaufwand von 41 880 622 ℳ, in welchem der Werth der an Dritte abgegebenen Materialien mit 4 732 388 ℳ enthalten ist. Nach Abzug dieses Betrages ergiebt sich für die zur Unterhaltung u. s. w. der eigenen Anlagen verwendeten Materialien eine Ausgabe von 37 148 234 ℳ. Davon entfallen auf Oberbaumaterialien 32 225 332, auf Baumaterialien 4 922 902 ℳ.

Zurückgeführt auf 1 km der unterhaltenen Geleise beziffert sich die Ausgabe für Oberbaumaterialien auf 631 ℳ und für Baumaterialien auf 96 ℳ.

An neuen Oberbaumaterialien sind verwendet worden:

	im Jahre 1895/96				
	bei den verstaatlichten normalspurigen Bahnen Menge t	auf den übrigen Linien Menge t	im Gesammtbezirk Menge t	Einheitspreis ℳ	Gesammtwerth ℳ
1. Schienen	709	103 467	104 176	112,32	11 701 003
2. Kleineisenzeug	452	34 714	35 166	144,36	5 076 545
3. Weichen:	Stück	Stück	Stück		
a) Zungenvorrichtungen	13	3 030	3 043	429,32	1 306 423
b) Stellböcke	16	1 989	2 005	38,15	76 491
c) Herz- und Kreuzstücke	33	4 574	4 607	95,71	440 936
d) einzelne Weichentheile und Zubehör . .	—	—	—	—	606 478
	t	t	t		
4. Eiserne Lang- und Querschwellen	97	50 812	50 909	102,94	5 240 572
	Stück	Stück	Stück		
5. Hölzerne Bahnschwellen	30 501	1 824 173	1 854 674	3,88	7 194 846
	m	m	m		
6. Hölzerne Weichenschwellen	5 326	234 184	239 510	2,37	567 638
		cbm	cbm		
7. Brückenschwellen	—	144	144	100,00	14 400
im ganzen . .	—	—	—	—	32 225 332

Es haben sich die Gesammtkosten der Oberbaumaterialien von 36 939 180 ℳ im Vorjahre auf 32 225 332 ℳ im Berichtsjahre, mithin um 4 713 848 ℳ oder 12,76 % ermäfsigt, was, abgesehen von einem Minderverbrauch an Schienen und Bahnschwellen, auf den Umstand zurückzuführen ist, dafs Frachtkosten für Dienstgüter auf den preufsischen Staatsbahnstrecken nicht mehr in Ansatz gebracht werden. Aus dieser Veranlassung ist der Einheitspreis a) für 1 t Schienen um 9,68 ℳ oder 7,93 %, b) für 1 t Kleineisenzeug um 13,64 ℳ oder 8,63 %, c) für 1 t eiserne Lang- und Querschwellen um 6,06 ℳ oder 5,56 %, d) für 1 hölzerne Bahnschwelle um 0,68 ℳ oder 14,91 % und e) für 1 m hölzerne Weichenschwellen um 0,25 ℳ oder 9,54 % zurückgegangen.

Der Verbrauch an Schienen und hölzernen Bahnschwellen hat sich gegen das Vorjahr verringert, und zwar ist bei ersteren eine Abnahme um 13 069 t oder 11,15 % und bei letzteren um 212 920 Stück oder 10,30 % eingetreten. Dagegen sind eiserne Lang- und Querschwellen in einer Menge von 3781 t oder 8,02 % und hölzerne Weichenschwellen in einer Menge von 51 746 m oder 27,56 % mehr verwendet worden. An Weichen hat ebenfalls ein Mehrverbrauch stattgefunden, der darin seinen Ausdruck findet, dafs die Anschaffungskosten derselben trotz des Fortfalls der Frachtkosten von 2 015 238 ℳ auf 2 430 328 ℳ, mithin um 415 090 ℳ oder 20,60 % gestiegen sind.

Entsprechend dem geringeren Verbrauch an Schienen, hat auch der Geleisumbau in vermindertem Umfange stattgefunden. Während im Vorjahre 1426 km unter Verwendung neuen Materials und 13 km mit altem Material, zusammen 1439 km umgebaut sind, hat sich der Umbau im Berichtsjahr auf 1381 km beschränkt, wovon 1322 km aus neuem Material und 59 km aus bereits gebrauchtem, aber noch verwendbarem Material hergestellt sind. Die Länge der im Berichtsjahr umgebauten Geleise war hiernach im ganzen um 58 km oder 4,03 % und soweit neues Material in Anwendung gekommen ist, um 104 km oder 7,29 % geringer.

Zum Umbau sind auf 823 km neue hölzerne Querschwellen, auf 498 km neue eiserne Querschwellen, auf 1 km neue eiserne Langschwellen, auf 44 km alte hölzerne Querschwellen und auf 15 km alte eiserne Querschwellen verwendet worden.

Gegenwärtiger Stand und Aussichten des Bergbaus und der Metallindustrie am Asowschen Meere.*

In das Jahr 1897 ist man in dem Asowschen Industriegebiete in voller Thätigkeit eingetreten. Die Werke haben an Aufträgen keinen Mangel, und der Bau neuer Anlagen und Werke konnte bei der milden Witterung fast ununterbrochen fortgeführt worden. Von solchen neuen Unternehmungen sind besonders folgende drei zu nennen: Das Petrowskische (bei der Station Wolynzewo) der russisch-belgischen Gesellschaft, ferner das Taganrogsche und das Mariupolsche, welche der „Nikopol-Mariupolschen Bergbau- und Metallurgischen Gesellschaft" gehören. Von diesen drei im Erstehen begriffenen großen Werken ist das Mariupolsche im Laufe des Winters am weitesten gefördert worden.

Die Bedingungen, unter denen dasselbe sich entwickelt, sind so exceptioneller Natur, dafs wir ihrer an dieser Stelle in einigen Worten Erwähnung thun. Im Mai wurde das Statut der „Nikopol-Mariupolschen Gesellschaft" bestätigt; im August schritt man zum Bau des Fabrikgebäudes und übernahm zugleich die Lieferung von 140 Werst Röhren für die Michailowo-Batumsche Petroleumleitung,** und bereits jetzt ist das Röhrenwalzwerk fast fertig und sollte um die Mitte des Februar in Thätigkeit gesetzt worden. Freilich, um es möglich zu machen, dafs die Fabrikanlagen mit solcher Schnelligkeit sich entwickelten, mufste zu energischen Ausnahmemafsregeln die Zuflucht genommen werden, man war gezwungen, fertige Fabriken zu kaufen. Das bekannte nordamerikanische Röhrenwalzwerk „Morris Tasker Co." liefs sich bereit finden, eine Abtheilung seiner ausgedehnten Röhrenfabrik zu verkaufen, und ebenso wurden die Einrichtungen des Blechwalzwerks fertig angekauft. Die Krähne und sonstigen Einrichtungen des Martinwerks, ferner die eisernen Gebäude für das Röhren- und Martinwerk waren gleichfalls in Amerika bestellt. Das Gebäude für das Blechwalzwerk wird aus russischem Eisen errichtet. Sämmtliches in Amerika Bestellte traf im November auf drei Dampfschiffen in Rufsland ein; leider war damals die Saison der Schiffahrt auf dem Asowschen Meere bereits zu Ende, und die Dampfer mufsten ihre Fracht, anstatt in Mariupol in Theodosia ausladen, was den raschen Fortgang des Baues natürlich erheblich verzögern mufste. Die Ausladung der Dampfer und die Ueberführung der Frachten nach Mariupol wurde indessen mit möglichster Schnelligkeit bewirkt, so dafs schon im December mit der Zusammenstellung der Maschinen und dem Bau der Oefen auf den bereits fertig hergestellten Fundamenten begonnen werden konnte. Mitte Februar sollte, wie erwähnt, die Röhrenfabrik zu arbeiten beginnen. Ein Theil der für die Herstellung der Röhren nöthigen Bleche ist im Ural von den Alapajewschen Werken, die durch die vorzüglichen Eigenschaften des von ihnen producirten Eisens berühmt sind, angekauft worden. Sobald der Bau des Walzwerks und der Martinsulage vollendet sein wird, soll jedoch die Herstellung der Bleche an Ort und Stelle geschehen. Hinsichtlich der zu erwartenden Production des Röhrenwerks sei hier nur erwähnt, dafs, nach Angabe des Bauleiters der Fabrik, dies Werk darauf berechnet ist, während der zehnstündigen Tagesarbeitszeit 80 bis 90 Röhren von je 20 Fufs Länge zu liefern. Bei einer solchen Production kann die von der Fabrik übernommene Bestellung von 140 Werst Röhren für die Petroleumleitung im Laufe eines halben Jahres erledigt werden.

Das im Bau begriffene Walzwerk ist bestimmt zur Herstellung von Kesselblechen und Brückeneisen, aber auch für Panzerplatten in der Breite bis zu 8 m, und die Production der Fabrik kann bis auf 200 t täglich gesteigert werden. In dem Martinwerk ist man zur Zeit zur Aufstellung zweier Oefen geschritten, die basisch zugestellt werden. Es sei hier noch erwähnt, dafs auch die Mauern für die umfangreiche mechanische Werkstätte, Giefserei und Schmiedewerkstatt bereits bis zum Dach aufgeführt sind, und dafs binnen kürzester Frist mit dem Bau zweier Hochöfen begonnen werden wird.

Nach den Anfängen zu urtheilen und nach der Energie, mit der man die Arbeiten in Angriff genommen hat, wird in sehr naher Zukunft in

* Nach einem vom russischen Finanzministerium herausgegebenen Bericht.

** Vgl. „Stahl und Eisen" 1896, Nr. 22, S. 915.

Mariupol eins der bedeutendsten metallurgischen Werke des südlichen Rufslands seine Thätigkeit beginnen. Was, über die Herstellung von Röhren, Blechen und Platten hinaus, die Specialität dieser Fabrik für die Zukunft bilden wird, das wird zur Zeit noch geheim gehalten.

Der Bau des Taganrogschen Werkes nimmt ebenfalls rasch seinen Fortgang. Hier wird ein Hochofen gebaut, eine Giefserei, eine Martinanlage, ein Walzwerk und eine mechanische Werkstätte. Ob die Fabrik bereits Bestellungen erhalten hat, ist uns nicht bekannt. Gegenwärtig kauft sie durch Vermittlung zahlreicher Commissionäre Brucheisen auf, das in den Martinöfen umgearbeitet werden soll. Die für den Betrieb des Hochofens nöthigen Eisenerze gedenkt man theils an Ort und Stelle zu erwerben, theils aus dem Donezthale zu beziehen, theils auch auf dem Seewege aus Kertsch, wo das Werk Erzlagerstätten gepachtet hat, und wo jetzt Schürfungen ausgeführt werden.

Die Petrowskische Fabrik der „Russisch-belgischen Gesellschaft", deren Betrieb bereits für mehrere Jahre durch Aufträge zur Lieferung von Schienen sichergestellt ist, hat zwei Hochöfen errichtet, eine Bessemerei und ein Walzwerk; das letztere darf in Anbetracht seiner Abmessungen und seiner, den neuesten Typen entsprechenden gesammten Walzvorrichtungen als eines der besten Walzwerke Europas bezeichnet werden. Aufser diesen Anlagen sind noch eine umfangreiche Giefserei, eine grofse mechanische Werkstätte, eine Schmiede und ein Martinwerk gebaut worden. Vier Werst entfernt von dem Werke befinden sich auf Ländereien, die der Gesellschaft gehören, Kohlengruben, die dem Bedürfnifs des Werkes an Brennstoffen reichlich Genüge leisten werden. Im Juni soll das Petrowskische Werk in Betrieb kommen.

Doch auch die älteren Werke dieses Gebietes geben sich nicht träger Ruhe hin, sondern erheben, in Erkenntnifs des ihnen in nächster Zeit von den neuen Werken drohenden Wettbewerbs, der sich bereits jetzt in der sinkenden Tendenz der Schienenpreise kundzugeben beginnt, ihre Werkseinrichtungen auf das Niveau der Forderungen der neuesten Technik.

So baut das gröfste und älteste Werk Südrufslands, das „Noworossijskische", bekannter unter dem Namen „Jusowsches Werk", eine grofsartige Bessemerei und ein grofses Walzwerk vollkommenster Construction. Dies Werk liefert jetzt bereits ungefähr 13 Millionen Pud Roheisen jährlich und walzt bis zu 5 Millionen Pud Schienen, wird jedoch nach Vollendung des Bessemerstahlwerks seine Schienenproduction ohne Schwierigkeit verdoppeln können.

Bisher war man bei der Herstellung des Roheisens im Süden Rufslands fast vollständig auf die Eisenerzlager von Kriworog angewiesen; jetzt aber ist, dank den auf den Halbinseln von Kertsch und von Taman angestellten Nachforschungen, eine neue ausgiebige Lagerstätte aufgefunden worden, die ungemessene Mengen von Eisenerz liefern kann. Die Brauneisensteine dieses Gebietes sind nicht übermäfsig reich an Eisen; im Mittel enthalten sie ungewaschen nur bis zu 38 und weniger Procent Eisen und ungefähr 1,5 % Phosphor. Schmelzversuche mit diesen Eisenerzen wurden auf dem Alexandrowschen Werke der „Bränsker-Gesellschaft" vorgenommen und ergaben vollkommen günstige Resultate. Selbstverständlich können die aus den Erzen von Kertsch gewonnenen phosphorhaltigen Roheisensorten nur nach dem Thomasverfahren verarbeitet werden; doch gewinnt man aus ihnen nach dieser Methode weiches, namentlich auch zur Herstellung dünnen Dachbleches geeignetes Eisen, wie es jetzt in grofsen Quantitäten aus Deutschland nach Rufsland eingeführt wird. Dabei sind die Lagerstätten von Kertsch sehr ausgedehnt. Das Erz lagert hier in Schichten von 2 bis 6 Saschen (3,7 bis 11 m) Mächtigkeit, und tritt häufig frei zu Tage, oder ist nur von einer dünnen Schicht Dammerde bedeckt. Bisher sind solche Erzlagerstätten aufgefunden worden bei Jenikale und weiter in der Richtung auf Kertsch bei den Dörfern Baksy, Dschumusch-kej, Bulganok und Katerles, und jenseits Kertsch auf der Landspitze Kamysch-Burun, am Leuchtthurm Bakaljskij, am Dorfe Janysch, bei dem 35 Werst von Kertsch entfernt liegenden Dorfe Schami-Kolodzew, und noch an verschiedenen anderen Orten dieser Gegend. Längs des Meeresufers hat man in der Erstreckung von 50 bis 60 Werst das Vorkommen der Eisenerze nachgewiesen, und bekannt ist, dafs sie auch in der Mitte der Halbinsel von Kertsch auftreten und auf die Halbinsel von Taman übergehen. Erst bei der Ausbeutung der Lagerstätten wird der mittlere Eisengehalt der Erze festgestellt werden können, sowie die relative Vortheilhaftigkeit der Ausbeutung der einzelnen Lagerstätten, an die man jetzt so glänzende Hoffnungen knüpft. In jedem Falle ist die Entdeckung der Lagerstätten von Kertsch ein überaus bedeutsames Ereignifs, das den Eisenwerken des am Asowschen Meere gelegenen Gebietes eine feste Grundlage und Stütze bietet, da ihnen diese Lager für viele Jahrzehnte ihren Bedarf an Eisenerzen sichern.

Die sichere Begründung der südrussischen Montanindustrie hat verschiedenartige zahlreiche andere Unternehmungen ins Leben gerufen. So sind z. B. in der Nähe der Station Konstantinowka in kurzer Zeit ein Walzwerk für Dachbleche, eine Glas- und eine Spiegelfabrik, sowie mehrere Ziegeleien und Töpfereien erstanden. Auch an anderen Orten des Gebietes werden Fabriken und Betriebe errichtet, und zwar sämmtlich durch Ausländer, meistentheils Belgier.

Die rasche Entwicklung der Montanindustrie Südrufslands, der noch immer wachsende Zustrom ausländischen Kapitals und zielbewufster Unternehmer dorthin bringen viele neue brennende Fragen, die eine schleunigste Entscheidung fordern, auf die Tagesordnung.

An erster Stelle steht hier, ihrer Dringlichkeit nach, die Frage der technischen Bildung. Rufsland mufs sich seine eigenen Berg- und Hüttenleute aller Klassen heranbilden, die genügend vorbereitet sind zum Wettbewerb mit den ausländischen Fachmännern, die zugleich mit den ausländischen Kapitalien nach Rufsland zugeströmt sind, und fortwährend noch von auswärts, namentlich aus Belgien eintreffen, wo gegenwärtig, infolge der Stockung der Industrie, der Kampf ums Dasein ein so schwieriger ist. Die zweite, ebenso wichtige Frage ist die der Verbesserung der Lebenslage unserer Bergarbeiter und die Hebung ihres sittlichen und geistigen Niveaus. Die Zeiten, da die Montanindustrie an Arbeitskräften Mangel litt, gehören der Vergangenheit an; jetzt ist im Gegentheil häufig ein Ueberflufs an Arbeitskräften vorhanden. Das Contingent der sefshaften Arbeiter, die bei den Fabriken, Betrieben und Bergwerken sich feste Wohnsitze gegründet haben, ist freilich noch immer nicht grofs, dafür aber hat sich ein regelmäfsiger Zustrom von Arbeitern aus dem innern Rufsland gebildet, für welche die Arbeiten auf den Fabriken und in den Bergwerken eine Nothwendigkeit sind, da sie ohne diesen Verdienst im Dorfe nicht zu existiren vermöchten. Solche Arbeiter brechen nicht alle Verbindungen mit ihrem Heimathsdorfe ab, und wenn sie auch mitunter, abgesehen von kurzen Besuchen in der Heimath, ganze Jahrzehnte bei ihrer Arbeit ausharren, so machen sie sich doch bei den Fabriken und Bergwerken nicht sefshaft, kehren im Alter schliefslich wieder in ihre Heimat zurück, und schicken dann ihre Söhne aus, denselben Arbeitsverdienst sich aufzusuchen. Das Dorf entsendet in die Bergwerke und in die Fabriken der Montanindustrie die Blüthe seiner Jugend; es sind dies lauter kräftige, gesunde junge Männer, denen der Arzt, beim Antritt ihrer Arbeit, das Zeugnifs ausstellt: „gut genährt, von herculischem Körperbau". In den Kohlengruben führen diese aus dem Dorfe stammenden Arbeiter alle Arbeiten aus, und aus ihnen entwickeln sich die vorzüglichsten Bergarbeiter. In den Fabriken bilden die jungen Männer aus dem Dorf das Contingent der gewöhnlichen Arbeiter.

Diese von auswärts stammenden, meist in jugendfrischem Alter stehenden Arbeiter, deren Beziehungen zu Haus und Heimath zeitweilig unterbrochen sind, werden jedoch leider nicht selten unter dem Einflufs der Verführungen des Fabriklebens und der engen Zusammenpferchung in Kasernen verdorben, und entarten physisch und moralisch. Gerade dieser direct aus dem Dorfe stammende Theil der Arbeiter der Werke bedarf am meisten der theilnehmenden Fürsorge. Man mufs ihn vor Verführungen und üblen Einflüssen bewahren, seine ganze Lebensführung verbessern, ihm Schulen, sittliche Anleitung und gesunde Zerstreuungen und Vergnügungen bieten. Die Ausgaben, die für Verbesserung der gesammten Lebenshaltung der Montanarbeiter und für geeignete Schulen aufzuwenden wären, können von der reichen und sehr gewinnbringenden Bergbauindustrie dieses Gebietes mit der gröfsten Leichtigkeit getragen werden. Diese Ausgaben werden sich hundertfältig ersetzen: bildet doch eine gesunde, geistig geweckte und entwickelte Arbeiterschaft die sicherste Grundlage einer jeden Industrie. Deutschland, das in letzter Zeit so grofse Fortschritte auf dem Gesammtgebiete der Industrie gemacht hat, verdankt sie hauptsächlich seinen zahlreichen ausgezeichneten technischen Lehranstalten aller Art und der Fürsorge der Regierung und der Arbeitgeber für die Bildung, das Wohl und die Verbesserung der ganzen Lebenshaltung der Arbeiter. *M. B.*

Bericht über in- und ausländische Patente.

Patentanmeldungen,

welche von dem angegebenen Tage an während zweier Monate zur Einsichtnahme für Jedermann im Kaiserlichen Patentamt in Berlin ausliegen.

25. Februar 1897. Kl. 7, G 10325. Zweibehälter-Drahtziehmaschine. A. Grohmann & Sohn, Würbenthal, Oesterr.-Schles.

Kl. 20, D 7812. Selbstthätige Auslösevorrichtung für Seilklemmen. Vincent Dypka, Chropaczow, Kr. Beuthen.

Kl. 31, G 11182. Formverfahren für Kunstgufs. Johannes Gaulke und Wilhelm Mierschke, Berlin.

Kl. 87, B 19317. Befestigung von Werkzeugspitzen an Hacken und ähnlichen Werkzeugen. John Barlow, Edward Hubbart und Arthur Durose, Nottingham, England.

1. März 1897. Kl. 5, F 9254. Verfahren zur Gewinnung von Gold, Silber, Platin und dergleichen aus ihren natürlichen Ablagerungen. Hermann Frasch, Cleveland, Ohio.

Kl. 10, D 7675. Stechmaschine, insbesondere für Torf, mit selbstthätiger Auslösung bezw. Umsteuerung des Stechapparats. R. Dolberg, Rostock i. M.

Kl. 31, C 6543. Verfahren und Vorrichtung zur Erzielung poröser Gufsstücke. A. F. Gothias, Jory-sur-Seine, Frankreich.

Kl. 31, R 10713. Vorrichtung zum Formen zweitheiliger ringförmiger Körper (Riemscheiben) mittels Schablone. Johann Reithmayr, München.

4. März 1897. Kl. 1, M 13301. Vorrichtung zum Aufbereiten von körnigem Gut auf nassem Wege. J. Graham Martyn, Cty. of Cornwall, Engl.

Kl. 48, L 9197. Verfahren zur Herstellung löslicher Anoden. P. Limpricht und Herm. Schmidt, Hamburg-Uhlenhorst.

8. März 1897. Kl. 19, A 4341. Schienenbefestigung auf eisernen Querschwellen. Zusatz z. Pat. 90135. William Henri Addicks, Philadelphia, Pa., V. St. A.

Kl. 24, P 8444. Verfahren, die bei der Verbrennung von Kohlen auftretende schweflige Säure unschädlich zu machen. Emil Pollacsek, Budapest.

Kl. 49, G 11010. Walzwerk zur Herstellung von profilirtem Walzgut. Henry Grey, Cty. of St. Louis, V. St. A.

Gebrauchsmuster-Eintragungen.

1. März 1897. Kl. 18, Nr. 69971. Roheisenmischer mit unten durchbrochener Trennungswand aus feuerfestem Material zur Entnahme des Roheisens aus den unteren Schichten des Behälters. J. Puissant d'Agimont, Malstatt-Burbach a. d. Saar.

Kl. 20, Nr. 70281. Geschlossenes Achslager aus einem Stück mit staubdichtem Verschlufs und selbstthätiger Schmiereinrichtung. Eugen Liebrecht, Mannheim.

Kl. 24, Nr. 70060. Hohler Planrost aus einem Stück Gufseisen mit Wasserkühlung. Ferdinand Graf, Aachen.

8. März 1897. Kl. 5, Nr. 70485. Erweiterungsbohrer mit zwangläufig hervorkehrbaren Schneiden. Friedrich Sommer, Essen a. d. Ruhr.

Kl. 5, Nr. 70486. Erweiterungsbohrer mit selbstthätig hervorkehrbaren Schneiden. Friedrich Sommer, Essen a. d. Ruhr.

Kl. 5, Nr. 70699. Rollenapparat aus einer beliebigen Anzahl um die Hauptachse angeordneter Rollen mit selbstthätiger durch den Förderwagen auszulösender Arretirung. Ph. Forster, Altenwald b. Saarbrücken.

Kl. 18, Nr. 70718. Dampfhydraulische Presse zum Bearbeiten von Luppen. Huldschinskysche Hüttenwerke, Actiengesellschaft, Gleiwitz.

Kl. 19, Nr. 70488. Geleise für scharf gekrümmte Bahnstrecken aus Auflaufschienen mit breiten, ebenen oder profilirten Köpfen und in Schienenstühlen gelagerten Uebergangsstücken. Maximilian Rohleder, Witkowitz.

Kl. 20, Nr. 70506. Wagen, dessen Obergestell beim Herausschieben eines Zwischenrahmens mit Zahnstangengetriebe um in Gabeln angeordneten Endzapfen kippt. J. G. Holcombe, Newport.

Deutsche Reichspatente.

Kl. 19, Nr. 90017, vom 16. März 1896. Zusatz zu Nr. 85059. G. Schubert in Sorau. *Eiserne Querschwelle.*

Die Querschwelle hat einen + - Querschnitt. Ihre obere Rippe *a* ist zur Lagerung der Unterlagsplatte *b* derart ausgeschnitten, dafs deren äufserer Schenkel unter einen Ausschnitt der Rippe *a* fafst und gleichzeitig letztere gabelförmig umgreift, während der innere Schenkel der Platte *b* diese nur gabelförmig umgreift, nach oben aber durch einen Spannhebel *e* festgehalten wird. Dieser ist gabelförmig gestaltet, so dafs er unter einen Vorsprung der Rippe *a* fafst und mit seinem linken Ende vermittelst eines Keiles *d* auf den Schienenfufs gedrückt wird, wodurch Schwelle, Unterlagsplatte und Schiene zu einem starren Ganzen verbunden werden.

Kl. 1, Nr. 90240, vom 3. Juni 1896. Westphal und Nuchten in Ruda (O.-S.). *Kaliberrost.*

Der Rost wird von Kugeln gebildet, die auf parallelen Wellen derartig excentrisch befestigt sind,

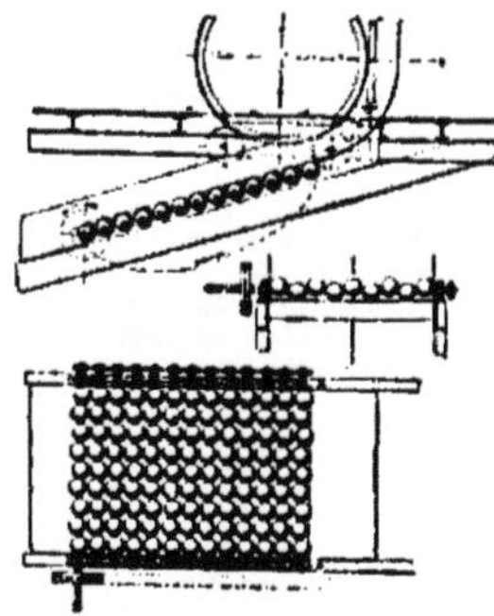

dafs die Richtung der Excentricität der Kugeln auf einer und derselben Welle wechselt, die Richtung der Excentricität einer Kugelreihe auf den verschiedenen Wellen aber die gleiche ist. Statt der Kugeln können Polyeder gewählt werden.

Kl. 7, Nr. 90005, vom 5. Oct. 1895. C. Bremicker in Haspe in W. *Drahtziehbank.*

Die Ziehbank ist für ununterbrochenen Zug eingerichtet, wobei der Draht zwischen den in je einer Reihe nebeneinander liegenden Ziehrollen *a* und

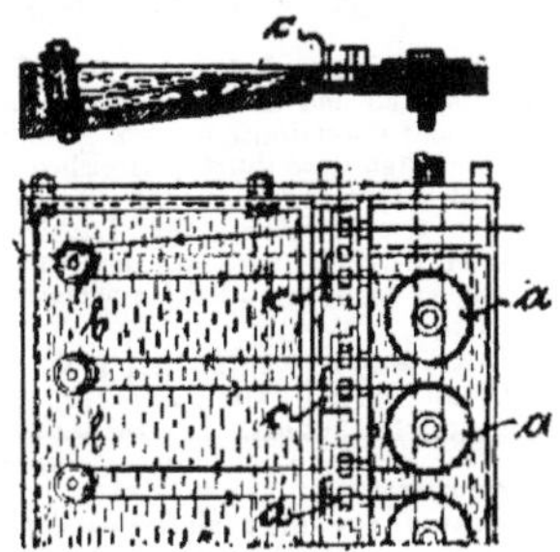

Führungsrollen *b* in einer Schlangenlinie sich bewegt und dabei durch die Zieheisen *c* geht. Diese sind vor eine mit Dichtungen versehene Wand *d* gelegt, welche den Raum für die Ziehrollen a von dem Raum für die Führungsrollen *b* trennt. Ersterer dient zur Aufnahme der Ziehschmiere, während die Führungsrollen *b* in Säure liegen.

Kl. 19, Nr. 89920, vom 28. Mai 1896. Hermann Biermann in Breslau. *Sicherheitsschiene für Eisenbahnen.*

Die Schiene hat einen seitlich über der Laufbahn sich erhebenden Flantsch *a*, der ein Entgleisen des

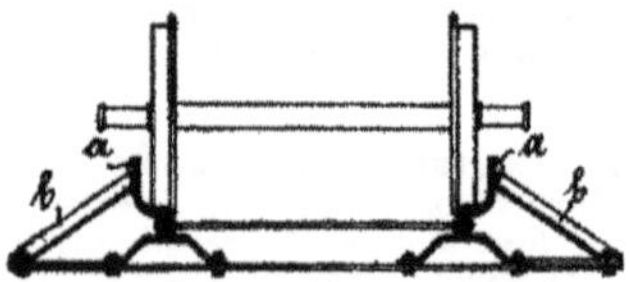

Wagens verhindert, wenn dessen Räder mit dem Spurkranz auf die Laufbahn auflaufen. Die Schiene kann als Langschwelle ausgebildet und der Flantsch *a* durch Streben *b* gestützt werden.

Kl. 31, Nr. 89930, vom 19. November 1895. Louis Delottrez in Paris. *Aufsatz für Schmelztiegel.*

In den kippbaren Ofen *a* ist der Schmelztiegel *b* fest eingesetzt und von Brennmaterial umgeben, welches von der bei *c* eingeblasenen Luft verbrannt wird. Auf dem Deckel von *b* sitzt ein mit dem zu schmelzenden

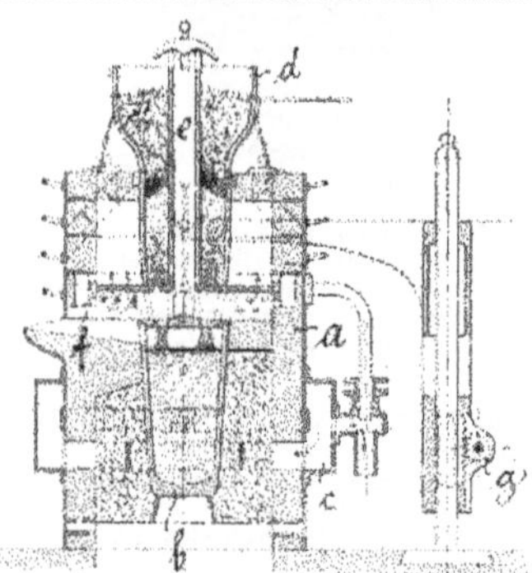

Metall gefüllter Trichter *d*, dessen unterer Theil von einem durchlochten und in das centrale Rohr *e* übergehenden Kanal *f* durchdrungen wird, so dafs die im Ofen *a* entwickelten Gase durch *f* streichen, hier mit Luft sich mischen, verbrennen und um und durch den Trichter *d* entweichen. Der Trichter d kann vermittels der Winde *g* leicht aus dem Ofen herausgehoben und in denselben wieder eingesetzt werden.

Kl. 7, Nr. 90194, vom 20. Juli 1895. Düsseldorfer Eisen- und Drahtindustrie, Act.-Ges. in Düsseldorf-Oberbilk. *Drahtwalzwerk mit mehreren Walzenstrafsen und abwechselndem Oval- und Quadratkaliber.*

Das Walzwerk besteht aus hintereinander liegenden Walzenstrafsen mit abwechselnden Oval- und Quadratkalibern, welche durch Führungen miteinander verbunden sind, so dafs das Walzgut selbstthätig von einem Kaliber zum andern gelangt. Dabei sind aber nur die zwischen den Walzenstrafsen gelegenen geraden Führungen für den ovalen Draht um 90° verdreht, während die Führungen, welche den Quadratdraht in einer und derselben Walzenstrafse im Halbkreis von einem Kaliber zum andern leiten, nicht verdreht sind.

Kl. 5, Nr. 89185, vom 25. Januar 1896. A. Caleri in St. Petersburg. *Maschine zur Gewinnung anstehenden Gebirges mittels rotirender Schneidscheiben, deren Achsen einen Winkel miteinander bilden.*

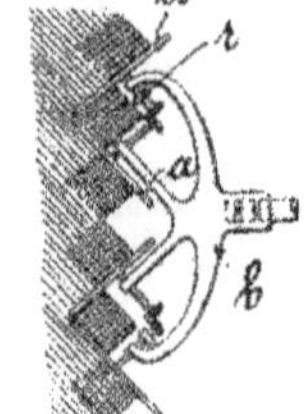

Die Schneidscheiben *a* sind zu einander im rechten Winkel im Arm *b* gelagert, welche in der Schnittrichtung schwingen und nach erfolgtem Schnitt behufs Ausführung eines neuen Schnitts auch verstellt werden kann. Der Antrieb der einen Schneidscheibe *a* erfolgt durch einen um die Scheibe r gelegten Ketten- oder dergl. Trieb von der Schwingungsachse des Armes *b* aus, während die andere Scheibe *a* durch Kegelräder von der angetriebenen Scheibe *a* gedreht wird.

Kl. 19, Nr. 90185, vom 14. Mai 1895. W. H. Addicks in Philadelphia (Pa., V. St. A.). *Schienenbefestigung auf eisernen Querschwellen.*

Die Querschwelle *a* von dem gezeichneten Querschnitt erhält Ausschnitte *c* behufs Lagerung der Schienen, und Schlitze *b* behufs Aufnahme der Be-

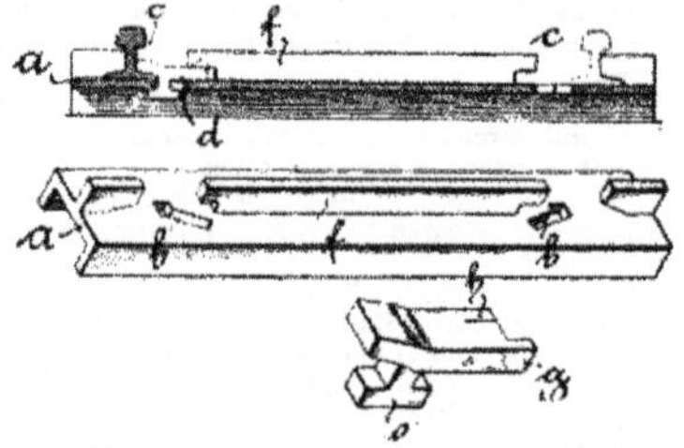

festigangshaken *d*. Letztere werden nach Einlegung der Schiene in die Ausschnitte *b* mit ihrem Kopf *e* durch die Schlitze *b* gesteckt und dann unter geringer Verdrehung gegen die Schiene herangeschoben, bis sie in der Richtung der Mittelrippe *f* der Schwelle stehen, wobei die Nase *g* gegen die eine Seite von *f* und die andere vorgeschnittene Nase *h* nach ihrer Aufbiegung gegen die andere Seite von *f* sich legen.

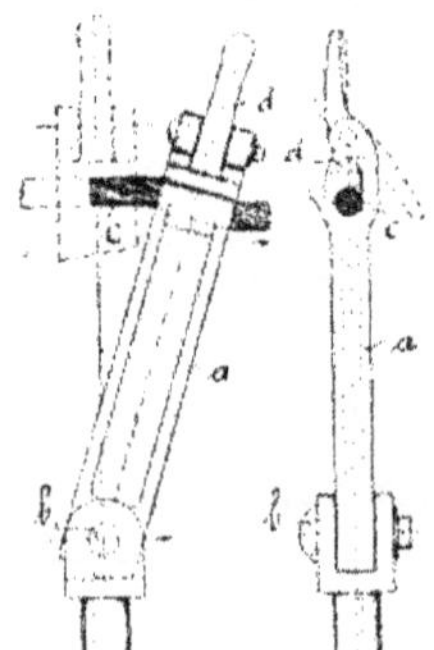

Kl. 20, Nr. 90137, vom 21. April 1896. P. Jorissen in Düsseldorf - Grafenberg. *Seilklemme für Streckenförderung.*

Der Mitnehmer *a* kann um den am Wagen gelagerten Zapfen *b* in der Zugrichtung etwas pendeln, so dafs beim Zug ein Knicken des eingeklemmten Seiles *c* stattfindet und hierdurch ein sicheres Mitnehmen des Wagens bewirkt wird. Die Klemmvorrichtung *d* kann verschieden eingerichtet sein.

Kl. 20, Nr. 89877, vom 5. April 1895. G. F. Baum in Berlin. *Schlagwettersichere Stromzuführungseinrichtung für elektrische Grubenbahnen.*

In der Strecke sind die Stromzuleitungsschienen *a* an Haltern *b* befestigt. Diese Schienen *a* bilden ein Schlitzrohr zur Führung eines Stromabnehmers, welcher durch ein Seil d mit der Locomotive verbunden ist und von dieser in dem Rohr *a* fortgezogen wird, wobei eine Leitung *e* den Strom von der Schiene *a* zur Locomotive führt. Der Stromabnehmer besteht aus den beiden mit der Zugöse *c* leitend verbundenen

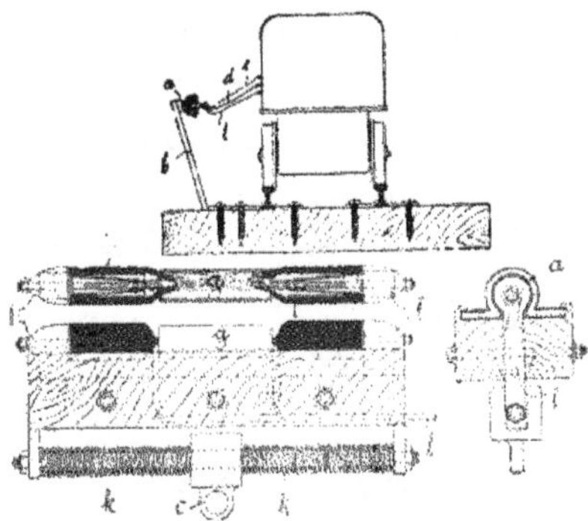

Kegeln *f*, einem zwischen ihnen liegenden Schmierbehälter *g* und den von diesem aus geschmierten Metallbürsten *i*, welche durch Federn *h* gegen die Rohrwandung *a* gedrückt werden. Zur Aufnahme der Stöfse beim Anziehen der Locomotive stützt sich die Zugöse *c* gegen Pufferfedern *k*. Zwischen dem Schmierbehälter *g* und den Bürsten *i* mündet ein Rohr *l*, durch welches von der Locomotive aus Luft oder Kohlensäure in das Rohr *a* gedrückt wird, um die in diesem enthaltenen Schlagwetter zu verdrängen und, falls Funken entstehen, eine Ueberleitung derselben auf aufserhalb der Röhre *a* vorhandene Schlagwetter zu verhindern.

Kl. 49, Nr. 90117, vom 23. April 1895. Paul Hesse in Düsseldorf. *Walzwerk.*

Das Walzwerk ist ähnlich dem durch Patent Nr. 82703 (vergl. „Stahl und Eisen“ 1895, S. 1064) geschützten. Im übrigen wird auf die Patentschrift verwiesen.

Kl. 19, Nr. 90092, vom 9. Juni 1895. Carl Röstel in Berlin. *Verfahren zur Herstellung von Schienenstofsbrücken.*

Die gewalzte Lasche *a* des gezeichneten Querschnitts, dessen Höhe die Höhe der Schiene nicht ganz erreicht, wird in der Mitte in einer Presse nach innen gekröpft (*a'*), wobei der gekröpfte Theil durch Materialverdrängung die Höhe der Schiene erhält und seine Innenfläche mit der Fläche des Schienensteges zusammenfällt. Der Kopf der Schienen wird entsprechend fortgenommen, so dafs beim Zusammenlegen von Schiene und Lasche *a'* beide auf ihrer ganzen Fläche sich dicht aneinander schmiegen und der gekröpfte Theil der Lasche einen Theil der Laufbahn der Schiene bildet.

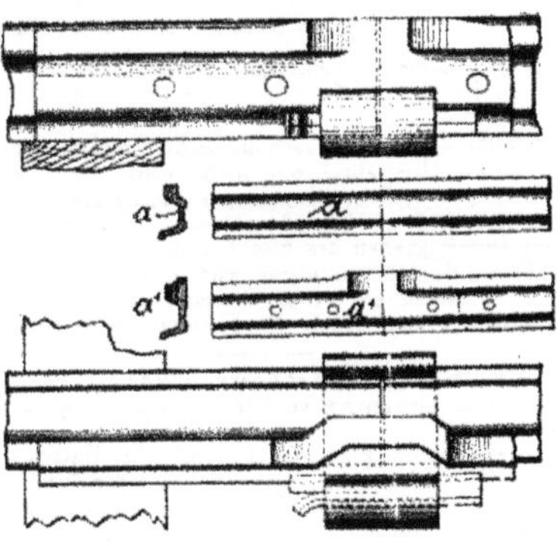

Kl. 50, Nr. 89581, vom 26. September 1895. H. Kolshorn und G. Strecker in Taps (Sibirien). *Zerkleinerungsmaschine.*

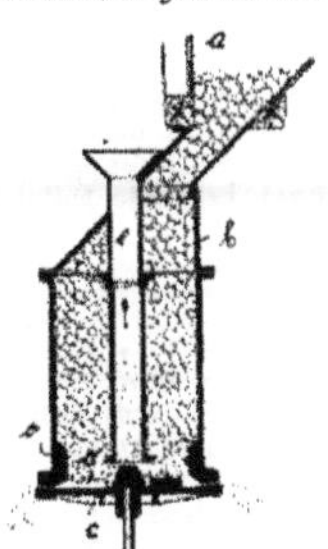

Das zu zerkleinernde Gut wird bei *a* in den Cylinder *b* gefüllt und in seiner untersten Schicht durch die sich drehende Scheibe *c* mitgenommen, wobei es sich — hauptsächlich durch die Reibung der Gutstücke unter sich — zerreibt. Das zerriebene Gut fällt durch den zwischen Scheibe *c* und Cylinderrand *b* vorhandenen Spalt nach aufsen. Die hiervon abgesiebten Griese werden durch das centrale Rohr *e* von neuem aufgegeben. In dem Cylinder *b* und auf der Scheibe *c* sind Halte- beziehungsweise Mitnehmerflügel *o* angeordnet.

Kl. 1, Nr. 89867, vom 25. Jan. 1896. Johann Karlik in Kladno (Böhmen). *Siebvorrichtung, insbesondere für Kohlen, Erze.*

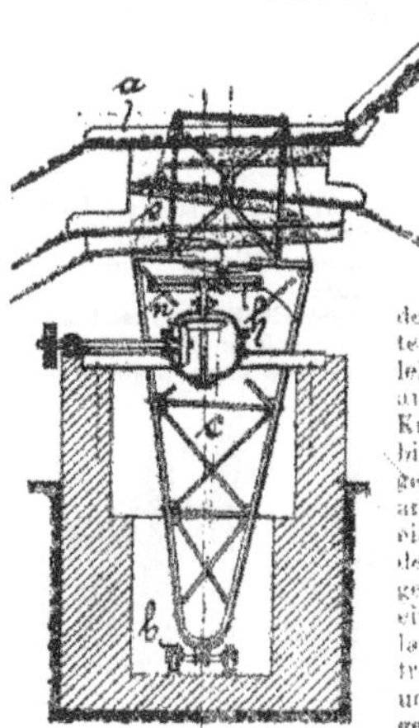

Der die verschiedenen Siebe enthaltende Kasten *a* ruht leicht auswechselbar auf dem in einem Kreuzgelenk *b* im labilen Gleichgewicht gelagerten Träger *c*, an welchen bei *e* eine Kurbel angreift, deren Scheibe *h* fest gelagert ist und durch ein ebenfalls fest gelagertes Kegelradgetriebe *n* im Kreise hin und her geschwungen wird.

Britische Patente.

Nr. 17168, vom 4. August 1896. H. Frasch in Cleveland (Ohio). *Verfahren zur Gewinnung von Edelmetallen.*

In die natürlichen Lagerstätten der Edelmetalle wird eine dieselben lösende Flüssigkeit durch Bohrlöcher eingeführt, wonach die Edelmetalllösung durch Wasser ausgewaschen und durch bekannte Mittel zu Tage gehoben wird.

Nr. 22727, vom 27. November 1895. John Gjers in Middlesborough-on-Tees. *Flammofenflufsstahl.*

Der Herd des Ofens wird aus sehr reichem, reinem Eisenerz (z. B. titansaures Eisenoxyd) gebildet. Hierbei wird das fein gepulverte Eisenerz mit Salzwasser angefeuchtet und auf eine Schicht saurer oder basischer Steine in dicker Lage aufgestampft. Der Schmelzprocefs wird in der gewöhnlichen Weise geführt; hierbei wird das Eisenoxyd des Herdes zersetzt, so dafs der Sauerstoff des Eisenoxyds an die Unreinigkeiten des Eisens gehen und dieselben verschlacken kann. Vor dem Zusatz des Ferromangans wird die Schlacke abgezogen und dann bei Erreichung der geeigneten Temperatur das flüssige Bad abgestochen.

Patente der Ver. Staaten Amerikas.

Nr. 558947. F. W. Hawkins in Detroit (Mich.), F. B. Hawkins in Hammond (Ind.) und G. F. Key in Auntrbor (Mich.). *Verfahren zur Herstellung von Stahlgufs.*

Ein Cupolofen *a* und ein Flammofen *b* arbeiten in der Weise zusammen, dafs in ersterem das Roheisen niedergeschmolzen und dann in einem breiten

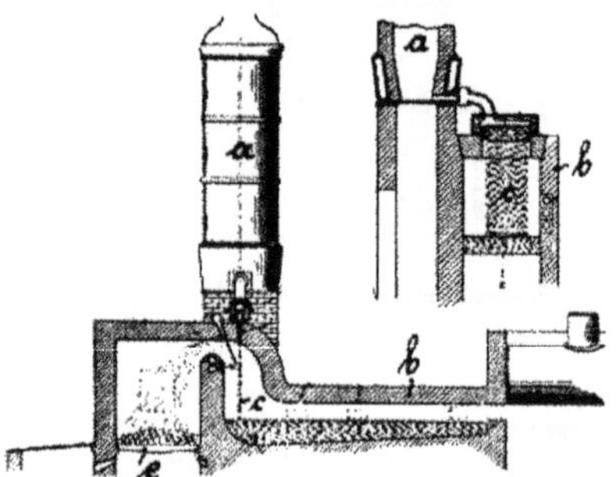

aber dünnen Strahl *c* durch die Decke des Flammofens *b* in dessen Herd abgelassen wird, wobei der fallende Eisenregen von der Flamme des Ofens *b* und von besonderen Luft- und Dampfstrahlen getroffen wird, so dafs die Unreinigkeiten des Eisens ausgeschieden werden. Hat der Herd die zum Gufs erforderliche Menge Eisen aufgenommen, so erfolgt dessen Erhitzung auf die Giefstemperatur durch die Flamme der Feuerung *e*.

Nr. 556193. J. Matthews in Wyandote (Mich.) und A. G. Sherman in Cleveland (Ohio). *Blechwalzwerk.*

Das Blech geht zuerst durch die Unterwalzen eines Triowalzwerks *a*, dann nacheinander durch zwei Duowalzwerke *b c* und hiernach durch ein Kehrwalzwerk *d*. In letzterem wird das Blech durch Führungen und die Walze *e* in eine seiner bisherigen Bewegungsrichtung entgegengesetzte Richtung übergeführt und gelangt dann durch zwei weitere Duowalzwerke

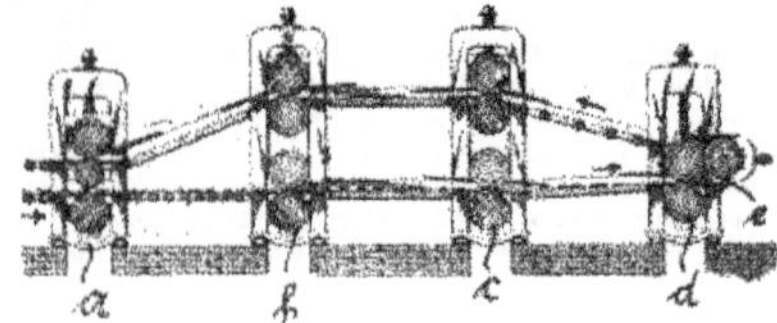

zwischen die oberen Walzen des Triowerkes *a*. Zwischen den einzelnen Walzwerken sind angetriebene Rollbahnen *e* und seitliche Leitwangen angeordnet.

Nr. 554457. Ch. S. Price in Westmont, (Pa.). *Bessemerbirne.*

Der leicht auswechselbare Boden *a* der Birne ist voll und mit einer seitlichen Luftzuführung *b* versehen. Zwischen diese und den Stutzen *c* des hohlen Zapfens *d* ist, leicht auswechselbar, die Luftzuführungsdüse *e* eingesetzt. Die untere Fläche derselben liegt tiefer als die Oberfläche des Eisens in

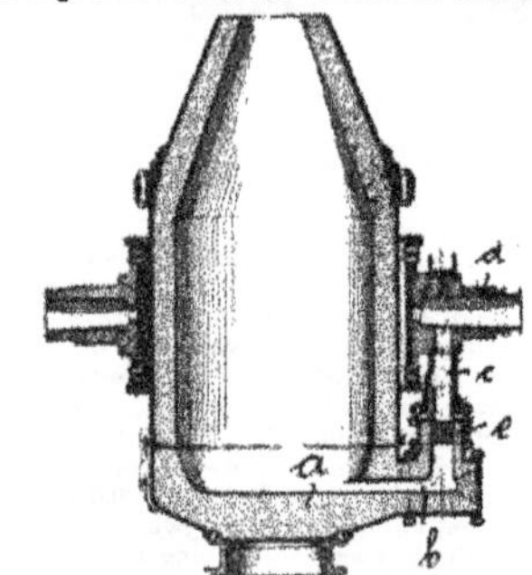

der Birne, so dafs sie stets von Eisen bedeckt ist. Dasselbe kann jedoch in die Luftkanäle wegen der Windströme nicht eintreten.

Nr. 555875. S. V. Huber in Pittsburg, (Pa.). *Umstechvorrichtung für Walzwerke.*

Die von einem Kaliber zum anderen führende Rinne *a* ist in jeder Richtung einstellbar auf dem Fundament gelagert und besitzt in ihrer Bahn an-

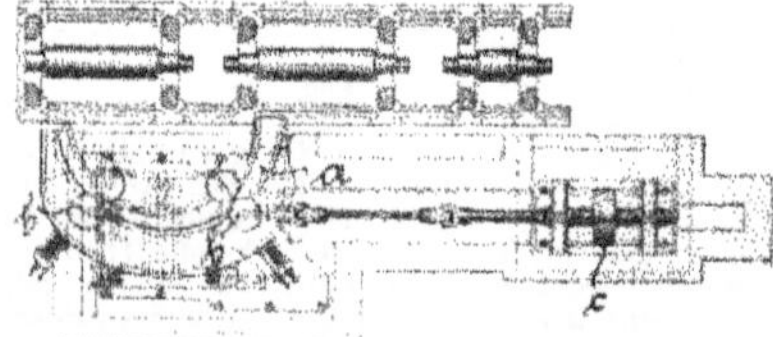

getriebene Transportwalzen *b*, die das Walzgut weiter fördern, wenn es aus dem Kaliber der Hauptwalzen ausgetreten ist. Der Antrieb der Walzen *b* erfolgt von der Riemscheibe *c* aus, deren Welle durch Universalgelenke mit den Wellen der auf den Walzen *b* sitzenden konischen Räder verbunden ist.

Gerichtliche Entscheidungen in Patentprocessen.*

Die Bezeichnung eines im Deutschen Reiche nicht patentirten, sondern nur unter Gebrauchsmusterschutz stehenden Gegenstandes mit den Worten: „in den meisten Staaten patentirt", kann als strafbare Patentanmafsung angesehen werden.

Auf diesen Standpunkt hat sich das Schöffengericht Zwickau am 17. April 1896 in 1. Instanz, das Landgericht Zwickau, 3. Strafkammer am 1. Juni 1896 in 2. Instanz und das Oberlandesgericht Dresden am 6. August 1896 in 3. Instanz gestellt.

Der Sachverhalt ist folgender:

Der Angeklagte hatte seit Neujahr 1896 in Tausenden gedruckten Empfehlungsschreiben u. dergl. von ihm übernommene Zimmerschiefsstände als „in den meisten Staaten patentirt" bezeichnet, obschon dieselben in Deutschland nicht patentirt waren, sondern nur unter Gebrauchsmusterschutz standen. Hierin hat der Richter in allen 3 Instanzen eine Patentanmafsung erblickt, weil die Empfehlungsschreiben geeignet waren, den Irrthum zu erregen, die Zimmerschiefsstände seien auch durch ein Patent nach Mafsgabe des Deutschen Reichs-Patentgesetzes vom 7. April 1891 geschützt. Der Angeklagte habe mit der Bezeichnung „in den meisten Staaten patentirt" vor Allem das Deutsche Reich gemeint, was schon daraus hervorgehe, dafs der Zimmerschiefsstand in Deutschland hergestellt sei und auch durch die in deutscher Sprache abgefafsten Empfehlungsschreiben von einer deutschen Stadt aus, Zwickau, in Deutschland vertrieben werden sollte. Dafs aber der Zimmerschiefsstand in Deutschland nicht patentirt war, sondern nur unter Gebrauchsmusterschutz stand, habe Angeklagter bei der Drucklegung und Versendung der Empfehlungsschreiben gewufst. Für diese Annahme sprach der Umstand, dafs der Angeklagte sich gewerbsmäfsig mit dem Vertriebe von durch Patent oder Gebrauchsmuster geschützten Gegenständen befafst und in den hierauf bezüglichen Prospecten u. dergl. ausdrücklich Bezeichnungen wie „patentirt", „zum Patent angemeldet" gebraucht hat, so dafs ihm die wesentlichen Unterschiede zwischen „Patent" und „Gebrauchsmuster" wohl bekannt waren. Die Behauptung des Gegentheils sei nur eine leere Ausflucht, die keine Beachtung verdiene.

Einstweilige Verfügung zum Schutze des Patentinhabers gegen das Vorgehen des Inhabers eines älteren Patentes, die Abnehmer des nach dem jüngeren Patent hergestellten Gegenstandes mit Patentverletzungsklagen zu bedrohen.

Thatbestand:

Die Klägerin besitzt ein jüngeres Patent auf Accumulatoren und fabricirt und vertreibt dieselben. Die Beklagte besitzt zwei ältere Patente auf Accumulatoren und ist der Meinung, dafs das jüngere Patent von ihren älteren Patenten abhängig sei. Infolgedessen hatte die Beklagte an Kunden und Abnehmer der Klägerin mehrfach Schreiben des Inhalts gerichtet, dafs sie gegen die Klägerin wegen Patentverletzung klagen werde und dafs die Adressaten sich regrefspflichtig machen würden, falls sie von der Klägerin Accumulatoren kauften oder in Betrieb setzten. Die Kunden der Klägerin haben darauf wiederholt erklärt, dafs sie zu Gunsten der Klägerin fällige Zahlungen zurückhalten müfsten.

Die Klägerin hat deshalb in der 4. Civilkammer des Landgerichts II zu Berlin den Erlafs einer einstweiligen Verfügung dahin beantragt, dafs der Beklagten bei Strafe von 1000 ℳ untersagt werde, Erwerbern von Accumulatoren der Klägerin die Anstellung eines Patentprocesses anzudrohen. Diesen Antrag hatte der erste Richter nach mündlicher Verhandlung am 5. Februar 1896 zurückgewiesen.

Inzwischen hatte die Beklagte auf Grund ihrer Patente gegen die Klägerin Klage auf Unterlassung der Herstellung und des Vertriebes der Accumulatoren erhoben und machte — hierauf fufsend — in der Berufungsinstanz beim 10. Civilsenat des Königl. Preufs. Kammergerichts zu Berlin geltend, das Gericht sei für den Erlafs der beantragten Verfügung nicht zuständig, auch könne ihr nicht verwehrt werden, gegen Personen, die ihre Patente verletzen, zu klagen und Warnungen, wie die von ihr erlassenen, abzusenden. Daraufhin wies auch der zweite Richter am 20. Juni 1896 die Berufung der Klägerin zurück. In der Verhandlung lag ein Urtheil des Kaiserl. Patentamtes vor, wonach eines der älteren Patente der Beklagten vernichtet worden ist.

Nunmehr kam die Sache auf Revision der Klägerin vor den 1. Civilsenat des Reichsgerichts und dieses fällte am 4. November 1896 das Urtheil, dafs der Beklagten bei Strafe von 500 ℳ für jeden Uebertretungsfall untersagt wird, Erwerbern von Accumulatoren der Klägerin die Anstellung eines Patentprocesses anzudrohen. Die Kosten des Rechtsstreites wurden der Beklagten auferlegt.

Das Reichsgericht ging hierbei von der Ansicht aus, dafs — wie auch die von beiden Parteien vorgelegten Gutachten erkennen lassen — es nur fraglich sei, ob der Klägerin ihr Patent so hätte ertheilt werden dürfen, wie es ertheilt ist, oder ob es von den Patenten der Beklagten abhängig ist. Rechtsirrthümlich sei bei dieser Sachlage die Anschauung, dafs die Klägerin glaubhaft zu machen habe, dafs sie die Patente der Beklagten nicht verletze, denn die Klägerin habe ihr Patent und die unstreitige Thatsache für sich, dafs die Beklagte sie im Besitze desselben stört. Wolle die Beklagte behaupten, dafs sie auf Grund ihrer Patente dazu befugt sei, so habe die Beklagte dies vorerst klarzulegen. Ueber diese Befugnifs zu befinden, sei aber nicht Aufgabe des Verfahrens im Sinne des § 819 der Civilprocefsordnung, wenn die Befugnifs nicht klar ist — welcher Fall, da der Rechtsstreit zwischen den Parteien noch schwebt, hier zutreffe. Gemäfs § 819 sei nur zu prüfen, ob es zur Abwendung wesentlicher Nachtheile für die Klägerin nothwendig erscheint, die Frage des Besitzstandes, der der Klägerin ihr Patent gewährt, bis zur Entscheidung des Streites der Parteien über ihre beiderseitigen Rechte aus den Patenten unerörtert zu lassen, und diese Frage sei zu bejahen, denn die wesentliche Benachtheiligung der Klägerin liege auf der Hand, weil ihr die Ausnutzung ihres Patentes durch die Beklagte ganz unmöglich gemacht werde. Der mögliche Nachtheil für die Beklagte trete daneben zurück.

Das Patentwesen in der Schweiz.

(Vergl. „Blatt für Patent-, Muster- und Zeichenwesen" 1897, Seite 22.)

In der Schweiz ist am 1. December 1896 eine neue Vollziehungs-Verordnung zum Patentgesetz vom 29. Juni 1888 in Kraft getreten, deren wesentlicher Inhalt folgender ist:

§ 1. Die Urheber neuer, gewerblich verwerthbarer Erfindungen bezw. ihre Rechtsnachfolger können Erfindungspatente erlangen.

---

* Vergl. „Blatt für Patent-, Muster- und Zeichenwesen" 1896, S. 339 u. f.

§ 2. Die Patentgesuche müssen dem eidgenössischen Amte für geistiges Eigenthum auf vorgedruckten Formularen unterbreitet werden. Für Ausländer sind inländische Vertreter erforderlich.

§ 3. Dem Gesuch um ein definitives Patent sind beizulegen: 2 Beschreibungen und Zeichnungen der Erfindung, der Ausweis, dafs ein Modell des erfundenen Gegenstandes oder der Gegenstand selbst vorhanden ist, eine Gebühr von 40 Frcs., event. die Vertreter-Vollmacht und event. die Vollmacht des Erfinders.

Ein Patentgesuch ohne Modellnachweis hat nur Anspruch auf ein provisorisches Patent.

Das Gesuch und die Anlagen sind in einer der 3 Landessprachen abzufassen.

§ 4. An ein Gesuch um Ertheilung eines Zusatzpatentes werden die gleichen Anforderungen gestellt; die einmalige Gebühr beträgt jedoch nur 20 Frcs.

§ 5. Ein Patentgesuch darf sich nur auf einen Hauptgegenstand mit den zu demselben gehörenden Details beziehen. Das Zusatzpatentgesuch mufs sich auf die den Gegenstand des Hauptpatentes bildende Erfindung beziehen.

§ 6. Zur Wahrung des Prioritätsrechtes für im Auslande bereits angemeldete oder für unter einem zeitweiligen Ausstellungsschutz stehende Erfindungen ist die Einreichung regelrechter Patentgesuche erforderlich.

§§ 7 und 8 handeln von der genauen Beschaffenheit der Beschreibung, der Patentansprüche und der Zeichnungen.

§ 13. Der Beweis für das Vorhandensein eines Modells wird erbracht:

a) durch bleibende Hinterlegung des Modells; dieselbe ist obligatorisch bei Erfindungen von Taschenuhren, Handfeuerwaffen und schwer zu identificirenden Stoffen (§ 14);

b) durch bleibende Hinterlegung von Photographien des Modells, falls dessen Einreichung nicht obligatorisch ist;

c) durch vorübergehende Hinterlegung von Photographien des Modells behufs amtlicher Vergleichung derselben mit den Unterlagen der Anmeldung.

Für die Vergleichung innerhalb bezw. aufserhalb des Amtes sind 10 Frcs., bezw. diese und Reise- und Tagegelder für den Experten zu bezahlen (§ 19).

§ 22. Die Patentgesuche unterliegen einer formalen Prüfung.

§ 23. Gicht dieselbe zu Ausstellungen keine Veranlassung, so erfolgt die Eintragung des Patentgesuches in das Patentregister, wonach (§ 24) dem Patentbewerber eine Patenturkunde zugestellt wird.

§ 26. Die Priorität des Patentes wird durch Hinterlegung der vorschriftsmäfsigen Unterlagen sichergestellt. Der betreffende Tag ist mafsgebend für die Berechnung der Patentgebühren und die Patentdauer (§ 27). Als Datum des definitiven Patents gilt dasjenige der Beweisleistung für die Existenz des Modells.

§ 29. Nach der Patenteintragung eingereichte und in das Patentregister einzutragende Erklärungen über Erfindungs-Cessionen unterliegen einer Gebühr von 10 Frcs.

§ 30. Bei unvollständigen Patentgesuchen wird der Bewerber zur Vervollständigung aufgefordert. Wird diese innerhalb 2 Monaten nicht vorgenommen, so verweigert das Amt die Patentertheilung. Eine Fristverlängerung ist zulässig, darf aber den siebenten Monat nicht übersteigen.

§ 31. Gegen die Patentverweigerung kann der Bewerber innerhalb vier Wochen Recurs anmelden und zwar in erster Instanz beim Patentamt und in zweiter Instanz beim Bundesrath.

§ 33. Das Verzeichnifs der ertheilten Patente wird zweimal monatlich im Schweizerischen Handelsblatt veröffentlicht.

§ 35. Die Beschreibung und Zeichnung der patentirten Erfindungen werden in Patentschriften, welche käuflich sind, bekannt gemacht. Dies kann auf sechs Monate vertagt werden, wenn der Bewerber vor Eintragung des Patentes einen bezüglichen Antrag gestellt hat.

§ 36. Nichtzahlung der Patentgebühren hat die Löschung des Patentes zur Folge.

§ 41. Behufs Erlangung eines zeitweiligen Schutzes für Ausstellungsgegenstände ist die Einreichung eines Gesuches mit den erforderlichen Beschreibungen und Zeichnungen innerhalb einer Frist von zwei Monaten von demjenigen Tage an gerechnet, an welchem der Gegenstand dem Publikum zum erstenmal zugänglich war, erforderlich.

Handelsvertrag zwischen Deutschland und Japan vom 4. April 1896.

(Vergl. a. a. O. Seite 21 und 35.)

§ 17. Die Angehörigen des einen der vertragschliefsenden Theile sollen in den Gebieten des anderen in Bezug auf den Schutz von Erfindungen, Mustern (einschliefslich der Gebrauchsmuster) und Modellen, von Handels- und Fabrikmarken, von Firmen und Namen dieselben Rechte wie die eignen Angehörigen unter der Voraussetzung geniefsen, dafs sie die hierfür vom Gesetz vorgesehenen Bedingungen erfüllen. Ist letzteres geschehen, so mufs der Schutz gewährt werden.

Vorstehender § 17 ist am 18. November 1896 in Kraft getreten.

Hierzu hat das Japanische Ministerium für Landwirthschaft und Handel Folgendes bekannt gemacht:

Im Ausland wohnende Patent-, Muster- oder Waarenanmelder bedürfen eines im Inlande wohnenden Vertreters, der u. a. eine Bescheinigung über die Nationalität des Anmelders beizubringen hat. Diese Bescheinigung, die Vollmacht und andere in einer fremden Sprache geschriebenen Eingaben müssen von einer Uebersetzung begleitet sein. Die Anmeldung, die Bescheinigung und alle anderen Schriftstücke müssen in japanischer Sprache verfafst sein.

Nach einem Bericht des Kaiserlich Deutschen Generalconsulats in Yokohama haben sich der Landgerichtsrath Lönholm in Tokio und der Ingenieur H. Kefsler ebenda erboten, als Vertreter für deutsche Interessenten zu fungiren. Es empfiehlt sich, die Beschreibung von Erfindungen möglichst in englischer Sprache mitzutheilen, um die Uebersetzung ins Japanische zu erleichtern.

Statistisches.

Statistische Mittheilungen des Vereins deutscher Eisen- und Stahlindustrieller.

Erzeugung der deutschen Hochofenwerke.*

	Bezirke	Monat Januar 1897	
		Werke (Firmen)	Erzeugung Tonnen.
Puddel-Roheisen und Spiegel-eisen.	Rheinland-Westfalen, ohne Saarbezirk und ohne Siegerland	16	30 750
	Siegerland, Lahnbezirk und Hessen-Nassau	26	42 149
	Schlesien	10	29 548
	Königreich Sachsen	—	—
	Hannover und Braunschweig	2	1 395
	Bayern, Württemberg und Thüringen	1	2 410
	Saarbezirk, Lothringen und Luxemburg	9	30 243
	Puddelroheisen Sa.	64	136 495
	(im December 1896	65	148 300)
	(im Januar 1896	62	138 278)
Bessemer-Roheisen.	Rheinland-Westfalen, ohne Saarbezirk und ohne Siegerland	4	36 252
	Siegerland, Lahnbezirk und Hessen-Nassau	2	4 628
	Schlesien	1	991
	Hannover und Braunschweig	1	4 140
	Bayern, Württemberg und Thüringen	1	1 470
	Bessemerroheisen Sa.	9	47 481
	(im December 1896	9	42 642)
	(im Januar 1896	8	31 345)
Thomas-Roheisen.	Rheinland-Westfalen, ohne Saarbezirk und ohne Siegerland	12	111 798
	Siegerland, Lahnbezirk und Hessen-Nassau	5	3 404
	Schlesien	4	18 809
	Hannover und Braunschweig	1	15 338
	Bayern, Württemberg und Thüringen	1	4 200
	Saarbezirk, Lothringen und Luxemburg	14	141 498
	Thomasroheisen Sa.	37	295 047
	(im December 1896	36	283 395)
	(im Januar 1896	36	254 324)
Giefserei-Roheisen und Gufswaaren I. Schmelzung.	Rheinland-Westfalen, ohne Saarbezirk und ohne Siegerland	11	39 752
	Siegerland, Lahnbezirk und Hessen-Nassau	3	13 239
	Schlesien	5	4 902
	Hannover und Braunschweig	2	3 863
	Bayern, Württemberg und Thüringen	2	2 355
	Saarbezirk, Lothringen und Luxemburg	7	21 230
	Giefsereiroheisen Sa.	30	85 341
	(im December 1896	31	78 382)
	(im Januar 1896	28	73 534)
	Zusammenstellung:		
	Puddelroheisen und Spiegeleisen	64	136 495
	Bessemerroheisen	9	47 481
	Thomasroheisen	37	295 047
	Giefsereiroheisen	80	85 341
	Erzeugung im Januar 1897	—	564 364
	Erzeugung im December 1896	—	552 719
	Erzeugung im Januar 1896	—	497 481

* Wir machen darauf aufmerksam, dafs vom 1. Januar d. J. ab die Gruppirung der deutschen Roheisenstatistik eine Aenderung erfahren hat.

Die Redaction.

Ein- und Ausfuhr des Deutschen Reiches.

	Einfuhr 1. bis 31. Januar		Ausfuhr 1. bis 31. Januar	
	1896	1897	1896	1897
Erze:	t	t	t	t
Eisenerze	124 434	156 979	183 159	257 169
Schlacken von Erzen, Schlackenwolle etc.	20 822	40 467	1 400	2 396
Thomasschlacken, gemahlen	4 224	3 312	4 021	6 748
Roheisen:				
Brucheisen und Eisenabfälle	890	2 352	4 851	2 847
Roheisen	14 877	23 908	13 693	8 378
Luppeneisen, Rohschienen, Blöcke	21	6	4 919	4 185
Fabricate:				
Eck- und Winkeleisen	14	194	11 331	11 314
Eisenbahnlaschen, Schwellen etc.	4	53	8 451	1 323
Eisenbahnschienen	2	216	13 192	6 351
Schmiedbares Eisen in Stäben etc., Radkranz-, Pflugschaareneisen	1 519	2 525	20 958	17 221
Platten und Bleche aus schmiedbarem Eisen, roh	330	300	11 653	7 865
Desgl. polirt, gefirnifst etc.	158	449	425	617
Weifsblech	182	2 402	16	9
Eisendraht, roh	683	204	8 846	7 203
Desgl. verkupfert, verzinnt etc.	29	36	7 373	9 925
Ganz grobe Eisenwaaren:				
Ganz grobe Eisengufswaaren	453	370	1 294	1 075
Ambosse, Brecheisen etc.	32	26	245	220
Anker, Ketten	199	107	85	21
Brücken und Brückenbestandtheile	31	0	355	481
Drahtseile	7	11	124	154
Eisen, zu grob. Maschinentheil. etc. roh vorgeschmied.	2	32	188	234
Eisenbahnachsen, Räder etc.	90	109	1 993	2 045
Kanonenrohre	1	—	28	5
Röhren, geschmiedete, gewalzte etc.	204	710	2 647	1 909
Grobe Eisenwaaren:				
Grobe Eisenwaaren, nicht abgeschliffen und abgeschliffen, Werkzeuge	745	990	9 687	9 522
Geschosse aus schmiedb. Eisen, nicht abgeschliffen	—	—	377	?
Drahtstifte	1	1	4 598	4 512
Geschosse ohne Bleimäntel, abgeschliffen etc.	—	—	25	5
Schrauben, Schraubbolzen etc.	20	32	281	130
Feine Eisenwaaren:				
Gufswaaren	20	23	} ?	} 1 342
Waaren aus schmiedbarem Eisen	?	113		
Nähmaschinen ohne Gestell etc.	5	56	92	318
Fahrräder und Fahrradtheile	?	10	?	24
Gewehre für Kriegszwecke	0	0	244	127
Jagd- und Luxusgewehre, Gewehrtheile	9	7	5	5
Nähnadeln, Nähmaschinennadeln	1	1	82	99
Schreibfedern aus Stahl etc.	9	9	2	2
Uhrfournituren	3	3	41	47
Maschinen:				
Locomotiven, Locomobilen	27	70	977	720
Dampfkessel	11	41	130	267
Maschinen, überwiegend aus Holz	55	80	50	67
" " " Gufseisen	3 260	3 464	6 757	7 976
" " " schmiedbarem Eisen	251	378	1 076	1 138
" " " and. unedl. Metallen	38	39	85	68
Nähmaschinen mit Gestell, überwieg. aus Gufseisen	70	190	566	520
Desgl. überwiegend aus schmiedbarem Eisen	6	1	—	—
Andere Fabricate:				
Kratzen und Kratzenbeschläge	14	18	18	16
Eisenbahnfahrzeuge (Stück)	—	37	890	369
Andere Wagen und Schlitten (Stück)	14	10	28	12
Dampf-Seeschiffe (Stück)	?	—	?	—
Segel-Seeschiffe (Stück)	?	—	?	—
Schiffe für Binnenschiffahrt (Stück)	?	—	?	—
Zus., ohne Erze, doch einschl. Instrum. u. Apparate t	24 413	39 667	140 979	112 102

Berichte über Versammlungen aus Fachvereinen.

Eisenhütte Oberschlesien.

Am 21. Februar d. J. fand in Gleiwitz die ordentliche Hauptversammlung der Eisenhütte Oberschlesien statt. Dieselbe war von etwa 200 Mitgliedern und Gästen besucht. Um 2½ Uhr eröffnete der Vorsitzende Hr. Generaldirector Meier-Friedenshütte die Versammlung mit folgender Ansprache: M. H.! Ich eröffne die Generalversammlung, welche zu meiner Freude zahlreich besucht ist, und heifse Sie herzlich willkommen. Gestatten Sie mir, mit wenigen Worten den Geschäftsbericht zu erledigen. Der Mitgliederbestand hat sich vom Frühjahr vorigen Jahres, wo er 229 betrug, um 61 neue Mitglieder gehoben, 11 Personen sind ausgetreten, durch den Tod wurde uns Hr. Civilingenieur Schilling entrissen — und bitte ich Sie, das Andenken des Verewigten durch Erheben von den Plätzen zu ehren. (Geschieht.) Der heutige Mitgliederbestand beträgt also 278.

Wir haben im vorigen Jahre, wie Ihnen bekannt, zwei Versammlungen abgehalten, die eine für die Eisenhütte Oberschlesien und die andere mit dem Hauptverein. Ich darf wohl annehmen, dafs die Mitglieder der Eisenhütte Oberschlesien auch diese Versammlung als eine Versammlung im Sinne der Satzungen unseres Zweigvereine ansehen werden.

Was die Thätigkeit unseres Vereins anbetrifft, so ist dieselbe eine mäfsige gewesen, abgesehen von genannten Versammlungen. Ich beklage das sehr und bemerke, dafs wir dankbar wären, wenn Sie uns in dieser Hinsicht Anregungen geben wollten, z. B. durch Stellung technischer Themata, über welche wir durch Commissionen u. s. w. berathen könnten. (Geschieht nicht.)

Ich wollte Ihnen, m. H., noch mittheilen, dafs wir beschlossen haben, dafs, wie beim Hauptverein Mitglieder, die nach der ersten Hälfte des Vereinsjahres beitreten, für das laufende Jahr nur die Hälfte des Jahresbeitrages zu zahlen haben.

Die Kassenverhältnisse des Vereins sind günstige. Es ergiebt sich eine Einnahme von 8913 *M*, Ausgabe von 6842 *M*, so dafs ein Kassenbestand von 2071 *M* vorhanden ist.

M. H.! Wünschen Sie, dafs ich das Revisionsprotokoll verlese? (Zuruf: Nein!) Es haben sich Ausstellungen nicht gezeigt.

Es würde nun nothwendig sein, neue Revisoren zu wählen; ich denke, Sie überlassen das, wie bisher, dem Vorstande. Diesmal haben die HH. Hochgesand und Hegenscheidt das Amt verwaltet. Es erhebt sich kein Widerspruch, der Antrag wäre angenommen und damit zugleich die geschäftlichen Mittheilungen erledigt.

Wir kommen nun zur Vorstandswahl. Da müssen wir Mitglieder des alten Vorstandes eine Sünde bekennen. Wir sind so aufserordentlich glücklich über unsere Wahl gewesen, dafs wir vergessen haben, unser Amt im Vorjahre niederzulegen. Sie haben also während des letzten Jahres einen ganz illegalen Vorstand gehabt. Wir haben uns einfach aus Versehen in Permanenz erklärt. Wir möchten Sie dringend bitten, Remedur eintreten zu lassen. (Anhaltende Heiterkeit.) Es erhebt sich kein Widerspruch. (Heiterkeit.) Wir haben also heute die neue Vorstandswahl vorzunehmen, und in angeborener Bescheidenheit schlage ich vor, dafs Sie uns alle wiederwählen, mit Ausnahme des Hrn. Director Ladewig, der sein Amt niedergelegt hat und leider trotz unserer vielen Bitten nicht zu bewegen war, dasselbe wieder anzunehmen. Ich möchte vorschlagen, an seiner Stelle Hrn. Bergwerksdirector Gelhorn von der Vereinigten Königs- und Laurahütte zu wählen. (Zuruf: Acclamation.)

M. H., die Wahl kann durch Acclamation erfolgen, wenn sich kein Widerspruch erhebt. (Es wird kein Widerspruch laut.) Der Vorstand ist somit nach obigem Vorschlage gewählt.

* *

Der Vorsitzende ertheilte hierauf Hrn. Hüttendirector Niedt-Gleiwitz das Wort zu seinem Vortrag über die Einschränkung des Rauches bei industriellen Feuerungsanlagen. Wir behalten uns vor auf diesen mit vielem Beifall aufgenommenen Vortrag in einer der nächsten Ausgaben von „Stahl und Eisen" zurückzukommen.

Darauf erhielt das Wort der Landtagsabgeordnete H. A. Bueck-Berlin zu einer eingehenden Darlegung über:

„die beabsichtigte Aenderung der Arbeiterversicherungsgesetze".

Der Vortragende vertheidigt darin die Beschlüsse des „Centralverbandes deutscher Industrieller" betreffs der Novellen zur Invaliditäts- und Altersversicherung sowie zur Unfallversicherung. Diese Beschlüsse sind unseren Lesern aus Nr. 4 unserer Zeitschrift (S. 155 ff. dieses Jahrgangs) bekannt, und wir verweisen mit Rücksicht auf den Raum auf die dort wiedergegebenen Ausführungen. Als besonders bedeutsam aber setzen wir die Darlegung hierher, mit welcher Abg. Bucek seinen Gleiwitzer Vortrag also schlofs:

„Wenn ich mir nun die Frage vorlegen darf: was haben wir denn mit unseren Versicherungsgesetzen bisher erreicht? so mufs der Erfolg derselben auf unsere Arbeiter als ein solcher bezeichnet werden, der noch nicht ganz zu übersehen ist. Wenigstens der Hauptzweck dieser Gesetze, der Socialdemokratie entgegenzutreten, ist bisher nicht erfüllt worden. Die Socialdemokratie ist gewachsen, sie ist in ihren Zwecken und Zielen nicht im geringsten eingedämmt worden, so dafs wir also sagen müssen: nach dieser Richtung hin haben wir noch keinen sichtbaren Vortheil erreicht. Aber, m. H., das moralische Gefühl des deutschen Arbeitgebers und das Bewufstsein, seine Pflicht erfüllt zu haben gegenüber dem Armen, den arbeitenden Klassen, das ist ein grofser Gewinnst, und in diesem Gefühl, m. H., können wir berechtigt — möchte ich sagen — schwelgen, da die Industrie vom ersten Tage ab mit Freude und kolossaler Opferwilligkeit die Arbeiterversicherung unterstützt und gefördert hat. Und wenn wir jetzt erleben, dafs der Kampf der Arbeiter gegen die Arbeitgeber immer gröfser und schärfer wird und Dimensionen annimmt, die wahrhaft erschreckend sind, wie zum Beispiel jetzt beim Hamburger Streik, so müssen wir hoffen, dafs es in Zukunft besser wird.

Denn dieser Streik in Hamburg hat eine ganz besondere Bedeutung, m. H. Es ist der erste in Deutschland aufgetretene Streik, in dem die internationalen Bestrebungen der Arbeiter sich bethätigt haben. Es ist Ihnen bekannt, dafs nach dem grofsen Dockarbeiterstreik in England im Jahre 1889 eine Bewegung unter die sogenannten ungelernten Arbeiter kam, die sich organisirten. Und es organisirten sich dann auch die Hafenarbeiter unter der Firma dockers, sailors und firemen unter der Führung zweier der rabiatesten englischen Socialdemokraten, Tom Mann und Wilson, und sie riefen verheerende Streiks ins Leben, welche der Rhederei blutende Wunden schlugen. Da traten die Rheder zusammen und bildeten die shipping federation, und ihrem energischen Zusammenhalten und ihrer Opferfreudigkeit ist es gelungen, diesen Verband der dockers, sailors und firemen niederzuwerfen.

Um die Niederlage zu verwinden, um neue Kräfte zu gewinnen, kamen diese Führer nach Hamburg und suchten auf internationalem Wege die deutschen Hafenarbeiter zu organisiren und in den Streik zu treiben, um dadurch für sich wieder mehr Macht und Ansehen zu gewinnen.

Es ist einer der frivolsten Streiks, der je in unserem Vaterlande hervorgerufen worden ist, denn die Leute hatten große Lohnbezüge, ihre Lebensbedingungen waren im Durchschnitt nicht ungünstig. Es war ein Streik um die Machtfrage. Als endlich die Hamburger Arbeitgeber ihn beinahe überwunden hatten, da traten deutsche Professoren und deutsche Pastoren hervor und erließen einen Aufruf für die Streikenden, der neues Oel ins Feuer goß und den Streik aufs neue entfachte. Es ist dies eine der verwerflichsten Thätigkeiten des Socialismus, der sich in unseren gebildeten Kreisen Bahn gebrochen hat und von dem neue Blüthen hervorgetreten sind vor etwa 3 Wochen in der Mitwirkung der deutschen Professoren Wagner und Hitze bei einer Bergarbeiterversammlung in Bochum. Trotzdem dort von Bergleuten selbst erklärt wurde, dafs ihre Löhne schon freiwillig um 10 bis 12 % erhöht worden seien, hielt ihnen doch Professor Wagner einen Vortrag über die anderweitige Vertheilung des Gewinnes ihrer Arbeit, und unter Mitwirkung dieser Herren wurden Forderungen aufgestellt, die zum Theil ganz unerfüllbare sind bei bestem Willen und bei bester Lage der Industrie. Und wenn die Arbeiter auf diese Forderungen in einen verheerenden Streik eintreten, so werden nicht zum wenigsten die Herren Professoren Wagner und Hitze die Schuld daran tragen.

M. H., die Sache ist sehr ernst und wird wahrscheinlich noch weitere Folgen haben. Solche Zustände sind geeignet, den Zwecken und Wirkungen entgegenzutreten, welche die socialpolitische Gesetzgebung und die Arbeiterversicherung verfolgt. Aber ich glaube, die deutsche Industrie wird auch mit diesen Herren fertig werden und wird sich daran gewöhnen müssen, dafs auch solche Leute sich mit ihren Interessen beschäftigen und es nicht leid werden, opferwillig und freudig an der Arbeiterversicherung mitzuwirken im Sinne unseres alten großen Kaisers."

Den Darlegungen des Redners folgte lang anhaltender, lebhafter Beifall. Es ergriff hierauf das Wort Herr Generaldirector Bitta, Neudeck.

„M. H. Ich möchte nur zu einem Punkte, allerdings dem wichtigsten, mir einige wenige Bemerkungen erlauben und leite meine Legitimation daraus her, dafs ich nicht nur als Vertreter einer der größten oberschlesischen Verwaltungen, sondern auch als stellvertretender Vorsitzender der Schlesischen Eisen- und Stahlberufsgenossenschaft und schriftführendes Mitglied des Ausschusses der Versicherungsanstalt für Schlesien bei der Sache interessirt bin.

Es handelt sich um den hauptsächlichsten Punkt, nämlich die anderweitige Vertheilung der Rentenlast bei den einzelnen Versicherungsanstalten. Die von dem neuen Gesetzentwurf vorgeschlagene anderweitige Vertheilung hat hauptsächlich zwei Bedenken. Das eine besteht darin, dafs die vorgeschlagene Aenderung den Gesetzgeber dahin geführt hat, die ganzen Aufsichtsmafsregeln und insbesondere die Controle des Staatscommissars u. s. w. zu verschärfen. Der Gesetzgeber erwägt, wenn die betheiligte Anstalt nur ¼, die restlichen ¾ dagegen sämmtliche übrigen Anstalten zusammen tragen, so wird selbstredend die betreffende Anstalt darauf loswirthschaften, sie wird alle möglichen Aufwendungen machen, und dem mufs gesteuert werden. Das war wohl die eigentliche Ursache, dafs die Aufsichtsbefugnisse nicht nur des Staatscommissars, sondern auch des Reichsversicherungsamtes und der Landescentralbehörde gesteigert bezw. neu eingeführt wurden und zwar derartig, dafs diese strengen Bestimmungen unmöglich angenommen werden können.

Ich hebe hervor, dafs der Staatscommissar nunmehr jede Rentenfestsetzung zu zeichnen hat, dafs das Reichsversicherungsamt den Haushaltungsplan irgend einer Anstalt vollständig selbständig festsetzt, wenn nämlich seinen Wünschen nicht Rechnung getragen wird, und dafs außerdem der Landescentralbehörde eine Unmenge von Befugnissen eingeräumt sind. Die Landescentralbehörde hat z. B. nicht nur die Festsetzung der Zahl sämmtlicher Beamtenstellen, sondern auch die Festsetzung der damit verbundenen Einkommen, sogar für jeden gewöhnlichen Unterbeamten und Kanzleidiener, zu genehmigen. M. H., wo bleibt da die Selbstverwaltung der Versicherungsanstalt?

Das zweite Bedenken, welches in der vorgeschlagenen Vertheilung der Rentenlast liegt, ist das, dafs das Uebel nicht an der Wurzel gefafst wird, und man statt dessen die Gesammtheit für die Rente aufkommen läfst. Die Gründe, welche zu der schlechten Vermögenslage der einzelnen Versicherungsanstalten geführt haben, sind von dem Herrn Vortragenden vollständig klargelegt worden.

Es handelt sich hiernach zunächst darum, dafs eine sparsame Verwaltung bei den einzelnen Anstalten eingeführt wird, ferner darum, dafs bei Festsetzung der Rente und Einziehung der Beiträge gröfsere Strenge obwaltet, was anscheinend gerade bei der Versicherungsanstalt Ostpreufsen und überhaupt denjenigen Anstalten, in welchen landwirthschaftliche Arbeiter überwiegen, nicht der Fall gewesen zu sein scheint.

Der dritte Punkt: gleicher Grundbetrag der Renten trotz der verschiedenen Lohnklassen, wird zu Gunsten der nothleidenden Anstalten sich nicht ändern lassen. Es könnte sich nur darum handeln, dafs bei den höheren Lohnklassen der Grundbetrag der Rente erhöht und dadurch ein Ausgleich der Vermögenslage der einzelnen Anstalten herbeigeführt wird.

Wichtiger scheint mir der letzte Punkt, nämlich die Berücksichtigung des Umstandes, dafs die Beiträge eigentlich zu bemessen sind nach den Gesundheitsverhältnissen bezw. nach dem verschiedenen Lebensalter der Versicherten. M. H., man hat allerdings in dem Gesetz von 1889 davon Abstand genommen, die Beiträge der Versicherten nach diesen Gesichtspunkten zu bemessen, und zwar aus socialpolitischen Gründen. Ich meine aber, dafs dieser Umstand sehr wohl dazu benutzt werden kann, bei Vertheilung der einzelnen Renten auf die verschiedenen Anstalten berücksichtigt zu werden, d. h., dafs der Antheil, welcher jeder betheiligten Anstalt an der Rente zufällt, bemessen wird nach der in dem verschiedenen Lebensalter der Versicherten liegenden gröfseren oder geringeren Belastung.

Das Radicalmittel, eine einzige Landesversicherungsanstalt zu begründen, wird sich ja schwerlich durchführen lassen. Dies Radicalmittel würde bei Bayern ja sehr am Platze sein, wo acht ganz minimale Anstalten existiren und eine derselben auch sehr nothleidend ist. Bei Preufsen freilich bezweifle ich, dafs man dazu schreiten wird, und dann würde allerdings als Mittel nur die anderweitige Vertheilung der Rente übrig bleiben, wie sie der Gesetzgeber jetzt vorschlägt. Und deshalb ist es nothwendig, dafs man sich klar wird, wie ohne dieses Radicalmittel Abhülfe geschaffen werden kann.

Da ist es, wie gesagt, nöthig, einmal die Verwaltung sparsamer zu führen, strenger zu sein in der Festsetzung der Rente und der Einziehung der Beiträge und drittens bei Vertheilung der Renten die verschiedenen Lebensalter in Berücksichtigung zu ziehen.

Es bleibt noch ein Punkt, m. H., mit dem Abhülfe geschaffen werden kann, das ist der Reichszuschufs. Der Reichszuschufs zu jeder Rente beträgt 50 *M*. Die Motive sagen zwar, damit läfst sich nicht helfen, denn der Reichszuschufs ist contingentirt und daran könne nichts geändert werden. Ich meine aber, man kann sich damit sehr gut trotz der Contingentirung helfen. Es braucht im ganzen nicht mehr Reichszuschufs gezahlt werden, als 50 *M* mal so viel, als Renten festzusetzen sind, — aber innerhalb dieser contingentirten Grenze kann man den Zuschufs zu jeder einzelnen Rente nach Mafsgabe der Vermögensverhältnisse der einzelnen Anstalten verschieden vertheilen, und ich meine, dafs auf diesem Wege geholfen werden kann, ohne dafs man zu dem Radicalmittel der Confiscation des Vermögens der einzelnen Versicherungsanstalten greift. Uebrigens wird sich mit Eintritt des sogenannten Beharrungszustandes ein grofser Theil der jetzigen Verschiedenheiten von selbst ausgleichen.

Was speciell die Versicherungsanstalt Schlesien anbelangt, so sind wir in der glücklichen Lage, dafs wir von dem neuen Modus weder Nachtheile noch Vortheile zu erwarten haben, weil unsere Anstalt normale Verhältnisse aufzuweisen hat.

M. H., noch auf einen Punkt möchte ich Sie aufmerksam machen, das ist die anderweitige Beurtheilung des Mafses der noch vorhandenen Erwerbsfähigkeit bei Ansprüchen auf Invalidenrente. Bekanntlich ist hierzu jetzt ein etwas complicirtes Verfahren nothwendig, wonach Erwerbsunfähigkeit dann anzunehmen ist, wenn der Versicherte nicht mehr imstande ist, $^1/_3$ des Durchschnitts der Lohnsätze, nach welchen für ihn Beiträge entrichtet worden sind, plus $^1/_3$ des dreihundertfachen Betrages des ortsüblichen Tagelohns zu verdienen, während nunmehr lediglich $^1/_3$ des ortsüblichen Tagelohns der Beurtheilung zu Grunde gelegt werden soll. Das würde nach einer Berechnung, welche die Schlesische Versicherungsanstalt angestellt hat, zu einer erheblichen Beeinträchtigung der höher gelohnten Versicherten führen, — und deshalb wollte ich auf diesen Punkt aufmerksam machen, weil gerade in diesem Falle der oberschlesische industrielle Arbeiter schlechter fortkommen würde, als mit dem früheren, allerdings complicirteren Verfahren, welches jedoch bisher praktisch keine Schwierigkeiten gemacht hat.

Aufserdem bedaure ich, m. H., bei der Unfallversicherung die Beschränkung des Recurses, und zwar noch aus einem anderen Gesichtspunkte, als der geschätzte Herr Vortragende sie beurtheilt hat. Wenn jetzt der Recurs nur aus Rechtsgründen stattfinden soll, so würde in vielen Fällen eine Rückverweisung an die Schiedsgerichte stattfinden müssen, und da verweise ich auf den Kostenpunkt. Bekanntlich entscheidet jetzt das Reichsversicherungsamt auch über Thatfragen, erhebt zu diesem Zwecke Beweise und trägt die Kosten des bei ihm anhängigen Verfahrens, während die Kosten der Schiedsgerichte die einzelnen Genossenschaften tragen. Es würde also durch die geplante Aenderung eine Mehrbelastung der einzelnen Genossenschaften eintreten, während es mit Rücksicht auf die Gerichtshoheit des Staats ohnehin schon eine Unbilligkeit ist, dafs nicht der Staat, sondern die einzelnen Genossenschaften die Kosten der Schiedsgerichte zu tragen haben." —

Den letzten Punkt der Tagesordnung bildete der Vortrag des Hrn. Bendix **Meyer**-Gleiwitz über den Ersatz der Luppenhämmer durch dampfhydraulische Pressen, auf den wir demnächst noch zurückkommen werden.

Die Versammlung wurde um 5 Uhr geschlossen. Das hierauf folgende Festmahl verlief in jeder Beziehung angeregt.

Verein deutscher Maschinen-Ingenieure.

In der Versammlung vom 1. December v. J. hielt Hr. Regierungs- und Baurath Kuntze aus Breslau einen Vortrag über das Thema:

Gold in Schlesien,

und verbreitete sich zunächst über die Goldgewinnung im grauen Alterthum. Vom Beginn des 18. Jahrhunderts galt Mexico als das bedeutendste Goldland, bis im Jahre 1848 das Gold in Californien, im Thale des Sacramento, und wenige Jahre später in den australischen Colonien Victoria und Neu Süd Wales aufgefunden wurde. Zwei Fundstätten neueren und neuesten Datums sind der Ural und Transvaal, die mit den beiden erstgenannten heute um den ersten Platz auf dem Weltmarkte wetteifern; jede von ihnen liefert jährlich 40 bis 50 t Gold, während das gesammte nutzbare Gold auf der Erde auf 14 000 t geschätzt wird.

Die Lagerstätten des Goldes in allen Erdtheilen schliefsen sich an die Gebirgszüge an. Das Gold kommt vor als Erz, als Berggold im Quarzgestein und endlich im Zersetzungsproduct dieser Gesteine, in sogenannten Seifen. Die Ausbringung aus dem in Erzen vorkommenden Golde ist fast niemals lohnend. Goldführender Quarz wird zerkleinert und dann das Gold ausgewaschen; vielfach wird Quecksilber in die Gefäfse gebracht, das mit allem freien Golde Amalgam bildet, welches durch Abdampfen des Quecksilbers zu Gute gemacht wird. Die gröfsten Goldklumpen (Nuggets, Pepitas), sowie das meiste und reinste Gold sind bisher in den Goldseifen, dem Alluvium, gefunden worden. Noch heute verarbeiten die Goldwäschereien nur die Alluvien der Gebirge.

Zum Goldwaschen genügt eine Schüssel von beliebiger Form, in welcher das goldhaltige Material von Wasser überspült wird; gröfseres Gestein sammelt man heraus und findet schliefslich am Boden das Gold von bekanntem Aussehen. Praktisch lagert man die meterlangen hölzernen Schüsseln oder Binnen auf Rollen oder Wiegen und führt die Wassermassen durch Turbinen, Dampfmaschinen oder dergl. heran.

Der Goldgehalt in den Seifenlagerstätten ist, abgesehen von vereinzelten Funden von Nuggets, schon aufsergewöhnlich hoch, wenn 50 g Gold auf die Tonne Geröll gewaschen werden. So reiche Lagerstätten werden schnell abgebaut.

Am Witwatersrand wurde nach Schmeisser der Gehalt des Hauptflötzes auf 19,8 g festgestellt, während ein Gehalt von 11,7 g dort im allgemeinen als die Grenze der Bauwürdigkeit angesehen wird. Bei einer Probeschürfung am Altvater-Gebirge in Oesterreichisch-Schlesien wurden aus 9 t Quarz 250 g Gold erzielt, was einem Gehalt von 28 g auf die Tonne entspricht.

In Schlesien ging in früheren Jahrhunderten der Bergbau auf Gold an verschiedenen Stellen um. An der Katzbach führen die Spuren der Wascharbeit bis in die jüngste Zeit, während der eigentliche Bergbau bei Bunzlau und Goldberg zur Zeit der Hussitenkriege ein Ende nahm. Die dort vorhandenen Seifenlagerstätten scheinen jedoch keineswegs erschöpft zu sein. Bei Wahlstatt, einige Kilometer südlich Liegnitz, sind die Inseln von krystallinischem Schiefer mit goldhaltigen Quarzgängen durchsetzt. Am Altvater sind die das Schiefergebirge durchsetzenden Quarze in früherer Zeit vielfach bergmännisch abgebaut, und die mächtigen

Halden bei Freiwaldau und Würbenthal zeugen von der ausgedehnten Wascharbeit, welche hier im 12. Jahrhundert stattfand.

Der Vortragende berichtet dann von einer Excursion, welche unter Leitung des Geologen Dr. Gürich nach den Goldfeldern des Altvater-Gebirges am Hochberg und am Oelberg bei Würbenthal stattfand. Der bis jetzt aussichtsvollste Aufschlufs ist in 880 m Meereshöhe an der Stelle einer alten Pinge am Oelberg gemacht.

Aus den weiteren Mittheilungen über die zahlreichen Schächte und Stollen neuen und alten Datums, die bei dem Ausfluge besucht wurden, erhielt man den Eindruck, dafs diese neu erschlossenen Goldleider am Altvater lohnenden Bergbau wahrscheinlich machen. Die Felder des Oelberges sind vor kurzem in den Besitz einer Gesellschaft übergegangen, welche den Abbau im grofsen Mafsstabe aufnehmen wird. Die im Sommer eröffnete Eisenbahn Goldberg-Merzdorf hat Anregung gegeben, die goldhaltigen Arsenikkiese des Bober-Katzbach-Gebirges bei Schönau und Ober-Kaufung erneut zu graben. — Hierauf hielt Oberingenieur Gerdes einen Vortrag über:

Die neuesten Versuche mit Acetylen.

Der Herstellung des Acetylens aus Calciumcarbid haben sich in neuerer Zeit verschiedene gröfsere Werke zugewandt. Die Herstellungskosten f. d. Kilogramm Carbid werden sich bei sehr grofsen Anlagen und unter allergünstigsten Umständen, d. h. also bei Vorhandensein grofser Wasserkräfte und in Gegenden, wo man Koks und Kalk ebenfalls billig erhalten kann, immerhin nicht unter 15 ₰ stellen. Zur Zeit ist dasselbe in kleineren Quantitäten noch schwer für den Preis von 60 ₰ zu haben.

Der Versand des Calciumcarbids geschieht wegen der leichten Ansaugung des Wassers aus der Luft in luftdicht verschlossenen Blechbüchsen von verschiedener Gröfse.

Die Herstellung des Acetylens aus Calciumcarbid ist äufserst einfach, und weil das Licht so aufserordentlich schön ist, werden auch von Laien Experimente gemacht, wobei sich leider bereits vielfach Unglücksfälle ereigneten. Diese sind zum Theil darauf zurückzuführen, dafs bei der Entwicklung des Acetylens durch Uebergiefsen von Calciumcarbid mit Wasser in ungeeigneten Apparaten eine so starke Erwärmung eintritt, dafs die Zersetzungs- und Explosionstemperatur des Acetylens (etwa 780° C.) erreicht und überschritten wird.

Die Firma Jul. Pintsch in Berlin hat deshalb einen Acetylen-Entwickler construirt, bei dem das Calciumcarbid stets vollständig unter Wasser steht, so dafs eine Erwärmung über 100° C. ausgeschlossen ist. Im Acetylen-Entwickler das Gas auch noch so zu verdichten, wie man es für die Wagenbeleuchtung braucht, ist aus denselben Gründen zu gefährlich. In den Vereinigten Staaten von Nordamerika entstand bei einem derartigen Versuch eine äufserst heftige Explosion, als das Acetylen im Behälter auf einen Ueberdruck von 6 Atm. gestiegen war; die Wirkung dieser Explosion war eine entsetzliche. Wenn andere ähnliche Versuche gut abgelaufen sind, so ist dies eben Zufall und läfst sich dadurch erklären, dafs doch nur kleine Apparate für diese Versuche benutzt worden sind, welche vielleicht noch eine genügende Abkühlung während der Entwicklung zuliefsen. Derartige gewagte Experimente sollten deshalb unterbleiben.

In Paris hat der Gemeinderath den Antrag gestellt, die Herstellung und den Verkauf von Acetylen zu verbieten, weil durch unrichtige Behandlung bereits so viele Unglücksfälle hervorgerufen sind. Durch sachgemäfse Verordnungen bezw. durch Verbreitung des wahren Sachverhalts betreffs der Gefahr mufs vor dem unangemessenen Gebrauch des Acetylens eindringlichst gewarnt werden.

Die von Pintsch angestellten umfangreichen Versuche sollten in erster Linie feststellen, ob das trockene Gas wirklich, wie allgemein behauptet wurde, in Berührung mit metallischem Kupfer und metallischen Kupferlegirungen äufserst explosive Verbindungen eingehe. Das hat sich nicht bestätigt, obgleich man die zur Bildung solcher Verbindungen günstigsten Umstände künstlich herbeigeführt hat. Die Berichte von auswärts bestätigen diese von der Firma Pintsch erzielten Ergebnisse vollauf.

Auch die giftigen Eigenschaften des Acetylens sind auf Grund wiederholter Experimente in Abrede zu stellen, insofern es keinesfalls gefährlicher ist, als das gewöhnliche Steinkohlengas.

Ein Punkt aber, welchem anfangs am wenigsten Bedeutung beigelegt wurde, ist ein recht unangenehmer und tritt der allgemeinen Verwendung des reinen Acetylengases zu Beleuchtungszwecken am meisten hindernd in den Weg. Das ist die schon erwähnte Zersetzung und Explosionsgefahr bei Erwärmung auf 780° C.

Verschiedene Experimente haben nun gezeigt, dafs starke Erwärmungen der Acetylenbehälter diese entweder bei geringer Temperatur an den Löthstellen schmelzen und so das Gas ohne Explosion zur Entzündung bringen, oder aber zur Explosion führen, wenn die Löthstellen nicht nachgeben, also hart gelöthet sind.

Es wurde dann noch ein weiterer Versuch hinsichtlich der Fortpflanzung der Zersetzung des Acetylens durch Rohrleitungen vorgenommen. Ein Behälter wurde mit 6 Atm. Acetylen angefüllt und mit einer Rohrleitung von 5 mm lichtem Durchmesser und 2 m Länge versehen. An einer Stelle, etwa $1^1/_2$ m vom Kessel entfernt, wurde das Rohr durch eine Wassergasflamme angewärmt, und es erfolgte auch hier eine Explosion des Behälters, als das Rohr anfing rothwarm zu werden, und vom Behälter blieben nur Splitter übrig.

Unter solchen Umständen erscheint es der Firma Pintsch bedenklich, reines Acetylen für Leuchtzwecke, ganz besonders aber für Eisenbahn-Waggonbeleuchtung, wo dasselbe in comprimirtem Zustande verwendet werden mufs, zu empfehlen. Um aber die hohe Leuchtkraft des Acetylens dennoch für diesen Zweck nutzbar zu machen, wurden weitere Versuche angestellt, um zu ermitteln, wie die eben geschilderten Gefahren zu verringern oder ganz abzuwenden sind, und es wurde gefunden, dafs Acetylen in uncomprimirtem Zustande zwar auch zersetzt wird, dann aber sehr viel weniger heftig explodirt. Auch durch Mischung mit Fettgas wird das Acetylen weniger gefährlich, und so bietet die Verwendung eines Gemisches von 30 % Acetylen mit 70 % Steinkohlen- oder Fettgas für den Eisenbahnbetrieb keine Gefahr mehr, weil die Erhöhung der Temperatur niemals derartig sein kann, dafs die Gasbehälter dadurch zertrümmert werden könnten. Die letzteren halten viel mehr aus, als die Spannung im ungünstigsten Falle bei einer Zersetzung der 30 %igen Acetylen-Beimischung betragen kann. Selbst 50 % Acetylen, gemischt mit 50 % Fettgas, sind bei weich gelötheten Behältern ungefährlich.

Statt des Fettgases kann auch ein Zusatz von Steinkohlengas gewählt werden. Die Anwendung einer Mischung von Acetylen mit Luft bleibt dagegen aufser Betracht, weil darin eine noch gröfsere Gefahr liegt, als wenn man reines Acetylen allein verwendet. Acetylen mit Fettgas ergiebt schon bei Beimischung bis zu 20 % Acetylen eine Zunahme an Leuchtkraft auf etwa das Dreifache, und zwar bei den gewöhnlichen Brennern, was einen enormen Fortschritt bedeutet. Vielleicht ist es aber möglich, für die verschiedenen

Mischungsarten noch vortheilhaftere Brenner anzufertigen.

Rechnet man bei den jetzigen Carbidpreisen ein Cubikmeter Acetylen in comprimirtem Zustande 2 *M* und ein Cubikmeter Fettgas zu 40 ₰, so kostet die reine Fettgasflamme f. d. Kerze und Stunde 0,197 ₰, mit 20 % Acetylen-Beimischung nur 0,12 ₰ und auch mit 50 % Acetylen erst 0,174 ₰.

So ist also ein Mittel gegeben, auch selbst in den einfachen Waggonlampen ohne jede Aenderung ein billigeres und vorzüglicheres Licht zu erhalten. Selbstverständlich ist man bei den besseren Laternen imstande, jede gewünschte Leuchtkraft mit Leichtigkeit zu erzielen.

Aehnlich, wenn auch weniger finanziell günstig, gestaltet sich die Mischung des Acetylens mit Steinkohlengas. Das reine Steinkohlengas ist im kleinen Fettgasbrenner gar nicht verwendbar, weil es mit blauer Flamme brennt, aber schon bei einer Beimischung von 30 % Vol. Acetylen tritt eine erhebliche Leuchtkraft-Aufbesserung in den verschiedenen Fettgasbrennern ein; dieses Gemisch erreicht bereits eine ebenso hohe Leuchtkraft, als wenn man Fettgas allein verwendet.

Wenn man den Preis von Steinkohlengas mit 20 ₰ f. d. Cubikmeter annimmt, stellten sich bei einem Gemisch von 30 % Acetylen zu 70 % Steinkohlengas die Kosten f. d. Brennerstunde und Kerze auf rund 0,33 ₰ gegen 0,197 ₰ bei Verwendung von Fettgas allein und 0,12 ₰ bei Verwendung eines Gemisches von 80 % Fettgas und 20 % Acetylen.

Wenn also die Eisenbahn ein Gemisch von Steinkohlengas und Acetylen benutzt, so könnte dieselbe an solchen Stellen, wo jetzt schon Steinkohlengas vorhanden, durch Acetylen-Entwickler und eine Compressionsanlage in einfachster Weise eine Füllstation für Eisenbahnwaggons errichten und dieselbe Beleuchtung, nur mit etwas höheren Kosten, erzielen, wie bisher etwa mit reinem Fettgas. Dabei können Laternen, Regulatoren, überhaupt sämmtliche Gasbeleuchtungs-Bestandtheile für Waggons, die zur Zeit allgemein in Verwendung sind, genau in derselben Weise benutzt werden, wie bisher.

Für Städtebeleuchtung ist das Carburiren von Steinkohlengas mit Acetylen nicht angebracht, weil man selbst bei den billigsten Carbidpreisen niemals auf den billigen Lichtpreis kommen wird, welchen man jetzt durch Anwendung von Auer-Gasglühlicht erzielt.

Es ist auch noch durch Versuche festgestellt worden, dafs eine Acetylen-Anlage als solche nicht der Explosion ausgesetzt ist, wenn von einem Gasbehälter die Rohrleitungen in die Häuser hineingeführt werden und in einem solchen Hause Feuer ausbricht, oder die Rohrleitung an irgend einer Stelle durch Zufall auf die Zersetzungstemperatur des Acetylens erwärmt wird. Die Zersetzung pflanzt sich dann nicht durch das Rohr bis in den Gasbehälter fort.

Die Preufsische Staats-Eisenbahn-Verwaltung hat bereits eine Gasanstalt für Acetylen-Erzeugung auf dem Bahnhof Grunewald errichtet.

Referate und kleinere Mittheilungen.

Die Thätigkeit der Königlichen technischen Versuchsanstalten im Jahre 1895/96.

Dem im 5. und 6. Heft der Mittheilungen aus den Königlichen technischen Versuchsanstalten enthaltenen Jahresbericht entnehmen wir die folgenden Einzelheiten:

Mechanisch-technische Versuchsanstalt. Mit dem am 1. April erfolgten Anschlufs der ehemaligen Prüfungsstation für Baumaterialien als „Abtheilung für Baumaterialprüfungen" an die mechanisch-technische Versuchsanstalt, erreichten die Verwaltungs- und sonstigen Arbeiten einen derartigen Umfang, dafs das Personal der Abtheilung wesentlich vermehrt werden mufste. Das gesammte Personal der Versuchsanstalt bestand hiernach aus dem Director, vier Abtheilungsvorstehern, 15 Assistenten, 12 technischen Hülfsarbeitern und Beamten, 4 Gehülfen, 19 Arbeitern, 1 Bureaudiener und 1 Laboratoriumsburschen. Zur Durchführung des erweiterten technischen Betriebes mufsten bauliche Aenderungen, sowie erhebliche Neuanschaffungen von Maschinen und Apparaten stattfinden.

In der Abtheilung für Metallprüfung wurden insgesammt 227 Anträge erledigt, von denen 37 auf Behörden und 190 auf Private entfallen. Diese Anträge umfassen 2932 Versuche, und zwar 1070 Zugversuche, darunter 348 mit Stahl, 165 mit Eisen, 59 mit Kupfer, 97 mit Legirungen, 74 mit Treibriemen, 10 mit Drahtseilen, 95 mit Drähten, 39 mit Hanfseilen, 113 mit Ketten, 6 mit Rohren, 58 mit Constructionstheilen u. s. w.; 244 Druck- und Knickversuche, darunter 50 mit Eisen, 12 mit Kupfer, 12 mit Legirungen, 8 mit Rohren, 22 mit Eisenbahnmaterial, 36 mit Constructionstheilen; 62 Biegeversuche (7 mit Stahl, 27 mit Eisen, 6 mit Kupfer, 3 mit Rohren, 13 mit Constructionstheilen): 48 Versuche auf Verdrehen (mit Drähten): 232 Schlagversuche (22 mit Stahl, 18 mit Eisen, 12 mit Kupfer, 180 mit Schrot): 380 Kalt- und Warmbiegeproben und zwar 188 mit Stahl, 93 mit Eisen, 12 mit Kupfer, 40 mit Legirungen und 47 mit Draht) und überdies 162 Schmiedeproben mit Eisen und Stahl. — Hierzu kamen noch 10 Härtebestimmungen, 76 Versuche auf inneren Druck, 6 Bestimmungen des specifischen Gewichtes, 9 Versuche auf Wärmeleitungsvermögen, 3 Aetzversuche, 1 mikroskopische Untersuchung, 4 Untersuchungen von Materialprüfungsmaschinen u. a. m.

Unter den bearbeiteten Prüfungsanträgen mögen hier noch folgende besonders hervorgehoben werden.

1. Bei den Untersuchungen mit cylindrischen Gefäfsen und Röhren auf inneren Druck handelte es sich zum Theil darum, die Uebereinstimmung der Lieferung mit den vorgeschriebenen Bedingungen nach der Bruchdehnung der Gefäfswandungen im Umfange zu beurtheilen.

Hierbei trat die Frage auf, in welchem Grade die Festigkeiten und besonders die Umfangsdehnungen durch die Längsspannungen beeinflufst werden, die bei Prüfung von cylindrischen Hohlgefäfsen mit festen Böden auftreten. Um diese Frage durch den Versuch zu lösen, wurden mit Unterstützung einer andern Behörde einschlägige Untersuchungen mit Röhren aus Materialien verschiedener Festigkeit ausgeführt. Die Rohre wurden in dankenswerther Weise von den Deutsch-Oesterreichischen Mannesmannröhrenwerken und Hrn. C. Heckmann zur Verfügung gestellt.

Für die Versuche wurden jedem Rohr zwei Abschnitte entnommen und von diesen immer der eine mit losen Böden versehen, während die Böden bei dem anderen fest mit der Rohrwand verbunden wurden. Die Ergebnisse sollen demnächst in den „Mittheilungen" veröffentlicht werden. Hier möge aus den letzteren kurz hervorgehoben sein, dafs die Umfangsdehnungen bei den Rohren mit festen Böden und bei den verschiedenen Materialien nur 16 bis 88 % der Dehnung bei Rohren mit losen Böden betrug. Die Belastungen an der Proportionalitätsgrenze und an der Streckgrenze lagen für das gleiche Material bei den Röhren mit festen Böden durchweg und zwar zum Theil erheblich höher, als bei den Röhren mit losen Böden, während die Bruchfestigkeit keinen bestimmten Einfluſs der Art der Bodenbefestigung erkennen lieſs.

Im Auftrage eines Hüttenwerkes wurden Festigkeitsuntersuchungen mit Stahl zur Erzeugung von Gasflaschen angestellt. Sie erstreckten sich auf die rohen Blöcke, auf Rohre, die als Zwischenstufe der Flaschenerzeugung aus letzteren hergestellt waren, sowie auf die fertigen Flaschen. Sie sollten darthun, in welchem Grade die Eigenschaften des Materials im rohen Blocke durch die mechanische Bearbeitung bei Herstellung der Flaschen sich verändern, und welchen Einfluſs nachheriges Ausglühen besitzt.

Von den Untersuchungen im Auftrag der Ministerien wurden fortgeführt: die Dauerversuche mit Eisenbahnmaterialien, die Untersuchungen über den Einfluſs der Standortsverhältnisse auf die Festigkeitseigenschaften von Tannen- und Kieferholz und die Untersuchungen über die Festigkeit von Kupfer bei verschiedenen Wärmegraden. Zum Abschluſs gebracht sind die Untersuchungen über die Festigkeitseigenschaften von Nickel-Eisen-Legirungen im gegossenen Zustande. Die Ergebnisse sind in den Verhandlungen des „Vereins zur Beförderung des Gewerbefleiſses", 1896, Heft 2, und als Auszug in den „Mittheilungen" 1896, Heft 4, veröffentlicht. Neu eingeleitet sind Untersuchungen über den Einfluſs des Blauwerdens auf die Festigkeit von Kiefernsplintholz und im Auftrag des „Vereins für Gewerbefleiſs" Untersuchungen zur Ausbildung von Prüfungsverfahren, um Stahl auf seine Verwendbarkeit zu Schneidewerkzeugen zu prüfen, sowie Untersuchungen von Eisen-Nickel-Legirungen im geschmiedeten und gewalzten Zustande.

Die **Abtheilung für Baumaterialprüfung** bearbeitete 341 Aufträge mit 14334 Versuchen. Hiervon entfallen 81 Anträge auf Behörden, 260 Anträge auf Private. In der **Abtheilung für Papierprüfung** wurden 687 Anträge erledigt, von denen 404 auf Behörden und 283 auf Private entfallen. In der **Abtheilung für Oelprüfung** wurden zu 117 Anträgen 250 Materialien untersucht.

Die Thätigkeit der **Chemisch-technischen Versuchsanstalt** wurde durch eine Reihe von umfangreichen Arbeiten in Anspruch genommen, von denen wir nur die folgenden erwähnen:

Versuche über die Bestimmung des Sauerstoffs im Stahl und über das Verhalten des Stahles beim Glühen im Vacuum. Prüfung der Methode der Bestimmung des Heizeffects durch Verbrennen in comprimirtem Sauerstoffgas. Versuche über Bestimmung von Tellur und Selen im Kupfer. Auſser diesen Untersuchungen wurden 549 Analysen ausgeführt, darunter 118 Metalle und Legirungen, 15 Mineralien und Erze.

Eisen- und Stahlindustrie in den Ver. Staaten.

Roheisenerzeugung.

Nach der Statistik der American Iron and Steel Association* betrug die **Roheisenerzeugung** der Vereinigten Staaten im Jahre 1896 8761097 t, blieb also um etwa 9 % gegen die 9597449 t betragende Erzeugung des Jahres 1895 zurück. In den vier letzten Halbjahren stellte sich die Roheisenerzeugung wie folgt:

	1895	1896
im ersten Halbjahr	4 152 959 t	5 055 856 t
„ zweiten „	5 444 490 t	3 705 241 t
Summa	9 597 449 t	8 761 097 t

Hieraus ergiebt sich für die zwölf Monate, vom 1. Juli 1895 bis 30. Juni 1896, die bedeutende Erzeugungsziffer von 10500346 t; dieselbe war die Folge des Aufschwunges im Jahre 1895, während der auffallende Rückgang in der zweiten Hälfte 1896 auf die allgemein herrschende Unsicherheit in geschäftlicher und innerpolitischer Beziehung zurückgeführt wird.

* „The Bulletin" Nr. 3, 1897.

Die Erzeugung an **Bessemerroheisen** belief sich im Jahre 1896 auf 4729434 t gegen 5713637 t in 1895, wies also eine Abnahme gegen das Vorjahr von etwa 1 Million Tonnen auf, die durch den bedeutend geringeren Verbrauch von Bauwerkeisen und Schienen erklärt wird.

An **basischem Roheisen*** wurden im Jahre 1896 341785 t erzeugt, wovon ziemlich genau die Hälfte mit 170785 t auf den Allegheny-Bezirk in Pennsylvanien entfiel.

Die Erzeugung von **Spiegeleisen** und **Ferromangan** belief sich im Berichtsjahre auf 134051 t gegen 174471 t im Jahre vorher.

Nach der Brennstoffverwendung vertheilte sich die Erzeugung im Jahre 1896 folgendermaſsen:

	I. Halbjahr t	II. Halbjahr t	Zusammen t	Hochöfen i. Betrieb am 30. Juni	Hochöfen i. Betrieb am 31. Dec.	Hochöfen überhaupt vorhanden
Koksroheisen	4222016	3059118	7281134	128	105	256
Anthracitroheisen	694955	469799	1164754	40	32	117
Holzkohlenroheisen	138885	176324	315209	28	22	97
Summe	5055856	3705241	8761097	196	159	470

Ueber den Antheil der einzelnen Bezirke an der Gesammterzeugung giebt nachstehende Tabelle Aufschluſs:

	Erzeugung 1895	Erzeugung 1896	Zahl der Hochöfen im Betrieb am 30. Juni 1896	Zahl der Hochöfen im Betrieb am 31. Dec. 1896	Zahl der Hochöfen überhaupt vorhanden
Massachusetts	4785	1903	1	1	8
Connecticut	5705	10350	2	2	6
New York	184609	209372	5	5	23
New Yersey	56390	60109	3	3	12
Pennsylvanien	4776382	4088553	79	64	179
Maryland	11090	80753	1	1	9
Virginia	352134	392457	11	11	28
Nord-Carolina	328	2186	—	—	2
Georgia	31533	15842	1	1	5
Alabama	868342	936925	20	15	50
Texas	4757	1241	1	—	4
West-Virginia	144239	110306	2	2	4
Kentucky	64800	71791	3	3	9
Tennessee	252099	252311	9	7	21
Ohio	1487210	1215467	31	27	64
Illinois	1022188	940043	13	7	17
Michigan	92682	151903	8	7	16
Wisconsin	150774	161020	4	2	6
Missouri	27958	12749	1	1	4
Colorado	59444	45826	1	—	3
Summa	9697449	8761097	196	159	470
		1895	186	242	468

Die **Vorräthe** an unverkauftem Roheisen stellten sich am 31. December 1896 auf 723035 t gegen

* „Basic pig iron" ist nicht gleichbedeutend mit unserem Thomasroheisen, sondern es ist dies zum weitaus gröſsten Theil ein Roheisen mit geringerem Phosphorgehalt, welches für den basischen Proceſs Verwendung findet. *Red.*

655 905 t am 30. Juni 1896 und 451 441 t Ende December 1895; dazu kommen noch die Warrantslager in New York, die sich Ende 1896 auf 138 194 t beliefen, so dafs also die Gesammtvorräthe 861 229 t oder etwa ein Zehntel der letzten Jahreserzeugung betrugen.

Wie die neuesten Ausweise von „Iron Age“ ergeben, ist die Roheisenerzeugung in den letzten Monaten ziemlich auf gleicher Höhe geblieben; es standen unter Feuer:

	Hochöfen	mit einer Wochenleistung von
am 1. Februar 1897 . . .	154	165 566 t
„ 1. Januar „ . . .	154	162 275 t
„ 1. December 1896 . .	147	144 554 t
„ 1. November „ . .	133	126 062 t
„ 1. October „ . .	130	114 586 t

Flufseisenerzeugung.

Die Erzeugung an Bessemerstahlblöcken und Bessemerstahlgufs* betrug im Jahre 1896 3 982 624 t gegen 4 987 674 t im Jahre 1895 und 3 628 454 t im Jahre 1894, wies also gegen das Vorjahr einen Rückgang von über 20 % auf. An Bessemerstahlschienen wurden im Jahre 1896 1 120 538 t gewalzt gegen 1 286 338 t im Jahre 1895 und 918 484 t im Jahre 1894; die gröfste bis jetzt erreichte Productionsziffer an Schienen war die des Jahres 1892 mit 1 482 072 t.

Ueber die Erzeugung an Martinflufseisen im Jahre 1896 liegen die Zahlen noch nicht vor, dieselbe wird auf etwa 1 600 000 t geschätzt, so dafs sich die gesammte Flufseisenerzeugung der Vereinigten Staaten im abgelaufenen Jahre auf rund 5 600 000 t belaufen haben dürfte.

Roheisen-Ausfuhr.

Da die amerikanische Roheisenausfuhr in Deutschland jetzt lebhaftere Beachtung findet als früher, so dürften die nachstehenden, nach Zollbezirken zusammengestellten Ausfuhrzahlen des Jahres 1896** für unsere Leser von Interesse sein:

Zollbezirk, aus welchem die Ausfuhr stattfand	Ausfuhr in tons	Im Werthe von $	Werth pro ton $
Baltimore	6 193	173 281	27,98
Boston	253	3 061	12,10
Brunswick	5 650	56 500	10,—
Charleston	3 230	23 840	7,38
New York	6 122	196 157	32,04
Philadelphia	400	8 378	20,95
Savannah	1 200	9 600	8,—
Mobile	7 669	65 322	8,52
New Orleans	6 489	91 444	14,09
Paso del Norte . .	100	1 814	18,14
Pensacola	6 299	59 051	9,39
Saluria	124	1 891	15,25
Arizona	58	1 280	22,07
Puget Sound	29	348	12,—
San Francisco	24	478	19,92
Williamette	35	479	13,12
Buffalo Cr.	87	1 035	11,90
Chicago	1 266	12 724	10,05
Detroit	8 397	133 275	15,87
Huron	2 481	33 135	33,34
Niagara	5 316	58 214	10,95
Oswegatchie	200	5 722	28,60
Superior	446	5 993	13,44
Summe . .	62 071	943 022	
1895 . . .	26 164		
1894 . . .	24 482		

Es ist nun schwierig, aus dieser Zusammenstellung festzustellen, welchen Ursprungs das Roheisen gewesen ist; es kann indessen angenommen werden, dafs nur durch die Häfen Brunswick, Charleston, Savannah, Mobile, New Orleans, Pensacola, Paso del Norte und Saluria Roheisen aus den Südstaaten ausgeführt ist; man kommt dann zu der überraschenden Thatsache, dafs mehr Roheisen aus dem Norden und Westen, als aus dem Süden ausgeführt ist, da auf die erstere Gruppe 31 310 tons, auf den Süden aber nur 30 761 tons entfallen. Die Ausfuhr nach Canada über Buffalo, Chicago, Detroit, Huron und Superior belief sich auf 17 996 tons. Ein grofser Theil der Ausfuhr über New York, Philadelphia und Baltimore ist bekanntlich Ferromangan und Spiegeleisen, welches von Carnegie nach Europa ausgeführt wird.

Bemerkenswerth ist noch die Steigerung der Ausfuhr gegen den Schlufs des Jahres; sie betrug im Januar 1896 nur 1819 tons, erreichte dann im September 6804 tons, im October 8063 tons, im November 9755 tons und stieg endlich im December auf 17 335 tons.

Amerikanisches Roheisen in Deutschland.

Sowohl aus dem niederrheinisch-westfälischen Industriegebiet wie von mehreren mitteldeutschen Plätzen wird die Nachricht bestätigt, dafs dort von Kölner, Bremer, Hamburger und Glasgower Händlerfirmen Angebote von amerikanischem Giefsereiroheisen vorliegen; es handelt sich um Alabama-Eisen mit etwa 2 % Silicium, 0,8 % Phosphor, 0,45 % Mangan und 0,35 % Schwefel; die Preise sind 48 sh cif Hamburg (ohne Zoll), 63½ ℳ ab Duisburg verzollt und 62 bis 65 ℳ frei verzollt für die Tonne an den mitteldeutschen Plätzen. In den uns urkundlich vorliegenden Angeboten wird bezeichnenderweise die Analyse „ohne Garantie“ gegeben,* auch wird zum Theil an das Angebot die Bedingung geknüpft, „dafs ein genügendes Quantum verkauft werde“. Aus Sachsen wird uns ferner gemeldet, dafs dort schon einige Probeladungen angekommen seien. Es ist allgemein bekannt, dafs drüben der Eisenmarkt schon seit längerer Zeit sehr daniederliegt und dafs die Preise dort auf ein Mindestmafs gewichen sind, welches man zuvor nicht gekannt hat; trotzdem ist aber die Ausfuhr nach Europa noch abhängig von billiger Seefrachtgelegenheit. Mit diesen beiden mafsgebenden Umständen haben die deutschen Verbraucher amerikanischen Roheisens zu rechnen; sie können unangenehm enttäuscht werden, wenn sie sich etwa auf dauernden Bezug dieses Rohstoffs verlassen wollen. Ferner dürfen sie auch nicht aufser Acht lassen, dafs drüben das Alabama-Roheisen wegen seiner Beschaffenheit und seiner Ungleichmäfsigkeit stets in Verruf war. Ein Grund zur Beunruhigung für die deutsche Eisenindustrie liegt daher in den obigen Thatsachen zunächst nicht, wohl ist eine Lehre daraus zu ziehen, welche aber nicht die Eisenindustriellen, sondern unsere, das Verkehrswesen in Händen habende Behörde angeht. Wie fangen es die Amerikaner an, ihr Roheisen so billig herzustellen, dafs sie im Herzen von Deutschland dem deutschen Erzeugnifs erfolgreich

* „Iron Age“ Vol. LIX, Nr. 7.

** „ „ „ „ „ 8.

* In Uebereinstimmung hiermit stehen Klagen, welche im „Engineering and Mining Journal“ vom 27. Februar unter dem Titel „Science and industrial progress“ ertönen; es wird dort angegeben, dafs die Tennessee Coal and Iron Cy, bekanntlich die weitaus bedeutendste Producentin von Roheisen in den Südstaaten, in ihrem Laboratorium die Zahl der Chemiker so wesentlich vermindert habe, dafs sie kaum ausreichend sei, die nöthigsten Analysen vorzunehmen. Es ist bekannt, dafs in den Südstaaten der Eisenhüttenbetrieb stets ohne grofsen Aufwand von Wissenschaft geführt werden ist, und scheint man dort, nachdem erst vor kurzem ein Anlauf zum Besseren genommen war, jetzt wiederum mehr oder weniger in den alten unvollkommenen Zustand zurückgekehrt zu sein.

Wettbewerb bereiten können? Lediglich durch Verbilligung der Frachten ist hier die Antwort, und das ist der Punkt, der den deutschen Hüttenmann mit Sorge erfüllt, wenn er sieht, wie der Amerikaner die großen Entfernungen spielend überwindet, und damit in Vergleich stellt, was auf diesem Gebiete bei uns erreicht ist, oder richtiger gesagt, trotz dringender Vorstellungen und trotz vieler Kämpfe nicht erreicht ist.

Die Ausfuhr von Maschinen und landwirthschaftlichen Geräthen ist von 23382152 $ im Jahre 1895 auf 30413519 $, darunter für 3875702 $ Dampfmaschinen einschließlich Locomotiven, im Jahre 1896 gestiegen.

Eisenzölle.

Während die Vereinigten Staaten von Amerika sich anschicken, ihre Ausfuhr erheblich auszudehnen, sind gleichzeitig mit dem Antritt des Präsidenten Mac Kinley Bestrebungen im Gange, den Schutzzoll zum Theil noch zu erhöhen; es ist bereits ein neuer Tarif ausgearbeitet, aus welchem wir als wichtigste Punkte das Folgende hervorheben:

Für Eisenerz, Roheisen und Draht sind die jetzigen Zollsätze beibehalten; Bandeisen: 30 % vom Werth, hierbei ist vorgesehen, dafs für Bandeisen für Baumwolle 1,10 $ mehr gezahlt wird, als der Zoll auf das entsprechende Halbfabricat, aus welchem das Bandeisen hergestellt wird, beträgt. Nach dem jetzigen Zollgesetz ist Bandeisen für Baumwollenhalten frei; Weifsblech: 1,5 Cents pro Pfund (jetziger Zoll 1,2 Cents), Rohblöcke und vorgewalzte Blöcke (Knüppel u. s. w.), deren Werth pro Pfund 1 Cent oder weniger beträgt: 7/10 Cents pro Pfund (jetziger Zoll 0,3 Cents), für höherwerthiges Material wird der Zoll entsprechend höher; Anker und Schmiedestücke: 1,5 Cents pro Pfund (jetziger Zoll 1,2 Cents).

Das Carnegie-Rockefeller-Abkommen.

Bei der Wichtigkeit, welche das vielbesprochene Carnegie-Rockefellersche Uebereinkommen auf die weitere Entwicklung des gesammten amerikanischen Eisengeschäfts hat, erscheint es angezeigt, die wichtigsten Punkte der Vereinbarung mitzutheilen. Danach überläfst Rockefeller die in dem bekannten Mesabivorkommen gelegenen iron Mountain- und Rathbun-Erzgruben an die Carnegiesche Gruppe, welcher sich auch Oliver noch angeschlossen hat. Letzterer ist an den Erzgruben des Mesabibezirks durch die Oliver and Lone Jack-Gruben, von welchen Carnegie früher schon einen Antheil besafs, ebenfalls hervorragend betheiligt. Die Carnegie-Oliver-Gruppe zahlt für die erfolgte Offenlegung der beiden genannten Erzgruben 600000 $, hat dafür aber den Vortheil, dafs auf weiten Strecken der Abraum abgetragen ist und das Erz zu Tage steht, um sofort mittels Dampfbagger abgeschaufelt zu werden. Die Carnegie-Oliver-Gruppe verpflichtet sich, während der nächsten 50 Jahre jährlich 1200000 tons Erz abzugraben und dafür eine Licenz von 25 Cents f. d. Tonne zu zahlen, aufserdem für die Fracht nach dem nördlichen Hafen Duluth 80 Cents f. d. Tonne; sollte die Fracht ermäfsigt werden, so wird die Abgabe für das Erz entsprechend erhöht, so dafs der für Grubenpacht und Fracht zu zahlende Betrag stets 1,05 $ beträgt.

Diese Gruppe verpflichtet sich ferner, kein Erz aus den Oliver-Gruben auf den Markt zu bringen, so dafs Rockefeller freie Hand in allem von seinen übrigen Gruben stammenden Erz hat, während andererseits Rockefeller zusagen mufsie, selbst keine Stahlfabrication aufzunehmen. Ferner ist ausgemacht, dafs die sämmtlichen Erze nach den unteren Häfen der Seen auf Rockefellerschen Bouten transportirt werden müssen und zwar zum Durchschnitts-Seefrachtensatz eines jeden Jahres, mit dem Zusatz, dafs die Fracht in keinem Fall höher wie 70 Cts. f. d. Tonne sein darf.

In der Verwaltung der Carnegie-Steel-Company werden nach einem von H. C. Frick, dem Vorsitzenden des Verwaltungsraths genannter Gesellschaft, unterzeichneten Circular mit dem 1. April insofern Aenderungen eintreten, als John G. A. Leishman, der bisherige Generalleiter, zurücktritt und an seine Stelle Charles M. Schwab tritt; als dessen Stellvertreter sind A. R. Peacock und L. C. Phipps gewählt.

Bücherschau.

Des Ingenieurs Taschenbuch. Herausgegeben vom akademischen Verein „Hütte". XVI. Auflage. Mit über 1100 Abbildungen und 2 Tafeln. Berlin 1896 bei Wilh. Ernst & Sohn.

Bei der vorliegenden neuen Auflage dieses beliebten Nachschlagebuches hat die „Taschenbuch-Commission der Hütte" keine Mühe gespart, um, auf den bewährten Grundsätzen bauend, den Inhalt des Buches durch Um- und Neubearbeitung weiter zu vervollkommnen und den nimmer rastenden Fortschritten der Technik gerecht zu werden. Die grofse Zahl der mitwirkenden Fachleute weist klangvolle Namen auf; nach der Aufzählung in dem Vorwort zur neuen Auflage ist kaum ein Capitel ohne wesentliche Verbesserung geblieben. Die Eisenhüttenkunde ist im XIV. Abschnitt durchweg zutreffend, in Anbetracht ihrer Wichtigkeit aber im Vergleich mit anderen Capiteln vielleicht etwas cursorisch gehalten, denn sie nimmt räumlich nur 21 Seiten gegenüber z. B. 54 Seiten für den Schiffbau und 22 Seiten für die Gasfabrication ein.

Im Anfang sind wiederum wie früher die vergleichenden Münz-, Mafs- und Gewichtstabellen, die Honorarberechnungen, Auszug aus dem Patentgesetz u. s. w. enthalten. Wenn wir hierzu einen Wunsch aussprechen dürfen, so geht derselbe dahin, dafs die Vergleichungstafeln zusammengesetzter Mafseinheiten für englisches Mafs in der nächsten Auflage ausführlicher behandelt werden möchten, damit man bei der grofsen Lectüre jenes Landes in den Stand gesetzt wird, die englischen Mafsangaben sich mühelos in metrisches Mafs umzusetzen. Die Druckanordnung des Buches ist tadellos; in dem an sich berechtigten Streben, die Dicke des Bandes zu mindern, scheint das Papier an der Grenze der Mindestdicke angelangt zu sein, denn es schlägt stellenweise der Druck bereits etwas durch. —

Die stets jugendfrische „Taschenbuch-Commission der Hütte" wird auch für die neueste Auflage überall volle Anerkennung ernten. *S.*

Jolys Technisches Auskunftsbuch für das Jahr 1897. Wittenberg, Verlag des Technischen Auskunftsbuchs. Preis 4,50 *M.*

Das gute Prognostikon, welches in dieser Zeitschrift der vor 4 Jahren zuerst erschienenen Auflage dieses aus der Praxis und für die Praxis geschriebenen Handbuchs gestellt wurde, hat sich in glänzender Weise erfüllt, denn wie uns mitgetheilt wird, ist die Höhe der Auflage von 3000 auf 7000 Exemplare gestiegen. Wir geben auch der diesjährigen Auflage, in welcher zahlreiche Artikel neu bearbeitet sind und zu welcher wir nur den einen Wunsch aussprechen wollen, dafs die Bezugsquellen-Verzeichnisse noch vollständiger werden möchten, unsern besten Glückwunsch auf den Weg. *Die Redaction.*

Geschichte der Explosivstoffe. Von S. J. von Romocki. II. Die rauchschwachen Pulver in ihrer Entwicklung bis zur Gegenwart. Berlin, bei R. Oppenheim.

Dem im Jahre 1895 erschienenen ersten Theil dieses auf breiter Grundlage angelegten Werkes, ist der zweite Theil rasch gefolgt. Der in neuester Zeit deutlich hervortretenden Scheidung der Explosivstoffe in Schiefspräparate, welche man zum Forttreiben von Geschossen aus Rohren benutzt, und in Sprengmittel, die unmittelbar zerstörend zu wirken haben, gerecht werdend, beschäftigt der jetzt vorliegende Band (324 Seiten mit vielen Abbildungen) sich mit den Treibmitteln, d. h. den Salpeter-, Chlorat-, Ammoniumnitrat- und Pikratpulvern, den Xyloidinen, der Schiefsbaumwolle und der Nitrocellulose, sowie den aus letzteren erzeugten Pulverarten. Die Pulver- und die damit engverknüpfte Rauchfrage ist für die militärische Technik eine der brennendsten der Gegenwart; es wird daher der Fortsetzung des Werkes auch die Beachtung und Anerkennung entgegengebracht werden, die der erste Band, welcher die ältere Geschichte der Explosivstoffe enthält, in den Fachkreisen bereits gefunden hat.

Der dritte und letzte Band soll die jüngste Gruppe, die eigentlichen Sprengmittel, behandeln. *S.*

Beiträge zur Schlagwetterfrage. Von Generaldirector Bergrath Behrens in Herne. Mit 19 Tafeln. Essen bei G. D. Bädeker. Preis 6 *M.*

In der umfassenden Literatur über dieses Sondergebiet wird dies Werk durch sein reiches, thatsächliches Material und die vieljährige Erfahrung, welche dem Verfasser zu Gebote steht, stets einen hervorragenden Platz einnehmen und jedem Fachmann unentbehrlich sein.

Weitere Kreise wird die Angabe des Verfassers interessiren, dafs die absolute Menge des ausziehenden Grubengases auf der Zeche Hibernia, deren Leiter der Verfasser ist, sich auf nicht weniger als 54720 cbm im Tag beziffert, also 2850 HP oder 19000 Privatgasflammen entspricht und daher einen Werth von rund 3 Millionen Mark im Jahre vorstellt. Verfasser bezeichnet die Hoffnung, ein Verfahren zur gefahrlosen Entfernung des Grubengases und gleichzeitigen Verwerthung desselben zu erfinden, als sehr gering. *S.*

Technische Behelfe für Eisenhändler, Eisen- und Metallarbeiter, Bauunternehmer u. s. w. Von Carl G. Gigler, „Styria", Graz. II. Auflage. Preis 3 österr. Kr.

Es ist dies ein im Interesse der steirischen Eisenindustrie und vornehmlich der Firma Carl Greinitz Neffen, welche im Unterthal Hammerwerke besitzt, herausgegebenes Handbüchlein, das in erster Linie für den Kundenkreis bestimmt ist und, unter Vermeidung unangemessener Reclame, für seine Bestimmung recht zweckdienlich erscheint. *E. S.*

Universal-Adrefsbuch für den russischen Import-Handel. Herausgegeb. von Albrecht Pieszczek & Co. Leipzig 1897, Deutsch-russ. Speditionsgeschäft. I. Jahrgang.

Das Werk, ein stattlicher Band in 3 Theilen, ist lediglich für den Gebrauch in Rufsland bestimmt, es soll den Export namentlich deutscher Fabricate nach Rufsland fördern helfen, indem es Adressen deutscher Fabriken in allen Gegenden Rufslands bekannt macht. Bei dem billigen Preise von nur einem, mit Postporto zwei Rubel, wird das Adrefsbuch um so mehr auf Abnahme rechnen können, als sein Inhalt nicht ausschliefslich aus bezahlten Adressen besteht, sondern jeder Interessent bereitwilligst und unentgeltlich in dasselbe aufgenommen wird. Aus dem regen Interesse, welches deutsche Fabriken für das Unternehmen bekunden und durch Zuwendung von Inseraten gefördert haben, ist zu schliefsen, dafs für die in Vorbereitung befindliche 1898er Auflage eine grofse Anzahl neuer Firmen als Inserenten hinzutreten werden. Die Herren Albrecht Pieszczek & Co. sind, wie sie uns mittheilen, gern bereit, Interessenten das Werk zur Ansicht zu senden. Für deutsche Firmen dürfte der im Universal-Adrefsbuch befindliche russische Zolltarif von Werth sein, das demselben beigefügte Waarenverzeichnifs ist in einem solchen Umfange noch von keiner Seite veröffentlicht worden.

F. Neumann-Spallart, *Uebersichten der Weltwirthschaften,* VI. Band, Jahrgang 1885 bis 1889, mit der vergleichenden Statistik der vorhergehenden Jahre und zum Theil die Jahre 1890 bis 1895 umfassenden Nachweisen. Fortgesetzt von Dr. Franz von Juraschek. Berlin SW. 46. Verlag für Sprach- und Handelswissenschaft (Dr. P. Langenscheidt). Preis 16 *M.*

Nachdem wir schon vor längerer Zeit die ersten Hefte dieses in Lieferungen erschienenen Werks angezeigt haben, können wir die Mittheilung machen, dafs mit der kürzlich erschienenen 17. Lieferung das Werk vollendet vorliegt. Dasselbe wird in allen Kreisen begrüfst werden, die im wirthschaftlichen Leben praktisch thätig sind oder ein theoretisches Interesse daran nehmen. Wir machen besonders darauf aufmerksam, dafs das Erscheinen des Werkes um so willkommener sein wird, als seit der Herausgabe des letzten Jahrgangs mehr als acht Jahre verflossen sind. Der Verfasser ergänzte nicht nur das Werk bis zum Jahre 1889 (zum Theil mit Einschlufs des Jahres 1895), er unterwarf vielmehr das ganze Buch nach Ziffern und Text einer völligen Neubearbeitung. Es ist ihm insbesondere gelungen, die Erscheinungen der letzten Jahre, die Schutzzölle, das Vordrängen des russischen Getreidehandels, das mächtige Emporstreben der deutschen Eisen- und Textilindustrie, die Entfaltung der colonialen Bestrebungen, die Aenderungen der Währungszustände, die wichtigsten Momente der socialen Frage, wie die Bewegung der Arbeitslöhne, der Preise u. s. w. lichtvoll darzustellen und in ihrem inneren Zusammenhange, wie in ihren Wirkungen treffend zu erläutern.

Kaufmännische Unterrichtsstunden. II. Cursus. Comptoirpraxis. Umfassend: Die deutsche Handelscorrespondenz nebst Formenlehre und Geschäftsaufsätzen, Kaufmännisches Rechnen nebst Münz-, Mafs- und Gewichtskunde, das Contocorrent mit Zinsen und kaufmännische Terminologie. Bearbeitet von Prof. J. Fr. Schär und Dr. phil. P. Langenscheidt. Verlag für Sprache und Handelswissenschaft. Berlin SW, Dr. P. Langenscheidt, Lection 1 bis 3.

Posthandbuch für die Geschäftswelt für den Inland- und Auslandverkehr. (Ausgabe für das Reichspostgebiet, für Bayern, für Württemberg.) Mit einem Verzeichnifs von 3000 der wichtigeren Postorte und einer Zonenkarte. Herausgegeben von Herm. Hettler, Ober-Postsecretär. Verlag von Richard Hahn (G. Schnürlen) in Stuttgart. VII. Jahrgang 1896. Preis 1,20 *M*.

Ein praktisches und empfehlenswerthes Buch, namentlich für den Auslandsverkehr.

Kataloge:

A. Borsig, Berlin, Borsigwerk O.-S. Gegründet 1837.

Dies zur Erinnerung an die Berliner Ausstellung 1896 herausgegebene Sonderwerk zeigt in Wort und Bild die grofse Anzahl von Gegenständen, durch welche die Firma sich auf genannter Ausstellung ausgezeichnet hat. Sie war dort, wie erinnerlich, durch eine Verbundmaschine mit mehr als 1000 HP, durch Beimsche Dampfkessel, Locomotiven, Mammutpumpen u. s. w. glänzend vertreten und dürfte das vorliegende, elegant ausgestattete Album den sachverständigen Besuchern der Berliner Ausstellung eine angenehme Erinnerung sein. *S.*

Façoneisenwalzwerk, L. Mannstaedt & Co., Kalk bei Köln.

Von diesem Werk liegen uns weitere Katalogblätter vor, welche namentlich verzierte hohle Säulen von 9,5 bis 82,2 mm Durchmesser in den verschiedensten Mustern, ferner neue Belag-, Rahmeneisen u. s. w. enthalten. Es ist erfreulich zu verfolgen, in welch zielbewufster Weise das Werk auf dem betretenen, eigenartigen Wege fortschreitet und stets neue, sich durch edlen Geschmack auszeichnende Fabricate liefert, mit welchen es einzig in seiner Art dasteht. *S.*

Vereins-Nachrichten.

Verein deutscher Eisenhüttenleute.

Aenderungen im Mitglieder-Verzeichnifs.

Danilow, Iwan, Ingenieur, Donetz-Jurjewka-Hüttenwerk, Station Jurjewka der Süd-Ostbahn, Rufsland.
Erdmann, Georg, Betriebsingenieur, Walzwerk Neu-Oberhausen, Oberhausen, Rheinland.
Faber, J., Director der Friedenshütte, Kneuttingen, Lothringen.
Hebelka, Ant., Ingenieur, Theilhaber der Firma Hebelka & Gebrüder Gras, Dortmund.
Kuphaldt, G., Director, Riga, I. Weidendamm Nr. 3 Quartier 3.
Lundgren, Alfred, Ingenieur, Communalrath, Betriebschef des Martin- und Drahtwalzwerkes Pankakoski, Pielisjärvi, Finland.
Oberegger, Franz, Ingenieur, Maxhütte, Rosenberg, Oberpfalz.
Reifs, Robert, Ingenieur der Poldihütte, Kladno, Böhmen.
Teichgräber, Georg, Director der Hainerhütte, Siegen.

Neue Mitglieder:

Beuchelt, Commerzienrath, Grünberg in Schlesien.
Bitta, Generaldirector, Neudeck, O.-Schl.
Cupey, Bernhard, Betriebsingenieur bei P. Harkort & Sohn, Wetter a. d. Ruhr.
Colson, Emile, Brüssel, 111 Boulevard de Waterloo.
Erbe, Generaldirector, Beuthen, O.-Schl.
Jacques, G., Ingenieur-Adjoint de la Direction der Soc. an. de Marcinelle et Couillet, Couillet.
Jokisch, Königl. Bergmeister, Zabrze, O.-Schl.
Körting, Hans, Maschinenmeister, Falvahütte bei Schwientochlowitz, O.-Schl.
Kraensel, Director, Pielahütte bei Rudzinitz, O.-Schl.
Kreidel, Oberbürgermeister, Gleiwitz, O.-Schl.
Leopold, F. W., Director des Hörder Bergwerks- und Hüttenvereins, Hörde in Westfalen.
Meyer, Wilh., Betriebsingenieur der Firma Gebr. Brüninghaus & Co., Werdohl.
Oswald, Heinrich, Director der Verkaufsstelle der Vereinigten Oberschlesischen Walzwerke, Berlin W. Taubenstrafse 8/9.
Place-Lipsett, William, Ingenieur der Dowlais Iron Works, Dowlais, Glamorgan, England.
Schache, Dr., Königl. Landrath, Zabrze, O.-Schl.
Schliwa, Ingenieur, Königl. Obermeister, Gleiwitz, O.-Schl.
Schmula, Director, Nicolai, O.-Schl.
Schulze, Ingenieur, Königl. Obermeister, Gleiwitz, O.-Schl.
Straufs, Gottlieb, Maschineningenieur, Ostrowiec, Station der Iwang.-Dombr.-Bahn, Russ.-Polen.
Vogt, Oberrevisor, Charlottenhof bei Königshütte, O.-Schl.

Die nächste

Hauptversammlung des Vereins deutscher Eisenhüttenleute

findet **Sonntag** den **25. April** in **Düsseldorf** statt.

(Tagesordnung siehe Seite 163.)

Die Zeitschrift erscheint in halbmonatlichen Heften.

Abonnementspreis für Nichtvereins-mitglieder: 20 Mark jährlich excl. Porto.

STAHL UND EISEN.

ZEITSCHRIFT FÜR DAS DEUTSCHE EISENHÜTTENWESEN.

Insertionspreis 40 Pf. für die zweigespaltene Petitzeile, bei Jahresinserat angemessener Rabatt.

Redigirt von

Ingenieur E. Schrödter, Geschäftsführer des Vereins deutscher Eisenhüttenleute, für den technischen Theil

und

Generalsecretär Dr. W. Beumer, Geschäftsführer der Nordwestlichen Gruppe des Vereins deutscher Eisen- und Stahl-Industrieller, für den wirthschaftlichen Theil.

Commissions-Verlag von A. Bagel in Düsseldorf.

№ 7. 1. April 1897. 17. Jahrgang.

Die Kriegsflotten Deutschlands und des Auslandes.

(Hierzu Tafel III.)

Die Marinetabellen, welche von der Hand des deutschen Kaisers entworfen und in den Wandelgängen des Reichstags ausgestellt waren, haben allseitig ein so hervorragendes Interesse erweckt, dafs wir glaubten den Wünschen unseres Leserkreises entgegenzukommen, indem wir Abbildungen* der kaiserlichen Eintragungen in der Tafel III dieser Ausgabe beifügen.

Einige Worte der, leider jeden guten Deutschen gleichzeitig beschämenden und beängstigenden Wahrheit über unsere Kriegsflotte und des Vergleichs mit der Kriegsseemacht der europäischen Staaten dürften hier am Platze sein.

Der Ausgangspunkt der Prüfung ist der Flottengründungsplan, wie er nach den Ergebnissen des Seekrieges 1870/71 im Jahre 1873 veranschlagt wurde. Er lautet:

Der Flottengründungsplan von 1873:

Panzerfregatten		8
Panzercorvetten		6
Monitors		7
Schwimmende Batterieen		2
Kreuzerfregatten und Kreuzercorvetten		20
Kanonenboote	gröfsere	9
	kleinere	9
Avisos		6
Torpedofahrzeuge	gröfsere	10
	kleinere	18

Dieser Flottengründungsplan vom Jahre 1873 hat im Laufe der letzten 24 Jahre nach Mafsgabe der neu sich aufdrängenden Gesichtspunkte mit Billigung und Bewilligung des Reichstags mehrfache Ergänzungen und Umgestaltungen erfahren, welche wir im einzelnen nachstehend durchgehen:

Die Panzerfregatten und Panzercorvetten erhielten im Jahre 1893 die Bezeichnung „Panzerschiffe I., II. bis III. Klasse". Der Sollbestand beider bestand also aus 14 Panzerschiffen.

In den Jahren 1887 bis 1890 wurden noch 10 Panzerfahrzeuge bewilligt zur Küstenvertheidigung, im Nothfall auch zur Verwendung in der Nordsee und auf entfernte Expeditionen. Diese Panzerfahrzeuge, welche anfangs zu den Panzercorvetten gerechnet wurden, heifsen seit 1893 „Panzerschiffe IV. Klasse".

Die 7 Monitors sind niemals gebaut, sondern nur zwei. Für die fehlenden fünf wurden 13 Panzerkanonenboote eingestellt, welche auch thatsächlich gebaut worden sind; sie sind bestimmt zur Vertheidigung der Flufsmündungen.

Die beiden schwimmenden Batterien wurden nicht gebaut, da sie sich in ihrer Construction gegen die Torpedos nicht genügend schutzfähig erwiesen.

Die Kreuzerfregatten und Kreuzercorvetten wurden nach erwiesener Dringlichkeit um drei weitere vermehrt. Sie stiegen so bis auf 23. Es ist jedoch hier zu betonen, dafs infolge der Vermehrung des auszubildenden Personals 4 Kreuzerfregatten ständig für die Ausbildung der Cadetten, Schiffsjungen u. s. w. dem politischen Dienst entzogen wurden. Diese Kreuzerfregatten und Kreuzercorvetten erhielten im Jahre 1893 den Namen „Kreuzer I., II., III. Kl.". Ihr Sollbestand ist also 23.

* Wir verdanken die Bildstöcke der „Illustrirten Zeitung", welche sie in ihrer Nr. 2801 veröffentlichte. *Red.*

Hierzu kommt aber noch ein Theil der Kanonenboote. Die kleineren Kanonenboote sind nicht gebaut (vergl. jedoch oben die Notiz, dafs statt der 5 Monitors 13 Panzerkanonenboote gebaut sind). Die 9 gröfseren Kanonenboote wurden noch um 4 weitere vermehrt; sie erhielten schon 1884 den Titel „Kreuzer". Von diesen 13 gröfseren Kanonenbooten wurden 9 im Jahre 1893 in die Kategorie „Kreuzer IV. Klasse" überführt, während 4 Kanonenboote blieben.

Die Avisos mufsten langsam von 6 auf 11 vermehrt werden und so wurde in den Jahren 1884, 1886, 1888 und 1889 je ein weiterer Aviso bewilligt.

Von den gröfseren Torpedofahrzeugen wurde infolge der Denkschrift von 1873 als unzweckmäfsig Abstand genommen, dafür wurden aber 8 Torpedodivisionsboote in den Jahren 1886 bis 1896 neu bewilligt.

Die ursprüngliche Anzahl von 18 kleineren Torpedofahrzeugen ergab sich als gänzlich unzulänglich, sie wurde daher nach und nach auf 105 erhöht.

Der Einfachheit halber unterlassen wir es, auf die übrigen Schiffe, Schulschiffe, Versuchsschiffe und dergl. einzugehen.

Danach ergiebt sich nunmehr folgendes Bild für den

Sollbestand der Kriegsflotte 1897:

Panzerschiffe I. bis III. Klasse . . .	14
Panzerschiffe IV. Klasse	10
Monitors	2
Panzerkanonenboote	13
Kononenboote	4
Schwimmende Batterien	2
Kreuzer I. bis III. Klasse	23
Kreuzer IV. Klasse	9
Avisos	11
Torpedodivisionsboote	8
Torpedoboote	105

Stellt man nun dagegen den istbestand der deutschen Kriegsflotte, so ist der Vergleich für Jeden, dem das Wohl und Wehe des Reiches am Herzen liegt, betrübend. Der Grund des Zurückbleibens hinter der etatsmäfsigen Stärke liegt in dem zu langsamen Ersatzbau für die abgehenden veralteten Schiffe. Alles Neubewilligen bringt natürlich nicht weiter, wenn die ausrangirten Schiffe nicht nebenher ersetzt werden. Wir stellen die in Bau stehenden und bewilligten Schiffe den fertig gestellten gleich. Dann war der Stand der Dinge, wie er der Budgetcommission Ende Februar vorgelegt wurde:

Istbestand der Kriegsflotte 1897.

Panzerschiffe I. bis III. Klasse 11: Sachsen, Bayern, Württemberg, Baden, Oldenburg, Kurfürst Friedrich Wilhelm, Brandenburg, Weifsenburg, Wörth. Im Bau sind 2: Ersatz Friedrich der Grofse und Kaiser Friedrich III. Es fehlen mithin 3.

Panzerschiffe IV. Klasse 8: Siegfried, Beowulf, Frithjof, Hildebrand, Heimdall, Hagen, Odin, Aegir. Es fehlen mithin 2.

Monitors fehlen beide.

Panzerkanonenboote 13: Wespe, Tiger, Biene, Mücke, Skorpion, Basilisk, Chamaeleon, Krokodil, Salamander, Natter, Hummel, Brummer, Bremse. Es fehlt nichts.

Kanonenbote 2: Wolf, Habicht. Es fehlen 2 (der gestrandete Iltis und die unbrauchbare Hyäne).

Schwimmende Batterien fehlen beide.

Kreuzer I. bis III. Klasse 13: König Wilhelm, Kaiser, Deutschland, Irene, Prinzefs Wilhelm, Kaiserin Augusta, Gefion. Dazu sind im Bau Ersatz Leipzig (der einzigste Kreuzer I. Klasse), Ersatz Freya, Kreuzer K L M N. Es fehlen mithin 10. (Daneben haben wir noch 5 Kreuzer III. Klasse aus dem Bestande der alten Kreuzercorvetten: Olga, Marie, Sophie, Alexandrine, Arkona, sie sind aber ohne Schutz, veraltet und unbrauchbar.)

Kreuzer IV. Klasse 9: Schwalbe, Sperber, Bussard, Falke, Seeadler, Kondor, Kormoran, Geier, im Bau ist Kreuzer G. Es fehlt nichts.

Avisos 6: Hohenzollern, Wacht, Jagd, Meteor, Comet, Hela. Es fehlen 5 (aufserdem haben wir noch 4 ungeschützte, alte, unbrauchbare Avisos: Zieten, Blitz, Pfeil, Greif).

Torpedo-Divisionsboote 10. Gegen den Sollbestand 2 mehr.

Torpedoboote 81, deren sind noch 8 im Bau. Es fehlen mithin 24 (wir besitzen noch aufserdem 9 alte, jedoch für den Ernstfall unbrauchbare Torpedoboote).

Es sind dies Fehlziffern von erschreckender Gröfse, und Admiral v. Hollmann hatte also recht, wenn er sagte: „Ich müfste vor Gericht kommen, wenn ich unterlassen wollte, auf diesen Mifsstand hinzuweisen." Die Mehrheit der Budgetcommission hat sich allen ziffernmäfsigen Beweisen verschlossen; sie hat ein Panzerschiff (Ersatz König Wilhelm) und zwei Kanonenboote bewilligt (für Iltis und Hyäne), alles Andere rücksichtslos gestrichen. Lehrreich ist eine Vergleichung der Kriegsseemacht der europäischen Grofsmächte; dabei sind wieder fertige und im Bau begriffene Schiffe gleichwerthig eingestellt.

Die Kriegsflotte der Grofsmächte.

	Panzerschiffe	Küsten-Panzerschiffe	Panzer-Kanonenboote und Monitors	Panzerkreuzer und geschützte Kreuzer	Avisos	Divisionsboote	Torpedoboote	Ungeschützte Schiffe
Deutschland . .	11	8	13	14	10	10	89	24
Italien	12	5	—	19	15	3	138	22
Oesterr. - Ungarn	13	—	—	6	7	7	68	11
England	57	16	—	135	44	90	101	50
Frankreich . . .	26	14	8	44	19	13	239	36
Rufsland	19	14	14	17	—	14	179	29
Frankreich mehr als Deutschland	15	6	—	30	9	3	150	12
Zweibund mehr als Dreibund .	9	15	9	22	—	7	123	8

Diese Tabelle ist wohl die schlagendste in der Widerlegung des einschüchternden Geschreies über „uferlose Flottenpläne“. Es ist doch grotesk, wenn Abgeordnete und Presse der Admiralität vorwerfen, mit Grofsbritanniens Seemacht wetteifern zu wollen; um das zu können, müfste Deutschland seine Panzerschiffe verfünffachen, die Küstenpanzer verdoppeln, die Kreuzer verzehnfachen. Bedenklich aber ist die gewaltige Unterlegenheit Deutschlands unter Frankreich und des Dreibundes unter den Zweibund; in Panzern und Kreuzern ist uns Frankreich um das Doppelte überlegen, in Torpedos um das Dreifache. Thatsächlich ist jene Ueberlegenheit Frankreichs und des Zweibundes noch gröfser, wenn man erstens hinzurechnet, dafs Rufsland noch weitere 13 Kreuzer der freiwilligen Flotte besitzt, welche oben nicht eingestellt sind, wenn man einen Vergleich anstellt nach Gröfse und Raumgehalt, und vor Allem nach dem Alter und der technischen Brauchbarkeit der Schiffe; das Alles würde hier zu weit führen; es sei hier nur nebenbei erwähnt, dafs unsere Panzer bis 20 Jahre, unsere Panzerkanonenboote bis 21 Jahre, unsere Kreuzer bis 29 Jahre alt sind, d. h., ein schneller Ersatz dieser veralteten Schiffe ist unaufschiebbar. So leben wir heute unter dem beängstigenden Gefühl, dafs dank der kurzsichtigen Knauserei des Reichstags das Deutsche Reich zur See nicht voll gerüstet dasteht. Unsere Flotte, von welcher die Erhaltung eines Aufsenhandels von jährlich 7000 Millionen Mark, der Schutz der Deutschen im Auslande, die Vertheidigung der eben erworbenen Colonien und die Deckung der deutschen Küsten abhängt, ist unsern Gegnern nicht annähernd gewachsen. Die englische Volksvertretung bewilligte in den 7 Jahren 1890/91 bis 1896/97 für die nationale Seemacht 2361 Millionen Mark, die französische 1369 Millionen Mark, die italienische 575 Millionen Mark und die deutsche 571 Millionen Mark.

Vor einigen Jahren cursirte in Freundeskreisen eine kleine Schrift, deren Titel die Aufschrift trug: „Was hat der Deutsche Reichstag für die Marine gethan?“, deren Inneres aber nur unbedruckte Seiten zeigte.

Wann wird der Reichstag dieses unbeschriebene Schuldbuch ausfüllen? Seine neuesten Verhandlungen deuten darauf hin, dafs, wenn er überhaupt zur Annahme der Forderungen übergeht, die Ausführung jedenfalls in sehr langsamem, d. h. ebenso unwirthschaftlichem wie unpolitischem Tempo geschieht. *Die Redaction.*

---

90 Procent aller deutschen Kaufleute Betrüger.

In der Ausgabe vom 6. März d. J. des bekannten Londoner Fachblattes „The Ironmonger“ fand die Redaction unter dem Titel „German Competition in South America“ das nachstehend in Uebersetzung wiedergegebene Interview seines Sheffielder Vertreters bei einem dortigen Fabricanten, welcher nach seiner Angabe soeben von einer Geschäftsreise durch Brasilien und Argentinien zurückgekehrt war.

„In Brasilien“, so sagte der Fabricant aus Sheffield, „machen die Deutschen den gröfsten Theil ihres Geschäfts dadurch, dafs sie in betrügerischer Weise die englischen Marken nachahmen oder, was noch gewöhnlicher ist, dafs sie ihre Waaren mit englischen Worten bezeichnen. Fast aller eingeführter deutscher Schund (German Stuff) wird in englischer Sprache bezeichnet. Die Franzosen vergehen sich nicht in dieser Weise, ihre Fabricate sind in ehrenhafter Weise gezeichnet; dies beweist — so fuhr er fort — dafs die Deutschen es nicht wagen, in ihrer eigenen Sprache die Bezeichnungen vorzunehmen, weil sie fürchten, sonst vom Markte verdrängt zu werden. Wenn in jedem Lande die Fabricanten gezwungen würden, ihre Waaren mit einer Ursprungsbezeichnung zu versehen, so würden dadurch die Deutschen härter als irgend Jemand Anders getroffen.“

„Ist die Annahme richtig, dafs die Deutschen gefährlich nahe der Betrügergrenze sich bewegen?“ fragte der Interviewer. „Es ist so,“ war die Antwort. „Wenn deutsche Waaren in englischen Buchstaben etiquettirt sind, so sieht der Käufer die Bezeichnung und denkt, die Waaren seien britischer Fabrication. Die Nachahmung sowohl der Marke wie der Einpackung ist so täuschend, dafs ich ein Waarenpacket, welches ich in Brasilien in die Hand nahm, anfänglich für mein eigenes Fabricat hielt und erst nachher entdeckte, dafs es deutsch war. Nicht allein meine Marke war nachgeahmt, sondern auch das Papier und die Schnur, welche in meiner Fabrik verwendet werden. Der stärkste Betrug, den ich sah, betraf »Collins«, die amerikanischen Achsen-Fabricanten. Die Deutschen hatten aus der Marke »Collins« das Wort »Cottins« gemacht, ohne indessen die tt mit dem Querstrich zu versehen. Die Waare war von einer schauderhaft schlechten Beschaffenheit und nicht mit der amerikanischen vergleichbar.“

„Giebt es ein Mittel gegen diese ernste Lage der Dinge?“ fragte unser Vertreter.

„Wenn die Vereinigten Staaten und andere englisch sprechenden Länder es durchsetzen könnten, dafs die auf die neutralen Märkte eingeführten Waaren die Marke des Ursprungslandes zu tragen hätte, so wäre dies die beste Abhülfe. Wie bereits gesagt, setzen die Franzosen keine betrügerischen oder irreleitenden Zeichen auf ihre Waaren. In Buenos-Ayres findet man große Mengen französischer Messerwaaren, welche zutreffend gezeichnet sind. Nur die Deutschen arbeiten in dieser Art. Wenn die Waaren mit der Schrift des Landes versehen sein müfsten, aus welchem sie kommen, so genügte dies zur Beseitigung der Schwierigkeit, sofern die Zollbehörden, falls dies nicht geschieht, die Einfuhr verböten."

„Man sollte glauben, dafs die Regierung des betreffenden Landes, in welchem der Betrug vorkommt, in der Lage sein müfste, denselben zu verhindern?"

„Die brasilianische Regierung verfuhr z. B. folgendermafsen: Wir haben eine Waarenetiquettirung in englischen Buchstaben. Die Deutschen ahmten diese Bezeichnung genau nach, ohne einen einzigen Strich zu ändern. Die brasilianische Regierung verweigerte die Annahme dieser Waaren, als sie in einem deutschen Schiff ankamen, mit dem Hinweis, dafs sie nicht aus Sheffield herrühren könnten. Weiter ahmen die Deutschen die Messerwaaren von Rodgers in ausgedehnter Weise nach. Alle deutschen Waaren, welche gegen Sheffield und Birmingham in Südamerika in Wettbewerb treten, sind in englischer Sprache etiquettirt. Der deutsche Fabricant schlägt nicht seinen eigenen Namen, sondern den Namen eines entweder vorhandenen oder vorgeschobenen Engländers auf. Sobald ein amerikanisches oder ein englisches Haus, welches wirklich gute Waaren zu angemessenen Preisen aussendet, einen Markt gewonnen, kommen die Deutschen mit ihrem minderwerthigen Schund heran und treiben betrügerischen Wettbewerb. Der auf dem Lande lebende Käufer kennt den Unterschied zwischen den Beiden nicht, und wenngleich der Kaufmann von dem Betrug weifs, so ist dies bei dem Verbraucher nicht der Fall."

„Sind irgendwelche Zeichen des Wiederbelebens des britischen Handels in Südamerika vorhanden?"

„Ja! Ich bemerkte, dafs die Birminghamer Aextefabricanten Boden gewannen, und die Amerikaner aus dem Sattel hoben. Es scheint mir, dafs die Birminghamer Häuser besser in der Lage sind, ein gutes Geschäft zu machen, als ihre Mitbewerber. Ein Geschäftszweig, welcher niemals weder durch Deutsche noch durch Andere eingenommen worden ist, ist das Hackengeschäft. 95 % der Hacken, welche nach Brasilien kommen, werden in Birmingham angefertigt. In der Argentinischen Republik scheint sich die Geschäftslage zu bessern; nach meiner Meinung wird dort ein guter Markt für Waaren der Engländer sein, wenn die Speculanten nicht wieder die Lage verderben."

„Geniefsen britische Waaren einen guten Ruf in Südamerika?"

„Unzweifelhaft! Thatsache ist, dafs die Käufer dort sehr häufig sagen, sie wollten keinen deutschen Schund; sie bekommen ihn aber trotzdem infolge des betrügerischen Weges, auf welchem die Deutschen sich in den Markt eindrängen. Das beste Mittel zur Abhülfe wäre, dafs die Vereinigten Staaten und Grofsbritannien, als die zwei grofsen englisch sprechenden Länder, sich zusammenschlössen und dahin wirkten, dafs die neutralen Regierungen darauf beständen, dafs alle eingeführten Waaren in der Sprache ihres Ursprungslandes zu bezeichnen seien. Unsere eigene Handelsmarke ist in Argentinien eingetragen worden, und in einem Fall, in welchem eine Räuberei unserer Marken entdeckt wurde, wurde den Gütern der Eingang verwehrt. Ebenso liegt die Sache in Brasilien. Viele Sheffielder Fabricanten glauben irrthümlich, dafs, wenn sie die Handelsmarke in England eingetragen haben, sie Alles gethan hätten; aber sie sollten sie in jedem Lande eintragen lassen, bevor sie ein Geschäft machen.

„Beschränkt der deutsche Fabricant seine Nachahmung auf englische Waare?"

„Nein! sie ahmen ohne Unterschied überall dort nach, wo ein Gewinn zu erwarten ist. Ich sah einmal deutsche Waaren, welche mit französischen Namen bezeichnet waren. Die französischen Schlachtmesser, welche in Buenos Ayres einen hohen Ruf haben, werden von den Deutschen, welche dies wissen, nachgeahmt. Sie nahmen hierbei nicht den wirklichen Namen der französischen Firma, sondern einen Namen, welcher dem richtigen so nahe kam, dafs kein Ausländer den Unterschied zu entdecken in der Lage war.

Es giebt deutsche Häuser, welche so ehrenhaft wie irgend eine englische Firma sind. Aber darüber ist kein Zweifel, dafs 90 % des deutschen Ausfuhrhandels auf betrügerischem Wege geschieht."

Wenngleich diesen schamlosen Ausführungen die Lüge auf der Stirn geschrieben steht und man einem jeden Wort anmerkt, dafs es lediglich auf die blasse Furcht vor den Deutschen zurückzuführen ist, so hatte trotzdem die Redaction Anlafs genommen sie im Original zur Rückäufserung dem ihr befreundeten Inhaber eines grofsen Hauses zu schicken, welches im bergischen Lande wurzelt, das aber seit vielen Jahren in Südamerika sich niedergelassen und es dort zu hohem Ansehen gebracht. Es würde der kraftvollen Eigenart unseres Freundes, welcher sofort in bereitwilligster Form antwortete, Abbruch thun, wenn wir ein Wort an seinen Ausführungen änderten. Wir geben daher seine Antwort, wie folgt, unverkürzt wieder:

Sehr geehrter Herr Redacteur!

„Sie hatten die Güte, mir einen Artikel aus dem „Ironmonger" über den deutschen Wettbewerb in Südamerika einzusenden, und bitten mich, ihnen meine Ansicht über die in demselben enthaltenen Angriffe auf den deutschen Handel zu sagen. Ich entspreche diesem Wunsche gern, denn einestheils ist der „Ironmonger" ein zu bedeutendes Blatt, als dafs man in demselben erscheinende Artikel, wenn sie derartige Angriffe gegen Deutschland enthalten, wie der mir eingesandte, unerwidert lassen könnte, andererseits giebt mir aber auch sein Inhalt Gelegenheit, auch über die deutschen Fabricanten und Kaufleute ein kräftig Wörtlein zu sagen.

Und nun zu dem Inhalt. Derselbe ist wieder ein vollgültiger Beweis für meine Ihnen schon neulich ausgesprochene Behauptung, dafs jeder Durchschnitts-Engländer fest davon überzeugt ist, dafs wir Deutsche „get most of our trade by fraudulently imitating English marks and marking our goods with English words" und dafs ferner die Deutschen nur „cheap stuff", d. h. Schund fabriciren, was natürlich in England nicht geschieht!! Alle Publicationen, deren Ausführungen auf diesen Grundton gestimmt sind, werden in England stets willige Hörer und eine billige Zustimmung finden, auch wenn dieselben, wie der fragliche Artikel, an gröfster Einseitigkeit leiden und von einem Hasse zeugen, wie ihn nur im Kampfe Unterliegende zu empfinden pflegen. Hafs ist aber ein schlechter Berather, und so läfst sich der Verfasser des Artikels zu Beleidigungen hinreifsen, welche auf die Engländer selbst zurückfallen.

Wir Deutsche machen die englische und französische Aufmachung nach! Jedes Kind weifs, dafs der Mensch am Altgewohnten hängt, und jeder Kaufmann, wenn er nur die geringste Erfahrung besitzt, wird bestrebt sein, seine Waaren stets in der Aufmachung zu bringen, welche der Kunde gewohnt ist oder welche er bei Ertheilung seiner Bestellungen vorgeschrieben hat. Im übrigen kann kein mit den Verhältnissen Vertrauter die Thatsache in Abrede stellen, dafs heute die deutschen Eisenwaaren besser und zweckmäfsiger verpackt und etiquettirt werden, als die Erzeugnisse anderer Länder. Wenn aber der Artikelschreiber den Deutschen daraus den Vorwurf der Unehrlichkeit machen will, dafs sie sich der Geschmacksrichtung der Länder, in die sie ihre Waaren schicken, anpassen, so blamirt er sich nicht nur, sondern er verräth dadurch auch, dafs er ein gutes Theil englischer Heuchelei besitzt; denn wessen er die Deutschen anklagt, dessen machen sich die Engländer in gleichem Mafse schuldig. Wenn irgend Jemand in Argentinien der hochachtbaren Firma Nettlefold in Birmingham, deren Hauptinhaber der heutige Minister des Auswärtigen, Joe Chamberlain, ist, einen Auftrag auf Holzschrauben einsendet, so wird diese hochachtbare englische Firma keinen Augenblick daran denken, die Schrauben anders als in französischer Aufmachung zu senden, und kein ehrlich denkender Kaufmann, sei er nun Engländer oder Franzose, wird der Firma aus dieser „Nachahmung" einen Vorwurf machen; denn würden Nettlefold die englische Aufmachung senden, so würde kein Mensch am La Plata die Waare kaufen, trotzdem Jedermann weifs, dafs die Schrauben von Nettlefold gerade so gut sind, wie diejenigen von Japu.

Anders liegt es mit dem Aufdruck der Etiquetten in englischer Sprache. Thatsächlich werden von Deutschland englische Etiquetten auf Waaren nach nicht englisch redenden Districten heute kaum noch benutzt. Nach spanischen und portugiesischen Ländern werden von Deutschland die Eisenwaaren mit Etiquetten in der Sprache der betreffenden Länder versendet; dafs dagegen die nach Nordamerika, Engl. Indien, Australien gehenden Waaren englisch etiquettirt werden, ist richtig, und es geschieht dies, weil in diesen Ländern eben englisch geredet wird und man dort nichts Anderes versteht. Wo aber noch heute von einzelnen deutschen Fabricanten und Kaufleuten gesündigt werden sollte, ergreife ich gern diese Gelegenheit, meinen Landsleuten ins Gewissen zu reden und zwar ganz besonders in den Fällen, wo bei der englischen Etiquettirung die Absicht vorliegen sollte, eine Fälschung zu begehen, um sich dadurch einen geschäftlichen Vortheil zu verschaffen. Das ist eine durchaus unehrliche Handlungsweise, und jeder deutsche Kaufmann, der auf seinen Ruf hält, sollte dergleichen unterlassen und jeden Auftrag überseeischer Kunden zurückweisen, der ihm eine solche Fälschung zumuthet.

Was nun aber die Etiquettirung der Waaren mit englischer Benennung und das Schlagen von englischen Bezeichnungen auf die Waare selbst angeht, so hängt dies wohl zum weitaus gröfseren Theile mit dem immer noch viel zu wenig entwickelten deutschen Nationalgefühl zusammen, als damit, dafs man sich davon geschäftliche Vortheile verspräche. Es gehen jedes Jahr für Millionen und aber Millionen deutsche Waaren nach Südamerika, welche nur mit spanischen und portugiesischen Etiquetten versehen sind, und habe ich noch nie gehört, noch auch selbst erfahren, dafs das der Verkäuflichkeit der Waaren den geringsten Abbruch gethan hätte; ich halte im Gegentheil dafür, dafs eine Etiquettirung in der Landessprache für den betreffenden Käufer ein grofser Vortheil ist; denn lesen können die spanischen und portugiesischen Jungen unserer südamerikanischen Kundschaft alle und sie wissen infolgedessen auch immer sofort, was in den Packeten ist, lesen sie aber Worte wie Hammers, Adzes, Chisels u. s. w., so sind ihnen das zuerst böhmische Dörfer und es dauert immer längere Zeit, bis sie die Bedeutung der Worte kennen gelernt haben. Darum, meine Herren Landsleute, fort mit allen englischen und französischen Etiquetten und Bezeichnungen, wo sie noch vorhanden sein sollten; nehmt spanische und portugiesische, und Ihr werdet Euch damit einen weiteren Vortheil über die Engländer sichern, welche am Alten kleben und selten fremdsprachige Etiquetten verwenden.

Auf Vorstehendes werden Sie mir nun wohl erwidern: Also hat der Artikelschreiber doch recht. Ich antworte Ihnen darauf: Ja! recht hat er insofern, als das, was er erzählt, thatsächlich vielfach geschieht. Unrecht aber hat er, wenn er sich deshalb aufs hohe Pferd setzt und mit heuchlerischer Entrüstung von solchen Praktiken der bösen Deutschen spricht; denn gerade die Engländer haben sich mehr als irgend ein anderes Volk ganz derselben Handlungen schuldig gemacht. Gar nicht zu zählen sind die Scheeren, Feder- und Rasirmesser und sonstigen deutschen Waaren, welche auf ausdrückliche Anordnung englischer Kaufleute mit Stempeln und Etiquetten wie „Superior Cutlery", „English Cutlery", „Sheffield", „Cast steel" u. s. w. versehen und nachher an englische und nichtenglische Kunden von englischen Kaufleuten als englische Waaren verkauft worden sind und heute noch verkauft werden. Dieselben zählen nach Millionen von Dutzenden, und ich lade den Herrn Artikelschreiber ein, einmal nach Solingen zu gehen, er wird sich dort leicht davon überzeugen können. Will uns der Herr angesichts solcher Thatsachen wirklich noch weismachen, dafs in Deutschland nur „stuff" fabricirt wird und die Engländer die kaufmännische Ehrlichkeit allein gepachtet haben? Will er uns nicht einmal sagen, wie es „straight" English firms mit ihrem Rufe und Gewissen vereinigen wollen, nicht allein deutsche Waaren mit englischen Zeichen zu versehen, sondern auch noch ihre Kunden zu betrügen, indem sie denselben deutschen Schund unter englischer Marke verkaufen mit der Absicht, dieselben glauben zu machen, sie bekämen gute englische Waare? Denn nach der Ansicht des Artikelschreibers ist ja die englische Bezeichnung eine Garantie für gute Waare. Einer Antwort des Herrn auf diese Frage werden wir mit ganz besonderem Vergnügen entgegensehen. Ich fürchte allerdings, er wird sie schuldig bleiben.

Allerdings, das auf diese Weise gemachte Geschäft hat gegen früher nachgelassen; daran ist aber nicht die inzwischen etwa erwachte kaufmännische Ehrlichkeit unserer englischen Vettern, als vielmehr die englische Merchandize Act schuld. Das „Made in Germany" hat die Kunden der Engländer darüber belehrt, dafs die „vorzüglichen englischen Waaren" German stuff sind; aber statt dafs sich die Kunden nun von diesem stuff ab- und englischen Waaren zugewandt hätten, davon hat man nichts gehört, nein, die Bestellungen auf Germany stuff sind weiter gegeben worden, aber nicht nach England, sondern zum grofsen Theil nach Deutschland direct, und mit diesen Aufträgen sind dann auch noch eine Menge Bestellungen auf englische Waaren an deutsche Kaufleute gegangen, welche früher ausschliefslich von England erledigt wurden. Daher die Wuth über die German competition!

Nun sagt der Artikelschreiber noch weiter: Die Deutschen schlügen die englischen Marken nach. Ich sandte Ihnen schon vor einiger Zeit einige in der Birmingham Post erschienene Artikel, in denen uns anständige englische Kaufleute gegen derartige Beschuldigungen vertheidigten. Ich kann dem, was dort gesagt wurde, nur hinzufügen: peccatur intra muros et extra! Es giebt eben überall Menschen mit weitem Gewissen, nicht allein in Deutschland, sondern auch in England, wie die vielen Markenschutz-Processe dort beweisen. Setzt sich der Artikelschreiber auch nach dieser Richtung hin aufs hohe Pferd, so macht er sich auch hier der bewufsten Heuchelei schuldig. Was seine Behauptung angeht, that the Germans imitate Rodgers Cutlery immensely, so sind allerdings derartige Fälle vorgekommen, aber auch von den deutschen Gerichten in empfindlicher Weise bestraft worden. Im übrigen wird er aber als ein Sheffield manufacturer ganz genau wissen, dafs der Firma Joseph Rodgers & Sons heute noch durch einen anderen Rodger eine sehr unangenehme Concurrenz gemacht wird, dafs sich dieser aber nicht etwa in Solingen, sondern in Sheffield befindet und ein Vollblut-Engländer ist. Was er aber vielleicht nicht weifs, das ist, dafs einer der besten Kunden von Joseph Rodgers & Sons ein deutsches Exporthaus ist; vielleicht klärt ihn diese Thatsache über die Stellung der deutschen Kaufleute in Südamerika etwas auf.

Wenn die Engländer nicht wollen, dafs die Deutschen ihre Marken nachschlagen, so haben sie dazu das Mittel jederzeit in der Hand, der Schreiber des Artikels nennt es in demselben ja auch selbst: sie brauchen nur ihre Marken auf den Märkten eintragen zu lassen, wohin sie arbeiten. Die Deutschen haben das längst gethan, aber wann hätte sich der Durchschnitts-Engländer jemals mit den Gesetzen fremder Länder vertraut gemacht! Wissen doch nur wenige Engländer, dafs die Deutschen ein Markenschutzgesetz haben, viel weniger noch, dafs dessen Bestimmungen viel schärfer sind, als diejenigen des englischen. Gerathen sie dann eines Tages in Noth, dann wird über die German competition geschrieen.

Die Unkenntnifs in Bezug auf neutrale, also nichtenglische Länder und Märkte, tritt auch bei dem Artikelschreiber zu Tage, denn wenn seine Behauptung am Schlusse seines Aufsatzes, „90 % aller deutschen Kaufleute seien Betrüger" (there is no doubt that 90 per cent of the German Export trade is done by fraudulent marking, schreibt der werthe Herr) mehr sein soll, als eine pöbelhafte Beschimpfung, so kann sie nur daher rühren, dafs er vermuthlich die in vielen deutschen stores lagernden und mit englischen Etiquetten und Bezeichnungen versehenen Waaren für deutsche gehalten hat. Er wird eben nicht gewufst haben oder auch vielleicht nicht haben wissen wollen, dafs das Geschäft in englischen Waaren in Südamerika zum grofsen Theil in den Händen der Deutschen ruht, und dafs die rührigsten und besten Vertreter englischer Fabricanten ebenfalls zum gröfseren Theile Deutsche sind.

Gerade in Südamerika ist es den Deutschen aber gelungen, die Engländer in Eisenwaaren vielfach aus dem Felde zu schlagen, und zwar durch bessere, gefälligere und preiswürdigere Waare. Dies gilt ganz besonders auch für die Solinger Artikel. Z. B. in Buenos Ayres, wo vor 25 Jahren die Engländer das Geschäft in der Hand hatten, sieht es heute in den Solinger Artikeln ganz anders aus. Die Engländer zählen kaum noch mit.

Zu den schwierigsten Artikeln gehören die Rasirmesser. Deutschland liefert davon jetzt etwa 90 % und England nur noch etwa 10 %. Obgleich die Barbiergeschäfte nur von Italienern und Franzosen betrieben werden, findet man fast nur deutsche Rasirmesser. In Scheeren liefert England nichts; etwa die Hälfte kommt aus Frankreich und die andere Hälfte aus Deutschland. In Schlachtmessern liefert England nichts: 80 % sind französische und 20 % deutsches Fabricat. Plantagenmesser (matchets) liefert England nur wenig und nur Schund. Von den besseren Sorten liefert Deutschland 60 %, Amerika 40 %. In Aexten liefert England nichts. Diesen Artikel beherrscht Amerika, doch gelingt es Deutschland langsam, sein ebenso gutes Fabricat einzuführen. Englische Aexte kauft in Buenos Ayres Niemand, und ist das, was der Gewährsmann des „Ironmonger" behauptet, unwahr. Nur in feinen Federmessern verkauft Rodgers sein vorzügliches Fabricat. Der Verbrauch ist aber gering, da die Waare sehr theuer ist. Bei allen vorgenannten Artikeln wird in Buenos Ayres streng auf die Marke gesehen. Ohne Marke sind dieselben gar nicht zu verkaufen. — Die deutschen Stahlwaaren tragen Namen, Zeichen und Wohnort des Fabricanten. Dafs also gerade in diesen Artikeln die Engländer das Feld räumen mufsten, ist sehr bitter, und da ist die grofse Wuth und die Schimpferei auf die Deutschen begreiflich.

Ich schliefse. Wäre das, was da im „Ironmonger" erzählt wird, auch nur zum hundertsten Theile wahr, so würde Deutschland sich niemals die Stellung in Südamerika haben erringen können, welche es heute einnimmt. Fälschungen und Betrug haben noch stets kurze Beine gehabt, besonders in Handel und Wandel. Wäre der deutsche Handel auf diese beiden Factoren gegründet, was der Artikelschreiber mit echt englischer Unverschämtheit behauptet, er wäre längst zusammengebrochen. Von einem Zusammenbruch ist aber einstweilen noch nichts zu bemerken, sondern das gerade Gegentheil, und deshalb kann es uns kalt lassen, was irgend ein englischer Fabricant von uns Deutschen behauptet. Wir können ihm sogar mildernde Umstände zubilligen, denn wir können verstehen, dafs es recht betrübend für ihn gewesen sein mufs, zu sehen, wie die Deutschen in Südamerika sich heraufgearbeitet haben. Anders liegt aber die Sache für uns, wenn ein englisches Fachblatt von dem Ansehen des „Ironmonger" sich zum Mundstück solch pöbelhafter Anschuldigungen macht. Da wäre es Feigheit von uns, wenn wir darauf nicht so antworten wollten, wie es sich für einen Deutschen gehört. Gefällt den Herren in England diese Weise nicht, so mögen sie sich des Sprichwortes erinnern, dafs, wer in einem Glashause sitzt, nicht mit Steinen werfen soll."

Freundschaftlichst der Ihrige

H. H.

Die Redaction war bereits in den Besitz dieser trefflichen Antwort auf das englische Machwerk gelangt und an ihrer früheren Veröffentlichung nur durch den Umstand gehindert, dafs „Stahl und Eisen" nur zweimal im Monat erscheint, als in der nächstfolgenden Ausgabe des „Ironmonger"* eine Zuschrift erschien, in welcher ein Herr Ford den Versuch macht, zu dem ersten, eingangs wiedergegebenen Artikel einen weiteren Beitrag zu liefern. Auch diese Zuschrift sandten wir unserem bergischen Gewährsmann, und es hatte derselbe die Liebenswürdigkeit, sich der Mühe zu unterziehen, diese neuerliche englische Auslassung wie folgt zu beantworten:

Sehr geehrter Herr Redacteur!

„Sie senden mir heute ein weiteres Eingesandt aus dem „Ironmonger", in welchem sich ein Herr Ford im Anschlufs an den vor einiger Zeit in dem Blatte erschienenen Artikel über die German Competition in South America bemüfsigt fühlt, den in jenem Artikel enthaltenen Beleidigungen noch einige weitere hinzuzufügen.

Der erste Artikelschreiber hatte behauptet, dafs einer der wenigen Artikel, den die bösen Deutschen bisher nicht angerührt hätten, Hacken wären. Hr. Ford hat heute seinen Landsleuten die schlimme Mittheilung zu machen, dafs selbst dieser Artikel den Deutschen nicht mehr heilig gewesen ist, sondern dafs auch schon hier auf dem südamerikanischen Markte Fälschungen aufgetaucht seien, und seien die Verkäufer der falsificirten Hacken wiederum Deutsche. Ich lasse hier zur besonderen Erheiterung Ihrer Leser wörtlich folgen, was Hr. Ford sagt:

„Wir sind in diesem Moment noch nicht ganz „sicher, ob der deutsche Concurrent die Hacken „vom Continent bekommt, aber, da unser Cor„respondent schreibt, dafs die von dem deutschen „Hause eingeführte Hacke $2\frac{1}{2}$ Pfd. gestempelt „sei, aber nicht ganz $2\frac{1}{4}$ Pfd. wiege, und dafs „die Hacke ferner weiter ausgereckt sei als die

* Vom 13. März, Seite 144.

„englische, um so gröfser zu erscheinen, so gehen „wir wohl nicht fehl in der Annahme, dafs es „unsere deutschen Freunde sind, denen wir für „diese unreelle Concurrenz zu danken haben; „denn wir können uns nicht denken, „dafs ein englischer Fabricant eine „solche Fälschung im Gewicht riskiren „würde.“ —

Wenn es noch eines Beweises für die Angst bedürfe, mit der unsere englischen Vettern den deutschen Wettbewerb betrachten, so würden ihn diese Zeilen liefern. Also, weil die Hacke das Gewicht von 2 $^{1}/_{2}$ Pfd. nicht erreicht und weil sie von einem deutschen Hause importirt wird, und weil drittens ein Engländer nach Ansicht des Hrn. Ford nicht imstande ist, eine Hacke zu liefern, die nicht genau das aufgeschlagene Gewicht erreicht, deshalb mufs die Hacke wiederum aus Deutschland kommen. Man weifs nicht, ob man lachen oder sich ärgern soll über die Unverfrorenheit, mit der Hr. Ford seine Schlüsse zieht. —

Ich bin nun glücklicherweise in der Lage, aus eigener Erfahrung bestätigen zu können, dafs der erste Artikelschreiber mit seiner Behauptung recht gehabt hat, dafs nämlich in Deutschland Hacken für den Export noch nicht fabricirt werden. Deutschland kann für diesen Artikel einstweilen überhaupt noch nicht in Betracht kommen, ganz besonders aber nicht für die billige Qualität, um die es sich in diesem Falle handelt. Jeder, der mit diesem Artikel überhaupt zu thun hat, weifs ohne weiteres, dafs die von dem deutschen Hause importirte Hacke aus England gekommen sein mufs. Wenn Hr. Ford der Sache weiter nachgehen will, so wird er das zweifellos auch herausfinden. Die unreelle Concurrenz ist also somit nicht in Deutschland, sondern in dem braven England zu suchen. Es gereicht mir nun zu einem besonderen Vergnügen, den betreffenden englischen Fabricanten gegen die Angriffe des Hrn. Ford in Schutz nehmen zu können. Wie Hr. Ford in seinem Eingesandt schreibt, handelt es sich um eine billige Hacke, cheap stuff, und ist es bei diesen Hacken, wie mir Hr. Ford selbst zugeben wird, sehr schwierig, ein genaues Gewicht einzuhalten, so dafs es leicht vorkommen kann, dafs dieselben um 5 bis 10 % im Gewicht variiren. Allerdings, sollte Hr. Ford dieses bestreiten, — und er mag vielleicht die Sache ja noch besser verstehen, als ich —, so bliebe nur noch eine Annahme, und die ist, dafs ein englischer Fabricant sich des von den bösen Deutschen angezettelten Betruges durch Lieferung von Mindergewicht mitschuldig gemacht hat, vielleicht hat auch das deutsche Haus gar nichts von dem Mindergewicht gewufst, sondern ist von dem englischen Hause betrogen worden. Es soll das nämlich trotz des braven Englands auch hin und wieder vorkommen.

Ich überlasse es nun Hrn. Ford, sich unter diesen drei Möglichkeiten diejenige auszusuchen, welche ihm am besten pafst. Im übrigen darf ich ihn aber wohl dahin belehren, dafs es unter anständigen Menschen, auch wenn solche verschiedenen Nationen angehören, bisher stets Brauch gewesen ist, dem Gegner nicht eher niedrige Motive vorzuwerfen, als bis der Beweis für dieselben erbracht ist. Den Beweis ist uns Hr. Ford aber schuldig geblieben, ihm genügt schon eine blofse Vermuthung, um die schwersten Beschuldigungen auszusprechen. Es wundert uns das ja auch weiter nicht; denn Gerechtigkeit gegen Ausländer wird man vergebens bei einem Volke suchen, dessen Handlungen, was andere Völker betrifft, stets nur vom krassesten Eigennutz bestimmt wurden. Der böse Deutsche braucht eben heute seinem englischen Vetter nur irgendwo unbequem zu werden, so genügt das schon, um denselben sofort zu dem wüstesten Geschimpfe zu veranlassen. Die Herren von jenseits des Kanals mögen es sich aber gesagt sein lassen, die Zeiten, wo sie allein auf dem Weltmarkte waren, sind für immer dahin, heute thun wir Deutsche mit, und kein englisches Geschrei über fraudulöse Concurrenz wird uns hindern, unsere Ellbogen auch weiterhin recht kräftig zu gebrauchen, im Gegentheil, es wird uns dasselbe nur zu weiteren Anstrengungen anspornen; denn ihres Bellens lauter Schall beweist uns, dafs wir reiten.“

Wiederholt freundschaftlichst der Ihrige!

U. H.

Die Redaction braucht kaum zu versichern, dafs sie diese Ausführungen, welche auf langjähriger Erfahrung und gründlicher Sachkenntnifs beruhen, im ganzen Umfang zu den ihrigen macht.

Da wir uns nun doch einmal mit den Artikeln des „Ironmonger“ befassen, in welchen dieser versucht, dem gehafsten deutschen Fabricantenthum am Zeuge zu flicken, so mag noch ein Hinweis auf die ebenfalls in den Ausgaben vom 6. und 13. März d. J. enthaltenen Aufsätze „English v. German Fencing Wire“ und „British against German Cement“ stattfinden. Es entpuppt sich letzterer Aufsatz, zufolge welchem nach Queensland gelieferter deutscher Cement zwar recht gute Laboratoriumsversuche ergeben, aber wegen seines Gypsgehalts hernach bald zerfallen sein soll, als ein Reclameartikel für eine englische Cementfabrik, welche damit pro domo schreibt und dafür den wenig schönen Weg wählt, das deutsche Fabricat ganz allgemein zu verdächtigen, ohne den geringsten Beweis für ihre Behauptungen zu erbringen.

Der Gypszusatz, von dem die Fabrik spricht, ist durchaus kein Geheimnifs; über den Zweck und die Wirkung dieses Zusatzes scheint die Fabrik aber ganz im Unklaren zu sein, und es werden die betreffenden Ausführungen der Fabrik bei jedem erfahrenen Cementtechniker nur ein mitleidiges Lächeln erregen.

Dem Cement in geringen Mengen Gyps (event. auch andere Materialien) zuzusetzen, ist ein häufig, unseres Wissens, auch in England selbst geübtes Verfahren, um den Cement langsamer bindend und dadurch für viele Zwecke geeigneter zu machen; ein geringes mangelhaftes Fabricat würde aber auch durch einen solchen Zusatz nie zu einem guten Cement gemacht werden können.

Von dem Verein deutscher Portland-Cementfabricanten sind solche Zusätze zur Regulirung der Bindezeit bis zu 2 % auch ausdrücklich gestattet worden; es würde dies sicher nicht geschehen sein, wenn von solchem Zusatz auch nur der geringste schädliche Einflufs auf das spätere Verhalten des Gementes zu befürchten wäre.

Die Deutschen waren die Ersten, welche die Cementfabrication auf eine wissenschaftliche Grundlage gestellt haben, und es ist auch eine bekannte Thatsache, dafs die deutsche Cementindustrie die englische gerade in Bezug auf Qualität längst überflügelt hat.

Beweis dafür ist nicht nur das allgemeine auf langjährigen günstigsten Erfahrungen beruhende Vertrauen, das sich das deutsche Fabricat in allen Baukreisen des einheimischen Marktes erworben, sondern auch der bedeutende und sich ständig vergröfsernde Absatz deutscher Fabriken auf vielen überseeischen Märkten, wo für den deutschen Cement vielfach, der besseren Qualität entsprechend, höhere Preise, als für den englischen Cement bewilligt werden.

Was endlich die im „Ironmonger" vom 6. März vorgebrachten Klagen über schlechte Qualität deutschen, nach Australien gelieferten Zaundrahtes betrifft, so bedürfen sie bei der allgemein anerkannten guten Beschaffenheit des deutschen Drahts keiner weiteren Widerlegung, sondern des Hinweises, dafs die unserem Fabricat zum Vorwurf gemachte Dehnungsfähigkeit gerade ein Beweis für die gute Qualität ist; wünschen die Abnehmer härtere Qualität, so wird diese gern und billiger geliefert werden.

Diese Versuche der Herabsetzung deutscher Fabricate im „Ironmonger" reihen sich daher seiner liebenswürdigen Behauptung, — dafs 90 % aller deutschen Kaufleute Betrüger seien, würdig an.

Die Redaction.

Ersatz der Luppenhämmer durch dampf-hydraulische Pressen.*

Von Fabrikbesitzer **Bendix Meyer**-Gleiwitz.

M. H.! Es dürfte Manche, ja vielleicht die Mehrzahl von Ihnen, wundernehmen, dafs ich heute noch über einen Betriebszweig der Eisenindustrie spreche, der nach Ansicht der Meisten bereits im Aussterben begriffen ist, nämlich die Puddelei.

Allein so wie der Arzt dem Kranken bis zur letzten Minute seine volle Pflege angedeihen lassen soll, ebenso müssen wir der Puddelei, so lange wir dieselbe besitzen und ihrer benöthigen, unsere volle Aufmerksamkeit schenken. Es ist dies um so nothwendiger, als die jüngere Tochter der Eisenindustrie, die Flufseisenerzeugung, heute noch keineswegs so selbständig dasteht, um allen Anforderungen des Marktes zu genügen, sei es nun, dafs die Abnehmer darüber verstimmt sind, dafs das Flufseisen gewisse charakteristische Unannehmlichkeiten hier und da gezeigt hat, sei es, dafs das Flufseisen thatsächlich berechtigten Anforderungen für bestimmte Zwecke nicht nachzukommen vermag.

Diese Verhältnisse zeigten sich auch mir bei der Verwaltung der Huldschinskyschen Hüttenwerke, Actiengesellschaft, deren Aufsichtsrath anzugehören ich die Ehre habe. Wir hatten vor 6 bis 7 Jahren ein Stahlwerk errichtet und glaubten damit allen Anforderungen zu genügen. Aber es stellte sich immer mehr heraus, dafs sowohl die Abnehmer noch vielfach Schweifseisen verlangten, als auch für den eigenen Betrieb, die Gasrohrerzeugung, die Verwendung von Schweifseisen unbedingte Nothwendigkeit war, insbesondere wegen des Gewindeschneidens und sonstiger Anforderungen.

Um einerseits diesem Bedürfnifs Rechnung zu tragen und andererseits um uns von dem Bezuge von fremden Rohschienen frei zu machen, welcher Bezug sich namentlich bei Beginn der besseren Geschäftslage immer schwieriger gestaltete, kamen wir zu dem Entschlufs, eine eigene Puddelei zu bauen, was heute gewifs eine Seltenheit ist.

Der Ausführung dieses Entschlusses stellten sich grofse Schwierigkeiten entgegen, da das Werk in unmittelbarer Nähe bewohnter Räume belegen ist. Bedeutende Schwierigkeiten waren schon dadurch entstanden, dafs sich daselbst ein Fallwerk inmitten des freien verfügbaren Platzes in einer Entfernung von 100 m von bewohnten Räumen befand. Es mufste deshalb um so mehr befürchtet werden, dafs die Concessionirung von Dampfhämmern, die zudem noch näher an bewohnte Häuser herangerückt werden sollten, sich schwie-

* Vorgetragen in der Hauptversammlung der Eisenhütte Oberschlesien am 21. Februar 1897.

riger gestalten, wenn nicht ganz unmöglich werden mufste.

Es war daher die Frage in Erwägung zu ziehen, in welcher Weise der Dampfhammer in geeigneter Weise ersetzt werden konnte.

In erster Linie lag es nahe, auf die alte Luppenpresse, auf das sogenannte Krokodil, zurückzugeben. Aber das hätte zweifellos einen Rückschritt bedeutet, für den ich niemals zu haben war! Ein zweites Auskunftsmittel wäre allenfalls die Luppenmühle gewesen, eine Einrichtung, die heute noch in Amerika vielfach im Gebrauch ist, dort allerdings aus dem Grunde, um an Arbeitslöhnen zu sparen. Die Luppenmühle besteht aus einer feststehenden Trommel, innerhalb deren sich eine excentrisch gelagerte Walze dreht. Die Luppe wird hineingeworfen und etwa in halbem Durchgang ausgequetscht. Aber es fragt sich, wie? Sehr schlecht, m. H. Die innere Walze mufs Hörner haben, um die Luppe mit herumzureifsen, die Luppe ist zerrissen, an den Enden nicht gestaucht; der einzige Vortheil bleibt die Ersparnifs an Arbeitslöhnen.

Der Abbrand ist natürlich bei diesen Luppen bedeutend gröfser, da keine compacte Masse gebildet ist.

In dieser Nothlage kam ich auf den Gedanken, um diesen Schwierigkeiten entgegenzutreten und dieselbe gute Qualität zu bewahren, die Hydraulik in den Dienst der Puddelei zu stellen, die bereits mehrfach zum Ausschmieden grofser Theile und schwerer Stücke angewandten Schmiedepressen auch für diesen Zweck dienstbar zu machen. Es war dies immerhin ein verhältnifsmäfsig theures Experiment, welches mich denn doch dazu trieb, Umschau zu halten, ob etwas Derartiges schon irgendwo ausgeführt sei. Thatsächlich war in der Literatur darüber nichts zu finden, und die ersten Autoritäten im Eisenhüttenfach, die ich theils mündlich, theils schriftlich um ihr Gutachten anging, äufserten sich aufserordentlich verschieden. Der Eine meinte: ja, die Sache könnte wohl ganz gut sein, und der Andere sagte: um Gotteswillen, fangen Sie damit nicht an, das ist ganz unmöglich, solche Pressen arbeiten viel zu langsam, und dergleichen mehr.

Ich liefs mich aber nicht beirren und ging von der Ueberzeugung aus, dafs unbedingt etwas auf diesem Wege zu erreichen sein müsse: die Luppe ist wie ein Schwamm, wenn man darauf schlägt, so spritzt allerdings die Schlacke aufsen wie Wasser ab, sie hat aber nicht Zeit, von innen heraus abzufliefsen, während bei der Presse die Schlacke infolge des langsamen Druckes ruhig abfliefsen kann und der Druck jedenfalls mehr ins Innere der Luppe eindringt, die Schlacken gründlicher ausprefst und dadurch zweifellos eine bessere Qualität zu erzielen sein mufs.

Wir setzten uns daraufhin mit der Firma Kalker Werkzeugmaschinenfabrik L. W. Breuer, Schumacher & Co. in Kalk bei Köln in Verbindung, um die Schmiedepresse für diesen Zweck brauchbar vorzurichten. Es war in erster Linie nothwendig, dafs dieselbe genügend schnell arbeite. Bei den Schmiedepressen, die bis jetzt für compacte Wellen und schwere Schmiedstücke verwendet wurden, war ein derartig schnelles Arbeiten nicht nothwendig, weil die Blöcke die Hitze besser in sich halten, während bei der Luppe, die einen zerrissenen Ball darstellt, ein etwas längeres Verweilen bei der Arbeit nachtheilig wirkt.

Ein zweites Bedenken lag darin, ob nicht auch das beim gewöhnlichen Hammerschmieden zuweilen auftretende, so lästige Hängenbleiben der Luppe am Bär sich gerade bei Luppenpressen in höherem Mafse zeigen würde, da die Luppe längere Zeit mit dem Hammerbär in Berührung bleiben mufs.

Wir haben nun für die Lieferung dieser Presse in erster Reihe die Bedingung gestellt, dafs sie wenigstens 40 Hübe in der Minute machen mufs; aufserdem wurde eine besondere Wasserkühlung am Bär wie am Ambofs eingeführt. Die Presse ist nunmehr bereits seit mehreren Monaten im Betrieb und können wir heute schon behaupten, dafs dieselbe nicht allein die Erwartungen, welche wir an dieselbe knüpften, erfüllt, sondern wesentlich übertroffen hat. Wir glauben heute schon voraussagen zu dürfen, dafs ein Jeder, der sich mit dieser Frage befafst und in die Lage kommt, zum Ausschmieden von Luppen eine Maschine anzuschaffen, die Presse und keinen Dampfhammer wählen wird.

Um diese Behauptung zu beweisen, möchte ich einen Vergleich ziehen zwischen den Hämmern und der Presse.

Drei verschiedene Punkte sind für diesen Vergleich mafsgebend:

1. die Geldfrage, der Kostenpunkt, sowie die Platzverhältnisse;
2. die Betriebsverhältnisse: Betriebssicherheit, Oekonomie und Leistungsfähigkeit;
3. die Qualität des erzeugten Materials.

Was erstens die Anschaffungskosten anbelangt, so läfst sich eine unbedingt feststehende Vergleichszahl nicht bieten, weil gerade der Dampfhammer in der Anschaffung und den Aufstellungskosten sehr von örtlichen Verhältnissen abhängig ist. Es spielen hier vor Allem die Baugrundverhältnisse eine wesentliche Rolle. Sie wissen Alle, m. H., dafs der Dampfhammer einen aufserordentlich starken Unterbau verlangt, und je nachdem die örtlichen Verhältnisse sind, wird sich der Unterbau theurer oder billiger stellen. Nach den Zahlen, die ich eingeholt habe, dürfte sich die Presse unbedingt billiger als der Hammer stellen, ich denke auf zwei Drittel bis drei Viertel, keineswegs aber theurer.

Ich komme zu den Platzverhältnissen. Es ist ganz zweifellos, dafs sich die Presse viel leichter und angenehmer unterbringen läfst. Sie bietet unbedingte Sicherheit im Betriebe gegen Verunglückungen, und dadurch ist man in der Lage, auch ohne irgend welche Schutzvorrichtungen die Presse in unmittelbarer Nähe der Oefen, der Walzenstrecken aufzustellen, man braucht keine grofse Entfernungen, spart an Gebäuden, spart ferner an der Höhe, kurz, nach jeder Richtung hin liegt auch hier der Vortheil auf seiten der Presse. Immerhin sind diese beiden Punkte nicht so ausschlaggebend; denn, ob die Presse schliefslich ein paar Tausend Mark mehr oder weniger kostet, das ist heute, wo fast die gesammte Eisenindustrie in den Händen von Actiengesellschaften liegt, nicht mehr mafsgebend; wir haben ja das billige Geld dazu. (Heiterkeit.)

Wichtiger ist die Frage, wie sich die Betriebsverhältnisse gestalten, in erster Linie die Leistungsfähigkeit. Das war gerade der Punkt, der von den Gegern der Presse hauptsächlich angezweifelt wurde, ob dieselbe in der Lage sei, dieselbe Menge in der gleichen Zeit abzuschmieden.

Wir haben heute schon, m. H., nachdem wir erst einige Monate mit der Presse arbeiten, — und ich mufs hinzufügen: mit ungeübten Arbeitern, denn wir haben absichtlich keinen alten Hammerschmied genommen, weil die Arbeiter, wie bekannt, stets gegen Neuerungen sind —, wir haben also trotzdem heute schon die Ueberzeugung gewonnen, dafs diese Pressen leistungsfähiger sind als die Hämmer. Nach den von einigen Werken eingeholten Zahlen schwankt die Zeit des Abschmiedens einer Luppe zwischen 1 und $1\frac{1}{2}$ bezw. zwischen 1 bis 2 Minuten und sind dafür nach einer Angabe 30 bis 80, nach anderer 70 bis 100 Schläge erforderlich. Wir sind mit der Presse schon jetzt dahin gekommen, dafs wir in 55 bis 70 Secunden eine Luppe auspressen und zwar mit 7 bis 11 Hüben. Die Luppe wird einmal flach hingelegt, dann gewendet, ein Stauchdruck gegeben, dann wieder je ein Druck von beiden Seiten und schliefslich zwei Drucke über Eck, im ganzen also 7 Hübe. Selbstverständlich

Patent-Dampf-Hydraulische Luppenpresse, ausgeführt von der Kalker Werkzeugmaschinenfabrik L. W. Breuer, Schumacher & Co. in Kalk bei Köln.

kommt es vor, dafs ein paar Hübe mehr gemacht werden müssen, — über 11 kommen wir aber nicht. Wir erhalten einen Kolben, der zweifellos besser, dichter und gleichartiger ist, als die von Hämmern ausgeschmiedeten.

Wenn die Arbeiter erst eingeübt sind, so werden wir dahin kommen, dafs wir in $^3/_4$ Minuten eine Luppe mit 7 bis 8 Hüben ausschmieden. — Und schon in dieser kürzeren Zeit des Ausschmiedens, m. H., liegt wieder ein Vortheil, der auf die Beschaffenheit der Luppe rückwirkt, insofern als dieselbe wärmer vom Hammer in die Walze kommt. Secunden und gar Viertelminuten spielen hierbei eine wesentliche Rolle.

Der zweite Punkt für die Beurtheilung der Betriebsvortheile liegt in den Kosten, die der Betrieb verursacht. Diese setzen sich wieder zusammen aus den Unterhaltungskosten an Reparaturen, Schmiermaterialien und Dampfverbrauch. Die Kosten für Reparaturen an Dampfhämmern, m. H., das wissen Sie Alle, sind nicht geringe; mir wurden dieselben sogar von einer Seite als über 300 ℳ f. d. Monat und Hammer betragend angegeben. Wenn Sie sich dagegen vergegenwärtigen, mit welcher vornehmen Ruhe eine derartige Presse arbeitet, so wird es Ihnen einleuchtend sein, dafs grofse Aufwendungen für Reparaturen bei ihr vollständig ausgeschlossen sind.

Der Dampfverbrauch spricht wesentlich zu Gunsten der Presse; dieselbe arbeitet bedeutend billiger als der Dampfhammer. Die Einrichtung und Anordnung der Presse ist ohne weiteres aus vorstehender Abbildung verständlich.

Um den Dampfverbrauch zahlenmäfsig festzusetzen, haben wir versucht, ihn zunächst bei der Presse zu ermitteln und zwar in der Weise, dafs wir einfach den Auspuffdampf in ein gröfseres Gefäfs mit Wasser geleitet haben. Aus Anfangs- und Endtemperatur berechnete sich dann, dafs bei einer Charge von 5 Luppen ein Dampfverbrauch von 44 kg statthatte, also 8,8 kg für eine Luppe. Rechnet man hinzu, dafs sich das Gefäfs während der 6 bis 7 Minuten etwas abkühlt, und giebt man dementsprechend diesen 8,8 kg einen Zuschlag, dann dürfte sich der Dampfverbrauch für die Luppe auf höchstens 10 kg stellen. — Den Dampfverbrauch bei den Dampfhämmern festzusetzen, hält schwieriger, und es bot sich uns dazu keine Gelegenheit. Leider giebt es auch bis heute noch keine Messungen und Berechnungen darüber, und, m. H., ich glaube, mit gutem Grunde. Der Dampfhammer ist ein nothwendiges Uebel und bekanntermafsen ein grofser Dampffresser, so dafs man nicht gern nach der Wahrheit forscht. Es blieb mir deshalb nur übrig, ungefähr nach den allgemeinen Verhältnissen und nach den Abmessungen der Dampfhämmer eine Rechnung anzustellen; dabei kam ich zu dem Ergebnifs, dafs der Dampfhammer für die Luppe bei einer mittleren Hubzahl von nur 50 Schlägen wenigstens einen Dampfverbrauch von 33 kg benöthigt. Rechnen Sie, m. H., hinzu, dafs gerade die Dampfhämmer an einer chronischen Undichtigkeit am Dampfkolben und an den Steuerungstheilen leiden, so werden Sie mir beistimmen, wenn ich behaupte, dafs der Dampfverbrauch der Hämmer unbedingt gröfser sein wird als derjenige der Pressen, ja, er dürfte sich mindestens auf das Dreifache des bei der Presse erforderlichen stellen.

In Zahlen umgerechnet, würde — wenn Sie weiter annehmen, dafs durchschnittlich vielleicht 12 Chargen f. d. Ofen und Tag gemacht werden, acht Oefen auf einem Hammer gehen — beim Dampfhammer eine Mehrausgabe von 3000 ℳ für Dampferzeugung erforderlich sein, also zu Gunsten der Presse eine gleiche Ersparnifs.

Ein weiterer Vortheil der Presse gegenüber den Hämmern ist augenscheinlich, wie schon angedeutet, der, dafs der Betrieb der Presse ein aufserordentlich sicherer ist, und Unglücksfälle vollständig ausgeschlossen sind. Wenn auch bei den Dampfhämmern durch Schutzmafsregeln, wie Schutzwände für die Umgebung, Masken für den Hammerschmied, Lederstulpen von den Beinen bis hinauf zum Halse u. s. w. die Unfälle vermindert worden sind, so ist doch hierdurch die Arbeit am Hammer derartig erschwert und anstrengend, dafs man eine Gelegenheit, darüber hinwegzukommen, jedenfalls mit Freuden wird begrüfsen können.

M. H., der dritte Punkt für die Vergleichung war die Beschaffenheit des erzeugten Materials. Da müssen wir nun sagen, dafs unsere Erwartungen ganz bedeutend übertroffen worden sind. Wir haben ja allerdings auch hier keine unmittelbaren Vergleiche anstellen können, weil wir keine Dampfhämmer hatten, aber ich glaube, dafs die nachfolgenden Zahlen an und für sich schon dafür sprechen. Ich habe eine Anzahl Zerreifsproben auf den Tisch der Herren Stenographen niedergelegt und will nur in kurzen Worten das Ergebnifs einiger Zerreifsungsversuche mittheilen. Bei 15 solchen Versuchen mit in gewöhnlicher Art gepuddeltem Eisen ergab sich eine Festigkeit von 34 bis 42 kg, im Mittel 37,85, eine Dehnung von 20 bis 27 %, im Mittel 23,73, mithin eine Werthziffer — so nennt man das jetzt ja wohl — von 61,58. Die auf Qualität gepuddelten Chargen ergaben bei 5 Versuchen eine Festigkeit von 44,3 bis 50,9 kg, im Mittel 46,02 kg, eine Dehnung von 19 bis 23 %, Mittel 20,5 %, also eine Werthziffer von 66,52.

Wenn Sie dem gegenüberstellen, dafs man in der Regel für Schweifseisen, selbst bei guter Qualität, nicht über 38 kg Festigkeit und 15 bis 18 % Dehnung annimmt, so werden Sie den grofsen Vortheil erkennen, den die Bearbeitung der Luppen mittels der Presse anstatt mit dem Dampfhammer bietet.

Fafst man das Gesagte kurz zusammen, so ergiebt sich, dafs die Presse gegen den Dampfhammer:

1. geringere Anlagekosten,
2. ganz wesentlich geringere Betriebskosten erfordert, und dafs sie
3. ein ganz nennenswerth besseres Product liefert.

Diese Vortheile, m. H., sind so in die Augen springend, dafs Jeder, der Gelegenheit hatte, die Arbeit und die Leistung der Presse zu beobachten, sich ohne weiteres dazu entschliefst, statt der Dampfhämmer derartige Pressen anzuschaffen, und wird zweifellos die Zeit nicht fern sein, wo der Dampfhammer — wenigstens aus Puddeleien — ganz verschwinden wird, da die Vortheile der Presse derartige sind, dafs es sich sogar empfiehlt, alte Dampfhammeranlagen durch die Luppenpressen zu ersetzen. (Lebhafter Beifall.)

Schiefsversuche gegen Panzerplatten im Eisenwerke Witkowitz.

Am 16. und 17. September 1896 hat in Witkowitz im Beisein abgeordneter Herren der Marinesection des k. und k. Reichskriegsministeriums die Beschufsprobe von zwei Panzerplatten stattgefunden, welche das Eisenwerk Witkowitz hergestellt hatte. Nach einem Berichte in den „Mittheilungen aus dem Gebiete des Seewesens" Heft 2 vom Februar d. J. über den Zweck und die Ergebnisse dieses Schiefsversuchs wollte man feststellen, welche Fortschritte die Eisenwerke Witkowitz in der Herstellung von Panzerplatten seit dem grofsen Vergleichsschiefsversuch im November 1893* zu Pola gemacht haben. Man hatte zu diesem Zweck eine Platte aus einem Specialstahl mit Oberflächenhärtung nach dem Harveyschen Verfahren und eine homogene Nickelstahlplatte ohne Oberflächenhärtung angefertigt. Aus dem Beschufs dieser beiden Platten wollte sich die k. und k. Marineverwaltung ein Urtheil darüber verschaffen, welche Art der Panzerung für ein neues Schiff zu wählen sei. Vorweg hatte man angenommen, dafs für die drei im Bau begriffenen Panzerthurmschiffe der Küstenvertheidigung „Monarch", „Wien" und „Budapest" von je 5550 t, für welche im Bauplan ein Gürtel- und Kasemattpanzer von 270 mm Dicke vorgesehen worden war, ein Panzer von 220 mm Dicke genügen werde, weil man voraussetzte, dafs diese Platten der neuen Fertigung dasselbe Widerstandsvermögen besitzen, wie die früheren 270 mm dicken. Auch hierüber wollte man sich durch die Beschufsprobe Gewifsheit verschaffen, deren Ergebnisse in der nachstehenden Uebersicht zusammengestellt sind.

Geschütz: Kruppsche 15-cm-Kanone L/40.

Geschosse: Streiteben-Stahlpanzergranaten L/3,2.

Schufsweite: 59,8 m bei senkrechtem Auftreffen der Geschosse.

Platte Ch. 6402: Versuchs-Specialstahlplatte mit Oberflächenhärtung, 1850 mm lang, 1475 mm breit, 220 mm dick.

Abbild. 1. Vorderseite der Platte Ch 6402 nach dem Beschufs.

Platte Ch. 6559: Homogene Nickelstahlplatte ohne Oberflächenhärtung, 1720 mm lang, 1720 mm breit, 220 mm dick.

Die Platten waren auf einer 50 cm dicken Eichenholz-Hinterlage, welche die übliche Verkleidung von zwei je 12 mm dicken Innenhautblechen trug, nicht durch Bolzen befestigt, sondern in ein kräftiges Widerlager eingespannt. — Die Stahlgranaten waren nach dem Aussehen der Bruchstücke sehr hart und von vortrefflicher Güte.

* „Stahl und Eisen" 1895, Seite 17.

Nummer der Platte	Nummer des Schusses	Gewicht des Geschosses kg	Auftreffgeschwindigkeit des Geschosses m	Lebendige Kraft des Geschosses beim Auftreffen mt	Eindringungstiefe des Geschosses mm	Verhalten des Geschosses	Bemerkungen
6402	I	45,6	602,3	844,16	92	Zerbrochen	Abblätterungen a. Schufsloch 270,285 mm.
„	II	45,7	639,4	952,24	100	„	Abblätterung 190/220 mm. Ausbauchung 46 mm hoch.
„	III	45,5	673,15	1050,83	52	„	Abblätterung 210,180 mm. Ausbauchung 41 mm hoch.
6559	I	45,5	608,4	858,36	125	„	240,270 weite Treffstelle.
„	II	45,7	638,9	950,78	135	„	—
„	III	45,5	677,3	1065	110	„	Abschürfung, von II durchgehender Rifs nach rechts, und unten zum Plattenrand. Durchgehender Rifs von II über III nach IV, ein Rifs zum linken Plattenrand, Oberflächenrifs oben.
„	IV	45,55	677,3	1065	135	„	

Vergleicht man den dritten mit dem ersten und zweiten Schufs gegen die Platte Ch 6402, so mufs die geringere Eindringungstiefe des Geschosses, gegenüber dem zweiten Schufs auch die geringere Ausbauchung auf der Rückseite, trotz der erheblich gröfseren Auftreffkraft des dritten Schusses auffallen.

Abbild. 2. Vorderseite der Platte Ch 6559 nach dem Beschufs.

Der Bericht theilt ferner mit, dafs von der Granate I 49 Stücke im Gewicht von 30,5 kg, von der Granate II 41 Stücke im Gewicht von 21,5 kg und von der Granate III 48 Stücke im Gewicht von 18 kg gesammelt wurden. Die Zahl der Bruchstücke scheint hiernach zu-, und ihr Gewicht mit der gröfseren Auftreffkraft der Geschosse abzunehmen.

Eine ähnliche Erscheinung bietet die Beschiefsung der andern Platte. Von der Granate I wurden 25 Stücke im Gewicht von 32,5 kg, von II 28 Stücke im Gewicht von 27,5 kg, von III 24 Stücke im Gewicht von 24 kg und von IV 51 Stücke im Gewicht von 22 kg gesammelt. Trotz der „vortrefflichen Qualität" der Geschosse hat ihr Verhalten doch von neuem den Beweis geliefert, dafs der Wettstreit zwischen Geschütz und Panzer zunächst eine Geschofsfrage ist. Von ihrer Lösung wird es abhängen, ob und in welchem Mafse das Geschütz in diesem Wettstreite wieder an Boden gewinnt und sich dem früher erkämpften und jahrelang behaupteten Verhältnifs zum Panzer wieder nähert.

Der Schiefsversuch hatte nicht den Zweck, das äufserste Widerstandsvermögen der beiden Platten festzustellen, sondern nur darüber Auskunft zu verschaffen, wie sich dieselben der 15-cm-Kanone gegenüber verhalten. Diese Beschränkung der Aufgabe des Schiefsversuchs entsprach zwar den behördlichen Wünschen, aber für die Panzerplattenfabrication wäre eine Ausdehnung des Versuchs bis zur Erschöpfung des Widerstandsvermögens der Platte ohne Zweifel noch belehrender gewesen.

In dem Berichte heifst es: „Das Ergebnifs der Beschiefsung läfst sich dahin zusammenfassen, dafs beide Platten sich der in Pola seiner Zeit beschossenen Witkowitzer Standardplatte, welche den Sieg über die Fabricate sämmtlicher deutscher und englischer Panzerplattenwerke davongetragen hatte, trotz der um 50 mm verringerten Stärke absolut weit überlegen zeigten."

Diese Schlufsbetrachtung über die fortgeschrittenen Leistungen der Witkowitzer Werke wird gewifs allgemeine Zustimmung finden. Wir theilen aufserdem die in dem Bericht ausgesprochene Ansicht, dafs für einen Vergleich dieses Schiefsversuchs mit dem amerikanischen (gegen die Jowaplatte) und den Kruppschen „eine gewisse Schwierigkeit vorliegt, indem bei den in Vergleich zu ziehenden Versuchen sowohl die Plattenstärken, als auch die Geschofsgewichte und die Geschwindigkeit verschieden waren“. Ein solcher Vergleich ist auf Grund der Marréschen Formel* ausgeführt und dem Bericht in einer Uebersicht beigegeben worden, die wir nachstehend zum Abdruck bringen. Erläuternd sei zu derselben bemerkt, dafs unter „Erreichte Geschwindigkeit“ die Auftreffgeschwindigkeit des Geschosses zu verstehen ist. Ueber den Kruppschen Schiefsversuch im December 1894 haben wir in „Stahl und Eisen“, Heft 17 und 18 von 1895, und über die Beschiefsung der Jowaplatte in „Stahl und Eisen“ 1896, S. 273 u. ff. berichtet.

Provenienz	Bezeichnung der Platte	Datum des Versuchs	Plattendicke mm	Geschofs		Erreichte Geschwindigkeit m	Qualitätsziffer	Anmerkung
				Kaliber cm	Gewicht kg			
Witkowitz	6402	16. bis 17. Sept. 1896	220	15	45,5	673,15	1929,3	
	6559		220	15	45,5	677,3	1941,2	
Krupp	425 B	15. bis 17. December 1894	146	15	51	475,7	1923,1	
	425 B		146	21	95	476	2040,06	Ausbauchung mit Rifs
	413 H		146	21	95	437,2	1874,3	Ausbauchung mit Rifs
Jowa		Septemb. 1895	356	25,4	226,8	449	1381,9	
						567	1745	

Der Bericht fügt hinzu: „Aus dieser Tabelle geht hervor, dafs die Qualität der in Witkowitz beschossenen Platten derjenigen der Jowaplatte sich weit überlegen zeigte und dafs dieselbe der amtlich controlirten Kruppschen 146-mm-Platte ebenbürtig ist.“

Wir haben bereits an den oben angezogenen Stellen in dieser Zeitschrift darauf hingewiesen, dafs die Marrésche Formel sowohl das Ganzbleiben der Geschosse, wie auch nur eine unwesentliche Stauchung derselben beim Auftreffen auf die Panzerplatte voraussetzt. Die Formel (mit der Güteziffer 1530) war für weiche Stahlplatten aufgestellt worden, durch welche damals die Geschosse glatt hindurchzugehen pflegten, sie würde also für die heutigen gehärteten Platten ihre Gültigkeit erst dann wiedererlangen, wenn wir zu Geschossen kommen, die glatt und ohne Formveränderung durch gehärtete Panzerplatten hindurchgehen. Denn wenn die Granaten zerbrechen, so wird dazu ein sehr grofser Theil ihrer Arbeitskraft verbraucht, den sie deshalb nicht gegen die Platte zur Wirkung bringen können! Aber wir besitzen leider noch keine Formel, die wir an Stelle der Marréschen zum Vergleich anwenden könnten, die auch gleichzeitig für alle Geschützkaliber, mit denen die Beschiefsung ausgeführt wurde, die gleiche Gültigkeit hätte.

Abbild. 3. Rückseite der Platte Ch 6559 nach dem Beschufs.

J. Castner.

* „Stahl und Eisen“ 1895 S. 846, und 1896 S. 277.

Die Entwicklung der Roheisenindustrie Grofsbritanniens.

Vom Hütteningenieur **Oscar Simmersbach** zu Harzburg.

Englands Eisenindustrie weist ein hohes Alter auf; schon zur Römerzeit* soll sie in den Grafschaften Kent und Sussex heimisch gewesen sein. Der Mangel an Holzkohle bildete jedoch für die Entwicklung des englischen Hüttenwesens einen derartigen Hemmschuh im Mittelalter, dafs England derzeit vom Auslande, insbesondere von Spanien und Deutschland, mit Eisen versorgt wurde. Der Holzmangel trat in England um so schärfer in die Erscheinung, als der Bedarf an Holz zum Schiffbau immer mehr stieg, was zur Folge hatte, dafs im Jahre 1581 sich das Parlament veranlafst fühlte, den Bau neuer Eisenwerke innerhalb eines Umkreises von 22 Meilen von London und 14 Meilen von den Themse-Ufern zu verbieten und auch die Eisendarstellung auf den Verbrauch von niedrigem Holz einzuschränken.**

Verbürgte nähere Nachrichten über die britische Hochofenindustrie stammen erst aus dem 16. Jahrhundert, worin im Forest of Dean die ersten Hochöfen erbaut wurden. Diese Oefeu waren 15 Fufs hoch und hatten 6 Fufs Durchmesser im Kohlensack. Im Jahre 1612 sollen nach Dudley 300 Holzkohlenöfen vorhanden gewesen sein, was vermuthlich aber übertrieben ist.

Infolge der Parlamentsbestimmungen von 1581 war es leicht erklärlich, dafs die Hüttenleute bei dem stets wachsenden Bedarf an Eisen einen Ersatz für die Holzkohle zu finden suchten, um so mehr, als 1637 noch schärfere Verfügungen hinsichtlich des Fällens von Holz zum Verkohlen erlassen wurden, und auch die Ausfuhr von Eisen nur auf vorhergängige besondere Erlaubnifs gestattet blieb.

Demgemäfs wurden mannigfache Versuche angestellt, die in mächtigen Flötzen vorhandenen Steinkohlen anstatt der Holzkohle im Hochofen zu verwerthen. Bereits im Jahre 1619 war einer dieser Versuche mit Erfolg begleitet. Es gelang Dud Dudley zu Pensant in der Grafschaft Worcester, Koksroheisen zu erblasen, und zwar erzeugte er wöchentlich ungefähr 3 t Roheisen.

Dem genialen Erfinder wurde von seinen Zeitgenossen jedoch sehr mit Undank gelohnt. Durch Hafs und Neid der übrigen Hüttenbesitzer beeinflufst, verkürzte die Behörde Dudleys auf 31 Jahre lautendes Patent zur Kokserzeugung aus Steinkohlen um 14 Jahre und erneuerte es später nicht wieder, und gedungene Arbeiter zerstörten zudem Dudleys Hochöfen. Infolge des Bürgerkrieges geriethen Erfindung und Erfahrungen Dudleys auf Jahre hinaus ins Vergessen; erst 1735 kam die Koksroheisenfrage durch Abraham Darby wieder in Flufs, welcher einen Hochofen mit Koks zu Colebrookdale in Shropshire in Betrieb setzte. Bald erfolgte der Bau weiterer Oefen; so entstanden die Kokshochöfen* zu Pontypool in Südwales 1740, zu Horsehay 1756, Carron bei Glasgow 1760, Cyfartha in Wales 1770, Bowling in Yorkshire 1788, Low Moor in Yorkshire 1791 u. a. m.

Mit Vortheil konnte jedoch Koks zum Erblasen von Roheisen erst verwendet werden infolge der Erfindung des eisernen Cylindergebläses durch Smeaton, welcher seine erste derartige Gebläsemaschine 1780 auf der Carron-Eisenhütte in Schottland anliefs, und ferner nach Einführung der Dampfmaschine durch Watt, wodurch die Hütten sich unabhängig von der Wasserkraft machten und es ermöglichten, die Hochöfen in der Nähe der Steinkohlenlager zu errichten.

Im Jahre 1786 wurden von 86 vorhandenen Oefen schon 60 mit Koks betrieben; zehn Jahre später standen nur noch einige wenige Holzkohlenöfen in Feuer. Im Jahre 1851 wurde noch ein einziger Hochofen in Lancashire, der Rotheisensteine mit Holzkohlen verschmolz, gezählt.**

Ihre umfangreichste Ausdehnung fand die Hochofenindustrie im ersten Drittel dieses Jahrhunderts durch die Verwendung des erhitzten Gebläsewindes. James Beaumont Neilson, Director der Gasanstalt zu Glasgow, nahm 1828 ein Patent auf Erhitzung der Gebläseluft bei Schmelzöfen; im Juni 1829 wurden die ersten Winderhitzer bei einem Hochofen der Clyde-Werke angebracht.***

Die Anwendung warmer Luft hatte zugleich den schon seit 1804 erfolglos versuchten Betrieb der Hochöfen mit roher Steinkohle bezw. mit Anthracit wieder angeregt und ermöglicht. Im Jahre 1839 wurde Anthracit zuerst zu Yniscedwyn bei Swansea in Wales zum Schmelzen der Eisenerze mit Vortheil angewandt, in Schottland hingegen schon 1831 auf den Clyde-Werken.

---

* Pennants Wales, London 1810, Vol. I, S. 89.

** „Statistik der Eisenindustrie“ von W. Oechelhäuser. Berlin 1852, S. 141.

* Gurlt, Bergbau und Hüttenkunde.

** Aus dem amtlichen Bericht über die Londoner Industrie-Ausstellung 1852. I. Band, § 17.

*** Siehe „Ueber die Erfindung der Winderhitzung bei Hochöfen“ von A. Ledebur, »Stahl und Eisen« 1895, S. 509 bis 511.

Der gewaltige Aufschwung, den die Roheisenindustrie seit jener Zeit in England und Schottland genommen hat, geht aus der nachfolgenden Uebersicht über Hochofenzahl und Gesammterzeugung an Roheisen hervor. Es waren vorhanden:

	1840*			1806**	
1. in Südwales	130 Hochöfen mit	573 000 t Erzeugung	gegen	35 Oefen mit	68 867 t Erzeugung
2. „ Staffordshire . . .	125 „ „	400 000 t „	„	32 „ „	50 002 t „
3. „ Schottland	50 „ „	200 000 t „	„	18 „ „	22 840 t „
4. „ Shropshire	40 „ „	150 000 t „	„	30 „ „	54 966 t „
5. „ York u. Newcastle .	32 „ „	86 000 t „	„	22 „ „	27 646 t „
6. „ Derbyshire	19 „ „	40 000 t „	„	11 „ „	9 074 t „
7. „ Nordwales	16 „ „	48 000 t „	„	3 „ „	2 981 t „
8. „ Gloucestershire . .	5 „ „	15 000 t „			
			Summa	151 Oefen mit	236 375 t Erzeugung
Summa	417 Hochöfen mit	1 512 000 t Erzeugung.			

Hierzu kommt nun noch die Erzeugung einiger Oefen in Irland, Durham und Cumberland. Der Hauptantheil der Roheisenerzeugung fällt hiernach auf Südwales, Staffordshire und Schottland, welche ungefähr $^3/_4$ der Gesammterzeugung ausmachen.

Das Eisenhüttenwesen zeigte besonders in Südwales ein stetes Anwachsen; es stieg dort die Roheisenerzeugung in den Jahren 1823 bis 1848 von 182 325 t auf 631 280 t = 346 %.

In Südwales erzeugten um 1840 z. B. Werke wie Dowlais mit 12 Oefen 40 000 t Roheisen jährlich, Rhymney mit 9 Oefen 36 000 t, Pen y darren mit 5 Oefen 18 000 t, Blarnavon mit 5 Oefen 15 000 t u. a. m. Nicht minder schritt die Erzeugung von Staffordshire fort, welche sich dort von 133 590 t in 1823 auf 433 000 t in 1848, d. h. um 324 %, erhöhte. Schottland überholte indessen bereits im Jahre 1848 Staffordshire und 3 Jahre später auch Südwales. Schottland*** erzeugte:

1760 . . .	1 500 t	Roheisen
1796 . . .	16 086 t	„
1805 . . .	20 000 t	„
1823 . . .	24 500 t	„
1830 . . .	37 500 t	„
1835 . . .	75 000 t	„
1840 . . .	200 000 t	„
1845 . . .	475 000 t	„
1850 . . .	630 000 t	„
1851 . . .	775 000 t	„
1860 . . .	1 000 000 t	„

Als Beispiel der unglaublichen Schnelligkeit, mit der die Entwicklung der schottischen Hochofenindustrie derzeit zugenommen hat, sei erwähnt, dafs 1829 nur wenige Oefen bei Glasgow standen, während 10 Jahre später daselbst schon mehr als 40 im Betrieb und 15 im Bau begriffen waren. Um 1840 waren die hervorragendsten Werke in Schottland: Carron mit 5 Oefen (7000 t jährliche Erzeugung), Clyde 8000 t in 4 Oefen, Calder 9000 t in 4 Oefen und Dendyvan mit 8 Oefen, von denen jeder Hochofen 100 t wöchentlich erblies.

Das rasche und hervorragende Anwachsen der schottischen Roheisenerzeugung derzeit fand seine Erklärung besonders in nachstehenden Gründen:

1. in der Reichhaltigkeit und Leichtschmelzbarkeit des schottischen Eisensteins,
2. in der ausgezeichneten Beschaffenheit der Anthracitkohle,
3. in der Anwendbarkeit der Kohle im rohen Zustande,
4. in Aufschlüssen neuer Kohlen- und Erzlager in benachbarter Lage,
5. in den geringen Transportkosten des Rohmaterials und
6. in dem gesteigerten Bedarf an Eisen besonders infolge des Baues von Eisenbahnen seit 1830.*

Vom Jahre 1860 an veränderte sich die Roheisenerzeugung Schottlands nicht mehr in der augenscheinlichen Weise, wie in den Jahrzehnten vordem, vielmehr schwankte die Productionsziffer stets nur wenig über oder unter 1 000 000 t. Gar bald sehen wir Schottland seinen ersten Platz unter den eisenerzeugenden Provinzen an Cleveland abtreten, dessen Eisenerzeugung die Schottlands bei weitem überflügelt hat, und dessen Roheisenproduction 1882 z. B. über doppelt so hoch sich stellte, als jene, nämlich 2 689 000 t gegen 1 126 000 t.

Dieses Ueberflügeln steht im engsten Zusammenhange mit dem Umstande, dafs der schottische Blackband immer seltener und theurer wurde; und da seit 1870 die Nachfrage nach Stahl immer stärker auftrat, so sah Schottland sich veranlafst, in der Art des erzeugten Roheisens theilweise einen Umschwung eintreten zu lassen und sich auf das Blasen von Hämatiteisen zu werfen, wozu fremde brauchbare Erze angekauft

* Vergl. C. Hartmann, „Praktische Eisenhüttenkunde". III. Theil. 1843.

** „Fortschritte der Eisenhüttenkunde" von Dr. C. Hartmann, 1851, S. 28.

*** Zusammengestellt nach Oechelhäuser a. a. O., „Stahl und Eisen" 1894 S. 1144, und „Berggeist" 1874 S. 6.

* Englands Eisenbahnnetz wies 1830 nur 91 km auf und dehnte sich 1840 auf 1348 km, 1850 auf 10 653 km, 1850 auf 16 787 km und 1870 auf 23 507 km aus. „Stahl und Eisen" 1884 S. 503.

werden mufsten. Selbst der Clevelanddistrict kam mit seinen örtlichen mächtigen Erzlagern nicht mehr aus; während beide Bezirke 1870 fast keine fremden Erze verschmolzen, wurden nach 25 Jahren schon über 30 % der Gesammterzeugung beider Districte aus ausländischen Erzen gewonnen und zwar meistens aus nordspanischen. Die Ausfuhr von Eisenstein aus Bilbao betrug nach Grofsbritannien:

1870	200 000 t
1883	2 314 960 t
1887	2 855 667 t
1890	3 040 562 t
1891	2 245 613 t
1892	2 651 313 t
1893	2 999 907 t
1894	3 072 430 t

Die Gesammt-Eisenerzeinfuhr in England betrug 1894 4 414 812 t, 1895 4 450 311 t und 1896 5 417 476 t.

Im ersten Halbjahr 1896 erzeugte Schottland an Giefsereiroheisen 320 000 t, an Hämatit- und Thomasroheisen 300 000 t; Cleveland an Giefsereiroheisen 793 850 t, an Hämatit- und Thomasroheisen 771 510 t. Insgesammt wurden 1896 an Roheisen hergestellt in Schottland 1 180 000 t gegen 1 096 912 t in 1895, in Cleveland 3 136 000 t gegen 2 886 000 t in 1895.

Was nun die Roheisenerzeugung der gesammten englischen Districte anbelangt, so giebt die nachstehende Tabelle einen ausführlichen Ueberblick.

Roheisenerzeugung von Grofsbritannien.*

Jahr	Hochöfen	Gesammterzeugung t	Erzeugung f. d. Tag und Hochofen t
1740	49	7 850	0,50
1750	61	10 200	0,55
1760	64	15 000	0,78
1770	67	20 000	1,00
1780	70	40 000	1,90
1790	95	80 000	2,80
1800	150	158 000	3,50
1810	165	305 000	6,16
1820	170	400 000	7,83
1830	315	700 000	7,40
1840	417	1 512 000	12,00
1850	550	2 250 000	13,63
1860	600	3 712 390	18,00
1865	656	4 819 254	24,50
1870	664	5 963 515	30,00
1875	629	6 467 309	34,24
1880	567	7 873 221	46,33
1885	434	7 534 117	57,61
1890	414	8 030 681	64,62
1895	344	7 826 714	75,79

* Zusammengestellt nach: 1. Börner & Klein: Denkschrift über die künftige Handelspolitik Deutschlands. Manuscript, Siegen 1818. 2. Oechelhäuser a. a. O. 3. „Iron and Coal Trades Review", 23. X. 1896.

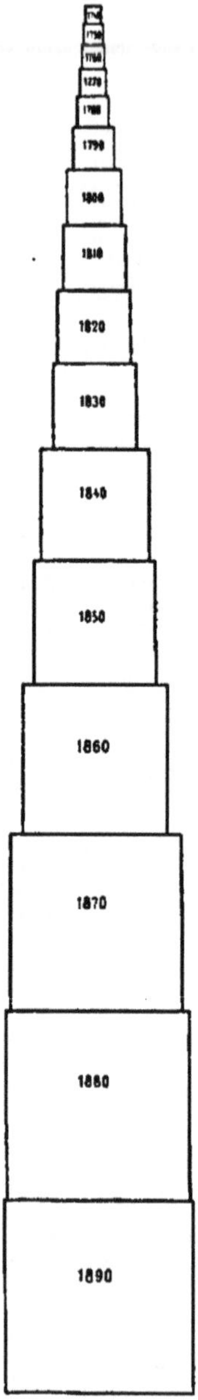

Fig. 1.

Die Zahl der Hochöfen hat sich also im letzten Vierteljahrhundert fast um die Hälfte verringert, wohingegen die durchschnittliche Tagesleistung f. d. Ofen stetig angewachsen ist, und die Gesammterzeugung an Roheisen sich in den 150 Jahren um das 1100fache vergröfsert hat, wie nebenstehende graphische Darstellung (Fig. 1) veranschaulicht.

Die Höhe hinsichtlich seiner Leistung erreichte England im Jahre 1882, allwo es 8 724 066 t Roheisen aus 570 Oefen erblies. Von da ab nahm die Erzeugung bis zum Jahre 1886 mit 7 121 911 t d. h. 1½ Millionen Tonnen weniger, ab, um 1889 wieder auf 8 455 989 t zu steigen. Die folgenden sechs Jahre erreichten jedoch nicht wieder eine Erzeugung von 8 Millionen Tonnen, wie die folgende Tabelle* ergiebt:

Jahr	Hochöfen	Roheisenerzeugung t	Verbrauch an Erz t	Verbrauch an Kohlen t
1890	414	8 030 681	19 521 339	16 427 235
1891	376	7 524 561	18 815 483	15 619 690
1892	362	6 816 603	16 605 965	14 081 923
1893	327	7 088 622	16 886 583	14 027 635
1894	325	7 542 195	18 088 862	15 122 957
1895	344	7 826 714	18 927 406	15 468 109

Das Jahr 1896 war wiederum äufserst günstig für die Erzeugung von Roheisen; nach vorliegender Statistik über das 1. Halbjahr 1896 wurden 4 397 699 t erzeugt, so dafs demnach die achte Million im genannten Jahre überschritten und wahrscheinlich sogar noch mehr als im Jahre 1886 erzeugt worden ist. Genaue Auskunft über das Ergebnifs des 1. Halbjahres 1896 giebt die folgende Tabelle:**

* „Iron and Coal Trades Review", 23. X. 1896.

** „Iron and Coal Trades Review" a. a. O.

District	Hochöfen			Roheisen t			
	im Betrieb	ausgeblasen	Sa.	Giefserei- und Gufswaaren 1. Schmelzung	Hämatit und basisches	Spiegel-, Ferromangan-, Chrom- u. Siliciumeisen	Sa.
Cleveland	95 1/2	42 1/2	138	806 552	783 854	36 170	1 626 575
Schottland	78	30	108	325 120	304 800	—	629 920
Cumberland	19	30	49	20 625	308 592	28 475	357 692
Lancashire	20	22	42	24 362	314 157	36 430	374 949
Südwales	22	50	72	34 198	355 728	15 443	405 369
Lincolnshire	14	7	21	128 958	12 129	16 972	158 059
Northamptonshire	14	12	26	133 299	—	—	133 299
Derbyshire	21	20	41	111 682	—	—	111 682
Leicestershire u. s. w.	14	2	16	123 267	—	—	123 267
Nord Staffordshire	14	20	34	95 057	10 160	—	105 217
Süd „	21	39	60	120 649	35 055	—	155 704
Süd und West Yorkshire	16 1/2	22 1/2	39	137 358	13 388	—	150 746
Shropshire	6	5	11	14 875	12 272	—	27 148
Nordwales	3	3	6	—	11 084	15 565	26 649
Die übrigen Districte	1	2	3	11 423	—	—	11 423
	359	307	666	2 087 425	2 161 219	149 055	4 397 699

Vergleichsweise möge auch noch eine Gegenüberstellung der Roheisenerzeugung der Hauptländer in den Jahren 1865 bis 1895 folgen, die nachstehendes Bild zeigt:

Roheisenerzeugung der Hauptländer von 1865 bis 1895.

	1865	1870	1875	1880	1885	1890	1895
Grofsbritannien t	4 819 254	6 059 000	6 365 462	7 872 000	7 366 667	8 030 000	7 826 714
Vereinigte Staaten t	931 582	1 900 000	2 401 000	3 895 000	4 109 238	9 350 000	9 627 448
Deutschland t	771 903	1 390 000	1 700 000	2 729 000	3 751 775	4 563 000	5 788 798
Frankreich t	989 972	1 178 000	1 360 000	1 725 000	1 655 004	1 970 000	2 005 889

Besser werden diese Zahlen durch die Schaubilder Fig. 2, 3 und 4 verdeutlicht:

Man ersieht hieraus klar, wie England, das 1865 noch bedeutend mehr Roheisen hergestellt, als die drei anderen Länder zusammen, schon 1890 von Amerika bei weitem überflügelt worden ist, und 1895 Deutschland nur um ein Viertel noch voransteht. Frankreich, das 1865 gleich hinter England mit seiner Erzeugungsziffer stand, mufste sich schon nach fünf Jahren mit der letzten Stelle begnügen und hat auch nicht mehr gleichen Schritt mit Amerika und Deutschland halten können. England hat neben Frankreich 1880/85 allein eine Rückwärtsbewegung in der Roheisendarstellung zu verzeichnen, nämlich von 1880 bis 1885; und während die Vereinigten Staaten in den Jahren 1885 bis 1890 beispiellos rasch ihre Roheisenerzeugung vermehren, und von 1890 bis 1895 Deutschlands Roheisenerzeugung gewaltig steigt, wächst die englische Roheisenerzeugung nur noch wenig, verringert sich sogar noch etwas in den letzten fünf Jahren. Wer weifs, ob das Bild sich in weiteren 5 Jahren nicht noch mehr und schärfer verändert hat!

1865

Fig. 2.

Wenn wir uns die hervorragende Stellung Englands unter den eisenerzeugenden Ländern vor etwa 50 Jahren vor Augen führen — umfafste Grofsbritannien doch 1850 über 57 % der Gesammt-Roheisenerzeugung Europas, nämlich 2 250 000 t von 3 929 600 t —, so erscheint es leicht erklärlich, dafs derzeit die englische Eisenindustrie bei solcher Massenerzeugung, zumal die Selbstkosten, wie später ausgeführt wird, sich äufserst niedrig stellten, den ganzen Eisenmarkt

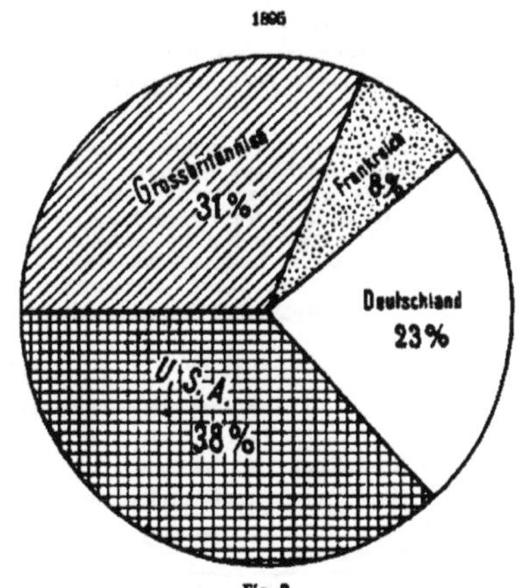

Fig. 3.

Grofsbritannien . 7 826 714 t   Ver. Staaten . . . 9 627 448 t
Deutschland . . . 5 788 798 t   Frankreich . . . . 2 005 889 t

beherrschte. Die Bestimmung der Preise des Eisenmarktes hatte Grofsbritannien vollständig in der Hand, es benutzte seine Gewalt redlich, um durch ganz willkürliche Preisschwankungen die

Industrie anderer Staaten niederzuhalten und deren weitere Entwicklung zu verleiden.

Wie sehr Deutschland, welches vorzugsweise Abnehmer des britischen Roheisens war, unter den englischen **Roheisenpreisen** zu leiden hatte, ergiebt sich leicht aus nachstehender graphischen Darstellung (Fig. 5) der schottischen Roheisenpreise f. o. b. Glasgow in den Jahren 1830 bis 1873.

Hiernach betragen die Preisschwankungen über 100 % ! Selbst innerhalb eines und desselben Jahres ergaben sich derartige Unterschiede; so stieg z. B. der Preis von 60 sh im Januar 1845* auf 100 sh im März, um im Juni auf 63 sh zu fallen und im October wieder auf 80 sh 8 d zu steigen.

Die in ähnlicher Weise schwankenden Preise in den Jahren 1873—1896 möge eine Schaulinie (Fig. 6) der Cleveländer Roheisenpreise f. o. b. Tees versinnbildlichen. Bei solchen Rückblicken lernt man den Werth stabiler Verhältnisse erst richtig schätzen und sieht, in welch willkürlicher Weise England seinen Einflufs auf die Lage der Eisenindustrie der anderen Länder ausgeübt hat, und wie sehr die deutsche Roheisenindustrie dem Fürsten Bismarck zu Dank verpflichtet ist, dafs er die vaterländische Eisenindustrie durch seine Zollpolitik 1879 geschützt und ihre Ausdehnung und ihr Emporblühen gefördert hat.

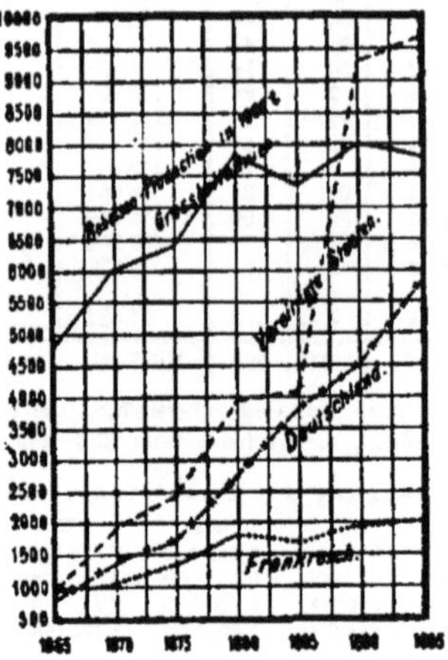

Fig. 4.

Die **Roheisenausfuhr** entsprach im grofsen und ganzen dem Anwachsen der englischen Gesammt-Roheisenerzeugung und stellte sich:

1806* .	auf	2 549 t
1836 . .	„	33 880 t
1846 . .	„	159 163 t
1856 . .	„	357 326 t
1866 . .	„	500 500 t
1876 . .	„	910 065 t
1886 . .	„	1 044 222 t
1896 . .	„	1 059 796 t

im Werthe von 2535792 £** gegen 2077073 £ in 1895. In letztgenanntem Jahre fielen hiervon auf Deutschland 439000 £,*** Holland 76000 £, Belgien 103000 £, Frankreich 240000 £ und Rufsland 257000 £. Deutschland bildet also das gröfste Absatzgebiet für englisches Roheisen, zumal ein Theil noch über Holland eingeführt wird; lebhaft bleibt es zu bedauern, dafs wir infolge unserer einseitigen Eisenbahn-Tarifpolitik genöthigt sind, dem Auslande jährlich Millionen zu schenken, die wir bei günstigeren Verkehrsverhältnissen im Lande behalten und dem Nationalvermögen ersparen könnten.

Eng verbunden mit dem gewaltigen Aufschwunge der englischen Hochofenindustrie seit dem Jahre 1830 waren die technischen Verbesserungen und Fortschritte, welche neben den erwähnten vortheilhaften Verkehrs- und Bedarfsverhältnissen eine Erniedrigung der Selbstkosten des Roheisens erstrebten und erwirkten. Es betrugen die Selbstkosten f. d. Tonne Roheisen z. B.:

* Zu jener Zeit waren gerade die schottischen Warrant stores, Lagerhäuser, mit ihrem „eigenthümlichen" Einflufs ins Leben gerufen worden; das schottische G. M. B.-Eisen (= good merchantable brands = gute gangbare Marken) umfafste das in Gartsherrie, Summerlee, Langloan, Monkland, Calder, Clyde, Gowan, Coltness, Shotts, Glengarnock und Carnbroe Works erzeugte Roheisen.

* Oechelhäuser a. a. O.

** „Iron and Coal Trades Review" 8, I 1897.

*** „Glückauf" 1896, S. 83.

	1812*			1831*			1850**			1872***			1889†		
	Thlr.	Sgr.	Pfg.	Thlr.	Sgr.	Pfg.	Thlr.	Sgr.	Pfg.	Thlr.	Sgr.	Pfg.	Thlr.	Sgr.	Pfg.
1. Erz	19	1	—	12	20	1	5	28	—	4	5	8	4	5	6
2. Koks (Steinkohlen)	9	20	9	2	10	1	2	23	—	4	13	3	4	12	8
3. Kalkstein	—	20	9	—	20	7	—	23	—	—	25	—	—	25	—
4. Löhne	4	20	2	4	20	2	—	9	5	1	10	8	1	10	8
5. Diverse Ausgaben				4	20	2	2	20	—	1	9	1	1	9	—
	35	3	—	25	1	3	12	13	5	12	4	—	12	3	2

* Umgerechnet nach dem „Hüttenm. Jahrbuch", Leoben 1866.

** Umgerechnet, Dr. Hartmann, „Vademecum" 1855. (Deutsches Roheisen ab Königshütte kostete vergleichweise 1850 über 9 Thlr. die Tonne mehr, als schottisches, nämlich 21 Thr. 10 Sgr. 3 Pfg.)

*** Wachler, Vergleichende Qualitätsuntersuchungen von Giefsereiroheisen, S. 34.

† Umgerechnet, „Stahl und Eisen" 1889.

Während die Roheisen-Selbstkosten in den letzten 40 Jahren nur wenig in der Gesammthöhe differiren — und nur eine Verschiebung der einzelnen Materialienpreise hervortritt — zeigen sie

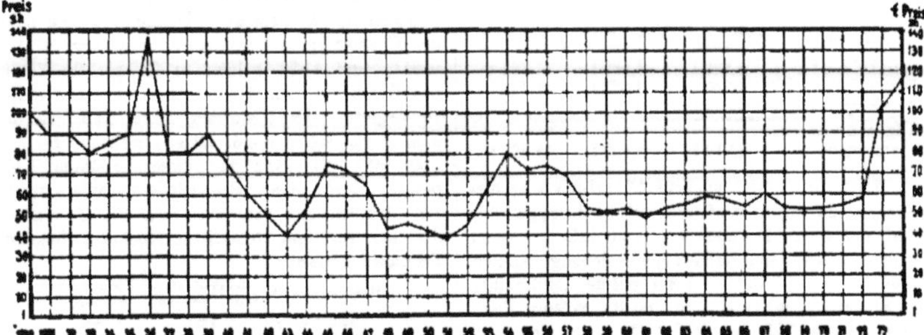

Fig. 5. Graphische Darstellung der schottischen Roheisenpreise f. o. b. Glasgow in den Jahren 1830 bis 1872.
(Nach Börner und Klein S. 37 und „Berggeist" 1865, 1873.)

von 1812 bis 1850 ein solch gewaltiges Abfallen, dafs das Roheisen sich 1850 fast ²/₃ billiger stellt, als im Jahre 1812.

Es lag dies vor allen Dingen an der Verringerung der Gestehungskosten des Eisensteins durch die Entdeckung neuer Erzlager. 1806 entdeckte Mushet den schottischen Kohleneisenstein (Blackband); dieser Kohleneisenstein gehört der Kohlenformation an, liegt zum Theil auf dem Bergkalkstein und weist oft hinreichend Kalkgehalt auf, als zur Schlackenbildung im Hochofen nöthig ist. Der Abbau konnte sehr leicht erfolgen und stets in der Nähe der Kohlenschächte, so dafs weite Transportkosten kaum in Frage kamen. Der Eisengehalt des Steins stellte sich auf 30 bis 33 % im ungerösteten Zustande gegen 55 bis 60 % geröstet; wegen seiner Porosität war er sehr leicht reducirbar und schmolz zugleich in geringerer Temperatur, als die früher angewandten Erze. Um die Mitte des Jahrhunderts fand man ferner in Cleveland den oolithischen Eisenstein in der Liasformation, der 40 % Eisen in geröstetem Zustande enthält; auch dieses Erz war sehr leichtflüssig und reducirbar, wies jedoch mehr Thonerde und weniger Mangan auf, als der Eisenstein aus der Kohlenbildung, konnte aber mit derselben Leichtigkeit abgebaut werden, wie jener.

— zeigt die höchsten, ... die niedrigsten Preise an.

(Nach Mineral Statistics 1896.)
Fig. 6. Graphische Darstellung der Preise des Clevelânder Roheisens f. o. b. Tees in den Jahren 1873 bis 1896.

Eine zweite nicht minder gewichtige Begründung fand die Verminderung der Roheisen-Selbstkosten in der Brennstoffersparnifs jener Zeit. Hervorgerufen wurde dieselbe zunächst durch die Einführung des erhitzten Windes und die Anwendung der rohen Steinkohle und des Anthracits. Neilsons Temperaturerhöhung betrug 1829 anfangs nur 15 bis 40 ° C., er steigerte dieselbe jedoch 1831 bis auf 260 ° C.; es stellte sich damals auf den Clyde-Werken der Materialienverbrauch f. d. Tonne Roheisen, wie folgt:*

Materialien	bei kaltem Winde t	bei warmem Winde (260° C.) t
Koks . .	3,0375	2,0375
Erz . . .	1,7500	2,0375
Zuschlag	0,5375	0,5375
	5,3250	4,6125

Die Erze bestanden in beiden Fällen aus ¹/₃ derbem Sphärosiderit (clay iron stone) und aus ²/₃ schwarzem schiefrigem Sphärosiderit (black band iron stone). Eine Gicht bestand aus:

Materialien	bei kaltem Winde	bei warmem Winde
Koks	0,2500 t	0,2500 t
Erz	0,1470 t	0,2500 t
Zuschlag	0,0414—0,0454 t	0,0625 t

Die Erzeugung nahm im Verhältnifs von 1063 : 1518 zu.

Im Jahre 1831 ersetzte Dixon, der Besitzer der Clyde-Werke, den Koks durch die Anthracitkohle und erzielte nun innerhalb der Jahre 1826 bis 1839 eine Verminderung des Brennstoff-

* Hartmann a. a. O.

verbrauchs auf ein Viertel und zugleich eine Erhöhung der täglichen Roheisenerzeugung um mehr als das Doppelte. Es ergab sich nachstehender Schmelzmaterialaufwand f. d. Tonne Roheisen:

Materialien	1826 Koks u. kalter Wind	1831 Koks u. warm Wind	1839 Steinkohlen u. warm. Wind
Steinkohlen* . . .	6,830 t	4,580 t	1,724 t
Erz	1,750 t	2,037 t	1,724 t
Zuschlag	0,537 t	0,537 t	0,524 t
Tägliche Roheisenerzeugung . . .	5,910 t	8,430 t	12,360 t

Statt des früher benutzten** schmiedeisernen Kastens, durch den die Gebläseluft hindurchgeleitet, und der durch Rostfeuerung von aufsen geheizt wurde, bediente sich Neilson später des sogenannten Calder-Apparats, den er zuerst auf der Calderhütte in Schottland erbaute, und erzielte so eine Temperatur von 315 bis 350 ° C. Mit den verbesserten eisernen Röhrenapparaten konnte man jedoch nicht mehr als 480 bis 540 ° C. erreichen, bis Cowper* 1857 durch seine Idee die bisher gegebene Grenze der Leistungsfähigkeit erweiterte. Seinen ersten Winderhitzer stellte er auf der Ormesby-Hütte in Cleveland 1860 in Betrieb und erhielt eine Windtemperatur von 615 ° C. beim Betriebe mit Kohlenfeuer. Modificirt wurde dann der Cowper-Apparat im Jahre 1865 von Withwell, und 1871 gelang es Cowper im Verein mit Siemens, die Windtemperatur noch weiter zu steigern. 1881 wurden schon 815 ° C. mit dem Cowperschen Winderhitzer erzielt und zur Zeit über 900 ° C. Die mit dieser erhöhten Temperatur verbundene Brennstoffersparnifs ergiebt sich deutlich aus Versuchen von W. Hawdon, der bei ein und demselben Hochofen folgende Resultate gewann:

Windtemperatur	Koksverbrauch f. d. t Roheisen	Wöchentliches Ausbringen
532 ° C.	1209	406
631 „	1179	415
702 „	1169	456
722 „	1157	469
760 „	1132	465

(Schlufs folgt.)

* Hartmann a. a. O. Das Verhältnifs der Steinkohle zum Koks = 1 : 2,25.

** Ledebur, „Eisenhüttenkunde“ S. 404.

* Vortrag vor Meeting des „Iron and Steel Institute“ 1883.

Mittheilungen aus dem Eisenhüttenlaboratorium.

Einwirkung von Salzlösungen auf Eisen.

Von R. Petit.

M. Rosenblum hat bereits gezeigt, dafs Alkalisulphat durch Eisen zu Sulphür reducirt wird, welch letzteres sich mit Kohlensäure zu Carbonat und Eisensulphür umsetzt. Petit hat nun das Verhalten verschiedener Salzlösungen gegen Eisen bestimmt und zwar für reine Salzlösungen mit einer bestimmten Menge gelöster Kohlensäure.

Die Lösungen hatten folgenden Gehalt:

$CaCl_2$ = 0,105 g auf 1 l
NaCl = 0,110 g „ 1 l
K_2SO_4 = 0,091 g „ 1 l
$Ca(NO_3)_2$ = 0,092 g „ 1 l

Sämmtliche Gefäfse waren ganz gefüllt, mit Ableitungsrohr mit Quecksilberverschlufs versehen, enthielten alle die gleiche Menge Eisenfeile und wurden in dem gleichen Raume bei etwa 12° C. 11 Tage lang stehen gelassen. Nach dieser Zeit wurde in allen Gefäfsen bestimmt: a) das gelöste Eisen mit Permanganat; b) das nicht angriffene Eisen, indem der Bodensatz mit $CuSO_4$ Lösung unter Luftabschlufs gelöst und dann die Flüssigkeit mit Permanganat titrirt wurde.

Die Gefäfse ohne Kohlensäure enthielten nur unmessbare Spuren gelösten Eisens, in dem die Flüssigkeit nach Oxydation kaum eine Rothfärbung mit Rhodanlösung giebt. Die Resultate ergeben sich aus folgender Tabelle, deren Zahlen auf 100 Theile angewandtes Eisen berechnet sind:

Flüssigkeit	Ohne Kohlensäure Eisenoxyd	Mit Kohlensäure gelöstes Eisen	Mit Kohlensäure Eisenoxyd
destill. Wasser . . .	8,8	9,7	8,2
NaCl . . . . . . Lsg	7,7	9,7	7,8
K_2SO_4 . . . . . „	7,5	14,8	7,7
$Ca(NO_3)_2$ . . . „	4,2	8,7	4,4
$CaCl_2$ . . . . . „	6,2	6,8	6,4

Jedes Salz hat demnach seine besondere Wirkung auf das Eisen, betreffend Oxydbildung und wird hierin durch die Gegenwart von Kohlensäure nicht verändert. Für die Lösung des Eisens kommt fast nur die Kohlensäure in Betracht, deren Wirkung in einer Lösung von Kaliumsulphat besonders stark ist. Bei Wiederholung der Versuche unter geringem Luftzutritt schied sich Eisenoxyd ab. Die Menge des gelösten Eisens bleibt unverändert, dagegen steigt die Menge des gebildeten Eisenoxyds sehr rasch.

(C. r. 1896, Seite 1278.)

Neue amerikanische Brücken.

Vom Reg.-Baumeister **M. Foerster**, Docent an der Königl. technischen Hochschule zu Dresden.

Eines der interessantesten Brückenbauwerke, welches im vergangenen Jahre in den Vereinigten Staaten vollendet worden, ist die zweietagige, dem Eisenbahn- und Strafsenverkehr dienende Brücke, welche (siehe Abbild. 1) mit einem beweglichen und sieben festen Ueberbauten in einer Gesammtlänge von rund 564 m zwischen Davensport und Rock-Island den Mississippistrom überschreitet.

Abbild. 1.

Historisch ist dies Bauwerk aus dem Grunde bemerkenswerth, weil hier im Jahre 1853 die erste feste Brücke über den Mississippi begonnen wurde. Dieselbe diente der Vereinigung der bisher durch den Strom getrennten Eisenbahnlinien der Einzelstaaten Chicago und Ohio, war dem damaligen Verkehr entsprechend eingeleisig ausgebaut und durch hölzerne Howesche Träger gebildet. Der Bestand dieser Brücke war jedoch ein nur kurzer, zumal sie mehrfach von Mifsgeschick zu leiden hatte. Im Jahre 1856 wurde eine der Hauptüberbauten von 76 m Stützweite durch Feuer zerstört, im März 1868 rifs ein heftiger Eisgang den ersten Strompfeiler am rechten Ufer fort, und im April desselben Jahres wurde während eines Wirbelsturmes die im Zuge des Bauwerks gelegene Drehbrücke von ihren Auflagern abgehoben und auf den Mittelpfeiler geworfen. — Durch diese Unglücksfälle wurde der bereits seit längerem erwogene Plan, an einen Neubau der Brücke zu gehen, seiner Verwirklichung nahe gebracht und in den Jahren 1869 bis 1872 an Stelle der alten Construction ein vollkommener Neubau — jedoch wiederum in Holz — ausgeführt. Dieser mufste jedoch bereits im Jahre 1891 durch eine Eisenconstruction ersetzt werden. Da jedoch auch diese Brücke gleich ihren Vorgängern nur eingeleisig ausgebaut war, so konnte sie bald dem stetig steigenden Verkehr nicht mehr genügen. Hierzu kam, dafs auch die Eisenüberbauten für die schweren neuen Eilzugmaschinen u. s. w. nicht ausreichend stark bemessen erschienen. Daher entschlofs sich der Congrefs bereits im Jahre 1894 zu einem nochmaligen Neubau der Brücke, welcher durch Abbild. 1 in seiner Gesammtanlage, durch Abbild. 2 in einem Querschnitt veranschaulicht wird. Die Geschichte dieses Neubaues wirft ein interessantes Streiflicht auf amerikanische Verhältnisse, wenn man bedenkt, dafs im Laufe von 41 Jahren nicht weniger als fünfmal sich eine Umgestaltung bezw. Erneuerung der Brücke als nothwendig herausstellte. — Die Kosten des jetzigen Neubaues, zu denen die betheiligten Eisenbahngesellschaften 60 % beitrugen, erreichten die Höhe von rund 2 100 000 ℳ.

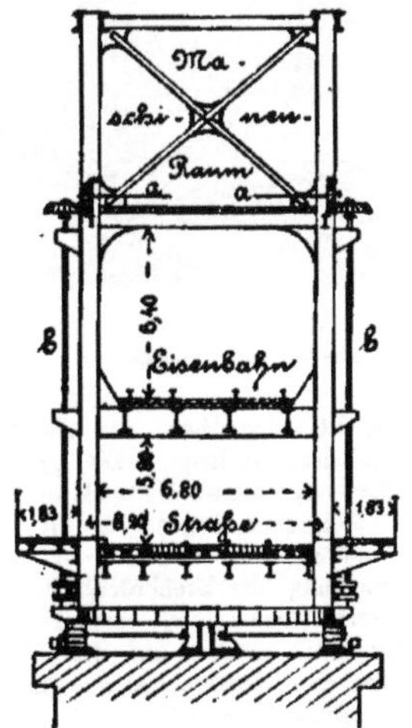

Abbild. 2.
Querschnitt durch die Mitte der Drehbrücke.

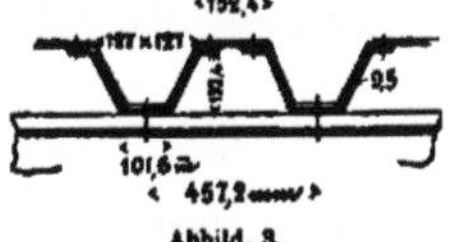

Abbild. 3.

Wie erwähnt, besteht die Gesammtbrückenanlage aus sieben festen Ueberbauten und einer gleicharmigen Drehbrücke. Die Breite des Bauwerks, zwischen den Achsen der Hauptträger gemessen, beträgt 8,82 m. Die untere Etage wird von der Strafsenbahn eingenommen, welche, durch ein System von Quer- und Längsträgern gestützt, in Holz construirt ist, (siehe Abbild. 2) und zwei Strafsenbahngeleisen Aufnahme gewährt. —

Die obere Etage, welche mit ihrer Constructionsunterkante 3,80 m über der unteren liegt, dient dem Eisenbahnverkehr und hat eine vollkommen wasserdichte Fahrbahndecke erhalten, deren Construction, wegen der eigenartigen, hierzu verwendeten Belageisen, Interesse verdient (vergl. Abbild. 3), deren Form an die der Zores-Eisen erinnert. Mit den unter jeder der vier Schienen projectirten Längsträgern sind diese Eisen fest vernietet und unter sich durch eine in der ganzen Brückenlänge durchgehende, unter je einer Schiene liegende Flufseisenplatte von 508 mm Breite und 9,5 mm Stärke verbunden. Diese Platten tragen die zur Unterstützung und Befestigung der Schienen dienenden Unterlagsplatten von rund 400 qcm Grundfläche und 9,5 mm Stärke, welche oberhalb eines jeden Belageisens aufgelagert sind.

Abgesehen von der, durch die ganz in Eisen ausgeführte Abdeckung bedingten unelastischen Fahrbahn, der directen Uebertragung aller Stöfse durch die, eine grofse Platte bildende Fahrbahntafel auf die Hauptträger, sowie der grofsen Nietarbeit, verdient die Construction wegen ihres geringen Gewichtes, welches für das Quadratmeter Brückenbahn Alles in Allem nur etwa 160 kg beträgt, Beachtung.

Die Stützweite der in der gewöhnlichen Form amerikanischer Fachwerksträger ausgebildeten Drehbrücke beträgt rund 111,0 m. Bei ihrem Aufdrehen werden zwei gleich grofse Oeffnungen von je 48,6 m lichter Weite für die Schiffahrt freigegeben. Die Hauptträger zeigen in der Mitte eine Höhe von 18,6 m, an den Enden von 15,24 m.

Die Ueberbauten der festen Brücke — im System der beweglichen ähnlich — besitzen entsprechend der vorhandenen Pfeilerstellung (vergl. Abbild. 1) verschiedene Stützweiten, und zwar weist die Strombrücke solche von rund 79 bezw. 66 m auf, während am rechten bezw. linken Ufer zwei kleinere Oeffnungen durch Hauptträger von 58,5 bezw. 30 m Stützweite überspannt werden. Die Höhe der gröfseren Träger ist in der Mitte gleich der Höhe der Anfangsverticalen der Drehbrücke = 15,24 m.

Die lichte Breite der Strafsenbahn beträgt 6,90 m; hierzu treten noch zwei für den Fufsgängerverkehr bestimmte, seitlich ausgekragte 1,83 m breite Stege. Die lichte Durchfahrtshöhe ist für die Strafsenbrücke zu 3,80 m, für den Eisenbahnverkehr zu 6,40 m bemessen. Das Gesammt-Eisengewicht der Brückenanlage beträgt rund 4800 t, wovon allein 1120 t auf die Drehbrücke entfallen.

Nach den zum Bau der Brücke erlassenen Ausschreibungsbedingungen ist als Material zur Herstellung der eisernen Ueberbauten Flufseisen mittlerer Härte, welches durch den Martinsprocefs zu gewinnen ist, vorgesehen; für die Niete ist weiches Flufseisen verlangt. Die gröfste Zugfestigkeit des erstgenannten Materials soll zwischen 44 und 49,5 kg/qmm liegen; für die Niete ist diese Zahl um rund 13 % i. M. ermäfsigt.

Abbild 4.
Ansicht der Drehbrücke über dem Harlem-Strom in New York im geöffneten Zustande.

Die Bewegung der Drehbrücke findet unter normalen Verhältnissen durch einen Elektromotor von 50 HP statt, welcher auf der Drehbrücke selbst zwischen den obersten Theilen der Hauptträger Aufstellung gefunden hat und mit Hülfe mehrfacher Uebersetzung die in Abbild. 2 dargestellte horizontale Achse *a* bewegt, welche ihrerseits mit Hülfe der dargestellten Kegelräder zwei senkrechte Achsen *bb* in Bewegung setzt. Von diesen wird die Kraft auf eine unter der Brücke befindliche, und in Verbindung mit derselben stehende Kette übertragen, die ihrerseits vier verticale Achsen nebst Zahnrädern bewegt, welche in den auf dem Mittelpfeiler befestigten Zahnradkranz eingreifen und ein Drehen der Brücke bewirken. Sollte durch irgend einen Zufall diese Bewegungsvorrichtung versagen, so kann ein Drehen der Brücke auch durch Handbetrieb im Nothfalle erfolgen. Diesem Zwecke dienen zwei Capstan, welche an jedem Brückenende Aufstellung gefunden haben.

Die besonders für den Eisenbahnverkehr zu fordernde Betriebssicherheit ist dadurch erreicht, dafs die dem Verriegeln und Feststellen der Brücke dienenden Constructionstheile einerseits mit je einem Haltesignal auf den anschliefsenden festen Ueberbauten, andererseits mit einer Controlvorrichtung im Maschinenraum automatisch verbunden sind.

Sehr interessant gestaltete sich der Bauvorgang selbst, da der Eisenbahnverkehr auf der alten Brücke in seinem ganzen Umfange bis zur Vollendung des Neubaues aufrecht erhalten werden mufste. Zu diesem Zwecke wurden zunächst unter der Strafsenbahn des alten Bauwerks eine gröfsere Anzahl von hölzernen Brückenjochen geschlagen, und gegen diese die oberhalb liegende Eisenbahnfahrbahn durch Holzconstruction abgestützt. Nunmehr war es möglich, die einzelnen Constructionstheile der alten Brücke allmählich zu beseitigen und, da der wegen seiner zweigeleisigen Anlage breitere Neubau das alte Bauwerk umhüllte, die herausgenommenen Theile nacheinander durch neue zu ersetzen. Den Schlufs dieser Ausführung bildete naturgemäfs die schrittweise erfolgende Umgestaltung der oberen, dem Eisenbahnverkehr dienenden Fahrbahn. Zweckentsprechend war die Breite der hölzernen Brückenjoche so bemessen, dafs dieselben zugleich die seitlichen Arbeitsplattformen für den Neubau aufnehmen konnten. —

Ein zweites hochinteressantes Bauwerk, welches im vergangenen Jahre zur Ausführung gelangte, ist die zweiarmige Drehbrücke über den Harlemstrom zu New York, deren perspectivische Ansicht und zwar in geöffnetem Zustande die Abbild. 4 zeigt. Das Bauwerk — eines der weitgespanntesten und grofsartigsten seiner Art auf der Welt — ist im Zuge des in Ausführung begriffenen eisernen Viaducts errichtet, welcher von dem auf Manhattan Island zu New York gelegenen Centralbahnhofe ausgehend, auf rund 8 km Länge die Stadt durchziehen soll. Wie dieser Viaduct, ist auch die Ueberbrückung des Harlem-Rivers, welche (siehe Abbild. 5) aus zwei festen Brücken von 40 bezw. 56,50 m Stützweite und der vorerwähnten Drehbrücke mit einer Hauptträgerlänge von 118,50 m besteht, viergeleisig ausgebaut. Die Drehbrücke selbst besitzt im Anschlufs an die Viaductausbildung drei im lichten Abstand von 7,91 m gelegte Hauptträger; zwischen denen je zwei Geleise Aufnahme gefunden haben. Wegen seines gröfseren Gewichtes ist (siehe Abbild. 5) der mittlere Hauptträger etwas angehoben. Jeder der letzteren setzt sich aus zwei einzelnen, sogenannten Prattschen Gitterträgern zusammen, welche in ihrer Mitte durch den über dem Mittelpunkt des Drehpfeilers construirten stählernen Thurm und an diesem angreifende Hängestangen zu einem Ganzen verbunden sind. Es ist hierdurch erreicht, dafs bei im Betriebe befindlicher Brücke annähernd nur die Hälfte des Gewichts letzterer auf den Drehpfeiler kommt, während etwa je ein Viertel auf die Endwiderlager übertragen wird. Zu diesem Zwecke sind an den Brückenenden Vorrichtungen vorhanden, welche nach dem Einschwenken der Brücke ein Anheben der Träger und hierdurch eine Entlastung der am Mittelthurm angreifenden Hängestangen herbeiführen. Erst beim Aufdrehen der Brücke treten letztere wieder in Wirkung, so dafs nunmehr das Gesammtgewicht der Brücke an dem Centralthurm hängt. Von hier aus wird dasselbe vermittelst eines Systems von Längs- und Querträgern auf eine unter der Brücke liegende Trommel und von hier durch 144 in zwei concentrischen Ringen geführten Rollen (siehe Abbild. 6) auf den Drehpfeiler übertragen. Die Trommel, aus zwei 1,80 m hohen, im Abstande von 1,20 m liegenden fest miteinander verbundenen cylindrischen Trägern bestehend, ist durch 16 radial gerichtete gitterförmig ausgebildete Arme mit dem Drehzapfen

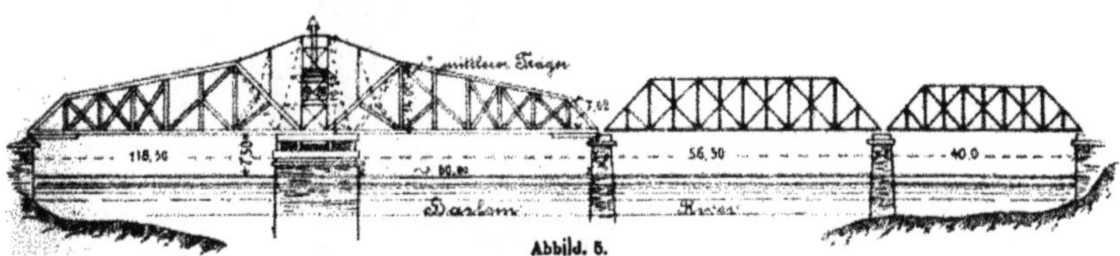

Abbild. 5.
Die Ueberbrückung des Harlem-River zu New York.

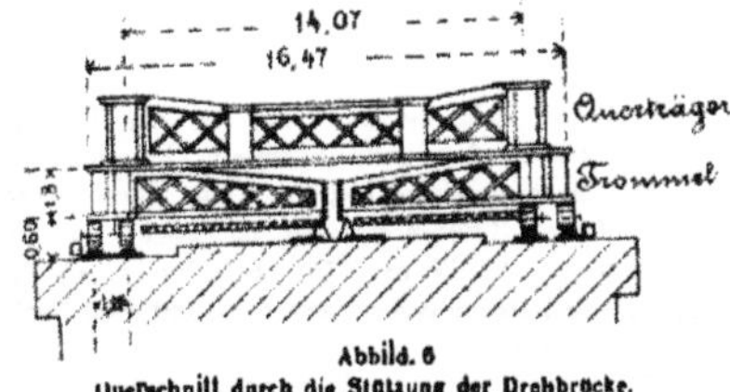

Abbild. 6
Querschnitt durch die Stützung der Drehbrücke.

der Brücke verbunden, welcher einzig und allein nur zur Führung der Brücke bei ihrer Bewegung dient. Ein ähnlicher Horizontalverband ist in der Achse der Laufrollen eingelegt.

Die Höhe des mittleren Thurmes beträgt, von der Mitte des Untergurtes der Brücke an gerechnet, 19,50 m. Der Prattsche Träger weist an seiner Anfangsverticalen 7,62 m, in der Mitte 14 m auf. Die Oeffnung, welche bei dem Aufdrehen der Brücke für die Schiffahrt freigegeben wird, besitzt rund 2 X 50 m lichte Weite. Die Constructionsunterkante liegt 7,50 m über Hochwasser, wodurch erreicht ist, dafs die Mehrzahl der den Harlemstrom passirenden Schiffe ohne Oeffnung der Brücke diese passiren können. Der Durchmesser des äufseren Trommelträgers ist 16,47 m, der des inneren 14,07 m. Die äufseren Laufrollen haben einen Durchmesser von 609 und eine Breite von 260 mm.

Die zum Oeffnen und Schliefsen sowie zum Anheben der Brücke, desgleichen zur Verriegelung und Feststellung derselben nothwendige Kraft wird durch zwei Dampfmaschinen von je 50 HP geliefert, welche nebst den zugehörenden Hülfsmaschinen u. s. w. auf einer rund 5 m über der Fahrbahn im Mittelthurm montirten Plattform Aufstellung gefunden haben. Die Bewegung der Brücke erfolgt durch den Eingriff eines an verticaler Achse sitzenden Zahnrads in den Zahnradkranz, welcher (siehe Abbild. 6) direct mit der Laufschiene der äufseren Laufrollen vereinigt ist. Die Zeit zum Oeffnen der Brücke beträgt unter normalen Verhältnissen nur $1^1/_2$ Minuten.

Das Bauwerk ist in seinen Haupttheilen ganz in Flufseisen erbaut. Die stählernen Laufrollen sind auf eine Pressung von 60 kg/qmm, die übrigen Theile auf eine Festigkeit von 40 kg/qmm geprüft. Das zum Bau verwendete Material durfte keinesfalls mehr als 0,08 % Phosphor und 0,04 % Schwefel enthalten. Das Gesammtgewicht des eisernen Ueberbaues beträgt — nicht mitgerechnet die Maschinenanlage — annähernd 2300 t; die Kosten beliefen sich Alles in Allem auf 872 000 ℳ. Die Ausführung der Brücke geschah, ohne die Schiffahrt zu unterbrechen, im Schutze eines kräftigen Fangedammes.

Abbild. 7.
Brücke im Zuge der Chicago-Northern-Pacific-Bahn bei Blue Island während des Baues.

Zum Schlufs seien noch zwei interessante Ausführungen beweglicher Brücken — und zwar von Zugbrücken — erwähnt, welche im vergangenen Jahre auf der Chicago-Northern-Pacific-Eisenbahn bezw. im Zuge der Erie-Bahnlinie erbaut wurden und durch die Neuheit und Eigenartigkeit ihrer Anordnung Bedeutung verdienen. Die Abbildungen 7 und 8 zeigen zwei perspectivische Ansichten der genannten Brücken, und zwar während des Baues bezw. nach Fertigstellung.

Das Princip der Hebeconstruction besteht darin, dafs das Gewicht der zu hebenden Brücke nahezu durch mit letzterer verbundene Gegengewichte ausgeglichen wird, welche auf einer durch ein Ellipsensegment gebildeten Curvenbahn gleiten; hierdurch wird erreicht, dafs während des Hebens und Senkens der Brückenklappe stets annähernd Gleichgewicht vorhanden ist, geringe Kraft zur Bewegung benöthigt wird und die Brücke sich mit fast gleichbleibender Geschwindigkeit hebt und senkt. Da die Gegengewichte, um ein selbstthätiges Oeffnen der Brücke zu verhüten, nicht ganz so schwer wie die Klappe sein dürfen, so greifen an jedem Brückenende Hebekabel an, welche, mit Hülfe einer kleinen Winde angezogen, ein Oeffnen der Brücke bewirken, und dieselbe in ihrer höchsten Stellung bei vollkommenem Freigeben der Oeffnung festhalten.

Abbild. 8. Brücke im Zuge der Erie-Bahn bei Rutherford in New Jersey.

Die in Abbild. 7 dargestellte, der Chicago-Northern-Pacific-Bahnlinie angehörende Zugbrücke bildet einen Theil der Ueberführung des südlichen Armes des Chicago-River bei Blue Island. Das gesammte Bauwerk besteht aus 3 Oeffnungen, deren innere durch eine Brücke von 10,36 m, deren äufsere durch solche von je 18,40 m Stützweite überspannt werden. Zur Zeit ist nur die eine der äufseren Oeffnungen durch eine bewegliche Construction überbrückt; es ist jedoch beabsichtigt, falls die Entwicklung der Schiffahrt dies bedingen sollte, später auch am andern Ufer eine gleiche Zugbrücke zur Ausführung zu bringen.

Das im vergangenen Jahre fertiggestellte Bauwerk besteht im wesentlichen aus drei am Ufer aufgerichteten, unter sich verbundenen senkrechten Pfeilern, deren mittlerer doppelt so stark wie jeder äufsere ist, der an diese angelehnten Gegengewichtsbahn, welche mit dem zugehörigen Pfeiler durch einen Horizontalverband und Gitterwerk vereinigt ist, und der eigentlichen Brückenklappe, welche 4 Eisenbahngeleise aufzunehmen bestimmt ist. Letztere besitzt eine Breite von 18,15 m und eine Länge von 21,35 m. Unter jeder Schiene befindet sich ein 1,88 m hoher Hauptträger. Die Pfeiler weisen eine Gesammthöhe von 19,75 m auf. Die Horizontalprojection der elliptischen Gleitbahnen beträgt 30,20 m. An der Spitze der Pfeiler befinden sich Führungsrollen, über welche die dem Heben der Brücke dienenden und die mit den vier vorhandenen Gegengewichten (zwei am Mittelpfeiler) verbundenen Stahlkabel von 6,5 mm Durchmesser laufen. Jedes der Gegengewichte wiegt annähernd 24300 kg.

Eine verwandte Construction zeigt die in Abbild. 8 im Betriebe dargestellte Zugbrücke. In der Nähe von Rutherford im Staate New Jersey gelegen, besitzt auch sie 3 Ueberbauten, von denen der eine am Ufer gelegene beweglich angeordnet ist. Die zu hebende Plattform der Brücke trägt 4 Geleise, besitzt eine Länge von 9,75 m und eine Breite von 13,40 m und wird aus vier untereinander verbundenen gewöhnlichen Blechbalken — unter jedem Geleise einer — gebildet. Sie weist starke Versteifungen an den vier Ecken auf, woselbst die Gegengewichts- und Hubkabel angreifen bezw. die Drehachse der Brückenklappe angeschlossen ist. Abweichend von der vorerwähnten Construction sind hier nur zwei eiserne Pfeiler zur Ausführung gelangt, welche bei etwa 12,5 m Höhe durch einen 4,90 m hohen Gitterträger verbunden sind. Die Construction der beiden, an die Portalpfeiler sich anlehnenden, Gegengewichtsbahnen und ihre Verbindung mit ersteren ist ähnlich wie bei dem vorerwähnten Bauwerk ausgeführt. Die Gegengewichte, deren jedes etwa 25 t wiegt, bestehen aus 2 × 9 gufseisernen runden Scheiben von 1,83 m Durchmesser. Faraihel mit der sie verbindenden Achse sind vier cylindrische Durchbohrungen ausgeführt, welche zur Aufnahme von Uebergewichten alsdann dienen, wenn eine Mehrbelastung der Brückenklappe durch Schnee u. dergl. dies erfordern sollte. Auch ist hierdurch eine genaue Justirung der Gegengewichte ermöglicht. Die Hubkabel — aus Stahl hergestellt — sind 14,3 mm, die Gegengewichtskabel 44,5 mm stark.

Das gesammte Gewicht der Brückenklappe beträgt 62,65 t. Zum Anheben derselben dienen zwei Winden, welche an den Portalpfeilern angebracht sind und von Hand aus bewegt werden. Es ist jedoch auch durch Vermehrung der Gegengewichte dafür Sorge getragen, dafs im Nothfalle mit Hülfe nur einer Winde das Oeffnen und Schliefsen der Brücke bewirkt werden kann. Die hierfür nothwendige Zeit beträgt auch alsdann nur 3 bis 4 Minuten.

Zuschriften an die Redaction.

Locomotiv-Feuerkisten aus Flufseisen.

Geehrte Redaction!

Die in „Stahl und Eisen“ vom 1. März d. J., Seite 165 u. f. enthaltenen Mittheilungen des Hrn. Kreuzpointner in Altoona können den Anschein erwecken, als ob die Versuche der preufsischen Staatsbahnen mit flufseisernen Feuerkisten ohne die nöthige Rücksicht auf die Erfahrungen der amerikanischen Bahnen ausgeführt worden seien. Dafs dies nicht der Fall war, dafs vielmehr die Herstellung und Prüfung der Bleche, die Verarbeitung derselben und die Behandlung der Feuerkisten im Dienste durchaus sachgemäfs und in Uebereinstimmung mit der amerikanischen Praxis erfolgt sind, geht aus meinen Berichten im „Organ für die Fortschritte des Eisenbahnwesens“ 1893 Seite 168, und 1897 Seite 7, wohl unzweifelhaft hervor.

Die einzigen Abweichungen, auf welche die hiesigen Mifserfolge zurückgeführt werden können, sind folgende:

1. Das Material der Bleche war im Durchschnitt etwas weicher, da seine Festigkeit zwischen 36 und 41 kg lag, während Hr. Kreuzpointner 38,6 bis 47,8 kg angiebt. Diese geringe Verschiedenheit kann ein etwas rascheres Rosten verursacht haben, ist aber auf das Ergebnifs jedenfalls ohne erheblichen Einflufs geblieben.

2. Die Bleche sind 9 mm statt 7,9 mm stark ausgeführt worden. Im Jahre 1891, als Hr. Geh. Baurath Büte und der Unterzeichnete die Eisenbahnen Nordamerikas im Auftrage der Preufsischen Regierung besuchten, wandte man dort bei rund 10 Atm. Dampfüberdruck vorwiegend Bleche von 7,9 mm Stärke an. Es erschien daher nach allgemeinen Grundsätzen richtig, für den hier in Frage kommenden Dampfüberdruck von 12 Atm. 9 mm Stärke anzunehmen.

Dafs die Ueberschreitung einer Wandstärke von rund 8 mm die hier festgestellten Schäden zur Folge haben würde, ist uns drüben nirgends mitgetheilt worden und war vermuthlich noch gar nicht bekannt, da die gröfseren Stärken auch dort erst mit der später erfolgten Steigerung der Dampfspannung versucht sein werden. Wenn trotzdem der „berufene“ Gewährsmann des Hrn. Kreuzpointner das Mifslingen unserer Versuche infolge der um 1,1 mm gröfseren Blechstärke schon damals vorausgesehen hat, so hätte er besser gethan, uns hierauf aufmerksam zu machen.

Bei meinem Freunde George Gibbs, den ich als einen der tüchtigsten Fachgenossen schätze, scheinen Ihre Mittheilungen die Meinung erweckt zu haben, dafs man hier Feuerkistenbleche von 14,3 mm Stärke verwendet habe. Ich möchte daher nochmals feststellen, dafs die Bleche 9 mm stark sind

Dieselbe Wandstärke hat auch die Paris-Lyon-Mittelmeerbahn bei ihren flufseisernen Feuerkisten für 15 Atm. Ueberdruck angewandt und ist auch zu denselben Ergebnissen wie wir gelangt.

3. Die Locomotiven werden hier in der Regel nach jeder Dienstleistung kaltgestellt, während sie in Amerika in der Regel von einem Auswaschen zum andern im Feuer bleiben. Diese Verschiedenheit der Behandlung ist in der Art

der Ausnützung der Locomotiven und in der Beschaffenheit der hiesigen Kohlen begründet, deren festanhaftende Schlacken ein vollständiges Ausreifsen des Feuers nach jedem Dienste erfordern, um den Rost gründlich reinigen zu können. Dafs das hiesige Verfahren die Entstehung von Spannungen, Rost und Furchen an Nähten und Stehbolzenköpfen befördert, ist in meinen bez. Berichten schon hervorgehoben. Ob sich dasselbe zu Gunsten der flufseisernen Feuerkisten allgemein durch das amorikanische ersetzen läfst, mufs einstweilen bezweifelt werden. Jedenfalls würden hierzu für die meisten unserer Kohlen Roste mit Wasserkühlung nöthig sein, damit sich die Schlacken nicht festsetzen. Versuche mit derartigen Rosten sind im Gange, aber noch nicht abgeschlossen. Schüttelroste amerikanischer Bauart haben sich hier als ganz unbrauchbar erwiesen.

4. Die amerikanischen Bahnen waschen ihre Kessel bei schlechtem Wasser stellenweise häufiger aus, blasen vereinzelt auch auf Zwischen- und Endstationen ab und verwenden zum Theil Soda im Tender, um den Kesselstein lose zu halten. Ersteres ist jedenfalls zu empfehlen und geschieht auch hier vielfach; letzteres wird nur bei entsprechender Zusammensetzung des Kesselsteins wirksam sein, dem hier vielfach vorkommenden Eisengehalt gegenüber aber jedenfalls unwirksam bleiben. Uebrigens wird bei den preufsischen Staatsbahnen jetzt weit gründlicher dadurch vorgegangen, dafs das schlechte Speisewasser vor dem Gebrauch chemisch gereinigt wird. Die flufseisernen Feuerkisten werden daher demnächst der zu starken Erhitzung und ihren Folgen weniger als bisher ausgesetzt sein.

Ein Hauptübelstand der flufseisernen Feuerkisten, das häufige Rinnen der Siederohre, Stehbolzen und Näthe bei schlechtem Speisewasser, ist durch Unterschiede in der hiesigen und der amerikanischen Ausführung nicht zu erklären, da eben keine Unterschiede vorhanden waren. Uebrigens haben auch viele amerikanische Bahnen dieselben Schwierigkeiten.

Die Unterschiede zwischen der deutschen und der amerikanischen Praxis, auf welche am Schlufs des Aufsatzes hingewiesen wird, sind hiernach nicht so grofs, dafs aus ihnen allein die abweichenden Erfahrungen zu erklären sind; zum Theil sind sie in Umständen begründet, welche nicht ohne weiteres zu Gunsten der flufseisernen Feuerkisten abgeändert werden können. Jedenfalls finden alle amerikanischen Erfahrungen, darunter auch solche, welche nicht durch Zeitschriften bekannt werden, in den „betheiligten Kreisen" seit Langem die „gebührende Beachtung". Wenn auf Grund dieser langjährigen Studien einmal anders entschieden wird, als nach einzelnen, an sich wohl begründeten Mittheilungen zweckmäfsig erscheinen könnte, so wird man doch der umfassenderen Sachkenntnifs dieser „betheiligten Kreise" vertrauen dürfen.

Uebrigens hoffe ich, dafs binnen Kurzem Gelegenheit zu einem Versuch mit einer flufseisernen Feuerkiste von 7,5 mm Wandstärke gegeben sein wird. Auch ist eine Feuerkiste aus Nickel-Flufseisen in Ausführung, deren Wandstärke mit Rücksicht auf die gröfsere Festigkeit dieses Materials zu 7 mm angenommen wurde.

v. *Borries.*

Bericht über in- und ausländische Patente.

Patentanmeldungen,

welche von dem angegebenen Tage an während zweier Monate zur Einsichtnahme für Jedermann im Kaiserlichen Patentamt in Berlin ausliegen.

11. März 1897. Kl. 1, G 10702. Ofen zum Brennen von goldhaltigen Quarzen und dergl. Adolf Gutensohn, London.

Kl. 10, N 3877. Verfahren zum Verkoken von Braunkohle. Dr. Desiderius Nagy, Budapest.

Kl. 40, S 10052. Darstellung von Phosphorkupfer auf nassem Wege. Johann Leonh. Seyboth, München.

Kl. 49, H 18585. Vorrichtung zur Herstellung von L-, T- und +-förmigen Rohrverbindungsstücken. Otto Gurrey, Berlin.

Kl. 49, C 6092. Selbstthätige Schutzvorrichtung an Stanzen, Fallhämmern und dergl. E. Camin, Siegburg.

Kl. 49, H 16961. Verfahren und Vorrichtung zum Umformen bezw. Verzieren von röhren- oder gefäfsförmigen Hohlkörpern. Carl Huber, Wien I.

Kl. 49, K 14794. Verfahren zur Herstellung von Blechrädern mit Laufkranz aus einem Stück. Josef Kessel jun., Düsseldorf.

Kl. 49, P 7986. Vorrichtung zur Herstellung plattirten Hohldrahtes oder plattirter Rohre aus Blechstreifen. Eug. Jul. Post, Köln-Ehrenfeld.

Kl. 49, P 8154. Maschine zur Herstellung von Wellblech mittels Stempels und Matrize. H. Polte, i. F. Hochfelder Fabrik für Wellblechbauten, Duisburg.

15. März 1897. Kl. 4, S 9589. Von aufsen zu bethätigende Dochthebevorrichtung für Grubenlampen. Josef Szambathy, Steyerlak.

Kl. 25, G 10377. Vorrichtung zum Wechseln der Drähte von Drahtflechtmaschinen. Felten & Guilleaume, Carlswerk, Mülheim am Rhein.

Kl. 80, C 6325. Beschickungskasten für Schachtöfen. Emile Cambier, Haubourdin, Nordfrankreich.

18. März 1897. Kl. 24, H 17449. Gasflammofen. Henry William Hollis, Spennymoor, Grfsch. Durham, England.

Kl. 49, L 10252. Verfahren und Vorrichtung zum Walzen von Draht und Rundstäben. Gustaf Lürmann, Gunnebo und Wekebäck, Schweden.

22. März 1897. Kl. 20, E 5193. Selbstthätige Seilklemme für Förderwagen. Max Eichler, Grube Alt-Zscherben bei Nietleben.

Kl. 24, B 20109. Dampfunterwindfeuerung. S. Barth, Hagen i. W.

Gebrauchsmuster-Eintragungen.

15. März 1897. Kl. 5, Nr. 70838. Förderwagen mit festen Zahnstangen, auf Zahnrädern laufenden Unterstützungsstangen für die Entleerungsklappen und Winden zum Schliefsen derselben. M. F. Blake, Martinsburg.

Kl. 19, Nr. 70875. Schlofs zum Befestigen von Schienenlaschen, dessen Flantschen in Aussparungen des Bolzens eingreifen. S. Rhodes, Berlin.

Kl. 20, Nr. 70782. Schienenbesen für Strafsenbahnwagen zum Reinigen der Schienen und Curven, aus langen und kurzen in Schrägstellung eingezogenen Drahtbündeln. Robert Wolff, Stollberg im Erzgebirge.

22. März 1897. Kl. 10, Nr. 71143. Prefskohle in Gestalt eines rechteckigen Prismas. Rechenberg & Co., Grube Mariannensglück bei Petershain.

Kl. 31, Nr. 71421. Formkasten für Giefsereien aus verlaschtem U-förmigen Schmiedeisen mit Handhaben und Fixirstiften. Martin Körting, Lindenau bei Leipzig.

Kl. 35, Nr. 71325. Fangvorrichtung mit messerartig zugeschärften, fest auf ebenfalls fest gelagerten Drehachsen angeordneten Fangarmen. Florentin Kaestner & Co., Reinsdorf bei Zwickau i. S.

Kl. 49, Nr. 71313. Façoneisenschiene mit als Laufläche für die Rollen dienender Rippe. H. W. Friderichsen, Benrath.

Kl. 81, Nr. 71280. Gabel für Zugseilförderung, in welcher das Förderseil zwischen zwei Backen zur Mitnahme des Wagens festgeklemmt wird. Karl Gerhold, Düsseldorf.

Deutsche Reichspatente.

Kl. 18, Nr. 90356, vom 24. März 1896. John Gjers in Middlesbrough-on Tees. *Verfahren und Doppelofen zur Herstellung von Stahl oder homogenem Eisen aus Roheisen oder raffinirtem Eisen.*

Das Herdschmelzverfahren wird in einem aus reichem Eisenerz, z. B. Titaneisenerz hergestellten Herd bei so hoher Temperatur ausgeführt, dafs Stahl

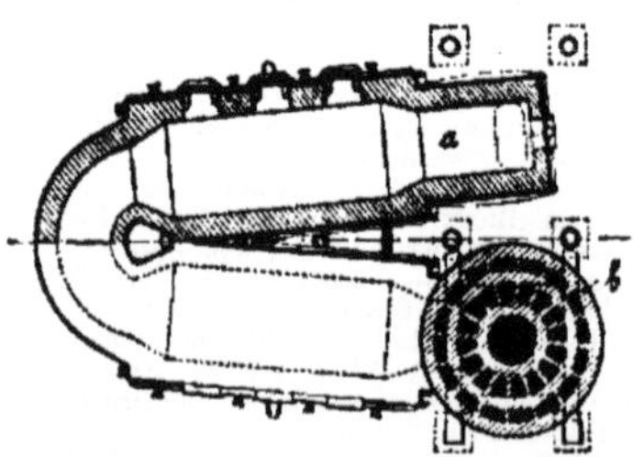

in flüssigem Zustande sich ergiebt. Hierzu wird ein Doppelofen empfohlen, dessen Herde in einem Winkel zu einander liegen und abwechselnd als Vorwärm- und Schmelzherd dienen, wobei die Abgase des letzteren ersteren beheizen. Die Feuerungen *a* und Regeneratoren *b* der beiden Herde sind nach dem Patent Nr. 80502 (vgl. „Stahl und Eisen" 1895, S. 542) eingerichtet.

Kl. 84, Nr. 89718, vom 22. Mai 1895. Carl Redlich in Wien. *Verfahren zur Herstellung von Tunnels.*

Der Tunnel wird in kurzen Abschnitten hergestellt, die wie die bekannten Caissons unter Luftdruck abgesenkt werden. Zu diesem Zweck wird ein eiserner Caisson auf die Sohle der Baugrube aufgestellt und in diesen Caisson die Wandung und Decke *a* des Tunnelabschnittes eingebaut. An seinen Kopfenden wird der Abschnitt durch je eine Mauer *e* geschlossen, während die Sohle ganz freibleibt. Nunmehr wird der Erdboden in dieser Sohle unter Luftdruck ausgeschachtet und dadurch der Caisson zum Sinken gebracht. Hat der Caisson seine endgültige Lage erreicht, wobei der Schacht *s* nach oben über den Grundwasserspiegel verlängert wird, so füllt man seine Sohle mit Beton und mauert auf diesen die Tunnelsohle auf. Der nächste Caisson wird in gleicher Weise abgesenkt, wobei sein eines Kopfende in an dem bereits abgesenkten Caisson befestigten Führungsschienen *d* geleitet.

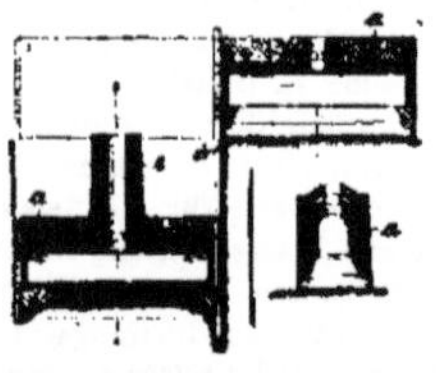

Kl. 18, Nr. 90746, vom 14. Juni 1896. The Electro-Metallurgical Co. Lim. in London. *Verfahren zur Herstellung von Legirungen des Eisens mit Chrom, Wolfram, Molybdän oder dergl.*

Dem Stahlbade wird der Sauerstoffgehalt durch Zusatz von Aluminium fast vollständig entzogen, wonach erst der Zusatz des Chroms erfolgt. Letzterer dient zum geringsten Theil zur Entfernung des noch im Bade enthaltenen Sauerstoffs, während der übrige Theil des Chroms mit dem aluminiumfreien Eisen sich legirt.

Kl. 5, Nr. 90271, vom 7. Januar 1896. Valentin Most in Neumühl-Hamborn und Wilh. Kraayvanger in Styrum (Rheinland). *Schrämmaschine für Handbetrieb.*

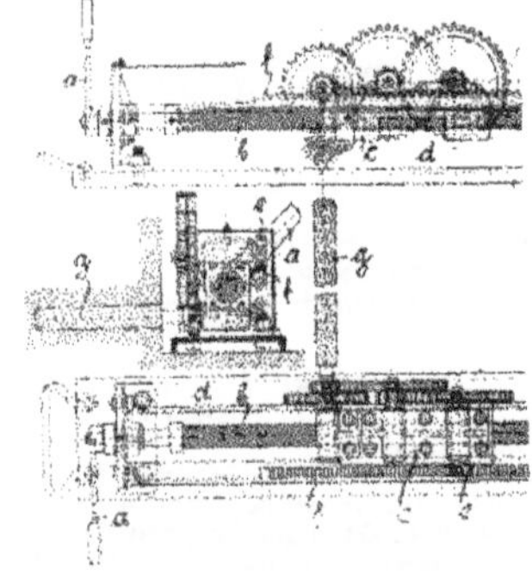

Vermittelst eines Ratschenhebels *a* wird die Schraubenspindel *b* gedreht und dadurch der Schlitten *c* auf seinem Bett *d* verschoben. Hierbei wird ein im Schlitten *c* gelagertes Zahnrad *e* von einer am Bett *d* befestigten Zahnstange *f* gedreht und diese Drehung durch eine Räderübersetzung ins Schnelle auf die Schrämwalze *g* übertragen.

Kl. 40, Nr. 90488, vom 14. Juli 1896. William Henry Howard in Pueblo. *Verfahren und Vorrichtung zum Saigern von Zinkschaum.*

Der Zinkschaum wird gleich nach dem Abschöpfen in einen Topf *a* gebracht und hierin vermittelst eines

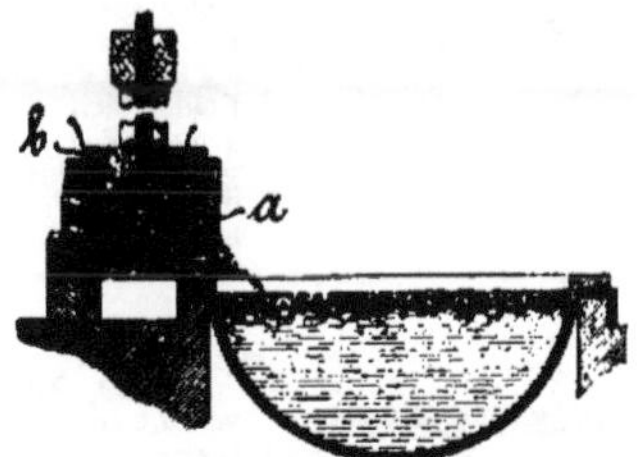

Kolbens *b* einem hohen Druck ausgesetzt, so dafs ohne weitere Wärmezufuhr das noch flüssige oder durch den hohen Druck flüssig werdende Blei durch den Siebboden des Topfes *a* ausgeprefst wird.

Kl. 49, Nr. 90224, vom 21. Januar 1894. Reinhard Mannesmann in New York und Max Mannesmann in Remscheid-Bliedinghausen. *Verfahren für schrittweises Walzen.*

Die Walzen drücken sich mit einer oder mehreren hintereinander liegenden scharfen oder rundlichen

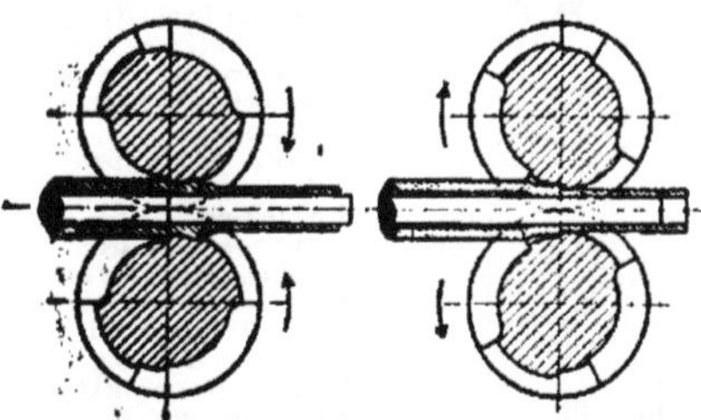

Kanten in das Werkstück ein, um in letzterem einen Absatz herzustellen und, auf diesen fufsend, eine Materialwelle vor sich herzutreiben, welche ein Abrutschen der Walzen an dem steilen Werkstücktheil verhindern (vgl. Patent Nr. 86162 in „Stahl und Eisen" 1896, Seite 550).

Kl. 10, Nr. 90490, vom 11. Juli 1896. Zusatz zu Nr. 88200 (vergl. „Stahl und Eisen" 1896, S. 927). *Liegender Koksofen.*

Um die Heizkanäle des Ofens gleichmäfsig mit Gas zu versorgen, wird dasselbe von oben (*a*) und unten (c) in erstere geleitet.

Kl. 40, Nr. 90723, vom 28. Februar 1894. Firma Carl Bery in Eveking, Westfalen. *Aluminiumlegirung.*

Die Legirung besteht aus Aluminiumkupfer und Ferrochrom oder Chrom und soll härter, fester und schmiedbarer sein, als die bekannten Aluminiumlegirungen.

Kl. 5, Nr. 89929, vom 5. April 1896. Fr. Honigmann in Aachen. *Verfahren zum Niederbringen von Senkschächten* gemäfs dem Bohrverfahren nach Patent Nr. 80113 (vgl. „Stahl und Eisen" 1895, Seite 542).

Das schwimmende Gebirge wird ohne Verrohrung des Bohrschachtes dadurch standhaft gemacht, dafs im Schacht ein höherer Wasserdruck als aufserhalb

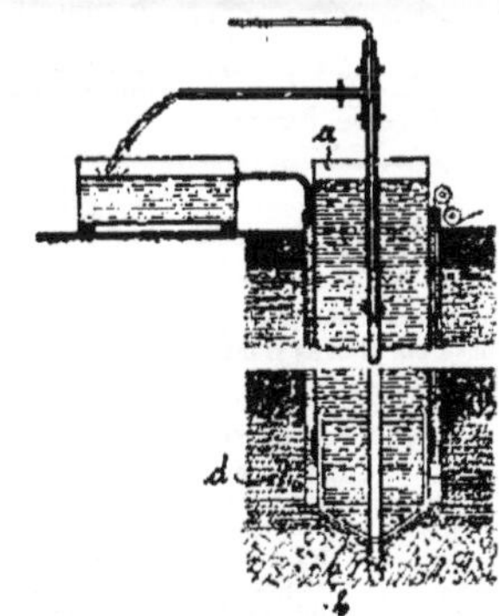

erhalten wird. Hierbei kann eine Schachtauskleidung *a* frei eingehängt werden, so dafs zwischen ihr und der Schachtwandung ein mit Wasser gefüllter Raum verbleibt, während die Auskleidung dem vorschreitenden Bohrer *b* folgen kann. Zu diesem Zweck ist letzterer mit umklappbaren Unterschneidmessern *d* versehen. Die Auskleidung *a* kann auch mit einem breiten Schuh versehen sein, welcher auf die Schachtsohle sich aufsetzt.

Kl. 5, Nr. 89928, vom 24. März 1896. August Rohrbach in Erfurt. *Sperrvorrichtung an Ventilationsleitungen von Bergwerken zur Verhinderung von Explosionen und Grubenbränden.*

In die Rohrleitungen r, welche den Wetterzug bis vor Ort leiten, sind Drosselklappen *a* angeordnet,

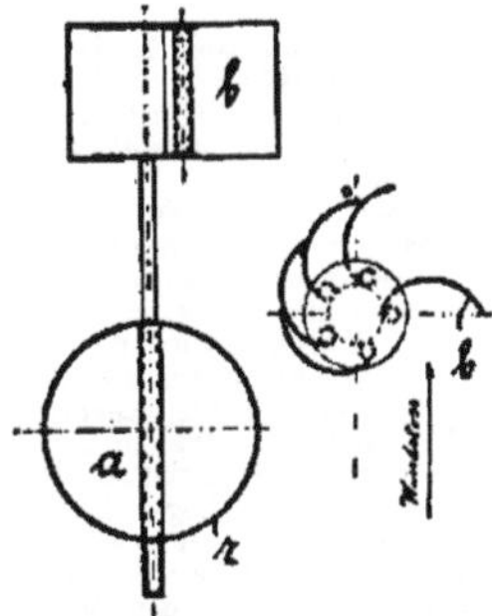

die aufserhalb der Rohrleitung *r* mit Klappflügeln versehen sind. Entsteht eine Explosion in einer der Strecken, so werden durch den Luftstofs die Klappflügel *b* und Drosselklappe *a* gedreht und dadurch die schlechten Wetter von den übrigen im Wetterzuge liegenden Belegstellen abgeschlossen. Bei Grubenbränden können die Drosselklappen *a* von Hand geschlossen werden.

Kl. 49, Nr. 90387, vom 7. Juni 1896. **Metalltuchfabrik „Düren", Lempertz & Wergifosse** in Düren (Rheinl.). *Verfahren zur Herstellung von Stabgittern.*

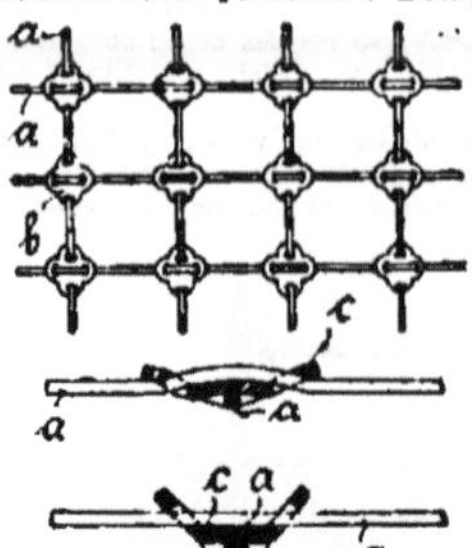

Die Stäbe *a* werden kreuzweise durch Blechstücke *b* gesteckt, deren durchlochte Lappen *c* nach oben und unten abgebogen sind, wonach diese Lappen *c* derart in eine ungefähr gerade Ebene geprefst werden, dafs die Stäbe im Bereich der Blechstücke etwas abgebogen werden, wodurch die Stäbe und Blechstücke ein starres Ganzes bilden.

Kl. 31, Nr. 89967, vom 14. Juni 1896. **Karl Rast** in Duisburg. *Giefspfanne.*

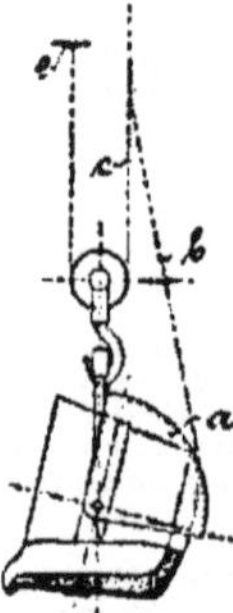

Auf den einen der Kippzapfen der Pfanne ist ein Kreissector *a* festgekeilt, der durch eine Kette *b* mit dem losen Trum der mit einem Festpunkt *e* verbundenen Hebekette *c* verbunden ist. Demnach wird beim Heben der Pfanne diese gekippt, ohne dafs deren Schnauze sich hebt.

Kl. 40, Nr. 90750, vom 2. Aug. 1895. **Dr. Fr. Dehn** in Langelsheim a. Harz. *Verfahren zum Aufschliefsen von im Bleihüttenbetrieb fallenden Schlacken.*

Die Schlacken werden fein gemahlen und dann mit verdünnter heifser Salzsäure behandelt, wonach ein Auswaschen erfolgt. Der Rückstand wird in einem Flammofen geröstet und dann nochmals mit Salz- oder Schwefelsäure behandelt.

Kl. 49, Nr. 90257, vom 7. Mai 1895. **Eduard Neumeister** in Hoerde i. W. und **Richard Schotka** in Rheydt (Rheinl.). *Maschine zum Stauchen, Bördeln und Auswalzen von Rohrenden behufs Flantschenbildung.*

Das zu bearbeitende Rohr *a* wird an der aus der Maschine seitwärts herausgeschwenkten Scheibe *b* mit dem einen Ende zwischen den Klauen *e* eingespannt und sodann an dem anderen Ende in einem Ofen erhitzt. Hiernach wird das Rohr *a* zurückgeschwenkt, so dafs es mit dem erhitzten Ende zwischen die auf der Scheibe d radial stellbar gelagerten Walzen c und die auf der Scheibe *f* radial stellbar gelagerten Walzen *g* zu liegen kommt und von diesen bearbeitet werden kann. Zu diesem Zweck erhält die Scheibe *f* eine Drehbewegung von der Riemscheibe *h* aus und eine achsiale Verschiebung vermittelst des hydraulischen Kolbens *i*, wodurch das Rohrende entsprechend der Form der Walzen *c g* und der Scheibe *f* gestaltet wird.

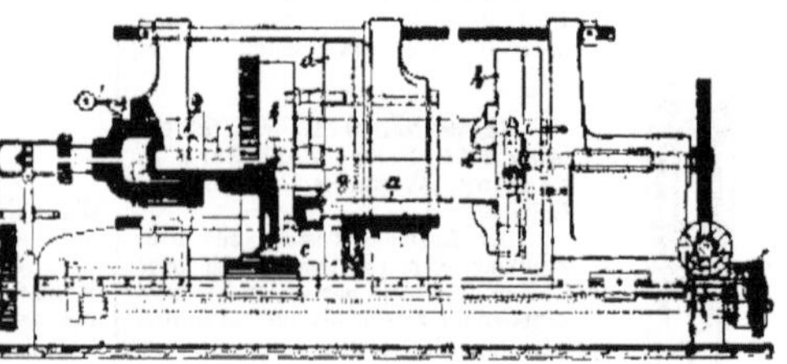

Kl. 49, Nr. 90250, vom 10. Mai 1895. **Deutsche Eisenfafs-Gesellschaft Drösse & Co.** in Charlottenburg. *Vorrichtung zur Umbildung eines Davy'schen Lichtbogens zu einer Stichflamme.*

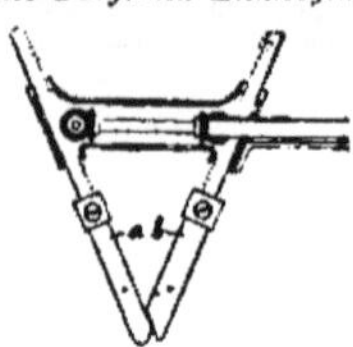

Die beiden Kohlen *a b* sind winklig zu einander gestellt, so dafs bei hoher Stromdichte die Spitze der negativen Kohle sich stets gegenüber dem Krater der positiven Kohle befindet und erstere in letzteren hineinwächst.

Kl. 49, Nr. 90251, vom 23. Juni 1895. **Max Hans** in Aue (Erzgebirge). *Elektrisch beheizter Löthkolben.*

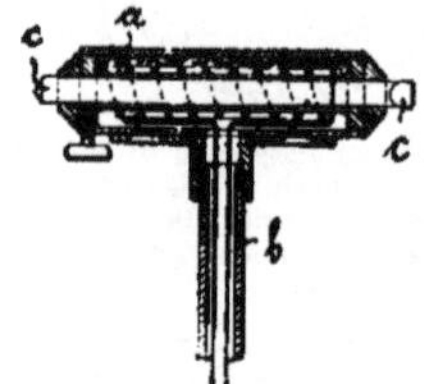

Der elektrische Heizkörper *a* ist rohrförmig und quer zum Halter *b* gelagert. Er nimmt in seiner Bohrung den Löthkolben *c* auf, der mit seinen beiden verschieden geformten Enden aus dem Heizkörper *a* vorsteht.

Kl. 31, Nr. 90563, vom 13. Juni 1896. **Brögelmann, Hirschlaff & Co.** in Berlin. *Verfahren zur Anwendung von Magnetstrom während des Giefsprocesses.*

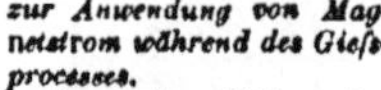

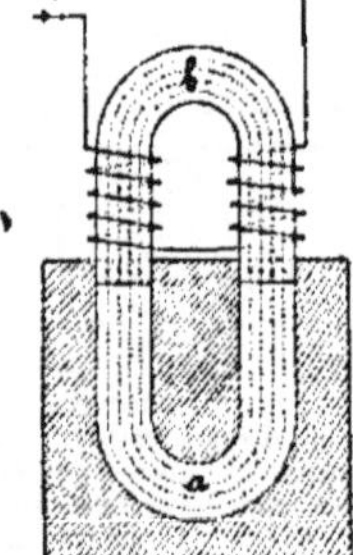

Nach dem Giefsen des Gufsstückes wird dasselbe der Einwirkung eines Magnetstromes ausgesetzt, so dafs dieser durch die flüssige Eisenmasse hindurchgeht. Hierdurch soll eine derartige Lagerung der Eisenmolecüle bewirkt werden, dafs das Gufseisen einen geringeren magnetischen Widerstand besitzt, also zur Herstellung elektrischer Maschinen sich eignet, und auch eine gröfsere Festigkeit aufweist. Nach der Skizze hat das Gufsstück *a* eine Hufeisenform, durch welches der magnetische Strom durch Aufsetzen des Hufeisenmagneten *b* hindurchgeschickt wird.

Statistisches.

Statistische Mittheilungen des Vereins deutscher Eisen- und Stahlindustrieller.

Erzeugung der deutschen Hochofenwerke.*

	Bezirke	Monat Februar 1897	
		Werke (Firmen)	Erzeugung Tonnen.
Puddel-Roheisen und Spiegel-eisen.	Rheinland-Westfalen, ohne Saarbezirk und ohne Siegerland	16	28 570
	Siegerland, Lahnbezirk und Hessen-Nassau	26	42 425
	Schlesien	10	27 622
	Königreich Sachsen	—	—
	Hannover und Braunschweig	1	—
	Bayern, Württemberg und Thüringen	1	2 320
	Saarbezirk, Lothringen und Luxemburg	9	28 745
	Puddelroheisen Sa.	63	129 682
	(im Januar 1897	64	136 495)
	(im Februar 1896	65	130 811)
Bessemer-Roheisen.	Rheinland-Westfalen, ohne Saarbezirk und ohne Siegerland	4	31 229
	Siegerland, Lahnbezirk und Hessen-Nassau	3	2 267
	Schlesien	1	1 525
	Hannover und Braunschweig	1	3 490
	Bayern, Württemberg und Thüringen	1	1 440
	Bessemerroheisen Sa.	10	39 951
	(im Januar 1897	9	47 481)
	(im Februar 1896	9	35 276)
Thomas-Roheisen.	Rheinland-Westfalen, ohne Saarbezirk und ohne Siegerland	12	102 314
	Siegerland, Lahnbezirk und Hessen-Nassau	3	1 466
	Schlesien	4	16 965
	Hannover und Braunschweig	1	15 581
	Bayern, Württemberg und Thüringen	1	4 300
	Saarbezirk, Lothringen und Luxemburg	14	127 130
	Thomasroheisen Sa.	35	267 756
	(im Januar 1897	37	295 047)
	(im Februar 1896	33	251 921)
Giefserei-Roheisen und Gufswaaren I. Schmelzung.	Rheinland-Westfalen, ohne Saarbezirk und ohne Siegerland	11	37 558
	Siegerland, Lahnbezirk und Hessen-Nassau	3	12 383
	Schlesien	5	4 308
	Hannover und Braunschweig	2	5 350
	Bayern, Württemberg und Thüringen	2	2 088
	Saarbezirk, Lothringen und Luxemburg	7	20 883
	Giefsereiroheisen Sa.	30	82 570
	(im Januar 1897	30	85 341)
	(im Februar 1896	33	63 242)
	Zusammenstellung:		
	Puddelroheisen und Spiegeleisen	63	129 682
	Bessemerroheisen	10	39 951
	Thomasroheisen	35	267 756
	Giefsereiroheisen	30	82 570
	Erzeugung im Februar 1897	—	519 959
	Erzeugung im Januar 1897	—	564 364
	Erzeugung im Februar 1896	—	481 250
	Erzeugung vom 1. Januar bis 28. Februar 1897	—	1 084 323
	Erzeugung vom 1. Januar bis 29. Februar 1896	—	978 731

* Wir machen darauf aufmerksam, dafs vom 1. Januar d. J. ab die Gruppirung der deutschen Roheisenstatistik eine Aenderung erfahren hat. *Die Redaction.*

Berichte über Versammlungen aus Fachvereinen.

Verein für Eisenbahnkunde zu Berlin.

In der Sitzung am 9. Februar, die unter dem Vorsitz des Oberstlieutenant **Buchholtz** stattfand, hielt Reg.- und Baurath **Nitschmann** einen Vortrag über **Blockanlagen**. Nachdem der Vortragende die Grundprincipien derartiger Anlagen kurz erwähnt, die Wirkungsweise der Blockwerke erläutert und die zwischen den letzteren und den Signalen erforderlichen Abhängigkeiten besprochen hatte, ging er zu einer eingehenden Erörterung derjenigen Beziehungen über, welche zwischen der elektrischen Streckenblockirung und der Stationsblockirung bestehen. Es wurde darauf hingewiesen, dafs bei den bisher üblichen, voneinander unwesentlich abweichenden Anordnungen der Blockwerke im Aufsenblock die Gefahr einer zu frühzeitigen Freigabe der rückwärtsliegenden Blockstrecke nicht ausgeschlossen sei, und es wurde vorgeschlagen, diese Gefahr durch einen Geleiscontact zu beseitigen. Der Vortragende folgerte weiter, dafs für diesen Fall durch Fortfall der Blocksperre am Einfahrtssignal, sowie des Endblockwerks neben dem hinzutretenden Sicherheitsmoment Vereinfachung zu erzielen sei, und wies die praktische Ausführbarkeit dieser Folgerungen an einem von der Firma Siemens & Halske hierselbst nach seinen Angaben angefertigten Modell nach.

Die März-Sitzung fand am 9. d. M. unter dem Vorsitz des Wirklichen Geh. Oberbauraths **Streckert** statt. Der Director der Grofsen Venezuela-Eisenbahngesellschaft, Reg.-Baumeister **Plock**, hielt einen Vortrag über die

Bauausführungen der Grofsen Venezuela-Bahn.

Redner steht seit neun Jahren an der Spitze des Unternehmens und hat in Venezuela selbst die Bauten geleitet, so dafs er infolge seines langjährigen Aufenthalts in diesem Lande aus eigener Erfahrung schildern konnte. Das Unternehmen verdankt der Initiative des Hauses **Fried. Krupp** in Essen seine Entstehung und ist von der Direction der Discontogesellschaft in Berlin und der Norddeutschen Bank in Hamburg im Verein mit mehreren Hamburger Grofsfirmen zur Durchführung gebracht worden. Die Eisenbahngesellschaft ist eine Actiengesellschaft nach deutschem Gesetz; sie hat die Concession auf 99 Jahre für die bereits fertiggestellte Linie zwischen den beiden Hauptstädten des Landes, Caracas-Valencia, und das Vorrecht auf weitere 3- bis 400 km Eisenbahn, die von dieser Stammlinie abzweigen und die Lanos erschliefsen sollen. Die Stammlinie ist zur Hälfte eine Gebirgsbahn von allerschwierigster Ausführung, wie sie weder die Gotthard-, noch die Arlbergbahn ist, auf der die Bewältigung von etwa drei Millionen cbm Felsmassen, sowie die Herstellung von 88 Tunnels und 215 eisernen Brücken (darunter 60 Viaducte) bis zur Höhe von 45 m, die allergröfsten Schwierigkeiten verursacht haben. Der Redner schilderte eingehend die Lagerverhältnisse des meist aus stark verwittertem Gneis bestehenden Gebirges, die Ursachen, welche mitgewirkt haben, dafs das Baukapital erheblich höher geworden, als man anfangs beabsichtigt hatte. Es wurden die Schwierigkeiten geschildert, die sich in dem unwegsamen Gebirge der Herstellung der zahlreichen Brücken und Viaducte entgegenstellten, die je nach der Oertlichkeit immer eine andere Bauweise verlangten. Besonders bemerkenswerth ist, dafs diese grofse Zahl von eisernen Brücken alle aus kleinen Theilen zusammengesetzt werden mufsten, welche mit Maulthieren an die einzelnen Baustellen gebracht werden konnten. Bei den grofsen Massen war bei einer Anzahl von Baustellen auch dies nicht mehr möglich, und es wurde daher über eine etwa 400 m tiefe Schlucht ein Transportseil von 1650 m Spannweite gespannt, welches den Transport des Brücken- und Oberbaumaterials ermöglichte und so nicht allein die Innehaltung der Baudispositionen, sondern auch die Fertigstellung der Eisenbahn 1½ Jahre vor dem von der Regierung festgesetzten Termine ermöglichte. Das gesammte Material ist aus Deutschland bezogen worden. Es ist von den ausführenden Banken im ganzen etwa für 20 Millionen Mark deutsches Material nach Venezuela gesandt worden. Die Arbeiterverhältnisse anlangend, verdient noch hervorgehoben zu werden, dafs zu dem Bau, der sechs Jahre lang täglich etwa 5000 Arbeiter und ein Beamtenheer aller Nationen beschäftigte, etwa 3500 italienische und österreichische Tunnel- und Felsarbeiter herangezogen werden mafsten, deren Angehörigen in Europa durch die Bankinstitute die Ersparnisse kostenfrei überwiesen wurden. Es ist auch bemerkenswerth, dafs bei den grofsen und schwierigen Bauausführungen nur drei Arbeiter verunglückt und kaum ein Dutzend an Fieber oder sonstigen Krankheiten zu Grunde gegangen sind. Die Eisenbahn hat durch ihre solide Ausführung berechtigtes Aufsehen erregt und ist gleichsam eine deutsche Musterausstellung im grofsen, die dem deutschen Handel in Venezuela die Wege weiter ebnen wird. Die deutsche Regierung hat durch Entsendung eines deutschen Kriegsschiffes zu der am 1. Februar 1894 stattgehabten Eröffnung der Bahn ihr Interesse an dem grofsen Unternehmen bekundet, und Se. Majestät der Deutsche Kaiser hat der Direction in Caracas seinen Glückwunsch zu dem Unternehmen telegraphisch ausgesprochen. Wie man allgemein hört, ist die Bahn in guter Entwicklung begriffen.

Hr. Dr. **Büttner** sprach hierauf über

Die elektrische Beleuchtung von Eisenbahn-Personenwagen.

Der Redner besprach die Entwicklung der elektrischen Beleuchtung an Hand der Entwicklung der Accumulatoren-Industrie und stellte fest, dafs das elektrische System sich bereits auf verschiedenen Bahnen durchaus bewährt habe und infolgedessen bei diesen zur weiteren Einführung gelangt sei. Unter den Bahnen, welche bereits die elektrische Wagenbeleuchtung in gröfserem Umfange eingeführt haben, wurden besonders hervorgehoben: die englische London-Tilbury-Bahn, die Schweizer Bahnen, die Schwedischen Privatbahnen, die Dänische Staatsbahn, die Ungarische Staatsbahn. Desgleichen wurde der elektrischen Beleuchtung der Bahnpostwagen auf den preufsischen Staatsbahnen Erwähnung gethan. Es wurde ferner hervorgehoben, dafs vorläufig auf den preufsischen Staatsbahnen leider wenig Aussicht bestehe, elektrische Beleuchtung einzuführen, da daselbst die Gasbeleuchtung schon vollständig ausgeführt und zu diesem Zweck ein grofses Kapital investirt worden sei, ehe das elektrische System technisch reif genug war. Heute liegen die Verhältnisse in letzterer Beziehung vollständig anders. Der Redner führte ferner aus, dafs sich eine gute Beleuchtung nur durch entsprechende Lichtvertheilung ermöglichen lasse und solches allein durch Elektricität bewirkt werden könne. An der Hand von Nachweisungen über die Betriebskosten der Bahnverwaltungen, welche die elektrische Beleuchtung eingeführt haben, führte der Vortragende aus, dafs auch wirthschaftlich das System vortheilhafter sei als die Gasbeleuchtung, auch dann noch, wenn Acetylenfettgas in Verwendung komme. An den Vortrag schlofs sich eine Besprechung über den Gegenstand, aus der hervorging, dafs die Meinungen in der Frage noch auseinandergehen.

Internationaler Verband für die Materialprüfung der Technik.

Aus einem vom Vorstandsmitglied Professor A. **Martens** in Charlottenburg erlassenen Rundschreiben erhellt, dafs am 7. und 8. März in Wien eine Vorstandssitzung stattfand, in welcher in erster Reihe beschlossen wurde, den diesjährigen internationalen Congrefs am 23., 24. und 25. August in Stockholm abzuhalten. Es sind wiederum 3 Verhandlungstage in Aussicht genommen.

Am ersten und letzten Tage werden Vollversammlungen zur Entgegennahme von Berichten und Uebersichtsvorträgen abgehalten. Einstweilen sind für die Vollversammlungen folgende Vorträge und Berichte in Aussicht genommen:

1. Uebersicht über die Entwicklung der Industrie und des Materialprüfungswesens in Skandinavien.
2. Bericht des Hrn. Osmond-Paris über den gegenwärtigen Stand der Metallmikroskopie; thunlichst unter Vorführung von Projectionsbildern.
3. Bericht der Commission für die Vergleichung der deutschen und französischen Beschlüsse (Polonceau).
4. Bericht des Hrn. Wedding-Berlin über die Vereinheitlichung der chemischen Prüfungsverfahren.

Am zweiten und dritten Tage früh sollen, in den gleichzeitig tagenden Sectionen, die an die Vorträge und Berichte sich anknüpfenden Discussionen stattfinden. Die drei Sectionen umfassen: I. Metalle, II. Baumaterialien (Bindemittel, Steine u. s. w.) und III. andere Materialien. Man wird für eine zweckmäfsige Wahl der Sitzungszeiten und Anordnung der Geschäftsfolge besorgt sein, so dafs die Theilnahme an mehreren Sectionen thunlichst ermöglicht wird.

Um die Verhandlungen zu erleichtern, sollen alle Vorlagen und Berichte, in mehreren Sprachen gedruckt, etwa 14 Tage vor dem Congrefs allen angemeldeten Theilnehmern übersendet werden.

Die Verhandlungen in den Sectionen werden sich schon aus dem Anlafs des Berichtes der Commission für den Vergleich der früheren Beschlüsse (Polonceau) über das ganze Gebiet des Materialprüfungswesens erstrecken, so dafs Gelegenheit gegeben sein wird, auch die in Zürich unerledigt gebliebenen oder andere Fragen in den Kreis der Besprechungen zu ziehen. Daher wird der Vorstand besondere Vorlagen für die Sectionssitzungen nur insoweit machen, als Anträge und Sonderberichte von den in einzelnen Ländern gebildeten Commissionen und Verbänden eingehen werden. Diese Berichte müssen, damit sie genügend vorbereitet werden können, bis zum 1. Juli d. J. dem Vorstand druckfertig übergeben sein.

In der Vollversammlung am letzten Tage sollen von den Sectionen ganz kurze Berichte über ihre Verhandlungen gegeben werden und alle Anträge der Sectionen, des Vorstandes u. a. zur Abstimmung kommen.

Ferner enthält das Rundschreiben auch noch Mittheilungen über Bildung der internationalen Commissionen, des Vorstandsrathes und Aenderung der Satzungen.

Verein deutscher Revisionsingenieure.

Dem uns kürzlich zugegangenen Bericht über die im August v. Js. in Berlin stattgehabte Hauptversammlung entnehmen wir das Folgende:

Der Vorsitzende, Ingenieur Specht, begrüfste die erschienenen Mitglieder und Gäste, u. a. Präsidenten Dr. **Bödiker** und die Regierungsräthe Hartmann und Platz. Von den 39 Mitgliedern sind 24 Berufsgenossenschafts-Beauftragte und 10 Kesselrevisions-Ingenieure. An die Ansprache des Vorsitzenden knüpfte sich eine kritische Besprechung über den Passus, welchen Regierungs- und Gewerberath Trilling in seinem Jahresbericht in abfälliger Weise über die Thätigkeit der berufsgenossenschaftlichen Ingenieure veröffentlicht hat.

Dann hielt Ingenieur Freudenberg-Essen einen Vortrag über

Die Schutzbrille.

Die Gründe gegen die Benutzung der Schutzbrillen sind meist hervorgerufen durch die Fehler der den Arbeitern bisher zur Verfügung gestellten Brillen. Es ist nämlich von vornherein viel zu wenig Werth auf die Bauart der Brillen gelegt worden. Es wurde bei Herstellung der Brillen nur der eine Punkt im Auge gehalten: „unbedingter Schutz von allen Seiten“ ohne Rücksicht darauf, ob der vor dem Unfall zu Schützende belästigt wird oder nicht. Die Brillen, theilweise von grofsem Gewicht, wurden möglichst billig hergestellt, die Verbraucher kauften gerne billig, und viele derselben unterzogen sich nicht der Mühe zu untersuchen, ob eine Brille brauchbar sei oder nicht. Eine zur Hand befindliche Schutzbrille wurde dem Arbeiter überreicht und dieser mufste sich mit derselben so gut wie möglich abzufinden suchen. Ohne Rücksicht auf die Gesichtsform wurden die Brillen nach einer Schablone angefertigt und war es deshalb unausbleiblich, dafs die Mehrzahl derselben sich der Gesichtsform nicht anpafste. Durch Gummizüge wurde diesem Uebelstande abzuhelfen gesucht, doch gelang dies nur in beschränktem Mafse. Neu waren die Gummizüge zu straff, und mehrere Male gebraucht und von Schweifs durchnäfst, wurden dieselben zu lose. Einmal safs die Brille zu fest, das andere Mal zu lose. All diese Verhältnisse haben dazu beigetragen, den Arbeitern einen unüberwindlichen Widerwillen gegen die Schutzbrillen beizubringen, und dafs die Gründe gegen das Tragen der Brillen nicht ganz unberechtigt waren, werden einzelne Gutachten beweisen, welche später zur Kenntnifs gebracht werden sollen.

In den letzten zehn Jahren hat sich jedoch glücklicherweise die Ueberzeugung Bahn gebrochen, dafs auf das bequeme Tragen der Schutzbrillen unbedingt Rücksicht genommen werden mufs, wenn man den Zweck des Augenschutzes erreichen will. Dieses Bestreben, geeignete Brillen herzustellen, ist mit Erfolg gekrönt worden. Man mufs nur die Construction so zu gestalten suchen, dafs die Brille den Arbeiter möglichst wenig hindert. Bei keiner Schutzvorrichtung sind wir so auf den guten Willen der Arbeiter, der bekanntlich sehr mäfsig ist, angewiesen, als bei den Augenschutzmitteln, und wer will controliren, ob diese Schutzmittel auch immer im gegebenen Augenblicke benutzt werden. Es ist schon vielfach beobachtet worden, dafs nach einem Unfalle d. h. nach Verlust eines Auges durch einen Fremdkörper beim Nichttragen einer Schutzbrille, sämmtliche Arbeiter der gleichen Kategorie in dem betreffenden Betriebe wochenlang nachher Schutzbrillen getragen haben. Ein Beweis dafür, dafs die Arbeiter können, wenn sie wollen. Nach und nach tritt allerdings die alte Lässigkeit wieder ein, der Unfall wird vergessen, ebenso die Benutzung der Schutzbrille, bis ein neuer Unfall wieder auf die Gefahr hinweist.

Welche Anforderungen sind nun an eine gute Schutzbrille zu stellen? Dieselbe mufs von geringem Gewicht und bequem zu tragen sein: das Auge von allen Seiten gegen Fremdkörper schützen: das Glas darf nicht zu nahe am Auge stehen, damit frische Luft circuliren kann; das Gesichtsfeld mufs ein grofses sein; die Auflage auf dem Gesicht mufs weich und nicht scharf sein und für Feuerarbeiter aus einem schlechten Wärmeleiter bestehen. Eine solche Idealbrille herzustellen, dürfte wohl kaum möglich sein. Der eine oder andere Nachtheil mufs mit in den Kauf genommen werden. In erster Linie mufs auf bequemen Sitz geachtet werden auf die Gefahr hin, dafs das Auge bei ganz absonderlichen Zufällen, z. B. Fliegen von Funken, von Eisen- oder Stahlspänen u. s. w. von oben oder von unten nicht ganz geschützt ist. Durch bequemen Sitz allein schon wird die allgemeine Einführung des Brillentragens ganz bedeutend erleichtert sein. Auch auf geringes Gewicht der Schutzbrille ist besonders zu achten, und kann ich mich deshalb durchaus nicht mit Anwendung zu dicker Gläser befreunden. Durch diese wird das Tragen der Brillen unbequem, weil die schweren Gläser so sehr nach unten ziehen und ein sehr festes Aufbinden verlangen, damit die Brille nicht rutscht. Es giebt auch verhältnifsmäfsig wenig Arbeiten, bei denen der Gebrauch sehr dicker Gläser nothwendig erscheint. Die Anwendung dicker Gläser hat bei weitem nicht den Erfolg, den man sich versprochen hat. Verhältnifsmäfsig selten fliegen so grofse Stücke gegen die Brillengläser, dafs diese ganz zertrümmert werden; ist dies aber der Fall, so wird in der Regel auch das Auge und zwar nicht selten durch Glassplitter verletzt. In allen derartigen Fällen aber ist es beinahe gleichgültig, ob der Mann mit oder ohne Brille gearbeitet hat; das Auge geht meist so wie so verloren. Andererseits aber geben gerade die kleinen Splitter, scharfen Grate u. s. w., welche vom Werkzeuge oder vom Arbeitsstücke abspringen, die schwersten Augenverletzungen, und hiergegen gewähren verhältnifsmäfsig schwache Brillengläser ausreichenden Schutz. Die Absicht, das Auge von allen Seiten zu schützen, ist sehr lobenswerth, kann aber nicht allgemein durchgeführt werden. Nur in einzelnen Fällen wird ein Abschlufs des Auges nach allen Seiten hin für kurze Zeit möglich sein, aber kaum bei Arbeiten, welche das unausgesetzte Tragen einer Brille erfordern. Das Ziel, die Augen von allen Seiten zu schützen, wird dadurch zu erreichen gesucht, dafs feinmaschige Drahtgewebe oder durchlochte Bleche zur Einfassung benutzt werden in der Absicht, hinter den Gläsern freien Luftzutritt zu gestatten. Dafs dies bei solchen Einfassungen nur in beschränktem Mafse geschehen kann, ist allgemein bekannt."

Es folgt dann eine Beschreibung der ausgestellten Brillen, ebenso eine Zusammenstellung der Erfahrungen, welche Section IV der Steinbruchs-Berufsgenossenschaft und der Rhein.-westf. Hütten- und Walzwerks-Berufsgenossenschaft gemacht haben. Die Ergebnisse der Versuche bei letzterer sind:

„1. Korbbrille ohne Glas. Das Auge entzündet sich nach anhaltendem Gebrauch. Da beständig ein Drahtnetz in geringer Entfernung vor dem Auge sitzt, tritt bald ein Flimmern und in vielen Fällen auch Kopfschmerz ein. Dazu kommt ein Gefühl der Unsicherheit bei der Arbeit infolge des schlechten Sehens. Die Brillen sind sehr leicht gearbeitet und verlieren deshalb sehr bald ihre Form; die dadurch entstehenden Beulen sowie der in den engen Maschen sich ansetzende Rost und Staub beeinträchtigen das Sehvermögen und schädigen es dauernd.

2. Korbbrille mit Glas. Es gilt hier in etwas geringerem Grade das bei 1 Gesagte. Es kommt nur hinzu, dafs sich die Luft in dem engen Raum zwischen Auge und Glas sehr rasch erwärmt, das Glas anläuft und am Sehen hindert. Dabei stört das seitliche Drahtgewebe am Sehen. Auch diese Brillen verlieren, weil leicht gearbeitet, bald ihre Form.

3. Einfache Brillen mit weifsem oder blauem Glas. Diese Brillen schützen nicht vollständig, da von der Seite, von oben und unten Fremdkörper in das Auge kommen können. Auch hier wird über das Anlaufen der zu nahe vor dem Auge stehenden Gläser geklagt. Sie sind zerbrechlich und verlohnen in den meisten Fällen keine Reparatur. Da die Luft hinter dem Brillenglase circuliren kann, werden sie von den Arbeitern immer noch am liebsten getragen.

4. Muschelbrille. Hier gilt ebenso wie bei 3 der Mangel eines Schutzes gegen seitlich u. s. w. herkommende Fremdkörper. Es kommt noch der Mangel hinzu, dafs Arbeiter beim Tragen dieser Muschelbrillen bald über einen stechenden Schmerz im Auge klagen. Die Erklärung hierfür ist wohl in der Form der Gläser zu suchen.

5. Simmelbauersche Brillen. Dieselben sind im Jahre 1890 eingeführt und schützen das Auge vollständig. Es hat sich aber herausgestellt, dafs sie mit Vortheil nur im Freien und bei nicht zu warmem Wetter getragen werden können, da die Luft unter dem fest auf dem Gesichte aufliegenden Blechgehäuse sich rasch erwärmt und nicht rasch genug ausgewechselt wird. Diese Brillen bewähren sich gut bei Platzarbeitern, Schlackenabladern, Blockpatzern u. s. w., ferner bei Feuerarbeitern, wenn die Brille nicht zu lange der strahlenden Wärme ausgesetzt ist.

Am wenigsten eigneten sich für die Betriebe in Hüttenwerken die Glimmerbrillen, weil deren Durchsichtigkeit durch Staub und Schmutz zu rasch verloren ging.

Versuche mit noch anderen, nicht besonders angeführten Brillen ergaben wenig günstige Resultate.

Der Ausfall dieser Versuche veranlafste Hrn. Günther, Betriebsassistent in Essen, zu der Construction einer Schutzbrille mit möglichst grofsem Spielraum zwischen Auge und Glas. Um diesen Zweck zu erreichen, hat Hr. Günther von dem Abschlufs eines jeden Auges für sich Abstand genommen und beide Gläser in einem, aus Drahtgeflecht hergestellten Kasten vereinigt, welcher zur Aufnahme recht grofser Gläser geeignet ist. Der Kasten ist an den Theilen, mit welchen er auf dem Gesicht anfliegt, gut gepolstert, so dafs jeder Druck ausgeschlossen ist.

Dafs das Bestreben, die Schutzbrillen zu verbessern, nicht ruht, mag durch die gesetzlich geschützte neue Brille, erdacht von Sanitätsrath Dr. Plessner und Ingenieur Specht, beide zu Berlin, dargethan sein. Bei der Construction dieser, mehr einer Maske gleichenden Brille, war der Gedanke mafsgebend, die Nase des Arbeiters durch die Brille nicht zu belasten; ferner sollte es möglich sein, den Abstand der Gläser von den Augen jederzeit beliebig zu verändern und die Gläser schnell von den Augen zu entfernen, ohne sie anfassen zu müssen. Die Brille besteht aus einem, mit einer Kopfbedeckung aus leichtem Stoff verbundenen Stirnring, der mittels Schnalle nach Bedarf am Kopfe befestigt werden kann. Dieser Ring trägt an zwei seitlichen, etwa über den Ohren liegenden Scharnieren ein kappenartiges (visirartiges) Drahtgeflecht, in das die beiden Gläser an passender Stelle eingesetzt sind. Dieses Geflecht kann mittels eines zweiten, von vorn nach hinten über den Kopf reichenden Riemens gestellt werden, so dafs der Abstand der Gläser von den Augen ganz nach Wunsch zu regeln ist. Vermöge der Scharnierbefestigung kann das Drahtgeflecht auch ganz hoch gehoben und auf den Kopf zurückgelegt werden. Die Brille ist bisher noch wenig probirt worden, hat sich aber in der Schmiede beim Schweifsen, sowie in der Giefserei beim Abstechen des Cupolofens als brauchbar erwiesen.

Redner bespricht dann noch eine neue Schutzbrille eigener Erfindung. Diese unterscheidet sich von anderen Constructionen dadurch, dafs das Gestell derselben aus gestanztem Metallblech hergestellt und seitlich mit beweglichen Schildern versehen ist, an denen die Bänder zum Befestigen angebracht sind. Dadurch, dafs die Seitenschilder in am Gestell für die Gläser angebrachten Scharnieren beweglich sind, schmiegt sich diese Brille jeder Gesichtsform leicht an und ist sehr bequem zu tragen. Für die Auflage auf dem Gesicht ist diese Brille mit Gummiröhrchen und auf diesen aufgeschobenen Gummimuffen versehen, durch welche die Entfernung der Gläser vom Auge bestimmt und eine recht elastische Lagerung erzielt wird, so dafs die Gläser durch auffliegende schwere Splitter nicht so leicht zerstört werden können. Da es bei dieser Brille möglich ist, recht grofse Gläser zu verwenden, so ist das Gesichtsfeld auch ein recht grofses und der Arbeiter nach keiner Richtung hin am Sehen gehindert. Die beweglichen Seitenschilder schützen das Auge gegen jeden von seitwärts fliegenden Gegenstand. Das Auge ist bei diesen Brillen sehr gut geschützt, und da die Luft frei circuliren kann, wird eine Erhitzung des Auges kaum stattfinden. Beim Gebrauch dieser Brillen ist ganz besonders darauf zu achten, dafs dieselben nicht zu fest gebunden werden; sie haften durch die Reibung der Gummimuffen fest auf dem Gesicht, es ist also ein Fehler mancher anderen Brillen, welche recht fest gebunden werden müssen, um nicht abzurutschen, vermieden. Einige Exemplare, welche zur Probe angefertigt und in Gebrauch gegeben sind, haben sich beim Giefsen und Behauen von Stahlblöcken gut bewährt, werden von den Arbeitern gern getragen und den anderen, seither in Gebrauch befindlichen Modellen, entschieden vorgezogen. Zu beziehen ist dieselbe von C. G. Lappe in Essen a. d. Ruhr.

Redner bespricht dann noch die von anderen Berufsgenossen gemachten Beobachtungen, aus welchen er entnimmt, dafs: 1. das Tragen von Schutzbrillen bei einer Reihe von Arbeitsleistungen unbedingt erforderlich ist, dafs aber: 2. keine bestimmte Sorte von Brillen vorgeschrieben werden kann; es mufs vielmehr die Wahl dem Arbeiter überlassen bleiben, dessen Wahl aber doch durch einsichtige Vorgesetzte zu unterstützen ist.

Redner schliefst dann mit der Bezeichnung der Arbeiten, bei welchen das Tragen von Schutzbrillen erforderlich ist, ihrer zweckmäfsigen Handhabung in den Werkstätten und einer Darlegung des vermuthlichen Nutzens ihrer ausgiebigen Benutzung.

Iron and Steel Institute.

Anläfslich der Frühjahrsversammlung, welche am 11. und 12. Mai d. J. in London stattfinden wird, soll die goldene Bessemerdenkmünze Sir Frederick A. Abel verliehen werden.

Als Ort für die Herbstversammlung ist Cardiff in Aussicht genommen.

Referate und kleinere Mittheilungen.

Neue Methode zur Herstellung von Legirungen.

Ueber eine neue Methode zur Herstellung von Legirungen berichtet Henri Moissan in einer an die französische Akademie gerichteten Mittheilung (C. r. 1896, 1302).

Die Methode ist begründet auf dem starken chemischen Verbindungstriebe, welchen das Aluminium zum Sauerstoff besitzt: unter Benutzung desselben vermochte Moissan Legirungen von Aluminium mit der Mehrzahl der unschmelzbaren, von ihm im elektrischen Ofen dargestellten Metalle zu gewinnen. Und zwar dies auf ganz einfache Weise, nämlich durch das Einwerfen eines Gemenges von dem zu reducirenden Metalloxyd mit Aluminiumfeilspänen in ein Schmelzbad von Aluminium. So gelang zuerst eine Vanadinlegirung mit 2,5 % Vanadium durch Benutzung von Vanadinsäureanhydrit (während es Moissan nicht gelang, das Vanadium weiter von Kohlenstoff zu befreien als bis zu 5 %). Die hierbei eintretende Verbrennung eines Theiles des Aluminiums im atmosphärischen Sauerstoff an der Oberfläche des Schmelzbades entwickelt eine dermafsen grofse Hitze, dafs selbst die unschmelzbarsten Oxyde reducirt werden. Das Metall geht dabei stetig in das Aluminiumbad über und steigert den Schmelzpunkt der Legirung. Die Darstellung erfolgt also auf trocknem Wege und ohne Zusatz eines Schmelzmittels. (Ist nicht der verbrennende Theil des Aluminiums als Schmelzmittel zu erachten? Der Ref.) Auf diese Weise vermochte Moissan Legirungen des Aluminiums herzustellen mit Nickel, Molybdän, Wolfram, Uran und Titan. Dabei war oft die entwickelte Reductionshitze so grofs, dafs das Auge die Gluth nicht ertragen konnte. Wiederholt wurden Legirungen mit 75 % Wolfram erzielt, die nur mittels dieser ungeheuren Hitzeentwicklung flüssig erhalten werden konnten; die Legirungen von 10 % waren dagegen leicht zu gewinnen. Manchmal ist aber die Reaction explosiv.

Diese verschiedenen Legirungen erscheinen schon deshalb von Interesse und Bedeutung, weil sich in ihnen unschmelzbare Metalle, d. h. Metalle, deren Schmelzpunkt für unsere gewöhnlichen Oefen zu hoch liegt, in einer Metallverbindung vorfinden von wenig hohem Schmelzpunkt; noch wichtiger aber ist, dafs man mittels des Aluminiums, also auf indirectem Wege, diese unschmelzbaren Metalle zu Legirungen veranlassen und in diesen so anreichern kann, wie es auf directem Wege nicht gelingt.

Metallisches Chrom z. B. wird von geschmolzenem Kupfer nur in sehr geringer Menge, etwa zu 0,5 %, gelöst und läfst sich kein höherer Chromgehalt erzielen; die Legirung Chrom-Aluminium aber wird vom geschmolzenem Kupfer in jedem Mengenverhältnifs aufgenommen. Aus der entstehenden Legirung Kupfer-Chrom-Aluminium läfst sich nun das Aluminium bequem in der Weise entfernen, dafs man das Schmelzbad mit einer dünnen Schicht von Kupferoxyd bedeckt, welches sich leicht in Kupfer löst, während Aluminium verbrennt und in der Form von Thonerde an der Oberfläche des Bades schwimmt.

Auf gleiche Weise kann man Wolfram oder Titan in einen im Martin-Siemens-Ofen flüssig erhaltenen Stahlschmelzflufs einführen, indem das überschüssige Aluminium dabei schnell verbrennt und in die Schlacke geht; auch könne dasselbe schon durch Zusatz von Eisenoxyd zu nichte gemacht werden.

Moissan meint, dafs diese Methode verallgemeinert und mittels derselben eine grofse Zahl neuer Legirungen erhalten werden könne. Eine sehr nöthige Ergänzung würde dieselbe aber doch wohl erfordern und scheint solche sich glücklicherweise gleichzeitig zu bieten in dem Moissan anscheinend unbekannt gebliebenen, von Fried. Krupp zum Patent angemeldeten Verfahren (D. R.-P. Nr. 86607) des Zusatzes eines geeigneten Metalloids (Silicium oder Bor), um das verbrannte Aluminium unschädlich zu machen und als mehr oder weniger leichtflüssige Schlacke zu entfernen. *O. L.*

Bohrergebnisse am nördlichen Rande des westfälischen Kohlenbeckens.

Von hochgeschätzter Seite wird uns geschrieben: „Wohl nur ein Zufall war es, als eine kleine Gruppe von Bergwerksinteressenten gegen Mitte September 1896 in der Bauerschaft Sinsen bei Recklinghausen durch die altbekannte Bohrfirma Winter in Camen mit Bohrungen auf Kohlen beginnen liefs und damit diejenige Abrundung von Kohlenfeldern in Frage stellte, die ein anderer Grofsindustrieller durch einige in der Nachbarschaft bereits fündig gewordene Bohrungen anstrebte. Letzterem gelang es, die Internationale Bohrgesellschaft, welche in Strafsburg ihren Sitz hat, zu einem Wettbewerb um die Erreichung des Kohlenfundes und die davon abhängige Verleihung eines Kohlenfeldes in dem strittig gewordenen Gebiet zu veranlassen; diese Gesellschaft arbeitet nach Patenten ihres Directors Raky, der im vorliegenden Falle auch die Bohrarbeit persönlich leitete. Es entspann sich nun ein mit aller Energie geführter edler Wettkampf, der, völlig frei von persönlichen Reibereien, lediglich die Geltendmachung der Leistungen der verschiedenen Bohrsysteme zur Folge hatte.

Am besten veranschaulicht dies die nachstehende Tabelle:

	Bohrung Winter	Bohrung Raky
Anrücken des Bohrthurmes und der Maschinen auf der Bohrstelle . . .	22. September	28. October.
Montagedauer: .	bis zum 1. October, also 9 Tage	bis zum 3. November, 5½ Tage.
Beginn d. Bohrung:	2. October, Tagesschicht	3. November, Abendschicht.
System:	Freifall, Trockenbohrung.	Patentbohrung Raky mit Wasserspülung und federnder Gewichtsausgleichung.
	Erreichte Tiefe am 4. November = 32 Arbeitstage = 130 m, durchschnittlich 4,06 m pro Tag; dann Aenderung des Bohrsystems u. Anwendung der Diamantbohrung; deren Beginn am 8. November.	
Steinkohlengebirge erreicht am:	23. December	17. December.
In der Tiefe von .	630 m	629 m
	Durchschnittl. Tagesleistung der Diamantbohrung im Mergel vom 8./11 bis 23./12. = 41 Arbeitstage = 500 m = 12,19 m.	
Durchschnittliche Tagesleistung der Meifsel- und Diamant-Bohrung von der Erdoberfläche bis zum Steinkohlen-Gebirge	vom 2./10. bis 23./12. 1896 = 73 Arbeitstage = 630 m = 8,63 m.	vom 3./11. bis 17./12. 1896 = 39½ Arbeitstage = 629 m = 15,92 m.
Weiterbohrung im Steinkohlengebirge	22 m in 6 Arbeitstagen = 3,67 m p. Tag	34 m in 6 Arbeitstagen = 5,67 m p. Tag.
Kohlenfündigkeit am: . . .	4./1. 1897	23./12. 1896 Nachts.
In der Tiefe von: .	652 m	663 m.

Das rasche Arbeiten und das darin liegende Uebergewicht des Rakyschen Bohrsystems leuchtet auf den ersten Blick ein; Hand in Hand damit geht ein einfacher, sparsamer Betrieb und ist daher die Internationale Bohrgesellschaft zur Einräumung erheblich niedrigerer Preise imstande, als die im rheinisch-westfälischen Bergbaubezirk bis jetzt monopolartig thätigen Bohrfirmen solche forderten. Da zudem die bisher gebräuchlichen, zum Theil veralteten Einrichtungen für die Niederbringung eines Bohrloches auf Steinkohlen bei der jetzt nothwendigen Teufe eine Zeit von fast einem halben Jahre beanspruchten und somit auch mäfsigen Anforderungen kaum genügen konnten, so werden die bergbautreibenden Kreise es mit Freude begrüfsen, jetzt sowohl die Möglichkeit rascher Erbohrung von Kohlenfeldern, wie auch die Erlangung mäfsiger Gedingesätze zu haben.“

Die tiefsten Schächte der Erde.

In einem kürzlich vor der „Society of Arts“ gehaltenen Vortrag gab Bennett H. Brough eine interessante Zusammenstellung der tiefsten Schächte in den verschiedenen Ländern. Nachstehend lassen wir die wichtigsten Zahlen folgen:

Belgien:	
Produitsgrube, Mons	1200 m
Viviersschacht, Gilly	1143 „
Viernoyschacht, Anderlues	1006 „
Marchiennegrube	950 „
St. André-Schacht, Poiriergrube, Charleroi	945 „
Deutschland:	
Kaiser Wilhelm II., Clausthal, Harz . . .	902 „
Einigkeit, Lugau, Sachsen	799 „
Samson, St. Andreasberg, Harz	780 „
Friedengrube, Oelsnitz, Sachsen	766 „
Concordiagrube, Oelsnitz, Sachsen	737 „
Hansagrube, Huckarde, Westfalen	710 „
Mariagrube, Hongen, Westfalen	701 „
Camphausengrube, Saarbrücken	700 „
Frankreich:	
Montchaningrube, Le Creuzot	701 „
Treuilgrube, Saint Etienne	620 „
Hottinguerschacht, Epinac	610 „
Grofsbritannien:	
Pendleton, Manchester	1058 „
Ashton Moss, Manchester	1024 „
Astley Pit, Dukinfield	960 „
Dolcoath Mine, Cornwall	787 „
Rose Bridgegrube, Wigan	746 „
Norwegen:	
Kongsberg, Silber-Grube	579 „
Oesterreich-Ungarn:	
Adalbert, Przibram, Böhmen	1119 „
Maria, Przibram	1000 „
Anna, Przibram	945 „
Franz Josef, Przibram	884 „
Süd-Afrika:	
Robinson Deep S. A. R.	607 „
Kimberley Mine, Cap Colony	386 „
De Beers' Mine	334 „
Vereinigte Staaten:	
Red Jacket, Calumet and Hecla, Lake Superior	1493 „
Tamarack, Lake Superior	1356 „
Yellow Jacket, Comstock, Nevada	952 „
California Mine, Colorado	689 „
Grafs Valley, Idaho	665 „
Victoria:	
Lansell's Bendigo	1007 „
Lazarus Bendigo	922 „
Magdala Stawell	734 „

Industrielle Rundschau.

Rheinisch-westfälisches Kohlensyndicat.

Wie die „Rh.-W. Ztg." nach dem in der Zechenbesitzerversammlung am 25. März d. J. erstatteten Berichte mittheilt, betrug die Betheiligung im Monat Februar 3406270 t, die Förderung 3284896, die Einschränkung somit 121 374 oder 3,56 % gegen 3,95 % im Januar. Wenn nicht Betriebsstörungen vorgekommen wären, wäre die Einschränkung noch geringer gewesen. Die Betheiligungsziffer war um 6,09 % höher, als im Februar 1896. Der Gesammtabsatz der Syndicatszechen betrug 3289 140 t, wovon 790870 auf den Selbstverbrauch und 2498270 oder 93,34 % der Gesammtförderung auf die Rechnung des Syndicats entfallen. Die arbeitstägliche Versendung von Kohlen, Koks und Briketts betrug 13030 Doppelwagen und stellte sich um 3,01 % höher als im Januar und um 15,57 % höher als im Februar 1896. Das Verkaufsgeschäft nimmt seinen geordneten Gang; die Ende März ablaufenden Abschlüsse sind sämmtlich erneuert worden. Die Aussichten der Kohlenindustrie für den Sommer sind viel günstiger als im Vorjahr.

Westfälisches Kokssyndicat in Bochum.

Der Koksversand belief sich (wie die „K. Z." berichtet) nach Mittheilung des Verbandsvorstandes im Februar dieses Jahres auf 458608 t. Im Januar dieses Jahres (31 Tage) betrug der Gesammt-Koksversand 476014 t und im Februar 1896 = 417361 t, so dafs sich für Februar dieses Jahres (28 Tage) ein Minderversand von 17406 t oder 3,66 vom Hundert gegen den Vormonat, dagegen ein Mehrversand von 41247 t oder rund 9 vom Hundert gegen Februar 1896 ergiebt. Im ganzen wurden bis Ende Februar dieses Jahres 934622 t gegen nur 863672 t im gleichen Zeitraum des Vorjahres versandt; das diesjährige Mehr berechnet sich demnach auf 70950 t oder 7,59 t vom Hundert. Vom 1. April ab erwartet das Kokssyndicat eine weitere Steigerung des Koksversandes der Zechen und Kokereien. Bis zu dem genannten Zeitpunkte sollen dem Vernehmen nach die Ausbesserungen an den Koksöfen in der Hauptsache beendet sein.

Tennessee Coal, Iron and Railroad Company.

In dem 1896er Geschäftsbericht der Tennessee Coal, Iron and Railroad Co. des amerikanischen Eisenhüttenwerks, welches vorzugsweise bestrebt ist, für sein überschüssiges Roheisen Absatz in Europa zu finden, macht Präsident J. Baxter die Angabe, dafs er 50- bis 60000 t nach dort verkauft habe und dafs darunter basisches Roheisen sei, welches für Deutschland und Italien bestimmt sei. Trotzdem die Selbstkosten angeblich wiederum um 47 Cents f. d. ton infolge Verbesserung im Betrieb, Ermäfsigung der Frachten und Herabsetzung der Löhne ermäfsigt worden seien, scheint der Gewinn von 690170 $ nicht ausgereicht zu haben, um die Zinsen für die Obligationenschuld in Höhe von 9097000 $, für den Monat 59870 $ ausmachend, zu decken, geschweige denn auf die 8 % igen Vorzugsactien im Betrage von einer Million $ eine Dividende auszuschütten.

Vereins-Nachrichten.

Verein deutscher Eisenhüttenleute.

Protokoll der Vorstandssitzung vom 29. März 1897, Nachmittags 5 Uhr in der Restauration Thürnagel, Düsseldorf.

Anwesend die Herren: C. Lueg (Vorsitzender), Dr. Beumer, R. M. Daelen, Kintzlé, Massenez, Schrödter; ferner die Herren Malz und Springerum.

Die übrigen Herren waren entschuldigt.

Das Protokoll wurde geführt durch den Geschäftsführer E. Schrödter.

Die Tagesordnung lautete:

1. Abänderung der Satzungen und Festsetzung der Vorlage an die Regierung.
2. Abänderung der Tagesordnung für die nächste Hauptversammlung.
3. Betheiligung an dem internationalen geologischen Congrefs in St. Petersburg.
4. Mittheilungen über die Aufgaben des internationalen Verbandes für die Materialprüfungen der Technik.
5. Sonstiges.

Verhandelt wurde wie folgt:

Zu Punkt 1. Auf die vom Verein an die Königliche Regierung zu Düsseldorf gerichtete Eingabe behufs Erlangung der Corporationsrechte ist am 27. Februar d. J. eine Antwort eingegangen, in welcher mitgetheilt wird, dafs der Antrag des Vereins in der Ministerialinstanz keine grundsätzlichen Bedenken gefunden habe, dafs es jedoch für erforderlich erachtet worden sei, die vorliegenden neuen Satzungen durch den dazu ermächtigten Vorstand noch in einigen Punkten abzuändern. Die Satzungen sind dementsprechend abgeändert worden, und ist ein Abdruck derselben sämmtlichen Mitgliedern des Vorstandes im Anschlufs an die Einladung zur heutigen Vorstandssitzung mitgetheilt worden.

Versammlung nimmt Kenntnifs davon, dafs die Abänderungen allgemeine Zustimmung bei den Vorstandsmitgliedern gefunden haben und kein einziger Widerspruch eingelaufen ist und beschliefst alsdann, zu diesem Punkt ein besonderes Protokoll aufzunehmen, welches sofort vom Vorsitzenden und dem Geschäftsführer vollzogen wird.

Dieses Protokoll lautete:

Düsseldorf, den 29. März 1897.

In der heute hierselbst unter dem Vorsitz des Mitunterzeichneten C. Lueg abgehaltenen Vorstandssitzung, zu welcher durch das anliegende Schreiben vom 20. März d. J. ordnungsmäfsig eingeladen war, wurden die Satzungen des Vereins behufs Erlangung der Corporationsrechte in der anliegenden Form einstimmig und ohne Widerspruch angenommen.

Das gegenwärtige Protokoll wird in der Zeitschrift veröffentlicht werden.

V. g. u.

Der Vorstand des „Vereins deutscher Eisenhüttenleute"

Der Vorsitzende:	Der Geschäftsführer:
gez.: *C. Lueg,*	gez.: *E. Schrödter,*
Königl. Commerzienrath.	Ingenieur.

Zu Punkt 2 beschliefst Versammlung in Uebereinstimmung mit dem Vorschlage der Commission, welche mit der Vorbereitung der Tagesordnung betraut war, die Tagesordnung für die am 25. April in Düsseldorf stattfindende Hauptversammlung wie folgt festzusetzen:

I. Geschäftliche Mittheilungen und Vorstandswahlen.

II. Die Bedeutung und Entwicklung der Flufseisenerzeugung.

a) Die allgemeine Lage in Deutschland und im Ausland, Berichterstatter Hr. Schrödter-Düsseldorf,
b) der Thomasprocefs, Berichterstatter Hr. Kintzlé-Aachen,
c) der Bessemerprocefs, Berichterstatter Hr. Malz-Oberhausen,
d) der Martinprocefs, Berichterst. Hr. Springorum-Dortmund,
e) die neueren Verfahren, Berichterstatter Hr. R. M. Daelen-Düsseldorf,
f) der Bertrand-Thiel-Procefs, Berichterstatter Hr. Thiel-Kladno.

Zu Punkt 3 gelangt ein Schreiben des Hrn. Macco zur Verlesung, in welchem beantragt wird, der Verein möge sich durch Absendung eines Delegirten an dem internationalen geologischen Congrefs in St. Petersburg und den Ausflügen nach dem russischen Industriegebiet betheiligen. Versammlung beauftragt den Geschäftsführer, noch weitere Erkundigungen einzuziehen, und vertagt die Beschlufsfassung.

Zu Punkt 4 berichtet Geschäftsführer kurz über die Vorgänge im internationalen Verband für Materialprüfungen der Technik und legt ein Schreiben der Norwegischen Ingenieur- und Architekten-Vereinigung in Christiania vor, in welchem die Congrefstheilnehmer eingeladen werden, auch Norwegen zu besuchen.

Zu Punkt 5 wurde beschlossen, einen von einem Mitglied gestellten Antrag der Nordwestlichen Gruppe des Vereins deutscher Eisen- und Stahlindustrieller zu überweisen.

Da Weiteres nicht zu verhandeln war, erfolgte Schlufs der Sitzung um 7¼ Uhr.

C. Lueg. *E. Schrödter.*

Düsseldorf, den 30. März 1897.

Aenderungen im Mitglieder-Verzeichnifs.

Arens, Theodor, Köln, Gereonshof Nr. 20.
Grooos, Theod., Ingenieur, Köln a. Rh., Blaubach Nr. 26.
Hoinkiss, R., Ingenieur, Oberhausen 2.
Pfeifer, Hermann, Ingenieur, Königshütte, O.-Schl.
Prochaska, Jul., k. k. Bergrath, Zürich, Löwenstrafse 31.

Neue Mitglieder:

Bömke, R., Gewerke, Essen.
Daelen, Felix, Ingenieur, Hagener Gufsstahlwerke, Hagen i. W.
Duchscher, André, Giefserei- und Maschinenfabrikbesitzer, Eisenhütte Wecker (Luxemburg).
Lacanne, Ingénieur, Directeur des usines de la Providence, Rehon (Meurthe et Moselle).
Palgen, Ch., Ingénieur, Directeur Gérant de la Société Lorraine Industrielle, Hussigny (Meurthe et Moselle).
Thallner, Otto, Betriebschef und Hüttenmeister, Bismarckhütte bei Schwientochlowitz, O.-Schl.
Vehliag, H., Ingénieur de la Société anonyme de Grivegnée, Grivegnée bei Lüttich.
Zieger, L., Hütteningenieur, Duisburg-Hochfeld.

Verstorben:

Kühr, J. J., Hagen i. W.
Bicheroux, Toussaint, Düsseldorf.

Die nächste

Hauptversammlung des Vereins deutscher Eisenhüttenleute

findet statt am

Sonntag den 25. April 1897

in der

Städtischen Tonhalle zu Düsseldorf.

Tagesordnung:

1. **Geschäftliche Mittheilungen und Vorstandswahlen.**
2. **Die Bedeutung und Entwicklung der Flufseisenerzeugung.**

a) Die allgemeine Lage in Deutschland und im Auslande. Berichterstatter Hr. Schrödter-Düsseldorf.
b) Der Thomasprocefs. Berichterstatter Hr. Kintzlé-Aachen.
c) „ Bessemerprocefs. „ „ Malz-Oberhausen.
d) „ Martinprocefs. „ „ Springorum-Dortmund.
e) Die neueren Verfahren. „ „ R. M. Daelen-Düsseldorf.
f) Der Bertrand-Thiel-Procefs. „ „ Thiel-Kladno.

Die Zeitschrift erscheint in halbmonatlichen Heften.

Abonnementspreis für Nichtvereinsmitglieder: 20 Mark jährlich excl. Porto.

STAHL UND EISEN.

ZEITSCHRIFT FÜR DAS DEUTSCHE EISENHÜTTENWESEN.

Insertionspreis 40 Pf. für die zweigespaltene Petitzeile, bei Jahresinserat angemessener Rabatt.

Redigirt von

Ingenieur E. Schrödter, Geschäftsführer des Vereins deutscher Eisenhüttenleute, für den technischen Theil

und

Generalsecretär Dr. W. Beumer, Geschäftsführer der Nordwestlichen Gruppe des Vereins deutscher Eisen- und Stahl-Industrieller, für den wirthschaftlichen Theil.

Commissions-Verlag von A. Bagel in Düsseldorf.

№ 8. 15. April 1897. 17. Jahrgang.

Die neue Hochofenanlage in Duquesne.

(Hierzu Tafel IV.)

Während bis zum Jahre 1876, in welchem die Ausstellung in Philadelphia stattfand, besondere Leistungen in der amerikanischen Roheisenindustrie kaum zu verzeichnen waren,* machte sich seit jener Zeit daselbst auch auf diesem Gebiete ein gewaltiger Aufschwung bemerkbar, wobei namentlich das im Jahre 1880 begonnene Streben, grofse Mengen Eisen zu erzeugen, immer mehr in den Vordergrund trat. Charakteristische Marksteine in diesem Streben bilden die Inbetriebsetzung der Edgar Thomson-Hochöfen** und ferner die Errichtung der neuen Hochofenanlage in Duquesne, durch welche soeben abermals ein gewaltiger Schritt nach vorwärts gethan ist.

Dem freundlichen Entgegenkommen der Redaction der Zeitschrift „The Iron Age" haben wir es zu verdanken, dafs wir heute schon in der Lage sind, in Wort und Bild über diesen neuesten Erfolg amerikanischer Arbeit berichten zu können.

Durch die Forderung, die neue Hochofenanlage in unmittelbarer Nähe der Duquesne-Stahlwerke zu errichten, war die Baustelle für erstere von vornherein gegeben, trotzdem diese ungewöhnlich grofse Summen für die Herstellung der Fundamente zu den gewaltigen Bauten beanspruchte. Der Platz für die ersten zwei Hochöfen war schlechter, sumpfiger Boden, so dafs es nothwendig war, alle bedeutenderen Fundamente auf Pfähle zu setzen. An der Stelle, wo die Fundamente für die Oefen und Winderhitzer hinkommen sollten, wurden zunächst Pfähle bis auf den festen Grund getrieben, der in einer Tiefe von 10,68 m unter dem Flufsbett erreicht wurde. Die oberen Enden dieser Pfähle wurden dann, um eine Zerstörung derselben zu verhindern, unter der Niederwasserlinie des Flusses abgesägt und ein aus Schienen gebildeter Rost darauf gelegt, auf welchem dann ein festes Betonfundament errichtet wurde, das bis zur Höhe des Ofengestelles hinaufreichte. Dieses Fundament für das erste Ofenpaar und die dazugehörigen Winderhitzer bildet einen festen Block, dessen Gewicht auf 50000 t geschätzt wird.

Die neue Anlage besteht aus vier Hochöfen, doch ist Raum für zwei weitere vorhanden. Die Oefen bilden Gruppen von je zweien, zwischen denen die zugehörigen acht Winderhitzer stehen. Jeder Ofen besitzt eine eigene Giefshalle und ein Kesselhaus; jedes Ofenpaar hat ein besonderes Maschinenhaus.

Nahe am Ufer des Monogahelaflusses befindet sich ein Pumpenhaus, daselbst ist aufserdem eine elektrische Kraft- und Lichtanlage, sowie ein Gebäude, in welchem die Pfannen getrocknet werden; abseits davon stehen die nöthigen Ziegelschuppen.

Die Duquesne-Stahlwerke, auf die wir demnächst zurückkommen werden, liegen in der Nähe des Ofens I und stehen durch Schienengeleise mit der Hochofenanlage in Verbindung.

Längs der ganzen Ausdehnung der Hochofenanlage erstreckt sich der Erzlagerraum, für welchen

* W. Brügmann: Mittheilungen über den amerikanischen Hochofenbetrieb. („St. u. E." 1887, S. 108.)

** James Gayley: Die Entwicklung des amerikanischen Hochofenbetriebes mit besonderer Rücksicht auf Erzeugung grofser Mengen. („St. u. E." 1890, S. 1004.)

der Grund bis auf eine Tiefe von 7,92 m unter der Hüttensohle ausgehoben wurde, während der Platz selbst an den Seiten durch aufserordentlich starke Stützmauern begrenzt worden ist. Dieser Lagerplatz hat eine Gesammtlänge von 331 m und eine Breite von 91,5 m; bei einer ausnutzbaren Breite von 69 m ist er imstande, 600000 t Erz aufzunehmen. Er wird von 3 von der „Brown Hoisting Company" in Cleveland, Ohio, gebauten Entladekrähnen überspannt. Längs des ganzen Lagerplatzes befinden sich an der Ofenseite, und auf dem Niveau des Platzes errichtet, zwei Reihen von Behältern, Trichtern (bin), von denen die einen als Erz-, die anderen als Koks- und Kalksteinbehälter dienen. Die Einrichtung dieser Vorrathstrichter ist in Fig. 1 und 2 veranschaulicht. Bevor wir mit der Beschreibung derselben beginnen, wollen wir indessen erst die Vorkehrungen betrachten, welche getroffen worden sind, um das Wasser aus der Ausschachtung des Erzplatzes abzuleiten und diesen selbst gegen die Ueberfluthungen des Monogahelaflusses zu schützen. Zu diesem Zweck befindet sich an der dem Ofen I zunächst liegenden Ecke des Lagerplatzes ein 3-m-Brunnen, welcher in einer Tiefe von 0,9 m unter der Sohle des Lagerhauses durch ein Rohr mit dem Hauptabzugskanal in Verbindung steht, der sich zwischen den Oefen und der Stützmauer hinzieht. Das Verbindungsrohr kann durch ein Ventil abgesperrt werden. Ueber dem Brunnen ist eine Centrifugal-Dampfpumpe angeordnet, um das Wasser erforderlichen Falls auspumpen zu können. Unter gewöhnlichen Verhältnissen fliefst das Wasser von selbst in den Hauptkanal. Wenn das Wasser aber bis auf 0,9 m Abstand vom Lagerhausniveau steigt, dann wird das Ventil im Verbindungsrohr geschlossen und mit dem Auspumpen begonnen.

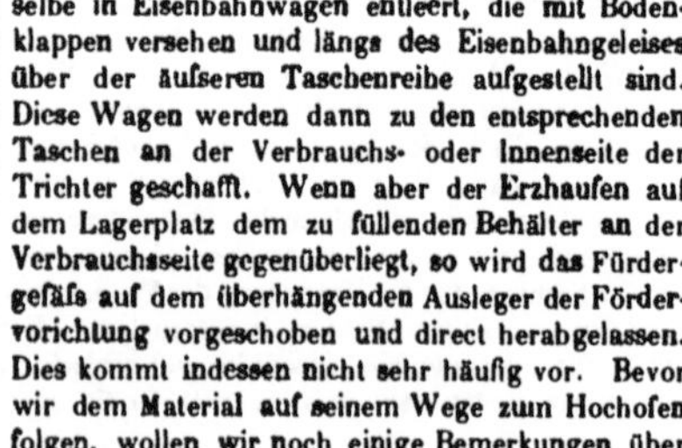
Fig. 1.

Wie schon erwähnt, sind zwei Reihen von Vorrathstrichtern vorhanden, von diesen enthält die von den Oefen weiter wegliegende Reihe 36 Erzbehälter. Die sehr kräftig gebauten Trichter sind der Länge nach in zwei Theile getheilt und haben längs jeder Seite Klapptische mit Gegengewichten. Die den Oefen zugekehrte Seite wird als „Verbrauchsseite", die andere als „Lieferseite" bezeichnet. Der Böschungswinkel des Erzes beträgt etwa 35°, die Neigung der Trichter 45°. Die ganze Linie wird von zwei Geleisen beherrscht.

Folgen wir zunächst dem Erz. Sobald dasselbe in Eisenbahnwagen mit beweglichen Bodenklappen ankommt, wird es längs der Geleise über die Vorrathstrichter gefahren. Soll das Erz aufgespeichert werden, dann wird es in die an der Lagerraumseite befindlichen Taschen gestürzt, von wo es in die Fördereimer gefüllt wird, die dann von dem Förderkrahn gehoben und selbstthätig auf den Erzhaufen geschafft werden. An dieser Seite der Trichterreihe befindet sich kein Eisenbahngeleise. Soll das Erz nicht auf die Vorrathshaufen geschafft werden, so läfst man es durch die beweglichen Bodenklappen der Wagen in die an der Verbrauchsseite liegenden Taschen fallen, denen es nöthigen Falls unmittelbar und in der noch zu beschreibenden Weise entnommen werden kann.

Wenn das Erz dem Vorrathshaufen entnommen werden soll, so wird ein Fördergefäfs von bekannter Einrichtung* von der Rolle der Transportvorrichtung herabgelassen. Durch geeignete Bewegung der Laufrolle wird das Fördergefäfs (Vgl. Tafel IV) längs des Haufens hinaufgeschleppt, bis es gefüllt ist. Der Eimer fafst etwa 5 t; in den meisten Fällen wird derselbe in Eisenbahnwagen entleert, die mit Bodenklappen versehen und längs des Eisenbahngeleises über der äufseren Taschenreihe aufgestellt sind. Diese Wagen werden dann zu den entsprechenden Taschen an der Verbrauchs- oder Innenseite der Trichter geschafft. Wenn aber der Erzhaufen auf dem Lagerplatz dem zu füllenden Behälter an der Verbrauchsseite gegenüberliegt, so wird das Fördergefäfs auf dem überhängenden Ausleger der Fördervorichtung vorgeschoben und direct herabgelassen. Dies kommt indessen nicht sehr häufig vor. Bevor wir dem Material auf seinem Wege zum Hochofen folgen, wollen wir noch einige Bemerkungen über die Entladevorrichtungen machen.

* Dr. H. Wedding: „Entlade- und Fördervorrichtung für Erz und Brennstoff in Nordamerika" („Stahl und Eisen" 1891 Nr. 6, S. 459).

Es sind drei solcher ganz aus Eisen gebauter Fördervorrichtungen vorhanden, von denen jede imstande ist, in der zehnstündigen Schicht mit Leichtigkeit 1500 bis 2000 t Erz zu verladen. Jeder Krahn ist selbständig für sich und die verschiedenen Bewegungen des Auslegers, das Aufziehen und Bewegen der Laufrollen und der Schaufeln werden durch elektrische Kraft ausgeführt, wobei nur **ein** Mann zur Bedienung jedes Krahns erforderlich ist. Diese Fördervorrichtungen, welche von der Brown Hoisting and Conveying Co. in Cleveland, Ohio, entworfen und gebaut worden sind, haben eine Spannweite von 71 m.

Die Brücke derselben wird an einer Seite von einem doppelten, und an der anderen Seite von einem einfachen fahrbaren Pfeiler getragen; an dieser Seite ragt die Brücke 10 m weit über den Pfeiler und über Eisenbahngeleise hinaus. Die Pfeiler sind von solcher Höhe, dafs die unterste

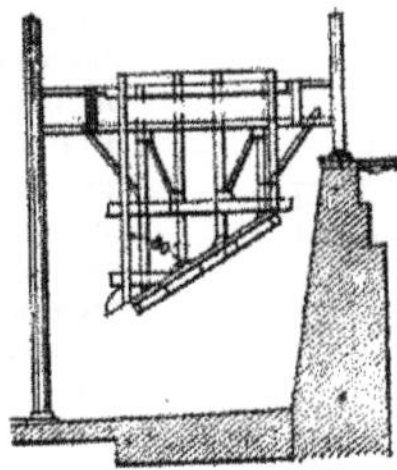

Fig. 2.

Zugstange der Brücke in der Mitte der Spannweite 17,68 m über der Sohle des Lagerplatzes liegt. Der fahrbare Doppelpfeiler ist auf einem 4420 mm weiten Eisenbahngeleise montirt und erhebt sich über einem einzigen Eisenbahnwagen; dabei hat derselbe genügend freien Raum, um eine Locomotive unten durchgehen zu lassen.

Auf dem Doppelpfeiler befindet sich das Maschinen- oder Motorhaus, welches die Motoren und die Seiltrommeln für die Horizontal- und Verticalbewegung enthält. Ueber dem Motorhaus ist das Führerhaus, von dem aus der Maschinist einen freien Ueberblick über alle Bewegungen des Krahns hat. Die Bewegungen regulirt er mittels entsprechender Hebel, die mit der unten befindlichen Maschinerie durch Triebwerke verbunden sind. Die ganze Fördereinrichtung ist imstande, sich längs des Eisenbahngeleises, auf welchem sie montirt ist, mit einer Geschwindigkeit von $23^1/_2$ bis 30 m in der Minute fortzubewegen.

Die Koks- und Kalksteintrichter (Fig. 2). Die innere Reihe der Taschen ist zur Aufnahme von Koks, Kalkstein, Walzenzunder und einigen Erzsorten bestimmt. Sie nehmen nicht die ganze Länge der Anlage ein, weil ein Theil des Raumes von den Gichtaufzügen in Anspruch genommen wird.

Da der Böschungswinkel verschieden ist, so hat man diesen Taschen an der Entladeseite eine Neigung von 30° gegeben. Die Anordnung ist so, dafs für jeden Ofen ein Doppeltrichter für Kalkstein, einer für Walzenzunder und einer für Specialerz verwendet wird. Alle anderen Taschen

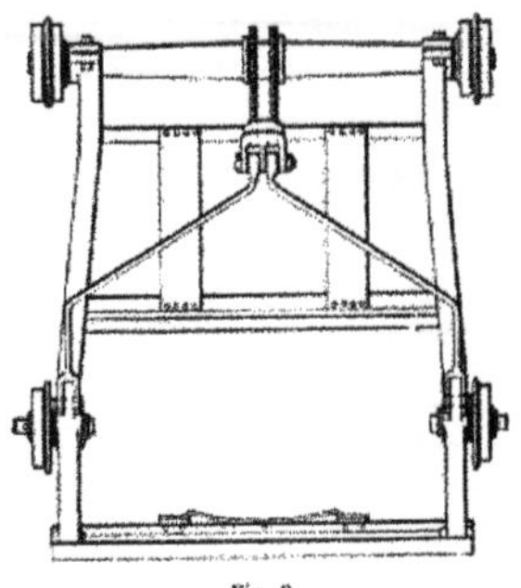

Fig. 3.

sind für Koks in Verwendung. — Die genannten Materialien werden direct in die Taschen geschafft, und besteht gar nicht die Absicht, Vorräthe aufzuspeichern. Das gesammte Fassungsvermögen aller Taschen beträgt 9500 t Erz, 3600 t Koks und 2200 t Kalkstein.

Das Hinaufschaffen der Schmelzmaterialien zu den Oefen. Aus den Taschen,

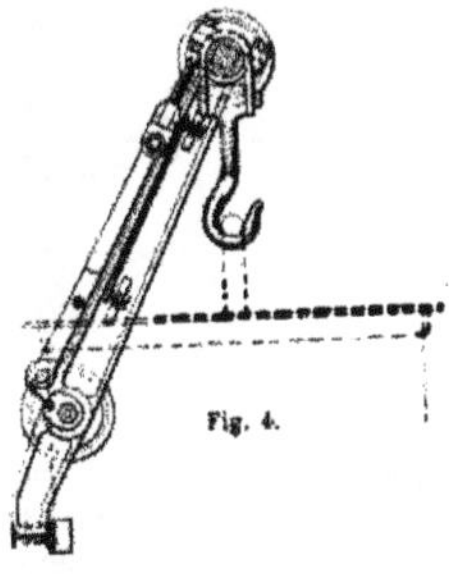

Fig. 4.

welche zu beiden Seiten des inneren Geleises liegen, wird das Material über die ausbalancirten Klapptische in die zum Beschicken des Ofens dienenden Fördereimer (siehe Tafel IV) gebracht. Diese Eimer ruhen auf Wagen, welche für den Erztransport mit einer Wiegevorrichtung auf der Plattform ausgerüstet sind. Nachdem die richtige Materialmenge aus jeder Tasche für die Beschickung abgewogen ist, bringt eine kleine Locomotive den Wagenzug mit den Eimern an den Fufs des

Gichtaufzuges, woselbst jeder Eimer der Reihe nach mittels des Fördergestells von dem Wagen abgehoben, zur Gicht geschafft und dort entleert wird. Der Eimer kommt dann auf den Wagen zurück, der hierauf aus dem Wege geschafft wird, um dem nächsten Eimer des Aufzuges Platz zu machen.

Die Beschickungseimer bestehen aus einem cylindrischen Mantel aus $9^1/_2$ mm dickem Stahlblech, der einen äufseren Durchmesser von 1,7 m besitzt. Derselbe ruht auf einem kegel- oder glockenförmigen Boden, in dessen Spitze eine Stange befestigt ist, von welcher das Ganze getragen wird. Die Erzeimer sind verstärkt und durch eine Wand versteift, welche gleichzeitig mit Rücksicht auf das gröfsere Gewicht des Materials den Rauminhalt vermindert. Sie tragen eine Last von 4536 kg. Die Koks- und Kalksteineimer dagegen fassen 1812 kg Koks. Der untere Theil der schiefen Ebene, deren Neigungswinkel 67° beträgt, ist gebogen; wenn der Förderwagen gegen die Buffer stöfst, hängt der Haken frei herab.

Das Aufziehen besorgt eine 355 × 406 mm stehende Maschine. Der Eimer wird an dem gegabelten Haken des Fördergestells befestigt, das in Fig. 3 und 4 in der Vorder- und Seitenansicht gezeichnet ist. Die Förderseile (es sind zur Sicherheit zwei vorhanden) sind an der Hinterachse befestigt. Der hintere, weitere Theil des Wagens stützt beim Aufsteigen das Fördergefäfs und verhindert dasselbe, beim Aufsteigen zu schwingen. Wenn das Gestell die Gicht erreicht, schwingt der Eimer frei, indem er sich von der hinteren Achse losmacht.

Eine der interessantesten Einrichtungen der ganzen Anlage ist die Neelandsche Beschickungsvorrichtung. Die Einrichtung derselben ist in Fig. 5 und 6 gezeichnet. Das Drahtseil *b* geht über die Seilscheibe *a*; die vorderen Räder des Fördergestells c (Fig. 3 und 4) laufen nach der Ankunft desselben auf der Gicht in einen Geleis-Abschnitt, der in ein Gleitstück *l* hineinführt. Dieser Gleitrahmen hat U-förmige Seitentheile (Fig. 5). Das Gleitstück ist durch ein Gelenk mit einem Hebel *m* mit Gegengewicht verbunden, der von dem Cylinder *n* in Bewegung gesetzt wird. Ein Bremscylinder o regulirt die Bewegungen dieses Hebels. Wenn nun das Ventil des Cylinders *n* von dem Aufzughaus aus bewegt wird, so sinkt das Gleitstück mit den Vorderrädern des Gestelles und mit diesem der Eimer so weit, bis die untere Flantsche des Eimers auf dem oberen Trichter *t* aufsitzt (Fig. 5). Da das Gleitstück weiter herabsinkt, so entfernt sich der glockenförmige Boden des Eimers von dem Mantel *i*, und drückt dabei die Gasglocke *u* mit herab. Infolgedessen kann der Inhalt des Eimers herausfallen und sich gleichmäfsig über die Gichtglocke *p* vertheilen. Die letztere wird von einem Querhaupt getragen (Fig. 5) und mittels der Hebel *q* von dem Cylinder *r* bewegt.

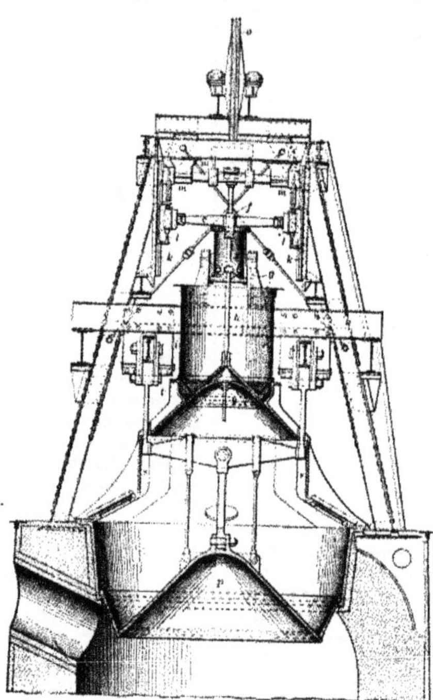
Fig. 5.

Wenn der Boden des Eimers zurückgeht, hebt er den Mantel desselben in die Höhe, so dafs die Gasglocke mit Hülfe des Gegengewichtes auf ihren Platz zurückkehren kann (Fig. 6). Wenn das Gleitstück seine höchste Stellung erreicht hat und mit dem Schienengeleise der schiefen Ebene übereinstimmt, wird die Seiltrommel umgesteuert, so dafs das Fördergestell mit dem Eimer längs der schiefen Ebene herabkommt und das Fördergefäfs wieder auf seinen Wagen gelangt. Der Haken löst sich von selbst los und ist in der richtigen Stellung, um den nächstfolgenden Eimer aufzunehmen.

Sowohl die Ventile an dem Cylinder *n*, welche den Hebel *m* bewegen, als auch jene, welche die Gichtglocke *p* bethätigen, werden von dem an der Fördermaschine stehenden Maschinenwärter bedient. Der jeweilige Stand des Eimers und der Gichtglocke während des Niederganges wird dem

Maschinisten durch entsprechende Zeiger im Maschinenhaus ersichtlich gemacht. Auf der Gicht selbst ist kein einziger Mann, und das ganze Begichten geht lediglich unter der Aufsicht des Maschinenwärters vor sich. Fördergestell und Eimer sind ausbalancirt, und da an beiden abgeflachten Enden der schiefen Ebene das erforderliche Gewicht geringer ist, so besteht das Gegengewicht aus einem leichteren und einem schwereren Gewicht, von denen das erstere zuerst selbstthätig angehoben wird. Die Fördergeschwindigkeit ist grofs, so dafs die ganze Zeit zum Aufziehen und Herablassen des Eimers sich auf $1^3/_4$ Minute beschränkt; auch die zum Beladen der Eimer und zum Fortschaffen derselben bis unter den Aufzug erforderliche Zeit ist sehr gering. Abgesehen von dem Hauptvortheil der gleichmäfsigen Vertheilung der Vorräthe, hat die hier angenommene Art der Fortbewegung der Schmelzmaterialien noch den Vortheil, Materialbruch zu ersparen.

Ein Einwand ist stets gegen das Taschensystem erhoben worden, wenn dasselbe von europäischen Eisenhüttenleuten amerikanischen Ingenieuren angepriesen wurde, und der bestand darin, dafs die kalten Winter die Materialbewegung aus Taschen undurchführbar machen würden. Allein diesen Punkt hat man dadurch behoben, dafs man längs der Erztaschen eine Abzweigung von der Warmwindleitung vorbeigeführt und mit jeder Tasche eine Verbindung hergestellt hat. Durch dieses Erwärmen und Trocknen der Erze wurde der Uebelstand des Vereisens überwunden. Während dieses Winters und zur Zeit als die Temperatur unter 8 bis 10° unter Null gesunken war, machte sich keine Störung bemerkbar.

Die Hochöfen sind die gröfsten in Amerika errichteten Oefen. Sie haben eine Höhe von 30,48 m, einen Durchmesser von 4,28 m im Gestell, 6,7 m in der Rast und 5,18 m an der Gicht. Die ganze Rast ist durch Kühlplatten aus Bronze geschützt. Die gegenwärtig in Betrieb befindlichen Oefen Nr. 1 und 2 besitzen 10 Düsen von 177,8 mm, während die Oefen Nr. 3 und 4 mit 20 Düsen von 127 mm Weite ausgerüstet werden sollen. Man hofft dadurch eine Steigerung in der Erzeugung, dagegen einen geringeren Brennstoffverbrauch und vor Allem eine gröfsere Regelmäfsigkeit im Betrieb zu erzielen. Die Ingenieure der Carnegie Steel Company waren die Ersten, welche die Ansicht vertraten, dafs eine Vergröfserung der Düsenzahl vortheilhaft sein würde. Ein Schnitt durch die Düsen, wie sie in der üblichen Weise angeordnet sind, zeigt, dafs zwischen zwei nebeneinander befindlichen Düsen ein todter Raum vorhanden ist, welcher imstande ist, die Grundlage zu Anhäufungen von kälterem

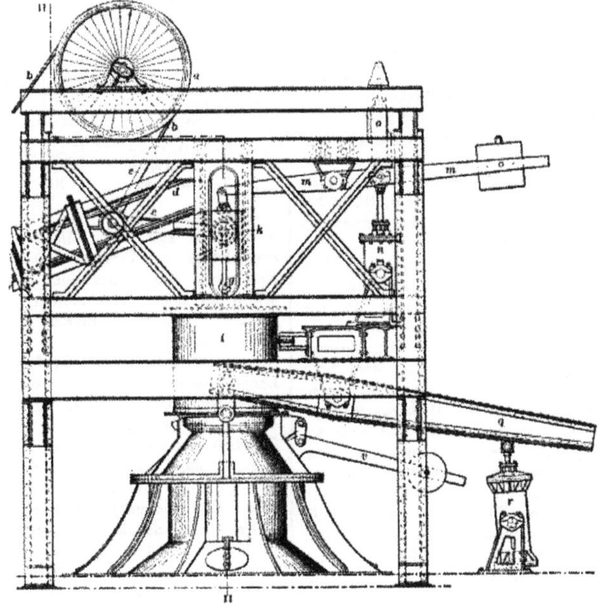

Fig. 6.

Material zu werden. Diese verringern mit der Zeit den wirksamen Düsenquerschnitt und verursachen ein Hängen der Gichten und sonstige Unregelmäfsigkeiten. Durch Beseitigung jener todten Räume wird auch die Quelle dieser Störungen beseitigt. Ein anderer Umstand, der zu Gunsten der gröfseren Anzahl von Düsen angeführt wird, ist der, dafs dadurch die Verbrennungszone vergröfsert wird, und dies führt zu gröfserem Ausbringen. Der gesammte Rauminhalt der Duquesne-Oefen beträgt 707,5 cbm.

Die Gase werden durch 6 Rohre abgesaugt und dann in einem gegabelten Rohr gesammelt, wobei jede der beiden Theile mit einer 762 mm weiten Explosionsklappe versehen ist. Am Ende jeder Rohrhälfte befindet sich ein 762 mm weites Rohr zum Ablassen eines etwaigen Gasüberschusses. Das Rohr erstreckt sich in Form einer Schraubenlinie nach abwärts, wobei ein Winkel von 40° eingehalten worden ist, um die Abscheidung des Flugstaubs zu erleichtern, dessen Böschungswinkel 35° beträgt. Die Gasleitung ist dann zu dem unteren Theil des Staubabscheiders herabgeführt, der einen äufseren Durchmesser von 8,534 m bei 12,2 m Höhe hat und mit einer 114 mm starken Auskleidung versehen ist.

Ein schornsteinartiges Ablafsrohr ist an dem Obertheil des Staubsammlers angebracht. Die Aufgabe des letzteren besteht darin, die Geschwindigkeit des Gases zu verringern und so die Abscheidung des feinen Staubes, den dasselbe mitführt, zu bewirken. Der Staub wird vom Boden aus in üblicher Weise in Wagen geladen. Unter allen Abzweigungen der Haupt-Gasleitungsrohre befindet sich ein Staubsack, und zwar sowohl bei denjenigen der Winderhitzer als denjenigen jeder einzelnen Kesselbatterie. Alle sind so eingerichtet, dafs der angesammelte Staub durch eine Austragvorrichtung in Wagen geschafft werden kann. Explosionsklappen sind, wie Abbild. 6 zeigt, sowohl an der Gicht des Ofens, als auch in gewissen Abständen längs der Gasleitung vorgesehen.

Für jede Gruppe von zwei Oefen sind fünf Gebläsemaschinen vorhanden, die von E. P. Allis & Co. gebaut sind und von zwei elektrischen Laufkrähnen von 25 t Tragfähigkeit bedient werden. Die Maschinen, auf welche wir später noch einmal zurückkommen werden, sind stehende Verbundmaschinen mit Condensation, mit 1016 mm weiten Hochdruck- und 1981 mm weiten Niederdruckcylindern, 1930 mm Windcylinder und 1524 mm Hub. Das Einlafsventil des Luftcylinders ist zwangläufig. Das Auslafsventil ist selbstthätig wirkend, doch ist, wenn es beim Schliefsen versagen sollte, eine Einrichtung vorhanden, welche das Schliefsen besorgt. Der 30 t schwere Balancier ist in der Mitte angeordnet, das Schwungrad wiegt 40 tons. Die Maschine liefert 17,26 cbm Wind bei einer Umdrehung und macht unter gewöhnlichen Umständen 28 Umdrehungen, wobei sie den Wind mit einer Pressung von 1,05 kg/qcm zu den Düsen schafft. Die Maschinen können auch bis zu 1,76 kg/qcm Windpressung liefern. Die Dampfspannung beträgt = 8,4 Atm. Gewöhnlich ist eine der fünf für jedes Ofenpaar vorhandenen Maschinen für unvorhergesehene Fälle in Reserve. Jede Gruppe von Maschinen hat ihre Condensationsanlage.

Jeder Ofen ist mit 4 Kennedy-Cowper-Winderhitzern ausgerüstet. Die Windtemperatur beträgt 1000°; man ist dabei von der Ansicht ausgegangen, dafs die Winderhitzer einen gewissen Wärmeüberschufs haben sollen, um für den Fall, dafs höhere Temperaturen erforderlich wären, einen Rückhalt zu haben. Die Temperatur, mit welcher die Gase entweichen, ist 400°. Bei einem Eisengehalt der Erze von 57 bis 60 % wurden bis jetzt als höchste Leistungen erzielt:

Beste Monatsleistung . .	17 457 t oder 581 t im Tage
„ Wochenleistung .	4 176 t
„ Tagesleistung . .	701 t

Der beste Monat hatte einen Koksverbrauch von 771,8 kg. Der Kalksteinzuschlag beträgt etwa 25 % der Erzgicht. Die Oefen sind auf Mesabaerze eingerichtet und haben 75 % derselben im Möller verschmolzen, ohne dafs hierbei eine Störung im Betrieb der Hochöfen entstanden wäre.

Jeder Ofen besitzt eine Giefshalle von 66,8 m Länge und 21,3 m Breite. Längs der Mitte derselben läuft eine schmalspurige Hängebahn hin, die um den Ofen geht und sich bis nahe an den Gichtaufzug erstreckt. Sie wird elektrisch bewegt und hat eine Tragfähigkeit von 5 t; sie dient als Schrotaufzug, um das Zurückschaffen des Giefshausschrots zu dem Ofen zu erleichtern. An beiden Seiten der Giefshalle sind elektrisch betriebene Laufkrähne von 10 t Tragkraft und 9,75 m Spannweite vorhanden. Ihre Geleise gehen über die Giefshalle hinaus, so dafs die Krähne durch die Thore der letzteren sich hinausbewegen, wenn der Abstich fortschreitet. Die Krähne dienen zur Bewegung der Masselformen bei Herstellung des Giefsbettes und zum Transport der 8 m langen Flossen bis an das Ende der Giefshalle, woselbst eine Reihe elektrisch angetriebener Rollen die Flossen zu dem Masselbrecher bringen. Den gröfsten Theil der Erzeugung, etwa 1600 tons im Tage von 2200 tons, wenn die ganze Anlage im Betrieb ist, werden die angrenzenden Duquesne-Stahlwerke abnehmen, so dafs, abgesehen von dem am Sonntag erblasenen Metalle, überhaupt nur ein geringer Theil des erzeugten Eisens in der Giefshalle zu verladen ist. Es ist indessen wahrscheinlich, dafs das Abstechen in Giefsbetten später ganz eingestellt werden wird.

(Schlufs folgt.)

Hülfsvorstellungen bei magnetischen Erscheinungen.

Von Dr. C. Heinke, München.

Es ist gewifs, dafs die magnetischen Eigenschaften des Eisens für die Hüttentechnik immer mehr an Wichtigkeit gewinnen, andererseits ist aber auch nicht zu leugnen, dafs dieses ganze Gebiet für jeden nichtelektrotechnischen Fachmann gegenwärtig noch wenig Verlockendes bietet. Die zahlreichen, scheinbar neuen Begriffe, welche sich hinter griechischen und lateinischen Fremdwörtern wie Hysteresis, Remanenz, Coërcitivkraft u. s. w. verbergen, sowie die vielen, theils der älteren, theils der neueren Auffassungsweise entstammenden Bezeichnungen, werden manchen Hüttenmann, den der Gegenstand aus praktischen Gründen sonst wohl interessiren würde, abschrecken, sich näher mit diesen Erscheinungen zu befassen. Die Zeit und geistige Mühe, welche es allem Anschein nach kosten würde, um jene Grundbegriffe so weit in sich aufzunehmen, dafs sie ihm eine genügende theoretische Grundlage in dieser Richtung gewähren, lassen ihn neben seiner anstrengenden sonstigen Beschäftigung davon abstehen, diese anscheinend nach einer ganz anderen Seite liegenden Eigenschaften seines Metalles weiter zu verfolgen. Es läfst sich nun aber zeigen, dafs bei Einschlagung des richtigen Weges jene geistige Arbeit in Wirklichkeit auf einen Bruchtheil reducirt wird, indem es nur gilt, schon längst erarbeitete und vertraute mechanische Begriffe auf das magnetische Gebiet zu übertragen. Die Geistesarbeit, von welcher, in Verbindung mit der erforderlichen Zeit, jeder thatsächlich neue Begriff ein gewisses Mindestmafs unbedingt benöthigt, um in den Begriffsschatz überzugehen, ist also hier keineswegs von unten auf zu leisten, wenn es gelingt einen Weg zu finden, der, ohne merklich an Höhe zu verlieren, aus dem bekannten in das unbekannte Gebiet hinüberführt. Es soll deshalb hier der Versuch gemacht werden, durch eine passende mechanische Hülfsvorstellung die Uebertragung bekannter mechanischer Bewegungserscheinungen in Verbindung mit Reibung auf das unsichtbare molecular-magnetische Gebiet zu ermöglichen, und dadurch das Verständnifs dieser Erscheinungen zu erleichtern.*

Man denke sich einen beliebig gestalteten Körper m, z. B. ein Prisma (Fig. 1), auf einer ebenen Unterlage von gleichförmiger Rauhigkeit liegend und durch zwei gleiche, gespannte, an den Endpunkten P und L befestigte, elastische Fäden k_1 und k_2, die man, sich vielleicht der besseren Anschaulichkeit halber zunächst als Kautschukfäden vorstellen möge, in der Mitte zwischen P und L festgehalten. Wirkt jetzt auf m eine zunächst constante Kraft D in der Richtung von L nach P, so wird m so lange in dieser Richtung verschoben, bis die Spannung von k_2 jener Kraft das Gleichgewicht hält. Hört jetzt diese äufsere Antriebskraft zu wirken auf, so würde, wenn man fürs erste von dem Einflufs der Trägheit absicht, und sich zu diesem Zweck die Masse von m klein gegenüber der Reibung auf der Unterlage vorstellt, m durch den sich entspannenden Faden k_2 wieder in seine alte Stellung zurückgezogen werden, wenn die Reibung an der Unterlage nicht vorhanden wäre; die letztere bewirkt aber, dafs dieses Zurückführen von m in der

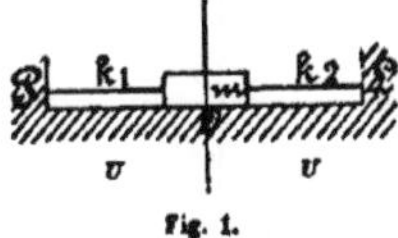

Fig. 1.

Richtung von P nach L nur stattfindet, solange die durch Spannung von k_2 geweckte elastische Gegenkraft gröfser ist, als die jeder Bewegung von m, gleichviel in welcher Richtung, entgegenstehende passive Reibungskraft. Hat jene elastische Gegenkraft beim Entspannen von k_2 bis auf den Werth dieser mit dem Reibungscoëfficienten zwischen m und U proportionalen Reibungskraft abgenommen, so bleibt der Körper m jenseits seiner Mittellage nach P zu stehen, d. h. er bleibt in Richtung der letzten Bewegung, d. i. der elastischen Kraft von k_2, gesehen hinter der Mittellage zurück, eine Eigenschaft jenes mechanischen Modells, die man mit „Remanenz" bezeichnen kann, wobei diese Remanenz um so gröfser ist, je gröfser die Reibung zwischen m und U. Um m wieder in seine alte Mittelstellung zurückzuführen, bedarf man einer in Richtung von P nach L gerichteten Kraft, deren Gröfse gleichfalls von der Reibung zwischen m und U abhängt und die in demselben Mafse bis zur Erreichung der Mittellage von m wachsen mufs, als der mit ihr im gleichen Sinne wirkende Rest elastischer Spannkraft von k_2 abnimmt. Die Gröfse dieser Kraft, welche gerade ausreicht, um m völlig in seine alte Mittelstellung „zurückzuzwingen", und welche man bei abermaliger Bevorzugung des Lateinischen als „Coërcitivkraft"

* Der an anderer Stelle gemachte Versuch („E T Z." 1897, Heft 5), das Verständnifs schwieriger elektromagnetischer Erscheinungen mit Hülfe der zum Theil in „Stahl und Eisen" zum erstenmal entwickelten mechanischen Grundvorstellungen (vergl. „Stahl und Eisen" 1892, „Elektrotechnische Briefe") zu erleichtern, hat namentlich in technischen Kreisen so grofsen Anklang gefunden, dafs der Verfasser hofft, die Ausdehnung jener Hülfsvorstellungen auf das specielle magnetische Gebiet wird auch dem Hüttentechniker nicht unwillkommen sein.

bezeichnen kann, giebt ein Mafs für die zwischen *m* und *U* vorhandene Reibungsgröfse, und diese als passive Kraft erscheinende Reibungsgröfse wird proportional dem Reibungscoëfficienten sein.

Trägt man die in Richtung der Fäden auf *m* von aufsen wirkende mechanische Druck- oder Zugkraft *D* als Abscissen, die von dem Mittelpunkte von *m* auf der Unterlage *U* eingenommenen Stellungen bezw. seine Abweichungen *A* aus der Mittellage *O* als Ordinaten auf, und zwar z. B. alle nach *P* gerichteten als positiv, alle nach *L* gerichteten als negativ, so erhielte man von *O* als Mittellage ausgehend (Fig. 2) zunächst einen durch die Reibung zwischen *m* und *U* bedingten, gegen die Ordinatenachse concaven Verlauf der Curve; hierauf wird dieselbe so lange geradlinig verlaufen, als die Dehnung des von der Kraft *D* gespannten Fadens, z. B. k_2, direct proportional mit dem wachsenden *D* zunimmt; würde dieselbe von einem bestimmten Punkt an langsamer

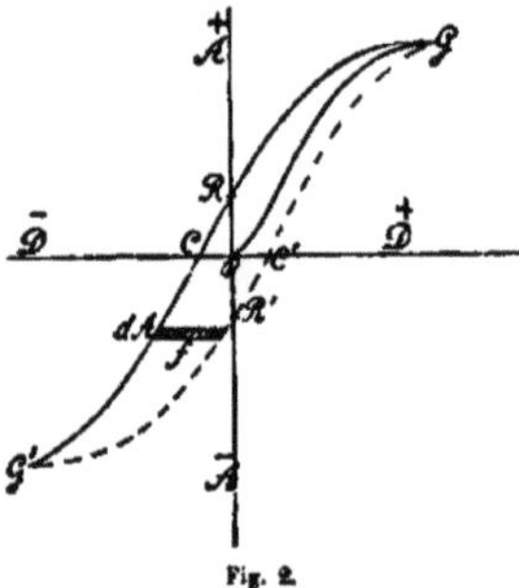

Fig. 2.

erfolgen, so würde die Curve eine gegen die Abscissenachse concave Umbiegung erfahren oder ein „Knie“ aufweisen, und sich asymptotisch einem Maximalwerth nähern. Nimmt hierauf die Kraft *D* nach Erreichung eines Maximums wieder ab, zunächst bis auf Null, so wird nach den obigen Betrachtungen *m* gegenüber den entsprechenden Lagen bei zunehmender Kraft „zurückbleiben“, d. h. die absteigende Curve *G R* wird oberhalb der soeben erhaltenen Curve *O G* liegen, und die Strecke *O R* wird ein Mafs für die „Remanenz“ oder das Zurückbleiben von *m* hinter der Mittelstellung abgeben, wenn die äufsere Kraft *D* zu wirken aufgehört hat. Kehrt jetzt Kraft *D* ihre Richtung um und wirkt von *P* nach *L*, so wird sie zunächst in Gemeinschaft mit dem noch vorhandenen relativen Spannungsrest, von k_2 gegenüber k_1, *m* in die Mittelstellung, d. h. $A = O$, zurückführen, in welchem Punkt jene Relativspannung von k_2 auch auf Null abgenommen hat, so dafs die Coërcitivkraft durch die Strecke $-D = O\,C$ dargestellt wird; bei weiterem Wachsen von $-D$ mufs die relative Spannung von k_1 überwunden werden, und die Elongation von *m* nach *L*, also $-A$, wird etwa durch die Curve *C G'* dargestellt werden. Es ist nun ohne Schwierigkeit zu verfolgen, dafs bei abermaliger Abnahme von $-D$ bis auf Null und hierauf folgendem Wechsel der Richtung und Anwachsen von $+D$ bis zum früheren Maximalwerth die durchlaufene Curve für die Elongation *A* als Function von *D* durch die zu *O* symmetrisch liegende strichlirte Linie *G' G* dargestellt wird. Bei periodischem Verlauf der Kraft *D*, wie sie etwa durch eine dem Sinusgesetz folgende, kreuzkopfartige Bewegung von *m* bei gleichförmigem Kurbelantrieb mechanisch herbeizuführen wäre, wird also jene geschlossene Curve *G R C G' R' C' G* in dieser Reihenfolge innerhalb jeder Periode von *D*, entsprechend einer ganzen Umdrehung des antreibenden Kurbelmechanismus, einmal durchlaufen.

Die Bedeutung der von jedem solchen cyklischen Kreisprocefs eingeschlossenen Fläche ist unschwer als die während jeder Periode geleistete und in Wärme umgesetzte Reibungsarbeit zu erkennen, da jedes Flächenelement, z. B. der parallel zur Abscissenachse herausgeschnittene Elementarstreifen $f \cdot d\,A$ das Product von Kraft $\times$ Wegelement darstellt. Die ganze Fläche $\int_{-A}^{+A} f \cdot d\,A$, worin die Kraftdifferenz *f*, ebenso wie vorher die Curve *O G* der erforderlichen Kraft *D*, eine empirische Function derselben Weglänge *A* ist, stellt also diejenige Arbeit bezw. denjenigen Theil der zur Spannung der Fäden k_1 und k_2 erforderlichen potentiellen Energie dar, welche bezw. welcher von der elastischen Spannkraft der Fäden k_1 und k_2 nicht an die auf *m* wirkende mechanische, periodische Antriebsquelle wieder zurückgeliefert, sondern durch die Reibung zwischen *m* und *U* in Wärme umgesetzt wurde.

Da dieses Arbeitsquantum, ebenso wie die oben besprochene Erscheinung des — nicht nur zeitlichen, sondern beliebig lange bestehen bleibenden — Zurückbleibens der Elongation *A* von *m*, als Wirkung, hinter der jeweiligen Kraft *D*, als Ursache, durch das Vorhandensein der Reibung zwischen *m* und *U* bedingt wird, so kann man auch jene beiden Wirkungen derselben Reibungsursache miteinander in Verbindung setzen und jene durch die Fläche dargestellte Energiemenge als Zurückbleibungsarbeit oder, wiederum unter Bevorzugung eines griechischen Fremdwortes, als Hysteresisarbeit bezeichnen. Diese, jedem Techniker unschwer verständlichen mechanischen Erscheinungen, welche sich durchweg als einfache Folgerungen aus dem Vorhandensein einer Reibung zwischen *m* und *U* in Verbindung mit den geweckten Elasticitätskräften von *k* ergeben, braucht man jetzt nur mit gedanklich leicht auszuführenden Abänderungen auf die magnetischen Erscheinungen zu übertragen, um den Zusammenhang aller Gröfsen, welche bei den magnetischen Erscheinungen und namentlich bei der Remanenz und Hysteresis ins Spiel kommen, klar vor Augen zu haben.

Man stelle sich zu diesem Zweck zunächst den hier prismatischen Körper *m* als ein beliebiges Eisenmolecül vor, das jedoch durch eine magnetische Antriebskraft (sog. magnetomotorische Kraft oder abgekürzt M. M. K.) *D* nicht eine translatorische Elongation wie *m*, sondern eine Drehung erfährt, welche Drehung gegen seine Umgebung einmal ebenso mit Reibung verbunden ist, wie die Fortbewegung von *m* auf *U*, und aufserdem elastische Kräfte weckt, welche das Molecül in seiner ursprünglichen Lage zu halten suchen bezw. es wieder in dieselbe zurückzuführen streben, wenn jene M. M. K. zu wirken aufhört. Alle jene an dem obigen Körper *m* gemachten Betrachtungen bezüglich Remanenz und Hysteresis-Arbeit lassen sich also auf das Eisenmolecül übertragen und die jenen mechanischen Erscheinungen analogen magnetischen durch eine magnetische Molecularreibung mechanisch anschaulich machen, was

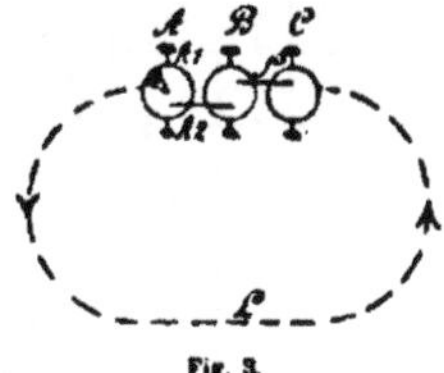

Fig. 3.

man gewöhnlich als erklären bezeichnet. Man kann also jenes einfache Einzelmodell gleichsam als molecularmagnetischen Baustein auffassen und an ihm folgende Hauptbegriffe ableiten: das Verhältnifs $\frac{\text{Fadendehnung}}{\text{äufsere Kraft } D}$ oder $\frac{A}{D}$ stellt magnetisch die sog. Durchlässigkeit oder Permeabilität μ dar; die nach Nullwerden von *D* bestehen bleibende Fadenspannung oder genauer die Elongation $A = OR$ entspricht der Remanenz, die erforderliche entgegengesetzte Kraft, um *A* zu Null zu machen, $- D = OC$ der Coërcitivkraft und endlich die bei jedem Bewegungscyklus nöthige Reibungsarbeit dem Hysteresisverlust. Es ist jedoch bei dem magnetischen Vorgang zu berücksichtigen, dafs das Einzelmolecül nicht unabhängig ist von den übrigen Molecülen des Wirbelfadens, welchem es angehört, sondern dafs ein bestimmter magnetischer Zustand jenes Einzelmolecüls mit dem des Kreislaufs in Wechselwirkung steht.

Um sich dies möglichst augenfällig an einem mechanischen Modell anschaulich zu machen, denke man sich zunächst an Stelle des translatorisch bewegten prismatischen Körpers der Fig. 1 den Molecularwirbel *A* der Fig. 3 gesetzt. Auf denselben werde durch eine äufsere M. M. K. (stromdurchflossener Leiter) infolge der Wechselwirkung zwischen den strömenden Frictionsmolecülen im Leiter und seiner Umgebung* ein Antrieb ausgeübt, welcher die Wirbelachse in eine bestimmte Richtung zu drehen sucht, z. B. längs der punktirten Kraftlinie *L*. Die durch die Drehung geweckten elastischen Kräfte seien wiederum durch zwei elastische Fäden k_1 und k_2 veranschaulicht, welche *A* in seiner Lage zu halten suchen. Gleichgewicht zwischen den äufseren und inneren Kräften möge nach Drehung von *A* um den Winkel α eintreten. Um die Wechselwirkung zwischen den einzelnen Wirbeln desselben Kreislaufes *L* recht augenfällig darzustellen, möge zwischen den einzelnen Wirbeln *A*, *B*, *C* u. s. f. ein starres Verbindungsglied, hier in Form einer Lenksstange *S* versinnbildlicht, gedacht sein, welche den gleichen Drehungsbetrag α auf dem ganzen Kreislaufwege erzwingt. Besteht der ganze Kreislaufweg aus demselben magnetisch gleichwerthigen Material, so werden die Fäden *k* jedes Einzelmolecüls durch die Antriebseinheit dieselbe Drehung erfahren, d. h. die Richtungsfähigkeit oder, magnetisch ausgedrückt, die Permeabilität μ wird an allen Stellen des geschlossenen Weges dieselbe sein, und die gesammte Antriebskraft (M. M. K.) *D* wird sich direct proportional der Weglänge vertheilen. Der specifische Ausgleich *A* wird hier als die auf *L* bezogene gemeinschaftliche Richtungscomponente des Wirbelfadens erscheinen und sich als Quotient $\frac{D}{W}$ ergeben, wenn *D* jene auf den Wirbelfaden wirkende Antriebskraft bedeutet, und *W* die Summe der Gegenkräfte aller Einzelmolecüle von *A* über *L* bis *B* darstellt, wobei die Gegenkräfte in erster Linie durch die Dehnung der Fäden *k*, dann aber auch durch die Reibung gegen die Umgebung dargestellt werden, wie im einzelnen am Modell der Fig. 1 gezeigt wurde. Die Beziehung $A = \frac{D}{W}$ wird in ihrer Allgemeinheit auch dann noch gelten, wenn der Weg von *L* durch magnetisch verschiedenwerthiges Material verläuft. Der Eisenkreislauf *ALC* erleide z. B. bei *B* eine Unterbrechung, so dafs *B* die Molecüle eines Luftschlitzes repräsentirt; nach der obigen Auffassung wird sich die viel kleinere Permeabilität μ dieser Strecke gegenüber dem übrigen Kreislauf darin aussprechen, dafs die Fäden *k* von *B* viel weniger dehnbar sind als die von *A* über *L* nach *C*. Da aber auf Grund der starren Verbindung *S* dieselbe, mit der Drehung um α verbundene Dehnung der Fäden von *B* statthaben mufs, so mufs ein entsprechend grofser Theil der gesammten vorhandenen Antriebskraft auf *B* entfallen, d. h. die M. M. K. mufs sich proportional den magnetischen Widerständen der vorhandenen Theilstrecken auf diese vertheilen; oder anders ausgedrückt: das magnetische Potentialgefälle wird sich über die Weglänge des

* Vergl. „Stahl und Eisen" 1892, Heft 17.

Kreislaufes ungleichförmig vertheilen und zwar entsprechend den elastischen Faden-Widerständen der Theilstrecken. Bei Querschnittsänderungen des Kreislaufweges braucht alsdann nur noch berücksichtigt zu werden, inwieweit die specifischen oder die gesammten Gröfsen für Ausgleich, Widerstand und Antriebskraft in Frage kommen, bezw. wie die letzteren definirt werden.

Sehr wesentlich ist jedoch der Umstand, dafs bei allen sog. unmagnetischen Materialien, z. B. Luft, keine merkliche magnetische Reibung vorhanden ist, weshalb auch bei ihnen die daraus resultirenden magnetischen Erscheinungen, wie Remanenz und Hysteresis, in Wegfall kommen. Nach den jetzigen Anschauungen wäre es eigentlich weit richtiger, die Eintheilung aller Materialien in magnetische (Eisen, Kobalt, Nickel) und unmagnetische durch Benennungen wie „behaftet mit" und „frei von" magnetischer Reibung bezw. hysteretisch und unhysteretisch zu ersetzen, da in jener Beziehung nur quantitative, in dieser aber qualitative Unterschiede vorliegen.

Wesentlich beeinflufst wird die Erscheinung der Remanenz durch Zusammensetzung eines Kreislaufes aus zwei derartig verschiedenen magnetischen Materialien, z. B. Eisen und Luft, eine Abhängigkeit, welche sich ihrem Wesen nach mit Hülfe des obigen Modells (Fig. 3) und der angeschlossenen Betrachtungen erklären läfst. Nach Aufhören der M. M. K. werden zunächst, wie oben (Fig. 1) am Einzelmodell gezeigt, alle Eisenmolecüle ein der Spannung von k entsprechendes Bestreben zeigen, in ihre ursprüngliche Lage zurückzukehren, was auch erfolgt, bis die Reibung Halt gebietet. Das Verhältnifs der Reibungskräfte R aller Einzelmolecüle zu den Spannkräften S aller elastischen Fäden wird also die mögliche Gröfse der Remanenz erkennen lassen, da für einen ruhenden Gleichgewichtszustand $\frac{R}{S}$ nie kleiner als die Einheit sein kann. Wird nun ein Theil des Kreislaufweges durch Luft gebildet, so ist nach dem Obigen leicht zu übersehen, dafs dieses Verhältnifs $\frac{R}{S}$ immer kleiner werden müfste, je gröfser der magnetische Luftwiderstand gegenüber demjenigen des Eisenweges wird, denn behält letzterer absolut dieselbe Länge, so dafs R constant bleibt, so wird doch bereits ein kleiner Luftschlitz eine aufserordentliche Vergröfserung des Nenners S ohne jede Vergröfserung von R verursachen, da der Werth von S bei einer Luftschicht häufig dieselbe Gröfse wie eine 1000- bis 2000 mal so dicke Eisenstrecke aufweisen wird (vergl. Permeabilitätscurve μ in Fig. 5). Der sogenannte entmagnetisirende Einflufs der Enden, oder richtiger der eingeschalteten Luftstrecke, wird also proportional mit S zunehmen, eine Thatsache, die gleichfalls durch das Modell völlig erklärlich wird. Zu beachten ist jedoch, dafs im allgemeinen nicht das Verhältnifs der Weglängen, sondern dasjenige der magnetischen Widerstände beider Theilstrecken mafsgebend ist, indem die Weglängen nur so lange das Verhältnifs der Gesammtwiderstände angeben, als keine Querschnittsänderung des Kreislaufweges eintritt. Eine Querschnittsvergröfserung verkleinert ebenso wie bei elektrischen Ausgleichsvorgängen den bei beiden in analoger Weise definirten Gesammtwiderstand W eines Ausgleichweges, woraus sich unter Anderem erklärt, warum bei geraden Eisenstäben der Luftwiderstand relativ immer mehr abnimmt, je länger die Eisenstäbe bei gleichem Querschnitt werden, oder je gröfser allgemein das Verhältnifs m von Länge : Querschnittsdurchmesser ist, so dafs bei wachsenden Werthen von m die Verhältnisse immer näher denjenigen eines geschlossenen Eisenkreislaufes und damit die entmagnetisirenden Kräfte immer kleiner werden; das Verhältnifs $\frac{\text{magnetischer Widerstand des Eisenweges}}{\text{magnetischer Widerstand des Luftweges}}$ nimmt nämlich in angenähert gleicher Weise wie m zu.

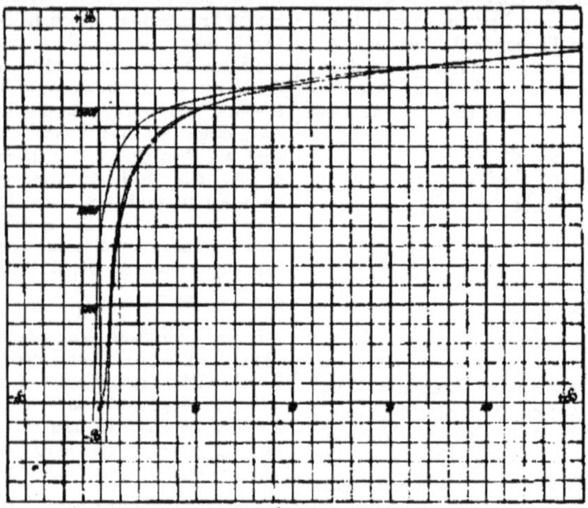

Alle diese Betrachtungen machen die Abhängigkeit der Remanenz nicht nur von der Eisensorte,

Fig. 4. Magnetisirungscurve und halbe Hysteresisschleife eines Dynamostahls von Oeking & Co.

sondern auch von der Zusammensetzung des magnetischen Kreislaufs, z. B. aus Eisen- und Luftstrecken, erklärlich. Ebenso, wie aber bei den Modellen (Fig. 1 und 3), so wird auch bei den magnetischen Vorgängen nur der Werth der Remanenz (OR der Fig. 2) beeinflufst, nicht aber der Werth der bei jedem Cyklus in Reibung umgesetzten Arbeit, mit anderen Worten: jene Hysteresisfläche $G\,R\,C\,G'\,R'\,C'\,G$ erleidet je nach der Gröfse des im Kreislauf vorhandenen Luftwiderstandes eine mehr oder weniger grofse „Scheerung", ihr Flächeninhalt bleibt aber der gleiche. Diese den Thatsachen entsprechende Scheerungsfähigkeit der Hysteresiscurve läfst jetzt auch die gegenseitige Stellung von Remanenz und Hysteresis deutlich erkennen: beide Gröfsen sind zunächst, wenn auch in ganz verschiedener Weise, von der Elongation A bezw. α (magnetisch durch eine Potenz der spec. Induction B in Kraftlinien a. d. Quadratcentimeter angegeben) abhängig; legt man jedoch fürs erste stets denselben Werth von A bezw. B zu Grunde, so ist der Flächeninhalt der Hysteresisschleifen nur von einer Materialconstanten η abhängig und mit ihr direct proportional. Bei dem mechanischen Einzelmodell kann man nämlich die während eines solchen Hin- und Herganges (Vollschwingung) zwischen beliebigen Grenzen A_1 und A_2 geleistete Reibungsarbeit E' durch eine Gleichung $E' = \eta \cdot \left(\frac{A_1 - A_2}{2}\right)$ ausdrücken. Hierin bedeutet η die von dem constant gedachten Reibungscoëfficienten zwischen m und U abhängige Constante, welche sich aus der obigen Gleichung als die Reibungsarbeit zwischen den Elongationsgrenzen $\left(\frac{A_1 - A_2}{2}\right) = 1$, z. B. in Centimeter gemessen, definirt. Bei symmetrisch zum Nullpunkt O gelegenen Verschiebungsgrenzen geht $\frac{A_1 - A_2}{2}$ in $A = 1$ über. Die Gröfse der Remanenz, welche durch Strecke OR in Fig. 2 dargestellt wird, ist aber, wie leicht ersichtlich, bei demselben Material aufserdem von der Lage der Hysteresisfläche gegenüber den Coordinatenachsen abhängig; also je stärker jene — durch Einschalten von Luftwiderstand in den Kreislauf — gescheert, d. h. in der oberen Hälfte von links nach rechts, in der unteren von rechts nach links verdrückt wird, um so näher werden die Punkte R und R' an O heranrücken, und um so kleiner wird daher die Remanenz werden.

Umgekehrt wird die Remanenz natürlich um so gröfser, je geschlossener der Eisenkreislauf ist, ein Umstand, welcher für alle sog. permanenten Magnete, deren Magnetismus nur auf Remanenz beruht, von Bedeutung ist (vergl. den Schlufs dieses Artikels).

Die wirklich auftretende Remanenz ist demnach eine Mischerscheinung, welche aufser vom Material und bis zu einem gewissen Grade von der vorausgegangenen maximalen Elongation der Einzelmoleküle noch im hohen Grade von der Zusammensetzung des magnetischen Kreislaufes abhängt. Die Hysteresisconstante η aber ist eine reine Materialconstante und entspricht der Reibungsarbeit zwischen Eisenmolecül und seiner Umgebung bei einem Cyklus innerhalb der magnetischen Verschiebungseinheit; sie wird praktisch auf die Volumeneinheit von 1 Cubikcentimeter bezogen, da man mit der Molecülanzahl nicht direct rechnen kann. Würde diese magnetische Verschiebungseinheit B, welche in Kraftlinien auf das Quadratcentimeter gemessen wird, direct vergleichbar sein mit der translatorischen Verschiebung in dem Modell der Fig. 1, so wäre die magnetische Reibungsarbeit E in jedem Cyklus für das Eisenvolumen V ccm durch die Gleichung

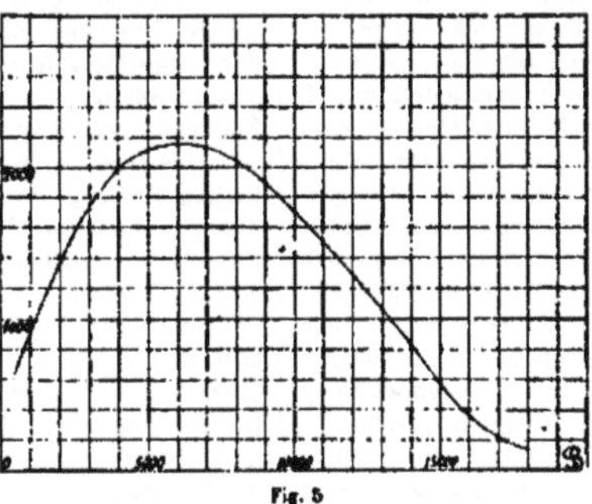

Fig. 5
Curve für die Aenderung der Permeabilität μ abhängig von B.

$$E = V \cdot \eta \cdot B \text{ bezw. } V \cdot \eta \cdot \left(\frac{B_1 - B_2}{2}\right)$$

dargestellt. Dieses ist jedoch nicht der Fall, vielmehr nimmt die Reibungsarbeit proportional einer höheren Potenz der in Kraftlinien ausgedrückten Verschieung B zu, welche nach den Untersuchungen von Steinmetz sehr nahe 1.6 ist, so dafs die obige Gleichung für die wirkliche Reibungsarbeit

$$E = V \cdot \eta \cdot B^{1.6} \text{ bezw. } V \cdot \eta \cdot \left(\frac{B_1 - B_2}{2}\right)^{1.6}$$

lautet, worin B der in jedem Cyklus erreichte Maximalwerth der spec. Eiseninduction (in Kraftlinien auf das Quadratcentimeter) ist. (Weiteres vergl. „Stahl und Eisen" 1896, Nr. 18.)

Der Einflufs, welchen die durch irgend ein Mittel (Hämmern, Ausglühen, plötzliche Stromunterbrechung) bewirkte moleculare Erschütterung auf jene beiden magnetischen Reibungserscheinungen ausüben wird, läfst sich gleichfalls am mechanischen Modell deutlich verfolgen. Eine bei diesem vorgenommene mechanische Erschütterung wird eine momentane, theilweise oder auch völlige, Aufhebung der passiven Reibungskräfte zwischen m und U

(Fig. 1) zur Folge haben,* so dafs in jenen Momenten die noch vorhandene und vorher durch die Reibung compensirte Richtkraft des relativ gespannten Fadens k_1 oder k_2 zur Wirkung gelangen kann. Augenscheinlich wird hierdurch bei nicht vorhandener äufserer activer Kraft die vorhandene Remanenz eine mehr oder weniger grofse Minderung, unter Umständen bis zum Verschwinden, erfahren. Umgekehrt wird bei einseitig wirkender äufserer Kraft die Elongation, namentlich bei höheren Werthen von η, eine Vergröfserung erfahren, und bei cyklisch wirkender Kraft endlich wird wiederum eine Verminderung der Reibungsarbeit E in jedem Cyklus die Folge sein. Genau die gleichen Erscheinungen treten nun auch magnetisch auf, wenn eine moleculare Erschütterung herbeigeführt wird. So wird z. B. durch mäfsige Erwärmung, welche einer dauernden Erschütterung entspricht, die Permeabilität von Stahlsorten vergröfsert, die Remanenz und die Hysteresisarbeit für sonst gleiche Verhältnisse vermindert u. s. f.

Das Modell wird somit in vieler Hinsicht dem Geiste eine gute Unterstützung gewähren, wenn es sich darum handelt, die unsichtbaren magnetischen Vorgänge zu verfolgen, indem es die Unterlage für die jenem vorläufig noch unentbehrlichen materiellen oder mechanischen Vorstellungen liefert; gleichzeitig zeigt es als ein weiteres Beispiel den Nutzen, welchen das „Princip der Vergleichung" der an eine nur schrittweise Weiterentwicklung gebundenen menschlichen Erkenntnifs gewährt.

Was die praktischen Resultate der Hüttentechnik in magnetischer Beziehung anlangt, so sind erfreulicherweise stetige Fortschritte, namentlich der inländischen Werke, zu verzeichnen, auf welche zum Theil bereits an dieser Stelle hingewiesen wurde.** Inzwischen sind einige weitere hinzugekommen, namentlich auf dem Gebiete des Stahlgusses, bei welchem nach und nach eine solche Vervollkommnung in der Herstellung gelungen ist, dafs er bereits in jeder magnetischen Beziehung mit dem Schmiedeisen zu wetteifern vermag, ja es stellenweise übertrifft. Der Hauptvorwurf, welcher diesem Stahlgufs für Dynamomagnetgestelle gemacht wird, trifft auch nicht mehr seine magnetischen Eigenschaften, sondern die durch Schlacken- und Blasenbildung gestörte Homogenität und die daraus entspringende Unzuverlässigkeit des Gusses.*** Aber auch in dieser Beziehung macht die Gufstechnik befriedigende Fortschritte, welche sich vielleicht durch Anwendung besonderer Giefsverfahren, wie z. B. des Centrifugalgiefsverfahrens von Huth, in Zukunft noch steigern lassen. Dafs andererseits bei kleineren Stücken, wie Prüfstäben, die Gleichförmigkeit bei Gufs gröfser ist als bei jeder andern Herstellung, hat sich bei zahlreichen Versuchen ergeben.*

Jedenfalls sind bezüglich Permeabilität als auch bezüglich Hysteresis die bereits erzielten Erfolge bei Stahlgufs derart, dafs er das Gufseisen bei Dynamogestellen trotz seiner gröfseren Wohlfeilheit immer mehr verdrängt, weil die letztere durch die Vortheile mehr als aufgewogen wird. In Verbindung mit dem geringeren Materialverbrauch und Gewicht läfst der Stahlgufs praktisch 15000 bis 16000 Kraftlinien auf das Quadratcentimeter für normale Beanspruchung zu, gegenüber nur etwa 8000 beim Gufseisen. Unter Zurückgreifen auf das mechanische Modell der Fig. 1 und 3 entspricht dies einer stärkeren Dehnung der Fäden k durch dieselbe äufsere Kraft D oder ihrer gröfseren, sowohl relativen als maximalen, Dehnbarkeit bei Stahlgufs gegenüber derjenigen bei Gufseisen.

Aber auch die Verminderung der inneren magnetischen Reibung, also der Hysteresis, schreitet bei dieser Fabrication fort, wie u. a. die von der Phys.-techn. Reichsanstalt ausgeführten Prüfungen erkennen lassen. Untersuchungen von Stahlgufs der Bergischen Stahlindustrie zu Remscheid finden sich in der „ETZ." 1896 S. 649 veröffentlicht. Hier mögen als Beispiel für die stetigen Verbesserungen noch die zur Verfügung gestellten Versuchsergebnisse in Form von (entsprechend verkleinerten) Magnetisirungscurven Platz finden, welche sich auf die neueren Producte eines andern Gufsstahlwerkes (Ocking & Co., Düsseldorf) beziehen; bei diesen ist nämlich ein Vergleich mit den im letzten Artikel** gegebenen Zahlen von Interesse.

Fig. 4 stellt die Magnetisirungscurve und die halbe Hysteresisfläche eines Dynamostahls vor, während Fig. 5 die daraus abgeleitete Permeabilitätscurve, d. h. den Werth $\mu = \frac{B}{H}$ abhängig von der spec. Induction B wiedergiebt.

Die erstere läfst erkennen, dafs bei angenähert magnetischer Sättigung der Probe ($H = 125$ $C \cdot G \cdot S$ Einheiten oder 100 Amp. Wind. auf das Centimeter) die spec. Induction 17700 Kraftlinien auf das Quadratcentimeter beträgt, während die dem Hysteresisverlust nahezu proportionale Coërcitivkraft $-H$ den Werth 1,80 $C \cdot G \cdot S$ Einheiten besitzt. Obwohl nicht vollkommen, so ist doch die Proportionalität zwischen der Hysteresisconstanten η und der Coërcitivkraft so weit angenähert, dafs sich häufig praktisch der letztere,

* Die Uebertragung der Betrachtung auf das Modell der Fig. 3 hat keine Schwierigkeit, weshalb hier das leichter zu übersehende Einzelmodell weiter benutzt wird.

** Vergl. „Stahl und Eisen" 1896, Heft 18, „Magnetische Hysteresis II".

*** Vergl. „Zeitschrift d. V. d. Ing." 1896, Nr. 29, „Stahlgufs oder Gufseisen im Dynamobau", sowie „Zuschriften an die Redaction" in Nr. 39 u. 43.

* Vergl. „Zeitschrift für Instrumentenkunde" 1896, Heft 3: Dr. A. Ebeling und Dr. E. Schmidt: „Ueber magnetische Ungleichmäfsigkeit und das Ausglühen von Eisen und Stahl".

** Vergl. „Stahl und Eisen" 1896 Heft 18, S. 721.

etwas bequemer bestimmbare Werth als Charakteristicum für die magnetische Molecularreibung eines Materials angegeben findet. Die aus einer entsprechenden Hysteresisschleife, wie Fig. 4 zeigt, ermittelte Hysteresisarbeit E ergab bei der praktischen Sättigung von $B_{max.} = 18030$ den Werth von 12400 Erg. auf 1 Cyklus und 1 ccm berechnet, woraus 0,001922 für $\eta = \frac{E}{B^{1,6}}$ gegenüber 0,002620 der früheren Probe folgen würde. Bemerkenswerth ist es, dafs der Versuchsstab, bei welchem obiges Resultat gefunden wurde, aus einem ungeglühten Polgehäuse herausgeschnitten wurde, während ein zweiter Stab, aus demselben Gehäuse geschnitten, aber sorgfältig geglüht, einen höheren Werth ergab, nämlich $B_{max.} = 17920$, $E = 15500$ und hieraus $\eta = 0{,}002113$. Will man diese magnetische Sonderbarkeit nicht einer Inhomogenität des Materials zuschreiben, so müfste man den Nutzen des Ausglühens bei Stahlgufs als problematisch ansehen.

Auch nach der entgegengesetzten Seite, d. h. in der Herstellung permanenter Magnete, welche für die gewünschte Dauerhaftigkeit und Stärke ihrer Remanenz einer möglichst kräftigen magnetischen Molecularreibung, d. h. eines hohen Werthes von η, bedürfen, hat man auf Grund der neueren Auffassungsweise der magnetischen Erscheinungen und der richtigen Erkenntnifs der ausschlaggebenden Momente bedeutende Fortschritte gemacht.

Diesbezügliche interessante Zahlenangaben* lassen erkennen, dafs sehr harter Wolframstahl aus der Bergischen Actiengesellschaft Remscheid eine Coërcitivintensität bis 77 $C \cdot G \cdot S$ bei einem Werth für die Hysteresisarbeit E von 275000 Erg. erreicht, während die remanente Magnetisirung $J = 800$ bezw. die spec. Induction $B = 4\,\pi\,J \sim 10000$ Kraftlinien auf das Quadratcentimeter betrug; letztere Werthe sind auf geschlossenen Eisenkreis bezogen, da nach den obigen Betrachtungen über Remanenz nur so ein vergleichbarer eindeutiger Werth anzugeben ist. Obwohl weiches Material bedeutend höhere Werthe an remanenter Magnetisirung ermöglicht, so spielt für alle Magnete, bei welchen es auf eine grofse Dauerhaftigkeit der Magnetisirung und besonders auf grofse Constanz des von ihm erzeugten magnetischen Feldes bei nicht geschlossenem Eisenkreis ankommt, dieser Maximalwerth keine wesentliche Rolle. Hier wird man sich stets mit weit geringerer als der sehr labilen maximalen Remanenz begnügen und vielmehr bei kleinerem Werth derselben eine möglichst hohe Sicherheit gegen etwaige entmagnetisirende Einflüsse, wie Erschütterungen, Temperaturwechsel und benachbarte elektrische Ströme anstreben, was durch sogenanntes künstliches Altern oder allgemein durch Aussetzen von passenden entmagnetisirenden Einflüssen nach stärkster Magnetisirung angestrebt wird. Hierbei ist eine möglichst hohe Coërcitivintensität die werthvollste Eigenschaft für wirklich zuverlässige permanente Magnete.

Um sich diese Verhältnisse wiederum anschaulich zu machen, braucht man nur abermals auf das Modell zurückzugreifen (vergl. Fig. 1 und 3). Ist der Reibungscoëfficient zwischen m und U sehr grofs gewählt, so wird nach stärkster Ablenkung aus der Mittellage, d. h. Spannen von k bis zur Grenze seiner Dehnbarkeit, m sehr weit jenseits der Mittellage stehen bleiben, seine Remanenz $O\,R$ also sehr grofs und die bestehen bleibende Fadenspannung S, welche der Magnetisirung J bezw. der spec. Induction B entspricht, von gleicher Gröfse wie die Reibungskraft R zwischen m und U sein. Dieser Zustand wäre aber sehr labil, da bei jeder Erschütterung oder sonstigen entspannenden Kraft der Werth von R vorübergehend verkleinert und auch dementsprechend S durch weiteres Heranziehen von m nach der Mittellage abnehmen würde (vergl. oben). Um durch die Einwirkung solcher Einflüsse die angestrebte Constanz von S nicht gefährdet zu sehen, müfste man S absichtlich kleiner wählen, d. h. im Modell m näher an die Mittellage zurückführen, und das Verhältnifs $\frac{R}{S}$ würde man als „Sicherheitsfactor“ gegen zufällige entspannende Einflüsse von aufsen ansehen können. Bei permanenten Magneten von erprobter Güte schwankt dieser „Sicherheitsfactor der Entmagnetisirung“ zwischen 3 und 6. Besonders ist noch der oben besprochene Einflufs von m (Verhältnifs von Länge : Durchmesser) bei stabförmigen Magneten, sowie des Luftschlitzes bei anders gebildeten magnetischen Kreisen, zu berücksichtigen, welcher Einflufs zahlenmäfsig als Entmagnetisirungsfactor eingeführt zu werden pflegt. Versuche am obengenannten Wolframstahl haben ergeben, das die remanente spec. Induction von $B = 10000$ bei praktisch verschwindender Entmagnetisirung, auf $B = 8800$ für $m = 30$ und auf 5400 für $m = 15$ herabsank, woraus zu entnehmen ist, dafs es sich nicht empfiehlt, für starke Magnete m kleiner als 30, d. h. bei stabförmigen Magneten mit kreisförmigem Querschnitt die Länge kleiner als den 30fachen Durchmesser zu wählen.

---

* Magnetisirung und Hysteresis einiger Eisen- und Stahlsorten von H. du Bois und E. Taylor Jones. „E T Z.“ 1896, S. 545.

Mikroskopie und Betrieb.

Von **A. Ledebur.**

Etwa zwanzig Jahre sind verflossen, seit durch Martens die ersten planmäfsigen und von Erfolg gekrönten Versuche gemacht wurden, durch Betrachtung geschliffener, unter Umständen auch nach dem Schleifen geätzter oder in anderer Weise zugerichteter Flächen von Eisenproben mit dem Mikroskop die innere Eigenart des gewerblich dargestellten Eisens zu erforschen, seine nebeneinander abgelagerten Bestandtheile zu unterscheiden. Seitdem sind zahlreiche Forscher Martens' Beispiel gefolgt. Neben werthlosen Schlacken ist manches werthvolle Metallkorn gewonnen worden, und aus jenen ersten Versuchen hat sich ein Zweig der Wissenschaft entwickelt, der auch die Untersuchung anderer Metalle in seinen Bereich gezogen hat und hoffentlich noch manche gute Frucht tragen wird.

Dennoch steht die Mehrzahl der Fachleute ziemlich gleichgültig, zum Theil zweifelnd, diesem Forschungsgebiete gegenüber. Manche Gründe lassen sich dafür auffinden. Die Zurichtung der Proben erheischt Geduld, Umsicht und Erfahrung; das Gleiche gilt von der Betrachtung der zugerichteten Proben. Ein Neuling wird hier leicht ganz andere Dinge sehen, als ein in diesen Arbeiten geübter Mann. Nicht immer entspricht der Erfolg dieser Mühen den gehegten Erwartungen. Insbesondere gilt dieses von den Schlufsfolgerungen, die sich aus der Betrachtung des Kleingefüges auf das mechanische Verhalten bestimmter Eisentheile ziehen lassen. Wenn einige Metallurgen schon vor Jahren die Erwartung hegten, dafs die Mikroskopie nunmehr auf den Eisenwerken bald die gleiche, vielleicht noch höhere, Bedeutung als die chemische Untersuchung zur Ueberwachung des Betriebes besitzen werde, so hat sich diese Erwartung als trügerisch erwiesen. Ich glaube auch nicht, dafs das Ziel in absehbarer Zeit erreicht werden wird. Erschwert wird aber auch das Verständnifs dessen, was bereits errungen worden ist, und abgekühlt wird die Theilnahme für die weitere Forschung durch den Umstand, dafs die verschiedenen Beobachter keineswegs schon ganz einig über die Bedeutung des Gesehenen sind, und dafs sie für gleiche Dinge mitunter verschiedene Bezeichnungen anwenden, welche zwar meistens recht gelehrt klingen, aber vielleicht gerade deshalb Manchen an die Klage des Schülers im Faust erinnern, als Mephisto ihm räth, Alles lernen zu reduciren und gehörig zu klassificiren.

Der Versuch, noch andere Benennungen einzuführen, welche vielleicht besser als die bisherigen dem Wesen der benannten Dinge entsprächen, würde vorläufig nur noch mehr Verwirrung erzeugen. Ich beschränke mich darauf, kurz über die gewählten Namen und ihre Auslegung zu berichten, indem ich auf die ausgezeichnete Arbeit Osmonds: „Méthode générale pour l'analyse micrographique des aciers au carbone", aus welcher bereits in »Stahl und Eisen« 1895, Seite 954, von berufener Feder ein Auszug gegeben war, ferner auf einen von Sauveur auf der Versammlung der amerikanischen Bergingenieure im September vorigen Jahres gehaltenen Vortrag: „The microstructure of steel" und auf zwei Vorträge Steads: „Microscopic metallography" und „Micro-Mechanical examination of old steel rails and tyres", veröffentlicht im »Journal of the West of Scotland Iron and Steel Institute«, vol. IV, p. 23 und 25, mich stütze.*

Bei der Betrachtung der entsprechend vorgerichteten Schliffflächen des kohlenstoffhaltigen Flufseisens glauben einige Mikroskopiker vier, andere sogar fünf verschiedene Bestandtheile zu entdecken.

1. Den Ferrit, angeblich kohlenstofffreies Eisen, in welchem aber möglicherweise Silicium, Phosphor und andere Körper gelöst sein können. Nach Sauveur bildet der Ferrit in kohlenstoffarmem Eisen polyedrisch-körnige Anhäufungen mit eingeschlossenen Krystallen des regelmäfsigen Systems, im mittelharten Stahl Adern, welche die übrige Masse durchsetzen, und im Stahl mit mehr als 0,8 v. H. Kohlenstoff verschwindet er gänzlich.

2. Jenes Carbid Fe_3C, dessen Anwesenheit und chemische Zusammensetzung früher durch Abel und Müller, neuerdings in der Physikalisch-technischen Reichsanstalt durch Mylius, Foerster und Schoene** auf chemischem Wege zweifellos nachgewiesen wurde. Es durchsetzt bei gröfserem Kohlenstoffgehalte des Eisens als scharf gesonderter Bestandtheil das übrige Metall und bildet bei geringerem Kohlenstoffgehalte kurze, von der Hauptmasse umschlossene und nicht zusammenhängende Adern. Durch grofse Härte zeichnet es sich vor der Hauptmasse aus, so dafs es beim Schleifen erhaben hervortritt, sich hierdurch von dem weichen Ferrit unterscheidend. Professor Howe hat ihm den Namen Cementit gegeben, und verschiedene andere Mikroskopiker, z. B. Osmond und Sauveur,

* Auch der Bericht von Martens: „Mikroskopie der Metalle" auf dem Ingenieur-Congrefs zu Chicago 1893, in »Stahl und Eisen« 1894, Seite 759, sowie die ergänzenden Bemerkungen dazu im Jahrgang 1895, Seite 537, mögen hier in Erinnerung gebracht werden.

** »Zeitschrift für anorganische Chemie« 1896, Band XIII, Seite 38.

haben die Benennung übernommen. Nach Sauveur kommen Ferrit und Cementit als selbständig ausgebildete Körper niemals nebeneinander vor, sondern sie vereinigen sich, wenn sie gemeinschaftlich entstehen, zu dem hierunter benannten dritten Bestandtheile.

3. Einen perlmutterartig glänzenden Bestandtheil, von Howe Perlit, von Osmond Sorbit (nach dem englischen Forscher Sorby) genannt. Eine mindestens 300malige Vergröfserung ist nach Sauveur zur Erkennung nothwendig; er erscheint dann theils blättrig, theils körnig. Blättriger Perlit soll (nach Sauveur) im ausgeglühten oder wenigstens ruhig abgekühlten, körniger Perlit in solchem Stahl auftreten, welcher noch während des Abkühlens geschmiedet wurde. Ueber die chemische Beschaffenheit dieses Körpers ist man noch nicht im Reinen; einige Forscher betrachten ihn lediglich als ein Gemenge der unter 1 und 2 genannten Bestandtheile, andere, unter ihnen Osmond, stellen diese Ansicht in Frage, ohne jedoch bestimmt anzugeben, woraus nun der Perlit (Sorbit) bestände. Nach Sauveur ist Perlit in jedem ungehärteten Stahle zugegen, und sein Gehalt nimmt mit dem Kohlenstoffgehalte zu. Wenn der Stahl 0,8 v. H. Kohlenstoff enthält, soll die ganze Masse aus Perlit bestehen; steigt der Kohlenstoffgehalt über diese Grenze, so soll der Perlitgehalt mehr und mehr abnehmen und durch das Carbid, Fe_3C (Cementit), ersetzt werden. Hiernach enthielte Perlit 0,80 v. H. Kohlenstoff und bestände aus 12 Theilen Cementit (Fe_3C) und 88 Theilen Ferrit ohne Kohlenstoff.

4. Kohlenstoffhaltiges Eisen mit wechselndem Kohlenstoffgehalte, welcher in der Form geblieben ist, die er im flüssigen Eisen besafs, d. h. einfach im Eisen gelöst, ohne eine engere chemische Verbindung damit einzugehen. Der Bestandtheil tritt um so reichlicher auf, je mehr die Abkühlung beschleunigt wird. Osmond nennt ihn Martensit, Howe Hardenit. Nach Sauveur beträgt der Kohlenstoffgehalt des Martensits 0,12 bis 0,90 v. H. Kohlenstoff, abweichend nach dem Gesammtkohlenstoffgehalte und der Zeitdauer der Abkühlung. Die Ziffern sind durch Rechnung gefunden: man ermittelte auf der vergröfserten Fläche den Gehalt an Ferril, angeblich ohne Kohlenstoff; an Perlit mit angeblich 0,80 v. H. Kohlenstoff; der Rest war Martensit, in welchem nun aller übrig bleibender Kohlenstoff enthalten war. Ob hierbei nicht Irrthümer möglich sind, möge hier unerörtert bleiben. Sorby bezeichnet den Bestandtheil als sehr feinkörnig; Osmond beobachtete auf der geätzten Fläche nadelförmige Krystalle (vergl. Jahrgang 1895 dieser Zeitschrift, Seite 956).

5. Einen von Osmond in mittelharten Stahlsorten beobachteten Bestandtheil, wenn diese bei 690 ° C. abgelöscht worden sind, nachdem sie zuvor auf 825 ° C. erhitzt wurden. Es soll eine Uebergangsform zwischen Ferrit und Martensit bilden und wird von Osmond Troostit genannt. Ueber seine chemische Beschaffenheit ist noch keine Vermuthung aufgestellt worden; andere Forscher scheinen bislang diesen Bestandtheil unbeachtet gelassen zu haben.

Es besteht demnach ein Unterschied zwischen den Anschauungen, welche sich vorwiegend auf die chemische Untersuchung stützen, und denjenigen, welche die mikroskopische Betrachtung als Ausgangspunkt wählen mit dem Zugeständnifs, dafs über die chemische Natur der beobachteten Bestandtheile nur Muthmafsungen angestellt werden können. Der chemischen, in den neueren Handbüchern der Eisenhüttenkunde vertretenen Theorie gemäfs besteht das Eisen, welches frei von Graphit und Temperkohle ist, im wesentlichen aus zwei Bestandtheilen, dem Carbid, Fe_3C, und der Hauptmasse, aus welcher das Carbid beim Erkalten ausschied, und deren Kohlenstoffgehalt theils von dem Gesammtkohlenstoffgehalte des Eisens, theils von der Menge des ausgeschiedenen Carbids abhängt und demnach bei langsamer Abkühlung, welche die Entstehung des Carbids befördert, geringer als bei rascher Abkühlung ist. Im grauen Roheisen tritt zu diesen Bestandtheilen der Graphit, im anhaltend geglühten weifsen Eisen oder kohlenstoffreichen Flufseisen die Temperkohle.

Der mikroskopischen Theorie gemäfs ist zwar das Carbid, Fe_3C, vorhanden; aber nach Sauveur tritt es in selbständig ausgebildeter Form und, alsdann Cementit genannt, nur im Eisen auf, welches mehr als 0,8 v. H. Kohlenstoff enthält, und im kohlenstoffärmeren Eisen vereinigt es sich mit dem beim Erstarren ausscheidenden reinen Eisen, dem Ferrit, zu Perlit. Ferrit erscheint in selbständiger Form nur bei geringerem Kohlenstoffgehalte des Eisens als 0,8 v. H.; neben dem Ferrit erscheint, zumal im gehärteten Stahl, Martensit mit wechselndem Kohlenstoffgehalte, und nach Osmond unter besonderen Verhältnissen, Troostit. Jene „Hauptmasse" der chemischen Theorie ist demnach nicht ein gleichartiger Bestandtheil, sondern sie enthält reines Eisen, den Ferrit, theils selbständig ausgeschieden, theils mit dem Carbide zu Perlit verwachsen, und kohlenstoffhaltiges Eisen von unbestimmter Zusammensetzung (Martensit, Troostit).

Es mufs der Zukunft anheimgestellt bleiben, diese zum Theil noch einander widerstrebenden Ansichten zu klären.

Wenn nun oben erwähnt wurde, dafs die Erfolge der mikroskopischen Untersuchung für den Betrieb bislang noch spärlich geblieben seien, so geziemt es sich um so mehr, solcher Fälle zu gedenken, wo man thatsächlich den Versuch gemacht hat, das Verfahren für die Aufklärung zweifelhafter Vorgänge in Anwendung zu bringen.

Früherer Versuche deutscher Forscher (Martens, Wedding) für diesen Zweck ist schon mehrfach in diesem Blatte Erwähnung geschehen (1886

S. 633 und 815; 1887 S. 82, 235 und 393; 1889 S. 263 und 393; 1891 S. 879; 1892 S. 406, 478, 530 und 672; 1893 S. 974.

Neuerdings berichtete J. E. Stead in seinem oben erwähnten Vortrage über folgende, bei der mikroskopischen Untersuchung alter Schienen und Radreifen gemachten Beobachtungen.

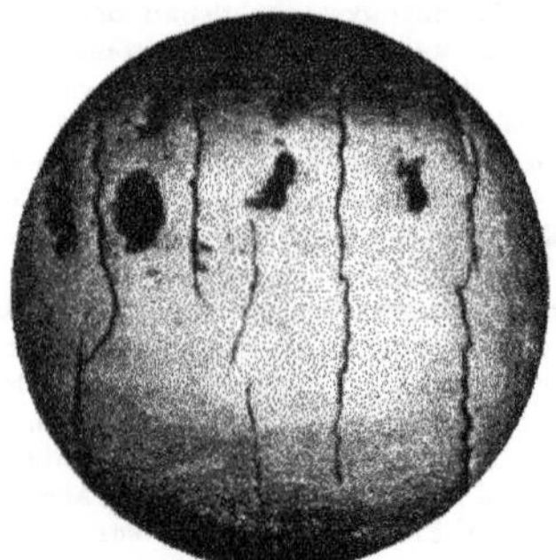

Abbild. 1.

Vor vielen Jahren schon veröffentlichte J. T. Smith, damals Generaldirector der Barrow-Eisen- und Stahlwerke, eine Abhandlung über die Veränderungen, welche Stahlschienen nach langer Benutzung erlitten hätten („Proceedings of the Institution of Civil Engineers“ vol. XLII, p. 69). Er

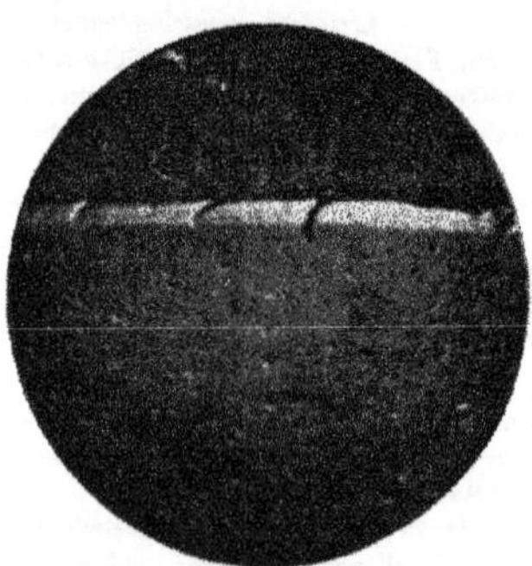

Abbild. 2.

wies nach, dafs solche Schienen mehr oder weniger brüchig geworden waren; obgleich die von dem Stahlwerke neu gelieferten Schienen bei der Schlagprobe starker Beanspruchung widerstanden, zerbrachen sie schon unter verhältnifsmäfsig schwachen Schlägen, nachdem sie einige Zeit in Benutzung gewesen waren. Als besonders brüchig erwiesen sie sich, wenn bei der Schlagprobe der Schienenkopf unten lag, so dafs bei der Schlagwirkung die Kopfseite Zugspannung erleiden mufste. Zugleich lieferte Smith den Beweis, dafs diese Brüchigkeit nur auf die Oberfläche sich beschränkte; nachdem man von der Oberfläche des Kopfes ungefähr 3 mm abgehobelt hatte, hielten die Schienen bei erneuerter Prüfung nahezu die gleiche Beanspruchung aus wie neue. Auch durch Ausglühen der brüchig gewordenen Schienen erhielten diese ihre ursprünglichen guten Eigenschaften wieder. Man scheint jedoch den Beobachtungen des genannten Forschers damals keine Bedeutung beigelegt zu haben. Sie sind ziemlich unbeachtet geblieben.

In dem verflossenen Jahre untersuchte nun Stead eine grofse Zahl alter Schienen. Bei der Schlagprüfung zeigte sich wiederum, dafs, wenn sie auf die Kopfseite gelegt wurden, der Bruch fast regelmäfsig durch einen einzigen Schlag eines

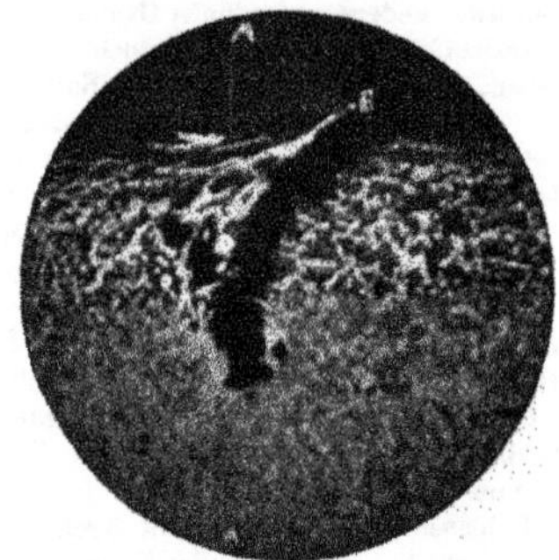

Abbild. 3.

1 t schweren Fallbärs aus 1,5 m (10 Fufs) Höhe herbeigeführt wurde, während sie sich gut bewährten, wenn der Schienenfufs unten lag.

Bei der Betrachtung unter dem Mikroskop zeigte sich, dafs die Kopfoberfläche einiger Schienen mit einer Menge feiner Risse bedeckt war. Die Abbild. 1 zeigt diese Risse von oben gesehen in fünffacher Vergröfserung, Abbild. 2 den Längsschnitt durch mehrere Risse in 10facher und Abbild. 3 den Längsschnitt durch einen solchen Rifs in 60facher Vergröfserung. Die meisten der Risse drangen nicht tiefer als 0,1 mm ein; bei einer ausnahmsweise stark abgenutzten Schiene erreichten einige Risse eine Tiefe von 3 mm, obgleich die Mehrzahl nicht tiefer als 0,25 mm war. An Schienen, welche nur verhältnifsmäfsig kurze Zeit in Benutzung gewesen waren, liefsen sich in keinem Falle solche Risse entdecken, aber trotzdem brachen auch diese Schienen, wenn ihre Köpfe bei der Schlagprobe unten lagen, fast ebenso leicht als die älteren. Mit einer einzigen Ausnahme liefs eine jede abgenutzte Schiene unter dem Mikroskop auf der Durchschnittsfläche eine

Stahlschicht von deutlich geändertem Gefüge erkennen, deren Dicke zwischen 0,1 bis 0,5 mm schwankte und welche bedeutend härter war, als das darunter befindliche Metall. In den Abbild. 2 und 3 ist diese Schicht deutlich sichtbar.

Die Vermuthung lag nahe, dafs die Brüchigkeit der Schienen durch diese harte Schicht veranlafst worden sei. Um Gewifsheit hierüber zu erlangen, entfernte man zunächst vom Kopf der Schienen durch Befeilen eine etwa $^1/_2$ mm starke Schicht und unterwarf dann die Schiene mit dem Kopf nach unten aufs neue der Schlagprobe; sämmtliche Schienen hielten die Schläge des 1-t-Fallbärs aus 3 m (20 Fufs) Höhe aus, ohne Bruch zu erleiden. Sie bestanden dieselbe Probe, welche für neugefertigte Schienen vorgeschrieben war.

Einige Schienen, welche keine Risse an der Oberfläche zeigten, wurden in Hellrothgluth ausgeglüht und nach langsamer Abkühlung derselben Prüfung unterworfen, welche sie nicht minder gut, als jene, bestanden.

Durch senkrechte Sägenschnitte in der Längenrichtung der Schiene trennte man nunmehr dünne Platten ab, von welchen man durch wagerechte Schnitte je einen, die obere harte Schicht enthaltenden Streifen von 0,25 bis 0,60 mm Stärke und einige Streifen aus dem darunter liegenden Metall ablöste. Die Streifen der harten Schicht von solchen Schienen, welche Risse an der Oberfläche besafsen, brachen sämmtlich bei dem geringsten Versuche, sie zu biegen, sofort ab; stammten sie von Schienen ohne Risse, so verhielten sie sich etwa wie hartgezogene Stahldrähte. Sie waren elastisch und konnten um einen ziemlich grofsen Winkel gebogen werden, ohne bleibende Biegung zu erhalten; versuchte man sie bleibend zu biegen, so brachen sie, sofern die Schienenoberfläche auf der convexen Seite sich befand, kurz ab, während sie die Biegung unter verschiedenen Winkeln ertrugen, wenn sie in der entgegengesetzten Richtung gebogen wurden. Dagegen liefsen sich die unterhalb der harten Schicht entnommenen Streifen in allen Fällen um 180° biegen, ohne Bruch zu erleiden.

Die Versuche beweisen, dafs lediglich die an der Oberfläche der Schienen bei der Benutzung entstehende harte Schicht die Ursache der Brüchigkeit ist. Wenn man die Schicht entfernt, oder wenn man sie ausglüht, erhalten die Schienen ihre frühere gute Beschaffenheit wieder; in dem letzteren Falle freilich nur, wenn nicht schon Risse vorhanden waren. Wenn man daher mit Hülfe des Mikroskops nur ein kleines Stück von der Oberfläche der Schiene untersucht, ist man imstande mit Sicherheit anzugeben, ob die Schiene brüchig geworden ist oder nicht.

Der Grund, weshalb schon eine harte Schicht von der geringen angegebenen Stärke die Schiene auch in dem Falle brüchig macht, wo Risse noch nicht vorhanden sind, ist nicht schwer erkennbar. Wenn die Schiene, mit dem Kopf nach unten, Schlägen ausgesetzt wird, mufs sie sich biegen, und die Kopfschicht erleidet Streckung. Ist sie spröde und unnachgiebig geworden, so reifst sie hierbei auf, und der einmal entstandene Rifs setzt sich alsbald weiter durch den ganzen Querschnitt hindurch fort.

Wenn man von Schienen, die im Betriebe gebrochen waren, die Kopfschicht ablöste und prüfte, brach diese bei dem geringsten Versuch, sie zu biegen, ab, und auf den Bruchstellen waren bisweilen Rostflecken erkennbar, welche bis zu einer Tiefe von 0,5 mm hinabreichten. Die Rostflecken liefern den Beweis, dafs schon zuvor Risse vorhanden gewesen waren, und sie geben zugleich die Tiefe dieser Risse an.

Die Rostflecke fehlten bei solchen Schienen, welche zerbrochen waren, ohne dafs zuvor Risse sich gebildet hatten; aber auch bei diesen ergab die Untersuchung deutlich gewisse Eigenthümlichkeiten, welche bei neuen Schienen fehlten. Bei der Betrachtung der Kopfschicht unter dem Mikroskop liefs sich wahrnehmen, dafs diese während des Betriebes eine Verschiebung nach einer bestimmten Richtung erfahren hatte. In den oben gegebenen Abbildungen 2 und 3 ist deutlich die Richtung dieser Verschiebung durch die Richtung der Oberflächenrisse gekennzeichnet; wenn die Risse fehlen, zeigt auch das Gefüge des Stahls die stattgehabte Verschiebung der Krystalle. Der Punkt *B* in Abbild. 3 lag ursprünglich in der Ebene *A A*.

Jene harte, die Schienen brüchig machende Schicht entsteht unter der Einwirkung der über die Schienen stetig wiederkehrend rollenden Züge. Beobachtet man einen rasch laufenden Zug, so wird man finden, dafs die Räder nicht gleichmäfsig auf den Schienen hinrollen, sondern dafs sie hüpfend sich bewegen und dabei die Schienen wie mit Hammerschlägen bearbeiten; bewegt sich dagegen der Zug langsam, so laufen die Räder ruhig auf den Schienen, und jenes Hüpfen hört auf. Werden aber die Bremsen angezogen, so erhalten die Räder das Bestreben zu gleiten und die Oberfläche der Schienen in der Bewegungsrichtung des Zuges zu verschieben. Den nämlichen Erfolg hat jenes Hüpfen der Räder bei grofser Geschwindigkeit. Umgekehrt wirken die Triebräder der Locomotive; die Oberflächenschicht wird rückwärts verschoben. Wahrscheinlich ist es, dafs die Wirkung der grofsen Zahl derjenigen Räder, welche die Schicht in der Zugrichtung verschieben, stärker ist, als die Wirkung der Locomotiv-Triebräder, aber zuverlässige Ermittlungen hierüber fehlen, zumal da nicht immer sich nachweisen liefs, in welcher Richtung die Züge gelaufen waren. Die mikroskopische Untersuchung ausgewechselter Schienen liefs nur die Thatsache erkennen, dafs Verschiebung der Theilchen an der Oberfläche in einer Längsrichtung und auch seitwärts stattgefunden hatte. Dafs ein seitliches Abfliefsen des Stahls an der Oberfläche der Schienen stattfindet, ist bei der Betrachtung alter Schienen oft wahrnehmbar; es haben sich seitliche Bänder gebildet, und die Betrachtung eines Querschnitts von einem solchen Schienenkopf zeigt deutlich, in welcher Richtung das Abfliefsen stattgefunden hat. Solange die Kopfoberfläche noch gewölbt ist, hat der Stahl eine stärkere Neigung, seitlich abzufliefsen, ist die Oberfläche abgenutzt und die Berührungsfläche dadurch vergröfsert, so erfolgt das Fliefsen vorwiegend in der Längenrichtung. Jene mehrfach erwähnten Risse waren nur auf dem Scheitel, niemals an den Seitenflächen des Kopfes, bemerkbar. Erwähnung verdient der Umstand, dafs die stärksten Risse nicht genau in der Mitte des Kopfes, sondern etwas näher an der Innenseite sich befanden, welche der zugehörigen zweiten Schiene zugekehrt war und am stärksten durch die rollende Last beansprucht wird.

Stead erklärt nun den Verlauf der Beeinflussungen, welche die Schiene bis zum Eintritt des Bruches erfährt, folgendermafsen. Solange der Stahl seitlich abfliefsen kann, entsteht noch kein Rifs, aber die beeinflufste Schicht wird härter und ihr Gefüge wird geändert; Probestücke, aus dieser Schicht entnommen, lassen sich noch biegen, aber sie sind trotzdem weniger biegsam, als das darunter liegende Metall. Nicht so unbehindert kann das Abfliefsen in der Längenrichtung stattfinden, obwohl man mitunter am Ende einer herausgenommenen Schiene beobachten kann, dafs in der That eine Streckung der oberen Schicht stattgefunden hat. An der Oberfläche des Schienenkopfes entsteht Spannung, die Theilchen schieben sich übereinander, und die Folge davon ist die Entstehung der feinen Risse auf dem Schienenkopf. Unter der Last der darüber hinrollenden Züge erleidet die Schiene eine wellenartige Bewegung, um so stärker, je mehr ihre Höhe sich verringert; die Folge davon ist, dafs jene Risse tiefer und tiefer werden, und dafs schliefslich die Schiene bricht, wenn eine gelockerte Schienenlasche oder eine schlecht gelagerte Schwelle es ihr ermöglicht, sich zu senken, und der Kopf dabei gedehnt wird.

Stead selbst bezeichnet indefs diese Erklärung nur als vorläufig und nicht als unanfechtbar. Die Mehrzahl der untersuchten Schienen zeigte überhaupt keine Risse; wo aber diese vorhanden waren, erstreckten sie sich über die ganze Länge der Schienen und befanden sich so dicht nebeneinander, dafs der Abstand oft nicht mehr als $^1/_2$ mm betrug. Eine allseitig befriedigende Erklärung kann nur nach sorgfältiger Prüfung einer grofsen Zahl solcher Schienen erlangt werden, deren Lebenslauf bekannt ist. Eine Commission hervorragender Ingenieure, unter denen Sir Lowthian Bell, Professor Roberts-Austen, E. W. Richards und Edward Martin genannt werden, ist zu diesem Zweck gebildet worden.

Man wird Stead gewifs beipflichten, wenn er die mitgetheilten Beobachtungen als einen Erfolg der Anwendung des Mikroskops bezeichnet. Manche Leser werden vielleicht sogar der Meinung sein, dafs der Erfolg wichtiger sei, als die bisher bei dem Suchen nach Ferrit, Cementit und anderen -iten erlangten Erfolge. Jedenfalls ist sein Nutzen deutlicher erkennbar.

Eine andere Veröffentlichung über die Anwendung des Mikroskops zur Entdeckung von Schäden im Eisen und Stahl rührt von A. E. Seaton her und trägt den Titel: „The causes of mysterious fractures in the steel used by marine engineers as revealed by the microscope; London, Institution of naval architects, 1896.“

Im Juni 1895 brach plötzlich und unerwartet eine Welle, welche von einem bekannten, altberühmten Werke aus Martinmetall gefertigt worden war. Die Abbild. 4 zeigt die Art des Bruches. Ihr Kohlenstoffgehalt sollte vorschriftsmäfsig 0,20

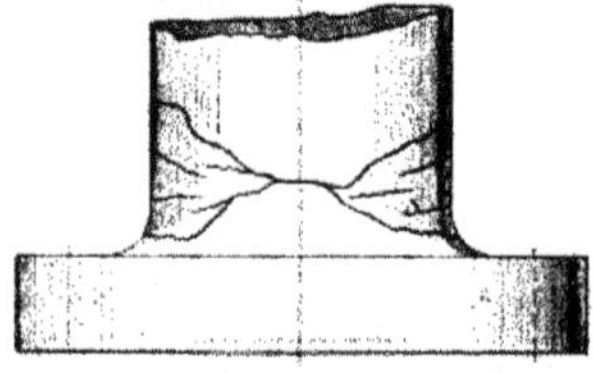

Abbild. 4.

bis 0,25 v. H. betragen, die Zugfestigkeit höchstens 46,8 kg auf 1 qmm (30 t auf 1 Quadratzoll), die Verlängerung 25 v. H. auf 127 mm (5 Zoll) ursprüngliche Länge. Die Welle war vor der Abnahme geprüft worden; auch beim Drehen auf der Drehbank liefsen alle Kennzeichen auf eine vorzügliche Beschaffenheit des verwendeten Materials schliefsen, und während der seit dem Sommer 1883 stattgehabten ununterbrochenen Benutzung war nicht der mindeste Fehler zu entdecken gewesen. Auch bei einer wenige Monate vor dem Bruche stattgehabten genauen Besichtigung deutete kein Anzeichen auf den bevorstehenden Unfall. Um die Ursache des letzteren zu erforschen, wurde ein Stück der zerbrochenen Welle, welches die Hälfte des Wellenquerschnitts, also halbkreisförmigen Querschnitt, besafs, an Professor Arnold in Sheffield gesandt.

Beim Durchbrechen des halbkreisförmigen Stücks in zwei viertelkreisförmige erwies sich der innere Theil der Welle sehr spröde und liefs unregelmäfsig vertheilte graue Flecke erkennen, vermuthlich Saugstellen, beim Giefsen entstanden. Der äufsere Theil dagegen bestand aus gutem, zähem Material.

Eins der Viertelkreisstücke wurde chemisch und mikroskopisch untersucht. Zur Erlangung der Späne für die chemische Untersuchung wurden parallel zur Achsenrichtung der Welle zwei Löcher gebohrt, das eine am Rande, das andere nahe der Mitte der Welle. Die Untersuchung ergab:

	Am Rande	In der Mitte
Kohlenstoff	0,310	0,470
Silicium	0,037	0,031
Mangan	0,828	0,986
Phosphor	0,058	0,167
Schwefel	0,055	0,150

Die beträchtlichen Unterschiede in der chemischen Zusammensetzung aufsen und innen lassen schliefsen, dafs der Block, aus welchem die Welle geschmiedet war, sehr heifs gegossen war und infolge davon stark gesaigert hatte. Der Kohlenstoffgehalt des innern Theils ist um etwa die Hälfte, der Phosphor- und Schwefelgehalt dreimal gröfser als der des

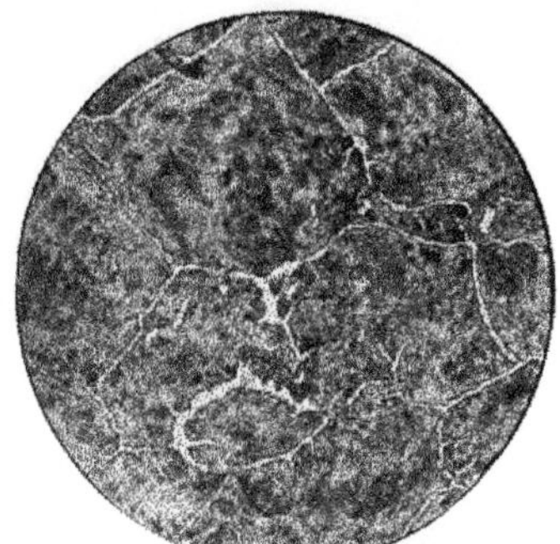

Abbild. 5.

Randes. Jedenfalls ergiebt sich, dafs auch die durchschnittliche Zusammensetzung ungünstig und der Stahl zu hart für den ins Auge gefafsten Zweck war.

Dicht neben den beiden Stellen, wo man die Bohrspäne für die chemische Analyse entnommen hatte, wurden nun Proben für die mikroskopische Untersuchung abgelöst.

Die Abbild. 5 und 6 zeigen eine Probe aus der Mitte, und zwar Abbild. 5 in 23 facher, Abbild. 6 in 170 facher Vergröfserung. Die grauen Stellen, welche den Haupttheil des Feldes ausmachen, bestehen nach Arnolds Ansicht aus kohlenstoffhaltigem Eisen (dem Perlit Howes), in welchem Körner und Adern des Carbids (des Cementits Howes)* unregelmäfsig vertheilt sind; die weifsen Stellen bezeichnet Arnold als reines Eisen (Ferrit).

* Nach Sauveur dagegen soll, wie oben erwähnt worden ist, Cementit erst bei mehr als 0,8 v. H. Kohlenstoffgehalt selbständig auftreten.

Seiner Meinung nach besteht demnach das Metall im wesentlichen aus Zellen kohlenstoffhaltigen Eisens, welche ein theilweise zerissenes Netz von reinem Eisen umgeben und scharf von diesem gesondert sind. Abbild. 6 zeigt eine Stelle, wo die Ecken dreier solcher Zellen kohlenstoffhaltigen

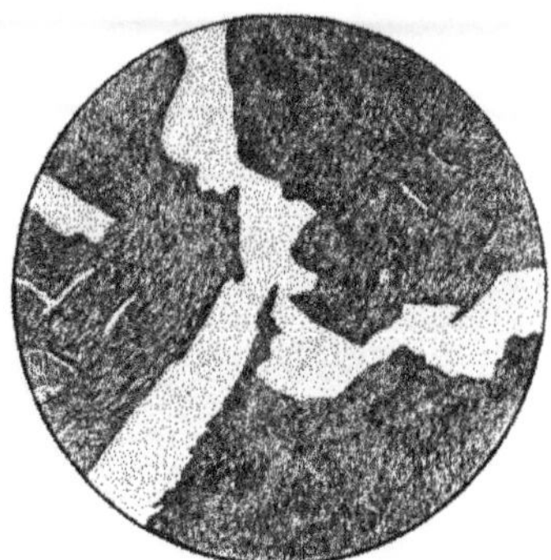

Abbild. 6.

Eisens zusammentreten. Eine solche Stelle ist stets mehr oder weniger spröde. Die scharfe Sonderung der Bestandtheile erzeugt Neigung, unter dem Einflufs von Erschütterungen zu zerspringen. Eine andere Ursache der Sprödigkeit in diesem Falle ist der Umstand, dafs das kohlen-

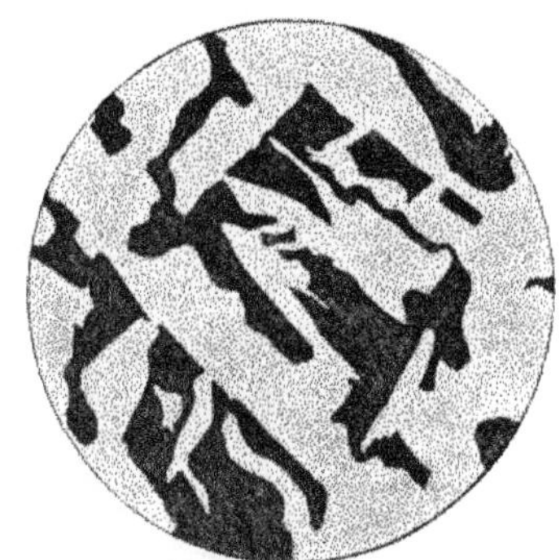

Abbild. 7.

stoffhaltige Eisen vorwiegt, was bei der Verwendung des Materials zu Schraubenwellen niemals der Fall sein sollte.

In Abbild. 7 ist eine Probe vom Rande in 170 maliger Vergröfserung dargestellt. Ein Vergleich mit der Abbild. 6 zeigt deutlich den Unterschied. Hier wiegt das reine Eisen vor; die ganze Masse besteht thatsächlich aus reinem Eisen, in welchem Adern des kohlenstoffhaltigen Eisens unregelmäfsig zerstreut sind. Trotzdem gewährt das Ganze kein befriedigendes Aussehen; die Trennungslinien zwischen weichem und hartem Eisen sind scharf ausgebildet ohne allmähliche Uebergänge, welche die Sprödigkeit mindern. Die

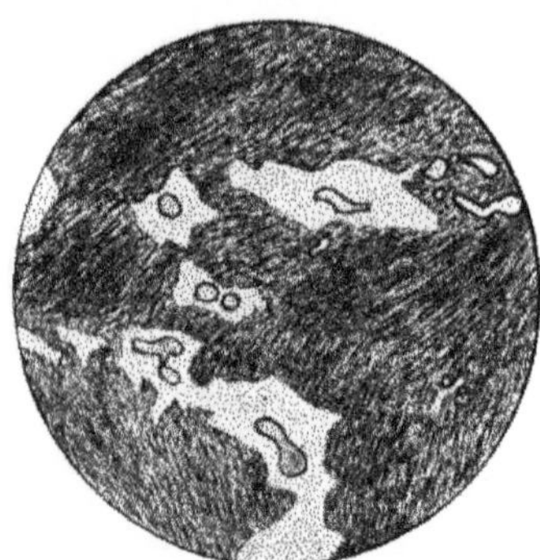

Abbild. 8.

gleiche Erscheinung zeigt sich bei nicht geglühten Stahlgufsstücken; man darf, wie Arnold meint, schliefsen, dafs in diesem Falle der Block beim Schmieden der Welle zu wenig Arbeit empfangen hatte.

Leicht erkennbar unter dem Mikroskope ist nach Arnold das Eisensulphid, selbst wenn es nur

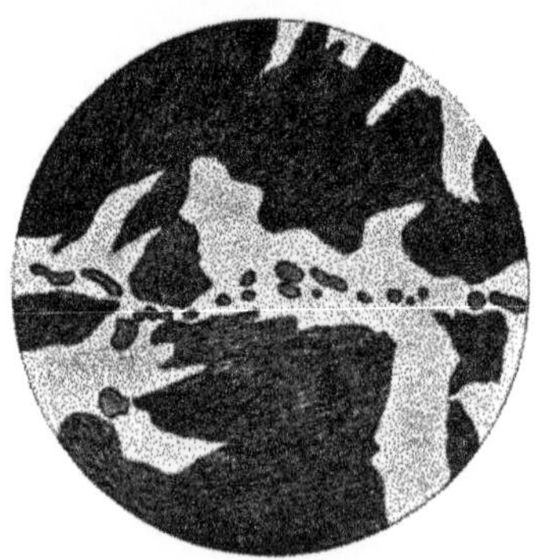

Abbild. 9.

in kleinen Mengen zugegen ist. Es tritt in abweichenden Formen auf, welche in verschieden starkem Mafse die Haltbarkeit der ganzen Masse schädigen. Wegen seiner niedrigen Schmelztemperatur bleibt es flüssig oder halbflüssig, nachdem die übrigen Bestandtheile bereits erstarrt sind, und es kann unter ungünstigen Verhältnissen sehr nachtheilige Einflüsse ausüben. Die Abbild. 8, 9 und 10, Proben aus der Mitte der Welle in 170maliger Vergröfserung darstellend, zeigen drei verschiedene Formen, unter welchen das Sulphid in dem vorliegenden Falle auftrat. In Abbild. 8 tritt es dem Beschauer in Form einzelner getrennter Kügelchen entgegen; in Abbild. 9 bildet es kleinere, unregelmäfsig in einer Reihe angeordnete Kügelchen; in Abbild. 10 erscheint es in Form länglicher, sich aneinander reihender Streifen; in dieser Form ist es nach Arnold am gefährlichsten.

Gewöhnlich, wenn auch nicht immer, tritt das Sulphid innerhalb der Masse des reinen Eisens auf. Sein Zusammenhang mit dem umgebenden Metall ist unbedeutend, und es ist wahrscheinlich, dafs es, wo es auftritt, einen durch einen mikroskopisch kleinen Spalt von dem umhüllenden Metalle getrennten Kern bildet. Gut ausgebildete Absonderungen des Sulphids, wie in dem vorliegenden Falle, zeigen, wenn sie geätzt werden,

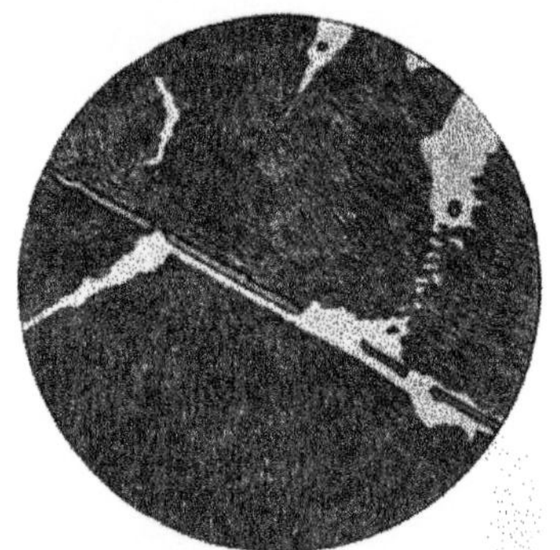

Abbild. 10.

taubengraue Oberfläche mit oft braunen Rändern. Die Ränder bestehen vermuthlich aus Rost, welcher in den erwähnten Spalten zwischen dem Sulphide und dem Muttereisen beim Aetzen sich gebildet hatte und beim Trocknen nicht wieder entfernt wurde. Diese braunen Ränder lassen die Sulphide besonders deutlich erkennen. Die Abbildungen zeigen sämmtlich Querschnitte; es ist sehr wahrscheinlich, dafs bei der Betrachtung von Längsschnitten jene in Abbild. 8 und 9 sichtbaren Kügelchen als Adern, wie in Fig. 10, sich darstellen würden, welche die Haltbarkeit der Welle ebenso wie vorhandene kleine Risse zu beeinträchtigen vermögen.

Arnold schliefst aus den mitgetheilten Beobachtungen, dafs das Innere der Welle verschiedene Mängel besafs, welche wohl die Veranlassung zum Bruche, dessen nähere Umstände nicht bekannt geworden sind, gegeben haben können. Diese Mängel waren die fehlerhafte chemische Zusammensetzung, deren Einflufs noch durch die stattgehabte Saigerung verstärkt wurde; Saugstellen; ungünstige Vertheilung der durch das Mikroskop wahrnehmbaren Bestandtheile. Nach Seatons Ansicht lassen die von Arnold bewirkten Ermittlungen auf eine Neigung aller aus Flufseisen gefertigten Wellen schliefsen, von innen her zu reifsen; sind hier Risse entstanden, so dehnen sie sich, ohne bemerkt werden zu können, nach und nach bis zur Aufsenfläche hin aus, bis der Bruch erfolgt. Daher sei das Ausbohren der Welle, wie es bei der englischen Admiralität üblich ist, ein wirksames Mittel zur Erhöhung der Sicherheit, indem dadurch gerade derjenige Theil entfernt wird, von welchem die Zerstörung häufig ausgeht.

Auch wenn man nicht geneigt sein sollte, den mitgetheilten Ausführungen Arnolds und Seatons in allen Einzelheiten beizupflichten, — mir selbst scheinen die Behauptungen über das Wesen der beobachteten Bestandtheile noch des zuverlässigen Beweises zu bedürfen —, verdienen sie immerhin die Beachtung Derjenigen, welche das Mikroskop zur Aufklärung der Ursachen stattgehabter Brüche benutzen wollen. Das war der Grund, weshalb auch sie hier eine Stelle fanden.

Die Entwicklung der Roheisenindustrie Grofsbritanniens.

Vom Hütteningenieur **Oscar Simmersbach** zu Harzburg.

(Schlufs von Seite 270.)

Cowper gab 1883 auf dem Meeting des „Iron and Steel Institute" eine durch Einführung seines Winderhitzungsapparates* erzielte Koksersparnifs von 20 % f. d. Tonne Roheisen an und desgleichen eine Erzeugungserhöhung von rund 20 %. Ersterer Vortheil erklärte sich 1. durch die erhöhte Temperatur infolge der von dem warmen Winde mitgebrachten Wärme, welche nicht aus dem Schmelzraum entnommen zu werden braucht, so dafs eine Abkühlung vermieden wird; 2. durch die gröfsere Verwandtschaft des Sauerstoffs der heifsen Luft zum Kohlenstoff und 3. durch die gröfsere Fähigkeit des heifsen Windes, den Brennstoff vollständig und schnell zu durchdringen, wodurch die Reductions- und Schmelzzone tiefer gelegt wird und die heifsen Gase demgemäfs wegen des längeren Weges eher ihre Wärme an das Erz abgeben können. Der zweite Vortheil ergab sich daraus, dafs die höhere Temperatur einen höheren Erzsatz zuliefs, wie die Tabelle von W. Hawdon zeigt; andererseits lassen sich auch mit erhitztem Winde Ansätze im Hochofen besser und schneller entfernen, als bei kaltem Winde, der Ofengang erscheint also regelmäfsiger. Auch brauchte man zum Anblasen des Ofens weniger Zeit als früher.

1828 Schottland (Clyde).

1840—1850 Gewöhnliche Hochöfen in Schottland.

Rauminhalt 150 bis 160 cubm.

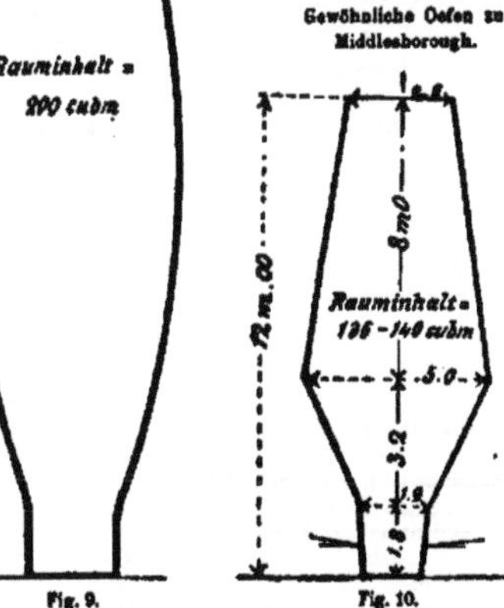

Fig. 7. Fig. 8. Fig. 9. Fig. 10.

Fig. 7. Nach Ledebur, „Stahl und Eisen" 1896, S. 510. Fig. 8 bis 10. Nach M. L. Gruner, „Annales des Mines" 1861/62.

* Nähere Angaben über englische Winderhitzer siehe Lürmann, „Stahl und Eisen" 1883, S. 32 ff.

Des Weiteren suchte man auf die Erniedrigung der Roheisen-Selbstkosten bezw. des Koksverbrauchs durch **Vergröfserung und Verbesserung der Abmessungen und Einrichtungen der Hochöfen** einzuwirken. Ausgehend von der Erkenntnifs, dafs die heifsen Ofengase um so besser ausgenutzt werden, einen je längeren Weg sie zurückzulegen haben, gab man den Hochöfen eine **gröfsere Höhe und einen gröfseren Rauminhalt.** Es verringerte sich hierdurch z. B. auf der Clarence-Hütte* der Koksverbrauch von 1450 kg f. d. Tonne Roheisen auf 1124 kg, wobei der Rauminhalt von 170 cbm auf 350 cbm gewachsen war und die Gesammthöhe von 14,60 m auf 24,40 m, zugleich erhöhte sich das tägliche Ausbringen von 30 t auf 38 bis 40 t, wie nachstehende Tabelle nach Gruner ausführlicher darlegt.

	Hochofen der Clarence-Hütte 1858	1866
Inhalt	170 cbm	350 cbm
Gesammthöhe	14,60 m	24,40 m
Tägliche Erzeugung	30 t	38—40 t
Rauminhalt f. d. Tonne in 24 Std. erzeugten Roheisens	5 cbm 6	8 cbm 6
Klassification des Roheisens . .	3—4	3—4
Erzverbrauch f. d. Tonne Roheisen	2240	2240
Kalkstein „ „ „ „	800	683
Koks „ „ „ „	1450	1125
Windtemperatur	485	485
Temperatur der Gichtgase . .	452	332
$\frac{CO_2}{CO}$	0,387	0,6365

* Agendas Dunod Nr. 2, Mines, Exploitation, Métallurgie, Paris 1879.

Die so erzielten Vortheile gaben Veranlassung, immer gröfsere Oefen zu bauen, besonders in Cleveland. Bolkow und Vaughan hatten 1868 einen Ofen von 29 m Höhe und Ferryhill 1870 sogar einen von 33 m Höhe errichtet. Der Rauminhalt stieg z. B. zu Ormesby 1867 auf 584 cbm, zu Middlesborough 1868 auf 736 cbm, Clarence 1870 auf 700 cbm, Ferryhill 935 cbm 1870 und Ormesby 1870 sogar auf 1165 cbm. Als jedoch mit dieser gewaltigen Steierung des Rauminhaltes sich eine gleichmäfsig anwachsende Brennstoffersparnifs nicht erzwingen liefs, vielmehr der Koksverbrauch sich nur wenig unbedeutender stellte, ging man bei Neuanlagen wieder zu kleineren Ofenabmessungen zurück. Die Figuren 11 bis 20 geben einen Ueberblick über die englischen Hochofenprofile in diesem Jahrhundert.*

Bei Betrachtung der einzelnen Hochöfen fällt besonders die **Erweiterung der Gicht** auf. Es hatte dies den Vortheil, dafs die Beschickung durch starkes Ausbreiten nach unten sich nicht mehr so verschob, wie bei enger Gicht, und der Ofengang regelmäfsiger wurde. Da die Erze ge-

* Ueber die älteste überlieferte Zeichnung eines englischen Hochofens, herstammend aus dem Jahre 1678, berichtet Dr. L. Beck in seiner „Geschichte des Eisens", III. Abtheilung, S. 132; derselbe Verfasser bringt nach Schwedenburg die Beschreibung der Hochöfen bei Stourbridge in Staffordshire aus dem ersten Drittel des 18. Jahrhunderts. Dieselben waren 7,93 m hoch. Eine Abbildung eines Hochofens aus Sussex vom vorigen Jahrhundert wird in genanntem Werke, III. Abth., S. 155, ebenfalls nach Schwedenburg wiedergegeben.

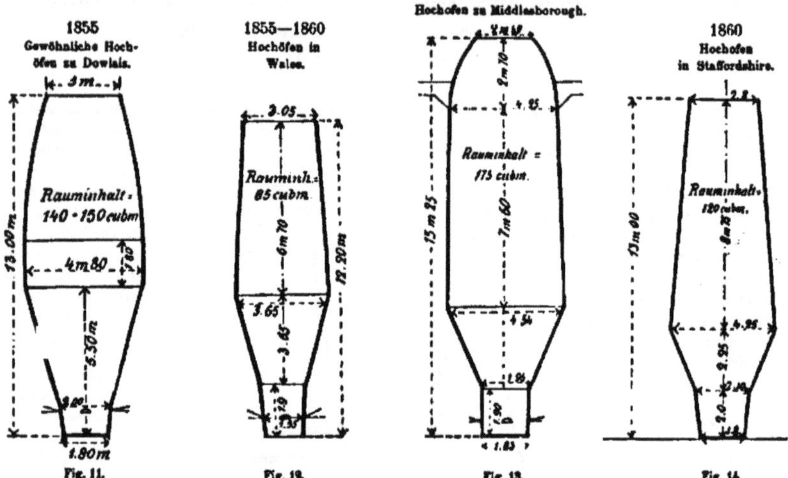

Fig. 11. Fig. 12. Fig. 13. Fig. 14.

Fig. 11 bis 14. Nach M. L. Gruner, „Annales des Mines" 1861/62.

röstet und die Steinkohle stets in großen Stücken aufgegeben wurde und demgemäß die Materialien sehr locker lagen, so war keine Gefahr vorhanden, daß der Wind die Schmelzsäule zu schwierig durchdringen könnte.

Fernere Vergünstigungen brachte die Einführung der **Lürmannschen Schlackenform** mit sich, das Ausbringen sich erhöhte, da an Blasezeit gewonnen und zugleich die Möglichkeit gegeben wurde, eine stärkere Pressung anzuwenden, ohne das Hinauswerfen der Beschickung befürchten zu müssen.

Nicht so schnell fand eine **Verwerthung der Hochofengase zur Winderhitzung u. s. w.**

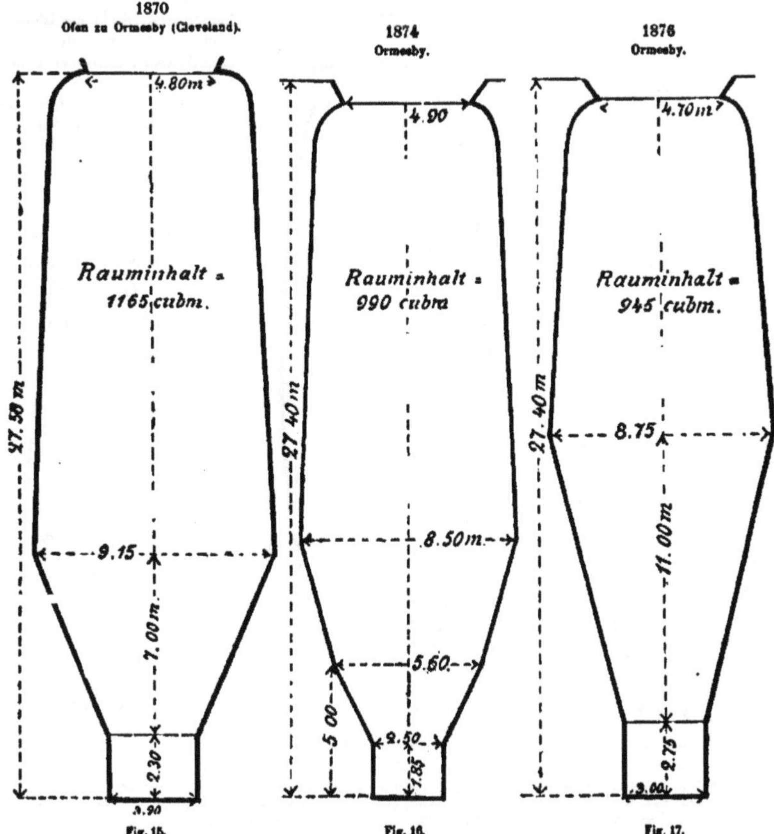

Fig. 15. Fig. 16. Fig. 17.

Fig. 15. Nach Ledebur, Eisenhüttenkunde. Fig. 16 und 17. Nach C. Cochrane, Vortrag vor dem Meeting der Mechanical Engineers in Leeds am 15. August 1882. Vergl. „Stahl und Eisen" 1882, Seite 434.

welche schon 1869* auf den Old parks Iron Works in Shropshire und zu Willenhall in Staffordshire angewandt wurde. Es verringerte sich hierdurch die stets mit einer Abkühlung verbundene Gestellarbeit, wodurch die Ofenhitze mehr zusammengehalten, also an Brennstoff gespart wurde und Eingang. Wenngleich die Hochofengase schon 1792* auf der Devonhütte in Schottland von Cristie zur Heizung von Kalkbrennöfen und anderen Oefen, die dem Hochofenbetrieb selbst fernstanden, verwendet wurden, so könnte

* „Berggeist" 1869, S. 558.

* A. Gurlt, „Bergbau und Hüttenkunde", 2. Aufl. S. 121.

die Benutzung der Gichtgase zur Winderhitzung und Dampfkesselfeuerung sich erst seit 1845 Bahn brechen; selbst bis 1860 verzichtete man in Schottland und Staffordshire noch darauf, weil man annahm, dafs sich die Gase nur auf Kosten des Ofenganges benutzen liefsen. Diese Ansicht erklärt sich insofern, als man damals einerseits die Gichtgase dem Hochofen von einer zu tiefen Stelle entzog, andererseits äufserst mangelhafte Gasfänge besafs. Im Jahre 1850* wandte man zuerst auf den Ebbw Vale-Eisenwerken den Parry-schen Gasfang an, der seitdem vorzugsweise bei den englischen Oefen sich vorfindet. Nachdem man aber einmal den Werth der Hochofengase erkannt hatte, schritt man auf diesem Wege der Verbilligung der Roheisen-Selbstkosten immer weiter voran und suchte auch die Nebenerzeugnisse aus den Gichtgasen zu gewinnen. Die erste Anlage zur Gewinnung der in den Hochofengasen enthaltenen Producte wurde 1881 zu Gartsherrie gebaut; heute haben die gröfseren mit Rohkohle blasenden Hochofenwerke meist alle derartige Einrichtungen. Die Gewinnung der Nebenproducte erfolgt hierbei entweder mit oder ohne Anwendung von Säuren.

Eine der neuesten Anlagen haben (seit 1894) die Glengarnockwerke* in Schottland, nach dem System Dempster gebaut, welches gewissermafsen nur auf Abkühlung beruht. Die Gase der Oefen werden von der Gicht durch Röhren (5 Fufs Durchmesser) in ein gemeinschaftliches Sammelrohr (2,438 m) geführt; sie treten mit einer Temperatur von 200 bis 260° C. in das Hauptleitungsrohr ein und werden durch Staubsammler und Condensatoren auf 16° C. abgekühlt. Aus den Condensatoren (360 Rohre, 16,76 m × 508 mm Durchmesser) wird das Gas durch Saugmaschinen angesaugt und nach den Waschern (Scrubbers

1880
Ormesby.

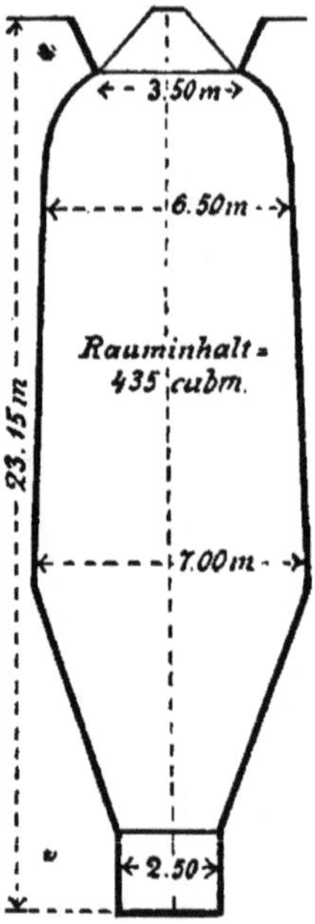

1887
Newport (bei Middlesborough).

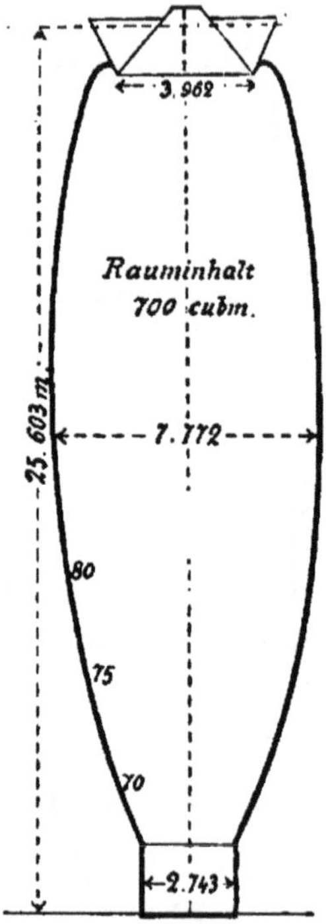

1895
Glengarnock (Schottland).

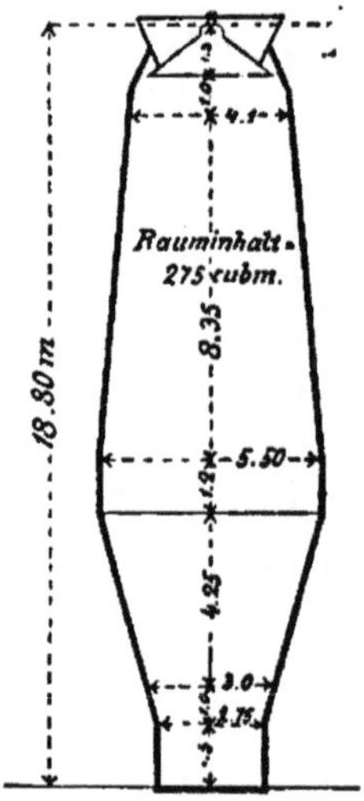

Fig. 18. Fig. 19. Fig. 20.

Fig. 18. Nach C. Cochrane, Vortrag vor dem Meeting der Mechanical Engineers in Leeds am 15. August 1882. Vergl. „Stahl und Eisen“ 1882, Seite 434. Fig. 19. Nach Sir B. Samuelson, Vortrag vor dem Iron and Steel Institute 1887. Vergl. Lürmann, „Stahl und Eisen“ 1887, Seite 36. Fig. 20. Nach Iron and Coal Trades Review vom 28. August 1896.

* Ledebur, „Eisenhüttenkunde“, S. 374.

* „Iron and Coal Trades Review“ 1896, S. 281 u. S. 418.

32 m hoch, 5,5 m Durchmesser) getrieben. Das durchschnittliche Ausbringen betrug f. d. Tonne Steinkohle 9,5 kg Sulphat, 50 kg Theer und 32 bis 36 l Oel. Es ist hierdurch den englischen Hochöfen eine nicht zu unterschätzende Verminderung der Selbstkosten des Roheisens gewährleistet, die für uns Deutsche vergleichsweise um so mehr ins Gewicht fällt, als wir einen entsprechenden Vortheil etwa durch Gewinnung der Nebenerzeugnisse der Koksofengase nur bei sehr wenigen neueren Hochofenwerken aufzuweisen haben.

Beim Rückblick auf vorstehende Ausführungen drängt sich unwillkürlich die Erscheinung auf, unter welch günstigen Aussichten Englands Roheisenindustrie sich entwickeln und zur Herrschaft gelangen konnte. Deutschlands Eisenhüttenwesen hat sich unter weit schwierigeren Verhältnissen emporarbeiten müssen, und wenn wir heute auf derselben Höhe stehen, wie die Hochofenindustrie Grofsbritanniens, so liegt das weniger an niedrigeren Kosten für Rohmaterialien, geringeren Löhnen oder billigeren Tarifen und besseren Verkehrseinrichtungen, als vielmehr an demselben Umstande, der das einstige „Brandmal“ made in Germany heute zum vielbegehrten Erkennungszeichen umgeschaffen hat. —

Handwerksorganisation und Industrie.

Wie bekannt, hatte der im Preufsischen Handelsministerium ausgearbeitete Entwurf einer Handwerksorganisation auch in mehrfachen Beziehungen die Interessen der Industrie berührt. Es war das auch nicht anders möglich, sobald das Handwerk eine bestimmte Abgrenzung erfahren sollte; denn die Grenze mufste immer auf der einen Seite die Industrie berühren. Der Entwurf über die Handwerksorganisation, wie er schliesslich vom Bundesrath dem Reichstage unterbreitet ist, weist gegenüber dem preufsischen manche Abänderung auf. Jedoch die Industrie berührt auch er in verschiedenen Richtungen und zwar nicht blofs, weil die Abgrenzung gegenüber der Industrie aufrecht erhalten ist.

Es wird gegenwärtig sehr viel darüber geschrieben, und namentlich die Presse, welche dem corporirten Handwerk nahe steht, thut dieses, dafs der Bundesrath den Preufsischen Gesetzentwurf vollständig umgestaltet und damit den Wünschen der Kreise, welche auf Zwangsinnung und Befähigungsnachweis hinarbeiten, entgegengewirkt habe. Es läfst sich durchaus nicht bestreiten, dafs die Frucht der Arbeiten des Bundesraths derartig geworden ist, dafs selbst, wenn die verbündeten Regierungen es nicht besonders erklärt hätten, an die Einführung eines Befähigungsnachweises auf Grund der jetzt in Aussicht genommenen Organisation des Handwerks nimmermehr zu denken ist. Trotzdem wird bei allen diesen Erörterungen verkannt, dafs auch der Preufsische Entwurf im Grunde genommen nicht den Wünschen der Anhänger der Zwangsinnung entsprochen hatte. Auch der Preufsische Entwurf enthielt eine Bestimmung, wonach die Zwangsinnung nicht errichtet werden sollte, wenn eine gröfsere Anzahl der in Betracht kommenden Handwerksmeister sich dagegen erklärte. Allerdings war dies nicht eine gesetzlich festgelegte Bestimmung und es wurde nicht direct die Bedingung aufgestellt, unter welcher die Ablehnung der Errichtung der Zwangsinnung erfolgen müfste, aber in das Belieben der Verwaltungsbehörde war der Gebrauch dieser Befugnifs gelegt. Es war damit allen denjenigen Behörden und namentlich den süddeutschen, welche der freien Vereinigung den Vorzug geben, die Möglichkeit gewährt, die Errichtung von Zwangsinnungen zu verhindern. Der jetzt dem Reichstage vorliegende Gesetzentwurf hat die Befugnifs den Händen der Behörden entwunden und gesetzlich fixirt, wann und unter welchen Umständen die Zwangsinnung nicht errichtet werden darf. Es ist demnach nicht ganz richtig, wenn man in der dem corporirten Handwerk nahestehenden Presse davon spricht, dafs der Preufsische Gesetzentwurf die obligatorische und der Bundesrathsentwurf die facultative Zwangsinnung zur Grundlage habe. Facultativ ist die Zwangsinnung auch von dem Preufsischen Gesetzentwurf ins Auge gefafst gewesen, nur dafs dieser Charakter in dem Entwurf weniger zum Ausdruck kam. Allerdings ist ein grofser Unterschied insofern zwischen beiden Entwürfen zu constatiren, als die Willkür der Behörden beseitigt ist. Der letztere Umstand wird sicherlich, wenn die Zwangsorganisation thatsächlich eingeführt werden sollte, eine bedeutende Aenderung in den Folgen der gesetzlichen Bestimmung hervorrufen.

Das wird sich auch bei dem Hauptpunkt, der für die Industrie in Betracht kommt, zeigen. Wie schon erwähnt, mufs, wenn das Handwerk eine Abgrenzung erfährt, Stellung gegenüber dem Begriff „Industrie“ genommen werden. Der Preufsische Gesetzentwurf, den der Handelsminister Freiherr von Berlepsch im Sommer 1893 im „Reichsanzeiger“ veröffentlichte, hatte nach dieser Richtung eine ganz zweckmäfsige* Tendenz bekundet. Er

* Diese Ansicht unseres geschätzten Mitarbeiters theilen wir nicht. *Die Redaction.*

enthielt nämlich eine gesetzliche Abgrenzung zwischen Handwerk und Industrie. Allerdings war die Formulirung derselben zu verwerfen. Der Entwurf wollte damals sämmtliche Gewerbetreibende, welche nicht regelmäfsig mehr als 20 Arbeiter beschäftigen, zum Handwerk gerechnet haben. Für manche Gewerbezweige würde diese Abgrenzung zutreffen, für die Mehrzahl aber nicht. Es giebt Gewerbezweige, in denen schon die Beschäftigung von 10 Arbeitern und noch weniger dem Betrieb den fabrikmäfsigen Charakter verleiht. Hat doch auch das Unfallversicherungsgesetz die Arbeiterzahl von 10 als Grenzscheide zwischen Industrie und Handwerk aufgerichtet. Aber so verfehlt auch die Formulirung war, der Gedanke an sich war gesund. Vielleicht wird nicht die Arbeiterzahl, sondern das Anlagekapital das Kriterium für die Unterscheidung abgeben müssen. Leider ist man von dem Gedanken zurückgekommen, und der Preufsische Entwurf, wie er dem Bundesrath unterbreitet wurde, enthält nichts dergleichen. Es wurde in ihm lediglich in das Belieben der Verwaltungsbehörden gesetzt, ob sie einen Industriebetrieb zur Handwerksorganisation zuziehen wollten oder nicht. Das ist auch in dem Gesetzentwurf geblieben, der nunmehr dem Reichstag vorliegt. Wenn etwas die Unzweckmäfsigkeit dieses Vorgehens mildert, so ist es nur der Umstand, dafs infolge des gesetzlichen Verbotes der Errichtung von Zwangsinnungen beim Widerspruch der Mehrheit der Handwerksmeister die Möglichkeit der Errichtung von Zwangsinnungen nicht mehr so umfangreich ist, wie früher. Es tritt aber nunmehr die Frage in den Vordergrund, wie denn der Kreis derjenigen Personen abgegrenzt werden soll, welche ein Urtheil darüber abgeben, ob eine Zwangsinnung errichtet werden soll oder nicht. Der Gesetzentwurf schreibt vor, dafs die in Betracht kommenden Gewerbetreibenden durch öffentliche Bekanntmachung zur Abgabe ihrer Stimme aufgefordert werden sollen. Wer sind denn nun aber diese Gewerbetreibenden? Eine Grenze ist für dieselben in dem Entwurfe nicht gezogen. Diejenigen Unternehmer, welche sich als industrielle betrachten, werden natürlich nicht mit abstimmen. Es kann sich aber ereignen, dafs, wenn die Mehrheit der Abstimmenden für eine Zwangsinnung ist, sie in dieselbe mit hineinbezogen werden, ohne dafs sie von ihrem Widerspruchsrecht Gebrauch gemacht haben. Dieser eine Umstand schon sollte darauf hindrängen, dafs man im Gesetz eine Grenze zwischen Handwerk und Industrie zieht. Mit Begriffen, die in der Luft schweben, darf eine Gesetzgebung nicht operiren, um so weniger, wenn es sich um recht materielle Interessen handelt. Man wird doch nicht leugnen wollen, dafs die Befugnisse, welche den Zwangsinnungen und Handwerkskammern übertragen werden sollen, lediglich den Zweck haben, das Handwerk zu fördern. Die Industrie, welche in die Handwerksorganisation einbezogen würde, würde für die nach ihrer Leistungsfähigkeit erhobenen Beiträge nicht nur kein entsprechendes, sondern überhaupt kein Aequivalent erhalten. Sie würde einfach infolge der genannten, in der Luft schwebenden, Abgrenzung geschädigt werden. Solche Gesetzesmafsnahmen dürften nicht getroffen werden. Aber auch wenn sie nicht vorhanden wären, würde trotzdem, wenn auch nicht in so grofsem Umfange, wie ihn der Preufsische Entwurf vorgesehen hatte, die Möglichkeit bestehen, dafs die Behörden Betriebe der Organisation zuweisen, die nach der Ansicht ihrer Inhaber oder vielleicht der ganzen Branche nicht hinein gehören. Dieser Einwand ist, wie zuzugeben ist, nicht mehr so stark wie gegenüber dem Preufsischen Entwurf, im Grunde aber bleibt er auch jetzt noch zu erheben. Das Gesetz müfste eine Unterscheidung zwischen Handwerk und Industrie treffen.

Ein zweiter sehr wesentlicher Punkt, der die gesammte Industrie berührt, ist die Regelung der Lehrlingsfrage. Wer auch die zwangsweise Organisation des Handwerks in jeder Gestalt verwirft, kann doch anerkennen, dafs die Bestimmungen des Gesetzentwurfs, welche darauf abzielen, das Lehrlings- und Gesellenwesen im Handwerk zu bessern, an sich zu begrüfsen sind. Das Handwerk leidet ja heutigen Tags weniger an dem Mangel eines Zusammenschlusses. Unsere Gesetzgebung kennt bereits eine Reihe von Formen, unter welchen sich ein solcher Zusammenschlufs vollziehen kann, allerdings auf der Grundlage der Freiwilligkeit; wir erinnern nur an das ausgedehnte Gebiet der Genossenschaften. Was dem Handwerk hauptsächlich fehlt, ist ein guter Nachwuchs. In früheren Zeiten blühte das Handwerk, weil die Söhne der Handwerker in die Laufbahn der Väter eintraten. Seit Jahrzehnten ist das in Deutschland anders geworden. Es liegt hauptsächlich an der Ueberschätzung des Werthes der akademischen Bildung und der auf derselben basirten Berufe. Man braucht sich nur die Statistiken anzusehen, welche über die Väter der Studirenden auf den Hochschulen aufgestellt sind, und man wird finden, dafs ein verhältnifsmäfsig hoher Procentsatz der Studirenden aus Handwerkerkreisen hervorgegangen ist. Es ist ja der Bildungstrieb durchaus nicht zu tadeln, vielmehr recht sehr zu loben, namentlich auch, wenn man die Entbehrungen mancher Studirenden in Betracht zieht. Für das Handwerk aber sind dadurch Mifsstände hervorgerufen. Und es kommen nicht nur die akademischen Berufe in Betracht. Es gilt heutigen Tags noch für „vornehmer", irgend eine Schreiberlaufbahn einzuschlagen, als in der Werkstatt zu arbeiten. Ehe nicht durch die Macht der Thatsachen, d. h. durch Ueberfüllung der anderen Berufe, den Söhnen der Handwerker und den letzteren selbst in dieser

Beziehung andere Gedanken beigebracht sind, werden die früheren günstigen Verhältnisse des Handwerks nicht zurückkehren. Es scheint aber so, als sei die Zeit nicht allzufern, da dies der Fall sein wird. Bis dahin und auch später wäre es immerhin von großsem Werth, wenn das Lehrlings- und Gesellenwesen eine gesetzliche Neuregelung und Besserung erführe. Der in Rede stehende Gesetzentwurf beschränkt aber die Bestimmungen nicht auf die Handwerkslehrlinge, sondern enthält auch allgemein gültige Bestimmungen. Unter diesen ist diejenige am meisten zu verwerfen, nach welcher bei Personen unter 17 Jahren, welche mit technischer Hülfeleistung nicht lediglich ausnahmsweise oder vorübergehend beschäftigt werden, die Vermuthung gelten soll, dafs sie in einem Lehrverhältnifs stehen. Dadurch wird einfach der Begriff des jugendlichen Arbeiters, der noch heute für die Fabriken in manchen Berufszweigen einen grofsen Werth hat, in Frage gestellt. Die Begründung zu dieser Bestimmung besagt, dafs sie in erster Linie deshalb getroffen ist, weil die Gerichte mehrfach solche jungen Leute, die der ganzen Natur ihres Betriebes und ihrer Beschäftigung nach als „Lehrlinge" anzusehen waren, deshalb nicht als solche klassificirt hätten, weil in den mit ihnen abgeschlossenen Verträgen ausdrücklich vereinbart war, dafs sie als „jugendliche Arbeiter" Beschäftigung finden sollten. Es ist gewifs ein Mifsstand, wenn etwaigen gesetzlichen Bestimmungen ein Schnippchen geschlagen werden kann. Indessen sind doch nicht blofs die Lehrlinge, sondern auch die jugendlichen Arbeiter durch die Gesetzgebung geschützt, und sie haben in ihren Eltern und Vormündern immer Stellen, welche, wenn sie sich in ein „Lehr"-Verhältnifs begeben haben, die Durchführung desselben gegenüber dem Arbeitgeber durchsetzen können. Man hat aber auch von solchen Mifsständen wenig gehört, und es ist immer mifslich, wenn die Gesetzgebungsmaschine auf Grund von wenigen praktischen Vorkommnissen in Thätigkeit gesetzt wird. Man schadet dann viel mehr auf der einen Seite, als man auf der anderen nützt. Verschiedene Industriezweige beschäftigen doch gegenwärtig eine ganze Anzahl jugendlicher Arbeiter. Wenn nun aber solche Beschränkungen den Fabriken auferlegt werden, wie sie in den §§ 126 u. ff. des neuen Entwurfs vorgesehen sind, so ist sicher, dafs die Zahl dieser jugendlichen Arbeiter stark eingeschränkt werden wird. Den Nachtheil aber haben dann in erster Linie die Arbeiterfamilien selbst, in zweiter Linie die ganze Gesellschaft, weil vielfach dann die jungen Leute bis zum 17. Jahre ohne regelmäfsige und ordentliche Beschäftigung bleiben und das Heer der Rowdys vermehren werden. Man sollte deshalb die allgemeinen Bestimmungen über das Lehrlingswesen beseitigen und sich nur auf die Regelung der Lehrlingsverhältnisse im Handwerk beschränken.

Wenn so immerhin wesentliche Punkte des Handwerksorganisationsentwurfs die Industrie berühren, so braucht sich doch dieselbe, fürs erste wenigstens, nicht stark beunruhigen zu lassen. Die Aussichten, die der Entwurf hat, sind durchaus keine günstigen. Die parlamentarische Lage ist die, dafs eine grofse Minderheit gegen den Entwurf ist, weil sie die Zwangsbestimmungen desselben nicht billigt. Die Mehrheit aber will dem Entwurf deshalb nicht zustimmen, weil er ihr nicht weit genug in den Zwangsbestimmungen geht. Schon jetzt kann man überall in der Presse, die zu dem corporirten Handwerk hält, lesen, dafs entweder die obligatorische Zwangsinnung oder überhaupt keine neue Innung gewünscht wird. Diese Behauptungen werden etwas übertrieben sein, sie enthalten aber einen wahren Kern. Bei Allem, was das corporirte Handwerk bisher zur Errichtung der Zwangsorganisation unternommen hat, ist zu beobachten gewesen, dafs die Zwangsinnung ihm nur Mittel zum Zweck war. Gewifs haben sich die Kreise, welche man unter dem Namen „Zünftler" zu bezeichnen gewohnt ist, es auch gefallen lassen, dafs den Zwangsinnungen und Handwerkerkammern, früher auch noch den Handwerkerausschüssen, gewisse Befugnisse übertragen werden sollen, aber diese Zwangsorganisation an sich war nicht das Ziel, auf welches sie lossteuerten; das Ziel war der Befähigungsnachweis. Dieser kann natürlich nur eingeführt werden, wenn sämmtliche Gewerbetreibende, welche man als Handwerker bezeichnen kann, in eine Organisation hineingeprefst werden, bei der sämmtliche Mitglieder controlirt werden können. Haupsächlich deshalb haben die corporirten Handwerker dem Entwurf des Preufsischen Handelsministers zugestimmt. Nachdem nunmehr der Bundesrath den Charakter der facultativen Zwangsinnung noch schärfer hervorgekehrt hat, ist eine solche geschlossene Organisation, die sich als Grundlage für den Befähigungsnachweis brauchen läfst, nicht möglich. Würden jetzt die bezeichneten Kreise dem Entwurf zustimmen, so würden sie für immer auf die Einführung des Befähigungsnachweises verzichten, und das wollen sie nicht. Deshalb werden sie schon mit der Motivirung, dafs ihnen zu wenig gewährt wird, die Vorlage zu Fall bringen, und deshalb wird sich die Industrie wegen der im Handwerksorganisationsentwurf sie berührenden Fragen vorläufig auch nicht allzusehr beunruhigt zu fühlen brauchen.

R. Krause.

Bericht über in- und ausländische Patente.

Patentanmeldungen,

welche von dem angegebenen Tage an während zweier Monate zur Einsichtnahme für Jedermann im Kaiserlichen Patentamt in Berlin ausliegen.

25. März 1897. Kl. 24, D 7734. Düse für Theorölfeuerungsanlagen. Robert Deifsler, Berlin-Treptow.

29. März 1897. Kl. 1, S 9770. Setzmaschine; Zusatz zum Patent 91569. Chr. Simon, Dortmund.

Kl. 7, B 19882. Drahtziehbank für ununterbrochenen Zug. Benjamin Bohin fils, St. Sulpice près l'Aigle, Orne.

Kl. 40, H 17517. Schmelzgefäfs zur Elektrolyse geschmolzener Salze. Georg Hanekop, Altena i. Westf.

Kl. 49, D 7945. Streckbank für Metallblöcke; Zusatz zum Patent 87692. R. M. Daelen, Düsseldorf.

1. April 1897. Kl. 5, H 17286. Verfahren und Vorrichtungen zum Vortreiben von Tunnels und dergleichen in schwimmendem Gebirge. Adolf Haag, Berlin.

Kl. 48, L 10907. Elektrolytische Herstellung eines fest haftenden Ueberzugs von Carbonat auf Kupfer und Kupferlegirungen. A. Lismann, München.

5. April 1897. Kl. 5, V 2817. Bohrschwengelantrieb. Joseph Vogt, Niederbruck bei Masmünster i. E.

Kl. 24, A 5133. Ofen mit Regenerativ-Gasfeuerung. Actiengesellschaft für Glasindustrie vormals Friedr. Siemens, Dresden.

Kl. 24, St 4870. Feuerthür. Arnold Stein, Düsseldorf-Grafenberg.

Kl. 49, H 18146. Kaltsäge mit gleichmäfsigem Sägendruck. Wilh. Heidelmann, Stuttgart.

8. April 1897. Kl. 20, K 14756. Seilklemme für Förderwagen. Hermann Kleinholz, Oberhausen, Rheinl.

Kl. 24, W 12429. Ventil für Gas- und Luftleitungen. John William Wailes, Newcastle on Tyne, England.

Kl. 49, D 7555. Verfahren zum Erhitzen von Metallen zwecks Bearbeitung und Vereinigung derselben. Robert Deifsler, Treptow bei Berlin.

Gebrauchsmuster-Eintragungen.

29. März 1897. Kl. 5, Nr. 71525. Seilknoten für Förderseile aus zwei hohlkonisch ausgenommenen, ineinander schraubbaren Hülsen und nachgiebigem Ausfütterungsmaterial. Hermann Löcker, Dux.

Kl. 19, Nr. 71488. Schienenstofsverbindung mit Unterlagschiene und Kremplaschen. Hugo Culin, Hamburg.

Kl. 49, Nr. 71532. Walzwerk mit stufenförmigem Kaliber zur Herstellung von Drehbankklauen. Heinrich Spatz, Essen a. d. Ruhr.

Kl. 50, Nr. 71678. Getheilte Rippenplatten für Kugelmühlen mit Flantschen oder Rippen auf der Unterseite. O. v. Horstig, Saarbrücken.

5. April 1897. Kl. 10, Nr. 71991. Prefskohlen mit prismatischen Rippen oder pyramidenförmigen Erhöhungen auf ihrer Oberfläche. E. Mentzel, Reinickendorf-West bei Berlin.

Kl. 19, Nr. 71962. Spiraldübel für Holzschwellen. Julius Boeddinghaus, Düsseldorf.

Kl. 20, Nr. 71908. Mit aus Blech geprefstem Querträger versehenes Drehgestell für Kleinbahnwagen. Arthur Koppel, Berlin.

Kl. 49, Nr. 71894. Zwei ineinander greifende Werkstücke für Gabeln mit gerader Zinkenzahl. P. W. Rassel, Hagen i. W.

Kl. 49, Nr. 71896. Profilirtes Endstück für Rohrgeländer aus Stahlgufs. Joh. Biechteler, Kempten i. B.

Kl. 80, Nr. 71930. Eisen- oder Stahlgufsmantel für Brenn- und Schmelzöfen, mit aufsenseitig verlaufenden Rinnen oder Kanälen behufs Kühlung durch Luftzug. Albrecht Stein, Wetzlar.

Kl. 81, Nr. 71918. Hängebügel für transportable Fördergefäfse, bestehend aus Schienen mit Haken und Handgriff. Maschinenfabrik Rhein und Lahn, Gauhe, Gockel & Cie., Oberlahnstein a. Rh.

Deutsche Reichspatente.

Kl. 49, Nr. 90861, vom 21. Januar 1896. Peter Valerius in Düsseldorf. *Theilscheibe mit biegsamem, die Theilung tragendem Metallband.*

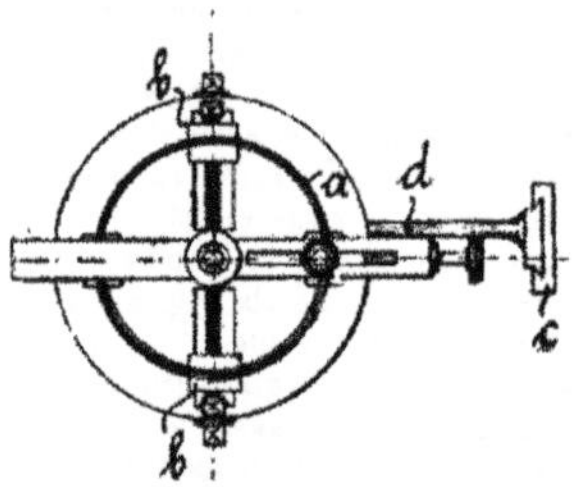

Als Theilscheibe dient ein biegsames mit gleichweit voneinander entfernten Löchern versehenes Metallband *a*, welches zu einem Kreise zusammengelegt ist und durch radiales Verstellen der Halter *b* auf eine beliebige Anzahl Löcher eingestellt werden kann. In diese wird der, z. B. das Zahnmodell *c* tragende Arm *d* eingesteckt.

Kl. 19, Nr. 89786, vom 17. Januar 1895. Hoerder Bergwerks- und Hüttenverein in Hoerde. *Schienenstofsverbindung.*

Zwischen der äufseren Lasche *c* und dem Schienenstofs wird eine Fangschiene *b* gelegt, deren Länge etwas länger als diejenige der Lasche *c* ist und deren

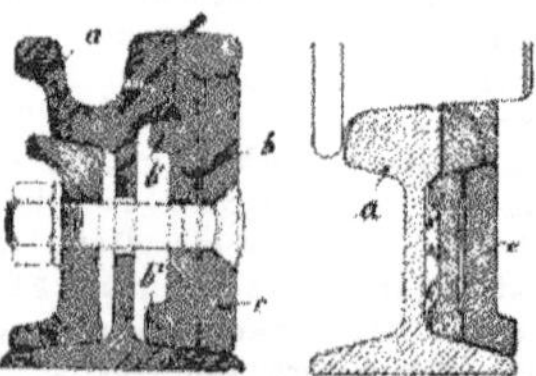

Kopf in einen Ausschnitt des Kopfes der Hauptschienen *a* derart hineinreicht, dafs ihre obere Fläche eine Verbreiterung der Schienenlauffläche bildet, während der Fufs b^2 der Fangschiene auf den Fufs der Hauptschiene sich aufsetzt und der Rand b^1 den Kopf der Hauptschiene unterfängt.

Kl. 7, Nr. 90561, vom 12. December 1895. Louis Albrecht in Siegen, Westfalen. *Platinen- und Blechglühofen.*

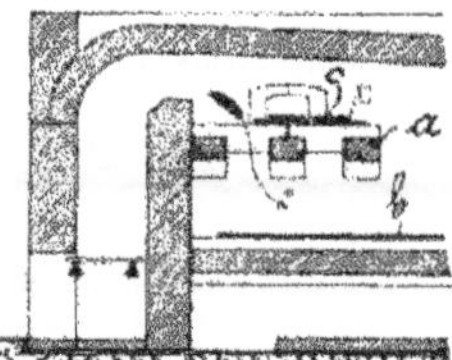

Der Platinenherd *a* (vergl. Patent Nr. 78810 in „Stahl und Eisen“ 1895, S. 211) ist rostförmig hergestellt, um eine gleichmäfsigere Heizung der Platinen *c* und der Bleche *b* zu erzielen.

Patente der Ver. Staaten Amerikas.

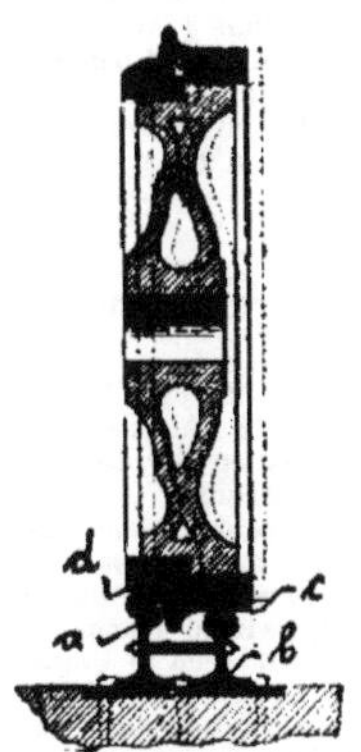

Nr. 556624. Ch. W. Flint in Port Townsend, (Wash.). *Curvenschiene und Eisenbahnrad.*

Die innere Curvenschiene besteht aus zwei Schienen *a b*, von welchen die äufsere *a* höher als die innere *b* liegt. Dementsprechend hat das Rad eine gröfsere und eine kleinere Laufläche *d c*, von welchen c auf *b* der geraden Strecke läuft, während in der Curve *d* auf *a* steigt, um ein Schleifen der Räder zu verhindern.

Nr. 555856. S. Forter in Bellevue (Pa.). *Blockwärmofen.*

Die Herdsohle des Ofens setzt sich aus feststehenden und losen Querstreifen *a* und *b* zusammen, von welchen letztere auf Rollen *c* ruhen und durch aufserhalb des Ofens angeordnete hydraulische Kolbenmotoren nach einer Seite aus dem Ofen hinausgeschoben werden können. An dieser Seite hat die Ofenwand Arbeitsöffnungen mit Thüren. Behufs Aufnahme eines Blockes *e*

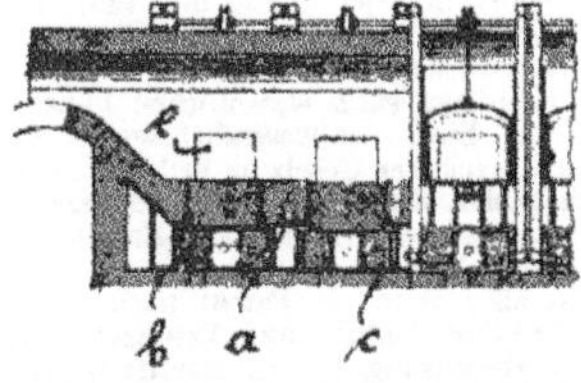

wird der betreffende Herdtheil *b* vorgeschoben, der Block *e* auf den Herdtheil gelegt und bei hochgezogener Thür der Herdtheil *b* mit dem Block *e* in das Innere des Ofens gefahren. Sodann wird die Thür geschlossen. Letztere kann durch eine Kette mit dem hydraulischen Kolbenmotor derart verbunden werden, dafs sie sich im geeigneten Zeitpunkt selbstthätig öffnet und schliefst.

Nr. 557127. Malvern W. Iles in Denver (Colo.). *Schachtofen.*

Der Tragring *a* des Schachtes besteht aus einem Deck-, einem Bodenblech, zwei dieselben verbindenden

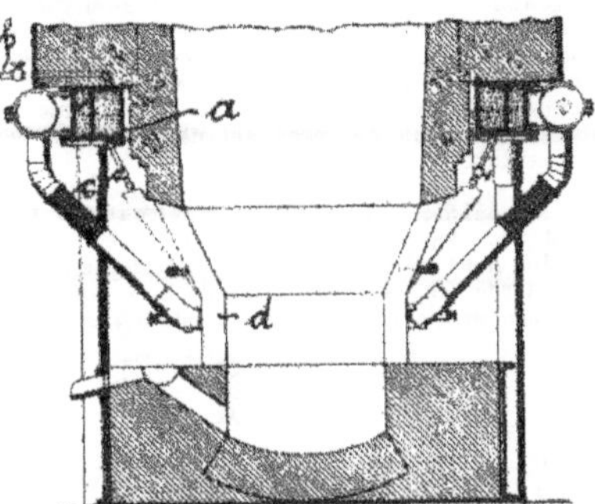

[- und einem I-Eisen, welche zusammengenietet sind, so dafs sie einen Wasserbehälter bilden. In diesen wird bei *b* Wasser eingeleitet, welches bei c abfliefst und in die oben offenen Kühlkasten *d* des Gestells fliefst.

Nr. 558470. The Sullivan Machinery Co. in Claremont, N. H. *Grubenstempel.*

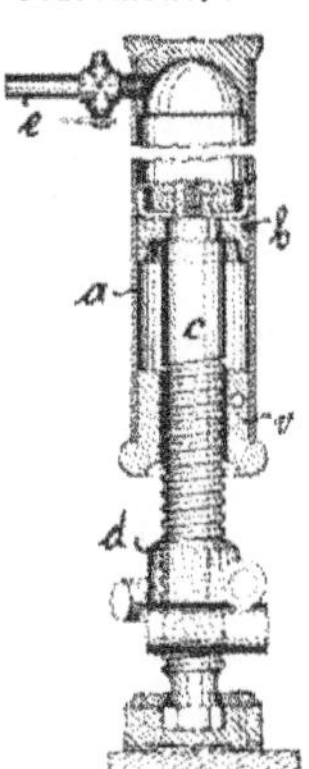

Der Stempel besteht aus einem Cylinder *a* mit Kolben *b*, dessen Stange *c* im Hals *e* geführt und in seinem unteren Theil mit Gewinde versehen ist. Auf letzterem sitzt eine starke durch Hebebäume drehbare Mutter *d*. Der Stempel wird in der Weise benutzt, dafs durch Rohr *e* Druckluft über den Kolben *b* in den Cylinder *a* eingelassen wird, wonach der Stempel zwischen den Stöfsen sich verspreizt. In dieser Lage wird die Mutter *d* nach oben fest angezogen, so dafs nunmehr die Druckluft wieder abgelassen werden kann, ohne dafs der Kolben *b* sich wieder verschiebt.

Nr. 559289. Peter Weber und Justin Heid in Pittsburg, Pa. *Walzen von Eisenbahnachsen.*

Das Walzwerk besteht aus drei Vor- und drei Fertigwalzen, welche, nebeneinander gelagert, mit-

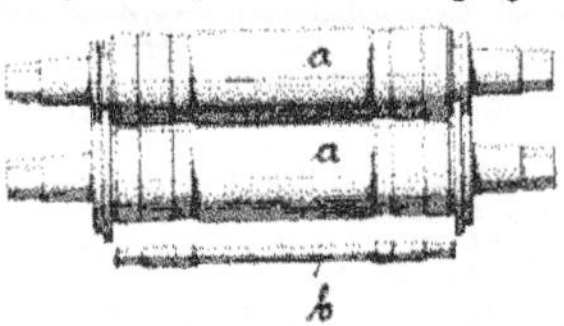

einander gekuppelt sind und einen gemeinschaftlichen Antrieb erhalten. Die Walzenständer sind so eingerichtet, dafs die Oberwalze senkrecht und die beiden Unterwalzen wagerecht gegeneinander verstellt werden können. Aufserdem haben die Walzenständer zwischen den Lagern Oeffnungen, um die Achse zwischen die Walzen zu legen. Zwischen den Vorwalzen wird der Rundstab auf das ungefähre Profil der Achse vorgewalzt; sodann wird der Stab von zwei auf gemeinschaftlicher Welle sitzenden Kreissägen an beiden Enden auf genaue Länge abgeschnitten und nunmehr zwischen den Fertigwalzen *a* auf das genaue Profil *b* ausgewalzt. Die weitere Bearbeitung der Achse erstreckt sich dann nur noch auf das Abdrehen der Achsschenkel.

Nr. 557924. Samuel T. Weelman in Upland, Pa. *Regenerativofen.*

Um nicht allein das aus den Gaserzeugern heifs austretende Gas, sondern auch die Luft in heifsem Zustande in die Wärmespeicher eintreten zu lassen,

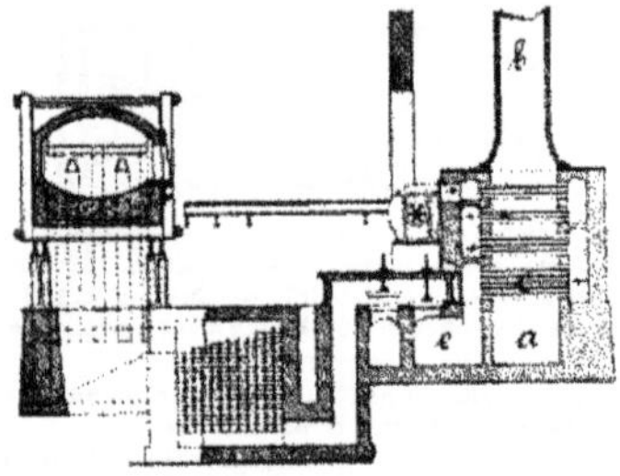

wird die Luft vorgewärmt. Zu diesem Zweck ist in den Abgaskanal *a* unterhalb der Esse *b* ein Röhren-Winderhitzer *c* angeordnet, der aus vier Gruppen besteht. Durch diese geht die Luft in Schlangenlinien hindurch, erwärmt sich und tritt dann erst in den zu den Wärmespeichern führenden Kanal *e*.

Nr. 560316. Dewees W. Harrison in Reynoldton, Pa. *Glühkiste.*

Die Glühkiste besteht aus zusammengenieteten Blechen. Letztere sind durch aufgenietete Winkel-

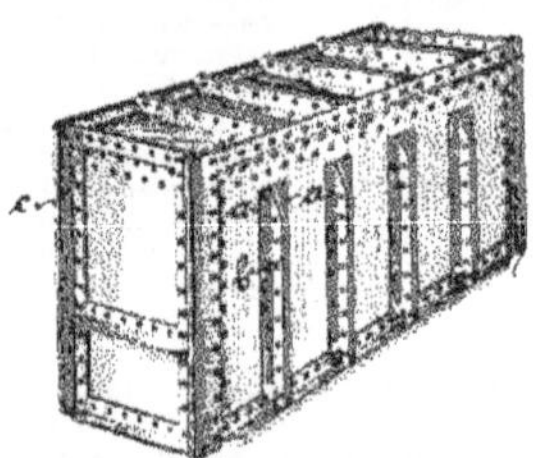

eisen *a* mit Zwischenschienen *b* versteift und an den Kopfstöfsen durch elastische Ueberlappungen *c* verbunden. Durch Ueberdeckung der oberen Seite mit Sand wird dem Reifsen und Werfen der Decke vorgebeugt.

Nr. 569143. Ch. Y. Wheeler in Allegheny, Pa. *Herstellung von Panzergeschossen.*

Die gehärtete Spitze des fertigen Geschosses wird durch schnelles Erhitzen und langsames Abkühlen an der Luft wieder angelassen, um eine äufsere Schicht ungehärteten Stahls auf dem gehärteten Stahlkörper zu erhalten und dadurch ein sicheres Durchschlagen des Panzers zu gewährleisten.

Nr. 559665. Per T. Berg in Munhall, Pa. *Rollbahn für Walzwerke.*

Die Rollbahn *a* ruht auf einem Wagen, der auf Schienen *b* am Walzwerk entlang gefahren werden kann. Die Rollbahn *a* kann um den Schildzapfen *c* vermittelst des hydraulischen Kolbenmotors gehoben

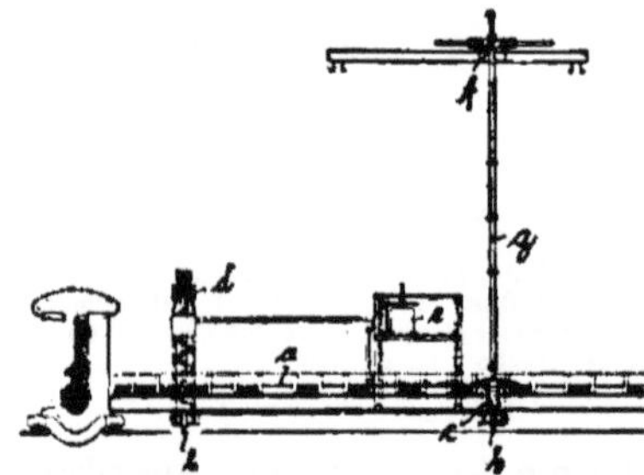

und gesenkt werden. Letzterem wird von der auf dem Wagen angeordneten Ventilbühne *e* aus Druckwasser zugeführt, welches durch ein bei *f* pendelnd gelagertes Teleskoprohr *g* in die am Wagen befindliche Rohrleitung übertritt. Zum Antrieb der Rollen und des ganzen Wagens dient je ein auf demselben gelagerter elektrischer Motor.

Das Patentwesen in Oesterreich-Ungarn.

In Oesterreich-Ungarn bestand bis vor Kurzem noch das Privilegiengesetz vom 15. August 1852, dessen Geist den grofsen Fortschritten der Gewerbe und Technik in den letzten Jahrzehnten in keiner Weise mehr entsprach. Alle Anstrengungen, ein neues Gesetz zu schaffen, scheiterten aber an dem Dualismus der beiden Staaten, bis man sich endlich entschlofs, beiden je ein besonderes Patentgesetz zu geben. Infolgedessen trat bereits am 1. März 1896 in Ungarn ein neues Patentgesetz in Kraft, während in Oesterreich die Berathungen über ein solches noch fortdauerten und endlich am 11. Januar 1897 zur Annahme eines neuen Patentgesetzes führten, dessen Geltungsbeginn aber durch Verordnung des Handelsministers erst noch festgesetzt werden mufs. Derselbe mufs spätestens mit dem ersten Tage des auf die Kundmachung (28. Januar 1897) folgenden dritten Kalenderjahres eintreten (§ 123).

Beide Gesetze, die im Blatt für Patent-, Muster- und Zeichenwesen 1896, S. 154 und 1897, S. 36 abgedruckt sind, beruhen auf der Vorprüfung und Auslegung der Patentanmeldungen, und weichen nur in einigen, allerdings ganz wesentlichen Punkten voneinander ab. Einer der wesentlichsten ist der, dafs nach dem ungarischen Gesetz im Ertheilungsverfahren die Neuheit der Erfindung von Amtswegen nicht zum Gegenstand der Prüfung oder Entscheidung gemacht wird (§ 33).

Wohl aber kann ein Patent nach § 21 wegen Nichtneuheit (Veröffentlichung in Druckschriften, offenkundige Vorbenutzung, Doppelpatentirung) vernichtet werden. Auch hat Ungarn keine Patentschriften. Dafür hat nach § 43 Jedermann das Recht, auf seine eigenen Kosten Copien des Patentregisters, der Beschreibungen, Zeichnungen, Muster und Modelle zu nehmen und diese Copien amtlich beglaubigen zu lassen. Im übrigen lehnen sich beide Gesetze an das Deutsche Patentgesetz vom 7. April 1891 an, berücksichtigen aber in ihren weit zahlreicheren Paragraphen

(65 in Ungarn und 124 in Oesterreich gegenüber 40 in Deutschland) eine erhebliche Zahl von Specialfällen.

Die Hauptunterschiede und Sonderbestimmungen des österreichischen Gesetzes gegenüber dem Deutschen Patentgesetz sollen in Folgendem kurz besprochen werden.

Das Gesetz schliefst in § 1 von der Patentirung auch solche Erfindungen aus, die offenbar auf eine Irreführung der Bevölkerung abzielen und deren Gegenstand einem staatlichen Monopolsrechte vorbehalten ist. Desgleichen können neben Arzneimitteln auch Desinfectionsmittel nicht patentirt werden.

Als nicht neu sieht der § 2 auch solche Gegenstände an, die öffentlich zur Schau gestellt oder vorgeführt wurden.

Principiell weichte das Oesterreichische und Ungarische vom Deutschen Patentgesetz dadurch ab, dafs ersteres im § 4 bezw. 5 nur den Urheber der Erfindung oder dessen Rechtsnachfolger als zur Patentnachsuchung berechtigt anerkennt (infolgedessen kann nach § 58 bezw. 35 ein Einspruch auch darauf gegründet werden, dafs der Patentbewerber nicht Urheber der Erfindung oder dessen Rechtsnachfolger ist, oder als solcher nicht anzusehen ist). Im übrigen kann nach § 31 gegenüber ausländischen Staaten, welche österreichischen Staatsangehörigen keinen oder einen unvollständigen Schutz gewähren, das Vergeltungsrecht in Anwendung gebracht werden.

Die Ertheilung eines von einem älteren Patente abhängigen Patentes ist im § 4 ausdrücklich vorgesehen. Der Inhaber des letzteren kann, wenn ersteres drei Jahre alt geworden ist und der Gegenstand des Abhängigkeitspatentes von erheblicher gewerblicher Bedeutung ist, die Licenz für die Benutzung des älteren Patentes erzwingen. Andererseits kann nach § 30 der Inhaber eines Patentes beim Patentamt die Entscheidung beantragen, dafs die gewerbliche Verwendung einer patentirten Erfindung die vollständige oder theilweise Benutzung seiner Erfindung voraussetzt.

Sehr bemerkenswerth sind die Bestimmungen über die Erfindungen von Angestellten und dergleichen.

Hierüber heifst es in § 5 des Oesterreichischen Gesetzes:

Arbeiter, Angestellte, Staatsbedienstete gelten als die Urheber der von ihnen im Dienste gemachten Erfindungen, wenn nicht durch Vertrag oder Dienstvorschriften etwas Anders bestimmt ist. Vertrags- oder Dienstesbestimmungen, durch welche einem in einem Gewerbsunternehmen Angestellten oder Bediensteten der angemessene Nutzen aus den von ihm im Dienste gemachten Erfindungen entzogen werden soll, haben keine rechtliche Wirkung.

Entsprechend den Bestimmungen über das Abhängkeitsverhältnifs von Patenten kann nach § 9 auch der Vorbenutzer verlangen, dafs seine Befugnis von dem Patentbesitzer durch Ausstellung einer Urkunde anerkannt werde. Gegebenenfalls hat das Patentamt über diesen Antrag zu entscheiden. Die anerkannte Befugnifs wird in das Patentregister eingetragen.

Rechtlos sind die Urheber der Erfindungen, welche sich auf zur Hebung der Wehrkraft nothwendige Kriegswaffen, Spreng- und Munitionsartikel, Befestigungen oder Kriegsschiffe beziehen, insofern nach § 10 der Kriegsverwaltung im Einverständnisse mit dem Handelsminister das Recht zusteht, diese Erfindungen für ihren Bedarf zu gebrauchen, oder durch ihre geschäftlich Beauftragten gebrauchen zu lassen, ohne dafs gegenüber der Kriegsverwaltung aus dem Patente irgend welche Rechte geltend gemacht werden können. Ueber eine billige Vergütung entscheidet, falls eine Vereinbarung nicht zustande kommt, der Finanz- und Handelsminister und die Kriegsverwaltung. Durch die bezüglichen Verhandlungen wird aber das Gebrauchsrecht an der Erfindung nicht beeinflufst.

Desgleichen können nach § 15 Patentrechte im Interesse der bewaffneten Macht oder der öffentlichen Wohlfahrt oder des Staats gegen angemessene Entschädigung, die gegebenenfalls durch die Gerichte festgestellt wird, enteignet werden.

Patente, welche in ein staatliches Monopolrecht eingreifen, haben nach § 11 gegenüber der Staats- und Kriegsverwaltung keine Wirkung.

Die Dauer des Patentes ist nach § 14 fünfzehn Jahre — und zwar beginnt der Lauf dieser Zeit mit dem Tage der Bekanntmachung. Nach § 26 kann auch auf einzelne Theile des Patentes verzichtet werden.

Die Organisation des Patentamtes gleicht im wesentlichen dem deutschen. Dagegen tritt an Stelle des Reichsgerichts der Patentgerichtshof in Wien, § 39 und 41, welcher als Berufungsinstanz gegen die Endentscheidungen der Nichtigkeitsabtheilung gilt. Die 3 fachtechnischen Mitglieder werden aus den Mitgliedern des Patentamtes von Fall zu Fall berufen. Sie dürfen jedoch bei den Entscheidungen des Patentamtes nicht mitgewirkt haben. In Ungarn nimmt die Stelle des Reichsgerichts der Patentrath in Budapest ein.

Die Patentanwaltschaft ist in § 43 geregelt; das Patentertheilungsverfahren gleicht dem in Deutschland eingeführten.

Bemerkenswerth ist nur die Bestimmung in § 57, wonach die ausgelegte Beschreibung bis zur Ertheilung des Patentes, und wenn eine solche nicht erfolgen sollte, bis zum Ablaufe von 5 Jahren seit dem Tage der Auslegung den durch die Gesetze den Werken der Literatur eingeräumten Schutz geniefst.

Offenbar muthwillige Anträge auf Rücknahme, Nichtigerklärung oder Aberkennung von Patenten können nach § 82 mit Geldstrafen bis 300 fl. belegt werden. Hat das Patentamt wesentliche Formen des Patentertheilungsverfahrens verletzt, so kann nach § 89 der Patentgerichtshof die Streitangelegenheit zur nochmaligen Verhandlung und Entscheidung an das Patentamt zurückverweisen.

Für die Beurtheilung des Eingriffes in ein Patent ist nach § 98 ausschliefslich die dem Patent zu Grunde liegende Beschreibung der Erfindung mafsgebend und es darf keine wie immer geartete nachträgliche, in dieser Beschreibung nicht enthaltene Darstellung des Patentgegenstandes berücksichtigt werden.

Statistisches.

Ein- und Ausfuhr des Deutschen Reiches.

	Einfuhr 1. Januar bis 28. Februar		Ausfuhr 1. Januar bis 28. Februar	
	1896	1897	1896	1897
Erze:	t	t	t	t
Eisenerze	266 217	309 760	371 401	540 916
Schlacken von Erzen, Schlackenwolle etc.	50 245	82 894	2 535	4 303
Thomasschlacken, gemahlen	5 824	5 677	10 859	14 240
Roheisen:				
Brucheisen und Eisenabfälle	1 625	3 160	9 296	4 931
Roheisen	22 273	37 390	27 122	15 194
Luppeneisen, Rohschienen, Blöcke	151	63	8 674	8 395
Fabricate:				
Eck- und Winkeleisen	16	45	25 045	19 105
Eisenbahnlaschen, Schwellen etc.	8	64	15 395	3 329
Eisenbahnschienen	7	254	22 624	10 783
Schmiedbares Eisen in Stäben etc., Radkranz-, Pflugschaareneisen	3 513	3 747	43 902	32 814
Platten und Bleche aus schmiedbarem Eisen, roh	418	350	23 948	16 821
Desgl. polirt, gefirnifst etc.	605	888	857	1 069
Weifsblech	692	1 366	41	27
Eisendraht, roh	1 457	872	17 468	16 219
Desgl. verkupfert, verzinnt etc.	78	72	14 458	16 026
Ganz grobe Eisenwaaren:				
Ganz grobe Eisengufswaaren	910	711	2 554	2 252
Ambosse, Brecheisen etc.	53	56	524	447
Anker, Ketten	346	235	208	80
Brücken und Brückenbestandtheile	50	21	434	668
Drahtseile	17	23	336	345
Eisen, zu grob. Maschinentheil. etc. roh vorgeschmied.	7	56	472	584
Eisenbahnachsen, Räder etc.	279	200	4 108	4 403
Kanonenrohre	1	—	45	23
Röhren, geschmiedete, gewalzte etc.	574	1 741	5 108	4 052
Grobe Eisenwaaren:				
Grobe Eisenwaaren, nicht abgeschliffen und abgeschliffen, Werkzeuge	1 575	2 068	20 912	19 757
Geschosse aus schmiedb. Eisen, nicht abgeschliffen	—	—	377	—
Drahtstifte	3	2	9 587	9 432
Geschosse ohne Bleimäntel, abgeschliffen etc.	—	—	30	14
Schrauben, Schraubbolzen etc.	39	65	526	278
Feine Eisenwaaren:				
Gufswaaren	46	54	} ?	} 2 811
Waaren aus schmiedbarem Eisen	?	230		
Nähmaschinen ohne Gestell etc.	7	145	260	565
Fahrräder und Fahrradtheile	?	38	?	56
Gewehre für Kriegszwecke	0	1	409	138
Jagd- und Luxusgewehre, Gewehrtheile	16	15	14	10
Nähnadeln, Nähmaschinennadeln	1	6	202	201
Schreibfedern aus Stahl etc.	21	24	6	6
Uhrfournituren	6	6	85	87
Maschinen:				
Locomotiven, Locomobilen	101	123	1 632	949
Dampfkessel	26	85	472	609
Maschinen, überwiegend aus Holz	126	192	162	169
„ „ „ Gufseisen	6 428	7 430	14 637	16 108
„ „ „ schmiedbarem Eisen	442	679	2 517	2 473
„ „ „ and. unedl. Metallen	57	71	155	181
Nähmaschinen mit Gestell, überwieg. aus Gufseisen	6	7	1 159	1 002
Desgl. überwiegend aus schmiedbarem Eisen	192	332	—	—
Andere Fabricate:				
Kratzen und Kratzenbeschläge	38	42	40	27
Eisenbahnfahrzeuge } Stück	75	39	1 463	895
Andere Wagen und Schlitten	26	21	52	25
Dampf-Seeschiffe	?	—	?	—
Segel-Seeschiffe	?	—	?	—
Schiffe für Binnenschiffahrt	?	—	?	1
Zus., ohne Erze, doch einschl. Instrum. u. Apparate t	43 021	66 597	282 538	222 714

Berichte über Versammlungen aus Fachvereinen.

Freie Oekonomische Gesellschaft in Petersburg.

In der „Freien Oekonomischen Gesellschaft“ in Petersburg hielt Hr. **Radzig** einen Vortrag

über die hohen Eisenzölle und die hohen Eisenpreise in Rufsland,

in welchem er darauf hinwies, welche grofsen und zudem unfruchtbaren Opfer Rufsland bringt, indem es um jeden Preis der Eisenindustrie Boden gewinnen will. Das Protectionssystem hat sich dort seit dem Jahre 1811 (unter Ssperanski) entwickelt, wo vor Allem das Eisen sich des gröfsten Schutzes erfreute. Die Eiseneinfuhr zu Wasser wurde gänzlich untersagt, und bei der Einfuhr über die Landgrenze hatte dieser Artikel einen so hohen Zoll zu zahlen, dafs der Import auf diesem Wege unmöglich wurde. So war es bis zum Jahre 1857; diese Periode ist als die Glanzzeit des Protectionismus anzusehen. Seit 1857 ist der Zollschutz etwas schwächer geworden; im Jahre 1877 wurde die Vorschrift erlassen, dafs der Zoll in Gold zu erheben sei, während vom 1. Juli 1884 ab wieder die Neigung vorherrscht, die Eisenzölle zu erhöhen. Der Vortragende wies hierbei auf den interessanten Umstand hin, dafs Roheisen- und Eisenproduction bei jedem Zollsatze zugenommen hätte. Von 1857 bis 1876 ist die Production um 50 % gewachsen, von 1877 bis 1884 bei einem Zollsatze von 5 Kop. um 20 %, von 1887 bis 1895 bei einem Zollsatze von 25 Kop. um 65 %. Darauf entwarf er ein Bild der Lage der russischen Eisenindustrie. Im Ural ist beispielsweise noch jetzt ein Verfahren üblich, welches unnützerweise eine kolossale Menge von Heizmaterial erfordert. Eine Folge davon ist einerseits die Verwüstung der Wälder und andererseits der theure Preis der Producte. Es ist somit kein Wunder, dafs das Ural-Roheisen theuer ist, da zur Herstellung eines einzigen Puds Holzheizmaterial für mindestens 25 Kop. verbraucht wird. Diejenigen Fabrikbesitzer, welche schon zu einem vervollkommneten Productionsverfahren übergegangen sind, brauchen nur Heizmaterial für 8 bis 10 Kop. — Im Süden würde es auch nicht besser stehen, wenn dort nicht Ausländer mit ihren Kapitalien, ihren Kenntnissen und ihrer Energie die Sache in die Hand genommen und die Roheisenproduction billiger gestaltet hätten. Ein Pud Roheisen kostet gegenwärtig 35 bis 36 Kop., während es für 70 Kop. verkauft wird. Der Gewinn ist, wie wir sehen, sehr verlockend, doch hat leider die Bevölkerung selbst gar keinen Antheil daran, sondern im Gegentheil nur zur Vergröfserung dieses Gewinnes beizutragen. Diese Behauptung illustrirte der Vortragende durch folgende Ziffern: im Jahre 1885 war bei einem Zolle von 12 Kop. Gold der Roheisenpreis in Petersburg 70 Kop., im Jahre 1886 — 74½ Kop., 1887 — 75 Kop. Dann wurde der Zoll erhöht und der Roheisenpreis stieg auch gleich auf 95 und 100 Kop. In letzter Zeit ist der Preis sogar auf 104 Kop. gestiegen. Das Steigen der Roheisenpreise hat auch eine entsprechende Steigerung des Eisenpreises zur Folge gehabt. Im Jahre 1855 wurde Stangeneisen auf der Nishnier Messe mit 97 Kop. pro Pud verkauft. 1885 schon mit 1 Rbl. 75 Kop. und 1894 mit 2 Rbl. 36 Kop. Der Preis für Eisenbleche ist von 2 Rbl. auf 4 Rbl. 40 Kop. gestiegen. Diese hohen Preise haben, nach den Worten des Vortragenden, eine sehr schlechte Einwirkung auf die Landwirthschaft. Die Bauern brauchen das Eisen nicht nur zu Geräthen, sondern auch zu allerhand häuslichen Zwecken, dabei wird aber beispielsweise ein Nagel noch gegenwärtig auf vielen Bauernhöfen als Luxusgegenstand behandelt. Es ist das auch kein Wunder, wenn man in Betracht zieht, dafs ein Pud Nägel, welches in Amerika 66 Kop. kostet, in Rufsland mit 3 Rbl. bezahlt werden mufs. Hierauf wies Referent die Verluste nach, welche durch die hohen Zölle der Bevölkerung zugefügt werden, und führte das Gouvernement Wjatka als Beispiel an, wo diese vom Protectionssystem geforderten Opfer jährlich 9 Millionen Rbl. ausmachen, während sie für ganz Rufsland bei bescheidener Schätzung auf 50 Millionen Rbl. veranschlagt werden müssen. Darauf führte der Redner verschiedene Beispiele aus seiner Thätigkeit auf dem Lande an, aus welchen ersichtlich war, wie schwer, ja fast unmöglich es ist, ohne Eisen auszukommen, während dieses Material seines hohen Preises wegen vom Bauer gar nicht erstanden werden kann. Redner gab der Ansicht Ausdruck, dafs unter solchen Bedingungen von einer Hebung der Landwirthschaft und speciell des Ackerbaues gar nicht die Rede sein könne. Darauf ging er auf die Verluste über, welche die verschiedenen Ressorts infolge der hohen Eisenpreise und namentlich durch das Verbot, ausländisches Eisen zu verwenden, zu tragen haben; ausländisches Eisen stelle sich trotz des hohen Zolles immer noch billiger, als russisches. Hierfür führte der Redner eine Menge Beispiele an, welche sogar von der officiellen Presse bestätigt sind. Auch die Rückwirkung der hohen Eisenpreise auf die anderen Industriezweige wurde vom Redner trefflich illustrirt. Darauf wies er, auf ein Ziffernmaterial gestützt, nach, dafs die Eisenbahnen während der letzten Jahre über 100 Millionen Rbl. zu viel gezahlt haben, und dafs für dieses Geld Eisenbahnstrecken von 2000 Werst in Gegenden hätten angelegt werden können, wo die Anlage von Eisenbahnlinien dringendes Bedürfnifs wurde. Wie grofs der Gewinn der Eisenwerke ist, das beweise auch der Börsenpreis der Actien dieser protegirten industriellen Unternehmungen. Der Nominalwerth der Actien der Kolumnaer Maschinenfabrik ist 250 Rbl., während dieses Papier jetzt 600 Rbl. kostet; die Papiere der unlängst gegründeten Maschinenfabrik „Phönix“ sind von 250 Rbl. auf 425 Rbl. gestiegen u. s. w. Wenn diese Zustände noch länger andauern, so würde Rufsland in 10 Jahren vollständig verarmen. Zum Schlufs schlug Hr. Radzig vor, eine besondere Commission zu bilden, welche diese Frage und den Einflufs der hohen Eisenpreise auf das wirthschaftliche Leben zu behandeln und ein Gesuch zu entwerfen hätte, in welchem, wenn nicht um Abschaffung, so doch um Ermäfsigung der Eisenzölle nachgesucht werden soll. („Düna-Zeitung“.)

Referate und kleinere Mittheilungen.

Die Eisen- und Stahlerzeugung von Grofsbritannien im Jahre 1896.

Nach der von der British Iron Trade Association gesammelten Statistik erreichte die Roheisenproduction im Jahre 1896 die Höhe von 8 700 220 t; es ist dies die gröfste bis jetzt erreichte Zahl, hinter der die bis jetzt an der Spitze stehende Erzeugungsziffer des Jahres 1883 um rund 75 000 t zurückbleibt.

Die nachstehende Tabelle giebt Aufschlufs über die Vertheilung der Erzeugung auf die einzelnen Bezirke, über die Vorräthe, über die Zahl der vorhandenen und in Betrieb befindlichen Hochöfen und über das durchschnittliche Ausbringen eines Hochofens.

Bezirk	1895 Erzeugung t	1895 Vorräthe am 31. December t	1896 Erzeugung t	1896 Vorräthe am 31. December t	Hochöfen vorhanden	Hochöfen unter Feuer	Durchschnittliches Ausbringen eines Hochofens t
Cleveland	2 963 102	310 560	3 220 720	248 779	138	95	33 902
Schottland	1 114 463	488 314	1 198 885	516 300	108	78	15 370
Cumberland	659 034	355 778 (Cumberland und Lancashire)	732 515	336 268 (Cumberland und Lancashire)	49	20	36 616
Lancashire	581 364		716 486		42	21	34 119
Süd-Wales	715 400	10 363	819 773	1 028	72	22	37 223
Lincolnshire	303 867	6 604	308 965	3 536	21	14	21 711
Northamptonshire	269 536	8 240	236 118	2 438	26	13	18 162
Derbyshire	252 630	18 790	265 450	20 436	41	24	11 060
Leicestershire	250 465	2 540	246 267	2 438	16	14	17 590
Nord-Staffordshire	199 509	26 837	219 285	30 297	34	14	15 663
Süd- „	358 986	22 086	331 929	12 520	60	21	15 806
Süd- und West-Yorkshire	219 539	20 308	287 179	25 326	39	17	16 892
Shropshire	50 792	14 999	47 472	4 642	11	6	7 912
Nord-Wales	41 919	1 027	49 993	—	9 (Nord-Wales und Uebrige Bezirke)	3 (Nord-Wales und Uebrige Bezirke)	24 725 (Nord-Wales und Uebrige Bezirke)
Uebrige Bezirke	41 400	4 106	24 183	—			
	8 022 006	1 391 152	8 700 220	1 234 038	666	362	24 032

Die Erzeugung von Bessemerblöcken gestaltete sich wie folgt:

Bezirk	Erzeugung 1895 t	Erzeugung 1896 t	Davon sauer t	Davon basisch t
Süd-Wales	428 122	465 330	465 330	—
Cleveland	362 589	408 435	131 277	277 158
Sheffield u. Leeds	264 923	272 070	194 137	77 923
Lancashire und Cheshire	83 627	224 302	224 302	—
West-Cumberland	302 230	362 383	362 383	—
Staffordshire, Schottland etc.	118 298	112 376	1 871	110 506
	1 559 789	1 844 896	1 379 300	465 596
		1895:	1 111 174	448 615

An Bessemerflufseisen-Fertigfabricaten wurden, soweit Angaben seitens der Werke vorliegen, erzeugt:

	1895 t	1896 t
Schienen	614 007	830 556
Platten und Winkel	83 191	42 778
Stabeisen u. s. w.	332 263	261 347
Schwellen	14 100	50 397
Knüppel u. s. w.	246 677	322 689
Radreifen	15 080	35 068

Die Erzeugung von Herdflufseisenblöcken erreichte im Jahre 1896 die Höhe von 2 354 636 t, oder 571 822 t = 32 % mehr als im Vorjahre; es ist dies weitaus die gröfste Steigerung, welche jemals in einem Jahre zu verzeichnen gewesen ist.

Die Production vertheilt sich wie folgt:

Bezirk	1895 Erzeugung t	1896 Erzeugung t	1896 Oefen mit saurer Zustellung: vorhanden am 31. Dec. 1896	1896 Oefen mit saurer Zustellung: Ausbringen t	1896 Oefen mit bas. Zustellung: vorhanden am 31. Dec. 1896	1896 Oefen mit bas. Zustellung: Ausbringen t
Schottland	541 204	606 253	106	592 598	1	9655
Nordostküste	714 526	892 663	109	892 663	2	—
Süd-u. Nord-Wales	220 701	409 912	59	377 939	6	31973
Sheffield u. Leeds	110 472	174 006	30	142 240	5	32306
Lancashire und Cumberland	97 002	144 063	27	119 423	6	24640
Staffordshire etc.	98 818	148 109	21	64 700	11	83409
Summa	1 783 813	2 354 636	354*	2 179 593	31**	175043

An Fertigfabricaten aus Herdflufseisen wurden erzeugt:

	1895 t	1896 t
Schienen	30 277	30 539
Bleche und Winkel	754 507	1 005 879
Stabeisen u. s. w.	333 567	425 338
Knüppel u. s. w.	273 728	374 046

(Nach „Iron and Coal Trades Review" vom 2. und 9. April 1897.)

Frankreichs Eisenindustrie im Jahre 1896.

Nach dem „Bulletin" Nr. 1155 des Comité des Forges de France belief sich die Roheisenerzeugung im Jahre 1896 auf 2 333 702 t, wies demnach gegen die 2 003 868 t betragende Erzeugung des Vorjahres eine Zunahme von 329 834 t, oder 16,5 % auf.

* davon 262¹/₄ durchschnittlich im Betrieb während des Jahres 1896 und 18 im Bau begriffen.

** davon 25 durchschnittlich im Betrieb während des Jahres 1896 und 3 im Bau begriffen.

Nach Sorten und dem verwendeten Brennstoff getrennt, weist die Statistik folgende Zahlen auf:

Brennstoff	1896			1895		
	Puddelroheisen t	Giefsereiroheisen und Gufswaaren I. Schmelzung t	Zusammen t	Puddelroheisen t	Giefsereiroheisen und Gufswaaren I. Schmelzung t	Zusammen t
Koks	1833743	475880	2309623	1523785	459022	1982807
Holzkohle .	6598	2266	8864	7019	2092	9111
Gemischt .	—	15215	15215	—	11950	11950
Insgesammt	1840341	493361	2333702	1530804	473064	2003868

Ueber 62 % der Gesammterzeugung (1455526 t) entfallen auf das Departement Meurthe-et-Moselle; den nächstgröfsten Antheil hat das Departement Nord mit stark 11 %.

Ueber die Erzeugung von **Schweifseisen** und **Flufseisen** giebt die nachstehende Tabelle Aufschlufs:

	1896	1895
Schweifseisen:		
Schienen	876	214
Handelseisen und Formeisen .	724 057	670 142
Bleche	89 710	86 437
Zusammen Schweifseisenfabricate	814 643	756 793
Flufseisen:		
Schienen	170 675	152 394
Handelseisen und Formeisen .	501 062	379 807
Bleche	211 771	182 322
Zusammen Flufseisenfabricate	883 508	714 523
Bessemerblöcke	726 848	499 732
Martinblöcke	401 921	376 242
Zus. Flufsmetallblöcke .	1 128 769	875 974

Elektrisches Enthärten und Härten von Stahl.

Der von der Thomson Electric Weiding Company in Lynn, Mass., hergestellte Apparat zum Enthärten von Bohrstellen in gehärteten Panzerplatten,* der in der That als ein Retter in der Noth „am Abend des Mifserfolges und der Verzweiflung" den Schiffswerften zu Hülfe kam, hat sich in fast zweijährigem Gebrauch unentbehrlich gemacht. Auf dem Schlachtschiff Jowa (das Schiff ist 110 m lang, 22 m breit, hat 17,2 Tiefgang, 11310 t Wasserverdrängung und Maschinen von 11000 HP; sein Gürtelpanzer ist 2,3 m hoch, davon liegen 1,4 m unter Wasser, von oben bis zu 0,3 m unter Wasser ist er 355 mm dick und verjüngt sich von da nach unten auf 178 mm Dicke; der Thurmpanzer ist 381, die Panzerquerwände sind 304 mm dick), welches im März 1896 auf der Werft von Cramp & Sons in Philadelphia vom Stapel lief, befinden sich, wie „Cassiers Magazin" vom März d. J. mittheilt, seit drei Monaten zwei Thomsonsche Enthärtungsapparate Tag und Nacht, auch des Sonntags, im Betriebe. Sie haben in dieser Zeit die Stellen für 600 Löcher im Seitenpanzer, für 800 Löcher im Thurmpanzer und für 500 Löcher in den Panzerquerwänden des Schiffes enthärtet.

Eine erweiterte Anwendung hat der Apparat insofern gefunden, als man ihn auch zum Enthärten ganzer Linien benutzt, wenn es sich darum handelt, von gehärteten Panzerplatten in der Länge oder Breite ein Stück abzuschneiden. Zu diesem Zweck ist der Apparat mit einer Vorrichtung versehen, welcher die Contacte selbstthätig ununterbrochen mit gewisser Geschwindigkeit weiterschiebt, während dieselben mit einem Druck von etwa 450 kg auf der Panzerplatte ruhen. Das Weiterschieben der Contacte darf nur so schnell vor sich gehen, dafs die Wirkung des Ausglühens nicht durch Selbsthärten wieder aufgehoben wird. Erfahrungsgemäfs darf die Schnelligkeit nicht mehr als 6 mm in der Minute betragen. Hierbei hat man die merkwürdige Erscheinung beobachtet, dafs bei ihrem Hinweggleiten auf der Panzerplatte die Kupfercontacte Späne von dem Stahl abschneiden, wobei sie selbst vollständig unverletzt bleiben und keine Verkürzung erleiden.

Interessant ist übrigens, dafs man dieselbe Vorrichtung, welche zum Ausglühen gehärteten Stahls erfunden und dazu bisher benutzt wurde, gelegentlich auch zum entgegengesetzten Zweck, nämlich zum Härten gewisser Stellen in weichem Stahl verwendet. Nachdem die zu härtende Stelle zum Glühen gebracht worden ist, wird der Apparat schnell entfernt. Die schnelle Ableitung der Wärme von der Glühstelle in die ganze Masse des Stahlkörpers wirkt härtend auf die glühend gemachte Stelle. *J. Castner.*

* „Stahl und Eisen" 1895, S. 789.

Vierteljahrs-Marktberichte.

(Januar, Februar, März 1897.)

I. Rheinland-Westfalen.

Düsseldorf, den 10. April 1897.

Die günstige **allgemeine Geschäftslage** der Eisen- und Stahlindustrie, welche das ganze vorige Jahr kennzeichnete, hat auch für das erste Quartal des laufenden Jahres standgehalten. Wenn auch anfangs infolge des amerikanischen Wettbewerbs das Vertrauen etwas zu schwinden begann und die in jedem Winter zu beobachtende Abnahme der Specificationen sich unter dem Einflufs der politischen Verwicklungen im Osten länger fühlbar machte, als erwartet wurde, so war doch gegen Ende des Berichtsvierteljahrs der Eintritt einer Besserung nach dieser Richtung hin zu bemerken. Zudem ist durch die bestehenden Verkaufsvereinigungen dafür gesorgt, dafs vorübergehende Stimmungen auf dem Markt nicht sofort in den Preisen zum Ausdruck gelangen, wie dies an der Börse der Fall zu sein pflegt, ganz abgesehen davon, dafs auf verschiedenen Gebieten — so in Kohlen, Eisensteinen, Roheisen und Flufseisenhalbzeug — die Preise so wie so schon bis über das laufende Jahr hinaus festgelegt sind. Als besonders erfreulich ist der Umstand zu bezeichnen, dafs in den letzten Monaten sich die Verlängerung und Vervollständigung der wichtigsten Verbände für Rohmaterialien, Halbfabricate u. s. w. vollzogen haben.

Die Lage des **Kohlen- und Koksmarkts** blieb im Berichtsvierteljahr eine unverändert günstige. Trotz der Milde des Winters und dem entsprechenden Nachlassen der stürmischen Nachfrage nach Hausbrandsorten war der Absatz gegen die Parallelmonate des Vorjahres wiederum wesentlich höher. Dies läfst darauf schliefsen, dafs die kohlenverbrauchenden Industrien wiederum einen gegen das Vorjahr erhöhten Bedarf haben, also sehr gut beschäftigt sein müssen. In Koks und Kokskohlen überstieg die Nachfrage noch immer die Herstellung, so dafs nicht allen Anforderungen genügt werden konnte. Kokskohlen waren am Ende des Quartals so knapp, dafs wiederum zu dem Auskunftsmittel gegriffen werden mufste, hochwerthige Nufskohlen als Ersatz für die fehlenden Mengen zu mahlen. Die am 1. April ablaufenden Verträge konnten alle schlank erneuert werden, und es wurden die vom Syndicat erhöhten Preise bewilligt. 80 % der gesammten Production des Koks für 1898 werden an die rheinisch-westfälischen Werke für 14 *M*, an die Luxemburg-Lothringer Werke für 13 *M* verschlossen.

Auf dem Erzmarkt war sowohl im Siegerland als im Nassauischen die Nachfrage nach Eisenerzen eine sehr bedeutende, so dafs die Preise wiederum erhöht werden konnten. Die Preise für Roh- und Rostspath wurden Mitte Januar um 5 bezw. um 7 *M* per 10 t erhöht, und stellen sich von da ab für Rohspath auf 113 bis 119 *M*, für Rostspath auf 151 bis 167 *M*, für Siegener Brauneisenstein auf 120 bis 140 *M*. Die gesammte Förderung, welche eine weitere Erhöhung erfahren hat, aber kaum zur Deckung des Bedarfs genügte, wurde bis in den Monat April nächsten Jahres verkauft. Die nassauischen Rotheisensteingruben sind für das laufende Jahr ausverkauft. Der Preis für 50 procentigen Rotheisenstein stellte sich auf 115 *M* ab Dillenburg.

Die günstige Lage des Roheisenmarktes ist unverändert geblieben; die vermehrte Erzeugung ist prompt abgenommen worden und die an sich kaum nennenswerthen Vorräthe haben sich verringert. Die vorliegenden Aufträge reichen bis in das letzte Quartal dieses Jahres. Da nur noch geringe Mengen für diesjährige Abschlüsse frei sind, so werden die für einzelne Sorten etwas erhöhten Verbandspreise sogar unter Wegfall des üblichen Frachtausgleiches von den Verbrauchern gern bewilligt.

Das Stabeisengeschäft war ein weniger gutes, insofern als die Nachfrage in diesem Artikel bedenklich nachliefs und auch die Specificationen auf die bestehenden Verträge in geringerem Mafse einliefen. Es mag dahingestellt bleiben, wie weit an dieser Ruhe eine gewisse Zurückhaltung betheiligt ist, deren man sich in dem naheliegenden Bestreben befleifsigt, vor neuen Abschlüssen den Preisen eine Richtung nach unten zu geben. Wir haben aber schon dargelegt, dafs die Preise von Koks, Kohlen, Roheisen und Halbzeug nicht im geringsten eine solche Neigung nach abwärts zeigen. Im Gegentheil wurde noch kürzlich durch die Koksabschlüsse für 1898 die Grundlage für den dauernden Bestand der jetzigen Verkaufspreise geschaffen. Die Preise des fertigen Eisens stehen noch nicht ganz im richtigen Verhältnifs zu den Preisen im Rohmaterial, und so dürfte eine demnächstige mäfsige Erhöhung der Stabeisenpreise in Aussicht stehen. In Formeisen ist der Geschäftsgang ein sehr guter gewesen und bei der lebhaft einsetzenden Bauthätigkeit eine weitere günstige Entwicklung gesichert.

Für Draht war im abgelaufenen Vierteljahr der Markt ein ungünstigerer; das Geschäft darin ging fortwährend zurück. Bei den billigen Wettbewerbspreisen der amerikanischen Fabricanten wird es den einheimischen Werken immer schwerer, Abschlüsse zu den seitherigen, ohnehin schon zu niedrigen, Preisen zu thätigen, und es kann daher nicht überraschen, wenn die Ausfuhr in Walzdraht eine stetig geringere werden wird. Das eventuelle Zustandekommen der angestrebten Einigung zwischen den Drahtwalzwerken, welche für den Export arbeiten, und den Halbzeugwerken, welche das Knüppelmaterial für Exportdraht zu billigeren Preisen an eine gemeinsame Einkaufsstelle liefern sollen, dürfte hier eine günstige Wirkung ausüben.

In Grobblech hatten viele Werke über mangelhafte Beschäftigung zu klagen, doch ist auch hierin seit etwa zwei Wochen eine erhebliche Zunahme der Arbeitsmenge zu verzeichnen. Die Preise sind gegen die Vorperiode um eine Kleinigkeit höher gegangen. Die Errichtung eines Syndicates scheint unmittelbar bevorzustehen.

Die Beschäftigung in Feinblech war nicht ganz gleichmäfsig. Während einige Werke ziemlich befriedigend besetzt waren, litten andere unter der schwächeren Beschäftigung der Wintermonate und wurden manche derselben dadurch bewogen, für sofort auszuführende Aufträge niedrigere Preise zu bewilligen. Zur Zeit ist die Arbeitsmenge unter dem endlich zur Geltung kommenden Einflufs des Frühjahrs ganz erheblich besser geworden.

Im Eisenbahnmaterial, sowohl in Schienen und Schwellen, wie auch in Rädern u. s. w., sind den Werken seitens der Staatseisenbahnen und zahlreicher Kleinbahn-Unternehmungen belangreiche Aufträge überwiesen, so dafs dieselben für lange Zeit vollauf beschäftigt sind. —

Die Eisengiefsereien und Maschinenfabriken sind durchweg gut beschäftigt, namentlich herrscht in den Maschinenfabriken eine angestrengte Thätigkeit. Diese wird von längerer Dauer sein; denn der Stock an Aufträgen ist aufsergewöhnlich grofs, und die Nachfrage noch immer recht lebhaft. Die Eisengiefsereien haben im Berichtsvierteljahr wesentlich mehr Arbeit gehabt, als es sonst während der stillen Bauzeit der Fall ist; mit Beginn der diesjährigen, allem Anschein nach sehr regen Bauthätigkeit kann eine anhaltend gute Beschäftigung der Eisengiefsereien in sichere Aussicht genommen werden.

Die Preise stellten sich wie folgt:

	Monat Januar	Monat Februar	Monat März
Kohlen und Koks:	*M*	*M*	*M*
Flammkohlen	9,50–10,00	9,50–10,00	9,50–10,00
Kokskohlen, gewaschen	7,50–9,00	7,50	7,50
„ melirte, z. Zerkl.	9,00	9,00	9,00
Koks für Hochofenwerke	13,00	13,00	13,00
„ „ Bessemerbetr. .	14,00–15,00	14,00–15,00	14,00–15,00
Erze:			
Rohspath	10,80 11,40	10,80–11,40	10,80–11,40
Geröst. Spatheisenstein .	16,00	16,00	16,00
Somorrostro f. a. B. Rotterdam	—	—	—
Roheisen: Giefsereieisen			
Preise ab Hütte { Nr. I . . .	67,00	67,00	67,00
„ III . . .	60,00	60,00	60,00
Hämatit . . .	67,00	67,00	67,00
Bessemer	—	—	—
Preise ab Siegen { Qualitäts-Puddeleisen Nr. I .	58,00	58,00	58,00
Qualit.-Puddeleisen Siegerl.	58,00	58,00	58,00
Stahleisen, weifses, mit nicht über 0,1 % Phosphor, ab Siegen . .	59,50	59,50	59,50
Thomaseisen mit mindestens 2 % Mangan, frei Verbrauchsstelle, netto Cassa	60,50	60,50	60,50
Dasselbe ohne Mangan .	—	—	—
Spiegeleisen, 10 bis 12 %	65,00	65,00	65,00
Engl. Giefsereiroheisen Nr. III, franco Ruhrort	60,00	60,00	60,00
Luxemburg. Puddeleisen ab Luxemburg . . .	—	—	—
Gewalztes Eisen:			
Stabeisen, Schweifs- . .	135,00	135,00	135,00
„ Flufs-	130,00	130,00	130,00
Winkel- und Façoneisen zu ähnlichen Grundpreisen als Stabeisen mit Aufschlägen nach der Scala.			
Träger, ab Burbach . .	103,00	103,00	105,00
Bleche, Kessel-, Schweifs-	177,50	180,00	180,00
„ sec. Flufseisen .	137,50	142,50	142,50
„ dünne	135,00-140,00	135,00-140,00	135,00-140,00
Stahldraht, 5,3 mm netto ab Werk	—	—	—
Draht aus Schweifseisen, gewöhnl. ab Werk etwa	—	—	—
besondere Qualitäten	—	—	—

Dr. W. Beumer.

II. Oberschlesien.

Gleiwitz, 7. April 1897.

Allgemeine Lage. Das erste Viertel des Jahres 1897 kann für die Montanindustrie Oberschlesiens als ein günstiges bezeichnet werden. Die allgemeine Lage des oberschlesischen Eisen- und Stahlmarktes war im verflossenen Quartal dank des grofsen Inlandsbedarfes eine so gute, dafs der Rückgang in der Ausfuhr nach Rufsland und nach den Donaustaaten verschmerzt werden konnte. Zu umfangreichen Abschlüssen kam es im Inlande deshalb nicht, weil der Handel seinen Bedarf auf viele Monate hinaus bereits früher eingedeckt hatte, und beschränkte sich die Verkaufsthätigkeit hauptsächlich auf Mengen zur Lieferung im dritten Vierteljahr. Der Beschäftigungsgrad war auf allen Werken ein befriedigender und insbesondere war der Bedarf der Fabriken recht umfangreich. Bedeutende zur Wasserverfrachtung bestimmte und schon früher specificirte Posten gelangten im Berichtsquartale zur Abwalzung und bereits von Mitte Februar ab zum Versand. Ein Mifsverhältnifs bestand zwischen den Preisen von Halbzeugnifs und Fertigwaare und insbesondere zwischen den Preisen von Alt- und Neueisen, wodurch diejenigen Werke, welche vornehmlich auf den Ankauf von Roh- und Alteisen sowie Halbzeug angewiesen waren, nachtheilig betroffen wurden.

Kohlen- und Koksmarkt. Der Kohlenversand im Januar und Februar d. J. war, obgleich die Kälte bereits im Anfang Januar cr. nachgelassen hatte, wodurch der Absatz an Hausbrandkohlen einen Rückgang erfuhr, ein befriedigender zu nennen, und blieb hinter dem Versand der gleichen Monate des Vorjahres um nichts zurück. Im Monat März dagegen machte sich infolge der am 1. April erfolgenden Einführung der neuen Kohlentarife, welche erhebliche Frachtermäfsigungen in sich schliefsen, sowie infolge der am gleichen Tage in Kraft tretenden Sommerpreise eine starke Abschwächung im Kohlengeschäft bemerkbar, indem die Verbraucher mit ihren Aufträgen aufserordentlich zurückhielten.

Dank des genügenden Wasserstandes der Oder sowie des stets vorhandenen Kahnraumes war es indessen fast allen Gruben des Reviers möglich, bedeutende Mengen zur Wasserverladung abzurichten, und waren die Gruben nur zu geringeren Förderungseinstellungen gezwungen.

Die am Vierteljahrsschlufs verbliebenen Kohlenbestände sind ziemlich bedeutend und bestehen fast nur aus groben Sortimenten, da Industrie- und Fettkohlen das ganze Vierteljahr hindurch schlanken Absatz gefunden hatten.

Der Kohlenversand betrug nach den eisenbahnamtlichen Wagengestellungs-Nachweisungen:

im ersten Vierteljahr	1897	3 338 650 t	
„ vierten	„	1896	3 926 310 t*
„ ersten	„	1896	3 355 850 t

liegen das erste Vierteljahr des Vorjahres betrug die Minderverladung 17 200 t oder 0,5 %.

Die Nachfrage nach Koks war auch im verflossenen Vierteljahr gröfser als das Angebot bezw. die Darstellung, weshalb der Bezug desselben aus anderen Revieren keine Verminderung erfuhr.

Roheisen. Frischereiroheisen war auch im verflossenen Vierteljahr sehr stark begehrt und konnten für dasselbe gute Preise erzielt werden. Gut gefragt wurde auch Giefsereiroheisen, welches in der Berichtszeit zu besseren Preisen als im vorigen Vierteljahr gehandelt wurde.

Stabeisen. Die Lage des Walzeisenmarktes war im Durchschnitt des Vierteljahrs eine günstige und gingen den Werken auf Grund früherer Abschlüsse Specificationen zu auskömmlichen Preisen in grofsem Umfange zu. An Baueisen und Trägern herrschte lebhafter Begehr, ebenso an Grobeisen aller Art, während die Feinstrecken des öfteren über Mangel an Beschäftigung Klage führten.

Draht. Das Inlandsgeschäft in Draht und Drahtwaaren verlief befriedigend, indem in der Berichtszeit reichliche Aufträge zu gebesserten Preisen zur Erledigung gelangten. Im Ausland machte sich jedoch ein scharfer Wettbewerb, der ungünstig auf die Preise jener Waaren einwirkte, bemerkbar.

Grob- und Feinblech. Im Inlande erfuhren Grob- und Feinbleche kleine Preisaufbesserungen, doch verlief hierin das Geschäft recht ruhig. Weit lebhafter zeigte sich das Auslandsgeschäft, bei welchem die erzielten Preise jedoch zu wünschen übrig liefsen.

Eisenbahnmaterial. Für Eisenbahnmaterial gilt das für das Vorvierteljahr Gesagte auch für die Berichtszeit; die zu anderen, schlechten Zeiten herbeigesehnten Aufträge würde man bei der starken Besetzung der Strecken mit lohnenderen Aufträgen in der Berichtszeit zum gröfsten Theil gemifst haben können.

Eisengiefsereien und Maschinenfabriken. Die Eisengiefsereien halten im verflossenen Vierteljahr eine Fülle von Arbeit zu erledigen und erzielten für ihre Fabricate Preisaufbesserungen, während sich die Maschinenfabriken trotz voller Beschäftigung mit mäfsigen Preisen begnügen mufsten.

Preise.	I. Vierteljahr 1897. ℳ f. d. Tonne		
Giefsereiroheisen ab Werk	58	bis	62
Hämatit „ „	66	„	72
Puddel- u. Thomasroheisen ab Werk	59	„	60
Gewalztes Eisen ab Werk	120	„	142½
Kesselbleche, Grundpreis.	152½	„	180
Bleche, Flufseisen, Grundpreis . .	132½	„	135
Dünne Bleche, Grundpreis	130	„	150
Stahldraht 5,3 mm netto ab Werk	122	„	125.

Eisenhütte Oberschlesien.

III. England.

Middlesbro-on-Tees, 8. April 1897.

Das Roheisengeschäft stand im verflossenen Vierteljahre fast ausschliefslich unter den Einwirkungen der Politik und von Lohnfragen. Die im vorigen Jahre eingetretene Preissteigerung hielt nicht lange in der gewohnten Weise an. Die Warrantsspeculanten begannen sich zurückzuziehen, und die Differenz zwischen Warrants und effectiver Waare vergröfserte sich zu Gunsten der letzteren. In der ersten Hälfte Januar war die Anfrage sehr stark, es wurde ein grofses Geschäft mit Abschlüssen bis über das ganze Jahr gemacht und die Preise erreichten den höchsten Punkt, als Gerüchte über grofse Lieferungen von Stahlknüppeln und Hämatiteisen von Amerika begannen und fortwährende Beunruhigungen des Geschäfts durch die Vorgänge im Orient eintraten. Noch einmal stieg Nr. 3 G. M. B. Anfang Februar bis auf 42/—, und sank dann theilweise unter recht grofsen Preisschwankungen allmählich auf den jetzigen Preis von 40/6.

Was die Verschiffungen von Amerika anbelangt, so stellte es sich heraus, dafs dieselben sehr übertrieben waren. So lange Preise dort äufserst gedrückt sind, während in europäischen Eisendistricten der Nachfrage kaum Genüge geleistet werden kann, die Frachten ungefähr auf Ballastraten basiren, ist der Bezug aus den Vereinigten Staaten möglich. Auf die Dauer

* Irrthümlich im vorigen Bericht zu 3 726 310 t angegeben.

werden sich diese Verhältnisse nicht behaupten, wenigstens nicht für Lieferung nach England und kleineren Häfen, wohin directer transatlantischer Verkehr auf Schwierigkeiten stöfst.

Anfangs Februar begannen die Lohnstreitigkeiten auf den Schiffswerften und in den Maschinenbauwerkstätten. Da beide Theile sehr entschieden Stellung nahmen, waren die Befürchtungen wegen Streik oder Sperrung sehr begründet. Die Arbeiter gehörten einem allgemeinen Verbande an, ebenso sämmtliche Werke. Es kam sogar zur allgemeinen Kündigung, bis endlich zuerst die Schiffbauer und dann die Maschinenbauer zu einer Verständigung kamen. Die ganzen Schwierigkeiten spitzten sich auf das Princip zu, ob die Werkbesitzer oder ihre Leute darüber zu entscheiden haben, wer berechtigt sei, an einzelnen wenigen Maschinen zu arbeiten. Eine andere Lohnfrage betraf die Beamten bei der hiesigen Nordostbahn, und ging es nicht ohne Betriebsstörung ab. Erst jetzt hat man sich auf Schiedsspruch geeinigt.

Die Hochofenwerke blieben stark mit Aufträgen versehen, und war es für sie ein Leichtes, zu annehmbaren Preisen auf lange Zeit zu verkaufen. Der Versand ins Inland und die Verschiffungen blieben enorm stark. Vorräthe sind sehr gering und hieraus erklärt sich auch die jetzt wieder lebhaftere Nachfrage für Nr. 3 Warrants trotz des Fernbleibens der Speculanten.

In Hämatiteisen schwankten Preise ebenfalls bedeutend. Merkwürdig ist die Umwandlung des Preisverhältnisses zwischen hiesigen und Cumberland Warrants. Anfangs des Jahres standen letztere um über 1/— höher als erstere, jetzt ist es umgekehrt. Es ist ferner zu bemerken, dafs gerade bei Hämatiteisen ein bedeutender Preisunterschied in einzelnen Werken gemacht wird. Die geringen Vorräthe befinden sich in wenigen Händen. Es ist daher vielfach Westküstenhämatit dem hiesigen vorgezogen worden, wo es sich um Verschiffung von grofsen Partien handelt. Das Geschäft in Warrants dieser Sorte Eisen ist sehr gering. Kleinstes Angebot oder kleine Nachfrage setzt den Markt in Schwankungen. In Connels-Lager hier waren am 31. März 167 852 t gegen 171 700 t am 31. December.

Die Preisschwankungen stellen sich wie folgt:

	Januar		Februar		März	
Middlesbro Nr. 3 G. M. B.	41/0	— 42/—	42/—	— 40/6	41/—	— 40/6
Warrants-Cassa-Käufer Middlesbro Nr. 3 . .	41/9	— 40/4½	41/3½	— 39/5	41/1	— 39/9½
Schottisch M. N.	48/9	— 47/6	47/11	— 46/—	46/1	— 45/2
Middlesbro Hämatit	50/9½	— 49/7½	50/5½	— 48/1½	48/6	— 49/2
Westküsten Hämatit	51/8	— 50/2	50/7½	— 48/7	48/9½	— 47/10

Es wurden verschifft Januar-März:

1887 . .	172 388 tons	1893 . .	190 289 „
1888 . .	207 555 „	1894 . .	224 300 „
1889 . .	215 205 „	1895 . .	174 663 „
1890 . .	143 224 „	1896 . .	241 914 „
1891 . .	180 932 „	1897 . .	287 268 „
1892 . .	166 857 „		

Heutige Preise (8. April) sind für prompte Lieferung:

Middlesbro G. M. B. ab Werk Nr. 3 40/3 bis 41/— Netto Cassa je nach Marken

„ „ Warrants	40/—	Netto Cassa gesucht.
„ M. N. Hämatite Warrants .	49/—	
Schottische M. N. Warrants	44/7½	
Westküsten Hämatit M. N. Warrants .	48/—	
Eisenplatten ab Werk hier . . . £	5.2/6	mit 2½ % Disconto
Stahlplatten „ „ „ . . . . „	5.5/—	
Stabeisen „ „ „ . . . . „	5.5/—	
Stahlwinkel „ „ „ . . . . „	5.3/9	
Eisenwinkel „ „ „ . . . . „	5.2/6	

Die Hochofenarbeiter erhielten eine Lohnerhöhung von 1½ % auf Grund der geltenden Lohnscala.

H. Ronnebeck.

IV. Vereinigte Staaten von Nordamerika.

Pittsburg, 28. März 1897.

Das Geschäft im laufenden Vierteljahr war schleppend; das Vertrauen fehlt immer noch. Das Ereignifs der letzten Zeit war das Scheitern der Verhandlungen zum Abschlufs eines Erzsyndicats einschliefslich der Mesabigruben, infolgedessen ist über den Erzpreis, welcher für die Sommersaison gültig sein wird, noch nichts Bestimmtes bekannt, man nimmt aber an, dafs der Preis, welcher von dem Verband auf 2,65 $ loco Clevelandhafen festgehalten wurde, um 25 bis 30 Cts. heruntergehen wird. Durch diesen Umstand ist das Geschäft sowohl in Roheisen wie in Stahl sehr still geworden. — Bei den letzten Verkäufen wurde bezahlt für Bessemer-Roheisen 9,65 bis 9,75 $ loco Hochofen im Thal; Giefsereieisen Nr. II wurde verkauft zu 10 $ und Nr. I zu 11,75 $, — aber trotz des niedrigen Preises ist wenig Nachfrage. Stahlknüppel wurden zu 15 bis 15,25 $ gehandelt. — Die Walzwerke sind durchweg kaum halb beschäftigt.

Die Roheisenerzeugung nimmt seit Beginn des Jahres langsam zu, denn nach den Ausweisen von „Iron Age" betrug die Zahl und wöchentliche Leistungsfähigkeit der im Feuer stehenden Hochöfen

am 1. Januar	154 Hochöfen	159 720 tons
„ 1. Februar	154 „	162 959 „
„ 1. März	156 „	169 986 „

Amerikanisches Roheisen in Deutschland.*

Im Anschlufs an die früheren Mittheilungen geht uns die Nachricht zu, dafs das Giefsereiroheisen aus Alabama, welches, zu 64,80 ℳ franco verzollt, einer Giefserei unfern von Hannover angeboten war, noch um 1 ℳ im Preis ermäfsigt ist.

Ferner haben wir folgende Angebote eingesehen: Von einer Hamburger Firma Alabama-Puddeleisen zum Preise von 44,40 ℳ cif Hamburg; Alabama-Thomasroheisen zu 51 ℳ franco Ruhrort ohne Zoll; amerikanisches Holzkohlenroheisen (3 % Phosphor, 0,50 bis 0,75 % Silicium, wenig Mangan, Spuren Schwefel, ohne Garantie) zu 63,75 ℳ franco Waggon Duisburg-Ruhrort.

Aus zahlreichen anderen uns vorliegenden Schreiben erhellt, dafs die Amerikaner sich die gröfste Mühe geben, für ihr überschüssiges Roheisen Absatz in Deutschland zu finden; sie erbieten sich, Roheisen nach vom Verbraucher vorzuschreibender Analyse zu erblasen, und verlangen Preisstellung von den hiesigen Verbrauchern mit dem Hinweis, dafs sie überzeugt seien, hinsichtlich der Frachten ein befriedigendes Arrangement zu treffen.

Die Fracht mufs, so wird uns weiter mitgetheilt, auf 2 bis 3 $ von New York nach Rotterdam oder Hamburg basirt werden; doch sollen einzelne Posten als Ballast zu etwa 1 $ herübergekommen sein.

* Vergl. „Stahl und Eisen" S. 245 d. J.

Industrielle Rundschau.

Actiengesellschaft Westfälisches Kokssyndicat in Bochum.

Der Geschäftsbericht für das Jahr 1896 lautet: „Das Wirthschaftsjahr 1896 brachte für das heimische Berg- und Hüttengewerbe eine Zeit des Aufschwungs, in welcher die höchste Anspannung der Productionsthätigkeit zum Ausdruck gelangte. Für die westfälische Koksindustrie insbesondere vollzog sich in dem Berichtsjahre bei einer bisher noch nicht erreichten Tageserzeugung eine allmähliche Aufwärtsbewegung der Preise, deren Andauer von der aufserordentlich lebhaften und angestrengten Beschäftigung der Eisenindustrie in hervorragendem Mafse getragen wurde. Noch zu Beginn des verflossenen Jahres war man in Hinsicht des aufserordentlichen Zuwachses an neuen Koksöfen über den Vertrieb der dadurch hervorgerufenen plötzlichen Mehrerzeugung in nicht geringer Sorge gewesen, und hatte im ersten Drittel des Jahres starke Productions-Einschränkungen beschliefsen müssen. Dieselben betrugen im Januar 15 %, Februar 23 %, März 22 % und April 15 %, im Mittel demnach 19 % der damaligen Betheiligungsmengen. In der zweiten Hälfte des Jahres war ein vollständiger Umschwung eingetreten und der Koksbedarf der Industrie unserer Productionsmöglichkeit weit vorausgeeilt. Durch den äufserst starken Koksverbrauch im Inland, der beispielsweise im 3. Quartal auf den Hochöfen des Kohlenreviers das Dreifache des entsprechenden Zeitraums des Vorjahres betrug, genügte die Herstellung nicht mehr für den laufenden Bedarf. Die Nachfrage überstieg schliefslich die zur Verfügung stehenden Koksmengen in so beträchtlichem Umfange, dafs das Kokssyndicat zu seinem lebhaften Bedauern nicht mehr in der Lage war, den Bedürfnissen der zahlreichen Kundschaft gerecht zu werden, und sich leider zur Ablehnung mancher Aufträge genöthigt sah. Diese bis aufs höchste angespannte Thätigkeit aller Koksanstalten kennzeichnet das abgelaufene Jahr 1896 als das hervorragendste seit dem Beginn der Syndicatsbildung. Auch auf dem heimischen Eisenmarkt ging das Jahr unter sehr befriedigen den Verhältnissen zu Ende, begleitet von guten Erfolgen und einer stetigen Weiterentwicklung, ohne dafs dieser Aufschwung — dank der Syndicate — eine zu ungestüme Richtung verfolgte. Die Aufwärtsbewegung trug vielmehr ein völlig gesundes Gepräge, so dafs das Vertrauen in die Lage des Eisengeschäftes gesichert blieb. Ein besonderes Merkmal des Aufschwunges war, dafs derselbe von unserem eigenen Vaterlande ausging, in welchem sich nach langen Jahren der Zurückhaltung und des Darniederliegens endlich ein gewaltiger Bedarf, wie man ihn in den besten Jahren früherer Zeiten kaum gekannt hat, geltend machte. Bei steigender Preisrichtung in allen Zweigen der Eisenindustrie waren die Hochofenwerke West-Deutschlands durchweg mit ihrer vollen Leistungsfähigkeit in Anspruch genommen und nahmen die Ueberzeugung, dafs für das Jahr 1897 wirthschaftlich günstige Verhältnisse sowie andauernd lebhafter Geschäftsgang in der Eisenindustrie vorherrschen würde, in das neue Jahr mit hinüber. Man hat daher nicht gezögert, die Production zu verstärken und den Neubau einer Reihe von Hochöfen im Minette-Revier in Angriff zu nehmen. Die im Syndicat thatsächlich eingetretene Einschränkung der Kokserzeugung betrug im Januar $12^1/_2$ %, Februar $18^1/_2$ %, März $12^1/_2$ %, April $13^1/_2$ %, Mai 9 %, Juni 8 %, II. Semester Nichts, mithin im Jahres-Mittel 6 % der Betheiligungsziffer.

Die Jahresstatistik über die gesammte Koksindustrie des Kohlenreviers zeigt infolge der eingangs geschilderten Verhältnisse ein sehr beträchtliches Anwachsen während des Berichtsjahres; es betrug die Production und der Absatz an Koks im Jahre 1896: a) im Syndicat, einschliefslich der Privatkokereien 5 574 695 t, b) auf 3 aufserhalb stehenden Koksanstalten 158 680 t, c) auf den Hüttenzechen 531 963 t, zusammen 6 265 338 t im Werth von rund $63^1/_2$ Mill. Mark. Gegen das Jahr 1895 mit 5 562 503 t, ergiebt sich sonach ein Gesammtzuwachs von 702 835 t gleich 12,63 %. Die Production an Roheisen im Zollverein belief sich im Jahre 1896 auf 6 360 982 t, gegen 1895 mit 5 788 798 t, sonach mehr 572 184 t = rund 10 %. Das Anwachsen beider Industrien hat sich mithin ziemlich gleichmäfsig vollzogen. Die Productions-Vermehrung im Syndicat allein stellt sich pro 1896 gegenüber dem Jahre 1895 auf 752 908 t oder $15^1/_2$ % — nächst dem Jahre 1887 die stärkste Zunahme seit dem Bestehen der Koksvereinigung. — Auf die gesammte Koksherstellung im Kohlenrevier entfällt eine arbeitstägliche Abfuhr im Durchschnitt des Jahres 1896 von 20 884 t, gegen 1895 von 18 541 t, gegen 1894 von 17 995 t, gegen 1893 von 15 935 t. Im Syndicat allein 18 582 t für 1896. Die Steigerung der Kokserzeugung auf sämmtlichen Zechen des Oberbergamtsbezirks Dortmund einschliefslich der Privatkokereien seit Beginn unseres Kokssyndicats stellt sich wie folgt:

1891	4 388 010 t	+ 4,77 %
1892	4 560 984 „	+ 4,— %
1893	4 780 489 „	+ 4,8 %
1894	5 398 612 „	+ 12,93 %
1895	5 562 503 „	+ 3,— %
1896	6 265 338 „	+ 12,63 %

Der Absatz an Hochofenkoks im Syndicat vertheilt sich auf folgende Reviere:

Nach	1891 t	1892 t	1893 t	1894 t	1895 t	1896 t
Luxemburg	422 369	415 882	453 443	626 398	599 665	811 523
Lothringen	415 663	473 508	420 496	482 955	497 075	593 996
Ost-Frankreich	636 400	817 036	982 727	1 112 650	973 586	898 631
Belgien	84 578	133 085	202 817	254 267	287 209	176 625
Nassau-Siegen	591 554	593 144	563 927	532 757	531 574	672 161
Kohlenrevier	418 000	278 380	178 371	202 830	248 967	493 811
Anderen deutschen Hütten	275 891	236 859	232 681	262 100	277 831	317 153
Oesterreich	7 545	10 232	30 355	84 423	115 607	119 555
	2 852 000	2 958 126	3 064 817	3 558 380	3 531 514	4 083 455

Diese Zahlen sind in mancher Hinsicht interessant, sie zeigen zunächst, dafs die Absatzverhältnisse — unbekümmert um den Gang der Eisenindustrie im einzelnen — eine stetig starke Zunahme erfahren haben, ferner, dafs der im Kohlenrevier und deutschen Revier 1893 bei den Hochöfen eingetretene empfindliche Rückgang im Verbrauch die directe und zwingende Veranlassung war zu den starken Verkäufen nach Ost-Frankreich und Belgien. Vom Jahre 1895 ab zeigen sich neben dem steigenden Inlandsverbrauch die Wirkungen des deutsch-belgischen Vertrages. Belgien und Frankreich weisen starke Abnahme, dagegen Luxemburg und Lothringen sowie Rheinland und Westfalen beträchtliche Zunahme auf. Gleiche Verschiebungen werden für 1897 noch deutlicher erscheinen. Was die übrigen Absatzwege im Syndicat betrifft, so beziffert sich der Absatz an Stahlwerke, Giefsereien und Metallhütten u. s. w. in 1896 auf 702520 t gegen 1895 mit 606382 t, mehr 96138 t = 15,8 %. Die Eisenbahnen bezogen 55891 t gegen 42935 t im Vorjahr. Die Seeausfuhr zeigt die bis jetzt unerreichte Menge von 297577 t gegen 242817 t im Jahr zuvor, entsprechend also einer Zunahme von 22 %. Der Brechkoksabsatz ist um rund 22000 t im Jahre 1896 gestiegen, derjenige in Siebkoks ziemlich auf gleicher Höhe geblieben. Beide Sorten in der Gesammthöhe von 435252 t, machen zusammen 7 % der ganzen Syndicatskokserzeugung aus. Im Berichtsjahre sind im Syndicat 250 neue Koksöfen angemeldet und fertiggestellt worden. Nach Abrechnung der vielen zum Abbruch gelangten älteren Koksöfen blieben zu Ende 1896 7334 Koksöfen — darunter 1586 Theeröfen — vorhanden. Aufser der Production unserer Mitglieder und der Privatkokereien sind im Berichtsjahre noch für das belgische Kokssyndicat 434880 und für das Aachener Revier (Eschweiler-Bergwerks-Verein und Vereinigungs-Gesellschaft in Kohlscheid) 142124,5 t Koks mit verkauft worden. Für die Privatkokereien haben wir 228215 t Kokskohlen im Werthe von 1485400 ℳ beschafft."

Berliner Maschinenbau-Actiengesellschaft vormals L. Schwartzkopff.

Dem Bericht der Direction entnehmen wir folgende Angaben:

„Trotzdem der Gesammtumsatz pro 1895/96 dem Vorjahre nicht nachsteht, ist es uns nicht möglich gewesen, das Erträgnifs des Vorjahres zu erreichen. Der Grund liegt darin, dafs an den in unseren Berliner Etablissements abgewickelten Aufträgen im wesentlichen nur der Locomotiv- und der allgemeine Maschinenbau betheiligt waren, welche nur mit bescheidenstem Nutzen arbeiteten, dafs dagegen einige unserer lohnenderen Branchen, namentlich diejenige für Kriegsmaterial, sich auf sehr unbedeutende Ablieferungen, im übrigen aber durch Construction und Erprobung neuer Modelle auf die Vorbereitung künftiger Geschäfte beschränken mufsten, welche naturgemäfs den Betrieb mit erheblichen Kosten belastete.

Unser Umsatz pro 1895/96 belief sich für unsere Berliner Etablissements auf 7201591,24 ℳ, für unsere Venediger Filiale auf 796582,49 Lire = 637265,99 ℳ, in Summa auf 7838857,23 ℳ gegen 7836091,03 ℳ pro 1894/95. Die Abschreibungen auf Basis der vorjährigen Sätze berücksichtigt, ergiebt sich für Berlin ein Reingewinn von 787116 ℳ, für Venedig ein Reingewinn von 140476,80 ℳ, einschliefslich des Vortrags vom 1. Juli 1895, d. s. 5910,98 ℳ, zusammen 933503,78 ℳ. An Aufträgen für das laufende Geschäftsjahr und darüber hinaus liegen zur Zeit vor: für Berlin für 9828206,40 ℳ und für Venedig für 949620 ℳ, zusammen 10777826,40 ℳ. Wir haben Grund zu der Annahme, dafs dieser Betrag im Laufe des Geschäftsjahres noch eine ansehnliche Vermehrung erfahren wird. Ohne damit ein Versprechen für die Zukunft geben zu können, halten wir uns doch für befugt, unter Hinweis auf die obigen Zahlen unsern Actionären zum Ausdruck zu bringen, dafs angesichts der reichlich vorliegenden Beschäftigung und der erfreulichen Entwicklung, welche einige unserer Branchen aufweisen, auf eine stetige und gedeihliche Weiterentwicklung unserer Etablissements in Zukunft wohl gerechnet werden darf. Sodann gestatten wir uns, der Generalversammlung vorzuschlagen, den Reingewinn von 933503,78 ℳ wie folgt zu vertheilen: 1. Dividende 12 % von 7200000 ℳ = 864000 ℳ, 2. Tantième des Aufsichtsraths nach § 20 des Statuts 46379,64 ℳ, 3. Gratificationen für Beamte 20000 ℳ, 4. Vortrag pro 1896/97 3124,14 ℳ."

Maschinenfabrik Buckau, Actiengesellschaft zu Magdeburg.

Durch die im Jahre 1896 in sehr reichlichem Mafse eingegangenen Aufträge ist die Gesellschaft in sämmtlichen Werkstätten voll beschäftigt gewesen; leider ist es nicht gelungen, durch Vermehrung der Werkzeugmaschinen und Vergröfserung der Arbeiterzahl den Nachtbetrieb in einzelnen Werkstätten zu beseitigen, weil die Heranziehung neuer tüchtiger und geschulter Facharbeiter trotz der bewilligten hohen Löhne nur allmählich zu bewirken ist. Das Bestreben, die Herstellung grofser stehender schnellgehender Dampfmaschinen für elektrische Beleuchtung und Kraftübertragung, sowie der Bau von Förder- und Wasserhaltungsmaschinen für die Kali- und Kohlenindustrie, war von Erfolg. Auch sind sehr umfangreiche Bestellungen von Braunkohlenbrikettfabriken eingelaufen, von denen ein grofser Theil erst in diesem Jahre zur Ausführung kommt. Die Vertheilung des Reingewinns von 214075,30 ℳ wird wie folgt vorgeschlagen: Gewinnantheil an Aufsichtsrath und Vorstand, sowie Gratification an Beamte und Meister 40775 ℳ; Rückstellung zur Unterstützung älterer und. durch Unfälle betroffener Beamten und Arbeiter 9000 ℳ; 9 % Dividende auf 1710000 ℳ = 153900 ℳ; Uebertrag auf den Dispositionsfonds laut § 10 des Statuts 10400,30 ℳ.

Schiff- und Maschinenbau-Actiengesellschaft „Germania", Tegel bei Berlin.

Das Gesammtergebnifs des verflossenen Geschäftsjahres vom 1. October 1895 bis 30. September 1896 war ein befriedigendes.

Die Gesellschaft hat einen Gesammtgewinn zu verzeichnen von 1140063 ℳ. Nach Tilgung des Verlustsaldos aus 1895 von 347196,28 ℳ, nach Abrechnung der Generalunkosten, Zinsen, Aufwendungen für Reparaturen und Instandhaltung der Gebäude, Werkzeuge, Maschinen und Utensilien in Höhe von 292752,90 ℳ, sowie nach Abzug der Abschreibungen im Gesammtbetrage von 192415,19 ℳ verbleibt ein vertheilbarer Reingewinn von 307698,63 ℳ, welcher einer Dividende von 4 % entsprechen würde.

Laut des am 29. August 1896 mit der Firma Fried. Krupp in Essen abgeschlossenen, durch die aufserordentliche Generalversammlung vom 26. September 1896 genehmigten Betriebs-Ueberlassungsvertrages garantirt die Firma Fried. Krupp den Actionären der Gesellschaft eine jährliche Dividende von $4^1/_2$ %.

Der Gesammtertrag soll wie folgt vertheilt werden: Dotirung des Reservefonds 5 % von 307698,63 ℳ = 15385 ℳ, statutarische Tantièmen an den Aufsichtsrath = 26400 ℳ, statutarische bezw. contractliche Tantièmen an Vorstand und Beamte = 39600 ℳ, $4^1/_2$ % Dividende von 5500000 ℳ = 247500 ℳ, Gewinnvortrag 6313,63 ℳ, zusammen 335198,63 ℳ.

Actiengesellschaft Ilseder Hütte und Peiner Walzwerk.

Wir entnehmen dem Bericht für 1896 folgende Angaben:

Zwei Hochöfen standen ununterbrochen im Feuer. Es erzeugte Hochofen I in 366 Tagen 82096420 kg oder 224307 im Tag, Hochofen III in 366 Tagen 89261010 kg oder 243883 im Tag, zusammen in 732 Tagen 171357430 kg oder 234095 im Hochofentag, dagegen im Jahre 1895 165191120 kg oder 226289 im Hochofentag, mithin mehr im Jahre 1896 6166310 kg oder 7806 im Hochofentag. Von dem erzeugten und vom Vorjahre übernommenen Roheisen erhielt das Peiner Walzwerk 171310000, an inländische Abnehmer wurden abgesetzt 50000 kg. Der Hochofenbetrieb verbrauchte an Materialien 484354036 kg Erze und Schlacken mit durchschnittlich 35,38 % Ausbringen, 166896660 kg Koks (auf 1000 kg Eisen 974 kg). Kohlen und Kalkstein kamen nicht zur Verwendung. Die unmittelbaren Herstellungskosten betrugen f. d. Tonne Roheisen 30,09 *M* gegen 28,65 *M* im Jahre 1895. Das Peiner Walzwerk hatte eine Erzeugung von 164068 t, einen Versand an Walzwerkserzeugnissen von 158817 t, einen Versand an Phosphatmehl von 54617 t. Von den versandten Walzwerkserzeugnissen gingen 16821 t ins Ausland. Da die Ilseder Hütte mit zwei Hochöfen den Bedarf des Peiner Walzwerks an Roheisen nicht decken konnte, wurde mit Beginn dieses Jahres auch der dritte Hochofen in Betrieb genommen und lieferte am 9. Januar 1897 das erste Eisen. Es wird beabsichtigt, mit den drei Oefen den voraussichtlichen Jahresbedarf des Walzwerks von 200000 bis 210000 t Roheisen zu erzeugen, nicht aber dieselben mit der vorigjährigen Erzeugung von durchschnittlich 234 t auf den Hochofentag zu betreiben. Länger als 30 Jahre waren von den vorhandenen drei Hochöfen immer nur zwei betrieben, einer stand als Reserve; jetzt wird zu diesem Zweck ein vierter Hochofen neuerbaut. Da die Actien des Peiner Walzwerks von 6000000 *M* sich im Portefeuille der Ilseder Hütte befinden und nur die Actien der letzteren Dividende beziehen, stellen wir den Gewinn beider Werke zusammen. Es erzielte die Ilseder Hütte einen Rohgewinn von 3398724,72 *M*, das Peiner Walzwerk von 1246120,77 *M*, zusammen 4644845,49 *M*. Davon sind überwiesen: der Rechnung für Instandhaltung der Werksanlagen der Ilseder Hütte 350064,15 *M*, des Peiner Walzwerks 505146,54 *M*, zusammen 855210,69 *M*, dem allgemeinen Amortisationsconto der Ilseder Hütte 514072,29 *M*, des Peiner Walzwerks 500000 *M*, zusammen 1014072,29 *M*, dem Reservefonds des Peiner Walzwerks 205500 *M*, dem Zinsenconto des Peiner Walzwerks 35474,23 *M*, dem Reserve- und Erneuerungsfonds der Eisenbahn 8428,49 *M* = 2118685,70 *M*, und verbleibt als Reingewinn 2526159,79 *M*, wovon 2360000 *M* als Dividende in der Höhe von 53 1/3 % ausgeschüttet wurden. Zur Erklärung dieses aufserordentlichen Procentsatzes mufs man wohl berücksichtigen, dafs den Anlagekosten beider Werke von 23523898,90 *M* und Betriebskapital von 4257635,66 *M*, zusammen 27781534,56 *M*, nur ein Actienkapital von 4426125 *M*, an Hypotheken 3591353,67 *M*, an Forderung der Hostmannschen Erben 150000 *M*, dagegen Abschreibungen, Reserven u. s. w. von 19614055,89 *M*, zusammen 27781534,56 *M* gegenüberstehen. Das war nur durch langjährige gute Erfolge und eine ganz aufserordentlich vorsichtige Finanzwirthschaft zu erreichen, und jetzt soll die günstige Zeit auch zur Abstofsung des gröfsten Theils der Hypothekenschulden benutzt werden. Zu dem Zweck ist das Actienkapital um die Hälfte, auf 6640125 *M* vergröfsert, indem den Actionären auf je zwei Actien eine neue Actie zum Nennwerth zur Verfügung gestellt wurde, dagegen wurden 2319000 *M* Hypotheken gekündigt. Da die Dividende 53 1/3 % beträgt, so waren diejenigen Actionäre, welche die sofortige Vollzahlung leisten wollten, in der Lage, zu ihrer Zahlungsverpflichtung von der Dividende 50 % zu verwenden. Daneben erhielten sie auf jede Vollactie noch 50 *M* baar. Unzweifelhaft ist dieser ideal einfache Vorschlag von den meisten Actionären ausgeführt. — Der Betrag der Eisenbahnfrachten für ankommende und versandte Güter war im Jahre 1896 = 4128486,05 *M*, an Beamtengehältern und Löhnen wurden 3989400,86 *M* gezahlt. Der ausschliefslich aus ständigen Arbeitern der Ilseder Hütte und des Peiner Walzwerks bestehende Ilseder Knappschaftsverein hatte 3770 Mitglieder und am Jahresschlufs ein Vermögen von 938560,78 *M*. Statutenmäfsige Unterstützung erhielten 27 Invaliden, 200 Wittwen und 241 Waisen. Am 1. März 1897 lagen 126650 t Lieferungsabschlüsse vor gegen 111910 t am 1. März 1897. Ueber die Aussichten für 1897 heifst es in dem Bericht: „Im laufenden Jahre werden wir höhere Erzeugungskosten als im Vorjahre haben, doch stehen diesen auch wesentlich höhere Verkaufspreise als die im vorigen Jahre erzielten gegenüber, so dafs wir, wenn sich die Geschäftslage des Eisenmarktes nicht ungünstiger gestaltet, die Hoffnung hegen dürfen, dafs das laufende Jahr einen noch gröfseren Roh-Betriebsüberschufs als das Jahr 1896 liefern wird." Glückauf dazu.

Maschinenfabrik Germania, vorm. J. S. Schwalbe & Sohn, Chemnitz.

Der Geschäftsbericht lautet im Wesentlichen:

„Das im Geschäftsjahr 1896 erzielte Erträgnifs hat sich wiederum gesteigert und wir sind dadurch in der Lage, auch dieses Mal einen befriedigenden Abschlufs vorzulegen. Der erzielte Bruttogewinn beträgt 728903,22 *M* gegen 613047,32 *M* im Vorjahre, mithin mehr 115855,90 *M*. Erreicht wurde dieses günstige Resultat durch einen ebenfalls gesteigerten Umsatz, welcher sich auf 4615935,30 *M* gegen 4208715,32 *M* im Vorjahre, also um 407219,98 *M* erhöhte. In Uebereinstimmung mit unserem Aufsichtsrath bringen wir in Vorschlag, von dem Bruttogewinn von 728903,22 *M* nach reichlichen Abschreibungen und nach Ueberweisung von 540,55 *M* zur Abrundung an den Reservefonds I und 70000 *M* an den Reservefonds II eine Dividende von 9 % zu vertheilen und zwar: 27 *M* für die Actien von 300 *M*, 108 *M* für die Actien von 1200 *M*. Von dem erzielten Gesammtumsatz entfallen auf den Maschinenbau 4730044,315 kg mit 3372085,71 *M* gegen 4343933,950 kg mit 3133509,82 *M* im Vorjahre, mehr 386110,365 kg mit 238575,89 *M*. Hauptsächlich hat der Bau von Eis- und Kühlmaschinen, sowie Dampfmaschinen und Dampfkesseln erhöhte Umsätze aufzuweisen, während der Absatz in Brauerei- und Mälzereimaschinen infolge des ungünstigen Sommers, welcher hemmend auf das Geschäft wirkte, ein nicht so lebhafter war. — Gegen Ende des Jahres sind jedoch auch in diesen Branchen zahlreiche gröfsere Aufträge eingegangen. Im Turbinenbau und der Holzschleifereibranche waren wir im verflossenen Jahre recht gut beschäftigt."

Vereins-Nachrichten.

Verein deutscher Eisenhüttenleute.

Toussaint Bicheroux †.

Am 21. März verschied zu Düsseldorf Toussaint Bicheroux, ein geborener Belgier, welcher in der deutschen Eisenindustrie eine hervorragende Rolle gespielt hat.

Er wurde geboren am 14. September 1827 in Jemeppe-sur-Meuse, wanderte aber im jugendlichen Alter von 18 Jahren in Begleitung seiner Familie nach Deutschland aus. Auf dem Hüttenwerke der Firma Télémaque Michiels & Co, der Vorgängerin der Actiengesellschaft Phönix in Eschweiler-Aue, wo er sehr früh schon eintrat, schwang er sich alsbald durch seinen rastlosen Fleifs und seine angeborene technische Begabung zu höherer Stellung empor. Seine Haupt- und Lieblingsthätigkeit erstreckte sich hier neben der Montage von Dampfmaschinen, Walzwerkseinrichtungen und dem sonstigen Bauwesen der Hüttenanlagen auf das Studium der Walzung der Profileisen jeglicher Art, und ist es ihm zum Verdienst anzurechnen, dafs er unter den Ersten war, und zwar für sich in unabhängiger Weise, welche nach dem damaligen Können die schwierige Aufgabe der Walzung unserer heutigen Eisenbahnschiene lösten.

Nach einer Photographie aus dem Jahre 1885.

In den Jahren 1852 bis 1853 war er bei der Einrichtung der Maximilianshütte bei Regensburg, von 1853 bis 1855 bei derjenigen der Eisenhütte Phönix in Laar bei Ruhrort thätig; 1855 baute er mit seiner Familie für eigene Rechnung das Blechwalzwerk „Bicheroux, Marcotty & Co." in Duisburg-Hochfeld, im Jahre 1865 ein gleiches unter der Firma „Franz Bicheroux Söhne" in Duisburg-Neudorf. Um das Jahr 1870 fällt die Erfindung eines Generator-Gasofens mit directer Verbrennung zu Puddel-, Schweifs- und Herdstahl und Tiegelschmelzzwecken, der unter dem Namen „Bicheroux-Ofen" bekannt geworden ist und wegen seines geringeren Kohlenverbrauchs in Deutschland und Belgien weitverbreitete Anwendung gefunden hat und heute noch findet. Nach Verschmelzung der genannten Firma Franz Bicheroux Söhne mit der Duisburger Hütte zu der Action-Gesellschaft „Duisburger Eisen- und Stahlwerke in Duisburg" zog er sich im Jahre 1891 ins Privatleben zurück, verblieb aber als Aufsichtsrathsmitglied bei der neuen Firma und widmete ihr seine reichen Kenntnisse und Erfahrungen. An Thätigkeit gewöhnt, beschäftigte er sich in seinen Mufsestunden wieder mit seiner Lieblingsaufgabe, der Walzeneinrichtung, und liefs sich Ende des Jahres 1891 ein Verfahren über Herstellung von breitfüfsigen Schienen und Profilen patentiren. Die Anwendung seines Systems hat er wegen der grofsen Schwierigkeiten, d. h. Unkosten, die dasselbe für den Umbau des jetzt bestehenden Eisenbahn-Oberbaues voraussetzte, leider nicht erlebt; es ist jedoch zu erwarten, dafs es der Zukunft vorbehalten bleibt, auf dasselbe zurückzugreifen.

Vor 2 Jahren löste er auch erfolgreich die Aufgabe einer Herstellung eigenthümlicher, nahtloser Röhren, die ihm ebenso wie die früheren Erfindungen in allen Staaten patentirt wurde. Das Verfahren ist seit längerer Zeit schon in Duisburg in laufendem Betriebe in Ausführung.

Nur wenige Tage war sein Leben durch Krankheit getrübt. Trotz seines hohen Alters war er körperlich so frisch, dafs er auf der Jagd die jüngsten Genossen durch seine Ausdauer übertraf. Dafs er auf geistigem Gebiete bis in den letzten Stunden rastlos thätig war, beweisen seine letzten Erfindungen, welchen er sich ganz widmete und welche seinem Genie allein zuzuschreiben sind.

Der Dahingeschiedene besafs hervorragende praktische Begabung und erzielte dank derselben, aber auch dank seinem eisernen Fleifs, grofse Erfolge. Durch wahre Herzensgüte, rührende persönliche Be-

Tafel V.

Abbild. 5.

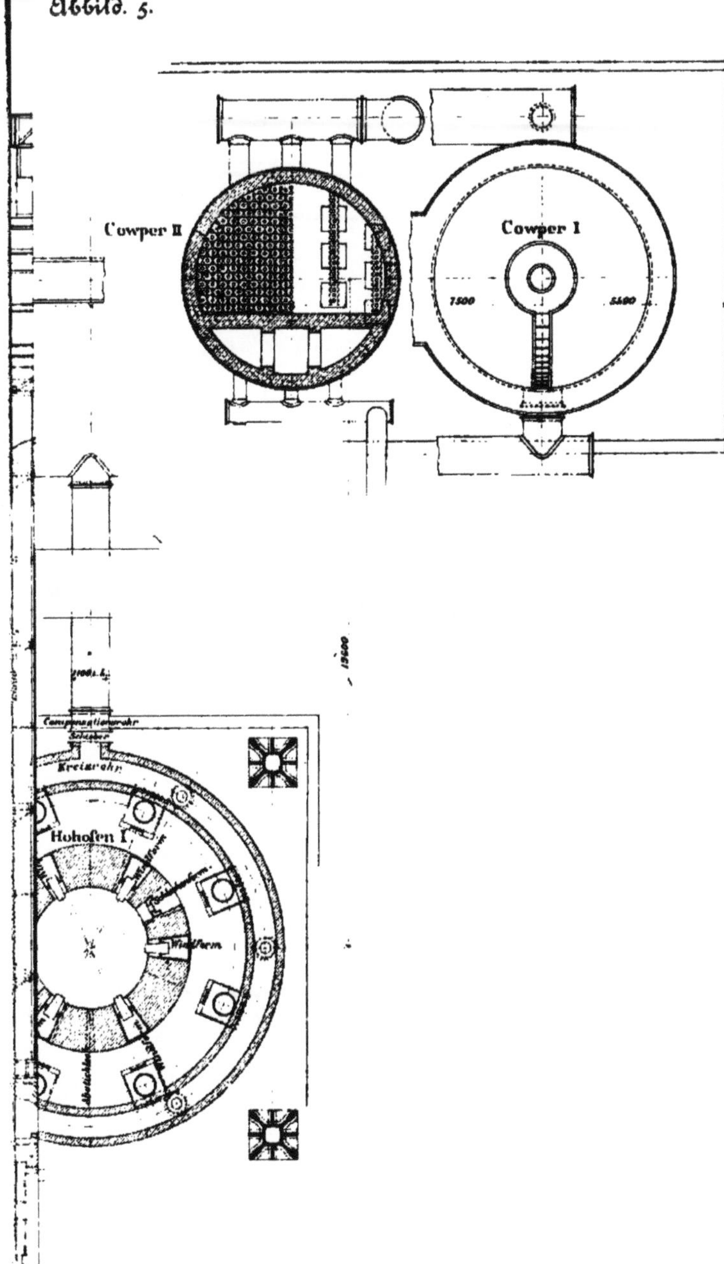

scheidenheit und gleichmäſsige Liebenswürdigkeit des Wesens hatte er sich die Herzen Aller gewonnen, welche ihm näher standen. Neben den zahlreichen Freunden, welche von Nah und Fern herbeigeeilt waren, um ihm das letzte Geleit zu geben, stehen an dem frischen Grabhügel seine tiefgebeugte Gattin und fünf Kinder, darunter drei hoffnungsvolle Söhne. — Sein Andenken wird in der Geschichte des Eisenhüttenwesens wie in den Herzen seiner Freunde fortleben.

Er ruhe in ewigem Frieden.

George W. Goetz †.

Vor kurzer Zeit verschied vorzeitig zu Milwaukee, Wisc., unser treues Mitglied George W. Goetz, einer der hoffnungsvollsten und fähigsten Ingenieure der Vereinigten Staaten.

Er war im Jahre 1855 zu Milwaukee von deutschen Eltern geboren und hatte die dortige Vorbildungsschule und ein Jahr die „Wisconsin University“ besucht. Im Alter von 15 Jahren trat er in die Milwaukee Iron Company ein und zeichnete sich daselbst in der elektrischen Abtheilung durch einige Erfindungen aus. Durch den Umstand, daſs er im Jahre 1876 den Geh. Bergrath Dr. Wedding aus Berlin kennen lernte, wurde er veranlaſst nach Deutschland zu kommen, und dort 4 Jahre, zum Theil in Berlin und zum Theil in Freiberg, zu studiren. Nach seiner Rückkehr in die Ver. Staaten war er zuerst bei den Otis Steel Works in Cleveland als Chemiker thätig und machte für dieses Werk auch einige gröſsere Reisen nach Europa. Im Jahre 1885 studirte er dort mit dem bekannten Hütten-Ingenieur S. T. Wellman den basischen Herdschmelzprocefs mit dem Ergebniſs, daſs derselbe in genanntem Jahre in Cleveland zur Einführung gelangte.

Goetz blieb bei den Cleveland-Stahlwerken bis 1888, in welchem Jahre er wiederum für George Westinghouse nach Europa ging, um die Möglichkeit zu studiren, das natürliche Gas durch künstlich erzeugtes Gas zu ersetzen Dann war er im Westen thätig und im Jahre 1890 für das Schlesinger Syndicat in den Erzgruben am Lake Superior. Damals erwies er sich besonders freundlich gegen die Mitglieder unseres Vereins, welche an der bekannten Reise durch die Vereinigten Staaten theilnahmen, Alle wuſsten seine unermüdliche Bereitwilligkeit, seine stete Liebenswürdigkeit nicht genug zu schätzen. Im Jahre 1892 nahm er eine Stelle als consultirender Ingenieur bei der Illinois Steel Company, der Wellman Iron and Steel Company und der Westinghouse Company an und errichtete zu dem Zweck ein Bureau und ein Laboratorium in Milwaukee; er brachte jedoch die weitaus gröſste Zeit auf Reisen zu. Nicht unerwähnt wollen wir noch lassen, daſs er im Jahre 1893 auch vielen deutschen Ingenieuren, welche die Ausstellung in Chicago besuchten, sich als stets dienstbereit und von groſsem Nutzen erwies.

Seine Gattin war eine Deutsche.

Gegen Schluſs des Jahres 1894 fing er an zu kränkeln; trotz einer Reise, die er seiner Gesundheit halber nach Californien unternahm, konnte er sich nicht wieder erholen und erlag seiner Krankheit im December v. J. Ein Ehrenmann in des Wortes edelster Bedeutung, besaſs er umfassende Kenntnisse und zähe Ausdauer, um eine Sache, welche er begonnen hatte, durchzuführen, so daſs man in Amerika auf seine Zukunft noch groſse Hoffnung setzte. Die Trauer über den vorzeitigen Verlust eines so tüchtigen Mannes, welche man Drüben hegt, wird von seinen deutschen Fachgenossen, welche den Verstorbenen kennen zu lernen die Freude hatten und welche sein deutsch fühlendes Wesen hoch schätzten, aufrichtig getheilt.

R. I. P. S.

Aenderungen im Mitglieder-Verzeichnifs.

Brassert, Hermann, 4 Langholm Terrace, Coatham, Redear, Yorkshire.
Olinger, M., Ingénieur, Chef de service de la Société Métallurgique Russo-Belge, Volyntsevo, Station der Katharinen-Eisenbahn, Gouvernement Ekatarinoslaw, Rufsland.
Pocher, Franz, Ingenieur des Hoerder Bergwerks- und Hüttenvereins, Dortmund, Märkischestrafse 23.
Quambusch, Betriebschef des Façon- und Stabeisenwalzwerkes der Union, Abth. Horster Eisen- und Stahlwerke, Horst a. d. Ruhr.
Stein, Gustav, Oberingenieur der Maschinenfabrik Schüchtermann & Kremer, Dortmund, Moltkestr. 18.

Neue Mitglieder:

Alvermann, G., technischer Director der Wittener Stahlröhrenwerke, Witten a. d. Ruhr.
Bicheroux, Franz, Duisburg, Grünstrafse.
Bicheroux, Max, Düsseldorf, Grafenbergerchaussee 88
Franzen, Carl, Ingenieur, Köln, von Werthstrafse 33.
Hein, John, Dr. phil., Drahtfabrik Boecker & Co., Libau, Rufsland.
Schroeter, Emil, Procurist des Gufsstahlwerks Witten, Witten.
Servais, Ernst, diplomirter Hütteningenieur, Eisen- und Stahlwerk Hoesch, Dortmund, Eberhardtstr. 17.
von Stach, Friedrich, Ritter, Ingenieur der Tiegelgufsstahlfabrik. Poldihütte, Kladno, Böhmen.
Stuber, J., Ingenieur, Siegen, Freudenbergerstrafse.

Ausgetreten:

Vollhering, W., Lübeck.

Verstorben:

Mit tiefem Schmerz haben wir den durch einen Unglücksfall erfolgten Verlust unserer hochgeschätzten Mitglieder:

Borsig, A., Fabrikbesitzer, Borsigwerk,
Matzurke, G., Chefchemiker, Borsigwerk,

anzuzeigen, und behalten wir uns vor, auf dies Ereignifs, welches bei den Mitgliedern ungetheiltes Beileid hervorgerufen hat, demnächst zurückzukommen. Ferner haben wir noch zu beklagen den Tod unseres getreuen Mitglieds

Windscheid, Otto, Fabrikbesitzer, Düsseldorf.

Die nächste

Hauptversammlung des Vereins deutscher Eisenhüttenleute

findet statt am

Sonntag den 25. April 1897, Mittags 12½ Uhr

in der

Städtischen Tonhalle zu Düsseldorf.

Tagesordnung:

1. Geschäftliche Mittheilungen und Vorstandswahlen.

2. Die Bedeutung und Entwicklung der Flufseisenerzeugung.

a) Die allgemeine Lage in Deutschland und im Auslande. Berichterstatter Hr. Schrödter-Düsseldorf.

b) Der Thomasprocefs. Berichterstatter Hr. Kintzlé-Aachen.

c) „ Bessemerprocefs. „ „ Malz-Oberhausen.

d) „ Martinprocefs. „ „ Springorum-Dortmund.

e) Die neueren Verfahren. „ „ R. M. Daelen-Düsseldorf.

f) Der Bertrand-Thiel-Procefs. „ „ Thiel-Kladno.*

Um 4 Uhr findet ein gemeinschaftliches Mittagessen statt.

* Auf der Geschäftsführung schriftlich geäufserten Wunsch werden Mittheilungen über diesen Procefs vorher abgegeben.

Arthur Koppel
Centralbureau: Berlin N.W. 7, Dorotheenstr. 32.
Technische Bureaux, Weichen- u. Waggon-Bau-Anstalten
zu Bochum und Camen i. W.
Siemens-Martin-Werk für Stahl-Façongufs in Wolgast i. Pommern.
Nach Fertigstellung ihrer neu errichteten
Werkstatt für Weichenbau
in Bochum (Westfalen) gestattet sich die Fabrik von Arthur Koppel, dieselbe für den Bezug von
Weichen und Drehscheiben
zu empfehlen. Die Fabrik verfügt infolge ihrer langjährigen Thätigkeit
für Kleinbahnen
im In- und Auslande über ein reichhaltiges Constructionsmaterial und steht mit besonderen Angeboten und Kosten-Anschlägen gern zu Diensten.
A.KOPPEL
1971
Filialen: London E. C., 96 Leadenhall Street. — Paris, 20 Cité Trevise.

Gebr. Körting, Körtingsdorf b. Hannover.

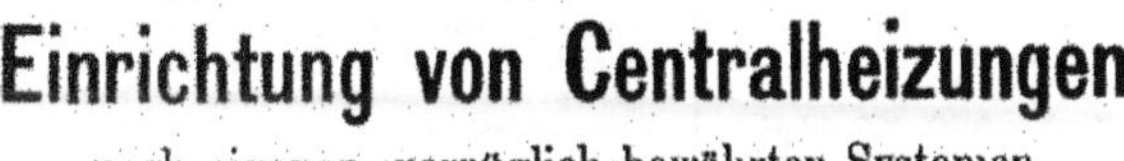

nach eigenen, vorzüglich bewährten Systemen.

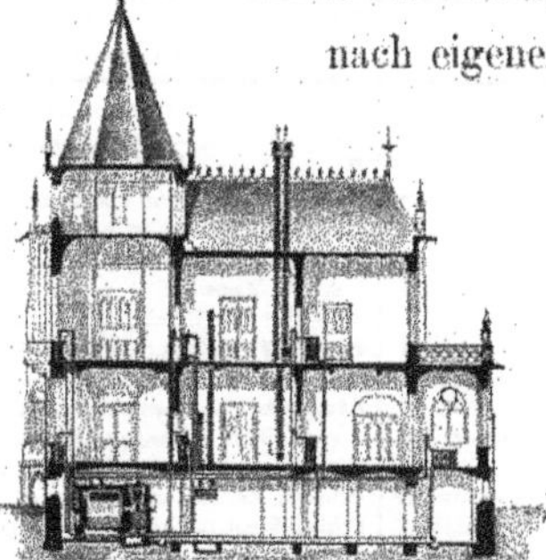

Dampfniederdruckheizungen,
Warmwasserheizungen,
Caloriferluftheizungen,
Dampfheizungen etc.

Trockenanlagen.

Badeanstalten, Waschkauen.

Einzelne Rippenöfen, Rippenrohre.

Sämmtliche Zubehörtheile für Heizungsanlagen.

Voranschläge kostenfrei. Viele Referenzen. 2144 a

Dortmunder Werkzeugmaschinen-Fabrik

WAGNER & Co. in Dortmund.

Alleinige Specialität: **Werkzeugmaschinen.**

Doppelte Plan- und Räder-Drehbank, wie hierüber abgebildet, zum Abdrehen und Ausbohren von Eisenbahn-Wagenrädern, mit Centrirplanscheiben und 2 parallel liegenden Antriebspindeln mit gemeinsamem Antrieb durch dreifaches Rädervorgelege oder mit getrenntem Antrieb durch doppeltes Rädervorgelege und mit 4 Supports. 1960 b

Inhalt der Inserate.

Die Zeitschrift erscheint in halbmonatlichen Heften.

Abonnementspreis für Nichtvereinsmitglieder: 20 Mark jährlich excl. Porto.

STAHL UND EISEN.
ZEITSCHRIFT
FÜR DAS DEUTSCHE EISENHÜTTENWESEN.

Insertionspreis 40 Pf. für die zweigespaltene Petitzeile, bei Jahresinserat angemessener Rabatt.

Redigirt von

Ingenieur E. Schrödter, Geschäftsführer des Vereins deutscher Eisenhüttenleute, für den technischen Theil

und

Generalsecretär Dr. W. Beumer, Geschäftsführer der Nordwestlichen Gruppe des Vereins deutscher Eisen- und Stahl-Industrieller, für den wirthschaftlichen Theil.

Commissions-Verlag von A. Bagel in Düsseldorf.

№ 9. 1. Mai 1897. 17. Jahrgang.

Stenographisches Protokoll

der

Haupt-Versammlung

des

Vereins deutscher Eisenhüttenleute

vom

Sonntag den 25. April 1897 in der Städtischen Tonhalle zu Düsseldorf.

Tages-Ordnung:

1. **Geschäftliche Mittheilungen durch den Vorsitzenden und Vorstandswahlen.**
2. **Die Bedeutung und neuere Entwicklung der Flufseisenerzeugung.**
   a) Die allgemeine Lage in Deutschland und im Auslande. Berichterstatter Hr. Schrödter-Düsseldorf.
   b) Der Thomasprocefs. Berichterstatter Hr. Kintzlé-Aachen.
   c) „ Bessemerprocefs. „ „ Malz-Oberhausen.
   d) „ Martinprocefs. „ „ Springorum-Dortmund.
   e) Die neueren Verfahren. „ „ R. M. Daelen-Düsseldorf.
   f) Der Bertrand-Thiel-Procefs. „ „ Thiel-Kladno.

Um 12½ Uhr eröffnete der Vorsitzende des Vereins, Hr. Commerzienrath **C. Lueg**-Oberhausen, die aufserordentlich stark besuchte Versammlung mit folgenden Worten:

Ich eröffne die heutige Hauptversammlung und heifse Sie Namens des Vorstandes freundlichst willkommen.

Indem ich alsdann zu den geschäftlichen Mittheilungen übergehe, ist es mir eine angenehme Pflicht, an unsere vorletzte Hauptversammlung in Oberschlesien und deren in jeder Hinsicht erfolgreichen Verlauf zu erinnern; wir haben uns erlaubt, seiner Zeit an den Vorstand der Eisenhütte Oberschlesien, insbesondere an deren hochverdienten Vorsitzenden, Hrn. Meier-Friedenshütte, sowie an die Leitungen der oberschlesischen und des Witkowitzer Werks, welche uns gastfreie Aufnahme gewährt haben, Dank auszusprechen, und darf ich der Ueberzeugung Ausdruck geben, dafs ich hierbei in Ihrem Sinne gehandelt habe. (Zustimmung.)

Seit der Gleiwitzer Versammlung, zu deren Zeit wir 1703 Mitglieder zählten, ist die Zahl der letzteren auf 1817 angewachsen; die Zunahme in der Zeit seit unserer vorjährigen Versammlung vom 15. Mai war 179, d. h. mehr als je zuvor. Dagegen hat unsere Mitgliederliste in derselben Periode auch schwere Verluste erlitten; in unseren Reihen fehlen heute zu unserem Schmerz der Altmeister Toussaint Bicheronx, Franz Giefse, R. Remy, W. Holtmann, A. Wanke, Halm, O. Schilling, Schiwig, Kühr, Otto Windscheid und die Amerikaner Goetz und Weeks; zu dieser Liste gesellte sich durch den beklagenswerthen Unfall auf Hedwigwunschgrube noch vor kurzem der Verlust unserer oberschlesischen Freunde, unseres jugendlichen Mitglieds Arnold Borsig, des thatkräftigen Erben eines berühmten Namens, auf den Alle, die ihn näher kannten, grofse Hoffnungen für die gemeinsamen Bestrebungen des deutschen Eisenhüttenwesens setzten, und dessen pflichtgetreuen Beamten, des Chefchemikers G. Matzurke. Ich bitte Sie, zum Andenken dieser Männer, welche uns liebe und treue Mitglieder waren, sich von Ihren Sitzen zu erheben. (Geschieht.)

Aus dem Vorstand scheiden nach dem regelmäfsigen Turnus aus die HH. Blafs, Bueck, Offergeld, Kintzlé, Dr. Otto, Schultz, Thielen, Weyland. Die ausscheidenden Mitglieder sind nach den Satzungen wieder wählbar; ich ersuche Sie, die Neuwahlen vorzunehmen, indem ich bemerke, dafs zu Ihrer Bequemlichkeit Zettel vorbereitet sind, deren Benutzung ich anheimgebe. Zu Scrutatoren ernenne ich die HH. Horn und Gregor.

Unsere Zeitschrift „Stahl und Eisen" hat an dem Aufschwung unseres Vereins theilgenommen; die Nachfrage im letzten Halbjahr 1896 hatte sich dergestalt gesteigert, dafs die Hefte aus dieser Zeit fast vergriffen sind und die Geschäftsführung genöthigt war, am 1. Januar d. J. eine Erhöhung der Auflage um 300 Exemplare vorzunehmen.

Was den Erwerb der Rechte einer juristischen Person betrifft, dessen Nachsuchung die letzte Hauptversammlung beschlossen hat, so haben wir in Ausführung der Gleiwitzer Beschlüsse, bezw. derjenigen der aufserordentlichen Hauptversammlung vom 7. November v. J. in Düsseldorf, sofort die erforderlichen Anträge gestellt und die von Ihnen genehmigten Satzungen überreicht, auch unsererseits es nicht an Bemühungen fehlen lassen, die Erledigung zu beschleunigen. Da aber der Instanzenweg durch drei Ministerien und das Kaiserliche Cabinet geht, so haben wir uns gedulden müssen; aus einem Schreiben, welches uns vor einigen Wochen zuging, haben wir entnommen, dafs die Staatsregierung grundsätzlich unserem Antrag zustimmt, dafs aber noch einige Bedenken formaler Natur vorliegen. Auch über letztere ist bereits ein Vorstandsbeschlufs herbeigeführt, und geben wir uns der Hoffnung hin, dafs demnächst die neuen Satzungen Genehmigung finden und dem Verein die Corporationsrechte ertheilt werden.

Wegen dieser Verzögerung sind wir noch nicht in der Lage gewesen, unser Vereinshaus, dessen Ankauf Sie auf der Gleiwitzer Versammlung zugestimmt haben, auf den Namen des Vereins im Grundbuch eintragen zu lassen; es soll dies sofort geschehen, wenn die Möglichkeit hierzu vorliegt. Mittlerweile ist das Haus umgebaut und neu in solcher Weise instand gesetzt worden, dafs es auch äufserlich unseren Verein entsprechend repräsentirt, helle und geräumige Bureauräumlichkeiten und eine angemessene Dienstwohnung für den Geschäftsführer darbietet.

Die Fertigstellung der neuen Auflage des Normalprofilbuchs hat sich in unerwarteter Weise hingezogen; die Geschäftsführungen der drei betheiligten Vereine haben es an Bemühungen, die Herausgabe zu beschleunigen, nicht fehlen lassen; die Verzögerung liegt an der langsamen Ausführung des Drucks. Derselbe ist aber nach uns gewordenen Mittheilungen jetzt so weit gefördert, dafs wir auf das baldige Erscheinen rechnen können.

Die diesjährige Zusammenkunft des internationalen Verbands für die Materialprüfungen der Technik findet am 23., 24. und 25. August in Stockholm statt; es erscheint wünschenswerth, dafs unsere Mitglieder sich thunlichst zahlreich betheiligen, und sind frühzeitige Anmeldungen auch bei der Geschäftsführung unseres Vereins zweckmäfsig, damit dieselbe eventuell die Anordnung gemeinsamer Reisegelegenheit in Erwägung ziehen kann. Seitens eines Ausschusses, der von den in Christiania bestehenden Fachvereinen eigens zu dem Zweck gewählt ist, ist dem Verein ein liebenswürdiges Schreiben zugegangen, in welchem derselbe sich erbietet, unseren, genannten Congrefs besuchenden Mitgliedern nebst ihren Damen hülfreich zur Seite zu stehen.

Eine Einladung, welche dem Verein zur Theilnahme an dem fünfzigjährigen Stiftungsfest des „Deutschen Liederkranz" in New York zuging, mufsten wir aus begreiflichen Gründen mit Dank ablehnen; wir haben aber dem Verein, in dessen stattlichen Räumen unsere Mitglieder im Jahr 1889 ein paar herzerquickende Stunden verlebten, herzlichen Glückwunsch zu seiner Feier übermittelt.

„Unserem geliebten Ehrenmitgliede, Sr. Durchlaucht dem Fürsten Otto von Bismarck, haben wir zu dessen Geburtstagsfeier den ehrfurchtsvollen Glückwunsch des Vereins auch in diesem Jahre übermittelt. (Bravo!)

Das Alfred Krupp-Denkmal, welches unser Verein mit der „Nordwestlichen Gruppe des Vereins deutscher Eisen- und Stahlindustrieller" in Charlottenburg zu errichten beschlossen, hat dadurch wesentliche Förderung erhalten, dafs der Ausschufs, welcher von Abgeordneten beider genannten Vereine in Verbindung mit dem vom „Verein deutscher Ingenieure" für das Siemens-Denkmal eingesetzten Ausschufs zur Ordnung der Ausführung eingesetzt ist, sich mittlerweile definitiv constituirt und den Modus des Preisausschreibens geregelt hat.

Soeben erhalte ich die Nachricht, daſs die kaiserliche Zustimmung zur Aufstellung beider Denkmäler in der Hochschule zu Charlottenburg ertheilt ist.

Auch ist der Verein wiederum mit Ausarbeitung von Gutachten verschiedener Art seitens der Staatsbehörde betraut worden; von besonderer Wichtigkeit waren diesmal solche, welche Zollfragen betrafen. Der Verein hat hierbei an dem Standpunkt festgehalten, den er stets bei diesen Fragen eingenommen hat, nämlich unentwegt für Schutz der nationalen Arbeit einzutreten und gegen alle Bestrebungen Front zu machen, welche eine Lücke in unserer jetzigen diesbezüglichen Gesetzgebung einzureiſsen versuchen.

Das sind die Mittheilungen geschäftlicher Natur, die ich zu machen habe. Ich stelle dieselben zur Discussion und ertheile zunächst Hrn. Schrödter das Wort.

Hr. **Schrödter:** M. H.! Aus dem Geschäftsbericht, welchen der Herr Vorsitzende erstattet hat, haben Sie vernommen, daſs das Vereinshaus demnächst fertig ist. Mit Rücksicht darauf, daſs ich heute Vormittag häufig gefragt worden bin, ob denn die nächste Versammlung in dem neuen Hause stattfinden werde, sehe ich mich veranlaſst, nochmals ganz besonders hervorzuheben, daſs das neue Vereinshaus, die hochherzige Stiftung eines unserer Ehrenmitglieder, nicht diesen Zweck zu erfüllen haben wird, sondern daſs es lediglich dazu dienen soll, die Geschäftsräume aufzunehmen, sowie auch die Dienstwohnung für den Geschäftsführer zu enthalten. Die groſsen hellen Geschäftsräume, welche sich in dem Hause befinden, werden ihrem Zweck heute in weitgehendstem Maſse gerecht werden und auch auf absehbare Zeit ausreichen; es ist mir aber sehr lieb, daſs ich diese Mittheilung machen kann, weil ich damit Gelegenheit habe, dem Herrn Vorsitzenden, dem Vorstande und Ihnen Allen meinen herzlichen Dank dafür auszudrücken, daſs Sie bei der Dienstwohnung in so reichlicher Weise meiner gedacht haben. Ich möchte Ihnen die Versicherung geben, daſs ich, ebenso wie bisher, auch in den neuen Geschäftsräumen unentwegt mit voller Kraft bestrebt sein werde, meine Pflicht zu erfüllen und stets die Interessen unseres Vereins und auch die Interessen eines jeden Einzelnen von Ihnen, soweit wie es das allgemeine Interesse zuläſst, energisch zu wahren. (Bravo!)

Dann aber, m. H., habe ich an diese Bemerkungen noch die erfreuliche Mittheilung zu knüpfen, daſs dank einer überaus gütigen Stiftung, welche ein altes und treues Mitglied unseres Vereins gemacht hat, unser Haus schon sehr bald einen sehr schönen, würdigen Schmuck erhalten wird — die Zustimmung Ihres Herrn Vorsitzenden vorausgesetzt. Es hat nämlich das in Rede stehende alte treue Mitglied, welches dem Verein seit dessen Gründung angehört, die Absicht, in den neuen Geschäftsräumen an hervorragender Stelle ein Oelbildniſs unseren hochverehrten, seit der Neubegründung des Vereins an dessen Spitze stehenden Herrn Vorsitzenden anzubringen. (Freudiger, allseitiger Beifall.) Es ist dazu nur nöthig, daſs der Herr Vorsitzende seine Erlaubniſs dazu giebt, beziehungsweise sich dazu bequemt, dem Künstler als Modell zu sitzen (Heiterkeit, Beifall), und ich möchte hier in Ihrer Gegenwart an unsern Herrn Vorsitzenden die Bitte richten, doch dem verehrten Mitgliede, dessen Namen ich leider nicht verrathen darf, den Wunsch, daſs dieses Bildniſs für unsere Geschäftsräume demnächst ausgeführt wird, nicht zu versagen. (Bravo!)

Vorsitzender Hr. Commerzienrath **C. Lueg:** M. H.! Den ersten Worten des Hrn. Geschäftsführers werden wir wohl Alle zustimmen, daſs wir uns freuen, ein neues, würdiges Heim für unsere Geschäftsführung und die Berathungen des Vorstandes bekommen zu haben, und wir wollen Alle hoffen, daſs es ein Mittel zur energischen Förderung unserer Vereinsbestrebungen bis in die fernsten Jahre bilden wird. (Beifall.)

Was nun den letzten Punkt betrifft, so bin ich damit vollständig überrumpelt und überfallen worden. Ich habe keine Spur von einem Gedanken gehabt, daſs eine so exorbitante Idee bestände; wenn Sie aber einen Werth darauf legen, ein Conterfei meiner unwürdigen Person zu haben (Oho!), so will ich nichts dagegen haben (Bravo!), und ich danke dem unbekannten Geber in herzlicher Weise für die hohe Ehrung, die er mir dadurch hat zu theil werden lassen.

Ich frage nun, ob zur Geschäftsführung noch weitere Aufklärung gewünscht wird, und bitte Diejenigen, welche hierzu noch zu sprechen wünschen, sich zum Worte zu melden. (Pause.) Das geschieht nicht; wir können also den Punkt 1 als erledigt ansehen.

Ich nehme an, daſs die Herren Scrutatoren die Stimmzettel einsammeln werden, und werde dann nachher das Resultat der Abstimmung bekannt geben.

M. H.! Ich wollte Ihnen nun vorschlagen, bei der weiteren Berathung wie folgt zu verfahren. Ich würde zunächst Hrn. Schrödter das Wort geben zu seinem Referat „über die allgemeine Lage in Deutschland und im Auslande", demnächst Hrn. Kintzlé-Aachen als Berichterstatter „über den Thomasproceſs", dann Hrn. Malz-Oberhausen „über den Bessemerproceſs". Nachdem diese drei Referate beendigt sein werden, beabsichtige ich eine Discussion über dieselben eintreten zu lassen. Nach Schluſs der Discussion würden wir entgegennehmen die Referate der HH. Springorum-Dortmund, Daelen-Düsseldorf und Thiel-Kladno. Ich glaube, es hat dieses Vorgehen das Nützliche und Zweckmäſsige, daſs nach den drei Vorträgen der Thomasproceſs und der Bessemerproceſs abgethan sind und wir dann auf den Martinprocefs und die neueren Verfahren übergehen können. Ich nehme an, dafs Sie mit diesem Vorschlage einverstanden sind, und ertheile nunmehr Herrn Schrödter das Wort.

Hr. **E. Schrödter**-Düsseldorf:*

Die Bedeutung und neuere Entwicklung der Flufseisenerzeugung.

M. H.! Im vorigen Jahr war mir durch den Vereinsvorstand der Auftrag ertheilt, die thatsächlichen Verhältnisse darzustellen, welche hinsichtlich des Eisenerzbezugs bei unseren deutschen Hochöfen obwalten, während ich vor zwei Jahren an dieser Stelle die Berichterstattung über die Fortschritte der deutschen Roheisenerzeugung in den letzten 15 Jahren einzuleiten hatte.

Für unsere heutige Versammlung bildet den Kern der Tagesordnung ein gewissermafsen die beiden genannten Verhandlungen ergänzender Bericht über die Bedeutung und neuere Entwicklung der Flufseisenerzeugung, und es ist mir der Vorzug zu theil geworden, demselben eine Zusammenstellung der statistischen Angaben und eine Uebersicht der allgemeinen Verhältnisse voranzuschicken. —

So riesenhaft die Fortschritte in der Roheisenerzeugung, und so einschneidend dementsprechend die Aenderungen in der Deckung des Erzbedarfs waren, so ist die Entwicklung der Flufseisenerzeugung doch mit noch gröfserer Schnelligkeit vor sich gegangen. Die natürliche Ursache dieser Erscheinung ist der Umstand, dafs die Darstellung des Flufseisens im Vergleich zur Roheisenerzeugung ein Kind der Neuzeit ist und dafs, während das Roheisen mehr Schritt für Schritt seine Entwicklung gegangen ist, der Flufseisenprocefs eine wohlvorbereitete Unterlage fand, auf welcher er, ältere Verfahren verdrängend, innerhalb eines Menschenalters aus einem Kind zum Riesen sich entwickelte, der Anlafs war, dafs für unsere Zeit die Bezeichnung das Zeitalter des Stahls entstand.

Die Geschichte des Flufseisens stellt sich als ein ununterbrochener glänzender Siegeslauf dar. Nachdem Bessemer vor etwa vierzig Jahren seine geniale Erfindung gemacht und sich durch ihre Kinderkrankheiten mit staunenswerther Kraft durchgerungen hatte, war das Zeichen zu einer Umwälzung sondergleichen im Eisenhüttenwesen gegeben. Es ist nicht meine Aufgabe, eine Geschichte des Bessemerverfahrens zu entrollen, ich möchte jedoch nicht versäumen, auf die hochinteressanten Beiträge hinzuweisen, in welchen noch vor kurzem der greise, in voller Frische des Geistes und Körpers unter uns weilende Erfinder Einzelheiten aus der Anfangs-Geschichte seiner Erfindung mittheilte.** Seither sind eine Reihe von tüchtigen Männern in allen Ländern bestrebt gewesen, das Verfahren zu verbessern und zu verbilligen, und es sind diese Bemühungen von beispiellosem Erfolg gekrönt gewesen.

Der wenige Jahre später aufgekommene Siemens-Martinprocefs, den ich weiterhin das Herdschmelz- oder kurz das Herdverfahren nennen werde, vermochte anfänglich gegen den die hüttenmännische Welt blendenden Bessemerprocefs nicht aufzukommen. Allmählich aber gewann das Verfahren mehr Freunde, und während es in einzelnen Staaten, darunter namentlich Grofsbritannien, schon das Bessemermetall überflügelt hat, hat es sich überall eine Achtung gebietende Stellung verschafft.

Während in den ersten 20 Jahren bereits rund 20 Mill. Tonnen Flufsstahl im Bessemerprocefs erzeugt wurden, ist heute die jährliche Erzeugung unserer Erde an Flufsmetall aus beiden Verfahren auf über 16 Millionen Tonnen gestiegen. Darüber, wie die Entwicklung dieser Erzeugung sich in den verschiedenen Ländern in den letzten 3 Jahrzehnten vollzogen hat, giebt die Zusammenstellung auf Tabelle I und die Schaulinie (Abbild. 1) Aufschlufs. Es ist zu diesen Zahlenangaben zu bemerken, dafs sie nicht in allen Fällen direct vergleichbar sind, und dafs sie uns ein nur allgemein gültiges Bild liefern. Wenngleich ich auch versucht habe, die einzelnen Zahlen, welche in den vorhandenen Veröffentlichungen nicht unwesentlich voneinander abweichen, möglichst aus den officiellen Statistiken der betreffenden Länder zu schöpfen, so ist doch andererseits zu berücksichtigen, dafs in den verschiedenen Ländern die Frageformulare auf nicht unwesentlich sich unterscheidenden Grundlagen beruhen.

Aus der Schaulinie erhellt auf einen Blick der enorme Aufschwung, welchen die drei führenden Länder, die Ver. Staaten, Grofsbritannien und Deutschland, seit Ende der 70er Jahre genommen haben. Die Vereinigten Staaten haben im Jahre 1890 Grofsbritannien überflügelt und sich an die Spitze gestellt; die Deutschland vorstellende Linie zeichnet sich vor den genannten beiden Ländern, welche jähe Rückschläge in den Jahren 1884, 1887, 1891 und 1893 zeigen, durch erfreuliche, auf eine gesunde Entwicklung hindeutende Stetigkeit aus; sie geht thatsächlich nur einmal, nämlich im Jahre 1883, zurück. Es wiederholen sich also hier die Verhältnisse, welche bei den

* Wegen der Beschränktheit der zur Verfügung stehenden Zeit mufste der Redner seinen Vortrag, der hier unverkürzt wiedergegeben ist, stark einschränken.

** Vergl. „Journal Iron and Steel Institute“ 1886, Band II, Seite 638; „Stahl und Eisen“ 1886, Nr. 12, Seite 789; „American Mechanical Engineers“ 1896.

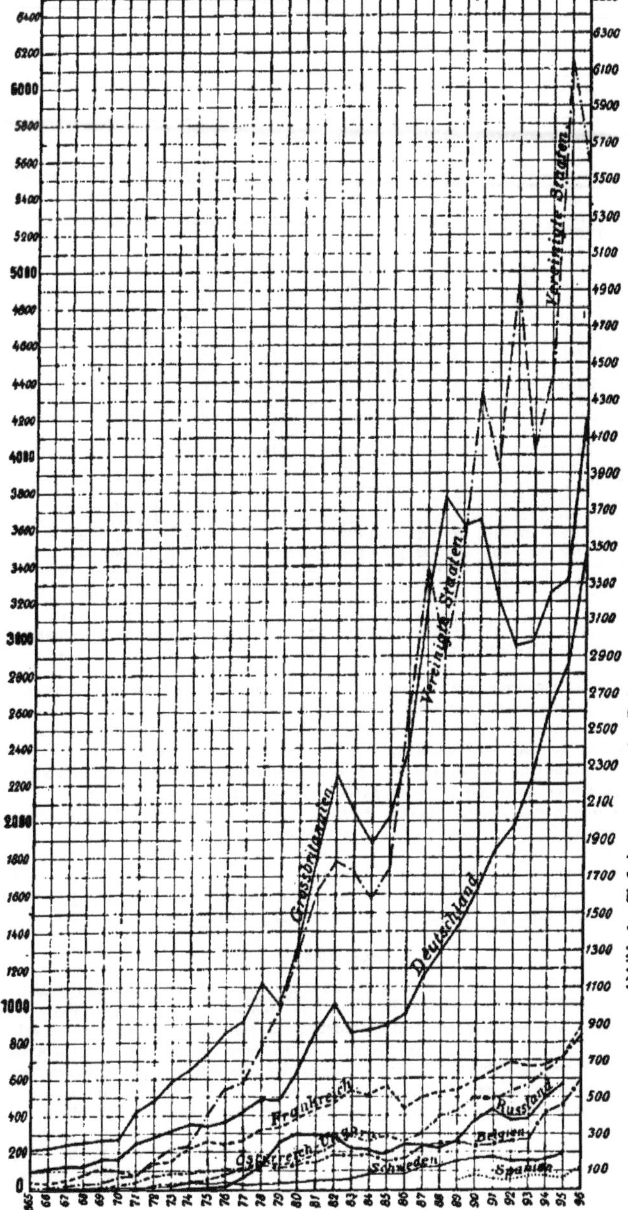

Abbild. 1. Flußeisenerzeugung der Erde nach hauptsächlichsten Staaten geordnet in tausend Tonnen.

Bemerkungen. Deutschland: 1865 Rohstahl und Gußstahl, 1866/71 Stahlfabricate einschließlich Rohschienen, 1872/96 Flußeisenfertigfabricate. Vereinigte Staaten, Großbritannien, Belgien und Schweden: Blöcke. Frankreich und Rußland: Fertigfabricate.

Tabelle I. **Die Erzeugung an Flufsmetall der Erde nach Ländern von 1865 bis 1895 in metrischen Tonnen.***

	Deutschland einschl. Luxemburg	Vereinigte Staaten	Grofsbritannien	Frankreich	Belgien	Oesterreich-Ungarn	Rufsland	Schweden	Italien	Spanien
1865	99 543	13 848	225 000	40 574	650	3 879	3 871	5 000	—	—
1866	114 434	17 216	235 000	37 761	1 050	8 607	3 932	7 000	—	—
1867	122 591	19 963	245 000	46 467	1 575	8 275	6 271	9 000	—	—
1868	122 837	27 223	260 000	80 564	1 928	11 053	9 327	13 500	—	—
1869	161 319	31 760	275 000	110 227	2 940	18 727	7 200	13 150	—	—
1870	169 951	68 057	286 797	94 386	4 321	28 991	8 647	12 193	—	—
1871	250 947	74 710	410 585	86 125	7 453	47 700	7 132	8 551	—	217
1872	285 582	145 289	497 987	141 704	15 079	73 123	8 254	15 876	—	272
1873	310 425	202 075	588 437	150 529	21 657	80 259	8 807	15 685	—	216
1874	361 946	219 250	643 317	208 787	37 683	87 166	9 511	21 312	—	171
1875	347 336	396 165	723 605	256 393	54 420	97 705	14 252	19 367	—	149
1876	366 140	541 900	851 659	241 842	76 524	114 783	19 749	21 002	—	—
1877	411 156	578 921	904 507	269 181	104 182	116 117	48 793	16 995	—	—
1878	489 151	743 931	1 117 930	312 921	124 195	129 416	104 766	19 336	—	—
1879	478 344	950 550	1 029 522	333 265	111 275	124 888	233 471	20 400	—	-
1880	624 418	1 267 700	1 320 561	388 894	132 052	134 218	295 568	28 597	—	—
1881	840 224	1 614 258	1 808 728	422 416	141 640	188 361	293 323	38 252	3 630	—
1882	1 003 406	1 765 070	2 245 666	458 238	182 627	239 772	247 669	41 000	3 450	—
1883	850 813	1 708 865	2 041 624	521 820	179 489	289 624	221 883	45 000	—	—
1884	862 529	1 576 210	1 891 985	502 908	187 066	258 917	206 965	74 241	4 645	373
1885	893 742	1 739 883	2 020 450	553 839	155 012	278 783	192 895	80 550	6 370	361
1886	954 586	2 604 355	2 403 214	427 589	164 015	259 967	241 791	77 118	23 760	20 261
1887	1 163 884	3 393 640	3 196 778	493 294	229 321	299 192	225 497	110 100	73 262	?
1888	1 298 574	2 933 260	3 774 670	517 294	243 647	392 813	222 289	114 537	117 785	?
1889	1 425 439	3 441 037	3 605 346	529 302	261 397	416 512	258 745	135 227	157 899	49 125
1890	1 613 783	4 346 932	3 637 381	581 998	221 296	499 600	378 424	169 287	107 676	75 255
1891	1 841 063	3 968 010	3 207 994	638 530	243 729	480 555	433 478	172 774	75 925	69 972
1892	1 976 735	5 001 494	2 966 522	682 000	260 037	505 074	371 199	158 958	56 543	56 490
1893	2 231 873	4 084 305	2 983 000	664 032	273 113	560 891	389 238	164 761	71 380	71 200
1894	2 608 313	4 482 592	3 260 453	674 190	405 661	649 058	492 874	167 835	54 614	70 000
1895	2 830 468	6 212 671	3 312 115	714 523	454 619	732 186	574 112	197 177	55 000	65 000
1896	3 437 981	5 600 000	4 200 000	883 508	598 755	868 834	—	—	—	104 577

Schaubildern für die Roheisenerzeugung vorhanden sind, es gelten daher auch hier die allgemeinen Rückschlüsse, welche ich damals aus den starken Productionsschwankungen des Roheisens in Hinsicht auf die arbeitende Bevölkerung und das allgemeine Wohlbefinden eines Staatswesens zog, für das Flufseisen in verstärktem Mafse, weil bei der Herstellung und Verarbeitung des letzteren für die Gewichtseinheit eine weit gröfsere Anzahl von Leuten als bei der Roheisenerzeugung thätig sind und somit hier bei einem Rückschlage ein entsprechend gröfserer Kreis in Mitleidenschaft gezogen wird.

Die Entwicklung in den anderen Staaten, deren Erzeugung in der Gesammtmenge eine geringere Rolle spielt, ist verhältnifsmäfsig ruhig gewesen; es fällt indefs auf, dafs die Curvou von Oesterreich-Ungarn, Frankreich und Belgien neuerdings steile Ansätze nehmen. —

Wir wollen uns nunmehr dem Entwicklungsgang in den einzelnen Ländern zuwenden, zunächst die heutigen thatsächlichen Verhältnisse festzustellen und dann die Ursachen zu ergründen suchen, auf welche sein verschiedenartiger Verlauf im einzelnen Fall zurückzuführen ist.

I. Deutschland.

Den Markstein in dem Entwicklungsgang in unserem Vaterland bildet bekanntermafsen die in der zweiten Hälfte der 70 er Jahren erfolgte Erfindung von Thomas-Gilchrist, durch welche es gelang, auch phosphorhaltiges Roheisen zur Flufsmetallerzeugung zu verwenden. Bis zu jenem Jahre hatte dieselbe eine halbe Million Tonnen nicht erreichen können; sie nahm dann einen scharfen Aufschwung, der nur durch den bereits erwähnten einmaligen Rückschlag des Jahres 1883 unterbrochen wurde, nahm von da aber so stetig zu, dafs das Schaubild dieses Jahrzehnts eine fast gerade, steil ansteigende Linie zeigt, welche heute einer Jahreserzeugung an Fertigfabricaten von über $3^1/_2$ Millionen Tonnen entspricht.

Ueber den Nachweis, in welchem Verhältnifs die Hauptfabricate, S c h i e n e n, S t a b e i s e n, S t a h l b l e c h e und D r a h t aus Schweifseisen einerseits und aus Flufsmetall andererseits sich entwickelt haben, giebt die Tabelle II Aufschlufs.

* Siehe Bemerkungen zu Abb. 1.

Tabelle II. Erzeugung an wichtigen Schweifseisen- und Flufseisenfabricaten in den Jahren 1865 bis 1896 in Tonnen.*

	Eisenbahnschienen mit Schienenbefestigungsmaterial		Handelseisen, Profil- und Baueisen		Blech (aufser Weifsblech)		Draht		Gesammterzeugung an Fertigfabricaten	
	Schweifseisen	Flufseisen	Schweifseisen	Flufseisen	Schweifseisen	Flufseisen	Schweifseisen	Flufseisen	Schweifseisen	Flufseisen**
1865	—	—	—	—	78 164	—	34 636	—	606 027	99 543
1866					70 180	—	27 502		591 475	114 434
1867		—	—		69 507	—	31 641	—	641 523	122 591
1868					91 485	—	45 385		751 467	122 837
1869	—	—	—	—	98 686	—	45 360		886 074	161 819
1870					86 767	—	44 291		1 012 769	169 951
1871	320 619	128 406		—	99 119	—	65 962		1 179 794	250 947
1872	320 996	179 092			117 425	—	102 659		1 178 393	285 582
1873	385 601	186 643		—	96 046	—	74 705		1 166 891	310 425
1874	364 978	237 894			111 195	—	88 058		1 196 986	361 946
1875	227 976	241 505	—	—	120 632	—	121 357	153	1 088 785	347 836
1876	126 288	253 746		—	109 493	3	132 526	7	990 368	366 140
1877	105 070	334 136	524 572	5 087	138 075	1 176	146 450	178	1 086 264	411 156
1878	76 711	380 457	562 138	7 451	147 378	2 053	178 361	493	1 193 444	489 151
1879	44 907	341 050	596 888	6 048	174 105	1 897	188 902	4 034	1 150 023	478 344
1880	56 565	424 462	671 355	12 784	200 875	3 852	222 322	10 800	1 267 297	624 418
1881	36 981	522 706	712 274	12 831	231 292	5 682	233 422	58 615	1 349 019	840 224
1882	31 686	532 265	804 558	25 599	260 511	9 132	254 018	124 003	1 496 408	1 003 406
1883	19 851	473 560	798 749	21 908	273 884	12 588	214 361	145 030	1 448 365	859 813
1884	9 909	400 248	881 828	35 412	252 579	24 165	222 903	186 202	1 483 261	862 529
1885	23 632	422 349	820 754	56 580	216 087	40 766	220 811	174 313	1 405 682	893 742
1886	13 348	391 635	840 706	69 182	231 319	69 915	188 172	221 838	1 352 538	954 586
1887	9 812	456 219	1 015 089	111 859	246 932	88 791	185 032	259 591	1 549 185	1 163 884
1888	21 324	435 189	1 036 266	191 581	239 416	140 564	176 310	235 059	1 558 798	1 298 574
1889	23 409	427 899	1 108 735	280 610	248 733	194 031	216 019	188 311	1 673 449	1 425 439
1890	11 232	559 746	1 027 429	307 910	231 283	186 311	122 017	217 264	1 486 658	1 613 783
1891	8 199	596 209	972 965	361 660	206 601	218 554	124 780	277 800	1 411 653	1 841 063
1892	7 366	535 494	887 289	515 173	177 734	252 620	124 072	312 998	1 279 287	1 976 735
1893	11 710	483 288	807 894	694 647	118 474	309 391	57 699	394 676	1 078 065	2 231 873
1894	6 485	568 819	820 679	875 001	111 185	354 327	57 442	447 126	1 061 808	2 608 313
1895	1 493	493 855	789 804	1 020 700	91 318	448 253	36 818	465 647	992 652	2 830 468
1896		—	—	—	—	—	—	—	1 046 845	3 437 981

Die Schaulinien entrollen uns einigermafsen auf den hauptsächlichen Gebieten ein Bild des Kampfes zwischen Schweifs- und Flufseisen.***

Die ersten Plänkeleien in dem Kampf Flufseisen contra Schweifseisen fallen in den Anfang der 60er Jahre, nachdem das von Sir Henry Bessemer erfundene Verfahren praktisch ausgebildet war, vermöge dessen es gelang, durch Entkohlung des geschmolzenen Roheisens vermittelst eingeprefster Luft einen Flufsstahl herzustellen, der in seinen Eigenschaften dem Tiegelgufsstahl nahe kommt, gleichzeitig aber in der Herstellung nur rund ein Zehntel von letzterem kostet. In raschem Kriegszug erobert das neue Material, welches in Deutschland zuerst im Jahre 1861 bei Fried. Krupp hergestellt wurde, das wichtige Gebiet der Schienenfabrication.

Nachdem um die Mitte der 60er Jahre dem Bessemer-Converter der mit saurem Futter ausgekleidete, nach Martin und Siemens benannte Herdofen sich zugesellt, und dies Verfahren, im Jahre 1871 zuerst auf Borsigwerk, in Deutschland Eingang gefunden hatte, fiel auch das übrige Eisenbahnmaterial, die Radreifen und Achsen, dem Flufsstahl anheim. Dem neuen Material gelang es aber, trotz seiner trefflichen Eigenschaften, auf anderen Gebieten kaum oder nur in verhältnifsmäfsig geringem Mafse als Ersatz für das gepuddelte Eisen einzutreten. Es ist bekannt, dafs die Versuche, die Kesselbleche aus Bessemerflufseisen zu machen, gescheitert sind. Auch Kesselbleche, welche aus saurem Siemens-Martin-Material hergestellt wurden, sind bei uns in Deutschland stets gewissem Mifstrauen begegnet, welches ohne Zweifel auf die anfängliche Verwendung von Blechen mit zu grofser Festigkeit zurückzuführen ist. War später zu einem solchen Mifstrauen auch kein

* Aus den Nachweisungen des Kaiserlichen Statistischen Amts.

** Siehe die Bemerkungen zu Abbild. 1.

*** Vergl. auch „Stahl und Eisen" 1894, S. 710.

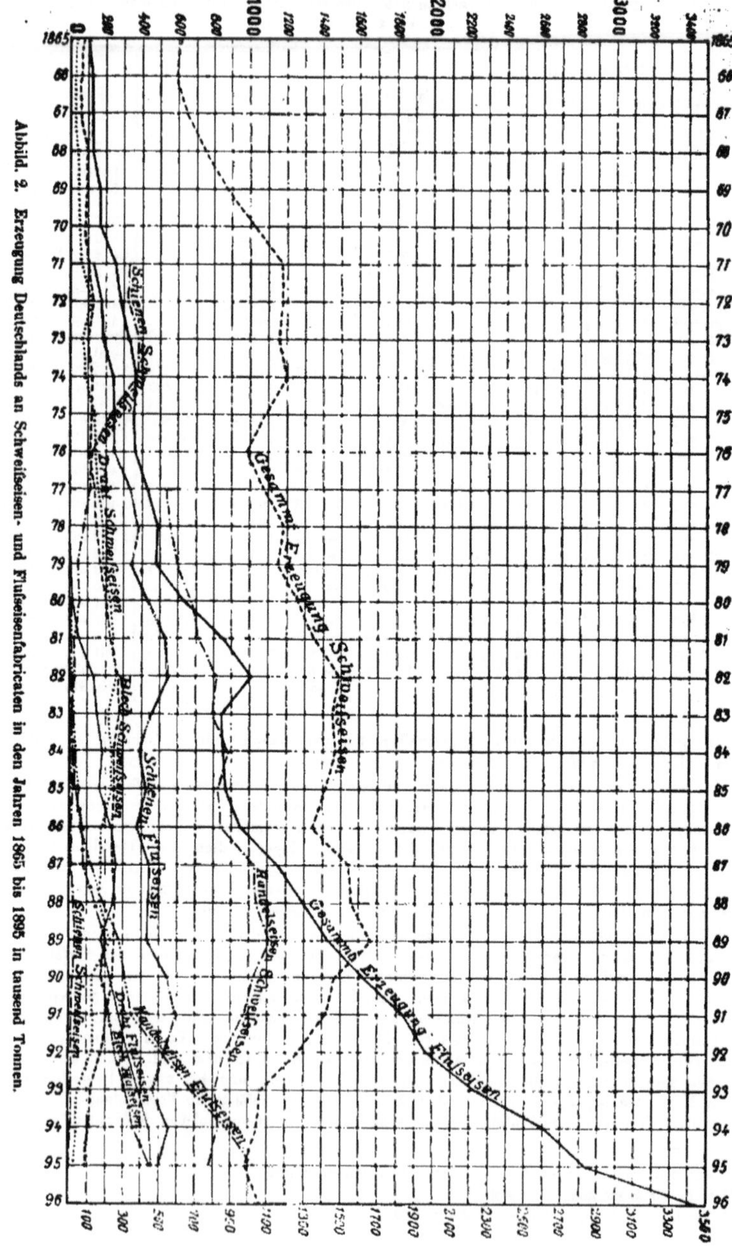

Abbild. 2. Erzeugung Deutschlands an Schweifseisen- und Flufseisenfabricaten in den Jahren 1865 bis 1895 in tausend Tonnen.

Anlafs mehr, so hatte man doch mit dem durch die anfänglichen Mifserfolge erweckten Vorurtheil zu rechnen; ebensowenig konnten die Schmiede sich an Stabflufseisen gewöhnen, das ihnen nicht genügend schweifsfähig erschien.

In eine neue Phase trat das Ringen um Absatz, als Ende der 70er Jahre das Entphosphorungsverfahren, und zwar kurz hintereinander für Birne und Flammofen, erfunden war, und man bald fand, dafs dasselbe ermögliche, das Flufsschmiedeisen, gewöhnlich kurzweg Flufseisen genannt, welches geringere Festigkeit, aber höhere Dehnung hat, in zuverlässiger Beschaffenheit herzustellen. Nunmehr treten basische Flufseisenknüppel und Platinen in erfolgreichem Wettbewerb gegen solche aus Schweifseisen auf, bald in der Erzeugungszahl das letztere überflügelnd.

Was die Eisenbahnschienen einschl. Befestigungstheile anlangt, so war die Fabrication vor 10 Jahren bereits in Händen des Flufseisens; sie hat sich in dem Zeitraum leider fast ohne Steigerung auf gleicher Höhe gehalten, weil kein gröfserer Bedarf vorhanden war. Es ist dieser Stillstand um so bemerkenswerther, als in der Position auch die Schwellen einbegriffen sind, aber bekanntlich hat der Ersatz der hölzernen Schwellen durch solche aus Flufseisen nicht in dem Mafse stattgefunden, wie dies in nationalem Interesse wünschenswerth erscheint.

In Draht hat verhältnifsmäfsig früh, nämlich im Jahre 1886, das Flufseisen das Schweifseisen eingeholt; schon frühzeitig fand das Bessemermetall zu Draht Verwendung, das basische Material erwies sich indefs für die meisten Zwecke als noch geeigneter. Infolgedessen wogte der Kampf besonders heftig hin und her; die Linien zeigen 3 Schnittpunkte, d. h. solche Zeitpunkte an, in denen die Erzeugung von Draht aus beiden Materialien gleich hoch war; schliefslich gehen vom Jahre 1889 ab die Linien in grofsem Winkel auseinander, den erdrückenden Sieg des Flufseisens verkündend, das 1895 bereits 13 mal soviel Draht für sich als Schweifseisen in Anspruch nimmt. Unsere Erzeugung an Draht und Drahtfabricaten, welche stets einen hohen Antheil an der Ausfuhr deutscher Eisen- und Stahlerzeugnisse gehabt hat, wird seit einiger Zeit durch den amerikanischen Wettbewerb stark bedrängt. Letzterer ist durch die plötzliche Zunahme in der Erzeugung von Knüppeln, durch seine billigen Frachten und durch die grofsen Erzeugungen begünstigt.

Bleche aus Flufseisen wurden lange Zeit nur in bescheidenem Mafsstabe hergestellt. Erst langsam, dann in mächtigen Sprüngen, wachsen die Mengen Flufseisenblech, überholen 1891 das Schweifseisen und schlagen 1892 letzteres schon mit einem Mehr von rund 75000 t, während heute das Gewicht der Flufseisenbleche mehr als das sechsfache desjenigen der Schweifseisenbleche ist.

In Handelseisen, d. h. Stab-, Formeisen u. s. w., behauptete das Schweifseisen bis zum Jahre 1893 noch das Uebergewicht. Das Flufseisen überholte dann aber in steil aufwärts strebender Linie das Schweifseisen, ohne Zweifel besonders vermöge der umfangreichen Fabrication von Bauträgern, welche an Gewicht heute bereits das doppelte der Schienen übersteigen. Die starke Zunahme des Verbrauchs von Bauwerkseisen aller Art in unserem Vaterlande ist nicht zum geringen Theil den auf Vermehrung des Verbrauchs von Eisen gerichteten Bestrebungen zuzuschreiben, welche in unserem Vereine bezw. dessem Vorläufer ihren Ursprung hatten. Ich erinnere an das hochwichtige Normalprofil für Walzeisen,* sowie ferner an das gemeinsame, von Weitsichtigkeit zeugende Vorgehen unserer Eisenwerke, welchen es zu verdanken war, dafs in der zweiten Hälfte der 80er Jahre, zu einer Zeit, als die Eisenindustrie traurig darniederlag und es ihr schwer fiel, Mittel aufzubringen, durch den Verein deutscher Eisen- und Stahlindustrieller das „Musterbuch für Eisenconstructionen“** herausgegeben wurde, durch welches der Ersatz von Bauholz durch Bauwerkseisen weit verbreitet und populär wurde. Natürlich haben dabei die durch die gesteigerte Erzeugung herabgeminderten Kosten auch entsprechend mitgeholfen.

Die beiden obersten Linien geben das Bild, wie sich die Gesammterzeugungen an fertigen Fabricaten aus Flufs- und Schweifseisen stellen. Der Verlauf der punktirten Linie ist eindringlicher Beweis für die zähe Natur des Schweifseisens und ferner für die Falschheit des Propheten, der schon vor 10 Jahren dem letzten Puddelofen das Sterbelied sang; es behauptet sich mit grofser Widerstandsfähigkeit auf seiner Höhe, erst vom Jahre 1889 ab beginnt ein Abfall der Linie, welche dann kurz nachher in stark stumpfem Winkel sich mit der unaufhaltsam aufwärts strebenden Linie des Flufseisens schneidet und zeigt, dafs im Jahre 1895 das Flufseisen den dreifachen Betrag des Schweifseisens ausmacht. Für das Jahr 1896 zeigt das Schweifseisen wiederum eine kleine Aufwärtsbewegung.

Die Vertheilung der Arbeiter, welche in der Schweifseisen- bezw. der Flufseisenfabrication thätig waren, zeigt die Tabelle III aus der amtlichen Statistik.

* Bei La Ruelle in Aachen.
** Bei Spamer in Leipzig erschienen.

Tabelle III. **Anzahl der beschäftigten Arbeiter.**

Zahl der Arbeiter	1878	1879	1880	1881	1882	1883	1884	1885	1886
in der Schweifseisenerzeugung	45 695	49 159	51 185	53 405	57 190	57 407	57 449	54 114	50 965
" " Flufseisenerzeugung . .	14 562	15 172	20 116	23 831	27 974	29 033	29 019	30 480	34 080
	1887	1888	1889	1890	1891	1892	1893	1894	1895
" " Schweifseisenerzeugung	52 768	51 779	53 536	53 970	49 596	45 989	40 342	38 851	38 190
" " Flufseisenerzeugung . .	36 740	42 256	48 371	52 823	57 929	61 092	65 944	69 372	75 080

Zu einer Bemerkung giebt die Tabelle um so weniger Anlafs, als die Zahlen mit einer gewissen Vorsicht schon um deswillen aufzunehmen sind, dafs für solche Werke, welche Schweifs- und Flufseisen herstellen, es schwierig ist, die Trennung zuverlässig vorzunehmen. Es gilt das letztere übrigens auch für die Erzeugnisse.

Ueber die Vertheilung unserer deutschen Flufsmetallerzeugung auf die verschiedenen Verfahren, also die Antheile, welche auf den Converter und den Herdofen und hierbei wiederum je auf saure und basische Zustellung entfallen, liegen leider nur sehr unvollkommene Angaben vor.

Eine annähernde Beurtheilung über das Ergiebigkeitsverhältnifs der basischen zur sauren Birne giebt uns die seit dem Jahre 1883 von Dr. Rentzsch getrennt geführte Statistik über die Erzeugung von Bessemer- und Thomasroheisen (Tab. IV).

Tabelle IV. **Erzeugung von Bessemer- und Thomasroheisen** in **Deutschland** von **1883 bis 1896.**

	Bessemerroheisen t	%	Thomasroheisen t	%		Bessemerroheisen t	%	Thomasroheisen t	%
1883 . .	425 920	57,3	369 685	42,7	1890 . .	438 527	21,9	1 555 693	78,1
1884 . .	486 083	49,8	488 746	50,2	1891 . .	384 196	18,4	1 704 279	81,6
1885 . .	472 468	41,4	668 065	58,6	1892 . .	313 819	13,5	2 006 400	86,5
1886 . .	426 428	33,7	835 178	66,3	1893 . .	351 240	13,4	2 271 293	86,6
1887 . .	432 090	28,6	1 076 140	71,4	1894 . .	442 614	14,4	2 621 525	85,6
1888 . .	395 878	24,0	1 253 308	76,0	1895 . .	444 495	13,3	2 898 476	86,7
1889 . .	405 490	22,4	1 402 444	77,6	1896 . .	515 352	13,6	3 252 765	86,4

Da nun bekannt ist, dafs zum Thomasprocefs in Deutschland auch gewisse Mengen von im Zollverein erzeugtem Puddelroheisen genommen werden, so kann man schliefsen, dafs das Verhältnifs von Thomas zu Bessemer eher noch mehr zu Gunsten des ersteren liegt, als das Roheisenverhältnifs zeigt; ferner kann man sagen, dafs sich durch die Inbetriebsetzung neuer Thomaswerke dies Verhältnifs neuerdings noch weiter zu Gunsten des Thomasprocesses verschieben wird.

Um weitere Klarheit in diese Verhältnisse zu bringen, habe ich es unternommen, ad hoc eine Statistik zu erheben, zu welcher in letzter Stunde Hr. Dr. Rentzsch mir noch sehr willkommene Ergänzungen geliefert hat. Das Ergebnifs unserer gemeinsamen Bemühungen ist in der nachfolgenden Tabelle V niedergelegt.

Tabelle V. **Erzeugung an Flufseisen** (ausschl. Tiegelstahl).

Jahr	Blöcke: Converter-Flufseisen: Bessemer		%	Thomas		%	Herdflufseisen: Sauer		%	basisch		%	Directer Formgufs	
1894 . . .	327 700	—	8,8	2 342 100	—	62,7	161 100	—	4,3	907 500	—	24,2	47 800	—
1895 . . .	315 600	—	7,8	2 520 400	—	62,6	168 000	—	4,2	1 021 400	—	25,4	55 100	—
1896 . . .	351 500	(6)	7,3	3 004 600	(21)	62,2	184 100	(11)	3,8	1 293 700	(37)	26,7	65 300	(32)

Die in den Klammern angegebenen Ziffern bedeuten die Zahl der Werke.

Nach gleichzeitigen Angaben sind heute vorhanden:

	Converter: saure	Converter: basische	Herdöfen: saure	Herdöfen: basische
	2 zu 0,65 t	6 zu 5 bis 5,5 t	19 zu 2,5 bis 10 t*	5 zu 3 bis 10 t*
	19 " 6 t	9 " 8	25 " 10 " 15 t	67 " 10 " 15 t
	4 " 7,5 t	26 " 10 " 12 t	1 " 15 " 20 t	60 " 15 " 20 t
	7 " 8 t	23 " 12,5 " 15 t		15 über 20 t
		6 " 15 " 20 t		
insges.	32 Stück	70 Stück	45 Stück	147 Stück

Die obige Tabelle zeigt, dafs das basische Verfahren bei uns in den letzten drei Jahren wiederum wesentlich, und zwar sowohl für die Birne wie für den Herd, zugenommen hat. Sie lehrt uns aber ferner, dafs das Herdschmelzverfahren in unserer Flufseisenerzeugung eine weit gröfsere Rolle spielt, als bisher vielleicht allgemein angenommen worden ist. Von der 1896er Gesammterzeugung von 4 834 900 t entfallen auf Birnenmetall 3 356 100 t = 69,5 % und auf Herdmetall 1 477 800 t = 30,5 %.

* Ausschliefslich 10 t.

2. Vereinigte Staaten von Nordamerika.

Die nachstehende Tabelle VI giebt eine Uebersicht über die in den Vereinigten Staaten seit dem Jahre 1865 jährlich erzeugten Mengen an Flufsmetall, getrennt nach Bessemer-, Herd- und Tiegelverfahren.

Tabelle VI. **Erzeugung an Flufseisen in den Ver. Staaten von 1865 bis 1896.**

Jahr	Bessemer-stahl	Herd-stahl	Tiegel-stahl	Insgesammt einschliefslich verschiedenem Stahl	Jahr	Bessemer-stahl	Herd-stahl	Tiegel-stahl	Insgesammt einschliefslich verschiedenem Stahl
1865	0	0	?	13 848*	1881 . .	1 396 235	133 301	81 427	1 614 258
1866	0	0	?	17 216*	1882 . .	1 538 923	145 634	77 188	1 765 070
1867	2 722	0	?	19 963*	1883 . .	1 500 983	121 266	72 984	1 708 865
1868	7 710	0	?	27 223*	1884 . .	1 397 539	119 395	54 121	1 576 210
1869	10 885	907	?	31 760*	1885 . .	1 543 741	135 510	58 521	1 739 883
1870	38 100	1 361	?	68 057*	1886 . .	2 305 497	222 477	73 124	2 604 355
1871	40 822	1 815	?	74 710*	1887 . .	2 983 010	327 222	76 582	3 393 640
1872	108 955	2 722	26 543	145 289	1888 . .	2 551 340	319 347	71 403	2 933 260
1873	154 806	3 175	31 556	202 075	1889 . .	2 977 087	380 536	77 079	3 441 037
1874	174 110	6 350	32 955	219 250	1890 . .	3 747 893	521 444	72 314	4 346 932
1875	340 648	8 209	35 742	396 165	1891 . .	3 299 376	589 029	73 748	3 968 010
1876	477 153	19 495	35 725	541 900	1892 . .	4 235 130	680 607	86 064	5 001 494
1877	508 532	22 707	36 676	578 921	1893 . .	3 267 137	749 696	64 631	4 084 305
1878	664 233	32 741	38 921	743 931	1894 . .	3 628 454	797 495	52 529	4 482 592
1879	842 711	51 063	51 507	950 550	1895 . .	4 987 674	1 155 377	68 749	6 212 671
1880	1 091 449	102 465	65 699	1 267 700	1896 . .	3 982 624	1 600 000**	?	5 670 000**

Einen Vergleich des Flufseisens mit Schweifseisen für Amerika anzustellen ist schwierig aus dem einfachen Grunde, dafs für Schweifseisen eine Nachweisung nicht besteht. Bis zum Jahre 1887 wurde eine Statistik über Walzeisen (rolled iron) geführt; die für jenes Jahr angegebene Menge war

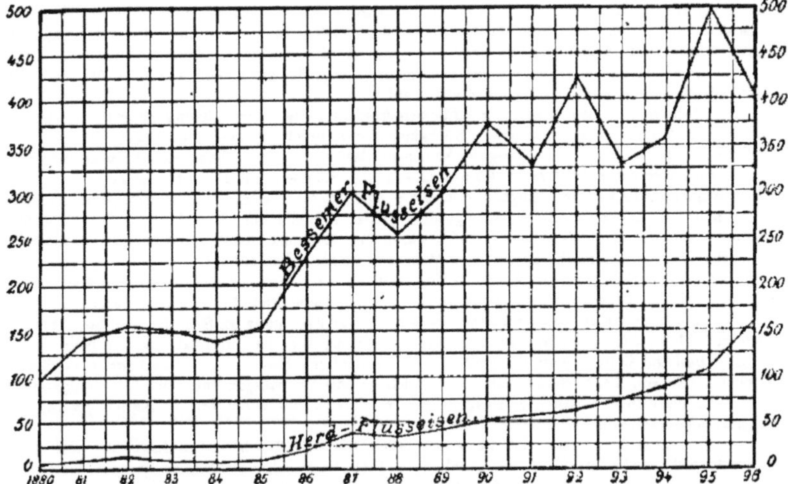

Abbild. 3. Birnen- und Herdflufseisen in 10000 Tonnen in den Ver. Staaten (vergl. Tabelle VI).

2 327 218 t. Vom Jahre 1888 wird aber dieser Rubrik gewalztes Flufseisen (rolled Steel) zugezählt, so dafs von diesem Jahre ab daher jeder feste Anhalt über das Verhältnifs der Flufseisen- zur Schweifseisenerzeugung fehlt.

---

* Einschliefslich Tiegelstahl.
** geschätzt.

Wenn man indefs bedenkt, dafs im Jahre 1895 eine Gesammterzeugung an Flufseisenblöcken von 6 143 051 t einer Menge von 6 288 607 t an gewalztem Flufseisen und Schweifseisen (Schienen, Bleche, Stab-, Form-, Bandeisen, Draht, Achsen) gegenübersteht, und wenn man ferner schätzt, dafs der Abbrand und Abfall vom Block bis zum Fertigwalzfabricat 20 % beträgt und auf Formflufseisen entsprechende Mengen entfallen, so gelangt man zu dem Schlufs, dafs die Erzeugung an Schweifseisen im Jahre 1895 immerhin noch etwas mehr als 1 1/2 Mill. Tonnen gewesen sein mufs. Nach der letzten Zählung, welche durch James Swank am 1. Januar 1896 erfolgte, betrug die Anzahl der überhaupt vorhandenen Puddelöfen noch 4408, während vordem 5265 als Höchstzahl im Jahre 1884 figurirt.

Das einzige Fabricat, bei welchem sich der Uebergang von Schweifseisen in Flufseisen der Menge und Zeit nach aus der Statistik bestimmen läfst, ist die Eisenbahnschiene. Die Wandlungen, welche dieselbe hinsichtlich des Materials durchgemacht hat, sind nicht uninteressante, so dafs ich die diesbezügliche Statistik nicht auslassen möchte.

Tabelle VII. **Die Erzeugung an Eisenbahnschienen von 1865 bis 1895, nach dem Herstellungsverfahren getrennt.**

	Eisen	Bessemerstahl	Herdstahl		Eisen	Bessemerstahl	Herdstahl
1864 . . .	304 227	0	0	1880 . . .	447 913	865 831	12 350
1865 . . .	323 208	0	0	1881 . . .	443 213	1 206 773	22 875
1866 . . .	390 776	0	0	1882 . . .	206 714	1 304 612	20 650
1867 . . .	416 884	2 313	0	1883 . . .	58 922	1 167 088	8 333
1868 . . .	453 109	6 554	0	1884 . . .	23 186	1 012 935	2 422
1869 . . .	529 713	8 754	0	1885 . . .	13 440	974 822	4 347
1870 . . .	531 585	30 843	0	1886 . . .	21 480	1 599 898	4 767
1871 . . .	669 002	34 698	0	1887 . . .	20 920	2 135 534	17 419
1872 . . .	821 808	85 335	0	1888 . . .	12 929	1 408 448	4 773
1873 . . .	690 391	117 035	0	1889 . . .	9 306	1 534 218	4 036
1874 . . .	530 198	131 485	0	1890 . . .	14 104	1 897 722	3 646
1875 . . .	455 067	263 854	0	1891 . . .	8 372	1 313 742	5 977
1876 . . .	423 788	374 160	0	1892 . . .	105 126	1 482 083	6 604
1877 . . .	301 661	392 039	0	1893 . . .	6 187	1 052 935	—
1878 . . .	292 908	499 290	8 524	1894 . . .	0	1 032 269	5 851
1879 . . .	381 145	620 453	8 300	1895 . . .	0	1 320 422	6 611

Die Erzeugung an Bessemerstahlschienen stieg vom Jahre 1867, in welchem sie mit 2313 t begann, bis zur Höchstziffer von 2 135 534 t im Jahre 1887, erlitt dann zum nächsten Jahre einen Rückschlag um 3/4 Millionen und hielt sich in den letzten Jahren zwischen 1 bis 1,3 Millionen. Die im Jahre 1878 aufgenommene Herstellung von Herdstahlschienen erreichte 1881 die höchste Ziffer mit 22 875 t, ging dann aber mit weichender Geschäftslage schnell wieder zurück und weist in den letzten Jahren nur etwa 5- bis 6000 t auf.

Der Fortschritt in der Erzeugung an Bessemermetall fordert Bewunderung heraus; er wird von mehreren, bald aber wieder eingeholten Rückgängen unterbrochen, welche nach dem Nachweis von Tabelle VII stets mit einem Rückgang im Schienenbedarf in Zusammenhang stehen; bemerkenswerth ist der Sprung vom Jahre 1894 auf 1895 um nahezu 1 1/2 Millionen. In diesen beiden Jahren stieg dann auch nach Swank die Leistungsfähigkeit, d. h. die geschätzte Zahl, welche die höchstmögliche Erzeugung aller vorhandenen Converter bei angestrengtestem Betrieb vorstellt, von 7 740 900 auf 9 472 350 tons, d. h. um 22,4 %. Nach derselben Quelle* waren am 1. Januar 1896 an Normal-Bessemerwerken (im Gegensatz zu Clapp-Griffith, Robert- und Walrand-Legénisel-Werken) 44 mit 99 Birnen vorhanden. Der Fassungsraum des gröfseren Theils davon, nämlich 67, wird als unterhalb zehn tons liegend angegeben, 16 Stück zu zehn tons, 6 zu zwölf, 7 zu fünfzehn und 2 zu zwanzig tons.

Der Löwenantheil der amerikanischen Bessemermetall-Erzeugung entfällt auf den Staat Pennsylvanien mit 51 %, Jllinois ist mit 17 und Ohio mit 16 %, von den Südstaaten keiner betheiligt.

Der basische Converterprocefs wurde in den Vereinigten Staaten nur versuchsweise in Steelton und einige Zeit von 1888 ab in Pottstown betrieben; die im vorigen Jahre in Troy fertiggestellte, aus drei 15-tons-Birnen bestehende Anlage wurde erfolgreich auf kurze Zeit in Betrieb gesetzt, liegt aber jetzt wiederum still.

Da im Jahre 1870 von den Bessemerblöcken noch 81 %, im Jahre 1892 nur noch 40 % und 1895 nicht mehr als 26 % zu Eisenbahnschienen ausgewalzt wurden, so ist auch hieraus die steigende Verwendung des Bessemermetalls an Stelle von Schweifseisen zu anderen Zwecken als Schienen ersichtlich. Noch mehr aber hat hierzu der Herdprocefs beigetragen; dies Verfahren hat in jüngster Zeit die gröfsten Fortschritte aufzuweisen und verhältnifsmäfsig noch mehr zugenommen als der Bessemerprocefs. Während der Antheil an der Gesammterzeugung bei Bessemermetall im Jahre 1892 noch 84,6 % und bei Herdmetall 13,6 % war, hatte sich in 1895 dies Verhältnifs auf 80,3 bezw. 18,6 % verschoben.

* „Directory" 1896.

Die theoretische Leistungsfähigkeit der am 1. Januar 1896 vorhandenen 88 Herdstahlwerke (einschl. vier damals im Bau begriffener Anlagen) soll 2 430 450 tons gegenüber 1 740 000 tons am 1. Januar 1894 betragen haben, die Gesammtzahl der Martinöfen 245, darunter 20 im Bau begriffene Oefen. Es ist nicht ohne Interesse, den Fassungsraum, welcher bei 233 Oefen angegeben ist, kennen zu lernen:

Anzahl der Oefen . .	1	1	5	2	8	7	25	14	45	2	50	24	25	8	6	10
Fassungsraum in tons	2	4	5	6	7	8	10	12	15	18	20	25	30	35	40	50

Während der erste Herdofen 1868 angelegt wurde, führte man erst in 1884 die basische Zustellung bei demselben ein; leider wird eine Statistik über das Verhältnifs von saurem und basischem Herdmetall nicht geführt, es wird jedoch von sachverständiger Seite die zunehmende Bedeutung des Herdmetalls gerade dem basischen Ofen zugeschrieben und dies mit der Beliebtheit des aus demselben stammenden Erzeugnisses für Baumaterial und Bleche begründet. Man schätzt, dafs zur Zeit die Hälfte des amerikanischen Herdmetalls je aus dem basischen und sauren Ofen stammt.

Der Schwerpunkt des Herdbetriebs liegt in Pennsylvanien, aus welchem Staat nicht weniger als 80 % von der 1895er Gesammterzeugung stammten; Alabama hat nur vor einigen Jahren vorübergehend Martinmetall erzeugt, soll aber jetzt wiederum ein neues, grofsartig angelegtes Werk erhalten, nachdem man in Pittsburg mit gutem Erfolg gröfsere Mengen von südlichem Roheisen im basischen Herd verarbeitet hat.

3. Grofsbritannien.

Tabelle VIII. **Erzeugung** von **Grofsbritanniens an Schweifseisenluppen, Bessemer- und Herdblöcken und Flufseisen überhaupt, in metr.** Tonnen.

Jahr	Schweifseisen-luppen	Bessemer-blöcke	Bessemer-schienen	Herdblöcke	Bessemer-blöcke %	Herd-blöcke %	Gesammterzeugung an Flufseisen in Blöcken einschl. Tiegelstahl u. anderem Specialstahl
1865	—	—	—	—	—	—	225 000
1866	—	—	—	—	—	—	235 000
1867	—	—	—	—	—	—	245 000
1868	—	110 000	—	—	—	—	260 000
1869	—	160 000	—	—	—	—	275 000
1870	—	215 000	—	—	—	—	286 797
1871	—	329 000	—	—	—	—	410 585
1872	—	410 000	—	—	—	—	497 987
1873	—	496 000	—	77 500	86,5	13,5	588 437
1874	—	540 000	—	90 500	85,7	14,3	643 317
1875	—	620 000	—	88 000	87,5	12,5	723 605
1876	—	700 000	400 000	128 000	84,5	15,5	851 659
1877	—	750 000	516 534	137 000	84,4	15,6	904 507
1878	—	820 447	632 348	175 000	82,4	17,6	1 117 930
1879	—	847 863	528 555	175 000	82,9	17,1	1 029 522
1880	—	1 061 092	744 636	251 000	80,8	19,2	1 320 561
1881	2 724 048*	1 464 786	1 040 120	338 000	81,2	18,8	1 808 728
1882	2 886 998	1 700 428	1 246 568	436 000	79,6	20,4	2 245 666
1883	2 774 192	1 578 234	1 114 729	462 788	77,2	22,8	2 041 624
1884	2 276 383	1 320 471	797 526	482 854	73,2	26,8	1 891 985
1885	1 941 703	1 324 499	717 889	592 761	69,0	31,0	2 020 450
1886	1 642 568	1 600 403	742 028	705 256	69,3	30,7	2 403 214
1887	1 728 533	2 122 833	1 038 197	996 802	68,0	32,0	3 196 778
1888	2 063 976	2 065 319	995 958	1 313 226	61,1	38,9	3 774 670
1889	2 289 816	2 175 046	958 137	1 452 036	59,9	40,1	3 605 346
1890	1 953 992	2 047 080	1 035 920	1 589 227	56,3	43,7	3 637 381
1891	1 761 634	1 668 277	673 277	1 538 770	52,0	48,0	3 207 994
1892	1 585 669	1 524 823	544 409	1 441 531	51,4	48,6	2 966 522
1893	1 385 917	1 517 169	589 156	1 479 610	50,6	49,4	2 983 000
1894	1 360 470	1 559 930	608 116	1 600 523	49,4	50,6	3 260 453
1895	1 166 280	1 559 782	614 007	1 752 813	47,1	52,9	3 312 115
1896	1 200 000**	1 844 895	830 656	2 354 636	43,9	56,1	4 200 000

Ein Blick auf die Zahlenreihe, welche die Erzeugung von Schweifseisenluppen angiebt, lehrt uns, dafs die abnehmende Richtung, welche seit 1882 zu beobachten ist, so stark gewesen ist, dafs das Jahr 1895 nur noch rund 40 % der 1882er Erzeugung aufweist. Das Jahr 1896 scheint den ständigen Rückgang durch eine, wenn auch geringe Erhöhung zu unterbrechen, eine Erscheinung, welche mit der allgemein gesteigerten Geschäftsthätigkeit jenes Jahres in directem Zusammenhang steht.

* Die Sammlung dieser Statistik hat erst 1881 begonnen.

** geschätzt.

Die Statistik über die Zahl der Puddelöfen bestätigt die Ausweise über die Erzeugungsmengen, denn während 1877 noch 7159 Puddelöfen vorhanden waren, zählte man 1895 deren noch 3095 Stück, von welchen aber nur 1775 in Betrieb waren.

Die Erzeugung an Bessemerblöcken hat bis zum Jahre 1889 ein im allgemeinen stark aufwärtsgehende Bewegung zu verzeichnen; wie aus der nächstfolgenden Colonne zu ersehen ist, ist bis zum Jahre 1890 die Erzeugung von Bessemerblöcken zum weitaus gröfsten Theil in Eisenbahnschienen verwalzt worden und war daher direct von deren Bedarf an solchen abhängig. So beträgt für das Jahr 1878 das Gewicht der Bessemerschienen nicht weniger als 77 % von dem Gewicht der Gesammt-Bessemerblöcke, ein Procentsatz, welcher im Jahre 1892 auf 35 % gesunken ist. Die vier Jahre 1887 bis 1890 zeigen allein eine 2 Millionen Tonnen überschreitende Erzeugung an Blöcken, warum?, weil in diesen Jahren die Schienenmengen ausnahmsweise hoch waren, indem sie sich zwischen 958 137 und 1 035 920 t bewegten. Vom Jahr 1890 auf 1891 sinkt das Gewicht sowohl der Blöcke wie der Schienen plötzlich um je rund 400 000 t; von da ab tritt Stagnation ein, welche im verflossenen Jahre wiederum einer Besserung, und zwar sowohl für Rohstahl wie für Schienen, Platz macht; immerhin ist auch die Erzeugung des Jahres 1896 noch gegen das beste Bessemerjahr, 1889, um fast 12 % zurückgeblieben.

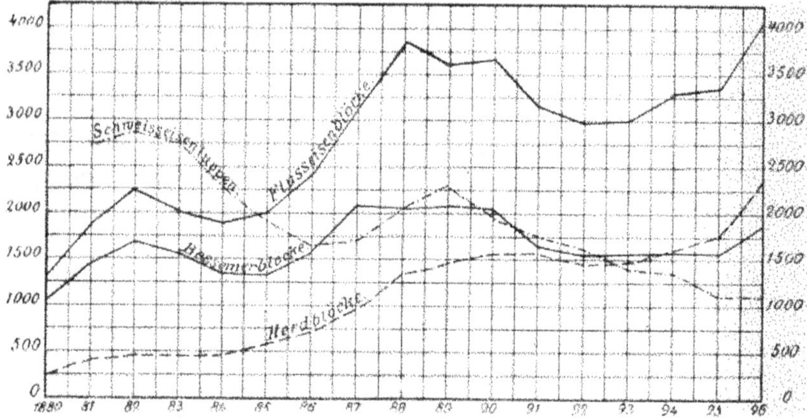

Abbild. 4. Schweifs- und Flufseisen, letzteres auch nach Birne und Herd getrennt in Grofsbritannien (Tab. VIII) in 1000 Tonnen.

Von den in Tabelle VIII in der zweiten Colonne angegebenen Mengen fielen auf basisches Birnenmetall in den letzten Jahren:

1893	266 560 t,	also 17,5 % von der Gesammtmenge.
1894	401 685 t,	„ 25,7 „ „ „ „
1895	448 610 t,	„ 28,7 „ „ „ „
1896	464 578 t,	„ 25,1 „ „ „ „

Die Ausnutzung der basischen Fütterung im Converter, welche in Grofsbritannien auffallend zurückgeblieben war, hat somit neuerdings Fortschritte gemacht; an der 1895er Erzeugung sind hauptsächlich die Werke bei Middlesborough (2) mit Schienen, Knüppel und Platinen, Leeds und Glasgow mit Trägern, Staffordshire mit Blechbrammen betheiligt.

Die Gesammtzahl der Birnen in 1896 war 101, darunter 78 mit saurem und 23 mit basischem Futter.

Die Herstellung von Herdflufseisen hat sich seit dem Jahre 1873, in welchem sie mit 77 500 t begann, in überraschender Weise entwickelt, sie nimmt ständig an Bedeutung zu, und die Abnahme, welche die Erzeugungsziffern der Jahre 1892 und 1893 im Verhältnifs zu dem 1891er Rückschlag des Bessemerflufseisens erfuhren, fallen verhältnifsmäfsig und absolut so wenig in die Wagschale, dafs im Jahre 1894 die Herderzeugung diejenige der Birne überflügelt und im Jahre 1895 schon um 200 000 t mehr als die aus letzterer ist. Die Vermehrung fällt hauptsächlich auf Cleveland und Schottland, welche zusammen 1,3 Millionen Tonnen liefern; der Cleveland-District, in welchem vor einem Jahrzehnt das Verfahren noch fast unbekannt war, übertrifft Schottland heute um fast 200 000 t.

Nach der Zustellung getrennt entfielen auf

	1893	1894	1895	1896
den sauren Herd . . .	1 399 707 t	1 494 319 t	1 589 906 t	2 179 593 t
den basischen Herd . .	79 903 t	106 203 t	162 427 t	175 043 t

Die geringe Bedeutung, welche der basische Herd bis heute erst zu verzeichnen hat, fällt auf, und zwar um so mehr, als der mit mehr als der Hälfte der Gesammterzeugung an der Spitze stehende Clevelanddistrict kein Loth basisches Herdmetall erzeugt und Schottland auch nur unbedeutend betheiligt ist. Am stärksten ist Staffordshire mit rund 70 000 t in der Liste vertreten.

Von den 366 im Jahre 1895 vorhandenen Herdöfen waren 324 sauer und 42 basisch zugestellt; es ist allgemein die Tendenz vorhanden, den Fassungsraum zu vergröfsern, so sollen jetzt 2 Oefen von je 50 t vorhanden sein, während man in Schottland zu der Ansicht gekommen zu sein scheint, dafs für gewöhnliche Zwecke über 25 t hinaus kein Vortheil mehr erzielt wird.

4. Frankreich.

Tabelle IX. **Erzeugung von Flufseisen- und Schweifseisenfabricaten in den Jahren 1865—1896.**

	Flufseisen	Schweifseisen		Flufseisen	Schweifseisen
1865	40 574	968 026	1881	422 416	1 026 320
1866	37 764	990 390	1882	458 238	1 073 021
1867	46 467	948 760	1883	521 820	978 917
1868	80 564	999 756	1884	502 908	876 751
1869	110 227	1 120 347	1885	553 839	782 431
1870	94 386	617 834	1886	427 579	766 556
1871	86 125	535 877	1887	493 294	771 610
1872	141 704	884 204	1888	517 294	811 953
1873	150 529	889 892	1889	529 021	793 358
1874	208 787	886 425	1890	581 998	825 369
1875	256 393	869 676	1891	638 530	833 409
1876	241 812	837 112	1892	682 527	828 519
1877	269 181	884 493	1893	664 032	808 171
1878	312 921	843 112	1894	674 190	785 781
1879	333 265	857 071	1895	714 523	756 793
1880	388 894	965 751	1896	883 508	814 643

Tabelle X. **Uebersicht der Erzeugung der einzelnen Flufseisen- und Schweifseisenfabricate in den Jahren 1885—1896.**

	Schienen		Bleche		Handelseisen und Formeisen	
	Flufseisen	Schweifseisen	Flufseisen	Schweifseisen	Flufseisen	Schweifseisen
1885	355 550	4 735	45 830	108 694	152 459	659 002
1886	254 650	907	48 240	103 485	124 689	662 164
1887	202 909	598	72 730	102 597	217 655	668 415
1888	173 058	807	85 172	112 052	259 064	966 094
1889	145 347	550	88 723	117 741	294 951	675 067
1890	176 497	338	117 481	118 670	288 020	706 311
1891	212 425	793	122 662	114 114	303 443	718 502
1892	229 848	408	127 774	111 545	324 905	716 556
1893	207 358	775	133 651	111 212	323 023	669 184
1894	182 510	684	151 564	99 778	340 116	685 319
1895	152 394	214	182 322	86 437	379 807	670 142
1896	170 675	876	211 771	89 710	501 062	724 057

Ueber die Vertheilung des Flufseisens auf die Birne und den Herd wird seit 1891, soweit uns bekannt, eine Statistik geführt, welche das nachstehende Ergebnifs zeigt:

	1891	1892	1893	1894	1895	1896
Erzeugung in Tonnen an Bessemerblöcken .	564 066	515 640	493 011	489 157	499 732	726 848
" " " " Martinblöcken . .	276 155	309 846	296 841	329 043	376 242	401 921

Viel mehr, als uns obige Tabellen zeigen, läfst sich aus der französischen Statistik nicht nachweisen; es wird ein Unterschied zwischen den beiden Arten der Zustellung nirgend gemacht. Aus dem Umstande indessen, dafs die Steigerung der Flufseisenerzeugung wesentlich in den beiden Departements Meurthe-et-Moselle und Nord stattgefunden hat, von welchen das erstere mit nicht weniger als 235 735 t und Nord mit 86 096 t Birnenmetall an der Erzeugung betheiligt ist, läfst sich der Rückschlufs ziehen, dafs die hervorragendste Rolle in der französischen Flufseisenerzeugung die neuerliche Entwicklung des Thomasverfahrens in den beiden genannten Districten gespielt hat.

5. Belgien.

Tabelle XI. **Erzeugung an Schweifseisen und Flufseisen.**

Jahr	Schweifseisen (Fertigfabricate)	Flufseisen (Blöcke)	Jahr	Schweifseisen (Fertigfabricate)	Flufseisen (Blöcke)
	t	t		t	t
1884	471 040	187 066	1891	497 380	243 913
1885	469 249	155 012	1892	479 008	260 037
1886	470 255	164 045	1893	485 021	273 113
1887	534 056	229 321	1894	453 290	405 661
1888	547 204	243 647	1895	445 899	367 947
1889	577 204	261 397	1896	519 857	598 755
1890	514 311	242 566			

Die Zahl der vorhandenen Puddelöfen ist von 683 Stück im Jahre 1884 auf 481 im Jahre 1896, von denen 371 in Betrieb standen, gesunken; dagegen ist in derselben Periode die Zahl der Bessemer- (und Thomas-) Converter von 18 auf 28, wovon die Hälfte in Thätigkeit, gestiegen.

Die Zahl der Herdschmelzöfen ist von zwei Stück in 1884 auf 9 in 1894 gestiegen; über die Erzeugungsmengen von Herdflufseisen bestehen keine Angaben.

Die vorstehende Tabelle lehrt, dafs in Belgien die Schweifseisenerzeugung sich seit 1883 auf ziemlich derselben Höhe gehalten hat; wenngleich auch die Zahl der Puddelöfen gesunken ist, so ist dafür die Leistung des einzelnen Ofens gestiegen.

Die Flufseisenerzeugung hat anfänglich sich nur langsam entwickelt; sie nahm erst einen Aufschwung im Jahr 1893, nachdem die Thomaspatente erloschen und aus Anlafs dieses Umstandes drei neue, leistungsfähige Thomaswerke gebaut worden waren.

Der saure Birnenprocefs ist zur Zeit noch in Seraing und La Louvière sowie theilweise in Ougrée und Angleur in Anwendung.

6. Oesterreich-Ungarn.

Ueber die Entwicklung der Flufseisenerzeugung in Oesterreich-Ungarn hat Oberbergrath Professor Kupelwieser sehr dankenswerthe Statistiken* gesammelt, welche er neuerdings vervollständigt und in liebenswürdiger Weise mir übermittelt hat.

Ueber die Schweifseisenerzeugung in Oesterreich-Ungarn dagegen sind keinerlei Nachweisungen öffentlich bekannt.

Zu der nebenstehenden Tabelle ist zu bemerken, dafs jene Fabricate, welche in der Birne vorgeblasen und im Herd vollendet wurden, durchweg als Erzeugnisse des

* „Oesterr. Zeitschrift für Berg- und Hüttenwesen" 1891, Nr. 43.

Tabelle XII. Die Erzeugung von Flufseisen und Stahl mittels des Birnen- und Herdprocesses in Oesterreich-Ungarn von 1863 bis 1896 in Tonnen zu 1000 kg.

Jahr	Südliche Gruppe					Nördliche Gruppe							Ungarn							Gesammtmonarchie						
	Birnen	Herdprocefs			Summe	Birnenprocefs			Herdprocefs			Summe	Birnenprocefs			Herdprocefs			Summe	Birnenprocefs			Herdprocefs			Summe
	sauer	sauer	basisch	Summe		sauer	basisch	Summe	sauer	basisch	Summe		sauer	basisch	Summe	sauer	basisch	Summe		sauer	basisch	Summe	sauer	basisch	Summe	
1863	21	—	—	—	21	—	—	—	—	—	—	—	—	—	—	—	—	—	—	21	—	21	—	—	—	21
1864	270	—	—	—	270	—	—	—	—	—	—	—	—	—	—	—	—	—	—	270	—	270	—	—	—	270
1865	3879	—	—	—	3879	—	—	—	—	—	—	—	—	—	—	—	—	—	—	3879	—	3879	—	—	—	3879
1866	7996	—	—	—	7996	611	—	611	—	—	—	611	—	—	—	—	—	—	—	8607	—	8607	—	—	—	8607
1867	6698	—	—	—	6698	1577	—	1577	—	—	—	1577	—	—	—	—	—	—	—	8275	—	8275	—	—	—	8275
1868	8228	—	—	—	8228	2712	—	2712	—	—	—	2712	113	—	113	—	—	—	113	11053	—	11053	—	—	—	11053
1869	11613	1500	—	1500	13113	3225	—	3225	—	—	—	3225	2389	—	2389	—	—	—	2389	17227	—	17227	1500	—	1500	18727
1870	18684	3500	—	3500	22184	3178	—	3178	—	—	—	3178	3629	—	3629	—	—	—	3629	25491	—	25491	3500	—	3500	28991
1871	34105	3564	—	3564	37669	3171	—	3171	—	—	—	3171	6860	—	6860	—	—	—	6860	44136	—	44136	3564	—	3564	47700
1872	53923	8302	—	8302	62225	3900	—	3900	—	—	—	3900	7098	—	7098	—	—	—	7098	64921	—	64921	8302	—	8302	73223
1873	59632	1727	—	1727	61359	9859	—	9859	—	—	—	9859	9041	—	9041	—	—	—	9041	78532	—	78532	1727	—	1727	80259
1874	59765	3463	—	3463	63228	14634	—	14634	—	—	—	14634	9304	—	9304	—	—	—	9304	83703	—	83703	3463	—	3463	87166
1875	57985	3000	—	3000	60985	23517	—	23517	—	—	—	23517	13203	—	13203	—	—	—	13203	94705	—	94705	3000	—	3000	97705
1876	49595	12628	—	12628	62223	28546	—	28546	—	—	—	28546	22048	—	22048	1966	—	1966	24014	100189	—	100189	14594	—	14594	114783
1877	45648	7201	—	7201	52849	39022	—	39022	—	—	—	39022	17559	—	17559	6687	—	6687	24246	102229	—	102229	13888	—	13888	116117
1878	47989	15439	—	15439	63428	45489	—	45489	—	—	—	45489	10054	—	10054	10445	—	10445	20499	103532	—	103532	25884	—	25884	129416
1879	35299	17783	—	17783	53082	41047	3500	44547	1914	—	1914	46461	10856	—	10856	14489	—	14489	25345	87202	3500	90702	34186	—	34186	124888
1880	44230	18714	—	18714	62944	30797	17835	48632	1767	—	1767	50399	12854	—	12854	8021	—	8021	20875	87881	17835	105716	28502	—	28502	134218
1881	50496	26840	—	26840	77336	37763	31889	69652	3006	—	3006	72658	28430	—	28430	9907	—	9907	38337	116689	31889	148578	39753	—	39753	188331
1882	67664	36533	—	36533	104197	33568	57714	91282	3207	—	3207	94489	32783	—	32783	8303	—	8303	41086	134015	57714	191729	48043	—	48043	239772
1883	64311	40757	—	40757	105068	36943	88429	125372	2840	—	2840	128212	40300	—	40300	16044	—	16044	56344	141554	88429	229983	59641	—	59641	289624
1884	58430	36795	—	36795	95225	29415	70987	100402	3214	—	3214	103616	46647	—	46647	14419	—	14419	61066	134492	70987	205479	54428	—	54428	259907
1885	56070	38001	—	38001	94071	32028	76421	108449	3630	—	3630	112079	61269	—	61269	11384	—	11384	72653	149367	76421	225788	53015	—	53015	278803
1886	50720	23814	8804	32618	83338	9296	105839	115135	2047	2400	4447	119582	51106	—	51106	3201	2740	5941	57047	111122	105839	216961	29062	13944	43006	259967
1887	56639	16459	16124	32583	89222	10981	118379	129360	1850	13507	15357	144717	47163	—	47163	4199	13897	18096	65259	114783	118379	233162	22508	43528	66036	299198
1888	59657	23924	24652	48576	108233	16876	139127	156003	1648	26310	27958	183961	72087	—	72087	3100	24832	27932	100019	148620	139127	287747	28672	75794	104466	392213
1889	57584	30768	27461	58229	115813	15265	126502	141767	1353	50055	51408	193175	61052	14014	75066	3800	29658	33458	108524	133001	141416	274417	35921	106174	142095	416512
1890	59971	28166	42278	70444	130415	11118	102180	113298	1038	91130	92168	205466	72976	36841	109817	4700	36207	40907	150724	148660	139021	287681	33904	178015	211919	499600
1891	—	—	—	—	132250	—	—	—	—	—	—	196334	—	—	—	—	—	—	151971	—	—	—	—	—	—	480555
1892	—	—	—	—	137176	—	—	—	—	—	—	209040	—	—	—	—	—	—	158858	—	—	—	—	—	—	505074
1893	—	—	—	—	144264	—	—	—	—	—	—	230146	—	—	—	—	—	—	186481	—	—	—	—	—	—	560891
1894	—	—	—	—	150185	—	—	—	—	—	—	286767	—	—	—	—	—	—	203106	—	—	—	—	—	—	640058
1895	—	—	—	—	181780	—	—	—	—	—	—	308584	—	—	—	—	—	—	241834	—	—	—	—	—	—	732198
1896	—	—	—	—	196502	—	—	—	—	—	—	342180	—	—	—	—	—	—	292143*	130103	223758	343861	21057	503916	524973	868834

* einschliefslich 2300 t, die in Bosnien erzeugt sind.

Herdofens aufgeführt sind. Aus der Tabelle geht hervor, dafs der Bessemerprocefs im Jahre 1863 (7 Jahre nach der Erfindung), der basische Birnenprocefs bereits im Jahre 1879, also wenige Monate nach der Erfindung in Oesterreich Eingang gefunden hat. Der Herdprocefs wurde bereits 1867 versucht, aber erst 1869 fabrikmäfsig eingeführt. Die Einführung der basischen Ausfütterung fällt erst in das Jahr 1886, macht aber dann ganz enorme Fortschritte, namentlich in der nördlichen Gruppe. Die südliche Gruppe zeigt bis heute ständiges Wachsthum in der Production sauren Birnenmetalls, während in der nördlichen Gruppe die Erzeugung von saurem Birnenmetall eingeschränkt ist, dagegen die basische Erzeugung grofse Fortschritte gemacht hat. Ungarn zeichnet sich durch stetigen Fortschritt aus. Von der letztjährigen Gesammterzeugung entfallen rund 60 % auf den Herd und 40 % auf die Birne; die Erzeugung auf dem basischen Herd beträgt das Fünfundzwanzigfache derjenigen des sauren Herds.

7. Rufsland.

Tabelle XIII. **Schweifseisen- und Flufseisenerzeugung in den Jahren 1880 bis 1895 in Tonnen zu 1000 kg.**

Jahr	Schweifs-eisen-Fertig-fabricate	Flufseisen-Fertigfabricate			Jahr	Schweifs-eisen-Fertig-fabricate	Flufseisen-Fertigfabricate		
		insgesammt	in Südrufsland	darunter Schienen insgesammt			insgesammt	in Südrufsland	darunter Schienen insgesammt
1880	292 064	295 568	?	201 385	1888	364 542	222 289	39 400	63 020
1881	292 205	293 323	?	206 582	1889	427 786	258 745	60 957	88 359
1882	297 326	247 669	24 043	153 264	1890	433 173	378 424	115 373	166 108
1883	322 806	221 883	18 329	128 663	1891	448 022	433 478	146 960	172 015
1884	362 229	206 965	21 207	98 257	1892	497 412	371 199	150 000	185 585
1885	362 282	192 895	32 035	95 523	1893	460 278	389 238	170 000	227 043
1886	363 003	241 791	46 118	114 001	1894	451 662	492 874	198 441	242 506
1887	369 365	225 497	40 766	86 973	1895	421 942	574 112	256 842	?

Zur Beurtheilung der Entwicklung der russischen Eisenindustrie mufs die Vertheilung der Erzeugung auf die einzelnen Districte zu Rathe gezogen werden; dieselbe stellte sich für das Jahr 1895 wie folgt:

District	Schweifseisen-Fertigfabricate t	Flufseisen	
		Blöcke t	Fertigfabricate t
St. Petersburg	41 062	111 700	94 120
Ural	227 613	93 000	47 549
Moskau	46 292	94 600	59 839
Südrufsland	43 451	315 000	256 842
Weichselgebiet	63 524	153 000	107 509
Summa . .	421 942	770 000	565 859*

Es ist ersichtlich, dafs der Ural immer noch an der dort alteingesessenen Schweifseisenfabrication festhält und dafs die dort überall mit Hülfe von Holzkohlen betriebene Schweifseisenerzeugung es zuwege gebracht hat, dafs die gesammte Production von Schweifseisen sich in der Periode von 1880 bis 1895 nur wenig geändert hat und die Schaulinie fast horizontal verläuft. Dagegen hat die Flufseisenlinie in derselben Zeit erhebliche Schwankungen durchgemacht. Bahnbrechend für die Flufseisenerzeugung ist das Putiloffwerk bei St. Petersburg gewesen, welches in der Lage war, sowohl Kohle aus England, als auch in- und ausländisches Roheisen zu beziehen. Später entstand die Alexandrowskhütte in Briansk, bekannt durch den Umstand, dafs Anfang der 80er Jahre dort das basische Herdschmelzverfahren zuerst in gröfserem Mafsstabe eingeführt wurde; sie besitzt 2 Bessemerbirnen; im übrigen wird dort nur Herdmaterial erzeugt. Im Weichselgebit wird Flufseisen in der Katharinahütte und auf dem Milowicer Werk, sowie ferner in Huta-Bankowa und auf der OstrowieczerHütte erzeugt, welche Werke alle nur nach dem Herdschmelzverfahren arbeiten. Im Ural wird jetzt neben dem Schweifseisen ein im allgemeinen sich durch gute Beschaffenheit auszeichnendes Herdflufseisen erzeugt. An der Spitze stehen die fürstlichen Hütten von Demidoff und Beloselski-Beloserski; neuerdings kommt auch das neu angelegte, 4 Herdschmelzöfen von

* Hierin sind die Betriebsergebnisse der Staatshütten nicht eingeschlossen.

je 15 t besitzende Hüttenwerk von Frau Powlowzeff in Bogoslowsk in Betracht, da es seinen Betrieb schon eröffnet haben dürfte.

Ausschlaggebend aber für die gesammte Flufseisenerzeugung ist der südrussische Bezirk, wie dies auch die besondere Schaulinie über die Erzeugung in diesem Bezirk zum Ausdruck bringt. Die gröfsten Werke sind dort wie folgt ausgerüstet:

Alexandrowk-Werk bei Jakaterinoslaw: 2 Bessemerconverter von je 10 t und 4 Herdöfen von je 12 t Fassungsraum.

Société Dniéprovienne in Kamenskoje: 2 Bessemerconverter von je 8 t und 4 Herdöfen von je 15 bis 20 t (basisch).

Hughes in Novorossiks: 9 saure Herdöfen von je 20 t (2 von je 25 bis 30 t im Bau).

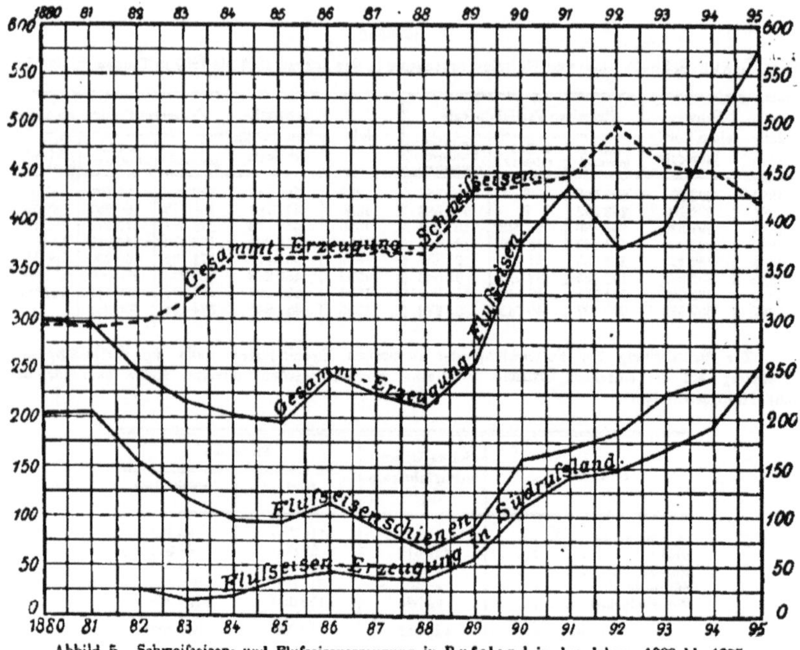

Abbild. 5. Schweifseisen- und Flufseisenerzeugung in Rufsland in den Jahren 1880 bis 1895 in 1000 Tonnen.

Drujkowka (Société des Aciéries du Donetz): 3 Bessemerconverter von je 10 t.

Société metallurgique Russo Belge in Volinzevo: 2 Bessemerconverter von je 12 t und 2 Herdöfen.

Aufserdem sind noch im Bau begriffen eine Martinanlage in Lugansk und ein auf den Bezug der Erze von Kertsch begründetes Hüttenwerk in Taganrog, welches das Thomasverfahren einführen will und eine Martinanlage haut.

Aus Vorstehendem ist ersichtlich, dafs das Herdschmelzverfahren eine sehr wesentliche Rolle spielt; es betrug nach der officiellen Statistik des Jahres 1892 die Erzeugung an Herdflufseisenblöcken 366 000 t gegen 133 000 t Bessemerblöcke.

Was die Fertigfabricate betrifft, so zeigt die Schaulinie, dafs die Schienenerzeugung bis zum Jahre 1890 den gröfsten Theil der Flufseisenerzeugung verbraucht hat und aus der Abnahme der Schienenbestellungen seitens der russischen Staatsbahnen auch der Rückgang der Flufseisenerzeugung in den Jahren 1881 bis 1888 zu erklären ist; erst vom Jahre 1890 an nimmt die Verwendung von Flufseisen zu anderen Zwecken eine gröfsere Ausdehnung an.

8. Schweden.

Tabelle XIV. **Erzeugung von Schweifseisen- und Stahl-Fertigfabricaten, sowie von Converter- und Herdmetallblöcken in den Jahren 1880 bis 1895.**

	Schweifseisen	Blöcke Converter	Blöcke Herd		Schweifseisen	Blöcke Converter	Blöcke Herd
1880	216 875	30 017	7 719	1888	199 710	68 610	44 745
1881	245 098	39 334	11 159	1889	274 734	80 324	55 487
1882	261 476	47 365	13 407	1890	281 833	94 247	72 985
1883	259 693	50 909	16 811	1891	280 430	92 985	78 197
1884	264 896	53 091	19 350	1892	273 510	82 422	76 556
1885	257 323	52 012	26 738	1893	266 727	84 389	81 889
1886	237 088	54 012	22 357	1894	267 049	83 322	84 003
1887	221 150	68 200	41 900	1895	—	97 294	96 475

Ende 1895 bestanden:

Lancashirherde	306
Franche comté-Herde	35
Wallonherde	23
Schrottherde	16
Summa Schmelzherde	380
Puddelöfen	4
Bessemerbirnen	30
Martinöfen	33
Tiegelstahlöfen	5

Erzeugung in 1895:

Birnenmetall	17 824 t Thomasblöcke
	79 470 t Bessemerblöcke
Herdmetall	19 934 t basische Blöcke
	76 541 t saure "

Während die Entwicklung in den früheren Jahren stetig war, hat das Jahr 1896 eine wesentliche Mehrerzeugung zu verzeichnen; insbesondere infolge der plötzlich aufgetauchten lebhaften Nachfrage vom Ausland nach schwedischem Martinstahl zur Fahrradfabrication, die zur Bauaufnahme einer Menge neuer Martinöfen veranlafste, so dafs eine Verdopplung der 1895er Erzeugung schon für 1897 vorausgesehen wird. Die meisten der neuen Oefen sind sauer zugestellt. Drei gröfsere weitere Martinwerke sind für 1897 an der Ostseeküste geplant und werden auf Holzkohlenroheisen aus Gellivara- und Grängesbergerzen basirt, das an gleicher Stelle erzeugt werden soll. Besondere Erwähnung verdient, dafs in Domnarfvet der Thomasprocefs aufgenommen worden ist.

9. Uebrige Länder.

In Spanien war die Flufseisenerzeugung:

1889	49 124 t	1893	71 200 t
1890	75 255 t	1894	70 000 t
1891	69 972 t	1895	65 000 t
1892	56 490 t	1896	104 577 t

Die Werke sind:

1. Altos Hornos, Bilbao, mit 2 Bessemer-Convertern für je 9 bis 10 t Roheisen (die einzigen in Spanien), 1 Siemens-Martinofen für 11 t Ausbringen, 14 Puddelöfen.

2. Vizcaya Comp., ebenfalls am Nervion bei Bilbao, mit 3 Robert-Convertern zu 5 t, 4 Siemens-Martinöfen (2 sauer, 2 basisch) zu 12 t, 4 Puddelöfen und einer Gesammt-Jahreserzeugung von 25 000 t Flufseisen, 6000 t Schweifseisen.

3. Duro & Co. in Asturias, mit 3 Siemens-Martinöfen und 20 Puddelöfen und einer Erzeugung von 7000 t Flufseisen und 22 000 t Schweifseisen.

4. Miéres mit 1 Siemens-Martinofen mit einer Leistung von 7000 t Flufseisen.

In Italien war die Stahlerzeugung:

1881	3 630 t	1885	6 370 t	1889	157 899 t	1893	71 380 t
1882	3 450 t	1886	23 760 t	1890	107 676 t	1894	54 614 t
1883	— t	1887	73 262 t	1891	75 925 t	1895	55 000 t
1884	4 645 t	1888	117 785 t	1892	56 543 t		

Das einzige Werk, welches Bessemerbirnen besitzt, ist Terni (zwei saure Birnen); ferner sind dort 5 Herdöfen; in Sestri Ponente sind 5 basische Herde, in Savona 9 Batho-Oefen, von denen einer zuweilen sauer, die anderen basisch arbeiten.

In der Schweiz beschäftigt sich m. W. nur die Eisenhütte von Gebr. von Moos, unfern Luzern, mit Erzeugung von Martinmetall, da die von Rolle-Eisenwerke, unfern Délémont, nur Puddeleisen machen.

Das einzige Stahlwerk in Canada ist die im Jahre 1882 errichtete Anlage der Nova Scotia Steel Comp., dasselbe ist ausgestattet mit zwei sauren Herdschmelzöfen von 20 und 25 tons Fassungsraum und einem basisch zugestellten Ofen von 30 tons. Die jährliche Leistungsfähigkeit des Werks beträgt 40000 tons Blöcke und 33000 tons Fertigfabricate. In Mexico soll in Hidalgo ein 5-t-Herdofen erbaut sein.

Der Vollständigkeit wegen sei noch erwähnt, dafs in China ein Regierungs-Stahlwerk in Hanyang besteht;* dasselbe steht zur Zeit unter der Leitung unseres Landsmanns G. Toppe; mit welchen unglaublichen Schwierigkeiten derselbe bei der dortigen Mandarinenwirthschaft zu kämpfen hat, geht drastisch aus den in „Stahl und Eisen" früher veröffentlichten Mittheilungen hervor.

In Japan soll demnächst ein Kaiserliches Stahlwerk mit Bessemerei, Martinöfen u. s. w. angelegt werden, das eine Leistungsfähigkeit von mindestens 100000 t haben soll. Bei der technischen Geschicklichkeit und Findigkeit, durch welche diese Nation ausgezeichnet ist, ist zu erwarten, dafs dies Werk von vornherein so angelegt wird, dafs ihm der Erfolg sicher ist.

Allgemeine Schlufsbetrachtungen.

Das vorstehend mitgetheilte Zahlenmaterial weist, so reichhaltig es beim ersten Anblick erscheint, grofse Lücken auf. Es ist daher, wie ich bereits eingangs hervorhob, mit Vorsicht zu benutzen, immerhin aber genügt es, um den Verlauf, welchen die Entwicklung in der Flufseisenerzeugung in den verschiedenen Ländern, namentlich aber in den drei führenden Staaten, genommen hat, in grofsen Zügen zu verfolgen; hierbei enthüllt uns das an sich spröde und trocken erscheinende statistische Material Erscheinungen, welche hohes Interesse besitzen.

Um im Zusammenhang die Rolle zu beurtheilen, welche das Entphosphorungsverfahren gespielt hat, gebe ich die nachstehende Uebersichtstabelle über die Erzeugung an basischem Birnenmetall wieder, welche nach den von Gilchrist gesammelten Angaben zusammengestellt ist. Sie endet leider mit dem Jahr 1893; soweit ich die Zahlen erhalten konnte, habe ich sie auch für die neuere Zeit zugefügt.

Erzeugung von basischem Flufseisen. (Statistik von Gilchrist.)
Metr. Tonnen.

	Deutschland einschl. Luxemburg	England	Oesterreich	Frankreich	Belgien	Rufsland	Ver. Staaten	Insgesammt
1878	—	20	—	—	—	—	—	20
1879	1 782	1 150	—	—	—	—	—	2 982
1880	18 180	10 000	13 754	4 771	3 295	—	—	50 000
1881	200 000	46 120	54 700	10 480	14 200	10 500	—	336 000
1882	235 132	109 364	64 214	12 306	16 672	12 312	—	450 000
1883	328 909	122 380	85 593	38 229	27 399	31 863	—	634 373
1884	440 000	179 000	80 300	113 000	31 700	20 000	—	864 000
1885	548 252	145 707	69 262	130 582	21 056	30 458	—	945 317
1886	784 212	258 466	99 647	122 711	27 938	20 657	—	1 313 631
1887	1 167 702	435 046	142 409	210 301	50 777	17 836	—	2 024 071
1888	1 137 632	408 594	138 438	222 333	31 937	14 300	—	1 953 234
1889	1 305 887	493 919	175 755	222 392	47 037	29 562	—	2 274 552
1890	1 493 157	503 400	202 315	240 638	46 445	39 349	77 779	2 603 083
1891	1 779 779	436 261	221 212	255 401	38 793	38 973	110 116	2 880 553
1892	2 013 484	406 839	288 122	287 528	56 274	58 664	91 729	3 202 640
1893	2 344 754	385 036	314 992	363 017	—	257 757	—	3 638 556
1894†	2 356 700	401 685	—	—	—	—	—	—
1895	2 541 300	448 610	—	—	—	—	—	—
1896	3 011 300	464 578	—	—	—	—	—	—

* Vergl. „Stahl und Eisen" 1896 Nr. 4, S. 141, Nr. 22, S. 934.

† In den Nachweisungen bis einschliefslich 1893 sind, wenigstens für England ganz und für Deutschland zum geringen Theil, die Zahlen des im basischen Herdofen erzeugten Flufsmetalls mit eingesetzt. Die Zahlen für 1894 bis 1896 beziehen sich dagegen nur auf basisches Converter-Flufsmetall.

Wenn man die früher aufgestellte Behauptung, dafs von sämmtlichen bekannten Eisenerzlagern unserer Erde 90 % wegen ihres zu hohen Phosphorgehaltes zum sauren Bessemerprocefs nicht tauglich sei, als richtig anerkennt, so wird man nicht umhin können, sich darüber zu wundern, dafs die basische Zustellung nicht allgemein eine gröfsere Rolle spielt, als dies jetzt der Fall ist. Wir sehen, dafs Grofsbritannien von der basischen Birne verhältnifsmäfsig sparsam Gebrauch macht, nämlich rund 25 % im Jahre 1896 für sich in Anspruch nimmt. Bei den Vereinigten Staaten finden wir, dafs die basische Birne thatsächlich überhaupt noch gar nicht hat aufkommen können. Nur Deutschland hat unter den drei führenden Staaten ausgiebigen Gebrauch von dem Entphosphorungsverfahren im Converter gemacht.

Legen wir uns die Frage vor, wodurch die Verschiedenartigkeit dieser Entwicklung begründet sei, so ist sie selbstredend in erster Linie von der Beschaffenheit und den Kosten der zur Verfügung stehenden Erze abhängig, aber einen sehr erheblichen Antheil haben die Verkehrsverhältnisse, sowie ferner eingewurzelte Gewohnheiten und nationale Eigenthümlichkeiten für sich in Anspruch zu nehmen. Dafs in Deutschland das basische Verfahren in weitgehendstem Umfang Eingang gefunden hat, kann man nicht anders als in erster Linie dem Umstand zuschreiben, dafs die phosphorfreien Erze bei uns selten sind, und bei den hohen Transportkosten es, abgesehen von einzelnen, durch besondere Verhältnisse ausgezeichneten Bessemerwerken, höchstens bei den am Wasser gelegenen Werken in Frage kommen könnte, ob es vortheilhafter für sie wäre, basisch oder sauer zu arbeiten. Wir sehen aber, dafs das basische Verfahren, welchem von der Stunde seines Bekanntwerdens an die deutschen Eisenhüttenleute ihre gröfste Aufmerksamkeit zugewandt haben, auch von den für den Bezug ausländischer Erze günstigst gelegenen Werken vorgezogen wird, und dafs diese, wo sie die einheimischen Erze infolge theurer Eisenbahnfrachten und mangelnder Kanalverbindungen nicht in genügendem Mafse beziehen konnten, phosphorhaltige Erze aus dem Ausland in grofsen Mengen bezogen. Das basische Verfahren ist von dem deutschen Hüttenmann wissenschaftlich und technisch ausgebildet und auf die heutige hohe Stufe der Vollkommenheit gestellt worden. Der Betrieb, welcher anfänglich nicht geringe Schwierigkeiten bot, ist in mühevoller Arbeit auf unanfechtbare Sicherheit gewährende Grundlagen gestellt und die Umwandlungskosten sind durch sachgemäfse Verwerthung der Nebenerzeugnisse so vermindert worden, dafs sie in den meisten Fällen sich nicht höher als im sauren Verfahren stellen dürften.

Grofsbritannien bezieht kaum phosphorhaltiges Eisenerz aus dem Ausland, hat sich aber von letzterem um so mehr abhängig gemacht in Bezug auf Bessemererze, namentlich Hämatite von Bilbao. Grofsbritannien führte im Jahre 1896 nicht weniger als 5 503 155 t ausländisches Erz im Gesammtwerth von über 75 Millionen Mark ein; wir sehen, dafs in dem altberühmten Clevelander Bezirk heute mehr Roheisen aus fremden als aus dortigen Erzen erblasen wird. Gerade der Clevelander Bezirk ist kennzeichnend für die Wandlung der Verhältnisse in England; es betrug dort die

	1882	1895
Erzeugung an Puddelluppen	865 834	188 851
" " Bessemermetallblöcken . .	332 155	362 589
" " Herdmetallblöcken	6 096	734 846

Cleveland hat also den durch die veränderten Productionsverhältnisse hervorgerufenen Ausfall in Schweifseisen zwar gedeckt, aber es geschah dies nicht, wie man hätte erwarten dürfen, durch ausgiebige Ausnutzung des Entphosphorungsverfahrens, sei es im Herd, sei es in der Birne, nein es geschah ausschliefslich durch den sauren Herd, trotzdem man in englischen Fachkreisen die Ueberzeugung hegt, dafs gerade der basische Herdbetrieb das Verfahren sei, welches sich am besten zur Verarbeitung der Hauptmenge des englischen Roheisens eigne. Die geringe Verwendung des basischen Herds fällt um so mehr auf, als das Erzeugnifs des sauren Herdes zum grofsen Theil zur Herstellung von Schiffbaumaterial gedient hat* und in Deutschland in Fachkreisen die Ueberzeugung vertreten ist, dafs es gerade für den Schiffbau viel richtiger ist, das aus dem basischen Herd stammende Flufseisen mit einer etwas geringeren absoluten Festigkeit, aber um so höheren Dehnung als Material zu nehmen. Im Jahre 1892 erklärte W. H. White,*** der erste englische Schiffbauer, dafs zwar für Schiffsbleche das basische Verfahren zulässig sei, dafs Lloyds auch neuerdings basisches Herdflufseisen für Siederöhren zugelassen habe, dafs man aber für Kesselbleche noch nicht genügend Erfahrungen habe, um basisches Material zu nehmen. Soviel ich weifs, nimmt Lloyds Register heute noch diesen Standpunkt ein.

---

* Von der britischen Herdflufseisenerzeugung in 1895 entfielen allein 742 625 tons auf Bleche und Winkel, welche fast ausschliefslich zum Schiffbau Verwendung fanden.

** „Stahl und Eisen“ 1891, Seite 435.

*** „Journal Iron and Steel Inst.“ 1892, I, Seite 41.

Nach derselben Richtung wie im Clevelander Bezirk gestalteten sich auch die Verhältnisse in Südwales, woselbst die

	1882	1895
Erzeugung an Puddelluppen	216 590	10 338
„ „ Bessemermetallblöcken . .	490 815	428 122
„ „ Herdmetallblöcken	131 572	213 982

betrug; es hat hier also nur ein theilweiser Ersatz für den Rückgang im Puddelprocefs stattgefunden. Dasselbe war der Fall in Staffordshire, wo die

	1882	1895
Erzeugung an Puddelluppen	670 891	244 243
„ „ Bessemermetallblöcken . .	12 700	71 120
„ „ Herdmetallblöcken	—	56 896

war. Zäher hat sich in Schottland der Puddelprocefs gehalten, woselbst sich die Zahlen stellten:

	1882	1895
Erzeugung an Puddelluppen	213 665	234 089
„ „ Herdmetallblöcken	216 408	553 486

Der in Schottland angestellte Versuch, ein für basischen Converterprocefs eingerichtetes Stahlwerk zu betreiben, mifslang erst vor kurzer Zeit.

Trotz der Umwälzungen, welche sich in einzelnen Districten Grofsbritanniens vollzogen haben, läfst sich doch nicht leugnen, dafs ein gewisser conservativer Zug dieselben beherrscht, welcher auch seinen Theil dazu beigetragen hat, dafs man dort die grofse, auf eigenem Boden ursprünglich entstandene Erfindung der Entphosphorung nur in geringem Mafse ausgenutzt hat. —

Ganz anders liegen wiederum die Verhältnisse in den Ver. Staaten. Im Gegensatz zur alten Welt, wo durch mehr als 1000jährige Cultur manche Lagerstätten erschöpft sind und man zur sparsamen Haushaltung und Ausnutzung auch an sich minderwerthigerer Rohstoffe gezwungen ist, ist man dort gewöhnt, aus dem Vollen zu schöpfen; es ist noch nicht lange her, dafs man am Lake Superior trefflichste Eisenerze auf die Halde warf, allein weil sie nur lumpige 50 % metallisches Eisen enthielten und deshalb ihr Transport auf weite Entfernung sich nicht lohnte. Wenn wir unter den Eisensteinlagerstätten der Ver. Staaten Umschau halten, so finden wir, dafs die Magneteisensteine des Staates New York, namentlich diejenigen vom Lake Champlain, phosphor-, theilweise auch titanhaltig und schwerschmelzig sind, die mächtig anstehenden Spathe in Cornwall enthalten viel Schwefel und bedürfen vorheriger Röstung; die an zahlreichen Stellen und zum Theil auch massenhaft vorkommenden Erze der Südstaaten sind durchweg Nicht-Bessemererze, sind auch, abgesehen von einigen Ausnahmen, schwefelhaltig und kieselig. Die Gewinnung von Eisensteinen aus verschiedenen Lagern in Pennsylvanien war niemals grofs und ist seit Jahren im Abnehmen und heute kaum ½ Million Tonnen. Alle diese Vorkommen sind der Bedeutung nach verschwindend gegenüber den reichen Erzschätzen, welche am Oberen See vorhanden sind. Seit dem Jahre 1849, in welchem die Erzverschiffungen begannen, sind über den Oberen See 109 Mill. Tonnen Erze verschifft worden; trotzdem man höchst verschwenderisch mit dem Stoff umgegangen ist, sind keine Spuren von Erschöpfung zu sehen, im Gegentheil steht man durch Auffindung weiterer immenser Lager, die aufserdem noch den Vortheil haben, fast zu Tage zu liegen, vor schier unerschöpflichen Reichthümern. Die Reichhaltigkeit und Güte dieser Erze hat nun die amerikanischen Fachgenossen veranlafst, ihre ganze Energie auf die Verbilligung des an sich lästig zu bewerkstelligenden und weiten Transports derselben bis zum Hüttenplatz zu concentriren, und sind sie hierin um so erfolgreicher gewesen, als dem Nationalcharakter die Lösung eines mechanisch-technischen Problems, wie solches die rasche und billige Bewältigung der Massen vorstellt, gut liegt und sie zur Entfaltung ihres Erfindungsgeistes hier freie, durch kein Staatsmonopol eingeschränkte Bahn vorfanden. Begünstigt durch die weiche Beschaffenheit der Erze, lassen sich die neuaufgefundenen Lager zum Theil mit dem Dampfbagger abbauen, so dafs die davor stehenden 25-t-Erzwaggons in 2½ Minuten beladen sind. Diese fahren dann in die in das Wasser hineingebauten mächtigen Erzstapelplätze der sog. nördlichen Häfen, durch eine Entfernung bis zu 180 km, Duluth, Two Harbors, Marquette, Escanaba am Oberen bezw. Michigan-See, und entleeren ihren Inhalt in die vorhandenen, je 65 bis 180 tons fassenden 4624 Taschen der aus Holz construirten Docks, welche sich bis zu einer Höhe von 18 m über dem Wasserspiegel erheben. Hier werden die Wagen mittels Bodenklappen direct in die Taschen entleert und aus diesen durch eiserne Trichter in die Erzschiffe umgeladen. Letztere fassen jetzt 4- bis 5000 tons; angeblich sollen Schiffe von dieser Gröfse in 55 Minuten, nach anderer Lesart in 70 Minuten fix und fertig beladen worden sein. In den sog. unteren Häfen, wie Cleveland, Ashtabula, Conneaught u. s. w., sind entsprechende maschinelle Einrichtungen zum Ausladen, Stapeln und Einladen in die Waggons, welche direct zu den Hochöfen führen.

Die Entfernungen für Mesabi-Erze, welche nach Pittsburg gehen, sind für die Eisenbahnstrecken durchschnittlich 130 (Mesabi-Duluth), 205 (Cleveland-Pittsburg) = 335 km und für das Wasser 1220 km; die Frachten sind für die Strecke Mesabi-Duluth 80 Cents, Duluth-Cleveland 70 Cents und Cleveland-Pittsburg 1,05 $ bisher, neuerdings aber angeblich nur etwa die Hälfte. Die Frachtkosten für den etwa 1760 km langen Weg einschliefslich zweimaligen Umladens sind daher nicht mehr als rund 9 ℳ f. d. Tonnne, ein Betrag, der um so geringer f. d. Tonne Roheisen ist, als das Erz zumeist über 60 % metallisches Eisen enthält. Die dabei eingeschlossenen Eisenbahnfrachtsätze haben durchaus nichts Unwahrscheinliches an sich, da thatsächlich in den Vereinigten Staaten bereits Kohlenfrachten eingeführt sind, welche bis zum Satz von $^{8}/_{10}$ Pfennig f. d. Tonnenkilometer heruntergehen.*

Es fordert diese spielende Bewältigung von Massentransporten hohe Bewunderung heraus und ist es verständlich, dafs dieses erfolgreiche Vorgehen hinsichtlich der Verfrachtung zur Nachahmung auf anderen Gebieten anreizt und zur Steigerung der Massenfabrication beiträgt; es kann aber nicht geleugnet werden, dafs das in Amerika auf allen Gebieten üblich gewordene Treiben nach dem besten Record in eine Sucht ausgeartet ist, welche nicht wenig dazu beiträgt, dafs die unvermeidlichen wirthschaftlichen Rückschläge so aufserordentlich empfindlich werden.

Die leichte Ueberwindung der grofsen Abstände zwischen den nördlichen Erzlagern und dem Hauptkohlenbecken hat zunächst die Folge, dafs die übrigen Eisensteinvorkommen der Vereinigten Staaten in den Hintergrund gedrängt werden, sowie dafs das saure Bessemerverfahren bis heute daselbst noch nirgendwo dauernd hat verdrängt werden können. Wenn neuerdings das Herdverfahren in den Vereinigten Staaten bedeutend zunimmt, so liegt dies daran, dafs die Kosten für dasselbe so wesentlich herabgesetzt sind, dafs sie kaum noch höher als für die Bessemer-Convertirung sind, dafs die Constructeure in Amerika, wo man Thomasflufseisen nicht kennt, das basische Herdflufseisen dem Bessemermetall vorziehen, und dafs gerade für den basischen Herd ein Theil der vielgenannten Mesabi-Erze ein gut geeignetes Rohmaterial liefert.

Für die alte Welt hat die fabelhafte Verbilligung der Frachten, freilich in Verbindung mit einer Reihe von anderen Umständen, deren Erörterung aber hier zu weit führen würde, die Folge gehabt, dafs neuerdings amerikanisches Flufseisen-Halbzeug in Liverpool und Ruhrort billiger als das betreffende Landeserzeugnifs erhältlich ist. Da dieser amerikanische Erfolg, der eine Umkehrung des noch vor wenigen Jahren bestandenen Verhältnisses bewirkt hat, nur unter der Herrschaft des billigen Frachttarifs möglich ist, da aber an sich nichts im Wege steht, dafs wir, d. h. leider nicht wir Hüttenleute, sondern unsere Staatsregierung, hier zu Lande nicht nur ebenso billige, sondern vermöge unserer niedrigeren Löhne noch billigere Frachten einführten, und da ferner bei uns die Kohle und Eisen trennenden Entfernungen nur Bruchtheile der amerikanischen Gröfsen sind, so hat Deutschland es an sich stets innerhalb seines Machtbereichs, das Eindringen amerikanischen Roh- und Flufseisens zu verhüten — ob es geschieht, ist eine andere, und zwar eine brennende Tagesfrage, deren Behandlung aber aufserhalb meiner Aufgabe liegt. —

Ehe ich schliefse, ist es mir noch Bedürfnifs und angenehme Pflicht, den HH. O. Vogel und Lemke, welche mir bei Sammlung des statistischen Materials und Aufstellung der Schaulinien behülflich waren, Dank auszusprechen. (Beifall.)

(Schlufs folgt.)

* Eine vortreffliche Arbeit über diesen Gegenstand ist unter dem Titel „La Concurrence Américaine“ soeben aus der Feder von Paul Trasenster-Lüttich in der „Revue universelle des Mines“ etc. erschienen.

Die neue Hochofenanlage in Duquesne.

(Schlufs von Seite 294.)

Jeder Ofen ist mit vier Kennedy-Cowper-Winderhitzern ausgerüstet. Abbild. 11 bis 16 zeigen dieselben ihrer Haupteinrichtung nach. Die Winderhitzer sind 6,4 m weit und 29,56 m hoch, so dafs der Scheitel derselben mit der Gicht der Hochöfen in einer Höhe liegt. Jedes Ofenpaar ist durch eine Brücke verbunden, die sich längs der acht Winderhitzer erstreckt. Die Kennedy-Winderhitzer haben eine centrale Verbrennungskammer und ein Gitterwerk von besonders geformten Steinen. Die Form derselben ist in der Abbild. 14 deutlich ersichtlich. Sie besitzen Oeffnungen von etwa 228,6 mm im Quadrat, mit abgerundeten Ecken für den Abzug der Gase durch den Wärmespeicher. Diese Construction wurde gewählt, weil sie sehr glatte Kanäle giebt, und weil die abgerundeten Ecken der Gefahr einer Staubansammlung in den Zügen vorbeugen, was sonst bei scharfen Ecken leicht der Fall sein kann. Der Blechmantel der Winderhitzer ist sehr stark, um der gewaltigen Pressung zu widerstehen, mit welcher zuweilen bei so hohen Oefen geblasen werden mufs. Die Bodenbleche und die erste Reihe der Mantelbleche sind 16 mm dick. Der übrige Theil des Mantels bis zum obersten Ring ist 11 mm dick; der letztere und der Dom haben 12,7 mm Wandstärke. Der örtlichen Verhältnisse wegen hat man jeden Winderhitzer mit einem eigenen Schornstein versehen, anstatt einen grofsen Schornstein für sämmtliche Winderhitzer und Kessel zu bauen. Diese Schornsteine sind 39,5 m hoch und 1,52 m weit. Sie sind mit einer Drosselklappe versehen, die auf einem wassergekühlten Bronzering sitzt.

Abbild. 11

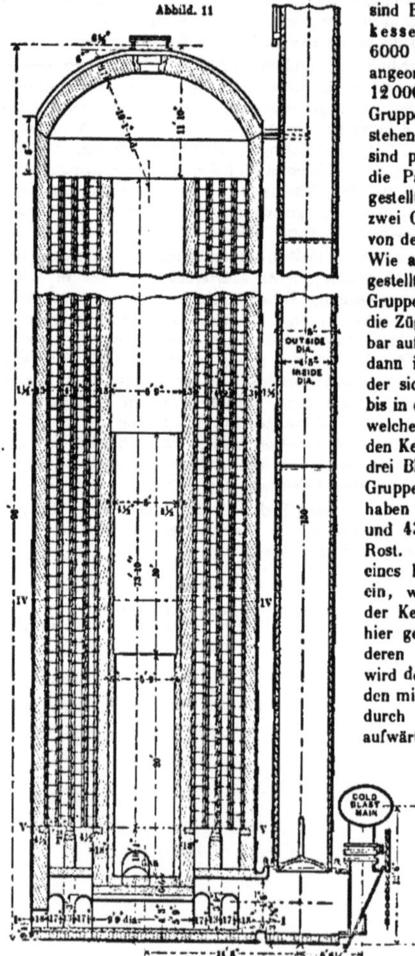

Kesselanlage. Die Kessel sind Babcock- und Wilcoxkessel und in Gruppen von 6000 HP für jedes Ofenpaar angeordnet. Im ganzen sind 12000 HP verfügbar, die aus Gruppen von je 250 HP bestehen. Die einzelnen Kessel sind paarweise angeordnet und die Paare sind nebeneinander gestellt, so dafs für jeden Ofen zwei Gruppen gebildet werden, von denen jede 3000 HP liefert. Wie aus der auf Tafel IV dargestellten Ansicht einer dieser Gruppen ersichtlich ist, gehen die Züge jeder Gruppe unmittelbar aufwärts und vereinigen sich dann in einem gröfseren Kanal, der sich schräg nach aufwärts bis in den Schornstein erstreckt, welcher in der Mitte zwischen den Kesselpaaren steht. Es sind drei Blechschornsteine für jede Gruppe vorhanden; dieselben haben 2,438 m Durchmesser und 43,97 m Höhe über dem Rost. Das Gas tritt am Boden eines Brenners („dog house") ein, welcher nur 0,91 m vor der Kesselwand vorsteht. Von hier geht es zwischen der vorderen Röhrenpartie aufwärts, wird dort abgelenkt, geht durch den mittleren Theil herab, dann durch den rückwärtigen Theil aufwärts und durch eine Oeffnung in der Hinterwand zu dem Schornstein. Die Kesselrohre sind in drei Gruppen getheilt, welche, von vorn gerechnet, 2,36 m, 1,524 m und 1,473 m lang sind. Ein Hülfsrost für die Verwendung von Kohle ist ebenfalls vorgesehen.

Die Hauptabmessungen der Kessel sind: Durchmesser des Oberkessels 914 mm, Länge 7,095 m. Es sind 126 Röhren von je 101,6 mm Weite vorhanden.

Der Dampf wird in einer 711 mm weiten Leitung zu der ersten Gebläsemaschine geleitet. Für die Maschinen wird sie auf 610 mm vermindert, für die elektrische Kraftstation auf 457 mm und für das Pumpenhaus auf 308 mm. Zur

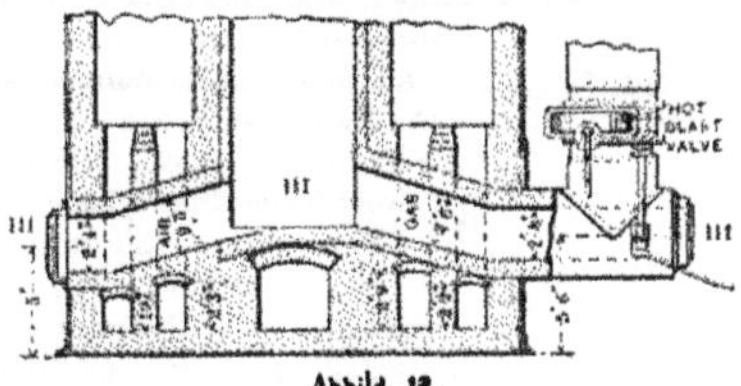

Abbild. 12.

Ausgleichung der Ausdehnung, welche etwa 152 mm auf 91 m beträgt, ist eine sinnreiche Stopfbüchsenverbindung vorgesehen. Dieselbe Einrichtung hat auch bei der Kaltwindleitung Verwendung gefunden.

Die Kesselanlage der Hochöfen soll einen Ueberschufs von mehreren Tausend Pferdekräften an das Stahlwerk abgeben und sind auch die Vorbereitungen für die nöthige Leitung schon getroffen worden.

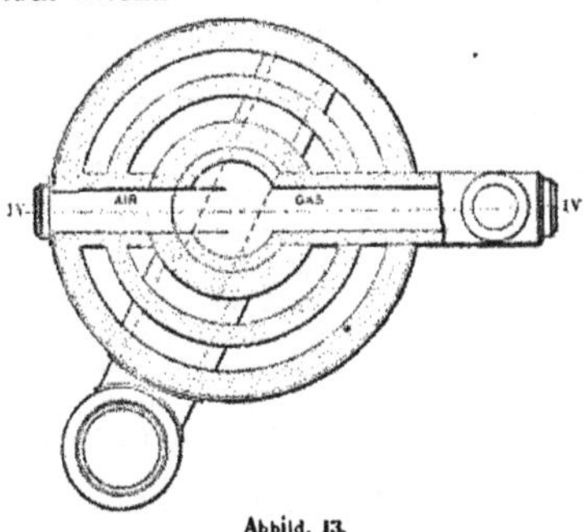

Abbild. 13.

Pumpenanlage. Das Wasser mufs dem Monongahelaflufs entnommen werden, welcher stets trüb ist. Gleichzeitig war es erwünscht, das Wasser nicht nur von dem Schlamm, sondern auch von der Luft zu befreien. Nach einer sorgfältigen Prüfung wurde die Anlage in folgender Weise ausgeführt: Zwei grofse Schleusen sind in den Flufs hinein gebaut und an ihren Mündungen mit Schützen versehen worden, welche nach Belieben geschlossen werden können. Diese Schleusen sind von so grofsem Querschnitt im Verhältnifs zu der Gröfse der Saugrohre der Pumpen, welche aus ihnen schöpfen, dafs das Wasser mit sehr geringer Geschwindigkeit durch die Schleusen fliefst, so dafs ein grofser Theil des Schlammes sich auf dem Boden der Schleuse absetzt. Zwei Siebe von verschiedener Maschenweite sind an der Mündung hinter dem Schleusenthor angebracht, um irgendwelche schwimmende Theile abzuhalten.

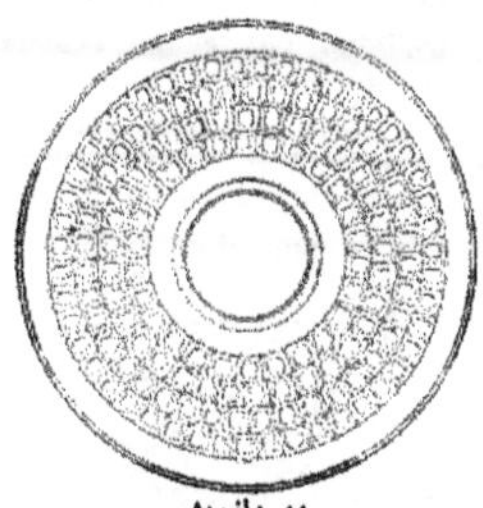

Abbild. 14.

Wie aus dem Gesammtplan ersichtlich ist, sind die Pumpen in einer Reihe auf einem Fundament zwischen den Schleusen aufgestellt, und jede besitzt einen besonderen Saugbrunnen, der mit einem Einlafsrohr und Ventil für jede Schleuse versehen ist. Wenn es erforderlich ist eine Schleuse zu reinigen, dann werden alle Ventile der Saugrohre, welche in die Schleuse gehen, geschlossen, des-

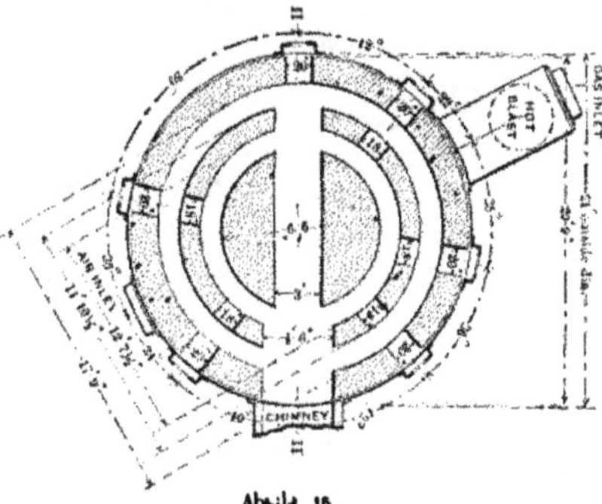

Abbild. 15.

gleichen auch die Schleusenthore an der Mündung. Das Wasser wird dann ausgepumpt und die Ablagerung von Schmutz und Gerölle entfernt. In der Zwischenzeit schöpfen die Pumpen aus allen anderen Schleusen, so dafs die Pumpen niemals wegen der Reinigung alle aufser Betrieb kommen. Die Wichtigkeit dieses Umstandes kann man ermessen, wenn man bedenkt, dafs die Sicherheit der Oefen davon abhängt, einen ununterbrochenen Wasserzuflufs zu haben.

Die Pumpen sind stehende Verbundpumpen mit Condensation und 559 mm Hochdruck und 1118 mm Niederdruck, 356-mm-Pumpencylindern und 914 mm Hub. Es sind vier solcher Pumpen vorhanden, die gleichzeitig die ersten von der Wilson, Snyder Mfc. Company in Pittsburg gebauten verticalen Pumpen darstellen. Ihre gesammte Leistungsfähigkeit beträgt 90069 cbm im Tag. Das Pumpenhaus wird von einem 10-t-elektrischen Krahn bedient, der 13,7 m Spannweite besitzt.

Das Wasser wird von den Pumpen in ein Standrohr geprefst, das einige bemerkenswerthe Einrichtungen besitzt. Das 1066 mm weite Einlafsrohr erhebt sich in dem Standrohr bis zu einer Höhe von 12,2 m. Das 1066 mm weite Auslafsrohr steigt bis zu 27,4 m Höhe hinauf, die letzteren 6 m sind durchlocht, um als Sieb

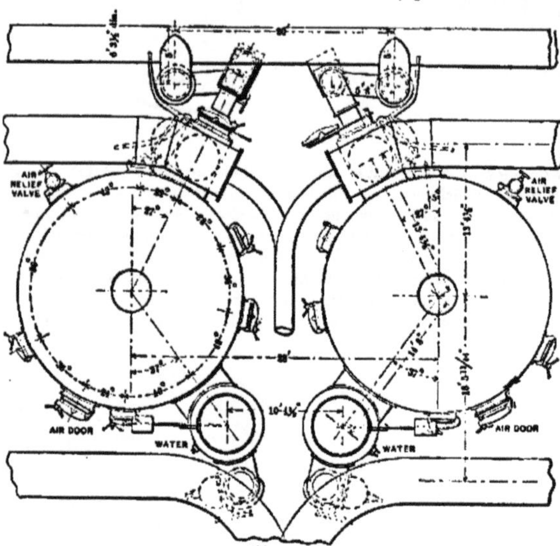

Abbild. 16.

zu wirken. Auf diese Weise ist eine grofse Masse ruhigen Wassers unter dem Niveau des Einlafsrohres geschaffen, so dafs hier weiter reichliche Gelegenheit zum Absetzen und Freiwerden der Luft vorhanden ist. Ein 457 mm weites Ueberlaufrohr erhebt sich bis auf 0,9 m unter das obere Ende des Standrohres, dessen Durchmesser 4,57 m und dessen Gesammthöhe 47,885 m ist. Das Rohr zum Entleeren der Pumpen ist mit jenem Rohr, welches das Wasser zu den Oefen führt, verbunden, und bildet ein Y, mit Ventilen aneinander gepafst. Ueberdies ist Gelegenheit vorhanden, das Standrohr zu leeren.

Da jeder Dampfüberschufs in den Duquesne-Stahlwerken verwendet werden kann, so sind alle gröfseren Maschinen, wie die Gebläsemaschinen, die Flufs- und Kesselspeisepumpen und die Maschinen der elektrischen Anlage nach dem Verbundsystem gebaut und mit Condensation eingerichtet, wobei Dampfüberhitzung vorgesehen ist. Das Wasser für die Condensation fliefst durch die Pumpenhausschleusen und dann durch unterirdische Leitungen zu den verschiedenen Maschinen; jeder Condensator hebt sein erforderliches Kühlwasser und entläfst es in einen Abzugskanal, der in den Flufs zurückgeht.

Die elektrische Anlage ist in einem eigenen, im Plan ersichtlichen Gebäude untergebracht. Die Kraftstation enthält drei 500pferdige Dynamos, die von horizontalen Verbund-Tandem-Buckeye-Maschinen mit Blake-Condensatoren angetrieben werden. Die Maschinen haben 457 mm weite Hochdruck-, 825 mm weite Niederdruckcylinder und 838 mm Hub. Sie machen 130 Umdrehungen in der Minute. Die Dynamos sind parallel geschaltet und liefern die Kraft für die vielen 220-Volt-Gleichstrommotoren, die in dem ganzen Werk verwendet sind. 6 Gleichstrom-Dynamos liefern den Strom für die im Werk und auf den Lagerplätzen aufgestellten Bogenlampen. Die Maschinen sind mit 650 HP Westinghouse-Motoren direct gekuppelt, die durch die Dynamos bethätigt werden. Jede der 6 Lichtmaschinen ist auf einem besonderen Fundament errichtet. Auf einem ähnlichen Fundament ist eine 45-Kilowatt-Wechselstrom-Einphasendynamomaschine aufgestellt, die gleichfalls an einen Motor direct gekuppelt ist und durch den Strom von der grofsen Dynamomaschine erregt wird. Dieselbe liefert den Strom zur Speisung von etwa 900 Glühlampen. Ein 11-t-Krahn überspannt das Elektricitätswerk; ein Theil dieses Gebäudes dient als Reparaturwerkstätte.

* * *

Die vorstehenden thatsächlichen Mittheilungen, welche, wie bereits in der Einleitung bemerkt, wir der New Yorker Zeitschrift „Iron Age“ entlehnt haben, lassen den Leser im Unklaren, ob die angegebenen Erzeugungsmengen von 581 bezw. 655 oder gar 701 t* im Tage sich auf jeden

* Wir bemerken hierzu, dafs im amerikanischen Original nur tons angegeben ist. Obige Zahlen waren umgerechnet in metrische Tonnen in der Annahme, dafs es sich um die ton von 2240 ℔ handle. Möglicherweise ist, um den „Record“ noch gröfser zu machen, die short ton zu 2000 ℔ gemeint. *Red.*

einzelnen der Hochöfen oder auf das Hochofenpaar, d. h. auf zwei Hochöfen beziehen.

In „Iron Age“ findet sich indessen in der Einleitung noch die, von uns indessen nicht wiedergegebene Bemerkung, „dafs die ungeheure Leistung der Hochöfen vom Duquesne-Typ erheische, dafs ein ununterbrochener Strom von Rohstoffen im Gewicht von 2000 tons in 24 Stunden auf einen Punkt in 100 Fufs Höhe gebracht werden müsse“. In Briefen, welche der Redaction von zwei angesehenen Fachleuten der Ver. Staaten zugegangen sind, heifst es an einer Stelle, dafs jeder der Hochöfen I und II „are making 550 tons each daily“; in dem zweiten Schreiben vom 13. März d. J. steht: „17 182 t als Monatsproduction für einen Hochofen ist doch eine ganz nette Leistung“.

„The Iron and Coal Trades Review“ vom 19. Februar 1897 sagt auf Seite 295: „It was expected that they would produce an average of 500 tons a day per furnace, but since they were put in blast they have done more than that, and one of them has produced over 600 tons daily.“ „The Engineering and Mining Journal“ vom 10. April 1897 sagt auf Seite 355: „The daily output of a single furnace is over 500 tons and 690 tons has been reached.“ This far exceeds the capacity of any other furnaces in the world.

„Das ist wahr“, so schreibt Hr. Hütteningenieur Fritz W. Lürmann in Osnabrück der Redaction zu vorstehender Aeufserung, „aber leider sind damit die übrigen Angaben in den Beschreibungen der Hochofenanlage in Duquesne nicht in Uebereinstimmung.

Uebrigens aber giebt die Veröffentlichung in Nr. 8 von „Stahl und Eisen“ auch keinerlei Veranlassung zu der Meinung, dafs die dort angegebenen Erzeugungen von **einem** Ofen erreicht seien.

Auf Seite 294 heifst es, dafs als höchste Leistungen erreicht wurden:

Beste Monatsleistung	17 457 t oder 581 t im Tage	
„ Wochenleistung	4 176 t	
„ Tagesleistung	701 t	

In der gesammten vorhergehenden Beschreibung dieses Werkes in Nr. 8 von »Stahl und Eisen« beziehen sich **alle** Angaben auf ein **Paar** Hochöfen, und zwar **auf** die beiden im Betriebe befindlichen **Hochöfen I und II**.

Auch die Angaben der höchsten Leistungen beziehen sich auf 2 Hochöfen.

Ein Hochofen hat entweder durchschnittlich in einem Monat nur $\frac{581}{2} =$ 290,5 t erzeugt, oder die Angaben in der Beschreibung, welche sich auf die Zahl der für 2 Hochöfen vorhandenen Gebläsemaschinen, ihre Abmessungen und ihren Betrieb beziehen, sind unrichtig.

Die Roheisenerzeugung bedingt die Menge des verbrauchten Koks, und diese die Menge der zur Vergasung desselben nothwendigen Luftmenge.

Für 2 Hochöfen sind in Duquesne 5 Gebläsemaschinen vorhanden; davon sind 4 im Betrieb und eine ist in Reserve.

In der Beschreibung heifst es: »Die Maschine* liefert 17,26 cbm Wind bei einer Umdrehung und macht unter gewissen Umständen 28 Umdrehungen.« Die 4 Maschinen liefern also in der Minute $4 \times 28 \times 17{,}26 = 1933{,}12$ cbm Wind, d. h. richtiger, saugen diese an; denn diese 17,26 cbm entsprechen lediglich dem Raum, den die Windkolben einer der Maschinen in einer Umdrehung durchlaufen.

Wenn nun die Hochöfen in Duquesne sechsmal abstechen, und jedesmal auch nur 6 bis 7 Minuten der Wind abzustellen ist, dank der Anwendung meiner Schlackenform, so haben die Maschinen in 24 Stunden etwa 1400 Blaseminuten als Betriebszeit. Die Kolben der 4 Maschinen durchlaufen in dieser Zeit also $1400 \times 1933{,}12 =$ 2 706 368 cbm. Man rechnet von diesen Cubikmeter Kolbenraum, welche der angesaugten Windmenge entsprechen können, 5 cbm auf 1 kg Koks. Mit den 4 Maschinen würden also, selbst wenn dieselben **immerwährend** 28 Umdrehungen machten, in 24 Stunden nur $\frac{2\,706\,368}{5} =$ 541 273 kg Koks zu vergasen sein.

Selbst wenn nun für die Tonne Roheisen in den Duquesne-Hochöfen **immer nur** die geringste Zahl des angegebenen Koksverbrauchs, nämlich 771,8 kg, nöthig wäre, würden in 24 Stunden nur $\frac{541\,273}{771{,}8}$ = 701 t zu 1000 kg zu erzeugen sein.

Diese Zahl stimmt so genau mit der in »Stahl und Eisen« angegebenen äufsersten

* Die Maschine ist abgebildet im „American Machinist“ vom 18. März d. J. Das die Seite 209 ausfüllende Bild ist zwar grofs, aber es zeigt dafür um so weniger, denn man vermag auf demselben einen Windcylinder überhaupt nicht zu sehen. Die Beschreibung ist auch sehr dürftig; sie bestätigt die von uns in letzter Ausgabe nach „Iron Age“ mitgetheilten Abmessungen und enthält noch die fernere Angabe, dafs die abgebildete Maschine für die Krainische Industrie-Gesellschaft in Triest in Oesterreich bestimmt gewesen sei, dafs aber die Carnegie Co. eine Maschine desselben Typs erhalten habe. *Red.*

Erzeugung, dafs man fast anzunehmen geneigt ist, diese Zahl sei durch Rechnung gefunden.

Die 4 Maschinen aber liefern den Wind für 2 Hochöfen, folglich ist die äufserste Erzeugung von 701 t auch diejenige von zwei Hochöfen.

Ein Hochofen kann also äufserst 350,5 t erzeugen; durchschnittlich erzeugt ein Hochofen $\frac{581}{2} = 290,5$ t.

In »The Engineering and Mining Journal« vom 10. April heifst es auf Seite 358: „At furnaces I and II the air supply has been at an average rate of 38000 cu. ft. per minute«; das sind nur 1076 cbm oder in 1400 Minuten 1506400 cbm, welche nur 301300 kg Koks und nur 423 t Eisen für beide Hochöfen entsprechen würden. Es heifst dann an derselben Stelle weiter: »At furnace III and IV an average of 50000 cu. ft. will probably be attained«. Das sind auch erst 1415 cbm oder in 1400 Minuten 1981000 cbm, welche 396200 kg Koks und 556 t Eisen entsprechen.

Um 38000 Cubikfufs Kolbenraum in der Minute zu durchlaufen, brauchen 3 der vorhandenen Maschinen jede nur 19,6 Umdrehungen zu machen, und um 50000 Cubikfufs Kolbenraum in der Minute zu durchlaufen, brauchen 3 der vorhandenen Maschinen jede nur 27,3 Umdrehungen zu machen."

Wie sind nun diese Widersprüche zu erklären?

Ueber die Wirkung der Handelsverträge

stellt zur Zeit die Reichsregierung unter Mithülfe der Einzelstaaten sowie der Handelskammern umfassende Ermittlungen an, deren Ergebnifs in einer Denkschrift dem Reichstage vorgelegt werden soll. Es handelt sich dabei in der Hauptsache darum, ein möglichst zuverlässiges und genaues Bild über die Handelsbewegung und den Güteraustausch zwischen Deutschland und den einzelnen Ländern vor und nach dem Inkrafttreten der Handelsverträge zu gewinnen. Wie verlautet, sollen aber die Erhebungen nicht allein für die Zwecke der dem Reichstage vorzulegenden Denkschrift gepflogen werden, sondern es wird dadurch auch eine Unterlage für die vom Reichsschatzsecretär bei den Reichstagsverhandlungen im Januar d. J. in Aussicht gestellten Zolltarifänderungen geschaffen werden. Bekanntlich hat der Reichsschatzsecretär bei Gelegenheit der Verhandlungen über den Quebrachozoll erklärt, das Reichsschatzamt sei zur Zeit mit der Ausarbeitung eines genau specialisirten autonomen Zolltarifes beschäftigt, der als Grundlage für etwaige Verhandlungen über neue Handelsverträge dienen solle. Die 1891 mit Oesterreich-Ungarn, Italien, der Schweiz und Belgien abgeschlossenen Tarifverträge, sowie die später zum Abschlufs gelangten Verträge mit Serbien, Rumänien und Rufsland laufen im Jahre 1903 ab. Um nun einen neuen, unseren wirthschaftlichen Verhältnissen angemessenen Zolltarif zu schaffen, und um vor Allem die handelspolitische Campagne des Jahres 1903 zweckentsprechend vorzubereiten, wird man nicht nur rein äufserlich die Entwicklung unseres auswärtigen Handels in Betracht zu ziehen haben, sondern es werden auch über die einheimische gewerbliche Leistungsfähigkeit, über die Gütererzeugung, wenigstens für die wesentlichen Gewerbszweige, Erhebungen anzustellen sein. Dann erst kann man beurtheilen, welcher Theil dieser Gütererzeugung auf die Ausfuhr entfällt und in welchem Mafse jeder einzelne Gewerbszweig in seiner Lebensfähigkeit von der Ausfuhr abhängt. Beim Abschlufs der neuen Verträge wird das um so mehr zu beachten sein, als sich voraussichtlich bis dahin in unseren Concurrenzländern wie in unseren Absatzländern eine schutzzöllnerische Hochfluth von bisher ungekannter Kraft angestaut haben wird. Deutschland wird dann, um einen Ausdruck der „Deutschen Volksw. Corr." zu gebrauchen, mit seinem alten Tarif einen grofsen Sprung zu machen haben.

Soweit die deutschen Eingangszölle auf Erzeugnisse der Eisen- und Maschinenindustrie und verwandter Gewerbszweige in Betracht kommen, haben die 1891er Handelsverträge — abgesehen von den Zollbindungen — keine in ihrer Wirkung sehr erheblichen Herabsetzungen der Zollsätze gebracht. Ermäfsigt ist durch die genannten Verträge der Zoll für:

schmiedbares Eisen in Stäben, nicht über 12 cm lang, zum Umschmelzen, von 2,50 auf 1,50 *M*,
Eisenbahnachsen, Eisenbahnradeisen und Eisenbahnräder von 3 auf 2,50 *M*,
grobes emaillirtes eisernes Kochgeschirr von 10 auf 7,50 *M*,
Gewehrfedern, Gewehrhähne, Gewehrläufe, eiserne, grobe: nicht abgeschliffene von 60 auf 6 *M*, abgeschliffene von 60 auf 10 *M*, dergleichen feine, sowie polirte, lackirte u. s. w. von 60 auf 24 *M*,
Gewehrschlösser von 60 auf 24 *M*,
Kratzen (Kratzmaschinen bezw. Maschinentheile mit aufgezogenen Kratzenbeschlägen) im Gewicht von mindestens 200 kg netto, von 36 auf 18 *M*,
gewalztes Aluminium von 12 auf 9 *M*,
Telegraphenkabel von 12 auf 8 *M* für je 100 kg.

Zu diesen ermäfsigten Sätzen sind laut amtlicher Statistik seit 1892 eingeführt worden (Tonnen):

	1892	1893	1894	1895	1896
schmiedb. Eisen zum Umschmelzen	230	669	306	489	970
Eisenbahnachsen, Radeisen und Räder	905	575	322	910	560
grobes emaillirtes Kochgeschirr	202	137	128	108	114
Gewehrtheile	55	65	62	70	51
Kratzen	19	15	18	11	3
gewalztes Aluminium	8	1	7	23	27
Telegraphenkabel	26	29	19	99	126

Im Zunehmen begriffen ist sonach nur die Einfuhr von Eisen zum Umschmelzen, sowie in den letzten Jahren die Einfuhr von gewalztem Aluminium und von Telegraphenkabel. Auf die Einfuhr der übrigen Artikel hat die dem Auslande zugestandene Ermäfsigung der Zollsätze kaum eine wesentliche Wirkung ausgeübt. Auch die finanzielle Wirkung ist nicht von Belang, da sich für die obigen fünf Jahre zusammen nur ein Zollausfall von etwa 210000 ℳ ergiebt.

Von ungleich gröfserer Bedeutung für die genannten Industrien sind die durch die Handelsverträge erlangten Ausfuhrerleichterungen. Im Verkehr mit den einzelnen Vertragsstaaten hat am meisten die Ausfuhr nach Oesterreich-Ungarn, Rufsland und der Schweiz zugenommen. Im Jahre 1889 führte Deutschland an Eisen, Eisenwaaren, Maschinen, Wagen und Instrumenten nach Oesterreich-Ungarn 58530 t aus, 1891 belief sich diese Ausfuhr auf 73210 t, 1893 auf 93610 t und 1895 auf 149100 t. Die Ausfuhr nach Rufsland bezifferte sich für die entsprechenden Jahre auf 108370 t, 70280 t, 84530 t, 242480 t, die nach der Schweiz auf 79170 t, 114380 t, 139420 t und 145730 t. Die Ausfuhr nach Oesterreich-Ungarn und der Schweiz zeigt somit schon vor dem Inkrafttreten der neuen Verträge eine steigende Bewegung, während der Absatz nach Rufsland von 1889 bis 1893 einen starken Rückgang und dann erst, nach dem Abschlufs des deutsch-russischen Handelsvertrags, eine allerdings sehr bedeutende Zunahme erfahren hat; die 1895er Ausfuhrziffer bei Rufsland ist beinahe dreimal so hoch wie diejenige des Zollkriegsjahres 1893. Die Ausfuhrziffern für Eisen, Eisenwaaren, Maschinen, Instrumente und Wagen, für alle drei Länder zusammengefafst, stellen sich für 1889 auf 246070 t, für 1891 auf 257780 t, für 1893 auf 317560 t und für 1895 auf 537310 t. Von 1889 bis 1895 hat sich somit die Ausfuhr nach den genannten Ländern in diesen Artikeln um rund 118 % vermehrt. Der Absatz nach den übrigen Vertragsländern — Belgien, Italien, Rumänien und Serbien — hat sich nicht so günstig entwickelt; die Ausfuhr nach Belgien weist zwar eine, wenn auch nicht bedeutende, Zunahme auf, dagegen hat sich der Export nach Italien bei den genannten Waarenartikeln im ganzen recht erheblich vermindert, ebenso der nach Rumänien und Serbien. Die Ausfuhr betrug in den Jahren:

	1889	1891	1893	1895
nach Belgien	113790 t	116320 t	114770 t	126080 t
nach Italien	100330 t	73980 t	82770 t	96470 t
nach Rumänien und Serbien	28090 t	57510 t	41216 t	36250 t

Wesentlich abweichend von diesen Mengenzahlen gestalten sich freilich die Werthziffern, weil in dem genannten Zeitraum die Preise der in Frage kommenden Waaren zum Theil sehr zurückgegangen sind. Nach der Reichsstatistik beziffert sich der Werth der genannten, nach den sieben Ländern ausgeführten Waaren in Millionen Mark für je zwei Jahre auf:

	1888/89	1890/91	1892/93	1894/95
Oesterreich-Ungarn	49,7	54,8	57,0	73,6
Schweiz	40,5	48,6	50,8	58,9
Rufsland	62,0	65,6	52,0	110,9
Belgien	45,7	43,8	36,0	43,5
Italien	57,5	40,4	32,9	34,3
Rumänien	21,0	26,0	24,4	20,7
Serbien	0,8	2,2	2,5	1,3
zusammen	277,2	281,4	253,6	343,2

Die Handelsverträge mit Oesterreich-Ungarn, Italien, der Schweiz und Belgien traten im Jahre 1892, diejenigen mit Rufsland, Rumänien und Serbien im Jahre 1894 in Kraft. Nach vorstehender Aufstellung beziffert sich vor dem Inkrafttreten der Verträge der Werth der durchschnittlichen Jahresausfuhr nach Oesterreich-Ungarn auf 26,1, nach der Schweiz auf 22,3, nach Rufsland auf 29,9, nach Belgien auf 22,4, nach Italien auf 24,5, nach Rumänien und Serbien auf 12,8 Millionen Mark. Nach dem Inkrafttreten der Verträge steigt die durchschnittliche Jahresziffer bei Oesterreich-Ungarn auf 32,6, bei der Schweiz auf 27,4, bei Rufsland auf 56 Millionen, bei Belgien fällt sie auf 19,9, bei Italien auf 16,8, bei Rumänien und Serbien auf 11 Millionen Mark. Am günstigsten hat sich sonach die Ausfuhr nach Rufsland entwickelt, die auch im Jahre 1896 eine weitere Zunahme aufweist, besonders in Stabeisen, Eck- und Winkeleisen und Blechen, in Eisenwaaren, Maschinen und Locomotiven. Weniger günstig war das abgelaufene Jahr für den Absatz nach Oesterreich-Ungarn, der beispielsweise in Roheisen und Maschinen erheblich nachgelassen hat, während in den vorausgegangenen Jahren im ganzen eine Steigerung der Ausfuhr dorthin sich bemerkbar machte. Dagegen hat die Vermehrung des deutschen Absatzes nach der Schweiz im Jahre 1896 in erfreulicher Weise angehalten, es gilt dies insbesondere von Eisenbahnschienen und sonstigem Eisenbahnmaterial, von Stab-, Eck- und Winkeleisen und von Eisenwaaren. Die Ausfuhr nach Belgien, die nach dem Abschlufs des deutsch-belgischen Handelsvertrags und zum Theil schon vorher einen erheblichen Rückgang zeigte, ist 1894 wieder etwas in die Höhe gegangen, hat sich seitdem aber wieder merklich verschlechtert. Für unseren Absatz nach Italien, Rumänien und Serbien haben die Handelsverträge wenig oder gar keinen Vortheil gebracht.

Die deutsche Gesammtausfuhr in den vorgenannten Waarenartikeln bewerthete sich für je zwei Jahre: 1888/89 auf 728,9 Millionen Mark, 1890/91 auf 778,1 Millionen Mark, 1892/93 auf 728,6 Millionen Mark und 1894/95 auf 850,7 Millionen Mark (für das Jahr 1896 allein, nach vorläufiger Feststellung, auf 478,7 Millionen Mark). Die Zunahme seit 1894 beruht grofsentheils auf dem vermehrten Absatz nach Rufsland, Oesterreich-Ungarn und der Schweiz, welche drei Länder in den sechs Jahren 1888 bis 1893 jährlich 21 bis 22 %, in den beiden Jahren 1894 und 1895 aber bereits nahezu 30 % dieser Ausfuhr aufnahmen. *F.*

Bericht über in- und ausländische Patente.

Patentanmeldungen,

welche von dem angegebenen Tage an während zweier Monate zur Einsichtnahme für Jedermann im Kaiserlichen Patentamt in Berlin ausliegen.

12. April 1897. Kl. 20, B 20055. Zweitheiliges Locomotiv-Achslager. Otto Busse, Kopenhagen.

Kl. 40, L 10594. Verfahren zum Ausziehen von Gold aus goldhaltigen Antimonerzen mittels Antimonmetall. Cecil Clement Longridge, Leigh, und George Thomas Holloway, London.

Kl. 48, J 3836. Verfahren zur Herstellung von Zeichnungen in Metall. Max Magnus, Charlottenburg.

15. April 1897. Kl. 10, Sch 12244. Stetig wirkende Entwässerungsvorrichtung, insbesondere für Torf. J. P. Schmidt, Berlin.

Kl. 20, V 2678. Weichenbock mit Gegengewicht. Gustave Vanneste, Brüssel.

Kl 24, G 11129. Brenner für flüssige Brennstoffe. F. Grube, Hamburg-Eimsbüttel.

Kl. 24, U 1215. Zuführungsvorrichtung für Kohlenstaubfeuerungen. Gustav Unger, Magdeburg.

Kl. 35, S 9849. Sicherheitsfangvorrichtung für Förderkörbe. C. Sebastian Smith, Shipley Collieries, Derby, Grafschaft Derby.

Kl. 49, W 11833. Gesenkschlitten mit concaver Gleitfläche für Schmiedemaschinen. L. R. Winterhoff, Remscheid.

20. April 1897. Kl. 5, W 12456. Gesteinsbohrmaschine mit stofsender Wirkung. Joseph Wern, Aplerbeck.

Kl. 18, H 17341. Kohlenstoffhaltige Legirung von Eisen, Mangan und Nickel. R. A. Hadfield, Grove.

Kl. 31, L 10543. Maschine zum Formen von Röhren, Säulen u. s. w. Hugo Laifsle, Cannstatt.

Kl. 40, P 8562. Elektrischer Ofen. Edgar Field Price, Niagara-Falls.

Kl. 48, B 20171. Mittel zur Beseitigung von Rost. Dr. August Buecher, Heidelberg.

Kl. 80, C 6296. Aus eisernen Ringen zusammengesetzter Schachtofen. E. Cramer, Berlin.

22. April 1897. Kl. 40, A 4811. Reduction von Chrom im elektrischen Ofen. Dr. H. Aschermann, Cassel.

Kl. 40, A 5051. Verfahren der Gewinnung von Metallen und Metall-Legirungen durch elektrische Erhitzung; Zus. z. Anm. A 4811. Dr. H. Aschermann, Cassel.

Gebrauchsmuster-Eintragungen.

12. April 1897. Kl. 1, Nr. 72380. Siebeinrichtung mit in schiefer Ebene liegenden auf- und abwärts geschüttelten Sieben für Kies oder ähnliche Materialien. Fr. Ranpke, Mocker in Westpr.

Kl. 31, Nr. 72387. Modell für gufseiserne Fenster mit an der ebenen, nicht profilirten Hinterfläche befestigter Modellplatte. Johann Anthon, Flensburg.

Kl. 49, Nr. 72283. Combinirte hydraulische Steg- und Plantschen-Handlochmaschine für I-Träger. Paul Schrader, Düsseldorf.

Kl. 49, Nr. 72535. Einführungsmechanismus an Drahtstiftmaschinen mit durch eine schwingende Coulisse bewegtem Schieber. Kart Keyfsner und Ernst Hefsdörfer, Glaishammer bei Nürnberg.

Kl. 49, Nr. 72625. Fallhammer mit durch das Aufhängemittel sich auslösendem Mitnehmer. C. A. Hartkopf, Unten-Scheidt-Solingen.

20. April 1897. Kl. 31, Nr. 72996. Formkasten oder -Flasche mit im Querschnitt dreieckigen Führungsstiften und -Oesen. Heinr. Herring, Milspe.

Kl. 49, Nr. 72802. Esseeisen mit auswechselbarem Einsatz. Gustav Driescher und Eugen Büschgens, Rheydt.

Kl. 81, Nr. 72797. Verpackungsschachtel mit mehreren Fächern für Stahlwaaren. Gust. Theegarten, Weyer, Rheinland.

Kl. 81, 72798. Umhüllung für Stahlwaaren aus Staniol. Gust. Theegarten, Weyer, Rheinland.

Deutsche Reichspatente.

Kl. 81, Nr. 90455, vom 21. März 1896. Heinrich Sallac in Rapitz bei Kladno (Böhmen). *Kreiswipper mit einer Vorrichtung zum gleichmäfsigen Austragen bezw. Vertheilen der ausgeschütteten Masse.*

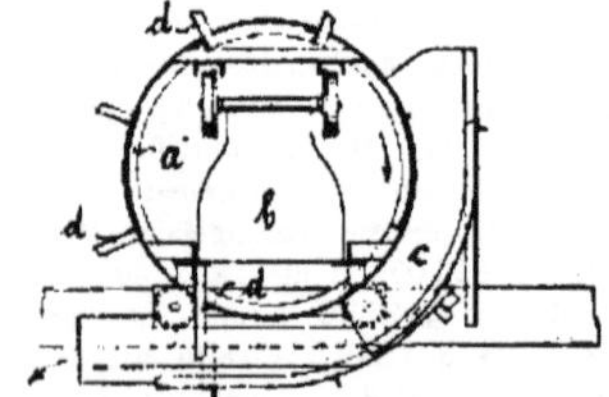

Der Wipper *a* wird beim Einrücken einer Kupplung durch Zahnräder zwangläufig gedreht, so dafs hierbei der Inhalt des Förderwagens *b* gleichmäfsig in die den Wipper zum Theil umgebende Rinne *c* entleert wird. Abstreifer d von in der Drehrichtung des Wippers stetig zunehmender Länge schieben das Gut in der Rinne c weiter.

Kl. 5, Nr. 90560, vom 1. März 1896. **Haniel & Lueg in Düsseldorf-Grafenberg.** *Verfahren und Vorrichtung zum Abteufen von Senkschächten und dergl.*

In den Schachtringen *a* sind senkrechte Kanäle *b* angeordnet, die, wenn die Schachtringe *a* aufeinandergesetzt werden, bis in oder über den Schachtschuh *c* sich fortsetzende Rohre bilden. Diese werden über Tage oder im Schacht durch Schläuche d mit Saugpumpen verbunden, um das vermittelst eines Schachtbohrers losgebohrte Gebirge absaugen und zu Tage heben zu können. Zu diesem Zweck sitzen die Schläuche *d* an den Prefsköpfen *e*, welche beim Niederpressen der Schachtringe *a* vermittelst der hydraulischen Pressen *f* eine dichte Verbindung der Kanäle *b* mit den Schläuchen d herstellen. Die Schläuche *d* münden in ein gemeinschaftliches mit der Saugpumpe verbundenes Kreisrohr. Diejenigen Kanäle *b*, welche über der Schachtsohle münden, werden durch Hähne oder Schieber geschlossen. Der Bohrer hat eine nach dem Umfange abfallende Schneide, um das losgebohrte Gebirge selbstthätig nach den Kanalmündungen fliefsen zu lassen.

Kl. 10, Nr. 90668, vom 17. Juli 1896. **Emanuel Stauber in Berlin.** *Förderwagen mit Entwässerungsvorrichtung, insbesondere für Torf.*

Die auf der Plattform *a* des Wagens stehenden Seitenwände *b* sind gelenkig miteinander verbunden. Das Gelenk *c* ist auf der Plattform *a* fest, wohingegen

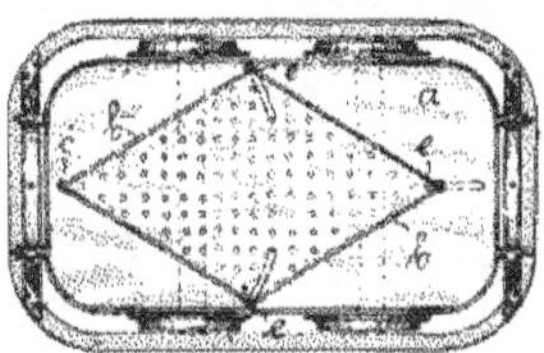

die Gelenke *e* in Schlitzen der Plattform *a* geführt sind. Wird nun am rechten Gelenk *e* behufs Weiterbeförderung des gefüllten Wagens ein Zug nach rechts ausgeübt, so nähern sich die gelenkigen Wände *b* einander und pressen das in der Füllmasse enthaltene Wasser durch die Oeffnungen der Wände *b* und der Plattform *a* aus.

Kl. 20, Nr. 90444, vom 25. Juni 1896. **Otokar Novák in Kladno (Böhmen).** *Zweipolige elektrische Grubenbahn.*

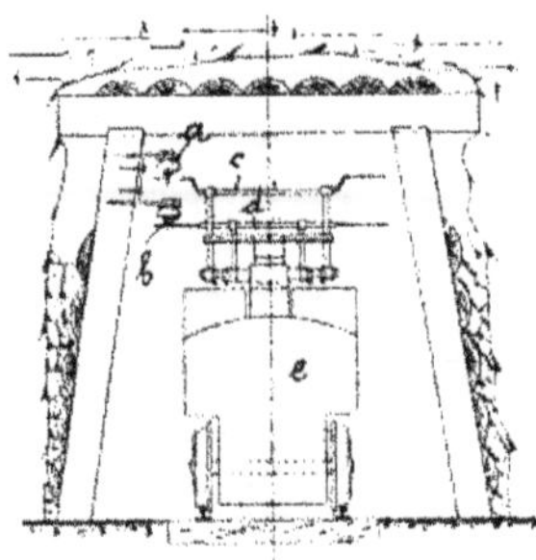

In der einfachen Strecke liegen die Arbeitsdrähte *a b* auf einer Seite der Zimmerung und geben den Strom vermittelst zweier Stromabnehmer c d an die Locomotive *e* ab. Diese Stromabnehmer *c d* erstrecken sich rechts und links über die Locomotive gleich weit fort, um bei Weichen, in welchen die Arbeitsdrähte *a b* auf beiden Seiten der Zimmerung angebracht sind, von einem Paar Drähte zum anderen übergeben zu können, ohne eine Stromweiche anordnen zu müssen.

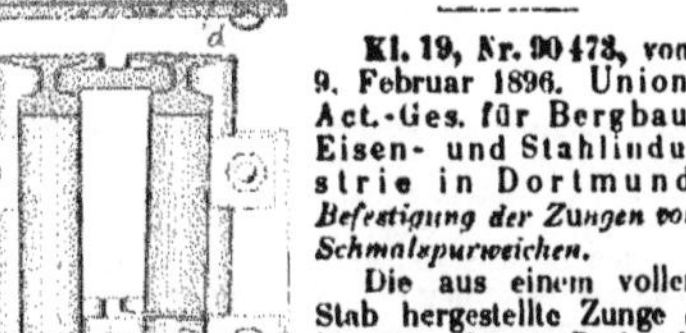

Kl. 19, Nr. 90478, vom 9. Februar 1896. **Union, Act.-Ges. für Bergbau, Eisen- und Stahlindustrie in Dortmund.** *Befestigung der Zungen von Schmalspurweichen.*

Die aus einem vollen Stab hergestellte Zunge *a* ist an ihrem Drehende mit Einkerbungen versehen, in welche die Platten *b c* des Stuhles *d* derart eingreifen, dafs sie eine achsiale Verschiebung und ein Abheben der Zunge *a* verhindern, ein Seitwärtsschwenken derselben aber zulassen.

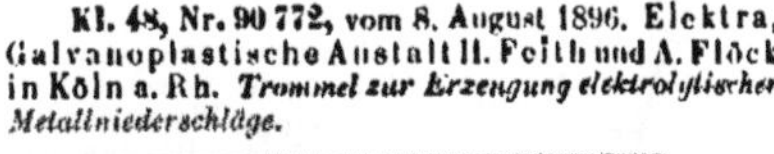

Kl. 48, Nr. 90772, vom 8. August 1896. **Elektra, Galvanoplastische Anstalt H. Feith und A. Flöck in Köln a. Rh.** *Trommel zur Erzeugung elektrolytischer Metallniederschläge.*

In der die zu überziehenden Gegenstände enthaltenden und in den Elektrolyten tauchenden Trommel *a* sind gegeneinander isolirte Metallplatten *b* angeordnet, denen jeweilig in der unteren Lage der Kathodenstrom und in der oberen Lage der Anodenstrom zugeführt wird.

Kl. 49, Nr. 90810, vom 3. Juni 1894. Zusatz zu Nr. 86614 (vergl. „Stahl und Eisen" 1896, S. 405 und 591). Duisburger Maschinenbau-Act.-Ges. vorm. Bechem & Keetman in Duisburg. *Hydraulische Arbeitsmaschine mit indirectem Antrieb.*

Um den Dampfverbrauch beim nacheinander folgenden Schneiden, Pressen oder dergl. Bearbeiten von verschieden dicken Werkstücken *a* der jeweiligen

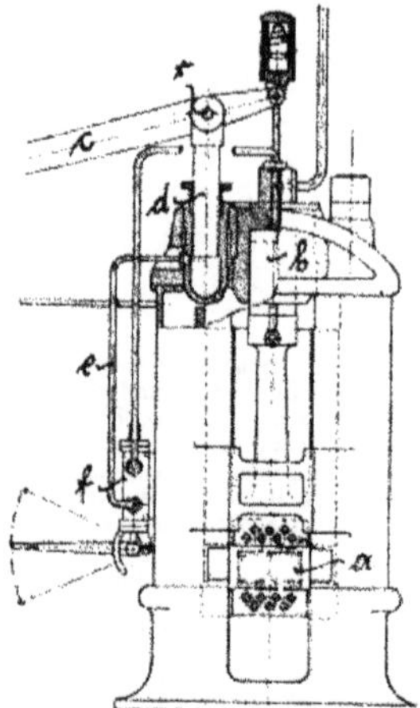

Dicke anpassen zu können, wird der Drehzapfen *x* des den Arbeitsplunger *b* in seine Ruhestellung zurückbewegenden Hebels *c* von einem Plunger d getragen, dessen Cylinder mit einer in einer besonderen Leitung *e* zwischen Arbeitscylinder und Accumulator eingeschalteten Steuerung *f* in Verbindung steht, so dafs entsprechend der Stellung derselben der Arbeitsplunger *b* mit dem Werkzeug (Scheerenblatt) unabhängig von der Antriebsmaschine beliebig gehoben und gesenkt werden kann.

Kl. 1, Nr. 91027, vom 28. April 1896. Joseph Radermacher in Essen a. d. Ruhr. *Pneumatisch bethätigte hydraulische Setzmaschine.*

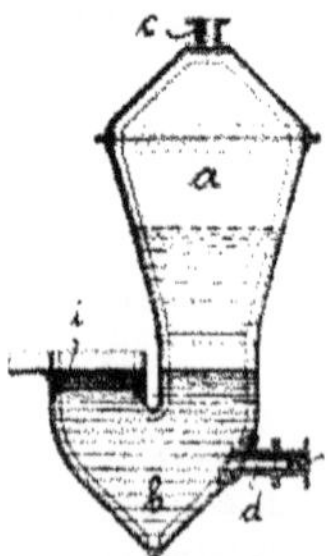

In dem Schenkel *a* des Gefäfses *b* wird durch Absaugen der Luft bei c eine Luftverdünnung erzeugt, so dafs sich der Wasserspiegel in *a* infolge Wasserzutritts bei *d* hebt. Ist dies bis zu einer gewissen Höhe geschehen, so setzt man *a* mit der Aufsenluft in Verbindung und schliefst das Wasserzuflufsventil *e* ab, so dafs die in *a* stehende Wassersäule fällt und in bekannter Weise auf das Setzgut *i* wirkt.

Kl. 40, Nr. 91002, vom 29. Februar 1896. Alf Sinding-Larsen in Christiania. *Verfahren zur Metallgewinnung.*

Den Rohmaterialien, in welchen das Metall an Schwefel, oder andere Elemente der Sauerstoffgruppe, oder an Silicium gebunden ist, wird unter Luftabschlufs und ohne Zusatz von Kohle zu dem erhitzten Rohmaterial ein gasförmiges Halogen zugeführt, wodurch ein lösliches oder schmelzbares Metallsalz gebildet wird, das zur elektrolytischen Verarbeitung geeignet ist.

Kl. 48, Nr. 91317, vom 30. Sept. 1896. A. Niedringhaus in St. Louis. *Verfahren zum Vorbereiten von Stahl zum Emailliren.*

Der Stahlgegenstand wird zusammen mit Salpeter mit oder ohne Zusatz von Chloriden oder anderen Salzen in einem Ofen erhitzt, so dafs die entstehenden Gase die Oberfläche des Stahls beizen und dadurch eine gröfsere Adhäsion der Emaille auf dem Stahl erzielt wird.

Kl. 31, Nr. 90897 und 90898, vom 15. Sept. 1895. Eisenhüttenwerk Marienhütte bei Kotzenau, Actien-Gesellschaft (vorm. Schlittgen & Haase) in Kotzenau. *Formmaschine.*

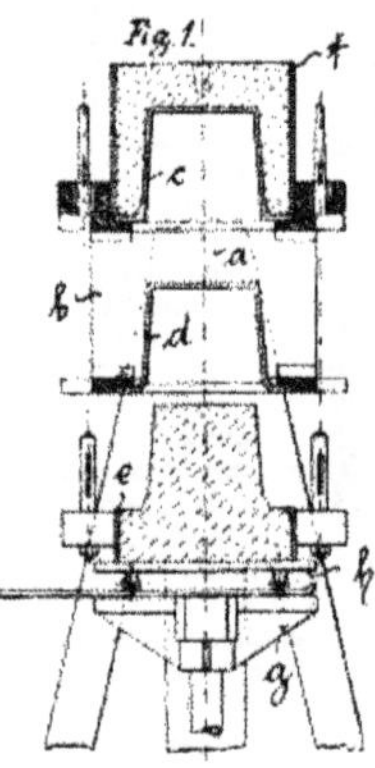

Der in Schildzapfen *a* (Fig. 1) gelagerte Rahmen *b* trägt auf der einen Seite das Mantelmodell *c* und auf der andern Seite das Kernmodell d. Letzteres wird zuerst nach oben gedreht und nach Aufsetzung des Formkastens *e* vollgestampft. Nunmehr dreht man den Rahmen *b* mit dem vollgestampften Formkasten *e* um 180°, so dafs das Mantelmodell *c* oben liegt und nach Aufsetzung des Formkastens *f* umstampft werden kann. Beide Kasten *ef* werden dann nacheinander auf den fahrbaren und vermittelst des Tisches *g* heb- und senkbaren Wagen *h* vom Rahmen *b* gelöst und fortgefahren.

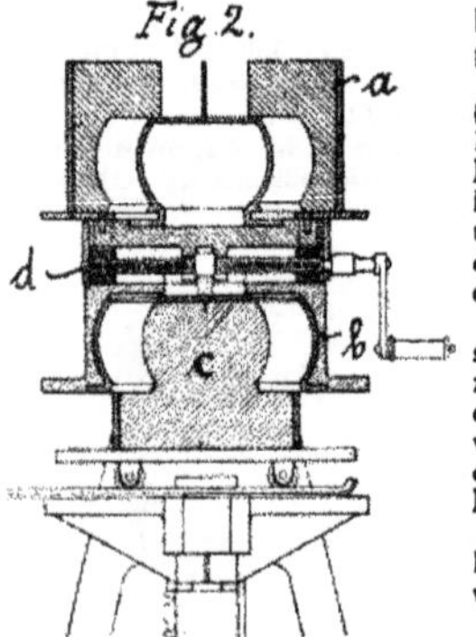

Zur Formung bauchigen Hohlgusses sind der Formkasten *a* (Fig. 2) für den Mantel und das Modell *b* für den Kern c getheilt und können nach der Stampfung durch Drehen der Schraubenspindel *d* nach zwei Seiten auseinander bewegt werden, wodurch der Kasten *a* vom Modell und letzteres vom Kern *c* abgezogen werden.

Kl. 48, Nr. 91146, vom 28. Mai 1896. August Nufsbaum in Post Haidenschaft (Oesterr. Küstenland). *Verfahren zum Ablösen elektrolytischer Niederschläge.*

Zwischen Niederschlag und Modelloberfläche wird Druckflüssigkeit eingeprefst, so dafs diese zwischen beide sich drängt und ersteren von letzterem abhebt.

Britische Patente.

Nr. 2815, vom 22. Februar 1895. A. Lamborton in Coatbridge. *Blechscheere.*

Das Gestell der Scheere besteht aus zwei starken Füfsen *a*, die durch eine Strebe *b* vermittelst Flantschen starr miteinander verbunden sind. Auf *a* setzen sich die Zwischenstücke *ei*, welche den oberen Theil *d* des Gestells tragen und mit diesen durch starke Ankerbolzen *ef* verbunden sind. In *d* ist eine Welle *g*

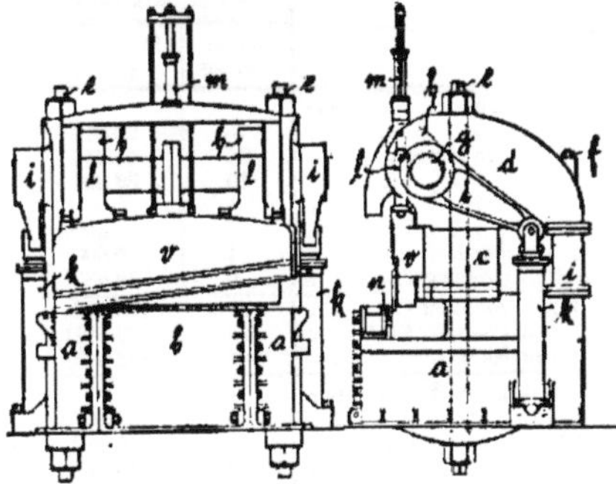

mit Hörnern *h* gelagert, die aufserhalb der Theile *d* die Hebelarme *i* zum Angriff der hydraulischen Kolben *k* tragen. Die Verbindung der Hörner *h* mit dem an *c* geführten oberen Scheerenblatt *v* vermittelt das Druckgelenk *l*. Der Aufgang des Scheerenblatts erfolgt durch den hydraulischen Kolben *m*. Das untere Scheerenblatt *n* sitzt an dem Fufs *a b*.

Nr. 1671, vom 23. Januar 1896. F. L. Lasse und The Leeds Forge Co. Lim. in Leeds. *Eisenbahnwagen zum Transport von Kohle und dergl.*

Um den Laderaum der Wagen zu vergröfsern, ist der Boden zwischen den Radgestellen nach unten ausgebaucht. Die Seitenträger *a* haben infolgedessen

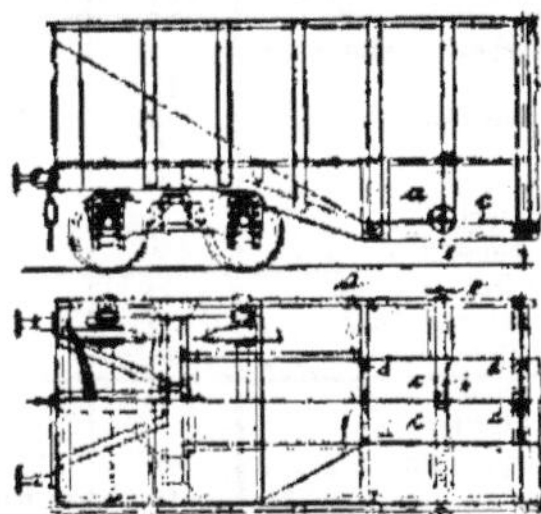

eine entsprechende Gestalt, während der Boden die Form eines vierkantigen Trichters hat. Letzterer wird unten durch ein oder mehrere Paar Schieber *c* geschlossen, welche an ihren Kopfenden durch je zwei in [-Eisen laufenden Rollen *d* geführt sind und durch eine mittlere Rechts- und Linksschraube *i* mit je einem Handrad *e* an jeder Wagenseite verschoben werden können.

Nr. 9514, vom 5. Mai 1896. W. Kirkham und D. Evans in Sheffield. *Blockform.*

Um ein gleichmäfsigeres Abkühlen der Blöcke nach dem Gufs zu ermöglichen, ruhen die muldenförmigen Formen *a* mit der offenen Seite nach unten auf der Unterlage *b* und werden durch Giefstrichter *c* von unten aus mit Metall gefüllt. Die bezüglichen Kanäle münden in Einbuchtungen *e* der Kopfwände

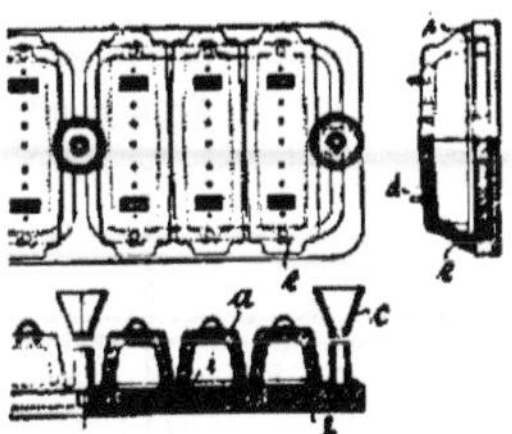

der Formen *a*. In der Decke derselben angeordnete Löcher *d* dienen den Gasen als Abzug. Um einen gleichmäfsigen Schlufs der Formränder an die Unterlage *b* zu erzielen, können auswechselbare Zwischenstücke *i* angewendet werden.

Nr. 20101, vom 25. October 1895. Gaudy in Southport. *Bremsklotz für Eisenbahnräder.*

Der eiserne Bremsklotz ist an seiner Anlagefläche so gestaltet, dafs er nur an denjenigen Stellen das Rad berührt, wo letzteres gewöhnlich nicht mit den Schienen in Berührung kommt, d. h. am Flantsch und an der äufseren Hälfte der Lauffläche. Die diese Theile berührenden Flächen des Bremsklotzes sind gehärtet. Die übrige Fläche des Bremsklotzes tritt gegen die gehärtete Fläche zurück.

Patentwesen in den Vereinigten Staaten von Amerika.

Am 1. Januar 1898 tritt in den Vereinigten Staaten von Amerika eine ganz wesentliche Abänderung des geltenden Patentgesetzes in Kraft, deren Inhalt nach dem Blatt für Patent-, Muster- und Zeichenwesen 1897 Seite 71 folgender ist.

§ 1. Erfolgt die Veröffentlichung einer Erfindung durch ein Patent oder sonstwie 2 Jahre vor der Anmeldung, so ist dies ein Hindernifs für das Patent.

§ 2. Ein wegen Verletzung eines Patentes Beklagter kann eine derartige Veröffentlichung einredeweise geltend machen.

§ 3. Die Anmeldung einer im Auslande patentirten Erfindung mufs innerhalb 7 Monaten nach der frühesten Anmeldung im Auslande eingereicht werden; das Patent wird dann auf 17 Jahre ertheilt. Ist die Anmeldung nicht innerhalb dieser Zeit eingegangen, so ist das trotzdem ertheilte Patent nichtig.

§ 4. Anmeldungen müssen innerhalb eines Jahres (anstatt der früheren 2 Jahre) vervollständigt werden, und jede amtliche Verfügung ist innerhalb eines Jahres (anstatt 2er Jahre) zu beantworten.

§ 5. Uebertragungen sind, wenn sie nur einem Notar oder einem anderen geeigneten Beamten anerkannt sind, beweiskräftig.

§ 6. In Patentverletzungsprocessen kann Schadenersatz nur für die letzten 6 Jahre vor der Klageerhebung verlangt werden.

§ 7. Die §§ 1—4 finden keine Anwendung auf früher ertheilte Patente, auf früher eingegangene Anmeldungen und auf Patente, welche auf Grund solcher Anmeldungen ertheilt sind.

Statistisches.

Statistische Mittheilungen des Vereins deutscher Eisen- und Stahlindustrieller.

Erzeugung der deutschen Hochofenwerke.*

	Bezirke	Monat März 1897 Werke (Firmen)	Monat März 1897 Erzeugung Tonnen.
Puddel-Roheisen und Spiegel-eisen.	Rheinland-Westfalen, ohne Saarbezirk und ohne Siegerland	16	28 074
	Siegerland, Lahnbezirk und Hessen-Nassau	26	46 946
	Schlesien	10	32 896
	Königreich Sachsen	—	—
	Hannover und Braunschweig	2	560
	Bayern, Württemberg und Thüringen	1	2 600
	Saarbezirk, Lothringen und Luxemburg	9	29 837
	Puddelroheisen Sa.	64	140 913
	(im Februar 1897	63	129 682)
	(im März 1896	64	152 675)
Bessemer-Roheisen.	Rheinland-Westfalen, ohne Saarbezirk und ohne Siegerland	4	33 067
	Siegerland, Lahnbezirk und Hessen-Nassau	3	4 922
	Schlesien	2	13 573
	Hannover und Braunschweig	1	4 910
	Bayern, Württemberg und Thüringen	1	1 110
	Bessemerroheisen Sa.	11	57 582
	(im Februar 1897	10	39 951)
	(im März 1896	8	46 013)
Thomas-Roheisen.	Rheinland-Westfalen, ohne Saarbezirk und ohne Siegerland	12	118 180
	Siegerland, Lahnbezirk und Hessen-Nassau	3	304
	Schlesien	2	7 227
	Hannover und Braunschweig	1	17 757
	Bayern, Württemberg und Thüringen	1	4 190
	Saarbezirk, Lothringen und Luxemburg	14	140 466
	Thomasroheisen Sa.	33	288 124
	(im Februar 1897	35	267 756)
	(im März 1896	34	271 385)
Giefserei-Roheisen und Gufswaaren I. Schmelzung.	Rheinland-Westfalen, ohne Saarbezirk und ohne Siegerland	11	41 892
	Siegerland, Lahnbezirk und Hessen-Nassau	3	13 334
	Schlesien	5	3 415
	Hannover und Braunschweig	2	4 450
	Bayern, Württemberg und Thüringen	2	2 287
	Saarbezirk, Lothringen und Luxemburg	7	23 236
	Giefsereiroheisen Sa.	30	88 614
	(im Februar 1897	30	82 570)
	(im März 1896	28	64 677)
	Zusammenstellung:		
	Puddelroheisen und Spiegeleisen	64	140 913
	Bessemerroheisen	11	57 582
	Thomasroheisen	33	288 124
	Giefsereiroheisen	30	88 614
	Erzeugung im März 1897	—	575 233
	Erzeugung im Februar 1897	—	519 959
	Erzeugung im März 1896	—	534 750
	Erzeugung vom 1. Januar bis 31. März 1897	—	1 659 556
	Erzeugung vom 1. Januar bis 31. März 1896	—	1 513 481

* Wir machen darauf aufmerksam, dafs vom 1. Januar d. J. ab die Gruppirung der deutschen Roheisenstatistik eine Aenderung erfahren hat.

Die Redaction.

Berichte über Versammlungen aus Fachvereinen.

Verein deutscher Maschinen-Ingenieure.

Die Heizung der Personenwagen.

Aus dem Vortrage des Geh. Ober-Bauraths Wichert theilen wir Nachstehendes mit:

Als die preufsischen Staatsbahnen im Jahre 1887 den Entschlufs fafsten, eine einheitliche Heizung einzuführen, fiel die Wahl auf die sogenannte Hochdruck-Dampfheizung, bei welcher Dampf von mehreren Atmosphären Spannung durch eine unter dem ganzen Zuge entlang laufende Leitung getrieben wird, die von der Mitte jedes Wagens nach dessen Ende Gefälle hat, und an welche die Abzweigungen nach den Heizkörpern im Wageninnern angeschlossen sind. Alles Wasser, was sich durch Niederschlagen des Dampfes in diesen Heizkörpern und in der Leitung unter den Wagen bildet, fliefst in dieser Leitung den Schlauch-Kupplungen zwischen den einzelnen Wagen zu und mufs, soweit es nicht durch kleine Ventilchen am tiefsten Punkte der Kupplungen einen Ausweg findet, vom Dampf durch alle diese Kupplungsthäler hindurch zum offenen Ende der Leitung am Schlufs des Zuges hinausgetrieben werden. Auf diesem langen Wege tritt sehr leicht, wenn der Heizwärter des Zuges nicht aufpafst, Einfrieren ein und dann ade Heizung für den dahinter liegenden Zugtheil!

Ein weiterer Geburtsfehler der Einrichtung war, dafs man die Heizung nur auf „Kalt" oder „Warm" stellen konnte, was unter normalen Verhältnissen einem Unterschied von 24° C. gleich kam. Das ist inzwischen dadurch gebessert, dafs man entweder die Hälfte der Heizkörper jedes Abtheils oder die ganze Heizfläche abstellen kann, so dafs man „kalt", „halbwarm" und „warm" mit je 12° C. Unterschied hat.

Bei den ersten vierachsigen Luxuswagen für die D-Züge wurde auf Vorschlag des inzwischen verstorbenen Geh. Bauraths Büte in Magdeburg eine sogen. Niederdruckheizung angewendet, bei welcher der Dampf zwar aus der Hauptleitung in die Heizschlange an dem einen Ende eingeführt wird, wie bei der Hochdruckleitung, aber am anderen Ende der Schlange einen immer offenen Ausweg findet und hierhin also auch sein Wasser entläfst, so dafs sich in der Hauptleitung unter den Wagen nur die wenigen Tropfen ansammeln, die in dieser Leitung selbst niederschlagen. Da diese bequem an den Kupplungsventilchen abfliefsen können, so ist die Gefahr des Einfrierens bei dieser Niederdruckheizung vollständig vermieden. Die Niederdruckschlangen können höchstens so stark geheizt werden, dafs sie am offenen Ende noch die Temperatur des dort ausströmenden ungespannten Dampfes haben; in jedem für sich abgeschlossenen Wagenabtheil mufs man also so viel Heizschlangenfläche haben, dafs man trotz dieser geringen Erwärmung der Heizflächen einen genügenden Temperatur-Unterschied erzielen kann.

Von vornherein ist nun bei diesen D-Zügen die Regelung der Heizung dem Heizwärter übertragen, also dem einzelnen Reisenden entzogen gewesen. Die darüber laut gewordenen Klagen sind im letzten Winter fast vollständig verstummt, weil man inzwischen die Einrichtung so getroffen hat, dafs der Heizwärter, wenn er aufpafst, allen berechtigten Forderungen entsprechen kann. Man hat nämlich die für jeden Abtheil im Höchstfalle nöthige Heizfläche so auf 3 Heizschlangen vertheilt, dafs als gelindeste Erwärmung $^1/_4$ der Heizfläche wirkt, wodurch 6° C. Unterschied gegen die Aufsentemperatur erreicht werden kann. Dabei ist eine dünne Heizschlange (1) geheizt, die immer mit der Hauptleitung verbunden ist, also alsbald und ohne Zuthun des Wärters wirkt, wenn die Dampfheizung überhaupt angelassen wird. Reichen diese 6° Unterschied nicht mehr aus, so kann der Heizwärter eine zweite, ebenso grofse Heizschlange (2) anstellen; dadurch steigt der Unterschied gegen die Aufsenluft auf 12°. Reicht auch das nicht mehr aus, so kann diese Heizschlange (2) ab- und die doppelt so grofse Heizschlange (3) vom Wärter angestellt werden, dann giebt's 6 + 12 = 18° mehr gegen draufsen, und bei ärgster Kälte endlich kann aufserdem auch Heizschlange (2) wieder eingeschaltet werden, dann steigt der Temperatur-Unterschied auf 6 + 6 + 12 = 24° C.

Da man in den seltensten Fällen seine eigene Wohnung in so engen Grenzen wird temperiren können, ohne die Oeffnung der Fenster oder dergleichen äufsere Mittel zu Hülfe zu nehmen, so wird man damit auch in den Eisenbahnwagen zufrieden sein müssen. In der That kann man dadurch bis zu — 13° Aufsentemperatur einen Wärmestand von + 11° aufrecht erhalten, der bei zunehmender Aufsenwärme dauernd in den Grenzen zwischen 11° und 17° geregelt werden kann.

Zur Zeit werden die grundlegenden Versuche gemacht, dieses Heizungssystem auch auf die gewöhnlichen Züge auszudehnen.

Wenn man dabei, wie bisher, die Regelung von jedem Abtheil aus durch die Reisenden vornehmen lassen wollte, so würde eine solche Häufung der Absperrvorrichtungen die Einrichtung bis zur Unmöglichkeit vertheuern und compliciren. Die Durchführbarkeit wird deshalb in erster Reihe von der Entschliefsung abhängen, jeden Wagen wie in den Durchgangszügen nur mit einer Regelungsvorrichtung für alle Abtheile des Wagens zu versehen und diese vom Heizwärter bedienen zu lassen.

Noch ist eine solche Entscheidung nicht getroffen. Der Vortragende befürwortet dieselbe.

Eine wirklich regelbare, vom kundigen Heizwärter sorgfältig bediente Heizeinrichtung ist entschieden dem jetzigen Zustande vorzuziehen, wo dem Reisenden zwar eine Regelvorrichtung in die Hand gegeben, aber die ganze Einrichtung so getroffen ist, dafs selbst bei sorgfältiger Bedienung nur innerhalb grofser Wärmeunterschiede gewählt werden kann. Ueber das Wärmebedürfnifs im Einzelfalle sind aber die Insassen eines Abtheils der Regel nach ebensowenig einig, wie über das Oeffnen der Fenster. Und dann ist es zweifellos ein Mangel der Regelung durch den Reisenden, dafs ein bepelzter, heifsblütiger Passagier die Heizung abstellen und das Fenster öffnen kann, um dann am Ziele seiner Reise den Anlafs zu geben, dafs bei der weiteren Fahrt der Abtheil vollkommen durchkältet wird. Der nächste Passagier wird lange fahren müssen, ehe er nach Schlufs des Fensters und Einstellung der Heizung auf „Wärme" wieder eine angemessene Temperatur im Wagen erlebt. Mit Unrecht werden solche Fälle jetzt der Heizung und der Eisenbahnverwaltung in die Schuhe geschoben!

Berg- und Hüttenmännischer Verein zu Siegen.

Nach dem in der Hauptversammlung des Berg- und Hüttenmännischen Vereins am 5. April vorgetragenen Jahresbericht für 1896 beträgt die Erzeugung des Siegerlandes in den wesentlichsten Artikeln an:

	1895	1896		
Eisenstein . . t	1 531 991	1 765 509	+	233 518
Werth . . *M*	11 010 771	15 451 942	+	4 441 171
oder per . . . t	7,18	8,75	+	1,57
Roheisen . . t	455 158	598 291	+	143 133
Werth . . *M*	29 390 496	30 782 059	+	10 391 563
oder per . . . t	44,79	51,44	+	6,65

Die gesammte Erzeugung der Stahl-Puddel-, Walz- und Hammerwerke betrug in Tonnen:

	1895	1896		
	189 484	234 673	+	45 189
im Werthe von *M*	19 472 293	26 902 409	+	7 430 115
Daran waren betheiligt:				
Luppen und Luppenstäbe t	21 911	28 373	+	6 462
Walzeisen und Platinen . . t	24 137	28 093	+	3 956
Flufseisenblech t	85 532	103 814	+	18 282
Eisengufswaar. t	30 227	35 994	+	5 767
im Warthe von *M*	4 316 924	5 586 454	+	1 269 530
Darunter an:				
Walzen roh und bearbeitet . t	20 907	23 863	+	2 956
im Werthe von *M*	3 023 257	3 817 010	+	793 753

Der gesammte Umschlag der Vereinswerke in 1896 wird auf annähernd 90 Millionen Mark angegeben.

Wie aus diesen Zahlen hervorgeht, hat in allen Theilen eine sehr lebhafte Erzeugung stattgefunden, die erzielten Preise sind aber, besonders in Eisenstein, keineswegs so wesentlich erhöht, wie vielfach angenommen worden ist.

Die Zahl der in Betrieb befindlichen Gruben hat sich seit langer Zeit wieder erhöht und zwar um 23 Gruben.

Die Erzeugung an Blei-, Zink- und Kupfererzen ist im vergangenen Jahre nicht vermehrt, die in Arbeit begriffenen, bedeutenden Aufschlufsarbeiten lassen aber eine wesentliche Erhöhung im laufenden Jahre erwarten. Die Preise dieser Materialien haben sich nur bei den Zinkerzen und hier nicht unwesentlich erhöht.

Bei den unter Verkaufs-Vereinigungen stehenden Zweigen der hiesigen Industrie, also den Eisensteingruben und den Hütten, ist ebenso wie bei den Maschinenfabriken eine genügende Arbeitsmenge für das laufende Jahr gesichert. Für 1898 ist dies aber noch nicht der Fall, und wird es lebhaft beklagt, dafs unter diesen Umständen die Abschlüsse für Koks schon für das ganze Jahr 1898 verlangt werden.

Aus dem Jahresbericht des hiesigen Roheisen-Syndicates geht hervor, dafs dasselbe in dem abgelaufenen Geschäftsjahr 580 556 t Roheisen versandt hat. Hiervon blieben 95 950 t im Siegerland, 419 813 t gingen in das übrige Deutschland und 64 793 t gingen ins Ausland. Die noch vorliegenden Aufträge am Schlusse des Vereinsjahres beliefen sich auf 323 360 t gegen 250 146 t in derselben Zeit im vergangenen Jahre.

Iron and Steel Institute.

Die diesjährige Frühjahrsversammlung findet am 11. und 12. Mai in London in den Räumen der Institution of Civil Engineers, Great George Street statt.

Auf der Tagesordnung stehen die folgenden Vorträge:

Die Durchlässigkeit der Stahlschmelztiegel. Von Professor J. O. Arnold und F. K. Knowles.

Ueber die Ausführung des combinirten Herdofenverfahrens von Bertrand und Thiel. Von E. Bertrand.

Ueber den Werth des aus Hochöfen gewonnenen Ammoniumsulphates für die Landwirthschaft. Von F. J. R. Carulla.

Die specifische Wärme des Eisens. Von Prof. W. N. Hartley.

Das maschinelle Beschicken von Herdschmelzöfen. Von Jermiah Head.

Der Weardale-Wärmofen. Von H. W. Hollis.

Ueber den Einflufs des Phosphors auf die Kaltbrüchigkeit. Von Baron Hanns Jüptner von Johnstorff.

Die Bestimmung der Härtungs- und Carbidkohle. Von Baron Hanns Jüptner von Johnstorff.

Ueber schmiedbares Gufseisen. Von G. P. Royston.

Ueber die Aenderungen des Kohlenstoffs bei schmiedbarem Gufseisen. Von G. P. Royston.

Ueber Mikroskop-Zubehör für Metallographen. Von J. E. Stead.

Cupolöfen mit centraler Windzuführung. Von T. D. West.

Die Bessemer-Denkmünze soll an Sir Frederick A. Abel verliehen werden.

Referate und kleinere Mittheilungen.

Die Einfuhr von spanischem Roheisen in Deutschland

hat in den letzten Jahren nachgelassen, theilweise infolge des deutsch-spanischen Zollkrieges. Als im Jahre 1894 durch das Verhalten der spanischen Regierung und Volksvertretung sich die Reichsregierung zu wirthschaftlichen Kampfmafsregeln gegen Spanien genöthigt sah, gehörte auch Roheisen zu denjenigen Artikeln, die auf Grund des § 6 des deutschen Zolltarifgesetzes mit einem 50 procentigem Zollzuschlag belegt wurden. Diese differentiale Zollbehandlung währte bis zum Sommer 1896. In den drei Jahren 1894/96 sind insgesammt nur 11 856 t Roheisen aus Spanien nach Deutschland eingeführt worden, gegen 18 128 t in den drei Jahren 1890/92. Im vergangenen Jahre kamen nur noch 2994 t aus Spanien gegen 4462 t im Jahre 1895 und 6296 t in 1892. Der Rückgang der Einfuhr aus Spanien tritt um so schärfer hervor, als im letzten Jahre die deutsche Gesammteinfuhr an Roheisen dem Vorjahre gegenüber stark gewachsen ist, nämlich von 188 217 t auf 322 502 t. Dem Kampfzoll von 15 *M* f. d. Tonne unterlagen im Jahre 1894 979 t, im Jahre 1895 4470 t und im Jahre 1896 1356 t spanisches Roheisen. Der infolge des Zollkrieges erhobene Mehrzoll von der Roheiseneinfuhr aus Spanien beläuft sich auf 84 025 *M*. *F.*

Ueber den Umfang der deutschen Aluminium-Industrie

giebt die Einfuhr von 5915 Doppelcentnern Rohaluminium, welche die amtliche Statistik für das Jahr 1896 nachweist, einen Anhalt. 4676 Doppelcentner kamen aus der Schweiz, 550 aus Frankreich und 84 aus Oesterreich-Ungarn. In den beiden ersten Monaten des laufenden Jahres wurden 1389 Doppelcentner (davon 1083 aus der Schweiz) eingeführt, gegen 659 Doppelcentner (aus der Schweiz 483) im gleichen Zeitraum des Vorjahres. Weniger bedeutend, wenn auch im Zunehmen begriffen, ist die Einfuhr von Aluminiumblech, wofür durch den Handelsvertrag mit der Schweiz eine Ermäfsigung des deutschen Eingangszolls von 12 *M* auf 9 *M* zugestanden worden ist. Dieselbe belief sich 1892 auf 84, 1893 auf 4, 1894 auf 66, 1895 auf 232 und 1896 auf 273 Doppelcentner. Die Ausfuhr Deutschlands an Aluminiumwaaren hat im abgelaufenen Jahre rund 1000 Doppelcentner betragen. *F.*

Die deutsche Fahrradindustrie

hat mit der Zunahme des Radfahrsports in den letzten Jahren einen bedeutenden Aufschwung genommen. Als Beweis hierfür kann u. a. der starke Gummiverbrauch für Fahrräder und die damit zusammenhängende starke Steigerung der Einfuhr von Rohgummi angesehen werden. So wurden im vergangenen Jahre nicht weniger als 82 804 Doppelcentner Rohgummi im Werthe von beiläufig 35 Millionen Mark nach Deutschland eingeführt, gegen 68 206 Doppelcentner im Jahre 1895 und 21 550 Doppelcentner im Jahre 1886. In England hat der enorme Gummiverbrauch für die Fahrradfabrication bereits Veranlassung gegeben, dafs man einen „Gummi-Corner" zu bilden beabsichtigt, der, wenn er zustande käme, jedenfalls von nachtheiligem Einflufs auf die ganze Fahrrad-Industrie sein würde. Eine englische Statistik schätzt die Zahl der Gummibäume, die in den letzten Jahren wegen ihres Gummis vernichtet worden seien, auf nahezu 100 Millionen.

Dafs die Leistungen der deutschen Fahrradfabriken auch im Auslande in zunehmendem Mafse gewürdigt werden, geht daraus hervor, dafs nach amtlichen Ausweisen Deutschland im Monat Januar d. J. 481 Fahrräder und 322 Doppelcentner Fahrradtheile und im Februar 672 Fahrräder und 223 Doppelcentner Fahrradtheile ausführte, hauptsächlich nach Dänemark, Oesterreich-Ungarn, England u. s. w. Die deutsche Fahrradindustrie steht weder der englischen noch der französischen und amerikanischen an Leistungen nach; trotzdem macht sich bei uns das Vorurtheil, dafs die ausländischen Fabricate, was Haltbarkeit und Güte betrifft, den deutschen überlegen seien, noch vielfach geltend. Wie sehr dieses Vorurtheil zur Nährung der fremden Concurrenz beiträgt, beweist die Thatsache, dafs in den beiden ersten Monaten d. J. (für die frühere Zeit liegen leider keine amtlichen Nachweise über die Fahrradeinfuhr vor) 1114 ausländische Fahrräder und 528 Doppelcentner Fahrradtheile in Deutschland zur Verzollung gelangten. Gröfstentheils stammen dieselben aus England, Oesterreich und Amerika. Dazu kommt, dafs das englische Kapital in grofsartigem Umfange in der deutschen Fahrradindustrie Anlage gesucht und englische Unternehmer sogar „Filialen" in Deutschland mit einer aufserordentlich hohen Production gegründet haben.

Ueberdies wird die ausländische Concurrenz in hohem Mafse durch unsere Zollverhältnisse begünstigt. Wohl kaum ein anderes Land erhebt einen so geringen Eingangszoll von Fahrrädern und Fahrradtheilen wie Deutschland. Der deutsche Zollsatz auf Fahrräder beträgt pro Doppelcentner 24 *M*, das sind, das Durchschnittsgewicht eines Rades zu 14 kg und den Durchschnittswerth zu 300 bis 350 *M* gerechnet, nur 3,35 *M* Zoll auf ein Rad oder ungefähr 1 % vom Werth. Dagegen erheben z. B. die Vereinigten Staaten 35 %, Canada 27½, Norwegen und Portugal 27, Griechenland, Capland, Neu-Seeland 20, Schweden 15, Transvaal 12½, Belgien 12, Bulgarien 10½ und Dänemark 10 % vom Werth, Rufsland 38 *M* und Italien 33,50 *M* pro Stück, Frankreich 175 *M*, Spanien 57 *M* und die Schweiz 56 *M* pro Doppelcentner. Ein deutsches Rad ist in den Vereinigten Staaten (nach dem bisherigen Wilson-Tarif) durchschnittlich mit mehr als 100 *M* Eingangszoll belastet, während umgekehrt ein amerikanisches Rad in Deutschland nur 3 *M* bis 3,50 *M* zahlt. Der niedrige deutsche Zollsatz hat auch bereits dazu geführt, dafs in einigen Grenzbezirken ein schwunghafter Zollschmuggel mit fremden Fahrrädern über Deutschland nach dem Auslande betrieben wird. Da ein Radfahrer für sein Rad, auf dem er über die Grenze fährt, in der Regel keinen Zoll zu entrichten braucht, weil in diesem Falle das Rad als Transportmittel oder Reisegeräth und nicht als Handelswaare anzusehen ist, so läfst man beispielsweise nach Holland oder Belgien bestimmte Fahrräder zunächst nach Deutschland geben und hier verzollen, worauf sie in irgend einer deutschen Grenzstation von Beauftragten der ausländischen Empfänger in Empfang genommen werden, die dann auf ihren „eigenen" Bädern zollfrei die holländischen oder belgischen Zollämter passiren. Das Geschäft ist, wenn man den Unterschied zwischen dem deutschen und belgischen Eingangszoll berücksichtigt, ein recht lohnendes. *F.*

Internationales Comité für Mafse und Gewichte.

Unter Vorsitz des Professors Dr. Wilhelm Förster, Directors der Berliner Sternwarte, ist der „Nat. Ztg." zufolge am 13. April in Sèvres bei Paris die alle zwei Jahre stattfindende Versammlung des internationalen Comités für Mafse und Gewichte eröffnet worden. Das internationale Bureau für Mafse und Gewichte, worüber das Comité, bestehend aus Vertretern aller Staaten, die sich der Meterconvention angeschlossen haben, die Oberaufsicht führt, hat in seinen Laboratorien nicht nur für die vollständige Gleichmäfsigkeit der Normalmafse des metrischen Systems in allen Culturstaaten zu sorgen. Es beschäftigt sich überdies mit allen Fragen, die irgendwie auf das Metersystem und die Präcisionsarbeiten im allgemeinen Bezug haben. So hat das Bureau in den letzten Jahren sämmtliche Apparate gründlich geprüft, die bei den Erdmessungen in allen grofsen Ländern Europas verwendet worden sind. Erst nach dieser Revision hat man mit Genauigkeit den Flächeninhalt der verschiedenen Staaten feststellen können. Dadurch ist z. B. Deutschland nominell um eine Anzahl Quadratkilometer bereichert worden. Diesmal wird das Bureau dem Comité einige höchst interessante Arbeiten zu unterbreiten haben, darunter die genaue Ermittlung der Normalmafse des Centimeters und des Millimeters durch den Director Benoit und die Entdeckung einer neuen Legirung von Eisen und Nickel durch den Dr. Charles Guillaume aus Neuchatel. Dieses neue Material dehnt sich unter dem Einflusse der Hitze weniger, als alle bisherigen Legirungen. Dr. Guillaume hat in den Hütten von Imphy (Gesellschaft von Commentry-Fourchambault) eine Mischung von 36 Theilen Nickel und 64 Theilen Eisen bereiten lassen, deren Dehnbarkeit nur 1/10 des Platins beträgt. Für Messungsapparate und Maschinen, die Temperaturwechseln ausgesetzt sind, ist die Entdeckung von höchstem Belang.

Bücherschau.

Die Werkzeugmaschinen zur Bearbeitung der Metalle. Grundzüge der Construction und Entwicklung nach den Erfahrungen der Praxis. Von ingenieur Heinrich Weifs. Bei A. Hartleben in Wien. Preis geh. 7,20 *M*, geb. 9 *M*.

Der Verfasser stellt sich zur Aufgabe, das einschlägige Gebiet von den Elementen der Construction bis zu den modernen Maschinen aller Länder in seiner Entwicklung zu verfolgen. Bei der riesenhaften Entwicklung dieses wichtigen Theiles des Maschinenbaues war dabei natürlich ein sehr umfangreiches Material zu sichten und zusammenzustellen, obgleich der Verfasser sich neben der allgemeinen Einleitung wesentlich auf die 5 Abtheilungen, Drehbänke und Schraubenschneidmaschinen, Bohrmaschinen, Fräsmaschinen, Hobelmaschinen einschl. Shaping und Stofsmaschinen und Lochmaschinen und Scheeren sowie Schleifmaschinen beschränkt und nur die wichtigsten Specialmaschinen einschaltet. Er geht überall von praktischer Grundlage aus, hierbei über ein sehr reichhaltiges Material aus den ersten Werkzeugmaschinenfabriken Deutschlands, Oesterreichs, der Schweiz, Frankreichs, Ver. Staaten, Englands u. s. w. verfügend. Wie man es bei einem Buche, das nur die Grundzüge zu behandeln beabsichtigt, nicht anders erwarten kann, geht Verfasser nur dort auf Details ein, wo dieselben von grundlegender Bedeutung sind: im allgemeinen begnügt er sich mit der Wiedergabe von Bildern, welche nicht weniger als 64 Tafeln füllen. Wenngleich diese Wiedergabe in drucktechnischer Hinsicht manchmal etwas zu wünschen läfst, so genügt sie für den Zweck.

Das Buch wird überall dort, wo Werkzeugmaschinen gebraucht werden, ein willkommenes Hülfsmittel sein. *S.*

Note sur la Mine aux Mineurs de Rive-de-Gier (Loire), par M. de Billy, Ingénieur des Mines. Sonderabzug aus den Annales des Mines. Paris bei P. Vicq-Dunod & Co.

Das Experiment, welches die Société des Houillères de Rive-de-Gier durch ihren Uebergang in die vielgenannte La Mine aux Mineurs durchgemacht hat und welches die öffentliche Meinung in Frankreich lebhaft beschäftigt und eine gewisse Klasse von Socialpolitikern gewaltig erregt hat, wird in der vorliegenden Arbeit sachlich dargestellt; zuerst werden die Concessionen beschrieben, ihr bergmännischer Werth begründet und dann historisch die Vorgänge geschildert, welche zur Bildung der Bergarbeiter-Genossenschaft führten. Hierauf folgen die Betriebsausweise der letzteren, welche einen völligen Mifserfolg zeigen, und der Nachweis, dafs der letztere bei sachkundiger Leitung hätte vermieden werden können. Wir behalten uns vor, auf die nüchtern gehaltene, aber nicht minder interessante Schrift, aus welcher mancher deutsche Theoretiker Vieles zu lernen vermag, später ausführlich zurückzukommen. *Schr.*

Elemente der Mineralogie, begründet von Carl Friedrich Naumann. Dreizehnte Auflage. Von Professor Dr. Ford. Zirkel-Leipzig. I. Hälfte. Leipzig bei Wilh. Engelmann. Preis 7 *M*.

Die vorliegenden ersten 25 Bogen der neuen Auflage dieses in allen mineralogischen Kreisen hochgeschätzten Buchs beschäftigen sich mit dem allgemeinen Theil. Es wird zuerst eine ausführliche Darstellung der Krystallographie gegeben, dann folgen die physikalischen und chemischen Eigenschaften der Mineralien in Verbindung mit den für den praktischen Mineralogen nothwendigen Lehren über die Bestimmung dieser Eigenschaften im einzelnen Fall. Im IV. Abschnitt beginnt die Lehre von den Lagerstätten und dem Vorkommen der Mineralien.

Wir behalten uns vor, auf dies Capitel noch zurückzukommen, sobald die Fortsetzung des Buchs erschienen sein wird. *Schr.*

Fünfstellige Tafeln und Gegentafeln für logarithmisches und trigonometrisches Rechnen. Herausgegeben von Herm. Schubert. Leipzig bei B. G. Teubner. Preis 4 *M*.

Diese Ausgabe hat den Vorzug, dafs der Rechner darin nicht allein Tafeln für den Uebergang vom Numerus zum Logarithmus oder vom Winkel zu den trigonometrischen Functionen, sondern auch Gegentafeln für den umgekehrten Uebergang von den nach ihrer Gröfse geordneten Mantissen zu den zugehörigen Numeri bezw. von den Logarithmen der trigonometrischen Functionen zu den zugehörigen Winkeln und von den wirklichen Werthen der trigonometrischen Functionen zu den zugehörigen Winkeln findet.

Die typographische Anordnung der Tafeln ist von ausgezeichneter Klarheit. *S.*

Dr. Richard Freund, *Was hat die deutsche Arbeiterversicherung im ersten Jahrzehnt ihrer Wirksamkeit für die Arbeiter geleistet?* Drei Tabellen. Berlin, 1897. Siemenroth & Troschel. 25 Pfg., 10 Exemplare 2 *M*, 100 Exemplare 15 *M*, 500 Exemplare 50 *M*.

Eine für die Massenverbreitung bestimmtes, sehr zweckmäfsiges Schriftchen, das der immer wieder auftretenden Behauptung der Socialdemokratie, die deutsche Arbeiterversicherung sei „nur ein Butterbrot", entgegenzutreten bestimmt ist. Es führt den unwiderlegbaren Nachweis, dafs in zehn Jahren den Arbeitern zugewendet sind von der Krankenversicherung 757 Millionen Mark, von der Unfallversicherung 193 Millionen Mark, von der Invaliditäts- und Altersversicherung 100 Millionen Mark, dafs mithin in dem genannten Zeitraum den Arbeitern aus der Versicherung über eine Millarde Mark zugeflossen ist. Wir empfehlen den Werksverwaltungen die Anschaffung und Verbreitung des Schriftchens auf das angelegentlichste. *Dr. W. Beumer.*

T. S. Gree, *Eine Kritik der Theorie der Gewerkvereine.* Autorisirte deutsche Ausgabe. Berlin 1897, Mitscher & Röstell.

Ein vortrefflicher Beitrag zur Beleuchtung der Macht und Tyrannei der englischen Gewerkvereine, der doppelte Beachtung verdient, weil er aus englischem Munde kommt. Er bestätigt alles das, was s. Z. die deutsche Commission als Ergebnifs ihrer Beobachtungen im Ver. Königreich veröffentlichte, und bildet eine willkommene neue Widerlegung dessen, was die Theoretiker Lujo Brentano, v. Schulze-Gävernitz u. a. den Gewerkvereinen in ihrer Thätigkeit für den „socialen Frieden" nachgerühmt. Kein Geringerer als W. H. Gladstone schrieb über das vorliegende Buch an den Verfasser: „Ein Blick in Ihre Broschüre zeigt mir die Urtheilsfähigkeit des Verfassers . . . Ich hoffe, dafs wir weder durch den Tradeunionismus noch durch andere Ursachen jenen Klassenegoismus sich entwickeln sehen, der so schlimm und verderblich in anderen Gesellschaftskreisen gewirkt hat. Ich fürchte für die Freiheit der Minderheiten und der Einzelnen, auf welche ich so grofses Gewicht lege.“ *Dr. W. Beumer.*

Reisehandbuch für Amateurphotographen. Von C. R. Häntzschel. Dresden bei With. Knapp. Preis 1,50 *M.*

Das 70 Seiten starke Büchlein enthält in zehn Capiteln allerhand Winke für den Liebhaberphotographen; der Verfasser setzt bei seinem Leser die eigentliche Kenntnifs der Lichtbildtechnik voraus und versucht vielmehr, ihn zur Reise selbst, im Gebrauch der Karten, der künstlerischen Aufnahme u. s. w. zu schulen. Wir glauben das lesenswerthe Büchlein aber nur unter der Bedingung empfehlen zu sollen, dafs der auf Reisen gehende Liebhaberphotograph es vor Antritt seiner Reise liest. *S.*

Guttentagsche Sammlung deutscher Reichsgesetze. Bei J. Guttentag, Berlin SW.

Nr. 22a. *Patentgesetz.* Gesetz, betreffend den Schutz von Gebrauchsmustern. Gesetz, betr. das Urheberrecht an Mustern und Modellen. Textausgabe mit Anmerkungen und Sachregister. Von T. Ph. Berger, fortgeführt vom Kaiserlichen Regierungsrath Dr. R. Stephan. IV. vermehrte Auflage. Preis 1,25 *M.*

Nr. 6. *Reichsgewerbe-Ordnung* nebst Ausführungsbestimmungen. Textausgabe mit Anmerkungen und Sachregister. Von T. Ph. Berger, fortgeführt vom Kaiserlichen Oberregierungsrath Dr. Wilhelmi. XIV. vermehrte Auflage. Preis 2 *M.*

Diese Ausgaben sind seit lange vortheilhaft bekannt und unentbehrlich geworden. Bei dem nimmer rastenden Gang unserer Gesetzgebung ist es doppelt erwünscht, dafs die Auflagen rasch aufeinander folgen, damit man stets die zur Zeit gültigen gesetzlichen Bestimmungen zur Hand hat. Der billige Preis erleichert die Beschaffung der neuen Auflage zum Ersatz der alten Bücher. *S.*

Ferner sind bei der Redaction folgende Schriften eingegangen, deren Besprechung vorbehalten bleibt:

A. G. Bannig, Secretär des Industriellen Club, *Die Bedeutung der Industrie für Oesterreich.* Wien 1897, G. Szelinski.

Dr. Rob. v. Landmann, Kgl. bayr. Staatsminister, *Die Gewerbeordnung für das Deutsche Reich,* unter Berücksichtigung der Gesetzgebungsmaterialien, der Praxis und der Literatur erläutert. III. Auflage, unter Mitwirkung des Verfassers bearbeitet von Dr. G. Bohmer, Königl. bayr. Bezirksamtsassessor. Band I, 2. Hälfte. München 1897, C. H. Beck (Oskar Beck).

Dr. M. Schmitz, *Die Handelswege und Verkehrsmittel der Gegenwart,* unter Berücksichtigung früherer Verhältnifse. Breslau 1897, Ferdinand Hirt.

Dr. Jul. Kahn, *Börsengesetz vom 22. Juni 1896.* Aus der Sammlung deutscher Reichsgesetze, Textausgabe mit Anmerkungen und Register. München, 1897. C. H. Beck. Gebunden 3 *M.*

Dr. R. Ehrenberg, *Der Handel.* Seine wirthschaftliche Bedeutung, seine nationalen Pflichten und sein Verhältnifs zum Staate. Jena, 1897. Gustav Fischer. 1,50 *M*, geb. 2 *M.*

Piesberger Anthracit. Eine der ältesten und besten Herdbrandkohlen. Selbstverlag des Georgs-Marien-Hütten- und Bergwerksvereins in Osnabrück.

Emil Wolff, *Der Fabrikarbeiter und seine rechtliche Stellung.* Handbuch für Arbeitgeber, Arbeitnehmer, Verwaltungsbehörden und Gewerbegerichte. Frankfurt a. M., 1897. H. Bechhold. 2 *M.*

C. Kurtz, Amtsgerichtsrath, *Die Armenpflege im Preufsischen Staate.* Eine systematisch geordnete Sammlung aller darauf bezüglichen, jetzt geltenden Gesetze und Verordnungen, zusammengestellt und erläutert. Breslau, 1897. W. Koebner (M. & H. Marcus).

C. Regenhardts *1897er Geschäftskalender für den Weltverkehr.* 22. Jahrgang, 3. Auflage. Berlin W. C. Regenhardt.

A. G. Rannig, Secretär des Industriellen Club. *Die Arbeiterbewegung in Neunkirchen* oder der sogenannte Generalstreik in Neunkirchen. Wien, 1896. G. Szelinski.

Dr. Heinrich Hirsch, *Socialpolitische Studien.* Beiträge zur Politik, Geschichte und Ethik der Socialen Frage. Berlin, 1897. H. L. Prager. Preis 3 *M.*

Das in Nr. 5, Seite 205 besprochene Taschenbuch für Bergmänner ist im Verlag der k. k. Berg-Akademischen Buchhandlung von Ludwig Nüssler in Leoben erschienen und nicht, wie irrthümlich angegeben, bei Ladw. Mittler.

Industrielle Rundschau.

Actiengesellschaft für Schriftgiefserei und Maschinenbau, Offenbach am Main.

Auch im Jahre 1896 hat sich der Kundenkreis der Gesellschaft wiederum nicht unwesentlich vermehrt, und insbesondere konnte die Fabrication der selbstgebauten Schnellpressen weiter ausgedehnt werden. Von dem sich ergebenden Betriebsüberschufs von 212305,58 *M* verbleiben nach den ausreichend bemessenen Abschreibungen von zusammen 79710,90 *M* als Reingewinn 132594,68 *M* und wird vorgeschlagen, die Vertheilung in folgender Weise vorzunehmen: 5 % Reserve = 6629,73 *M*, 4 % erste Dividende = 40000 *M*, Tantièmen und Gratificationen = 15604,96 *M* und weitere 15000 *M* als Specialreserve zu übertragen und den Actionären eine Superdividende von 5 % = 50000 *M*, zusammen 127234,69 *M* zu zahlen, so dafs 5359,99 *M* als Vortrag auf neue Rechnung verbleiben.

Actiengesellschaft für Federstahl-Industrie vorm. A. Hirsch & Co., Cassel.

Der Gesammtumsatz im Jahre 1896 betrug 1586082 *M* gegen 1607242 *M*, der Nettogewinn 265831,49 *M* gegen 275684,98 *M* im Vorjahre. Der Gewinnsaldo einschliefslich des Vortrages vom vorigen Jahre in Höhe von 11086,57 *M* beträgt 276918,06 *M*. Es wird beantragt: 5 % vom Jahresgewinn (265831,49 *M*) dem Reservefonds B mit 13291,55 *M*, 7 % statutenmäfsige Tantième an den Aufsichtsrath = 18608,17 *M*, 5 % des Actiencapitals an die Actionäre mit 75000 *M* = 106899,72 *M*, zusammen 170018,34 *M*, die vertragsmäfsige Tantième an Direction und Procuristen = 32388,22 *M*, Remuneration an die Beamten 10000 *M* = 42388,22 *M* zu überweisen, von dem Rest von 127630,12 *M* 7 % Superdividende = 105000 *M*, Arbeiterbetheiligung 11000 *M*, Reservefonds B 6708,45 *M* = 122708,45 *M*, zu verwenden und den Saldo von 4921,67 *M* auf neue Rechnung vorzutragen.

Bielefelder Maschinenfabrik vorm. Dürkopp & Co.

Aus dem Bericht für 1896 theilen wir Folgendes mit: „In unserm letzten Geschäftsbericht gaben wir der Hoffnung Ausdruck, dafs das Jahr 1896 ebenso glücklich und gewinnbringend verlaufen möge, wie das vergangene, wozu uns der gute Ruf unserer Fabricate und das wachsende Bedürfnifs an Fahrrädern für sportliche, militärische und allgemeine Verkehrszwecke berechtigte. Diese Erwartung hat sich auch erfüllt, und wir sind wiederum in der Lage, unsern Actionären einen erfreulichen Abschlufs vorzulegen. Unser Geschäftsumsatz in 1896 betrug 6806125,75 *M* gegen 5396356,51 *M* in 1895, hat sich also um 1409769,24 *M* vermehrt, wobei unser Umsatz in unsern Filialen mit rund 1000000 *M* gegen 500000 *M* in 1895 nicht eingerechnet ist. Wenn nun gleichwohl der zur Vertheilung verbleibende Ueberschufs nur verhältnifsmäfsig wenig mehr, nämlich 768385,63 *M* (743490,78) beträgt, so ist daran hauptsächlich der im April 1896 ausgebrochene Ausstand unserer Arbeiter schuld. Derselbe währte vom 8. bis 29. April, der besten Zeit unserer Fabrication, und endete dann ebenso plötzlich wie er gekommen mit Wiederaufnahme der Arbeit zu den alten Bedingungen. Da solche Vorkommnisse, zu denen irgend ein Anlafs nicht vorlag, nur gegenseitig zu Verlusten führen, bleiben wir vor einer Wiederholung hoffentlich bewahrt. Die Aufstellung der Bilanz ist nach den bisherigen Grundsätzen erfolgt, die Abschreibungen sind auf 265018,52 *M* (238526,78) bemessen und die für Instandhaltung und Ergänzung von Werkzeugen, Geräthen und Inventarien gemachten Aufwendungen wie üblich aus dem Betriebe gedeckt. Den zur Verfügung bleibenden Reingewinn von 768385,63 *M* bezw. unter Hinzurechnung des Vortrages aus 1895 (6371,05) von 774756,68 *M* möchten wir uns erlauben wie folgt vorzuschlagen: 20 % Dividende 450000 *M*, Tantième an den Aufsichtsrath und Gratificationen an die Beamten 85878,92 *M*, Specialreservefonds 175000 *M*, Unterstützungs- und Pensionsfonds 15000 *M*, Neubaufonds 46665,21 *M*, Vortrag auf neue Rechnung 2212,55 *M*, zusammen 774756,68 *M*."

Hallesche Maschinenfabrik und Eisengiefserei.

Das vergangene Jahr 1896 ist das günstigste seit dem Bestehen der Gesellschaft gewesen. Der Rohgewinnsaldo beläuft sich auf 869781,67 *M*. Die Abschreibungen einschliefslich des Zuschusses zum Arbeiter-Unterstützungsfonds von 3123,60 *M* ergaben 56404,73 *M*. Der Reingewinn beträgt 813376,94 *M*. Nach Abzug des Vortrags aus 1895 805788,39 *M*. Davon 5 % an den Aufsichtsrath = 40289,42 *M*, 20 % an den Vorstand = 161157,70 *M*, 40 % Dividende auf 1500000 *M* Actienkapital = 600000 *M*, Vortrag auf neue Rechnung 11929,82 *M*.

Königin-Marienhütte, Actiengesellschaft zu Cainsdorf.

Aus dem Geschäftsbericht für 1896 theilen wir Folgendes mit: „Wir haben die Genugthuung zu bestätigen, dafs die Belebung des Geschäftsganges und die Steigerung der Preise für fast alle unsere Producte im Geschäftsjahr 1896 von Dauer gewesen ist, weitere Fortschritte gemacht hat und auch heute noch anhält. Das zu Beginn des Geschäftsjahres schon angesammelte gröfsere Arbeitsquantum steigerte sich im Laufe des Jahres so, dafs fast das ganze Jahr hindurch eine geradezu dringliche Nachfrage, hauptsächlich nach den Erzeugnissen unserer Walzwerke, vorhanden war. Nur bei angestrengtester Thätigkeit konnte den Anforderungen der Kundschaft Genüge geleistet werden und mufsten wir in vielen Fällen verlängerte Lieferfristen in Anspruch nehmen. Wie allgemein bekannt, entwickeln sich die Preissteigerungen zunächst am intensivsten auf dem Felde der Rohmaterialien und Halbfabricate und müssen auch wir constatiren, dafs für diejenigen Stoffe, auf deren Ankauf wir angewiesen sind, wie Kohlen, Koks und Roheisen u. s. w. eine ganz erhebliche Preissteigerung eingetreten ist, die fast die Steigerung der Preise für Fertigfabricate erreicht, zum Theil übertroffen hat. Uebrigens sind die allgemeinen Preissteigerungen in aufserordentlich mafsvoller Weise vor sich gegangen, wobei auch uns die Ansicht geleitet hat, dafs nur auf diesem Wege eine längere Dauer der günstigen Verhältnisse zu sichern sei. Die internationalen Bewegungen, sowohl auf dem industriellen wie politischen Gebiete, haben den soliden internen Verhältnissen bei uns keinerlei Abbruch gethan. Im verflossenen Jahre haben wir die Weiter-Aufschlüsse zur Erzgewinnung zum Theil auf vorhandenen, zum Theil auf neu erworbenen Feldern in geographisch günstiger Lage für unser Werk fortgesetzt; wir haben von befriedigendem Erfolg zu berichten, der uns eine aussichtsvolle Grundlage für unseren Hochofenbetrieb bietet. Infolgedessen ist die Neuzustellung unseres Hochofens in beschleunigter Weise eingeleitet und hoffen wir, in einigen Monaten das in Aussicht gestellte Wiederanblasen auf Roheisen vornehmen zu können.

Die Kokerei ist wie früher in ihrem ganzen Umfange in Betrieb erhalten und mit befriedigenden Resultaten. Für die Giefserei hat sich gegen das Vorjahr eine nur wenig veränderte Geschäftslage geltend gemacht und ist dieser Zweig unseres Geschäfts der durch intensive Concurrenz immer noch leidende; besonders war das Gufsrohrgeschäft gedrückt. Die Flufsstahl- bezw. Flufseisen-Erzeugung hat im verflossenen Jahr eine weitere Steigerung erfahren; der Betrieb unserer Martinhütte ist als ein befriedigender zu bezeichnen. Die Beschäftigung des Walzwerks war eine aufsergewöhnlich gesteigerte und überschritt die Vorjahre in der Productionshöhe. Auch in Eisenbahnmaterial lag dauernd genügendes Arbeitsquantum vor, wenn auch eine Steigerung der Schienenpreise nicht zu erzielen war. Für den Maschinen- und Brückenbau haben wir, was den ersten Theil dieses Geschäftszweiges anbetrifft, eine befriedigende Vermehrung der Aufträge bei guten Preisen zu erwähnen, während ür Eisenconstructionsbauten der schon im Vorberichte erwähnte, scharfe auswärtige Wettbewerb andauert. Für die feuerfesten Producte machte sich eine Steigerung unserer Productionsfähigkeit erforderlich und konnten wir glücklicherweise auch das erforderliche Rohmaterial in genügendem Umfange und vorzüglicher Qualität aus eigenen Productionsstätten herstellen. Auch für diese Abtheilung liegt ein ausgiebiges Arbeitsquantum vor. Für das Jahr 1897 haben wir einen reichlichen Bestand an Aufträgen zu guten Preisen herübergenommen, so dafs die Aussichten als günstige zu bezeichnen sind. An Vermehrungen und Verbesserungen unserer Betriebseinrichtungen sind aufser der Anschaffung verschiedener Vor- und Fertigwalzen, Arbeitsmaschinen, Gufskästen, Modelle und Coquillen, die Erweiterung der Thonziegelei, die Erwerbung von kleinen Grundstücken, verschiedene Erzaufschlufsarbeiten und Grubenfelderwerbungen auszuführen, sowie die Hochofen-Zustellungsarbeiten."

Es wird beantragt, den Reingewinn von 397 889,49 *M* wie folgt zu vertheilen: a) in Gemäfsheit des § 33 des Statuts zum gesetzlichen Reservefonds 5 % mit 19 894,45 *M*, an den Aufsichtsrath als Tantième 5 % = 19 894,45 *M*, an den Vorstand und die Beamten 5 % = 19 894,45 *M*; b) von den verbleibenden 338 206,14 *M* an die Actionäre eine Dividende von 5 % auf 6 000 000 *M* Actienkapital = 300 000 *M*, zu einer Specialreserve auf mögliche Werksminderungen der Materialien und Producte 35 000 *M*, den Ueberrest von 3206,14 *M* zum Vortrag auf neue Rechnung.

Poldihütte Tiegelgufsstahlfabrik in Wien.

Das Werk war, um der stetigen Zunahme der Bestellungen gerecht werden zu können, schon 1895 gezwungen, das ursprüngliche Bauprogramm auszudehnen und den Bau von neuen Schmelzöfen, einer neuen Walzwerksanlage mit den nöthigen Kesseln u. s. w. in Angriff zu nehmen. Diese Bauten sind auch ausgeführt und in Betrieb gesetzt worden. Trotz dieser Erweiterung der Anlagen war die Gesellschaft im Jahre 1896 nicht imstande, alle Bestellungen mit der gewünschten Raschheit zu effectuiren. Der Reingewinn von 268 700,76 fl. soll wie folgt vertheilt werden: 5 % Actienzinsen mit 150 000 fl., von den verbleibenden 118 700,76 fl. 5 % in den Reservefonds mit 5935,03 fl., bleibt 112 765,73 fl., weiter 10 % als statutenmäfsige Tantième des Verwaltungsrathes mit 11 276,57 fl., von den restlichen 101 489,16 fl., zuzüglich des Gewinnvortrages vom Jahre 1895 von 210 517,80 fl., zusammen 312 006,96 fl., 1½ % Superdividende von 3 000 000 fl. i. e. 45 000 fl. Der Rest von 267 006,96 fl. soll auf neue Rechnung vorgetragen werden.

Maschinen- und Armaturenfabrik vorm. H. Breuer & Co., Höchst am Main.

Das erste Geschäftsjahr dieser am 8. Juni 1896 begründeten Gesellschaft endete am 31. December 1896. Sowohl die Werkstätten der ehemaligen Firma H. Breuer & Co., als auch diejenigen der ehemaligen Deutschen Wasserwerksgesellschaft, waren das ganze Jahr hindurch vollauf beschäftigt. Auch im abgelaufenen Jahre wurden ebenso wie in allen früheren Jahren unter dem Vorbesitzer eine Anzahl Werkzeugmaschinen zur Vermehrung der Leistungsfähigkeit aufgestellt. Aufserdem wurden in der Eisengiefserei der ehemaligen Deutschen Wasserwerksgesellschaft und in einer des Stammwerkes je ein Cupolofen aufgestellt, so dafs in der ersten 2 und im letzteren 6 Cupolöfen sich im Betriebe befanden. In den vorhandenen 4 Eisengiefsereien wurden im abgelaufenen Jahre 6,3 Millionen Kilogramm Eisenwaaren hergestellt und weiter verarbeitet zu Schiebern, Hydranten und Rohrleitungs-Façonstücken aller Art. Der dafür berechnete Betrag beläuft sich auf 3,05 Millionen Mark, wovon die ehemalige Deutsche Wasserwerksgesellschaft für 0,6 Millionen Mark herstellte und der Rest von 2,45 Millionen Mark auf das Stammwerk entfiel. Es ergiebt sich nach den vorgenommenen Abschreibungen im Betrage von 97 347,39 *M* ein Nettogewinn von 161 366,30 *M*, dessen Vertheilung wie folgt vorgeschlagen wird: für den gesetzlichen Reservefonds 5 % = 8068,30 *M*, für Special-Reservefonds 20 000 *M*, für contractliche Tantièmen 14 000,30 *M*, für 7½ % Dividende an die Actionäre 112 500 *M*, so dafs auf neue Rechnung 6797,70 *M* vorgetragen werden.

Nähmaschinen- und Fahrräderfabrik Bernhard Stoewer, Actiengesellschaft.

Aus dem Bericht des Vorstandes theilen wir Folgendes mit: „Die Umsätze beider Betriebszweige bezifferten sich im vergangenen Jahre auf 2 533 907,78 *M* gegen 1 773 196,84 *M* im Jahre 1895, ein Resultat, welches uns gestattet, die Vertheilung einer Dividende von 12 % in Vorschlag zu bringen. Die Abschreibungen betragen 86 090,24 *M*. Der Reingewinn von 316 310,98 *M* soll wie folgt vertheilt werden: Extra-Reservefonds 17 838,95 *M*, Delcredere-Conto 20 000 *M*, Arbeiterunterstützungs-Conto 5000 *M*, Dividende 12 % von 2 000 000 *M* = 240 000 *M*; es verbleiben als Rest 15 633,08 *M* als Gewinn-Saldo auf neue Rechnung."

Oberschlesische Eisenindustrie, Actiengesellschaft für Bergbau- und Hüttenbetrieb, Gleiwitz O.-S.

Aus dem Bericht für 1896 theilen wir Folgendes mit: „Unsere Erwartung auf eine günstigere Gestaltung des Walzeisengeschäftes im Jahre 1896 ist in Erfüllung gegangen. Die Nachfrage war von Beginn des Jahres an eine befriedigende, so dafs den Walzwerken reichliche und regelmäfsige Beschäftigung während der ganzen Dauer des Berichtsjahres vorlag. In erster Reihe war die gegen die Vorjahre erhöhte Nachfrage durch einen starken Inlandsabsatz bedingt, indem grofse Anforderungen für den Maschinenbau und für den Bedarf der Staatseisenbahnverwaltung eine gesteigerte Inanspruchnahme der Walzwerke bewirkten. Aber auch der seit Abschlufs des Handelsvertrags bedeutsame Absatz in

Walzwerksfabricaten nach Rufsland hielt in unverminderter Weise an, und trug nicht unwesentlich zur Aufbesserung der Marktlage in Oberschlesien bei. Mit der zunehmenden Beschäftigung vollzog sich eine allmähliche Preisaufbesserung, und ergab die Marktgestaltung um so mehr das Bild einer stetigen und gesunden Entwicklung, als bei der Preisstellung alle sprungweisen und weitgehenden Erhöhungen vermieden wurden. Die Preissteigerungen vollzogen sich in erster Reihe auf dem Gebiete der für die Walzeisendarstellung benöthigten Rohmaterialien, während die Fertigfabricate im Preise nur schrittweise der durch den sehr gesteigerten Bedarf an Roh- und Halbfabricaten bedingten Preiserhöhung folgten. — Für den Verkauf der wichtigsten Rohmaterialien und Halbfabricate waren Syndicate in Thätigkeit, welche entsprechend der Nachfrage den Vertrieb regelten; dagegen trat bezüglich der Verbandsverhältnisse für Stabeisen gegenüber den in dem vorjährigen Geschäftsbericht geschilderten Zuständen im Berichtsjahr eine Aenderung nicht ein. Die oberschlesischen Walzwerke verkauften im Cartell mit der der Vereinigung nicht angehörenden Königs- und Laurahütte ihre Erzeugnisse durch eine Centralstelle, während die rheinisch-westfälischen Werke sich weiterhin darauf beschränkten, in bestimmten Zwischenräumen die Einhaltung von Minimalpreisen gemeinschaftlich zu beschliefsen.

So wurden seitens der rheinisch-westfälischen Walzwerke im Laufe des Berichtsjahres die Preise, welche Anfang Januar in einer zu Düsseldorf abgehaltenen Sitzung für Schweifseisen auf 110 ℳ f. d. Tonne und für Flufseisen auf 105 ℳ f. d. Tonne, Frachtbasis Dortmund, festgesetzt worden waren, successive für Schweifseisen auf 131 ℳ f. d. Tonne und für Flufseisen auf 126 ℳ f. d. Tonne, Frachtbasis Dortmund, unter Reducirung des bisher gewährten Ueberpreis-Rabattes von 33⅓ % auf 25 % erhöht. Die oberschlesischen Walzwerke trugen in ihrer Preisstellung diesen Notirungen entsprechend Rechnung. In das neue Geschäftsjahr übernahmen wir zu den inzwischen aufgebesserten Erlösen Aufträge, welche uns für das erste Halbjahr mit Arbeit versorgen.

Der Verlauf des Hochofenbetriebes war im Berichtsjahr ein befriedigender und ungestörter. Am 1. Januar hatten wir in Julienhütte fünf Hochöfen und auf der gepachteten Tarnowitzer Hütte zwei Hochöfen im Betrieb. Am 2. November 1896 wurde in Julienhütte der neuerbaute Hochofen VI angeblasen, und hatten wir seit diesem Tage insgesammt acht Hochöfen (sechs in Julienhütte, zwei in Tarnowitz) im Feuer. Infolge des lebhaften Geschäftsganges in Walzwerks- und Drahtfabricaten war unser Bedarf an Roheisen gegen das Vorjahr wesentlich erhöht, wie dies auch bei anderen Hütten des hiesigen Industriebezirks der Fall war, und herrschte demnach im oberschlesischen Revier bei vollständig geräumten Lägern eine empfindliche Knappheit an Roheisen. Um unseren eigenen erhöhten Bedarf zu decken, und um von der Möglichkeit, ein Quantum Roheisen zu lohnenden Preisen abzusetzen, Nutzen zu ziehen, sahen wir uns veranlafst, vorübergehend die Möllerführung von 100 % Brauneisenerz zu verlassen und reicher zu möllern. Die infolge dieses Betriebes bei uns etwas erhöhten Selbstkosten wurden durch den Gewinn am verkauften Roheisen reichlich hereingebracht. Die Eisenerzförderung ergab, entsprechend der bereits im vorjährigen Bericht erwähnten Verstärkung des Förderbetriebs, eine namhafte Mehrförderung gegen das Vorjahr, und fand dieselbe theils im eigenen Betriebe, theils durch Verkauf schlanken Absatz. Die geförderten Erze sind von guter Qualität, insbesondere jene aus dem Bibiellaer Revier, in welchem wir die Möglichkeit haben, die Förderung noch erheblich zu erhöhen. Das Geschäft in Drahtfabricaten lag befriedigend, und waren wir während der ganzen Dauer des Geschäftsjahres ausreichend mit Aufträgen versehen. Mit dem bei weitem gröfsten Theil unserer Production sind wir auf den inländischen Consum angewiesen und gerade die auf diesem Markte so gesteigerte Nachfrage ist uns sehr zu statten gekommen. Dank der im Vorjahre eingeführten Betriebsverbesserungen vermochten wir den erhöhten Anforderungen voll gerecht zu werden, wobei unsere Productionsselbstkosten dementsprechend auch vortheilhafter calculirten. Während im ersten Semester die Erlösaufbesserung noch nicht im richtigen Verhältnifs zu den gesteigerten Preisen des Rohmaterials stand, brachte die weitere Befestigung auf dem Montanmarkte auch uns bei steigenden Preisen ein recht lebhaftes Geschäft. Die stille Winterszeit kam nicht so empfindlich, wie sonst zur Geltung, so dafs wir, mit Ausnahme der nothwendigen Inventurtage, den Betrieb voll aufrecht erhalten konnten, zumal die Ende December vorliegenden Frühjahrsaufträge ein Ansammeln von Beständen in Fertigfabricaten als absolut nothwendig erscheinen liefsen. Die am 1. Januar übertragenen Verkaufsverpflichtungen sichern uns für fast volle sechs Monate reichliche Arbeit.

Der Nettogewinn beträgt 1 646 963,69 ℳ. Die Vertheilung desselben wird wie folgt vorgeschlagen: 8 % Dividende auf 17 250 000 ℳ Actienkapital = 1 380 000 ℳ, in Reserve gestellter Agiogewinn bei Begehung von 900 000 ℳ Commandit-Betheiligung beim Emaillirwerk Silesia 180 000 ℳ, Dotation für das Delcredereconto 10 000 ℳ, Extrareserve für das vom Grafen Henckel von Donnersmarck übernommene Inventar 9000 ℳ, Zuwendung zum Schulbau in Zalenze 2000 ℳ, Zuwendung für das Tuberkulosenheim in Loslau O.-S. 10 000 ℳ, Statutenmäfsige Tantième für den Aufsichtsrath 42 778,83 ℳ, Vortrag auf 1897 13 184,86 ℳ."

Rheinische Bergbau- und Hüttenwesen-Actiengesellschaft zu Duisburg.

Aus dem Bericht pro 1896 theilen wir Folgendes mit:

„Die günstige Lage, in der sich der Eisenmarkt zur Zeit unseres letzten Jahresberichtes befand, hat während des ganzen vergangenen Jahres angehalten und fortschreitend an Festigkeit zugenommen, so dafs wir in der angenehmen Lage sind, die seiner Zeit in Aussicht gestellten befriedigenden Ergebnisse heute vorlegen zu können. Die Nachfrage nach Roheisen steigerte sich im Laufe des Vorjahres in solchem Mafse, dafs wir derselben kaum zu genügen vermochten, obgleich wir bestrebt waren, die gröfstmögliche Production in unseren 4 Hochöfen zu erzielen. Leider wurden wir daran wiederholt gehindert durch mangelnde Zufuhr von Kokskohlen, unter der wir besonders im Monate December v. J. schwer zu leiden hatten. Im Laufe des Jahres steigerten sich die Preise für Puddeleisen, Stahleisen und Thomaseisen in mäfsiger Weise, während eine entsprechende Preiserhöhung für Giefsereieisen nicht erzielt werden konnte, da englisches Eisen in steigendem Mafse zu billigen Preisen zur Einführung gelangte. Nachdem sich die verschiedenen rheinisch-westfälischen Roheisen-Verkaufsstellen bereits im Herbste 1896 zu einem einheitlichen Roheisen-Verbande resp. Syndicate vereinigt hatten, wurde gegen Ende des Jahres ein Syndicats-Vertrag zwischen sämmtlichen Rheinisch-Westfälischen und Siegerländer Hochofenwerken vollzogen, der mit dem 1. Januar a. c. in Kraft getreten und als ein erfreuliches Ereignifs zu begrüfsen ist, da durch diese Vereinigung die erstrebte Regelung von Production und Preisen ganz wesentlich erleichtert wird. Hochofen I, dessen Schacht Mitte December 1895 einstürzte, wurde umgebaut und Ende Februar vorigen Jahres dem Betriebe wieder übergeben. Die in unserem vorigjährigen Berichte erwähnten zwei neuen grofsen Cowper-Apparate nebst einem 75 Meter hohen Kamin wurden im November v. J. in Betrieb genommen und kam der günstige Einflufs dieser Neuanlage auf den gesammten Betrieb, besonders aber auf den Koksverbrauch der Oefen I und II schon bald zur Erscheinung. Die Hochöfen erzeugten: 63724,1 t Giefsereieisen, 2664,9 t Gufswaaren erster Schmelzung, 15056,0 t Puddeleisen, 14645,0 t Thomaseisen, 591,9 t Special-Roheisen, im ganzen 96681,9 t gegen 72915,1 t in 1895. Der Roheisenbestand betrug am 31. December 1896 3384,9 t gegen 4309,0 t Ende 1895. Es wurden verschmolzen: 187748,50 t Eisenstein, 115316,60 t Koks, 42393,28 t Kalkstein. Die Gufswaarenproduction betrug: 9869,93 t gegen 7580,00 t in 1895. Der Gesammtgewinn an Roheisen, Gufswaaren, Werkstätten, Eisenstein- und Sandausschachtung beträgt 995911,01 *M*. Hiervon gehen ab: für Anleihezinsen 34050 *M*, für Geschäftszinsen und Scouten und Disconten 58359,01 *M*, für Generalunkosten, einschliefslich Gehälter, Steuern, Beiträge für Unfall-, Kranken- und Pensionskasse 109813,62 *M*, für statutarische Abschreibungen 348382,59 *M*, für die Rücklage 10 % vom Reingewinn nach Verrechnung der statutarischen Minimalabschreibungen 54993,43 *M*, für statutarische und vertragliche Gewinnantheile an Vorstand und Direction 19939,26 *M* = 625537,91 *M* und bleiben hiernach 370373,10 *M*, bezw. unter Hinzuziehung des Vortrages aus 1895 von 6419,75 *M*, zusammen 376792,85 *M* zur Verfügung der Generalversammlung. Die Lage des Roheisenmarktes ist auch heute noch eine durchaus gute, und glauben wir, mit Rücksicht auf die bestehenden Abschlüsse, falls der Betrieb keine gröfseren Störungen erleidet und das Geschäft durch politische Wirren nicht beeinträchtigt wird, auch für das laufende Jahr befriedigende Ergebnisse in Aussicht stellen zu können. Es wird vorgeschlagen, von dem Reingewinn von 376792,85 *M* 360000 *M* zur Vertheilung einer sofort zahlbaren Dividende von 8 % zu verwenden, von den verbleibenden 16792,85 *M* den Betrag von 10000 *M* dem Beamten-Unterstützungs-Conto zu überweisen und den Rest von 6792,85 *M* auf neue Rechnung vorzutragen."

Rheinische Chamotte- und Dinaswerke, Eschweiler.

Ueber das das Jahr 1896 berichtet der Vorstand:

„Die in unserem vorigjährigen Bericht über das erste Geschäftsjahr der Rheinischen Chamotte- und Dinaswerke ausgesprochenen Hoffnungen auf eine Besserung der Absatzverhältnisse und damit unserer Ergebnisse haben sich im Berichtsjahre verwirklicht. Wir waren auf allen unseren Werken stark beschäftigt, so dafs uns der durch den Umbau der gesammten maschinellen Anlagen in Bendorf veranlafste Productionsausfall während mehrerer Monate sehr behindert hat. Ohne diesen Ausfall würde der Abschlufs sich nach jeder Richtung hin noch günstiger gestaltet haben. Der Gesammtversandt an feuerfesten Producten aus unseren eigenen Fabriken einschliefslich des Versands der uns gehörenden Gesellschaft mit beschränkter Haftung G. Lütgen-Borgmann in Eschweiler betrug: 65128 t gegen 51080 t 1895. Aufserdem versandten wir an fremde Abnehmer aus unseren Thongruben in Mehlem noch weitere 13250 t Thon. Die im Vorjahre schon in Aussicht genommene Anlage einer Chamottebrennerei bei unserer Grube Unner auf dem Westerwald ist im Laufe des Berichtsjahres in der Weise ausgeführt worden, dafs wir, mit dem Besitzer einer markscheidenden Thongrube zusammen, eine Gesellschaft mit beschränkter Haftung unter der Firma Westerwälder Chamottewerke mit dem Sitze in Siershahn begründet haben. Diese Gesellschaft, in welche die erwähnten Thongruben eingebracht worden sind, hat unmittelbar am Bahnhofe Siershahn eine grofse Chamottebrennerei errichtet, deren erste zufriedenstellende Producte eben vorliegen. Unser Antheil an dem 200000 *M* betragenden Stammkapital der Gesellschaft findet sich mit 105000 *M* unter den Activen unserer Bilanz. Die Aussichten für das laufende Jahr sind recht gute. Der gröfste Theil der alten noch zu billigen Preisen hereingenommenen Aufträge ist im abgelaufenen Geschäftsjahre erledigt worden und unsere Production fast für das ganze Jahr 1897 bereits jetzt schon zu guten Preisen verkauft."

Rheinisch-westfälisches Kohlensyndicat.

Der Bericht des Vorstandes über das Geschäftsjahr 1896 lautet:

Wir beehren uns, Ihnen hierdurch über das Geschäftsjahr 1896 Bericht zu erstatten. Die Belebung der geschäftlichen Thätigkeit auf fast allen Gebieten des gewerblichen Lebens, deren Beginn schon in die zweite Hälfte des Jahres 1895 fällt, hat im Berichtsjahre, dem ersten, für welches der neue Syndicatsvertrag mafsgebend ist, in langsamer aber stetiger Weiterentwicklung eine die gehegten Erwartungen übertreffende Ausdehnung erfahren. Während sich für die Sommermonate allerdings, der Jahreszeit entsprechend, noch eine Einschränkung von etwa 10 bis 11 % ergab, steigerte sich der Absatz im weiteren Verlaufe von Monat zu Monat, so dafs unsere Zechen gegen das Ende desselben fast durchgängig voll beschäftigt waren. Unter Berücksichtigung der fortwährenden erheblichen Zunahme der Betheiligungsziffer darf dieses Ergebnifs, welches in der nachfolgenden Zahlenzusammenstellung des näheren nachgewiesen wird, wohl als befriedigend bezeichnet werden. Die Betheiligungsziffer, welche am Schlusse des Jahres 1895 sich auf 40722004 t belief und am 1. Januar 1896 sich nach Hinzurechnung der mit diesem Tage in Kraft getretenen Mehrbewilligungen auf 41631243,5 t stellte, erfuhr im Laufe des Jahres eine Steigerung um 1786247 t = 4,29 % und betrug mithin am Schlusse desselben 43417490,5 t. Gegen die Betheiligungsziffer von 33575976 t, mit welcher wir am 1. März 1893 in das Syndicat eingetreten sind, ergiebt sich also in den etwa 4 Jahren des Bestehens des Syndicats eine Erhöhung von 9841514,5 t = 29,31 %. Am 1. Januar 1897 sind weitere Erhöhungen von zusammen 705000 t eingetreten, so dafs an diesem Tage die Betheiligungsziffer die Höhe von 44274765,5 t erreichte. Die rechnungsmäfsige, also diejenige Betheiligung, welche sich unter Berücksichtigung des jeweiligen Beginnes der Erhöhungen ergiebt, stellt sich pro 1896 auf 42626516 t, die Förderung auf 38916112 t, letztere ist also hinter der Betheiligungsziffer um 3710404 t = 8,705 % gegen 10,45 % im Vorjahre zurückgeblieben. Hierzu ist zu bemerken, dafs bis zum 1. Januar 1896 nicht die Förderung, sondern der Absatz der Betheiligungsziffer gegenüber gestellt worden ist, der Vergleich aber immerhin zulässig erscheint, da die Zahlen für Förderung und Absatz bei den Syndicatszechen doch nur unwesentlich voneinander abweichen. Im übrigen ist noch darauf aufmerksam zu machen, dafs die geldliche Förderabrechnung nicht auf Grund der oben angegebenen Zahlen erfolgt ist. Es mufste bei dieser Abrechnung vielmehr noch berücksichtigt werden, dafs verschiedene Mitglieder wegen Betriebsstörungen oder aus anderen Gründen trotz genügender Aufträge ihre Förderung nicht auf die Höhe der ihnen zustehenden Betheiligungsziffer bringen konnten. Die Mengen, um welche deren Förderung hinter der Betheiligung zurückgeblieben ist, mufsten daher aus der Förderabrechnung ausscheiden, so dafs der letzteren nur eine thatsächliche Einschränkung von 7,31 % zu Grunde zu legen war. Es ergiebt sich hiernach, da bei der vorjährigen Förderabrechnung mit einer Einschränkung von 10,45 % gerechnet werden mufste, dafs trotz einer Erhöhung der Betheiligungsziffer um arbeitstäglich 10191 t = 7,78 % die Einschränkung des Jahres 1896 um 3,14 % niedriger war, wie die des Vorjahres; die arbeitstägliche Förderung ist denn auch im Berichtsjahre um 11613 t = 9,91 % und der Absatz um arbeitstäglich 11566 t = 9,87 % höher gewesen wie in 1895, während die Absatzvermehrung des Jahres 1895 gegen 1894 nur 1,03 % betrug. Mit Rücksicht auf den vermehrten inländischen Bedarf haben wir trotz der erwähnten namhaften Steigerung der Betheiligungsziffern von einem besonders nachdrücklichen Vorgehen gegen die fremde Concurrenz Abstand nehmen können und uns in der Hauptsache darauf beschränkt, in den umstrittenen Absatzgebieten den im Laufe der Zeit mit nicht geringen Opfern errungenen Besitzstand zu wahren. Hinsichtlich der Absatzverhältnisse in den einzelnen Monaten verweisen wir auf die nachstehende Aufstellung.

Monat	Betheiligungsziffer	Förderung		Selbstverbrauch	Versand		
			% der Betheiligungsziffer		insgesammt	für Rechnung des Syndicats	
	t	t		t	t	t	%
Januar	3 461 985	3 340 930	96,50	800 650	2 514 026	2 305 696	91,71
Februar	3 452 285	3 094 014	89,62	741 545	2 329 702	2 128 534	91,37
März	3 501 148	3 091 416	88,30	770 282	2 334 332	2 154 538	92,30
April	3 348 690	2 952 011	88,15	748 382	2 207 047	2 037 486	92,32
Mai	3 358 619	2 974 512	88,56	766 028	2 228 173	2 069 491	92,88
Juni	3 481 407	3 080 661	88,49	772 733	2 315 003	2 163 798	93,47
Juli	3 810 876	3 394 974	89,09	807 381	2 574 396	2 406 850	93,49
August	3 686 104	3 300 268	89,53	777 196	2 532 955	2 356 634	93,04
September	3 688 638	3 386 069	91,80	779 064	2 606 658	2 423 764	92,98
October	3 887 655	3 584 622	92,21	839 024	2 724 651	2 527 645	92,77
November	3 453 415	3 338 203	96,67	803 335	2 548 598	2 348 096	92,13
December	3 495 694	3 378 430	96,65	827 119	2 562 329	2 367 527	92,40
Summa	42 626 516	38 916 112	91,29	9 432 739	29 477 870	27 290 059	92,58

Wir bemerken hierzu, was insbesondere die Höhe der Förderung in den einzelnen Monaten angeht, dafs, während im Januar sich noch ein flottes Wintergeschäft entwickelte, schon im nächsten Monat infolge der milden Witterung eine Abschwächung eintrat, die noch gröfsere Ausdehnung angenommen haben würde, wenn nicht schon damals der geschäftliche Aufschwung sich in verstärkter Abnahme seitens verschiedener Industriezweige, namentlich der Eisenindustrie, bemerkbar gemacht hätte. — Die Monate Februar bis einschliefslich August weisen hinsichtlich der Absatzverhältnisse keine nennenswerthen Unterschiede auf. Die Ergebnisse der Monate September und October lassen dagegen den Einflufs des flotteren Herbstgeschäftes schon deutlich erkennen, doch wurde leider in beiden Monaten die volle Ausnutzung der besseren Marktverhältnisse durch zeitweise ziemlich empfindlichen Wagenmangel beeinträchtigt. Erst nachdem dank des umsichtigen Eingreifens der Eisenbahnverwaltung dieser Uebelstand ziemlich gehoben war, konnte sich in den beiden letzten Monaten des Jahres die Förderung der Zechen freier entwickeln und es sind die in diesen Monaten noch verbliebenen Fördereinschränkungen nur rechnungsmäfsige und in der Hauptsache darauf zurückzuführen, dafs verschiedene Zechen infolge von Betriebsstörungen u. s. w. nicht in der Lage waren, den im Rahmen ihrer Betheiligungsziffern an sie gestellten Anforderungen voll zu entsprechen. Die Wasserverhältnisse des Rheines sind im verflossenen Jahre für die Verschiedenheit der Ergebnisse in den einzelnen Monaten weniger ausschlaggebend gewesen; der Wasserstand war das ganze Jahr hindurch ein durchweg guter und belangreiche Störungen des Rheinversandgeschäfts haben nicht stattgefunden. Was die Preisgestaltung für die Erzeugnisse unserer Zechen anlangt, so haben wir im Laufe des vergangenen Jahres, der fortschreitenden Befestigung der Marktlage Rechnung tragend, weitere mäfsige Aufbesserungen der Verkaufspreise eintreten lassen können, die in der Hauptsache jedoch erst dem laufenden Jahre zu gute kommen werden. Da die Lage fast der gesammten deutschen Industrie weitere günstige Absatzverhältnisse erwarten läfst, so glauben wir unter der Voraussetzung der Erhaltung des so dringend nothwendigen äufseren und inneren Friedens auch für den rheinisch-westfälischen Kohlenbergbau für das Jahr 1897 ein günstiges Ergebnifs erhoffen zu dürfen. Nicht unerwähnt möchten wir schliefslich lassen, dafs mit der seit Jahrzehnten von der deutschen Industrie angestrebten Verbilligung der Frachten nunmehr endlich durch die zum 1. April 1897 erfolgte Ausdehnung des Rohstofftarifs auf die Beförderung von Brennmaterialien der Anfang gemacht ist. Es ist zu hoffen, dafs diese Tarifmafsnahme sich von befruchtendem Einflusse auf die deutsche Gewerbthätigkeit erweisen und damit auch für den Kohlenbergbau von Nutzen sein wird, da eine gute Beschäftigung der anderen Industriezweige unerläfsliche Vorbedingung für ein gedeihliches Kohlengeschäft ist. Nach Ausweis der Bilanz nebst Gewinn- und Verlustrechnung schliefst die letztere mit einem Debetsaldo von 246249,34 *M* ab, welcher im Geschäftsjahr 1897 durch Umlage zu decken bleibt.

Sürther Maschinenfabrik vormals H. Hammerschmidt.

Der Umsatz des Werkes hat sich 1896 um 25 % vergröfsert und die Beschäftigung des Werkes war durchweg zufriedenstellend. Da der Absatz in grofsmaschinellen Anlagen ganz erheblich gestiegen ist und auch weiterhin voraussichtlich so bleiben wird, die Betriebseinrichtungen diesem Audrange zum Theil aber nicht mehr gewachsen waren, so mufste zum theilweisen Umbau der Schlosserei geschritten werden, wodurch auf Gebäude- und Maschinenconto ein Zuwachs entstanden ist. Der Reingewinn beträgt 122812,42 *M*, und zuzüglich Vortrag aus 1895 (1910,48 *M*) 124722,90 *M*, dessen Verwendung wie folgt vorgeschlagen wird: Reservefonds 5 % 6140,62 *M*, Tantième für Aufsichtsrath, Vorstand und Beamte 13831 *M*, $5^1/_2$ % Dividende 87945 *M*, Vortrag auf neue Rechnung 16806,28 *M*, zusammen 124722,90 *M*.

Westfälisches Kokssyndicat.

In der in Bochum am 8. April abgehaltenen ordentlichen Hauptversammlung waren (nach der „Rh.-W. Z.") 1715 Stimmen vertreten. Die ausscheidenden Aufsichtsrathsmitglieder Generaldirectoren Kirdorf und Frielinghaus, Directoren Kleine und Hoffmann wurden wiedergewählt, an Stelle des aus dem Vorstande der Zeche Holland ausscheidenden Directors Hollender wurde Generaldirector Effertz neu gewählt. Nach Ertheilung der Entlastung legte der Director des Kokssyndicats Ley eine interessante graphische Darstellung über die Absatzrichtungen des Koks vor. Darnach stieg seit 1889 der Absatz nach Ostfrankreich bis 1894 von 250000 t auf 1050000 t, sank dann wieder auf 850000 in 1896; er stieg nach Luxemburg von 410000 auf 810000 (1896), nach Lothringen von 350000 auf 600000 t (1896), nach Belgien stieg er bis 300000 t (1895) und sank 1896 auf 170000 t, nach Nassau-Siegen stieg er von 600000 auf 680000 t (1896). Am bezeichnendsten ist der Absatz im Ruhrrevier; er betrug in den Jahren 1889 bis 1896: 480000 t, 500000 t, 410000 t, 275000 t, 180000 t, 200000 t, 250000 t, 500000 t. Die Umlage betrug 1891 3 %, stieg auf 25 % (1893) und geht seitdem zurück.

In der anschliefsenden Monatsversammlung wurde mitgetheilt: Die Umlage bleibt wie bisher auf 14 % bemessen; sie wird sich mit Beginn des 3. Quartals ändern, je nachdem dann die Verrechnungspreise erhöht werden. Der Absatz betrug im Januar 476000, Februar 458000, März 506000, zusammen 1440000 t, arbeitstäglich im 1. Quartal 19480 t, das heifst 9,6 % mehr als im 1. Quartal 1896. Aus dem Jahre 1896 sind 65000 t in der Lieferung rückständig. Die Roheisenerzeugung stieg um 10 %, die Koksproduction hielt demgemäfs damit gleichen Schritt, entspricht aber auch heute noch nicht dem Bedarf. Für 1898 sind zu den erhöhten Preisen 4422000 t Hochofenkoks und 751000 t Giefsereikoks verkauft, zusammen 5174000 t = 87 % der Production. Der Rest befindet sich unter Anstellung; das Kohlenrevier hat sich für 1898 schon völlig gedeckt. Auch in die umstrittenen Gebiete ist zu erhöhten Preisen verkauft. Die Lage des Koksmarktes ist sehr fest. Der Einfuhr von Roheisen aus Amerika wird keine weitere Bedeutung beigemessen, da Versuche auf Werken des hiesigen Bezirkes ergeben haben, dafs der Preisunterschied durch die Qualität mehr wie ausreichend aufgehoben wird.

Waggonfabrik Gebr. Hofmann & Co., Actiengesellschaft, in Breslau.

Die Beschäftigung der Fabrik im Jahre 1896 hat den im letzten Geschäftsbericht ausgedrückten Erwartungen entsprochen. Es wurden 995 Wagen und andere Arbeiten für 2684742 *M* abgeliefert (im Jahre 1895: 1085 Wagen u. s. w. für 2555200 *M*) und zur Lieferung im laufenden Jahre blieben Aufträge für 2673750 *M*. Das Jahresergebnifs ist zwar infolge der niedrigen Preise nicht ganz dem grofsen Umsatze entsprechend, immerhin aber bleibt nach den erforderlichen und angemessenen Abschreibungen und Rücklagen ein Ueberschufs von 149708,73 *M*.

Es wird vorgeschlagen, 11 % als Dividende = 33 *M* pro Actie von 300 *M* = 123750 *M* zu vertheilen und 3197,04 *M* auf neue Rechnung vorzutragen.

„Nippon Yusen Kaisha", die japanische Dampfschiffahrts-Gesellschaft.

Diese, vor etwa 30 Jahren unter dem Namen Mitsu Bishi Co. gegründete Gesellschaft, hat seither eine ganz fabelhafte Ausdehnung gewonnen, welche kennzeichnend für den Aufschwung der japanischen Nation ist. Sie übernahm zur Zeit ihrer Gründung etwa $^1/_2$ Dutzend Schiffe und kaufte dann eine Anzahl von fremden Dampf- und Segelschiffen, als einige Jahre nach Erfolg der Gründung die japanische Regierung eine Straf-Expedition nach Formosa unternahm und grofse Transporte dorthin auszuführen hatte. Die Gesellschaft behielt den gröfsten Theil dieser Schiffe und kaufte aufserdem das Schiffs-Eigenthum der Yokohama-Shanghai-Linie der Pacific Mail Steamship Co. 1876 besafs die Gesellschaft schon folgende Schiffe:

Segelschiffe	6
Dampfer unter 100 t Tragfähigkeit	2
„ „ 500 „	14
„ „ 1000 „	8
„ über 1000 „	12
	42

Im Jahre 1882 bildete sich, ebenfalls unterstützt von der Regierung, eine zweite Dampfschiffahrts-Gesellschaft, Kyodo Unyu Kaisha, oder die Union-Schiffahrtsgesellschaft, welche aber schon im Jahre 1885 mit der Mitsu Bishi Co. zu einem Unternehmen verschmolzen wurde, in die gegenwärtige Nippon Yusen Kaisha, oder die Japanische Post-Dampfschiffahrtsgesellschaft. Diese grofse Gesellschaft nahm den Verkehr auf zwischen Kobe und Vladivostock, Kobe und Tientsin über die Koreanischen Häfen und Yokohama-Shanghai, aufserdem nach Bombay, um die Baumwolle von dort zu holen. — Ferner machte die Gesellschaft häufig Reisen nach den australischen und hawaiischen Inseln.

Der chinesisch-japanische Krieg des Jahres 1894 stellte an die Schiffahrts-Gesellschaft u. A. die grofse Aufgabe, etwa 120000 Mann Soldaten und 100000 Kulis nebst allem Bedarf über See zu schaffen. Die Gesellschaft beschlofs dann später ihre Unternehmungen zu erweitern und vergröfserte ihr Actien-Kapital auf 22 Millionen Yen (= nach dem Silbercurse 48,4 Millionen Mark), um die Dampfschiffahrts-Linien nach Amerika, Europa und Australien einzurichten. — Die Gesellschaft verfügt jetzt über 67 Dampfer mit einem Gesammttonnengehalt von über 133600 t und hat aufserdem 12 neue Dampfer von je 5000 t Gehalt bestellt und 6 weitere noch in Aussicht genommen. Die japanische Gesellschaft rangirt also jetzt unter den gröfsten Unternehmungen dieser Art. — Ein allerliebstes, auf japanischem Reispapier gedrucktes Handbuch giebt Aufschlufs über Fahrten, Reisen u. s. w. dieses grofsartigen japanischen Unternehmens.

Vereins-Nachrichten.

Verein deutscher Eisenhüttenleute.

Nachruf.

Bei der am 1. April d. J. auf der Grube **Hedwigwunsch** stattgehabten Explosion von Grubengasen haben unsere hochgeschätzten Mitglieder **Arnold Borsig** und Chefchemiker G. **Matzurke** und deren Mitarbeiter Obersteiger **Baumgärtner**, Steiger **Winkler**, Chemiker **Hüttemann** und Assistent **Knoppik** in pflichtgetreuer Ausübung ihres Berufs einen ehrenvollen Tod gefunden.

Mit den Inhabern der Firma A. **Borsig**, welcher sämmtliche Verunglückte angehörten, beklagen wir den Verlust dieser Getreuen auf das schmerzlichste und werden ihr Andenken stets in höchsten Ehren halten.

Arnold Borsig †.

Arnold Borsig wurde am 23. Juni 1867 zu Berlin geboren als ältester Enkelsohn von August Borsig, dem Begründer der weltberühmten Berliner Firma, die nunmehr in der dritten Generation an der Spitze des Berliner Maschinenbaues steht und durch die grofsartigen Leistungen, die sie namentlich während der ersten 40 Jahre ihres Bestehens im Locomotivbau aufzuweisen hatte, weit über die Grenzen unseres Vaterlandes hinaus den Ruf deutscher Maschinenbaukunst zum höchsten Ansehen gebracht hat.

Nach dem Tode von August Borsig im Jahre 1854 übernahm sein einziger Sohn Albert die Leitung der Werke. Unter seiner kraftvollen Hand wuchsen nicht nur die Berliner Fabriken der Firma an Umfang und Bedeutung glänzend weiter, sondern es kamen Ende der sechziger Jahre auch ihre grofsen Bergbau- und Hüttenanlagen in Oberschlesien zur Vollendung, deren Leistungen sich in kurzer Zeit den gleichen hervorragenden Ruf erwarben. Als Albert Borsig am 10. April 1878 in der Vollkraft seines Schaffens dahingerafft wurde, hinterliefs er die industriellen Unternehmungen seiner Firma seinen drei mimmrennen Söhnen mit der Bestimmung, dafs bis zur Grofsjährigkeit des jünsten derselben ein von ihm ernanntes Curatorium die Geschäfte weiterführen sollte. Im April 1894 traten die drei Brüder Arnold, Ernst und Conrad Borsig ihr Erbe an, und zwar übernahm zunächst der älteste von ihnen die Leitung der oberschlesischen Berg- und Hüttenwerke, während der zweite sich an die Spitze der Berliner Maschinenfabriken stellte.

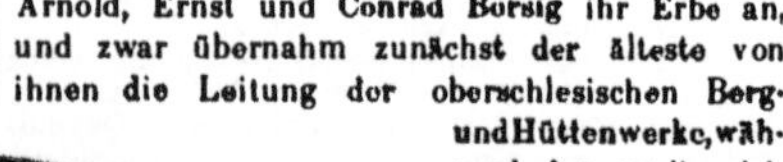

Arnold Borsig ist aufgewachsen in dem Geiste und den Anschauungen seiner grofsen Vorfahren unter der Obhut seiner liebevollen Mutter, die in der sorgfältigsten Erziehung ihrer Kinder das einzige Glück ihres prüfungsvollen Lebens erblickte. Von frühester Jugend an erfüllt von dem Bewufstsein der hohen Pflichten, die seine dereinstige Lebensstellung ihm auferlegte, verfolgte er dieses eine Ziel mit ernstem Fleifse schon in seiner Schul- und Studienzeit. Er absolvirte 1885 das Kaiserin-Augusta-Gymnasium zu Charlottenburg, arbeitete dann ein Jahr praktisch als Bergmann in verschiedenen Grubenbetrieben des Siegener, Aachener, Deutzer und Saarbrücker Bergrevieres und studirte von 1886 bis 1890 an den Universitäten Bonn und Berlin, sowie an der Königlichen Bergakademie zu Berlin, an der er im December 1890 unter hervorragenden Leistungen in allen Prüfungsfächern die erste bergmännische Staatsprüfung „mit Auszeichnung“ bestand.

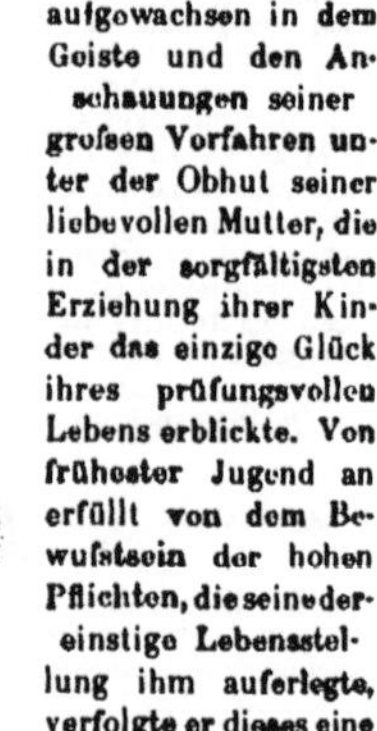

In der hierauf folgenden Zeit erweiterte er seine Kenntnisse und Erfahrungen durch ein mit musterhafter Gewissenhaftigkeit durchgeführtes Dienstjahr als Steiger in der fiscalischen Steinkohlengrube „König" in Oberschlesien und ferner durch weitergehende Studien an der Königlichen Bergakademie zu Freiberg i. S. unter Professor Ledebur und ausgedehnte Reisen durch die deutschen und englischen Industriebezirke.

So vorbereitet begann er am 1. April 1894 seine zielbewufste, schaffensfreudige Thätigkeit auf Borsigwerk. Zu seinen hervorragenden Kenntnissen, seiner jugendfrischen Thatkraft und seinem nie rastenden Pleifse gesellte sich eine Güte und Freundlichkeit, die ihm bald die Herzen aller Gutgesinnten gewann; nicht nur bei seinen Beamten und Arbeitern, sondern bei allen, die ihm im Leben näher traten. In kurzer Zeit führte er bedeutende Verbesserungen und Neuanlagen zunächst in seinen Grubenbetrieben durch; auf dem Eisenhüttenwerk hat er einen gröfseren Neubau vollendet, eine Reihe anderer Neuanlagen und Organisationen theils eingeleitet, theils angebahnt.

Seine rastlose und besonnene Thätigkeit war aber nicht nur den Werken seiner eigenen Firma gewidmet, sondern gleichzeitig dem öffentlichen Wohle und den gemeinsamen Interessen der deutschen und insbesondere der oberschlesischen Industrie. Das Vertrauen seiner Fachgenossen berief ihn in die Vorstände der „Eisenhütte Oberschlesien", der Oestlichen Gruppe des „Vereins deutscher Eisen- und Stahl-Industrieller", des „Oberschlesischen berg- und hüttenmännischen Vereines" und anderer Körperschaften, und allen diesen Kreisen ist er ein Mitarbeiter gewesen, der wegen seines klugen Rathes hochgeschätzt, wegen seiner liebenswürdigen und vornehmen Gesinnung von Allen geliebt wurde.

Am 1. April 1897 war Arnold Borsig mit 5 Beamten in die durch Brandgase bedrohte Grube „Hedwigswunsch" eingefahren. Er selbst hatte in den Tagen vorher die Abdämmungsarbeiten in der gefährdeten Strecke mit Erfolg geleitet und beabsichtigte unmittelbar nach deren Beendigung zum Zwecke einer chemischen Untersuchung eine Gasprobe aus der abgedämmten Strecke zu entnehmen. Durch einen unberechenbaren Zufall erfolgte eine Explosion aus dieser Strecke augenscheinlich zu der Zeit, als die sechs Herren soeben ihren Rückweg nach dem Fahrschacht angetreten hatten. Dieses traurige Ereignifs brachte ihm und seinen Mitarbeitern einen unerwarteten plötzlichen Tod.

Arnold Borsig ist gefallen wie ein Soldat auf dem Felde der Ehre.

Gustav Matzurke †.

Gustav Matzurke wurde geboren am 1. November 1850 als Sohn des Gutspächters Karl Matzurke zu Ellguth bei Bielitz in Oesterr.-Schlesien. Er absolvirte die Oberrealschule zu Bielitz, studirte dann auf der Wiener technischen Hochschule, diente in Wien sein Jahr beim Regiment von Hefs und wurde Reserveoffizier. Dann arbeitete er zwei Jahre im chemischen Laboratorium des Hofraths Fresenius zu Wiesbaden, zuletzt als dessen Assistent. Von Wiesbaden wandte er sich nach Oberschlesien und war hier vorübergehend thätig als Chemiker der Gräflich Schaffgotschschen Godullazinkhütte, nachher bei der Schlesischen Actiengesellschaft für Bergbau und Zinkhüttenbetrieb zu Lipine. Am 15. December 1872 trat er in die Dienste des Borsigwerks.

Am 27. October 1874 vermählte er sich mit Fräulein Martha Grund aus Miechowitz, O.-S.; dieser Ehe entstammen ein Sohn und eine Tochter, die mit der Wittwe den unersetzlichen Verlust betrauern. Im Jahre 1885 liefs er sich naturalisiren.

Seine Lebensaufgabe erblickte er in genauer, exacter, den Anforderungen der Praxis gemäfs auch schneller Ausführung der Methoden der metallurgischen Chemie, wodurch er weit über Schlesiens Grenzen hinaus als Autorität auf dem Gebiete der Metallurgie anerkannt und als Sachverständiger zugezogen wurde. Mit Recht war er stolz auf seinen Beruf und fühlte seine Lebensaufgabe in pflichttreuer Ausfüllung desselben vollauf befriedigt.

Der Dahingeschiedene war Mitbegründer und langjähriger Vorsitzender des 1889 ins Leben getretenen „Oberschlesischen Bezirksvereins" (der früheren deutschen Gesellschaft für angewandte Chemie, jetzt des „Vereins deutscher Chemiker"). Der Bezirksverein bedauert diesen Verlust um so mehr, als sein Geschick, mit Menschen in freundlicher, liebenswürdiger Weise zu verkehren, selten und in gleich ausgebildeter Weise wiederzufinden ist.

Auch um die Hebung der Geflügelzucht in Oberschlesien hat sich Hr. M. ganz besonders verdient gemacht. Es giebt wohl keinen Geflügelzüchterverein der Provinz Schlesien, in welchem er nicht belehrende, allgemein verständliche Vorträge gehalten hat. Nicht minder genofs er grefsen Ruf als Rosenzüchter. Der „Gau 87 Oberschlesien" des deutschen Radfahrerbundes verliert in Hrn. Matzurke seinen Begründer und ersten Vorsitzenden.

Ebenso bewies der Verstorbene jederzeit sein regstes Interesse, wenn es galt, in irgend einer Weise das Gemeinwohl zu fördern.

Das Begängnifs erfolgte am 4. d. M. auf dem evangelischen Friedhofe zu Borsigwerk unter grofsartigster Bezeugung von Sympathiekundgebungen seitens aller Bevölkerungskreise Oberschlesiens.

Aenderungen im Mitglieder-Verzeichnifs.

Behmenburg, Carl, Ingenieur der Gutehoffnungshütte, Sterkrade bei Oberhausen, Rheinland.
Breda, H., Ingenieur, Berlin NO., Kaiserstrafse 37.
Claufs, Wilh., Ingenieur des Gufsstahlwerks Witten, Witten a. d. Ruhr.
Delleye, Emile, 103 Rue St. Roch, Charleroi-Marcinelle, Belgien.
Forschepiepe, A., Dortmund, Lippestrafse 3.
Graaf, O., Sinn, Bez. Wiesbaden.
Hollender, Heinr., Hannover, Bödekerstrafse 76 II.
Kowarsky, J., Ingenieur der Stahlwerke von Boecker & Co., Libau, Rufsland.
Leonhard, C., Ingenieur, Düsseldorf, Gartenstr. 73.
Müller, Friedrich, Hochofenbetriebschef, Düdelingen, Luxemburg.
Reufs, H., Ingenieur, Directeur-Gérant des Tôleries de Konstantinowka, Konstantinowka, Gouvernement Jekaterinoslaw, Rufsland.
Stockfleth, Königl. Bergassessor, Grube Altenwald, Sulzbach bei Saarbrücken.
Thiel, O., Ingenieur, Kaiserslautern, Theaterstr. 31.
Huth, Herm., Bergassessor, Leiter der Eisen- und Tempergiefserei H. Bovermann Nachf., Gevelsberg in Westfalen.
Kudlicz, J., Fabrikbesitzer, Prag-Bubna.
Schumacher, Dr. W., Theilhaber der Firma Dr. W. Schumacher & C. Heck, Königswinterer Chamotte- und Dinaswerke in Niederdollendorf.
Stahlschmidt, Justus, Creuzthal i. W., Aherhammer.
Staib, Karl, Oberingenieur der Werkzeugmaschinenfabrik, Ernst Schiefs, Düsseldorf-Oberbilk.
Steingröver, A., Trier, Mitglied des Aufsichtsraths der Friedenshütte bei Hayingen.

Neue Mitglieder:

Brunhold, Heinrich, Stahlwerks-Ingenieur, Später'sche Magnesitwerke, Veitsch, Steiermark.
Heck, C., Theilhaber der Firma Dr. W. Schumacher & C. Heck, Königswinterer Chamotte- und Dinaswerke in Niederdollendorf.
Herwig, Königl. Bergassessor, Witten a. d. Ruhr.
Heucken, Conrad, Director der Aachener Thonwerke, Aachen.

Ausgetreten:

Scheid, C., Düsseldorf.

Verstorben:

Reuter, Camille, Düdelingen.
Schiwig, R., Königshütte.

Mitgliederverzeichnifs für 1897.

Wegen des demnächst stattfindenden Neudrucks des Mitglieder-Verzeichnisses des „Vereins deutscher Eisenhüttenleute" ersuche ich die verehrlichen Herren Mitglieder, etwaige Aenderungen zu demselben mir sofort mitzutheilen.

Der Geschäftsführer: *E. Schrödter.*

Die Zeitschrift erscheint in halbmonatlichen Heften.

Abonnementspreis für Nichtvereinsmitglieder: 20 Mark jährlich excl. Porto.

STAHL UND EISEN.

ZEITSCHRIFT FÜR DAS DEUTSCHE EISENHÜTTENWESEN.

Insertionspreis 40 Pf. für die zweigespaltene Petitzeile, bei Jahresinserat angemessener Rabatt.

Redigirt von

Ingenieur E. Schrödter, Geschäftsführer des Vereins deutscher Eisenhüttenleute, für den technischen Theil

und

Generalsecretär Dr. W. Beumer, Geschäftsführer der Nordwestlichen Gruppe des Vereins deutscher Eisen- und Stahl-Industrieller, für den wirthschaftlichen Theil.

Commissions-Verlag von A. Bagel in Düsseldorf.

№ 10. | 15. Mai 1897. | 17. Jahrgang.

Stenographisches Protokoll

der

Haupt-Versammlung

des

Vereins deutscher Eisenhüttenleute

vom

Sonntag den 25. April 1897 in der Städtischen Tonhalle zu Düsseldorf.

(Schlufs von Seite 355.)

Tages-Ordnung:

1. Geschäftliche Mittheilungen durch den Vorsitzenden und Vorstandswahlen.
2. Die Bedeutung und neuere Entwicklung der Flufseisenerzeugung.
   a) Die allgemeine Lage in Deutschland und im Auslande. Berichterstatter Hr. Schrödter-Düsseldorf.
   b) Der Thomasprocefs. Berichterstatter Hr. Kintzlé-Aachen.
   c) „ Bessemerprocefs. „ „ Malz-Oberhausen.
   d) „ Martinprocefs. „ „ Springorum-Dortmund.
   e) Die neueren Verfahren. „ „ R. M. Daelen-Düsseldorf.
   f) Der Bertrand-Thiel-Procefs. „ „ Thiel-Kladno.

Vorsitzender Hr. Commerzienrath **C. Lueg**-Oberhausen: Ich ertheile das Wort Hrn. Kintzlé zu seinem Vortrag über den

Thomasprocefs.

Hr. Director **Kintzlé**-Aachen: M. H.! Aus den Ausführungen des Hrn. Schrödter geht hervor, dafs in den verschiedenen Ländern der Thomasprocefs sich verschieden rasch ausgebreitet hat, je nach den örtlichen Verhältnissen der einzelnen Länder. Allen voran ging von der Zeit der Erfindung ab bis heute Deutschland. Es folgten in weitem Abstande England, Oesterreich-Ungarn, Frankreich, Belgien, Rufsland und neuerdings Amerika — wie die Tabellen Gilchrist's durch Zahlen nachweisen.

Welche Gründe für die mehr oder weniger rasche Ausbreitung des Verfahrens in den verschiedenen Ländern mafsgebend gewesen sind, hat Hr. Schrödter ebenfalls in grofsen Zügen erläutert.

Als erster Grund allen vorauf ist die Frage der Beschaffung der nothwendigen Erze von Hrn. Schrödter auseinandergesetzt worden. Welche Bedeutung diese Frage speciell für Deutschland hat, geht des weitern aus der ausgezeichneten Arbeit des Hrn. Schrödter über Deckung des Erzbedarfs der deutschen Hochöfen — vom Februar 1896 — hervor. Aus derselben ist zu entnehmen, dafs über 90 % des Gesammtquantums an Eisenerzen — die heute in Deutschland gefördert werden — nicht imstande sind, ein Roheisen zu erzeugen, das sich für das Bessemerverfahren eignet, und dafs allein $^{2}/_{3}$ des Gesammt-Erzbedarfs der heutigen Roheisenerzeugung aus dem Gebiet Luxemburg und Lothringen herrühren, welches Roheisen nur für das Thomasverfahren geeignet ist. — Es hiefse den Eindruck, den diese Arbeit des Hrn. Schrödter überall hervorgerufen hat, abschwächen, wollte ich auf den Inhalt derselben hier weiter eingehen.

Ich wende mich daher zu den anderen Gründen, die vor allen Dingen in Deutschland die rasche Weiterentwicklung des Verfahrens gefördert haben, und zwar finde ich den zweiten Hauptgrund in der Möglichkeit, ein Material zu erzeugen, wie man es bis dahin nicht erzeugen konnte — und demnach die Möglichkeit, sich für Flufseisen Gebiete zu erschliefsen, die ihm bis dahin unzugänglich waren. — Uns Allen ist bekannt, in welch rascher Aufeinanderfolge Thomasflufseisen sich an Stelle des Schweifseisens setzte, auf dem Drahtmarkte, auf dem Formeisenmarkte und demnach auf dem Stabeisenmarkte; — wie schnell es Fufs fafste auf dem Fein- und Grobblechmarkte — und daneben als härteres Material auf dem Gebiet des eisernen Oberbaues — als Schwellen, Laschen, Unterlagsplatten, Schienen u. a. mehr. — Die bezüglichen Tabellen des Hrn. Schrödter geben darüber näheren Aufschlufs.

Schritt für Schritt mit der Nothwendigkeit, sich neue Gebiete zu erobern, hielt der Procefs in Bezug auf die Vervollkommnung der Qualität. Die Schwierigkeiten, den Procefs in regelrechter Weise bis zu der gewünschten Qualität zu führen, waren anfangs sehr grofs — wohl gröfser als bei Schweifseisen und dem damals noch nicht so hoch entwickelten Martineisen-Procefs — und darf ich auch wohl sagen bedeutend gröfser als beim Bessemerprocefs, — wegen der ungleich gröfseren Auswahl in Erzen und demgemäfs an Roheisen verschiedenster Art.

Diese Fürsorge für die Qualität erstreckte sich auf zwei Gebiete, die des chemischen und des mechanischen Prüfungswesens.

Insbesondere ist auf ersterem Gebiete Hervorragendes geleistet worden in Bezug auf Controle des Processes, sowohl was die Rohmaterialien — Roheisen, Kalk, Dolomit Kohlen u. s. w. — anbelangt, als auch die Fertigfabricate.

Neben der besseren Einrichtung der betreffenden Laboratorien, der Beschaffung grofser Personalbestände in denselben, sind es besonders die Schnellmethoden, die entwickelt worden sind zur Bewältigung grofser Massen von Untersuchungen — wie man sie früher wohl kaum für möglich gehalten hatte. Wohl kein Thomaswerk giebt es heute, in welchem nicht alle Rohmaterialien vor Verbrauch untersucht werden und welches seine fertigen Producte versendet, bevor deren chemische Bestandtheile bekannt wären. Das bedingt gewaltige Massen von Untersuchungen im Laboratorium, die nur zu bewältigen sind durch eine grofse Anzahl von Leuten, gute Einrichtungen für Massenbetrieb und durch gute Schnellmethoden.

So wurden in einem Laboratorium eines gröfseren Thomaswerkes, in der Zeit vom 1. Juli 1896 bis 1. Januar 1897, bei 133000 t (8351 Sätze) Erzeugung durch 3 Chemiker, 6 Gehülfen und 7 Hülfsarbeiter für Entnahme von Proben, Zerkleinerung derselben u. s. w. — zusammen 16 Mann — 59076 Proben chemisch bestimmt. Das entspricht einem Durchschnitt von rund 400 Untersuchungen f. d. Tag. Darunter befanden sich: 170 Mangan-, 70 Schwefel-, 90 Phosphor- und 70 diverse andere Bestimmungen, wie Kohlenstoff, Phosphorsäure, Aschen und dergl. — Dafs, um solche Massen zu bewältigen, zunächst im Laboratorium neben dem nothwendigen Raume die Apparate für jeden einzelnen Körper batterieweise aufgestellt sein müssen und in Bezug auf Gefäfse, Wiegevorrichtung u. s. w. die gröfste Ordnung herrschen mufs, dazu zur Vorbereitung der Proben Alles in mechanisch betriebenen Vorrichtungen vorhanden sein mufs, ist selbstverständlich. In dem erwähnten Laboratorium besteht zu diesem Zwecke eine eigene Locomobile für Abdampfvorrichtungen und mechanischen Betrieb der Zerkleinerungsapparate. Vor allen Dingen aber müssen die Untersuchungsmethoden Vereinfachungen erfahren, die gestatteten, in bedeutend kürzerer Zeit und mit weniger Arbeitsaufwand genügend genaue Resultate zu geben, als dieses früher der Fall war. Das war zu erreichen, wenn anstatt der gewichtsanalytischen Methode mafsanalytische eingeführt werden konnten, und heute wird von letzteren Methoden der ausgiebigste Gebrauch gemacht. P, S, P_2O_5, C u. s. w. werden mafsanalytisch bestimmt — und so kommt es, dafs beispielsweise in dem angezogenen Laboratorium alle vorhin genannten 400 Bestimmungen an einem Tage in nachfolgenden Zeitabschnitten — jedesmal vom Einbringen der Probe ab bis zur Abgabe der Zahlenresultate gerechnet — fertiggestellt werden:

Mangan in Roheisen $4^{1}/_{2}$ Stunden, in Stahl 3 Stunden; Schwefel in Roheisen 12, in Stahl 10 Stunden; Phosphor in Roheisen 5, in Stahl 4 Stunden; Kohlenstoff in Roheisen 6 Stunden, in Stahl 45 Minuten; Silicium 20 Stunden, P_2O_5 in 3 Stunden; Asche in 5 Stunden u. s. w. — Woraus ferner die praktische Nutzanwendung folgt, dafs kein Material die Hütte zu verlassen braucht, ohne dafs dessen chemische Zusammensetzung bekannt sei. Will man eine der vorgenannten Untersuchungen für einen Specialfall besonders rasch haben, so ist eine Feststellung des Mangans in Stahl in 20 Minuten, des Schwefels in 2 Stunden, des Phosphors in 30 Minuten, des Kohlenstoffs in 30 Minuten, des Siliciums in 30 Minuten und des P_2O_5 in 1 Stunde zu erledigen. —

Es ist selbstredend, dafs eine solch gewaltige Menge Analysen — nebeneinander an einem Tage ausgeführt — auf absolute Genauigkeit keinen Anspruch haben wollen. Denselben ist ein gewisser Spielraum eingeräumt, eine zulässige Fehlergrenze. Wie gering indefs diese Resultate relativ differiren, ergiebt sich aus der vergleichsweisen Zusammenstellung der P- und Mn-Bestimmungen (Abbild. 6) einer Reihe Controlproben, wie solche täglich in dem betreffenden Laboratorium gemacht werden. Diese Controlproben werden so gemacht, dafs täglich 2 P- und 2 Mn-Bestimmungen doppelt unter verschiedenen Bezeichnungen zum Laboratorium geben und also gleichzeitig doppelt untersucht werden, ohne dafs das Laboratorium die betreffenden Nummern kennen kann.

In ähnlicher Weise verhält es sich mit der Ausführung mechanischer Proben. — Neben der bei jedem Satze aus dem Converter entnommenen Schmiedeprobe als Vorprobe werden während des Gusses vom Anfang und Ende je eine Probe entnommen, auf Schnellhämmern ausgeschmiedet, ausgebreitet, in Wasser abgekühlt und kalt gebogen — so, dafs die Resultate der Versuche fertig zur Beurtheilung liegen, noch ehe ein Block die Coquille verlassen hat, dadurch ermöglichend, noch beliebige Aenderungen in der Bestimmung des Satzes vorzunehmen.

Neben der regelmäfsigen Salzprobe gehören hierher die weiteren Hammerproben über fertige Stäbe und vor allen Dingen noch die zahlreichen Zerreifs- und Biegeproben aus letzteren.

Auch hier mag hervorgehoben werden, dafs in der gleichen Zeit vom 1. Juli 1896 bis 1. Januar 1897 über die vorerwähnten 133000 t (8351 Sätze) allein 10708 Zerreifsproben (also durchschnittlich 70 bis 75 im Tag) ausgeführt worden sind.

Zur Bewältigung so vieler Zerreifsproben sind vielfach besondere Vorkehrungen vorhanden. Bei Formeisen, Flach- und Universaleisen und Blechen dienen schwere Punschmaschinen dazu, in einem Druck den Zerreifsprobestab herauszupressen, so, dafs derselbe nur noch abgefeilt zu werden braucht. — In anderen Werken dienen dazu besondere Fräsbänke, die imstande sind, zu gleicher Zeit 10 bis 20 Proben aufzunehmen und dieselben gleichzeitig beiderseitig zu bearbeiten. Diese Maschinen vermögen 60 bis 100 Stück Proben i. d. Schicht fertigzustellen.

Erwähnt sei noch, dafs in den meisten Werken, um die Unabhängigkeit der Probenentnahmen von jedem andern Betrieb der Hütte zu gewährleisten, dieses Probeverfahren einem besonderen Beamten unterstellt ist, der vom übrigen Betrieb unabhängig ist und nur der technischen Leitung des ganzen Betriebes untersteht.

Füge ich noch hinzu, dafs auf vielen Werken über den Verbleib der einzelnen Sätze nach Bestimmungsorten und Abnahmen gesondert Buch geführt wird, so ergiebt sich daraus, dafs bei Reclamationen und sonstigen Anlässen die Genesis jeden Satzes jederzeit aufgedeckt werden kann.

Wenn ich mich etwas ausführlich — im Verhältnifs zu der mir zu Gebote stehenden Zeit — über die Prüfungsfrage ausgelassen habe, so geschah dies nur, um die überaus grofse Bedeutung zu charakterisiren, die ich diesem Prüfungswesen im allgemeinen in der Entwicklungsgeschichte des Thomasverfahrens zusprechen mufs.

Mit dem Fortschritt in Bezug auf Prüfung der Qualität ging Hand in Hand auch bessere Erkenntnifs aller Anforderungen des Processes bezw. technische Verbesserungen in allen Zweigen des betreffenden Betriebes.

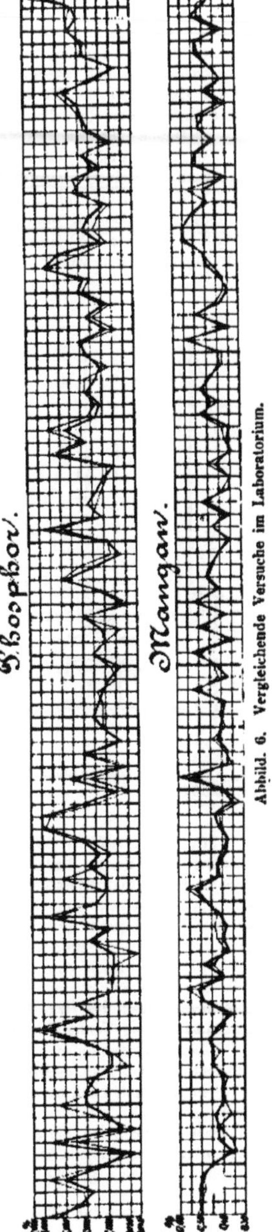

Abbild. 6. Vergleichende Versuche im Laboratorium.

Während zu Beginn des Verfahrens es vielerlei Versuche bedurfte, um eine einigermafsen befriedigende Haltbarkeit der basischen Ausfütterungen zu erzielen, so ist diese heute eine durchweg gute. — Die Auswahl möglichst reiner Dolomite, die Erkenntnifs, wie dieses Material sinterhart gebrannt sein und möglichst frisch gebraucht werden müsse — die weitere Erkenntnifs, welche Rolle insbesondere gut und gleichmäfsig zubereiteter Theer spielt, — das alles brachte eine wesentlich bessere Haltbarkeit der Masse zustande. Dazu kommen Verbesserungen in der Herstellungsart der Masse und in der Herstellung der Converterwandungen und der Böden selbst.

Während für die Herstellung der Wandungen anfänglich gebrannte Steine, dann rohe im Converter gestampfte Masse gebraucht wurde, werden jetzt meist die Wandungen mit geprefsten ungebrannten Steinen ausgeführt. Diese Pressen drücken meist bei 300 bis 500 Atm. die Masse zusammen in Steine von 300 bis 400 mm Länge, 150 bis 200 mm Dicke und Breite. — Die Haltbarkeit der Converterwandung bei weichem Flufseisen und etwa 400 mm Wandstärke ist durchschnittlich 170 bis 200 Sätze, bei hartem Stahl ist dieselbe geringer, weil meist heifser gearbeitet und länger geblasen wird.

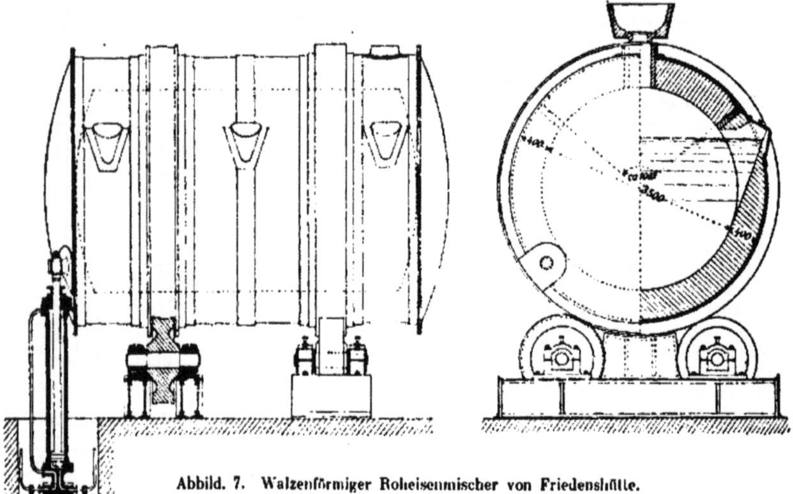

Abbild. 7. Walzenförmiger Roheisenmischer von Friedenshütte.

In Bezug auf die Böden herrscht wohl noch meist die alte Praxis des Handstampfers um hölzerne oder eiserne Nadeln herum. — Neuerdings ist der sinnreich gebaute, schon ziemlich verbreitete Versen-Bodenstampfapparat wohl dazu bestimmt, diese Methode allgemach zu verdrängen. Der Apparat ist sehr sinnreich construirt und darf ihm im Betrieb ein sehr gutes Zeugnifs in Bezug auf Functionsfähigkeit und Haltbarkeit zugesprochen werden. — Die Haltbarkeit der Böden ist je nach den localen Verhältnissen verschieden und dürfte zwischen 25 bis 40 Sätze für den Boden betragen.

Ein von Versen construirter Apparat für mechanisches Ausstampfen der Converter mag ebenfalls hier noch Erwähnung finden. — Beide Apparate* sind auf Wandtafeln dargestellt, die ich der Liebenswürdigkeit des Hrn. Versen selbst verdanke. Es mag noch erwähnt werden, dafs heute wohl durchweg für die Tonne Blöcke 30 bis 35 kg Dolomit und 2,5 bis 3 kg Theer verbraucht werden.

Obschon mannigfache Versuche seiner Zeit mit natürlich oder künstlich erzeugtem Magnesit gemacht wurden, sind dieselben ohne allen praktischen Erfolg geblieben.

In den ersten Jahren des Thomasverfahrens wurden alle Roheisen in Cupolöfen umgeschmolzen. Nach und nach, als sich in den Hochofenrevieren Thomasstahlwerke einbürgerten — wie dieses zunächst besonders an der Saar der Fall war —, wurde von dem indirecten Verfahren zum directen Verfahren übergegangen, also der directe Verbrauch des vom Hochofen kommenden flüssigen Eisens eingeführt. Später gesellte sich zu dem erst mit der Pfanne ausgeführten Verfahren dasjenige des

* Vergl. „Stahl und Eisen" 1892 Nr. 24, S. 1089 und 1893 Nr. 21, S. 919.

Zwischenapparates, des „Mischers". Heute sind alle drei Verfahren noch in Anwendung und dürfen für jedes derselben Vorzüge und Nachtheile beansprucht werden; jedes hat aber in seiner Art stetige Fortschritte gemacht.

Das Cupolofenverfahren, das älteste von den dreien, gewährleistet die gröfste Unabhängigkeit des Stahlwerks von den Hochöfen in Bezug auf Betrieb und auf Auswahl der Roheisen-Qualitäten und -Mischungen. Diesem Verfahren nähert sich am meisten in der Beziehung das Mischerverfahren und demnach folgt das directe Pfannenverfahren. Dem Vortheile des Cupolofenverfahrens steht der Nachtheil der gröfseren Kosten gegenüber, deren Schätzung übrigens ebenso verschieden ausfällt, wie es Thomas-Werke giebt. Diese Kosten abzuschwächen durch geringeren Koksverbrauch, gute

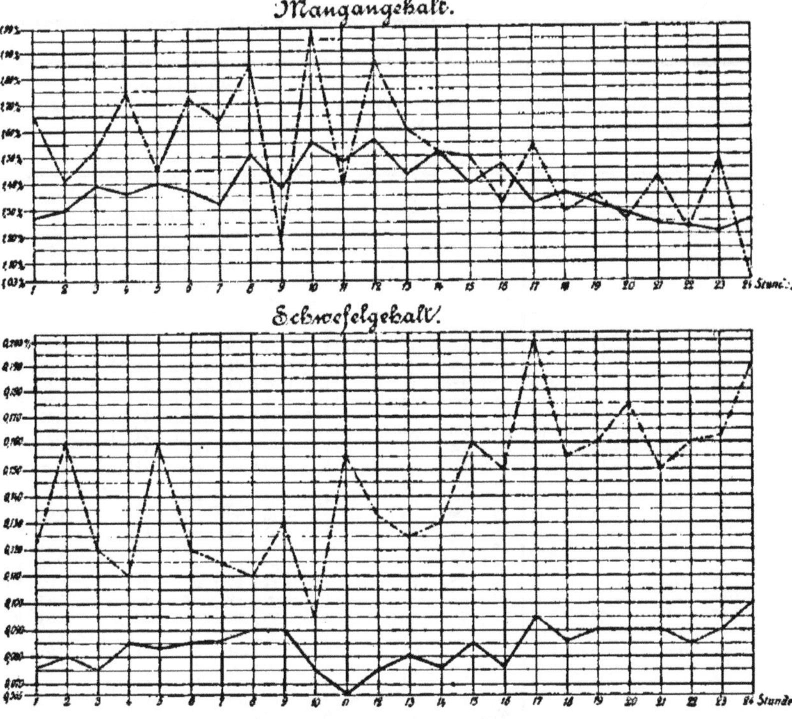

Abbild. 8. Ein- und Ausgang am Mischer.

Haltbarkeit der Ausfütterungen, geringere Kosten in Bezug auf Chargirung u. s. w., ist das Ziel Aller, die wegen ihrer Lage zu den Hochöfen auf das directe Verfahren verzichten müssen.

Diese Anstrengungen führten zu vergröfserten und verbesserten Cupolöfen, zu entsprechend höherem Wasserdruck, gröfserer Anzahl Düsen, mechanischen Chargirvorrichtungen u. s. w. Man ist dazu gekommen, Cupolöfen in der Form kleiner Hochöfen zu bauen, mit Leistungsfähigkeiten von 30- bis 40 000 kg geschmolzenen Eisens in der Stunde und einem Koksverbrauch von 6 bis 7 % des Roheiseneinsatzes bei 1200 bis 1400 mm Wasserdruck.

An der Saar und in dem Minetterevier überhaupt bestand bis vor wenigen Jahren durchweg der Gebrauch, direct mittels Pfanne zu convertiren. Die Mifsstände, die dieses Verfahren mit sich bringt und die darin bestehen, dafs der Hochofen in zu grofse Abhängigkeit vom Stahlwerk gesetzt wird, da das Stahlwerk zu sehr abhing von der Qualität und der Quantität des Roheisens, das dem jeweiligen Gang des Hochofens entsprach, macht es erklärlich, dafs es wohl nicht lange mehr dauern wird, bis schon aus diesem Grunde allein die meisten Werke — wie heute schon gröfstentheils der Fall ist — zu dem Mischer übergehen werden. Dafs trotzdem auch hier Bedeutendes geleistet worden ist, beweisen die von Hrn. Director Schilling angegebenen Zahlen, gemäfs welcher beispielsweise in Burbach von 85 bis 90 % Roheisen ungemischt zu den Convertern gefahren werden konnten. (Siehe Bericht der vorletzten Hauptversammlung.)

Hat der Mischer nun noch — wie thatsächlich der Fall ist — eine ansehnliche Ausscheidung des Schwefels zur Folge, so ist damit für die Sache des Mischers ein um so gröfseres Wirkungsfeld geboten. Die Mischer, meist 2 an der Zahl, in jeder Anlage, haben je 100 bis 150 000 kg Fassungsraum. Die Einfuhr geschieht auf schiefer Ebene mittels Locomotive direct oder mittels Aufzug indirect.

Bezüglich Diagramme und sonstiger Details des Mischers darf ich mich auf die in der Februarsitzung unseres Vereins durch Hrn. Director Schilling-Oberhausen gemachten Angaben beziehen. Abbild. 7 stellt einen walzenförmigen Roheisenmischer der Friedenshütte dar.

Der liebenswürdigen Fürsorge des Hrn. Directors Massenez verdanke ich zwei Mischercollectionen von Tagesproben zweier Mischer aus 2 verschiedenen Werken. Die Proben entstammen einerseits dem Pfanneninhalt, wie er von dem Hochofen in den Mischer gelangt, andererseits demjenigen Inhalt der Pfanne, die gleichzeitig von dem Mischer nach dem Converter hingebracht wird.

Gleichzeitig mit den Proben wurden mir Tabellen der chemischen Zusammensetzung dieser Proben zugestellt, aus denen die betreffenden Mengen an Mn und S hervorgehen.

Chemische Zusammensetzung der Proben.

Lfde. Nr.	Zeit	Bezeichnung	P %	Mn %	S %	Lfde. Nr.	Zeit	Bezeichnung	P %	Mn %	S %	Lfde. Nr.	Zeit	Bezeichnung	P %	Mn %	S %
1	6^{00}	Apparat	—	1,20	0,08	39	1^{55}	Ofen I	—	1,91	0,12	77	10^{20}	Ofen IV	—	1,07	0,31
2	6^{21}	A.	—	1,24	0,08	40	2^{00}	Apparat	—	1,45	0,09	78	10^{30}	Apparat	—	1,	0,10
3	6^{26}	Ofen II	—	1,80	0,08	41	2^{25}	IV	—	1,18	0,18	79	10^{44}	II	—	2,	0,09
4	6^{42}	A.	—	1,38	0,07	42	2^{31}	A.	—	1,38	0,09	80	11^{04}	A.	—	1,27	0,09
5	6^{47}	III	—	1,58	0,16	43	2^{57}	A.	—	1,32	0,09	81	11^{15}	III	—	1,08	0,15
6	7^{09}	A.	1,90	1,29	0,08	44	3^{05}	II	—	2,22	0,06	82	11^{30}	A.	1,90	1,34	0,08
7	7^{15}	I	—	1,57	0,13	45	3^{22}	A.	1,84	1,62	0,08	83	11^{48}	A.	—	1,35	0,09
8	7^{31}	A.	—	1,34	0,08	46	3^{35}	III	—	1,72	0,18	84	11^{58}	I	—	1,07	0,16
9	7^{45}	IV	—	1,26	0,19	47	3^{45}	A.	—	1,48	0,07	85	12^{09}	A.	—	1,38	0,08
10	7^{59}	A.	—	1,28	0,08	48	4^{05}	I	—	1,57	0,15	86	12^{20}	IV	—	0,88	0,22
11	8^{15}	II	—	1,99	0,05	49	4^{10}	A.	—	1,55	0,06	87	12^{33}	A.		1,27	0,10
12	8^{24}	A.		1,38	0,08	50	4^{31}	A.	—	1,48	0,06	88	12^{50}	II	—	1,83	0,10
13	8^{37}	III	—	1,07	0,19	51	4^{40}	IV	—	1,22	0,16	89	12^{56}	A.	—	1,32	0,09
14	8^{51}	A.	—	1,41	0,07	52	4^{50}	A.		1,41	0,08	90	1^{05}	III	—	1,38	0,15
15	9^{08}	I	—	1,80	0,10	53	5^{08}	II	—	2,10	0,07	91	1^{19}	A.	1,93	1,27	0,09
16	9^{16}	A.	1,90	1,34	0,09	54	5^{25}	A.	1,90	1,58	0,08	92	1^{33}	I	—	1,14	0,20
17	9^{30}	IV	—	1,41	0,15	55	5^{30}	III	—	2,07	0,10	93	1^{42}	A.	—	1,30	0,09
18	9^{42}	A.	—	1,38	0,08	56	5^{52}	A.	—	1,55	0,07	94	2^{07}	A.	—	1,27	0,10
19	9^{55}	II	—	2,02	0,08	57	5^{57}	I	—	1,42	0,14	95	2^{12}	IV	—	0,84	0,21
20	10^{06}	A.	—	1,44	0,07	58	6^{12}	A.		1,45	0,07	96	2^{31}	A.	—	1,23	0,09
21	10^{20}	III	—	1,14	0,20	59	6^{22}	IV	—	0,98	0,17	97	2^{45}	II	—	2,00	0,09
22	10^{32}	A.	—	1,44	0,09	60	6^{37}	A.	—	1,41	0,09	98	2^{56}	A.	—	1,23	0,08
23	10^{40}	I	—	1,76	0,12	61	6^{47}	II	—	2,22	0,08	99	3^{10}	III	—	1,88	0,14
24	10^{57}	A.	—	1,33	0,09	62	7^{02}	A.	—	1,45	0,07	100	3^{18}	A.	1,94	1,27	0,09
25	11^{10}	IV	—	1,60	0,18	63	7^{15}	III	—	1,72	0,18	101	3^{35}	I	—	1,07	0,18
26	11^{21}	A.	1,90	1,34	0,09	64	7^{28}	A.	2,01	1,62	0,09	102	3^{41}	A.	—	1,20	0,08
27	11^{30}	II	—	2,10	0,11	65	7^{40}	I	—	1,30	0,13	103	4^{04}	A.	—	1,20	0,09
28	11^{42}	A.	—	1,41	0,08	66	7^{52}	A.	—	1,45	0,07	104	4^{08}	IV	—	1,03	0,21
29	11^{55}	III	—	1,45	0,14	67	8^{12}	IV	—	0,88	0,23	105	4^{20}	A.	—	1,17	0,09
30	12^{07}	A.	—	1,31	0,09	68	8^{17}	A.	—	1,38	0,09	106	4^{32}	II	—	2,10	0,09
31	12^{25}	I	—	1,65	0,12	69	8^{35}	II	—	2,10	0,09	107	4^{50}	A.	—	1,27	0,09
32	12^{31}	A.	—	1,34	0,08	70	8^{43}	A.	—	1,41	0,08	108	4^{58}	III	—	1,30	0,19
33	12^{45}	IV	—	1,64	0,11	71	9^{07}	A.	—	1,41	0,07	109	5^{14}	A.	1,94	1,27	0,10
34	12^{56}	A.	—	1,30	0,09	72	9^{12}	III	—	1,57	0,12	110	5^{30}	I	—	1,11	0,17
35	1^{10}	II	—	2,18	0,07	73	9^{31}	A.	2,01	1,55	0,08	111	5^{40}	A.	—	,23	0,10
36	1^{18}	A.	1,90	1,58	0,09	74	9^{45}	I	—	1,07	0,18	112	5^{52}	IV	—	,95	0,21
37	1^{30}	III	—	1,45	0,14	75	9^{55}	A.	—	1,45	0,08					1	
38	1^{44}	A.	—	1,45	0,09	76	10^{05}	A.	—	1,38	0,09					0	

Eine dieser Tabellen ist graphisch dargestellt und geht aus derselben hervor, wie ausgleichend auf den S-Gehalt — unter gleichzeitiger Abnahme des Mn-Gehaltes — der Mischer gewirkt hat (Abbild. 8).

Aus der Tabelle des zweiten Werkes, die Sie auf Seite 388 finden werden, geht noch die interessante Thatsache hervor, welch bedeutende Abnahme des S-Gehaltes bereits in der Pfanne stattfindet, während des Transportes derselben vom Hochofen bis zum Mischer (im Mittel ∼ 50 % des Gesammtgehaltes).

Ich möchte dieses Capitel nicht schliefsen ohne zu bemerken, dafs diejenigen Werke, die direct ohne Mischer mittels Pfanne arbeiten, in zwei Punkten sich von obigen Zahlenreihen unterscheiden.

Zunächst müssen die Hochöfen dafür sorgen — und thun es auch — so hohe S-Gehalte nicht, oder nur ausnahmsweise zu bringen; sodann wird das Eisen verschiedener Hochöfen bereits in der Pfanne vermischt, so, dafs hier bereits ein gewisser Ausgleich zwischen schwefelhaltigem und weniger schwefelhaltigem Eisen bewerkstelligt wird.

Aufserdem darf hier nicht unerwähnt bleiben, dafs dem Schwefelgehalt des fertigen Productes von jeher manche böse Eigenschaften des letztern in die Schuhe geschoben worden sind, die er nicht verdient hat. Bei jeder Rothbrüchigkeitserscheinung des Eisens wird zunächst nach dessen S-Gehalt gefahndet und selbst bei niedrigem Gehalte die Erklärung für den Rothbruch als gegeben angesehen. Und doch mufs jeder Stahlwerks-Ingenieur, der der Sache auf den Grund zu sehen gewohnt ist, zugeben, dafs man doch wohl gutes, nicht rothbrüchiges Flufseisen haben kann bei einem S-Gehalte, der um $0{,}_{20}$ herum liegt. — Noch vor Kurzem hat der amerikanische Ingenieur F. E. Thompson („Stahl u. Eisen" 1896, S. 412) diese Thatsache nochmals nachgewiesen und hat constatirt, dafs bei einem genügenden Mn-Gehalt des Stahles ein solcher Schwefelgehalt von keinem besondern Einflufs ist. Ich selbst habe in früheren Jahren oft künstlich in einzelne Blöcke — sonst guter Sätze — Schwefel hineingebracht und fand, dafs bei einem genügenden Mn-Gehalt ein Schwefelgehalt bis zu $0{,}_{20}$ ohne Einflufs ist. Ich habe sogar bei einem Mn-Gehalt von $0{,}_5$ einen S-Gehalt von 0,3 künstlich in mehrere Blöcke Flufseisen hineingebracht, ohne besonders merklichen Einflufs auf die Güte des Stahles.

Was meist dem S zugeschrieben wird, ist Einflufs unrichtiger Mischungen im Converter, unrichtiges Blasen und besonders ungenügender Mn-Gehalt, sowohl beim Blasen, als wie auch im festen Stahl. — Kurz gesagt, es ist Einflufs von im Flufseisen künstlich erzeugtem und nicht ausgeschiedenem Eisenoxyd. Nebenbei will ich bemerken, dafs die gleiche Beobachtung zu machen ist beim Zusatz von Kupfer. Auch hier kann man — bei sonst guten Sätzen — einzelne Blöcke mit einer Menge Kupfer belasten, die 0,2—0,3 % ausmacht; ohne dafs ein wesentlicher Einflufs auf die Rothbrüchigkeit des Fabricates zu verspüren ist. — Auch hier spielt der Mn-Gehalt des betreffenden Eisens eine grofse Rolle. Ich benutze diese Gelegenheit um wiederholt zu betonen, wie verkehrt es erscheinen mufs für Consumenten, neben den Vorschriften der mechanischen Eigenschaften des Fabricates auch noch chemische Eigenschaften vorschreiben zu wollen, wenn dieses nicht für besondere, z. B. für elektrische Zwecke aus besonderen Gründen nothwendig ist.

Immerhin bleibt im Mischer ein Apparat, der dem directen Verfahren ungemein förderlich gewesen ist und erst recht förderlich in der Zukunft sein wird. Die Kosten des Mischers sind nur sehr gering, sie werden 8 bis 15 ₰ f. d. Tonne kaum übersteigen.

Einen wesentlichen Factor für den Haushalt des Processes bildet der Kalkzuschlag. — Dafs der Kalk thunlichst frisch sein müsse, war früh erkannt, und daher haben viele Werke es vorgezogen, sich frühzeitig, obwohl räumlich fern von Kalkstein, diesen zu besorgen statt Kalk, und die Kalköfen in der Nähe der Verbrauchsstellen zu haben. Trotzdem sind auch heute beide Verfahren noch nebeneinander zu finden.

Zum Kalkbrennen finden sich in Betrieb:

Kalköfen alter verbesserter und namentlich vergröfserter Bauart, Cupolöfen mit Unterwind oder natürlichem Luftzug, Hofmannsche Ringöfen, Dietzsche Etagenöfen u. s. w.

Die Zufuhr des Kalkes geschieht durchweg mittels über den Convertermündungen angebrachter Trichter, die, mit Schieber versehen, ihren Inhalt nach unten abfliefsen lassen können.

Das Quantum Kalk, das selbstverständlich abhängig ist von der Quantität Si und P, die auszuscheiden sind, variirt bei allen Werken aufserdem ziemlich erheblich. Durchweg mufs ein Ueberschufs von 3 bis 8 % angewendet werden. Wesentlich ist dieser Ueberschufs beeinflufst worden durch die Versuche, den P_2O_5-Gehalt thunlichst zu erhöhen, um dadurch die Schlacke werthvoller zu machen; sonst hängt es auch ab von der Temperatur des Roheisenbades.

In dieser Richtung sind auch die vielfachen Versuche unternommen, eine zeitige Theilung des Kalkzuschlages einzuführen — wie solche bei dem Scheiblerprocefs in die Erscheinung traten und deren Versuche scheinbar auch noch in neuerer Zeit verfolgt worden sind (wie aus dem Bericht des Hrn. Schrödter in der Zeitschrift „Stahl und Eisen" 1894 hervorgeht), wohl jetzt aber überall aufgegeben sein dürften. Es sollten dabei zweierlei Schlacken fallen; die erstere phosphorsäurereich und eisenarm, die zweite phosphorsäurearm und eisenreich. — Damit sollte gleichzeitig der Abbrand verringert werden. — Wesentliche Verbreitung hat indefs das Verfahren nicht gefunden.

Hierher gehört auch das einige Zeit in Peine in Ausübung gestandene Verfahren: die Nachblasezeit zu reguliren durch Entnahme und Untersuchung von Schlackenproben.

Grofse Aufmerksamkeit wurde der Zufuhr der Windmengen und der Bemessung derselben zugewandt. Die Berechnungen ergaben überall bedeutend gröfsere Windmengen durch die Gebläsemaschinen angeliefert, als wirklich für die Arbeit im Converter nothwendig. — Diese Erkenntnifs führte zu verbesserten, meist mit gröfseren Windbehältern versehenen Rohrleitungen, zu besseren

Tagesproben von einem **Roheisenmischer.**

Lfd. Nr.	Hochofen	Zeit	Gewicht kg	Am Hochofen Mn	Am Hochofen S	Probe genommen beim Eingiefsen in den Mischer Mn	Probe genommen beim Eingiefsen in den Mischer S	Charge Nr.	Zeit	Beim Eingiefsen in den Converter Mn	Beim Eingiefsen in den Converter S
		29. März 1897									
1	II	Vorm. 2 Uhr	31350	1,03	0,19	0,85	0,10				
2	III	" 2^{45} "	33050	1,17	0,17	0,92	0,09				
3	VI	" 3^{30} "	32350	1,97	0,08	1,42	0,06				
4	X	" 4^{30} "	10400	1,13	0,20	0,86	0,10				
								976	Vorm. 5^{3} Uhr	0,90	0,04
								977	" 5^{32} "	0,90	0,06
5	VII	" 5^{30} "	44700	1,08	0,19	0,89	0,14				
								978	" 5^{54} "	0,89	0,04
								979	" 6^{18} "	0,84	0,04
								980	" 6^{37} "	0,89	0,05
6	III	" 6^{45} "	22800	1,55	0,12	1,08	0,09				
								981	" 6^{50} "	0,84	0,04
7	II	" 7 "	21700	1,22	0,17	0,97	0,11				
								982	" 7^{10} "	0,84	0,05
								983	" 7^{30} "	0,84	0,05
								984	" 7^{43} "	0,84	0,05
8	VIII	" 7^{45} "	25850	1,03	0,25	0,70	0,14				
								985	" 8^{10} "	0,75	0,07
9	VI	" 8^{15} "	32450	1,22	0,11	0,85	0,06				
								986	" 8^{30} "	0,80	0,06
								987	" 8^{49} "	0,80	0,06
10	VII	" 9 "	32050	1,13	0,22	0,80	0,07				
								988	" 9^{08} "	0,84	0,06
								989	" 9^{34} "	0,80	0,06
								990	" 9^{50} "	0,80	0,06
11	III	" 10 "	23000	1,03	0,18	0,75	0,12				
								991	" 10^{15} "	0,80	0,07
12	II	" 10^{30} "	29050	1,13	0,19	0,89	0,09				
								992	" 10^{33} "	0,71	0,06
								993	" 10^{56} "	0,75	0,07
13	VI	" 11 "	23750	1,03	0,19	0,67	0,14				
								994	" 11^{10} "	0,75	0,08
								995	" 11^{29} "	0,75	0,08
								996	" 11^{48} "	0,75	0,08
14	VIII	Mittern. 12 Uhr	28300	0,75	0,23	0,51	0,15				
								997	Nachm. 12^{16} Uhr	0,67	0,09
15	VII	Nachm. 12^{45} "	34300	0,94	0,18	0,74	0,10				
								998	" 12^{59} "	0,61	0,10
								999	" 1^{21} "	0,71	0,08
16	II	" 1^{30} "	21450	1,31	0,20	1,17	0,08				
								1000	" 1^{45} "	0,71	0,08
								1	" 2^{8} "	0,71	0,08
17	X	" 2^{15} "	9850	0,75	0,19	0,56	0,14				
								2	" 2^{32} "	0,71	0,07
18	III	" 2^{45} "	20900	1,41	0,15	1,22	0,08				
								3	" 2^{59} "	0,84	0,06
19	VI	" 3^{25} "	23150	1,22	0,19	0,99	0,07				
								4	" 3^{35} "	0,84	0,06
								5	" 3^{55} "	0,84	0,06
20	VIII	" 4 "	17750	0,75	0,22	0,51	0,16				
								6	" 4^{19} "	0,84	0,07
21	VII	" 4^{45} "	33950	0,99	0,24	0,75	0,14				
								7	" 4^{57} "	0,75	0,08
22	X	" 5 "	8550	1,60	0,18	0,84	0,06				
								8	" 5^{16} "	0,75	0,09
23	II	" 5^{30} "	26400	1,55	0,15	0,99	0,08				
								9	" 5^{45} "	0,80	0,07
								34 Chargen			

Windkasten an den Convertern und namentlich zu verbessertem und gröfserem Bodendurchmesser mit vergröfserter Düsenzahl. —

Alle diese Verhältnisse brachten dann einen geringeren Auswurf, gestatteten daher gröfsere Windmengen pro Zeiteinheit, ermöglichten ein rascheres Blasen, verringerten den Abbrand und gestatteten eine Erhöhung der Production. Diese brachte dann ihrerseits wieder gröfseres Gewicht für den Satz im Converter und führten zur Vergröfserung der Converter. Heute kann man als Blasezeit durchschnittlich wohl 1 Minute für 1 t Blöcke annehmen. Das Satzgewicht ist vielfach auf 12 bis 15 t gestiegen. Der Abbrand bewegt sich zwischen 13 und 16 %, wovon 8 bis 9 % durchweg wohl auf die auszuscheidenden fremden Bestandtheile als Si, S, Mn, P und C entfallen. Der Rest entfällt indefs immer noch auf Fe. An Gehalt von Si arbeitet man nach wie vor mit möglichst

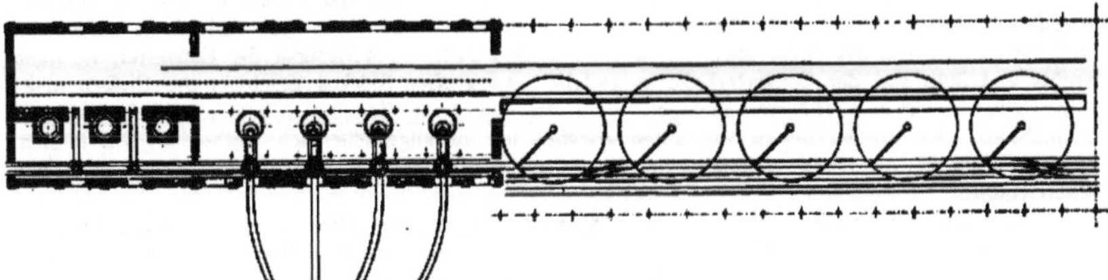

Abbild. 9. Stahlwerksanlage.

geringen Mengen, 0,3 bis 0,7 dürfte die Grenze sein. Dasselbe ist der Fall für S, der durchweg im Converter 0,10 % nicht übersteigt. P-Gehalt wird durchweg zwischen 1,7 bis 2,2 % liegen. Ueber die Rolle des Mn-Gehaltes sind auch heute noch die Ansichten verschieden. Während viele mit 1 % und darunter im Converter arbeiten, wollen andere mit 1,6 bis 1,8 % und mehr am besten und billigsten fahren. — Ich für meinen Theil mufs dem Mangangehalt eine grofse Rolle im

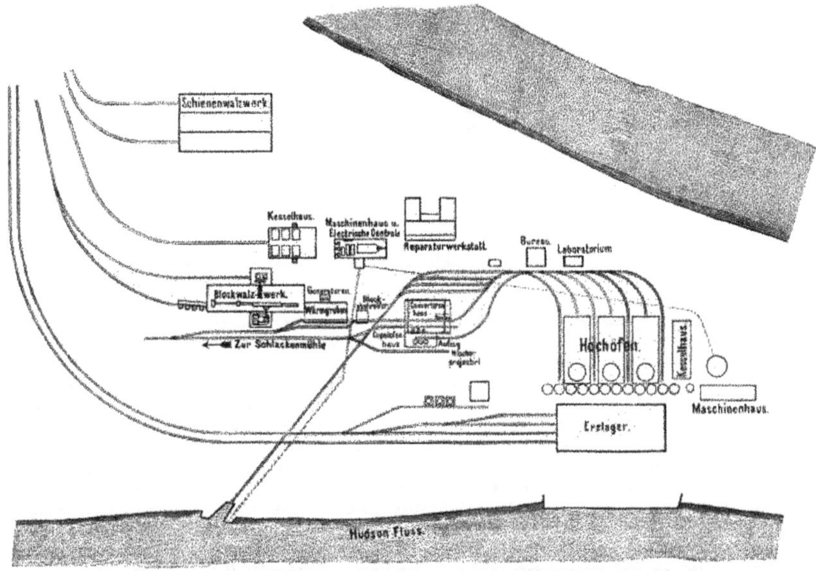

Abbild. 10. Lageplan der Troy Steel Companys New Works in Breaker Island.

ganzen Haushalt des Thomasstahlwerkes zuschreiben. — Ohne eine genügende Menge Mn in der Mischung und ebenfalls eine solche im fertigen Stahl ist qualitativ und billig nicht gut zu arbeiten. Viele Mifserfolge in Bezug auf Qualitäten sind darauf zurückzuführen, dafs im Quantum Mn insbesondere in der Mischung zu viel gespart worden ist. Ich betone das hier ausdrücklich, da nach dieser Richtung hin, manche Thomasingenieure sich durch aus Unkenntnifs herrührende Bestimmungen einzelner Consumentenstellen, in verkehrte Bahnen lenken lassen.

Als Einrichtung für das Giefsen der Blöcke hat man an der Saar, in Luxemburg und in Nordfrankreich durchweg an dem System der runden Giefsgruben festgehalten mit hydraulischem Centraldrehkrahn feststehend. Meist ist das Zweisystem zur Anwendung gekommen, also 2 Converter mit 1 Centralgiefskrahn. — Andere Anlagen haben 3 Converter auf einem solchen Centralkrahn. In neuerer Zeit und namentlich in Rheinland und Westfalen ist fast überall das System des fahrbaren Giefskrahns angewandt. Ein solcher Krahn gestattet eine dreifache Bewegung der Pfanne — concentrisch, kreisförmig und senkrecht. Die Converter, meist 4 an Zahl, sind dann auf einer Linie aufgestellt, und die Halle der Giefsgruben, ebenfalls in einer Linie parallel zu derjenigen der Converter, ist dann rechts und links von der Converterhalle aufgestellt. Bei grofsen Blöcken geschieht das Giefsen meist von oben, bei kleinen Blöcken auch oft wohl von unten in Gespannen von oft 20 bis 30 und mehr Stück. Bei diesem Giefsen von unten erwähne ich als augenscheinlich vortheilhaft das in dem Hasper Werk in Ausübung stehende ihm patentirte Verfahren des Abscheerens der Blöcke von ihren Rinnen.

Es sei hierbei erwähnt, dafs für die Abtheilung Stahlwerke selbst in den letzten Jahren ein grofser Fortschritt in Bezug auf die Möglichkeit gröfserer Production, reducirter Löhne und Coquillenverbrauchs in dem Umstand zu suchen ist, dafs fast alle gröfseren Werke dazu übergegangen sind,

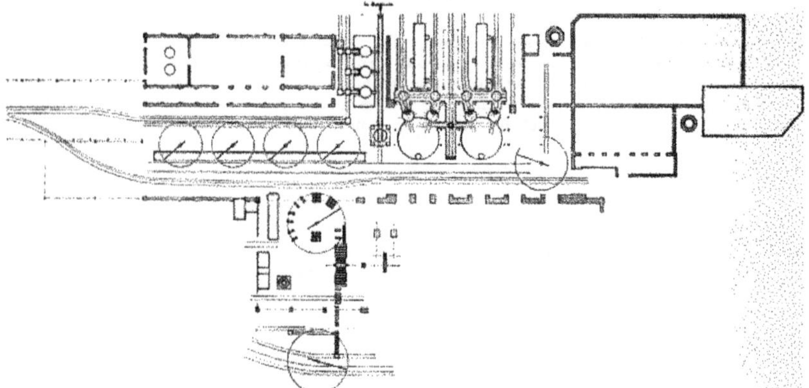

Abbild. 11. Lageplan des Umbaues der Thomashütte der Union Dortmund.

Blockwalzwerke zu bauen, die es dem Stahlwerk gestatten, grofse, schwere Blöcke und daher eine geringere Anzahl zu giefsen, während das Zertheilen in die nothwendigen kleineren Gewichte durch die Blockwalzwerke übernommen wird. — Die regulären Blockgewichte sind dann 1500 bis 3000 kg und darüber, die theils durch geheizte und ungeheizte Gruben hindurch zu den Blockwalzwerken übergehen. — Die Aufwendungen durch das Blockwalzwerk, die 3 bis 4 ℳ f. d. Tonne betragen, müssen dann durch die verringerten Kosten des Stahlwerks gedeckt werden.

Nicht unwesentlich günstigere Verhältnisse sind überall geschaffen worden für Schlackenabfuhr, — die früher meist ungünstig lag und für die zu wenig Platz vorgesehen war. — Als Blockkrähne werden durchweg entweder einfache hydraulische Krähne angewendet, die von oben geführt sind, oder es werden solche angewandt, die selbstthätige ebenfalls hydraulische Bewegungsvorrichtungen haben für die Laufkatze, so dafs ein Maschinist dieselben allein bedienen kann.

Für harten Stahl sind die Patente Darby, die zu den Phoenix-Patenten und demnach zu den Patenten Düdelingen und Oberhausen geführt haben, von mafsgebender Bedeutung geworden und ist die Schwierigkeit, mittels des Thomasprocesses Stahl höhern Härtegrades zu erzeugen, im Laufe der Zeit bedeutend herabgemindert worden. Dieses ist erst recht der Fall, seitdem man sich daran gewöhnt hat, das Silicium in Form von FeSi und das Aluminium für den gleichen Zweck und zur Dichtung des Stahles zu verwenden, wie dies in neuerer Zeit wohl allgemein der Fall geworden ist.

Eine Frage, die von wesentlichstem Einflufs auf die Ausbreitung und schnelle Entwicklung des Thomasverfahrens geworden ist, ist die Verwendung der Schlacke für die Landwirthschaft. — Nachdem man durch eine grofse Zahl von Patenten zu Anfang der 80er Jahre versucht hatte, die Schlacke aufzuschlieſsen, den P_2O_5 derselben zu Superphosphaten überzuführen, stellte sich bald — namentlich durch die Versuche von Prof. Wagner heraus, daſs dieselbe ohne irgend welches andre Zuthun als feine Vertheilung, durch die Atmosphärilien allein aufgeschlossen wird und die P_2O_5 den Pflanzen zugänglich gemacht werden kann.

Daraufhin bauten sich Mühlen an alle Stahlwerke heran und die Thomasschlacke bildete zeitweilig das einzige Erzeugniſs der Thomashütte das noch den Namen werhvall verdiente. Auch heute hat die Nachfrage nach Thomasschlacke nicht nachgelassen, wenn dieselbe auch manche Zufälligkeit durchgemacht hat. Während lange Zeit der hohe Gehalt an P_2O_5, also möglichst Concentration oberster Grundsatz war, stellte sich namentlich durch die Versuche des auf dem Versuchsgebiete dieser Schlacke hochverdienten Prof. Wagner-Darmstadt heraus, daſs nicht sowohl der hohe Gehalt — als solcher — sondern der gröſstmöglichste Gehalt an Citratlöslichkeit den wahren Werth bildeten. P_2O_5 findet sich in einer eigenthümlichen Doppelverbindung mit Kieselsäure und diese besitzt eine weit leichtere Zersetzbarkeit als die einfache Verbindung des P_2O_5 mit Kalk, wie sie in Rohphosphaten vorkommen. Wagner fand, daſs man die lösende Thätigkeit der Wurzeln im Laboratorium nachahmen könne, wozu er eine saure Lösung von citronensaurem Ammoniak herstellte, die den wirksamen Theil der P_2O_5 in Lösung brachte. Da sich nun bald herausstellte, daſs die Citratlöslichkeit wesentlich beeinfluſst

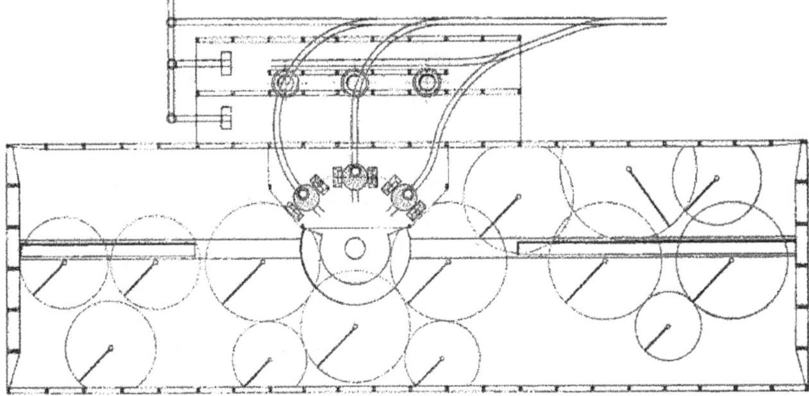

Abbild. 12. Stahlwerksanlage.

war durch die Höhe des Gehaltes an SiO_2, so muſste nach dieser Richtung die Schlacke nunmehr wieder beeinfluſst und zubereitet werden, entweder durch hohen Gehalt an Si im Eisen oder durch nachträglichen Zusatz von SiO_2.

Die Mühlen haben vielfache Wandlungen durchgemacht und haben überall durch betreffende Umbauten schweres Geld gekostet. Während zu Anfang meist Kollergänge mit entsprechend getrennter Siebvorrichtung, zahlreichen Becher- und sonstigen mechanischen Transportwerken angewendet waren, stellte sich zur Erreichung des Feinheitsgrades bald die Nothwendigkeit ein, zu dem Kollergang noch Mahlgänge zuzubauen, und nun entstanden dadurch noch complicirtere Einrichtungen von Kollergängen, Sieb- und Mahlgängen, alle räumlich voneinander getrennt und mittels allerhand mechanischer und anderer Vorrichtungen für Transport miteinander verbunden. Trotzdem überall starke Ventilatoren aufgestellt waren, war der Verschleiſs so groſs, daſs das Dichthalten der Verschläge, Rohre u. s. w. nicht zu ermöglichen war, und war es daher eine Wohlthat in jeder Beziehung, als in dritter Linie — in gut gebauten Kugelmühlen — ein Apparat kam, der die ganze Mahlvorrichtung mit Sieben und Transportvorrichtung verdrängte. Solche Kugelmühlen sind heute wohl ziemlich überall in Anwendung und sind dabei die Mühlen neben höchster Vereinfachung auch vollständig staubfrei geworden — bei völliger Sicherheit die Feinheit von 75 % bei einem Sieb, das 900 Maschen f. d. qcm hat, nicht zu unterschreiten.

Wenn ich mein Referat schlieſse, verweise ich noch auf einige ausgehängte Zeichnungen (Abbild. 9 bis 12) von Stahlwerksanlagen, die als Typen gelten sollen für die verschiedenen jetzt gebräuchlichen Bauarten. (Lebhafter Beifall.)

Vorsitzender: Herr Director Malz hat das Wort.

Der Bessemerprocefs.

Hr. **Malz**-Oberhausen: M. H.! Wenn auch nach den Mittheilungen und Tabellen des Hrn. Schrödter der Bessemerprocefs seine Bedeutung für Deutschland längst verloren und dem Thomas- und Siemens-Martinprocefs Platz gemacht hat, so glaubt doch die Commission, dafs derselbe als Bahnbrecher für unsere Flufseisenindustrie in dem Rahmen unserer heutigen Besprechung nicht fehlen dürfte, und hoffe ich daher, dafs Sie den diesbezüglichen kurzen Ausführungen, mit welchen ich von der Commission beauftragt bin, einige Aufmerksamkeit schenken werden, obgleich ich Ihnen nur allgemein Bekanntes mittheilen kann.

Als zu Anfang der 60er Jahre die Erfindung des Bessemerprocesses zur Kenntnifs weiterer Kreise gelangte, wurde die hohe Bedeutung desselben bald erkannt und in fast allen eisenerzeugenden Ländern Bessemerwerke angelegt. Da man zu demselben aber nur ein graues, möglichst phosphor- und schwefelfreies Eisen mit einem gewissen Siliciumgehalt verwenden konnte, so entwickelte sich dieser Procefs zunächst vorzugsweise in solchen Ländern, in denen man ein derartiges Eisen leicht herstellen oder leicht und billig beschaffen konnte. Selbstverständlich spielte hierbei auch das Vorhandensein von Kohlen eine grofse Rolle und haben wir die rasche Ausbreitung des Bessemerprocesses in verschiedenen Gegenden dem vorhandenen Kohlenreichthum mit zu verdanken.

Sobald die ersten Schwierigkeiten dieses neuen Processes überwunden waren und das Bessemermaterial schon vielfache Verwendung gefunden hatte, glaubten übereifrige Anhänger damit das Schweifseisen und den Tiegelstahl ganz verdrängen zu können und ergingen sich in den überschwenglichsten Hoffnungen. Diese haben sich aber nicht erfüllt, es zeigte sich vielmehr recht bald, dafs der Bessemerprocefs hauptsächlich berufen sei, Massenmaterial zu liefern, und fand das Bessemerflufseisen daher vorzugsweise Verwendung zu Schienen, Achsen, Bandagen, Schmiedestücken u. s. w.

Anfangs wurde auf vielen Werken die Qualität des zur Verwendung kommenden Roheisens gewöhnlich nur nach dem Bruche beurtheilt und die Qualität des erblasenen Flufseisens meist nur durch Biege-, Bruch- und Härteproben festgestellt. Chemische Untersuchungen wurden nur selten gemacht und Festigkeitsproben konnten wegen Mangels an geeigneten Zerreifsmaschinen noch nicht vorgenommen werden. Es konnte daher nicht ausbleiben, dafs man über manche Vorgänge im Betriebe im Unklaren blieb und oft ein Material hergestellt wurde, welches dem Verwendungszweck nicht voll entsprach. Auch wollte es anfangs nur schwer gelingen, ein genügend weiches Material zu erzeugen, es zeigten sich die daraus angefertigten Bleche und Formeisen u. s. w. oft zu hart und spröde, und kehrten daher viele Constructeure wieder zu Schweifseisen zurück. Ich erinnere hierbei nur an die mifsglückte Verwendung von Bessemerflufseisen zum Bau der Waalbrücke bei Nymwegen im Jahre 1878, sowie zu Kesselblechen. Wenn solche Vorkommnisse in vielen Fällen auch nicht im Material zu suchen, vielmehr auf falsche Behandlung bei der Verarbeitung, oder auf zu hohe Festigkeitsanforderungen durch die Constructeure zurückzuführen waren, so war das Mifstrauen gegen das Material doch wachgerufen und es dauerte lange, bis dies geschwunden war.

Mit fortschreitender Entwicklung des Bessemerprocesses wurde die Nothwendigkeit einer gründlichen Untersuchung aller dabei zur Verwendung kommenden Materialien und aller dabei auftretenden Umstände erkannt, und giebt es schon längst kein Bessemerwerk mehr, auf dem nicht alle Rohmaterialien vorher genau untersucht und das erzeugte Flufseisen vor seiner Verwendung nach allen Richtungen genau geprüft wird.

Unterstützt dorch solche eingehende Untersuchungen, lernte man denn auch bald ein weicheres Material herstellen und sind als solches namentlich das schwedische und das in den österreichischen Alpenländern erzeugte Bessemerflufseisen bekannt.

Mit fortschreitender Vervollkommnung der Qualität wurden dem Bessemermaterial denn auch neue Absatzgebiete erschlossen, und fand es bald ausgedehnte Verwendung in der Kleineisenindustrie zur Herstellung von groben Werkzeugen und Geräthen aller Art. Auch gingen die Bahnen dazu über, Schwellen, Laschen und Unterlagsplatten aus weichem Bessemerflufseisen anfertigen zu lassen.

Hand in Hand mit der Qualitätsverbesserung gingen die Verbesserungen in den Betriebseinrichtungen. An Stelle der anfangs zum Umschmelzen des Roheisens benutzten Flammöfen traten Cupolöfen, welche im Laufe der Zeit erheblich verbessert und vergröfsert wurden. Die Converter wurden vergröfsert, die alten Converterböden durch den vorzüglichen Holleyschen Losboden, oder den sogenannten Durchziehboden ersetzt. Kräftigere und bessere Gebläsemaschinen wurden beschafft und damit eine erhebliche Erzeugungssteigerung und Herabminderung der Erzeugungskosten erzielt.

In der Gesammtdisposition der europäischen Bessemerwerke hat sich kaum etwas geändert, man hat fast überall die Anordnung von zwei Convertern an einer halbkreisförmigen Giefsgrube beibehalten, welche durch einen gemeinsamen Giefskrahn bedient werden. Auch ist die anfängliche Lage der

Cupolöfen in entsprechender Höhe hinter den Convertern geblieben. Die Giefsgrube, welche gewöhnlich etwa 1 m unter Flur liegt, wird durch 2 bis 3 Blockkrähne bedient und sind die sonstigen Einrichtungen mehr oder weniger noch die anfänglichen.

Etwas abweichend von den alten Anordnungen und Einrichtungen ist das Bessemerwerk zu Ougrée in Belgien. Die daselbst vorhandenen 4 Converter zu je 8 t liegen in einer Reihe und wird anstatt der Centralgiefskrähne ein fahrbarer Giefskrahn benutzt und das Flufseisen in einer langen Giefsgrube vergossen.

Auf einem der Bochumer Werke wird die fertig geblasene Charge in die im Centralkrahn hängende Giefspfanne entleert, dieser giebt die gefüllte Pfanne an einen Giefswagen ab, welcher mittels Schleppzug zu der seitlich von den Convertern befindlichen, langen Giefsgrube gebracht wird, woselbst man das Flufseisen vorgiefst.

Alle Krähne, Aufzüge und die Converterwendevorrichtungen werden gewöhnlich hydraulisch bewegt und beträgt der zur Anwendung kommende Wasserdruck meist 20 bis 30 Atmosphären.

Die Betriebsweise der europäischen Bessemerwerke ist noch dieselbe wie vor 15 bis 20 Jahren. Das Eisen wird entweder vom Hochofen flüssig in die Converter gebracht oder in Cupolöfen umgeschmolzen. Zu diesen beiden Methoden hat sich seit einigen Jahren der Mischerbetrieb gesellt, welcher überall da mit Vortheil angewandt wird, wo eine genügende Anzahl Hochöfen vorhanden ist und möglichst viel flüssiges Eisen durch den Mischer gebracht werden kann.

Die Blasedauer der Chargen, welche wesentlich von dem Silicium- und Mangangehalt des Roheisens abhängt, beträgt in Schweden etwa 7 bis 12 Minuten und in den übrigen europäischen Bessemerwerken im Mittel etwa 15 bis 20 Minuten, bei einem Winddruck von etwa 1,4 bis 1,8 kg a. d. Quadratcentimeter. Steht genügend Roheisen zur Verfügung, dann werden je nach Blasedauer in den europäischen Werken etwa 40 bis 60 Chargen in 24 Stunden mit einem Converterpaare gemacht. In Schweden wird fast ausschliefslich direct, also ohne Rückkohlung gearbeitet, während in den übrigen europäischen Bessemerwerken wohl allgemein mit Spiegeleisen oder Ferromangan rückgekohlt wird. Zur Erzielung dichter Blöcke setzt man dem Flufseisen Ferrosilicium und Aluminium zu und sind die vielen hierzu in Vorschlag gebrachten mechanischen Hülfsmittel, wie Pressen der Blöcke in den Coquillen so lange das Material noch flüssig ist u. s. w., wohl nirgend in Anwendung.

In der Auskleidung der Converter hat sich nichts geändert, sie wird meist gemauert, selten noch gestampft und hält etwa 500 bis 1000 Chargen. Auf einigen belgischen Werken will man eine Haltbarkeit von 3- bis 4000 Chargen* erzielt haben. Die Converterböden werden wie seither meist gestampft, selten gemauert, in besonderen Oefen getrocknet, mittels Krahn oder transportabelen hydraulischen Hebetisch ausgewechselt und halten etwa 15 bis 50 Chargen. Die Giefspfannen werden ebenfalls in bekannter Weise hergerichtet, also theils gestampft, theils gemauert und halten bis zu 50 Chargen.

Aus den Mittheilungen und den Tabellen des Hrn. Schrödter geht hervor, dafs in Nordamerika der Bessemerprocefs sich am mächtigsten entfaltet hat. Die zahlreichen Hülfsquellen des Landes, — ich erinnere nur an das natürliche Gasvorkommen —, die reichen Erze, die leicht zu gewinnenden Kohlen, der jahrzehntelang kaum zu deckende Bedarf im Eisen, sowie der kühne Unternehmungsgeist des praktischen Amerikaners waren die treibenden Factoren, welche Nordamerika in so kurzer Zeit an die Spitze der eisenerzeugenden Länder brachte.

Charakteristisch für den amerikanischen Bessemerbetrieb ist die rasche Aufeinanderfolge der Chargen und der geringe Siliciumgehalt im Eisen. Dieser sinkt auf einigen Werken oft unter 1 % und ermöglicht es, die Chargen in etwa 8 bis 14 Minuten fertig zu blasen.

Das Roheisen enthält im Durchschnitt 3,3 bis 3,7 % Kohlenstoff, 0,50 bis 1,00 % Mangan, 0,06 bis 0,08 % Phosphor, 0,05 bis 0,08 % Schwefel und je nach der Arbeitsweise und Leistungsfähigkeit der Werke 0,60 bis 2,50 % Silicium. Dasselbe wird in Cupolöfen umgeschmolzen, sofern nicht direct convertirt, oder der Mischerbetrieb angewandt wird. Früher liefs man das umgeschmolzene Eisen durch Rinnen direct in die Converter laufen, in neuerer Zeit wird dasselbe meist in Pfannen abgestofsen, gewogen und dann in die Converter gebracht. Zur Rückkohlung wird Spiegeleisen, welches man in Cupolöfen umschmilzt, und Ferromangan benutzt.

Der Fassungsraum der gewöhnlich symmetrisch geformten Converter beträgt bei den grofsen Schienenwerken mit einer Monatsproduction von 30- bis 35 000 t Schienen meist 10 bis 20 t, und bei den Werken, welche weiches Material herstellen, 5 bis 12 t.

Die wohl allgemein in Gebrauch befindlichen Holleyschen Losböden werden in einem besonderen Raum gestampft und getrocknet und durch einen Krahn oder Hebetisch in sehr kurzer Zeit, oft nur 5 Minuten, ausgewechselt, so dafs eine Unterbrechung in der stetigen Aufeinanderfolge der Chargen, auch bei nur einem Converterpaare, nicht eintritt.

* „Stahl und Eisen" 1890, S. 1022.

In den Einrichtungen unterscheiden sich die amerikanischen Bessemerwerke nur wenig von den europäischen. Bei den neueren Anlagen liegen die Converter in einer Reihe und werden zu je zwei durch einen gemeinsamen Centralgiefskrahn bedient. Durch die gesteigerte Chargenzahl, oft bis zu 160 in 24 Stunden mit einem Converterpaare, erwiesen sich die meist halbkreisförmigen Giefsgruben zu klein, die Hitze wurde in den engen Räumen zu grofs und ging man daher dazu über, dafs Rangiren, Abziehen und Reinigen der Coquillen aufserhalb der eigentlichen Giefshalle vorzunehmen.

In den bekannten Carnegieschen Stahlwerken, sowie in verschiedenen andern Werken werden die Coquillen in Gruppen von 2 bis 3 auf einen Wagen gestellt, mittels Locomotive in die Giefshalle unter die Pfanne gefahren, dort gefüllt und nach dem Abgiefsen der Charge zu den hydraulischen Blockausdrückvorrichtungen gebracht. Auf diese Weise wird erreicht, dafs in der Giefshalle nur die Giefs- und Pfannenkrähne zu operiren haben und die Arbeiter daselbst durch die heifsen Blöcke und Coquillen nicht belästigt werden.

Wenn nun auch die Riesenproduction der amerikanischen Bessemerwerke uns in Erstaunen setzt und die Production der heimischen Flufseisenwerke in den Schatten stellt, so wird ein Vergleich in Bezug auf Qualität, Exactheit und Vielseitigkeit der Betriebsweise nicht zu unsern Ungunsten ausfallen. Es haben daher amerikanische Schienen, Knüppel und Draht ihren Weg bis jetzt nur in die Presse, aber noch nicht auf unsern Markt finden können. Immerhin haben wir aber mit der Thatsache zu rechnen, dafs uns in Amerika ein starker Concurrent entstanden ist, und wird es gewifs allseitig der allergröfsten Anstrengung bedürfen, um unsere Absatzgebiete zu erhalten und zu erweitern. (Beifall.)

Vorsitzender: Ich eröffne nunmehr die Besprechung über die eben gehörten Vorträge und bitte die Herren, sich recht zahlreich an derselben betheiligen zu wollen.

Hr. Geheimrath **Wedding**-Berlin: Ich möchte mir gestatten, an den ersten Herrn Vortragenden im Interesse des Rufs unserer deutschen Eisenindustrie eine Frage zu stellen. Wenn ich nämlich recht verstanden habe, so stellen die Linien auf Tafel I (S. 337) die Menge der Fertigfabricate, welche in Deutschland $3^1/_2$ Millionen Tonnen beträgt, die Linien der zweiten Tafel (welche nicht abgedruckt ist) dagegen die Mengen der Rohblöcke von Herd- und Birnen-Flufseisen einzeln dar. Wenn man nun letztere für Deutschland zusammenzählt d. h. die Ordinaten zusammenträgt, dann stellt sich heraus, dafs wir aus etwa 5 Millionen Tonnen Rohblöcken nur $3^1/_2$ Millionen Tonnen Fertigfabricate erzeugt haben. Wenn man dagegen die Linien der Vereinigten Staaten und Grofsbritanniens zusammenzählt, so findet man, dafs diese Länder viel günstiger gearbeitet haben, denn da übersteigen die Summen für Rohfabricate diejenigen für Fertigfabricate nur wenig. Es schiene mir nun wegen unserer ausländischen Neider, deren wir ja nicht wenige haben, sehr erwünscht, eine Aufklärung dieser Aufzeichnungen zu erhalten.

Hr. **Schrödter**: Es ist mir sehr angenehm, dafs der hochgeschätzte Herr Vorredner diesen Punkt näher zur Sprache bringt, da derselbe in der That noch der Aufklärung bedarf. In Tabelle I, darstellend die Flufseisenerzeugung der Erde, sind, wie dies in einer Fufsnote angegeben ist, bei Grofsbritannien und den Vereinigten Staaten die Erzeugungsmengen an Blöcken angegeben, während bei uns in Deutschland,* weil eine Statistik über Rohblöcke gar nicht existirt, nur die Fertigfabricate und ein Theil der Halbfabricate angegeben werden konnten; aufser diesen wird noch ein Theil der Halbfabricate, nämlich diejenigen registrirt, welche zum Verkauf weiter gehen, eine Statistik, welche für vorliegenden Zweck keinen Werth hatte, da es sich in erster Linie darum handelte, für den rückliegenden Zeitabschnitt bis 1865 überhaupt einen Vergleich anzustellen. Ich war daher genöthigt, für Deutschland auf die Fertigfabricate zurückzugehen. Es wäre daher vielleicht richtiger gewesen, wenn ich bei Deutschland gleich einen Procentsatz, welcher dem Verlust durch Abbrand u. s. w. schätzungsweise entspricht, zugeschlagen hätte; ich habe mir aber gesagt, dafs eine Schätzung verhältnifsmäfsig geringen Werth hat und es richtiger sei, wenn Jeder diese

* Die Zahlen, welche auf Seite 342 angegeben sind, haben inzwischen noch eine kleine Aenderung erfahren und sind wie folgt zu berichtigen:

Auf sämmtlichen deutschen Werken wurden nach der Ermittlung von Dr. Rentzsch an basischem (Thomas-) Flufseisen erzeugt:

im Kalenderjahre	a) im Converter Tonnen zu 1000 kg	b) im offenen Herd (Siemens-Martinofen) Tonnen zu 1000 kg	zusammen basisches Flufseisen Tonnen zu 1000 kg
1894	2 342 161	899 111	3 241 272
1895	2 520 396	1 018 807	3 539 203
1896	3 004 615	1 292 832	4 297 447

Schätzung selbst vornehme. In den übrigen Tabellen ist für jedes Land auseinandergesetzt, worauf sich die bezw. Angaben stützen.

Was nun den Punkt betrifft, dafs die Angaben in Tab. I und Tab. V (auf Seite 342) nicht übereinstimmend sind, so kann ich nicht leugnen, dafs ich selbst zuerst erstaunt gewesen bin über die Gröfse dieser Summen und anfänglich grofse Zweifel an der Richtigkeit gehegt habe, sowohl wenn ich sie mit dem Fertigfabricat verglich, als auch wenn ich sie mit unserer Roheisenerzeugung verglich, denn es kam im ersten Fall eine verhältnifsmäfsig zu hohe Summe und im zweiten Fall ein bedeutender Fehlbetrag an Roheisen heraus. Aber schliefslich bin ich doch zu der Ueberzeugung gekommen, dafs diese Zahlen doch die Wahrheit sagen müssen, da nämlich zu bedenken ist, dafs neben rund 1½ Millionen Herdblöcken rund 3½ Millionen Rohblöcke aus dem Converter stehen und ein grofser Theil der Blöcke, die da schon gewesen sind, hier wieder erscheint, weil die Abfälle, die einen sehr erheblichen Procentsatz ausmachen, wieder eingeschmolzen werden.

Zweitens aber scheint diese Statistik zu bestätigen, dafs heute unsere Schweifseisendarstellung nicht ganz so grofs ist, wie sie in der amtlichen Statistik erscheint, sondern dafs unter der Position „Schweifseisen“ manche verwalzte flufseiserne Bramme und mancher verarbeitete flufseiserne Knüppel erscheint aus dem einfachen Grunde, dafs die Trennung bei den Werken, welche beides erzeugen, sehr schwierig ist. Wenn man unter diesem Gesichtspunkt alsdann die Rechnung aufstellt und das unter der Rubrik Puddeleisen, aber für den Martinofen bestimmte Stahleisen sowie Schrott, der allein beim Thomasbirnenmaterial in einer Menge von über ½ Million Tonnen fällt, wenn man 50 % rechnet, und ferner die Einfuhr in Betracht zieht, so kommt man auch mit der nachgewiesenen Erzeugung von Roheisen aus. Es ergiebt sich hieraus die bemerkenswerthe Thatsache, dafs in der Flufseisenerzeugung Deutschland Grofsbritannien überflügelt hat. (Bravo!)

Hr. Geheimrath **Wedding:** Es wäre vielleicht ganz erwünscht, für die Veröffentlichung die zusammengehörigen Producte zusammenzustellen, dann hätten wir einen Vergleich des Abgangs an Material in den verschiedenen Ländern.

Hr. **Schrödter:** Demgegenüber mache ich darauf aufmerksam, dafs man dann aber den Vergleich nur für die drei letzten Jahre hat, und dafs für die früheren Jahre kein Vergleich da ist. Das Ungünstige der jetzigen Statistik ist freilich, dafs die Grundlage bei den verschiedenen Staaten eine verschiedene ist.

Hr. **Schott:** In der Erzeugungsziffer für Herdmetall steckt eine grofse Menge, 800 000 t, Schrott und schwerer Abfall, so dafs ein grofser Theil der Erzeugung an Ofenherdblöcken aus dieser Quelle herstammt. Das macht die Gesammterzeugung erklärlich, wenn man bedenkt, dafs der Verbrauch an Roheisen und Schrott in Deutschland 1896 über 8 Millionen Tonnen betragen hat. Dann wäre es interessant zu erfahren, welchen Phosphorgehalt das Bessemereisen hat, was in Amerika erblasen wird. Ich finde nämlich, dafs man zwei Preise in Amerika für Bessemereisen angiebt. Das Eisen, was in Pittsburg erzeugt wird, steht etwas unter 10 $, es wird aber auch ein Preis für Eisen mit geringem Phosphorgehalt genannt, der beträgt 16 $. Ich möchte nun gern wissen, wie der gewöhnliche amerikanische Bessemerstahl aussieht, wenn man ihn nach den Ansprüchen beurtheilt, wie man sie in Europa stellt.

Hr. **Schrödter:** In den Vereinigten Staaten unterscheidet man Bessemer- und Nicht-Bessemererze. Bis vor wenigen Jahren galt als Bessemererz dasjenige, welches nicht mehr als 1 Theil Phosphor auf 1000 Theile Erze enthielt, eine Grenze, welche jedoch durch örtliche Verhältnisse beeinflufst wurde. Heute, glaube ich, ist die Grenze um ein Geringes nach oben verschoben und zwar durch die Mesabi-Erze, die nur zum Theil unter dieser Grenze liegen.

Es ist dadurch anscheinend ein Material von höherem Phosphorgehalt in die Bessemerwerke gewundert, und ich nehme an, dafs dieses Roheisen dasjenige ist, was Hr. Schott meint. Das mit 16 $ bewerthete Roheisen stellt jedenfalls eine besonders bevorzugte Qualität vor.

Hr. **Schürmann:** Ich möchte nur bemerken, dafs die Amerikaner es verstanden haben, auch aus höher phosphorhaltigem Material einen relativ guten Stahl zu fabriciren, nämlich durch hohen Schrottzusatz im Converter. Das Metall enthält factisch kaum Spuren von Silicium, hat dafür aber einen höheren Phosphorgehalt.

Hr. Generaldirector **Meier:** Ich möchte zu den Ausführungen des Hrn. Schrödter in betreff der Menge des Schrotts bemerken, dafs es nicht richtig ist, dafs wir von den Thomasblöcken 20 % Schrott liefern sollen. Erstlich ist es an sich viel, und dann müssen wir bedenken, dafs ein grofser Theil Schrott in den Converter zurückgegeben wird, der quasi als Durchlaufsposten zu betrachten ist.

Vorsitzender: Wünscht noch Jemand das Wort? (Pause.) Das ist nicht der Fall, ich darf also wohl die Discussion schliefsen. Wir gehen nun zum zweiten Theil über und ich ertheile das Wort dem Hrn. Director Springorum.

Der Martinprocefs.

Hr. **Springorum**-Dortmund: M. H.! Wie Sie aus den vorhin mitgetheilten interessanten statistischen Angaben ersehen haben, verdankt auch der Martinprocefs die überraschende Entwicklung der letzten 15 Jahre vornehmlich der Einführung des basischen Verfahrens. Während man früher die Martinöfen vielfach, in Deutschland fast ausnahmslos, als Ergänzung von Bessemerwerken anlegte, wurde die durch das basische Verfahren ermöglichte grofse Erleichterung in der Auswahl und Beschaffung des Rohmaterials in Verbindung mit der vorzüglichen Qualität des basischen Flufseisens die Veranlassung, dafs der ohnehin schon durch geringe Anlage- und Betriebskosten begünstigte Martinprocefs erheblich an Selbständigkeit gewann und auch auf einer Reihe von kleineren Werken Aufnahme fand, die bis dahin auf die Herstellung gepuddelten Materials angewiesen waren. Eine Folge dieser Ausbreitung des Martinprocesses ist es, dafs die heute bestehenden Werke eine weit gröfsere Verschiedenheit in den Constructionseinzelheiten sowohl als auch in der Betriebsführung aufweisen, als die Bessemer- und Thomaswerke, eine Verschiedenheit, die eine erschöpfende Berichterstattung sehr erschwert, wenn nicht unmöglich macht; es werden also die folgenden Ausführungen ganz besonders einer Ergänzung in der Discussion bedürfen. Der Einfachheit halber gestatten Sie mir wohl, m. H., meinen Bericht im wesentlichen auf die basischen Anlagen zu beschränken, zumal da fast alle auf diesem Gebiet eingeführten Neuerungen auch für den sauern Betrieb von Werth sind und letzterer kaum Verbesserungen aufzuweisen hat, welche die basischen Werke sich nicht zu nutze machten.

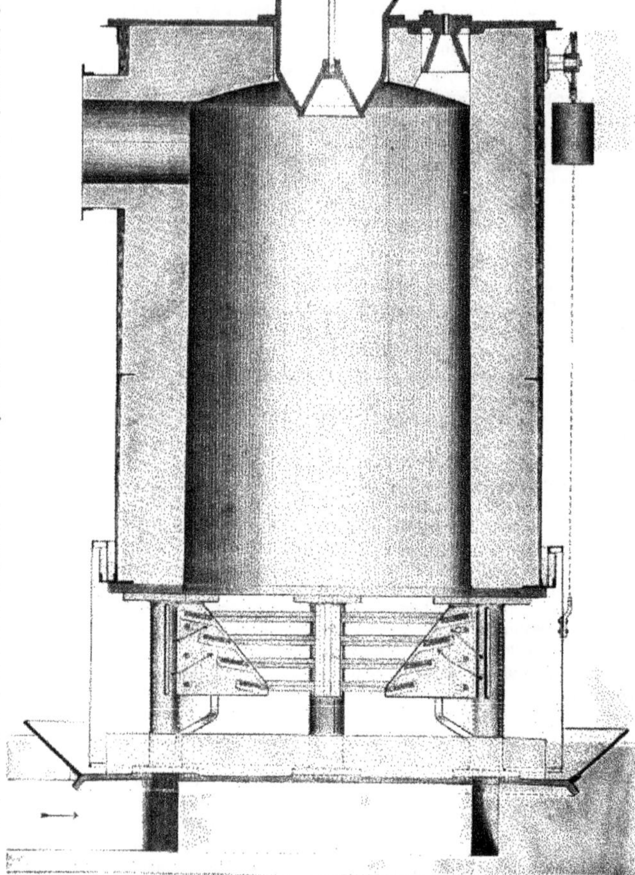

Abbild. 13.

Was nun zunächst die Construction der Martinwerke anlangt, so finden sich vor Allem bedeutende Abweichungen gegenüber älteren Anlagen in der Ausführung der Gaserzeuger. Die alten

Siemensgeneratoren mit ihren Blechleitungen verschwinden mehr und mehr und machen dem Schachtgenerator mit quadratischem, rechteckigem oder rundem Querschnitt, gemauerten Gasleitungen und Unterwindbetrieb Platz. Man findet Schachtgeneratoren mit Rauhgemäuer oder, falls die runde Form gewählt ist, mit Blechmantel; letztere Ausführung scheint wegen des geringeren Raumbedarfs und weil sie weniger leicht deformirt wird, die beliebtere zu sein. Bei Anwendung des Planrostes besteht der Verschlufs des Aschenraumes in einer Dreh- oder verticalen Schiebethür, bei Treppenrost von sechs- oder achteckiger Form hat man mit Vortheil Glockenverschlüsse benutzt (Abb. 13). Gegenüberliegende Treppenroste mit centralem Abschlufs durch den Aschenkegel weist der im Juniheft 1893 beschriebene Blezingersche Generator auf, und soll sich diese Anordnung als sehr bequem bei der Reinigung bewähren. Eine leichte Entfernung der Asche gestattet auch der im Novemberheft 1894 beschriebene Generator von Taylor (Abb. 14), auf den ich nachher noch zurückkommen werde. Generatoren ohne Roste sind in Kladno, Teplitz und Wilkowitz mit gutem Erfolg in Betrieb, in denselben wird die Asche mit Flufsspath und Kalkspath verschlackt und flüssig abgestochen. Versuche, das gleiche Verfahren in Westfalen einzuführen, sind meines Wissens dauernd ohne Erfolg geblieben, der Generator verstopfte sich nach einigen Tagen und scheint der Betrieb für unsere Kohlen weniger geeignet zu sein. Zur Erzeugung des Unterwindes wendet man an Stelle der früher zu diesem Zweck allgemein benutzten Dampfstrahlgebläse vielfach Ventilatoren an und führt den Dampf durch eine getrennte Leitung unter den Rost. Diese Anordnung bietet den Vortheil, dafs Dampf und Wind unabhängig voneinander regulirt werden können, was von grofsem Einflufs auf den Gang des Generators ist. Die Windpressung beträgt 80 bis 100 mm Wassersäule, man vergast dabei in einem Generator von 4 m Höhe und 2 m Durchm. etwa 7 t westfälische Gaskohle in 24 Stunden. Die Benutzung geprefster Verbrennungsluft im Martinofen findet sich bis jetzt nur vereinzelt.

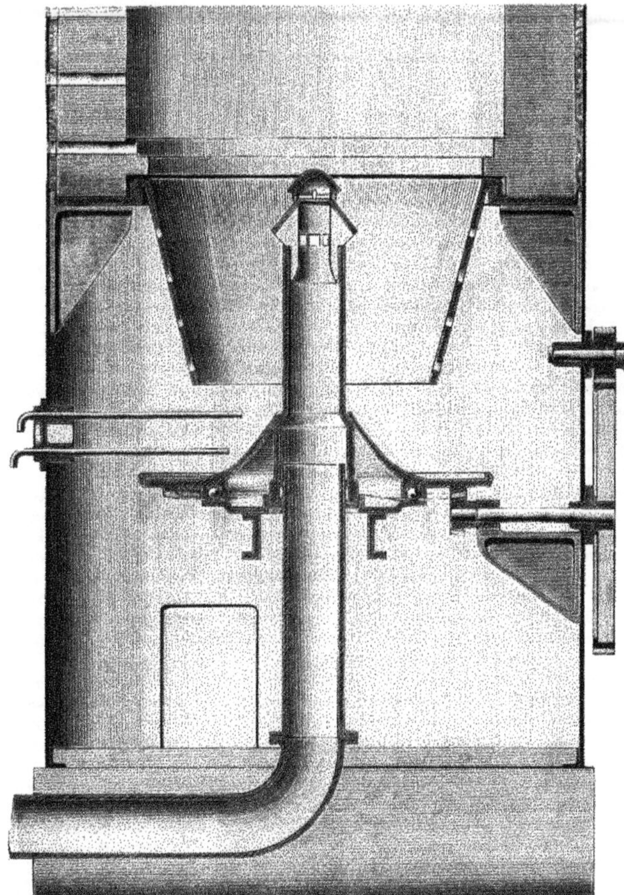

Abbild. 14.

Die Aufgebevorrichtungen sind meist nach Art eines Parryschen Trichters ausgeführt, zum Verschlufs der Schürlöcher hat sich der Kugelverschlufs, Patent Krupp, als praktisch erwiesen. Mechanische Aufgebevorrichtungen sind in England und Amerika ausgeführt. Die Kohle wird in Trichterwaggons oder anderen Selbstentladern mittels Hochbahn über die Generatoren gebracht und fällt nach Lösung der Bodenverschlüsse in Vorrathstrichter, von denen Rutschen zu den Aufgebeöffnungen führen. Letztere sind durch Schieber verschlossen, welche automatisch durch Hebel, die an einer gemeinsamen rotirenden Welle sitzen, geöffnet und geschlossen werden. Die Dauer einer Schieberbewegung und damit die Menge des in der Zeiteinheit dem Generator zugeführten Brennstoffs läfst sich durch Verstellung des Hebels regeln. An Personal erfordert diese Vorrichtung für die Bedienung von 12 Generatoren: 1 ersten Mann, 1 Stocher, 3 Aschenfahrer, die gleichzeitig die Kohlenwaggons entleeren. Neuerdings versucht man auch noch die Stocher zu sparen durch eine elektrisch getriebene Schürvorrichtung, welche der erste Mann bedienen kann. —

Die Gase dieser Schachtgeneratoren enthalten bis 28 % CO und 12 % H und gelangen je nach der Entfernung des Generators vom Ofen mit 500 bis 800° C. in die Kammern. Sind Gaskammern vorhanden, so können sich also in denselben die Rauchgase nur bis zu dieser Temperatur abkühlen, fehlen die Gaskammern, so reicht die Verbrennungsluft allein nicht aus, um die in den Luftkammern aufgespeicherte Wärme aufzunehmen, es entstehen also auch in diesem Fall Wärmeverluste. Um diese zu vermeiden, wird in dem schon erwähnten Bayardschen Aufsatz über den Taylor-Generator vorgeschlagen, die überschüssige Wärme zum Ueberhitzen des Dampfes und zum Vorwärmen des Generatorwindes zu benutzen und zwar mittels des Temperaturwechslers von Heurtey & Fichet. Auf diese Einrichtung näher einzugehen, verbietet die Zeit, ich verweise daher bezüglich der Einzelheiten auf den Bayardschen Aufsatz und will hier nur noch bemerken, dafs nach den dort gemachten Angaben das mit überhitztem Dampf und vorgewärmtem Wind erzeugte Gas 39 % CO und 14 % H enthält, also einen weit höheren Brennwerth hat, als das gewöhnliche. Der Generator soll in Amerika und Frankreich schon vor vier Jahren in mehr als 200 Exemplaren ausgeführt sein, ob auch in Deutschland, weifs ich nicht. Jedenfalls verdient das Bestreben, die Verwendung heifser Generatorgase ökonomischer zu gestalten, volle Beachtung, um so mehr, als wohl alle neueren Martinwerke aus einer dahin zielenden Verbesserung Nutzen ziehen würden.

Die Unbequemlichkeit, dafs die mit geprefster Luft betriebenen Generatoren grofse Mengen Flugstaub und auch Rufs erzeugen, hat man durch Einschaltung geräumiger Staubkammern zwischen Generator und Ofen so weit beseitigt, dafs sie kaum noch empfunden wird.

Zum Absperren von Gas und Luft und zur Regulirung haben sich einfache Tellerventile, deren Dichtungsfläche einer Kugelzone entspricht, bewährt. Wo der Raum es gestattet, finden sich auch wohl Wasserverschlüsse, die dann zugleich als Sicherheitsventil bei etwaigen Gasexplosionen wirken. Zum Umsteuern verwendet man aufser der alten Siemens-Klappe, die bekanntlich leicht undicht wird, Doppelsitzventile in England und Amerika, Muschelschieber und feuerfeste Hähne in Oesterreich, aus Blech genietete Glocken in allen diesen Ländern und namentlich in Deutschland. Die Glockensteuerung hat sich überall da bewährt, wo für gute Ausnutzung der Abhitze, also kühle Rauchgase, gesorgt ist. Sie ist leicht zu handhaben, schliefst exact und hat wenig oder gar nicht unter Gasabscheidungen zu leiden.

Bei Anlage der Oefen sorgt man heute vor allen Dingen dafür, dafs jeder Ofen einen eigenen kräftig wirkenden Kamin erhält. Die neueren Ofenconstructionen erstreben ferner möglichst vollkommene Entlastung der Theile, welche höhere Temperaturen auszuhalten haben, wie die Wände und Gewölbe der Kammern. Man ist so weit gegangen, auch die unter dem Herd angeordneten stehenden Kammern ganz unabhängig vom Rauhgemäuer und ohne irgend welchen Verband mit dem letzteren herzustellen, andere Ausführungen behalten zwar einen gewissen Verband bei, nehmen aber das Gewicht der Oberconstruction und des Ofeninhaltes durch die sehr kräftig gehaltenen äufseren Längsmauern und darüber gelegte Querträger auf. Aufser den in Amerika vielfach ausgeführten Constructionen, bei denen die Kammern kanalartig und vor dem Ofen liegend angeordnet sind, erzielen eine vollständige Unabhängigkeit der Kammern die bekannten Batho-Oefen, ferner die Constructionen von Dick-Riley u. a., welche alle bei richtiger Wahl der Abmessungen gute Resultate ergeben, aber durch die Panzerung und Unterconstruction theurer werden als gewöhnliche Oefen. Ueber die Vortheile der Panzerung dieser letzteren sind die Ansichten getheilt. Sicher ist, dafs bei basischem Betrieb eine dichte Panzerung ebenso wie bei Convertern viel zur Haltbarkeit des basischen Futters beiträgt.

Die Anordnung der Gas- und Luftzüge erfolgt noch immer nach sehr verschiedenen Grundsätzen, man hört indessen neuerdings in Amerika und auch in Deutschland vielfach die Ansicht, dafs die einfachste Form, nämlich je ein Gas- und Luftzug für jeden Kopf, übereinander liegend, sich am besten bewährt. Die in Gas- und Luftzüge werden nicht wie früher direct auf das Gitterwerk der Kammern gerichtet, sondern münden entweder in seitlich angeordnete Schlackenkammern oder in

Abtheilungen der Gas- und Luftkammern, die nicht mit Gitterwerk versehen sind und den Zweck haben, herabtropfende Schlacke aufzunehmen und vom Gitterwerk fern zu halten. Als zweckmäfsig für die Haltbarkeit und hohe Erzeugungen haben sich lange Köpfe erwiesen, lange und flache Herde und hohe Gewölbe. Letztere sind der Siemensschen Construction für freie Flammenentwicklung zu verdanken, die Flammenführung selbst hat man indessen nach vergeblichen Versuchen wieder dahin geändert, dafs man Gas und Luft auf die Beschickung hinführt, da die parallele Führung den Oxydations- und Entphosphorungsprocefs zu sehr verlangsamte. In Deutschland führt man den Herd und über diesen hinaus die Wände 150 bis 200 mm aus Dolomitstampfmasse oder Prefssteinen aus, zur Entlastung der Seitenwände werden vielfach Winkel als Gewölbeunterstützung angebracht. Die Isolirschicht stellt man meist aus Magnesitziegeln oder Magnesit-Theermasse her. Ueber Böden aus Magnesit habe ich Zuverlässiges nicht erfahren können, vielleicht hören wir in der Discussion etwas darüber. Vielfach hat man von den nicht billigen Versuchen mit Magnesit abgesehen, weil die Schwierigkeiten, ein haltbares basisches Ofenfutter herzustellen, in demselben Mafse abgenommen haben wie beim Thomasprocefs, Dolomitböden von 1000 bis 1500 Chargen und mehr sind durchaus keine Seltenheit. Im übrigen ist es nicht leicht, zuverlässige Angaben über die Ofendauer zu erhalten, und noch weniger leicht, zutreffende Vergleiche darüber anzustellen, wenn nicht auch die Gröfsenverhältnisse der Oefen und die Zusammensetzung der Beschickung bekannt sind. Für sauere Oefen werden 600 bis 700 Chargen als Maximum genannt, in Graz soll man 800 ohne Reparatur erreichen. Basische Oefen mit phosphorarmer Beschickung halten bei Schrottbetrieb bis 500 Chargen, höherer P-Gehalt oder Roheisenbetrieb kürzen die Lebensdauer. Gute Haltbarkeit ergeben bei richtiger Behandlung nach wie vor die Ihnen bekannten Oefen System Schönwälder, nämlich bis zu 1000 Chargen, trotzdem ein ziemlich hoher Procentsatz P-haltigen Eisens verarbeitet werden mufste. Zur Zeit sind 17 solcher Oefen auf 13 Werken in Betrieb. — Bei Bemessung des Ofeninhaltes und des Chargengewichtes spricht häufig die Rücksicht auf Nebenbetriebe oder die Nothwendigkeit, viele kleine Blöcke zu giefsen, mit. Ist man in dieser Hinsicht unbeschränkt, so wählt man in Rheinland-Westfalen in der Regel 15 bis 20, auch wohl 25 t. In Amerika führt man neuerdings mit gutem Erfolg dreh- oder kippbare Oefen System Wellman und Campbell aus. Die Illinois Steel Co. besitzt Wellman-Oefen zu 30 und 50 t, die Pennsylvania Steel Co. 8 Campbell-Oefen zu 50 t, das erstgenannte Werk ist jetzt sogar mit der Erbauung eines 75-t-Ofens beschäftigt. Die Kippöfen haben eine Reihe von Vortheilen: das Stichloch bleibt unverschlossen, der ausfliefsende Stahlstrahl ist leicht zu reguliren, so dafs man schwere Chargen in mehrere Giefspfannen ausleeren kann, die Gas- und Lufteintrittsöffnungen werden nach jeder Charge freigelegt und sind leicht zu repariren, und die Charge läfst sich bequem aus einem Ofen in einen anderen bringen. Die Schrägstellung des Ofens erleichtert die Beschickung, man läfst den Inhalt der mit einem Krahn angehobenen Schrottbehälter in den Ofen gleiten und kann auf diese Weise 2 Oefen von 50 t, deren Beschickung nur je eine halbe Stunde erfordert, mit einem Schmelzer, 2 Helfern und einem Maschinisten bedienen. Zusammengenommen mit der mechanischen Beschickung der Generatoren würde diese Einrichtung im Vergleich zu unserer Arbeitsweise eine Ersparnifs von mindestens 1,20 bis 1,50 ℳ f. d. Tonne Blöcke ermöglichen, ohne Berücksichtigung der durch das schnellere Laden gesteigerten Leistung des Ofens. Ueberhaupt ist Amerika uns in Bezug auf mechanische Beschickungsvorrichtungen vorgeeilt, denn während die schon vor 10 Jahren in Witkowitz construirten hydraulischen Vorrichtungen vereinzelt blieben, und soweit mir bekannt, auch in Witkowitz keine weitere Durchbildung erfuhren, verfügen die Martinwerke der Vereinigten Staaten über eine ganze Reihe von verschiedenen Systemen, die meist elektrisch betrieben werden. Am bekanntesten davon ist uns die Wellmannsche Maschine geworden, deren Bau Lauchhammer übernommen hat. In Rheinland-Westfalen ist sie durch 3 oder 4 Exemplare vertreten und ist vielleicht einer der Herren, die damit arbeiten, in der Lage, uns nähere Angaben zu machen.

Mit der Steigerung der Ofenerzeugung und des Chargengewichts wuchsen auch die Schwierigkeiten, die Giefsgrube rasch zu räumen und für den folgenden Gufs herzurichten. Man ging deshalb zunächst dazu über, die früher unmittelbar vor den Oefen befindliche, nur von einer Seite zugängliche und durch den Ofenbetrieb sehr eingeschränkte Giefsgrube zu verlegen, und haben die folgenden Anordnungen Verbreitung gefunden:

1. Die Giefsgrube liegt parallel zum Ofen und wird durch den zwischen Grube und Ofen befindlichen Pfannenkrahn mit schwenkbarem Ausleger, wie er in dem Bericht über die Thomaswerke beschrieben ist, bedient.

2. Vor den Oefen befindet sich ein Transportgeleise, auf welchem der Pfannenwagen mittels Locomotive oder eigener Maschine bis zu der am Ende der Ofenreihe liegenden runden oder kanalartigen Grube fortbewegt wird.

3. Die Giefsgrube hat beliebige Form und beliebige Lage zu den Oefen und ist so angeordnet, dafs sie nach allen Seiten frei liegt. Die Pfanne wird durch einen — meist elektrisch betriebenen —

Laufkrahn zum Ofen und von dort zum Giefskrahn gebracht. Diese Anordnung hat den Vortheil, dafs die Giefsarbeit ganz unbeeinflufst von Ofenbetrieb und Störungen desselben, wie Durchbrüchen u. s. w., verläuft. Der dagegen geltend gemachte Einwand, dafs der Transport so grofser Massen flüssigen Stahls durch einen Laufkrahn bedenklich sei, ist nicht stichhaltig und durch die Praxis in Amerika und auf einigen deutschen Werken längst widerlegt.

Da dem Martinbetrieb wohl am häufigsten die Aufgabe zufällt, kleine Blöcke zu giefsen, so will ich eine Neuerung auf diesem Gebiete kurz erwähnen, indem ich voraussetze, dafs die Methode Bertrand-Kurzwernhart, sowie die in Haspe ausgebildete allgemein bekannt sind. Es handelt sich um die Hrn. Director Bodig-Baildonhütte patentirte Giefsmethode, deren Einzelheiten aus den Abbildungen 15 und 16 ersichtlich sind. Um die Anzahl der zu giesenden Blöcke zu vermindern, kerbt Hr. Rodig den einzelnen Block ein, indem er vor dem Gufs durch die Wandung der Coquille einen oder mehrere Eisenkeile *k* schiebt, die durch einen Bügel *b* festgehalten und nach

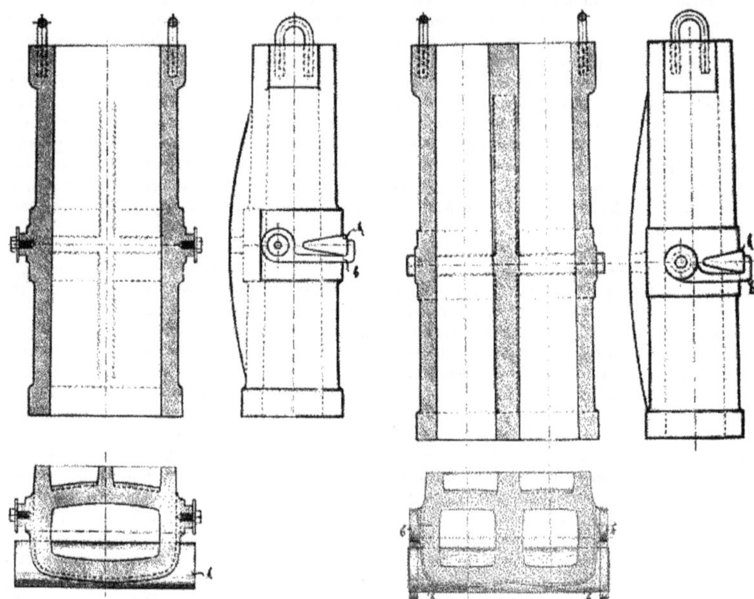

Abbild. 15. Coquille für theilbare Blechbrammen. D. R.-P. 82 754.

Abbild. 16. Coquille für theilbare Blöcke. D. R.-P. 82 754.

genügender Erstarrung des Stahls wieder entfernt werden. Leichte Hammerschläge genügen, um den erkalteten Block in den Einkerbungen zu theilen. Die Vortheile dieser Giefsmethode sind: Ersparnifs an Gespannsteinen, an Abfall in der Giefsgrube und im Walzprocefs, Verwendung kurzer dicker Blöcke, also gute Durcharbeitung des Materials.

Zum Betrieb der Martinwerke übergehend, kann ich zunächst feststellen, dafs man heute wohl ausnahmslos von der grofsen Wichtigkeit einer systematischen und stetigen Controle der Rohmaterialien, des Processes selbst und des Productes durch analytische Untersuchungen und mechanische Proben wie sie uns bei der Berichterstattung über den Thomasprocefs geschildert wurden, überzeugt ist. Durch zahlreiche und theilweise recht bittere Erfahrungen hat man einsehen gelernt, dafs Flufseisen- und Stahlfabricate nicht allein deswegen gut zu sein brauchen, weil sie aus dem Martinofen stammen, sondern dafs sie, um dieses Prädicat zu verdienen, mit mindestens demselben Aufwand von Sorgfalt und Aufmerksamkeit hergestellt sein müssen, wie das Thomasmaterial. Bezüglich der regelmäfsigen Untersuchungen des Einsatzmaterials und des Fertigproductes gilt auch hier das von Hrn. Kintzlé über die Prüfung des Thomasmaterials Gesagte. Für den Martinprocefs treten hinzu die Analyse und Temperaturmessung der Generator- und Rauchgase, Temperaturmessungen der Kammern, Zug- und Druckmessungen der Luft, der Gase u. a. m. Es würde mich zu weit führen, auf Einzelheiten einzugehen, ich will indessen nicht unterlassen darauf hinzuweisen, dafs gerade in den letzten Jahren durch diese Beobachtungen u. a. sehr wesentliche Verbesserungen in den Abmessungen der Züge, Kanäle, Kammern u. s. w. ermöglicht wurden, dafs dieselben also keineswegs nur akademischen Werth haben, sondern dem gewissenhaften Betriebsleiter ebensowenig entbehrlich sind wie die Arbeiten des chemischen Laboratoriums.

Die Betriebsresultate, insbesondere die Erzeugungen, wechseln bei gleicher Leistungsfähigkeit der Oefen, je nachdem der Einsatz hauptsächlich aus Schrott oder Roheisen, aus phosphorarmem oder phosphorreichem Material besteht, so sehr, dafs eine vergleichende Zusammenstellung zwecklos ist. Die höchsten Durchschnittsleistungen basischer Oefen mit Schrottbetrieb dürften 90 bis 100 t in 24 Stunden betragen. Ueber sauer zugestellte Oefen neuerer Construction konnte ich zuverlässige Daten nicht erhalten, ich glaube indessen nicht, dafs sie die vorerwähnten Zahlen übertreffen werden.

Von der Einführung geschmolzenen Roheisens in den Martinofen, wie sie früher in England und vereinzelt auch in Deutschland versucht wurde, ist man zurückgekommen, da der erhoffte Erfolg, die Chargendauer zu beschleunigen, ausblieb. Ueber Combinationen von Converter und Martinofen bezw. mehrerer Martinöfen wird Ihnen von anderer Seite berichtet werden; aus demselben Grunde kann ich den Roheisen-Erzprocefs im Martinofen hier übergehen.

Ueber das im Martinofen hergestellte Material ist zu berichten, dafs ein wesentlicher Fortschritt für die sauren Oefen durch die Verwendung der entphosphorten Abfälle des Thomas- und basischen Martinprocesses erzielt wurde. Im basischen Ofen stellte man bekanntlich anfänglich nur ein sehr weiches und zähes Flufseisen her, doch hat man in den letzten Jahren gelernt, darin auch harte Sorten, welche dem sauren Ofen früher zufielen, zu erzeugen. Durch geeignete Anwendung der für die zahlreichen Qualitätsstahle erforderlichen Zusatzmaterialien und verbesserte Leitung des Schmelzprocesses ist man dahin gekommen, auch im basischen Ofen den höchsten Anforderungen, welche man an härteres Martinmaterial stellen kann, zu genügen, oder richtiger gesagt, man ist durch die Vortheile, welche der basische Procefs bietet, erst in den Stand gesetzt worden, Martin-Hartstahl von so vorzüglicher Qualität, wie sie heute für die verschiedensten Zwecke hergestellt wird, zu erzeugen. (Beifall.)

Vorsitzender: Ich gebe nun Hrn. Daelen das Wort.

Ueber neuere Verfahren zur Erzeugung von Flufseisen.

R. M. Daelen-Düsseldorf. M. H.! Die vorhergehenden Berichte haben in kurzer Darstellung ein klares Bild über den heutigen Stand derjenigen Verfahren gegeben, welche in der Massenerzeugung von Flufseisen die hervorragendsten Stellungen einnehmen, und mir bleibt noch die Aufgabe, in Kürze diejenigen anzuführen, welchen das Bestreben zu Grunde liegt, sie in Zukunft in diese Reihe einrücken zu lassen. Die Umschau, welche ich in dieser Richtung gehalten habe, hat weder viel Neues noch Erfolgreiches für meinen Bericht ergeben, so dafs es scheint, dafs die oft aufgeworfene Frage: „Welches Verfahren der Eisenerzeugung wird dasjenige der Zukunft sein?“ noch immer nicht mit Bestimmtheit beantwortet werden kann, und dafs die jetzt im Vordergrunde stehenden noch für absehbare Zeit ihre Stellung behaupten werden. Dieses ist um so wahrscheinlicher, da die betreffenden Erfindungen und Neuerungen sich schon seit langer Zeit in zwei Hauptrichtungen bewegen, welche an sich nicht neu sind, so dafs es sich meistens nur um Aenderungen von bekannten Methoden handelt. Der erste Weg geht dahin, das im Erz enthaltene Eisenoxyd durch Glühen in reducirenden Gasen zu zersetzen und das erhaltene Eisen durch Schmelzen von den fremden Beimengungen zu trennen, während nach dem zweiten der Hochofen beibehalten wird und die Verbrennung der im Roheisen enthaltenen Fremdkörper, Kohlenstoff, Silicium, Phosphor und Schwefel in einfacherer oder sparsamerer Weise erfolgen soll als bisher. Bei dem ersteren besteht bekanntlich die Schwierigkeit nicht in der Abscheidung des Sauerstoffs, indem diese durch Glühen eines Gemisches von zerkleinertem Erz mit Kohlenpulver leicht erzielt wird, sondern vielmehr darin, den erzeugten Eisenschwamm vor dem Wiederverbrennen zu schützen. Die Carbon Iron Company, Pittsburg (N.-A.), erreicht dieses Ziel durch Zusatz eines Ueberschusses von schwer verbrennendem Graphit und darauf folgendes schnelles Ueberführen in den Herdschmelzofen. Obgleich die Erzeugung und der ökonomische Erfolg, welche die Gesellschaft erzielt, nicht unbedeutend sind, so ist doch über eine weitere Ausbreitung des Verfahrens bis jetzt nichts bekannt geworden, woraus zu schliefsen ist, dafs dasselbe nur für die örtlichen Verhältnisse besonders geeignet ist.

Im vorigen Jahre erregte ein in Schweden auftauchender Vorschlag einige Aufmerksamkeit, welcher darin gipfelte, das Erz wie oben in einem Schachtofen zu reduciren, den erzielten Eisenschwamm in unmittelbarer Fortsetzung vermittelst des elektrischen Bogens zu schmelzen und auf den Herd eines Flammofens zu leiten, um dort unter einer schützenden Schlackendecke durch Kohlung u. s. w. die Umwandlung in Stahl vorzunehmen. Die hierbei in Betracht kommenden Vorgänge sind als ausführbar bekannt, in der Art der Verbindung derselben kann eine Neuerung liegen, aber der Ausführung würde kein Bedenken entgegenstehen, wenn der ökonomische Erfolg gesichert erschiene, was nicht der Fall zu sein scheint und wofür der Grund wahrscheinlich in den zu hohen Erzeugungskosten der Elektricität liegt, welche für einen solchen Bedarf auch trotz großser Wasserkräfte noch vorhanden sind. Die Aussichten für den Erfolg auf dem erstbezeichneten Wege erscheinen demnach nicht glänzend, jedenfalls besitzt der alte Hochofen ein zäheres Leben als sein jüngerer Kamerad, der Puddelofen, und verdienen daher die Bestrebungen, in die Verwandlung von Roheisen in Flufseisen Verbesserungen einzuführen, mehr Beachtung als die obigen. Hierbei kommen für die Massenerzeugung nur das Bessemer- und das Siemens-Martin-Verfahren in Betracht, welche beide, namentlich seit der Einführung der basischen Zustellung der Oefen, einen solchen Grad der Vollkommenheit erreicht haben, dafs auch hier Neuerungen von umgestaltender Wirkung kaum noch zu erwarten sind.

Wenn hier ein Mangel angeführt werden soll, welcher Beiden anhaftet, so mufs zunächst das Schlufserzeugnifs betrachtet werden, denn derselbe besteht darin, dafs das flüssige Metall mit den bisherigen Mitteln nicht lange genug ohne irgend welche chemische Einwirkung von aufsen auf hoher Temperatur erhalten werden kann, um denjenigen Grad des Garseins zu erreichen, wie solchen der Tiegelstahl besitzt. Dieses kann in den vorhandenen Oefen nicht ohne Zeitverlust geschehen und habe ich daher bereits vor mehreren Jahren die Einschaltung eines Sammlers in Form des Roheisenmischers vorgeschlagen, auch Versuche im Kleinen veranlafst, welche aber die Schwierigkeit des Ersetzens der Wärme ergaben, welche durch Leitung und Strahlung entweicht. Das einfachste Mittel würde sein, den Sammler mit einer so dicken, feuerfesten Wand zu versehen, dafs dieselbe vor dem Füllen immer bis zu einer beträchtlichen Tiefe auf eine Temperatur erhitzt wird, welche höher ist als diejenige des flüssigen Metalles, ein Verfahren, welches durch abwechselndes Erhitzen, Füllen und Entleeren von mehreren Sammlern wohl ausführbar erscheint, indessen so grofser Einrichtungen bedarf, dafs die Einführung in den praktischen Betrieb nicht in naher Aussicht steht. In den mit Fachgenossen vielfach gepflogenen theoretischen Verhandlungen über diesen Gegenstand wurde der Erfolg niemals in Zweifel gestellt und ist ein dabei von Bessemer vorgebrachter Vorschlag bemerkenswerth, die erforderliche hohe Temperatur im Innern des Sammlers durch Verdichtung des eingeschlossenen Gases zu erzeugen, welcher zu dem Zwecke nach dem Einfüllen des flüssigen Metalles hermetisch geschlossen werden sollte, während die einzupumpenden neutralen Gase in einem Wärmespeicher erhitzt würden. Ein vor vielen Jahren von Hrn. Bessemer angestellter Versuch hatte den Erfolg, dafs ein glühender Stab von etwa 60 mm Durchmesser, in einen auf diese Weise erhitzten Behälter eingesetzt, in wenigen Minuten dünnflüssig geschmolzen wurde.

Zurückkehrend zu den eigentlichen Vorgängen in den beiden angeführten Verfahren, erkennen wir, dafs die Birne für die Massenverarbeitung von Roheisen eine gröfsere Unabhängigkeit besitzt als der Herdofen, weil das Verbrennen der Fremdkörper in derselben in kürzerer Zeit erfolgt, andererseits müssen diese aber auch in einer bestimmten Menge vorhanden sein, um die zum Flüssigerhalten des entstehenden Flufseisens erforderliche Wärme zu liefern. Hieraus folgern bestimmte Bedingungen über die Zusammensetzung des Roheisens, und da hierzu nicht immer die geeigneten Rohmaterialien zur Verfügung stehen, so ist an einzelnen Orten eine Vereinigung beider Verfahren eingeführt worden, indem das flüssige Roheisen in der Birne vorgefrischt und dann auf dem Herd vollends zu Flufseisen verarbeitet wird.

Trotzdem dieses vereinigte Verfahren ursprünglich nur für besondere örtliche Verhältnisse bestimmt zu sein scheint, gewinnt dasselbe in letzter Zeit an Bedeutung und Ausdehnung, weil die Zahl der Herdöfen in solchem Mafse gestiegen ist, dafs die Beschaffung von gefrischtem Eisen, des für diese bestgeeigneten Materials, Schwierigkeiten bereitet. Die Ursache dieser Zunahme besteht vornehmlich in der Eigenschaft des Herdofens, für beschränkte Erzeugung besser zu passen, als die grofse Birne, und wenn auch der Betrieb mit vorwiegendem Roheisenzusatz stellenweise mit befriedigendem Erfolg durchgeführt wird, so bleibt das Bestreben, die dadurch bedingte Verzögerung des Betriebes zu vermeiden, doch berechtigt. Zum Zweck der Beschleunigung des Frischens auf dem Herde wird entweder Druckluft in oder auf das Bad geblasen oder es werden oxydirende Körper, meistens Eisenerze, zugesetzt. Das erste Mittel hat bis jetzt keinen durchschlagenden Erfolg erzielt, weil die Einrichtung des Herdofens nicht denjenigen Bedingungen entspricht, welche durch das beim Blasen entstehende Kochen des Eisenbades gestellt werden, und dem Erzzusatz wird durch die damit verbundene Schlackenbildung eine Grenze gesteckt, so dafs derselbe möglichst vermieden wird, wenn genügend gefrischtes Material als Einsatz zur Verfügung steht. Hieraus folgt, dafs solches genommen werden würde, wenn es zu entsprechendem Preise vom Hochofen geliefert werden würde. Bis jetzt wird das Vorfrischen in der Birne als ein, für den vorliegenden Zweck zu theures Verfahren betrachtet, wofür der Grund wohl darin liegen mag, dafs dazu, wie z. B. in Witkowitz, eine vorhandene Bessemeranlage verwendet wird, so dafs der Betrieb nicht viel weniger kostet, als wenn auch Stahl erblasen würde. Die beim Vorblasen erzeugte Wärme wird zum Theil durch das Umgiefsen in die Pfanne und aus dieser auf den Herd verbraucht, während dort vornehmlich dann eine hohe Temperatur des Bades zum Frischen erforderlich ist, wenn der ganze Einsatz flüssig eingebracht wird. Diese Zustände werden indessen gänzlich umgestaltet, wenn eine besonders eingerichtete, sauer zugestellte Birne nahe am Hochofen aufgestellt, mit flüssigem Roheisen beschickt, nach dem Vorblasen zum Herdofen gefahren und dort entleert wird, denn die Anlage- und Unterhaltungskosten, sowie die Löhne werden dadurch bedeutend vermindert, dafs der Dampf zur Erzeugung der Druckluft am Hochofen billig zu beschaffen ist. Es ist aufserdem nicht ausgeschlossen, das Frischen in der Birne durch Einblasen von Erzpulver mit der Druckluft noch zu beschleunigen. Bereits vor mehreren Jahren hatte ich in diesem Sinne mit der Direction Witkowitz verhandelt, ohne indessen Beifall zu finden, und da mir Hr. L. **Pszczolka**, Krompach, vor kurzem mittheilte, dafs er unabhängig von meinem Vorschlage in der gleichen Richtung Versuche mit gutem Erfolge angestellt und die Absicht habe, das Verfahren in Krompach auszuführen, so haben wir gemeinschaftlich eine Vorfrischbirne entworfen und wird dieselbe in der nächsten Zeit dem Betriebe übergeben werden. Dieselbe ist transportabel eingerichtet, so dafs die Pfanne fortfällt, und unterscheidet sich im wesentlichen dadurch von einer gewöhnlichen Bessemerbirne, dafs sie trogförmig hergestellt wird, um die einfache Methode des seitlichen Blasens anwenden zu können, bei welcher eine gewisse Breite und Tiefe des Bades nicht überschritten werden darf. Diese Form würde wahrscheinlich für die Erzeugung von fertigem Flufseisen nicht geeignet sein, genügt aber zum Vorfrischen und gestattet für einen Inhalt bis zu 20 t noch die Herstellung einer transportablen Birne. Der seitliche Ansatz wird als Ein- und Ausgufs benutzt und gestattet das Entleeren in den Herdofen ohne Anwendung einer Abstichvorrichtung, so dafs bei der Ueberführung des flüssigen Metalls möglichst an Zeit und Wärme gespart wird. Die Versuche haben ergeben, dafs die Temperatur des Bades nach dem Vorfrischen genügt, um auch das Umfüllen in eine Pfanne zu gestatten, wenn dieses aber vermieden wird, so kann das Roheisen um so ärmer an Heizkörpern sein, und je wärmer es auf den Herd gelangt, um so eher ist das Fertigfrischen beendet. Es sind auch Verhältnisse denkbar, unter welchen die Ueberführung des vorgefrischten Roheisens vom Hochofen zum Herdofen in kaltem Zustande zweckmäfsig erscheint und kommt dann der Umstand dem Verfahren zu gute, dafs durch das Schmelzen auf dem Herde das Frischen sehr befördert wird, so dafs dieses dabei im ganzen kaum länger dauern wird, als beim Einsetzen in flüssigem Zustande. Infolge des höheren Gehaltes an Kohlenstoff schmilzt das Material leichter als Schmiedeschrott und bedarf demnach eines geringeren Zusatzes von Roheisen, so dafs jedenfalls die Dauer der einzelnen Hitzen nicht länger ist als bei dem höchst zulässigen Mafse von Schrott, dessen Schwierigkeit für das Einsetzen sowie hohen Verlust durch Abbrand das vorgefrischte Eisen nicht verursacht. Die Vorgänge dieses hier vorgeschlagenen Verfahrens sind genügend bekannt, um erkennen zu lassen, dafs diese Erwägungen nicht rein theoretischer Natur sind, und es darf daher die Erwartung ausgesprochen werden, dafs der Herdofenschmelzerei durch dasselbe die Verwendung von Roheisen in gröfserem Mafse ermöglicht werden wird.

Zu diesem Zweck mufs dasselbe gegenüber dem Erzverfahren Vortheile bieten, welche vornehmlich darin liegen, dafs die Birne für das Frischen von Roheisen besser geeignet ist als der Herdofen, während dessen Haupteigenschaft, das Eisenbad auf hohe Temperatur zu bringen und die zur Stahlbereitung erforderlichen Zuschläge aufzunehmen, um so mehr ausgenutzt wird, je weniger Frischarbeit ihm zugemuthet wird. Es ist kein Grund für die Verbrennung einer besonders grofsen Menge von Eisen in der Birne vorhanden, denn diese kann nicht in erheblichem Mafse eintreten, so lange noch reichlich Kohlenstoff im Bade vorhanden ist, immerhin wird der Abbrand gröfser sein als im Herdofen, während dieser aufserdem den Zusatz von mehr Erz gestattet, aus welchem ein Theil des Eisens gewonnen wird, andererseits kann die sauere Birnenschlacke wieder verhüttet werden, zumal sie unmittelbar am Hochofen fällt, was wohl selten für die basische Herdofenschlacke zutreffen wird, und kommt hinzu, dafs das vorgefrischte Material auf dem Herd einen sehr geringen Abbrand an Eisen ergeben wird. (Beifall!)

Vorsitzender: Nunmehr ertheile ich Hrn. Thiel das Wort:

Der Bertrand-Thiel-Procefs.

Hr. **Thiel**-Kaiserslautern: M. H.! Es ist eine bekannte Thatsache, dafs dem Martinprocefs bei der Verwendung eines hohen Procentsatzes an Roheisen der Nachtheil erwächst, dafs die Dauer der einzelnen Chargen infolge des langen Frischens sich sehr bedeutend steigert. Dadurch tritt Erzeugungsverminderung ein, erhöht sich der Brennstoffaufwand und wird ferner auch die Haltbarkeit der Oefen, besonders der Ofenherde, beeinträchtigt. Durch reichlichen Zusatz von Erzen wird das Frischen wohl gefördert, jedoch mufs andererseits dementsprechend der Kalkzuschlag erhöht werden, um die Verunreinigungen, die die Erze mit sich führen, zu verschlacken und die nöthige Basicität der Schlacke herbeizuführen, wodurch die beschleunigende Wirkung stark reducirt wird. Diese Uebelstände treten besonders zu Tage bei der Verarbeitung eines silicium- und phosphorreichen Roheisens, da hier durch den nöthigen hohen Kalkzuschlag sehr grofse Schlackenmengen gebildet werden, die der ganzen Schmelz- und Frischarbeit ungemein hinderlich sind, so dafs man z. B. mit einem 15-t-Ofen bei einem Roheiseneinsatze von 80 bis 90 % mit einem Phosphorgehalt von 1 % im besten Falle durchschnittlich 2 Chargen bei einem Ausbringen von höchstens 12 t erzeugen kann.

Diese Nachtheile, die nun der Verarbeitung eines hohen Procentsatzes an Roheisen oder nur von Roheisen beim gewöhnlichen Martinbetrieb entgegenstehen, werden durch das combinirte Martinverfahren beseitigt, und kann man bei Anwendung desselben mit beliebig hohem Procentsatz an Roheisen, sowie einem Roheisen von beliebiger Zusammensetzung arbeiten bei gleichzeitig hoher Erzeugung.

Das Verfahren besteht im wesentlichen darin, dafs zwei oder je nach dem zu verarbeitenden Roheisen drei Martinöfen in der Weise zusammen arbeiten, dafs die ganze Schmelz- und Frischarbeit einer Charge nicht in einem Ofen durchgeführt, sondern auf zwei oder drei Oefen vertheilt wird, wodurch das Frischen in energischerem und schnellerem Mafse vollzogen wird. Dieses Zusammenarbeiten wird dadurch ermöglicht, dafs die einzelnen Oefen in verschiedenen Niveaus liegen, so dafs der höherliegende seinen Inhalt unter gleichzeitiger Entfernung der Schlucke in den tieferliegenden Ofen entleeren kann, welch letzterer dazu bestimmt ist, die Charge fertig zu machen.

An der Hand nachstehender Zusammenstellung will ich Ihnen die Art und Weise vor Augen führen, wie in Kladno auf dem Eisenwerke der Prager Eisenindustrie-Gesellschaft nach dem Verfahren gearbeitet wird. Es befinden sich daselbst zwei basische Martinöfen in Betrieb von je 13 und 24 t Fassungsinhalt, und sind dieselben durch eine Rinne von 33 m Länge miteinander verbunden. Der 13-t-Ofen ist der höherliegende Ofen I, der 24-t-Ofen der tieferliegende Ofen II. Der Betrieb erfolgt nun in der Weise, dafs Ofen I das Roheisen, Ofen II den Schrott einsetzt. Soll mit sehr hohem Procentsatz an Roheisen gearbeitet werden, so mufs auch der untere Ofen Roheisen erhalten, und zwar wird demselben in diesem Falle, vorausgesetzt, dafs man verschiedene Roheisenmarken zur Verfügung hat, das silicium- und eventuell phosphorärmere Roheisen als Einsatz gegeben. Hat nun Ofen I eingeschmolzen, so wird die Charge in Ofen II abgestochen, und zwar erfolgt der Abstich etwa zwei Stunden nach dem Einsetzen des letzteren. Das durch den theilweise durchgeführten Frischprocefs sehr hoch erhitzte Metall von Ofen I gelangt auf den in Schmelzung begriffenen Einsatz von Ofen II, es entsteht eine scharfe Reaction, und wird dadurch die Schlackenbildung und das Frischen ungemein gefördert. Die hohe Temperatur des abgestochenen Metalls von Ofen I kennzeichnet sich äufserlich beim Herunterfliefsen ähnlich wie beim Thomasprocefs durch einen starken braunen Rauch. Nach 1 bis 2 Stunden ist die im Ofen II vereinigte Charge fertig und wild in gewöhnlicher Weise zu Ende geführt. Eine Störung in dem Zusammenarbeiten beider Oefen kommt beinahe nie vor, und kann im gegebenen Falle durch kleine Aenderungen am Einsatz, ohne dafs jedoch der volle Einsatz vermindert wird, sofort beseitigt werden. Ofen I setzt natürlich nach dem Abstechen sogleich wieder ein. Bodenreparaturen sind keine vorzunehmen, da ja die Chargen nur kurze Zeit in den einzelnen Oefen verbleiben und die Böden daher nicht angegriffen werden.

In Tabelle I finden Sie eine gröfsere Anzahl von Chargen, bei denen mit Roheisen von verschiedenster chemischer Zusammensetzung und in einem Procentsatze bis zu 94 % gearbeitet wurde. Der Kalk- und Erzzuschlag für die einzelnen Oefen richtet sich natürlich nach dem Procentsatz des Einsatzes an Roheisen, nach der Zusammensetzung des letzteren und je nachdem man die Entphosphorung im oberen Ofen theilweise oder ganz durchführen will. In allen Fällen erfolgt die Entsilicirung im oberen Ofen vollständig.

Tabelle I.

Chargen-Nr.	Einsatz			Ausbringen und Abbrand	Chem. Zusammensetzung					Schmelzdauer		Zerreifsresultate		Production in 24 Stunden	Production beider Oefen, wenn jeder Ofen für sich allein arbeitet
	Ofen I*	Ofen II	Summa			des Einsatzes von Ofen I	des abgestoch. Metalls von Ofen I	des Total-Einsatzes	des Fertigproductes	Ofen I	Ofen II	Festigkeit	Dehnung		
86079	5,5 t Steir. Roheisen 2,0 t Puddeleisen 2,5 t Stahl 3,0 t Schrott 13,0 t 0,5 t Magneteisenst. 0,2 t Kleinkoks	5,0 t Stahl 4,5 t Schrott 9,5 t 0,3 t Magneteisenstein 0,65 t Kalkstein	22,5 t 0,2 t Spiegeleis. 0,12 t Fe Mn 22,82 t 33,3 % Roheisen 33,3 „ Stahl 33,4 „ Schrott	96,21 % Ausbr. 3,79 „ Abbr. incl. Erz 5,90 %	C	2,20	—	1,39	0,062	4h 05	4h 00	37,6	31,0	110	100
					P	0,31	—	0,20	0,044	—	—	—	—	—	—
					Mn	1,40	—	1,02	0,288	—	—	—	—	—	—
					Si	0,41	—	0,23	—	—	—	—	—	—	—
86159	5,5 t Steir. Roheisen 3,0 t Puddeleisen 3,0 t Stahl 2,0 t Schrott 13,5 t 0,3 t Kiesabbrände 0,1 t Kleinkoks	5,0 t Stahl 4,5 t Schrott 9,5 t 0,2 t Kiesabbr. 0,8 t Kalkstein	23,0 t 0,2 t Spiegeleis. 0,06 t Fe Mn 23,26 t 37,0 % Roheisen 34,8 „ Stahl 28,3 „ Schrott	97,52 % Ausbr. 2,48 „ Abbr. incl. Erz 3,7 %	C	2,41	—	1,51	0,089	3h 40	4h 05	38,4	35,5	110	100
					P	0,41	—	0,26	0,050	—	—	—	—	—	—
					Mn	1,43	—	1,04	0,239	—	—	—	—	—	—
					Si	0,48	—	0,27	—	—	—	—	—	—	—

* Bei einigen Chargen ist dem oberen Ofen ein Zuschlag an Kleinkoks gegeben. Dies geschah, um infolge Mangels an Roheisen dadurch gewissermafsen künstlich den Roheisensatz der Chargen zu erhöhen.

Chargen-Nr.	Einsatz: Ofen I	Einsatz: Ofen II	Einsatz: Summa	Ausbringen und Abbrand	Chem. Zusammensetzung	des Einsatzes von Ofen I	des abgestoch. Metalls von Ofen I	des Total-Einsatzes	des Fertigproductes	Schmelzdauer Ofen I	Schmelzdauer Ofen II	Zerreifsresultate: Festigkeit	Zerreifsresultate: Dehnung	Production in 24 Stunden t	Production beider Oefen, wenn jeder Ofen für sich allein arbeitet t
86196	4,5 t Steir. Roheisen 3,5 t Puddeleisen 3,0 t Stahl 2,7 t Schrott 13,7 t 0,3 t Kiesabbrände 0,15 t Kleinkoks	5,0 t Stahl 4,8 t Schrott 9,8 t 0,35 t Kiesabbr. 0,90 t Kalkstein 0,10 t Kalk	23,5 t 0,08 t Fe Mn 23,58 t *34,0 % Roheisen* *34,0 „ Stahl* *32,0 „ Schrott*	*95,85 % Ausbr.*	C	2,25	—	1,45	0,092	3h 50	3h 50	39,9	31,0	110	100
				4,15 „ Abbr.	P	0,45	—	0,28	0,032	—	—	39,0	30,9	—	—
				incl. Erz	Mn	1,28	—	0,95	0,240	—	—	39,3	29,5	—	—
				4,66 %	Si	0,45	—	0,26	—	—	—	—	—	—	—
86232	4,0 t Steir. Roheisen 3,5 t Puddeleisen 3,5 t Stahl 2,7 t Schrott 13,7 t 0,3 t Kiesabbrände 0,18 t Kleinkoks	5,0 t Stahl 4,8 t Schrott 9,8 t 0,25 t Kiesabbr. 0,9 t Kalkstein 0,1 t Kalk	23,5 t 0,2 t Spiegeleis. 0,06 t Fe Mn 23,76 t *31,9 % Roheisen* *36,1 „ Stahl* *32,0 „ Schrott*	*95,64 % Ausbr.*	C	2,13	—	1,34	0,069	4h 00	3h 50	41,9	33,0	110	100
				4,36 „ Abbr.	P	0,45	—	0,28	0,025	—	—	—	—	—	—
				incl. Erz	Mn	1,21	—	0,91	0,242	—	—	—	—	—	—
				5,65 %	Si	0,43	—	0,25	—	—	—	—	—	—	—
86403	4,0 t Puddeleisen 3,5 t Steir. Roheisen 3,5 t Stahl 2,0 t Schrott 13,0 t 0,3 t Kiesabbrände 0,1 t Kleinkoks	4,5 t Stahl 5,5 t Schrott 10,0 t 0,2 t Kiesabbr. 0,8 t Kalkstein 0,2 t Kalk	23,0 t 0,12 t Spiegeleis 23,12 t *32,6 % Roheisen* *34,8 „ Stahl* *32,6 „ Schrott*	*95,55 % Ausbr.*	C	2,25	—	1,36	0,084	3h 55	3h 45	40,7	28,5	110	100
				4,45 „ Abbr.	P	0,52	—	0,32	0,036	—	—	—	—	—	—
				incl. Erz	Mn	1,21	—	0,88	0,314	—	—	—	—	—	—
				5,61 %	Si	0,47	—	0,27	—	—	—	—	—	—	—
86031	6,5 t Steir. Roheisen 2,0 t Puddeleisen 2,5 t Stahl 2,0 t Schrott 13,0 t 0,4 t Magneteisenst. 0,08 t Kleinkoks 0,25 t Kalk	5,0 t Stahl 4,5 t Schrott 9,5 t 0,2 t Magneteisenstein 0,5 t Kalkstein	22,5 t 0,2 t Spiegeleis. 0,09 t Fe Mn 22,79 t *37,2 % Roheisen* *33,3 „ Stahl* *29,0 „ Schrott*	*95,56 % Ausbr.*	C	2,47	—	1,52	0,099	3h 50	3h 55	38,8	32,0	110	100
				4,44 „ Abbr.	P	0,32	—	0,204	0,033	—	—	34,9	35,2	—	—
				incl. Erz	Mn	1,58	—	1,11	0,314	—	—	—	—	—	—
				6,05 %	Si	0,45	—	0,26	—	—	—	—	—	—	—
86058	5,5 t Steir. Roheisen 2,0 t Puddeleisen 2,5 t Stahl 3,0 t Schrott 13,0 t 0,4 t Magneteisenst. 0,15 t Kleinkoks 0,25 t Kalk	5,0 t Stahl 4,5 t Schrott 9,5 t 0,25 t Magneteisenstein 0,50 t Kalkstein	22,5 t 0,2 t Spiegeleis. 0,1 t Fe Mn 22,8 t *33,9 % Roheisen* *32,7 „ Stahl* *33,4 „ Schrott*	*94,6 % Ausbr.*	C	2,20	—	1,39	0,078	3h 35	4h 00	38,0	32,5	110	100
				5,4 „ Abbr.	P	0,31	—	0,20	0,039	—	—	—	—	—	—
				incl. Erz	Mn	1,40	—	1,02	0,349	—	—	—	—	—	—
				6,7 %	Si	0,41	—	0,23	—	—	—	—	—	—	—
86065	5,5 t Steir. Roheisen 2,0 t Puddeleisen 2,5 t Stahl 3,0 t Schrott 13,0 t 0,4 t Magneteisenst. 0,15 t Kleinkoks 0,25 t Kalk	5,0 t Stahl 4,5 t Schrott 9,5 t 0,25 t Magneteisenstein 0,50 t Kalkstein	22,5 t 0,2 t Spiegeleis. 0,15 t Fe Mn 22,85 t *33,3 % Roheisen* *33,3 „ Stahl* *33,4 „ Schrott*	*96,01 % Ausbr.*	C	2,20	—	1,39	0,070	4h 05	3h 50	39,3	31,0	110	100
				3,99 „ Abbr.	P	0,31	—	0,20	0,042	—	—	38,0	31,8	—	—
				incl. Erz	Mn	1,40	—	1,02	0,306	—	—	—	—	—	—
				5,7 %	Si	0,41	—	0,23	—	—	—	—	—	—	—
86072	5,5 t Steir. Roheisen 2,0 t Puddeleisen 2,5 t Stahl 3,0 t Schrott 13,0 t 0,4 t Magneteisenst. 0,15 t Kleinkoks 0,25 t Kalk	5,0 t Stahl 4,5 t Schrott 9,5 t 0,25 t Magneteisenstein 0,50 t Kalkstein	22,5 t 0,2 t Spiegeleis. 0,07 t Fe Mn 22,77 t *33,2 % Roheisen* *33,3 „ Stahl* *33,4 „ Schrott*	*95,3 % Ausbr.*	C	2,20	—	1,39	0,051	3h 55	3h 45	46,4	30,0	110	100
				4,7 „ Abbr.	P	0,31	—	0,20	0,053	—	—	—	—	—	—
				incl. Erz	Mn	1,40	—	1,02	0,280	—	—	—	—	—	—
				6,4 %	Si	0,41	—	0,23	—	—	—	—	—	—	—
84411	7,2 t Thom.-Roheis. 4,8 t Schrott 12,0 t 0,6 t Magneteisenst. 0,45 t Kalk	3,0 t Stahl 5,0 t Schrott 8,0 t 0,2 t Magneteisenstein 0,4 t Kalk 0,6 t Kalkstein	20,0 t 0,09 t 20,09 t *36,0 % Roheisen* *49,0 „ Schrott* *15,0 „ Stahl*	*96,88 % Ausbr.*	C	2,18	1,28	1,38	0,06	3h 40	3h 45	36,9	29,4	110	90
				3,12 „ Abbr.	P	1,52	1,032	0,93	0,09	—	—	36,8	30,0	—	—
				incl. Erz	Mn	0,34	0,06	0,37	0,22	—	—	37,8	28,2	—	—
				5,37 %	Si	0,60	0,09	0,36	—	—	—	—	—	—	—
84443	8,5 t Thom.-Roheis. 3,5 t Schrott 12,0 t 1,0 t Magneteisenst. 0,5 t Kalk	3,0 t Stahl 5,0 t Schrott 8,0 t 0,2 t Magneteisenstein 0,425 t Kalk 0,7 t Kalkstein	20,0 t 0,08 t Fe Mn 20,08 t *42,5 % Roheisen* *42,5 „ Schrott* *15,0 „ Stahl*	*94,07 % Ausbr.*	C	2,56	1,15	1,61	0,13	3h 50	3h 50	41,4	26,0	100	80
				5,93 „ Abbr.	P	1,78	0,96	1,08	0,03	—	—	—	—	—	—
				incl. Erz	Mn	0,36	0,04	0,38	0,27	—	—	—	—	—	—
				9,77 %	Si	0,70	0,07	0,42	—	—	—	—	—	—	—
84456	8,5 t Thom.-Roheis. 3,5 t Schrott 12,0 t 1,1 t Magneteisenst. 0,55 t Kalk	3,0 t Stahl 5,0 t Schrott 8,0 t 0,2 t Magneteisenstein 0,4 t Kalk 0,8 t Kalkstein	20,0 t 0,09 t Fe Mn 20,09 t *42,5 % Roheisen* *15,0 „ Stahl* *42,5 „ Schrott*	*91,70 % Ausbr.*	C	2,56	1,06	1,61	0,037	3h 55	3h 40	37,8	29,5	100	80
				8,30 „ Abbr.	P	1,78	0,991	1,08	0,043	—	—	38,5	32,7	—	—
				incl. Erz	Mn	0,36	0,068	0,38	0,225	—	—	38,6	34,7	—	—
				11,9 %	Si	0,70	0,056	0,42	—	—	—	—	—	—	—

Chargen-Nr.	Einsatz			Ausbringen und Abbrand	Chem. Zusammensetzung					Schmelzdauer		Zerreifsresultate		Production in 24 Stunden	Production beider Oefen, wenn jeder Ofen für sich allein arbeitet
	Ofen I	Ofen II	Summa			des Einsatzes von Ofen I	des abgestoch. Metalls von Ofen I	des Total-Einsatzes	des Fertigproductes	Ofen I	Ofen II	Festigkeit	Dehnung	t	t
84463	8,5 t Thom.-Roheis. 3,5 t Schrott 12,0 t 1,1 t Magneteisenst. 0,55 t Kalk	3,0 t Stahl 5,0 t Schrott 8,0 t 0,2 t Magneteisenstein 0,4 t Kalk 0,8 t Kalkstein	20,0 t 0,11 t Fe Mn 20,11 t 42,5 % Roheisen 15,0 „ Stahl 42,5 „ Schrott	92,72 % Ausbr.	C	2,56	0,923	1,61	0,051	3h 45	4h 05	38,3	25,5	100	80
				7,28 „ Abbr.	P	1,78	0,961	1,08	0,032	—	—	—	—	—	—
				incl. Erz	Mn	0,36	0,035	0,38	0,222	—	—	—	—	—	—
				11,2 %	Si	0,70	0,065	0,42	—	—	—	—	—	—	—
86329	12,0 t Puddeleisen 1,6 t Kiesabbrände 1,0 t Kalk.	5,0 t Stahl 5,0 t Schrott 10,0 t 0,6 t Kiesabbr. 0,6 t Kalkstein	22,0 t 0,2 t Spiegeleis. 0,08 t Fe Mn 22,28 t 54,5 % Roheisen 22,7 „ Stahl 22,8 „ Schrott	95,32 % Ausbr.	C	3,80	2,48	2,18	0,067	4h 20	4h 25	38,5	28,0	100	80
				4,68 „ Abbr.	P	1,50	0,401	0,84	0,047	—	—	39,6	31,0	—	—
				incl. Erz	Mn	1,00	0,029	0,76	0,342	—	—	—	—	—	—
				9,84 %	Si	1,00	0,065	0,55	—	—	—	—	—	—	—
86351	12,0 t Puddeleisen 1,6 t Kiesabbrände 1,0 t Kalk	3,0 t Stahl 7,0 t Schrott 10,0 t 1,0 t Kiesabbr. 0,6 t Kalkstein 0,1 t Kalk	22,0 t 0,14 t Fe Mn 22,14 t 54,5 % Roheisen 13,6 „ Stahl 31,9 „ Schrott	99,94 % Ausbr.	C	3,80	2,34	2,14	0,065	4h 10	4h 10	38,2	31,0	100	80
				0,06 „ Abbr.	P	1,50	0,454	0,84	0,059	—	—	38,4	36,5	—	—
				incl. Erz	Mn	1,00	0,012	0,72	0,334	—	—	39,1	30,5	—	—
				6,48 %	Si	1,00	0,074	0,55	—	—	—	—	—	—	—
85241	10,0 t Thom.-Roheis. 1,6 t Magneteisenst. 1,1 t Kalk	3,0 t St. Roheis. 1,0 t Th.-Roh. 6,0 t Schrott 10,0 t [eisenst. 0,9 t Magnet- 0,3 t Kalk 0,8 t Kalkstein	20,0 t 0,06 t Fe Mn 20,06 t 70,0 % Roheisen 30,0 „ Schrott	100 % Ausbr.	C	3,60	1,24	2,54	0,047	4h 20	4h 25	44,0	23,5	—	—
				+ 0,07 t	P	2,50	0,782	1,41	0,125	—	—	—	—	—	—
				incl. Erz	Mn	0,40	0,323	0,67	0,271	—	—	—	—	—	—
				7,17 %	Si	1,00	0,024	0,64	—	—	—	—	—	—	—
84742	9,0 t Thom.-Roheis. 1,6 t Magneteisenst. 1,0 t Kalk	4,0 t Th.-Roh. 4,0 t Schrott 8,0 t [eisenst. 1,4 t Magnet- 0,6 t Kalk 0,8 t Kalkstein	17,0 t 0,11 t Fe Mn 17,11 t 76,4 % Roheisen 23,6 „ Schrott	94,30 % Ausbr.	C	3,60	—	2,76	0,038	4h 15	4h 55	42,3	29,5	—	—
				5,70 „ Abbr.	P	2,50	0,636	1,92	0,137	—	—	—	—	—	—
				incl. Erz	Mn	0,40	—	0,36	0,384	—	—	—	—	—	—
				15,30 %	Si	1,00	—	0,76	—	—	—	—	—	—	—
85178	4,0 t Sieg. Roheisen 6,0 t Steir. Roheisen 1,0 t Walzenbruch 11,0 t 1,0 t Magneteisenst. 0,3 t Kalk	4,0 t St. Roheis. 2,2 t Stahl 2,8 t Schrott 9,0 t [eisenst. 1,2 t Magnet- 0,15 t Kalk 0,40 t Kalkstein	20,0 t 0,03 t Fe Mn 20,03 t 75,0 % Roheisen 25,0 „ Schrott	94,79 % Ausbr.	C	3,70	2,67	2,85	0,058	4h 00	4h 10	38,6	38,7	100	75
				5,21 „ Abbr.	P	0,26	0,034	0,19	0,027	—	—	36,2	36,9	—	im besten Falle
				incl. Erz	Mn	3,27	0,290	2,41	0,238	—	—	—	—	—	
				11,5 %	Si	0,83	0,032	0,55	—	—	—	—	—	—	
85201	4,0 t Sieg. Roheis. 7,0 t Steir. Roheis. 1,0 t Walzenbruch 12,0 t 1,6 t Magneteisenst. 0,35 t Kalk	4,0 t St. Roheis. 4,0 t Schrott 8,0 t [eisenst. 1,2 t Magnet- 0,4 t Kalkstein 0,08 t Kalk	20,0 t 0,2 t Spiegeleis. 0,06 t Fe Mn 20,26 t 80,0 % Roheisen 20,0 „ Schrott	95,6 % Ausbr.	C	3,78	2,39	2,99	0,119	4h 05	3h 55	40,7	28,5	100	75
				4,4 „ Abbr.	P	0,25	0,021	0,19	0,018	—	—	—	—	—	im besten Falle
				incl. Erz	Mn	3,20	0,117	2,49	0,447	—	—	—	—	—	
				12,2 %	Si	0,80	0,028	0,57	—	—	—	—	—	—	
85207	4,0 t Sieg. Roheisen 7,0 t Steir. Roheisen 1,0 t Walzenbruch 12,0 t 1,6 t Magneteisenst. 0,35 t Kalk	4,0 t Steir. Roheis. 4,0 t Schrott 8,0 t 1,2 t Magneteisenstein 0,35 t Kalkstein	20,0 t 0,05 t Fe Mn 20,05 t 80,0 % Roheisen 20,0 „ Schrott	96,19 % Ausbr.	C	3,78	1,81	2,99	0,049	4h 00	3h 55	40,0	35,0	100	75
				3,51 „ Abbr.	P	0,25	0,063	0,19	0,050	—	—	—	—	—	im besten Falle
				incl. Erz	Mn	3,20	0,306	2,48	0,301	—	—	—	—	—	
				11,5 %	Si	0,80	0,074	0,57	—	—	—	—	—	—	
85215	4,0 t Sieg. Roheisen 6,0 t Steir. Roheisen 1,0 t Walzenbruch 11,0 t 1,6 t Magneteisenst. 0,35 t Kalk	5,0 t Steir. Roheis. 4,0 t Schrott 9,0 t 1,2 t Magneteisenstein 0,34 t Kalkstein	20,0 t 0,05 t Fe Mn 20,05 t 80,0 % Roheisen 20,0 „ Schrott	96,96 % Ausbr.	C	3,70	1,89	2,99	0,100	3h 55	3h 55	40,8	32,7	100	75
				3,04 „ Abbr.	P	0,26	0,033	0,19	0,070	—	—	39,2	33,2	—	im besten Falle
				incl. Erz	Mn	3,27	0,239	2,48	0,332	—	—	—	—	—	
				11,1 %	Si	0,83	0,042	0,57	—	—	—	—	—	—	
84723	3,0 t Thom.-Roheis. 2,0 t Sieg. Roheisen 5,0 t Steir. Roheisen 10,0 t 1,5 t Magneteisenst. 0,6 t Kalk	6,0 t Steir. Roheis. 1,0 t Schrott 7,0 t 1,4 t Magneteisenstein 0,4 t Kalk	17,0 t 0,04 t Fe Mn 17,04 t 94,1 % Roheisen 5,9 „ Schrott	98,07 % Ausbr.	C	3,68	—	3,44	0,07	4h 30	3h 40	37,1	34,1	—	—
				1,93 „ Abbr.	P	0,87	0,102	0,57	0,06	—	—	36,7	30,5	—	—
				incl. Erz	Mn	2,37	—	2,29	0,357	—	—	—	—	—	—
				11,7 %	Si	0,80	—	0,70	—	—	—	—	—	—	—
84732	3,5 t Thom.-Roheis. 2,0 t Sieg. Roheisen 4,5 t Steir. Roheisen 10,0 t 1,7 t Magneteisenst. 0,6 t Kalk	6,0 t Steir. Roheis. 1,0 t Schrott 7,0 t 1,5 t Magneteisenstein 0,6 t Kalkstein	17,0 t 0,10 t Fe Mn 17,10 t 94,1 % Roheisen 5,9 „ Schrott	97,35 % Ausbr.	C	3,68	1,32	3,44	0,052	5h 00	4h 00	38,7	31,2	—	—
				2,65 „ Abbr.	P	0,99	0,218	0,64	0,081	—	—	—	—	—	—
				incl. Erz	Mn	2,26	0,157	2,23	0,389	—	—	—	—	—	—
				13,2 %	Si	0,82	0,081	0,70	—	—	—	—	—	—	—

Wie schon früher erwähnt, mufs in Kladno bei dem grofsen Unterschiede in dem Fassungsinhalt beider Oefen, — es mufste das Verfahren den bestehenden Verhältnissen angepafst werden —, wenn man mit sehr hohem Procentsatz an Roheisen arbeiten will, auch dem unteren Ofen ein hoher Procentsatz an solchem gegeben werden. Dadurch wird dem Principe des Verfahrens zuwidergehandelt, indem man neuerdings Silicium zuführt. Wo man es mit einem Roheisen mit geringem Phosphorgehalte zu thun hat, kann man mit bestem Erfolge selbst mit Oefen von derartig differirendem Fassungsinhalt arbeiten bei einem Einsatz von 80 bis 100 % Roheisen.

Mufs man unter gleichen Verhältnissen ein Roheisen mit 1 bis 2 % Phosphor verarbeiten, so dürfte es sich empfehlen, mit einer Ofencombination zu arbeiten, bei der die einzelnen Oefen im Fassungsinhalt um etwa 3 t differiren. Dadurch wird die Zufuhr von Silicium in den unteren Ofen ausgeschlossen oder wenigstens auf ein Minimum beschränkt.

In Nachfolgendem werde ich Ihnen nun einige praktische Beispiele vorführen, wie unter Voraussetzung bestimmter gegebener Verhältnisse eine neue nach dem combinirten Verfahren arbeitende Martinanlage anzuordnen wäre:

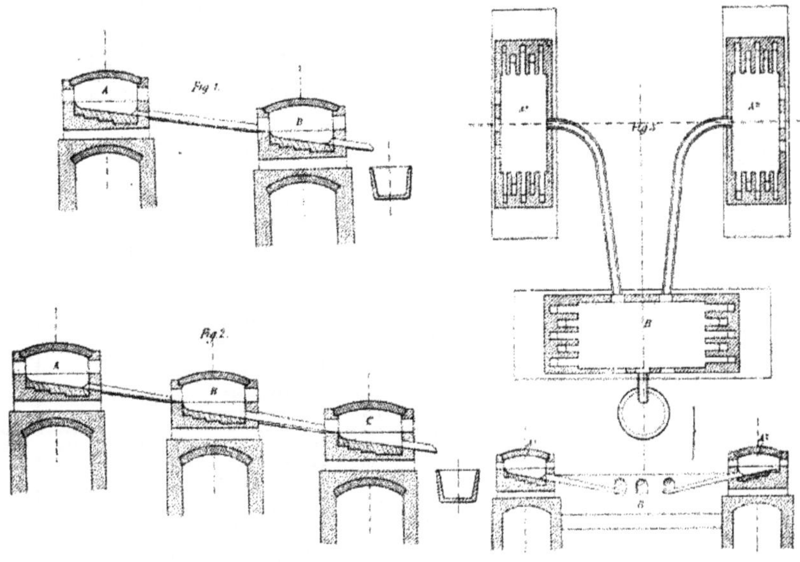

Abbild. 17.

I. Es sei die Aufgabe gestellt, mit einem Roheisen von 1,5 % Phosphor zu martiniren bei einem durchschnittlichen Einsatz von 80 bis 90 % Roheisen und 10 bis 20 % Schrott. Die Jahresproduction soll etwa 35000 t betragen in 290 Betriebstagen.

Zur Durchführung dieser Bedingungen wäre eine Martinanlage erforderlich von 5 Oefen, von denen zwei immer in Reserve stehen, und zwar je ein oberer und je ein unterer Ofen. Die Anordnung einer derartigen Ofengruppe ist aus Abbild. 17, Fig. 3 ersichtlich. Es sind immer zwei obere und ein unterer Ofen in Betrieb, so dafs letzterer voll ausgenützt wird. Die oberen Oefen sollen einen Fassungsinhalt haben von 15 t, die unteren von 16 bis 18 t.

Der Betrieb wäre nun folgender: Die oberen Oefen erhalten einen Einsatz von 12,5 t Roheisen, 1,8 bis 2 t Erz und 0,7 bis 1 t Kalk, je nach dem Siliciumgehalt des Roheisens. Die beiden Oefen machen mindestens je $4^1/_2$ Chargen in 24 Stunden und werden abwechselnd in den unteren Ofen abgestochen, der 2 t Schrott, 0,9 bis 1,2 t Erz und 0,4 bis 0,5 t Kalk eingesetzt hat. Letzterer macht demnach 9 Chargen in 24 Stunden. Es besteht also der gesammte Einsatz aus 12,5 t Roheisen, 2,0 t Schrott, zusammen 14,5 t = 86 % Roheisen, 14 % Schrott, 3 t Erz (mit 65 % Fe) = 1,95 t, Summa 16,45 t.

Rechne ich nun auf diesen Einsatz einschl. Erz 11,5 % Abbrand, so erhalte ich ein Ausbringen von 14,56 t a. d. Charge, eine Tagesproduction von 131,04 t und eine Jahresproduction von 38001,6 t in 290 Betriebstagen.

Den praktischen Beweis für die Richtigkeit dieser Ausführungen ersehen Sie aus den in Tabelle II aufgeführten Betriebsresultaten, die unter den schwierigsten Verhältnissen erzielt wurden. Es ist nämlich der gegebene Einsatz für Ofen I zu grofs, der Gesammteinsatz für Ofen II viel zu klein, so dafs beim Schmelzen die gröfste Sorgfalt verwendet werden mufste, wodurch die einzelnen Operationen in die Länge gezogen wurden. Die Unterschiede in den Schmelzzeiten bei dem oberen Ofen rühren daher, dafs Versuche gemacht wurden, welchen Einflufs die Schmelzdauer auf das Ausbringen des Eisens auf das Erz hätte. Sehr wesentliche Abweichungen konnten jedoch nicht constatirt werden, wie aus dem Eisengehalt der in Tabelle III aufgeführten Schlacken ersichtlich ist.

Tabelle II.

Chargen-Nr.	Einsatz			Ausbringen und Abbrand	Chem. Zusammensetzung					Schmelzdauer von Ofen I	Charge von Ofen I bleibt in Ofen II	Zerreifsresultate	
	Ofen I	Ofen II	Summa			des Einsatzes von Ofen I	des abgestoch. Metalls von Ofen I	des Total-Einsatzes	des Fertigproductes			Festigkeit	Dehnung
87033	12,0 t Puddeleisen 1,7 t Magneteisenst. 0,8 t Kalk	2,0 t Schrott 1,3 t Magneteisenstein 0,45 t Kalk	14,0 t 0,12 t FeMn 14,12 t *85,7 % Roheisen* *11,3 „ Schrott*	*100 % Ausbr.* *+ 0,264 t* *incl. Erz* *10,30 %*	C	3,80	2,35	3,26	0,012	4h 15	2h 00	35,7	33,5
					P	1,50	0,30	1,29	0,021	—	—	—	—
					Mn	1,0	0,053	0,90	0,296	—	—	—	—
					Si	1,0	—	0,90	—	—	—	—	—
87036	12,0 t Puddeleisen 1,8 t Magneteisenst. 0,8 t Kalk	2,0 t Schrott 1,1 t Magneteisenstein 0,45 t Kalk	14,0 t 0,2 t Spiegeleis. 0,14 t FeMn 14,34 t *85,7 % Roheisen* *11,3 „ Schrott*	*96,37 % Ausbr.* *3,63 „ Abbr.* *incl. Erz* *11,80 %*	C	3,80	2,24	3,26	0,048	4h 25	2h 15	35,6	32,0
					P	1,50	0,18	1,29	0,012	—	—	—	—
					Mn	1,0	0,025	0,90	0,231	—	—	—	—
					Si	1,0	0,023	0,90	—	—	—	—	—
87044	12,0 t Puddeleisen 1,9 t Magneteisenst. 0,8 t Kalk	2,0 t Schrott 0,9 t Magneteisenstein 0,4 t Kalk	14,0 t 0,2 t Spiegeleis. 0,1 t FeMn 14,3 t *85,7 % Roheisen* *11,3 „ Schrott*	*100 % Ausbr.* *+ 0,031 t* *incl. Erz* *10,9 %*	C	3,80	1,85	3,26	0,036	5h 15	1h 25	35,8	29,0
					P	1,50	0,252	1,29	0,045	—	—	—	—
					Mn	1,0	0,029	0,90	0,239	—	—	—	—
					Si	1,0	0,032	0,90	—	—	—	—	—
87052	12,0 t Puddeleisen 1,8 t Magneteisenst. 0,75 t Kalk	2,0 t Schrott 1,15 t Magneteisenstein 0,48 t Kalk	14,0 t 0,12 t FeMn 14,12 t *85,7 % Roheisen* *11,3 „ Schrott*	*100 % Ausbr.* *+ 0,007 t* *incl. Erz* *11,90 %*	C	3,80	2,35	3,26	0,038	4h 15	2h 45	39,2	26,5
					P	1,50	0,432	1,29	0,075	—	—	—	—
					Mn	1,0	0,002	0,90	0,231	—	—	—	—
					Si	1,0	0,163	0,90	—	—	—	—	—
87072	12,0 t Puddeleisen 1,8 t Magneteisenst. 0,8 t Kalk	1,1 t Magneteisenstein 0,45 t Kalk	12,0 t 0,11 t FeMn 12,11 t *100 % Roheisen*	*100 % Ausbr.* *+ 0,733 t* *incl. Erz* *8,1 %*	C	3,80	1,54	3,80	0,061	4h 50	1h 40	37,2	30,0
					P	1,50	0,434	1,50	0,086	—	—	—	—
					Mn	1,0	0,061	1,0	0,255	—	—	—	—
					Si	1,0	0,016	1,0	—	—	—	—	—
87102	12,0 t Puddeleisen 1,7 t Magneteisenst. 0,8 t Kalk	1,0 t Schrott 0,9 t Magneteisenstein 0,45 t Kalk	13,0 t 0,08 t FeMn 13,08 t *92,3 % Roheisen* *7,7 „ Schrott*	*97,64 % Ausbr.* *2,36 „ Abbr.* *incl. Erz* *13,3 %*	C	3,80	2,22	3,51	0,169	5h 00	1h 50	44,6	27,0
					P	1,50	0,264	1,39	0,051	—	—	—	—
					Mn	1,00	0,048	0,94	0,241	—	—	—	—
					Si	1,00	0,032	0,92	—	—	—	—	—
87110	12,0 t Puddeleisen 1,7 t Magneteisenst. 0,8 t Kalk	0,9 t Magneteisenstein 0,5 t Kalk	12,0 t 0,05 t FeMn 12,05 t *100 % Roheisen*	*97,94 % Ausbr.* *2,06 „ Abbr.* *incl. Erz* *11,1 %*	C	3,80	2,07	3,80	0,768	4h 35	1h 40	85,4	7,5
					P	1,50	0,40	1,50	0,041	—	—	an d. Marken gerissen	
					Mn	1,00	0,035	1,00	0,357	—	—	—	—
					Si	1,00	0,028	1,00	—	—	—	—	—
87125	11,0 t Puddeleisen 1,0 t Schrott 1,7 t Magneteisenst. 0,6 t Kalk	1,0 t Schrott 0,85 t Magneteisenstein 0,55 t Kalk	13,0 t 0,06 t FeMn 13,06 t *81,6 % Roheisen* *15,4 „ Schrott*	*100 % Ausbr.* *+ 0,111 t* *incl. Erz* *10,4 % Abbr.*	C	3,49	1,80	3,22	0,106	4h 50	1h 55	45,1	26,5
					P	1,38	0,487	1,27	0,086	—	—	—	—
					Mn	0,94	0,076	0,90	0,344	—	—	—	—
					Si	0,91	0,149	0,85	—	—	—	—	—

Chargen-Nr.	Einsatz			Ausbringen und Abbrand	Chem. Zusammensetzung					Schmelzdauer von Ofen I	Charge von Ofen I bleibt in Ofen II	Zerreifsresultate	
	Ofen I	Ofen II	Summa			des Einsatzes von Ofen I	des abgestoch. Metalls von Ofen I	des Total-Einsatzes	des Fertigproductes			Festigkeit	Dehnung
87137	11,0 t Puddeleisen 0,5 t Schrott 1,7 t Magneteisenst. 0,75 t Kalk	0,5 t Schrott 0,8 t Magneteisenstein 0,48 t Kalk	12,0 t 0,05 t FeMn 12,05 t *90,9 % Roheisen* *9,1 „ Schrott*	*98,19 % Ausbr.*	C	3,64	2,44	3,49	0,624	4h 50	2h 00	80,0	12,0
				1,81 „ Abbr.	P	1,44	0,237	1,38	0,035	—	—	—	—
				incl. Erz	Mn	0,97	0,043	0,94	0,195	—	—	—	—
				13,1 %	Si	0,96	0,060	0,92	—	—	—	—	—
87149	11,0 t Puddeleisen 1,0 t Schrott 1,7 t Magneteisenst. 0,77 t Kalk	0,5 t Schrott 1,2 t Magneteisenstein 0,5 t Kalk	12,50 t 0,10 t FeMn 12,6 t *88,0 % Roheisen* *12,0 „ Schrott*	*100 % Ausbr.*	C	3,49	2,12	3,35	0,082	4h 45	2h 05	41,2	30,0
				+ 0,461 t	P	1,38	0,589	1,32	0,098	—	—	—	—
				incl. Erz	Mn	0,94	0,052	0,91	0,334	—	—	—	—
				9,87 %	Si	0,91	0,102	0,88	—	—	—	—	—
87154	10,5 t Puddeleisen 1,0 t Schrott 1,7 t Magneteisenst. 0,8 t Kalk	0,5 t Schrott 0,95 t Magneteisenstein 0,40 t Kalk	12,0 t 0,05 t FeMn 12,05 t *85,7 % Roheisen* *14,3 „ Schrott*	*100 % Ausbr.*	C	3,48	1,76	3,33	0,161	4h 50	1h 20	43,3	26,0
				+ 0,078 t	P	1,37	0,41	1,32	0,052	—	—	—	—
				incl. Erz	Mn	0,94	0,080	0,90	0,192	—	—	—	—
				11,9 %	Si	0,91	0,163	0,88	—	—	—	—	—
87179	10,5 t Puddeleisen 1,9 t Magneteisenst. 0,8 t Kalk	0,85 t Magneteisenstein 0,3 t Kalk	10,5 t 0,05 t FeMn 10,55 t *100 % Roheisen*	*100 % Ausbr.*	C	3,80	2,12	3,80	0,109	4h 30	1h 55	—	—
				+ 0,012 t	P	1,50	0,204	1,50	0,039	—	—	—	—
				incl. Erz	Mn	1,00	0,056	1,00	0,282	—	—	—	—
				14,3 %	Si	1,00	0,032	1,00	—	—	—	—	—

Um die Leistung eines solchen combinirten Betriebs richtig zu beurtheilen, mufs man die Leistungen gegenüberstellen, die die drei Oefen bei gleichem Einsatz erzielen würden, wenn jeder für sich unter denselben Verhältnissen arbeiten würde. Im besten Falle würde jeder Ofen durchschnittlich zwei Chargen in 24 Stunden machen bei einem Ausbringen von 12 bezw. 14 t. Die Gesammterzeugung aller drei Oefen zusammen betrüge 76 t in 24 Stunden, wäre also um 55,04 t geringer als beim combinirten Betriebe.

Würde man nun das Roheisen flüssig chargiren, so wäre die Leistung natürlich eine viel gröfsere. Da die Einselzarbeit wegfällt, so könnte man statt drei Oefen zwei zusammenarbeiten lassen. Beide Oefen würden mindestens je 7 Chargen machen in 24 Stunden und eine Erzeugung von 7 × 15 = 105 t erzielen.

II. Weiter sei die Aufgabe gestellt, mit einem Thomasroheisen von 2 bis 2,5 % Phosphor zu martiniren bei einem durchschnittlichen Roheiseneinsatz von 80 bis 90 %. Die Jahreserzeugung soll 60 000 t betragen in 290 Betriebstagen. Das Roheisen wird direct von den Hochöfen flüssig chargirt.

Es würde hierzu eine Martinanlage von 5 Oefen erforderlich sein (siehe Abbild. 17 Fig. 2). Es liegen die Oefen in drei verschiedenen Niveaus in der Art, dafs der oberste Ofen in den nächst unteren abstechen kann u. s. w., für den mittleren und den untersten Ofen wäre je ein Reserveofen vorhanden. Ofen I sei der oberste, Ofen III der unterste Ofen. Ofen I und II sollen einen Fassungsinhalt haben von je 25 t, Ofen III von 28 t.

Der Betrieb wäre folgender: Ofen I setzt ein 1 t Roheisen, 1,5 t Erz, 0,5 t Kalk. Darauf werden nach $^1/_2$ bis $^3/_4$ Stunden 20 t flüssiges Thomasroheisen gegossen. Nach etwa $2^1/_2$ Stunden wird Ofen I, natürlich unter Entfernung der Schlacke, in Ofen II abgestochen, der $^1/_2$ bis $^3/_4$ Stunden vorher 1 t Schrott, 2 t Erz, 1,0 t Kalk eingesetzt hat. Ofen II sticht nach etwa $2^1/_2$ Stunden die Charge in Ofen III ab, der $^1/_2$ bis $^3/_4$ Stunden vorher 3 t Schrott, 1,5 t Erz, etwa 0,4 bis 0,5 t Kalk eingesetzt hat. Ofen III macht die Charge fertig in etwa $2^1/_2$ Stunden. Der Gesammteinsatz besteht nun aus 21,0 t Roheisen, 4,0 t Schrott, zusammen 25,0 t = 84 % Roheisen, 16 % Schrott; 5 t Erz (mit 65 % Fe) = 3,25 t, zusammen 28,25 t.

Nehme ich auf diesen Einsatz einschl. Erz 11,5 % Abbrand, so erhalte ich ein Ausbringen von 25 t f. d. Charge. Ofen III macht mindestens $8^1/_2$ Chargen in 24 Stunden; daraus ergiebt sich eine Tageserzeugung von 212,5 t oder eine Jahreserzeugung von 61 625 t in 290 Betriebstagen.

Ofen I wird in vorliegendem Falle entsiliciren und in geringem Mafse entphosphoren. In Ofen II wird die Charge nahezu vollends entphosphort und in Ofen III wird der eventuell noch bleibende Rest des Phosphors endgültig entfernt und in die Schlacke übergeführt.

Zum Beweis nun, dafs die Schmelzzeit von 2 bis 2½ Stunden in den einzelnen Oefen leicht aufrecht erhalten werden kann, verweise ich auf die Durchführung einzelner Chargen, wie bei Charge 84 456, 85 207 und 84 723.

Bei Charge 84 456 hat der untere Ofen 8 t Schrott, 0,8 t Kalkstein eingesetzt. Nach 2^h 40 wurde der obere Ofen in den unteren abgestochen. Direct vor dem Abstechen wurden in den unteren Ofen 0,4 t Kalk und 0,2 t Erz in kaltem Zustande geworfen. Nach 50 Minuten war die Charge fertig, sehr heifs eingeschmolzen und wurde nach weiteren 10 Minuten abgestochen.

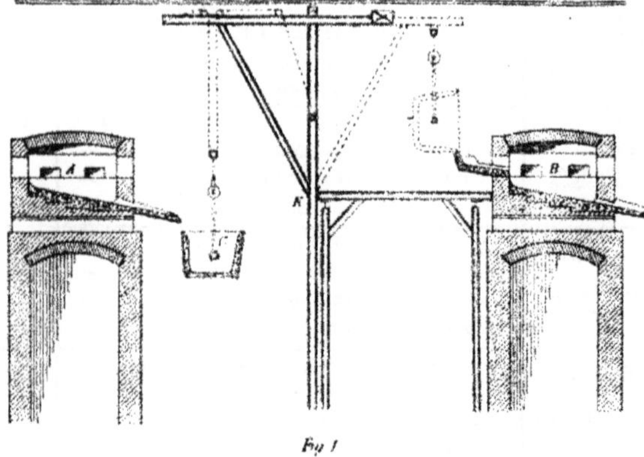

Fig 1

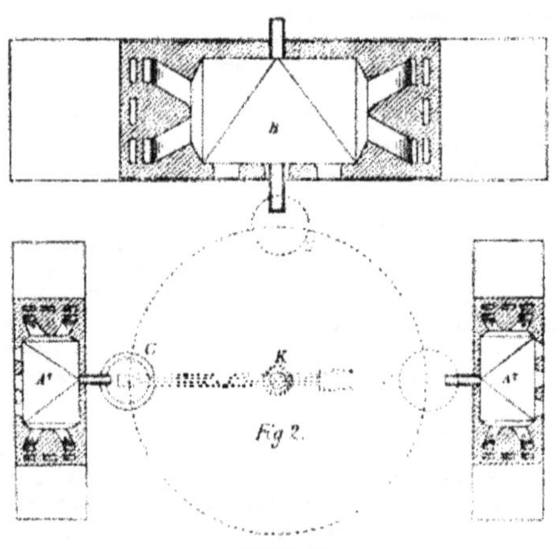

Fig 2.

Abbild. 18.

Bei Charge 85 207 hat der untere Ofen 4 t Roheisen, 4 t Schrott, 0,35 t Kalk eingesetzt. Nach 1^h 50 wurde der obere Ofen in den unteren abgestochen. Direct vor dem Abstechen wurden in den unteren Ofen 1,2 t Magneteisenstein in kaltem Zustande geworfen. Nach 1^h 50 war die Charge fertig, sehr heifs und wurde nach ¼ Stunde abgestochen.

Bei Charge 84 723 hat der untere Ofen 6 t Roheisen, 1 t Schrott, 0,4 t Kalkstein eingesetzt. Nach 2^h 05 wurde der obere Ofen in den unteren abgestochen. Direct vor dem Abstechen wurden in den unteren Ofen 1,4 t Magneteisenstein in kaltem Zustande geworfen. Nach 1^h 20 war die Charge fertig, sehr heifs und wurde nach ¼ Stunde abgestochen.

Wenn man nun erwägt, dafs bei den vorerwähnten Chargen der untere Ofen durch den Einsatz von 8 t Roheisen und Schrott sammt Kalkzuschlag stark abgekühlt wurde und nach 2 bis 2½ Stunden der Einsatz noch zum geringsten Theile aufgeschmolzen war, dafs direct vor dem Abstechen des oberen Ofens noch 1,2 bis 1,4 t Erz in kaltem Zustande eingesetzt wurden, dafs ferner trotzdem die Zeit von 1^h bis 1^h 50 genügte, um die ganze Charge fertig zu machen, so steht es aufser Frage, dafs die Schmelzzeiten richtig bemessen sind, dies um so mehr, nachdem die Oefen bei dem geringen Einsatz ja sehr wenig auskühlen.

Würden Kalkzuschlag und Erz vorgewärmt, was mit geringem Kostenaufwand, vielleicht durch eine Abhitze, erreicht werden könnte, und in diesem Zustande in die Oefen gebracht, so würde man leicht 10 Chargen = 250 t mit einer derartigen Ofengruppe in 24 Stunden erzielen können.

Bei den vorerwähnten Beispielen werden nun verschiedenartige Schlacken erzeugt. Die Schlacke der oberen Oefen bei Fall I wird dann als Thomasschlacke Verwendung finden können, wenn man ein siliciumarmes Roheisen und Erz verarbeitet, wie aus Tabelle III ersichtlich.

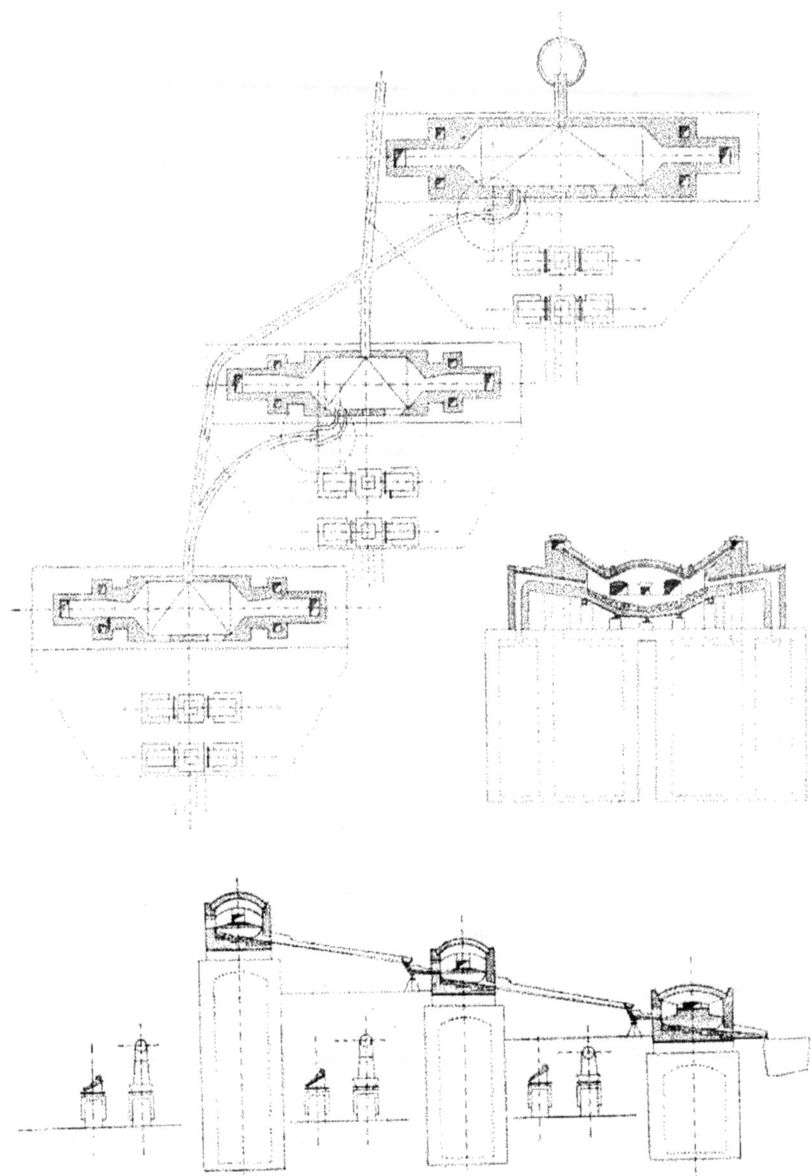

Abbild. 19.

Tabelle III. **Schlackenanalysen des oberen Ofens.**

Chg. Nr.	Roheisen Marke	SiO_2	P_2O_5	Fe
87 033	Puddeleisen, tiefgrau	25,36	13,37	7,96
87 036	„ „	22,64	17,02	7,95
87 044	„ „	24,41	13,82	6,93
87 052	„ „	26,60	14,08	11,91
87 072	„ „	25,70	12,03	5,99
87 102	„ „	25,24	13,05	5,99
87 110	„ „	26,92	12,13	5,99
87 125	„ „	29,00	10,88	9,36
87 137	„ „	25,20	13,18	8,24
87 149	„ „	30,96	8,32	5,62
87 154	„ „	25,02	11,26	5,62
87 179	„ „	24,93	12,41	7,68
84 742	Thomaseisen, 1/3 grau, 2/3 weifs . . .	16,02	23,28	7,68
84 770	„ 1/3 „ 2/3 weifsstrahlig	20,32	18,73	7,02
85 241	„ weifsstrahlig	19,42	16,38	5,05
86 091	Puddeleisen, halbirt	20,18	19,84	5,24
86 092	„ „	19,77	19,20	4,68

Bei Fall II ist die Schlacke des oberen Ofens werthlos. Die des mittleren Ofens dagegen sehr werthvoll, indem hier eine Schlacke erzeugt werden wird, die einen höheren Phosphorsäuregehalt hat als die gewöhnliche Thomasschlacke. Die Schlacke der unteren Oefen kann in beiden Fällen als sehr basische eisenreichere Schlacke beim Hochofenbetriebe verhüttet werden.

Tabelle IV. **Analysen der Rohmaterialien.**

	C	P	Mn	Si	S	Rück-stand	SiO_2	Fe	H_2O
Graues Thomas-Roheisen . .	3,60	2,50	0,4	1,0	0,04	—	—	—	—
Tiefgraues Puddeleisen . . .	3,80	1,50	1,0	1,0	0,04	—	—	—	—
Siegerländer Roheisen . . .	4,00	0,25	5,00	1,00	0,042	—	—	—	—
Steirisches Roheisen	3,60	0,15	2,50	0,60	0,034	—	—	—	—
Walzenbruch	4,00	1,00	1,0	1,5	0,10	—	—	—	—
Schienenstahl	0,40	0,05	0,70	—	0,03	—	—	—	—
Flufseisen	0,05	0,04	0,25	—	0,03	—	—	—	—
Gellivarnerz	—	0,058	—	—	0,064	6,11	3,98	66,1	1,0
Kiesabbrände	—	—	Spur	—	0,25	—	2,30	66,0	10-16

Die bei dem Verfahren zur Verwendung gelangenden Erze können von verschiedener Zusammensetzung sein. Im allgemeinen wird man in der Weise vorgehen müssen, dafs man in den oberen Oefen die silicium- und phosphorreichen Erze verwendet, in den unteren Oefen dagegen nur silicium- und phosphorarme Erze.

Aus den zur Frischarbeit erforderlichen Erzen wird nun ein hoher Procentsatz des Eisens direct gewonnen. Berechnet man z. B. aus den in Tabelle II aufgeführten Chargen das reine Eisen des Einsatzes und des Fertigproductes, so ergiebt sich das Resultat, dafs 50 % des Eisens aus dem Erze ausgebracht wurden. Bei Anwendung einer Ofencombination wie in Fall II dürfte sich wohl dieser Procentsatz noch erhöhen.

Hierin und in der erzielten Erzeugungssteigerung beim Arbeiten mit einem Roheisensatze von 70 bis 100 % liegt nun in erster Linie der wirthschaftliche Vortheil des combinirten Verfahrens gegenüber dem gewöhnlichen Martinbetriebe.

Auch dem Thomasverfahren gegenüber ergeben sich erhebliche Vortheile infolge des erhöhten Ausbringens, wie aus nachstehend kurzer Betrachtung erhellt. Es sei ein Preis für Thomasroheisen von 57 *M* f. d. Tonne, für spanisches Erz von 16 *M* f. d. Tonne zu Grunde gelegt.

Beim Thomasprocefs erzeugt man, bei 14 % Abbrand, aus 1 t Roheisen 0,86 t Flufseisen. Es würde demnach die Tonne Flufseisen 66,28 *M* kosten.

Nach dem combinirten Verfahren benöthigt man zur Herstellung einer Tonne Flufseisen 1 t Roheisen + 0,25 t spanisches Erz. Es würde also die Tonne Flufseisen 57 und 4 *M*, zusammen 61 *M* kosten. Daraus ergiebt sich eine Differenz von 5,28 % f. d. Tonne zu Gunsten des combinirten Verfahrens.

Beim Thomasverfahren würde nun eine gröfsere Menge an Thomasschlacke erzeugt. Die daraus resultirende gröfsere Gutschrift würde jedoch beim combinirten Verfahren gröfstentheils ausgeglichen werden durch die Ersparnifs an Kalkzuschlag, durch die Verwerthung der Schlacke des unteren Ofens, sowie durch den höheren Phosphorsäuregehalt der aus dem mittleren Ofen erhaltenen Schlacke. Stellt man die Fabricationskosten bei beiden Verfahren einander gegenüber, so dürften sie im wesentlichen dieselben sein. Nur bezüglich des Brennstoffaufwandes dürfte sich beim Thomasverfahren eine Ersparnifs von hochgerechnet 60 bis 70 % ergeben.

Oberflächlich gerechnet bliebe dann immer noch eine Differenz von 2 bis 3 *M* f. d. Tonne zu Gunsten des combinirten Verfahrens.

Dafs eine Martinanlage wesentlich geringere Anlagekosten erfordert als eine Thomasanlage, brauche ich hier wohl nicht näher zu erörtern. Zum Schlusse will ich die Vortheile des combinirten Verfahrens kurz zusammenfassen:

1. Man kann mit einem Roheisen von beliebiger chemischer Zusammensetzung und mit beliebigem Procentsatz an solchem arbeiten bei gleichzeitig hoher Erzeugung. Bei hohem Roheiseneinsatz erzielt man eine Erzeugungssteigerung von 60 bis 70 % gegenüber dem gewöhnlichen Martinverfahren. Das Verfahren wird besonders dort von einschneidender Bedeutung sein, wo man zu wenig Phosphor im Roheisen hat, um Thomasiren, und zu viel Phosphor, um Bessemern zu können und wo der Schrott hoch im Preise steht.

2. Durch das Verfahren wird es ermöglicht, beim Martinbetrieb vortheilhaft mit flüssigem Roheisen zu arbeiten.

Man kann aus phosphorreichem Roheisen phosphorreinen Stahl erzeugen, ohne vollständig herunterfrischen und rückkohlen zu müssen, wie aus den Chargen 87 110 und 87 137 zu ersehen ist.

Eine Schöpfprobe von 87 110, im unteren Ofen nach ³/₄ Stunden genommen, hatte folgende Analyse: 0,732 C, 0,022 P, 0,086 Mn. Nach derselben Zeit von Charge 87 137 genommen 0,767 C, 0,07 P, 0,096 Mn. Bei der ersten Charge wurden 20 kg Koksgries, bei der zweiten 30 kg in die Pfanne gegeben, da man fürchtete, zu stark heruntergefrischt zu haben. Es sollte ein Stahl von 80 kg Festigkeit hergestellt werden. Der Stahl walzte sich tadellos.

4. Hohes Ausbringen. Man ist imstande, aus 1 t Roheisen 1 t Flufseisen oder Stahl zu erzeugen, daher geringere Selbstkosten.

5. Die Ofenerhaltung ist eine erheblich leichtere, da die einzelnen Oefen weniger zu leisten haben, indem sie sich in die Gesammtleistung theilen. Die Schwierigkeiten der Bodenerhaltung, die beim Arbeiten mit sehr hohem Roheisensatz im gewöhnlichen Martinbetrieb oft grofse Betriebsstörungen verursachen, fallen beim combinirten Verfahren vollkommen weg.

6. Ersparnifs an Zuschlag.

7. Ersparnifs an Brennmaterial. Diese ergiebt sich unmittelbar aus der erzielten Productionserhöhung. Ferner ist auch bei den geringeren Schlackenmengen in den einzelnen Oefen die Einwirkung der Heizgase eine viel intensivere.

8. Man kann den Fassungsinhalt der einzelnen Oefeu besser ausnützen.

9. Schnelleres Einsetzen, indem man schlecht einzusetzendes Rohmaterial den Oefen zutheilt, die nur geringen Einsatz erhalten.

10. Man kann auch bei phosphorreichem Roheisen mit Oefen von sehr grofsem Fassungsinhalt arbeiten, besonders da, wo man flüssig chargirt.

11. Bei Verwendung phosphorreichen Roheisens erzielt man phosphorsäurereiche Schlacken, die ein werthvolles Nebenproduct bilden.

12. Das Verfahren kann bei jeder schon bestehenden Anlage leicht eingeführt werden, da es blofs geringfügiger Umbauten, wie eventuell des Höherlegens einzelner Ofenherde bedarf, was ohne besondern Kostenaufwand erfolgen und bei einer gröfseren Ofenreparatur in kurzer Zeit bewerkstelligt werden kann.

Die Uebertragung des flüssigen Metalls von einem Ofen zum andern kann auch durch eingeschaltete Pfannen erreicht werden.

Indem ich der Hoffnung Raum gebe, dafs es mir gelungen ist, Ihnen über das Wesen und die praktische Ausführung des combinirten Verfahrens ein klares Bild gegeben zu haben, möchte ich noch darauf hinweisen, dafs die Ihnen vorgeführten Resultate nur Ergebnisse ausgedehnter Versuche sind. Es kann wohl mit Sicherheit angenommen werden, dafs in constantem Betriebe bei zielbewufstem Vorgehen noch gröfsere Erfolge erreicht werden.

Vorsitzender: Ich eröffne nunmehr die Discussion über die letzten Vorträge.

Hr. Generaldirector **Meier:** Ich möchte mir erlauben, an Hrn. Springorum bezüglich der Gebläsegeneratoren die Frage zu stellen: Hat man bei Gebläsegeneratoren eine wesentliche Brennstoffersparnifs gegenüber den Generatoren im gewöhnlichen Sinne bei gleichem Einsatz und gleicher Kohle?

Hr. **Springorum:** Die Ersparnifs liegt darin, dafs der Brennstoff besser ausgenutzt wird. Sie haben bei den alten Siemensschen Generatoren mehr Kohlensäure und weniger Kohlenoxyd als bei den neuen Schachtgeneratoren. Ich erinnere mich der Zahlen nicht genau; ich meine, dafs bei den alten Generatoren die Kohlensäure 7 bis 8 % betrug und das Kohlenoxyd selten über 20 % stieg. Dagegen habe ich bei den neuen Generatoren 28 bis 30 % Kohlenoxyd und kaum über 2 % Kohlensäure gefunden.

H. **Daelen**: M. H.! Ich glaube, der Antwort des Herrn Vorredners noch hinzufügen zu können, dafs eine grofse Ersparnifs gegenüber den alten Siemens-Gaserzeugern auch dadurch erzielt wird, dafs geringwerthigere Kohle verwendet werden kann. Die alten Siemens-Gaserzeuger verlangten die Verwendung von fast nur reiner Stückkohle, während man jetzt gewöhnliche Förderkohle nimmt. Der Gesammtgehalt der alten Siemens-Gaserzeuger an brennbaren Gasen betrug über 30 %, während derselbe jetzt über 40 % kommt. Ein Theil desselben stammt aus der Zersetzung des Wasserdampfes, welcher vermittelst des Strahlgebläses in den Gaserzeuger eingeführt wird.

An den schachtförmigen freistehenden Gaserzeugern hat Hr. Duff, früher Betriebschef bei der Steel Co., Glasgow, eine sinnreiche Verbesserung eingeführt, welche darin besteht, dafs der Behälter unter dem Roste zur Aufnahme der Asche, der mit Wasser gefüllt ist, in welches die bewegliche Glocke eintaucht, vertieft und nach aufsen erweitert ist, so dafs die Asche vermittelst einer Schüppe herausgenommen werden kann ohne den Betrieb zu unterbrechen. Letzteres geschieht nur während kurzer Zeit, wenn der Rost gründlich gereinigt werden mufs, die heruntergefallene Asche wird dann nach dem Wiederbeginn des Betriebes herausgenommen und somit viel Zeit für diesen gewonnen.

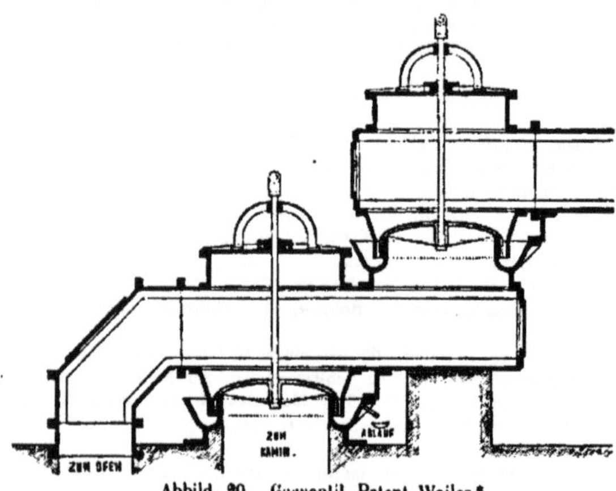

Abbild. 20. Gasventil, Patent Wailes.*

Ich wollte mir dann noch erlauben hinzuzufügen, dafs diese schachtförmigen Gaserzeuger, wie sie in Abbild. 13 dargestellt sind (Redner erläutert seinen Vortrag durch Hinweis auf die ausgehängten Zeichnungen), bezüglich der Reinigung von Schlacken noch Verbesserungen erfahren haben durch die Erfindung eines Hrn. Turshill, der früher Fabricationschef der Steel Company war und jetzt in Münster wohnt. Diese Erfindung besteht darin, dafs er die Glocke, welche hier verschiebbar ist, hebt und einen continuirlichen Betrieb dadurch ermöglicht, dafs er den Behälter für die Schlacke tiefer herunterhält und ihn mit Wasser füllt. Die Glocke taucht dann in das Wasser hinein und man holt mit der Schüppe die Schlacke heraus, ohne dafs eine Störung eintritt. Ich habe diesen Gaserzeuger in Betrieb gesehen mit sehr gutem Erfolg.

Hr. Geheimrath **Wedding**: M. H.! Als der interessante Procefs, den zuletzt Hr. Thiel uns auseinandergesetzt hat, zuerst bekannt wurde und durch Hrn. Gilchrist in England in so sorgfältiger Weise untersucht worden war, habe ich mich natürlich bemüht zu untersuchen, worin theoretisch die Vortheile des Verfahrens liegen könnten. Der Hauptvortheil, welcher bei grofser Production erreicht werden kann und sich auf die Theilung der Arbeit gründet, ist ja praktischer Art und wird wohl von den anwesenden Herren Praktikern behandelt werden. Dagegen ist theoretischer Natur, wie auch Hr. Thiel meiner Ansicht nach zutreffend auseinandersetzte, die hohe Temperatur. Um den Einflufs der Temperatur auf den Einflufs aller basischen Processe zu zeigen, habe ich jene dort aufgehängten (nebenstehend abgebildeten) drei Tafeln (Abbild. 21 bis 23) zusammengestellt. Die erste zeigt die Oxydationsvorgänge von Mangan, Silicium, Phosphor und Kohlenstoff beim Puddeln, die zweite die beim Thomasprocefs und die dritte die beim basischen Martinprocefs. In jeder Tafel zeigen die starken Linien die Vorgänge bei niedriger Temperatur, die dünnere diejenigen bei mittlerer Temperatur, die ganz dünne bei sehr hoher Temperatur. Die Ordinaten geben die Mengen der Elemente, welche allmählich oxydirt werden, an, die Abscissen die Zeit. Die Zeit ist bei allen Tafeln des Vergleichs halber gleich gesetzt worden. Es springt in die Augen, dafs unter sonst gleichen Umständen der

* Redner behält sich vor, sowohl auf die Einrichtung dieses Ventils als auch seiner Vorfrischbirne in einem besonderen Artikel zurückzukommen.

Verlauf der Oxydation von der Temperatur abhängig ist, dafs man also durch Steigerung der Temperatur auch schneller arbeiten kann. Ich bitte nur die Phosphorlinien zu vergleichen. Man kann durch Steigerung der Temperatur den Phosphor doppelt so schnell entfernen. Noch deutlicher würde dies werden, wenn man die Anfangsmengen gleich setzt, d. h. die Ordinaten auf gleiche Procentsätze fremder Elemente stützte. Es ergiebt sich dann, dafs mit der Steigerung der Anfangs-

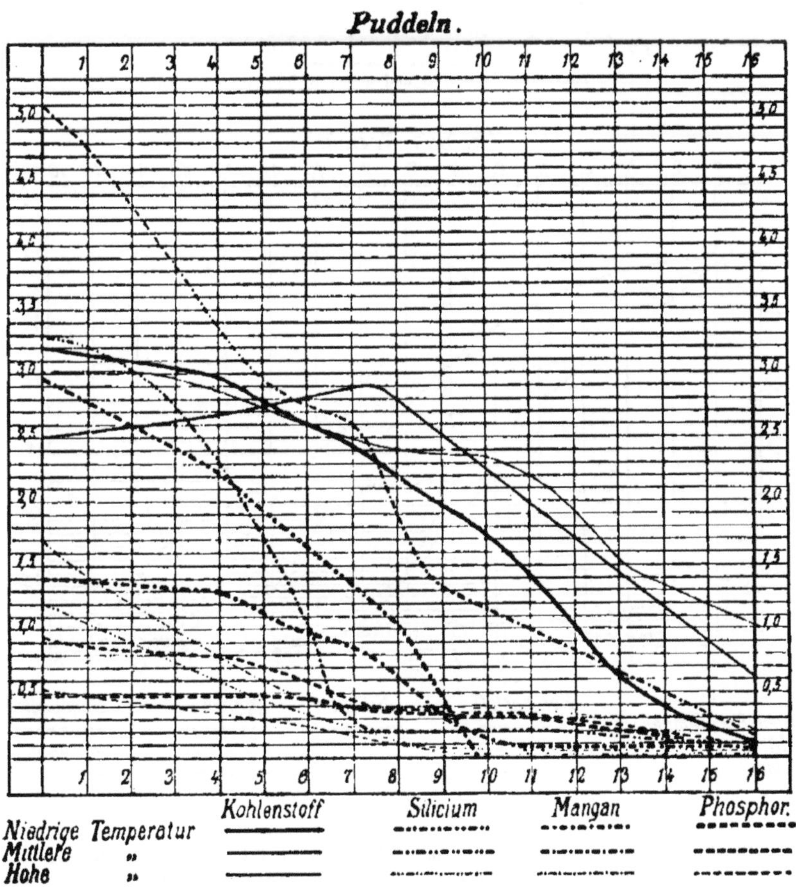

Abbild. 21.

temperatur stets ein Vortheil für die Schnelligkeit des Verlaufs verbunden ist. Es ist also gewifs richtig, dafs die hohe Temperatur bei dem Bertrand-Thiel-Procefs günstig auf die Höhe der Production in der Zeiteinheit wirken mufs.

Andererseits ist schwer zu ersehen, woher diese höhere Temperatur kommen soll, wenn nicht durch höheren Kohlenverbrauch. Es liegt auf der Hand, dafs durch erhebliche Kürzung der Zeit thatsächlich die durch intermoleculare Verbrennung erzeugte Wärme genügt, denn der Bessemer- und Thomasprocefs verlaufen ohne fremden Brennstoff, aber der Martinprocefs, selbst nach dem Thielschen Verfahren, dauert doch zu lange, als dafs die intermoleculare Verbrennung einen wesentlichen Antheil an der Temperaturerhöhung haben könnte. Eine kleine Rechnung wird das zeigen.

Das Material sei ein Roheisen mit 1,5 % Silicium, 3,0 % Mangan, 1,5 % Phosphor und 3 % Kohlenstoff. Das Silicium wird bei der Bildung von Mangansingulosilicat nicht gedeckt; es müssen noch 2,96 % Eisen oxydirt werden. Dies giebt Folgendes auf 100 kg Roheisen:

1,5 kg	Si	brauchen	1,715 O	und geben	11 743	Wärmeeinheiten
3,0 „	Mn	„	0,870 „	„ „	5 451	„
2,96 „	Fe	„	0,844 „	„ „	3 943	„
1,5 „	P	„	1,935 „	„ „	8 949	„
3,0 „	C	„	3,999 „	„ „	7 419	„
		Zusammen	9,363 O	und geben	37 505	Wärmeeinheiten.

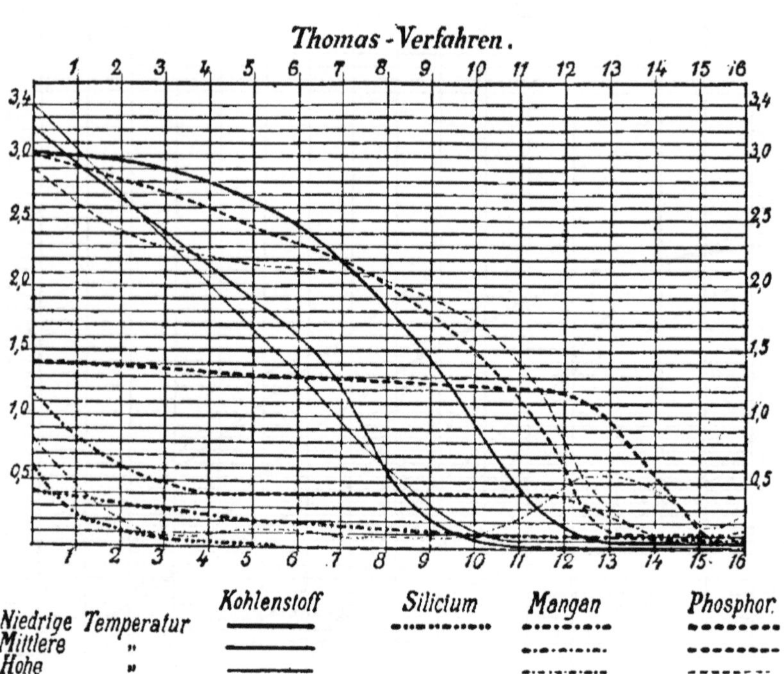

Abbild. 22.

Der Sauerstoff soll beim Thielprocefs durch Eisenoxyduloxyd (Magneteisenerze) herbeigeführt werden. Angenommen — immer den günstigsten Fall — dies sei rein, so braucht man auf 100 kg Roheisen:

12,349 Fe_3O_4 und verliert 11 556 Wärmeeinheiten

Es werden gewonnen 25 949 Wärmeeinheiten

oder auf 20 t Roheisen und 2,4 t Erz, die dazu verwendet werden können: 518 980 W.-E.

Um nun 20 t Eisen zu schmelzen und auf 1800° zu erhitzen, braucht man bei 0,3 spec. Wärme und 40 W.-E. Schmelzwärme 11 600 000 W.-E.

Um diese durch Kohlenverbrennung (Generatorgas) zu erzeugen, braucht man, was mit den Erfahrungen bei Roheisen übereinstimmt, auf 1 t Eisen 467 kg Steinkohlen, denn 11 600 000 W.-E. werden unmittelbar verbraucht, 12 445 000 W.-E. gehen in den Schornstein, 11 599 000 W.-E. gehen durch Strahlung verloren, das sind zusammen 35 644 000 W.-E., welche den 467 kg Steinkohlen entsprechen. Von dieser Wärmemenge sind die durch intermoleculare Verbrennung erzeugten

519 000 W.-E. 1½ %, viel zu wenig, um erheblichen Nutzen schaffen zu können, selbst wenn die Zeit erheblich abgekürzt wird.

Ich glaube, wir würden alle Hrn. Thiel zu Dank verpflichtet sein, wenn er uns mittheilen wollte, wie es sich bei der Erzeugung so hoher Temperaturen im Flammofen mit dem Kohlenverbrauch verhält, denn davon wird wohl wesentlich der ökonomische Vortheil des Processes abhängen.

Hr. **O. Thiel**-Kaiserslautern: Ich möchte darauf erwidern, dafs die hohe Temperatur des im oberen Ofen zum Theil heruntergefrischten Metalls doch durch den Frischprocefs erzeugt werden mufs. Als Beweis möchte ich folgende Thatsache anführen. In Kladno wird das flüssige Roheisen, bevor es in den Converter gelangt, in einen sauer zugestellten Ofen gegossen unter Zusatz von etwa 10 % kaltem Roheisen oder Schrott. Wird nun nach der gleichen Schmelzzeit das flüssige Metall in

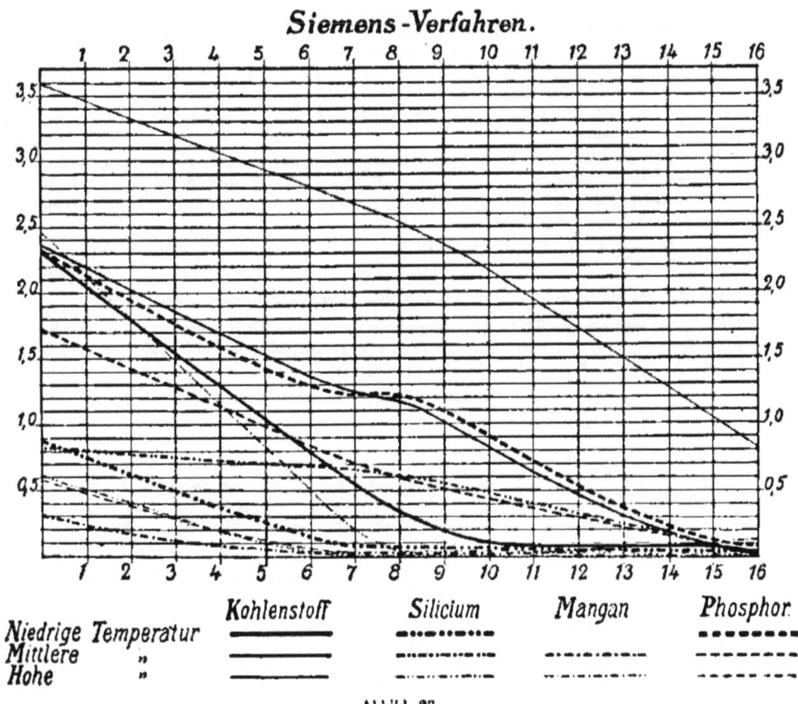

Abbild. 23.

den Converter abgestochen, so tritt bei den Chargen mit Schrottzusatz fast ausschliefslich eine starke Rauchentwicklung auf, während bei den Chargen mit Roheisenzusatz dies höchst selten vorkommt.

Ferner möchte ich noch erwähnen, dafs beim combinirten Verfahren der Betrieb bei den einzelnen Oefen ganz derselbe ist wie beim gewöhnlichen Martinbetrieb. Die Wärmezufuhr erfolgt in derselben Weise und in nicht höherem Grade, was schon daraus hervorgeht, dafs der Kohlenverbrauch seit Einführung des Verfahrens wesentlich niedriger ist.

Hr. **Klostermann**: Ich glaube, die bedeutende Temperaturerhöhung läfst sich doch wohl durch die Verbrennung von Silicium, Phosphor, Kohlenstoff u. s. w. erklären, denn durch die Verbrennung im Eisen selbst wird dem Eisen jedenfalls mehr Wärme zugeführt, als durch die Verbrennung von Gas oder Schlacke. Nach meiner Ansicht sind die Wärmeeinheiten, welche im Eisen selbst erzeugt werden, weit wirksamer als diejenigen, welche in der Schlacke durch Verbrennung des Roheisens erzeugt werden.

Vorsitzender: Wünscht noch Jemand von den Herren das Wort? (Pause.) Das ist nicht der Fall. Wir können diesen Gegenstand nicht verlassen, ohne den verschiedenen Herren Referenten für die aufserordentlich guten und sorgfältig ausgearbeiteten Referate unsern aufrichtigsten Dank auszusprechen. Ich glaube, dafs Sie einverstanden sein werden, wenn ich in Ihrer Aller Namen diesen Dank zum Ausdruck bringe. (Bravo!) Hr. Generaldirector Meier hat das Wort.

Hr. Generaldirector **Meier:** Ich habe die Empfindung, dafs eine lebhaftere Discussion unterbleibt, weil man die Vorträge doch nicht so genau begriffen oder behalten hat, um nachher in die Erörterung eingreifen zu können. Dies gilt namentlich für den letzten Vortrag; ich glaube daher, dafs es wohl angezeigt wäre, in einer späteren Sitzung auf die Sache zurückzukommen. Ich mufs gestehen, dafs mir bei dem letzten Gegenstand durch die Discussion die Sache immer unklarer geworden ist. Vielleicht wird sie sich aufklären, wenn man nachher den Bericht liest.

Vorsitzender: Der Vorstand wird dieser Anregung gern Folge geben, wenn sich im Laufe der Zeit mehrere Mitglieder melden werden, welche zur Sache zu sprechen wünschen. Nur dann kann man in eine Discussion eintreten, wenn man überzeugt ist, dafs der Vorsitzende nicht jeden Einzelnen gewissermafsen anregen mufs, das Wort zu nehmen. Ich werde sehr dankbar sein, wenn sich mehrere Herren, die sich für den Gegenstand interessiren, bei der Geschäftsführung melden und von ihrem Wunsche Kenntnifs geben.

Ich habe nun noch die Aufgabe, auf die Vorstandswahlen zurückzukommen. Das Protokoll über die Abstimmung lautet:

> Für die Neuwahl von 8 Vorstandsmitgliedern des Vereins deutscher Eisenhüttenleute wurden 158 Stimmzettel mit den Namen: Blass-Essen, Bueck-Berlin, Kintzlé-Aachen, Offergeld-Duisburg, Schultz-Bochum, Springorum-Dortmund, Thielen-Ruhrort, Weyland-Siegen abgegeben.
>
> Düsseldorf, den 25. April 1897.
>
> *G. Gregor.* *Fr. Horn.*

Es sind also die genannten acht Herren gewählt beziehungsweise wiedergewählt worden.

Damit ist unsere heutige Thätigkeit, wenigstens der erstere Theil derselben, abgewickelt. Ich schliefse die Versammlung und ersuche die Herren, ebenso einmüthig und eifrig sich an dem zweiten Theil unserer Aufgabe zu betheiligen. (Heiterkeit und Beifall.)

(Schlufs 4 Uhr 20 Minuten.)

Zu vorstehender Niederschrift der Verhandlungen gingen bei der Redaction noch die nachstehend mitgetheilten Schreiben ein, welche wir veröffentlichen, wenngleich wir nicht umhin können zu bemerken, dafs es vorzuziehen gewesen wäre, wenn die hier schriftlich gemachten Aeufserungen mündlich in der Versammlung erfolgt wären. *Die Redaction.*

Dortmund, den 30. April 1897.

Geehrte Redaction!

Hr. Director Springorum aus Dortmund sagte in seinem Vortrage über Martinöfen am Sonntag in der Generalversammlung des Eisenhütten-Vereins, dafs seines Wissens die Schönwälder-Martinöfen von einer Reparatur zur andern die meisten Chargen machten, und nannte, wenn ich nicht irre, 1150 Chargen ohne Unterbrechung des Betriebes (mit Ausnahme der Sonntagsruhe). Dieser etwas einseitigen Empfehlung gegenüber möge mir dagegen hier die kurze Entgegnung erlaubt sein, dafs mir die Schönwälder-Oefen, bei denen die Friedenshütte 7000 ℳ für den ersten und je 6000 ℳ für jeden folgenden an Patentgebühren erhebt, aus der Praxis wohl bekannt sind, denn ich war noch vor kurzem von hier aus an einen derartigen Ofen nach Bosnien berufen, mit dessen Product die Besitzer nicht einverstanden waren. Ueber das Ausbringen meiner Oefen, von denen ich in 25 Jahren weit über 100 in den verschiedensten Ländern gebaut habe, füge ich hier nur Folgendes an, was mir das Rasselsteiner Werk schreibt:

> Rasselsteiner Eisenwerks-Gesellschaft m. b. H.
>
> Rasselstein bei Neuwied, 25. Januar 1895.
>
> Sehr geehrter Hr. Eckardt!
>
> Die Charge Nr. 742 ist selton wieder einmal gemacht und hoffentlich hält nun der Ofen noch so lange, bis der andere fertig ist, mit dessen Fertigstellung wir etwas zurückgeblieben waren, weil noch ein frischer Brand Dolomit fehlte ....
>
> gez. *Friedrich Remy.*

Rasselstein bei Neuwied, 30. Juli 1895.

Sehr geehrter Hr. Eckardt!

.... aber im übrigen geht bei uns der Ofen die ganze Campagne ohne Reparatur, ohne Stillstand, ausgenommen die Stunden der Sonntagsruhe, und so erzielten wir als Lehrlinge 361 Chargen, stiegen dann auf 534, dann aber schon auf 742 und 793 Chargen. Gewölbe und sonstige Theile des Ofens hätten noch länger gehalten .... und ich nehme keinen Anstand, den Hauptantheil an den guten Resultaten Ihren Leistungen zuzuschreiben. gez. *Friedrich Remy.*

Rasselstein bei Neuwied, 18. September 1895.

Sehr geehrter Hr. Eckardt!

.... Sie haben vielleicht schon auf anderem Wege gehört, dafs wir den Ofen aufser Betrieb setzten, nachdem wir 810 Chargen gemacht haben ....

gez. *Friedrich Remy.*

Gegenüber diesen Zahlen schrieb mir Hr. Schönwälder selbst am 12. November 1895 einen Brief, aus dem folgende Sätze entnommen sind:

Dillingen, den 12. November 1895.

Sehr geehrter Hr. Eckardt!

.... Ich bin jetzt gezwungen dafür zu sorgen, dafs meine Oefen nicht nur hier und in Friedenshütte, sondern überall 800 bis 1000 Chargen machen, und das ist im basischen 14-t-Ofen aufserordentlich schwer .... Ihre Antwort an die Friedenshütte hat mir geschadet und wird mir schaden ....

gez. *Heinrich Schönwälder,* Leiter der Dillinger Stahlwerke.

Meine Oefen standen also denen Schönwälders nach dessen eigenem Eingeständnisse voran. Mit den obigen Ausführungen will ich übrigens nur mein gutes Recht gegen eine irrige Ansicht vertreten und beabsichtige keinen Streit und am allerwenigsten eine Reclame für mich, die ich nicht nöthig habe, was schon der Umstand beweist, dafs ich 10 Ofen-Anlagen für staatliche Werke gebaut habe, darunter zwei für Bayern in Ingolstadt und sechs für Preufsen in verschiedenen Zeiträumen in Spandau.

Hochachtungsvoll

H. Eckardt.

Hierzu bemerkt Hr. Director Springorum:

Die Zuschrift des Hrn. H. Eckardt beruht insofern auf einer irrigen Voraussetzung, als Hr. Eckardt annimmt, ich habe die Schönwälder-Oefen „empfehlen" wollen. Abgesehen davon, dafs zu einer „Empfehlung" doch wohl etwas mehr gehört als das von mir über den Schönwälder-Ofen Gesagte, war es nicht meine Aufgabe und hat es mir durchaus fern gelegen, gewisse Constructionen zu empfehlen oder von der Ausführung anderer abzurathen, mich hat lediglich das Bestreben geleitet, über die mit den verschiedenen Systemen in der Praxis gemachten Erfahrungen nach jeder Richtung hin objectiv zu berichten. Die Angaben über die Schönwälder-Oefen, unter anderen auch die Maximal-Chargenzahl von 1140, verdanke ich dem Entgegenkommen zweier unserer angesehensten Stahlwerke, welche mir Auszüge aus ihren Betriebsbüchern zur Verfügung stellten, so dafs ein Zweifel an der Zuverlässigkeit dieser Angaben für mich nicht besteht und ich den Vorwurf des Hrn. Eckardt, meine Bemerkung sei „einseitig", als unberechtigt zurückweisen mufs. Die von Hrn. Eckardt durch ein Beispiel aus Bosnien belegte Behauptung, dafs man auch mit Schönwälder-Oefen recht schlecht arbeiten kann, habe ich in meinem Bericht an keiner Stelle bestritten, und ist mir nicht recht verständlich, wie der letztere zu dieser Mittheilung des Hrn. Eckardt Veranlassung geben konnte. Sehr zu bedauern bleibt, dafs Hr. Eckardt seine Einwände nicht während der Versammlung, der er beiwohnte, vorbrachte und so einen Meinungsaustausch mit den gleichzeitig anwesenden Vertretern einiger nach Schönwälder arbeitenden Stahlwerke herbeiführte, der jedenfalls zu einer Klarstellung erheblich mehr beigetragen hätte, als nachträgliche schriftliche Auseinandersetzungen.

Dortmund, 3. Mai 1897. *Springorum.*

Lloyds Register of British and Foreign Shipping. — London E. C.

Surveyors Office Düsseldorf, 2. Mai 1897.

Herrn Ingenieur E. Schrödter

Düsseldorf.

In Nr. 9 der Zeitschrift „Stahl und Eisen", Seite 353, 5. Zeile von unten, las ich, dafs Sie in Ihrem Vortrage auf der Hauptversammlung der Eisenhüttenleute erwähnten: „Im Jahre 1892 erklärte W. H. White, dafs beim Lloyds Register zwar für Schiffsbleche das basische Verfahren zulässig sei, dafs man aber in Kesselblechen noch nicht genügend Erfahrungen habe, um basisches Material zu nehmen." —

In der Versammlung habe ich diesen Satz überhört und erlaube ich mir, Ihnen jetzt mitzutheilen, dafs ich für Lloyds Register schon seit 1889 in Deutschland basischen S.-M.-Stahl auch für Kesselmaterial abgenommen habe und dafs mir nicht bekannt ist, dafs für Deutschland Ausnahmevorschriften bestehen oder je bestanden haben. — Hr. White hat wahrscheinlich mit „Basic Steel" Thomasstahl gemeint, was freilich beim Lloyds Register gar nicht zulässig ist, auch nicht für Schiffbaumaterial.

Die Festigkeit für Kesselbleche ist allerdings ziemlich hoch gestellt, nämlich 26 bis 30 tons oder rund 41 bis 47 kg a. d. qmm, doch ist weicheres Material zulässig, wenn die Stärkedimensionen (Scantlings) dieselben sind als die, welche für eiserne Kessel vorgeschrieben sind.

Für gewellte Feuerrohre war in 1890 schon eine minimale Festigkeit bis zu 22 tons = 34,6 kg f. d. qmm herunter gestattet.

Hochachtungsvoll!

Johannes Meyer, Surveyor to Lloyds Register,
Düsseldorf — Franklinstrafse 30.

Ich habe zu vorstehender Zuschrift zu bemerken, dafs der von mir angezogene Schlufspassus des Vortrags von W. H. White im Original* wie folgt lautet.

„It will be noted that this paper has dealt exclusively with basic steel for shipbuilding purposes. It is our practice to gain experience of a new material for ship work before considering its adoption for boiler making. This was done when acid mild steel was introduced, and the same course is still being followed. For boiler tubes, howewer, basic openhearth steel is already admitted by the Admirality."

Es bezogen sich somit die von mir angezogenen Aeufserungen Whites auf die Vorschriften der Admirality und nicht diejenigen des englischen Lloyds.

E. Schrödter.

An die Hauptversammlung, welche von etwa 600 Mitgliedern und Gästen besucht war, schlofs sich in üblicher Weise das gemeinschaftliche Mittagsmahl an, welches nicht weniger als 460 Theilnehmer fröhlich vereinte. Der Reigen der Trinksprüche wurde durch den des Vorsitzenden, Hrn. Commerzienrath C. Lueg-Oberhausen, welcher dem Kaiser galt, eröffnet; er erinnerte an die Vorgänge, welche sich bei der vor Kurzem stattgehabten Jahrhundertfeier vollzogen haben, und wies darauf hin, in welch' unentwegter Weise unser Herrscher sich als Friedenskaiser bewähre. Hr. Commerzienrath Haarmann-Osnabrück folgte sodann mit einem begeistert aufgenommenen Trinkspruch auf das geliebte Ehrenmitglied des Vereins, den Altreichskanzler Fürsten Otto von Bismarck. Aus der Versammlung gingen alsdann folgende Telegramme ab:

Sr. Majestät dem deutschen Kaiser,

Berlin.

Euerer Majestät dem erhabenen Schirmherrn des Deutschen Reichs huldigt in ehrerbietiger Treue

Verein deutscher Eisenhüttenleute
Commerzienrath *Lueg*-Oberhausen, Vorsitzender. *E. Schrödter*, Geschäftsführer.

* „Journal of the Iron and Steel Institut" 1892, S. 41.

Fürst Bismarck,

Friedrichsruh.

Dem durchlauchtigen Ehrenmitglied sprechen ihre hohe Freude über die Wiedergenesung nach langwieriger Krankheit aus, und senden in unverbrüchlicher Treue ehrfurchtsvolle und herzliche Grüfse die zur Hauptversammlung vereinigten Mitglieder des Vereins deutscher Eisenhüttenleute.

Commerzienrath *Lueg*-Oberhausen, Vorsitzender. *E. Schrödter*, Geschäftsführer.

Nach Verlesung des Telegramms an den Fürsten Bismarck erhob sich unter lebhaftem Händeklatschen und allseitiger Zustimmung der Dichter Ernst Scherenberg-Elberfeld zum Vortrag der Dichtung, welche er zur Centenarfeier beigetragen hatte:

Ein Nachklang.

Des theuren Kaisers Bildnifs,
Das jedes Herz erfüllt,
Jüngst vor dem Königsschlosse
Ward es in Erz enthüllt.

Ein Genius giebt dem Rosse
Des Helden das Geleit —
Doch Er, der Geistesrecke
Aus thatgewalt'ger Zeit,

Defs Rath zu höchstem Wagen
Den Herrscher einst beseelt,
Untrennbar ihm verbunden —
Der Riesengenius fehlt!

Am Postamente schweben
In anmuthvoller Zier
Die Göttinnen des Sieges —
Seht der Victorien vier!

Doch Er, der einst in Gluthen
Zum Kampf sein Volk gestählt,
Defs Geist die Schwerter schärfte —
Der Siegesschöpfer fehlt!

Und drunten auf den Stufen
In Vierzahl grimme Leu'n
— Der Kraft und Treue Sinnbild —
Des Reiches Feinden drän'n;

Doch Er, der Treuen Treu'ster,
Ohn' Menschenfurcht und Scheu,
Der stets für Reich und Kaiser
Zum Sprung bereite Leu,

Der, mit der Brust ihn deckend,
Aus Wunden ungezählt
Für seinen Herrn geblutet —
Der greise Löwe fehlt!

Und um das Denkmal schaarte
Zu Reiches Ruhm und Preis
Und seines Gründers Ehren
Sich deutscher Fürsten Kreis;

Doch Er, den einst sein Kaiser
Aus Tausenden erwählt,
Der Fürst in Volkes Herzen —
Er hat im Kreis gefehlt!

Beim Mahl im Zollernschlosse
Klang dann manch' herrlich Wort.
Dank Dir, Du junger Kaiser,
Des Reichs und Friedens Hort!

Doch nimmer sei, in Treuen,
Dir unser Schmerz verhehlt:
Uns hat am Tag der Weihe
Ein Spruch, ein Grufs gefehlt!

Dem Rächer Deiner Ahnen!
Dem Tilger deutscher Schmach!
Millionenstimmig holen
Den Grufs wir heute nach.

Denn ihm, der nie dem Kaiser,
Dem Reich in Noth gefehlt —
Bleibt seines Volkes Seele
In Ewigkeit vermählt!

Stürmischer Beifall folgte dem mit Begeisterung vorgetragenen Gedicht.

Hrn. Geheimen Bergrath Weddings Toast galt alsdann dem verdienten Vorsitzenden des Vereins, welcher aber das Verdienst für sich ablehnte und dasselbe den Berichterstattern des heutigen Tages zuschrieb. Namens der letzteren antwortete Hr. Schrödter, indem er darauf hinwies, dafs bei der Bearbeitung des ihm zugefallenen Theiles der Berichterstattung ihm so recht klar geworden ist, welch ungeheure Umwälzungen in der Eisenindustrie in den letzten Jahren sich vollzogen haben und welch harte Kämpfe diese unter den Betheiligten haben verursachen müssen; um so freudiger könne er daher feststellen, dafs von diesem harten Ringen im Verein nichts zu spüren gewesen sei, dafs im Gegentheil stets die gröfste Einigkeit in demselben geherrscht habe. Sein Trinkspruch gelte daher dem guten Genius, der in dieser Zeit über dem Vereinsleben geschwebt habe.

In den Abendstunden vereinigte eine gröfsere Zahl der Theilnehmer sich in den gastlichen Räumen des Malkastens.

Der in jeder Beziehung befriedigende Verlauf der Veranstaltung stempelte den Tag zu einem bedeutungsvollen Ereignifs in der Geschichte des Vereins.

E. Schrödter.

Genehmigung und Untersuchung der Dampfkessel in Preufsen.

Durch eine am 1. April d. J. in Kraft getretene Verfügung* des preufsischen Ministers für Handel und Gewerbe werden in den bisher gültigen Bestimmungen für Genehmigung und Untersuchung von Dampfkesseln Aenderungen eingeführt, welche in den betheiligten Kreisen um so gröfseres Befremden erregt haben, als sie von weittragendster Bedeutung sind, zum Theil praktisch nur unter grofsen Belästigungen und Nachtheilen durchführbar erscheinen und innerhalb einer Frist von nur wenigen Tagen nach Erscheinen des Erlasses in Kraft getreten sind.

Aus allen Theilen der Monarchie liegen daher gegen die Verfügung Einsprüche vor. Aus der nachstehend mitgetheilten Eingabe, welche eine Reihe von angesehenen industriellen Unternehmungen und sachverständigen Männern des Niederrheins an den Minister gerichtet haben, gehen die Punkte hervor, gegen welche sich die Beschwerden richten.

Zu 1.

„Bei Kesseln mit geringer Wasseroberfläche sind die Feuerzüge in einem gröfseren Abstande als 10 cm unterhalb des niedrigsten Wasserstandes anzuordnen.“

Nach dieser Bestimmung ist es in jedem einzelnen Falle dem Ermessen der Beamten überlassen, das Mafs festzusetzen, wodurch es nicht ausgeschlossen ist, dafs Unzuträglichkeiten entstehen können.

Wir bitten daher, das Mafs bestimmt festzusetzen, und gestatten uns vorzuschlagen, dasselbe nach dem Verhältnifs der wasserberührten Heizfläche zu der Wasseroberfläche zu bemessen.

Zu 2.

„Bei hochgelegenen Wasserständen ist ihre Bedienung durch Treppen und Bühnen mit Handleisten zu erleichtern.“

Diese Bestimmung ist in vielen Fällen nicht durchzuführen (fahrbare Krähne, Dampfschiffskessel u. s. w.). Wir bitten daher das Wort „thunlichst“ hinter dem Worte „Bedienung“ einschalten zu wollen.

Zu 8, Absatz 4.

„Das Kesselmauerwerk soll — auch gegen Kamin und Nachbarkessel — freistehen.“

Hierzu erlauben wir uns Folgendes zu bemerken. Bei dem Betrieb der Dampfkessel haben sich in Jahrzehnte langer Praxis keine Uebelstände daraus ergeben, dafs die Dampfkessel gegen die Nachbarkessel bezüglich des Mauerwerks nicht getrennt wurden. Wir sind dagegen überzeugt, dafs die neuen Bestimmungen eine Reihe von überaus schwerwiegenden Uebelständen zur Folge haben werden: nämlich:

a) Bei Neuanlage würde ganz erheblich mehr Platz erforderlich sein, wodurch ganze Anlagen in Frage gestellt werden können (Dampfkessel-Anlage in Städten u. s. w.).

b) Vorhandene Anlagen werden in ihrem beabsichtigten Ausbau in den meisten Fällen unmöglich. (Vervollständigung früher projectirter Kesselanlagen durch neue Kessel in fertigen Kesselhäusern mit vorhandenen die Dachconstruction tragenden Säulen. — Nach bisherigen Bestimmungen genügende Gröfse eines vorhandenen Kesselhauses.)

c) Die Auswechselung einzelner alter Kessel gegen neue wird nach den neuen Bestimmungen unmöglich und dadurch der Bestand vorhandener Anlagen in Frage gestellt.

Zu 5.

„Die Beanspruchung des Materials darf unter Zugrundelegung einer fünffachen Sicherheit das durchschnittliche Erfahrungsmafs nicht überschreiten.“

Wir bitten, es bei den bestehenden, seit einer Reihe von Jahren bewährten Würzburger und Hamburger Normen, gegen welche sich bisher keinerlei Anstände herausgestellt haben, zu belassen, und bemerken noch, dafs die Kaiserliche Marine, die Königliche Eisenbahn- und die militär-technischen Behörden 4½fache Sicherheit zulassen; die englische Admiralität verlangt sogar nur 4fache Sicherheit.

Bezüglich der Flammrohre und Mannlöcher, deren Berechnung und Ausführung bitten wir gleichfalls, es bei den Bestimmungen der Hamburger Normen zu belassen, welche auch hier erfahrungsgemäfs genügende Sicherheit gewährleisten. (Es genügt beispielsweise auch bei langen und weiten Wellrohren für die Quernähte einfache Ueberlappungsnietung.)

Indem wir vorstehende Vorschläge Ew. Excellenz zur hochgeneigten Prüfung empfehlen und nicht zweifeln, dafs dieselben Annahme finden werden, erlauben wir uns noch die Bitte auszusprechen, die abgeänderten Bestimmungen nicht vor dem 1. Januar 1898 in Kraft treten zu lassen.

Gleichfalls bitten wir, die Vorschriften des Erlasses vom 25. März a. c., bis nach nochmaliger Prüfung auf Grund unserer Vorschläge, nicht zu handhaben.

Anschliefsend hierzu bitten wir, den § 46 der Anweisung, betreffend die Genehmigung und Untersuchung der Dampfkessel vom 15. März 1897, dahin abzuändern, dafs die Anweisung nicht vor dem 1. Januar 1898 in Kraft tritt. Unsere Bitte dürfte damit ausreichend begründet sein, dafs eine Dringlichkeit für eine so aufsergewöhnlich beschleunigte Einführung in keiner Weise vorliegt, dafs hingegen infolge der kurz bemessenen — nur 14tägigen Einführungsfrist — den Betheiligten schon jetzt zahlreiche zeitraubende und schädigende Weiterungen erwachsen sind und ferner erwachsen werden. Die Bestimmungen der vorerwähnten Anweisung, wonach Schiffskessel und Kessel für landwirthschaftliche Betriebe schon den Dampfkesselüberwachungsvereinen überwiesen sind, könnten von der Hinausschiebung des Termins unberührt bleiben.

Wir sind überzeugt, dafs auf Grund dieser Darlegungen, welchen sich zahlreiche Körperschaften angeschlossen haben, schleunigst Abhülfe eintreten wird.

* B 2900 — I 2087 vom 25. März 1897.

Die Angerthalbahn.*

Dem Preufs. Abgeordnetenhause ist der „Entwurf eines Gesetzes betreffend die Erweiterung des Staatseisenbahnnetzes und die Betheiligung des Staates an dem Bau von Kleinbahnen u. s. w." zugegangen, in welchem der Bau der für die Landwirthschaft des Angerthals wie für die niederrheinisch-westfälische Hochofenindustrie gleich wichtigen Angerthalbahn (Wülfrath — Ratingen [West]) also begründet wird:

Die geplante Linie von Wülfrath an der auf Grund der Gesetze vom 21. Mai 1883 (Gesetzsamml. S. 85) und vom 19. April 1886 (Gesetzsamml. S. 125) erbauten Nebenbahn Aprath—Velbert nach Ratingen (West) an der Hauptbahn Düsseldorf—Speldorf bezweckt den Aufschlufs des noch sehr entwicklungsfähigen oberen Angerthales nebst Umgegend. Sie liegt mit ihrer ganzen Ausdehnung von 17,3 km im Regierungsbezirk Düsseldorf der Rheinprovinz und durchschneidet den Kreis Mettmann (255 qkm, 81 000 Einwohner) mit 7,3 km und den Landkreis Düsseldorf (362 qkm, 75000 Einwohner) mit 10,0 km.

Das Verkehrsgebiet umfafst gegen 150 qkm mit 20000 Einwohnern, welche ihren Erwerb hauptsächlich in Landwirthschaft und Viehzucht, im Steinbruch- und Bergwerksbetriebe sowie in der Industrie suchen.

Die Ackerflächen, die zur Steigerung der Ertragsfähigkeit reichlicher Zuführung künstlicher Düngemittel bedürfen, nehmen den gröfsten Theil des Landstrichs ein. Sie sind, wie auch die Wiesen, von guter Beschaffenheit und dienen zum Anbau von Weizen, Roggen, Hafer, Gerste, Buchweizen, Raps, Erbsen, Kartoffeln und Futterkräutern. Von der Ernte gelangen Weizen, Roggen, Hafer, Gerste, Heu, Stroh und, aus einzelnen Theilen des Gebietes, Kartoffeln zum Versand. Ferner werden Milch, Butter und Gartenfrüchte nach den nahe gelegenen grofsen Industriestädten, u. a. Elberfeld und Düsseldorf, verkauft. Wegen des Vorkommens von gutem Lehm eignet sich der Boden an vielen Stellen zur Anlage von Ziegeleien.

In dem Verkehrsgebiete liegen ferner mehrere auf Blei-, Zink-, Eisen- und Kupfererze beliehene Grubenfelder. Bleierzgruben befinden sich theils bereits im Betriebe, theils in der Vorbereitung zum Abbau. Von hervorragender Bedeutung sind die Kalksteinlager, namentlich bei Hofermühle. Bei dem Mangel an guten Absatzwegen ist jedoch, abgesehen von den an den beiden Endpunkten der Bahn belegenen Brüchen, ihre Ausbeutung, sowie auch eine Nutzbarmachung der vorhandenen Formsandgruben zur Zeit nicht angängig.

Die gewerbliche Thätigkeit (Fabrik- und Hausindustrie) erstreckt sich hauptsächlich auf die Herstellung von Eisen-, Metall- und Textilwaaren, Leder, Lederschäften, Papier, Spiegelglas, Cartonnagen, Branntwein, Ziegelsteinen, Kalk- und Mühlenfabricaten.

Von geschlossenen Ortschaften sind zu nennen: Wülfrath, Stadt mit 8900 Einwohnern (einschl. der Honschaften Wülfrath und Flandersbach), Heiligenhaus mit 5300 Einwohnern (einschl. der Honschaften Hetterscheid, Krehwinkel und Isenbügel), Homberg mit 500 und Ratingen, Stadt mit 7900 Einwohnern.

An gewerblichen Anlagen sind vorhanden im Kreise Mettmann: eine Eisengiefserei, mehrere Schlofsfabriken, eine Riegelfabrik, eine Fabrik für Fenster- und Thürbeschläge mit Dampf- und Wasserbetrieb, eine Gelbgiefserei, eine Cartonnagenfabrik, eine mechanische Weberei mit Dampfbetrieb, drei Lederschäftefabriken, darunter eine mit Dampfbetrieb, eine Gerberei, Ziegeleien mit Dampfbetrieb, Kalksteinbrüche und Kalkbrennereien (Ring- und Trichteröfen), Branntweinbrennereien, zum Theil mit Dampfbetrieb, Mahlmühlen mit Wasser- und Dampfbetrieb, drei Bleierzgruben, Kalksteinlager; im Landkreise Düsseldorf: Eisengiefserei und Maschinenfabrik, Holzwaarenfabrik, eine Spiegelglasfabrik, Papierfabriken mit Dampfbetrieb, eine Baumwollspinnerei und Weberei, zwei Wattefabriken, Oel- und Mahlmühlen mit Wasser- und Dampfbetrieb, Ziegeleien, eine Bleierzgrube, Kalkstein- und Formsandlager.

Das Gebiet ist in seinen Verkehrsbeziehungen auf die Stationen Wülfrath, Mettmann, Ratingen, Hösel und Velbert angewiesen. Die dahin führenden Landwege sind vielfach wegen der ungünstigen Beschaffenheit, der weiten Entfernungen und der dadurch bedingten hohen Beförderungskosten zur Vermittlung eines gröfseren Frachtverkehrs, namentlich von Kalksteinen, gebranntem Kalk, Formsand, Kohlen und Erzen, nicht geeignet. Auch ist infolgedessen der Absatz an landwirthschaftlichen Erzeugnissen erschwert.

Die neue Bahn, deren Herstellung schon seit langer Zeit erstrebt wird, läfst für den zu erschliefsenden Landstrich grofse Vortheile erhoffen. Sie stellt eine bessere Verbindung desselben mit dem Niederrheine her, wodurch der Absatz an landwirthschaftlichen Erzeugnissen lohnender und der Bezug künstlicher Dünge- und Kraftfuttermittel billiger wird. Die Bahn wird ferner die Ausdehnung der im Angerthale und Umgebung bestehenden Industrie ermöglichen und zur Förderung des Erzbergbaues und des Sandgrubenbetriebes beitragen. Von besonderer Wichtigkeit ist sie aber für die Erschliefsung der Kalksteinlager in dem genannten Thale und infolgedessen für den Hochofenbetrieb im westlichen Theil

* Vergl. „Stahl und Eisen" 1890, S. 723.

des rheinisch-westfälischen Industriebezirks. Die Hüttenwerke daselbst können nach Inbetriebnahme der Bahn ihren Bedarf an Kalksteinen zu erheblich niedrigeren Frachtsätzen beziehen, als von den gegenwärtigen Bezugsstellen.

Der Güterverkehr der neuen Bahn wird voraussichtlich hauptsächlich im Versand von Getreide, Kartoffeln, Heu, Stroh, Mühlenfabricaten, Eisen- und Textilwaaren, Papier, Bleierzen, Poohsand, Kalksteinen, gebranntem Kalk, Ziegelsteinen, Formsand, und im Empfang von künstlichen Düngemitteln, Kraftfutterstoffen, Getreide und Oelsamen (für die Mühlen), Eisen, Stahl, landwirthschaftlichen Maschinen, Holz, Baumaterialien, Steinkohlen u. s. w. bestehen.

Das Baukapital ist, ausschliefslich der auf 835000 *M* geschätzten, von den Interessenten zu tragenden Grunderwerbskosten, auf 2070000 *M* = rund 119700 *M* für das Kilometer veranschlagt.

Bericht über in- und ausländische Patente.

Patentanmeldungen,

welche von dem angegebenen Tage an während zweier Monate zur Einsichtnahme für Jedermann im Kaiserlichen Patentamt in Berlin ausliegen.

26. April 1897. Kl. 10, N 3962. Liegender Koksofen. J. W. Neinhaus, Eschweiler.

Kl. 48, H 17284. Verfahren, Silberbeläge mit Metallen galvanisch zu überziehen. Dr. Ludwig Höpfner, Berlin.

Kl. 49, J 4146. Vorrichtung zum Verbinden von Rohren mit ihren Verbindungsstücken. John George Jnshaw, Birmingham.

29. April 1897. Kl. 49, B 19692. Verfahren zur Herstellung längsgeschweifster konischer bezw. beliebig geformter langer Rohre und Hohlkörper. Emil Bock, Duisburg.

Kl. 49, D 7328. Verladevorrichtung für heifse Luppen. Aug. Delattre & Co. und Jean Hartmann, Ferrière la Grande.

Kl. 49, E 5091. Drehbare, ein- oder mehrtheilige Löthpfanne. Elkington & Co. Ltd. und H. Th. Fellows, Acock's-Green.

Kl. 78, W 11346. Verfahren zur Herstellung von Zündschnüren; 5. Zus. z. Pat. 88117. Firma Westfälisch-Anhaltische Sprengstoff-Actiengesellschaft, Wittenberg.

3. Mai 1897. Kl. 5, P 8585. Verschlufs für Behrlöcher, durch welche Cementbrei oder dergl. behufs Schliefsung der Klüfte in das Gebirge gepreſst wird. Friedrich Pelzer, Dortmund.

Kl. 7, M 13678. Platinen- und Blechofen. Anastasius Maeusel, Dillingen a. d. Saar.

Kl. 10, H 20403. Koksofen. Dr. Theodor Bauer, Berlin.

Kl. 24, B 19963. Feuerung mit, als Entgasungskammer ausgebildetem Beschickungskanal. Pierre Boimare, Paris.

Kl. 35, B 18250. Fangvorrichtung für Förderschalen. Raimund Balázsy, Kremnitz, Ungarn.

Kl. 49, E 5187. Prefstisch für hydraulische Pressen. Eichhoff, Schalke i. W.

6. Mai 1897. Kl. 1, E 5261. Kohlen-Auslese- und Verlade-Vorrichtung. C. Ernenputsch, Dortmund.

Kl. 5, L 9818. Bohrapparat mit endloser Kette zum Heben des losgebohrten Gebirges. Farquhar Matheson Mc Larty, Penang Straits Settlements.

Kl. 14, K 14739. Nicht umsteuerbare Walzwerks-Verbundmaschine; Zus. z. Pat. 91422. C. Kiesselbach, Rath b. Düsseldorf.

Kl. 24, K 14659. Rost. Johann Kögler und Franz Schröter, Schönfeld a. d. Böhm. Nordbahn, Böhmen.

Kl. 24, P 8610. Stehender Dampfkessel mit Wasserröhrenrost. Edward Benjamin Parkhurst, Woburn, Grfsch. Middl., Mass., V. St. A.

Kl. 24, Sch 12010. Retortenofen. Richard Schneider, Dresden-A.

Kl. 40, M 12379. Verbesserung an Apparaten zur Behandlung von Nickelerzen und anderen nickelhaltigen Materialien mittels Kohlenoxyd. Ludwig Mond, London.

Kl. 40, R 9981. Verfahren zur Darstellung von Chrom und Mangan im elektrischen Schmelzofen. Dr. Walther Rathenau, Bitterfeld.

St. 81, D 7679. Transportvorrichtung mit endloser Kette und mit dieser fest verbundenen Bechern. James Mapes Dodge, Philadelphia.

Gebrauchsmuster-Eintragungen.

26. April 1897. Kl. 19, Nr. 73395. Einseitige Kremplasche für Schienen aller Art, deren den Schienenfufs unterfassender Theil bis über die Mitte des Schienensteges hinausgeführt ist. Hugo Culin, Hamburg.

Kl. 20, Nr. 73298. Bremsschuh mit je einer Kappe vor und hinter dem Bremskörper. Emil Opitz, Königszelt i. Schl.

3. Mai 1897. Kl. 24, Nr. 73736. Roststab mit schlangenförmigem Mittelstege und beiderseitig angeordneten Kämmen. Maschinenfabriken vorm. Gebr. Guttsmann und Breslauer Metallgiefserei, Actiengesellschaft, Breslau.

Kl. 31, Nr. 73596. Formkasten mit Anordnung der Dübel in einem durch Seiten- und Querleiste gebildeten Winkelstück und Führungsohr für den Dübel gegen Verbiegen. Heinr. Kämper, Velbert.

Kl. 31, Nr. 73605. Mit dem Holzmodell mittels Unterlegscheibe und Schraubenmutter zu verbindende, das Modell beim Losschlagen vor Beschädigung schützende Büchse. Wilhelm Thöing und August Henschel, Uerdingen a. Rh.

Kl. 80, Nr. 73512. Kalkbrennofen in Schachtform mit Säule in der Mitte. Ernst Hotop, Berlin.

Kl. 80, Nr. 73602. Ringofen mit durch Ventile abschliefsbaren Kanälen zum Ueberleiten der Heizgase in die nächsten Brennkammern. Fr. André, Hildesheim.

Deutsche Reichspatente.

Kl. 24, Nr. 90524, vom 20. Mai 1896. Josef Custon in Saarbrücken. *Winderhitzer.*

Der Winderhitzer ist in „Stahl und Eisen" 1897, S. 177 beschrieben.

Kl. 49, Nr. 91 019, vom 19. Juli 1896. Evairste Mennier in Raine St. Paul. *Walzwerk für Schmiede.*

Das Walzwerk besitzt eine angetriebene Unterwalze *a* und eine obere Schleppwalze *b* mit dem Zweck angepafsten Profilen. Der Bund der oberen

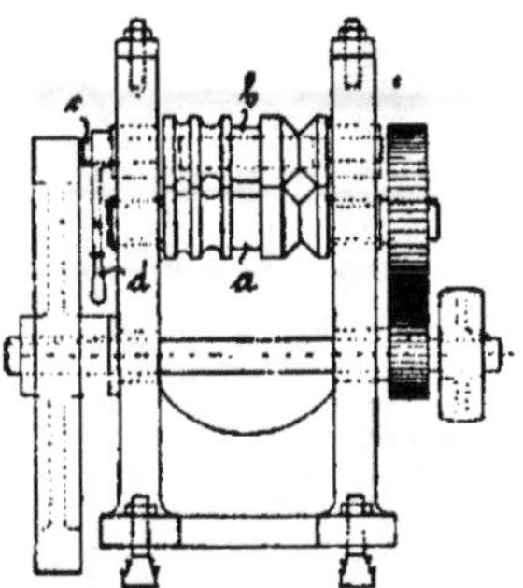

Schleppwalze *b* dreht sich lose auf ihrer Welle *c*, deren Endzapfen excentrisch zum mittleren Wellentheil liegen, so dafs durch Drehung der Welle *c* vermittelst des Hebels *d* die Oberwalze *b* der Unterwalze *a* genähert werden kann.

Nr. 49, Nr. 91 151, vom 7. December 1894. The Smith and Egge Manufacturing Co. in Bridgeport, Conn. (V. St. A.). *Maschine zur Herstellung U-förmiger Drahtkettenglieder mit zwei Augen.*

Die Skizze zeigt die einzelnen Biegungen, welchen das Drahtstück bis zum fertigen Gliede unterworfen wird. Dieselben werden vorgenommen, nachdem das Drahtstück durch die beiden Oesen des nächstvorhergehenden fertigen Gliedes gesteckt ist.

Kl. 40, Nr. 91 288, vom 11. Januar 1893. Robert M. Thompson in New York. *Verfahren zur Gewinnung von Nickelsulphid aus nickelhaltigen Rohsteinen oder Erzen.*

Um handelsreines Nickelsulphid zu erhalten, werden nickelhaltige Erze oder Rohsteine, welche die gewöhnlichen Verunreinigungen (Cu, Fe) enthalten, mit alkalischen Zuschlägen, insbesondere mit einem Alkalisulphid, oder mit Kohle und einem Alkalisulphat oder Bisulphat, ein oder mehrere Male geschmolzen, wobei die Metallsulphide nach dem specifischen Gewicht derart sich trennen, dafs die an Nickel reichen Sulphide in den Bodenschichten sich absetzen, während die an Nickel armen Kupfer- und Eisensulphide in den Deckschichten sich sammeln. Die Schichten werden im flüssigen oder erkalteten Zustande voneinander getrennt. Die Deckschichten können, so lange sie noch freie wirksame Alkalien enthalten, als Zuschläge in dem Procefs wieder Verwendung finden.

Kl. 49, Nr. 90 252, vom 31. August 1895. Jean Bêche jr. in Hückeswagen. *Luftfederhammer.*

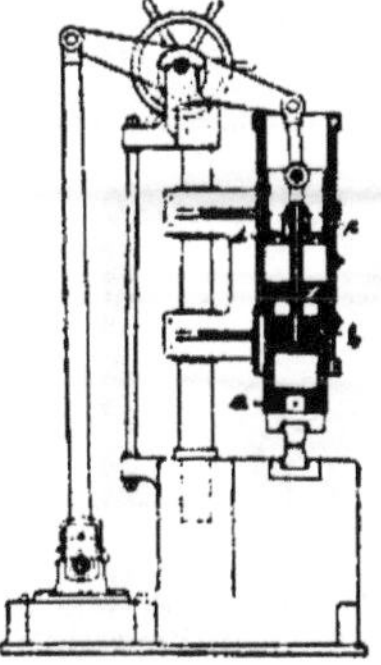

Der Bär *a* gleitet auf dem Kolben *b*, der mit dem auf und ab bewegten Führungskolben *c* starr verbunden ist. In letzterem ist ein nach oben sich öffnendes Ventil d vorgesehen, während der Raum unter *c* durch eine durch einen Hahn abschliefsbare Oeffnung (nicht gezeichnet) mit der Aufsenluft in Verbindung steht. Ist dieser Hahn geschlossen, so entweicht beim Aufgange des Bärs *a* die Luft unter dem Kolben *c* durch das Ventil *d*, wodurch beim Niedergang des Bärs *a* eine Luftverdünnung erzeugt wird, die den Bär *a* in einer schwingenden, aber schwebenden Stellung erhält. Ein Schlag findet hierbei nicht statt. Oeffnet man aber den Hahn, so übt der Bär den Schlag aus.

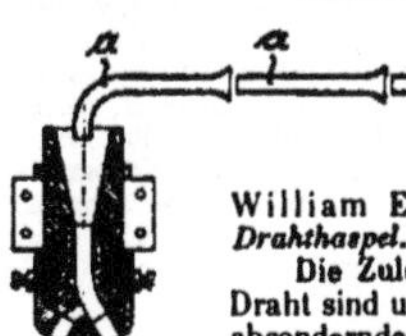

Kl. 7, Nr. 90 688, vom 22. März 1895. Zusatz zu Nr. 73 100 (vergl. „Stahl und Eisen" 1894, S. 275). William Edenborn in Chicago. *Drahthaspel.*

Die Zuleitungsröhren *a* für den Draht sind unterbrochen, um die sich absondernden Schlacken selbstthätig abzuführen.

Kl. 31, Nr. 90 716, vom 21. April 1896. Johann Benk in Augsburg. *Zahnräderformmaschine.*

Die Form *a* steht auf dem vermittelst des Schneckenrades *b* drehbaren Tisch *c*, während das

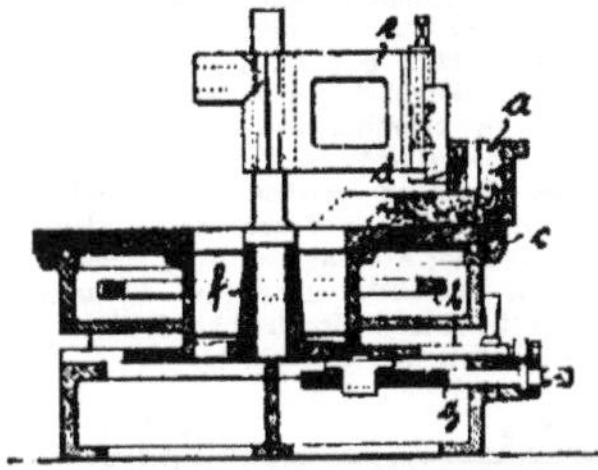

Zahnmodell *d* an dem Arm *e* sitzt, welcher in dem Schlitten *f* gelagert ist und vermittelst der Schraubenspindel *g* behufs Zurückziehung des Modells d aus der Form *a* radial verschoben werden kann.

Kl. 48, Nr. 91 147, vom 28. Juli 1896. Dr. Focke in Eidelstedt. *Verfahren zum Reinigen von Eisen- und Stahlgegenständen.*

Zum Reinigen wird eine 2 proc. Lösung Flufssäure benutzt. Nach der Beize ist ein Waschen mit heifsem und mit Kalkmilch versetztem Wasser nothwendig.

Britische Patente.

Nr. 3680, vom 18. Februar 1896. D. Vickers in Sheffield. *Cementiren von Panzerplatten.*

Um die Panzerplatte *a* während des ganzen Cementirprocesses in inniger Berührung mit der Kohle *b* zu halten, legt man um diese und zwischen

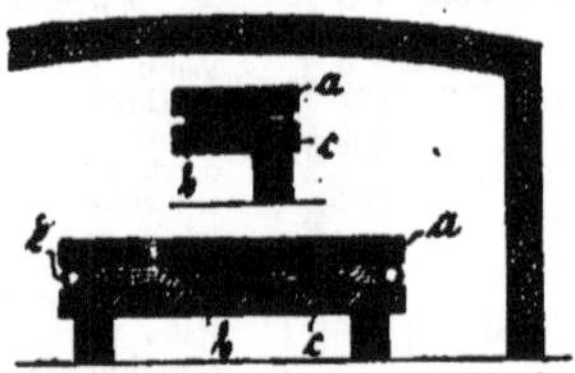

die Unterlage *e* und die Panzerplatte *d* eine Röhre *e* oder dergl., welche bei Rothgluth weich wird und infolgedessen durch das Gewicht der Panzerplatte *a* zusammengedrückt wird.

Nr. 203, vom 3. Jan. 1896. Emile Placet in Paris. *Herstellung von Chromstahl.*

Um bei der Legirung von Chrom mit dem Stahl letzterem keinen Kohlenstoff, sondern nur reines Chrom zuzuführen, wird letzteres auf Eisen- oder Stahlstäben elektrolytisch niedergeschlagen, wonach die Stäbe geschmolzen, gehämmert, gewalzt, gezogen, cementirt oder sonstwie be- und verarbeitet werden. Beim Glühen der Stäbe legirt sich das Chrom oberflächlich mit dem Eisen und bildet eine sehr harte Schicht, während der Kern der Stäbe weich bleibt, was besonders für Werkzeuge, Wellenzapfen u. s. w. wünschenswerth ist.

Nr. 3903, vom 22. Februar 1895. W. Beardmore in Farkhead und D. Stewart in London. *Plattenscheere.*

Die Scheere hat zwei Ständer, welche aus zwei starken Stahlplatten *a*, die in gufseiserne Füfse *b* eingesetzt sind und Querriegel *c* besitzen, bestehen. Beide Ständer sind durch Streben *d e* starr miteinander verbunden. Von diesen trägt d das untere Scheerenblatt *f*, während von der oberen Doppelstrebe *e* das obere Scheerenblatt *g* geführt wird. Letzteres ist durch kurze Gelenkstücke *h* mit zwei Hebeln *i* verbunden, die zwischen den Platten *a* auf einer in Buchsen *k* gelagerten Welle *l* sitzen. An die anderen Enden der Hebel *i* greifen hydraulische Tauchkolben *m* an, welche auf der oberen kleinen Ringfläche *n* stets unter Accumulatordruck stehen, während beim Schnitt das Druckwasser auf die untere volle Fläche wirkt. Die hydraulischen Kolben *o* dienen zum Niederhalten des Werkstücks.

Nr. 6159, vom 25. März 1895. Douglas Vickers in Sheffield. *Wärmofen für Blöcke u. dergl.*

Der Ofen hat einen ringförmigen, vermittelst des hydraulischen Cylinders *a* heb- und senkbaren und mit demselben drehbaren Herd *b*, über welchem ein feststehendes Gewölbe c, welches einen nicht ganz

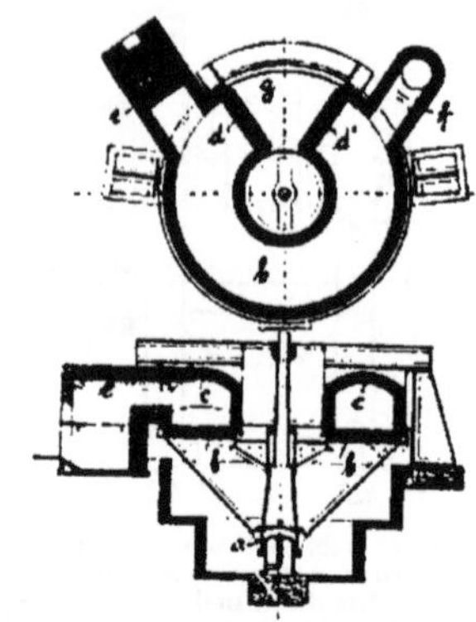

geschlossenen Ring bildet, angeordnet ist. Die Enden dieses Gewölbes sind durch Thüren *d d'* geschlossen. Vor der Thür d ist die Feuerung *e* und vor der Thür *d'* der Fuchs *f* angeordnet. Die Blöcke werden auf den freien Theil *g* des Herdes gelegt und dann bei geöffneter Thür *d* durch Drehen des Herdes *b* in den Ofen befördert. Ebenso werden die warmen Blöcke an der gegenüberliegenden Thür *d'* von dem Herd *b* fortgenommen.

Patente der Ver. Staaten Amerikas.

Nr. 561922. N. B. Taylor, J. C. Dias und J. Redfern in Wilmerding (Pa.). *Bienenkorb-Koksofen.*

Die Sohle *a* des Koksofens ruht vermittelst Schrauben mit Schneckenantrieb heb- und senkbar auf einem Wagen *c*, der nach Senkung der Sohle aus dem Ofen hinausgefahren werden kann. Letzteres erfolgt, wenn die Ofenfüllung gar ist und nachdem die Sohle *a* so weit heruntergeschraubt worden ist, dafs ihre obere Fläche tiefer als die Unterkante der

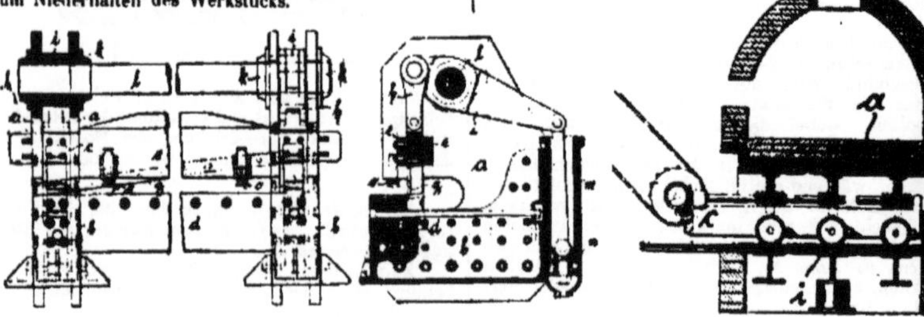

Oeffnung liegt. Beim Herausfahren der Sohle *a* wird die Füllung von den Ofenwandungen zurückgehalten, so dafs sie zwischen dem Geleise *i* durch auf die schiefe Ebene behufs Ablöschung fällt. Die Sohle *a* wird dann wieder in den Ofen gefahren und letzterer von neuem gefüllt.

Nr. 560934 und **560935.** J. Robertson in Manchester (England). *Hydraulische Schmiedepresse.*

Die Presse a (Fig. 2) hat zwei Plungerkolben, die durch einen doppelarmigen Hebel miteinander verbunden sind und von welchen einer den Prefsbär trägt. Die beiden zugehörigen Cylinder stehen durch getrennte Rohrleitungen mit zwei Pumpencylindern *b*, deren Plungerkolben von einer Kurbel angetrieben

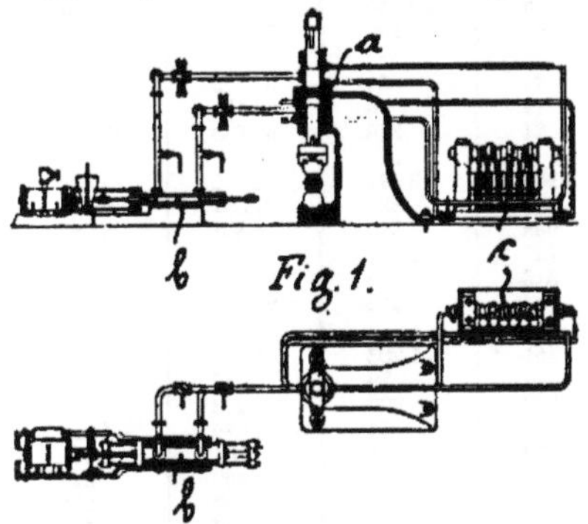

werden, derart in Verbindung, dafs beim Gang der Pumpe *b* die zwischen dieser und den beiden Cylindern der Presse *a* hin und her gehende Wassermenge den Auf- und Abgang des Prefsbärs bewirkt. Der Hub desselben kann dadurch geregelt werden, dafs die beiden Pumpencylinder durch ein einstellbares Drosselventil miteinander verbunden werden.

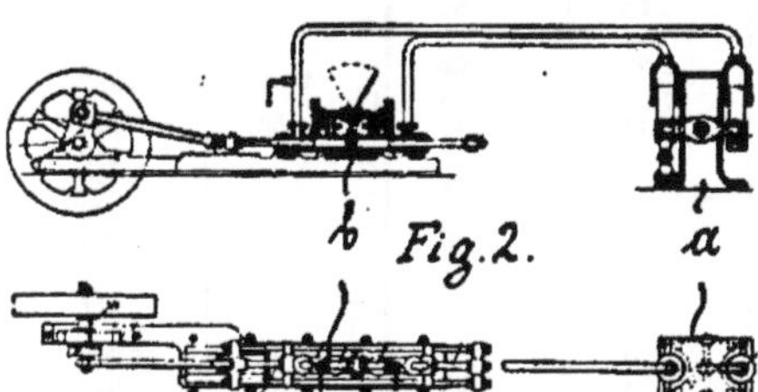

Nach Fig. 1 werden die Prefspumpen *b* durch eine Dampfmaschine direct angetrieben, während die den Auf- und Abgang des Prefsbärs bewirkenden Cylinder *a* nicht neben-, sondern übereinander angeordnet sind. Um hierbei den Hub des Prefsbärs regeln zu können, sind neben der Presse sechs kleine, durch eine gemeinschaftliche Excenterwelle angetriebene Prefspumpen c angeordnet, von welchen drei aus dem einen Prefscylinder saugen und in den andern Prefscylinder drücken, während die drei anderen Pumpen in umgekehrtem Sinne mit diesen Cylindern verbunden sind. Infolgedessen kann durch Ein- oder Ausschaltung dieser Pumpen ein allmählicher Nieder- oder Aufgang der Prefszone des Bärs bewirkt werden.

Nr. 567848. H. H. Campbell in Harrisburg (Pa.). *Einrichtung zum Beschicken von Herdöfen.*

Der Herdofen ruht auf Trägern *a*, die von Rollen *b* unterstützt werden. Das Kippen des Ofens erfolgt vermittelst des hydraulischen Motors *c*. Behufs Beschickung des Ofens ist hinter demselben ein dreh- und hebbarer Krahn d angeordnet, auf dessen Ausleger eine Katze *e* läuft. An diese wird das die Beschickung enthaltende Gefäfs *g* vermittelst Ketten *h* aufgehängt. Wird in der gezeichneten Lage von Ofen

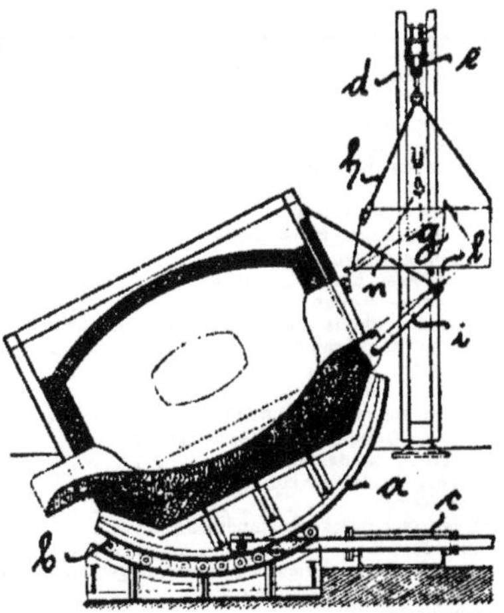

und Gefäfs *g* eine an ersterem drehbar befestigte, aber durch eine Kette n gehaltene Stütze *i* zwischen zwei Knaggen *l* des Gefäfses *g* gestellt und dann letzteres gesenkt, so kippt das Gefäfs *g* und entleert seinen Inhalt in den Herd. Die Fortnahme des Gefäfses *g* erfolgt durch einfaches Heben des Krahnes *d*.

Nr. 568511. G. Brooke in Birdsborough (Pa.). *Giefsen kleiner Blöcke.*

Um eine mit feuerfestem Futter versehene Giefsröhre *a* mit seitlichen Oeffnungen sind die muldenförmigen Giefsformen *b* in mehreren Gruppen derart aufeinander gelegt, dafs der Boden der einen Form der nächst unteren Form als Decke dient und dafs ihr offenes Kopfende mit den seitlichen Oeffnungen der Giefsröhre *a* in Verbindung steht. In letztere wird das Metall aus der Giefspfanne *c* eingelassen, so dafs es sämmtliche Formen *b* füllt. Ist dies geschehen, so wird die Giefspfanne *c* und die mit ihr durch Ketten verbundene Giefsröhre *a* gehoben, wobei die noch weichen Gufszapfen in den Oeffnungen der Giefsröhre *a* abgeschеert werden und sämmtliche Blöcke voneinander getrennt sind.

Statistisches.

Ein- und Ausfuhr des Deutschen Reiches.

	Einfuhr Erstes Vierteljahr		Ausfuhr Erstes Vierteljahr	
	1896	1897	1896	1897
Erze:	t	t	t	t
Eisenerze	426 857	483 547	587 976	795 942
Schlacken von Erzen, Schlackenwolle etc.	135 490	139 547	3 842	6 461
Thomasschlacken, gemahlen	12 967	13 583	15 377	24 427
Roheisen:				
Brucheisen und Eisenabfälle	2 722	3 859	15 869	7 610
Roheisen	32 895	39 345	43 018	21 454
Luppeneisen, Rohschienen, Blöcke	201	106	13 842	11 701
Fabricate:				
Eck- und Winkeleisen	24	64	41 355	30 522
Eisenbahnlaschen, Schwellen etc.	11	74	19 154	6 703
Eisenbahnschienen	24	348	30 668	17 013
Schmiedbares Eisen in Stäben etc., Radkranz-, Pflugschaareneisen	4 900	5 391	66 072	52 678
Platten und Bleche aus schmiedbarem Eisen, roh	481	488	37 581	26 843
Desgl. polirt, gefirnifst etc.	938	1 339	1 307	1 889
Weifsblech	1 137	2 187	48	39
Eisendraht, roh	1 816	1 226	29 804	25 203
Desgl. verkupfert, verzinnt etc.	141	138	22 989	23 720
Ganz grobe Eisenwaaren:				
Ganz grobe Eisengufswaaren	1 464	1 203	3 911	3 616
Ambosse, Brecheisen etc.	72	79	786	651
Anker, Ketten	522	397	263	111
Brücken und Brückenbestandtheile	55	21	1 026	1 063
Drahtseile	32	41	504	557
Eisen, zu grob. Maschinentheil. etc. roh vorgeschmied.	24	91	669	879
Eisenbahnachsen, Räder etc.	437	649	6 593	6 853
Kanonenrohre	2	—	57	144
Röhren, geschmiedete, gewalzte etc.	921	2 755	7 716	6 243
Grobe Eisenwaaren:				
Grobe Eisenwaaren, nicht abgeschliffen und abgeschliffen, Werkzeuge	2 487	3 371	82 385	81 460
Geschosse aus schmiedb. Eisen, nicht abgeschliffen	0	—	522	—
Drahtstifte	12	3	14 755	14 846
Geschosse ohne Bleimäntel, abgeschliffen etc.	—	—	. 44	88
Schrauben, Schraubbolzen etc.	64	86	766	422
Feine Eisenwaaren:				
Gufswaaren	75	84	} ?	} 4 330
Waaren aus schmiedbarem Eisen	?	363		
Nähmaschinen ohne Gestell etc.	14	228	466	941
Fahrräder und Fahrradtheile	?	87	?	119
Gewehre für Kriegszwecke	1	1	552	139
Jagd- und Luxusgewehre, Gewehrtheile	27	25	24	20
Nähnadeln, Nähmaschinennadeln	3	8	356	285
Schreibfedern aus Stahl etc.	30	37	9	9
Uhrfournituren	8	9	130	127
Maschinen:				
Locomotiven, Locomobilen	155	348	2 427	1 396
Dampfkessel	71	98	860	921
Maschinen, überwiegend aus Holz	236	318	285	267
„ „ „ Gufseisen	9 569	11 994	23 574	24 816
„ „ „ schmiedbarem Eisen	708	1 085	3 845	4 122
„ „ „ and. unedl. Metallen	85	99	244	273
Nähmaschinen mit Gestell, überwieg. aus Gufseisen	411	663	1 790	1 543
Desgl. überwiegend aus schmiedbarem Eisen	8	10	—	—
Andere Fabricate:				
Kratzen und Kratzenbeschläge	64	67	55	48
Eisenbahnfahrzeuge } Stück	76	41	2 049	1 645
Andere Wagen und Schlitten	39	38	61	30
Dampf-Seeschiffe	—	—	—	—
Segel-Seeschiffe	—	—	—	1
Schiffe für Binnenschiffahrt	—	—	—	1
Zus., ohne Erze, doch einschl. Instrum. u. Apparate t	63 841	78 995	436 573	338 169

(Vergleiche nebenstehende Seite.)

Deutschlands Aufsenhandel im I. Vierteljahr.

Bis zum Schlufs des Jahres 1896 umfafste der in den monatlichen Uebersichten nachgewiesene Specialhandel: beim Eingang die Einfuhr in den freien Verkehr des Zollgebiets nach erfolgter Verzollung oder zollfreier Ablassung und zwar sowohl unmittelbar als auch von Zoll-Niederlagen und -Conten; beim Ausgang die Ausfuhr aus dem freien Verkehr des deutschen Zollgebiets, einschliefslich der unter Steuercontrole ausgehenden, einer Verbrauchssteuer unterliegenden inländischen Waaren.

Seit Beginn des laufenden Jahres wird aufserdem beim Eingang die gesammte Einfuhr zur Veredelung auf inländische Rechnung unter Zollcontrole, und zwar sowohl unmittelbar als auch von Zoll-Niederlagen und -Conten, und beim Ausgang auch die Ausfuhr nach der Veredelung auf inländische Rechnung unter Zollcontrole in den Specialhandel mit einbezogen. Dadurch ist die Vergleichbarkeit der diesjährigen Nachweise des Specialhandels mit den vorjährigen bei verschiedenen Waarengruppen arg gestört, und sie kann erst dadurch wieder hergestellt werden, dafs man von den diesjährigen unter dem erweiterten Begriff des Specialhandels ein- und ausgeführten Waarenmengen die im Veredelungsverkehr ausgetauschten Mengen abzieht.

Das ist in unserer Tabelle geschehen. Und so ist es zu erklären, dafs unsere Zahlen, in der Einfuhr namentlich bei Brucheisen, Roheisen, Eck- und Winkeleisen, schmiedbarem Eisen in Stäben, rohen Platten und Blechen aus schmiedbarem Eisen, Weifsblech, und bei der Ausfuhr namentlich bei Eisenbahnschienen, groben Eisengufswaaren, Locomotiven und Locomobilen, Kratzen und Kratzenbeschlägen wesentlich abweichen von den Zahlen, welche fast allen vergleichenden Zusammenstellungen des Handels in den ersten drei Monaten in Zeitungen und Fachblättern zu Grunde gelegt sind.

Wie beträchtlich die Verschiebung in der Bedeutung der Zahlen ist, zeigt nachstehende Uebersicht über Ein- und Ausfuhr einiger Posten und der Gruppe Eisen und Eisenwaaren überhaupt in den ersten drei Monaten dieses Jahres.

Man kann also nicht sagen, wie es vielfach geschehen ist, dafs die Einfuhr von Eisen und Eisenwaaren im ersten Quartal des laufenden Jahres gegen das entsprechende 1896, wo 51 880 t eingeführt wurden, um 87 937 t weniger 51 880 t, also um 36 057 t gröfser gewesen ist. Sie ist nur um 64 076 t weniger 51 880 t, also um 12 196 t gröfser gewesen. Und speciell zeigt die Einfuhr von Roheisen gegen das Vorjahr, wo 32 895 t eingeführt wurden, nicht eine Zunahme von 54 106 t weniger 32 895 t, also um 21 211 t, sondern nur um die Differenz zwischen 39 345 t und 32 895 t, also um 6450 t.

Es ist daher nicht richtig, wenn man von einer ungewöhnlich grofsen beunruhigenden Zunahme der Einfuhr spricht. Und die Befürchtungen, welche eine Uebererzeugung vorraussehen, sind, insoweit sie sich auf die scheinbar etwa 70 % betragende Mehreinfuhr stützen, nicht berechtigt. Deswegen behält die Steigerung der inländischen Erzeugung ihre volle wohl zu beachtende Bedeutung.

Einfuhr.

	Nach dem alten Umfang des Begriffs „Specialhandel" t	Nach dem neuen Umfang des Begriffs „Specialhandel" t
Brucheisen und Abfälle .	3 859	8 815
Roheisen	39 345	54 106
Eck- und Winkeleisen .	67	300
Schmiedbares Eisen in Stäben, Radkranz- u.s.w. Eisen	5 391	6 471
Rohe Platten und Bleche aus schmiedb. Eisen . .	488	976
Weifsblech	2 187	4 219
Eisen und Eisenwaaren überhaupt	64 076	87 937
Instrumente, Maschinen und Fahrzeuge	14 919	15 040
Ausfuhr.		
Eisenbahnschienen . . .	17 013	22 791
Ganz grobe Eisengufswaaren	3 616	5 255
Eisen und Eisenwaaren überhaupt	298 303	310 207
Locomotiven, Locomobilen	1 396	2 374
Instrumente, Maschinen und Fahrzeuge	39 866	41 322

M. Busemann.

Referate und kleinere Mittheilungen.

Neuester Record amerikanischer Drahtwalzwerke.

Nach Angabe von Fachblättern soll auf dem Drahtwalzwerk der Illinois Steel Co. in Joliet neuerdings eine Wochen-Erzeugung von 3273 tons 405 Pfund Walzdraht Nr. 5 erzielt worden sein. Es ergiebt dies nach derselben Quelle einen Durchschnitt von 297½ Grofstons für die Schicht, allerdings liegt in der gleichzeitig angeführten Angabe, dafs die gröfste Leistung einer Schicht 200 tons 2150 Pfund gewesen sei, ein Widerspruch gegenüber der Durchschnittsleistung. Die in letzter Ausgabe enthaltene Abhandlung über die Carnegieschen Hochöfen enthebt uns die Bemerkung zuzufügen, dafs alle amerikanischen Recorde mit Vorsicht aufzunehmen sind.

Das Walzwerk besteht aus einer sogenannten „twin mill", bei welcher die Vorstrafse continuirlich ist und die Knüppel in zwei gewöhnlichen „Garrett"-Strafsen fertig gewalzt werden. Die ganze Erzeugung ist in zwei continuirlichen Oefen erwärmt worden, wobei die verwendeten vorgeblockten Stücke zumeist noch warm von der Blockstrafse kamen.

Der Stapellauf des Norddeutschen Lloyd-Dampfers „Kaiser Wilhelm der Grofse".

In Anwesenheit Sr. Majestät des Kaisers lief am 4. Mai d. J. in Stettin der Dampfer „Kaiser Wilhelm der Grofse" vom Stapel, der nicht nur in der Flotte des „Norddeutschen Lloyd", sondern in der ganzen Handelsmarine der Welt als gröfstes Schiff den Ocean durchfahren wird. Wir werden in einer der nächsten Nummern unserer Zeitschrift ausführlich auf den Dampfer und seinen Stapellauf zurückkommen, der für die deutsche Schiffbaukunst sowohl als für die deutsche Rhederei ein Ereignifs von weitesttragender Bedeutung genannt zu werden verdient, um das wir von anderen Nationen mit Recht beneidet werden. *Die Red.*

Bücherschau.

Handbuch der Ingenieurwissenschaften. V. Band: *Der Eisenbahnbau.* Erste Abtheilung, bearbeitet von Alfred Birk und Franz Kreuter. Leipzig bei W. Engelmann. Preis 6 *M*, geb. 8,50 *M*.

Es ist mit dieser 204 Seiten in gr. 8° starken, und mit 125 Abbildungen versehenen Lieferung ein weiterer Theil des grofsartig angelegten Werks erschienen, dessen Herausgabe in den sachkundigen Händen von Professor Loewe-München und Geh. Oberbaurath Zimmermann-Berlin liegt. Diese erste Abtheilung beschäftigt sich im ersten Capitel mit allgemeinen Begriffen und geschichtlicher Einführung; es wird der Begriff der Eisenbahn, ihre Ueberlegenheit zum Land- und Wasserverkehr, die Wirkungen des Massenverkehrs, sowie die Geschichte, Entwicklung und Eintheilung der Eisenbahnen besprochen. Das II. Capitel behandelt Bahn und Fahrzug im allgemeinen, Locomotiven, Personen-, Post- und Gepäckwagen, die Bewegung der Eisenbahnfahrzeuge, sowie die Anordnung und Gestaltung der Bahn in Krümmungen und Geraden, die Widerstände von Eisenbahnfahrzeugen und die mafsgebenden Gesichtspunkte für die Wahl der Neigungen und Krümmungen.

Die Verfasser haben es verstanden, eine aufserordentlich grofse Menge werthvollen Materials in knapper Form zusammenzutragen; so gewähren z. B. die auf S. 98 u. s. f. tabellarisch zusammengestellten Grundformen von 55 Güterwagen der verschiedensten europäischen und amerikanischen Eisenbahnen höchst lehrreiche Uebersicht über Leer- und Ladungsgewicht, Achsen und Achsstand u. s. w. Wegen der Eigenartigkeit, mit welcher die Eisenbahnen sich überall entwickelt haben, sind die gebotenen vergleichenden Angaben um so werth- und man könnte sagen reizvoller, weil sie den Techniker unwillkürlich drängen, den Ursachen des Entwicklungsgangs nachzuforschen und die besten Formen festzustellen. *Schr.*

Die Eisen- und Stahlwerke, Maschinenfabriken und Giefsereien des niederrheinisch-westfälischen Industriebezirks. Zusammengestellt von Heinrich Lemberg. Dortmund, Verlag von C. L. Krüger. Preis 3 *M*, 154 Seiten.

Bei dem Vorhandensein des trefflichen Reichs-Adrefsbuchs von Dr. Rentzsch (Spamer) und der rhein.-westf.-thüring. Bezugsquellen (O. Hammerschmidt-Hagen) können wir ein eigentliches Bedürfnifs für das vorliegende Buch nicht anerkennen; es wird jedoch auch dieses Adrefsbuch, welches nach Orten geordnet ist, in manchen Kreisen willkommen sein. *S.*

Die Elektrotechnik aus der Praxis für die Praxis. Von Franz Liebetanz. II. verbesserte Auflage. Düsseldorf bei J. P. Gerlach & Co. Preis 3 *M*, geb. 4 *M*.

Die Schnelligkeit, mit welcher die II. Auflage der I. gefolgt ist, beweist, dafs das durchaus gemeinfafslich geschriebene Buch einem Bedürfnifs entgegengekommen ist. Trotz des gewaltig gestiegenen Umfangs der Elektrotechnik begreift das Buch alle Gebiete in sich ein, und soweit wir aus der Lectüre einzelner Capitel, z. B. desjenigen über elektrische Bahnen, ersehen haben, berücksichtigt Verfasser nicht nur die neuesten Erfahrungen, sondern hält auch mit seiner freimüthigen Kritik nicht zurück.

Wir wiederholen, dafs das Buch durchaus gemeinverständlich geschrieben ist und keinerlei Fachkenntnisse voraussetzt. *Schr.*

Piesberger Anthracit.

Ueber das Vorkommen, die Eigenschaften und die Gewinnung desselben hat der Georgs-Marien-Bergwerke- und Hüttenverein soeben in zweiter Auflage ein mit hübschen Bildern ausgestattetes, handliches Büchlein herausgegeben. Der Piesberger Anthracit ist eine der ältesten und besten Hausbrandkohlen, und die Veröffentlichung soll dem Zweck dienen, die Aufmerksamkeit weiterer Kreise auf dieses vorzügliche Brennmaterial zu lenken. Auf Wunsch wird die kleine Broschüre von der Verwaltung der Zeche Piesberg (bei Osnabrück) kostenlos übersandt.

Industrielle Rundschau.

Breslauer Act.-Ges. für Eisenbahn-Wagenbau.

Von dem sich für die Gesellschaft 1896 ergebenden Bruttogewinn in Höhe von 743857,96 *M* wird vorgeschlagen, 50000 *M* dem Arbeiter-Unterstützungsfonds, 62063,79 *M* dem Special-Reservefonds zuzuführen und folgende Beträge zu Abschreibungen zu verwenden: auf Gebäude- und Immobilien-Conto I 62692,12 *M*, auf Gebäude- und Immobilien-Conto II 55000 *M*, zusammen 117692,12 *M*. Sodann würden als Reingewinn übrig bleiben 514102,05 *M* und entfallen hiervon 51355,63 *M* auf Tantièmen. Zur Zahlung einer Dividende von 14 % würden 462000 *M* zu verwenden sein und verbliebe für das Geschäftsjahr 1897 ein Vortrag von 746,42 *M*.

Donnersmarckhütte, Oberschlesische Eisen- und Kohlenwerke, Actiengesellschaft.

Dem Bericht für 1896 entnehmen wir:

„Die Erwartungen, denen wir in unserem letzten Geschäftsbericht Ausdruck gaben, haben sich erfüllt. Der Gewinn des Jahres 1896 nach Deckung der Obligationszinsen von 1866129 *M* ist der höchste, welchen unsere Gesellschaft je erzielt hat, und gestattet uns bei wesentlich höheren Abschreibungen als im Vorjahre, die Vertheilung einer Dividende von 9 % in Vorschlag zu bringen. Auch für das laufende Jahr können wir unseren Actionären recht günstige Resultate in Aussicht stellen. Namentlich erwarten wir infolge wesentlich höherer Roheisenpreise eine Steigerung der Erträgnisse unserer Hochofenanlage, deren sämmtliche drei Hochöfen seit Beginn des Jahres im flottesten Betrieb sich befinden. Am 1. April a. c. sind die ermäfsigten Rohstofftarife für Kohlen in Kraft getreten, von welchen wir eine Steigerung unseres Absatzes nach Mittel-Deutschland und dem Königreich Sachsen erwarten. Wir hoffen, dafs auch die von der Staatseisenbahn-Verwaltung in Aussicht genommene Ermäfsigung der Erzfrachten, welche Frage den Landeseisenbahnrath bereits beschäftigte, noch in diesem Jahre uns zu gute kommt." Der Saldo aus dem Vorjahre beträgt 516,61 *M*, Gewinn pro 1896 1866129,24 *M*. Hiervon ab: Abschreibung auf Immobilien und Inventarien 843862 *M*, bleibt Gewinn pro 1896 1022267,24 *M*, zusammen 1022783,85 *M*. Die Vertheilung des Gewinnes von 1022783,85 *M* soll wie folgt stattfinden: a) für Reservefonds I 5 % von 1022267,24 *M* = 51113,36 *M*, b) für die Mitglieder des Aufsichtsrathes und der Direction 5 % von 1012267,24 *M* = 50613,36 *M*, c) 9 % Dividende auf 10092600 *M* = 908334 *M*, d) zur Disposition der Generalversammlung, für die Arbeiter-Unterstützungskasse 10000 *M*, zusammen 1020060,72 *M*, bleibt Uebertrag für 1897 2723,13 *M*.

Oberschlesische Eisenbahn-Bedarfs-Act.-Ges.

Aus dem neuesten Bericht theilen wir Folgendes mit:

„In dem Jahre 1896 haben sich die Conjuncturverhältnisse für fast sämmtliche unserer Erzeugnisse in erfreulicher Weise entwickelt, so dafs, nachdem die Fabricationschwierigkeiten, mit welchen wir im Jahre 1895 zu kämpfen hatten, behoben worden sind, wir, wie in unserem vorjährigen Geschäftsberichte von uns auch prognosticirt, mit einem nicht unbefriedigenden Resultat vor unsere Actionäre treten können. Für die Darstellung von Roheisen ist in dem Berichtsjahre eine Ermäfsigung der Selbstkosten zu verzeichnen gewesen, sich ergebend aus der Inbetriebsetzung der schon im Vorjahre erwähnten Seilbahn, welche einen Theil der zur Verkokung bestimmten Kohle von der Brandenburggrube unserer Koksanlage zuführt. Werbend für 1897 wird der Bau zweier neuer Koksofengruppen werden, da nach deren im December des Berichtsjahres erfolgten Fertigstellung die von Dritten immer noch käuflich aufzunehmenden Koksmengen verhältnifsmäfsig vermindert und die Nebenproductionsgewinnungs-Anlagen entsprechend erweitert werden konnten. Das Stabeisengeschäft wies bei Beginn des Berichtsjahres einen vorzüglichen, gegen den gleichen Zeitraum der Vorjahre wesentlich erhöhten Beschäftigungsgrad auf, welcher in gleichem Umfange auch während des ganzen Berichtsjahres nur mit der naturgemäfsen Abschwächung, wie solche bei Einbruch des Winters mit Rücksicht auch auf die bevorstehenden Jahresinventuren sich immer bemerkbar macht, angedauert hat. Wenn dabei die zeitweise überaus rege Nachfrage keinerlei irgendwelche Preisausschreitungen zur Folge gehabt hat, so darf dieses Verdienst dem Verbande beigemessen werden, unter dessen Herrschaft sich die Preise in stetiger Entwicklung eben nur so weit erhöht haben, als dies mit Rücksicht auf die sich fortwährend vertheuernden Rohmaterialien nothwendig war. Die Preisstellung entwickelte sich danach folgendermafsen: Im ersten Quartal galt ein Franco-Grundpreis von 12¾ bis 13¼ *M*, derselbe konnte im zweiten Quartal auf 13¼ bis 13½ *M* und im August auf 13¾ bis 14 *M* erhöht werden und schlofs im vierten Quartal mit 14½ *M* pro 100 kg. Den gleich günstigen Verlauf wie das Inlandsgeschäft hat auch der Absatz nach dem Ausland genommen. Das Geschäft in Eisenbahnmaterial ist überaus rege gewesen. Die Bestellungen, welche insbesondere in den Jahren 1893 und 1894 so erheblich eingeschränkt waren, sind den Werken wieder in reichlichem Mafse zugeflossen. Im engsten Zusammenhange damit steht auch die wesentlich höhere Production des in Friedenshütte belegenen Stahlwerks. Nicht ohne Interesse dürfte als Beweis für die stetige Entwicklung speciell dieser Abtheilung die Thatsache sein, dafs das Stahlwerk, welches seit 1885 im ordnungsmäfsigen Betriebe, an der Hand der vielfach vorgenommenen Verbesserungen, seine Production um ungefähr das Achtfache, und zwar von 18660 t Blöcke in 1885, ganz successive auf 140272 t in 1896 steigern konnte. Das Geschäft in Blech gestaltete sich bei günstigen Absatzverhältnissen, insbesondere nach dem Auslande, quantitativ und preislich recht befriedigend. Das Kohlengeschäft wies ein gegen die Vorjahre weniger günstiges Ergebnifs auf, weil nach Abbau des oberen mächtigeren Flötzes die Kohlengewinnung im Berichtsjahre fast ausschliefslich aus dem weniger mächtigeren Flötze erfolgen mufste. Aus dem Besitz an Actien des Milowicer Eisenwerks haben wir für 1896 seit längerer Zeit wieder eine Rente von 6 % zu verzeichnen. Diese erfreuliche Thatsache ist, wie wir bereits im Vorjahre an dieser Stelle andeuteten, dem Umstande zuzuschreiben, dafs das Werk auch für den flottesten Verbrauch mit entsprechend billigem Roheisen eigener Erzeugung versorgt werden konnte. Das Milowicer Eisenwerk hat ein Actienkapital von 650000 Rubel und hat für 1896 einen Bruttogewinn von 204281,63 Rubel zu verzeichnen. Die Rente hätte danach noch erheblich höher bemessen werden können, wenn die Verwaltung es nicht vorgezogen hätte, mit dem gröfseren Theile des Gewinnes die finanzielle Consolidirung des Werkes anzubahnen. Das Geschäftsjahr schliefst mit einem Bruttoüberschufs von 1677772,67 *M*, von welchem a) für Agio von 5 % für auf Grund erfolgter Ausloosung eingelöster 138 Stück Obligationsanleihe 3450 *M*, b) für die Beträge der Zinsscheine pro 1. Juli 1896 und 2. Januar 1897 43100 *M*, c) für Banquier- und Hypothekenzinsen 79741,52 *M* = 126291,52 *M* abgehen, so dafs in Summa 1551481,15 *M* bleiben. Mit Genehmigung des Aufsichtsraths sind, wie aus der Bilanz ersichtlich, aus dem Gewinn des Jahres 1896 Abschreibungen in Höhe von 825403,88 *M* vorgenommen. Dies vorausgeschickt, schlagen wir vor:

Von dem nach Berücksichtigung der Abschreibungen zuzüglich des Vortrages aus 1895 verbleibenden Gewinne von 742088,11 *M* würden danach zur Dotirung des Reservefonds von 726077,27 *M* 5 % = 36303,86 *M* und zur Zahlung von Tantième für den Aufsichtsrath und Vorstand der Gesellschaft 10 % von 726077,27 *M* = 72607,72 *M*, zusammen 108911,58 *M* abgehen. Von dem Betrage von 633176,53 *M* würde alsdann die Dividende in der vorgeschlagenen Höhe von 5 % mit 600000 *M* in Abzug zu bringen sein, so dafs auf neue Rechnung 33176,53 *M* vorzutragen wären."

Rheinisch-westfälisches Kohlensyndicat.

Ueber die am 29. April in Essen abgehaltene Versammlung der Zechenbesitzer des Rheinisch-westfälischen Kohlensyndicats meldet die „Rh.-W.-Z.": Nach dem Bericht über den Monat März betrug die rechnungsmäfsige Betheiligung 3800948 t, die Förderung 3570396 t, also Einschränkung 230552 t = 6,07 % (gegen 11,70 % im März 1896). Von der Betheiligung sind bereits 51774 t infolge freiwilliger Anmeldung abgesetzt, sonst wäre die Einschränkung 7,33 % gewesen. Die hohe Einschränkung erklärt sich daraus, dafs viele Zechen infolge von Betriebsstörungen, Arbeitermangel u. s. w. nicht voll fördern konnten. Auf solche Weise fielen 131207 t aus, so dafs eigentlich die Einschränkung nur 2,71 % betragen hat. Versandt wurden 2672508 t, davon 94,05 %

für Syndicatsrechnung. Der arbeitstägliche Versand der Syndicatszechen betrug:

	März 1897	Februar 1897	März 1896
Kohlen . .	10 181 D.-W.	10 745 D.-W.	9 245 D.-W.
Koks . . .	1 939 „	1 972 „	1 753 „
Briketts . .	306 „	313 „	287 „
	12 426 D.-W.	13 030 D.-W.	11 285 D.-W.

Auch im April war der Absatz durchweg gut, so dafs gerade die sonst für die Kohlenindustrie weniger günstigen Frühjahrsmonate als recht befriedigende zu bezeichnen sind. Im I. Quartal 1897 betrug die Betheiligung 10 747 670 t, die Förderung 10 220 517 t, Einschränkung also 527 153 t = 4,90 % (gegen 8,54 % im Vorjahre). Der arbeitstägliche Versand an Kohlen betrug 10 428 D.-W. (+ 921 gegen I. Quartal 1896), 1957 D.-W. Koks (+ 227) und 305 D.-W. Briketts (+ 23). Ende März ergab sich ein Ueberschufs von etwa 750 000 *M*, nachdem die Unterbilanz aus dem vorigen Jahre getilgt ist. Dies berechtigt zu der Erwartung, dafs es möglich sein wird, im Laufe des Jahres eine Ermäfsigung der Umlage eintreten zu lassen. Die Anforderungen der Händler und Werke an das Syndicat sind so grofs, dafs ihnen nicht voll entsprochen werden kann.

Stettiner Maschinenbau-Act.-Ges. „Vulcan“.

Aus dem Berichte der Direction für 1896 theilen wir Folgendes mit:

„In unserem letzten Berichte haben wir bereits darauf hingewiesen, dafs sich nach längerem Darniederliegen des Schiffbaues eine Wendung zum Besseren bemerkbar mache. Diese gröfsere Regsamkeit hat angehalten und sind zu den Schiffbauten, welche wir schon damals übernommen hatten, während des abgelaufenen Jahres weitere grofse Objecte hinzugekommen; so wurde uns von seiten der deutschen Marine ein zweites Schiff, der Kreuzer II. Klasse „N“, zugetheilt und hat uns die Kaiserlich Chinesische Regierung drei geschützte Kreuzer in Auftrag gegeben. Dadurch ist die Beschäftigung unserer Werft für das laufende Jahr eine sehr rege und steht zu hoffen, dafs für die nächste Zeit noch keine wesentliche Abschwächung eintritt. Ein gleicher Aufschwung ist in der ganzen Stahl- und Eisenindustrie zu verzeichnen und steht damit im Zusammenhang sowohl eine allgemeine Steigerung der Arbeitslöhne wie auch der Preise für alle zur Verwendung kommenden Materialien. Das Ergebnifs des Geschäftsjahres 1896 bleibt um ein Geringes gegen das Vorjahr zurück, dasselbe gestattet uns aber, den Actionären die Auszahlung einer Dividende von 6 % auf das gesammte Actienkapital in Vorschlag zu bringen und die statutarischen Abschreibungen vorzunehmen. In der Locomotivbranche war die Beschäftigung eine gleichmäfsige, die Hervorbringung blieb aber, wie in den vorangegangenen Jahren, gegenüber unserer Leistungsfähigkeit etwas zurück, indem dieselbe dem Bedarf der Eisenbahnen entsprechend eingeschränkt wurde. Im allgemeinen Maschinenbau und Kesselbau gelangten mehrere gröfsere Aufträge zur Ausführung. Von den Erträgnissen des Geschäftsjahres 1896 bringen wir Abschreibungen im Betrage von 429 430,30 *M* in Vorschlag.“

Die Vertheilung des verbleibenden Reingewinns von 882 086,22 *M* wird wie folgt beantragt: Reservebaufonds: gemäfs § 35 der Statuten 44 104,31 *M*, aufserdem 47 543,97 *M*, Garantiefonds 150 000 *M*, Kirche zu Bredow 5000 *M*, Kinderbewahrschule zu Bredow 1217,49 *M*, Tantièmen für Aufsichtsrath, Direction und Beamte 154 220,45 *M*, Dividenden: für 5600 Stück Stamm-Actien Lit. B à 1000 *M* 6 % oder 60 *M* auf Coupon Nr. 10 = 336 000 *M*, für 4000 Stück Prior.-Stamm-Actien à 600 *M* 6 % oder 36 *M* auf Coupon Nr. 31 = 144 000 *M*.

Vereins-Nachrichten.

Verein deutscher Eisenhüttenleute.

Aenderungen im Mitglieder-Verzeichnifs.

Dichmann, C., Abtheilungschef des Rohrwalzwerks S. Huldschinsky & Söhne, Sosnowice, Russ.-Polen.

Frank, J., in Firma Franksche Eisenwerke, G. m. b. H., Adolfshütte bei Dillenburg.

Greiner, Arthur, Abos, Oberungarn.

Hövel, Heinr., Betriebschef der Gewerkschaft Grillo, Funke & Co., Schalke i. W.

Koenecke, Hermann, Ingenieur des Schalker Gruben- und Hüttenvereins, Gelsenkirchen.

Langenfurt, H., Giefserei-Ingenieur der Kölnischen Maschinenbau-Act.-Ges., Köln-Bayenthal.

Wormstall, C., Duisburg, Mercatorstrafse 80.

Neue Mitglieder:

Buff, Adolf, Beamter der Firma Fried. Krupp, Essen, Heinickestr. 71.

Kunstmann, Wilhelm, Königl. Spanischer Viceconsul, Swinemünde.

Münker, E., Hochofenbetriebsleiter der Geisweider Eisenwerke, Act.-Ges., Geisweid bei Siegen.

Nebe, Friedr., Director bei Balcke, Tellering & Co., Benrath.

Oelsner, O., Dr. phil., Betriebsassistent, Hasper Eisen- und Stahlwerk, Haspe i. W.

Poensgen, Reinhard, in Firma Gebr. Poensgen, Düsseldorf.

Stähler, Herm., Eichener Walzwerk, Stähler & Co., Creuzthal i. W.

Steinhäuser, L., Ingenieur der Act.-Ges. „Union“, Dortmund.

Ausgetreten:

Schmitz, Franz, Oberhausen.

Mitgliederverzeichnifs für 1897.

Wegen des demnächst stattfindenden Neudrucks des Mitglieder-Verzeichnisses des „Vereins deutscher Eisenhüttenleute“ ersuche ich die verehrlichen Herren Mitglieder, etwaige Aenderungen zu demselben mir sofort mitzutheilen.

Der Geschäftsführer: *E. Schrödter.*

Zur gefälligen Nachricht.

Mit dem heutigen Tage wurden die Geschäftsräume in das neue Vereinshaus Jacobistr. Nr. 5 verlegt, und bitte ich alle für den Verein und die Redaction bestimmten Sendungen nach dort zu richten.

E. Schrödter.

Abbild. 1. Ansicht von der Wasserseite aus.

Abbild. 2. Ansicht des Buges nebst Tauftribüne.

„Kaiser Wilhelm der Grofse" auf der Werft des Vulcan in Bredow bei Stettin.

Die Zeitschrift erscheint in halbmonatlichen Heften.

Abonnementspreis für Nichtvereinsmitglieder: 20 Mark jährlich excl. Porto.

STAHL UND EISEN.

ZEITSCHRIFT FÜR DAS DEUTSCHE EISENHÜTTENWESEN.

Insertionspreis 40 Pf. für die zweigespaltene Petitzeile, bei Jahresinserat angemessener Rabatt.

Redigirt von

Ingenieur E. Schrödter, Geschäftsführer des Vereins deutscher Eisenhüttenleute, für den technischen Theil

und

Generalsecretär Dr. W. Beumer, Geschäftsführer der Nordwestlichen Gruppe des Vereins deutscher Eisen- und Stahl-Industrieller, für den wirthschaftlichen Theil.

Commissions-Verlag von A. Bagel in Düsseldorf.

№ 11. 1. Juni 1897. 17. Jahrgang.

Geh. Commerzienrath L. Baare †.

Im 76. Jahre seines arbeitsreichen Lebens ist der Nestor der deutschen Eisenindustrie in der Nacht vom 16. auf den 17. Mai in den ewigen Frieden hinübergegangen. Wir haben an dieser Stelle gelegentlich des Tages, an welchem der nun Verewigte das Fest der vierzig Jahre hindurch geführten schweren und verantwortungsvollen Leitung des „Bochumer Vereins für Bergbau und Gufsstahlfabrication" feierte, ein ausführliches Lebensbild Baare's gebracht, auf das wir unsere Leser heute verweisen.*

Die aufserordentliche Werthschätzung, deren sich der Entschlafene in den weitesten Kreisen erfreute, fand einen sichtbaren Ausdruck in der überaus regen Theilnahme an seiner Bestattung, zu der auch Se. Majestät der Kaiser einen Vertreter entsandt hatte. In fast unübersehbarem Zuge folgten die hervorragendsten Industriellen, die Behörden, die Bürgerschaft Bochums und die Arbeiterschaft des Bochumer Vereins dem Sarge zum Friedhofe, wo das, was an Baare sterblich war, dem kühlen Schoofse der Erde übergeben wurde. Hier möge er ausruhen von seinem rastlosen Schaffen: sein Gedächtnifs wird im Kreise aller Derer, die ihn kannten, unvergänglich sein.

R. i. p.

Die Redaction.

* „Stahl u. Eisen" 1895, S. 158.

„Kaiser Wilhelm der Grofse".

Die festlich geschmückte Werft der „Stettiner Maschinenbau-Actiengesellschaft Vulcan" in Bredow bei Stettin war am 4. Mai der Schauplatz eines denkwürdigen Vorgangs, auf den deutscher Unternehmungsgeist und deutsche Technik mit Recht stolz sein können.

An genanntem Tage vollzog sich dort in Gegenwart Seiner Majestät des Kaisers und einer stattlichen Zahl von Gästen von nah und fern in tadelloser Weise der Stapellauf des für den Norddeutschen Lloyd-bestimmten Schnelldampfers „Kaiser Wilhelm der Grofse", ein Schiff, das bestimmt ist, demnächst als gröfster Dampfer der Handelsflotten unserer Erde das transatlantische Meer zu durchkreuzen.

Die Hauptabmessungen dieses Schiffskolosses sind:

Länge über Deck	197,51 m
„ in der Wasserlinie .	190,5 „
Breite	20,1 „
Tiefe bis Seite Oberdeck . .	13,1 „
Tiefgang, beladen	8,526 „

Die Wasserverdrängung des vollbeladenen Schiffs beträgt 20500 t, die Vermessung ergiebt einen Tonnengehalt von nahezu 14000 Registertons. Auf dem Schiffe haben im ganzen 400 Passagiere 1. Klasse in 200 Kammern, 350 Passagiere 2. Klasse in 100 Kammern, sowie 850 Passagiere 3. Klasse in bequem eingerichteten Zwischendeckräumen Platz. Hierzu kommt die Schiffsbesatzung, welche aus 450 Köpfen besteht.

Das Schiff ist aus Flufseisen nach den Vorschriften des Germanischen Lloyd für die höchste Klasse als Vierdeckschiff mit ausgedehnten Extra-Verstärkungen erbaut, mit einem sich fast über die ganze Schiffslänge erstreckenden in 22 Abtheilungen getheilten Doppelboden versehen und durch 16 bis zum Oberdeck hinauf geführte Querschotte und ein Längsschott im Maschinenraum in 18 wasserdichte Abtheilungen getheilt. Die Schotte sind so vertheilt, dafs selbst beim Volllaufen zweier benachbarter oder dreier beliebiger Abtheilungen ein Sinken des Schiffes ausgeschlossen ist. Auch verdient Erwähnung, dafs der Dampfer in Uebereinstimmung mit den Anforderungen der Kaiserlich deutschen Marine erbaut wird, um im Kriegsfalle, mit einer grofsen Anzahl Geschütze ausgestaltet, als Kreuzer Verwendung zu finden.

Das Schiff wird als Schooner getakelt und erhält 2 stählerne Pfahlmasten, welche aber gegenüber den vier mächtigen Schornsteinen verschwinden.

Die ebenfalls in den Werkstätten des „Vulcan" erbaute Maschinen- und Kesselanlage besteht aus zwei dreifachen Verbundmaschinen mit vier hintereinander liegenden Dampfcylindern mit Schlickscher Ausbalancirung. Die beiden Maschinen sollen zusammen 27000 ind. HP haben; jede derselben treibt mittels einer etwa 60 m langen Welle von 600 mm Durchmesser eine Bronzeschraube von 6,8 m Durchmesser und 10 m Steigung. Die zusammengebaute Kurbelwelle besteht aus bestem Nickelstahl von der Firma Krupp, einem Material, welches sich durch ganz besondere Festigkeit auszeichnet.*

Die zu erreichende Geschwindigkeit soll 21 Knoten in See betragen; der Kohlenbunker fafst rund 4500 t.

Den Dampf liefern 12 Doppel- und 2 Halbkessel, welche in vier Gruppen angeordnet sind, deren jede Gruppe einen Schornstein von 3,7 m Durchmesser und 32,3 m Höhe über Kiel besitzt.

Für die verschiedenen Zwecke werden in den Maschinen- und Kesselräumen im ganzen 47 Dampfpumpen und sonstige Hülfsmaschinen aufgestellt. Die Gesammtzahl der überhaupt auf diesem Dampfer befindlichen Maschinen beträgt 58 mit zusammen 124 Dampfcylindern.

Trotzdem erst verhältnifsmäfsig kurze Zeit verstrichen, seitdem der Kiel des Schiffs gelegt wurde, konnte die Ablauffeier schon am 4. Mai vor sich gehen. Nachdem der Kaiser auf der Tauftribüne erschienen war, sprach Frau Plate, die Gemahlin des Aufsichtsraths-Vorsitzenden des Norddeutschen Lloyd, mit klarer, volltönender Stimme das folgende Taufgedicht:

Eisernes, mächtiges Schiff!
Die Zirkel und Stifte des Meisters ruhn, der Dich ersonnen hat,
Die Hämmer ruhn und die stählernen Fäuste, die Dich schmiedend gefügt;
Du stehst da, ein Bild der Kraft,
Ein Bild lebendiger Schaffensfreude,
Ein Markstein auf dem ruhmvollen Pfade
Ueber das rohe Element obsiegenden Geistes.
Du sehnst Dich hinab in die Arme der Fluth,
In die ausgestreckten, allumschlingenden, ewig beweglichen,
Spielenden, drohenden, helfenden Arme
Der Fluth — in das Leben;
Und sie werden Dich fassen, ehe die Stunde verrinnt.
Welch ein Loos hat das Schicksal Dir bereitet, das unerforschliche?
Wir wissen nur eines:
Die Hände gen Himmel hebt, derweilen die Woge Dich trägt,
In innigem, heifsem Flehen die Hoffnung.

Und nun soll ich den Namen Dir,
Den bezeichnenden geben, bei dem die Deinen
Dich kennen und nennen, und der den Fremden
Auf fernen Meeren sogleich Dich kundthut,
Als Stärksten der Starken, als Schnellsten der Schnellen,
Als Hort und Fürsten fürstlicher Schaar.

* Vor Schlufs der Redaction erhielt dieselbe aus den Kruppschen Werkstätten Photographien von diesen mächtigen Stücken, die wir in nächster Ausgabe wiedergeben werden. *Red.*

Wer nennt mir das Wort, das weite, das grofse
Umfassende Wort, das Kraft und Güte,
Gebet und Arbeit, und Muth und Glück,
Und Kampf und Sieg vor die Seele ruft?
Nur Eines weifs ich:
Es ist der Name des grofsen Mannes,
Der, da nach langem, mühevollem Lebenswerk,
Ruhe zu winken schien und Abendfrieden,
Den Helm doppelt fest auf das weifse Haupt
Drückte, doppelt stark das Schwert ergriff
Und seinem Volke königlich voranschritt zum Kampf.
Das war ein Kampf um das höchste Gut,
Um das theuerste Kleinod, um die alte, heilige,
Ach verschollene Kaiserkrone.
Er aber, im Sturm von hundert Siegen, gewann sie zurück
Und setzte sie fest auf sein gottbegnadetes Haupt.

Diesen Namen, Du sollst ihn tragen,
Diesen Namen, Du sollst ihn verkünden
In aller Welt. Und wie er vom Felsen
Widerhallt bis ans Meer, so wird er Dir auch,
Wohin Du fährst auf der ganzen, weiten Erde,
Entgegen schallen im Klang unsterblichen Ruhms.
Diesen Namen, in dem die Hoffnung der Ahnen,
Der Traum der Väter, der Enkel Begehr
Erfüllt und vollendet, und der, wenn die dunklen
Mächte der Zukunft Bürgschaft nehmen,
Segen uns bürgt von Geschlecht zu Geschlecht,
Diesen Namen geb' ich Dir nun:

„Kaiser Wilhelm der Grofse!"

Und ich rufe hinauf
Zum Herrn des Himmels, dafs er Dich segne,
Segne im Namen Deiner Kaiser, o Schiff,
Im Namen des Dahingegangenen, im Namen des Gegenwärtigen,
Defs lebendiges Antlitz heute über Dir leuchtet,
Ein glückbedeutender Stern!
Heil Dir, fahr' aus! Heil Dir, kehr' heim mit Gott! —

Eine Schaumweinflasche sauste von der Höhe herab und zerschellte am Bug.

Kaum hatte alsdann der Kaiser erneut Aufstellung auf der am Oderufer gelegenen Ablauftribüne genommen und das Zeichen zum Ablauf gegeben, als sich der mächtige, ein Ablaufgewicht von 8150 t besitzende Rumpf in Bewegung setzte und langsam in die Fluthen hinab glitt, auf alle Zuschauer einen überwältigenden, unvergefslichen Eindruck hervorrufend. Die Vorbereitungen waren mit einer Sicherheit getroffen, welche ungetheilte Bewunderung erheischte. Das den Namen unseres unvergefslichen Heldenkaisers tragende Schiff, welches Zeugnifs für die Leistungsfähigkeit deutscher Schiffbaukunst und die Thatkraft deutscher Kaufleute ablegen wird, soll bereits im Herbst den Ocean durchfurchen. Seinen glücklichen Fahrten gelte unser fröhliches Glückauf! —

Bei einem nach vollendetem Stapellauf von der Verwaltung des „Vulcan" gastlich angebotenen Feste wurde die Denkwürdigkeit des Tages durch ernst-fröhliche Reden gefeiert. Geh. Commerzienrath Schlutow fafste die Feier als volltönenden Schlufsaccord der Hundertjahrfeier auf, der durch die Theilnahme des Landesherrn ein glücklicher Stern leuchte. Ihm galt sein Hoch. Director Stahl wies mit Recht darauf hin, dafs die ganze Welt heute auf das kleine Fleckchen Erde blicke, das den Namen Bredow trägt, und hob, einen Rückblick auf die Entwicklung des deutschen Schiffbaues werfend, die Verdienste der Kaiserlichen Marine, in erster Linie des Generals Stosch, und der beiden grofsen deutschen Rhedereien um die Unterstützung des deutschen Schiffbaues hervor, in humorvoller Weise betonend, dafs anfänglich die dem „Vulcan" in Bremen entgegengebrachte Liebe nicht allzu grofs gewesen, dafs diese aber stets gewachsen und bei ihrem gegenseitigen Verhältnifs stets die Hauptsache gewesen sei. Sein Trinkspruch galt dem Norddeutschen Lloyd.

Der Aufsichtsraths-Vorsitzende des Norddeutschen Lloyds Plate erinnerte an die Zeit vor 26 Jahren, als die deutschen Krieger von den Schlachtfeldern heimkehrten und die deutsche Einigkeit politisch errungen war, aber noch lange nicht die Einigkeit auf wirthschaftlichem Gebiete. Die nationalen Gesichtspunkte spielten damals im Wirthschaftsleben noch gar keine Rolle. Es sei heute schier unbegreiflich, dafs dieser Zustand so lange dauern konnte. Die Zeit, in der auch die deutsche Rhederei sich mit der heimischen Schiffbauindustrie befafste, sei noch kürzer und er müsse den Vorredner in einer Hinsicht corrigiren: es sei vom Bremer Lloyd nicht die Zuneigung zu der deutschen Industrie gewesen, die ihn zum „Vulcan" führte, sondern er sei dazu gezwungen worden, durch den Subventionsvertrag nämlich, der ihn nöthigte, die für die Reichspostdampfer-Linien erforderlichen Dampfer auf deutschen Werften zu bauen. Seit jener Zeit erst datire das Verhältnifs des Lloyd zum „Vulcan", das dann durch die Leistungen des letzteren enger und enger geworden sei, Leistungen, auf die nicht nur der „Vulcan", sondern ganz Deutschland stolz sein könne. Redner betonte das lebhafte Interesse des Kaisers für diese Entwicklung der Verhältnisse und erwähnte dabei den Ausspruch des gröfsten englischen Schiffsrheders, der unter Bezugnahme darauf kürzlich gesagt habe, bald würden die Engländer auch auf ihre Schiffe schreiben können „Made in Germany". Mit dem Wunsche, dafs der „Vulcan", „unser Vulcan", auf dem bisherigen Wege fortschreiten möge, dafs es ihm gelingen möge, zu allen Zeiten so treffliche Kräfte an sich zu fesseln, schlofs der Redner, indem er dem Aufsichtsrath und der Direction des „Vulcan" ein Hoch darbrachte, das den lebhaftesten Widerhall fand.

Nachdem Geh. Commerzienrath Delbrück einen feinsinnigen Trinkspruch der Frau Taufpathin, und Lloyddirector Dr. Wiegand den Arbeitern, den Beamten und den Ingenieuren des „Vulcan", welche in kurzer Zeit so Grofses geleistet hätten, ein kräftiges Hoch gewidmet hatten, warf Landtags-Abgeordneter Dr. Beumer einen Blick in die Zukunft, wo jedes auf einer deutschen Werft gebaute Schiff aus deutschem Stahl gebaut sein werde — erst dann könne man eigentlich von deutschem Schiffbau reden — und brachte mit den Worten „Deutschland, Deutschland über Alles" schließend, dem Vaterlande ein Hoch, das begeisterte Zustimmung fand. —

Mit herzlichen Worten des Danks dafür, daſs es uns vergönnt war, der denkwürdigen Feier beizuwohnen, schlieſsen wir unsern Bericht. Wir knüpfen demselben noch die Hoffnung an, daſs in das Liebesverhältniſs, welches zum Segen beider Parteien sich zwischen unseren groſsen Rhedern und den Werften mehr und mehr gefestigt hat, die deutsche Eisenindustrie als die Dritte im Bunde in Zukunft in höherem Maſse zugesellt werde, als dies bisher der Fall war. Es ist bekannt, daſs die deutsche Stahlindustrie die englische bereits überflügelt hat; wenn wir dabei in unserer Betheiligung am Schiffbau erheblich zurückgeblieben sind, und auch unser deutscher Schiffbau nicht in gleichem Maſse sich entwickelt hat, sondern auch heute noch groſse Aufträge von deutschen Rhedern nach dem Aulande gehen, so liegt dies an der bekannten Verschiedenheit der Verhältnisse hier und dort, deren Aenderung man aber, wie ferner bekannt ist, zum Segen unseres Vaterlandes herbeizuführen bestrebt ist.

Wünschen wir daſs diese Bestrebungen baldigst von Erfolg gekrönt sein mögen!

Die Redaction.

Kohlenstoffformen und Stahlhärtung.

Von **A. Ledebur.**

„Das Eisen ist ein sehr poriges Metall, bestehend aus Vitriolsalz, Schwefel und Erde, schlecht miteinander verbunden und gemischt" sagt im Jahre 1697 der damals berühmte Chemiker Nicolas L'Emery in der fünften Auflage seines Cours de chymie.

„Der stabel ist edler weder das eysen vn ist zweyerlei, nämlich gemachter vn selbs gewachsen. . . . . Wann er wol gereiniget, darnach glüend mit rättichsafft vn mit erdwürmenwasser zu geleicher Maſs drey oder viermalen abgeloschen ist, so zerschneidt er eysen wie bley." So sprach sich 1557 der berühmte Naturforscher und Mathematiker Cardanus aus,* und er gab noch verschiedene schöne Regeln sowohl für das Härten als das Weichmachen des Stahls, welche zum Theil in Ludwig Becks Geschichte des Eisens, Band 2, Seite 66 wiedergegeben sind.

Es ist ein weiter Weg von jenen Anschauungen bis zur Wahrheit. Wohl glauben wir jetzt das Ziel in der Ferne zu erblicken, aber erreicht ist es noch nicht. Da ziemt es sich wohl, ab und an Halt zu machen und einen Blick rückwärts zu werfen, um einen Ueberblick über das bereits Errungene zu erhalten. Besondere Veranlassung zu einem solchen Rückblicke an dieser Stelle gaben einige in den letztverflossenen Monaten erschienene Schriften und Abhandlungen über Kohlenstoffformen und Stahlhärtung. Unter ihnen seien vorläufig hier genannt: H. Freiherr von Jüptner, Die Kohlenstoffformen im Eisen, Stuttgart 1896; Mylius, Foerster und Schöne, Das Carbid des geglühten Stahls, Zeitschrift für anorganische Chemie, Band XIII, Seite 38; H. Le Chatelier, L'état actuel des théories de la trempe de l'acier. Revue générale des sciences 1897, Seite 11; Henry M. Howe, Evidence for the allotropic theory, The Engineering and Mining Journal, Band LXII (1896) Seite 557 und Band LXIII (1897) Seite 111. Einige andere werden unten Erwähnung finden.

Eine auf Thatsachen fuſsende Theorie der Härtung konnte erst sich entwickeln, nachdem man beobachtet hatte, daſs der Kohlenstoff des gehärteten Stahls in anderer Form zugegen ist, als der des ungehärteten; oder, richtiger, daſs derjenige Kohlenstoff, den man bis dahin für eine einzige Kohlenstoffform gehalten und „gebundenen" Kohlenstoff (zum Unterschiede vom Graphit) genannt hatte, in zwei verschiedenen Formen zugegen ist, deren gegenseitiges Gewichtsverhältniſs in demselben Stahl erhebliche Abweichungen zeigen kann, je nachdem der Stahl gehärtet oder langsam abgekühlt worden ist. Die ersten derartigen Beobachtungen wurden 1824 durch Karsten gemacht,* indeſs legte man, wie es scheint, anfänglich der Entdeckung keine groſse Bedeutung bei. Nachdem Caron, Rinman und Andere Karstens Beobachtung bestätigt und theilweise ergänzt hatten, gelang es Abel 1885, durch Behandeln des Stahls mit einer Lösung von Kaliumbichromat in verdünnter Schwefelsäure diejenige dieser Kohlenstoffformen, welche im ungehärteten Stahl reichlicher, im gehärteten weniger reichlich, unter Umständen nur in geringen Spuren, auftritt, als eine selbständige Eisenkohlenstoffverbindung, ein Carbid, von der in Lösung gehenden Hauptmasse des

* Hier. Cardanus, Offenbarung der Natur und natürlichen Dingen auch mancherley subtiler Würkungen. Verteutschet durch Heinr. Pantaleon. Basel 1559, Seite 853.

* „Archiv für Bergbau und Hüttenwesen" Band 8, Seite 3.

Eisens zu trennen, welche die zweite Form der „gebundenen" Kohle enthielt. Letztere Kohlenstoffform nannte man später Härtungskohle. Abel fand die Zusammensetzung jenes Carbids der Formel Fe_3C entsprechend, und auf anderem Wege gelangte Fr. C. G. Müller zu demselben Ergebnisse.* Binman, von welchem diese Kohlenstoffform früher im Cementstahl beobachtet worden war, hatte ihr die Bezeichnung Cementkohle gegeben; treffender ist jedenfalls die nach Abels und Müllers Ermittlungen gewählte Benennung Carbidkohle.

Ob das gefundene Carbid eine wirkliche chemische Verbindung von der angegebenen Formel oder nur eine gegenseitige Lösung, eine Eisenkohlenstofflegirung, sei, blieb längere Zeit unentschieden, da die chemische Untersuchung anfänglich ziemlich erhebliche Schwankungen in der Zusammensetzung aufwies. Durch die eingangs erwähnten, bei der physikalisch-technischen Reichsanstalt durchgeführten Untersuchungen von Mylius, Foerster und Schöne wurde die Frage endgültig zu Gunsten der chemischen Verbindung Fe_3C entschieden. Die genannten Herren fanden, dafs das aus dem Stahl in entsprechender Weise abgeschiedene Carbid bei der Berührung mit der Luft seine Zusammensetzung rasch ändere, indem Eisen oxydirt, von der anwesenden Säure gelöst und beim Auswaschen entfernt wird, einen kohlenstoffreicheren Rückstand zurücklassend. Als man Sorge trug, beim Filtriren und Auswaschen durch Anwendung einer besonders für diesen Zweck ersonnenen Vorrichtung die Luft abzuschliefsen, ergab sich bei drei Proben der Kohlenstoffgehalt des Carbids 6,50 %, 6,56 % und 6,44 % neben 91,96 % Eisen, also hinlänglich genau der angegebenen Zusammensetzung entsprechend. Hinsichtlich einiger anderen Versuche, welche zu dem gleichen Schlusse führten, möge auf die genannte Abhandlung verwiesen werden.

Dafs diese Carbidkohle es sei, welche bei der Eggertzschen Kohlenstoffbestimmung der salpetersauren Lösung die braune Farbe ertheile, und dafs aus diesem Grunde jene Bestimmung nur anwendbar sei, wenn der Vergleichstahl ebenso wie der zu untersuchende Stahl abgekühlt worden sei, war bereits durch Osmond besonders deutlich erwiesen.**

Schon bevor diese genaueren Ermittlungen über die Abweichungen in der Form des Kohlenstoffs im gehärteten und ungehärteten Stahl angestellt worden waren, hatten Gore, Barret und insbesondere Brinell die Beobachtung gemacht, dafs bei der langsamen Abkühlung eines glühenden Stahlstabs ein Zeitpunkt eintritt, wo die Abkühlung auf einige Zeit unterbrochen wird, ja sogar selbstthätige Wiedererwärmung, durch erneutes Erglühen sich verrathend, stattfindet.*** Der umgekehrte Vorgang, ein Stillstand in der Temperaturzunahme beim Erwärmen, zeigte sich in annähernd derselben, jedoch meistens etwas höheren Temperatur, als die Wärmeabgabe beim Abkühlen. Man beobachtete ferner, dafs diese Temperatur (im Mittel etwa 700° C.) dieselbe sei, bei welcher die Härtung des Stahls durch plötzliches Ablöschen sich vollzieht, während das Ablöschen in weniger hoher Temperatur wirkungslos blieb.

Auf diesen Beobachtungen nun liefs sich eine einfache Theorie der Stahlhärtung aufbauen. Bei der Erhitzung des Stahls über die Erhärtungstemperatur zerfällt das den langsam abgekühlten Stahl netzartig durchsetzende Carbid, und der Kohlenstoff löst sich gleichmäfsig in der Hauptmasse. Dieser Vorgang ist mit einer Wärmebindung verbunden. Wird der erhitzte Stahl rasch abgekühlt, z. B. in Wasser abgelöscht, so hinterbleibt der Kohlenstoff ganz oder gröfstentheils in der Form, welche er in der höheren Temperatur besafs, d. h. im Eisen gelöst, mit ihm legirt, und steigert dessen Härte um so mehr, je reichlicher er anwesend ist. Man hat deshalb diese gelöste Kohle Härtungskohle genannt; hoch erhitztes Eisen enthält nur diese Kohlenstoffform. Findet dagegen langsame Abkühlung statt, so entsteht in der erwähnten Temperatur wiederum das Carbid; die Hauptmasse des Eisens wird um so kohlenstoffärmer und deshalb weicher, je reichlicher Carbidbildung stattfindet; bei künstlich verzögerter Abkühlung oder lange fortgesetztem Ausglühen kann es geschehen, dafs alle anwesende Kohle sich in Carbidkohle umwandelt. Obgleich das Eisencarbid an und für sich ein Körper von grofser Härte (Feldspathhärte) ist, vermag es wegen seiner netzartigen Vertheilung in der Hauptmasse doch nicht die Härte eines Eisen- oder Stahlstücks in dem Mafse zu steigern, wie ein einigermafsen erheblicher Gehalt an Härtungskohle.

Verschiedene, im Laufe der Zeit angestellte Ermittlungen liefsen jedoch schliefsen, dafs diese an und für sich wahrscheinliche Theorie noch verschiedener Ergänzungen bedürfe.

Durch genaue Messungen stellte Osmond fest, dafs zwar kohlenstoffreicher Stahl nur jenen einen, schon erwähnten Haltepunkt, von ihm kritischer Punkt genannt, beim Abkühlen und Erwärmen besitze, dafs aber mittelharter Stahl zwei solcher Haltepunkte bei ungefähr 720° und 675° und ganz weiches Flufseisen deren drei bei etwa 850°, 750° und 675° aufweise.* Die Beobachtung im allgemeinen wurde von verschiedenen anderen Forschern bestätigt, wenn auch die Temperaturbestimmungen im einzelnen Abweichungen zeigten, die zum Theil wenigstens durch die Anwesenheit anderer Fremdkörper veranlafst sein können. Man hatte ferner gefunden, dafs jener bei 750°

* „Stahl und Eisen" 1888, Seite 291.
** „ „ „ 1886, Seite 376.
*** „ „ „ 1887, „ 447.

* „Stahl und Eisen" 1886 Seite 374; 1888 Seite 364; 1891 Seite 634; 1894 Seite 477.

liegende Haltepunkt beim Erhitzen durch ein fast vollständiges Verschwinden der magnetischen Eigenschaften, der bei 850° liegende Haltepunkt durch eine deutliche Veränderung des Gesetzes vom elektrischen Widerstande gekennzeichnet sei, welcher nach dem Ueberschreiten jener Temperatur kaum noch merklich zunimmt. Hieraus und aus der durch zahlreiche Festigkeitsprüfungen erwiesenen Thatsache, dafs auch das kohlenstoffärmste Eisen seine Festigkeitseigenschaften ändert, wenn es entsprechend stark erhitzt und alsdann im kalten Wasser abgelöscht wird, entwickelte sich nun die in diesen Blättern vielfach (z. B. in den meisten der in letzter Fufsanmerkung genannten Abbandlungen) besprochene Theorie von der Allotropie des Eisens. Sie hat ebenso viele Vertheidiger als Gegner gefunden. Neuerdings suchte Howe ihre Richtigkeit dadurch zu erweisen, dafs er ein ganz kohlenstoffarmes Eisen dem Ablöschen unterwarf und alsdann die Festigkeitseigenschaften mit denen des langsam abgekühlten Eisens verglich.* Die Ergebnisse seiner Versuche mögen hier Platz finden.

Das benutzte Eisen war im basischen Martinofen erzeugt und enthielt

C	Mn	Si	P	S	Cu
0,022	0,000	Spur	0,007	0,014	0,100

war also sehr arm an Fremdkörpern überhaupt. Drei Probestäbe, aus einem vollen Blocke dieses Metalls ausgearbeitet, etwa 5 × 6 mm im Querschnitte stark, wurden in einer doppelwandigen Muffel auf 930° erhitzt und dann theils ganz langsam abgekühlt, theils abgelöscht. Sie zeigten folgende Eigenschaften:

	Zugfestigkeit	Elasticitätsgrenze	Verlängerung auf 25 mm ursprüngliche Länge	Querschnittsverringerung
	kg auf 1 qmm		%	%
Langsam abgekühlt . .	34,14	16,20	44,0	72,3
In Wasser abgelöscht .	36,58	21,37	43,0	77,8
In eiskalter Soole abgelöscht	47,38	30,10	28,0	58,56

Um etwaige Spannungen zu beseitigen, welche im Innern der Probestäbe beim Ablöschen entstanden sein und Veranlassung zu Abweichungen der Prüfungsergebnisse gegeben haben könnten, wurden alsdann drei Stäbe, nachdem sie in eiskalter Soole abgelöscht worden waren, mit je zwei sich rechtwinklig kreuzenden Löchern von etwa 2 mm Durchmesser durchbohrt und wiederum geprüft. Die Festigkeit betrug 49,70, 42,22 und 43,91 kg. Ein langsam abgekühlter Probestab, in derselben Weise gebohrt, zeigte dagegen nur eine Festigkeit von 35,07 kg, also ungefähr ebensoviel wie die nicht gebohrte und langsam abgekühlte Probe.

* Die betreffende Abhandlung ist in der Einleitung genannt.

Endlich wurde zu dem gleichen Zwecke ein Probestab in der Mitte auf 4,5 mm Durchmesser abgedreht, wie früher abgelöscht, dann zur Entfernung der äufseren Schicht und Beseitigung der Spannung fernerhin auf 2,8 mm Durchmesser abgedreht und geprüft. Seine Festigkeit betrug 50,89 kg bei 18 % Verlängerung auf 25 mm. Ein ebensolcher, aber nach dem Ablöschen nicht weiter abgedrehter Stab besafs 47,38 kg Festigkeit bei 28 % Verlängerung.

Ist nun aber die hier erwiesene Thatsache, dafs ein fast kohlenstofffreies Eisen bei sehr rascher Abkühlung andere Eigenschaften annimmt, als bei langsamer Abkühlung, ein zuverlässiger Beweis, dafs das auf 930° erhitzte Eisen und das langsam abgekühlte Eisen allotropisch seien? Will man die Frage bejahen, so mufs man auch beim Kupfer, der Bronze und anderen Metallen und Legirungen Allotropie annehmen, denn auch diese verhalten sich abweichend, je nachdem sie rasch oder langsam abgekühlt werden. Jedenfalls darf man den Begriff des Ausdrucks nicht zu eng fassen. Eine Aenderung der Eigenschaften, die sich auch oft in einer Aenderung des Gefüges verräth, ist zweifellos bei verschiedener Abkühlung erreichbar; aber ein ganz ähnlicher Erfolg, wie durch das Ablöschen, wird auch durch mechanische Bearbeitung in der Kälte erreicht und durch nachfolgendes Ausglühen wieder aufgehoben. Will man aber zwei abweichende Formen des Eisens annehmen, so folgt doch daraus noch nicht, dafs, wie Osmond annahm, die Ursache des Härtens (im eigentlichen Sinne) in der Behinderung der Umwandlung der Eisenform zu suchen sei und der Kohlenstoffgehalt nur eine Nebenrolle hierbei spiele.*

Inzwischen ist man nun bemüht gewesen, auch die Erfolge der Mikroskopie zur Erklärung der Vorgänge beim Härten nutzbar zu machen. Ueber die Bethandtheile, welche den Untersuchungen namhafter Forscher zufolge das Mikroskop bei Betrachtung geschliffener Eisenflächen erkennen läfst, ist auf Seite 302 dieses Jahrganges bereits kurz berichtet worden. Ferrit, d. i. reines Eisen, tritt nach den Angaben jener Forscher in reichlichen Mengen im kohlenstoffarmen Eisen auf und verschwindet gänzlich, wenn der Kohlenstoffgehalt über 0,80 % steigt; Cementit, d. i. das reine Eisencarbid Fe_3C, ist nur im kohlenstoffreichen Stahle erkennbar; Martensit ist Eisen, welches Härtungskohle in unbestimmter Menge gelöst enthält, also zunächst im hoch erhitzten kohlenstoffhaltigen Eisen auftritt, bei rascher Abkühlung seine Zusammensetzung beibehält und den harten Bestandtheil des Metalls bildet; Perlit wird als ein Gemisch oder eine gegenseitige Lösung von Ferrit und Cementit bezeichnet, ist in allem ungehärteten Stahle anwesend, mit seinem Kohlen-

* Vergleiche auch Charpys Untersuchungen über diesen Gegenstand in „Stahl und Eisen“ 1895, Seite 459.

stoffgehalte zunehmend, bis dieser etwa 0,80 % beträgt, wo dann die ganze Masse aus Perlit besteht, bei noch höherem Kohlenstoffgehalte aber theilweise durch freien Cementit ersetzt.

Nach Sauveur* findet nun während des Erwärmens oder Abkühlens des Stahls bei jedem der oben erwähnten Haltepunkte (kritischen Punkte) eine Aenderung der mikroskopischen Zusammensetzung statt, und umgekehrt treten solche Aenderungen der mikroskopischen Zusammensetzung nur bei den Haltepunkten ein. Kühlt weiches Eisen ab, welches drei Haltepunkte zeigt, so wird bei dem oberen Haltepunkte eine gewisse Menge Eisen, welches vorher einen Bestandtheil des Martensits bildete, frei, und es entsteht Ferrit, der Kohlenstoffgehalt des übrig bleibenden Martensits wird gröfser. Ein gleicher Vorgang vollzieht sich beim zweiten Haltepunkte: die Menge des Martensits nimmt ab, sein Kohlenstoffgehalt steigt, die Menge des Ferrits nimmt zu. Bei dem untersten Haltepunkte scheidet abermals Ferrit aus, zugleich entsteht das Carbid Fe_3C und bildet mit einem Theile des übrig gebliebenen Martensits Perlit. Beim Erwärmen finden die entgegengesetzten Vorgänge statt. Wird aber der glühende Stahl abgelöscht, so hinterbleibt ein gröfserer Theil des Martensits als bei langsamer Abkühlung, ohne zu zerfallen.

Mittelharter Stahl zeigt bei langsamer Abkühlung nur zwei Haltepunkte; bei dem oberen Haltepunkte wird Ferrit gebildet, die Menge des Martensits dadurch verringert, sein Kohlenstoffgehalt angereichert; bei dem unteren Haltepunkte entsteht, wie im kohlenstoffarmen Stahl, Perlit neben Martensit. Wird der Stahl aber rasch abgekühlt, so hinterbleibt nur Martensit.

Stahl mit 0,80 % Kohlenstoff oder darüber hat nur einen Haltepunkt; wird er langsam abgekühlt, und beträgt sein Kohlenstoffgehalt nicht mehr als 0,80 %, so wird bei jenem Haltepunkte die ganze Masse in Perlit verwandelt; ist der Kohlenstoffgehalt höher, so entsteht daneben Cementit. Findet die Abkühlung rasch (durch Ablöschen) statt, so besteht der Stahl bei einem Kohlenstoffgehalte von 0,80 % nur aus Martensit, bei höherem Kohlenstoffgehalte aus Martensit und Cementit, welcher letzterer jedoch in weniger reichlicher Menge als bei langsamer Abkühlung entsteht.

Auch H. Le Chatelier erklärt in seiner obengenannten Abhandlung den Vorgang in ähnlicher Weise: hoch erhitztes Eisen enthält nur Martensit; Ferrit und Cementit verschwinden um so vollständiger, je stärker das Eisen erhitzt wird. Rasche Abkühlung verhindert das Zerfallen des Martensits.

Unter allen, in neuerer Zeit auf Grundlage mikroskopischer Forschungen aufgebauten Theorien über die Vorgänge beim Härten des Stahls ist die erörterte die einfachste und am leichtesten verständliche. Wie jedoch schon auf Seite 303 hervorgehoben wurde, bedarf es immerhin noch mancherlei fernerer Untersuchungen, bevor sie als völlig unanfechtbar wird gelten können.

* The Microstructure of Steel and the Current Theories of Hardening; vergleiche Seite 302 dieses Jahrganges.

Der Wettbewerb der amerikanischen Eisenindustrie.

I. Die Südstaaten der Ver. Staaten von Amerika.

Von **Carl Haller**, Ingenieur und Handelsattaché beim Kaiserlich deutschen Consulat in Chicago.

Die Südstaaten der Vereinigten Staaten von Amerika haben in den eisenhüttenmännischen Kreisen der alten Welt neuerdings viel von sich reden gemacht durch den Umstand, dafs sie lebhaft bemüht gewesen sind, Roheisen für Giefsereizwecke und zur Herstellung von basischem Martinflufseisen nach Deutschland, England und Belgien zu verkaufen, und hierin auch einen gewissen Erfolg gehabt haben. Man geht mancherorts so weit, daraus zu schliefsen, dafs die Zeit nicht mehr fern sei, wo das Centrum der Eisendarstellung der Welt nach diesen Staaten verlegt sein werde.

Da diese Frage auch Deutschlands Eisenhüttenwesen zunächst in Bezug auf deren Ausfuhrfähigkeit, sodann aber auch mit Rücksicht auf die Möglichkeit fremden Wettbewerbs auf dem heimischen Markte nahe berührt, dürfte eine im wesentlichen auf persönlicher Untersuchung an Ort und Stelle beruhende kurze Darlegung der allgemeinen Verhältnisse der Eisenerzeugung der Südstaaten angezeigt erscheinen. Dieselbe gründet sich auf das mit dem Alleghany-Gebirge sich durch Canada, die Staaten New York, Pennsylvania, Virginia, West-Virginia, Tennessee, Kentucky, Georgia hinziehende und im Staate Alabama auslaufende Flötz von Rotheisenstein oder Hämatit in der Clinton-Sand- und Kalksteingruppe des Obersilur, ferner auf mächtige Anhäufungen von Geschieben von Brauneisensteinen (Limoniten) aus der Potsdamsteingruppe der oberen cambrischen Formation. Während nun das zuerst genannte Flötz im Norden nur eine Dicke von 1 bis 3, an einzelnen Stellen bis 7 Fufs hat, theilt sich dasselbe vom südlichen Tennessee ab in mehrere durch taubes Gestein getrennte Flötze, welche, je weiter nach dem Süden, desto gröfsere Stärke erreichen. Einzelne dieser Flötze sind 12 bis 22, in Alabama bis 50 Fufs mächtig und treten infolge der vorhandenen Biegungen und Faltungen der Schichten als sich öfters wiederholende, lang ausgedehnte, mit den Bergen sich hinziehende Ränder zu Tage. Bei Birmingham (Ala.), wo die südliche Eisenindustrie am meisten entwickelt ist, treten die Hämatitflötze auf beiden Seiten des dortigen Thales als Flügel einer antiklinalen Schichtenzone hervor und sind überlagert durch productive Steinkohlengebirge. Die vom letzteren gebildeten ausgedehnten Steinkohlenfelder weisen oft über 25 Flötze bituminöser verkokbarer Steinkohle von 3 bis 14 Fufs Mächtigkeit auf. Zusammen mit dieser finden sich gute Kalk- und Dolomitlager für Zuschläge. In Birmingham (Ala.) liegt Rotheisenerz, Kokskohle und Zuschlagsmaterial in einem Umkreise von nur 5 englischen Meilen, an einigen anderen Orten sogar von nur 1 Meile beisammen.

Die geringen Transport- und Gewinnungskosten, unterstützt durch ein Klima, welches das ganze Jahr hindurch ein Arbeiten im Freien erlaubt, sind die Hauptfactoren des Erfolgs der südlichen Eisenindustrie. Die Erze selbst und auch die Kohlen sind geringwerthiger als die im Norden verwendeten Erze und Kohlen, und zwar die ersteren wegen des geringeren Eisen- und höheren Phosphorgehalts, die letzteren wegen des höheren Aschen- und Schwefelgehalts. Aufserdem ist der Hochofenbetrieb im Süden im Vergleiche zu demjenigen im Norden im allgemeinen noch etwas primitiv, wenn auch die Hochofenanlagen selbst meist ziemlich neu und praktisch eingerichtet sind.

Im Folgenden soll zunächst auf die Rohmaterialienverhältnisse etwas näher eingegangen werden.

Das hauptsächliche Eisenerz in den Südstaaten zerfällt in zwei Klassen:

1. Die in unregelmäfsigen Nestern und Taschen vorkommenden Brauneisensteine mit durchschnittlich 50 % Eisen und 0,1 bis 0,4 % Phosphor. Die Erze sind im Lehm eingebettet, werden mittels Dampfschaufeln gegraben, sodann von Lehm freigewaschen und auf manchen Werken noch durch Rösten von hygroskopischem und gebundenem Wasser und von Kohlensäure befreit und dadurch angereichert. Der Antheil der Brauneisensteine an der gesammten Erzerzeugung ist zur Zeit etwa 25 %.

2. Hämatit oder Rotheisenstein, in regelmäfsigen Flötzen vorkommend. Die Erze sind am Hangenden am eisenreichsten, etwa 40 % Fe, und zeigen dort hohen Kalkgehalt (bis 20 % CaO) und niedrigen Kieselsäuregehalt (herab bis 10 %); je mehr man sich dem Liegenden nähert, desto geringer ist der Eisengehalt. Auch der Kalkgehalt fällt, dagegen steigt der Kieselsäuregehalt.

In der Regel werden ungefähr die oberen 10 Fufs mit etwa 37 bis 40 % Fe und 12 bis 20 % Kalk und einem Phosphorgehalt von etwa 0,3 bis 0,4 % ohne weiteres verwendet; jedoch auch das unterliegende eisen- und kalkarme und dafür kieselsäurereiche Erz wird hier und dort mitgewonnen, aufbereitet und concentrirt, worüber weiter unten noch berichtet werden wird.

Wo die Hämatitflötze zu Tage traten, bezw. nahe an der Oberfläche dem Einflusse der Atmosphärilien ausgesetzt waren, veränderte sich das Erz. Kalk wurde ausgewaschen und dadurch der Eisengehalt um etwa 10 % angereichert. Die Erze wurden gleichzeitig weicher und verloren an ihrer Dichtheit. In der Regel zeigen die Flötze der ganzen Länge der ausgebenden Ränder nach und bis hinein in eine Tiefe der Flötze von 300 Fufs diese Veränderung. Dementsprechend unterscheidet man in den Südstaaten zwischen (a) harten Hämatiterzen und (b) weichen Hämatiterzen. Beide Arten gehen ineinander über. Die harten Hämatite haben den Vorzug eines hohen, bezw. zum Schmelzen genügenden Kalkgehalts, welcher viel inniger mit dem Erz gemischt ist, als dies künstlich je durch Zuschläge erreicht werden kann. Es kommt hinzu, dafs der Kalk im Erz als Carbonat vorhanden ist; die Kohlensäure wird ausgetrieben und hinterläfst ein poröses, den reducirenden Gasen zugängliches Erz. Die Folge ist eine leichtere Reducirbarkeit und daher ein im Verhältnifs zum Eisengehalt geringerer Koksverbrauch als bei künstlicher Gattirung. Die weichen Hämatite sowie die Brauneisensteine haben aufserdem, dafs sie eisenreicher sind, den Vorzug niedriger Gewinnungskosten. Da und dort wird bei Verwendung dieser Erze anstatt des Kalk- oder Dolomitzuschlags harter Hämatit mit überschüssigem Kalkgehalt als Zuschlag aufgegeben.

Aufser diesen Erzen finden sich noch Kohleneisensteine (blackband) und Magneteisensteine.

Durchschnittsanalysen aus Erzen, wie sie auf die Gicht kommen, sind folgende:

	Weich. Hämatit		Harter Hämatit		Brauneisenstein	
	Nasses* Erz	Getrocknetes Erz	Natürlicher	Gerösteter	Nasses** Erz	Getrockn. Erz***
Fe	47,24	50,80	37,00	42,15	48,54	51,00
SiO_2 . . .	17,20	18,50	13,44	15,31	11,22	9,00
Al_2O_3 . .	3,35	3,60	3,18	3,62	3,61	3,75
CaO . . .	1,12	1,20	16,20	18,46	0,84	0,75
CO_2 . . .	—	—	12,24	—	—	—
P	ca. 0,4	nicht	0,37	nicht	0,38	0,4
S.	ca. 0,1	best.	0,07	best.	0,09	0,1

* Mit 7 % Wasser.

** Mit 7 % hygroskopischem und 6 % gebundenem Wasser.

*** Calcinirte Brauneisensteine enthalten bis 56 % Eisen.

Aufbereitung der Erze. Erwähnt wurde schon, dafs die Brauneisensteine gewaschen und dadurch von Lehm und Sand befreit werden. In manchen Werken wird dieses Erz aufserdem noch einem Röstprocefs unterworfen. Derselbe geschieht in mit Gas geheizten Schachtöfen, welche je täglich aus etwa 140 t gewaschener Erze etwa 120 t geröstetes Material erzeugen.

Wird als Heizgas Generatorgas verwendet, so kommt auf eine Tonne Erzeugnifs ein Verbrauch von etwa 60 Lbs. Steinkohle. In ökonomisch eingerichteten Werken werden jedoch die Abgase von dem Verkokungsofen zum Calciniren verwendet. Sowohl die Verkokungs- als die Röstöfen stehen nahe bei den Hochöfen. Die von den nahe der Gruben liegenden Wäschereien auf Erzwagen mit beweglichem Boden ankommenden Erze werden direct in die Röstöfen entleert. Das geröstete Erz wird unten direct in die Gichtwagen abgezogen und noch warm auf die Hochöfen gebracht und aufgegeben.

Der Verkaufspreis für Brauneisenerz, welcher einen beträchtlichen Gewinn für die Grubenbesitzer enthält, ist für Erz mit 50 % Eisen und 10 % unlöslichem Rückstand etwa 80 Cents f. d. Tonne. Der Preis steigt und fällt um je 4 Cents für jedes Procent mehr oder weniger Eisen, ferner um 2 Cents, wenn gleichzeitig mit der Aenderung im Eisengehalt der unlösliche Rückstand abnimmt, bezw. steigt. Die harten Hämatite und die Braunerze, in geringerem Mafse auch die weichen Hämatite, wie der Zuschlag, werden neuerdings häufig vor der Vergichtung mechanisch zerkleinert, im Durchschnitt auf $^1/_2$ bis 1 Zoll Gröfse, wodurch eine wesentliche Koksersparnifs erzielt werden soll.

Wie weiter oben bemerkt wurde, werden die Hämatite, je näher dem Liegenden, desto kieselsäurereicher, d. h. sandiger. In der Regel werden nur die oberen 10 Fufs direct verhüttet, während das darunter liegende Erz bis vor kurzer Zeit stehen gelassen wurde, jetzt aber in verschiedenen Gruben mit sehr geringen Mehrkosten mitgenommen und aufbereitet wird. Sind die Gewinnungskosten des weichen Hämatits mit Hülfe von Luftbohrmaschinen und Dynamit für die oberen 10 Fufs 40 bis 50 Cents f. d. Tonne, einschliefslich der Verladung in die Eisenbahnwaggons, so kosten die weiter darunter liegenden Erze nur noch etwa 25 Cents f. d. Tonne. Erstere Erze enthalten, vorausgesetzt, dafs es sich um weiche Hämatite handelt, durchschnittlich 45 bis 50 % Fe. Der Durchschnittseisengehalt der darunter liegenden Schicht Erz sei nun 40 % Fe neben 35 % Kieselsand, so läfst sich durch magnetische Separation mit einem Kostenaufwand von etwa 50 Cents f. d. Tonne Erzeugnifs ein Product von 58 und mehr Procent Eisen und 12 und weniger Procent Kieselsäure erzielen. Etwa 2 t rohes Erz sind nöthig für Erzeugung von 1 t dieses angereicherten Productes. Die Kosten des letzteren sind demnach 1 $, der Verkaufspreis jedoch mindestens 1,10 $ f. d. Tonne.

Das angewandte Verfahren ist folgendes. Die Erze werden bis auf Hühnereigröfse zerkleinert, sodann in grofsen Schachtöfen mittels reducirender Generatorgase geröstet. Hierbei verwandelt sich das Eisenoxyd Fe_2O_3 in magnetisches Eisenoxyduloxyd Fe_3O_4. Nach nochmaliger Zerkleinerung geht das Erz über einen magnetischen Separator, in dem die sandreichen Erztheile von den sandärmeren geschieden werden. Das gewonnene Erz hat eine Feinheit, welche es durch ein Sieb von 10 Maschen auf den Quadratzoll gehen läfst. 25 % vom Gewicht gehen noch durch ein Sieb von 40 Maschen auf den Quadratzoll.

Zuschläge. Der in den Hochöfen verwendete Kalk enthält durchschnittlich 4 % Kieselsäure, 1 % Eisen- und Aluminiumoxyd, 94,6 % kohlensauren Kalk (entsprechend 53 % CaO). In neuerer Zeit wird anstatt Kalk vielfach Dolomit verwendet, besonders in Werken, welche Roheisen für basische Martinöfen herstellen. Der Dolomit soll einen günstigen Einflufs auf die Entfernung des Schwefels ausüben; aufserdem ist sein Kieselsäuregehalt geringer als der des Kalksteines. Eine durchschnittliche Zusammensetzung von Dolomit ist: 1 bis 1,50 % Kieselsäure, 1,00 % Eisen- und Aluminiumoxyd, 54,00 % kohlensaurer Kalk (entsprechend 30,51 % CaO), 43,00 % kohlensaure Magnesia (entsprechend 20,71 % MgO).

Der für Zuschlagskalk bezahlte Preis richtet sich nach dem Kieselsäuregehalt. Ein Normalpreis ist 60 Cents f. d. Tonne für Kalk mit 3 % SiO_2 loco Hochofen. Für Zunahme, bezw. Abnahme der Kieselsäure um je $^1/_8$ % wird $^1/_{10}$ Cents f. d. Tonne dem Normalpreise abgezogen, bezw. demselben zugeschlagen.

Koks. Die meistens Koks werden noch in gewöhnlichen Bienenkorböfen mit etwa 6 t Fassungsfähigkeit hergestellt, mit einer Brenndauer von 48 Stunden für gewöhnliche, oder von 72 Stunden für beste harte Qualität von Koks. Von der letzteren Qualität wird jedoch nur wenig (10 % der Gesammtkoksbereitung) hergestellt.

Folgendes sind Durchschnittszusammensetzungen von gewöhnlichen Koks in Alabama:

	I.	II.	III.
Feuchtigkeit	0,75	0,75	0,75
Flüchtige brennbare Bestandtheile . .	0,75	0,75	0,75
Fester Kohlenstoff .	84,50	88,50	87,00
Asche	14,00	10,00	11,50
Schwefel	0,90—1,60	0,80—1,10	1,00—1,30

Die Asche setzt sich zusammen aus:

	I.	II.	III.
Kieselsäure	47	45,10	46,00
Eisenoxyd	12,46	12,32	12,00
Aluminiumoxyd . .	33,62	31,60	32,00
Calciumoxyd . . .	1,50	1,50	1,00
Magnesiumoxd . . .	1,69	Spur	0,50
Schwefel	0,75	0,50	0,60

Koks Nr. I ist aus Kohle, wie sie aus der Grube kommt, hergestellt, Nr. II aus gewaschenem Kohlenklein, Nr. III aus Stückkohlen.

Bei guten Koks, wie Nr. II, ist das Volumen der Zellen 45 bis 50 % vom ganzen Volumen. Das Volumen der Zellen in 100 Theilen nach Abzug der Asche ist 50 bis 60, die Zerdrückungsfestigkeit auf den Quadratzoll gleich etwa 800 bis 1,100 Lbs. (56 bis 77 kg/qcm), specifisches Gewicht insgesammt 0,861, specifisches Gewicht der festen Substanz 1,784.

Der Preis der Steinkohlen im District Birmingham, Alabama, ist 60 Cents und weniger f. d. Tonne ab Grube; hierzu kommen durchschnittlich 10 bis 12 Cents Fracht bis zu den Oefen.

Das Ausbringen der seitherigen Verkokungsöfen ist geringsten Falles 60 %. Es kommt also auf 100 Lbs. Koks eine Auslage von 1,17 bis 1,20 $ für Steinkohlen.

Die Unterhaltungs- und Arbeitskosten an den Verkokungsöfen sind 35 Cents f. d. Tonne Koks, wobei sich die im Accord arbeitenden Leute (Neger) auf 1,25 bis 1,50 $ Tagesverdienst stellen.

Die Herstellungskosten der Koks sind demnach etwa 1,52 bis 1,55 $. Die Qualität der Koks läfst sich jedoch noch wesentlich verbessern und der Preis erniedrigen durch bessere und ökonomischere Einrichtungen, als zur Zeit vorhanden sind, z. B. durch weitere Zerkleinerung der Steinkohlen zum Waschen und bessere Wascheinrichtungen selbst, ferner durch Benutzung besserer Verkokungsöfen. Anstatt der gewöhnlichen undichten Bienenkorböfen, welche durch Verbrennung eines Theiles ihrer eigenen Beschickung geheizt werden, und aus denen die überschüssigen Gase in die Luft gelassen werden, wurden in den letzten Jahren viele Bienenkorböfen mit Aufsenheizung durch die Abgase und Ausnutzung der überschüssigen Abgase zu anderen Heizzwecken gebaut. Aufserdem sind Einrichtungen von modernen Verkokungsöfen mit voller Ausnutzung der Nebenproducte nach dem Vorbilde der deutschen Oefen im Werke.

Roheisenerzeugung. Während im Jahre 1872 in den Südstaaten nur 11 000 t Roheisen, und zwar damals mittels Holzkohlen, angefertigt wurden, erblies die noch junge Eisenindustrie des Südens im Jahre 1896 1 833 235 t Roheisen, gegenüber 6 731 024 t, welche in den Nordstaaten (Pennsylvania, Ohio, Illinois u. s. w.) hergestellt wurden. Die Erzeugung der Südstaaten vertheilt sich auf Alabama mit 922,175 t, Tennessee, Kentucky, Georgia mit 334 591 t, Virginia, Maryland, West Virginia und North Carolina mit 576 469 t.

Wegen des hohen Phosphorgehaltes eignet sich das Eisen der Südstaaten nicht wie das in den Nordstaaten aus den hochgradigen und reinen Hämatiten vom Norden der Staaten Michigan, Wisconsin und Minnesota hergestellte Roheisen zum Bessemern, und wurde deshalb bis vor ganz kurzer Zeit, abgesehen von etwas Eisen zum Puddeln, in den Südstaaten ausschliefslich Giefsereiroheisen erzeugt. Neuerdings findet jedoch das südliche Roheisen in Pittsburgh grofsen Anklang zur Verwendung in basischen Martinöfen.

Die gröfsten Hochöfen in Alabama sind 24,38 m hoch und haben 5,79 m Durchmesser im Kohlensack. Die bis jetzt erreichte gröfste Tageserzeugung eines Ofens ist 265 t Roheisen. Das durchschnittliche Ausbringen ist jedoch nur 200 t, bei etwas kleineren Oefen 180 t. Eine Erschwerung eines regelmäfsigen Ofenganges und einer gleichbleibenden Erzeugung liegt im Süden in dem fortwährenden Wechsel der Zusammensetzung der Erze in ihrem natürlichen Vorkommen. Wie schon oben bemerkt, ist der im Süden hergestellte Koks infolge sehr unvollkommener Einrichtungen noch nicht von so guter Qualität, als er nach weiterer Modernisirung der Einrichtungen später sein dürfte. Ebenso sind auch die Hochöfen in Bezug auf die Gröfsenverhältnisse, Windpressung, Winderhitzung, arbeitssparenden Vorrichtungen u. s. w. noch nicht auf der erreichbaren, in den nördlichen Ofenwerken bemerkbaren Vollkommenheit angelangt und ist zu erwarten, dafs die im Folgenden angeführten Erzeugungskosten, namentlich in Hinsicht auf den Koksverbrauch, sich mit der Zeit noch vermindern werden.

Als Grundlage zur Berechnung der Erzeugungskosten des Roheisens dienen folgende Durchschnittspreise:

Harte Hämatite . 0,67,5 $ f. d. Tonne loco Hochofen
Weiche Hämatite . 0,57,5 $ „ „ „ „
Limonite . . . . 0,90 $ „ „ „ „
Zuschlag . . . . 0,62,5 $ „ „ „ „
Koks . . . . . . 1,54 $ „ „ „ „

Die allgemeinen Kosten, abgesehen von der Verzinsung des Anlagekapitals, sind f. d. Tonne erzeugten Roheisens für

Arbeit . . . . 1,00 bis 1,25 $
Reparaturen . . . . 0,40 „ 0,50 $
Materialien . . . . 0,40 „ 0,50 $
mit dem Verkaufe verbundene Auslagen 0,20 „ 0,25 $
Zusammen . . 2,00 bis 2,50 $

Unter Benutzung obiger Preise ergeben sich folgende Kostentabellen, berechnet auf eine Tonne Giefsereiroheisenerzeugnifs aus zwei durchschnittlichen praktischen Hochofenbetrieben:

Beschickung des Ofens für je 1 t Eisenerzeugnifs	Betrieb Nr. I			Betrieb Nr. II		
	% der Beschickung	Tonnengehalt der Beschickung	Kosten $	% der Beschickung	Tonnengehalt der Beschickung	Kosten $
Harte Hämatite	27,7	1,21	0,81	22,9	1,00	0,67,5
Weiche „	26,2	1,15	0,66	27,0	1,19	0,68,4
Brauneisenstein	0	0	0	1,9	0,09	0,08,4
Zusammen	53,9	2,36	1,47	51,8	2,28	1,44
Zuschlag . . .	15,7	0,69	0,43	17,1	0,74	0,46
Koks	30,4	1,33	2,05	32,1	1,37	2,11
Zusammen	100	4,38	3,95	100	4,39	4,01

Hierzu 2 bis 2,50 \$ allgemeine Kosten ergiebt einen Productionspreis f. d. Tonne Gießereiroheisen von rund 6 bis 6,50 \$. Diese der Wirklichkeit sehr nahe kommenden Beispiele beweisen zwar, daſs Eisen in den Südstaaten sehr billig producirt werden kann, daſs aber die für die europäischen Verkäufe erzielten Preise ohne groſse Verluste für die Darsteller vorläufig noch nicht erreichbar sind. Es mögen zwar hier und dort durch günstige Verhältnisse Ersparnisse von 25 Cents und mehr f. d. Tonne gemacht werden; diese dürften aber durch die im allgemeinen doch hinzuzuschlagende Anlagekapitalsverzinsung wieder aufgehoben werden, und es dürfte daher auch der Preis von 6 \$ f. d. Tonne Gieſsereiroheisen vorläufig als die niedrigste Preisgrenze ab Birmingham zu betrachten sein, bei dem jedoch kein Nutzen für die Unternehmer abfällt. Etwas niedriger dürfte sich der Roheisenpreis für Stahlroheisen stellen, namentlich wenn das Stahlwerk direct zum Hochofenwerk gelegt und das Roheisen noch flüssig an das erstere abgeliefert wird. Auſser den Kosten für Anfertigung der Masseln werden die Kosten für den Verkauf des Eisens auf dem Markte wegfallen, und die Preise mögen sich auf 5,50 \$ bis 5,75 \$ f. d. Tonne flüssiges Roheisen herabdrücken lassen. Die thatsächlichen Marktpreise f. d. Tonne Roheisen loco Birmingham bewegten sich in letzter Zeit bei gedrücktem Markt zwischen 8 und 8,50 \$ für hochsilicirtes, silbergraues Roheisen mit 5 bis $5\frac{1}{2}$ % Silicium, 7,50 bis 8 \$ für Gieſsereiroheisen mit $2\frac{1}{2}$ bis 3 % Silicium, 6 bis 6,50 \$ für Puddelroheisen mit $1\frac{1}{2}$ bis $1\frac{3}{4}$ % Silicium, 5,50 bis 6 \$ für weiſses Eisen mit 1 bis $1\frac{1}{4}$ % Silicium. Es sei noch bemerkt, daſs das Roheisen Alabamas durchschnittlich 0,4 bis 0,8 % Phosphor enthält.

Das in den Südstaaten für den basischen Martinofenbetrieb in Pittsburgh, Pa., u. s. w., hergestellte Roheisen enthält im Durchschnitt 0,42 % Silicium, 0,71 % Phosphor, 0,026 % Schwefel, und blieb der Gehalt dieser Elemente weit unter der ursprünglich zugelassenen Maximalgrenze 1 % Silicium, 1 % Phosphor, 0,05 % Schwefel.

Auf Grund der günstigen Resultate mit dem südlichen basischen Stahlroheisen im Norden und diesen billigen Herstellungspreisen ist zur Zeit die Errichtung eines groſsen basischen Martinstahlwerkes in Verbindung mit einem groſsen bestehenden Hochofenwerk in Birmingham, Ala.. im Gange.. Für dasselbe sind 10 drehbare Stahlöfen von je 70 bis 80 t Fassung, welche mit Maschinen gefüllt werden, vorgesehen. Sie sollen nach einem neuen Verfahren mit sehr hohen Roheisenchargen arbeiten und täglich etwa 1400 bis 1600 t Blöcke erzeugen können, welche sofort zu Knüppeln, Blech, Schienen oder Stabeisen ausgewalzt werden sollen.

Die Herstellungskosten der Producte unter Zugrundelegung eines Roheisenpreises von 6 \$ f. d. Tonne, flüssig im Mischer abgeliefert, sind berechnet auf:

9 \$ f. d. Tonne basische Martinblöcke,
11 „ „ „ „ 4 Zoll starke Knüppel,
12 „ „ „ „ $1\frac{1}{2}$ Zoll starke Knüppel oder Blechplatinen,
13 „ „ „ „ Eisenbahnschienen,
16 „ „ „ „ Kleineisen, z. B. Draht von 5 mm Durchmesser.

Die Eisenbahnfracht bis an Bord des Schiffes im nächsten Seehafen am mexikanischen Meerbusen (Mobile, Ala.) beträgt für gröſsere Posten 90 Cents bis 1 \$ und die Seefracht von dort bis England 2 bis $2\frac{1}{2}$ \$.*

Zur Erreichung der obigen niedrigen Herstellungskosten sind die besten arbeitssparenden Einrichtungen mit groſser Erzeugung erforderlich und vorgesehen. Beispielsweise wird die Leistung des Drahtwalzwerks (Garrett mill) 270 bis 300 t Rundeisen von 5 mm Stärke in je 24 Stunden sein. Die Anzahl der zum Betrieb eines solchen Walzwerks nöthigen Leute wird Alles in Allem, Bedienung der Kessel, Maschinen, Oefen, und Taglöhner mit eingerechnet, nicht über 100 Mann sein, und dessen gesammte Baukosten betragen nahe 250000 \$.

Das Schienenwalzwerk ist für eine Leistung von 1200 t fertiger Schienen in 24 Stunden geplant und wird soviel als möglich automatische Betriebseinrichtungen haben. Schienenwalzwerke von ähnlicher Leistungsfähigkeit im Norden beschäftigen Alles in Allem, bis einschlieſslich Verladen, ungefähr einen Mann a. d. Tonne Erzeugniſs.

Röhrengieſsereien. Infolge des billigen Gieſsereieisens haben sich im Staate Alabama 7 Röhrengieſsereien, jede für wenige bestimmte Dimensionen, etablirt, mit einer Leistungsfähigkeit von zusammen 725 t a. d. Tag. Dieselben sind gut angelegt und mit den denkbar besten Ein-

* Die Angaben über die Frachten gehen weit auseinander. Als Häfen zur überseeischen Ausfuhr von Alabama-Roheisen kommen die Häfen des Golfs von Mexico, also Pensacola (418 km von Birmingham entfernt), Mobile (442 km) und New Orleans (670 km) und die atlantischen Häfen Savannah (720 km) oder Brunswick in Betracht. Nach unserer Unterrichtung lagen Anfang 1896 die officiellen Tarife für Roheisen nach den mexicanischen Häfen zwischen $2\frac{1}{2}$ und 3 \$, während Kohlen von Birmingham nach Mobile und Pensacola zu $1\frac{1}{2}$ und sogar zu 1,10 \$ (etwa 1 Pfg. f. d. tkm) gefahren worden sind. Es wird jedoch bestimmt versichert, daſs mit den Eisenbahnen Verträge für Versendung gröſserer Mengen Roheisens zu 1 \$ und sogar 0,90 \$ abgeschlossen worden sind.

Was die Seefrachten betrifft, so unterliegen dieselben bekanntlich groſsen Schwankungen. Es ist nicht ausgeschlossen, daſs einzelne Posten als Ballast zu einem Satz von nicht viel mehr als 1 \$ über den Ocean gehen, aber mit 2 bis 3 \$ wird man unter gewöhnlichen Umständen zu rechnen haben, bei starker Nachfrage nach Schiffsraum reicht aber auch dieser Satz nicht mehr aus. In der Unsicherheit der Seefrachten liegt stets ein unberechenbarer Factor in dem amerikanisch-europäischen Eisengeschäft.

Die Redaction.

richtungen für Massenfabrication versehen und bilden jetzt eine gewaltige Concurrenz für die Röhrengiefsereien in Pennsylvania auf dem heimischen Markte. Sie haben sich aber auch schon im Ausland den wettbewerbenden europäischen Giefsereien fühlbar gemacht, z. B. in Japan, Südamerika und anderwärts. —

Allem nach haben die europäischen Eisenindustriellen in Zukunft mit dem amerikanischen Wettbewerb zu rechnen, und es wird ihnen nicht erspart bleiben, grofse Anstrengungen machen zu müssen, ihre Erzeugungskosten auf ein Minimum zu verringern, sei es auf dem Wege der Erz- und Kohlengewinnung und deren Herbeischaffung zu den Oefen, oder bei der Herstellung, Versendung und Verarbeitung des Roheisens selbst, z. B. billige Eisenbahnfrachten und namentlich billige Wasserwege zur Verbindung der vorhandenen Erz- und Kohlenlagerstätten, nebst mechanischen Be- und Entladevorrichtungen für die Erze, Koks, Zuschläge und Fabricate, grofse Hochöfen mit grofsem Windquantum, grofsem Winddruck, hoher Windtemperatur, mechanische Begichtung, mechanische Schlackenabfuhr, mechanische Giefsvorrichtungen, mechanische Zerkleinerungs- und Verladevorrichtungen für die Masseln, möglichst automatisch arbeitende Converter- und Martinofenwerke, letztere mit mechanischen Füllvorrichtungen, Giefsereien und Walzwerke, in denen mittels mechanischer Hülfsmittel grofse Massen mit relativ wenig Arbeitslöhnen hergestellt werden können. Das letztere Ziel würde durch eine gründlichere Specialisirung der einzelnen Werke auf bestimmte Erzeugnisse am meisten erleichtert werden, wozu voraussichtlich ein Uebereinkommen der verschiedenen Werke nothwendig sein würde. Die Frage, ob und inwieweit ein solches Uebereinkommen ausführbar ist, mufs den deutschen Industriellen selbst überlassen bleiben; die vorstehende Arbeit sollte nur die Aufgabe erfüllen, wieder einmal auf den drohenden Wettbewerb der amerikanischen billigen Massenerzeugung hinzuweisen, ähnlich wie solches in der in Nr. 13, 1895, der Zeitschrift „Stahl und Eisen“ veröffentlichten Arbeit in Bezug auf den amerikanischen Maschinenbau geschah.

Ueber die magnetischen Eigenschaften der neueren Eisensorten und den Steinmetzschen Coëfficienten der magnetischen Hysteresis.

Von Dr. **A. Ebeling** und Dr. **Erich Schmidt.**

(Mittheilung aus der Physikalisch-Technischen Reichsanstalt. Abtheilung II.)

Gelegentlich der 4. Jahresversammlung des „Verbandes deutscher Elektrotechniker“ wurden über magnetische Materialien einige kurze Daten mitgetheilt, die bei den Arbeiten in der Reichsanstalt erhalten waren;* über diese soll hier ausführlicher berichtet werden.

Im 1. Theil soll hauptsächlich gezeigt werden, dafs die Hüttenwerke bereits Stahlgufs von hoher magnetischer Güte herstellen.

Im 2. Theil sind Angaben über den sogenannten „Steinmetzschen Coëfficienten η der magnetischen Hysteresis“ gemacht; dieselben sind deshalb hinzugesetzt, weil in letzter Zeit häufiger die Angabe dieses Coëfficienten gewünscht wurde.

1. A. Gegossene Materialien.

Für die folgenden Resultate, welche mittels der Jochmethode** gewonnen wurden, sind nur solche Materialien herangezogen, welche als gegossene bezeichnet waren.

Die Magnetisirbarkeit variirt für diese Eisensorten, wenn der Zustand sich der magnetischen Sättigung nähert, also etwa für eine Feldstärke $H = 100$ C. G. S., nur wenig. Für 45 Proben betrug der gröfste Unterschied der Induction etwa 8 % und unter Ausschlufs einer Probe nur 4 %. Aus diesem Grunde kann man sich für eine vergleichende Beurtheilung der magnetischen Güte auf den Werth der Coërcitivkraft und des Energieumsatzes durch Hysteresis beschränken, wenn man zu hinreichend hohen Feldstärken geht.

Es fanden sich unter 45 gegossenen Proben

11 Stück	oder 24 %	mit der Coërcitivkraft	1,5 bis 2,0
20 „	„ 44 „	„ „ „	2,1 „ 2,5
6 „	„ 13 „	„ „ „	2,6 „ 3,0
8 „	„ 18 „	„ „ „	3,1 „ 5,3

Tabelle I enthält einige weitere Daten für die besten Sorten der gegossenen Materialien; dabei sind zum Vergleich zwei Proben des besten weichen schwedischen Schmiedeisens unter Nr. 1 und 2 mitangegeben; ferner eine Stahlgufsprobe mittlerer Güte unter Nr. 16, und schliefslich eine solche von verhältnifsmäfsig hoher Coërcitivkraft

* A. Ebeling, „Elektrotechnische Zeitschrift“ 17, 535, 1896.

** Vergl. den Bericht über die Thätigkeit der Physikalisch-Technischen Reichsanstalt in der Zeit vom 1. März 1894 bis 1. April 1895. „Zeitschrift für Instrumentenkunde“ 15, 330, 1895.

Hierzu ferner Erläuterung I über magnetische Mefsmethoden. Zum besseren Verständnifs unserer Leser sind einzelne Erläuterungen der Arbeit angefügt. *Red.*

unter Nr. 17. Es bedeutet darin in C. G. S. Einheiten: $B_{max.}$ die höchste beobachtete Induction B für die zugehörige Feldstärke $H_{max.}$, B_{100} den Werth von B für $H = 100$, C die Coërcitivkraft, $E = \frac{1}{4\pi} \int B dH$ den Energieumsatz durch Hysteresis $\eta = \frac{E}{B_{max.}^{1,6}}$ den Steinmetzschen Coëfficienten der magnetischen Hysteresis, μ_{max} den höchsten Werth der Permeabilität, beobachtet bei der Feldstärke $H\mu$.

Tabelle I.

Nr.	Material	$B_{max.}$	$H_{max.}$	B_{100}	C	E	η	$\mu_{max.}$	$H\mu$
1	Schwedisch. Schmiedeisen	17 990	134	17 400	0,8	6 300	0,0010	4 200	1,3
2		18 020	141	17 300	0,9	7 500	0,0012	3 700	1,3
3	Stahlgufs	18 020	144	17 300	1,5	11 100	0,0017	2 550	2,3
4		18 080	139	17 500	1,7	13 600	0,0021	2 590	2,7
5		18 040	133	17 450	1,9	15 900	0,0025	1 860	2,9
6		18 000	123	17 500	2,1	18 900	0,0029	1 540	3,6
7	Geg. Siemens-Martinstahl	17 650	124	17 200	1,7	16 400	0,0026	1 900	2,9
8		18 030	140	17 350	1,8	14 500	0,0023	2 150	2,7
9		18 030	131	17 530	1,8	12 400	0,0019	2 390	2,8
10		17 660	130	17 140	1,9	17 500	0,0028	1 690	2,8
11		18 180	142	17 480	1,9	15 800	0,0024	2 080	2,7
12		17 920	131	17 430	2,0	13 500	0,0021	2 170	2,5
13	Flufseisengufs	17 650	121	17 280	1,5	12 900	0,0021	—	—
14		18 230	141	17 540	2,0	14 300	0,0023	2 100	3,3
15		17 760	121	17 400	2,1	16 500	0,0026	—	—
16	Stahlgufs	17 960	141	17 260	2,5	20 000	0,0031	1 700	3,5
17		17 950	139	17 280	5,3	34 700	0,0054	900	8,3

Leider ist Näheres über die Herstellungsart der Materialien selten und schwer zu erfahren; es scheint jedoch, dafs dieselbe für das Erreichen hoher magnetischer Güte nicht mafsgebend ist. Das eingesandte Material war für die obigen Beobachtungen nur mechanisch bearbeitet worden.

So wie auch sonst bekannt ist, spricht sich in den Zahlen der Tabelle aus, dafs ein magnetisches Material durch eine einzige Gröfse wie Hysteresis, Permeabilität, Coërcitivkraft u. s. w. nicht definirt wird, da zwei Materialien in einem dieser Werthe übereinstimmen können, ohne dafs dies bei den anderen der Fall ist. Es sind ferner Versuche über die Gleichmäfsigkeit der gegossenen Materialien und über den Einflufs, den das Ausglühen auf dieselben ausübt, angestellt worden.

a) Gleichmäfsigkeit der gegossenen Materialien.

Wegen des Werthes, den ein magnetisch möglichst gleichmäfsiges Eisen für die Technik besitzt, sind hierüber in der Reichsanstalt Untersuchungen gemacht worden, bei denen sich herausstellte, dafs die neueren gegossenen Materialien am gleichmäfsigsten seien.

In einfacher Weise läfst sich die magnetische Homogenität bezw. Inhomogenität mittels der elektrischen Leitungsfähigkeit prüfen, deren Aenderung längs eines Prüfstabes bestimmt wird. Ueber die Berechtigung dieser Untersuchungsmethode wurde bereits ein kurzer Aufsatz veröffentlicht;* inzwischen haben weitere Versuche die Uebereinstimmung zwischen elektrischer und magnetischer Gleichmäfsigkeit in jeder Weise bestätigt.

Von 37 gegossenen Proben zeigten

22 Stück Unterschiede in der elektrischen Leistungsfähigkeit . . . . bis zu 1 %
8 „ „ „ „ „ „ . . . . von 1 bis 2 %
3 „ „ „ „ „ „ . . . . . „ 2 „ 3 „
3 „ „ „ „ „ „ . . . . . „ 3 „ 5 „
1 „ „ „ „ „ „ . . . . . „ 10 %.

Materialien, für welche die Differenzen in den Werthen der elektrischen Leitungsfähigkeit unterhalb 1 % liegen, erweisen sich auch stets als magnetisch recht homogen.

Die gröfsten Unterschiede, die man bisher festgestellt hat, betrugen für einen schmiedeisernen Stab 15 %, und dieser Stab war auch magnetisch sehr inhomogen.

b) Einflufs des Ausglühens.

Es ist bekannt, dafs Eisen durch Ausglühen magnetisch weicher** wird. Inwiefern die Art des Ausglühens nicht unwesentlich ist, ja gegebenen

---

* A. Ebeling, „Zeitschrift für Instrumentenkunde“ 16, 87, 1896; Wied. Ann. 58, 342, 1896. Hierzu Erläuterung II.

** Hierzu Erläuterung III.

Falles von grofsem Einflufs sein kann, haben diesbezügliche Versuche der Reichsanstalt * gezeigt, welche gleichzeitig den besonderen Zweck verfolgten, festzustellen, ob magnetisch inhomogene Eisen- und Stahlstäbe durch Ausglühen homogen gemacht werden können.

Es ergab sich bei diesen Versuchen das wichtige Resultat, dafs einige der gegossenen Eisensorten magnetisch eine derartige Güte oder Weichheit erreichten, dafs sie den besten geschmiedeten Sorten nur noch wenig nachstanden. Man sieht dies, wenn man die Daten der Tabelle II, in welcher die Resultate vor und nach dem Glühen für zwei Eisenproben verschiedenen Ursprungs angegeben sind, mit der Nr. 1 und 2 in Tabelle I vergleicht.

Tabelle II.

Material	Zustand	$B_{max.}$	$H_{max.}$	B_{100}	C	E	η
schwedischer Stahlgufs	ungeglüht	17 900	135	17 300	2,5	18 200	0,0029
„ „	geglüht	18 080	126	17 600	1,0	9 750	0,0015
deutscher Stahlgufs	ungeglüht	17 780	130	17 240	2,3	21 000	0,0033
„ „	geglüht	18 430	162	17 440	1,2	11 200	0,0017

Die Bezeichnungen entsprechen denen der Tabelle I. Andere Proben hatten sich freilich beim Ausglühen magnetisch nur wenig geändert.

Aus diesem Verhalten kann man jedoch deswegen keine Schlüsse ziehen, weil man über die Behandlung der Materialien vor der Einsendung nichts wufste.

B. Eisenbleche.

In Tabelle III sind für drei der besten zur Prüfung eingesandten Eisenblechproben die magnetischen Daten angegeben; die Bezeichnungen entsprechen auch hier denen der Tabelle I.

Tabelle III.

Nr.	Material	$B_{max.}$	$H_{max.}$	B_{100}	C	E	η	$\mu_{max.}$	H_{μ}
1	Eisenblech	18 080	133	17 450	1,5	11 800	0,0018	2130	2,3
2	„	18 140	133	17 530	1,7	12 300	0,0019	2780	2,3
3	„	17 390	133	16 800	1,8	12 500	0,0021	1980	3,1

Glühversuche sind mit Blechen nicht angestellt worden. Die magnetische Gleichmäfsigkeit der Bleche hängt jedenfalls sehr von der Art ab, wie die Bleche hergestellt, bezw. nach ihrer Herstellung ausgeglüht werden; Proben, die aus dem mittleren Theil eines Bleches und aus dem Rande herausgeschnitten waren, zeigten bisweilen recht beträchtliche Unterschiede ihrer magnetischen Eigenschaften.

2. Der Steinmetzsche „Coëfficient η der magnetischen Hysteresis".

Die Energiemenge E, welche beim Durchlaufen eines vollständigen magnetischen Kreisprocesses infolge von Hysteresis in Wärme umgesetzt wird, ergiebt sich nach Steinmetz ** aus der bereits oben angegebenen empirisch gewonnenen Gleichung

$$E = \eta \, B_{max.}^{1,6}$$

Hierin ist $B_{max.}$ der Werth der jeweilig beobachteten maximalen Induction. Derselbe wäre eigentlich um den Betrag der zugehörigen höchsten Feldstärke zu vermindern. Von dieser Correction kann jedoch abgesehen werden, wie es auch in den folgenden Berechnungen geschehen ist, da im allgemeinen der Werth von H gegen B klein ist. Der Factor η soll nun nach Steinmetz für ein und dasselbe Material unabhängig von dem gewählten Werthe $B_{max.}$ sein. Berechnet man jedoch aus den verschiedenen von Steinmetz für $B_{max.}$ und E beobachteten Werthen die zugehörigen η, so findet man zum Theil recht erhebliche Abweichungen. In Tabelle IV ist aus mehreren Versuchsreihen von Steinmetz * jedesmal der gröfste und kleinste Werth von η eingesetzt. Zum Vergleich sind in der ersten Zeile die Werthe aus einer Ewingschen Beobachtungsreihe, welche auch von Steinmetz ** benutzt ist, hinzugefügt. Der Unterschied der beiden Werthe von η ist in Procenten des Mittelwerthes ausgedrückt.

Tabelle IV.

Tabellennummer bei Steinmetz	η Gröfster Werth	η Kleinster Werth	Unterschied in % des Mittelwerthes
Ewing	0,00219	0,00195	12 %
II_2	0,00250	0,00229	9 „
II_3	0,00244	0,00217	12 „
II_4	0,00257	0,00234	9 „
II_5	0,00258	0,00232	11 „
III_2	0,00316	0,00256	21 „
III_3	0,00354	0,00316	11 „
III_4	0,00395	0,00348	13 „
III_5	0,00423	0,00365	15 „

* A. Ebeling und Erich Schmidt, „Zeitschrift für Instrumentenkunde" 16, 77, 1896; Wied. Ann. 58, 330, 1896.

** Chas. Steinmetz, „Elektrotechnische Zeitschrift" 12, 62, 1891; 13, 43 bis 48, 55 bis 59, 1892.

* Chas. Steinmetz, „Elektrotechnische Zeitschrift" 13, 45 bis 46, 1892.

** Chas. Steinmetz, „Elektrotechnische Zeitschrift" 12, 63, 191.

Aus der Tabelle ist ersichtlich, dafs die Unterschiede bei Ewing 12 % erreichen und bei Steinmetz in einem Falle 20 % übersteigen. Diese Abweichungen sind indefs in Wirklichkeit wahrscheinlich noch gröfser, da nach der eigenen Angabe von Steinmetz* „Werthe, welche bedeutend aufserhalb der die anderen Werthe verbindenden Curve lagen, als evident unrichtig fortgelassen wurden, ohne es der Mühe werth zu halten, näher zu untersuchen, ob eine unrichtige Instrumentablesung oder ein Rechenfehler die Abweichung von der die anderen Werthe verbindenden Curve verursachte".

Um festzustellen, ob diese Unterschiede in den Werthen von η auch bei möglichst genauen Bestimmungen sich ergeben, wurden 2 Stäbe im geschlossenen Volljoch** und 3 Ellipsoide nach der magnetometrischen Methode untersucht. Ein Ellipsoid und ein Stab bestanden aus weichem Stahl, die beiden übrigen Ellipsoide aus weichem Schmiedeisen und der zweite Stab aus Stahlgufs. Mit jedem Stab oder Ellipsoid wurden mehrere vollständige Kreisprocesse† ausgeführt, bei welchen bis zu verschiedenen Werthen der maximalen Induction aufgestiegen wurde. Die Ergebnisse der Versuche sind in den Tabellen V bis IX zusammengestellt, wo die Abweichungen ebenfalls in Procenten des Mittelwerthes angegeben sind.

Tabelle V.

Stab aus geglühtem Stahlgufs.

B max.	E	η
6 060	1040	0,00092
9 000	2170	0,00102
14 000	5450	0,00127
16 420	7940	0,00143
18 320	8690	0,00131

Gröfste Abweichung in den Werthen η etwa 43 %.

Tabelle VI.

Stab aus geglühtem Wolframstahl.

B max.	E	η
2 300	1 910	0,0080
3 670	4 370	0,0087
6 130	10 570	0,0092
9 200	20 610	0,0094
13 020	38 200	0,0100

Gröfste Abweichung in den Werthen η etwa 22 %.

Tabelle VII.

Ellipsoid aus weichem Schmiedeisen.

B max.	E	η
5 030	810	0,00097
8 380	1780	0,00094
14 840	4940	0,00105
17 270	6850	0,00114
18 770	8550	0,00124

Gröfste Abweichung in den Werthen η etwa 28 %.

* Chas. Steinmetz, „Elektrotechnische Zeitschrift" 13, 44, 1892.

** Hierzu Erläuterung I über magnetische Mefsmethoden.

† Hierzu Erläuterung IV.

Tabelle VIII.

Ellipsoid aus geglühtem schwedischem Schmiedeisen.

B max.	E	η
4 790	1 300	0,00168
7 980	2 950	0,00169
11 050	5 500	0,00187
13 770	9 050	0,00216
18 300	16 650	0,00252
20 450	16 850	0,00214

Gröfste Abweichung in den Werthen η etwa 42 %.

Tabelle IX.

Ellipsoid aus geglühtem Wolframstahl.

B max.	E	η
4 210	8 700	0,0138
8 310	25 500	0,0137
10 760	38 350	0,0136
16 770	79 900	0,0139
18 510	90 000	0,0134

Gröfste Abweichung in den Werthen η etwa 3,6 %.

Aus den Versuchen ergiebt sich, dafs zwar bei dem nach der magnetometrischen Methode untersuchten Stahlellipsoid eine ziemlich gute Uebereinstimmung in den Werthen von η vorhanden ist,* dafs dagegen bei weichem Schmiedeisen und Stahlgufs die Werthe von η untereinander noch gröfsere Abweichungen zeigen als bei Steinmetz. Die gröfsere Abweichung bei dem Stahlstab in Tabelle VI ist wohl dadurch zu erklären, dafs derselbe eine verhältnifsmäfsig geringe Coërcitivkraft besafs und daher sich dem weichen Eisen bereits näherte. Hiernach kann der „Coëfficient η der magnetischen Hysteresis" nicht immer als eine Constante des Materials angesehen werden. Derselbe ändert sich naturgemäfserweise nicht mehr, wenn man zu genügend hohen Werthen der Induction aufsteigt, da sich dann auch die Gestalt der hysteretischen Schleifen nicht mehr merklich ändert.**

Erläuterungen

zu vorstehendem Aufsatz, auf Wunsch der Redaction hinzugefügt von Dr. C. Heinke, München.

Erläuterung I über magnetische Mefsmethoden.

Als das nächste Ziel aller magnetischen Messungen kann man die Auffindung des Zusammenhanges der spec. magnetomotorischen Kraft H, als Ursache, mit der erzielten Wirkung in Gestalt der spec. magnetischen Induction B (ausgedrückt in Kraftlinien a. d. Quadratcentimeter) ansehen; für graphische Darstellung, also die Aufstellung der B-H-Curve der zu untersuchenden Eisenprobe. Um jedoch vergleichbare bezw. absolute Werthe zu bekommen, ist es unbedingt erforderlich, den

* Auch Steinmetz hat für Stahl nur Unterschiede in den Werthen von η bis zu 4 % gefunden. Vergl. „Elektrotechnische Zeitschrift" 13, 55 bis 56, Tabelle VII bis IX, 1892.

** Hierzu Erläuterung V.

zu einem gemessenen Inductionswerth B der Eisenprobe gehörigen Werth H, welcher auf das Eisen allein entfällt, zu ermitteln. Nach früheren Betrachtungen (vergl. Hülfsvorstellungen bei magnetischen Erscheinungen, „Stahl und Eisen" 1897 Nr. 8, zu Fig. 3) mufs sich aber die gesammte vorhandene magnetomotorische Kraft M_o (ausgedrückt in Ampèrewindungen) auf die einzelnen Theile des magnetischen Kreislaufes derart proportional mit den magnetischen Widerständen (im Modell durch die Spannkraft der Kautschukfäden dargestellt) vertheilen, dafs bei Zusammensetzung des Kreislaufs aus zwei Materialien, meist Eisen und Luft, man setzen kann $M = M_o - \delta$, wenn δ die auf den nicht aus Eisen bestehenden Kreislaufrest entfallende Theilkraft ist, während M den Nettowerth der auf das Eisen entfallenden magnetomotorischen Kraft darstellt. Zur Erlangung specifischer, d. h. für die Einheit geltender Werthe ist noch durch die Länge l des Eisenweges zu dividiren, woraus folgt:

$$\frac{M}{l} = \frac{M_o}{l} - \frac{\delta}{l} \text{ oder } H = H_o - \frac{\delta}{l}.$$

Mit Rücksicht auf diese erforderliche, für absolute Messungen die Hauptschwierigkeit bereitende Correction $\frac{\delta}{l}$, welche bei graphischer Darstellung durch Rückscheerung der direct erhaltenen Magnetisirungscurven (B-H_o-Curven) erfolgt (vergl. Hülfsvorstellungen in Nr. 8), und gewöhnlich einer sogenannten entmagnetisirenden Kraft der Enden zugeschrieben wird, kann man die Mefsmethoden in 3 Klassen theilen:

1. Ringmethoden mit speciell hierfür zusammenhängend hergestellten, ringförmigen Probestücken (massiv oder aus Blechringen aufgebaut);
2. Jochmethoden, als Ersatz für Ringmethoden bei geraden Probestücken;
3. Methoden mit unvollständigem Eisenkreislauf.

Sind bei 1 keine Schweifsstellen vorhanden, welche leicht eine Fugenwirkung haben können, so wird das Correctionsglied $\frac{\delta}{l}$ zu Null. Bei 2 sucht man das letztere so klein als irgend möglich zu machen, indem man den magnetischen Kreislauf durch einen sehr kleinen magnetischen Widerstand in Gestalt eines Volljochs von grofsem Querschnitt schliefst, wie Fig. 1 zeigt, welche das von der Phys.-Techn. Reichsanstalt benutzte Joch darstellt.* Das Einspannen erfolgt mit Hülfe der aus der Figur erkennbaren Backen und Schrauben. Das verwendete Doppeljoch aus Stahlgufs hat eine Länge von 18 cm, einen Querschnitt von 2 × 24 qcm und einen inneren Luftraum von 10 cm Länge, 6 cm Höhe und 6 cm Breite zur Aufnahme der Magnetisirungsspule. Bei den Methoden nach 3, wozu auch die sogleich zu erwähnende Magnetometermethode gehört, mufs die Bestimmung von $\frac{\delta}{l}$ durch Rechnung aus den Dimensionen des geraden Prüfstückes erfolgen, indem man die zu dem Verhältnifs m von Länge : Durchmesser (vergl. Hülfsvorstellungen) gehörigen „Entmagnetisirungsfactoren" benutzt.

Zur Bestimmung des Werthes B in absoluten Einheiten (Kraftlinien a. d. Quadratcentimeter) werden, abgesehen von den nur vergleichenden

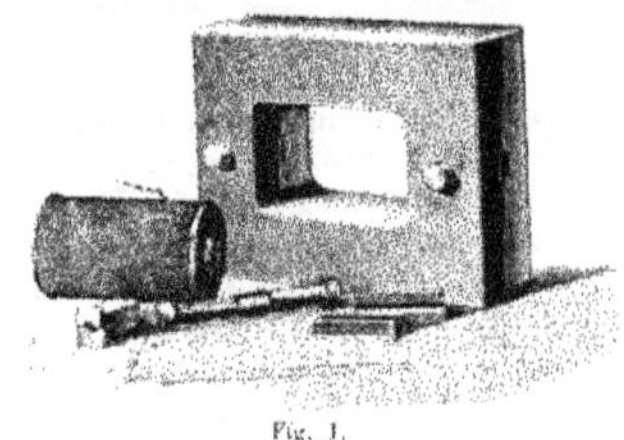

Fig. 1.

Mefsmethoden, praktisch entweder die Schwingungsgalvanometer-Methode unter Zuhülfenahme der Wechselinduction, oder die Magnetometermethode — auf Grund des früher als Fernewirkung bezeichneten Ablenkungseinflusses der Enden (Pole) des Prüfstückes auf ein im Erdfeld befindliches und mit einem Spiegel vorhundenes Magnetsystem — benutzt. Erstere Methode ist bei allen unter 1 bis 3 angeführten Methoden anwendbar und z. B. auch bei der Anordnung in Fig. 1 benutzt. Hier wird der auf Wechselinduction beruhende In-

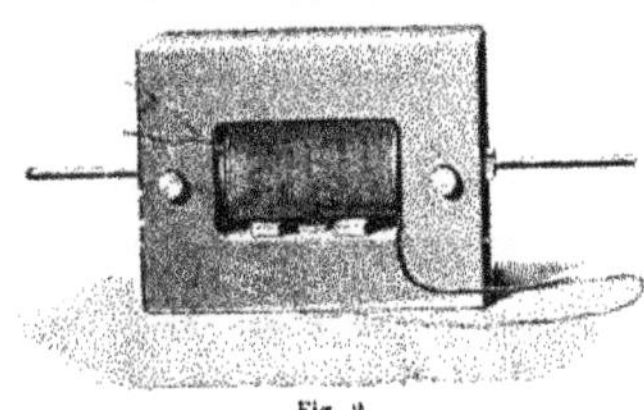

Fig. 2.

ductionsstofs (vergl. Elektrotechnische Briefe, „Stahl und Eisen" 1892), welcher bei Umkehr des Stromes der Magnetisirungsspule in der in Fig. 2 sichtbaren, 1,5 cm langen und den Stab eng umschliefsenden Inductionsspule auftritt, durch die Wicklung eines Schwingungsgalvanometers geschickt und der Ausschlag beobachtet. Aus diesem Ausschlag, sowie den Stromkreis- und Galvanometerconstanten wird zunächst die Gesammtinduction und durch Division mit der Windungszahl der Spule die Kraftlinienzahl N in jedem Querschnitt des Prüfstabes ermittelt, woraus $B = \frac{N}{q}$ folgt, wenn q der Querschnitt des Prüfstabes.

* Aus „Zeitschrift für Instrumentenkunde" 1896, Heft 3.

Bei der Magnetometermethode wird vorausgesetzt, dafs sich aufser dem magnetischen Prüfstab und dem kleinen Magnetometermagnet keine einseitig angeordneten Eisenmassen in der Umgebung befinden. Alsdann mufs bei geradem Prüfstück die Anordnung der von einem Ende (Pol) zum andern durch die ganze Umgebung übergehenden Kraftlinien, welche den Schlufs des magnetischen Kreislaufes darstellen, nach allen Seiten symmetrisch erfolgen. Zwischen dem „Feld" des Prüfstabes an irgend einem Punkt mit bekannter Polentfernung und der spec. Prüfstabinduction B, oder auch Magnetisirung $J = \frac{B}{4\pi}$, wird somit ein bestimmter, zahlenmäfsiger Zusammenhang bestehen. Die mit Spiegel und Scala beobachtete Ablenkung der Magnetometernadel giebt nun den Zusammenhang zwischen dem bekannten Erdfeld (Horizontalintensität) und jenem zusätzlichen, um 90° versetzten Horizontalfeld des Prüfstabes, so dafs sich auf diese Weise jenes gesuchte B ermitteln läfst.

II. Die Prüfung der elektrischen Leitungsfähigkeit der Eisenstäbe, welche auf magnetische Homogenität untersucht werden sollen, erfolgt nach Ebeling in der Weise, dafs man einen constanten Strom i von etwa 1 Ampère durch den zu prüfenden Stab schickt. Nach dem Ohmschen Gesetz ($e = i . r = \frac{i . l . \rho}{q}$) mufs der längs des Stromweges auftretende elektrische Spannungsabfall e — oder was dasselbe ist: die zur Ueberwindung seines Widerstandes erforderliche E. M. K. — einmal proportional jener constanten Stromstärke i, ein zweites Mal proportional dem Ohmschen Widerstand r der betrachteten Wegstrecke sein; da aber $r = \frac{l . \rho}{q}$, wenn l die Länge, q der Querschnitt und $\rho = \frac{1}{k}$ der spec., vom Material abhängige Leitungswiderstand, bezw. das reciproke k dessen Leitungsfähigkeit ist, so mufs für constantes q und l eine Aenderung von ρ bezw. $\frac{1}{k}$ längs des Stabes direct durch den Werth von e gemessen werden. Dieses e wird bestimmt, indem man zwei miteinander mechanisch fest verbundene, aber elektrisch isolirte, in constantem Abstand von 4 cm stehende und mit 0,5 kg belastete Messingschneiden an verschiedenen Stellen des Stabes aufsetzt und den Ausschlag α eines empfindlichen Galvanometers beobachtet, das nebst passendem Vorschaltwiderstand mit seinen Enden an jene Schneiden angeschlossen wird; der Ausschlag α ist nämlich jenem sehr schwachen Galvanometerstrom i_g, also auch jenem e proportional, indem wiederum nach Ohm: $e = i_g . R_g = C . \alpha . R_g$, wenn R_g den Ohmschen Widerstand des ganzen Galvanometerstromkreises und C die Galvanometerconstante bedeutet.

III. Magnetisch „weicher", was hier mit „besser" zusammenfällt, nennt man ein Eisen, bei welchem die Coërcitivkraft (vergl. Hülfsvorstellungen in Nr. 8) und damit im Zusammenhang die innere magnetische Reibungsarbeit (Hysteresis) geringer ist als bei einem anderen Eisen, oder das mit anderen Worten äufseren Magnetisirungseinflüssen williger folgt als ein anderes.

IV. Ein vollständiger Kreisprocefs entspricht dem einmaligen Durchlaufen der Hysteresisschleife (vergl. Hülfsvorstellungen in Nr. 8).

V. Diese dankenswerthe Nachprüfung der Formel von Steinmetz von seiten der Reichsanstalt würde durch ihre Ergebnisse nachweisen, dafs jene Formel nur eine ziemlich bedingte Gültigkeit besitzt, obwohl Tabelle V bis VIII eine gewisse übereinstimmende Regelmäfsigkeit des Verlaufes beim η Werthe abhängig von B erkennen lassen. Dieser Verlauf deutet darauf hin, dafs man zur Vergleichung verschiedener, namentlich weicher Eisenmaterialien hinsichtlich η stets solche Versuchsbedingungen benutzen müfste, welche einen verhältnifsmäfsig gleichen, am besten möglichst hohen magnetischen Sättigungsgrad der Materialien herbeiführen. Insoweit dürfte jener Coëfficient auch einen praktischen Werth für bequeme Vergleichszahlen behalten.

Chemische und mikroskopische Untersuchung eines interessanten Hochofenerzeugnisses.*

Von **Léon Franck** in Esch an der Alzette.

(Zweite Mittheilung.**)

In Nummer 15, Jahrgang 16 dieser Zeitschrift wies ich in einem Artikel „Die Diamanten des Stahls" auf die Untersuchung eines Hochofenproductes hin, das bei einer Reparatur am Gestelle und Herde des Ofens Nr. III der Gesellschaft Metz & Co. in Esch a. d. Alzette (Luxemburg) gefunden wurde. Ich habe nun dieses Product einer näheren chemischen sowie mikroskopischen Untersuchung unterzogen und lege hiermit den Fachgenossen meine Ergebnisse vor. Leider war mir die zu Gebote stehende Menge des Materials

* Bei der Redaction eingegangen am 27. April 1897.

** Vergl. Léon Franck: „Die Diamanten des Stahls", „Stahl und Eisen" 1896, Nr. 15, Seite 585.

eine so geringe, dafs ich gezwungen bin, eine noch weitere Untersuchung aufzugeben, obwohl noch manches darin enthaltene Kryställchen sich der Bestimmung entzog.

Das vorliegende Material war von eisenfarbenem Aeufsern, theilweise krystallisirt, theilweise amorph. Auf frischem Bruche liefsen sich viele kupferfarbene glänzende Punkte unterscheiden, die der Kenner direct als Titanverbindungen bezeichnet.

Die Lupe enthüllt dem Auge gelbe Kryställchen, runden Graphit, die gewöhnlichen Eisenkrystalle und andere mehr. Das Ganze liefs sich mit dem Hammer zerkleinern, enthielt theilweise leichte Substanzen, theilweise solche, die jedem Stahle widerstanden.

Die qualitative Untersuchung auf trockenem Wege zeigte ein Vorhandensein von Cyanverbindungen, von Arsen und Schwefelmetallen, Phosphorverbindungen, Kohlenstoff, Siliciumverbindungen, Titan-, Eisen- und Manganverbindungen.

Mit kochendem Wasser behandelt ging etwas in Lösung über. In der wässerigen Lösung ergab die Analyse Vorhandensein von Kaliumferrocyanid und auch dem entsprechend Natriumsalze. Die Lösung färbte sich direct blau. Der in Wasser unlösliche Theil entwickelte mit verdünnter Salzsäure gekocht stark übelriechende Gase, in welchem Gasgemisch, Schwefel-, Arsen-, Phosphor-, Kohlenwasserstoff nachgewiesen wurden.

Es sei hier bemerkt, dafs die ganze Untersuchung des Productes mit allerlei Schwierigkeiten verbunden war, und dafs es Monate angestrengter, exacter Arbeit bedurfte, ehe ich zu übereinstimmenden Resultaten gelangte.

In Lösung liefs sich Eisen und Mangan nachweisen. Es lagen somit Sulfide, Arsenide, Phosphide und Carbide des Eisens und des Mangans vor, die löslich in verdünnter Salzsäure sind. Ein näheres Bestimmen der verschiedenen Verbindungen war nicht möglich. Auch eine quantitative Analyse der verschiedenen Gase hätte nicht einmal zu annähernden Resultaten geführt. Der Rückstand wurde nun so oft mit kochendem Wasser behandelt, bis der Abflufs nicht mehr sauer reagirte, darauf etwas davon zu mikroskopischen Präparaten verwendet.

Die mikroskopischen Analysen wurden folgendermafsen ausgeführt: Verschiedene Präparate wurden mikroskopirt und davon die auftretenden Bestandtheile notirt und aufgezeichnet. Vom gleichen Material nun wurde der Rest in concentrirter Salpetersäure längere Zeit gekocht, darauf so lange mit kochendem Wasser behandelt, bis die ablaufende Flüssigkeit keine saure Reaction mehr zeigte. Von diesem neuen Rückstande wurden wieder Präparate mikroskopisch untersucht, mit ersteren verglichen und so ermittelt, welche Bestandtheile, welche Körper sich gelöst hatten in concentrirter Salpetersäure. Die stark salpetersaure Lösung wurde eingedampft und dann chemisch nach den möglicherweise vorkommenden Bestandtheilen qualitativ untersucht. Dann wurden die möglicherweise vorzukommenden Verbindungen mit reinen, chemisch dargestellten Präparaten mikroskopisch verglichen und so die Namen der vorkommenden Verbindungen aufgestellt. Es ist dies eine Vergleichsanalyse, welche, wenn man geübt ist, rasch fortschreitet. Der Rückstand wurde der Reihe nach mit concentrirter kochender Salpetersäure, kochender rauchender Salpetersäure, kochender Flufssäure, kochender concentrirter Schwefelsäure behandelt, und jedesmal genaue Vergleichsanalysen ausgeführt.

Um nicht allzu weitläufig zu werden, begnüge ich mich hier mit der Angabe der Resultate jeder mikroskopischen Analyse, mit einer näheren Beschreibung einiger interessanten gefundenen Körper und mit der Zusammenstellung der Resultate am Schlusse der Abhandlung. Bei jeder mikroskopischen Angabe nenne ich nur diejenigen Körper, welche sich bei der darauffolgenden Behandlungen gelöst haben.

I.

1. In kochender Salpetersäure haben sich gelöst:

a) graue metallglänzende Krystallsplitter;

b) graphitartige an Octaëder erinnernde Krystalle;

c) hellgraue metallische Substanzen, welche in grofser Quantität zugegen waren;

d) dunkelgraue Partien breitblättriger Structur;

e) gestrickte Octaëder, welche viel auftraten;

f) graugelbe Theilchen.

2. In der salpetersauren Lösung wurde qualitativ nachgewiesen:

a) Eisen; b) Mangan; c) Phosphorsäure.

3. Beim Beginn der Auflösung entstanden kleine Flämmchen. Die Vergleichsanalyse ergab das Auftreten von:

a) Phosphormangan und zwar des Struveschen* Phosphormangans, ein Gemenge von Mn_3P_2 und Mn_4P_2. Auflösung unter Feuererscheinung;

b) Kohlenstoffmangan und von Johns** Mangangraphit;

c) Phosphoreisen in verschiedenen Variationen;

d) Eisencarbid entsprechend der Formel FC_4;***

e) Eisencarbid entsprechend der Formel Fe_3C_2;

f) Körper unbestimmbarer Natur;

Das Mikroskop zeigte jedoch das Auftreten eines neuen Körpers von hellgrüner bis blaugrüner Farbe von flockiger Structur, anscheinend „oxyde graphitique".

* Struve, J. pr. 79, 321.

** Dammer, „Handb. der anorg. Chemie" III, 274.

*** FC_4, Karsten, J. pr. 40, 229.

II.

Nach mehrmaligem Behandeln mit kochender Flufssäure haben sich gelöst:

a) in grofser Quantität zartfaserige seidenglänzende Nädelchen, von welchen einige schon etwas bei früheren Behandlungen angegriffen waren. Dieselben nahmen im polarisirten Lichte die Regenbogenfarben an. Die chemische Analyse ergab 99,6 % SiO_2;

b) einige glashelle, durchsichtige farblose Kryställchen des hexagonalen Systems. Combinationen des Prismas mit Rhomboëdern. Achsenverhältnifs 1 : 1,099;

c) gleichkrystallisirte Körnchen, durchsichtig, jedoch von hellgelber Farbe. Kryställchen von grünlicher, brauner, blutrother, apfelgrüner Farbe;

d) viele Kryställchen des hexagonalen Systems. Combinationen von Prismen und einer Pyramide. Achsenverhältnifs 1 : 1,631. Meist Zwillings- und Drillingsbildungen;

e) verschiedenartige Sandkörnchen, deren Bestimmung ich nicht weiterführte.

2. Die mikroskopische Vergleichsanalyse ergab das Vorhandensein von:

a) Eisenamianth,* der häufig im Gestelle unserer Hochöfen gefunden wird; derselbe besteht aus reinem SiO_2 mit geringen Verunreinigungen;

b) Quarzkryställchen mannigfaltigster Art;

c) gefärbte Kryställchen;

hellgelbe Kryställchen sind identisch mit in Kohlenpulver erhitztem Amethyst (Amethist wird beim Erhitzen in Kohlenpulver gelb); die anderen grünlichen, braunen, blutrothen Körnchen sind den farbigen Chalcedonarten täuschend ähnlich;

d) Tridymitkryställchen in verschiedenen Modificationen;

e) unbestimmten Sandkörnchen.

3. Das Product enthält daher die Kieselsäureverbindungen in gut krystallisirten Formen. Eisenamianth ist am meisten vertreten. Alle beschriebenen Formen haben sich auf trockenem Wege gebildet. Es hat hierbei der Hochofen das Arbeiten der Natur im kleinen nachgeahmt. Was sie uns in grofsen Krystallen vorlegt, bietet uns unser Hüttenproduct in mikroskopischen Kryställchen.

4. Die chemische Analyse der flufssauren Lösung ergab Vorhandensein von SiO_2, Eisenspuren, gröfsere Spuren von Titan.

III.

Nach mehrmaligem Behandeln mit concentrirter kochender Schwefelsäure haben sich gelöst:

* Vauquelin, A. ch. 73, 102.

a) leichte Kohle, wahrscheinlich herrührend aus der Zersetzung von Eisencarbureten;

b) kastanienbraune, gestreifte Bruchstücke einer dünnen Kohle.

Nach dem Behandeln mit concentrirter kochender Schwefelsäure blieb noch ein ziemlich bedeutender Rückstand, der viel Graphit in verschiedener Form enthielt. Diese Graphitarten wurden nun einer näheren Prüfung unterworfen. Um alle Kohlenstoffarten näherer Untersuchung zu unterziehen, wurde eine neue Probe des Products folgendermafsen behandelt:

Etwa 25 g des Products wurden mit kochender Salzsäure behandelt, daraus bis zur neutralen Reaction ausgewaschen und dann öfters mit kochender Flufssäure digerirt zur Entfernung der SiO_2-Verbindungen. Der Rückstand wurde bis zur neutralen Reaction ausgewaschen und im luftleeren Raume gänzlich getrocknet. Die Bestandtheile des trockenen Pulvers wurden nun nach ihrem specifischen Gewicht getrennt.

Als specifisch schwere Flüssigkeit wurde die Kleinsche angewandt, welche aus einer Lösung von boro-wolframsaurem Kadmiumsalze besteht. Die Lösung wurde so verdünnt, dafs sie ein spec. Gewicht von 2,50 besafs. Alle spec. schweren Körper sanken auf den Boden der Flüssigkeit, während diejenigen unter einem spec. Gewichte von 2,50 daraufschwammen. Durch verschiedenmaliges Verdünnen mit destillirtem Wasser konnte ich Kohlenstoffarten von verschiedenem spec. Gewichte isoliren. Es folgt eine kurze nähere Beschreibung derselben.

1. Sechsseitige Graphittäfelchen,* die dem hexagonaleu System angehören. Dieselben reflectiren sehr viel Licht. Die Täfelchen treten ineinander verwachsen auf. Das spec. Gewicht dieses Graphits beträgt 2,32. Die Analyse desselben ergab 99,87 % Kohlenstoff und 0,018 % Asche. Man kann denselben als chemisch rein bezeichnen. In meiner chemischen Praxis habe ich noch nie solch fein ausgebildete Graphittäfelchen gefunden.

Die Probe wurde nach der Methode von M. Berthelot mit rauchender Salpetersäure und chlorsaurem Kalium behandelt. Schon nach zweimaligem Angriff war dieselbe vollständig in ein gelbes Graphitoxyd umgewandelt.

2. Krystallgruppen von hexagonalem Charakter, verwachsen mit glänzenden unregelmäfsigen Massen. Die Farbe derselben sticht ins Graue. Das spec. Gewicht beträgt 2,28. Die Analyse ergab 86 % Kohlenstoff, 1,40 % Asche, 0,18 bis 0,50 % Wasserstoff; auch Stickstoff konnte darin nachgewiesen werden.

Mit rauchender Salpetersäure und chlorsaurem Kalium behandelt, hinterblieb hellgrünes Graphitoxyd schon nach dem dritten Angriff.

* Dieser Graphit ist so glänzend und reflectirt so viel Licht, wie der Spiegel des Mikroskops, und erscheint auf den ersten Blick durchsichtig.

3. Ein Graphit von schöner schwarzer Farbe, in Form glänzender Kryställchen. Dessen spec. Gewicht beträgt 2,18. Nach der Analyse enthält derselbe 99,15 % Kohlenstoff und 0,19 % Asche; auch ist Wasserstoff darin enthalten. Erst bei der fünften Einwirkung des oxydirenden Gemisches hinterblieb ein grünlichgelbes Graphitoxyd.

4. Kleine Krystallgruppen von brillanten Kryställchen: häufig sind dieselben punktirt. Deren spec. Gewicht beträgt 2,11. Die Analyse ergab 99,04 % Kohlenstoff, 0,60 % Asche; Spuren von Wasserstoff. Nach dreimaligem Angriff des oxydirenden Gemisches hinterblieb ein hellgelbes, ziemlich gut krystallisirtes Graphitoxyd.

5. Ein schuppenförmiger Graphit von spec. Gewicht 2,10. Derselbe ergiebt beim dritten Behandeln mit oxydirendem Gemisch ein blafsgelbes Graphitoxyd.

6. Eine leichte Kohle, von spec. Gewicht 1,80, sowie Bruchstücke einer kastanienbraunen gestreiften Kohle, spec. Gewicht 1,55. Beide liefsen sich sehr schwer in Graphitoxyd überführen.

Das Trennen der Kohlenarten nach dem spec. Gewicht nahm lange Zeit in Anspruch.

Die mikroskopische Untersuchung dieser Kohlenarten geschah bei einer Vergröfserung von 180. Bei einer Vergröfserung von 1000 kann man noch kleine verwachsene Krystallgruppen unterscheiden, deren einzelne Glieder hexagonalen Charakter aufweisen. Dieselben sind von einem brillanten Schwarz und bilden häufig abgeschmolzene Kanten. Ihr spec. Gewicht schwankt zwischen 2,30 bis 2,40. Erst bei sechsmaligem Einwirken des oxydirenden Gemisches wurde ein unregelmäfsiges, gelbes Graphitoxyd erhalten.

IV.

Der von der Kohle und dem Graphit getrennte Rückstand, welcher in der specifisch leichteren Flüssigkeit untersank, betrug noch etwa 6 g. Auch der nach III. mit Schwefelsäure behandelte Rückstand wurde nach dem spec. Gewicht von den Graphitarten getrennt und der specifisch schwere Rückstand zu den 6 g gegeben. Darauf wurde nun dieser Rückstand einer näheren Untersuchung unterzogen. Derselbe wurde öfters mit Wasser ausgewaschen bis zur vollständig neutralen Reaction. Als Hauptbestandtheil konnte man mit blofsem Auge kupferfarbene Würfel unterscheiden, ferner solche von stahlgrauer Farbe. Dieselben wurden mechanisch durch Schlämmen von dem übrigen Rückstand getrennt und dann unter dem Mikroskop von neuem gesondert. Auf diese Weise erhielt ich etwa 5 g von den reinen glänzenden, gelblich-kupferrothen Krystallen. Dieselben zeigten ein spec. Gewicht von 5,28. Einige derselben bildeten gut geformte Würfel. Die mikroskopisch kleinen sind alle gut ausgebildet. In starker Hitze sind sie unschmelzbar. Siedende HNO_3 und H_2SO_4 lösen dieselben nicht auf. Die mikroskopische Vergleichsanalyse ergab Cyanstickstofftitan.

Beim Glühen mit Wasserdampf liefert die Verbindung Blausäure NH_3 und H unter Hinterlassung von TiO_2.

Der Verbindung kommt die Formel $Ti_{10}C_2N_8$. In einem Gemisch von HNO_3 und HFl löste sich dieselbe auf. Es hinterblieb bei der Lösung von 3 g dieses Cyanstickstofftitans in einem Gemisch von HNO_3 und HFl etwa 0,25 mg eines mikroskopisch feinen Pulvers. Dieser minime Rückstand wurde nun noch mit kochender Schwefelsäure längere Zeit behandelt, darauf mit Wasser ausgewaschen und getrocknet. Hierauf wurde der minime Rückstand sechsmal mit einem Gemisch von rauchender Salpetersäure und chlorsaurem Kalium* behandelt. Der Rückstand hinterblieb unangegriffen, er wurde mit Wasser gänzlich neutral gewaschen und mikroskopisch untersucht. Es heifst hierbei aufzupassen, um keine kleinen Bruchstücke zu verlieren, da dieselben gern auf Wasser schwimmen und leicht verschüttet werden könnten.

Das Mikroskop enthüllt dem Auge bei einer Vergröfserung von 500 schwarze und durchsichtige Bruchstücke. Die schwarzen Theilchen herrschen vor; sie sind von bräunlich schwarzer Farbe und sehen gewissen Carbonados täuschend ähnlich.

In der von R. Braun empfohlenen Flüssigkeit, Methylenjodid, die auch Friedel bei seinen Untersuchungen und Moissan bei seinen Diamantstudien anwandte, wurde das spec. Gewicht dieser Bruchstücke ermittelt; dasselbe schwankt zwischen 3,1 und 3,4.

Die mikroskopisch kleinen schwarzen Bruchstücke zeigen mitunter feine Vertiefungen. Einige der Bruchstücke weisen angeschmolzene Flächen auf und sind auch von dunklerem Schwarz.

Die durchsichtigen Bruchstücke sind meist die, welche auf dem Wasser schwammen; sie zeigen wenig Form und sind meist scharfe Splitter. Im Polarisator bleiben sie indifferent. Einige zeigen hellgelbe, andere blutrothe Farbe. Erst bei einer Vergröfserung von 1000 konnte man an denselben eine sehr gedrängte parallele Streifung erkennen.

Der minime Rückstand genügte nicht, Härte und Aschengehalt desselben zu bestimmen. Ich verarbeitete deshalb den Rest meines Materials, etwa 150 g, um möglichst viel des Cyanstickstofftitans zu isoliren und dessen Rückstand näher zu untersuchen. Es wurde das Material nur mit kochender Salzsäure behandelt und dann öfters bis zur neutralen Reaction mit kochendem Wasser digerirt. Dieses wurde nur deshalb ausgeführt, um etwaige in Salpetersäure, Schwefelsäure, Flufssäure löslichen Titanverbindungen als solche untersuchen zu können.

Das Aussuchen des Cyanstickstofftitans, welches meist unter der Lupe und dem Mikroskop

* Genau ausgeführt nach der Methode von Berthelot und Moissan.

geschah, ist als wahre Geduldsprobe zu bezeichnen und nahm eine Woche Zeit in Anspruch. Von den angewandten 150 g Material erhielt ich etwa 20 g Ausbeute an $Ti_{10}C_2N_8$. Nach dem Behandeln dieser 20 g mit einem Gemisch von HNO_3 und HFl blieb ein kleiner Rückstand, der, mit einem oxydirenden Gemische behandelt, noch etwa 2,5 mg betrug. Dieser Rückstand wurde zur Bestimmung der Härte und zur Bestimmung der Asche benutzt.

Eine gänzlich polirte Fläche eines Rubins wurde unterm Mikroskop genau geprüft; darauf wurde etwas von dem kleinen Rückstand auf die Rubinfläche gebracht und mittels einer harten Holzspitze darauf hin und her gerieben. Nach einer nochmaligen mikroskopischen Prüfung der Rubinfläche konnte man leicht Ritze darauf erkennen. Die Härte des Pulvers war also gröfser als die des Rubins.

Um das Verbrennen des Rückstandes zu bewerkstelligen, wurden mittels des Mikroskops untersuchte Bruchstücke in ein tiefes, fein polirtes Platinschiffchen gebracht und im Sauerstoffstrome verbrannt. Dies geschah unter hellem Verglimmen. Die zurückbleibende Asche war sehr gering. Sie schmolz meist zu harten Kügelchen zusammen. Unter dem Mikroskop untersucht, konnte man Schmelzflächen erkennen, auch war krystallinische Structur deutlich bei einigen ausgeprägt.

Die Kügelchen liefsen sich im Stahlmörser pulverisiren; deren Krystallpulver (dasselbe war sehr gering, denn durch die mannigfaltigen mechanischen Operationen gingen immer Spuren davon verloren) wurde nochmals unters Mikroskop gebracht bei einer Vergröfserung von 1000. Es zeigte sich als schwarze, braunrothe, gelbliche bis gelblichviolette Krystallsplitter. Einige der Aschenkügelchen wurden im Platinschiffchen mit kochender wässriger Flufssäure behandelt; sie lösten sich darin vollständig. Andere Säuren wirkten nicht darauf ein.

Die restirenden vier Aschenkügelchen wurden durch Schmelzen mit Kaliumbisulphat aufgeschlossen und die Schmelze in kaltem Wasser gelöst. Die Lösung blieb klar. Beim Kochen konnte man mit der Lupe die Ausscheidung eines flockigen Niederschlags beobachten, eines Titanoxydhydrats. Die Asche hatte demnach alle Eigenschaften des Rutils.

Es lagen folglich Bruchstücke eines krystallisirten Kohlenstoffs vor, die alle Eigenschaften des Diamanten besitzen und mehr oder weniger TiO_2 in verschiedenen Formen enthielten. Diesen bewirkten die verschiedenen Farbennüancen der Bruchstücke.

Schon zu Anfang von Nr. IV erwähnte ich Würfel von stahlgrauer Farbe. Es wurden nun diese aus der mit Salzsäure behandelten Probe ausgesucht und etwas näher studirt. Unterm Mikroskop zeigten sich kleine, opake, würfelförmige Krystallaggregate von stahlgrauer Farbe. Einige waren heller, andere dunkler. Sie sind unlöslich in Salzsäure. Die chemische Analyse ergab Vorhandensein von Kohlenstoff und Titan, jedoch in verschiedenen Verhältnissen. Verschiedene Proben gaben verschiedene Resultate, wie:

	Ti	C.
I.	71,5 %	16,84 %
II.	60,6 „	35,65 „
III.	70,8 „	20,30 „
IV.	50,0 „	46,83 „

In allen Proben konnten mehr oder weniger Stickstoff und Silicium qualitativ nachgewiesen werden. Es lagen demnach, wie aus den Analysen ersichtlich, Legirungen von Titan und Kohlenstoff vor, die alle die Fähigkeit haben, nach ähnlicher Form zu krystallisiren. Der Rückstand enthielt keine Bruchstücke von Diamant, sondern sehr harte Siliciumkohlenstoffverbindungen von verschiedenen Nüancen.

Das Vorhandensein dieser verschiedenen Titanverbindungen, der qualitative Nachweis von Titan in wässriger sowie in Salzsäurelösung des Hüttenproductes liefs darauf schliefsen, dafs auch Titanverbindungen zugegen sein mufsten, die sich im Wasser lösten, und solche, die der Salzsäure nicht standhielten. Leider konnte ich diese nicht weiter verfolgen, da mein ganzes Material schon der Einwirkung der Salzsäure anheimgefallen war.

Die in Wasser löslichen Cyanverbindungen, welche in so grofser Menge auftraten, das Vorhandensein von ziemlich grofsen Mengen von Cyanstickstofftitan veranlafsten mich, nach Stickstoffmetallen zu suchen.

Es konnten hier nur die in Betracht kommen, welche sich in kochendem Wasser und in kochender Salzsäure nicht lösten. Ich behandelte deshalb einen Theil des in Salzsäure ungelösten Rückstandes mit geschmolzenem KOH. Es entwickelte sich Ammoniak in ziemlicher Menge. Folglich waren Stickstoffmetalle vorhanden. Ich mufste jedoch von einer Trennung und Bestimmung dieser Nitride Abstand nehmen, denn ich wäre damit nie zu Ende gekommen.

V.

Es galt jetzt noch, die in Salzsäure, Schwefelsäure, Flufssäure und Salpetersäure unlöslichen Verbindungen zu trennen und zu untersuchen.

Alle noch vorhandenen Rückstände wurden zusammengethan, einer sechsmaligen Einwirkung von kochender Salpetersäure, einer sechsmalgen von kochender Schwefelsäure und einer dreimaligen Einwirkung eines Gemisches von kochender Flufssäure und Salpetersäure unterworfen. Der mit kochendem Wasser ausgewaschene Rückstand wurde nun mit dem oxydirenden Gemisch von Berthelot: Salpetersäure und chlorsaurem Kalium behandelt, mit Wasser ausgekocht und mikroskopisch untersucht. Im Rückstand konnte man zwei Arten von Krystallen und Bruchstücken scharf trennen: solche, welche auf den polarisirten Lichstrahl einwirkten, und solche welche nicht darauf einwirkten.

Es wurden beide Sorten unterm Mikroskop im polarisirten Lichte ausgelesen, eine Arbeit, die recht zeitraubend erscheint, jedoch nur einzig und allein eine richtige Trennung ermöglicht. Vorherrschend waren die Krystalle, welche auf den polarisirten Lichtstrahl einwirkten.

A. Untersuchung der Krystalle und Bruchstücke, welche auf den polarisirten Lichtstrahl einwirkten.

Ich konnte etwa 0,5 g von diesem Material isoliren. Einiges davon diente zur Bestimmung des spec. Gewichts, welches zwischen 3,13 und 3,22 schwankt. Ein anderer Theil diente zur Bestimmung nach der anfangs beschriebenen Methode. Dieselbe kommt der des Diamanten ziemlich gleich. Einiges diente zur mikroskopischen Analyse. Durchschnittlich waren tiefgrüne Exemplare vorherrschend; auch blaue und gelbe treten häufiger auf als farblose. Ganz farblose waren überhaupt nicht vorhanden. Sie treten auf in regulären Sechsecken von muscheligem Bruche. Bei einer Vergrößerung von 1000 konnte man bei einzelnen eine schwach angedeutete parallele Streifung beobachten, die der geübte Mikroskopiker wohl von der des Diamanten zu unterscheiden weiß.

Die Vergleichsanalyse ergab Siliciumcarbid. Das Material besitzt auch all die Eigenschaften, die das Siliciumcarbid charakterisiren. Quantitative Bestimmungen von dem vorhandenen Kohlenstoff und Silicium habe ich nicht ausgeführt, obwohl solche sicherlich interessante Resultate geliefert hätten. Die Menge meines Materials war zu gering, um solches zu versuchen. Jedoch wurde das Material zur qualitativen Analyse wie folgt behandelt: Mit der vierfachen Menge Natrium-Kaliumcarbonat gemischt, wurde dasselbe allmählich im Platintiegel zum vollen Schmelzen gebracht. Die Operation dauert etwa 6 Stunden. Dadurch ist das Carbid in Silicat übergegangen. Die Schmelze wurde in Wasser gelöst, mit Salzsäure behandelt und durch Abdampfen nach der gewöhnlichen Weise die Kieselsäure abgeschieden. Im salzsauren Filtrat wurde Eisen und Titan nachgewiesen. Mit Bleichromat erhitzt, bildet das Material Kohlensäure. Es lag somit Siliciumcarbid vor, welches aller Wahrscheinlichkeit nach in verschiedenen höher und niedriger carburirten Modificationen auftrat.

B. Untersuchung der Krystalle und Bruchstücke, die nicht auf den polarisirten Lichtstrahl einwirkten.

Die untersuchten Krystalle und Bruchstücke, deren Gewicht etwa 20 mg betrug, zeigten alle Eigenschaften des Diamanten. Ich habe schon früher darüber in dieser Zeitschrift* berichtet. Die damals gebrachten Mikrophotographien zeigen jedem Kenner auf den ersten Blick alles Charakteristische des Diamanten.

Ein größeres Exemplar als „den Stein Luxemburgs“ habe ich noch nicht gefunden. Dieser größte im Hochofen gefundene Diamant befindet sich im Privatbesitze von Professor Dr. A. Rossel.

Die 20 mg Diamant verbrannten im tiefen Platinschiffchen bei etwa 900° unter Bildung von Kohlensäure, welche ich nicht bestimmte. Wohl wurde aber nach dem Verbrennen das Platinschiffchen zurückgewogen, und ich ermittelte auf diese Weise einen Aschengehalt von 0,16 bis 0,17 %. Es unterliegt deshalb keinem Zweifel, daß wir es hier mit wirklichen Diamanten zu thun hatten.

Hiermit ist der praktische Theil meiner 14 Monate dauernden Untersuchung beendet, obwohl noch manches Körnchen ununtersucht blieb.

VI.

Im Vorhergehenden schilderte ich den Gang meiner Untersuchungen und die Resultate in der Reihenfolge, wie ich sie erhielt. Bevor ich mich weiter über das untersuchte Hochofenproduct ausspreche, finde ich es für nöthig, die erhaltenen Resultate noch einmal geordnet zu bringen.

Das Material enthielt:

1. in Wasser lösliche Ferrocyanverbindungen im Krystallzustande;
2. verschiedenartige Sulphide, Phosphide und Arsenide;
3. verschiedenartige Carbide;
4. verschiedenartig krystallisirte SiO_2-Verbindungen;
5. sieben verschiedenartige Graphite;
6. ein charakteristisches Cyanstickstofftitan, der interessanteste Körper des Hochofenproductes; dieses Cyanstickstofftitan enthielt unreine Diamanten, welche mit Rutil verunreinigt waren;
7. Kohlenstofftitan-Verbindungen verschiedenartiger Zusammensetzung;
8. Titanverbindungen, welche sich in Wasser und in Salzsäure lösten;
9. Stickstoffmetalle, welche unbestimmt blieben;
10. verschiedene Arten von Siliciumcarbid;
11. Diamant.

Das Hüttenproduct, dessen Analyse hier vorliegt, wurde, wie schon angedeutet, am Gestelle und Herde bei einer Reparatur des Ofens Nr. III der Gesellschaft Metz & Co. in Esch a. d. Alzette (Luxemburg) gefunden. Dasselbe besteht zum größten Theil aus Sublimationsproducten und ist auch als ein solches zu bezeichnen. Den Hauptbestandtheil desselben machen die Cyan- bezw. Stickstoffverbindungen aus. Ferner treten Kohlenstoff und Silicium ungefähr in gleicher Menge auf. Dann spielen die Verbindungen des Titans eine Hauptrolle.

* „Stahl und Eisen“: »Die Diamanten des Stahls« von Léon Franck, 1896, Nr. 15.

Es ist ein Product, welches sich wahrscheinlich häufig bilden mag, und es lagen auch schon ähnliche Producte verschiedener Formen vor. Titanhaltige Hochofenproducte sind durchaus keine Seltenheit.

Wollaston* erwähnte schon solche, hielt aber das darin enthaltene Cyanstickstofftitan für metallisches Titan. Viele Untersuchungen über cyanstickstoffhaltige Hochofenproducte liegen vor.**

Scheerer*** fand Rutil gebildet in einem Hochofen.

Auch ist bekannt, dafs Graphit in den Hochofenproducten in verschiedenen Modificationen auftritt. Krystallisirte SiO_2-Verbindungen sind auch schon in Hüttenproducten beobachtet worden.†

Bei all diesen früheren Untersuchungen wurde das Mikroskop jedoch nicht genug benutzt. Meine Resultate lassen mich folgern:

1. Das vorliegende Product ist ein Sublimationsproduct, es ist bei sehr hoher Temperatur entstanden und hat sich unter Druck allmählich abgesondert.
2. Kieselsäure läfst sich im Hochofen in allen Modificationen krystallinisch erhalten; blofs sind die Kryställchen mikroskopisch klein.
3. Kohlenstoff ist in allen drei Modificationen in gewissen Hochofenproducten vorhanden. Man findet darin Graphitarten, welche schwer vom schwarzen Diamanten zu unterscheiden sind. Zur Bildung von reinem krystallinischem Graphit hängt es sehr viel von der Bildungstemperatur, noch mehr aber von der Abkühlung ab.
4. Der Graphit meines Productes hat sich zum gröfsten Theil aus Cyanverbindungen gebildet.
5. Kohlenstoff verbindet sich mit Titan in allen möglichen Verhältnissen zu krystallisirten Titancarbiden gleichen Charakters.
6. Cyanstickstofftitan enthält öfters als Verunreinigung unreinen Diamant. Es kann Cyanstickstofftitan wahrscheinlich mit Erfolg zu Flufsmittel des Diamanten benutzt werden. Diamant verdankt öfters seine Färbung Titanoxyden;
7. Silicium verbindet sich in allen Verhältnissen mit Kohlenstoff. Alle Siliciumcarbide wirken auf den polarisirten Lichtstrahl ein.
8. Diamanten treten in hellen Exemplaren in manchen Hüttenproducten auf. Sie können sich als Sublimationsproduct gebildet haben.
9. Stickstoffverbindungen, hauptsächlich Cyanverbindungen sind wesentliche Beförderer der Krystallisation des Kohlenstoffs sowie der Carbide.

Ich glaube hiermit genügend bewiesen zu haben, dafs unsere Hochöfen uns Manches bieten, was wir anderswo nicht finden. Es heifst nur die Augen zu öffnen und bei der Untersuchung solcher Producte keine Zeit und Mühe zu scheuen. Durch meine Untersuchungen ist zur Lösung des Diamantproblems ein bedeutender Schritt weiter gethan und durch die erhaltenen Resultate sind der chemischen Geologie viele wichtigen Anhaltspunkte gegeben.

Esch a. d. Alz., den 25. April 1897.

* Wollaston, Phil. Trans. 1823, 17, 400.

** Siehe unter Anderem: „Oesterr. Zeitschrift für Berg- und Hüttenwesen" 1858, Nr. 46.

*** B. H. Z. 1862, 28.

† Vauquelin, A. ch. 73, 102. — L. Gmelin, A. Rose, P. A. 108, 25.

Zuschriften an die Redaction.

Bertrand-Thiel-Procefs.

Oesterr. Oderberg, den 20. Mai 1897.

An die
Redaction der Zeitschrift „Stahl und Eisen"
Düsseldorf.

Aus dem stenographischen Protokoll der Hauptversammlung vom 25. April er. auf Seite 417 ersehe ich, dafs durch ungenaues Stenogramm der Sinn dessen, was ich in Bezug auf die Temperaturerhöhung des Eisenbades gesagt habe, vollkommen entstellt ist, und bitte ich Sie, dies wie folgt zu berichtigen:

„Ich glaube, die bedeutende Temperaturerhöhung läfst sich doch wohl durch die Verbrennung von Silicium, Phosphor, Kohlenstoff u. s. w. erklären, denn durch die Verbrennung im Eisen selbst wird dem Eisen jedenfalls mehr Wärme zugeführt, als durch die Verbrennung von Gas über der Schlacke. Nach meiner Ansicht sind die Wärmeeinheiten, welche im Eisen selbst erzeugt werden, weit wirksamer als diejenigen, welche durch Verbrennung der Gase im Ofen erzeugt und erst durch die Schlacke auf das Eisenbad einwirken können."

Imdum ich im voraus bestens danke, zeichne

hochachtungsvoll

Klostermann.

Bericht über in- und ausländische Patente.

Patentanmeldungen,

welche von dem angegebenen Tage an während zweier Monate zur Einsichtnahme für Jedermann im Kaiserlichen Patentamt in Berlin ausliegen.

10. Mai 1897. Kl. 5, C 6363. Einrichtung zum Vortreiben von Tunnels, Stollen und dergl. in rolligem Gebirge. Léon Chagnaud, Paris.

Kl. 19, F 9333. Zweitheilige Eisenbahnschiene. J. Fink, Paderborn.

Kl. 24, H 17915. Kohlenstaubfeuerung. Max Häufsler, Berlin.

Kl. 49, P 8455. Maschine zur Herstellung von Klemmplatten. Georg Polack, Bochum.

13. Mai 1897. Kl. 31, E 5279. Arbeitstisch für Gufsputzereien. Eisenhüttenwerk Marienhütte bei Kotzenau Actiengesellschaft (vormals Schlittgen & Hanse), Kotzenau.

17. Mai 1897. Kl 10, M 13277. Verkohlungsretorte für Holz und dergl. Robert Meyer, Breslau.

Kl. 20, D 7792. Schlackenhaldenwagen. Dingler, Karcher & Co., St. Johann a. d. Saar.

Kl. 40, R 9981. Verfahren zur Darstellung von Chrom und Mangan im elektrischen Schmelzofen. Dr. Walther Rathenau, Bitterfeld.

20. Mai 1897. Kl. 5, S 10159. Als Drillbohrer ausgebildeter Tiefbohrer. Th. Suchland, Berlin.

Kl. 7, M 12389. Walzwerk mit hydraulischer Einstellung der Walzen: Zus. z. Pat. 91573. Fritz Menne, i. F. Menne & Co., Weidenau-Sieg.

Kl. 19, B 19691. Schienenbefestigung für Einzelschwellen. Julius Bittner, Breslau.

Kl. 19, B 20237. Schneefanggitter aus Rundeisen. Peter Brandt, Ingolstadt.

Kl. 24, D 7811. Lufterhitzer. Robert Dralle, Glashütte Klein-Süntel, Post Hasperde b. Hameln.

Kl. 40, H 18400. Röstreactionsverfahren für Schwefelbleierze. Thomas Huntington und Ferdinand Heberlein, Pertusola b. Specia, Italien.

Kl. 40, M 13776. Verfahren und Vorrichtung zur Gewinnung von reinem Kupfer. Graf Henri de Mayol de Lupé, Paris.

Kl. 49, H 17899. T- und Winkeleisen-Schneidmaschine mit geneigt liegendem Untermesser. Hermann Hadam, Aalen, Württemberg.

Kl. 49, T 5243. Vorrichtung zum Bilden des schrägen Halses der Mannlöcher beim Pressen der Kesselböden. Thyssen & Co., Mülheim a. d. Ruhr.

24. Mai 1897. Kl. 5, H 18506. Keilvorrichtung zur Hereingewinnung von Kohle oder Gestein. F. Heise, Gelsenkirchen.

Kl. 31, O 2607. Formpresse. S. Oppenheim & Co., Hannover-Hainholz.

Kl. 49, N 3913. Maschine zum Abbiegen von Blech. Svetozar Nevole, Wien.

Kl. 78, C 6365. Sprengstoff aus Ammoniumperchlorat und brennbaren Stoffen. Oscar Fredrik Carlson, Stockholm.

Kl. 78, R 10487. Verfahren zur Herstellung stabiler Schiefs- und Sprengpulver. Stanislaus Johann von Romocki, Berlin.

Gebrauchsmuster-Eintragungen.

10. Mai 1897. Kl. 4, Nr. 73857. Magnetisch zu öffnender Riegelverschlufs für Grubenlampen, aus einem im Innern eines Hohlkörpers durch federnden, nur mittels Magnet zurückziehbaren Hakentheil festgehaltenen entsprechend eingekerbten Riegelstift bestehend. Dr. J. Hundhausen, Hamm i. W.

17. Mai 1897. Kl. 20, Nr. 74464. Bewegliche Doppelzungen an dreitheiligen Weichen. Hartgufswerk und Maschinenfabrik (vormals K. H. Kühne & Co.) A.-G., Dresden-Löblau.

Kl. 31, Nr. 74251. Modellplatte und Formkasten tragende Wagen mit Stützblöcken am Wagengestell und Bolzon zum Abheben des Formkastens. Heinrich Rieger, Aalen, Württemberg.

Kl. 49, Nr. 74212. Vorrichtung zum Wickeln von Draht mit Druckscheibe und Vorschubmatrize. Wilhelm Prünte, Fröndenberg a. d. Ruhr.

Kl. 49, Nr. 74428. Vorrichtung an Blechscheeren zum selbstthätigen Auseinanderhalten der Schnittflächen, bestehend aus einem in verticaler Ebene schwingenden Hebel, an welchem ein Stift oder eine andere seitliche Erhöhung angebracht ist. Chemnitzer Blechbearbeitungs-Maschinenfabrik Richard Wagner, Chemnitz

Kl. 49, Nr. 74507. Stempelvorrichtung zum Stempeln von dreikantigen Feilen mit drei gleichzeitig bewegten Stempeln. Gustav Arns, Remscheid, Schüttendelle.

Kl. 49, Nr. 74508. Naben und achsloses Karrenrad, dessen Speichen, in der Achslinie zusammenlaufend, sich zu Laufzapfen vereinigen. Wilhelm Schramme, Kalbe a. d. Saale.

24. Mai 1897. Kl. 1, Nr. 74636. Sieh- und Reinigungsmaschine aus auswechselbarer Siebtrommel mit Schneckengang und mehreren hintereinander liegenden Wäschen, gelagert auf einer Doppelwelle. H. Wieschebrink, Rheydt.

Kl. 4, Nr. 74706. Glas für Bergwerkslampen mit nach oben kegel-, nach unten schalenförmiger Vercugung im Innern. Louis Bay, Lüttich; Vertreter: R. Deifsler, J. Maemecke und Fr. Deifsler, Berlin.

Kl. 5, Nr. 74966. Schieb- und lenkbare Schrämradmaschine, gekennzeichnet durch ein röhren- oder luttenartiges Gehäuse, in und an welchem die Antriebsvorrichtung der Schrämräder angebracht ist. Friedrich Sommer, Essen a. Ruhr.

Kl. 5, Nr. 74982. Zündschnuranzünder aus das Schnurende einklemmender Dose und in deren Hohlraum mündendem Zündhütchen-Piston nebst federndem Schlagstück. Wilhelm Meinhardt, Westenfeld bei Wattenscheid.

Deutsche Reichspatente.

Kl. 4, Nr. 90903, vom 17. September 1895. Heinrich Preise in Hamme-Bochum. ***Schutzkorb für Grubensicherheitslampen.***

Der Schutzkorb ist aus einem Drahtgeflecht hergestellt, dessen Drähte abwechselnd aus Eisen und einem leicht schmelzbaren Metall bestehen. Der Schmelzpunkt des letzteren liegt unterhalb des Entzündungspunktes der Grubengase, so dafs beim Auftreten letzterer das infolge ihrer Verbrennung flüssig werdende Metall die Maschen des Geflechtes ausfüllt und mit den Eisendrähten eine undurchlässige Metallkappe bildet, welche die Grubengase von der Leuchtflamme abschliefst.

Kl. 49, Nr. 90868, vom 5. Oct. 1895. H. d'Hone in Duisburg. *Vorrichtung zum ovalen, schraubenförmigen Wickeln von unbegrenzt langen Drähten zwecks Erzeugung von Kettengliedern.*

In einer feststehenden Mutter *a* dreht sich ein gegen Längsverschiebung gesicherter Dorn *b* von flachem Querschnitt, auf welchem ein loser Gewindegang *c* gleiten kann. Dieser wird bei der Drehung des Dornes *b* mitgenommen und dabei durch die

Mutter *a* hindurchgeschraubt. Wird nun in der gezeichneten Anfangsstellung des Gewindeganges *c* an dessen Haken d der Draht *e* vermittelst seines gleichgestalteten Hakenendes angehakt, so wird der Draht *e* durch die Mutter *a* nachgezogen — und zwar auch dann, wenn der Gewindegang *c* am andern Ende der Mutter *a* ausgetreten ist. Auf diese Weise kann der unbegrenzt lange Draht in seiner ganzen Länge schraubenförmig gewickelt und nach seiner Zerschneidung zu Kettengliedern verarbeitet werden.

Kl. 5, Nr. 90681, vom 25. Juni 1896. Ugo Salvotti in Mailand. *Vorrichtung zum Befestigen von Gesteins-Drehbohrmaschinen.*

Die Maschine hat einen Hohlbohrer a, welchem durch hydraulischen Druck im Cylinder *b* eine achsiale Vorwärtsbewegung und durch die Zahnräder *cd* eine Drehung ertheilt wird. Beide Räder *cd* sitzen zwischen den mit dem Cylinder *b* fest verbundenen Scheiben *ef*, derart, dafs das Rad *d* bei seiner Drehung den Hohlbohrer *a* durch Keil und Nuth mitnimmt. Der Ring *g* der Scheibe *f* wird durch Vorstecker *n* an der Büchse *h* befestigt, welche durch Keile *i* in einem im Gebirge vorgebohrten Loche gehalten wird. Auf diese Weise werden die zum Halten der Maschine sonst üblichen Gerüste entbehrlich.

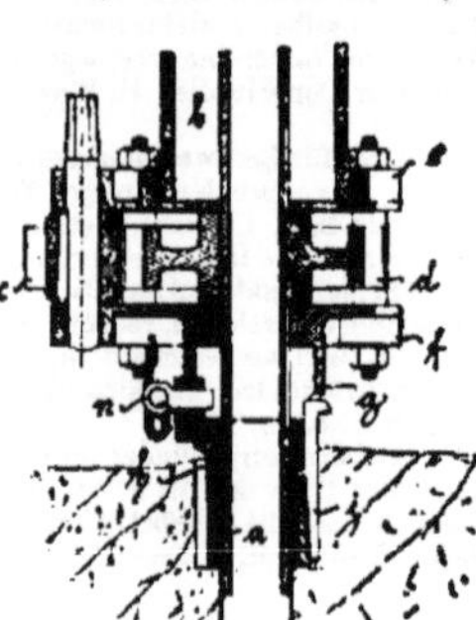

Kl. 18, Nr. 90961, vom 19. Aug. 1896. H. Anwyl Jones in Brooklyn. *Retortenofen zum Reduciren von Eisenerzen.*

Die Mischung von Eisenerz und Kohle fällt aus dem Mefsraum *a* in die von Feuer umspülten Zickzackkanäle *b* und von hier — nach Oeffnung der Schieber *c* — in die schrägen Kanäle *d*, um nach Oeffnung des

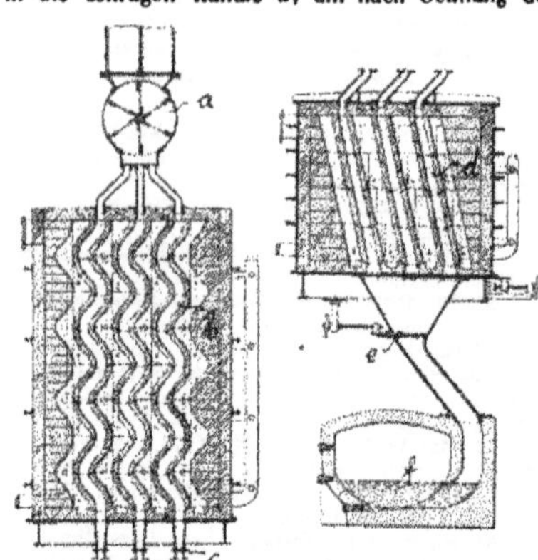

Schiebers *e* als reducirtes Eisen in den mit flüssigem Eisen gefüllten Herdofen *f* zu gelangen. Die Kanäle *bd* mit den sie umgebenden Feuerkanälen sind aus dicht aufeinander gesetzten Formsteinen gebildet. In den Kanälen *b* erfolgt durch die überstürzende Bewegung eine innige Mischung von Erz und Kohle bei starker Erhitzung, während in den Kanälen d die Reduction des Eisenerzes bewirkt wird.

Kl. 49, Nr. 91585, vom 25. December 1895. Heinrich Wachwitz in Nürnberg. *Verfahren zum Plattiren von Aluminium mit anderen Metallen.*

Dünnes (0,1 mm) Kupferblech wird auf etwa 10 mm dicke Aluminiumplatten gelegt, wonach das Ganze zwischen glühenden Platten erhitzt und zusammengeprefst wird. Es erfolgt dann das Auswalzen der plattirten Platte zu Blechen, welche wie Kupferbleche verarbeitet werden können.

Kl. 49, Nr. 90002, vom 27. September 1885. Paul Hesse in Düsseldorf. *Walzwerk zum Profiliren von runden Werkstücken in der Längsrichtung zwischen drei oder mehr Walzen.*

Das Werkstück *a* (für einen Gewehrlauf) wird von dem unter Federdruck *b* stehenden Stöfser *c* durch die Führung *e* zwischen die Walzen d geschoben und von diesen nachgezogen bezw. durchgewalzt. Hierbei wird das linke Ende des Werkstückes *a* von dem sich drehenden und verschiebenden Rohr *f* geführt, während die Verstellung der Walzen *d* entsprechend dem Profil des Werkstücks durch Keile *g* erfolgt, welche durch Hebel *h* mit Zugstangen *i* mit dem den Stöfser *c* tragenden Kreuzkopf *k* verbunden sind. Die gleiche Verbindung ist durch die Zugstangen *l* und den Hebel *n* mit dem Rohr *f* vorgesehen.

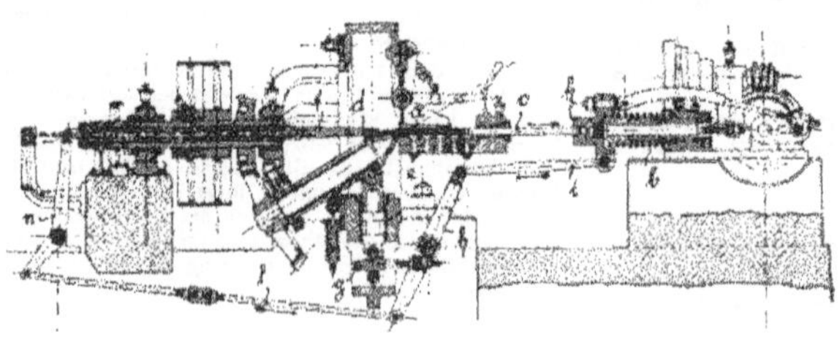

Kl. 49, Nr. 90982, vom 17. Mai 1896. **Elmores German & Austro-Hungarian Metal Company Lim. und Paul Ernst Preschlin in London.** *Einfache und doppelte Rohrziehbank mit Vorrichtung zum genauen Einstellen der zu ziehenden Rohre.*

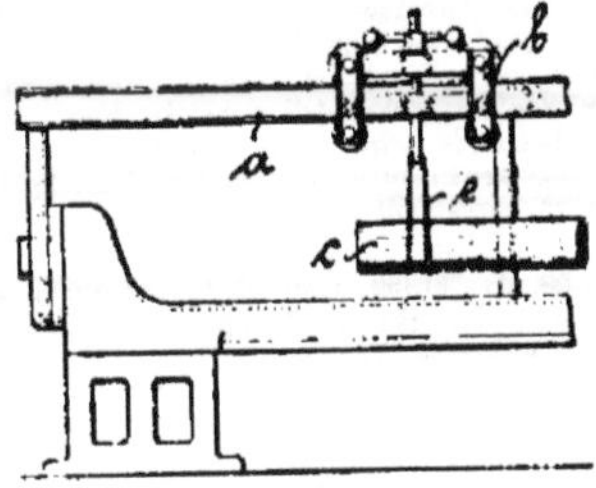

Hinter der Rohrziehbank sind Schienen *a* angeordnet, auf welchen Katzen *b* laufen, an welchen das zu ziehende Rohr *c* vermittelst Schrauben und Schleifen *e* derart aufgehängt ist, daſs seine Achse genau in der Mittellinie des Zieheisens liegt.

Kl. 20, Nr. 91284, vom 10. April 1896. **Walther Müller in Grube Ilse, Niederlausitz.** *Schmiervorrichtung für Seilbahnen.*

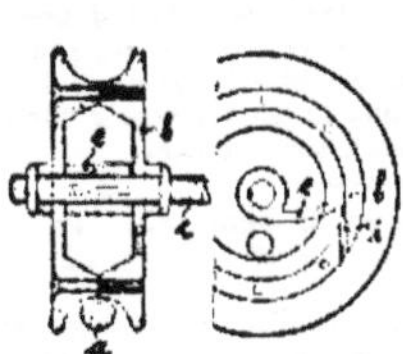

Die auf dem Seil *a* laufende Rolle *b*, an deren Achse *c* das damit starr verbundene Fördergefäſs hängt, ist hohl und mit Schmiere gefüllt. Dieselbe wird beim Rollen des Rades *b* von einem auf der Achse *c* festen Flügel *e* durch Kanäle *i* in die Laufrinne gedrückt, von wo sie sich auf das Seil *a* vertheilt.

Kl. 18, Nr. 90870, vom 3. Mai 1893. **F. Schotte in Berlin.** *Verfahren zur Entschwefelung von Fluſseisen* (vergl. die Patente Nr. 74819 und 80340 in „Stahl und Eisen" 1894 S. 504 und 1895 S. 426).

Den Kohle-Kalk-Ziegeln wird pulverförmiges Mangan zugesetzt und auf diese Ziegel das entkohlte und entphosphorte Fluſseisen gegossen. Hierbei bildet der Schwefel des Eisens mit dem Calcium und Mangan ein Doppelsulphid, welches als Schlacke abgezogen werden kann.

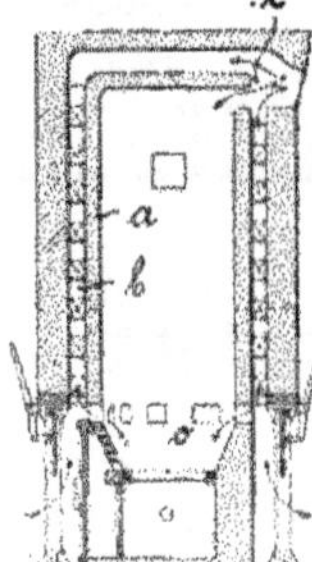

Kl. 24, Nr. 91188, vom 27. August 1896. **Moritz Herwig in Dillenburg, Hessen-Nassau.** *Generatorfeuerung.*

Der Generator hat einen doppelwandigen Schacht *a*, durch dessen Hohlraum *b* ein Theil der Gase der Unterwindfeuerung *o* und atmosphärische Luft streicht, welche letztere hierbei sich erwärmt und bei *c* mit dem Haupttheil der Kohlenoxydgase sich mischt, um diese vollständig zu verbrennen.

Kl. 1, Nr. 90924, vom 1. Sept. 1896. **Fried. Krupp (Grusonwerk in Magdeburg-Buckau).** *Verschluſs für Kohlen-Entwässerungs-Vorrichtungen.*

Der Kohlensumpf *a* ist an seinem unteren Ende durch einen in schrägen Führungen gleitenden Schieber *b* verschlossen, so daſs er bei seiner Bewegung nach links vermittelst des Zahnstangengetriebes *d*

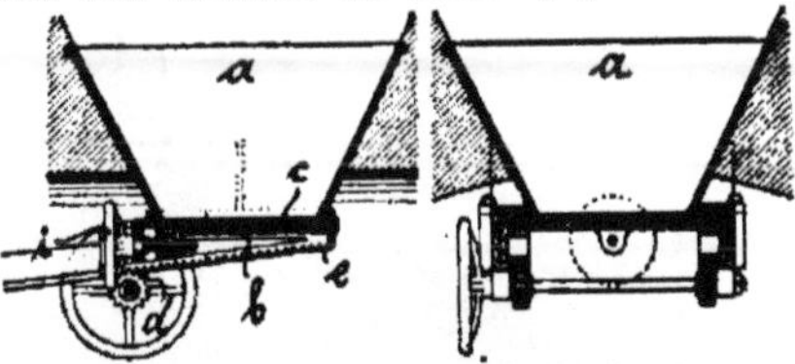

auch von der Schieberöffnung sich abhebt. Der Schieber *b* wird von zwei gelochten Platten *c e* gebildet, deren Oeffnungen vermittelst des Handrades *i* übereinander gestellt oder gegeneinander versetzt werden können. In letzterer Stellung des ganz geschlossenen Schiebers *b* wird der Sumpf *a* mit Kohle gefüllt; dann entwässert man die Kohle durch Uebereinanderstellen der Oeffnungen der Platten *ce* vermittelst des Schraubenhandrades *i*. Nach der Entwässerung zieht man den Schieber *b* ganz zurück, um den Sumpf *a* zu entleeren.

Kl. 49, Nr. 90807, vom 7. Jan. 1896. **R. A. Breul in Bridgeport, Conn., V. St. A.** *Maschine zur Herstellung von Ketten bezw. Kettengliedern aus Draht.*

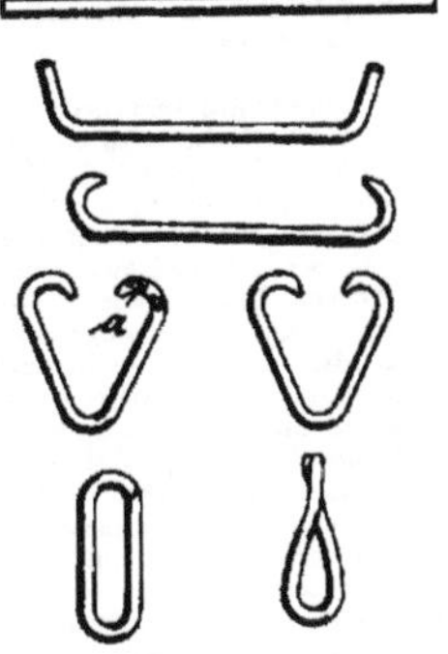

Die Skizze zeigt die Biegungen, welche mit dem Draht vorgenommen werden. Nach der 4. Biegung des Drahtes erhalten seine Enden gepreſste Vertiefungen *a* und Erhöhungen, die beim Zusammenbiegen aufeinander gelegt und dann unter hohem Druck — jedoch ohne Schweiſsung und Löthung — vereinigt werden. Zuletzt erfolgt das Schränken des fertigen Kettengliedes.

Kl. 49, Nr. 90979, vom 18. Oct. 1895. **Ulmann & Co. in Zürich.** *Verfahren zur Herstellung von Stahlspänen (zum Reinigen von Parkettböden).*

Das Verfahren besteht darin, daſs eine Anzahl Stahlscheiben von einer der Spandicke entsprechenden Stärke auf den Dorn einer Drehbank gesteckt und gleichzeitig vom Umfange nach der Mitte hin abgedreht werden.

Kl. 40, Nr. 91124, vom 28. Mai 1896. **Dr. Ch. A. Burghardt in Manchester und G. Rigg in Eccles.** *Verfahren zur Reinigung ammoniakalischer Zinklaugen.*

Um die ammoniakalischen Zinklaugen behufs späterer Elektrolyse mit unlöslichen Anoden von Eisen zu reinigen, werden dieselben mit Zinnhydroxyd behandelt. Hierbei schlägt sich Eisen als Oxyd nieder. Von dem gleichfalls sich absetzenden Zinnoxyd wird die klare Zinklauge abgegossen.

Kl. 18, Nr. 91282, vom 25. October 1895. Emil Servais in Luxemburg und Paul Gredt in Esch a. Alz. *Einrichtung zum Einführen von Eisenschwamm in ein Eisenbad.*

Das Gemisch von Eisenerz und festen oder flüssigen Kohlenwasserstoffen gelangt aus dem Trichter *a* in

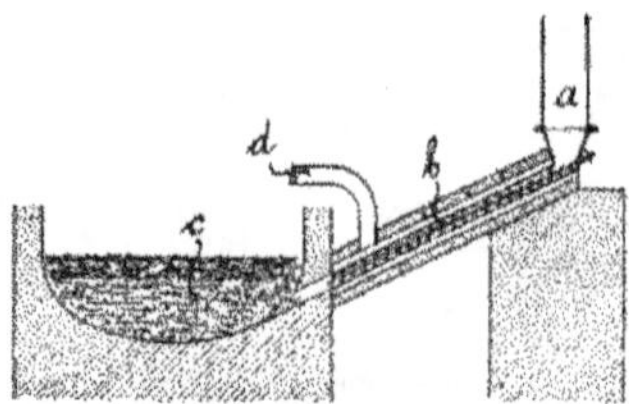

die Röhre *b* mit Transportschnecke, welche letztere das Gemisch dem Eisenbade *c* zuführt. Auf diesem Wege wird das Eisenerz unter dem Einflufs der die Röhre *b* umspülenden Verbrennungsgase, welche bei *d* eingeführt werden, reducirt, so dafs der gebildete Eisenschwamm, ohne mit der Luft in Berührung zu kommen, dem Eisenbad *c* zugeführt wird. Die Kohlenwasserstoffe haben sich vorher verflüchtigt.

Kl. 49, Nr. 90811, vom 5. Juni 1896. Aug. Kleinsorgen in Quedlinburg. *Verfahren zur Herstellung doppelfernrohrartiger Säulen oder Masten.*

Ein rechteckiges Blech wird zu einem Rohr *a* zusammengerollt und letzteres in der Mitte soweit quer durchgeschnitten, dafs die Blechwindungen an einer Stelle *b* noch zusammenhängen. Diese Stelle *b* wird dann um 180° umgebogen, so dafs zwei nebeneinanderliegende, an der betreffenden Stelle aber noch zusammenhängende parallele Rohre entstehen. Nunmehr wird dieses Doppelrohr in einer Ziehbank in der Weise bearbeitet, dafs das zusammengewickelte Blech von innen heraus nach aufsen gezogen wird, wobei ein ausgezogenes doppelfernrohrartiges Stück *c* entsteht, dessen beide Theile an den undurchschnittenen Stellen zusammenhängen.

Kl. 31, Nr. 91279, vom 12. September 1896. Curd Nube in Offenbach a. M. *Formmaschine zum Formen von Rohren.*

Das halbe Rohrmodell *a* ruht in Lagern *b c*, die in Schützen des Tisches *d* gleiten können. Die Längsverschiebung des Modells *a* erfolgt durch Drehen der Schraube *e* mittels des Handrades *f*. In einer Nuth des Modells *a* sitzt das halbe Flantschmodell *g*, welches beim Längsverschieben von *a* auf d mitgenommen wird. Dagegen sitzt das Flantschmodell *o* auf *a* und *e* derart, dafs es sich mit *a* drehen mufs, bei der Längsverschiebung von *a* aber auf *e* feststeht. Beim Formen wird zuerst die Entfernung der Flantschenmodelle *g o* durch Drehen der Schraube *e* und Verschieben des Modells *a* im Flantschmodell *o* genau eingestellt. Sodann wird der Formkasten über dem Modell gestampft. Hiernach dreht man *a* um 180° aus der Form heraus, wobei das Flantschmodell *o* von *a* mitgenommen wird, dagegen das Flantschmodell *g* in der Form zurückbleibt. Letzteres wird nach Abnahme des Formkastens aus der Form genommen und dann die zweite Formhälfte hergestellt.

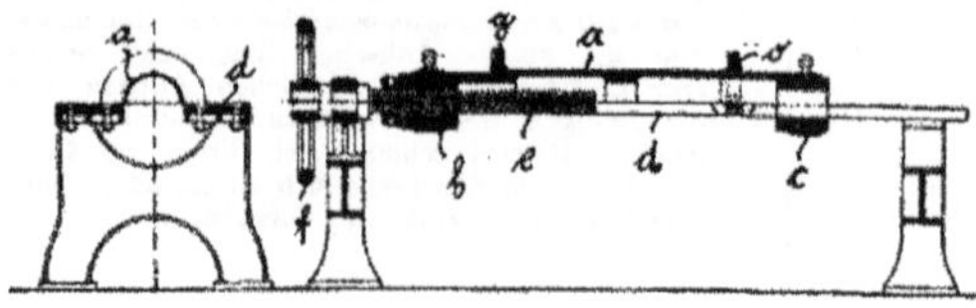

Kl. 50, Nr. 90889, vom 10. Januar 1896. Jean Heinstein in Heidelberg. *Trommel-Kugelmühle mit mehreren Kammern.*

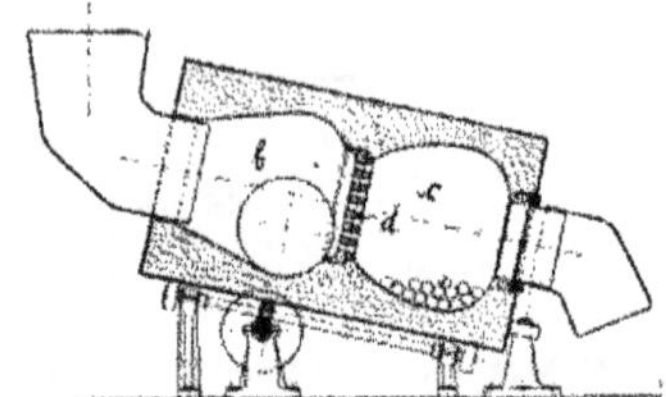

Die schräg gelagerte rotirende Trommel hat zwei Kammern *b c*, zwischen welchen ein Rost *d* angeordnet ist. In der ersten Kammer *b* ruht eine grofse Kugel, welche das Gut grobzerkleinert, bis die Stücke durch den Rost *d* gehen und in der Kammer *c* durch viele kleine Kugeln feinzerkleinert werden.

Kl. 40, Nr. 91518, vom 28. Juni 1893. Dr. C. Hoepfuer in Berlin. *Verfahren zur elektrolytischen Zinkgewinnung.*

Zinklaugen werden, gegebenen Falls nach vorheriger Reinigung, mit unlöslichen Anoden, welche von einer Chloridlösung umgeben sind, an Kathoden elektrolysirt, die auf einer oberhalb des Laugenspiegels befindlichen drehbaren Welle senkrecht angeordnet sind. Hierbei wird die Beseitigung der Wasserstoffbläschen erleichtert und gleichmäfsiges Zink erhalten.

Kl. 20, Nr. 91298, vom 12. Januar 1896. Friedrich Höhle in Oberhausen. *Eine bei Entgleisungen sich selbstthätig lösende Seilklemme für Förderwagen.*

Am Förderwagen ist senkrecht eine Stange *a* befestigt, an deren Querhaupt *b* das Seil *c* zwischen den Bolzen d d vermittelst des Armes *e* festgeklemmt wird. Mit letzterem ist ein Horn *f* verbunden, das hinter ein Horn *g* des am Querhaupt *b* drehbar befestigten und das Seil *c* mittels eines Bügels *h* umgreifenden Hebels *i* greift. Entgleist der Wagen, so dreht das Seil *c* den Hebel *i*, und dessen Horn *g* dreht das Horn *f* des Klemmarmes *e*, so dafs das Seil c den Wagen losläfst.

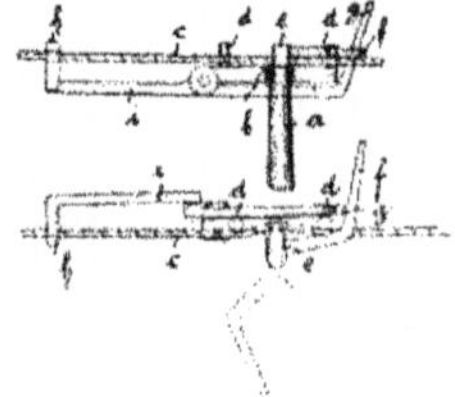

Statistisches.

Statistische Mittheilungen des Vereins deutscher Eisen- und Stahlindustrieller.

Erzeugung der deutschen Hochofenwerke.*

	Bezirke	Monat April 1897 Werke (Firmen)	Monat April 1897 Erzeugung Tonnen.
Puddel-Roheisen und Spiegeleisen.	Rheinland-Westfalen, ohne Saarbezirk und ohne Siegerland	16	28 112
	Siegerland, Lahnbezirk und Hessen-Nassau . . .	25	46 054
	Schlesien	10	30 743
	Königreich Sachsen	--	—
	Hannover und Braunschweig	1	420
	Bayern, Württemberg und Thüringen	1	2 850
	Saarbezirk, Lothringen und Luxemburg	9	32 644
	Puddelroheisen Sa. . . .	62	140 823
	(im März 1897	64	140 913)
	(im April 1896	64	143 825)
Bessemer-Roheisen.	Rheinland-Westfalen, ohne Saarbezirk und ohne Siegerland	4	34 558
	Siegerland, Lahnbezirk und Hessen-Nassau . . .	2	2 014
	Schlesien	1	3 500
	Hannover und Braunschweig	1	3 830
	Bayern, Württemberg und Thüringen	1	1 090
	Bessemerroheisen Sa. . .	9	44 992
	(im März 1897	10	47 463)
	(im April 1896	8	44 259)
Thomas-Roheisen.	Rheinland-Westfalen, ohne Saarbezirk und ohne Siegerland	12	111 067
	Siegerland, Lahnbezirk und Hessen-Nassau . . .	3	1 708
	Schlesien	3	15 267
	Hannover und Braunschweig	1	17 551
	Bayern, Württemberg und Thüringen	1	4 010
	Saarbezirk, Lothringen und Luxemburg	14	135 938
	Thomasroheisen Sa. . . .	34	285 541
	(im März 1897	34	298 243)
	(im April 1896	35	257 118)
Giefserei-Roheisen und Gufswaaren I. Schmelzung.	Rheinland-Westfalen, ohne Saarbezirk und ohne Siegerland	11	41 100
	Siegerland, Lahnbezirk und Hessen-Nassau . . .	4	12 126
	Schlesien	5	4 239
	Hannover und Braunschweig	2	5 855
	Bayern, Württemberg und Thüringen	2	2 243
	Saarbezirk, Lothringen und Luxemburg	6	23 424
	Giefsereiroheisen Sa. . .	30	88 987
	(im März 1897	30	88 614)
	(im April 1896	28	77 804)
	Zusammenstellung:		
	Puddelroheisen und Spiegeleisen	62	140 823
	Bessemerroheisen	9	44 992
	Thomasroheisen	34	285 541
	Giefsereiroheisen	30	88 987
	Erzeugung im April 1897.	—	560 343
	Erzeugung im März 1897	—	575 233
	Erzeugung im April 1896.	—	523 001
	Erzeugung vom 1. Januar bis 30. April 1897 . . .	—	2 219 899
	Erzeugung vom 1. Januar bis 30. April 1896 . . .	—	2 036 482

Nach Mittheilung der Oestlichen Gruppe ist in den Ziffern über die Erzeugung für März 1897 seitens eines schlesischen Werks ein gröfserer Posten Thomaseisen versehentlich als Bessemereisen eingestellt worden. Die berichtigten Zahlen stellen sich nunmehr für Monat März 1897 wie folgt:

	Bessemerroheisen	Thomasroheisen
Bezirk Schlesien	3 454 t	17 346 t
Summa Deutsches Reich . . .	47 463 t	298 243 t

Die Gesammtroheisenerzeugung für März bleibt unverändert.

* Wir machen darauf aufmerksam, dafs vom 1. Januar d. J. ab die Gruppirung der deutschen Roheisenstatistik eine Aenderung erfahren hat. *Die Redaction.*

Die Statistik der oberschlesischen Berg- und Hüttenwerke für das Jahr 1896.

(Herausgegeben vom „Oberschlesischen Berg- und Hüttenmännischen Verein“.)

Es wurden gefördert bezw. erzeugt:

	1896	1895	1894
	Tonnen		
Steinkohlen	19586152	18063906	17195918
Brauneisenerze	460775	467161	551720
Thoneisensteine	1048	613	2472
Eisenerze als Nebenproducte aus Zink- und Bleierzgruben	7558	7920	5808
Schwefelkiese desgl. . .	3543	2316	2874
Galmei, Zinkblende . .	538852	540824	574335
Bleierze	31096	31927	33898
Koksroheisen, Gufswaar. 1. Schmelzung	615419	531677	*513803
Holzkohlenroheisen . .	609	562	719
Gufswaaren 2. Schmelz. in Eisen u. Stahl einschl. Röhrengufs (13817 t) .	53123	31519	27746
		10449	9536
Halbfabric. aus Schweifseisen zum Verkauf . .	16917	9644	9565
Desgl. aus Flufsmetall zum Verkauf	97434	71641	58181
Fertigfabricate:			
Grob-, Feineisen, Grubenschienen	342707	301745	266140
Hauptbahnmaterial . .	43997	89432	41623
Grobbleche, bis einschl. 5 mm stark	52941	43898	30972
Feinbleche, weniger als 5 mm stark	39621	32756	30422
Schmiedestücke . . .	1846	1425	712
Stahlfaçongufs 2. Schm.	525	—	—
Universaleisen	8351	6001	4318
Draht, Drahtwaaren, Röhren, Fittings . . .	53644	45131	44428
Umgeschweifstes Eisen .	153	138	223
Rohzink	98323	95430	92546
Cadmium	10,666	6,847	5,952
Silberhaltiges Blei bei der Rohzinkgewinnung	1,113	1230	690
Zinkweifs, Zinkgrau, Blei und Rückstände aus der Zinkweifsfabrication .	1111	1454	1267
Zinkbleche	39488	35676	34518
Silberhaltiges Blei aus den Zinkwalzwerken .	524	865	759
Zinkasche und sonstige Nebenproducte aus den Zinkwalzwerken . . .	526	454	380
Blei aus den Bleihütten	20438	20017	19944
Glätte „ „ „	2173	2049	2163
Silber „ „ „	8,612	8,783	7,536
Stückkoks, Kleinkoks, Cinder	1188490	1113706	1062179
Theer, Ammoniakwasser bei der Koksbrennerei	80232	75847	59408
Schwefelsäure, 50 gräd.	38772	26891	22396
Schweflige Säure . . .	926	1144	1645

*

	Puddeleisen einschl. Martinroheisen	Bessemereisen	Thomaseisen	Giefsereieis.	Spiegeleis.	Gufswaar. 1. Schmelzung
	t	t	t	t	t	t
1896	349620	31092	182032	52665	—	9
1895	326067	33863	132882	37905	960	—
1894	332451	32207	106558	42110	477	—

Nebenproducte bei dem Kokshochofenbetriebe:

	1896	1895	1894
	Tonnen		
Silberhaltiges Blei. . .	718	1426	1660
Ofenbruch, Zinkschwamm	880	1155	787
Zinkstaub	6038	6582	8331
Getemperte Schlacke . .	94515	93351	97621

Bei der Kupferextractionsanstalt zu Königshütte:

	1896	1895	1894
100 procentiges Cementkupfer	980,300	908,800	911,900
Silber	0,597569	0,54541	0,487049
Gold . . . . kg	1,2926	1,2724	1,1162
Blei . . . . t	1,430	—	—

Der Gesammtwerth der Production betrug:

Bei den Steinkohlen- und Erzgruben .	116925067 ℳ
Bei der Eisen- und Stahlindustrie . . .	121033358 „
Beim Blei-, Zink- und Silberhüttenbetrieb	48799933 „
Bei der Koks- und Cinderfabrication .	13187725 „
Bei der Fabrication von Schwefel und schwefliger Säure	1104392 „
zusammen .	301050475 ℳ

(1895 = 257169303, 1894 = 243669113 ℳ.)

Steinkohlengruben. Die Zahl der in die Statistik einbezogenen Steinkohlengruben ist gegen die des Vorjahres unverändert geblieben. Die Kopfzahl der beschäftigten Arbeiter übersteigt die im Vorjahre um 2865; damit ist die Höchstzahl — 56032 — bisher erreicht.

Der Vermehrung der Arbeiter entsprechend, hat sich auch die Zahl der Arbeitstage vergröfsert, deren in 1896 bei einer Gesammtentlohnung in Höhe von 42692748 (39797711) ℳ 15602554 (14662903) gezählt wurden. Der durchschnittliche Verdienst eines erwachsenen Arbeiters, über und unter Tage durcheinander, wird statistisch zu 805 ℳ, der eines Jungen zu 232,7 und der einer Frau zu 256,7 ℳ festgestellt.

Die auf den Arbeiterkopf entfallende durchschnittliche Förderleistung betrug 349,6 (339,8) t, die einer maschinellen Pferdekraft — Grubenpferd, deren 1997 (2003) unter Tage beschäftigt wurden, als volle Pferdekraft mit eingerechnet — 230,0 (213,6) t. Zur Förderung standen 199 (197) Maschinen mit 24245 (25014) HP unter Dampf.

Gefördert wurden insgesammt 19586144 (18069937) t Kohlen verschiedener Körnung im Werthe von 102170633 ℳ = 5,216 ℳ f. d. Tonne, unter ihnen 21,0 (21,8) % Stücke, 26,1 (24,0) % Kleinkohlen und 14,0 (14,7) % Staub- und Gruskohlen. Erzielt wurde (ohne Selbstverbrauch) beim Verkaufe von insgesammt 18104140 (16541383) t 98905231 (90470988) ℳ und ein durchschnittlicher Tonnenpreis im Werthe von 5,466 (5,469) ℳ. In Procenten ausgedrückt betrug der reine Verkauf 92,02 (91,72), der Selbstverbrauch 7,98 (8,28) % des Gesammtabsatzes in Höhe von 19674331 (18034482) t. Der Absatz an Zink- und Bleihütten bezifferte sich mit 1065260 (997030), an Eisen- und Stahlhütten 1353899 (1244457), an Koks- und Cinderbrennereien 1752121 (1580769) t; 13246277 (12078008) t umfafste der reine Bahnversand und 4613035 (3931751) t wurden über die Grenze des Deutschen Reiches hinaus versendet. An der Versorgung Berlins mit Steinkohlen war Oberschlesien mit 57,12 (61,93) %, England mit 20,08 (16,15) % betheiligt. In Bestand blieben am Jahresschlusse 119570 t.

Im niederschlesischen Revier wurden gefördert 4 065 749 (3 877 139) t, abgesetzt 3 564 440 (3 366 490) t, brutto dafür erlöst 24 822 854 (23 576 085) ℳ.

In den außerdeutschen Theilen des oberschlesischen Reviers wurden gefördert 9 222 378 (9 152 237) t.

Eisenerzgruben. Gegen das Vorjahr behandelt die Statistik 2 Förderungen mehr, im ganzen 47 (45), bei welchen 26 Dampfmaschinen mit zusammen 473 HP vorhanden und im ganzen 3119 (3142) arbeitende Personen beschäftigt waren und 1 263 918 ℳ an Löhnen empfingen. Gefördert wurden 469 379 (475 694) t Eisenerze, darunter 1098 t Thoneisensteine, mit einem Werthe von 2 459 204 (2 453 973) ℳ, Tonnenwerth 5,24 (5,16) ℳ; eingeschlossen sind hierin aus Zink- und Bleierzgruben als Nebenproduct geförderte 7566 t Eisenerze, deren Werth an anderer Stelle zu 26 788 ℳ angegeben wird.

Gegen das Jahr 1891, in welchem sich der durchschnittliche Tonnenwerth der Erze auf 4,87 ℳ stellte und die Förderung in 654 537 t bestand, berechnet sich der Rückgang der Förderung zu 28,3 % und der ihres Gesammtwerthes ungeachtet der Steigerung des Tonnenwerthes zu rund 23 %. Die durchschnittliche Jahresleistung pro Arbeiterkopf berechnet der Statistiker im Berichtsjahre mit 148,07 (148,88) t. Der am Jahresschlusse verbliebene Haldenbestand betrug 615 576 (605 818) t, deckt mithin bei gleichbleibendem Absatz, welcher 450 703 t Brauneisenerze und 1236 t Thoneisensteine, im ganzen 451 939 t umfaßte, reichlich den Bedarf an oberschlesischen Erzen auf 16 Monate. Der Rückgang des Absatzes erklärt sich genügend durch die stete Zunahme der Mitverwendung von fremden, nicht oberschlesischen Erzen und Schlacken, die statistisch 440 577 bezw. 129 611 t in 1896 betragend festgestellt wird.

Gegen das Vorjahr hat sich die Zahl der statistisch behandelten Zink- und Bleierzgruben um eine vermindert; man zählt im Berichtsjahre nur mehr 36, bei denen 192 (163) Dampfmaschinen mit 8042 (7377) HP vorhanden waren und 10 061 (10 039) arbeitende Personen und 176 (174) Grubenpferde beschäftigt wurden. An Jahreslöhnen wurden 5 588 191 (5 480 463) ℳ statistisch registrirt und eine kleine Steigerung der Lohnsätze der einzelnen Arbeiterkategorien festgestellt.

Die eingangs dieses summarisch genannte Förderung dieser Gruben zerlegt sich in 253 738 (263 260) t aufbereiteten, 9600 (9891) t unaufbereiteten Galmei, 275 514 (267 673) t Zinkblende, 3543 (2316) t Schwefelkies und 31 096 (31 927) t Bleierze. Die Menge der als Nebenproduct mit gewonnenen Eisenerze ist bereits weiter oben genannt.

Die Förderung der werthvolleren Erze ist fast in allen Sorten gegen die vorjährige zurückgegangen, gleichwohl ist ihr Gesammtwerth bedeutend gestiegen; er beträgt in 1896 12 322 018 gegen im Vorjahre 8 836 829 ℳ. Die Durchschnittswerthe der Tonne belaufen sich auf 7,80 (5,35) ℳ beim Galmei, 28,35 (17,08) ℳ bei der Blende, 75,70 (70,57) ℳ bei den Bleierzen und 9,38 (8,21) ℳ bei den Schwefelkiesen.

Der Absatz betrug an Galmei 277 744 (292 961), an Blende 335 672 (298 387), an Bleierzen 31 255 (32 032) und an Schwefelkiesen 3943 (2195) t.

Nachdem die Koksanstalt der Königl. Hütte zu Gleiwitz hinzugetreten ist, waren im Berichtsjahre 14 Werke gegen 13 in 1895 statistisch zu behandeln, bei denen zusammen 13 verschiedene Ofensysteme vorhanden waren.

Die Zahl der beschäftigten Arbeiter stieg von 3361 auf 3680 und der von denselben ins Verdienen gebrachte Lohn von 2 057 549 auf 2 346 575 ℳ.

Erzeugt wurden 1 007 987 (945 042) t Stückkoks, 89 462 (84 448) t Kleinkoks, 91 041 (84 221) t Cinder und 80 232 (75 890) t Nebenproducte.

Der Steinkohlenverbrauch ist statistisch angegeben mit 1 743 390 (1 619 078) t und der Werth der Erzeugung an Koks und Cinder mit 11 190 053 (10 409 388), an Nebenproducten mit 1 997 672 (2 514 768), zusammen mit 13 187 725 (12 924 156) ℳ. Das Ausbringen läßt sich nicht berechnen, weil der Kohlenverbrauch der 2 Cinderbrennereien nicht von denen der Koksanstalten getrennt angegeben ist.

Zu den zwei in 1895 vorhandenen Schwefelsäurefabriken sind zwei neue im Berichtsjahre gekommen — Lazyhütte, Guidottohütte — mit 34 Röstöfen und 6 Kammern mit 21 400 cbm Rauminhalt; letztere summiren nunmehr 76 (42), 19 (13) und 78 000 (56 600) — außerdem waren 117 (117) Kilns vorhanden.

Thätig waren bei der Schwefelsäurefabrication 658 (554) Arbeiter, deren Gesammtlohn zu 533 706 (434 807) ℳ angegeben wird.

An Rohmaterial sind 104 177 (84 857) t Blende, 33 t Salpeter und 260 t Salpetersäure verbraucht worden und als Product haben sich außer den eingangs dieses verzeichneten Säuresorten und Mengen 80 324 (65 168) t abgeröstete Blende ergeben. Der Werth der Erzeugung, welche ausverkauft wurde, belief sich auf 1 067 348 (778 700) ℳ.

Schweflige Säure wird nur noch bei Silesiahütte 5 (Lipine) fabricirt, wobei 123 (131) Personen mit 100 824 (103 243) ℳ Lohn beschäftigt waren. Verbraucht werden 25 597 (42 689) t rohe Blende und producirt 926 (1144), abgesetzt 859 (1255) t schweflige Säure. Der Werth der Erzeugung beziffert sich mit 37 044 (48 915) ℳ. An abgerösteter Blende wurden gewonnen 20 478 t.

Nachdem im Berichtsjahr das Hochofenwerk der Königlichen Hütte zu Gleiwitz nach vollendetem Umbau den Betrieb wieder aufgenommen hat, waren 11 (10) Hochofenwerke statistisch zu behandeln; von den 37 vorhandenen Hochöfen standen 28 (25) während 1361¹/₂ Wochen im Feuer und lieferten 615 419 t Roheisen und Gußwaaren 1. Schmelzung gegen 531 677 t dergleichen im Jahre vorher, die höchste Erzeugung, welche jemals bei Oberschlesiens Hochöfen fiel. Roheisenfall per Ofen und Woche 452,13 (441,01) t. Motorenausrüstung 126 (143) Dampfmaschinen mit 12 636 (14 536) HP, 1 (1) Wasserkraft von 5 (5) HP. Belegschaft 3659 (3836) Arbeiter, unter ihnen 661 (599) Frauen, Lohn der einzelnen drei Arbeiterkategorien 843,12 (807,91), 373,25 (329,51) und 317,81 (332,40) ℳ. Verbrauch an Erzen 1 000 487 (966 781) t, an Brucheisen 7825 (4531) t, an Schlacken und Sinter 347 379 (274 059) t, an Kalk- und Dolomitzuschlag 370 884 (375 542) t, an Steinkohlen und Schmelzkoks 795 348 (714 587) t. Der relative Schmelz-Brennmaterialverbrauch 1,292 (1,344) ist seit 1891, wo er noch 1,620 betrug, stetig geringer geworden.

Die Steigerung des Erzverbrauchs entfällt ausschließlich auf ausländische Erze (408 664 t), von denen 25,4 % mehr als im Vorjahre durchgesetzt wurden. Der Verbrauch an Schlacken und Sinter ist um 26,8 % (73 320 t) gestiegen, der an Zuschlägen um 1,2 % (4658 t) gefallen; Kohlen und Koks wurden um 11,3 % (80 761 t) mehr vergichtet, als in 1895. Zu secundären Zwecken wurden 65 608 t Steinkohlen verbrannt.

Die Roheisenerzeugung stellt ein Mehr von 15,7 % (83 736 t) gegen die im Jahre vorher. die Sorten finden sich eingangs dieses angegeben. Die Erzeugung an Puddel- und Martinroheisen hat gegen das Vorjahr eine Steigerung um 23 553 t erfahren, beträgt 56,81 % von der Gesammterzeugung, immerhin um 4,52 % im gleichen Verhältniß weniger als in 1895.

Die Erzeugung an Thomasroheisen stieg um 49 151 t, die an Gießereiroheisen und Hochofenguß um 14 769 t, an Bessemerroheisen erlitt sie einen

Rückgang in Höhe von 2771 t. Spiegeleisen wurde im Berichtsjahr in Oberschlesien nicht erzeugt.

An werthvolleren Nebenerzeugnissen hatte der Hochofenbetrieb einen empfindlichen Ausfall zu verzeichnen — augenscheinlich infolge der verstärkten Verrichtung ausländischer Erze —; an silberhaltigem Hochofenblei wurde nicht die Hälfte der Ausbeute in 1895, 718 (1426) t, erreicht, an Ofenbruch und Zinkschwamm wurden 880 (1155) t und an Zinkschwamm 6038 (6582) t gewonnen.

Der Gesammtwerth der Erzeugung (Roheisen und Nebenerzeugnisse) ist gegen den des Vorjahres um 5272565 *M* (19,5 %) gestiegen, der Durchschnittswerth einer Tonne Roheisen um 4,0 % = 2,01 *M* auf 51,81 (49,80) *M*.

Der Absatz an Roheisen im Inlande und zum Selbstverbrauch belief sich auf 623585 (545688) t, der nach Oesterreich auf 2765 (16059) t und der nach Rufsland auf 820 (1876) t; im Bestand blieben 10647 (22429) t.

Von den beiden vorhandenen Holzkohlenhochöfen — Bruschik und Wiesko — war nur der letztere während $27^1/_4$ Wochen im Betrieb. Production 609 t.

Der Gesammtabsatz an Roheisen belief sich auf 666 (563) t, der Geldwerth der Production betrug 62500 (57700) *M*, der Werth der Tonne Roheisen demnach 102,6 (102,7) *M*; der Verkaufspreis stand auf 104 bis 108 *M* für graues und 100 *M* für weifses Roheisen und ist unverändert der vorjährige.

Eisengiefsereien. Trotz einigen Wechsels ist die Anzahl der statistisch behandelten Eisengiefsereien gegen die des Vorjahrs unverändert geblieben; hinzugekommen ist die Röhrengiefserei der Donnersmarckhütte, in Wegfall die Jacobshütte. Sämmtliche 25 Etablissements besafsen bezw. betrieben 58 bezw. 44 Cupolöfen, 14 bezw. 11 Flammöfen, 11 bezw. 5 Martinöfen; im Jahre vorher stellten sich diese Zahlen in gleicher Reihenfolge wie folgt: 56 bezw. 39, 17 bezw. 13 und 6 bezw. 4. Es fanden 6450, 265 und 1720 Schmelzen in den verschiedenen Ofenkategorien statt, bei denen insgesammt 2373 Arbeiter Beschäftigung fanden und dafür mit 1782675 *M* entlohnt wurden. Bemerkt wird, dafs die Lohnsätze durchgehends und zum Theil erhebliche Steigerungen erfahren haben. An Motoren waren vorhanden 29 (33) Dampfmaschinen mit 640 (735) HP und 6 (6) Gefälle mit 121 (131) HP; bei 6 Werken lieferte der zugehörige Hochofenbetrieb den nöthigen Gebläsewind.

An Schmelzmaterialien wurden verbraucht: an Roheisen, Alt- und Brucheisen 53436 (45530) t, an Stahl, Schmiedeisen und Abfällen 2951 (2675) t; an Schmelzbrennmaterialien: 16477 (13536) t Koks und Steinkohlen; an Dampfkohlen und zu secundären Zwecken 20762 (20098) t Steinkohlen, Holzkohlen und Koks.

Erzeugt wurden damit:

Eisengufswaaren aus Cupolöfen . .	48517	(38174) t
„ „ Flammöfen .	1198	(1049) t
Stahlgufs aus Cupolöfen	431	(325) t
„ „ Martinöfen	2977	(2415) t
Insgesammt	53123	(41963) t

darunter Röhren 13817 (10449) t.

Der Absatz an Fremde und an die eigenen Werke bezifferte sich mit 51897 (40425) t und der Geldwerth der Erzeugung mit 7091458 (5693492) *M*.

Walzwerksbetrieb für Eisen und Stahl. Die Betriebsausrüstung der wie im Vorjahre statistisch behandelten 19 Werke bestand in: 332 (319) Dampfmaschinen mit 16144 (14153) HP und 3 (3) Gefällen mit 115 (130) HP bei der Schweifseisenerzeugung sowie 79 (75) Dampfmaschinen mit 14262 (14163) HP, von denen 32 (31) mit 3646 (3634) HP zur Herstellung der Halbfabricate dienten, bei der Flufsmetallerzeugung.

An Oefen und maschinellen Apparaten waren vorhanden bei der Schweifseisenerzeugung: 265 (258) Puddelöfen, 138 (138) Schweifsöfen, 41 (44) Glühöfen, 4 (4) Rollöfen, 15 (?) Wärmöfen, 13 (20) sonstige Oefen, 56 (56) Dampfhämmer und 8 (6) Pressen.

Der Flufseisenerzeugung standen zur Verfügung: 7 (7) Cupolöfen, 2 (2) Gufsstahlöfen, 1 (1) Roheisenmischer, 2 (2) Bessemerbirnen, 4 (4) Thomasbirnen, 18 (17) basische Martinöfen, 1 (1) sauer zugestellter Martinofen, 42 (45) Schweifsflammöfen, 19 (18) Glühöfen, 7 (7) Blechglühöfen, 6 (?) Wärmöfen, 2 (2) Dolomitbrennöfen, 1 (1) Spiegeleisenofen, 16 (16) Dampfhämmer und 3 (?) Pressen.

Zur Benutzung seitens beiderlei Raffinirwerke fanden sich an Walzenstrafsen: 12 (12) für Rohschienen, 20 (20) für Grobeisen, 27 (25) für Feineisen, 6 (6) für Grobbleche, 12 (14) für Feinbleche, 1 (1) für Schienen, 1 (1) für Schienen und Grobeisen, 2 (2) für Bandagen, 1 (1) Universaleisen, 1 (?) Blockwalzwerk und 1 (1) Kaltwalzwerk.

Die Zahl der beschäftigten Arbeiter war 16189 (14319), ihr Gesammtlohn belief sich auf 12441008 (10873832) *M*, der Durchschnittslohn eines erwachsenen Arbeiters auf 801,4 (789,9), der einer Frau auf 287,8 (308,2) und der eines Jungen auf 339,0 (341,5) *M*.

An Roheisen wurden verbraucht 576497 (500980) t, an Materialeisen u. s. w. 306578 (262753) t, an Eisenerzen 2425 (2222) t und daraus mit 1092711 (978399) t Brennmaterialien 114351 (81288) t Halbfabricate zum Verkauf und 489988 (425649) t Fertigfabricate erzeugt. Die Erzeugung an Hauptbahnmaterial hat gegen die des Vorjahres um 4565 t = 11,6 % zugenommen, die speciell an Schienen um 5500 t. An Grobblechen wurden 9043 t = 20,6 % und an Feinblechen 6865 t = 21,0 % mehr erzeugt als im Jahre vorher.

Die Erzeugung von Flufsmetall-Halbfabricaten überhaupt hat gegen das Vorjahr um 20,2 % zugenommen; an Martinblöcken wurden 26923 und an Thomasblöcken 36214 t mehr, an Bessemerblöcken dagegen 2308 t weniger erzeugt.

Auf die Fertigfabricate allein bezogen, berechnet sich ein relativer Verbrauch an Roh- und Materialeisen in Höhe von 1,807 (1,797), an Brennmaterialien von 2,230 (2,99) t.

Der Absatz an Halb- und Fertigfabricaten wird statistisch festgelegt zu 111310 (81323) bezw. 482322 (433354) t, der verbliebene Bestand an Fertigfabricaten zu 22797 (15656) t.

Der Geldwerth der Erzeugung betrug für die Halbfabricate zum Verkauf 9243677 (6563324), für die Fertigfabricate 60611915 (48824718) zusammen 69855592 (55388042), im Durchschnitt f. d. Tonne 116,26 (109,26) *M*.

Die Erzeugung des Frischhüttenbetriebs bestand in 153 (138) t Stab- und Schereisen, der Absatz in 152 (129) t, in Bestand blieben 25 (24) t. Der Geldwerth der Erzeugung betrug 21534 (19191) *M*. Der Betrieb ging wie seit Jahren in Carlshütte und Vossowska mit den früheren Einrichtungen um und beschäftigte 10 Arbeiter während 46 Wochen, in denen die an Löhnen 4421 *M* ins Verdienen brachten und 212 t Eisen und Stahl bei 125 t Holz- und 84 t Stückkohlen umarbeiteten.

Herstellung von Draht, Drahtwaaren, Ketten und Sprungfedern ging in den Werken der Oberschlesischen Eisenindustrie-Gesellschaft Unterwerk, Oberwerk, Ornontowitz, die von gezogenen Röhren im gräfl. Henkelschen Röhrenwalzwerk Bethlen-Falvahütte (Schwientochlowitz), im Huldschinskyschen Röhrenwalzwerk zu Gleiwitz und in dem der Vereinigten Königs- und Laurahütte zu Laurahütte um. Sämmtliche Werke verfügten über 285 (373) Schmiedefeuer und Oefen, sowie über 6 (6) Hämmer, 8 (7) Walzenstrecken, 2 (2) Rohrzüge, 1110 (1099) Drahtzüge, Nägelmaschinen u. s. w. und benutzten 41 (41) Dampfmaschinen mit 3959 (3469) HP, wobei 2911 (2601) arbeitende Personen Beschäftigung und eine Entlöhnung in Höhe von 2241723 (1938920) ℳ fanden.

Der Materialverbrauch der genannten vier Werke wird als 58245 (49422) t Eisen- und Stahlwalzdraht und Walzeisen, 83217 (78362) t Steinkohlen, 1990 (1700) t Koks und 100 (50) t Cinder betragend angegeben; die Erzeugung soll in 53644 (46131) t Fabricaten, der Absatz in 53322 (47449) t derselben bestanden haben. Der Geldwerth der Erzeugung wird vom Statistiker unter theilweiser Schätzung zu 11678677 (8699914) ℳ und der Durchschnittswerth f. d. Tonne zu 218 (193) ℳ festgestellt.

Zinkhüttenbetrieb führten 23 (23) Werke, unter ihnen 1 (1) Blenderöstanstalt. Die bei denselben vorhandenen 128 (124) gewöhnliche und 404 (396) Siemens-Gasöfen räumten 4085 (4300) bezw. 14606 (14356) Muffeln und verbrauchten deren im Berichtsjahre 174512 (169218) Stück, von denen im Jahresdurchschnitt jede derselben 563 (564) kg Rohzink lieferte.

Man beschäftigte auf sämmtlichen Werken 7673 (7543) Arbeiter, darunter 1671 (1661) Frauen, und zahlte ihnen zusammen 5357095 (5166061) ℳ Löhne im Laufe des Jahres, Mann, Jungen und Frau durchschnittlich 829,53 (811,32), 249,04 (269,80) bezw. 309,61 (310,70) ℳ.

Der Verbrauch an mineralischen und sonstigen Schmelzmaterialien belief sich auf 272847 (272920) t Galmei, 237620 (226439) t Zinkblende, 1761 (1795) Ofenbruch und Zinkschwamm und 6423 (7749) Zinkasche u. s. w., an Brennmaterialien wurden verbraucht 1065063 (1027913) t Kohlen und Cinder, an feuerfestem Thon 26675 (28245) t.

Aus diesem Verbrauche fielen als Erzeugung 98323 (95430) t Rohzink, 10666 (6847) t Cadmium und 1113 (1230) t Blei, die einen Gesammtwerth von 29782274 (26053877) ℳ, und einen durchschnittlichen Tonnenwerth von 299,49 (269,56) ℳ hatten. Der Marktwerth der Tonne Rohzink, gewöhnliche Sorte, betrug in den vier Vierteln des Jahres 270 (250), 310 (260), 310 (270) bezw. 320 (270) ℳ.

Der Bestand am Jahresschlusse wird zu 4500 t Rohzink, 449 kg Cadmium und 203 t Blei angegeben, im Jahre vorher bestand er aus 7348 t, 1585 kg und 277 t.

Wie seit Jahren erzeugte Zinkweifs nur die Fabrik zu Antonienhütte. Im Bestand blieben 176 t.

Wie im Jahre vorher wurden Zinkbleche von 5 Werken erwalzt, welche mit 12 Schmelzöfen, 6 Wärmöfen, 8 einfachen und 12 Doppelstrecken, 14 Grob-, 5 Kreis- und 2 Packetscheeren, 20 Dampfmaschinen mit 1818 HP und einer Gesammtwasserkraft von 320 HP arbeiteten. Sie beschäftigten zusammen 741 (685) arbeitende Personen, denen sie an Löhnen 555328 (527631) ℳ an Löhnen zahlten und deren Einzelverdienst zu 825,93 (875,71), 365,87 (388,15) bezw. 327,70 (314,22) ℳ angegeben wird.

Die Erzeugung betrug unter Verarbeitung von 40738 (36883) t Rohzink 39488 (35676) t Zinkbleche, 524 (865) t Blei und 526 (451) t Zinkasche und andere Nebenerzeugnisse, bei einem Kohlenverbrauche von 33782 (31673) t.

Der Geldwerth der Gesammterzeugung belief sich auf 12819051 (10089938) ℳ und nach den Erzeugnissen vertheilt auf 12631852 (9866196) ℳ für die Bleche, 107979 (164367) ℳ für das Blei und 79220 (59386) ℳ für die Nebenerzeugnisse. Der durchschnittliche Tonnenpreis für Bleche berechnet sich auf 319,89 (276,55) ℳ.

Die Königliche Friedrichshütte und die Walter-Croneckhütte besitzen für ihre Blei- und Silberhüttenbetriebe 9 (8) Schachtschmelzöfen, 13 (14) Flammöfen, 9 (9) Röstöfen, 4 (4) Treib-, 2 (2) Silberfeinbrennöfen und 21 (21) Entsilberungskessel, daneben 18 Dampfmaschinen mit 353 HP. Sie beschäftigten zusammen 610 (597) arbeitende Personen, denen 415582 (419064) ℳ an Löhnen gezahlt wurden. Es wurden 31501 (33480) t Bleierze durchgesetzt, 1804 (2464) t Hochofen- und Zinkblei entsilbert bezw. raffinirt und dabei eine Erzeugung erzielt von 20438 (20017) t Blei, 2173 (2049) t Glätte und 8642 (8883) kg Silber, deren Gesammtwerth 5885116 (5274366) ℳ betragen hat. An Kohlen und Koks wurden 32076 (28375) t verbraucht.

Der durchschnittliche Tonnenwerth von Blei und Glätte stellte sich auf 225,78 (204,38) ℳ, der Werth des Kilogramm Silber auf 91,81 (87,04) ℳ.

An Beständen blieben am Jahresschlusse 118 (532) t Blei, 181 (138) t Glätte und 161 (0) kg Silber.

Die Oberschlesische Montanindustrie beschäftigte im ganzen während des Berichtsjahres 109830 (103245) arbeitende Personen und entlohnte sie mit 79529347 (73153723) ℳ.

Dr. Leo.

Berichte über Versammlungen aus Fachvereinen.

Eisenhütte Düsseldorf.

Am Samstag den 8. Mai hatten sich, einer freundlichen Einladung der Firma Fr. & E. Woker folgend, gegen 60 Mitglieder und Gäste der Eisenhütte Düsseldorf mit ihren Damen zur Besichtigung der von der genannten Firma unter Mitwirkung des hiesigen Architekten- und Ingenieurvereins ins Leben gerafenen

Sonder-Ausstellung für Heiz- und Lüftungsanlagen

in den damit verbundenen Räumen der Rheinisch-westfälischen Baufachausstellung eingefunden. Unter sachkundiger Führung des Hrn. Emil Woker wurden die einzelnen Abtheilungen beider Ausstellungen in Augenschein genommen.

Hr. Ingenieur C. Schott-Köln machte alsdann folgende Mittheilungen über die Bedeutung der

rheinischen Braunkohlenindustrie.

M. H.! Gestatten Sie mir, Ihnen kurz eine Einführung in die Verhältnisse des rheinischen Braunkohlenbergbaues zu geben, dessen Hauptproduct, die Briketts, Sie hier ausgestellt finden, und welche Ihnen trotz der beinahe unmittelbaren Nachbarschaft doch mehr oder weniger fremd sein dürften. Das Gebiet des abbaufähigen Vorkommens der Braunkohle erstreckt sich in der Tertiärformation wesentlich auf dem Rücken des sogenannten Vorgebirges aus der Gegend von Liblar, Brühl über Hermülheim, Frechen, Mödrath bis jenseits Horrem. Die mittlere Längenerstreckung beträgt 24 km, die mittlere Breite 5 km, die bedeckte Fläche demnach rund 120,0 qkm. Bei einer durchschnittlichen Ueberdeckung von 10 bis 15 m Abraum schwankt die Mächtigkeit zwischen 15 und 40 m, im Mittel ist sie etwa 30, so dafs nach einer Schätzung von Geh. Bergrath Heusler-Bonn die anstehende Menge von Braunkohle etwa 3600 Mill. Tonnen beträgt. Vom technisch-volkswirthschaftlichen Standpunkte aus ist es nun sehr interessant zu sehen, wie eine so grofse Menge von billigst zu gewinnendem Brennmaterial und zwar im einfachsten Tagebau, ohne jedwede Fördermaschine und Wasserhaltung, mit blofser Menschenkraft und einfachsten Geräthen, so lange unausgebeutet hat liegen bleiben können. Welch grofsen Werth hätte die Braunkohle für die ihr benachbarten Bezirke vor Erbauung der Eisenbahnen, bei den damaligen Preisen der Steinkohle, gehabt! Es zeigt sich hier aber auch wieder die öfter gemachte Erfahrung, dafs ein Land eine gewisse Höhe der gewerblichen Entwicklung erreicht haben mufs, bevor man beginnt, allen seinen Bodenschätzen aufs genaueste nachzuspüren. So ist denn die eigentliche Entwicklung des Rheinischen Braunkohlenbergbaues in die Zeit des vollen Wettbewerbes der benachbarten grofsen Steinkohlenbezirke gefallen und hat gegen diese einen harten Kampf zu bestehen. Zur Zeit werden in etwa 20 Betrieben, einschliefslich der auf einem Inselvorkommen bei Herzogenrath bauenden Grube, rund 2 Mill. Tonnen Rohbraunkohle jährlich gefördert. Da dies durchweg im Tagebau geschieht, so ist der Preis bei der grofsen Mächtigkeit des Vorkommens ein billiger, in gröfseren Bezügen wird der Doppellader Rohbraunkohle unter 20 ℳ zu haben sein. Angesichts einer Verdampfungsfähigkeit von $^1/_3$ gegenüber mittlerer Steinkohle kann ein Verbraucher, wenn er sich unmittelbar neben die Steinkohle legt, seine Energie also zu einem Preise erstellen, als wenn er Steinkohle zu einem Preise von 55 bis 60 ℳ den Doppellader franco bezöge, d. h., es ist nirgendwo in Deutschland motorische und gleichzeitig Heizkraft billiger zu beschaffen als dort, ein Punkt, der noch bei weitem nicht genügend beachtet wird. Natürlich ist der Umkreis, in welchem dies möglich ist, ein verhältnifsmäfsig kleiner, bei etwas über 10 ℳ Fracht kostet der Doppellader franco 30 ℳ, mal 3 macht 90 ℳ, die Braunkohle stellt sich also gleich einer mittleren Steinkohle zu 90 ℳ franco, was heute am Niederrhein nur durch Anlage bei der Kohlengrube selbst zu haben ist. Bei etwas über 15 ℳ Fracht stellt sich die Braunkohle auf 35 ℳ, mal 3 macht 105 ℳ, hier kommt also dann bald der Grenzrayon, für welchen, besonders in der Richtung auf die Steinkohlenbezirke zu, der Gebrauch der letzteren billiger wird. Immerhin ist aber in einem Umkreis von etwa 50 km, von den Enden des Braunkohlenvorkommens ab, die Rohkohle mit Vortheil zu verwenden, um so mehr als sie, richtige Rosteinrichtungen vorausgesetzt, auf das Quadratmeter Kesselfläche dieselbe Verdampfung wie Steinkohle ergiebt, nicht schlackt, und bei Anwendung von Schütttrichtern eine billigere Bedienung der Kessel ermöglicht, als bei Steinkohle.

Die bedeutende Erschwerung, welche der grofse Einflufs der Fracht der Verwendung der Rohbraunkohle entgegensetzt, hat denn auch dazu geführt, ein höherwerthiges Product aus derselben herzustellen, das Brikett. Die feine Rohkohle wird getrocknet, erwärmt und mit etwa 200 Atm. Druck geprefst, wobei das eigene Bitumen der Braunkohle das Bindemittel abgiebt, ein Zusatz also nicht nöthig ist. Auf diese Weise erreicht man das von 8 der gröfseren Brikettfabriken hier ausgestellte Product, welches in seinem Heizwerthe a. d. Kilogramm von mittlerer Steinkohle nicht allzuweit abbleibt. Sie sehen denn auch, dafs die grofse Lanzsche Locomobile, welche die motorische Kraft dieser Ausstellung abgiebt, anstandslos mit denselben geheizt wird. Zur Verwendung für gewerbliche Feuerungszwecke werden die Briketts dicker hergestellt, als sie hier vorliegen, die Pressen können dann in der Zeiteinheit mehr leisten und das Product wird billiger. Derartige Industriebriketts stellen sich franco Düsseldorf zwischen 90 und 100 ℳ für den Doppellader, je nach den Umständen, können also im Wettbewerb mit der Steinkohle noch recht wohl verwendet werden. Es kommt ihnen dabei der Vorzug der rauchfreien Verbrennung zu statten, ein Punkt, der trotz aller möglichen Systeme zur rauchfreien Steinkohlenfeuerung eine ganz wesentliche Rolle, namentlich inmitten der grofsen Städte, spielt und mehr, als es geschieht, beachtet werden sollte. Aufserdem das Nichtschlacken auf dem Rost, die angenehme Bedienung des Feuers und die leichte Controle der verbrauchten Mengen.

Weitaus die gröfste Bedeutung haben die Briketts aber für den Hausbrand bekommen und sich da ganz entfernte Absatzgebiete, so z. B. in Holland, der Schweiz u. s. w. errungen. Es beruht das auf der angenehmen reinlichen Bedienung des Feuers, dem sparsamen Brennen bei einiger Aufmerksamkeit und der leichten Controle des Verbrauchs. Nicht zum wenigsten aber auch auf dem bequemen Einkauf nach Stückzahl im kleinen, welche gerade dem minder bemittelten Theile der Bevölkerung, der nicht grofse Summen auf einmal ausgeben kann, das Heizen mit Braunkohlenbriketts so werthvoll macht. Kann man doch in Köln ans Haus geliefert 1000 Stück Briketts schon zu 3,60 ℳ, 100 Stück zu 40 Pfg. kaufen. Nur mufs dabei dem Bestreben der zweiten Hand ein Riegel vorgeschoben werden, dafs diese sich nicht kleinere Briketts machen läfst, von denen sie die 1000 oder die 100 Stück natürlich billiger verkaufen kann. Es haben sich die Werke denn auch dahin geeinigt, dafs der Doppellader Briketts nur 33 000 Stück enthalten soll, so dafs also auch der kleinste Käufer, wenn er nur nachzählt, weifs was er bekommt. Welchen Umfang die Heizung mit Briketts angenommen hat, beweist die Thatsache, dafs der Brennmaterialverbrauch von Berlin in den Jahren 1892/95 auf ± $1^1/_2$ Millionen Tonnen Steinkohlen stehen geblieben ist, bis das gewerblich so gute Jahr 1896 dann eine Zunahme um stark 200 000 t brachte. Während dieser Zeit hat aber der Verbrauch an Briketts ganz stetig zugenommen, insgesammt um mehrere 100 000 t, auf 857 000 t in Berlin und den Vororten im Jahre 1896. Die Rheinische Brikett-erzeugung hat, abgesehen von 2 älteren Werken, erst seit der Mitte der 80er Jahre ihren eigentlichen Aufschwung genommen, ist also noch ganz jungen Datums. Im Jahre 1896 wurden rund 500 000 t erzeugt und zur Zeit sind auf 14 Werken etwa 70 Pressen im Betrieb und Bau, mit einer jährlichen Leistungsfähigkeit von rund 600 000 t. Welch beträchtliche Leistung dies ist, zeigt der Umstand, dafs der grofs-mitteldeutsche Braunkohlenbezirk Halle-Magdeburg mit einer Rohkohlenförderung von über 20 Mill. Tonnen kaum über 3 Mill. Tonnen Briketts herstellt! Ein Punkt, auf den ich noch ganz besonders aufmerksam machen möchte, ist das sehr vortheilhafte Heizen mit Briketts in passenden Dauerbrandöfen, d. h. in Regulir-, Füll- oder irischen Oefen mit Schüttelrost; vom Standpunkte wirklichen Comforts die einzig richtige Art der Ofenheizung. Die Eigenschaft der Briketts, bei schwacher Luftzufuhr langsam weiter zu glimmen, macht sie für eine solche Art der Feuerung ganz besonders geeignet, wozu noch der Vortheil kommt, dafs keine Schlackenbildung eintritt, der Rost stets frei bleibt, es braucht nur die feine hellgelbe Asche in demselben Mafse durchgeschüttelt zu werden, als Kohle nachbrennen soll. Wenn man bedenkt, dafs der Doppellader normale Hausbrand-briketts = 33 000 Stück sich im Augenblick auf etwa 100 ℳ franco Düsseldorf stellt, so läfst sich leicht ermessen, um wieviel billiger sich solch eine Heizung gegen die augenblicklich in Mode befindliche Anthracit-Nufskohlenheizung im „Amerikaner" stellt. Aber auch da, wo der Amerikaner-Ofen einmal vorhanden ist, läfst sich mit Braunkohlenbriketts ohne weiteres im Dauerbrand heizen, wie Sie sich an einem in der Ausstellung in solchem stehenden Amerikaner-Ofen des Königl. Württemb. Hüttenwerks Wasseralfingen überzeugen können." —

Nach der gruppenweisen Besichtigung der Ausstellung, auf welche wir in einem besonderen Artikel zurückkommen werden, vereinigten sich die Theilnehmer in dem Ausstellungsrestaurant zu einem gemeinsamen Abendessen.

Verein für Eisenbahnkunde zu Berlin.

In der Sitzung am 13. April, welche unter dem Vorsitz des Hrn. Wirklichen Geheimen Oberbaurath Streckert stattfand, sprach Hr. Geheimer Oberbaurath Dr. Zimmermann

über den Einflufs, den die Geschwindigkeit einer über eine Brücke rollenden Last auf die Biegung und die Spannungen in dem Brückenträger ausübt.

Um welche Fragen es sich hierbei handelt, das läfst sich am leichtesten allgemein verständlich machen durch Bezugnahme auf eine verwandte, wohl schon manchem Schlittschuhläufer begegnete Frage: Empfiehlt es sich, über eine nur dünn zugefrorene Oeffnung der Eisdecke möglichst langsam, oder möglichst schnell hinwegzugleiten? Für beide Mafsregeln lassen sich ganz vernünftig erscheinende Gründe anführen. Der mit dem schnellen Gleiten verbundene Schwung greift die Eisdecke stärker an, als langsames und ruhiges Gleiten; andererseits wird bei schnellem Lauf der gegenüberliegende feste Rand des Eises schneller erreicht, möglicherweise so schnell, dafs zum Einbrechen gar keine Zeit mehr bleibt. Der Vortragende hat diese verwickelte Aufgabe (in ihrer Anwendung auf Brücken) in eine streng mathematische Form gebracht. Es ist ihm unter gewissen einfachen Voraussetzungen gelungen, eine strenge Lösung zu finden, die in einer besonderen, unter dem Titel „Die Schwingungen eines Trägers mit bewegter Last" bei Wilh. Ernst & Sohn in Berlin erschienenen Abhandlung ausführlich dargelegt ist und vom Vortragenden näher erläutert wurde. Mit Hülfe von Bildern der bei verschiedenen Geschwindigkeiten von dem bewegten Körper durchlaufenen Bahnen, von denen der Vortragende einige Proben ausgestellt hatte, können die an sich nicht einfachen Ergebnisse selbst dem Laien verständlich gemacht werden. Um nun wenigstens einen ungefähren Begriff davon zu geben, kehren wir zu dem Eislauf zurück. Die Antwort auf die obige Frage lautet dann dahin, dafs die Biegung der Eisdecke mit zunehmender Geschwindigkeit des Darübergleitens im Anfange der Bahn vermindert, gegen das Ende hin aber vermehrt wird. Bei Eisenbahnbrücken und den jetzt üblichen Fahrgeschwindigkeiten beträgt übrigens die gröfste, aus diesem Umstande entspringende Spannungszunahme nur etwa 15 %.

Hr. Regierungs- und Baurath Bathmann machte sodann Mittheilungen übers neuere Eisenbahnanlagen im Norden Berlins.

Hr. Geheimer Baurath Housselle führte zum Schlufs noch ein Modell einer Weichenstellvorrichtung nach dem System Vanneste vor, welches ihm von der Société Anonyme pour l'Exploitation des Brevets Vanneste in Brüssel mit der Bitte um Mittheilung an den Verein zugegangen war. Der Hebel ist ein solcher mit einfacher Wirkung, d. h., sich selbst überlassen, bringt er die Weiche selbstthätig in ihre normale Stellung und hält sie darin fest.

Unter dem Vorsitz des Wirkl. Geh. Oberbaurath Streckert hielt in der Versammlung am 11. Mai d. J. auf Wunsch einiger Mitglieder Prof. Dr. Jordan aus Hannover einen Vortrag

über den geodätischen Theil der Eisenbahnvorarbeiten,

insbesondere im Anschlufs an die Landesaufnahme, unter Vorführung von Karten und Plänen solcher bei den Uebungsmessungen der technischen Hochschule in Hannover, theilweise im Anschlufs an staatliche Eisenbahnentwürfe, entstandenen Arbeiten. Die Gesammtanordnung und Ausführung solcher Eisenbahnvorarbeiten ist so sehr abhängig von der Art und der Verfügbarkeit der geodätischen und geographischen Grundlagen des Landes, in welchem gebaut werden soll, dafs dadurch der ganze Charakter der Sache bestimmt wird. Als eins der Länder, welche in dieser Beziehung sehr gut ausgestattet sind, ist z. B. Württemberg zu nennen, welches nicht nur topographische Karten, trigonometrische Coordinaten und Höhen u. s. w., sondern vom ganzen Lande auch gedruckte Flurkarten in dem grofsen Mafsstab 1 : 2500, im ganzen 15000 Blätter vorräthig hält und dem trassirenden Ingenieur zur Verfügung stellt. Aehnliches wird vom Vortragenden auch für Preufsen empfohlen und es wird auf die Nothwendigkeit amtlich zu druckender Verzeichnisse von Coordinaten und trigonometrischen Höhen, ähnlich wie die längst eingeführten Verzeichnisse nivellitischer Höhen, hingewiesen. Nachdem noch Tachymetrie, Compafsbandzüge und barometrische Höhen behandelt sind, wird die Hoffnung ausgesprochen, es möchte das Centraldirectorium der Vermessungen im Preufsischen Staate im Sinne der gemachten Vorschläge Anordnungen treffen.

Reg.-Baumeister Fraenkel machte sodann Mittheilungen

über Fahrgeschwindigkeitsversuche auf der Stadtbahn.

Um die wirkliche Fahrgeschwindigkeit der Stadt- und Ringbahnzüge in jedem Augenblick der Fahrt zwischen zwei Stationen zu ermitteln, hat die Maschineninspection 1 der Königl. Eisenbahndirection Berlin sich eine aufserordentlich einfache und sinnreiche Einrichtung construirt. In ein Abtheil eines bestimmten Stadtbahnwagens wurde ein gewöhnlicher „Morseschreiber", d. h. ein Telegraphenapparat, wie ihn jede Station besitzt, gestellt, durch einige Elemente mit Strom versehen und mit einem Unterbrechungscontact, der auf der Wagenachse befestigt war, in leitende Verbindung gebracht. Letzterer war so eingerichtet, dafs bei jeder halben Umdrehung der Wagenachse eine Unterbrechung des elektrischen Stromes eintreten mufste. Die so erhaltenen Morsestreifen, auf welchen sich jede Achsumdrehung durch „Strich" und „Lücke" abzeichnet, geben ein mathematisch getreues Bild der Bewegung des Zuges. Die Ergebnisse waren in Schaucurven einmal für eine gewöhnliche fahrplanmäfsige Fahrt und ein zweites Mal für eine angestrengte Fahrt, bei welcher die Locomotive aufs äufserste ausgenutzt wurde, übersichtlich dargestellt. Daran knüpften sich lehrreiche Erörterungen über die eigenartigen Bedingungen für die Aufstellung von Fahrplänen auf Strecken mit so kurzen Stationsentfernungen, wie sie Stadtbahnen aufzuweisen pflegen. Die Leistungsfähigkeit der neueren Stadtbahnlocomotiven in Bezug auf flottes Anfahren stellt sich hiernach als recht beachtenswerth heraus. Im Anschlufs an die Mittheilungen entspann sich eine lebhafte Erörterung.

American Institute of Mining Engineers.

Das Institute beabsichtigt, seine nächste Versammlung in der zweiten Hälfte des Juli 1897 in dem Lake Superior-District abzuhalten. Man will auf einem Dampfer von Buffalo aus die gemeinsame Reise beginnen, die bedeutenderen Erzhäfen anlaufen, unterwegs Meetings abhalten und die Eisenerzvorkommen von Mesabi und Vermilion, sowie auch die Kupfergruben von Houghton besuchen, unter Umständen auch noch einen Ausflug nach den Black Hills in Dakotah unternehmen. Die letztere Tour dauert 10 Tage, ebenso lange die Reise bis Houghton.

Iron and Steel Institute.

(28. Jahresversammlung am 11. und 12. Mai 1897 in London.)

Die diesjährige Frühjahrsversammlung wurde durch einen Empfangsabend eingeleitet, welchen der ausscheidende Vorsitzende, Sir David Dale, und dessen Gattin den Mitgliedern in den Räumen der Königl. Vereinigung von Wasserfarbenmalern in Picadilly gastlich bereitet hatten: über 600 Gäste folgten der liebenswürdigen Einladung.

Die Verhandlungen wurden durch einen Bericht des Vorstandes eingeleitet. Die Zahl der Mitglieder ist im verflossenen Geschäftsjahr durch den Zuwachs von 80 neuen Mitgliedern auf 1475 einschliefslich 7 Ehrenmitgliedern und 2 lebenslänglichen Mitgliedern gestiegen. Der Bericht zeigt, dafs das Institut in einer gesunden und fortgesetzten Entwicklung sich befindet. Der Bericht des Schatzmeisters weist einen Fehlbetrag von rund 6000 *M* auf, der dadurch entstanden ist, dafs der Dampfer Ormuz, auf welchem der Ausflug nach Bilbao im Herbst v. J. vor sich ging, nicht in der Weise besetzt wurde, wie dies angenommen worden war. Ferner wurde ein Vorstandsbeschlufs mitgetheilt, zufolge welchem ein General-Inhaltsverzeichnifs sämmtlicher Veröffentlichungen des Instituts von Anbeginn an demnächst hergestellt werden soll. Auch nimmt der Bericht Bezug auf den internationalen Verband für Materialprüfungen in der Technik, zu welchem das Institut auch 100 *M* Jahresbeitrag leistet. Zur Errichtung eines Laboratoriums für Vereinheitlichung der chemischen Prüfungsmethoden bemerkt der Bericht, dafs von den 36000 *M*, welche zur Einrichtung und Unterhaltung des unter der Leitung von Baron Jüptner von Johnsdorf zu errichtenden Laboratoriums erforderlich sind, eine Summe von 6500 *M* auf Grofsbritannien entfallen sollte; der Vorstand des „Iron and Steel institute" hat sich indessen dahin entschieden, dafs es nicht Sache des instituts sein könne, diese Mittel aufzubringen, sondern dafs dies den einzelnen Werken anheimfalle.

Die öffentliche Meinung in England scheint dahin zu gehen, dafs es zweckdienlicher sei, wenn der geforderte Betrag, der an sich als bescheiden bezeichnet wird, im Lande bliebe zur Errichtung eines eignen Laboratoriums, das in freundschaftlicher Weise gleichzeitig mit dem in der Schweiz zu errichtenden internationalen Laboratorium alsdann zu arbeiten hätte.

Darauf führte Sir David Dale den neuen Vorsitzenden, Mr. **Edward Pritchard Martin**, Generaldirector der Dowlais Iron Company in Cardiff, auf den Platz des Vorsitzenden, welchen er für die nächsten 2 Jahre einzunehmen hat. Mr. Martin begann sein Amt damit, dafs er die Bessemer-Denkmünze an Sir **Frederik Abel**, den ehemaligen Vorsitzenden des Institute, in Anerkennung seiner Verdienste um die Förderung des Eisenhüttenwesens überreichte. Der Vorgang vollzog sich in kürzerer Weise, als sonst üblich, weil Sir Henry Bessemer infolge der rauhen Witterung verhindert war, persönlich theilzunehmen. Die Wahl wird in England verschieden beurtheilt, da theilweise die Ansicht vorherrscht, dafs die Verdienste Abels, die mehr auf dem Gebiete des Militärwesens, insbesondere der Explosivstoffe liegen, zwar unbestreitbar seien, dafs sie sich aber nicht auf das eigentliche Gebiet erstrecken, für welches Bessemer die Denkmünze gestiftet hat.

Alsdann verlas der Vorsitzende seine übliche

Eröffnungsrede.

Vortragender wies eingangs darauf hin, dafs er sein Leben lang mit einem der ältesten eisenerzeugenden Districte Englands eng verbunden gewesen sei; er sei gewissermafsen auf klassischem Boden des englischen Eisenhüttenwesens aufgewachsen. Einer der wichtigsten Factoren in der Eisendarstellung ist heute, wie ehedem, der Brennstoff; im Jahre 1791 bedurfte man zur Darstellung einer Tonne Roheisen 8,05 tons Kohle, bei einer Wochenleistung von 20 tons f. d. Hochofen; im Jahre 1821 war die verbrauchte Kohlenmenge auf 4 tons, im Jahre 1831 auf 3 tons gesunken, während die durchschnittlichen Wochenleistungen eines Ofens auf 62 bezw. 78 tons gestiegen waren. Im Jahre 1845 fielen bei den 18 Hochöfen, welche damals in Dowlais in Betrieb waren, durchschnittlich je 101 tons Roheisen wöchentlich, im Jahre 1859 war diese Zahl 137 tons, 1870: 174 tons und 1877: 260 tons, wobei der Kohlenverbrauch für die Tonne Roheisen betrug: 1859 $2^1/_4$ t, 1870 2 t und 1877 fast ebensoviel. 20 Jahre später, also im Jahre 1896, war die beste Leistung der Hochöfen bis auf 1600 tons in der Woche gestiegen bei einem Koksverbrauch von 950 kg f. d. Tonne Roheisen, entsprechend rund $1^1/_3$ t Kohle. Redner wies darauf hin, dafs diese Fortschritte auf verschiedene Ursachen, namentlich aber auf die grofsen Aenderungen zurückzuführen sind, welche hinsichtlich der verwendeten Rohstoffe eingetreten sind. Die localen Eisenerze wurden seltener, und es kamen daher Erze aus Llantrisant, dem Forest of Dean, Lancashire und Cumberland; später wurde das Erz aus Northamptonshire, Cornwall, Devonshire und Irland bezogen. Die Einführung des Bessemerstahls brachte eine starke Nachfrage nach phosphorfreien Erzen mit sich, so dafs man für den Bezug von Erzen hauptsächlich auf Cumberland, Lancashire und Bilbao beschränkt wurde. Die welschen Eisenerzgruben, ebenso wie diejenigen in Cornwallis und Devon stellten bald ihre Betriebe ein und in neuester Zeit auch Dowlais, ebenso wie andere englische Eisenwerke, die vollständig in Abhängigkeit von Spanien für Eisenbezug geriethen. Mit dieser Aenderung im Erzbezug für die Erblasung von Roheisen zur Stahlerzeugung an Stelle von solchem zur Herstellung von Schweifseisen ging gleichzeitig die Verdrängung der Rohkohle durch Koks vor sich. Ein Vergleich der Leistungen aus älterer Zeit mit denjenigen von heute giebt einen Begriff von den ungeheuren Fortschritten, welche inzwischen gemacht worden sind. Nur Wenige indessen vermögen sich gleichzeitig eine Vorstellung über die Kosten zu machen, welche diese Aenderungen mit sich gebracht haben, und über die Verluste, welche die neuen Erfindungen den Eisenfabricanten verursacht haben. Die Erfindungen von Bessemer und Siemens, so segensreich sie für die Welt waren, können kaum mit ungemischter Freude von den älteren Eisenhüttenleuten angesehen werden, die ihr Kapital in Eisenwerken angelegt hatten, deren Werth heute auf den des alten Mauerwerks zurückgegangen ist. Die Dowlais-Iron-Company war — im Jahre 1856 — eine der ersten, welche eine Licenz zur Erzeugung von Bessemerstahl nahm; auf ihrem Werke wurde die erste Bessemerstahlschiene gewalzt. Die kürzlich vorgenommene Analyse einer dieser im Jahre 1856 hergestellten Schienen zeigt folgende Zusammensetzung derselben:

Kohlenstoff . .	0,080	Arsen	Spur
Silicium . . .	Spur	Mangan . . .	do.
Schwefel . .	0,162	Eisen	99,33
Phosphor . .	0,428		

„Sir Henry Bessemer selbst hat mir mitgetheilt,“ fährt Redner fort, „dafs das Roheisen, aus welchem damals die Blöcke erzeugt wurden, graues Blaenavon-Eisen war, und dafs die Umwandlung in Stahl ohne Zusatz von Spiegeleisen oder Ferromangan vor sich ging; die Birne war mit feuerfesten Steinen von Stourbridge ausgesetzt. Die Schienen wurden durch Edward Williams aus zwei Blöcken von 10 Zoll im Geviert gewalzt, die in dem Versuchswerk in Baxterhouse, London, hergestellt waren. Als Menelaus, Williams und Edward Riley ihre erfolgreichen Versuche in Dowlais unmittelbar nach Bessemers Vortrag in Cheltenham anstellten, war das von ihnen verwendete Roheisen höchstwahrscheinlich weifses Giefsereieisen, welches aus einer Gattirung von Walliser, Cumberland und Forest-of-Dean-Erzen erzeugt, von geringerem Phosphor- und Schwefelgehalt als das gewöhnliche Roheisen war. Als Bessemer nach Dowlais kam, um die Versuche fortzusetzen, lag zufällig ein passendes Raffinirwerk gegenüber dem Hochofen, welches Schlackenroheisen machte, und durch einen eigenartigen und höchst unglücklichen Zufall verwendete Bessemer das Eisen gerade von diesem Ofen zu seinen Versuchen; ihr Ergebnifs war daher sehr enttäuschend und man nahm damals an, dafs solche Unregelmäfsigkeiten dem Verfahren erblich anhafteten. Durch Zufall kam ich vor einiger Zeit in den Besitz eines dieser Bessemerblöcke, welche in Dowlais von diesen ersten Versuchen aufbewahrt wurden; die Analyse ergab:

Kohlenstoff . . .	0,06	Schwefel	0,276
Mangan	0,00	Phosphor . . .	1,930
Silicium	0,01	Arsen	0,010

Dieselbe erklärt ohne weiteres die Ursache des Mifslingens; aber damals wufste man noch nicht, dafs die Anwesenheit von Schwefel und Phosphor in solchen Mengen der Erzeugung von Bessemerstahl hinderlich sei; auch erklärt sich dadurch, warum die Dowlais Iron Company, obgleich sie als eine der ersten die Licenz aufnahm, erst im Jahre 1864 Stahlschienen walzte. Es verdient hierbei aber hervorgehoben zu werden, dafs die Eisenschienen, welche damals in Dowlais in grofsen Mengen gewalzt wurden, erst im Jahre 1882 von der Bildfläche verschwanden und dafs der Ersatz von Bessemer- und Siemens-Stahl zur Erzeugung von Schienen, Blechen und Stäben an Stelle von Schweifseisen die Zahl der Puddelöfen in Dowlais von 255 auf 15 eingeschränkt hat.“

Als die Gesellschaft vor kurzem den Beschlufs fafste, die Dowlais-Werke zu erweitern, bestimmte man gleichzeitig, dafs die eigenen Erzgruben stillgesetzt und die neuen Werke bei Cardiff gebaut werden sollten. Hierdurch verringerte man die Eisenbahnfrachten erheblich, weil alles Eisenerz zu Wasser ankommt, und ein grofser Theil des Fertigfabricats ebenfalls zu Wasser versandt wird. Bei der Errichtung der neuen Anlage hat man besonderes Augenmerk auf Verringerung der Arbeitslöhne durch entsprechende maschinelle Einrichtungen gerichtet, und obgleich die Löhne dort an sich im allgemeinen höher als im nördlichen Theil des Districts sind, so stellten sich bei einem Vergleich doch die Kosten der Arbeitslöhne für die Tonne Roheisen im Verhältnifs zu dem anderen District recht günstig. Bei dem Dowlais-Cardiff-Eisenwerk kann das Eisenerz in den Docks entladen, durch den Hochofen getrieben und in Roheisen verwandelt, letzteres durch den Siemens-Procefs in Stahl verwandelt und dieser zu Stahlblechen ausgewalzt werden in 48 Stunden!

Während Redner in Blaenavon war, erfolgte die Erfindung von Thomas und Gilchrist in den Jahren 1877/78, eine Erfindung, durch welche Eisen- und Stahlwerke, die früher auf phosphorfreie, meistens aus weiter Entfernung herbeizuführende Erze angewiesen waren, in die unmittelbare Nähe billiger, zur Stahlerzeugung geeigneter Erze gebracht wurden; namentlich war dies der Fall in Cleveland, ferner zum Theil in Northampton, Lincoln, Stafford, Lancashire und ebenso in Nordwales, so lange die vorhandene Puddelschlacke andauerte. Der einzige Nachtheil beim Herdofen ist die geringere Leistung, ein Nachtheil, der aber durch Einrichtungen von Kapelwieser, Pernot und Anderen zu beseitigen versucht worden ist.

Redner theilt alsdann die bereits in dieser Zeitschrift veröffentlichten Angaben über die Erzeugung der beiden letzten Jahre an Roheisen und Flufseisen in Grofsbritannien mit und giebt alsdann folgende Uebersicht über die Ausfuhr in derselben Zeit:

	Eisen u. Stahl	Roheisen	Handelseisen und Stahl	Draht*	Bleche u. Platten**	Weifsblech
1895	2 880 380	[illegible] 453	146 294	42 896	343 916	371 978
1896	3 608 852	1 076 753	180 974	57 270	421 640	271 226
	+ 728 472	+ 106 300	+ 34 680	+ 14 374	+ 77 724	− 100 752

Während Redner seine Landsleute zu der letzten Statistik beglückwünscht, macht er den festländischen Mitbewerbern ein Compliment über den grofsen Fortschritt, den sie in der Erzeugung von Eisen und Stahl machen. „Während eines Besuchs, den ich kürzlich Westfalen und den Werken an der deutsch-französischen Grenze abstattete, machte der Unternehmungsgeist und die Gröfse des aufgewendeten Kapitals, um die Werke auf einen hohen Stand der Leistungsfähigkeit zu bringen, einen tiefen Eindruck auf mich. Krupp baut gänzlich neue Werke auf grofser und vollständiger Grundlage am Rhein, und de Wendel & Co. haben kürzlich in Hayingen umfangreiche und bedeutende Werke errichtet, welche nicht nach dem amerikanischen oder englischen System gebaut sind, als welches ich die Erreichung einer möglichst grofsen Leistung auf jedem Werke bezeichnen möchte, sondern es sind die Einrichtungen so getroffen, dafs sich die Werke leicht und billig den verschiedenen Anforderungen des Marktes anpassen können, so dafs sie mit verhältnifsmäfsig geringem Zeit- und Geldaufwand in der Lage sind, sich von einem Fabricat zu einer anderen Gattung zuwenden; so z. B. von der Fabrication von schweren Trägern in einem Walzwerk zu Schwellen, Schienen oder Winkeln, wobei dieselben Arbeitercolonnen in den verschiedenen Walzwerken verwendet werden, um die verschiedene Arbeit zu leisten. Ich möchte nun nicht einen Augenblick den Lärm unterstützen, welcher die öffentliche Meinung in England hinsichtlich unserer industriellen Stellung und Aussichten ergriffen hat. Ohne Zweifel war im Jahre 1851 unsere Lage einzig und wir erfreuten uns damals eines weit gröfseren Verhältnifsantheils an der Industrie der Welt, als dies heute der Fall ist, aber die Tage, wo ein Land sich ein Monopol für irgend eine Fabrication sichern kann, sind vorbei.“

Der wunderbare Fortschritt, welchen die amerikanische Eisenindustrie zeigt, seitdem Sir Lowthian Bell vor dem Institut im Jahre 1880 hierüber Bericht erstattete, ist ein weiteres Zeichen für die beharrlichen Fortschritte in allen Zweigen

* Ausschliefslich Telegraphendraht.

** „ Weifsblech.

des Eisenhüttenwesens und es sollte derselbe uns Alle zu bedeutenden Anstrengungen anspornen, um unsere Werke in die bestmöglichste Lage zu versetzen.

Redner geht dann zur Beschreibung der Duquesne-Hochöfen der Carnegie-Gesellschaft über:* „in England", so fährt er fort, „schaut man bei Verwendung von 48- bis 50 % igen Erzen mit Genugthuung auf eine Wochenerzeugung von 1600 tons, aber dieselbe läfst gegenüber den neuesten amerikanischen Ergebnissen erheblich zu wünschen übrig; diese letzteren sollen noch gesteigert werden, da man bei dem Einbau von 20 Düsen auf eine Tageserzeugung von 1000 tons rechnet. Das Bessemerstahlwerk in Duquesne ist entsprechend riesengrofs, da es 500000 tons Roheisen im Jahr verarbeiten und 1500 tons Knüppel in 24 Stunden auswalzen kann. Die Leistungen der Schienen-, Draht- und Blechwalzwerke sind ebenfalls staunenswerth; in den Edgar Thomson-Werken der Carnegie Co. sind bis zu 2000 tons Schienen in 24 Stunden gewalzt worden; auf der Illinois Steel Co. hat das Schienenwalzwerk 1025 tons Schienen in 12 Stunden und an 38000 tons im Monat geliefert. In den Joliet-Werken der Illinois-Stahlwerke sind auf einer Garrett-Drahtwalzenstrafse zu Beginn dieses Jahres 3273 tons Walzdraht Nr. 5 in einer Woche hergestellt worden; seitdem ist die enorme Leistung von 728 tons in 24 Stunden erreicht worden. Nach Angaben, welche dem Vortragenden zugegangen sind, ist man jetzt in den Vereinigten Staaten in der Lage, Draht aus dem Knüppel einschl. aller Kosten zu einem Preise herzustellen, der nur 16 ℳ höher ist als der Knüppelpreis; auf Arbeitslöhne entfallen dabei 6 ℳ.

Nichts hat mehr zu dem grofsen Wechsel in dem gegenseitigen Verhältnifs der Werke und Märkte beigetragen als die Herabsetzung der Frachten; als schlagendes Beispiel hierfür können die Erzfrachten von Bilbao angeführt werden, welche anfangs 16 oder sogar 18 sh bis zu den Häfen des Bristolkanals ausmachten und jetzt nicht mehr als 4 bis 4¾ sh betragen. Diese Ermäfsigung ist es auch, welche den billigen und in Masse vorkommenden phosphorhaltigen Erzen das Uebergewicht verliehen hat. Was den Erzbezug anbetrifft, so haben sich für die Herstellung von Hämatitroheisen gewisse Schwierigkeiten kürzlich geltend gemacht. Obgleich die Einfuhr im vorigen Jahr gegen 1895 um eine Million Tonnen gestiegen war, so herrschte doch noch Knappheit an Erzen vor. Trotzdem aber ist die heimische Förderung nicht merklich gestiegen, und die Schwierigkeit genügenden Erzbezuges aus Spanien, den Mittelmeerländern und Skandinavien wird nicht allein in England, sondern auch in Belgien und Deutschland empfunden. Ueber die Nachhaltigkeit der Eisenerze von guter Beschaffenheit in Spanien kann kein Zweifel sein, indessen werden sie wegen höherer Bahnfracht bis zur Seeküste theurer werden; der Minettebezirk an der deutsch-französischen Grenze scheint nicht die ihm gebührende Aufmerksamkeit der britischen und amerikanischen Hüttenleute auf sich gezogen zu haben, aber seine grofse Bedeutung mufs anerkannt werden, wenn man bedenkt, dafs derselbe allein über 10 Millionen Tonnen Erz im Jahre, d. h. nahezu die doppelte Menge des Clevelander Erzdistricts, liefert; die Vortheile der Werke, welche diese Erze billig beziehen können, spielen daher eine entsprechende Rolle im internationalen Wettbewerb. Was die Vereinigten Staaten anlangt, so ist es schwierig, den Werth der Aufdeckung der Mesabi-Erzvorkommen zu überschätzen; das offengelegte Erz daselbst hat bereits 300 Millionen Tonnen erreicht und scheint das Vorkommen thatsächlich unerschöpflich zu sein. Die Kosten dieses Erzes betragen loco Cleveland am Eriesee 8,35 ℳ f. d. ton, davon 6,30 ℳ für Transport.

* Vergl. „Stahl und Eisen" 1897, Nr. 8 Seite 289.

Koksbereitung und Gewinnung der Nebenproducte. Ahram Darbys Erfindung, die Kohle in Meilern zu verkoken, welche er im Jahre 1735 eingeführt hat, ist in Blaenavon noch in Anwendung zur Erzeugung von kalt erblasenem Roheisen. Zur Verbesserung der Qualität und Verbilligung der Verfahren sind Oefen verschiedener Art seither eingeführt worden, und hat man namentlich auf dem Continent der Darstellung von Koks aus Mischungen mit Fettkohlen und der Gewinnung von Nebenproducten seine Aufmerksamkeit zugewendet und durch die letztere etwa 2 ℳ Ersparnifs f. d. Tonne erzielt. In Schottland gewinnt man grofse Mengen von schwefelsaurem Ammoniak aus den Gasen der Hochöfen, und durch die Bemühungen Dr. Monds auch aus den Generatorgasen. In den Vereinigten Staaten entfällt mehr als die Hälfte der gesammten Kokserzeugung auf den Connelsviller Bezirk, woselbst der Koks am billigsten in der Welt ist, da er nicht mehr als 4 ℳ f. d. Tonne loco Waggon am Koksofen kostet, dabei ist seine Beschaffenheit ausgezeichnet. In Schottland und Belgien hat man die Hochofengase zum directen Betrieb von Maschinen benutzt; in Seraing legt man gegenwärtig noch zwei weitere neue Maschinen von je 150 HP an. Zieht man die Gewinnung aller dieser Nebenerzeugnisse in Betracht, so gewinnt es fast den Anschein, als ob das Roheisen ein Nebenerzeugnifs wird und als zukünftige Hauptaufgabe der Eisenhüttenleute die Erzeugung von Kraft und Licht zu bezeichnen ist.

Nach dem Gelingen der Entphosphorung ist noch die Entschweflung des Roheisens als zu lösende Aufgabe geblieben. Saniter und Andere haben zwar nach dieser Richtung erfolgreich gearbeitet, sind aber nur für besondere Fälle in Anwendung gekommen. Gegenwärtig ist das billigste und einfachste Mittel der Roheisenmischer, in welchem durch Zusatz von 1½ % Mangan der Schwefelgehalt sehr erheblich herabgemindert wird; auch giebt die Mischung von so grofsen Mengen, wie 100 bis 150 t, ein weit regelmäfsigeres Material, als aus den Mischungen des Roheisens aus verschiedenen Hochöfen in einer 10-t-Pfanne erhalten werden kann, aufserdem wird der Abfall erheblich vermindert.

In dem Bau der hydraulischen Pressen ist grofser Fortschritt zu verzeichnen; in der Presse wird das Material in der bestmöglichen Weise durchgearbeitet. In Dowlais hatten wir kürzlich eine sehr unangenehme Erinnerung daran, wie es im Innern von grofsen Eisenblöcken aussehen kann; die Welle einer Fördermaschine, welche 8,23 m Länge zwischen den Lagern und 533 mm Durchmesser hatte, brach nach 18jährigem Betrieb, eine Prüfung des Innern ergab, dafs die Packete, aus welchen sie hergestellt war, im Innern niemals zusammengeschweifst waren, weil entweder die gegebene Hitze nicht richtig oder der Schmiedehammer zu leicht gewesen ist. Der Vortheil der hydraulischen Presse liegt auch darin, dafs sie geräuschlos arbeitet. Eine der gröfsten Pressen wurde von Tannet, Walker & Co. vor etwa 12 Jahren auf dem Werk von John Brown & Co. in Sheffield errichtet, dieselbe ist für 5000 tons Druck und mifst 5,5 m zwischen den Säulenmitteln. Bei Krupp sah ich zwei ähnliche Pressen von 5000 t und eine von 2000 t;* Stahlblöcke von 70 t können daselbst mit der gröfsten Leichtigkeit bearbeitet werden, die Pumpmaschinen verfügen über etwa 1000 HP. Die guten Erfahrungen, die man mit den hydraulischen Pressen gemacht hat, legen die Frage nahe, ob man sie nicht an Stelle von Blockwalzwerken zum Blocken von Halbzeug zweckmäfsig benutzen soll.**

* In Dillingen ist mittlerweile eine Presse von 12000 t aufgestellt.

** Es ist dieser Vorschlag von Buch eingehend bearbeitet. „Stahl und Eisen" 1895 Nr. 24, S. 1143.

In der Weifsblechindustrie sind so viele Leute beschäftigt und wird so viel Eisen und Stahl verbraucht, dafs die englischen Eisenwerke in manchen Zeiten der Noth nur mit dieser Hülfe die Beschäftigung aufrecht erhalten und Gewinn erzielen konnten. Diese industrie ist ausschliefslich auf Südwales (490 Werke) und Staffordshire beschränkt.

Die Ausfuhr von Weifsblechen stellte sich in den letzten 10 Jahren wie folgt:

	Tonnen		Tonnen
1887 . . .	359 162	1892 . . .	401 776
1888 . . .	397 623	1893 . . .	385 249
1889 . . .	437 540	1894 . . .	359 591
1890 . . .	428 546	1895 . . .	371 978
1891 . . .	455 553	1896 . . .	271 226

In den letzten Jahren hat die Weifsblechindustrie und zwar hauptsächlich diejenige von Südwales durch den amerikanischen Wettbewerb erheblich gelitten; man hofft aber, dafs der anderweite steigende Bedarf den Verlust wieder ausgleichen wird.

Behufs Vergröfserung des Absatzes von Flufseisen sind, so meint Redner weiter, grofse Anstrengungen gemacht worden, um neue Gebiete zu erschliefsen, es sei aber in England wenig im Verhältnifs zu den Ver. Staaten geschehen, wo man, namentlich in Chicago und New York, durch den Bau der Riesenhäuser aus Eisengerippen ein neues Feld gefunden habe; in das neue Haus von John Jacob Astor seien 10000 tons, in den 30stöckigen Park Row Building 9000 tons Stahl gegangen. Auch im Bergwerksbetriebe finde das Eisen zur Abstützung steigende Verwendung.

Was Arbeiterlöhne und Lohnkosten betreffe, so müsse man zwischen beiden wohl unterscheiden. Die Löhne können hoch und die auf dem Fertigfabricat ruhenden Lohnkosten niedrig sein und umgekehrt; in der Regel seien die Löhne dort hoch, wo die maschinellen Einrichtungen am vollkommensten sind, und in den Districten, wo man zu deren Anlage kein Kapital habe, niedrig. Am meisten mache sich durch Verbesserung der Einrichtungen die Verbilligung in den Stahlwerken fühlbar; so erfordere die Herstellung einer Blechplatte von 750 bis 800 kg Gewicht aus einer Bramme nach der alten Methode erhebliche Lohnkosten, während jetzt eine Stahlplatte von 3 bis 4 t Gewicht bei geeigneter Einrichtung mit Leichtigkeit hergestellt werden könne; man stehe jetzt in dieser Fabrication auf dem Standpunkte, dafs es billiger sei, grofse Platten zu machen und diese zu zerschneiden, als die kleinen Platten für sich zu walzen.

Eisenbahnfrachten. In Europa sei man gewohnt, die Wege, welche die Erze von Spanien und dem Mittelmeer nach den Hüttenplätzen zurückzulegen haben, als grofse Entfernungen zu bezeichnen, während man in den Ver. Staaten, dank der billigen Frachten zu Wasser und auf der Eisenbahn, der gegentheiligen Anschauung huldige und man dort in der Ueberwindung erheblich gröfserer Entfernungen keine Schwierigkeiten finde. Ohne Zweifel spiele die Hauptrolle bei den bewundernswerthen Erfolgen der Amerikaner im Wettbewerb mit Europa der billige Transport zu Wasser und Lande, freilich in Verbindung mit den natürlichen Vortheilen. Auf einigen amerikanischen Eisenbahnen vollziehe sich der Erztransport zu einem Satz von 1/6 Penny f. d. ton-Meile (etwa 0,85 Pfg. f. d. Tonnenkilometer); möglicherweise sei die Ermäfsigung der Rohmaterialienpreise ebenso sehr der Aufmerksamkeit, welche man auf Verbilligung der Transportkosten verwende, als der Billigkeit der Erzförderung und Koksbereitung zuzuschreiben. Wollte man in England ebenso billige Frachten einführen, wie sie in Amerika und sogar in Belgien und Deutschland* üblich sind, so würde kein Land existiren, wo die Rohmaterialien sich in ebenso billiger Weise zusammenbringen lassen würden, wie in Grofsbritannien. Ob die britischen Eisenbahngesellschaften sich dem amerikanischen Frachtsatz für Massengüter anpassen wollen, ist die Lebensfrage für die englische Eisenindustrie. Wenn die englische Bevölkerung im Lande keine lohnende Beschäftigung finden kann, so wird sie sowohl wie das Kapital aus dem Lande getrieben. Europa hat bereits den Wettbewerb der Ver. Staaten in Canada, Japan und China empfindlich gefühlt, und wir werden nicht umhin können, die Anschauungen, welche wir bisher über den amerikanischen Wettbewerb gehabt haben, wesentlich ändern zu müssen. Die 177000 Meilen Eisenbahnen, welche jetzt in den Ver. Staaten in Betrieb sind, werden ebenso wie die 21000 Meilen des Ver. Königreichs fast ausschliefslich durch Privatverwaltung geleitet: man kann sicher sein, dafs die gegenwärtigen niedrigen Frachten der Ver. Staaten erst nach gründlicher Erwägung ihrer Rentabilität eingeführt worden sind, ohne Rücksicht auf die Entwicklung des Bergbaues des in dieser Hinsicht hochbegünstigten Landes.

Von Price Williams ist die nachstehende für 1895 geltende Uebersicht über die Einnahmen und Ausgaben im Mineralienverkehr der hauptsächlichen Eisenbahnen Grofsbritanniens zusammengestellt:

	Einnahmen		Ausgaben		Netto-Einnahm.	
	per ton per mile in pence	Tonnenkil. in Pfg.	per ton per mile in pence	Tonnenkil. in Pfg.	per ton per mile in pence	Tonnenkil. in Pfg.
Great Western . . .	0,4257	2,09	0,2073	1,02	0,2184	1,07
Great Northern . . .	0,2967	1,45	0,1669	0,82	0,1298	0,64
North British	0,4423	2,17	0,2086	1,02	0,2337	1,15
Taff Vale	0,4100	2,01	0,2090	1,02	0,2010	0,99
London und N. W. .	0,4210	2,06	0,2578	1,26	0,1632	0,79
North Eastern . . .	0,5567	2,73	0,3271	1,60	0,2296	1,13

Auf der London und North-Western Railway, welche mit Ausnahme der North-Eastern den gröfsten Mineralverkehr in England hat, sind die heutigen durchschnittlichen Selbstkosten für die Tonnenmeile im Mineralverkehr genau 1/5 penny (1,04 Pfg. a. d. Tonnenkilometer), d. h. sie müssen auf weitere Entfernungen erheblich geringer sein. Wenn man diese Zahl und aufserdem die verschiedenen, in den Ver. Staaten bereits eingeführten Verbilligungseinrichtungen in der Behandlung der Materialien berücksichtigt, so ist ohne weiteres klar, dafs man bei Einführung gröfserer Wagenladungen die Tarife in England auch bis nahe der Höhe der amerikanischen Sätze ermäfsigen könnte. Wollte man dies versäumen, so werde es den Eisenindustriellen Englands unmöglich sein, die an sich grofsen Vorzüge ihrer Lage auszunutzen.

Namentlich sollten auch die englischen Eisenbahnen auf Erhöhung des Ladegewichts und dadurch relative Verminderung des todten Gewichts hinarbeiten. Die Taff Vale-Eisenbahn begann ihren Kohlenverkehr mit 5-t-Wagen und erhöhte das Ladegewicht auf 6, 7, 8 und jetzt 10 tons; es wäre ganz unmöglich, den heutigen Ansprüchen der Docks in Südwales mit dem anfänglichen Ladegewicht zu genügen. Einige Eisenbahnen sind neuerdings, infolge des auf sie ausgeübten Drucks, dazu übergegangen, 12- und 15-tons-Wagen anzuschaffen, sehr zu ihrem und ihrer Verfrachter Vortheil. Wenn man aber weiterginge und 25- oder 40-tons-Wagen anschaffte, so würde dies von weitgehenden vortheilhaften Einflufs auf die Ermäfsigung der Selbstkosten sein. In dieser Hinsicht sind die Erfahrungen, welche Eddy in Neu Südwales gemacht hat, durchschlagend, er hat dort unrentable

* Die Irrthümlichkeit dieser Anschauung, soweit sie Deutschland betrifft, hat die Redaction bereits bei vielen Gelegenheiten dargelegt. *Red.*

in rentable Strecken verwandelt. Auf der New York Central Railway sind im Jahre 1895 die Selbstkosten des zur Hälfte aus Erz- und Kohlentransport bestehenden Frachtverkehrs auf ¼ penny per ton per mile (1,7 Pfg. f. d. Tonnenkilometer) ermäfsigt worden, ein weiterer Beweis für den stellenweise erzielten Erfolg.

Zur Beschaffung gröfserer Güterwagen würde man aufserdem viel Eisen gebrauchen, zu dessen Verbilligung die Eisenhüttenleute Alles gethan hätten, was in ihrer Kraft gelegen habe; es sei nunmehr an den Eisenbahnen, auch ihrerseits mitzuhelfen.

Arbeiter-Fragen. Sir David Dale hat vor zwei Jahren bereits auf die wachsenden Schwierigkeiten im Verkehr mit den Arbeitern hingewiesen. Nichts verdiene gröfsere Aufmerksamkeit als die Verhütung von Ausständen in Streitigkeiten. Im Kohlenbergbau in Südwales besteht bereits seit 21 Jahren eine Verständigung über eine Gleitscala, durch welche das Verhältnifs mit mehr als 100000 Bergarbeitern geregelt wird; trotzdem haben wir aber sehr unruhige und sorgenvolle Zeiten durchgemacht. Wenn die beiden streitigen Parteien unfähig sind oder nicht den guten Willen haben sich zu verständigen, so habe ich kein Zutrauen in die Vermittlung durch einen Dritten; trotzdem mufs aber jeder Weg friedlicher Verständigung, welche die Anwendung roher Gewalt verdrängt, überall wärmste Unterstützung finden. Redner weist auf die grofsen, zum Theil unersetzbaren Verluste hin, welche Ausstände im Gefolge haben, und schliefst sich der Meinung Dales an, welcher seine Präsidential-Ansprache mit den Worten beendete: „Kapital und Arbeit müssen Alles unterlassen, was das gemeinsame Zusammenarbeiten behindern könnte; nur durch das letztere kann das allgemeine Wohlbefinden gesichert werden." (Fortsetzung folgt.)

Centralverband deutscher Industrieller.

Unter dem Vorsitz des Reichsraths Hafsler-Augsburg fand am 25. Mai d. J. zu Berlin eine Sitzung des Ausschusses des Centralverbandes deutscher Industrieller statt, in der zunächst der Geschäftsführer Landtagsabgeordneter Bueck über die geschäftliche Thätigkeit seit dem 3. Februar d. J. berichtete. Aus dem Geschäftsberichte ist unter andern hervorzuheben, dafs der Centralverband Schritte gethan hat, um den Veredlungsverkehr in wollenen Möbelstoffen, der sich zwischen Dänemark und Schweden einerseits und Deutschland andererseits entwickelt hat und die deutsche Industrie besonders in Chemnitz, Gera, Greiz erheblich schädigt, einzuschränken. Weiter hat der Centralverband in einer Reihe von Fällen Veranlassung gehabt, in zollpolitischen Streitigkeiten, die sich aus der russischen Zollpraxis ergeben haben, für die deutschen Interessen einzutreten. Die Angelegenheit, betreffend die Gründung einer Centralstelle für die Vorbereitung künftiger Handelsverträge, soll nach Abschlufs einiger schwebenden Vorarbeiten in Gemeinschaft mit dem Deutschen Handelstage und anderen betheiligten Vereinigungen weiter verfolgt werden. Nach einer Erörterung dieser Frage durch mehrere Mitglieder des Ausschusses berichtete der Geschäftsführer Landtagsabgeordneter Bueck über den

Gewerbe-Unfall-Versicherungsgesetzentwurf

und die Beschlüsse der Reichstags-Commission zu diesem Entwurf. Redner sprach sich u. a. gegen die von der Commission vorgenommene Erweiterung der Versicherungspflicht der Betriebsbeamten von 2000 auf 3000 *M* Jahresverdienst, sowie gegen die Herabsetzung der 13wöchentlichen Wartezeit und jede Aenderung der hierauf bezüglichen Bestimmungen des geltenden Gesetzes aus, indem er nachwies, dafs die Belastung der Industrie durch die Unfallversicherung weit über die frühere Haftpflicht der Unternehmer hinausgeht, da auch für die durch die Arbeiter selbst verschuldeten Unfälle Entschädigung gewährt wird.

Die Herabsetzung der Wartezeit auf vier Wochen in Deutschland würde die Zahl der Unfälle mit vorübergehender Erwerbsunfähigkeit auf das Siebenfache steigern und die Zahl der entschädigungspflichtigen Unfälle überhaupt verdoppeln. Auf das Jahr 1895 berechnet, würden die gewerblichen Berufsgenossenschaften (einschliefslich der Versicherungsanstalten) statt 34800 Unfälle 76000 und davon statt 7400 leichtere Unfälle 48000 zu behandeln haben. Aus diesen Zahlen sei die drückende Arbeitslast und die allergröfste Erschwerung der ehrenamtlichen Thätigkeit der Berufsgenossenschaften ersichtlich, da den 22000 Krankenkassen nur 64 Berufsgenossenschaften mit 358 Sectionsvorständen gegenüberstehen. Auch das Reichsversicherungsamt habe sich gegen die Verkürzung der Wartezeit ausgesprochen. Ferner wurde vom Berichterstatter eine sehr eingehende Kritik an dem Beschlusse der Reichstags-Commission geübt, durch den die Schiedsgerichte der Berufsgenossenschaften aufgehoben und nach örtlichen Bezirken Schiedsgerichte zur Entscheidung von Streitigkeiten über Entschädigungen auf Grund der Reichsgesetze über Unfall- und Invalidenversicherung errichtet werden sollen. Redner sprach sich grundsätzlich gegen die Vereinigung der Unfallversicherung mit der Invaliditäts- und Altersversicherung aus und für die Beibehaltung der bisherigen berufsgenossenschaftlichen Schiedsgerichte, da durch dieselben allein eine gleichmäfsige Rechtsprechung geleistet werden könnte.

In Anknüpfung an das Referat des Hrn. Bueck äufserte sich Geh. Finanzrath Jencke (Essen) insbesondere über die Frage der Herabsetzung der Wartezeit, die anderweitige Einrichtung und Ausdehnung der Zuständigkeit der Schiedsgerichte und die Einschränkung des Berufungsrechts. Er nahm Stellung gegen die Bestrebungen auf Herabsetzung der Wartezeit, sprach die Befürchtung aus, dafs die Neugestaltung der Schiedsgerichte, wie sie geplant ist, vielfach zu einer falschen Rechtsprechung führen würde, und äufserte sich gegen jede Einschränkung des Berufungsrechts. Schliefslich schlug er namens des Directoriums vor, eine Commission zu ernennen, die auf Grundlage einer eingehenden Berathung eine später der Regierung vorzulegende Denkschrift auszuarbeiten haben würde. Nachdem noch die Landtagsabgeordneten Commerzienrath Möller, Dr. Höttinger, Herr Menck (Altona) und Director Grund (Breslau) sich wesentlich in gleichem Sinne wie Hr. Jencke geäufsert hatten, beauftragte der Ausschufs das Directorium, eine solche Commission zu ernennen.

Ueber den Gesetzentwurf, betreffend die

Abänderung der Gewerbeordnung (Organisation des Handwerks)

berichtete gleichfalls der Geschäftsführer, indem er zunächst auf die Beschlüsse zurückgriff, die in der am 30. September 1896 abgehaltenen Sitzung des Ausschusses zu dem preufsischerseits dem Bundesrath vorgelegten gleichartigen Gesetzentwurf gefafst worden waren. Unter Hinweis auf die bei dieser Berathung geäufserten Bedenken wurde seitens des Centralverbandes an den Bundesrath die Bitte gerichtet, den preufsischen Entwurf abzulehnen. In der That ist seitens des Bundesraths die Ablehnung dieser Vorlage erfolgt und ein neuer Gesetzentwurf ausgearbeitet, der dem Reichstag unterbreitet ist. Redner schilderte im einzelnen die Abweichungen, welche der neue Entwurf von dem preufsischen Entwurf aufweist, und skizzirte alsdann die Abänderungen, die die mit der Vorberathung des Entwurfs betraute Reichstagscommission vorgenommen hat. Die Commission hat sich für die Einführung der obligatorischen Zwangsinnungen ausgesprochen, indem in besonderen Fällen die Anordnung zur Errichtung einer Zwangsinnung auch ohne und gegen die Zustimmung der Mehrheit der betheiligten Handwerker erfolgen kann: sie hat ferner die Gesellenausschüsse bei den Handwerkerkammern wieder eingeführt und ihnen eine weitgehende Zuständigkeit gegeben.

Auf Vorschlag des Berichterstatters gelangte ein Beschlufsantrag zur Annahme, demzufolge der Centralverband auf dem grundsätzlichen Standpunkt verharrt, den er in seiner Ausschufssitzung vom 30. September 1896 eingenommen hat, da die nunmehr vorgesehenen sogenannten „facultativen Zwangsinnungen", wenn auch vielleicht in etwas abgeschwächter Form, dieselben Nachtheile bringen würden, wie die obligatorischen Zwangsinnungen des früheren preufsischen Entwurfs. Der Centralverband legt nochmals Verwahrung ein gegen die schädigenden Uebergriffe in das Interessengebiet des Grofsgewerbes, die sich besonders ergeben aus den Bestimmungen des Gesetzentwurfs, betreffend das Lehrlingswesen und die Ueberwachung der Betriebe durch die Organe der Kleingewerbetreibenden. Die gesetzliche Organisation und Mitwirkung der Gesellen (Gehülfen) bei den Vertretungskörperschaften des Handwerks erachtet der Centralverband von wirthschafts- und socialpolitischen Gesichtspunkten aus nach wie vor für in hohem Mafse bedenklich und daher für einen Fehler.

Schliefslich berichtet Landtagsabgeordneter Commerzienrath Theodor Möller (Brackwede) über die Verfügung des preufsischen Handelsministers vom 25. März d. J.,* betreffend die Vorprüfung der Vorlagen zur Genehmigung von Dampfkesseln. Er befürwortete die Annahme nachfolgenden Beschlufsantrags: „Der Centralverband deutscher Industrieller spricht sein Bedauern darüber aus, dafs die Anweisung vom 15. und die Verfügung vom 25. März 1897, betreffend die Vorprüfung der Vorlagen zur Genehmigung der Anlagen von Dampfkesseln, erlassen worden sind, ohne sachverständiges Urtheil aus den Kreisen der Betroffenen darüber vorher einzuholen, und spricht die Bitte an das königlich preufsische Ministerium für Handel und Gewerbe aus, in eine thunlichst baldige Revision beider Schriftstücke auf Grund sachverständigen Beiraths eintreten zu wollen, sowie weiterhin die Erwartung, dafs alsbald eine aufklärende Verfügung dahin erlassen wird, dafs die neuen Bestimmungen auf bestehende, im Bau oder in Construction befindliche Anlagen keine Anwendung zu finden brauchen." Dieser Antrag wurde angenommen, nachdem noch Generaldirector Meier (Friedenshütte) sich in energischer Weise gegen die verblüffende Art der Gesetzgebung gewandt hatte; sie habe geradezu einen deprimirenden Eindruck auf ihn hervorgerufen.

Oesterr. Ingenieur- und Architekten-verein.**

Einer Einladung des Gewerken Victor von Neuman entsprechend, unternahmen etwa 40 Mitglieder der Fachgruppe der Berg- und Hüttenmänner am 8. April d. J. einen Ausflug nach Marktl und Schrambach, zur Besichtigung der dort eingeführten

Kohlenstaubfeuerung an Glühöfen und zur Heizung von Dampfkesseln.

Das Hüttenwerk der Firma Fried. v. Neuman in Marktl erzeugt nur Halbfabricate, und zwar einestheils Zaggel für die Wagenachsenfabrication und anderntheils Platinen für die Feinblechfabrication derselben Firma; die Einrichtung des Hüttenwerkes besteht der Hauptsache nach aus einem Luppenhammer, einer Walzenstrafse, welche gleichzeitig als Luppen- und als Platinenstrecke dient, aus 2 Schrottöfen (Schnellpudelöfen) und 3 Schweifsöfen. Alle 5 Oefen sind mit Schwartzkopfscher Kohlenstaubfeuerung ausgerüstet, und sind hiervon immer mindestens 3 Oefen (1 Schrottofen und 2 Schweifsöfen) in Betrieb.

In den Schrottöfen werden Chargen von 165 kg eingesetzt (Bröckleisen und Drehspäne gemischt) und zu Luppen ausgehämmert; in der 12stündigen Schicht werden 20 bis 24 Chargen gemacht.

Aus den Schweifsöfen werden einestheils die Luppen zu Zaggeln, anderntheils Alteisenpackete und Flufseisenblöcke zu Platinen ausgewalzt. Luppen und Flufseisenblöcke erhalten nur eine, Alteisenpackete immer zwei Schweifshitzen; die Schweifsöfen machen in der 12stündigen Schicht 9 bis 10 einhitzige oder 5 bis 6 zweihitzige Chargen, also 10 bis 12 Hitzen.

Das Gewicht einer Charge beträgt beim Einsatz von Alteisenpacketen 500 bis 600 kg, beim Einsatz von Luppen oder Flufseisenblöcken 700 bis 800 kg; der Schweifsabbrand beträgt bei der Verarbeitung von Alteisenpacketen mit 2 Schweifshitzen 11 bis 14 %, bei Flufseisenblöcken $3^1/_2$ bis 4 %; der Verbrauch an Kohlenstaub schwankt f. d. Ofen und Schicht zwischen 1100 und 1250 kg und beträgt im Durchschnitt, einschliefslich der Anheizkohle, rund 1200 kg.

Bei Verarbeitung von Flufseisenblöcken, einhitzig auf Platinen, beträgt der Kohlenverbrauch auf 100 kg Einsatz 16 bis 20 kg, auf 100 kg fertige Platinen 20 bis 24 kg.

Die Firma Fried. von Neuman hat im Frühjahr 1895 mit der Einführung der Kohlenstaubfeuerung begonnen* und war nach Ueberwindung der Kinderkrankheiten mit den erzielten Resultaten so zufrieden, dafs sie in rascher Aufeinanderfolge alle 5 Oefen umgebaut hat, so dafs im ganzen Jahre 1896 nur mehr Kohlenstaubfeuerungen im Betriebe waren, und sonach alle angegebenen Ziffern auf einem Jahresdurchschnitt beruhen.

Auf dem festlich geschmückten Hüttenhof waren die Detailzeichnungen der Kohlenstaubfeuerungsapparate, eine grofse Anzahl zum Theil ausgeführter, zum Theil in Ausführung begriffener Projecte über die Ausrüstung von Oefen und Dampfkessel verschiedenster Systeme mit der Schwartzkopfschen Kohlenstaubfeuerung, und ein completer Feuerungsapparat zur Besichtigung und Erklärung bereit gestellt. Der Feuerungsapparat macht einen einfachen und betriebssicheren Eindruck und läfst es als durchaus glaubwürdig erscheinen, dafs er niemals zu Betriebsstörungen Anlafs giebt. Der Abnutzung unterliegen nur die Schlagnase des Hüttelblechs und die Bürstenwelle. Erstere mufs alle 6 bis 8 Wochen ausgewechselt werden; sie besteht aus einem kleinen vierkantigen Stück Eisen mit Gewindeansatz, ist also in wenigen Minuten herausgeschraubt und durch eine neue ersetzt. Die Bürstenwelle läuft in Stahllagern mit Ringschmierung, besteht aus einem Stück Rundstahl und mufs alle 6 bis 8 Monate ausgewechselt werden. Die Bürste selbst unterliegt gar keiner Abnutzung; wenn durch das Hineinkommen von Fremdkörpern in den Feuerungsapparat einzelne Drahtborsten verbogen oder gebrochen werden, so lassen sich neue Stahldrahtborsten leicht einziehen.

Ueberaus merkwürdig war der Anblick der 5 Kamine vom Hüttenhofe aus: nur der aus der Hütte dringende Lärm liefs erkennen, dafs sie im Betriebe sei; die Kamine ragten förmlich gespenstig todt in die Luft; erst nach längerem, genauem Beobachten konnte man

* Vergl. „Stahl und Eisen" letzte Ausgabe, S. 422.

** Nach einem der Redaction freundlichst zur Verfügung gestellten Sonderabdruck aus der „Oesterr. Zeitschrift für Berg- und Hüttenwesen".

* Vergl. „Stahl und Eisen" 1896 S. 688.

bei 3 von den 5 Kaminen durch das Zittern der heifsen Luft über derselben feststellen, dafs sie im Betrieb seien.

Nachdem das Herausarbeiten je einer Charge aus allen 3 Oefen beobachtet und dabei die tadellose Schweifshitze festgestellt worden war, wurde das Anheizen eines Ofens und das Auswechseln eines Feuerungsapparats bei einem in Betrieb befindlichen Ofen erklärt.

Der Reserveschweifsofen war zum Anheizen vorgerichtet; im Entzündungsraum desselben wurde auf einem kleinen Hülfsrost, der nach vollendetem Anheizen leicht und rasch herausgezogen werden kann, ein Holzfeuer entzündet und nach etwa 5 Minuten der Feuerungsapparat in Gang gesetzt. Der Kohlenstaub entzündete sich sofort an dem Holzfeuer und nach Verlauf von 1 Stunde war der ganze Ofen bereits in Rothgluth. Das Anheizen der Oefen macht also gar keine Schwierigkeit, geht rascher als bei Rostfeuerung vor sich und wird in 3–4 Stunden leicht Schweifshitze erzielt.

Die Apparate sind nach Schablone gearbeitet, so dafs jeder Bestandtheil zu jedem Apparat pafst, und dafs für alle 5 Oefen nur ein Reserveapparat vorhanden zu sein braucht. Das Auswechseln eines gefüllten, in vollem Betriebe befindlichen Apparates wurde durch zwei Arbeiter in nicht ganz 8 Minuten vollführt, so dafs der Ofengang durch diese Auswechslung gar keine Störung erlitt.

Das Hüttenwerk in Marktl verfeuert nur Steinkohle aus dem benachbarten Schrambacher Steinkohlenbergbaue und erfolgt die Herstellung des Kohlenstaubes auf dem Hüttenwerke selbst.

Um die Anwendbarkeit der Kohlenstaubfeuerung für alle Kohlensorten zu zeigen, waren 15 verschiedene Brennmaterialien sowohl im rohen, als auch im gemahlenen Zustande in gröfseren Mengen vorbereitet, und wurde die Mehrzahl dieser Sorten auch thatsächlich verfeuert.

Sägespäne, Torf, Erdwachsrückstände, 4 Sorten böhmischer und steirischer Braunkohle, böhmische Steinkohle, Schrambacher und Ostrauer Steinkohle, 2 Sorten oberschlesischer Steinkohle, Anthracit, Koks und Holzkohle waren zu Feuerungsversuchen in Bereitschaft gestellt. Die ersten 3 Sorten eignen sich natürlich nur zur Kesselfeuerung oder für Wärmöfen, in denen keine hohe Temperatur erfordert wird: Torf wurde im Schrottofen verfeuert und eine schöne Hellrothgluth erzielt.

Ein Schweifsofen wurde dann mit verschiedenen Sorten Braunkohle, der andere Schweifsofen mit Anthracit und Holzkohlenstaub weiter betrieben; der Wechsel von einem Brennstoff auf dem andern vollzog sich ohne merklichen Uebergang; eine Drehung an der Stellschraube, eine kleine Verschiebung an der Luftregulirklappe und die Feuerung war auf den neuen Brennstoff eingestellt und arbeitete ruhig weiter.

Die Bedienung der Feuerung beschränkt sich eigentlich auf das Nachfüllen von Kohlenstaub, es giebt kein Schüren und kein Rostputzen, die Arbeiter haben von der Hitze nicht zu leiden, sind also in der Arbeit wesentlich entlastet, und so mufste man den Eindruck gewinnen, dafs die Leute das Einstellen der Feuerung mit voller Sicherheit beherrschen, dafs die Feuerung also über das Versuchsstadium längst hinaus ist, und dafs man da eine bereits erprobte Sache in glattem, sicherem Betriebe vor sich habe.

In einem Nebengebäude des Hüttenwerkes befindet sich ein mit Kohlenstaubfeuerung ausgerüsteter Versuchsofen kleinster Dimension, welcher Schmiedezwecken dient und der mit Essenzug oder Gebläseluft arbeiten kann. In demselben werden die Feuerungsversuche und Studien mit allen Brennmaterialsorten vorgenommen; sein Betrieb kann mit einem Brennstoffaufwande von 5 bis 10 kg in der Stunde aufrecht erhalten werden.

Die Herstellung des Kohlenstaubes erfolgt auf einer kleinen Schlagmühle (Patent Hopf), welche nunmehr schon über 2 Jahre Tag und Nacht in Betrieb ist und welche, ursprünglich für eine Stundenleistung von 250 kg Kohlenstaub gebaut, nahezu das Doppelte, nämlich 450 bis 500 kg in der Stunde liefern mufs. Die Mühle wurde auseinander genommen und an derselben die der Abnutzung unterliegenden Theile — Schlagnasen und Roststiebe — und das leichte Auswechseln dieser Theile gezeigt. Die Bedienung der Mühle ist eine überaus einfache, besteht in dem Aufwerfen der Rohkohle und in dem Wegheben der gefüllten Säcke und wird von einem besseren Tagelöhner besorgt: es wird durchaus mit offenem Lichte hantirt, eine Explosionsgefahr besteht also absolut nicht, trotz Vermaidung von Kohle aus einer Schlagwettergrube.

Die Gesammtkosten der Vermahlung stellen sich bei dieser kleinen Mühle auf etwa 6 kr für 100 kg. Die Mühle mufs die 3 Oefen des Hüttenwerkes und einen Stahlglühofen in einem benachbarten Werke bedienen und aufserdem Kohlenstaub für den Verkauf an Giefsereien liefern; sie ist also angestrengt beschäftigt, und können weitere Kohlenstaubfeuerungen erst in Betrieb gesetzt werden, wenn im Hüttenwerke oder bei dem benachbarten Schrambacher Steinkohlenbergbaue eine gröfsere Mahlanlage aufgestellt sein wird, was schon in allernächster Zeit geschehen soll.

Die Verbrennungskammer in den Schweifsöfen ist mit Chamotte-Ziegeln von Extra-Qualität ausgekleidet, welche dem intensiven Angriff der Flugasche und der hohen Temperatur sehr gut Widerstand leisten. Dieses feuerfeste Material, welches von den Thon- und Chamottewerken C. v. Popp in Hollenburg (Nieder-Oesterreich) bezogen wurde, wird in 2 Sorten (Schweifsofen-Qualität und Extra-Qualität) geliefert. Die letztbezeichnete Qualität gehört zu den besten feuerfesten Producten. Die k. k. keramische Versuchsanstalt in Wien (Stubenring) hat den Schmelzpunkt eines guten Dinasziegels bei Seger-Kegel 32 (etwa 1770°) und den des Chamotteziegels von Extra-Qualität bei Seger-Kegel 34 (etwa 1810°) gefunden, während mit Kegel 36 (1850°), dem Schmelzpunkt des reinen Thonschiefers, die pyrometrische Scala endet.

Von dem Gesehenen in hohem Grade befriedigt, verliefsen die Gäste gegen 1 Uhr die Hütte, um in dem nahen Gasthause einen Imbifs zu nehmen.

Ein langer Wagenzug brachte nach aufgehobenem Mahle die Gesellschaft über Lilienfeld zu dem Kohlenbergbau nach Schrambach zur Besichtigung der Kohlenstaubfeuerung bei der Dampfkesselheizung. Zum Zwecke der Vorführung einer Kohlenstaubfeuerung bei einem Dampfkesselbetrieb war ein kleiner Reservekessel vorübergehend angeheizt worden. Es ist dies ein Steinmüller-Röhrenkessel von 32 qm Heizfläche und 8 Atm. Betriebsdruck. Der Kessel hat behufs Gewinnung der erforderlichen Verbrennungskammer einen kleinen Vorbau erhalten, der Antrieb des Apparates erfolgt durch eine kleine oscillirende Dampfmaschine und konnte in diesem Kesselbetriebe beobachtet werden, dafs der Feuerungsapparat ebenso ruhig und bedienungslos läuft wie bei den Oefen, und dafs auch hier dem Kamin nicht das leichteste Rauchwölkchen entsteigt.

Im Jahre 1895, als in der Hütte in Marktl erst ein Schweifsofen mit Kohlenstaubfeuerung ausgerüstet war, ist derselbe Kessel durch 6 Monate mit dieser Feuerung in Betrieb gestanden, und hat sich der Apparat trotz gröfster Anstrengung vollkommen bewährt.

Referate und kleinere Mittheilungen.

Genehmigung und Untersuchung der Dampfkessel in Preufsen.*

Infolge der Einsprache, welche die betheiligten Kreise einmüthig gegen den wie ein Blitz aus heiterem Himmel gekommenen Erlafs vom 25. März d. J. gerichtet haben, hat der Handelsminister nunmehr mittels Erlasses vom 18. Mai bestimmt, dafs die Vorschrift des Erlasses vom 25. März unter 3, Absatz 4 bezüglich des Kesselmauerwerks erst vom 1. Januar 1898 in Geltung treten und die Vorschriften unter 3, Absatz 4 auf solche eingemauerten Dampfkessel keine Anwendung finden, die nicht mit äufseren seitlichen, befahrbaren Feuerzügen versehen sind, dafs ferner den Verstärkungsringen der Mannlöcher auch Umbörtelungen und geeignete Versteifungen gleich zu achten sind. Im übrigen sei zu bemerken, dafs bestehende Anlagen, deren Einzelkessel nicht durch Zwischenräume voneinander getrennt sind, durch die Vorschriften unter 3, Absatz 4 auch dann nicht getroffen werden sollen, wenn neue Kessel an Stelle alter eingewechselt werden oder die Anlage und Bauart des vorhandenen Dampfkesselgebäudes bei Vergröfserung der Kesselzahl die Anordnung der Zwischenräume unthunlich erscheinen lasse. In Bezug auf die Erhöhung der Beanspruchung wird im gleichen Erlafs vom 18. Mai angeordnet, dafs der Erlafs vom 25. März auch hinsichtlich der Beanspruchung des Materials der Dampfkessel und der Flammrohre erst mit dem 1. Januar 1898 in Kraft treten soll.

Wenngleich die Hinausschiebung der auffallend kurz bemessenen Frist zwischen Erlafs der Verfügung und ihrem Inkrafttreten und die Abänderungen anzuerkennen sind, so wird die Industrie sich damit nicht begnügen.

Wir beklagen wiederholt, dafs hier neue einschneidende Bestimmungen getroffen sind, ohne dafs der Industrie vorher Gelegenheit gegeben worden ist, sich über deren Werth zu äufsern. Wenn in Zeiten von Nothständen schnell Mafsregeln zu deren Beseitigung getroffen werden, so ist dies selbstverständlich, aber im vorliegenden Fall waren nach übereinstimmendem Urtheil aller Sachverständigen keinerlei Umstände vorhanden, welche den Erlafs rechtfertigen könnten. Derselbe wird vielmehr überall als der Ausflufs einer unverständlichen, durch nichts gerechtfertigten Laune der Herren vom „grünen Tisch“ angesehen, und ist man der Ansicht, dafs eine nochmalige Prüfung der Bestimmungen durch sachverständige Kreise und entsprechende Aenderung nothwendig ist.

Neuauswalzen alter Stahlschienen.**

Unter der Firma Mc Kenna Steel Rail Renewing Company hat sich in den Ver. Staaten eine Gesellschaft gebildet, welche in Joliet (Ill.) eine Walzwerksanlage baut, um dort alte und verschlissene Eisenbahnschienen wieder auf ihre ursprüngliche Form zu bringen. Der Erfinder will herausgefunden haben, dafs der thatsächliche Verschleifs der Stahlschienen, d. h. die Materialmenge, welche sich von den Schienen ablöst, aufserordentlich gering sei und dafs der Grund, welcher zur Auswechslung der Schienen nöthige, mehr in Deformation des Profils, namentlich an den Schienenenden, liege. An Stoff fehle es daher nicht, um das ursprüngliche Profil bis auf eine geringe Abweichung wieder herzustellen, es gelte nur, das Profil umzuformen. Auf Grund von Versuchen baut die Gesellschaft angeblich z. Zt. ein Tandem-Walzwerk mit zwei Duo-Gerüsten, von denen jedes an eine besondere Zugmaschine gekuppelt ist. Das vordere Gerüst, das die sog. Formwalzen enthält, soll 3 Stiche bekommen, von denen jeder eine bestimmte Form der verschlissenen Schienen aufzunehmen bestimmt ist; dann wird die Schiene über Rollen ins zweite Gerüst, die Fertigwalzen enthaltend, gesteckt, hier in einem Stich vollendet und dann nach den Heifssägen und Richtmaschinen geschafft. Mit 2 Wärmöfen will die Gesellschaft, welche am 1. Juni ihren Betrieb zu eröffnen beabsichtigt und grofse Aufträge haben soll, 400 t Fertigschienen in 24 Stunden „erneuern“.

* Vergl. „Stahl und Eisen“ Nr. 10, Seite 422.

** Näheres in Cassier's Magazine, Mai 1897, S. 21.

Die Tonawanda Iron and Steel Company

besitzt auf ihrer neuen Hochofenanlage die gröfste Gebläsemaschine der Welt. Sie ist von Julian Kennedy in Pittsburg entworfen und von den Lake Erie Engineering Works in Buffalo erbaut worden. Die Maschine ist über 12,2 m hoch und wiegt 385 tons; leider sind in unserer Quelle (Iron and Steel Trades Journal 1897, S. 367) die übrigen Abmessungen derselben nicht angegeben. Die neue Hochofenanlage umfafst zwei Oefen. Ofen A hat eine Höhe von 23,18 m, 5,18 m Durchmesser in der Rast und ist mit drei Kennedy-Cowper-Winderhitzern von 21,35 m Höhe und 5,5 m Durchmesser ausgerüstet. Ofen B besitzt 24,4 m Höhe und 5,5 m Weite und ist mit drei 24,4 m hohen und 5,5 m weiten Winderhitzern derselben Bauart versehen. Beide Oefen erzeugen mit Koks Giefsereiroheisen aus Erzen vom Oberen See. Die Leistungsfähigkeit der Oefen schwankt zwischen 450 bis 500 tons Giefsereiroheisen bezw. 500 bis 600 tons Bessemerroheisen im Tag. Die Inbetriebsetzung des Ofens B ist erst kürzlich erfolgt und zwar durch Mc Kinley, den Präsidenten der Vereinigten Staaten, dessen Haus zu diesem Zweck durch eine elektrische Leitung mit dem Ofen in Verbindung gesetzt worden war.

Blechschweifserei.

Eine hervorragende Leistung auf diesem Gebiete ist ein von der Kesselschmiede A. Leinveber & Co. in Gleiwitz vor kurzem hergestellter Dampfkessel von 10 m Länge und 2 m Durchmesser, welcher durchweg geschweifst ist. Sein Gewicht ist 11 t. Er ist zum Eindampfen von Salzsoole unter hohem Druck bestimmt.

Thermometer für sehr tiefe Temperaturen.

Zur Messung sehr niederer Temperaturen bedient man sich nach F. Kohlrausch jetzt mit bestem Erfolg elektrischer Methoden. Sollte es aus irgend einem Grunde erwünscht sein, ein Flüssigkeitsthermometer zu besitzen, das bis zur Temperatur der siedenden Luft (— 190°) hinab brauchbar ist, so wählt man als thermometrische Substanz ein Gemisch von Kohlenwasserstoffen, das man Petroläther nennt. Diese Flüssigkeit zeigt eine auffallende Gesammtcontraction bei der Abkühlung. Das Volumen beträgt bei — 188° nur 4/5 von demjenigen bei 0° und 3/4 von demjenigen bei + 30°.

(„Wiedem. Ann.“ 1897, 463, durch „Elektr. Zeitschr. 1897 S. 266.)

Druckfehlerberichtigung.

Auf Seite 395, Zeile 19 von oben, soll es 20 % statt 50 % heifsen, und auf Seite 413, Zeile 25 von oben, ist 0,007 P statt 0,07 P zu lesen.

Industrielle Rundschau.

Eisenwerk Carlshütte.

Der Verlauf des Betriebsjahres 1896 ist für das Werk ein regelmäfsiger gewesen und war es möglich, den Umsatz wiederum gegen das Vorjahr um etwa 30 % zu erhöhen. Mit dem Steigen der Preise für Rohmaterialien haben wir auch die Verkaufspreise für unsere Fabricate, insbesondere für Gufswaaren erhöhen können, jedoch ist diese Preiserhöhung erst in der zweiten Hälfte des Berichtsjahres zur Geltung gekommen. Der Betriebsgewinn pro 1896 beträgt 176 365,56 *M* gegen 78 635,64 *M* im Jahre vorher. Der Verlust beträgt nach vorgenommenen reichlichen Abschreibungen und Dotirung des Delcredereconto mit 8500 *M* immer noch 51 222,99 *M*, so dafs sich mit Hinzurechnung der früheren Fehlbeträge die Unterbilanz auf 350 775,62 *M* erhöht. Der Abgang beim Gebäudeconto von 35 500 *M* betrifft ein in Alfeld verkauftes Grundstück. Die Zugänge in Höhe von 61 502,44 *M* betreffen nur Neu-Anschaffungen, während alle Reparaturen aus dem Betrieb gedeckt sind.

Oesterreichisch-Alpine Montangesellschaft.

Dem in der ordentlichen Generalversammlung vom 10. Mai 1897 erstatteten Geschäfts- und Betriebsbericht für das Geschäftsjahr 1896 entnehmen wir das Folgende:

Die besseren Absatzverhältnisse haben auch während des Jahres 1896 angehalten. Der gesteigerte Absatz ermöglichte eine Erhöhung der Erzeugung sowohl beim Bergbau und bei den Hochöfen, als auch bei den meisten Erzeugnissen der Raffinirwerke. Eine nennenswerthe Erhöhung der Verkaufspreise konnte jedoch nicht erzielt werden. Bei der aufserordentlichen Steigerung, welche die Erzeugung in Deutschland erfahren hat, macht sich dort naturgemäfs das Streben geltend, für einen Theil dieser Erzeugung — wenn auch zu niedrigeren Preisen — in Oesterreich Absatz zu finden, und die Abwehr dieser Einfuhr war nur durch entsprechende Preisanstellungen der österreichischen Eisenproducenten zu ermöglichen. Eine Steigerung zeigte sich bei Braunkohlen, Roherzen, Rösterzen, Roheisen, Gufswaaren, Martin- und Bessemer-Blöcken, Gufsstahlkönigen, Puddeleisen-Masseln, Puddelstahl-Masseln, Grobstreckeisen, Mittel- und Feinstreckeisen, Feinblechen, Eisenbahnschienen, Grubenschienen und Schwellen, Radreifen, diversen Stahlwaaren, Zeugwaaren, Schmiedestücken, Draht, Blattfedern, Werkstätten- und Kesselschmiedearbeiten. Dagegen ist eine Verminderung eingetreten bei Frischeisen und Stahl, Grobblechen, Drahtstiften, Spiralfedern, Messern und Sägen.

Zum Verkaufe wurden gebracht:

	1896 gegen	1895	mehr	weniger
	Mtr.-Ctr.	Mtr.-Ctr.	Mtr.-Ctr.	Mtr.-Ctr.
Braunkohlen . . .	3802206	4038839	—	236633
Eisenerze	1660408	1438175	222233	—
Roheisen	832891	829733	3158	—
Halb- und Ganzfabricate a. Eisen und Stahl . . .	1340690	1149031	191659	—
Gufswaare	14207	17898	—	3691
Constructionswerkstätten-Artikel .	116636	93065	23571	—
Diverse	150017	132896	17121	—

Die Facturensumme für die verkauften Producte beläuft sich auf 24 858 686,60 fl. und weist gegenüber jener des Jahres 1895 von 22 621 957,67 fl. eine Zunahme aus von 2 236 728,93 fl.

Der Grundbesitz, welcher Ende 1895 12 383 Hektar betragen hat, verminderte sich durch Abverkauf und Tausch um 430 Hektar und beträgt Ende 1896 11 953 Hektar. Für den verkauften Grundbesitz wurde ein Erlös von 94 051,82 fl. erzielt, welcher zur Herabminderung der Hypothekarschulden verwendet worden ist. Die Zahl der Freischürfe auf Kohlen, Eisensteine und Manganerze, welche Ende 1896 699 beträgt, hat sich gegen Ende 1895 um 28 vermindert. Der Bau der neuen Walzwerksanlage in Donawitz wurde programmgemäfs vollendet und der Betrieb derselben konnte in den ersten Monaten des Jahres 1897 anstandslos aufgenommen werden. Hinsichtlich der einzelnen Posten der Vermögensbilanz ist Folgendes zu bemerken:

Bei der Post I „Immobilien“ und bei der Post II „Mobilien“ erscheinen der Bergbaubesitz, der Grundbesitz, die Wohn- und Wirthschaftsgebäude, die Werksgebäude und Einrichtungen, die Maschinen und Utensilien — trotz der durch Neu-Investitionen eingetretenen Wertherhöhung — infolge des Abverkaufes einiger Grundcomplexe, namentlich aber infolge der vorgenommenen ordentlichen und aufserordentlichen Abschreibungen, um den Betrag von 516 772,41 fl. vermindert. Die Post „Vorräthe“ hat eine Verminderung von 460 161,60 fl. erfahren. Die Passiv-Posten II bis V haben sich im Jahre 1896 um 661 429,24 fl. reducirt. Im „Gewinn- und Verlustconto“ ist der Gewinn des Forstwesens, des Berg- und Hüttenwesens und die Einnahme aus Effectenzinsen um 389 596,90 fl. gröfser als im Vorjahre. Gleichzeitig haben sich die Passivzinsen vermindert, während die Einkommen- und Erwerbssteuern, sowie die Abschreibungen eine Erhöhung erfahren haben. Die Summe der Ausgabeposten erscheint im ganzen nur um 4628,71 fl. erhöht. Nach Ausscheidung des Gewinnvortrages vom Jahre 1895 ergiebt sich ein Bruttogewinn von 4 482 653,60 fl. und ist das Gesammtergebnifs um 384 968,10 fl. günstiger als im Vorjahre. Der nach Abzug der Zinsen, Generalunkosten, Steuern und Abschreibungen — letztere in der Höhe von 786 392,34 fl. — verbleibende Gewinnsaldo beträgt 2 013 309,83 fl. Hierzu kommt der Gewinnvortrag vom Jahre 1895 mit 148 439,97 fl., daher die Generalversammlung über die Verwendung einer Summe von 2 161 749,80 fl. zu beschliefsen hat.

Abgesehen von unabweislichen Erweiterungen und neuen Einrichtungen bei einzelnen Werken, sind die Röstanlagen am Erzberge durch Vermehrung der Röstöfen auf eine gröfsere Leistungsfähigkeit zu bringen, um allen Anforderungen sowohl für den eigenen Bedarf als auch für den Verkauf entsprechen zu können. Ein gröfseres Bauerfordernifs tritt aber durch die Nothwendigkeit der Erbauung eines Kokshochofens ein. Ob derselbe in Donawitz oder in Hieflau errichtet werden soll, hängt noch von dem Ergebnisse einiger im Zuge befindlichen Vorstudien ab.

Der Verwaltungsrath hat schon in seinen früheren Berichten darauf hingewiesen, dafs, wenn die Contrahirung neuer Schulden vermieden werden soll, die Mittel für neue Investitionen — insoweit hierfür nicht die ordentlichen Abschreibungen zur Verfügung stehen —, sowie die Mittel für die Tilgungsquoten der Hypothekar- und Prioritätsschulden nur den Erträgnissen entnommen werden können.

Die Erzeugung der Hochöfen ist in der nachfolgenden Tabelle dargestellt.

Hochofenbetrieb 1896.

Werk	Roheisen				Rösterze
	weifs	halbirt	grau	Zusammen	
	Erzeugung in Meter-Centnern				
Donawitz . . .	686823	1343	—	688166	1084817
Eisenerz . . .	82160	150	—	82310	157432
Heft	—	—	153114	153114	214855
Hieflau	479894	2200	—	482094	425689
Lölling	51826	15689	54975	122490	252592
Mariazell . . .	2236	1752	27051	31039	—
Prävali	—	—	102112	102112	—
Schwechat . .	249062	13532	103625	366219	—
Vordernberg .	254433	2841	—	257274	390129
Zeltweg	—	—	235496	235496	—
Summe .	1806434	37507	676373	2520314	2525514
Gegenüber d. Vorjahre mit	1665607	33147	700281	2399035	2186138
mehr um .	140827	4360	—	121279	339376
weniger um .	—	—	23908	—	—

Darunter waren 741 466 Mtr.-Ctr. oder 29,1 % der Gesammterzeugung reines Holzkohlenroheisen. — Unter dem Weifseisen befanden sich 22 312 Mtr.-Ctr. Spiegeleisen. Von 23 betriebsfähigen Hochöfen waren 17 in Betrieb. — In Zeltweg, Lölling, Hieflau und Eisenerz feierte je ein Hochofen, in Mariazell deren zwei. — In Prävali kam der Hochofenbetrieb im November zum Stillstand. — Der Hochofen in Donawitz, der im November in sein sechstes Betriebsjahr kam, hatte gegenüber dem Vorjahre eine Mehrerzeugung von 115 480 Mtr.-Ctr. — Die durchschnittliche Tageserzeugung von 1880 Mtr.-Ctr. überstieg in den letzten Wochen regelmäfsig die Höhe von 2100 Mtr.-Ctr. Die Erzeugung an Schlackenziegeln in Schwechat betrug 1 494 350 Stück.

In den Bessemer- und Martinhütten waren in Benutzung: 2 Bessemer-Converter in Heft, 2 in Prävali, 2 in Zoltweg, zusammen 6 Bessemer-Converter; 8 Martinöfen in Donawitz, 4 in Neuberg, 1 in Eibiswald, 1 in Zeltweg, zusammen 14 Martinöfen.

Erzeugt wurden 1. Bessemerstahl und Flufseisen: in Heft 138 883, in Prävali 92 792, in Zeltweg 218 252 = 449 927 Mtr.-Ctr.; 2. Martinflufseisen und Stahl: in Donawitz 572 525, in Eibiswald 32 330, in Neuberg 139 134, in Zeltweg 20 808 = 764 797 Mtr.-Ctr., zusammen 1 214 724 Mtr.-Ctr., gegenüber dem Vorjahre mit 1 063 831 Mtr.-Ctr., mehr um 150 893 Mtr.-Ctr. Der lebhafte Begehr nach Martinflufseisen führte in Donawitz nach Inbetriebsetzung des Ofens VII zum Bau von zwei weiteren basischen Oefen VIII und IX, welch letzterer jedoch noch nicht fertiggestellt werden konnte. Der im Vorjahre in Betrieb gebrachte kleine basische Ofen in Zeltweg entsprach seinem Zwecke vorzüglich und ermöglichte es, namentlich die Erzeugung von Eisenbahn-Scheibenrädern aus basischem Martin-Flufseisengufs in gröfserem Umfange zu betreiben.

Die Erzeugung der Tiegel-Gufsstahlöfen in Eibiswald betrug 15 167 Mtr.-Ctr., gegenüber dem Vorjahre mit 15 404 Mtr.-Ctr., um 237 Mtr.-Ctr. weniger. Die Erzeugung an rohen Gufswaaren aus Gufsroheisen, Flufseisen, Flufsstahl und Metall betrug 123 476 Mtr.-Ctr., gegenüber dem Vorjahre mit 112 176 Mtr.-Ctr.

Bei den gesellschaftlichen Bergbauen, Hüttenwerken und Maschinenfabriken, dann in den Forsten haben durchschnittlich 15 732 Personen Beschäftigung gefunden, und zwar bei dem Betriebe der

	Männer	Weiber	Jungen	Zus.
Kohlenbergbaue	4060	216	39	4315
Eisensteinbergbaue . . .	1814	16	214	2044
Eisenwerke und Fabriken	8752	140	254	9146
Forste	182	45	—	227
Zusammen .	14808	417	507	15732

Die Bruderladen und Versorgungsvereine haben am Jahresschlusse ein Vermögen von 3 169 680,05 fl. ausgewiesen, also gegen das Jahr 1895 mit 2 852 732,77 fl., mehr um 316 947,28 fl.

Die Generalversammlung beschlofs, von dem Gewinnsaldo mit 2 161 749,80 fl. zur Zahlung einer 3 % igen Dividende 900 000 fl. zu verwenden, sohin den Coupon vom 1. Juli 1897 mit 3 fl. einzulösen und von dem nach Ausscheidung eines 5 % igen Erträgnisses erzielten Ueberschusse von 513 309,83 fl. 10 % als Tantième des Verwaltungsrathes mit 51 330,98 fl., 5 % als Tantième der Direction mit 25 665,49 fl. auszuscheiden, dem Reservefonds 100 000 fl. zu überweisen, ferner dem Fonds für Pensions- und Bruderladezwecke einen Betrag von 50 000 fl., weiters für Abschreibungen einen Betrag von 870 000 fl. = 1 996 996,47 fl. zu widmen und den Rest von 164 753,33 fl. auf neue Rechnung vorzutragen.

Vereins-Nachrichten.

Verein deutscher Eisenhüttenleute.

Aenderungen im Mitglieder-Verzeichnifs.

Gink, H., Betriebsdirector der Eisenwerksgesellschaft Maximilianshütte, Zwickau i. Sachsen, Bahnhofstrafse 1.

Grau, B., Hüttendirector des Gräfl. Guido Henckel Donnersmarckschen Koks- und Eisenwerks Kraft in Kratzwieck bei Stettin.

Hanel, W. A., Industrieller, Wien IV/1, Frankenberggasse 9, 1. Stock.

Lempe, Otto, Ingenieur der Beihleu-Falvahütte, Schwientochlowitz, O.-S.

Neue Mitglieder:

Bremer, Ewald, Ingenieur, Mariupol, Gour. Jekaterinoslaw, Rufsland.

Kühnemann, R., Vorstandsmitglied der Rheinisch-westfälischen Kalkwerke, Dornap.

Varenkamp, Carl, Rechtsanwalt, Vorstand der Bank für Bergbau und Industrie, Düsseldorf.

Wandesleben, Hermann, in Firma Gebrüder Wandesleben, Hüttenbesitzer zu Stromberger Neuhütte, Hunsrück.

Mitgliederverzeichnifs für 1897.

Wegen des demnächst stattfindenden Neudrucks des Mitglieder-Verzeichnisses des „Vereins deutscher Eisenhüttenleute“ ersuche ich die verehrlichen Herren Mitglieder, etwaige Aenderungen zu demselben mir sofort mitzutheilen.

Der Geschäftsführer: *E. Schrödter.*

Die Zeitschrift erscheint in halbmonatlichen Heften.

Abonnementspreis für Nichtvereinsmitglieder: 20 Mark jährlich excl. Porto.

STAHL UND EISEN.

ZEITSCHRIFT FÜR DAS DEUTSCHE EISENHÜTTENWESEN.

Insertionspreis 40 Pf. für die zweigespaltene Petitzeile, bei Jahresinserat angemessener Rabatt.

Redigirt von

Ingenieur E. Schrödter, Geschäftsführer des Vereins deutscher Eisenhüttenleute, für den technischen Theil

und

Generalsecretär Dr. W. Beumer, Geschäftsführer der Nordwestlichen Gruppe des Vereins deutscher Eisen- und Stahl-Industrieller, für den wirthschaftlichen Theil.

Commissions-Verlag von A. Bagel in Düsseldorf.

№ 12. 15. Juni 1897. 17. Jahrgang.

Der Westen und der Osten unserer preufsischen Monarchie.

Von Dr. W. Beumer.

Vielfachen Wünschen entsprechend veröffentliche ich an dieser Stelle nach dem stenographischen Bericht die Ausführungen, welche ich in meinem Vortrage „über das Wirthschaftsjahr 1896“ in der 26. Generalversammlung des »Vereins zur Wahrung der gemeinsamen wirthschaftlichen Interessen in Rheinland und Westfalen« gemacht habe. Dieselben lauteten wie folgt:

M. H.! Der Hr. Graf Kanitz, derselbe, der die Monopolisirung der Getreidepreise wünscht, hat die Gelegenheit der Verhandlungen über die Syndicate im Abgeordnetenhause benutzt, um seine bekannten Anklagen gegen die Industrie zu wiederholen, und er hat damit einen neuen beklagenswerthen Beitrag zu dem Gegensatz geliefert, in welchen immer wieder — nicht von unserer Seite — die Landwirthschaft zur Industrie gebracht wird. Mein hochverehrter Freund und College Bueck ist diesem Vorgehen im Abgeordnetenhause schon so wirksam und eindrucksvoll entgegengetreten, dafs ich mich an dieser Stelle auf einige allgemeine Bemerkungen beschränken darf, die den Gegensatz zwischen dem Osten und dem Westen unserer Monarchie betreffen.

M. H.! In unserer Generalversammlung vom 9. April 1895 habe ich eingehend über die Interessengemeinschaft der Landwirthschaft und der Industrie gesprochen und nachgewiesen, dafs wir die Solidarität zwischen beiden Productivständen niemals verletzt haben — auch nicht durch unser Verhalten bei den Handelsverträgen; denn bekanntlich haben wir uns gegen den Handelsvertrag mit Oesterreich-Ungarn ausgesprochen. An dieser Solidarität halten wir auch heute noch fest; aber, m. H., deshalb nun alle Anklagen, auch die ungereimtesten, seitens der ostelbischen Agrarier — denn mit der Landwirthschaft des Westens leben wir ja im besten Frieden — ohne ein Wort der Widerlegung über uns ergehen zu lassen, das kann doch beim besten Willen ein vernünftiger Mensch nicht verlangen. Zu diesen ungereimten Anklagen gehört einmal das Schlagwort von der „Begehrlichkeit des Westens“ und andererseits das Schlagwort: „die Gesetzgebung der letzten 30 Jahre ist nur der Industrie zu gute gekommen; die Landwirthschaft ist leer ausgegangen“.

Eine eigenthümliche Illustration zu beiden Schlagwörtern bildet die vom Herrn Landwirthschaftsminister herausgegebene „Denkschrift über die zur Förderung der Landwirthschaft in den letzten Jahren ergriffenen Mafsnahmen“.

Ich will aus dieser Denkschrift die Mafsnahmen auf dem Gebiete der Gesetzgebung und der staatlichen, insbesondere der landwirthschaftlichen Verwaltung nicht ausführlich besprechen und auf die Branntweinsteuer, die Zuckersteuer, die Aufhebung des Identitätsnachweises, die Beschränkung der Zollcredite von 6 bezw. 7 auf 3 bezw. 4 Monate, die socialpolitischen Mafsnahmen (Milderung der Sonntagsruhe im Molkereibetriebe), die Erlaubnifs zur Beschäftigung von Arbeitskräften aus Rufsland und Oesterreichisch-Galizien u. a. m. nicht näher eingehen; nur zwei Gegenstände lassen Sie mich nach der Denkschrift hier kurz berühren, das ist die Entlastung der Landwirthschaft infolge der Steuergesetzgebung und die Mafsregeln auf dem Gebiete der Eisenbahntarife für landwirthschaftliche Producte. Was den ersteren Punkt anbelangt, so haben durch das Einkommensteuergesetz vom 24. Juni 1891 die Steuersätze gegenüber der bis dahin bestehenden Klassen- und Einkommensteuer für die kleineren und mittleren Einkommen bis herauf zu 8000 *M*, und zwar im allgemeinen je kleiner das Einkommen, in um so stärkerem Mafse, Herabsetzungen erfahren, was den verschuldeten und den kleineren und mittleren Landwirthen, soweit sie nicht im Besitz erheblicherer anderweiter Einkommensquellen sich befinden, vielmehr im wesentlichen auf den Ertrag der Landwirthschaft angewiesen sind, besonders zu gute kommen mufste. Die hiermit den Einkommen bis zu 8000 *M* auf dem platten Lande gewährte Erleichterung gegenüber der Steuerleistung, die sie nach den Ergebnissen der Veranlagung für 1892/93 bei Beibehaltung des früheren Tarifs zu tragen gehabt haben würden, betrug rund 1 637 000 *M*, der bei den höheren Einkommen infolge der stärkeren Progression der Steuersätze eine höhere Steuerleistung von 1 719 000 *M* gegenüberstand.

Die Vorschrift des § 18 des Einkommensteuergesetzes vom 24. Juni 1891, wonach bei den nach einem Einkommen von nicht mehr als 3000 *M* veranlagten Censiten für jedes Kind unter 14 Jahren der Betrag von 50 *M* von dem an sich steuerpflichtigen Einkommen in Abzug zu bringen ist, hat auf dem platten Lande in noch weiterem Umfang als in den Städten eine Erleichterung herbeigeführt. Denn es sind hiernach 1892/93 von den ein Einkommen bis zu 3000 *M* versteuernden Censiten, in Procenten ausgedrückt,

auf dem platten Lande . . . 39,98 %
dagegen in den Städten . . . 27,25 „

freigestellt oder ermäfsigt worden, und die Freistellung beziehungsweise Ermäfsigung belief sich im Verhältnifs zu dem in Betracht kommenden Gesammtsteuerbetrage auf dem platten Lande auf 13,66, in den Städten auf 8,32 %.

Wenn trotzdem die erste Veranlagung nach dem Gesetz vom 24. Juni 1891 bei den physischen Personen auch auf dem platten Lande ein Mehr, 30 451 000 gegen 21 506 000 *M* (— in den Städten waren die entsprechenden Zahlen 84 335 000 gegen 58 053 000 *M* —) gegen das Vorjahr ergab, so lag das überwiegend in der Erfassung bisher infolge der mangelhaften Veranlagungsvorschriften der Steuer entzogenen Einkommens in den höheren Einkommensstufen.

Schärfer tritt die durch die Steuerreformgesetze vom 14. Juli 1893 der Landwirthschaft gewährte Erleichterung hervor. Durch das Gesetz wegen Aufhebung directer Staatssteuern sind auf dem platten Lande neben 4,16 Mill. Mark Gewerbesteuer an staatlicher Grund- und Gebäudesteuer aufser Hebung gesetzt rund 51 000 000 *M*. Dagegen sind allerdings die Ueberweisungen aus den Erträgen der landwirthschaftlichen Zölle, welche in Gemäfsheit des Gesetzes vom 14. Mai 1885 den Kreisen zuflossen, in Wegfall gekommen. Dieselben betrugen im Durchschnitt der 3 letzten Jahre vor dem 1. April 1895 für das platte Land 18 000 000 *M*. Nach dem Verhältnifs des Aufkommens an staatlicher Grund-, Gebäude- und Einkommensteuer vom Grundbesitz zu dem Gesammtsoll an Grund-, Gebäude-, Gewerbe- und Einkommensteuer des platten Landes können hiervon als eine neue Belastung des ländlichen Grundbesitzes in Rechnung gestellt werden nicht mehr als höchstens 14 Millionen Mark. Es ist ferner durch das Ergänzungssteuergesetz vom 14. Juli 1893 die Ergänzungssteuer eingeführt. Das Aufkommen derselben betrug 1895/96 auf dem platten Lande 11,8 Millionen Mark, von denen auf den Grundbesitz nicht mehr als höchstens 7 Millionen Mark zu rechnen sein dürften. Bringt man nun selbst noch 4 % der gemäfs §§ 18 ff. des Gesetzes wegen Aufhebung directer Staatssteuern zurückzuzahlenden Entschädigungen für die Aufhebung der Grundsteuerfreiheit mit etwa 0,6 Millionen Mark und das Mehr an Einkommensteuer, das dadurch zu zahlen ist, dafs Grund- und Gebäudesteuer aufgehört haben Staatssteuern zu sein und infolgedessen, soweit sie noch für die Gemeinden erhoben werden, nicht mehr von dem steuerpflichtigen Einkommen in Abzug gebracht werden dürfen, mit etwa 0,8 Millionen Mark in Anrechnung, so verbleibt für den ländlichen Grundbesitz eine Erleichterung seiner Leistungen an den Staat von 51 — (14 + 7 + 0,6 + 0,8), also von mehr als $28\frac{1}{2}$ Millionen Mark.

Wenn auf der anderen Seite das Communalabgabengesetz vom 14. Juli 1893 in der Absicht einer stärkeren Basirung des Gemeindehaushalts auf die Realsteuern bestimmte Regeln über das Verhältnifs der Belastung der Realsteuern mit Gemeindeabgaben im Verhältnifs zur Einkommensteuer aufstellt, so hat doch auch dies auf dem platten Lande zu einer schärferen Heranziehung des Grundbesitzes zu den Gemeindelasten nur in recht beschränktem und jedenfalls sehr viel geringerem Mafse als in den Städten geführt, was seinen wesentlichen Grund darin hat, dafs dort schon bisher die Gemeindelasten in sehr viel stärkerem Verhältnifs als in den Städten auf dem Grundbesitze ruhten. Es war bei den aufserordentlichen Schwierigkeiten jeder Gemeindefinanzstatistik, zumal für die Landgemeinden, bisher nicht möglich, ziffermäfsige Angaben über das Aufkommen der Gemeindesteuern in den Landgemeinden in gröfserem Umfange zu sammeln. Die über das Belastungsverhältnifs der Realsteuern und der Einkommensteuer für rund 35 000 von den vorhandenen rund 37 000 Landgemeinden angestellten Erhebungen haben aber ergeben, dafs die Gemeindebelastung der Realsteuern im Rechnungsjahre 1895/96 gegen 1894/95 zugenommen hat um mehr als 100 % der anfser Hebung gesetzten Staatssteuern

nur in rund 1 200,
um 51—100 % in rund . . . 4 400,
um 1—50 % in rund 14 000
und sogar abgenommen in rund 4 500 Gemeinden,

während sie gleich geblieben zu sein scheint in etwa 10000 Gemeinden. Unter Berücksichtigung der Aufserhebungsetzung der staatlichen Ertragssteuern haben also die Realsteuerpflichtigen nur in den zuerst genannten 1200 Gemeinden eine Mehrbelastung, dagegen in den übrigen Entlastungen um beziehungsweise 49—1, 99—50 und mehr als 100 % erfahren. In zahlreichen aller dieser Gemeinden dürfte die stärkere Belastung der Realsteuern ausschliefslich oder überwiegend auf die bisher nicht oder geringer herangezogene Gewerbesteuer entfallen, das Ergebnifs für Grund- und Gebäudesteuer also ein noch wesentlich günstigeres sein. Nur befinden sich im allgemeinen die Gemeindeausgaben in einer natürlichen Zunahme, so dafs auch ohne die Steuerreform die Gemeindebelastung der Realsteuern in einem grofsen Theile der Gemeinden hätte steigen müssen. Es ist ferner in Betracht zu ziehen, dafs die Gemeinden mit dem 1. April 1895 in sehr weitem Umfang dazu übergegangen sind, die bisher besonders erhobenen Kreis- und Provinzial-, vielfach auch die Schulabgaben auf den Gemeindeetat zu übernehmen. Insoweit die schärfere Heranziehung der Realsteuern auf diese Momente zurückzuführen ist, liegt eine wirkliche Mehrbelastung derselben, welche gegen die durch die Steuerreform gewährte Entlastung in Rechnung gestellt werden dürfte, nicht vor. Insoweit ferner die Gemeinden die Kreisabgaben auf den Gemeindeetat übernommen haben — und das scheint in der grofsen Mehrzahl der Fall zu sein — liegt in der Gemeindebelastung der Realsteuern auch schon die oben erwähnte Belastung durch Entziehung der Ueberweisungen aus den landwirthschaftlichen Zöllen und darf diese daher nicht noch besonders in Anrechnung gebracht werden; denn sie prägt sich ja lediglich in einer Steigerung der Kreisabgaben aus. Endlich ist in Betracht zu ziehen, dafs, soweit einer Steigerung der Gemeindebelastung der Grund- und Gebäudesteuer eine Verringerung der Zuschläge zur Einkommensteuer gegenübersteht, der Vortheil der letzteren auch wiederum den Landwirthen, die ja auch Einkommensteuerzahler sind, mit zufällt, und auf dem platten Lande, wo sie in Gegenden mit rein ländlichen Verhältnissen den weitaus gröfsten Theil der Einkommensteuer aufbringen, sogar entsprechend überwiegend zu gute kommt.

In den selbständigen Gutsbezirken, wo eine Gemeindebesteuerung nicht stattfindet, scheidet nun vollends das Moment einer stärkeren Basirung der letzteren auf die Realsteuern völlig aus. Hier kommt daher der Erlafs der staatlichen Realsteuern nach Abzug des Wegfalls der Ueberweisungen aus den landwirthschaftlichen Zöllen, der Ergänzungssteuer und der Grundsteuer-Entschädigungsrenten unverkürzt dem Grundbesitze zu gute.

Die dem Grundbesitze durch die Steuerreform gewährte Erleichterung ist um so gröfser, je stärker seine Verschuldung ist. Denn einmal ist erst durch das Einkommensteuergesetz vom 24. Juni 1891 mit seiner Declarationspflicht für Gläubiger wie Schuldner der Abzug der Zinsen aller vorhandenen Schulden zur Regel geworden, und die stärkere Degression der Steuersätze wirkt um so stärker, je geringer das Einkommen ist, sodann aber ist natürlich die neue Belastung durch die Ergänzungssteuer, welche gegen die Erleichterung durch Aufserhebungsetzung der staatlichen Ertragssteuern in Rechnung zu stellen ist, um so geringer, je stärker die Verschuldung ist.

Was die Eisenbahntarife anbelangt, so sind in den letzten Jahren eine grofse Reihe von Mafsregeln zur Durchführung gelangt, welche wesentlich zur Förderung der Landwirthschaft bestimmt sind.

Nachdem im Jahre 1889 für die Bezüge von Wegebaumaterialien zur Herstellung ländlicher Wege und Chausseen wirksame Erleichterungen eingeführt waren, wurde für Hülfsstoffe der Landwirthschaft, wie Erden und Düngemittel, sowie für Massenerzeugnisse derselben, wie Kartoffeln, Rüben und Rübenschnitzel, der sog. Rohstofftarif eingeführt, dessen Frachtsätze noch unter diejenigen des billigsten Klassentarifs herabgehen. Für einige besonders wichtige Düngemittel, wie rohe Kalisalze, Kalk und Mergel sind noch weitergehende Erleichterungen gewährt. In letzter Zeit wurden überdies mit vorläufiger Geltung bis zum 1. Mai 1897 die Eisenbahntarife für alle Düngemittel von einiger Bedeutung allgemein um weitere 20 % ermäfsigt.

Zur Verstärkung der Wirkungen des Reichsgesetzes über die Beseitigung des Identitätsnachweises bei der Getreide- und Mehlausfuhr wurden billige Tarife für die Ausfuhr von Getreide und Mehl nach den Seehäfen eingeführt, um auch den im Binnenlande belegenen Bezirken eine Getreideausfuhr über See zu ermöglichen. Aufserdem bestehen allgemein ermäfsigte Seeausfuhrtarife für Spiritus und für Fabricate der Stärke-Industrie. Ebenso wird die Ausfuhr von Zucker nach der Schweiz und den unteren Donauländern, und die Spiritusausfuhr nach der Schweiz, Italien und Frankreich durch ermäfsigte Tarife unterstützt.

Die vom Staatsrathe im Jahre 1895 befürwortete Ausdehnung der niedrigsten Viehtarife der östlichen Bezirke auf den ganzen Staatsbahnbereich ist seit dem 1. October 1895 durchgeführt.

Beim Syndicate der Kaliwerke hat die Staatsregierung ihren Einflufs benutzt, auf eine Verbilligung der Kalidünger, insbesondere auf Bewilligung von Nothstandspreisen bei Mifsernten und auf Einführung von Staffeltarifen für zunehmende Entfernungen der Bezugsorte von den Gewinnungspunkten hinzuwirken.

Nehmen Sie nun noch hinzu, dafs auf dem Gebiete des Kleinbahnwesens die hauptsächlichsten Unterstützungen an rein landwirthschaftliche Districte gezahlt worden sind, dafs die Bewilligung weiterer Unterstützungen in Höhe von 4 557 500 *M* in Aussicht gestellt worden ist, durch deren endgültige Bewilligung das Zustandekommen von rund 681 km Kleinbahnen ermöglicht werden soll, dafs weiterhin durch das Gesetz vom 3. Juli 1896 zur Errichtung von landwirthschaftlichen Getreidelagerhäusern die Summe von 3 000 000 *M* zur Verfügung gestellt ist und dafs zu gleichem Zwecke in dem Gesetzentwurf vom 29. April 1897 weitere 2 000 000 *M* gefordert und bewilligt worden, dafs endlich sorgfältigste Instructionen betreffs des „Ankaufs landwirthschaftlicher Erzeugnisse seitens der Staatsbehörden direct vom Producenten" erlassen worden sind, ja, m. H., ich glaube, die Industrie würde sich sehr freuen, wenn sie auch nur annähernd Aehnliches, in ihrem Interesse Geschehenes zu constatiren hätte. (Lebhafte Zustimmung!) Wir mifsgönnen der Landwirthschaft keine einzige dieser Mafsregeln; aber, ich meine, nun immer noch angesichts solcher Thatsachen mit der Behauptung zu kommen, die Gesetzgebung der letzten Jahre habe lediglich im Interesse der Industrie gearbeitet, das überschreitet doch das Mafs des Erlaubten in so hohem Grade, dafs mir eine gründliche Auseinandersetzung mit dieser Legendenbildung bei der heutigen Gelegenheit durchaus angezeigt erscheint. (Sehr richtig!)

Was die Gesetzgebung der letzten Jahrzehnte der Industrie gebracht hat, das sind in der Hauptsache keine Erleichterungen, sondern Belastungen gewesen. Das zeigt ein Blick auf die Ergebnisse der socialpolitischen Gesetzgebung, in der in den Jahren 1885 bis 1895 an Krankheitskosten und laufenden Renten 25 061 620 Personen nicht weniger als 1 243 763 965 *M* zugewendet worden sind, also nahezu $1\frac{1}{4}$ Milliarden Mark, eine Last, die doch wohl in erster Linie von der Industrie getragen worden ist. Auf dem Gebiete der Arbeiterschutz-Gesetzgebung aber ist man den Betriebsbedürfnissen der Landwirthschaft weit mehr entgegengekommen, als denen der Industrie. Schmerzlich warten Bessemer- und Thomasstahlwerke, die Martin- und Tiegelgufsstahlwerke, die Puddelwerke, die Walz- und Hammerwerke und unter diesen insbesondere die Weifsblechwalzwerke auf Erleichterungen bezüglich der Sonntagsruhe, die man den Molkereien von seiten des Bundesrathes ohne weiteres zugestanden hat.

Diese Denkschrift des Landwirthschaftsministers enthält endlich eine Tabelle über die Eisenbahnbauten aus dem Zeitraum vom 1. April 1887 bis zum 3. Juni 1896. Aus dieser Tabelle geht hervor, dafs zum Bau in diesem Zeitraum genehmigt sind 4598,5 km im Betrage von 516 948 000 *M*, davon entfallen auf die östlichen Provinzen 2397,3 km (also mehr als die Hälfte!) im Betrage von 205 945 000 *M*. Wir gönnen dies Alles dem Osten; aber wir erlauben nicht, den Westen begehrlich zu nennen, wenn er nun auch für seine Eisenbahnentwicklung nur das Allernothwendigste fordert. Man sucht die Sache immer so darzustellen, als dafs die Steuerzahler des Ostens in unverhältnifsmäfsiger Weise dazu beitragen, die Bedürfnisse des Westens zu befriedigen. Das Umgekehrte ist richtig, wie aus folgender Rechnung hervorgeht, die ich, um dem unverständigen Gerede endlich einmal ein Ende zu machen, aus dem amtlichen Material aufgemacht und zum Theil schon in der „Köln. Ztg." veröffentlicht habe.

Sehen wir uns nämlich einmal die Steuerverhältnisse an, wie sie sich in Wirklichkeit gestalten, so stellt sich nach den dem Abgeordnetenhause zugegangenen amtlichen Berichten die Einkommen- und Ergänzungssteuerveranlagung der östlichen Provinzen verglichen mit derjenigen des Westens für 1896/97 also:

Westpreufsen und Ostpreufsen.

Regierungsbezirk Königsberg 2 946 376 *M*, Gumbinnen 1 261 389 *M*, Danzig 1 667 703 *M*, Marienwerder 1 429 967 *M*, zus. 7 305 435 *M*.

Westfalen und Rheinland.

Regierungsbezirk Münster 2 579 393 *M*, Minden 2 234 934 *M*, Arnsberg 6 708 350 *M*, Coblenz 2 452 877 *M*, Düsseldorf 14 366 484 *M*, Köln 7 484 404 *M*, Trier 2 542 525 *M*, Aachen 3 229 412 *M*; zusammen 41 598 370 *M*.

Das heifst also, der Westen liefert an den Steuersäckel des Staates fast sechsmal so viel ab als der Osten; der Regierungsbezirk Köln zahlt allein so viel und der Regierungsbezirk Düsseldorf mehr als das Doppelte an Staatssteuern als Ost- und Westpreufsen zusammen. (Hört! Hört!) Wie man angesichts solcher Thatsachen von einer Belastung der Steuerzahler des Ostens zu Gunsten des Westens sprechen kann, bleibt uns unerfindlich. Wenn jede Provinz, was ja nicht angängig ist, ihre Steuern für sich behalten oder der Staat diese Steuererträgnisse getrennt verwalten könnte, wir im Westen hätten allen Grund damit sehr zufrieden zu sein; wo aber bliebe denn da der Osten? Die Thatsachen beweisen, dafs der Osten auf Kosten des Westens seine staatlichen Bedürfnisse befriedigt erhält, nicht umgekehrt!

Wie steht es nun weiter mit dem Verkehr? Es betrug der Gesammtgüterverkehr aller deutschen Eisenbahnen im Jahre 1895/96 187 446 464 t. Davon entfielen auf die norddeutschen Binnenverkehrsbezirke (umfassend die preufsischen Provinzen einschliefslich Oldenburg, Braunschweig, Anhalt, Thüringen), mit Ausschlufs von Mecklenburg und Sachsen, ohne die See- und Rheinhäfen 129 272 546 t, hiervon auf Westfalen 33 268 078 t, auf die Rheinprovinz (ohne den Kreis Wetzlar) 31 894 150 t, zusammen 65 162 228 t. Es entfiel also auf die westlichen Provinzen über die Hälfte des gesammten Verkehrs. Den Personenverkehr lassen wir hier aufser Betracht, weil es feststehen dürfte, dafs nicht er, sondern der Güterverkehr den Staatseisenbahnen die Ueberschüsse liefert; noch mehr fest steht aber, dafs die Bahnen des Ostens auch im Personenverkehr weit unergiebiger sind als diejenigen des verkehrreichen Westens. Wenn im Güterverkehr auf die westlichen Provinzen über die Hälfte des gesammten Verkehrs entfällt, so ist die Thatsache unangreifbar, dafs im Westen die Hälfte der gesammten Staatseisenbahn-Ueberschüsse verdient wird. Letztere haben für das Haushaltungsjahr 1895/96 rund 462 296 000 ℳ betragen, d. h. die beiden westlichen Provinzen haben dem Staat in dem genannten Jahr 231 148 000 ℳ zugeführt, die grofsentheils zu allgemeinen Staatszwecken verwandt würden, statt, wie es uns bei der Verstaatlichung der Eisenbahnen versprochen worden, im Interesse der wirthschaftlichen Befruchtung des Landes Verwendung zu finden. Wenn nun von jenen 231 Millionen Mark ein Bruchtheil zu Verbesserungen des Verkehrs im Westen verwendet wird, geschieht das auf Kosten des Ostens? Liegt nicht die Sache gerade umgekehrt? Kann man da von „Millionengeschenken an den Westen“ reden, wo nothwendige Verkehrsverbesserungen und schon im Interesse der Eisenbahnverwaltung erforderliche Verkehrserweiterungen von den durch die Industrie geleisteten hohen Frachten und den daraus erwachsenen Ueberschüssen bezahlt werden? Wir müssen es uns aufs ernstlichste verbitten, derartige nothwendige Ausgaben, die lediglich mit dem guten Gelde des Westens bezahlt werden, auf das Conto „Liebesgaben für den Westen“ zu buchen, und man lasse uns doch mit den durch obige Ziffern genügend widerlegten Legenden endlich in Ruhe!

Ebenfalls als eine Legende erweist sich bei unserer Betrachtung die Behauptung, Deutschland bezw. Preufsen sei in erster Linie Landwirthschafts- und nicht Industriestaat. Auch hier reden die Zahlen des Güterverkehrs eine deutliche Sprache. Stellt man nämlich die verfrachteten Mengen der wichtigsten landwirthschaftlichen und industriellen Artikel im Bahnversand des norddeutschen Binnenverkehrsbezirks für 1895/96 zusammen, so lautet das Ergebnifs also: a) Landwirthschaftliche Artikel: Düngemittel 3 032 420, Weizen 956 504, Roggen 796 808, Kartoffeln 1 256 005, Rüben 4 924 342, Holz 4 796 299, zusammen 15 762 378 t; b) Industrie-Erzeugnisse: Zucker roh 1 334 742, Zucker raffinirt 474 711, Papier 317 098, Bier 606 085, Eisenerze 2 481 673, andere Erze 469 179, Roheisen 3 464 383, bearbeitetes Eisen 5 168 569, Blei 170 934, Zink 225 791, Steinkohlen 59 743 167, Kalk gebrannter 1 809 937, Cement 975 236, Salz 707 398, Soda 170 013, Schwefelsäure 240 341, Erde 3 898 684, Steine bearbeitet 202 262, Steine gebrannt 10 272 050, Garne 110 349, Wolle 133 429, Glas 335 673, Thonwaaren 168 160, zusammen 93 479 864 t. Das heifst mit andern Worten: den noch nicht 16 Millionen Tonnen landwirthschaftlicher Erzeugnisse stehen 93½ Millionen Tonnen industrieller Erzeugnisse beim Bahnversand gegenüber, so dafs also auch hier wieder die Industrie in erster Linie die Eisenbahnen am Leben erhält und nicht die Landwirthschaft, die so gern behauptet, dafs ohne sie der Staat überhaupt zu Grunde gehen müfste. Auch die Hauptergebnisse der Berufszählung vom 14. Juni 1895 im Deutschen Reich zerstören aufs gründlichste die Behauptungen, wir seien ein Landwirthschaftsstaat. Nach diesen Ergebnissen zählte die Landwirthschaft an Erwerbsthätigen, Dienenden und Angehörigen 18 501 307 Personen; dagegen der Bergbau, das Hüttenwesen, die Industrie und das Bauwesen 20 253 241 Personen, der Handel und Verkehr 5 966 845 Personen, so dafs also den in der Landwirthschaft thätigen 18½ Millionen Menschen in Industrie und Handel über 26 Millionen gegenüberstehen. Was soll denn solchen unangreifbaren Thatsachen gegenüber die Behauptung, die ziffermäfsig überlegene Landwirthschaft habe in erster Linie ein Recht auf Berücksichtigung seitens des Staates?

Wir haben im Vorstehenden einmal eine Rechnung aufgemacht, nicht weil wir einen Gegensatz zwischen Osten und Westen herstellen wollen — wir sind im Gegentheil nach wie vor der Ansicht, dafs die productiven Stände aller Gebietstheile unseres Vaterlandes zusammenstehen müssen —, sondern um die Legende von der Bevorzugung des Westens auf Kosten des Ostens einmal gründlich als das zu kennzeichnen, was sie ist. (Sehr gut!)

Von jener Seite werden ferner geflissentlich die Werthe unterschätzt, welche unsere Exportindustrie für unser Nationalvermögen schafft, in Verbindung mit dem von agrarischer Seite vielfach geschmähten Handel, von dem schon der alte Roscher vor einem halben Jahrhundert gesagt hat: „Wenn jede Production erst in dem Augenblicke vollendet ist, wo das Product für seinen letzten Zweck, die Consumtion, reif geworden ist, so ist der Handel gleichsam das Schlufsglied in der Kette der productiven Arbeiten.“

Der Werth unserer Ausfuhr bezifferte sich nach den vorläufigen Feststellungen des Statistischen Amtes für das Jahr 1896 auf 3 631 629 000 ℳ gegen 3 424 076 000 ℳ im Vorjahre, daher mehr 207 553 000 ℳ, worunter Edelmetalle 227 833 000 ℳ gegen 106 176 000 ℳ im Vorjahre, übrige Artikel 3 403 796 000 ℳ gegen 3 317 000 000 ℳ im Vorjahre, daher ohne Edelmetallverkehr mehr 85 896 000 ℳ. Mit diesen Ausfuhrwerthen ist Deutschland an die zweite Stelle hinaufgerückt und wird nur noch von England übertroffen, dessen Ausfuhr rund 4 798 000 000 ℳ betragen hat. Welche Unsumme von Arbeitslöhnen steckt in diesen Exportziffern! Wie viele Menschen würden brotlos werden, wenn die Ausfuhr erheblich litte, zumal sich unsere Bevölkerung im Reich um 500 000 Seelen jährlich vermehrt und die Landwirthschaft wesentlich mehr Leute, als bisher, nicht beschäftigen kann. Daher mufs sich der Bevölkerungszuwachs der Industrie zuwenden, deren Absatzgebiet man deshalb nicht beschränken darf, zumal bei einem Rückgange der Industrie doch auch für die Landwirthschaft die Zahl kaufkräftiger Consumenten sich vermindern mufs.

Auf ein vernünftiges Zusammengehen beider Productivstände wird es daher in der nächsten Zukunft um so mehr ankommen, als im Jahre 1903 die Mehrzahl unserer Handelsverträge abgelaufen sein wird.

Wir halten auch heute noch an der Nothwendigkeit einer Solidarität der Interessen aller Productivstände fest, eingedenk eines Wortes, das der Fürst Bismarck am 29. März 1894 an eine Düsseldorfer Abordnung gerichtet hat: „Die Einigkeit von Ost und West ist die Grundlage der neueren preufsischen Entwicklung gewesen. Sie haben in Düsseldorf die Industrie, den Handel und die Kunst; wir im Osten haben wenig mehr als den Ackerbau; aber wir dürfen uns durch diese verschiedenartigen wirthschaftlichen Interessen nicht in unseren gemeinschaftlichen nationalen trennen lassen. Also auf dauernde Einigkeit aller productiven Stände!" Auf dem Boden dieser Einigkeit stehen wir, wie gesagt, auch heute noch; aber Einigkeit kann doch nur bei gutem Willen von beiden Seiten bestehen, und diesen guten Willen vermissen wir bei den sich gelegentlich jeder Tarif- und Kanaldebatte auf die Industrie des Westens äufsernden Angriffen, die **wir** nicht provocirt haben. Die Industrie wird jeden versöhnlichen Schritt seitens des Ostens — und es fehlt nicht an Anzeichen, dafs die Geneigtheit dafür vorhanden ist — mit Freuden begrüfsen und es ihrerseits nicht an einer vollkommenen Betheiligung der Interessensolidarität zwischen Industrie und Landwirthschaft fehlen lassen. (Lebhafter Beifall!)

Silberhaltiges Roheisen.

Von **A. Ledebur.**

Von einem mitteldeutschen Eisenwerk erhielt ich eine Probe der vom flüssigen Spiegeleisen abgeschöpften „Wanzen". Ihre Untersuchung ergab nachstehende Zusammensetzung:

Manganoxydul	79,77 %
Eisenoxydul	5,98 „
Kieselsäure	12,81 „
Phosphorsäure	0,00 „
Mangan	0,81 „
Schwefel	0,47 „
Zusammen	99,84 %.

Wie gewöhnlich, waren demnach die Gehalte an Mangan und Schwefel in diesen Ausscheidungen bedeutend gröfser als im Muttereisen, welches 9,65 % Mangan und nur eine Spur Schwefel enthielt. Bei der Untersuchung aber zeigten sich einige eigenthümliche Erscheinungen. Leitete man in die salzsaure Lösung der in Rede stehenden Ausscheidungen Schwefelwasserstoff, so entstand ein schwarzbrauner Niederschlag. Die qualitative Prüfung ergab, dafs er weder Kupfer noch Antimon oder Arsen enthielt; die Reaction in der Phosphorsalzperle wies dagegen deutlich auf Molybdän. In der Reductionsflamme enstand jedoch eine Trübung der Probe, die ich mir nicht zu deuten wufste, da ich die Anwesenheit von Silber für gänzlich ausgeschlossen hielt. Hr. Professor Dr. Kolbeck hatte die Güte, den Schwefelwasserstoffniederschlag, nachdem er ihn ebenfalls vor dem Löthrohr geprüft und dabei die Ueberzeugung von der Anwesenheit von Silber gewonnen hatte, mit Blei anzusieden und abzutreiben, und er erhielt dabei ein Silberkörnchen, dessen Gewicht 0,03 % vom Gewicht der Wanzen betrug.

Das Ergebnifs war sehr überraschend.

Erstens, weil man bisher anzunehmen pflegte, dafs Silber vollständig unlöslich im Eisen sei. Es ist denkbar, dafs der anwesende Mangangehalt die Löslichkeit bewirkt habe.

Zweitens, weil jener Niederschlag durch Schwefelwasserstoff, wie erwähnt, in salzsaurer Lösung erzeugt wurde. Die beim Lösen der Wanzen zurückgebliebene Kieselsäure wurde durch Behandeln mit Ammoniak auf zurückgebliebenes Chlorsilber geprüft, liefs aber keine Spur davon entdecken. Bekanntlich wird die Löslichkeit des Chlorsilbers in Salzsäure durch die Anwesenheit verschiedener Salze erhöht; hier war vornehmlich Manganchlorür zugegen, wie die oben mitgetheilte Zusammensetzung erweist, und es scheint demnach, dafs dieses einen besonders kräftigen Einflufs in dieser Beziehung ausübt.

Drittens auch, weil das Silber als schwer oxydirbares Metall unmöglich infolge einer Oxydation ausgeschieden sein konnte. Auch die Ausscheidung als Schwefelmetall ist nicht denkbar; es bleibt nur die Annahme übrig, dafs das Mangan einfach die Aussaigerung des Silbers veranlafst habe.

Es erschien nun wünschenswerth, nachzuweisen, welchen Silbergehalt das Muttereisen besitze. Zu diesem Zweck wurden 100 g davon in Salzsäure gelöst, in die Lösung wurde vor dem Filtriren Schwefelwasserstoff geleitet, worauf man filtrirte und mit Schwefelwasserstoffwasser auswusch, um den in Lösung gegangenen Theil des Eisen- und Mangangehalts zu entfernen. Der Rückstand wurde zur Verbrennung der Kohle geglüht, mit Soda unter Zusatz von etwas Salpeter aufgeschlossen und die Kieselsäure wie gewöhnlich abgeschieden. Sie erwies sich auch in diesem Falle als völlig frei von Silber. Aus der noch ziemlich manganreichen Lösung wurden alsdann das Silber, Kupfer, Antimon und Arsen wiederum durch Schwefelwasserstoff abgeschieden, und in dem Niederschlag wurde durch die Ansiedeprobe der Silbergehalt bestimmt. Er betrug 0,0018 % vom Gewicht des Roheisens. Demnach waren in 1 t Roheisen 18 g Silber vorhanden, und in den Wanzen hatte sich der Silbergehalt auf etwa das Fünfzehnfache angereichert.

Eine quantitative Bestimmung des Molybdängehalts wurde nicht vorgenommen. Bei der Untersuchung der Wanzen war alles noch vorhandene Material für die qualitative Prüfung und die Bestimmung des Silbergehalts verbraucht; in dem Roheisen schien der qualitativen Prüfung zufolge der Molybdängehalt sehr gering zu sein, und seine Gewichtsbestimmung würde durch das anwesende Antimon und Arsen noch erheblich erschwert worden sein.

Es ist bekannt, dafs bei Verhüttung von bleiischen Eisenerzen der etwa anwesende Silbergehalt in das Blei übergeht und mit diesem gewonnen werden kann. In dem hier vorliegenden Fall ist der Bleigehalt der Erze unbedeutend, und eine Bleigewinnung findet nicht statt.

Locomotiv-Feuerkisten aus Flufseisen.

Anläfslich von Erörterungen, welche in den Vereinigten Staaten gegenwärtig im Gange sind, um eine Aenderung der durch die „Master Mechanics Association“ festgesetzten und namentlich hinsichtlich der chemischen Zusammensetzung sehr scharfen Vorschriften für die Lieferung von Kesselblechen für Locomotiven herbeizuführen, wird dort* ein Briefwechsel veröffentlicht, welcher im Anschlufs an die früher in dieser Zeitschrift gebrachten Mittheilungen** das Interesse unseres Leserkreises in Anspruch nehmen wird.

Die Briefschreiber sind **John Tonge**, der Vorsteher des Maschinenwesens der **Minneapolis und St. Louis-Eisenbahngesellschaft**, und eine bekannte Locomotivbauanstalt in **Philadelphia**.

Ersterer sendet an die letztere Blechprobestreifen, welche aus der inneren Feuerkiste einer von ihr im Jahre 1877 bezogenen Locomotive mit 406 mm Cylinderdurchmesser stammen. Die Locomotive, welche inzwischen über 1 120000 km gröfstentheils im Personenzugsdienst zurückgelegt hat, ist als Durchschnitt aus 30 gleichartigen Maschinen anzusehen; sie wurde in den ersten 4 Jahren ihres Dienstes mit Holz und in den späteren 16 Jahren mit Kohle theils aus Iowa, theils aus Pennsylvanien gefeuert. Das Speisewasser auf den 18 in Betracht kommenden Stationen war sehr verschieden beschaffen; nach der Klassification der **American Association of Railroad Chemists**, welche sechs verschiedene Gütenummern aufstellt, hatte das Wasser auf

1 Station . .	Nr. I***
4 Stationen .	„ II
1 Station . .	„ II½
7 Stationen .	„ III
3 „ . .	„ IV
2 „ . .	„ V,

d. h. also das Speisewasser liefs theilweise recht viel zu wünschen übrig. Trotzdem bestand die einzige Ausbesserungsarbeit, welche innerhalb der 20 Jahre Dienst an der Feuerkiste vorzunehmen war, in der Auswechslung einer einzigen Blechplatte; jetzt soll die ganze Buchse erneuert werden.

Die Untersuchungen, welche die Locomotivfabrik mit den alten Probestreifen anstellen liefs, hatten als Ergebnifs:

	1. Blechplatte (oben) %	2. Blechplatte (Thür) %	3. Blechplatte (Seite) %	4. Blechplatte (Seite) %
Kohlenstoff	0,19	0,26	0,27	0,28
Mangan .	0,06	0,06	0,07	0,08
Phosphor .	0,096	0,073	0,078	0,02
Schwefel .	0,016	0,020	0,017	0,017
Silicium .	0,038	0,056	0,056	0,056

während ferner die Zerreifsproben mit Streifen von 51 mm Länge und etwa 35,5 mm Breite und einer **Dicke**, welche zwischen **8,15 und 9,42** mm wechselte, ergaben:

	Länge mm	Breite mm	Dicke mm	Zerreifsfestigkeit kg/qmm	Dehnung %
1. Blechplatte (oben)	50,8	35,31	9,42	44,01	36,50
2. „ (Thür)	50,8	35,25	8,15	48,10	35
3. „ (Seite)	50,8	35,31	8,23	47,80	34
4. „ „	50,8	35,20	8,43	51,18	25

* „The Railway Age“ 1897 vom 16. April.

** Vergl. „Stahl und Eisen“ 1897, Nr. 5 S. 165 und Nr. 7 S. 276.

*** Nr. I enthält weniger als 137 mgr Kesselsteinbildner im Liter.
„ II enth. 137—283 mgr Kesselsteinbildner i. Liter.
„ II½ „ 283—342 „ „ „ „
„ III „ 342—513 „ „ „ „
„ IV „ 513—684 „ „ „ „
„ V „ über 684 „ „ „ „

Nickelstahl-Kurbelwellen.

Im Anschlufs an den in voriger Ausgabe beschriebenen Stapellauf des „Kaiser Wilhelm der Grofse“ veröffentlichen wir heute die Abbildung der für diesen mächtigen Schnelldampfer des Norddeutschen Lloyd bestimmten zusammengebauten vierfachen Kurbelwelle (Abbild. 1 und 1a), welche in den Werkstätten von Fried. Krupp in Essen hergestellt wurde.

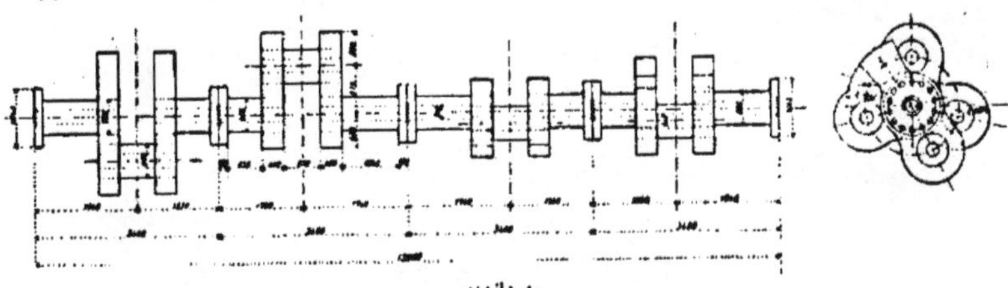

Abbild. 1a.

Das Material ist Nickelstahl von 62 kg Festigkeit und 20 % Dehnung, das Gewicht der Welle bei einer Gesammtlänge von 13,960 m 83 300 kg. Bekanntlich bringen bei diesem Specialstahl die Festigkeits- und Dehnungszahlen die für das Material hauptsächlich charakteristische und an ihm besonders zu schätzende Eigenschaft nicht zum Ausdruck, welche darin besteht, dafs es mit allen guten

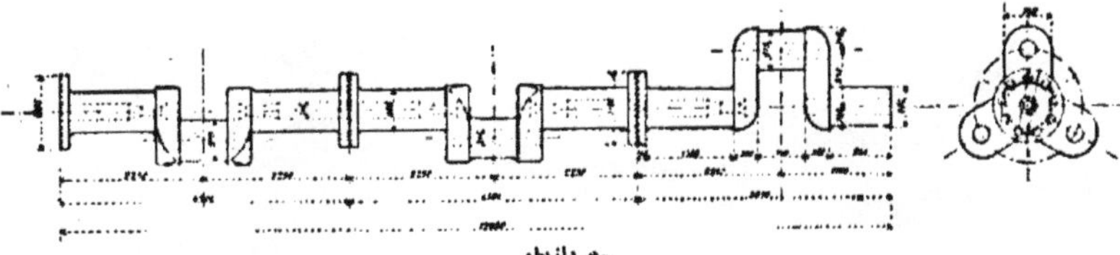

Abbild. 2a.

Eigenschaften des gewöhnlichen Stahls eine Sehnigkeit ähnlich derjenigen des Schmiedeisens verbindet, so dafs etwaige Felder und Beschädigungen an Schiffswellen aus Nickelstahl nicht zu einem — oft verhängnifsvollen — plötzlichen Bruch führen, wie dies bei Wellen aus anderen Stahlsorten vorkommen kann.

Wir wiederholen nochmals die Hauptmafse dieses gröfsten Dampfers der Erde:

Länge = 198 m, Breite = 20,1 m, Tiefe = 13,1 m, 14 000 Registertons Brutto. Zwei Stück dreifache Expansionsmaschinen mit je vier Cylindern und je 15 000 indicirten HP. Cylinderdurchmesser: 1320, 2280, 2150, 2450 mm. Cylinderhub: 1750 mm. Zwei Stück dreiflügelige Schrauben von 6800 mm Durchmesser.

Die Abbildungen 2 und 2a zeigen ferner die aus je einem Stück bestehenden 3 Kurbelwellen, welche in den Schnelldampfer „Kaiser Friedrich“, ebenfalls dem Norddeutschen Lloyd angehörig, eingebaut sind.

Diese Welle ist insgesammt 12,950 m lang, ihr Gewicht 40 335 kg, das Material Nickelstahl von 62 kg Festigkeit bei 20,5 % Dehnung.

Die Hauptmafse dieses Dampfers sind: Länge = 182,5 m, Breite = 19,5 m, Tiefe = 12,5 m, 12 500 Registertons Brutto. Zwei Stück vierfache Expansionsmaschinen mit je 5 Cylindern und je 12 000 indicirten HP. Cylinderdurchmesser: 1100, 1630, 2340, 2370 und 2370 mm. Cylinderhub: 1700 mm. Zwei Stück dreiflügelige Schrauben von 6200 mm Durchmesser.

Wir können es uns nicht versagen, an die Vorführung der Abbildungen dieser mächtigen Wellen wiederholt den Wunsch auszusprechen, dafs es durch geeignete Mafsnahmen in Bälde gelingen möge, dafs zu den auf den deutschen Werften gebauten Schiffen ausschliefslich deutsches Material verwendet wird und dafs die Worte in Erfüllung gehen mögen, welche in Vertretung des deutschen Kaisers Prinz Heinrich bei der Feier des 50jährigen Bestehens der Hamburgisch-Amerikanischen Packetfahrt-Actiengesellschaft aussprach und welche lauteten:

„Wenngleich in dieser stolzen Flotte noch manches ausländische Material enthalten ist, so glaube ich heute der zuverlässigen Hoffnung Ausdruck geben zu sollen, dafs bald jeder neue Dampfer vom Kiel bis zum Flaggenstock ganz deutsch sein wird.“

Nickelstahl-Kurbelwellen.

Abbildung 1.

Zusammengebaute vierfache Kurbelwelle für den Schnelldampfer „Kaiser Wilhelm der Grofse" des Norddeutschen Lloyd.

Abbildung 2.

Drei Kurbelwellen aus je einem Stück zu einer dreifachen Kurbelwelle gekuppelt, für den Schnelldampfer „Kaiser Friedrich" des Norddeutschen Lloyd. Links davon: zusammengebaute Kurbelwelle für den Schnelldampfer „Kaiser Wilhelm der Grofse" des Norddeutschen Lloyd.

Ueber ein diamantähnliches kohlenstoffreiches Siliciumcarbid.

Von **Léon Franck** in Esch a. d. Alzette.

(Dritte Mittheilung,* eingegangen den 2. Mai 1897.)

Calciumcarbid ist mehrfach zu Reductionszwecken bei der Flufseisenerzeugung empfohlen worden. Auf diese Weise raffinirtes Metall unterzog ich einer näheren Untersuchung, um zu ermitteln, welche Veränderungen der Kohlenstoff des Carbids dabei erlitten, und ob sich nicht dabei neue Graphitarten bilden.

Bei diesen Untersuchungen wurde das Mikroskop stets zu Hülfe gezogen.

Die gröfste Aufmerksamkeit dabei lenkte ein Siliciumcarbid auf sich, welches in ziemlicher Menge auftrat und mikroskopisch schöne Bilder zeigte. Das Eisen wurde nach den früher angegebenen, von H. Moissan befolgten Methoden gelöst, die Kieselsäureverbindungen mit Flufssäure zerstört, Graphit nach Moissan getrennt und der Rückstand mit Königswasser, Flufssäure und concentrirter Schwefelsäure gereinigt.

Der Rückstand, welcher zwar nicht bedeutend war, zeigte unter dem Mikroskop gut ausgebildete Krystalle und Krystallsplitter. Dieselben waren theils wasserblau, theils gelb bis grünlich gefärbt. Sie gleichen Diamantstaub. Als allgemeine Krystallform tritt die octaëdrische auf. Die parallele Streifung ist derjenigen des Diamanten täuschend ähnlich. Das specifische Gewicht schwankt zwischen 3,10 bis 3,30; die Theilchen ritzen Rubin. Bei einer Vergröfserung von 500 sah man im polarisirten Licht wie ein leichter Schleier über die Kryställchen buschen. Erst bei einer Vergröfserung von 1000 konnte man deutlich wahrnehmen, dafs der polarisirte Lichtstrahl auf alle Krystalle und Splitter theilweise mehr, theilweise weniger einwirkte. Vergleichsversuche mit reinem Diamantstaub zeigten ein Nichteinwirken des polarisirten Lichtstrahls.

Durch Auflösen einer gröfseren Quantität des mit Calciumcarbid raffinirten Eisens gelang es, nur etwa 400 mgr des diamantähnlichen Pulvers zu erhalten. Dieses wurde zur quantitativen Analyse benutzt.

Zur Bestimmung des Kohlenstoffgehalts wurden etwa 200 mgr in einem Platinschiffchen mit Bleichromat auf eine Temperatur von etwas über 1000° erhitzt. Der Versuch wird ausgeführt in einer Röhre von Berliner Porzellan. Durch dieselbe geht ein continuirlicher Sauerstoffstrom. —

Zur Bestimmung des Siliciums wurden 200 mgr mit Natrium-Kaliumcarbonat im Platintiegel allmählich erhitzt bis zum vollen Schmelzen, dann bis zum starken Schmelzen. Die Operation dauert etwa 6 Stunden. Hierdurch ist das Carbid in Silicat übergegangen, aus dem in gewöhnlicher Weise die Kieselsäure abgeschieden wird.

Ich erhielt bei dieser Analyse:

Silicium	14,34 %
Kohlenstoff . . .	84,95 „

Es lag demnach ein kohlenstoffreiches Siliciumcarbid vor, welches alle Eigenschaften des Diamanten theilt, selbst die der Krystallisation, worauf jedoch der polarisirte Lichtstrahl einwirkte.

Wie aber hatte sich dieses Carbid gebildet im Eisen, da doch die Temperatur des geschmolzenen Eisens beim Eintragen des Calciumcarbids eine verhältnifsmäfsig geringe war?

Es schien mir unmöglich, dafs die Bildung des Carbids im Eisen stattfand, ich nehme vielmehr an, dafs dasselbe sich schon im angewandten Calciumcarbid gebildet vorfand.

Eine gröfsere Portion desselben Calciumcarbids, welches zur Raffination benutzt worden war, wurde gelöst und der Rückstand, wie vorher beschrieben, behandelt. Es bestätigte sich meine Vermuthung. Auch hier fand ich ähnliche mikroskopische Bilder. Eine abgewogene Probe des Rückstandes ergab etwa 30 % Asche.

Calciumcarbid enthält demnach diamantähnliches, an Kohlenstoff hochprocentiges Siliciumcarbid. Es unterscheidet sich vom reinen Diamanten nur dadurch, dafs es schwache Färbungen im polarisirten Licht zeigt. Man wäre versucht, die wohlausgebildeten octaëdrischen Mikrokrystalle als Diamanten zu bezeichnen.

Diamanten jedoch enthalten nicht so viel Rückstand und wirken absolut nicht auf den polarisirten Lichtstrahl.

Der Rückstand eines Calciumcarbids, dargestellt aus kieselsäurereichem Graphit des Cantons Wallis (Schweiz), lieferte einen gröfseren Rest von Siliciumcarbiden. Es ist deshalb der Schlufs zu ziehen, dafs, je reicher an Kieselsäure das Material zur Calciumcarbiddarstellung ist, desto mehr das erzeugte Calciumcarbid Siliciumcarbid enthält.

* Vergl. „Stahl und Eisen“ 1896 Nr. 15, S. 585, 1897 Nr. 11, S. 449.

Zuschriften an die Redaction.

Schönwälder-Oefen.

Zu der in Heft 10, 17. Jahrgang geäufserten Kritik meiner patentirten Ofenconstruction bemerke ich ergebenst:

„Ich garantire bei jedem Martin-Ofen meines Systems, welcher durch das technische Bureau von O. H. Schönwälder in Ekaterinoslaw, Süd-Rufsland (Kasatschja Uliza), gebaut wird, wobei uns die Wahl und Verwendung der Steine überlassen bleibt und wo man es ferner gestattet, dafs während der ersten Inbetriebsetzung und Hüttenreise einer unserer Specialisten der Ofenleitung zur Seite steht, eine Dauerhaftigkeit von **1000 Chargen** ohne jede Ofenreparatur."

Die Prämie, welche ich, sowie ein Ofen die 1000ste Charge ohne Reparatur abgestochen hat, beanspruche, beträgt nicht 6000 oder 7000 ℳ, sondern 10 000 ℳ.

Dafs es mir als Betriebsleiter der Dillinger Stahlwerke sehr schwer fiel und beinahe unmöglich war, dafür zu sorgen, dafs jeder in irgend einem Lande den örtlichen Verhältnissen gemäfs construirte Ofen sofort nach seiner ersten Zustellung 800 bis 1000 Chargen zu 14 t ohne Reparatur leisten sollte, ist ganz richtig. Es kann in dem besten Ofen auch recht schlecht gearbeitet werden.

Gegenwärtig kann ich mir die Garantie von 1000 Chargen ohne Ofenreparatur indefs gestatten. Einmal ist es mir nach einer Reihe von zum Theil recht kostspieligen Versuchen gelungen, meine Ofenconstruction, mit welcher ja schon im Jahre 1893 1000 Chargen ohne Reparatur erzielt wurden, bedeutend zu verbessern, und dann verfügt das Constructionsbureau von O. H. Schönwälder über eine genügende Anzahl bewährter Kräfte, welche speciell im Bau und Betrieb dieser Oefen Erfahrung haben, und jede gewünschte Qualität tadellos verarbeiten.

Die getroffenen Verbesserungen, welche sich hier in der Praxis glänzend bewähren, anlangend, ziehe ich es jetzt vor, weder Urtheile noch Zeichnungen oder praktische Versuche und deren Resultate mehr zu veröffentlichen.

Neu gebaut und in Betrieb gesetzt wurden ein Ofen bei der Brianskischen Gewerkschaft in Ekaterinoslaw und ein Ofen bei der Société Anonyme des Forges & Aciéries d'Ekatorinoslaw.

Diese Oefen sind bereits einige Monate im Betrieb und bewähren sich in jeder Hinsicht vorzüglich. Aus diesem Grunde ist der Umbau und Bau anderer Oefen nach meiner Construction bereits bei beiden Gewerkschaften in Angriff genommen worden. Ebenso wird dieses Jahr der Bau mehrerer Oefen meines Systems auf anderen Hüttenwerken stattfinden.

Ich werde die Herren Directoren bitten, sowie ein Ofen aufgebraucht ist, bezw. reparirt werden mufs, die Resultate zu veröffentlichen.

Hochachtungsvoll

Heinrich Schönwälder

(Chef der Brianskischen Stahlwerke in Ekaterinoslaw, Süd-Rufsland).

Bestimmung des Schwefels im Eisen.

Von **L. Campredon**, Chefchemiker der Hochöfen, Eisen- und Stahlwerke zu Trignac (Loire-Inférieure).

In Nr. 21, Jahrg. 1896 der Zeitschrift „Stahl und Eisen" hat Hr. Schulte, Bochum, dieser Frage einen sehr interessanten Artikel gewidmet, welcher zahlreiche praktische Rathschläge enthält, die für viele Chemiker von Vortheil sein werden.

Hr. Schulte macht indessen keine Einschränkung bezüglich der Vollständigkeit der Einwirkung, welche verdünnte Salzsäure auf das Metall ausübt, auch nicht hinsichtlich der betreffenden Form, in welcher sich der Schwefel durch die Wirkung der Säure entbindet.

Man ist also berechtigt zu schliefsen:

I. dafs die Einwirkung der Salzsäure auf die Metalle vollkommen sei, und der ganze Schwefel sich im gasförmigen Zustand entbinde;

II. dafs der gesammte Schwefel als Schwefelwasserstoff entweiche, der durch die Cadmiumlösung absorbirt oder durch Bromsalzsäure, ammoniakalisches Wasserstoffsuperoxyd u. s. w. oxydirt werde.

In betreff des ersten Punktes stimmen die obigen Schlüsse mit denen der meisten Beobachter übérein. Die neuesten Arbeiten, die von **Mignot,*** **Charpy,**** **Campredon,***** **Lucas†** u. s. w. veröffentlicht wurden, haben gezeigt, dafs die bei Einwirkung der verdünnten Salzsäure auf Eisensorten verbleibenden Rückstände, praktisch genommen, frei von Schwefel sind. Nichtsdestoweniger haben wir erkannt, und diese Thatsache ist durch die HH. **Mignot** und **Lucas** bestätigt worden, dafs das Eisen sich leichter auflöst, wenn man eine Mischung von 2 Theilen verdünnter Salzsäure (1 V. Salzsäure : 2 V. Wasser) und 1 Theil verdünnter Schwefelsäure (1 V. Schwefelsäure : 4 V. Wasser) anwendet.

Wir wollen nunmehr die Aufmerksamkeit der Leser von „Stahl und Eisen“ ganz besonders auf die Kritik des **zweiten** Punktes der aus Schultes Arbeit gezogenen Schlüsse lenken.

„Bei den Verfahren der quantitativen Be„stimmung durch Auflösung (Einwirkung der „Säuren) wechselt die Menge des Schwefels, „welche sich in der Form von Schwefelwasser„stoff entbindet, mit dem Gehalt der andern „Elemente im Metall, welches der Analyse „unterworfen wird ..... der Schwefel, welcher „sich nicht als Schwefelwasserstoff freimacht, „scheint in Verbindung mit Kohlenstoff und „Wasserstoff zu entweichen ..... Wenn „jetzt die durch die Einwirkung der verdünnten „Salzsäure auf Gufseisen, Eisen oder Stahl ge„bildeten Gase durch eine rothglühende Porzellan„röhre geleitet werden, zerfällt die Verbindung „von Wasserstoff, Kohlenstoff und Schwefel, „und der gesammte Schwefel verläfst die Porzellan„röhre in Form von Schwefelwasserstoff, dessen

Abbild. 1.

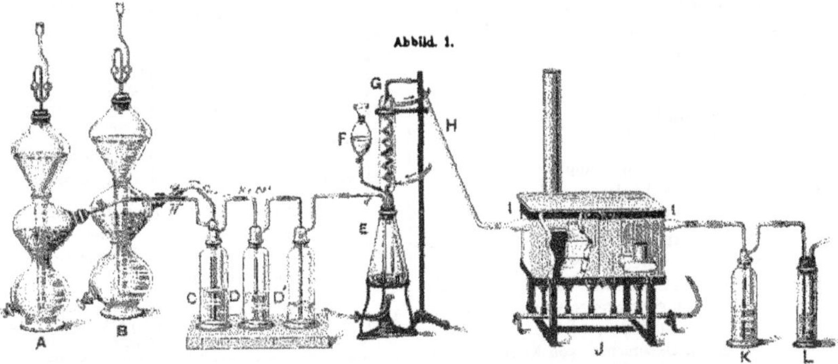

A Kippscher Apparat zur Erzeugung von Wasserstoff,
B „ „ „ „ Kohlensäure,
C Durandsche Flasche mit 3 Tuben, enthaltend Silbernitrat,
D „ „ „ 2 „ „ „
D' „ „ „ 2 „ „ destill. Wasser,
E Kochflasche zur Aufnahme von Eisen und Salzsäure,
F Behälter mit Hahn, *G* Kühler nach Allihn,
H Glasröhre zum Verbinden des Kühlers mit der Porzellanröhre,
I I Porzellanröhre, an beiden Enden verengt,
J Gasofen zum Erhitzen der Porzellanröhre,
K Flasche nach Durand, enthaltend Zinkacetat,
L Cylindrisches Probirglas.

Bei Einwirkung der mit Wasser verdünnten Salzsäure auf Eisen entbindet sich nur ein Theil des Schwefels in Form von Schwefelwasserstoff, der Rest entweicht im Zustand einer organischen Verbindung, die weder durch Metallsalzlösungen noch durch bromhaltige Salzsäure, Wasserstoffsuperoxyd oder dergleichen oxydirbar ist.

Diese Thatsche hat **Rollet**, Chemiker der Hüttenwerke zu Creusot, in einer der „Société de l'Industrie Minérale“ gemachten Mittheilung veröffentlicht. **Rollet** schrieb damals:

„Schwefel alsdann durch eine Auflösung von „Silbernitrat zurückgehalten werden kann.“

Es ist mehrere Jahre her, dafs wir vor einigen Collegen den **experimentellen Beweis** von der Nothwendigkeit der Erhitzung der Gase geführt haben, welche von der Auflösung des Eisens herrühren.

Zu diesem Behufe haben wir uns des Apparates bedient, den wir gewöhnlich für die Bestimmung des Schwefels verwenden (Abbild. 1); derselbe besteht aus einer Kochflasche, durch welche ein Strom von reinem Wasserstoff und Kohlensäure geht, einem Kühler, einer Porzellanröhre, die auf Rothgluth erhitzt werden kann, und mehreren Absorptionsgefäfsen zum Zurückhalten des Schwefelwasserstoffs.

Man löst in der Kochflasche ungefähr 5 g von gewöhnlichem Stahl und schaltet zwischen Kühler und Porzellanröhre noch zwei Absorptionsgefäfse, welche Bleiacetat enthalten, ein, um den

* **Mignot**, „Revue de Chimie analytique“. Décembre 1895 et Januar 1896.

** **Charpy**, 2. Congrès international de Chimie appliquée. Paris 1896.

*** **Campredon**, „Revue Universelle des Mines et de la Metallurgie“. Liège, Septembre, Octobre et Novembre 1896.

† **Lucas**, „Bulletin de la Société chimique de Paris“. 20. Janvier 1897.

Schwefelwasserstoff sicher zurückzuhalten. Dann läfst man die auf solche Art des Schwefelwasserstoffs beraubten Gase durch die rothglühende Porzellanröhre streichen, und man erhält dann hinter derselben in dem Absorptionsgefäfs denjenigen Schwefel als Sulphid, welcher durch das Bleiacetat nicht zurückgehalten, sondern erst in der Röhre in Schwefelwasserstoff verwandelt worden ist.

Wir haben niemals genügend freie Zeit gefunden, die Frage tiefer zu ergründen und nach der Natur der flüchtigen Schwefelverbindung zu forschen, welche ohne Einwirkung auf Metallsalzlösungen und unoxydirbar durch Brom ist.

Diese Lücke ist glücklicherweise ausgefüllt worden durch Francis C. Phillips, welcher Ende 1895 dem Franklin-Institute über diesen Gegenstand Mittheilung gemacht hat. Die Rollet-sche Annahme, dafs der Schwefel in der gasförmigen Verbindung in anderer Form als H_2S existirt, ist durch H. Phillips' Untersuchungen bestätigt und die fragliche Verbindung als Methylsulphid ermittelt worden, welches aus C, H und S zusammengesetzt ist $(CH_3)_2S$.

Wir erwähnen nun die Hauptbedingungen der sinnreichen Versuche Phillips und die Schlüsse, welche er daraus gezogen hat.

Derselbe operirte mit 100 g weifsen Gufseisens, das einen durch directe Oxydation ermittelten Schwefelgehalt von 0,170 % besafs. Er hat dann in den entwickelten Gasen die Gegenwart von Methylsulphid $(CH_3)_2S$ beobachtet, welches, in einem Ueberschufs von Kohlengas zur Rothgluth erhitzt, Schwefelwasserstoff giebt. Daher genügt es, die bei dem Procefs entweichenden Gase mit einem Ueberschufs von Wasserstoff und Kohlensäure auf Rothgluth zu bringen, um die Verwandlung des ganzen entbundenen Schwefels in Schwefelwasserstoff zu sichern.

Das ist die Bestätigung und Erklärung der Thatsache, die 18 Jahre früher von Rollet erkannt wurde, und die seitdem in meiner Schwefelbestimmungsmethode, welche eine Folge derselben ist, angewendet wird.

Im Verlauf der Studien, welche ich seit fast 5 Jahren über die Schwefelsorten angestellt habe und worüber ich in den September-, October- und November-Heften 1896 der „Revue Universelle des Mines et de la Metallurgie" Bericht erstattet habe, habe ich Gelegenheit gehabt, viele Male die Nothwendigkeit der Erhitzung der betreffenden Gase zu bestätigen.

Nachstehend führe ich die Resultate besonders an, welche bei Untersuchung von ihrer Natur nach sehr verschiedenen Producten des Eisenhüttenwesens erhalten wurden, als die von der Auflösung des Metalls herrührenden Gase nach vorstehendem Verfahren behandelt wurden:

Nr.	Art der Eisenprobe	I Ohne Erhitzen der Gase, alte Methode % S	II Mit Erhitzen der Gase, neue Methode % S	Differenz II–I % S
1	Schwedisches Eisen	0,002	0,013	0,011
2	Gewöhnliches „	0,039	0,056	0,017
3	Martinstahl, basisch, weich	0,102	0,126	0,024
4	„ „ hart .	0,029	0,053	0,024
5	„ sauer, weich .	0,058	0,076	0,018
6	„ „ hart . .	0,032	0,060	0,028
7	Bessemerstahl, bas., weich	0,041	0,059	0,018
8	„ „ „	0,045	0,057	0,012
9	„ „ hart .	0,022	0,043	0,021
10	„ sauer, weich	0,029	0,056	0,027
11	„ „ hart .	0,042	0,058	0,016
12	Wolframstahl	0,002	0,033	0,031
13	Feines weifses Roheisen, manganhaltig	0,006	0,018	0,012
14	Thomasroheisen, weifs . .	0,012	0,031	0,019
15	„ grau . . .	0,039	0,065	0,026
16	Weifses Roheisen zum Feinmachen	0,376	0,379	0,003
17	Graues Roheisen, fein . . .	0,011	0,027	0,016
18	„ „ gewöhnlich	0,190	0,204	0,014
19	Ferrosilicium	0,008	0,038	0,030
20	Ferromangan	0,007	0,015	0,008
21	Ferrochrom	0,056	0,084	0,028
22	Stahl, hoch schwefelhaltig .	0,241	0,254	0,013

Bei Durchsicht der Tabelle ergiebt sich, dafs man für alle Eisensorten höhere Resultate erhält, wenn die Gase in einer Porzellanröhre zur Rothgluth erhitzt werden.

Bemerkung. Das von mir zur quantitativen Bestimmung des Schwefels mit Erhitzen der Gase benutzte Verfahren ist in Frankreich unter dem Namen „Verfahren Rollet-Campredon" bekannt;* es gründet sich auf folgende Vorgänge:

A. Entbindung des Schwefels in Form einer gasförmigen Verbindung durch Auflösung des Metalls mittels verdünnter Salzsäure, der eine kleine Quantität verdünnter Schwefelsäure zugesetzt ist.

B. Durchleiten der mit Kohlensäure und Wasserstoff vermengten Gase durch eine zur Rothgluth erhitzlon Porzellanröhre, um die gasförmigen Schwefelverbindungen, welche in anderer Form als Schwefelwasserstoff frei werden, den Weisungen Rollets gemäfs in Schwefelwasserstoff zu verwandeln.

C. Durchleiten der Gase durch eine Lösung von Zinkacetat, angesäuert mit Essigsäure, um den Schwefelwasserstoff in Schwefelzink umzubilden, welches in schwacher Essigsäure unlöslich ist.

D. Titration des gebildeten Schwefelzinks vermittelst einer Normal-Jodlösung und einer Lösung von unterschwefligsaurem Natron, womit der Ueberschufs von Jod zurücktitrirt wird. Das Ende der Reaction ist charakterisirt durch das Verschwinden der blauen Farbe der Lösung bei Gegenwart von Stärkekleister (hinzugefügt als Indicator). Bei einem Ueberschufs von Jod wird nach folgender Gleichung aus dem Zinksulphid Zinkjodid und freier Schwefel gebildet:

$$ZnS + 2J = ZnJ_2 + S.$$

* Das Verfahren ist angenommen worden von dem Laboratorium der „Ecole Nationale Supérieure des Mines" in Paris, ebenso von den Laboratorien mehrerer grofsen Metallhütten.

In einer Mittheilung Charpys auf dem zweiten internationalen Chemiker-Congrefs, der in Paris im Juli und August v. J. abgehalten wurde, hat derselbe auch seinerseits die Nothwendigkeit der Erhitzung anerkannt. Ferner hat Phillips, zurückkommend auf diesen Gegenstand, im August 1896 im „Moniteur Scientifique" des Dr. Quesneville folgende Resultate veröffentlicht:

Roheisen A	Ohne Erhitzen der Gase	0,052 % S
	Mit „ „ „	0,099 „ S
	Durch Königswasser	0,100 „ S
Roheisen B	Ohne Erhitzen der Gase	0,094 „ S
	Mit „ „ „	0,180 „ S
	Durch Königswasser	0,171 „ S

Aus dem Gesagten geht hervor, dafs die Erhitzung der Gase unerläfslich ist. Die Chemiker, welche die Nothwendigkeit der Erhitzung hartnäckig verkennen, erhalten nothgedrungen zu niedrige Resultate. Der Fehler ist nicht constant, er wechselt vielmehr mit der Natur des Metalls. —

* * *

Zu vorstehenden Mittheilungen schreibt Herr Stadtchemiker Schulte-Bochum:

Mit der Ausarbeitung meiner „neuen Methode zur Bestimmung des Schwefels im Eisen"* hatte ich zunächst beabsichtigt, den Schwefel, welcher beim Auflösen von Eisen in verdünnter Salzsäure als Schwefelwasserstoff entbunden wird, auf gewichtsanalytischem Wege ohne Anwendung des schädlichen Broms oder eines sonstigen Oxydationsmittels in kurzer Zeit genau zu ermitteln. Dafs dieser Zweck erreicht ist, dürften die vielen Anerkennungsschreiben beweisen, welche mir von Collegen aus den verschiedensten Laboratorien, in welchen das Verfahren Anwendung gefunden hat, zugegangen sind. Die mir gestellte Aufgabe noch zu erweitern, dazu lag Ende 1896 kein zwingender Grund vor, da damals die Ergebnisse der Rolletschen Glühversuche unseres Wissens noch keinen Eingang in die deutsche Literatur gefunden hatten.

* „Stahl und Eisen" 1896, Nr. 21, S. 865.

In den letzten Monaten haben wir nun Gelegenheit gefunden, 28 verschiedene Eisenproben mit Verwerthung der Rolletschen Entdeckung auf ihren Schwefelgehalt zu untersuchen. Wir wandten hierbei zunächst für je eine von 4 Proben 3 verschiedene Methoden an und zwar benutzten wir einmal bromhaltige Salzsäure, das andere Mal ammoniakalisches Wasserstoffsuperoxyd als Oxydationsmittel, und drittens wählten wir nach unserer erwähnten neuen Methode auch eine Lösung von essigsaurem Cadmium als Absorptionsmittel für den Schwefelwasserstoff. Allemal mufsten wir aber die Beobachtung machen, dafs der Schwefel beim Auflösen des Eisens in verdünnter Salzsäure thatsächlich in zweierlei Form flüchtig wird, nämlich zum gröfseren Theil als Schwefelwasserstoff und zum geringeren Theil in Form einer anderen gasförmigen Verbindung, welche durch vorgenannte 3 Lösungen unbeeinflufst bleibt, aber schon bei mäfsiger Rothgluth in Schwefelwasserstoff und einen nicht näher untersuchten Rest zerfällt. Ob diese indifferente Schwefelverbindung Methylsulphid war, wie Hr. Phillips beobachtet hat, halten wir für möglich, haben es aber noch nicht zu bestätigen versucht.

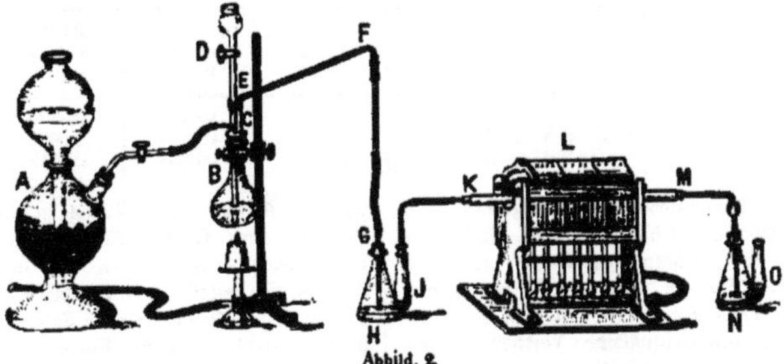

Abbild. 2.

Der bei diesen Ermittlungen zur Anwendung gekommene Apparat ist unten abgebildet (Abbild. 2); es ist derjenige, welchen wir unter Benutzung des Rolletschen Princips für Schwefelbestimmungen endgültig construirt und mit bestem Erfolg angewandt haben. Es ist:

A ein Kippscher Apparat gröfsten Formats zur Entwicklung von Kohlensäure, herzustellen aus weifsem Marmor und roher, verdünnter Salzsäure (1 Vol. HCl : 1 Vol. H_2O),
B eine Kochflasche von 450 bis 500 ccm Inhalt, passend zum Auflösen von 10 g Eisen,
C ein dreifach durchbohrter Gummistopfen,
D eine Trichterröhre mit Hahn,
CEF ein Rückflufskühler,
H eine Vorlage zur Aufnahme von ammoniakalischem Wasserstoffsuperoxyd oder einer Lösung von saurem Cadmiumacetat,
L ein kurzer, solider Verbrennungsofen nach Glaser mit 7 Brennern, die Röhre *KM* erhitzend,
N ebenfalls eine Vorlage = *H*.

Alle Theile sind nach unserer Angabe von der Firma C. Gerhardt, Marquarts Lager chemischer Utensilien in Bonn a. Rh., geliefert. Der Preis des Ofens ist 55 ℳ, der der Glastheile ohne Kippschen Apparat und ohne Stativ 8,50 ℳ.

Wurde dieser Apparat bei Anwendung von bromhaltiger Salzsäure benutzt, so traten an die Stelle der Vorlagen *H* und *N* die bekannten Kugelapparate. Die ersten 12 Ergebnisse, welche bei der vergleichenden Untersuchung von 4 Eisenproben erzielt wurden, waren folgende:

Art der Probe	Kurze Andeutung der angewandten Methode	I Ohne Glühen der Gase in Vorlage *H* erhalten % S	II Durch nachträglich. Glühen der Gase in Vorlage *N* erhalten % S	III Gesammt-Schwefelgehalt (I + II) % S	Durch Glühen in Procenten des Schwefels mehr erhalten $\frac{II}{I} \cdot 100$ %
Puddelroheisen	Br + HCl, $BaSO_4$ . . .	0,1577	0,0094	0,1671	5,9
	$H_2O_2 + NH_3$, $BaSO_4$ . .	0,1654	0,0145	0,1800	8,8
	$Cd(C_2H_3O_2)_2$, CuO . . .	0,1673	0,0137	0,1810	8,2
Stahl, stabförmig	Br + HCl, $BaSO_4$ . . .	0,1190	0,0241	0,1431	20,2
	$H_2O_2 + NH_3$, $BaSO_4$ . .	0,1176	0,0258	0,1435	22,0
	$Cd(C_2H_3O_2)_2$, CuO . . .	0,1253	0,0147	0,1400	11,5
Flufseisen, Blech	Br + HCl, $BaSO_4$ . . .	0,0660	0,0030	0,0690	4,6
	$H_2O_2 + NH_3$, $BaSO_4$ . .	0,0877	0,0040	0,0917	4,6
	$Cd(H_3C_2O_2)_2$, CuO . . .	0,0969	0,0040	0,1010	4,1
Walzeneisen	Br + HCl, $BaSO_4$ . . .	0,0700	0,0135	0,0835	19,3
	$H_2O_2 + NH_3$, $BaSO_4$ . .	0,0693	0,0113	0,0806	16,5
	$Cd(C_2H_3O_2)$, CuO . . .	0,0654	0,0089	0,0713	13,5

Sämmtliche Resultate sind so niedergeschrieben, wie sie nacheinander erhalten worden sind; eine Auswahl gut übereinstimmender Zahlen hat nicht stattgefunden. Wo der Gesammt-Schwefelgehalt bei derselben Eisenprobe Abweichungen zeigt, ist dies auf die ungleichmäfsige Vertheilung des Schwefels im Eisen zurückzuführen. Der höchste Zuwachs an Schwefel beträgt hier 22 % desselben. Bemerkt wird noch, dafs wir bei allen Glühversuchen schwer schmelzbare Glasröhren von 6 bis 12 mm innerer Weite anwandten, da eine Porzellanröhre nicht zur Verfügung stand. Es schien ganz gleichgültig zu sein, ob die Röhre beim Durchleiten der Gase auf eben sichtbare Rothgluth gebracht war, oder stärker, bis zur hellen Rothgluth, erhitzt wurde, das analytische Ergebnifs war dasselbe. Starke Rothgluth empfiehlt sich deswegen nicht, weil dann die Röhre zu sehr leidet. Bei vorsichtiger Behandlung kann dieselbe zu sehr vielen Schwefelbestimmungen dienen, auch genügt es, sie auf eine Länge von 15 bis 20 cm schwach roth zu erhitzen, um des Erfolges sicher zu sein. Alle Gase von Eisenproben verursachen hierbei in dem hinteren Ende der Röhre einen aus Roth in Schwarz übergehenden Spiegel von Phosphor und Arsen, welcher durch warmes Königswasser leicht entfernt wird. Nach dem Eindampfen des Säuregemisches läfst sich in dem Rückstand Phosphorsäure und Arsensäure nachweisen, nicht aber Schwefelsäure, was für das gute Gelingen der Schwefelbestimmungen im Eisen spricht.

Dieses Gelingen der Versuche ist jedoch an gewisse Bedingungen geknüpft, welche der Erörterung bedürfen. Denn auch der Schwefelwasserstoff hat beim Glühen in einer Glasröhre Neigung, zum Theil in Schwefel und Wasserstoff zu zerfallen. Wir haben dies in vielen Fällen dadurch festgestellt, dafs wir statt Eisen eine genau abgewogene Menge reinen Schwefelzinks, nicht über 0,0200 g, in die Kochflasche *B* brachten, dies Sulphid durch 50 ccm verdünnte Salzsäure, (1 HCl : 2 H_2O), bei gelindem Kochen zersetzten und den sich so nach und nach entbindenden Schwefelwasserstoff theils mit viel Kohlensäure, theils mit viel Wasserstoff oder einem Gemisch beider durch die glühende Röhre leiteten. Bei diesen Versuchen blieb die vordere Vorlage *H* des Apparates leer, sie diente hier nur als Condensationsgefäfs für den mit den Gasen übergehenden Wasserdampf, gemischt mit wenig Chlorwasserstoff. Die hinter der glühenden Glasröhre angebrachte Vorlage wurde indessen mit 30 bis 40 ccm einer Lösung von essigsaurem Cadmium + Essigsäure beschickt. So ergab sich, dafs es nur dann möglich war, sämmtlichen Schwefelwasserstoff ohne Verlust in die hintere Vorlage *N* zu bringen, wenn zunächst alle Luft aus den Glasgefäfsen *B*, *H* und die Röhre verdrängt worden war, wozu 2 bis 3 Liter Kohlensäure genügten. Gofs man jetzt erst durch die vorher mit Wasser gefüllt gehaltene Trichterröhre *D* Salzsäure in die Kochflasche, schlofs dann den Hahn wieder, ehe noch Luft in dieselbe mit hinunter gerissen wurde, und wurde nun der Schwefelwasserstoff durch vorsichtiges und anhaltendes Kochen der Mischung und mit Hülfe von 2 bis 3 Liter Wasserstoff durch die glühende Röhre und die Vorlage *N* getrieben, so erhielten wir in der letzteren eine dem zersetzten Zinksulphid genau entsprechende

Menge Cadmiumsulphid. Verwandten wir hingegen von Anfang bis zu Ende des Versuchs als Schutz- und Fortführungsmittel ausschliefslich Kohlensäure, zusammen 6 bis 7 Liter, so kam in der Vorlage *N* nur etwa $^4/_5$ des entwickelten Schwefelwasserstoffs an. Der Rest war trotz aller Vorsicht in der Hitze zerlegt worden, wofür ein im letzten Drittel der Glasröhre allemal entstandener Anflug von Schwefel den Beweis lieferte; Wasserstoff schützt daher besser als Kohlensäure. Zugleich wurde aber auch durch zahlreiche Versuche festgestellt, dafs der beim Auflösen von Eisenproben sich entbindende Wasserstoff allein vollständig genügt, um ein theilweises Zerfallen des Schwefelwasserstoffs in der glühenden Röhre oder sonstige Störungen zu verhüten, wenn nur vorher mittels 2 bis 3 Liter Kohlensäure die Luft aus den Glasgefäfsen *B* und *H* verdrängt worden war. Dieses Verdrängen der Luft mit Kohlensäure statt mit extra bereitetem Wasserstoff hat deswegen grofse Vortheile, weil andernfalls in der glühenden Röhre Explosionen entstehen, und sich diese nach rückwärts fortpflanzen können, was vermieden werden mufs. Viele Beobachtungen haben uns Gewifsheit darüber verschafft, dafs man aufser einem Kippschen Kohlensäureentwickler nicht auch noch einen solchen für Wasserstoff braucht. Denn 1 g Eisen liefert mit verdünnter Salzsäure allein mehr als 300 ccm Wasserstoff, und bei einem Schwefelgehalt des Eisens von 0,5 % noch nicht ganz 3 ccm Schwefelwasserstoff. Läfst man diesen aber bereits vor der glühenden Röhre absorbiren, und leitet man dann nur die nicht absorbirten Gase durch die glühende Röhre, so befinden sich in derselben nach dem Glühprocefs neben mehr als 300 V.-Theilen Wasserstoff nur höchstens noch 0,3 V.-Theile Schwefelwasserstoff, und man hat nun erst recht keinen Verlust an Schwefel mehr zu befürchten.

In einzelnen Fällen sind auch die durch essigsaures Cadmium geleiteten Gase in der Glasröhre mit Luft vollständig verbrannt und die Verbrennungsproducte dann durch ammoniakalisches Wasserstoffsuperoxyd geleitet worden, um festzustellen, ob dadurch nicht etwa höhere Resultate, als durch Glühen bei Luftabschlufs, erzielt würden, was nicht der Fall war. Das einfache Glühen der nicht absorbirten Gase bei Fernhaltung von Luft gewährleistet daher die vollständige Umformung des gasförmig entweichenden Schwefels in Schwefelwasserstoff.

Wendet man zum Auflösen des Eisens nicht verdünnte Salzsäure, sondern starkes Königswasser an, und nimmt man hierzu für 10 g des Metalls 50 ccm Salzsäure (1,19) und 16 cc Salpetersäure (1,4), welche Mischung man nur nach und nach durch den Trichter *D* giefst, so wird zwar aller Schwefel des Eisens vollständig zu Schwefelsäure oxydirt, und es ist jetzt das Glühen der abziehenden Gase überflüssig. Leitet man sie indessen durch Wasserstoffsuperoxyd oder Bromwasser, so läfst sich hieraus noch eine bestimmte Menge Schwefelsäure abscheiden, während der gröfsere Theil derselben in der Eisenlösung verblieben ist. Der aus ihr nach Abscheidung der Kieselsäure und nach Zusatz von Chlorbarium sich absetzende schwefelsaure Baryt enthält jedoch bis 12 % Eisenoxyd, weshalb es nicht rathsam ist, das Rolletsche Glühverfahren umgehen und dafür Königswasser als Lösungs- und Oxydationsmittel anwenden zu wollen.

Die Verwendung von bromhaltiger Salzsäure als Oxydationsmittel für Schwefelwasserstoff mit Einschlufs des Glühverfahrens würde zwar genauere Resultate liefern, aber der hierzu erforderliche Apparat fällt etwas schwerfällig aus. Dann ist die Mischung von Brom mit Salzsäure nie ganz frei von Schwefelsäure, das Brom auch sehr schädlich, und der abgeschiedene schwefelsaure Baryt ebenfalls oft durch Eisenoxyd verunreinigt. Die Vereinigung des bisherigen Bromverfahrens der Schwefelbestimmung mit dem Rolletschen Glühprocefs dürfte daher von den Chemikern nur ungern bewerkstelligt werden.

Das Verfahren der Schwefelbestimmung in Eisensorten, welches wir mittels des in Abbild. 2 veranschaulichten Apparates seit 3 Monaten mit bestem Erfolge anwandten, ist dasselbe, welches von uns ausgearbeitet und in „Stahl und Eisen“ 1896 Seite 865 u. f. ausführlich beschrieben wurde, nur ist es um das Glühen der beim Auflösen des Eisens in verdünnter Salzsäure entweichenden Gase erweitert worden. Das Verfahren führt rasch und und sicher zum Ziel, ist für alle Eisensorten anwendbar, giebt sehr genaue Resultate, ist nicht mit Unannehmlichkeiten verknüpft und kann, da die dabei zur Anwendung kommenden Lösungen unbegrenzt haltbar sind, zu jeder Zeit, ohne irgend welche Vorarbeiten, zur Ausführung gelangen.

Soll diese Methode, welche wir den Herren Collegen bestens empfehlen können, angewandt werden, so stellt man sich zunächst nach folgender Vorschrift 3 Lösungen her:

I. Verdünnte Salzsäure, gewonnen durch Mischen von 1 Vol.-Theil conc. Salzsäure (spec. Gew. 1,19) mit 2 Vol.-Theilen destill. Wasser. Jedes Gramm Eisen erfordert beim Auflösen 20 ccm dieser verdünnten Säure.

II. 25 g Cadmiumacetat (oder billiger, doch ebenso gut: 5 g Cadmiumacetat + 20 g Zinkacetat) werden mit 200 ccm Eisessig und destill. Wasser auf dem Wasserbade erwärmt, die Lösung nach dem Erkalten mit mehr Wasser auf 1 l gebracht und gut filtrirt.

III. 120 g krystallisirter Kupfervitriol, gut zerrieben, werden mit 800 ccm destillirtem Wasser und 120 ccm concentrirter Schwefelsäure durch Erwärmen auf dem Wasserbade und Schütteln gelöst, die Lösung nach dem Erkalten mit mehr Wasser auf 1 l gebracht und filtrirt.

Hat man den Apparat zusammengesetzt, so zündet man zunächst den Gasofen *L* an, da die

Glasröhre 10 bis 15 Minuten gebraucht, um schwach rothglühend zu werden. Jetzt wiegt man 10 g (nach Umständen auch mehr oder weniger) des zerkleinerten Eisens ab und bringt dasselbe in die Kochflasche *B*. Nun giefst man zunächst in die Vorlagen *H* und *N* so viel von der Acetatlösung II, dafs dieselbe beim Durchleiten von etwas Kohlensäure durch den luftdicht zusammengesetzten Apparat und bei geschlossenem Hahn *D* in den Ansätzen *J* und *O* der Vorlagen ungefähr 3 cm höher steht, als im Hauptgefäfs derselben, wozu etwa 30 bis 40 cm erforderlich sind. Darauf leitet man einen lebhaften Strom von Kohlensäure durch die Apparatentheile, damit die Luft aus der Kochflasche *B*, der Vorlage *H* und der Glasröhre verdrängt werde, wobei es gut ist, den Inhalt der Vorlage *H* einige Male zu schütteln, damit die Luft vollständiger herauskomme. Nach 5 Minuten sind 2 bis 3 l Kohlensäure entwickelt worden und man hört nun mit dem Durchleiten derselben auf. Man giefst jetzt für 10 g Eisen 200 ccm der verdünnten Salzsäure I durch die Trichterröhre, schliefst aber den Hahn *D* so frühzeitig, dafs die Röhre unterhalb desselben vollständig mit der Säure gefüllt bleibt, damit keine Luftblasen in die Kochflasche gelangen können.

Hierauf erwärmt man deren Inhalt mittels einer Bunsenschen Flamme von 2,5 bis 3,5 cm Höhe ohne Anwendung eines Drahtnetzes, so dafs die Gasentwicklung in *B* bald flott von statten geht. Während dessen soll der Rückflufskühler nur bei *E* warm werden, bei *F* aber fast kalt bleiben. Man achtet nun darauf, dafs die Glasröhre zwischen den Ziegeln auf 15 bis 20 cm Länge schwach, doch deutlich rothglühend bleibt. Kommen in *H* gar keine Gasblasen mehr zum Vorschein, so ist das Eisen gelöst, was bei 10 g desselben 1 bis 1½ Stunden in Anspruch nimmt. Jetzt läfst man die Bunsensche Flamme 5 bis 6 cm hoch brennen, so dafs die Eisenlösung auf 2 bis 3 Minuten in lebhaftes Kochen geräth, während welcher Zeit man mit den Wasserdämpfen auch Kohlensäure fortleitet, um aus der Kochflasche *B* und der Vorlage *H* allen Wasserstoff nebst Schwefelwasserstoff zu entfernen und durch die glühende Röhre zu leiten; es ist vortheilhaft, die Vorlage *H* hierbei mitunter etwas zu schütteln. Fühlt sich dieselbe am Boden gut lauwarm an, so kann man sicher sein, dafs aller Schwefelwasserstoff von den Acetatlösungen absorbirt worden ist. Die vordere Vorlage *H* hat nun denjenigen Schwefel als Sulphid vollständig aufgenommen, welcher aus der Kochflasche direct als Schwefelwasserstoff herauskam, die hintere Vorlage *N* enthält den Schwefel als Sulphid gebunden, welcher erst durch Glühen der Gase zu Schwefelwasserstoff umgeformt wurde. Man fürchte nicht, dafs ein Theil des Schwefelwasserstoffs verloren gegangen sei. Jede der beiden Vorlagen ersetzt zwei Drechselsche Flaschen; aufserdem ist die Verwandtschaft des Cadmiums zu dem Schwefel des Schwefelwasserstoffs so grofs, dafs ihn das Metall nicht entweichen läfst, auch wenn die Gase recht flott durch die Lösung hindurchgehen. Wurde zuletzt unter Kochen der Eisenlösung wieder 1 bis 2 l Kohlensäure durch den Apparat hindurchgeleitet, so hat weiteres Glühen keinen Zweck mehr und man dreht das Gas des Glühofens ab. Sodann schliefst man auch den Hahn des Kippschen Apparats, öffnet hingegen sofort den Hahn *D*. Nun löst man das Kautschukröhrchen bei *G* und trägt die Vorlagen zum Arbeitstisch. Hier werden sofort durch *J* und *O* je 5 ccm der sauren Kupferlösung III hineingegossen, wonach sich das Schwefelcadmium plötzlich in schwarzes Schwefelkupfer umsetzt, so dafs das Gemisch ein graues Ansehen erhält; jedoch ist in demselben Kupfersulphat überschüssig. Ferner sind jetzt die Acetate durch ein Uebermafs von Schwefelsäure in Sulphate verwandelt worden, weil diese viel leichter aus dem Filter auszusüfsen sind, als Acetate. Diese beiden chemischen Vorgänge werden durch folgende Gleichungen veranschaulicht:

$$CdS + CuSO_4 = CuS + CdSO_4;$$
$$Cd(C_2H_3O_2)_2 + H_2SO_4 = CdSO_4 + 2C_2H_4O_2.$$

Durch Vermittlung von Cadmiumacetat kommen wir somit auf einem Umwege zu reinem Kupfersulphid, welcher Weg nothgedrungen eingehalten werden mufs. Denn wollten wir die beiden Vorlagen direct mit einer Kupferacetatlösung beschicken, so würde aus den Gasen neben dem Kupfersulphid auch noch Kupferphosphid entstehen, das Resultat also zu hoch ausfallen, was jetzt nicht der Fall ist, da Phosphorwasserstoff nicht auf Cadmium- oder Zinkacetat einwirkt. Man bringt jetzt durch Filtration die beiden Kupfersulphidproben entweder auf ein einziges, oder auch, nach Belieben getrennt, auf zwei verschiedene aschefreie Filter, und süfst dieselben am besten mit warmem Wasser aus.

Um das erhaltene Kupfersulphid in kürzester Zeit in reines Kupferoxyd zu verwandeln, nimmt man das Filter behutsam aus dem Trichter heraus, drückt den Inhalt zwischen den Fingern flach, legt das Filter in ein kleines, genau gewogenes Platinschälchen, erhitzt erst 5 Minuten lang über einer Flamme sehr schwach, dafs das Filter verkohlt und schliefslich verbrennt, wobei man mit einem Platinhäkchen nachhelfen kann, und röstet nun die Verbindung bei Rothgluth in den zu ⅔ bedeckten Schälchen pro 0,0100 g CuO noch mindestens 2 Minuten lang. Zuletzt glüht man ½ Minute bei vollständig bedecktem Schälchen stärker, damit auch Spuren von entstandenem $CuSO_4$ wieder zersetzt werden. Man hat nun reines Kupferoxyd in Form von mattschwarzen Blättchen, theils auch pulverförmig gewonnen, welche Verbindung nach dem Erkalten gewogen wird. Durch Multiplication ihres Gewichts mit

0,4041 ergiebt sich das Gewicht des sämmtlichen beim Auflösen des Eisens flüchtig gewordenen Schwefels. Sollte später bemerkt werden, dafs ein Theil des Kupferoxyds im Schälchen festhaftet, so war anfangs zu stark geglüht, was vermieden werden mufs. Die Reinigung desselben geschieht am besten mit Salzsäure, welche man darin erwärmt.

Es mögen nun 24 Resultate von Schwefelbestimmungen folgen, welche ausschliefslich nach vorstehend beschriebenem Verfahren, und zwar bei getrennter Filtration des in den Vorlagen *H* und *N* erhaltenen Kupfersulphids, erzielt worden sind, und wobei die doppelte Ermittlung je nach der Mengo des aufgelösten Eisens einen Zeitraum von 1 bis 2 Stunden beanspruchte:

Nr.	Untersuchtes Material	I Ohne Glühen der Gase in Vorlage *H* erhalten % S	II Durch nachträglich. Glühen der Gase noch in Vorl. *N* erhalten % S	III Gesammt-Schwefelgehalt (I + II) % S	Durch Glühen in Procenten des Schwefels mehr erhalten $\frac{II}{I} \cdot 100$ %
	Weifses Roheisen:				
1	Probe a) . . .	0,1923	0,0022	0,1945	1,1
2	„ b) . . .	0,0897	0,0072	0,0969	8,1
3	„ c) . . .	0,0671	0,0081	0,0752	12,0
	Spiegeleisen:				
4	Probe 1 . . .	0,0671	0,0048	0,0719	7,2
5	„ 2 . . .	0,0533	0,0065	0,0598	12,1
6	„ 3 . . .	0,0206	0,0117	0,0323	52,0
7	Giefsereiroheisen . .	0,1341	0,0073	0,1414	5,4
8	Thomasroheisen . .	0,0630	0,0101	0,0731	16,0
9	Bessemerroheisen .	0,0356	0,0117	0,0473	33,0
10	Graues Roheisen . .	0,0186	0,0095	0,0281	51,0
	Basisch Flufseisen, Blech:				
11	Probe a) . . .	0,1010	0,0008	0,1018	0,8
12	„ b) . . .	0,0768	0,0008	0,0776	1,0
13	„ c) . . .	0,0695	0,0012	0,0707	1,7
14	„ d) . . .	0,0553	0,0020	0,0573	3,6
15	„ e) . . .	0,0218	0,0028	0,0246	13,0
16	Siliciumeisen . . .	0,0218	0,0016	0,0234	7,4
17	Schweifseisen . . .	0,0161	0,0019	0,0180	12,0
18	Ferromangan . . .	0,0056	0,0016	0,0072	28,0
19	Feilenstahl	0,0309	0,0117	0,0426	38,0
	Englischer Werkzeugstahl:				
20	ordinär	0,0113	0,0085	0,0198	75,0
21	gut (B)	0,0123	0,0095	0,0218	77,0
22	gut (S)	0,0085	0,0068	0,0153	80,0
23	Deutscher Edelstahl, Solingen	0,0044	0,0024	0,0068	54,0
24	Wolframstahl . . .	0,0048	0,0012	0,0060	25,0

Die Zahlen der letzten Spalte belehren uns darüber, dafs das Verhältnifs der beiden Schwefelmengen, welche vor und nach dem Glühen der Gase in Form von Schwefelwasserstoff erhalten werden, sehr verschieden ist. Die letzte Partie tritt bei Flufseisen mit weniger als 0,05 % Kohlenstoff am geringsten auf (Proben 11 und 12); sie ist verhältnifsmäfsig am höchsten bei Werkzeugstahl mit einem Kohlenstoffgehalt von annähernd 1 % (Proben 20, 21 und 22). Aber auch bei einzelnen Roheisenproben ist nach den bisherigen Untersuchungsmethoden der Schwefelgehalt um mehr als 50 % seines Gehalts zu niedrig gefunden worden, weshalb es unseres Erachtens **nicht mehr unterlassen werden darf, bei Schwefelbestimmungen in Eisensorten die Gase zu glühen.**

Bei der Untersuchung oben bezeichneter Eisenproben ist auch in einzelnen Fällen das Auflösen derselben mit einer Mischung von verdünnter Salzsäure und verdünnter Schwefelsäure (2 : 1) bewirkt worden, jedoch wurde nicht gefunden, dafs sich hierin das Eisen rascher löse, als in verdünnter Salzsäure allein.

Bezüglich des von **Campredon** oben mitgetheilten Titrirverfahrens bemerken wir noch, dafs dasselbe in seinen Grundzügen nicht neu ist, und auf einem grofsen rheinischen Stahlwerke bereits seit vielen Jahren Anwendung gefunden hat. Das Titriren von Sulphosalzlösungen (z. B. von K_2S, WS_3; $(NH_4)_2S$, WS_3; u. s. w.), bei Anwendung von Jod ist bereits 1885 durch Hrn. Chefchemiker Dr. E. **Gorleis**-Essen in dessen Dissertation, betitelt: „Die Schwefelverbindungen des Wolframs", Seite 10, veröffentlicht worden. Ferner ist die Vorschrift dafür, wie man bei Anwendung von Jod und unterschwefligsaurem Natron das bei Schwefelbestimmungen des Eisens gewonnene Cadmiumsulphid titriren soll, auch von A. A. **Blair** in dessen Werk: „Die chemische Untersuchung des Eisens", englische Ausgabe 1891 Seite 71, und deutsche Ausgabe 1892 Seite 97, als von E. F. **Wood** (Homestead Steel Works) modificirt, mitgetheilt worden.

Städtisches Untersuchungsamt Bochum,

Juni 1897. *Wilh. Schulte.*

„Maud Cassel", Sonderdampfer für Erzverkehr.

Die Einfuhr von spanischen und schwedischen Erzen nach Deutschland hat sich im letzten Jahrzehnt mehr als verdoppelt; während sie 1886 erst 812 676 t betrug, ist sie seither ständig gestiegen und hat im Jahre 1896 nicht weniger als 2 586 705 t erreicht. Der Bewältigung dieser grofsen Massen hat sich der Dampferverkehr entsprechend angepafst, und es ist eine stattliche Flotte, welche uns heute die Erze bringt. Die Gröfse der Dampfer, welche früher hauptsächlich Bilbao-Erze brachten, war infolge der mifslichen Verhältnisse dieses Hafens beschränkt; in der Mitte der 80er Jahre konnten nur Schiffe mit höchstens 1800 bis 2000 t Gehalt in den Nervion einfahren, und erst nachdem die Barre vor seiner Mündung beseitigt worden war, gelang es mit gröfseren Schiffen dort einzudringen, was behufs Ermäfsigung der Selbstkosten um so wichtiger war, als die Frachtsätze von Bilbao nach England und den holländischen Häfen seit Aufnahme des Erzverkehrs auf etwa ¼ des anfänglichen Preises gesunken sind.

Der Transport der schwedischen Erze nach Deutschland, welcher seit 1891 in reifsend schneller Weise sich entwickelt hat, fand insofern günstigere Verhältnisse vor, als die in Betracht kommenden Häfen Luleå und Öxelösund das Anlaufen gröfserer Dampfer gestalteten, und man aufserdem die im spanischen Erzverkehr gesammelten Erfahrungen sich zu nutze machen konnte. Eine der neuesten und interessantesten Erscheinungen in der Erzflotte, welche die schwedischen Erzschätze nach dem europäischen Festland bringt, ist der Sonderdampfer „Maud Cassel", welchen die rührige Rhederei Wm. H. Müller & Co. in Rotterdam seit einiger Zeit zwischen Öxelösund und Rotterdam laufen läfst.

Der Typus des Schiffes, das den Lade- und Löschverhältnissen in Öxelösund und Rotterdam angepafst ist, eines sogenannten „Turret"-Dampfers, ist eine aus dem amerikanischen „Whaleback"-Dampfer hervorgegangene Erfindung des Schiffbauers Charles Doxford in Sunderland. Diese Schiffsform ist vermöge ihrer Stärke und sonstiger Eigenschaften als für den vorliegenden Fall am geeignetsten gewählt worden.

„Maud Cassel". Sonderdampfer der Firma Wm. H. Müller & Co. in Rotterdam für Erzverkehr.

Das Schiff hat folgende Hauptmafse: Länge 112,8 m, Breite 14,6 m, Raumtiefe 8,4 m und ist mit Triple-Expansionsmaschinen versehen. Cylinder 660 × 1066 × 1726 mm, Hub 1066 mm, 2 Kessel von 4,8 × 3,2 m, Pressung 11 Atm.

Das nach höchster Klasse Veritas gebaute Schiff hat eine Ladefähigkeit von 6200 t und eine Geschwindigkeit von 10 Knoten i. d. Stunde. Statt der üblichen Dampfwinden ist das Schiff mit Dampfkrähnen versehen worden, welche den Rotterdamer Löschverhältnissen besser entsprechen. Im übrigen sind in diesem Schiff zahlreiche Neuheiten zur Anwendung gekommen.

Hängebrücken der Neuzeit.*

Von Regierungs- und Baurath Professor **Mehrtens** in Dresden.

I.

In der ganzen Welt giebt es heute nur noch eine einzige Hängebrücke für den Verkehr von Haupteisenbahnen, das ist die 1851 bis 1855 von Röbling erbaute, stromabwärts belegene Drahtbrücke über den Niagara, mit einer Oeffnung von 250 m Weite. Aber auch diese Brücke, obwohl sie im letzten Jahrzehnt (1880 bis 1886) wesentliche Verstärkungen erfahren hat, gewährt für die Ueberführung der heutigen schweren Eisenbahnzüge nicht mehr die erforderliche Sicherheit und soll daher durch eine eiserne Bogenbrücke ersetzt werden.** Diese Thatsache ist wohl geeignet, die bisherigen Bedenken der technischen Welt gegen die Errichtung von Hängebrücken überhaupt und besonders für den Eisenbahnverkehr zu kennzeichnen. Vielleicht wäre die Entwicklung des Hängebrückenbaues in ganz andere Bahnen gerathen, wenn nicht schon im Jahre 1846 Robert Stephenson durch die bekannte Ausführung der Britanniabrücke die Herrschaft der weitgespannten Balkenbrücken angebahnt hätte. In jener Zeit hätte man wahrscheinlich unbedenklich Hängebrücken auch für den Eisenbahnbetrieb eingeführt, war doch damals sogar die vorsichtige preufsische Staatsregierung nahe daran, für die alte Weichselbrücke bei Dirschau in der Linie Berlin-Königsberg den Plan einer Hängebrücke (mit 5 gleichen Oeffnungen von je 158 m Weite) auszuführen, weil eine solche nach den Worten Lentzes, des Entwurf-Verfassers, „für eine gröfsere Brückenöffnung das allein Erprobte war".*** Der glänzende Erfolg Stephensons, der u. a. auch Lentze veranlafste, für Dirschau eine Balkenbrücke zu wählen, hat den Bau schweifseiserner Hängebrücken — zunächst in Europa — für viele Jahrzehnte in den Hintergrund gedrängt. Nur einmal noch (im Jahre 1860) wurde eine Hängebrücke für den Eisenbahnbetrieb gebaut, nämlich die nach dem Entwurfe von Schnirch errichtete Kettenbrücke der Wiener Verbindungsbahn über den Donaukanal; sie hat aber ihrer grofsen Gebrechlichkeit wegen schon im Jahre 1884 wieder abgebrochen werden müssen.† Selbst Nordamerika, wo noch ein Vierteljahrhundert lang (vom 6. bis zur Mitte des 8. Jahrzehnts) Weiten über 100 m fast ausschliefslich durch Hängebrücken überspannt worden sind, hat nach der glänzenden Reihe der genialen Schöpfungen von Röbling Vater und Sohn — beginnend 1851 mit der erwähnten Eisenbahnbrücke über den Niagara und endigend 1876 mit dem gewaltigen Werke der East-River-Brücke zwischen Brooklyn und New York — hervorragende Beispiele und Fortschritte im Hängebrückenbau nur wenige aufzuweisen. Auch dort, im Vaterlande der Hängebrücken, überflügelte der Aufschwung im Bau eiserner Balkenbrücken alle älteren Brückensysteme. In den letzten beiden Jahrzehnten scheint sich aber in Europa und Amerika das Interesse dem Hängebrückenbau wieder mehr zuzuwenden. Man hat allmählich gelernt, die vornehmsten Gebrechen der älteren Hängebrücken — also mangelnde Steifigkeit, hauptsächlich in den Ebenen der Tragwände — zu heilen; es hat sich ferner auch mehr und mehr die Ueberzeugung Bahn gebrochen, dafs für die Uebersetzung sehr grofser Spannweiten in den meisten Fällen eine Hängebrücke als die geeignetste Lösung erscheinen mufs. Namentlich steht es wohl fest, dafs für die wichtigsten Theile solcher weitgespannten Hängebrücken, für die Hängegurte und Tragbänder, an denen die Fahrbahn hängt, die Verwendung von Draht am zweckmäfsigsten ist. Die Darstellung eines zähharten Stahldrahtes ist in der Neuzeit zu so hoher Vollendung gelangt, dafs man künftig mit Zugfestigkeiten von 120 bis 150 kg/qmm, und (bei dreifacher Sicherheit) mit zulässigen Spannungen von 40 bis 50 kg/qmm sicher rechnen darf.

Röbling Vater war es, der den Gufsstahldraht im Hängebrückenbau einführte. Das bislang unerreichte Beispiel seiner Drahtbrücken ist die bekannte East-River-Brücke zwischen New York und Brooklyn, mit einer Mittelöffnung von 487 m = 1600′ (vergl. Beilage). Röblings Hängegurte wurden als Kabel aus einzelnen verzinkten Drähten von genau gleicher Länge auf der Baustelle in ihrer endgültigen luftigen Höhe zusammengesetzt. Das ist aus verschiedenen Gründen eine schwierige und kostspielige Arbeit. Denn das Spannen der Kabel gelingt nur bei windfreiem Wetter und auch nur bei Tage, auch ist das Längen und Legen der Drähte für gleiche Spannungen sehr zeitraubend und, was die Genauigkeit dabei anlangt, sehr von der jeweiligen Luftwärme abhängig. Röbling gebrauchte für das fertige Ausspannen der 4 Kabel der Brooklyner Brücke 2 Jahre. Er beobachtete dabei an heifsen Sommertagen

* Diesem Aufsatze, der meist Mittheilungen allgemeiner Natur enthält, wird noch ein Nachtrag folgen, der einige wichtige Einzelheiten über die Anordnung und Fabrication der Hängebrücken-Kabel bringen wird. *Der Verfasser.*

** „Schweiz. Bauzeitung" 1895, Bd. 25, S. 56. — „Centralblatt der Bauverwaltung" 1896, S. 343.

*** „Zeitschrift für Bauwesen" 1893.

† „Centralblatt der Bauverwaltung" 1884, S. 103.

eine Verdrehung der Kabel bis zu 30° in der Brückenmitte, ein Beweis für das Eintreten innerer Spannungen unter der ungleichmäfsigen Sonnenbestrahlung.

Die Schwierigkeiten der Kabellegung wachsen natürlich, wenn es sich um noch gröfsere Spannweiten handelt. Dem Deutsch-Amerikaner **Lindenthal**, Chef-Ingenieur der North River Bridge Comp. in New York, sind sie so unüberwindlich erschienen, dafs er für seinen Aufsehen erregenden Plan der Ueberbrückung des Hudson mit einer Oeffnung von 945 m ein anderes Verfahren der Kabelherstellung ersonnen hat. **Lindenthal** will die Annehmlichkeiten einer Kette mit den Vorzügen des Drahtes verbinden und hat deshalb ein Drahtkabel in Aussicht genommen, das aus einzelnen **Drahtgliedern** mit Hülfe von Bolzen zusammengefügt werden soll.

Man könnte nun fragen, ob denn nicht überhaupt eine Kette, **gebildet aus zähharten Flufsstahlgliedern**, vortheilhafter in ihrer Anwendung für Hängebrücken sei, als ein Drahtkabel. Darauf würde Verfasser mit „Nein" antworten. Geschmiedete Glieder einer Flufsstahlkette wird man höchstens mit einer Festigkeit von 60 bis 75 kg/qmm erhalten und verwenden können. Bei gleicher Sicherheit und sonst gleichen Verhältnissen würde also das Gewicht der Kette mindestens doppelt so grofs ausfallen, als dasjenige des Kabels. Weil aber eine Kette breiter ausfällt als ein Kabel, so hängt an ihr auch eine breitere, schwerere Bahn als am Kabel, aufserdem bedingen die nothwendigen Querschnittsverluste durch Einziehen der Bolzen und entsprechende Gestaltung der Bolzenaugen eine Vermehrung des Kettengewichts, demgegenüber beim Kabel nur das weit geringere Gewicht der Kabelumwicklung zu rechnen ist. Je gröfser die Weite der Brücke, desto ungünstiger wird danach das Verhältnifs der Gewichte von Kabel und Kette; schon bei einer Weite von 300 m kann unter

Abbild. 1. Uebersichtsplan von New York mit den East-River-Brücken und der Hudson-Brücke.

gewöhnlichen Verhältnissen die Kette rund **etwa 3 mal so viel wiegen als das Kabel**. Sehen wir zunächst, wie sich dabei der Kostenpunkt stellt! Man darf, ohne wesentlich von der Wirklichkeit abzuweichen, für eine Spannweite von etwa 300 m, die als Beispiel dienen möge, den Tonnenpreis der fertigen Construction auf rund 1000 ℳ für das Kabel und rund 700 ℳ für die Kette ansetzen. Es würde also, selbst wenn man nur das zweifache Gewicht für die Kette einführen wollte, für jede Tonne zu Gunsten des Kabels eine Ersparnifs von 1400 — 1000 = 400 ℳ verbleiben, bei dreifachem Gewicht sogar von 2100 — 1000 = 1100 ℳ. Das gröfsere Eigengewicht der Kette bringt aber auch einen entsprechend höheren Kettenzug hervor, als im leichteren Kabel, und dadurch wieder ergiebt sich die Nothwendigkeit, die Verankerungen entsprechend widerstandsfähig zu machen, was auch erhebliche Mehrkosten für die Kette verursacht, die mit der Gröfse der Spannweite wachsen. Nach alledem müfste die Kette also ganz hervorragende bauliche Vorzüge besitzen, wenn man es verantworten wollte, ihr zu Liebe so bedeutende Mehrkosten aufzuwenden, die bei sehr grofsen Weiten sich auf Millionen beziffern. Solche Vorzüge besitzt die Kette aber durchaus nicht. Wenn gesagt wird, die Kette böte eine gröfsere Gewähr für gleichmäfsigere Vertheilung der Spannkräfte, sie sei sicherer zu untersuchen, zu unterhalten und zu erneuern als das Kabel, so kann Verfasser dem nicht zustimmen, höchstens könnte zugegeben werden, dafs die künftige Erneuerung einer Kette sich bequemer vollziehen wird, als dies beim Kabel möglich ist. Einzelne Punkte, die in dieser Beziehung für das Kabel sprechen, will Verfasser hier nicht näher berühren, er beschränkt sich darauf an dieser Stelle nur seine Ansicht dahin auszusprechen, dafs er ein Kabel, das aus einer grofsen Zahl von gleich langen, in einer Länge durchgehenden dünnen Drähten besteht, für das vollkommenste Zugglied hält, das es giebt, und daſs er auch nicht einsehen kann, warum eine Kette oder irgend eine andere aus Blechen und Formeisen genietete Construction sicherer sein sollte, als ein Kabel. Daſs ein Rosten der verschlossenen, umwickelten und durch Anstrich gehörig geschützten Kabel eintreten könnte, ist nach den bisherigen amerikanischen Erfahrungen nicht anzunehmen. Viel leichter und viel eher rosten jedenfalls die Verbindungen unserer gewöhnlichen eisernen Brücken, deren Sicherheit doch überall für ausreichend gehalten wird.

Oeffnungen von je 260 m, nebst einer Mittelöffnung von 194 m Weite, und eine Hängebrücke.* Die erstgenannte ist eine Eisenbahnbrücke und verbindet die Bahnen von Long Island mit der Manhattan-Insel (Abbild. 1), indem sie den East River über die Blackwells-Insel hinweg kreuzt. Die Hängebrücke (Abbild. 2) zeigt die bekannte amerikanische Bauart, also Kabelhängegurte, an denen mit Tragseilen die Versteifungsträger sammt den Fahrbahnen aufgehängt sind. Sie verbindet einen Punkt in der Nähe des Brooklyner Broadway mit der Grand Street in New York. Ihre Mittelöffnung miſst zwischen den Thürmen 487 m,

Abbild. 2. Neue East-River-Hängebrücke.

II.

Lindenthal, der seit 12 Jahren mit dem Plane der Ueberbrückung des Hudson umgeht, hat darüber am 14. Januar 1896 im Verein für Eisenbahnkunde in Berlin einen längeren Vortrag gehalten,* der bei den nachstehenden Darlegungen frei benutzt wurde, um daran schlieſslich noch einige Bemerkungen zu knüpfen über die Stellung, die man in Europa (namentlich in Frankreich und Deutschland) zur Zeit der Hängebrückenfrage gegenüber einnimmt.

Ueber den East River in New York führt gegenwärtig nur die Brooklyner Brücke. Es sind aber jetzt dort noch zwei neue East River-Brücken im Bau begriffen: eine Auslegerbrücke** mit zwei

* Verhandlungen des „Vereins für Eisenbahnkunde“ 1896, S. 1 bis 35.

** „Centralblatt der Bauverwaltung“ 1894, S. 468.

die Seitenöffnungen haben je 171 m Weite. Während danach also der East River bald von drei festen Brücken überspannt sein wird, muſs der Verkehr zwischen den Ufern des North River zur Zeit allein durch Fähren vermittelt werden. Der vor 22 Jahren begonnene Hudson-Tunnel wartet immer noch seiner Vollendung, aber selbst wenn er fertig wäre, würde er allein den offenbaren Mangel an ausreichenden Verkehrsmitteln noch lange nicht beseitigen. Im Jahre 1895 wurden 85 Millionen Personen und 1½ Millionen Güterwagen neben ungezählten Fuhrwerken aller Art über den Hudson gesetzt. Lindenthal schätzt die voraussichtliche Zunahme des Verkehrs auf rund 5 Millionen Personen, besonders aber rechnet er mit den vorliegenden Erfahrungen auf der Brooklyner Brücke und auf den Hochbahnen

* „The Iron Age“ 1896, S. 576.

New Yorks, wonach in 4 Jahren nach der Eröffnung der neuen Brücke deren Verkehr sich verdoppeln, in 8 Jahren verdreifachen und in 10 Jahren vervierfachen würde. Unter solchen Voraussetzungen würde die North River Bridge Company bei der Ausführung des großartigen Entwurfs ihres Chef-Ingenieurs immer noch ein glänzendes Geschäft machen, wenn auch die auf 170 Millionen Mark veranschlagten Baukosten (wovon 90 Millionen auf die eigentliche Brücke entfallen) sich während der Ausführung noch wesentlich erhöhen können. Auch beim Bau der Forth-Brücke verausgabte man etwa 63 Millionen Mark, obwohl man ursprünglich nur auf etwa 33 Millionen gerechnet hatte.

Ob die North River-Brücke, so wie Lindenthal sie plant, in absehbarer Zeit zum Bau kommen wird, scheint immer noch etwas fraglich. Eine Zeit lang hiefs es sogar, es käme voraussichtlich ein Entwurf der Union Bridge Company zur Ausführung. Neben der North River Bridge Company, die 1891 durch Parlamentsacte das Recht des Brückenbaues südlich der 5th. Strafse erhielt, hat nämlich später sich noch eine zweite Gesellschaft gebildet, die New York und New Jersey Bridge Company, der 1894 das Recht verliehen ward, nördlich der 59. Strafse den Hudson zu überbrücken. Die letztgenannte Gesellschaft hatte einen Entwurf der Union Bridge Company vorgelegt für eine Auslegerbrücke (mit 610 m freier Mittelöffnung und 277 m weiten Seitenöffnungen). Dieser echt amerikanisch häfsliche Plan scheint glücklicherweise ins Wasser gefallen zu sein. Denn schiefslich hat der vom Parlamente berufene Prüfungsausschufs, bestehend aus den Ingenieuren G. Bouscaren, W. H. Burr, Theodore Cooper und Geo. S. Morison, unter dem Vorsitz des Majors vom Ingenieurcorps C. W. Raymond, entschieden, dafs bei Wahl einer Spannweite von 940 m nur an eine versteifte Hängebrücke gedacht werden könne, etwa in der Art, wie sie nach den Angaben des Ausschusses in Abbild. 5 veranschaulicht ist. Schrägseile (sogenannte stays), wie sie die Brooklyner Brücke aufweist, sind hierbei fortgelassen, um das System möglichst statisch bestimmt zu machen. Aus demselben Grunde hat auch der Versteifungsträger in der Brückenmitte ein Gelenk erhalten. Zum Tragen der gesammten Brückenlast sind 12 Kabel vorgesehen, je sechs nebeneinander auf jeder Trägerseite.

Abbild. 3. Pfeiler der neuen East-River-Hängebrücke.

Auch der Kriegsminister der Vereinigten Staaten hatte einen Ausschufs zur Erörterung der Frage der Hudson-Ueberbrückung eingesetzt, wobei dieser im besonderen die praktisch zulässige Grenze der Spannweite einer Hängebrücke mit Rücksicht auf den gegebenen Verkehr und die nothwendige Verzinsung der Bausumme auf 1321 m ermittelte.* Nachdem der Kriegsminister dann im Januar 1895 entschieden hat, dafs ein Einbau von Pfeilern in das Hudsonbett grundsätzlich als unzulässig anzusehen sei, ist der Entwurf Lindenthals wieder stark in den Vordergrund gerückt. Es hat auch wohl kaum ein anderer Entwurf mehr Aussicht, verwirklicht zu werden. Auch ein passenderer Uebergang, als der von Lindenthal gewählte, am Fufse der 22. Strafse, ist nicht zu finden. Dort verbindet die Brücke nicht allein den belebtesten Theil New Yorks mit dem schönen langgestreckten, jetzt von etwa 400 000 Menschen bewohnten Westufer des Hudsonflusses, sie gestattet auch unmittelbare und kurze Anschlüsse mit den vielen in Jersey-City und Hohoken mündenden Eisenbahnen und den bis in die naheliegenden Städte

* „Zeitschr. des Oesterr. Ing.- und Architekten-Ver." 1895, S. 370.

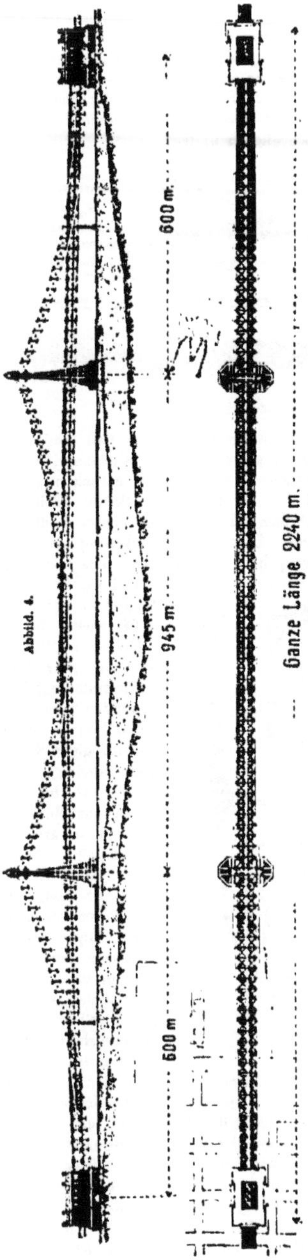

Abbild. 4.

600 m — 945 m — 600 m

Ganze Länge 2240 m.

Längenansicht und Grundrifs des Lindenthalschen Entwurfs der Hudson-Brücke.

Newark, Elisabeth, Patterson sich verzweigenden elektrisch betriebenen Bahnnetzen. Auf der New York-Seite soll die Brücke mit der Central- und Hudson River-Railroad und auch mit den Hochbahnen verbunden werden, deren Netz nach erfolgter Vollendung der erwähnten beiden East River-Brücken auch zum Anschlufs an die Hochbahnnetze Brooklyns und die Eisenbahnen auf Long-Island gebracht wird, so dafs dann die North River-Brücke einen Verkehr zwischen allen Theilen des New Yorker Gesammtgebietes, ohne Umsteigen und lästige Aufenthalte, wird vermitteln können. —

Voraussichtlich wird der Localverkehr auf der neuen Brücke gröfser sein als der Durchgangsverkehr der Locomotivbahnen und als der Güterverkehr. Lindenthal rechnet für das Jahr 1900 mit einem Verkehr von 100 Millionen Personen, woran der Nahverkehr zwischen den Ufern und der Fernverkehr etwa gleich betheiligt sind. Den Fernverkehr bis auf 50 km Entfernung schätzt er zu 30 Hundertstel, so dafs 20 Hundertstel auf den Verkehr nach weiter entfernt liegenden Städten und Bahnen verbleiben.

Vorerst soll die Brücke mit 8 Fahrgeleisen ausgerüstet werden, auf denen 160 Millionen Personen im Jahre befördert werden können. Nach und nach ist eine Ergänzung der anfänglichen Anlagen bis auf 14 Geleise vorgesehen.

Wie schon gesagt, liegt die Baustelle günstig für den Verkehr (Abbild. 1). Auch ist der Strom dort nur 835 m breit, während er an anderen Stellen Breiten von 1000 bis 1500 m erreicht, also nahezu zweimal so grofs als beim East River. Der feste Felsgrund wird für die Thürme der neuen Brücke auf der New Jersey-Seite in 38 m, auf der New York-Seite aber erst in **58** m Tiefe zu erreichen sein. Zwischen den Thürmen wird die Brücke eine Weite von **945** m erhalten, gegenüber einer Weite von 521 m bei der Forth-Brücke — jetzt der weitestgespannten Brücke der Welt — und von 487 m bei der alten Brooklyner und der neuen East River-Brücke. Die Seitenöffnungen haben je eine Weite von 600 m, sind also gröfser als die halbe Mittelspannweite. Das läfst sich nicht gut vermeiden, weil die umfangreichen Verankerungsgebäude nothwendig auf sicheren und in nicht zu grofser Tiefe erreichbaren Felsboden gegründet und deshalb weit landeinwärts geschoben werden müssen (Abbild. 3). Um aber bei solchem ungünstigen Verhältnifs zwischen der Weite der Seiten- und Mittelöffnung die Biegungsmomente in den Seitenöffnungen zu verkleinern, damit hier keine zu schwere Construction der Kabel und Fahrbahnen nothwendig wird, ist etwa in der Mitte zwischen den Thürmen und der Verankerung in jeder Seitenöffnung unter die Streckträger noch **eine Stütze** gestellt. Das Pfeilverhältnifs der Seitenöffnungen ist zu $^5/_{21}$, das der Mittelöffnung zu $^1/_{10}$ angenommen, so dafs bei Vollbelastung der Brücke der Horizontalzug in allen Oeffnungen gleich grofs wird. —

Die Brücke erhält nur 2 **Hauptträgerwände**, je enthaltend den oberen **Hängegurt**, den unteren **Streckträger** und zwischen beiden die aus Drahtseilen bestehenden **Trageisen**. Das **Fahrbahngerippe** ist in eigenthümlicher weiterhin erläuterter Art mit den Streckgurten vereinigt, es vermittelt den Verkehr (Abbild. 6) in 3 Stockwerken. Unten liegen 8 Eisenbahngeleise, darüber erhebt sich die Fahrbahn für den Schnellverkehr mit elektrischen Bahnen oder leichten Locomotiven, obenauf ruht eine Promenade für Fußgänger, zu jeder Seite mit einer Bahn für Radfahrer. Gewöhliches Straßenfuhrwerk soll

als die unteren, so werden die oberen Kniehebelglieder sich verflachen. Dadurch würde ein Anziehen der Tragstange *t* und infolgedessen ein Einziehen der unteren Kniehebelglieder so lange stattfinden, bis die Spannkräfte in der oberen und in der unteren Kabelkette des Hängegurtes sich nahezu ausgeglichen hätten.

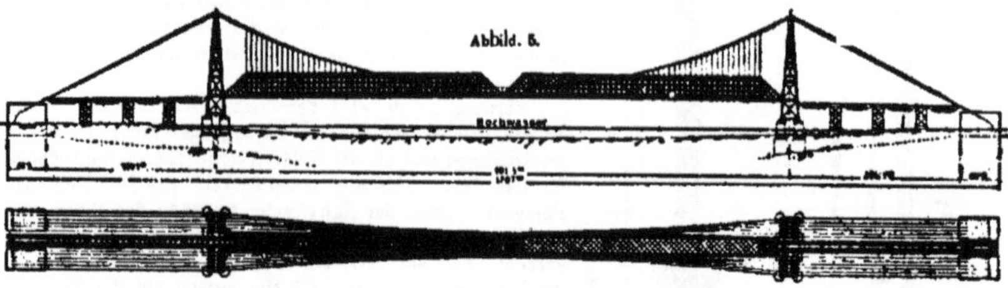

Abbild. 5.

Entwurf des Ausschusses für die Hudson-Brücke.

nicht passiren, weil hierfür die Rampen der Anfahrten auf beiden Enden der Brücke sehr steil und unbequem ausfallen würden.

Jeder **Hängegurt** besteht aus 4 Kabeln eigenthümlicher Zusammensetzung. Während die 4 Kabel der Hängegurte der Brooklyner Brücke (vgl. Beilage) nebeneinander liegen, will Lindenthal je 2 Kabel (19,8 m voneinander entfernt) übereinander legen und beide untereinander durch Gitterwerk verbinden und versteifen. Der Lindenthalsche Hängegurt ist also ein sog. **Doppelkettengurt**, wie ihn schon (1836 bis 1839) **Wendelstadt** bei der alten Weserbrücke in Hameln anbrachte, ebenfalls **Schnirch** (1860 bis 1864) bei der Eisenbahnbrücke über den Donau-Kanal in Wien. Beide Brücken haben ihrer großen Gebrechlichkeit wegen bereits abgetragen werden müssen, keine Empfehlung für das System, dem mit Recht eine hohe statische Unbestimmtheit und nachtheiliger Einfluß der Temperaturänderungen vorgeworfen worden ist. Lindenthal will aber die Uebelstände des Systemes durch Einlegung von Kniehebeln *k* in der gelenkartigen Aufhängevorrichtung der Hängegurte über den Thürmen beseitigen (Abbild. 6). Wenn z. B. die oberen Kabelketten schwerer belastet wären

Es ist bereits gesagt worden, daß Lindenthal die Kabelhängegurte in ganz besonderer, neuer Art zusammensetzen will. Sie enthalten nicht, wie die Kabel der Brooklyner Brücke (Beilage), parallele Drähte, die alle von einem Ende bis zum anderen Ende der Verankerung in einer Länge durchgehen; sie bestehen aus einzelnen **Drahtgliedern** (von etwa höchstens 4 t Gewicht), die mit Hülfe von Stahlschuhen, senkrechten (13 mm starken) Kuppelplatten und Gelenkbolzen zu einer viersträngigen Kabelkette vereinigt sind. Lindenthal hält es für bedenklich, 4 Kabel von so großem Querschnitte (bestehend aus 18 400 Stück Drähten) und so großer Länge in der luftigen Höhe zwischen den Thürmen in gleicher Art herzustellen, wie Röbling es gelban hat und wie es vorhin beschrieben wurde. Lindenthal will seine Drahtglieder in der Werkstatt herstellen, ihre Festigkeit in Sondermaschinen einzeln genau feststellen lassen und sie dann in fertiger Form auf der Baustelle aneinanderreihen. Jedes Glied wird aus parallelen genau gleich langen Drahtlitzen bestehen. Diese werden in gleicher Spannung um 2 flanschirte Schuhe gewunden, die eine Bohrung für 46-cm-Bolzen erhalten. Wie die Abbild. 4 veranschaulicht, besteht

Abbild. 6. Querschnitt der Hudson-Brücke.

Kühlers Entwurf für die Rheinbrücke bei Bonn-Beuel.

Entwurf der Schwurplatzbrücke in Budapest.

Pont du Midi über die Saône in Lyon.

Pont d'Avignon über die Rhône bei Vaucluse.

Alte East-River-Brücke zwischen Brooklyn und New York.

jedes Kabel aus 4 übereinanderliegenden Gliederreihen, die mit Hülfe der Gelenkbolzen an die erwähnten senkrechten Kuppelplatten geschlossen werden. Jede der so gebildeten vierreihigen Kabelketten der Hängegurte wird endlich auf ihrer ganzen Länge von einem 3 mm starken Stahlrohre umschlossen. Diese, in beliebigen Theilen abnehmbare wasserdichte Hülle wird einen Schutz gegen Regen bilden und auch einer ungleichmäfsigen Erwärmung der Drahtglieder durch die Sonnenhitze entgegenwirken.

Abbild. 7.

Die beschriebenen Kabelhängegurte sind auf den Thürmen und in den Verankerungen scharnierartig gelagert (Abbild. 4). Das eigentliche Verankerungsmauerwerk liegt in den erwähnten Verankerungsgebäuden, unter der Linie der unteren Geleisbahnen. Es besteht aus einem vollen Mauerklotze, der zwei Kammern von je 23 m Höhe, 37 m Länge bei 17 m Breite zur Aufnahme der Verankerungen enthält. In diesen Kammern werden die oberen und unteren Kabel der Hängegurte allmählich gelenkartig zusammengeführt, wobei die Drahtlitzen jedes Kabelstranges sich fächerartig ausbreiten, damit sie im Gelenke in einer Breite von 12 m aufzuliegen kommen. Im Gelenke schliefsen sich dann die aus miteinander verholzten Platten bestehenden Ankerketten an, von denen eine jede in einem Viertelkreisbogen in den im Felsen ausgehobenen Verankerungsschacht, 30 m tief hinunterführt. Die plattenartigen Ankerketten werden mit einer gemeinsamen Ankerplattform verbunden, auf welcher das Mauerwerk ruht. Die eigentliche Verankerung wird mit sorgfältigem Abschlufs gegen Nässe ganz eingemauert, so dafs sie nach erfolgter Vollendung der Brücke nicht mehr zugänglich sein wird. Das ist amerikanischer Gebrauch, der sich auf die Erfahrung stützt, dafs bei abgetragenen oder umgebauten Hängebrücken solche völlig vermauerten Verankerungen noch in vollkommenem Zustande, ohne jeden Rostflecken, vorgefunden sind. Das Mauergewicht jeder Verankerung wird 480000 t betragen, kann also (bei einer Reibungsziffer von 0,6 zwischen Mauerwerk und Untergrund) einen Schuh von 288000 t aufnehmen, während der gröfste rechnungsmäfsige Schub, den die Vollbelastung der Brücke jemals erzeugen könnte, nur 138000 t erreicht. Oberhalb der unteren Fahrbahnen besteht der Verankerungskörper aus einem 107 m langen, 61 m breiten und etwa 50 m hohen Gebäude, mit vielen Zimmern und Räumen für Bureauzwecke ausgerüstet.

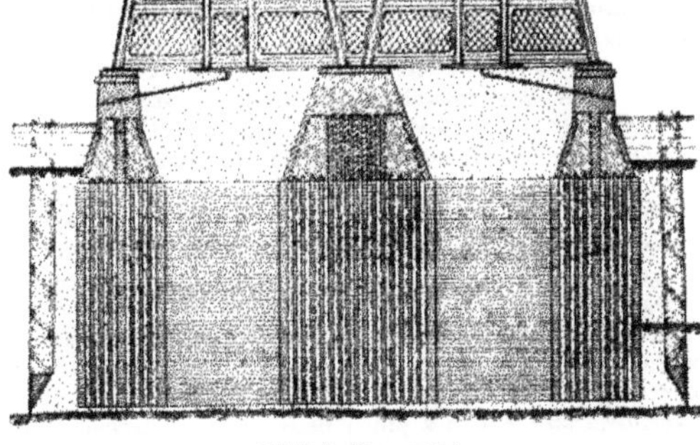

Abbild. 8. Thurmgerüst.

Die Hängegurte, wie vorbeschrieben angeordnet, gelagert und verankert, tragen die geraden Streckträger mit dem Fahrbahngerippe, wobei jede der beiden Tragwände mit ihren Tragseilen und den 4 Kabeln in eine geneigte Ebene zu liegen kommt (Abbild. 6), die 6 Hundertstel von der senkrechten abweicht. Dadurch ergiebt sich die Tragwand-Entfernung auf den Thürmen zu 48,8 m, während sie in der Brückenmitte nur 36,6 m mifst. Eine Folge dieser bekannten Anordnung ist eine grofse Seitensteifigkeit der Hängegurte gegen Wind, sie wirken als Hängeträger für sich, so dafs zwischen ihnen erfahrungsmäfsig ein Windverband nicht erforderlich wird.

Die Streckträger (Abbild. 6) haben neben ihrer Bestimmung, die Fahrbahn zu stützen, wesentlich auch noch die Aufgabe, eine möglichst gleichmäfsige Vertheilung der Fahrbahnlasten auf die Hängegurte zu bewirken. Aufserdem tragen sie zur Versteifung der Construction in senkrechter Ebene bei. Ihre beiden Tragwände liegen 35 m voneinander entfernt und sind in jedem Felde (alle 19,8 m) mit den Tragseilen verbolzt. In den Seitenöffnungen erhalten die Tragwände, wie bereits erwähnt, noch je eine Stütze, die nur (entweder auf Druck oder auf Zug) beansprucht werden soll, wenn entsprechende einseitige Belastungen der Spannweiten eintreten. Von der Eigenlast der Brücke sollen die Stützen nichts tragen, ihre Länge und Lagerung wird deshalb stellbar einzurichten sein, damit bei eintretendem Setzen der Thürme über den Stützen nicht doch (aus dem Eigengewichte herrührende) Momente entstehen können. Zwischen den Tragwänden der Streckträger spannt sich in jedem Felde eine Bogen-Querverbindung, in deren Knoten die beiden unteren Fahrbahnen (mit 8 + 6 = 14 Geleisen) hängen, während die obere Promenade darauf abgestützt ist.

Zwei Windverbände, der eine zwischen den Obergurten, der andere zwischen den Untergurten der Streckträger, schliefsen deren Gerippe mit ihren Querverbindungen und Fahrbahnen räumlich ab. Beide Windverbände (mit 35 m Trägerhöhe, gleich $^1/_{28}$ der Mittelspannweite) liegen in den Thürmen wagerecht eingespannt, aber auf beweglichen Lagern, die den Temperaturänderungen folgen. Dagegen sind die Windträger im Verankerungsgebäude derart festgelegt, dafs sie dort Biegungsmomenten widerstehen können.

Träger der senkrechten Brückenlasten, sowie der wagerechten Kabelzüge (bei einseitigen Belastungen) sind die Thürme. Sie bestehen aus einem 150 m hohen Stahlkörper, der auf einem gemauerten Sockel verankert ist. Der Sockel ragt 10,7 m über das Hochwasser hinaus und führt 12,2 m tief unter Wasser bis zur Oberkante des eigentlichen Gründungskörpers, der im wesentlichen aus einem hohen Holzroste besteht, worin Brunnenöffnungen ausgespart sind, die mit Beton ausgefüllt werden (Abbildung 8). Der Holzrost lagert auf dem durch Beton abgeglichenen Felsuntergrunde; er wird auf der New Yorker-Seite 50 m, auf der New Jersey-Seite 28 m hoch sein. Unter der gewaltigen Last der Stahlthürme von 267500 t Gewicht, die, auf das Quadratcentimerter der Gründungsfläche bezogen, nur rund 6 kg ausmachen wird, werden sich diese Holzmassen schon während des Brückenaufbaues stark zusammenpressen. In welchem Mafse dies geschehen wird, darüber müssen Versuche vor Beginn des Baues Aufschlufs geben. Jedenfalls verspricht sich Lindenthal gute Erfolge von der Verwendung des Holzes als elastisches Mittel zur Milderung von Stofswirkungen, namentlich für den vorzusehenden Fall des Eintrittes von Erdbeben. —

Nachdem im Vorigen die allgemeine Anordnung des grofsartigen Entwurfes in aller Kürze erläutert worden ist, folgen noch Mittheilungen über das Material einschliefslich der den Querschnittsberechnungen zu Grunde liegenden Annahmen, und über die Herstellung der Brücke.

Für alle Brückentheile, die (wie die Augenstäbe) durch Schmieden oder Pressen geformt werden müssen, auch für solche Theile, die stofsartigen Wirkungen oder häufigen Belastungswechseln unterworfen sind (Theile der Streckträger, Querverbindungen, Fahrbahnen u. s. w.), ist weiches Flufsmetall (Flufseisen) vorgesehen. Dagegen soll für Theile, die mehr ruhenden und selten in voller Stärke auftretenden Belastungen ausgesetzt sind (Thürme und Gurtungen der Windverbände), härteres Metall (Flufsstahl) verbraucht werden. Das härteste und zäheste Metall wird natürlich für die Kabel verwendet. Danach werden etwa folgende Materialsorten zu verzeichnen sein:

Sorten		Zugfest. kg/qmm	Streckgrenze kg/qmm	Dehnung %	Bemerkungen
1. Flufseisen . .	Streckträgerwände m. Fahrbahnträgern und Querverbindungen. Geschmiedete und geprefste Stücke	43	26	24	Kaltbiegeprobe unter 180° Kaltstanzen und Lochen am Rande, ohne Risse.
2. Flufsstahl . .	Turmtheile u. Windgurte	72	43	—	
3. Martin-Flufsstahldraht . .	Kabeldraht 6,4 mm Durchmesser, Nr. 3 der Birminghamlehre	128	85		Winden und Rückwinden kalt um einen Dorn von 1 cm Durchmesser ohne Risse.

Mit Rücksicht auf die grofse Unwahrscheinlichkeit, dafs bei der Inanspruchnahme der Brückentheile alle ungünstigsten Umstände gleichzeitig eintreten, ist durchschnittlich eine dreifache Sicherheit gegen Bruch für ausreichend erachtet worden. Das giebt eine zulässige Spannung für 1 qmm Querschnitt von 43 kg in den Kabeln, 30 kg in den Tragseilen, ±25,4 kg in den Windgurten, und 21 kg in den Verankerungen und Thurmtheilen. In der Regel werden diese äufsersten Spannungen bei weitem nicht erreicht werden. Schon dafs einmal die ganze Brücke voll belastet wäre, ist ein Fall, mit dem kaum gerechnet zu werden braucht. Um, z. B. wie es in der Berechnung angenommen worden ist, allein 8 Geleise der Brücke voll zu beladen, müfsten 1800 Locomotiven und 3000 Güterwagen zusammen kommen, d. h. mehr Locomotiven, als sie das gröfste Eisenbahnnetz der Vereinigten Staaten, die Pennsylvania-Eisenbahn, gegenwärtig besitzt. Auch ein der Berechnung zu Grunde gelegter Winddruck von durchschnittlich 3,6 t für ein Längenmeter der Brücke (230 kg/qm der Tragwandoberfläche) wird nur während eines Tornados oder Orkans vorkommen, die in New York zu den Seltenheiten gehören.

Die Temperaturunterschiede sind mit 55°C. (130°F.) angesetzt. Die dadurch in den Kabeln hervorgerufenen Spannkräfte werden höchstens nur 19 Hundertstel der vom Eigengewicht der Brücke herrührenden Spannkräfte erreichen. Das wird eine Hebung oder Senkung des Scheitels der Mittelöffnung um 55 cm verursachen, abgesehen von den Formänderungen, die infolge einseitiger Belastung und des Ausbiegens der Thurmenden eintreten. Die Thurmenden werden zwar durch Temperaturspannkräfte der Kabel nicht beeinflufst, wohl aber durch die Temperatureinflüsse im Thurm selbst, wenn einige Thurmsäulen von der Sonne beschienen werden, während andere im Schatten bleiben. Die gröfste dadurch verursachte Ausbiegung wird 5 cm nicht überschreiten. In der Richtung der Brückenachse können sich die Thurmenden um 20 cm ausbiegen, falls die ungünstige einseitige Belastung der Fahrbahnen eintritt.

Die der Rechnung zu Grunde gelegten Belastungen aus Eigengewicht und Verkehr betragen rund 58 + 54 = 112 t für 1 m Brückenlänge oder 28 t für eins der Kabel. Das Gewicht der Brücke stellt sich wie folgt:

1. Oberbau (vorläufig für 8 Geleise) mit 50 kg schweren Schienen nebst Zubehör . .	5 900 t
2. Streckträger mit Zwischenstützen, Fahrbahngerippe und Windträger	35 760 t
3. Tragseile mit Bolzen u. s. w.	2 000 t
4. Hängegurte (4 Kabel mit Bolzen, Kuppelplatten, Versteifung u. s. w.)	58 100 t
5. 2 Thürme mit Zubehör	25 600 t
6. Verankerungen	13 200 t
	140 560 t

das giebt $\frac{140\,560}{2240}$ = rund 63 t für 1 Längenmeter, oder $\frac{140\,560}{2240 \cdot 35}$ = rund 1,8 t für 1 qm der Fahrbahn. Davon entfallen für Thürme und Verankerungen, die allerdings von vornherein für 14 Geleise ausgebaut werden, während die schwebende Construction vorläufig nur die Tragkraft für 8 Geleise erhält, rund 17 t auf 1 m oder 0,5 t auf 1 qm Brückenbahn. Den Löwenantheil des Gewichts beanspruchen natürlich die Hängegurte mit 26 t auf 1 m oder 0,75 t auf 1 qm Fahrbahn. Nach erfolgtem Ausbau der 14 Geleise wird das Gesammt-Eisengewicht der Brücke rund 162 400 t betragen. Zum Vergleich diene die Angabe, dafs die weitestgespannte Eisenbahn-Balkenbrücke der Welt, die Forthbrücke — bei 1628 m Länge und 8,3 m Breite — in ihren drei Hauptöffnungen (bei 35 Millionen Mark Kosten für die Ueberbauten und 56 000 t Flufsstahl) — rund 34 t auf 1 Längenmeter und 4 t auf 1 qm der Fahrbahn Metall enthält.

Bei der Aufstellung der Brücke werden Thürme und Verankerungen (für 14 Geleise) zuerst errichtet. Jeder Thurm erhält dann einen 21 m hohen Aufsatz, zwischen denen gewöhnliche Drahtseile gespannt und mit den Verankerungen verbunden werden, um eine Arbeitsbahn für das Aufhängen der ersten Drahtglieder im obersten Strange des oberen Kabels zu bilden. Sobald dieser erste Kabelstrang von Verankerung zu Verankerung geschlossen durchgeht, werden auf seinen Bolzen die Kuppelplatten und die übrigen Drahtglieder aufgeschoben, und so fort, bis das ganze obere Kabel geschlossen ist. Das Zusammensetzen des unteren Kabels erfolgt dann vom oberen Kabel aus durch Einhängen der Ständer der Kabelgitterwand. Die Streben dieser Gitterwand, die nur Zug aufnehmen und verstellbare Schraubenenden haben, werden erst nach erfolgter vollständiger Aufstellung der Brücke auf ihre genaue Länge eingestellt, so dafs sie alle spannungslos sind und erst durch die veränderlichen Lasten in Spannung versetzt werden können. Eine Einrichtung zur Längenregelung der Tragseile wird nicht für nothwendig gehalten, deren Längen werden nach Mafsgabe der zu erwartenden Formänderungen der Brücke derart bemessen, dafs die Fahrbahn nach erfolgter Aufstellung der Brücke die planmäfsige Höhenlage einnimmt.

Die Kabeldrähte — 18 400 Stück in einem Kabelquerschnitt an den Thürmen — werden nur geölt, nicht, wie bei der Brooklyner Brücke, verzinkt. 7300 Drahtglieder, wie sie in den 4 Kabeln enthalten sein werden, sollen in den Brückenwerkstätten durch 10 Maschinen innerhalb 16 Monaten fertiggestellt werden, das macht 2 Glieder den Tag für eine Maschine.

Lindenthal rechnet für die Gesammt-Bauzeit 4 Jahre: 2 Jahre 9 Monate für Thürme und Verankerungen, und 15 Monate für den Ausbau der schwebenden Brückentheile. Sollte im Laufe der Zeit die Construction auf 14 Geleise verstärkt werden, so wird das Einziehen der in den Hängegurten neu einzuschaltenden Drahtglieder mit Hülfe von Wasserdruckpressen in ähnlicher Art erfolgen, wie dies oft bei den amerikanischen Bolzenbrücken beim Zusammenstellen ihrer Gurte geschieht.

Die Baukosten der Brücke sind (für 8 Geleise) auf rund 90 Millionen Mark veranschlagt, wozu noch rund 80 Millionen Mark für den Grunderwerb und dergl. hinzukommen. Das macht ohne Grunderwerb: 40 000 ℳ für 1 m Brückenlänge, 1148 ℳ für 1 qm Fahrbahnfläche, 638 ℳ für 1 t Flufsmetall.

Die anfänglichen Einnahmen werden von Lindenthal auf Brutto 16 Millionen und Netto 12 Millionen Mark geschätzt, das gäbe also eine voraussichtliche Verzinsung der Bausumme von über 9 Hundertstel. In 10 Jahren rechnet man, wie bereits erwähnt, auf das Vierfache des anfänglichen Verkehrs.

III.

Die Anordnung der Lindenthalschen Kabelketten soll auch eine allmähliche völlige Erneuerung der 4 Kabel ermöglichen, falls dies künftig einmal nothwendig werden sollte. Ein ähnlicher Gedanke liegt der Kabelanordnung der neueren französischen Drahtbrücken zu Grunde. Der gefahrdrohende Zustand der älteren französischen Hängebrücken, von denen in der Zeit von 1869 bis 1881 fünf einstürzten, und deren Dauer durchschnittlich sich nur auf etwa 31 Jahre berechnete, sind Veranlassung gewesen, dafs man in Frankreich, zum Theil nach amerikanischem Muster, Verbesserungen im Hängebrückenbau einführte. Dabei hat man aber das System der ungetheilten starken Kabel, aus parallelen Drähten an Ort und Stelle zusammengelegt, nicht übernommen, sondern man verwendet in einem Hängegurte mehrere (gewöhnlich 4 bis 5) nebeneinander liegende kleinere Kabel, die aus lauter spiralförmig ineinander geschlagenen Drähten bestehen, und die mit den Tragseilen auswechselbar verbunden sind. Diese Spiralkabel werden in der Werkstatt hergestellt und zeigen eine so ausreichende Biegsamkeit, dafs man sie fertig an Ort und Stelle aufhängen kann. Auf der Beilage sind zwei neuere nach diesem Verfahren gebaute Hängebrücken veranschaulicht: die Pont du Midi über die Saône in Lyon (121 m Länge) und die Pont d'Avignon über die Rhône bei Vaucluse (224 m Länge). Ich verdanke die Abbildungen der Güte des Hrn. Ingenieur **Arnodin** in Châteauneuf sur Loire, unter dessen besonders thätiger Mitwirkung die neueren französischen Drahtbrücken entstanden sind. Die Mittel zur Versteifung bestehen bei diesen Brücken nur in der Anbringung von starkgebauten eisernen Streckträgern und Fahrbahnen. Die Tragwände zwischen den Kabeln und den Streckträgern sind nicht versteift, wohl aber dienen die von den Pfeilern strahlenförmig auslaufenden geraden Hülfsseile (die amerikanischen stays) zum Mittragen desjenigen Theiles der Fahrbahnen, der nicht schon an den senkrechten Tragseilen hängt. Die Steifigkeit der französischen Kabelbrücken soll (nach der Angabe des Ingenieur Arnodin) eine so vollkommene sein, dafs man infolge ihrer geringen Bewegungen in senkrechter Ebene die Strafsenfahrbahnen sogar aus Asphalt herstellt. Aus diesem Grunde sagte ich bereits in meinem Hamburger Vortrage:* „Wo an Gemeinden, Kreise oder Provinzen die Nothwendigkeit des Baues einer festen Strafsenbrücke herantritt, kann unter Umständen, namentlich wenn die Kostenfrage im Vordergrunde steht, die Wahl einer dergestalt ausgebildeten Drahtkabel-Hängebrücke als einzig mögliche Lösung vollständig gerechtfertigt erscheinen.

Zweifellos müssen aber die französischen Drahtbrücken den sog. „**Hängefachwerken**" gegenüber als minderwerthig bezeichnet werden. Das Hängefachwerk ist wohl die vollkommenste Versteifung einer Hängebrücke. Es wird ausgeführt durch eine Gitterausfachung der Tragwände zwischen den Hängegurten und den Streckträgern, eine Anordnung, die zum erstenmal im Jahre 1862 bei der von **Barlow** erbauten 85 m weit gespannten Lambeth-Brücke über die Themse in London erschienen ist. Die Hängefachwerke haben in neuester Zeit in Deutschland wohlverdiente Beachtung gefunden, besonders nachdem in dem internationalen Wettbewerbe um zwei Donaubrücken in Budapest ein derartiger Entwurf für die Fövamtérbrücke,** der vom Oberingenieur **Kübler** der Maschinenfabrik Efslingen herrührt, mit in erster Linie gestanden hat. Kübler erhielt den ersten Preis allerdings für seinen Entwurf der Eskütér- oder Schwurplatz-Brücke (vgl. Beilage), die nicht Hängefachwerk zeigte, sondern (zum Theil nach amerikanischem Vorbilde) bei einer einzigen Oeffnung von 310 m Weite nur durch einen Balkenträger versteift war. Eine Versteifung allein durch einen Balkenträger wird ihren Zweck aber vollkommen genügend nur erreichen können, wenn die Versteifungsträger hoch genug gehalten werden. Dann sieht die Anordnung aber sehr häfslich aus, wie man aus den amerikanischen Beispielen (Abbild. 3 und 5) ersehen kann, auch gewähren zu hohe Träger keinen freien Umblick von der Fahrbahn aus, was bei landschaftlich hervorragenden Umgebungen der Brücke mit Recht verlangt werden darf. Macht man aber die Versteifungsträger niedrig, so fallen sie sehr schwer und theuer aus, oder man mufs zu Constructions-Hülfsmitteln greifen, die meistens die schon vorhandene Unbestimmtheit der Lastübertragung noch in unliebsamer Weise vergröfsern. Im Wettbewerb um die Bonner Rheinbrücke (vgl. Beilage) erzielte Kübler mit seinem Plane eines Hängefachwerks den zweiten Preis. Die gröfste Spannweite der Mittelöffnung betrug dabei 200 m, erreichte also etwa diejenige Grenze, über welche hinaus weder Bogenbrücken noch Auslegerbrücken, sowohl in den Kosten als auch in der äufseren Erscheinung, kaum mehr mit einer sachgemäfs versteiften Kabelbrücke wetteifern können. In Budapest zeigte sich die 310 m weite Kabelbrücke Küblers allen übrigen wetteifernden Systemen — Bogenbrücke mit Kabelversteifung, reine Bogenbrücke und Auslegerbrücke — im Gewichte weit überlegen. Die Kabelbrücke wog nämlich nur 5425 t, während die übrigen genannten Systeme 7115 t, 8345 t bis 8500 t Eisengewicht erreichten."

Als weiteres Zeichen dafür, wie sehr man neuerdings in Deutschland den Hängebrücken Beachtung schenkt, mögen hier schiefslich noch zwei Entwürfe der **Maschinenbau-Actiengesellschaft Nürnberg** aus dem jüngsten Wettbewerb um eine feste Strafsenbrücke über den Rhein bei Worms Erwähnung finden.** Beide Entwürfe zeigen Hängebrücken mit Versteifungsträgern über 5 Oeffnungen. An Stelle der Kabel dienen hier **Ketten**, deren Glieder aus zähhartem Flufsstahl gebildet sind. Ganz eigenartig ist der zweite Entwurf, weil der Versteifungsträger nicht, wie gewöhnlich, unter, sondern hoch über der Fahrbahn liegt. Demnach hat man in jeder Oeffnung 2 Ketten, eine sogenannte Tragkette zur Aufnahme der Fahrbahnlasten, die nach der Gleichgewichtsform für gleichmäfsig vertheilte Belastung gebildet ist, dazu die Versteifungskette, als Träger mit Ober- und Unter-

* Weitgespannte Strom- und Thalbrücken der Neuzeit. „Centralblatt der Bauverwaltung" 1890.

** Diese Brücke ist als Auslegerbrücke zur Ausführung gekommen und trägt jetzt den Namen Kaiser-Franz-Joseph-Brücke.

* „Centralblatt der Bauverwaltung" 1894.

** „Centralblatt der Bauverwaltung" 1896, S. 116.

gurt und dazwischen liegendem Gitterwerk ausgebildet. Diese Anordnung hatte im vorliegenden Falle den grofsen Vortheil, eine sehr tiefe Lage der Fahrbahn zu gestatten. Die grofse Zahl der Oeffnungen ist übrigens in beiden Entwürfen als ein Nachtheil zu bezeichnen, weil ja allgemein das Gewicht der Hängebrücken dem Gewicht gleich weit gespannter Balkenbrücken sich um so mehr nähert, je mehr Oeffnungen vohanden sind.

Bislang sind — soweit bekannt — gröfsere, nach deutscher Art ausgebildete Hängebrücken in Mitteleuropa noch nicht zur Ausführung gekommen. Dem Vernehmen nach ist auf die dankenswerthe Anregung des Präsidenten v. **Leibbrand** allerdings eine kleinere derartige Hängebrücke, von 72 m Stützweite, in Württemberg im Bau begriffen. Sie überspannt die Argen bei Langenargen am Bodensee und erhält eine Strafsenfahrbahn mit Holzpflaster und Asphaltfufssteigen. Wenn nun auch für kleinere Weiten — namentlich was die Kosten anlangt — eine Hängebrücke keine besondere Vortheile bieten kann, so giebt es doch gewifs manche deutsche Stadt, wo trotzdem auch eine Hängebrücke kleinerer Weite wohl am Platze wäre, namentlich überall da, wo die Fahrbahn niedrig über dem Strome zu liegen kommen mufs und wo auf ein formenschönes Bauwerk mit freier Aussicht auf reizvolle Umgebungeu Werth gelegt wird.

Der Bau gröfserer Hängebrücken wird in Deutschland seltener in Frage stehen. Die schönste Gelegenheit hat sich in Bonn und Budapest geboten. Aber in Bonn hat bekanntlich die Bogenbrücke nach dem Plane der **Gutehoffnungshütte** über das Hängefachwerk den Sieg davongetragen. Und in Budapest scheint man sich noch immer nicht einig darüber zu sein, ob man den preisgekrönten Entwurf Kühlers mit „**Kabel**" oder „**Kette**" ausführt. Verfasser möchte wünschen, dafs in Budapest die Entscheidung bald und zwar zu Gunsten des Kabels ausfallen möge. Eigentlich wäre es auch nicht recht zu verstehen, wenn dort die Wahl schliefslich doch noch auf die „Kette" fallen sollte. Denn eine Oeffnung von etwa 300 m, wie bei der Schwurplatz-Brücke, kann — wie vorhin dargelegt wurde — mit einem Kabel am billigsten und ebenso sicher überbrückt werden, wie mit einer Kette. Die Mehrkosten bei Verwendung einer Kette würden im Budapester Falle (rund gerechnet) über 1 Million Mark betragen.

Dafs man in Deutschland an den Bau grofser Hängebrücken nur mit einem gewissen Zagen herangehen wird, ist nicht zu verwundern. Man steht bei uns immer noch zu sehr unter dem Eindrucke vergangener Zeiten, in denen die Hängebrücken allerdings kein langes Leben bewiesen haben. Wenn man aber bedenkt, auf welche hohe Stufe der Vollendung heute die Eisengewinnung, besonders auch die Draht- und Kabelherstellung, gelangt ist, mit welcher Sicherheit wir heute die Spannkräfte selbst der statisch unbestimmten Constructionen, auch unter dem Einflusse des Wechsels der Luftwärme, zu ermitteln vermögen, welche ausgedehnten Hülfsmittel uns zu Gebote stehen, um eine gut versteifte Hängebrücke auf der Baustelle, auch den theoretischen Anforderungen entsprechend, genau so zusammenzubauen, dafs sie arbeitet, wie es bei der Berechnung Voraussetzung war: dann dürfte es wohl zu verstehen sein, wenn Verfasser am Schlusse seiner Betrachtung dem Wunsche und der Hoffnung Ausdruck giebt, es möge recht bald einmal der Bau einer neueren gröfseren Hängebrücke deutscher Idee sich verwirklichen. —

Dresden, im März 1897.

Praktische Arbeiterversicherungspolitik.

Die Behandlung, welche der Reichstag den Vorlagen der verbündeten Regierungen über die Arbeiterversicherung hat angedeihen lassen, ist nicht nur ein Zeichen für die Geringfügigkeit der Arbeitskraft des Reichstags, sondern noch mehr ein Ausdruck der allgemeinen Stimmung, wie sie allmählich gegenüber der Arbeiterversicherung Platz gegriffen hat. Nicht, dafs die Vorzüge der staatlichen Arbeiterversicherung verkannt würden, im Gegentheil, man weifs es überall wohl zu würdigen, was es heifst, wenn Hunderttausende von Arbeiterfamilien gegen Nothfälle des Lebens gesichert sind. Aber man wünscht doch allgemein, dafs **nunmehr in der Arbeiterversicherung und in der Steigerung der Fürsorge für die Arbeiter eine längere Pause eintritt.** Es ist gar keine Frage, dafs heutzutage der Arbeiter bezüglich seiner Versorgung uud vielfach auch bezüglich seines Lohnes sich weit besser steht, als ein grofser Theil des Mittelstandes, Handwerker, kleine Beamte u. s. w. Daraus ergiebt sich aber mit Naturnothwendigkeit die Richtung, in welcher künftig die Arbeiterversicherungspolitik geleitet werden soll. Die Gesetzgebung darf nicht über eine allzulange Zeit hinaus einen einzelnen Stand bevorzugen, sie mufs sich vielmehr auf die verschiedenen Stände gleichmäfsig erstrecken, und nachdem der Arbeiter jahrzehntelang mit Wohlthaten überschüttet ist, wird die Gesetzgebung nun auch mehr als bisher für den Mittelstand in

Anspruch genommen werden können. Hieraus wird man vor Allem die Consequenz ziehen, dafs die Arbeiterversicherungspolitik sich auf Pläne, welche die Einführung neuer Versicherungsarten zum Gegenstand haben, nicht einlassen darf.

Noch immer taucht in wissenschaftlichen Erörterungen der Plan einer **Arbeitslosenversicherung** auf. Ueber die Frage ist schliefslich schon eine ganze Literatur zusammengeschrieben worden, ohne dafs auch nur über die Hauptfragen Klarheit geschaffen wäre. So ist es namentlich bisher Niemandem gelungen, das Problem zu lösen, wie man unverschuldete und verschuldete Arbeitslosigkeit voneinander genau unterscheiden könnte, und dies wäre doch die Voraussetzung jeder Arbeitslosenversicherung, denn unmöglich dürfte sie sich auf die Fälle der verschuldeten Arbeitslosigkeit erstrecken; sie würde sonst geradezu die Faulheit grofsziehen. Die wissenschaftlichen Besprechungen der Frage gehen dieser und anderen Grundfragen stets aus dem Wege und halten sich mehr an Aeufserlichkeiten. Ein jüngst erschienenes Buch von Prof. **Georg Schanz** in Würzburg, der sich schon einmal gegen die Arbeitslosenversicherung ausgesprochen hat („Neue Beiträge zur Frage der Arbeitslosenversicherung"), hat sich das Verdienst erworben, auf die Mängel der bisher erschienenen Besprechungen der Arbeitslosenversicherung hinzuweisen, und hat stricte nachgewiesen, dafs eine staatliche Arbeitslosenversicherung, auch eine gemeindliche, keineswegs die Vortheile bietet, welche ihr verschiedene Ideologen andichten wollen, dafs sie aber so viel Mängel enthalten würde, dafs sie dem thätigen Arbeiterstande mehr schaden als nützen könnte. Prof. Schanz ist sicherlich selbst nicht im Zweifel darüber, dafs seine Ausführungen bestimmte Socialpolitiker nicht davon abhalten werden, auf dem Gebiete der Arbeitslosenversicherung weiter zu spintisiren. Die Erörterungen darüber erhalten hin und wieder durch die Versuche, welche in schweizerischen Städten praktisch gemacht werden, Nahrung. Auf diese Idee wird eine vernünftige Arbeiterversicherungspolitik vorläufig überhaupt nicht eingehen können. Sie sind, solange sie keine gediegeneren Grundlagen aufweisen, für die praktische Politik unverwerthbar. Aber auch die Idee, die Prof. Schanz an ihre Stelle setzen will, die des **individuellen Arbeitersparzwanges**, ist so lange für die praktische Politik als verfehlt zu bezeichnen, als dem Arbeitgeber dabei eine mitzahlende Rolle zugemuthet wird. In unserer Arbeiterversicherungspolitik mufs als leitender Grundsatz angesehen werden, **dafs die Arbeitgeber vorläufig überhaupt nicht weiter mit Opfern für die Arbeiter belastet werden.** Die Arbeitgeber zahlen in Deutschland für die Arbeiter gerade genug, und sie haben das ganz richtige Empfinden, dafs vorläufig einmal in Deutschland abgewartet werden kann, wie sich die Arbeitgeber anderer Länder zur Versicherung ihrer Arbeiter stellen werden. Man sieht doch, dafs andere Culturnationen es durchaus nicht so eilig haben, auch nur einem der in dieser Beziehung von Deutschland gegebenen Beispiele zu folgen. Weshalb, ist ganz klar. Auf dem Weltmarkt wird diejenige Industrie den Sieg erringen, welche die geringsten Gestehungskosten hat. Niemand wird aber leugnen, dafs durch die Beiträge für die Arbeiterversicherung, welche dem Arbeitgeber zur Last fallen, und indirect auch durch diejenigen, welche die Arbeiter selbst zahlen, die Gestehungskosten für die deutschen Produrte im Laufe der letzten 15 Jahre aufserordentlich gestiegen sind.

Eine andere Versicherungsart, welche des öfteren neu in Vorschlag gebracht wird und selbst von Politikern als wünschenswerth bezeichnet wurde, die sonst auf einem recht vernünftigen socialpolitischen Standpunkt stehen, ist die der **Versicherung der Wittwen und Waisen der Arbeiter.** Auch hiervon kann in der praktischen Arbeiterversicherungspolitik vorläufig nicht die Rede sein. Es giebt recht viele schöne Pläne, die sich in der Praxis nicht verwirklichen lassen, und zu diesen gehört, wenigstens vorläufig, die Wittwen- und Waisenversicherung der Arbeiter. Schon als man die Grundzüge für die Invaliditäts- und Altersversicherung feststellte, dachte man in Regierungskreisen auch daran, gleichzeitig auch die Frage der Wittwen- und Waisenversicherung zu lösen. Es wurden damals Berechnungen über die finanzielle Tragweite des Planes angestellt, und man fand, dafs, wenn man für die Wittwe nur eine Rente von 60 ℳ, und für jedes Kind eine solche von 30 ℳ in Aussicht nähme, sich eine Belastung von rund 16 ℳ auf den Kopf des männlichen Arbeiters, also bei etwa $7^1/_2$ Millionen männlicher Arbeiter ein Bedarf von rund 120 Millionen Mark als nothwendig herausstellen würde. Es würde das also **jährlich** ungefähr so viel sein, wie nunmehr **in elf Jahren** sämmtliche gewerbliche Berufsgenossenschaften in ihren Reservefonds aufgespeichert haben. Selbst wenn man den Gedanken fassen wollte, die Aufbringung der Kosten den Arbeitern allein aufzuerlegen, so würde doch immer der Arbeitgeber, der als das Ende die Last trägt, die gesammten Kosten aufbringen müssen; denn davon kann man überzeugt sein, dafs der Arbeiter sich weigern wird, von seinem jetzigen Lohne die Kosten zu bestreiten, er wird dann eben einen höheren beanspruchen. Dem Arbeitgeber aber diese Lasten, oder einen Theil derselben auch direct aufzubürden, wird so lange ungeheuerlich sein, als überhaupt noch nicht das Beharrungsstadium bei Unfall-, sowie Invaliditäts- und Altersversicherung erreicht ist. Man hört zwar bezüglich der letzteren die Botschaft, dafs es auch für spätere Beitragsperioden bei den zuerst festgesetzten Wochenbeiträgen bleiben wird, allein es fehlt auch hier vielfach der Glaube. Die finanziellen Berechnungen, die von der Regierungsseite in der Arbeiterversicherungsfrage angestellt sind, haben doch nicht dasjenige Mafs von Genauigkeit aufgewiesen, welches nöthig ist, damit ihnen allen nunmehr unbedingter Glaube beigemessen wird. Bezüglich der Unfallversicherung aber ist es ganz gewifs, dafs die jährlichen Beiträge sich noch beträchtlich steigern werden.

Also die neuen Versicherungsarten müssen aus der praktischen Arbeiterversicherungspolitik vollständig ausgeschlossen bleiben, aber auch in dem Ausbau der schon vorhandenen Versicherungsgebiete mufs die praktische Politik eine bestimmte Richtung verfolgen, und diese wird wiederum dadurch bestimmt, dafs auf Kosten der Arbeitgeber ein weiteres Mafs von Fürsorge den Arbeitern durch die Gesetzgebung nicht zugedacht werden sollte. Den beiden Novellen, welche in der letzten Tagung dem Reichstag zugestellt waren, merkte man die Tendenz an, den Arbeitern immer noch neue Wohlthaten zu erweisen. Es ist ja sicher, dafs es diese und jene Frage giebt, in welcher die Gerechtigkeit es erfordert, dafs zu den bisher schon gewährten Wohlthaten eine neue kommt, aber die Zahl dieser Fragen ist doch beschränkt, und wenn man betrachtet, was namentlich in der Unfallversicherungsnovelle wieder Alles dem Arbeiter gewährt werden sollte, so mufs man sagen, dafs die Arbeiterversicherungspolitik der verbündeten Regierungen den oben aufgestellten Grundsatz noch nicht als ihren leitenden anerkannt hat. Liegt dieser Grundsatz mehr auf negativer Seite, so wäre auf positiver zu beachten, dafs lediglich die Verwaltung besser ausgestaltet werden sollte. Hier läfst sich allerdings sehr viel thun, und wenn die verbündeten Regierungen nur diesen Gesichtspunkt bei ihrer Arbeiterversicherungspolitik befolgen würden, so würden sie auch auf weniger Schwierigkeiten stofsen als bisher.

Die ganze Sache wird sich in Zukunft ja so gestalten, dafs die verbündeten Regierungen zwei Arbeiterversicherungsnovellen in einer Tagung schwerlich noch einmal dem Reichstage vorlegen werden. Sie werden sich also darüber entscheiden müssen, welche Novelle zuerst an das Parlament gebracht werden soll, und da verdient den obigen Ausführungen gemäfs die Novelle zum Invaliditäts- und Altersversicherungsgesetz den Vorzug. Sie befolgt schon zu einem guten Theil den Rath, die Verwaltung zu vereinfachen und von Anderem vorläufig abzusehen. Allerdings hat sie wiederum einen anderen Stein des Anstofses in den Weg der Politik gelegt: die Aenderung der Vertheilung der Rentenlast. Man wird es keiner Versicherungsanstalt, die sich in guter finanzieller Lage befindet, verübeln können, dafs sie sich dagegen sträubt, zu Gunsten anderer einen Theil ihres Vermögens abzugeben; man wird es um so weniger können, als ersichtlich wird, dafs diejenigen Anstalten, die kein zureichendes Vermögen aufzuweisen haben, zu einem guten Theil selbst schuld daran sind. Die beiden Anstalten, die hier in Frage kommen, sind diejenigen für Ostpreufsen und Niederbayern. Es wird doch immer mehr klar, dafs Ostpreufsen hauptsächlich deshalb finanziell zurückgeblieben ist, weil die Controle über die Einziehung der Beiträge dort sehr lückenhaft war. In den letzten Jahren sind für Ostpreufsen weit mehr Beiträge gezahlt worden als früher. Daraus mufs man schliefsen, dafs die Differenz früher hinterzogen wurde. Aufserdem wird immer klarer, dafs man in Ostpreufsen bei der Bewilligung von Altersrenten weniger dem Gesetzeswortlaute als dem guten Herzen gefolgt ist. In anderen Provinzen und Landestheilen ist das nicht der Fall gewesen, und es liegt nicht die mindeste Veranlassung vor, dafs das übrige Deutschland die Kosten der Armenpflege, die sonst für Ostpreufsen gröfser gewesen wären, dieser Provinz tragen hilft. Also die Aenderung der Vertheilung der Rentenlast müfste aus der Invaliditäts- und Altersversicherungsnovelle fortbleiben, und man könnte ihr für die nächste Reichstagstagung ein günstiges Prognostikon stellen. Alle die phantastischen Pläne, die von agrarischer Seite sowohl als auch von ultramontaner ausgesprochen wurden, haben nicht die mindeste Aussicht auf Berücksichtigung; sie sind wohl auch weniger der Sache als der Agitation wegen geäufsert worden.

Für eine spätere Tagung würde dann die Unfallversicherungsnovelle aufgespart bleiben. Bei ihr haben die verbündeten Regierungen in der letzten Reichstagstagung sehen können, wohin es führt, wenn man immer mehr Wohlthaten dem Arbeiter erweisen will. Die Parteien, welche um die Gunst der Massen buhlen, können unmöglich den verbündeten Regierungen auf diesem Gebiet den Vorsprung lassen. Sie werden deshalb jedesmal, wenn die Arbeiterversicherungspolitik der Regierung in diesen Fehler verfällt, immer gröfsere Concessionen an die Arbeiterschaft verlangen. Das kam so recht dieses Mal zu Tage, als die Verkürzung der 13wöchigen Carenzzeit auf 4 Wochen verlangt wurde, eine Ungeheuerlichkeit, die um so mehr frappiren mufste, als bereits bei der Berathung der verschiedenen Unfallversicherungsentwürfe anfangs der achtziger Jahre die Unmöglichkeit der Durchführbarkeit dieses Vorschlages nachgewiesen war.

Wenn aus den Vorgängen der letzten Zeit für die Arbeiterversicherungspolitik seitens der verbündeten Regierungen die richtigen Schlüsse gezogen werden, so ist zu erwarten, dafs diese Politik sich in Bahnen bewegen wird, welche zu einem guten Ausbau der jetzt vorhandenen Versicherungsarten führen werden. Allerdings darf diese Politik nicht schwanken, und nicht heute so und morgen anders verfahren. *R. Krause.*

Bericht über in- und ausländische Patente.

Patentanmeldungen,

welche von dem angegebenen Tage an während zweier Monate zur Einsichtnahme für Jedermann im Kaiserlichen Patentamt in Berlin ausliegen.

28. Mai 1897. Kl. 19, S 9777. Schienenbefestigung. James Morrill Spaulding, Syracuse, New York, V. St. A.

Kl. 40, A 4819. Verfahren zur Verarbeitung zinn-, antimon- und edelmetallhaltiger Erze. Johannes Apitz, Potsdam.

31. Mai 1897. Kl. 18, Sch 12319. Temperofen. P. Schnee, Köln-Bayenthal.

3. Juni 1897. Kl. 5, H 18387. Vorrichtung zum Abdichten von Bohrlöchern. Paul Horra, Naumburg a. Saale.

Kl. 7, W 12263. Draht- oder dergleichen Walzwerk, bei welchem das Walzgut durch den elektrischen Strom erhitzt wird. Franz Westhoff, Düsseldorf.

Kl. 19, L 10232. Werkzeug zum Ausziehen von Nägeln und Bolzen. Howell Norman Lewis, Green Cove Springs, Florida.

Kl. 20, H 18305. Seilschlofs für maschinelle Streckenförderung. Ernst Heckel, St. Johann a. d. Saar.

Kl. 31, L 11279. Giefspfanne für Gufseisen und Gufsstahl. Toussaint Levoz, Sténay, Depart. Meuse, Frankreich.

Kl. 49, F 9260. Maschine zum Walzen von Rohrmuffen. Charles Derick De Forest, William Francis Kenna und John Thomas Kenna, Pittsburgh, Grafschaft Allegheny, Penns.

Kl. 49, R 10512. Walzenspeisevorrichtung mit zu beiden Seiten eines beliebigen Walzwerks angeordneten Tischen. A. Rimamurány-Salgó-Tarjáni Vasmű-Részvénytársaság Műszaki Vezérigazgatósága, Salgó Tarján.

8. Juni 1897. Kl. 24, B 20463. Kohlenstaubfeuerung. Paul Becker, Strausberg.

Kl. 40, S 9883. Verfahren zur Metallgewinnung; Zusatz zum Patent 91002. Alf Sinding-Larsen, Christiania.

Gebrauchsmuster-Eintragungen.

24. Mai 1897. Kl. 20, Nr. 74815. Bei der Verlaschung zweier sich schneidender Rillenschienen zwischen letzteres eingelagertes Keilstück, dessen hintere Fläche als Anlage für das Strafsenpflaster dient. Hartgufswerk und Maschinenfabrik (vormals K. H. Kühne & Co.), A.-G., Dresden-Löbtau.

Kl. 40, Nr. 74749. Gasabzugsschacht für die Vorlage von Zink-Muffelöfen mit beim Oeffnen des Spurlochschiebers sich selbstthätig schliefsender Gasabzugsöffnung. Paul Wypior, Friedenshütte bei Morgenroth.

Kl. 49, Nr. 74846. Glühofen mit unter dem Rost eintretendem und zum Theil um denselben herumgeführtem Gebläsewind. Wilhelm Frünte jun., Fröndenberg a. d. Ruhr.

Kl. 50, Nr. 74620. Kugelmühle, deren Aufsensieb mit einem oder mehreren konischen Siebcylindern umgeben ist, um zwei oder mehr Mahlproducte zu erhalten. Hermann Löhnert, Bromberg.

31. Mai 1897. Kl. 4, Nr. 75117. Reibzündvorrichtung für Sicherheitslampen, gekennzeichnet durch eine auf beweglichem Schlitten drehbare Doppelnase, welche durch zwei Streben zur Arretirung bezw. Freilassung des Zündstreifens gezwungen wird. Willy Heer, Bochum.

Kl. 10, Nr. 75338. Koksofenthür mit schmiedeisernem Rahmen. Dr. Theodor von Bauer, Berlin.

Kl. 19, Nr. 75019. Bordbekleidung und Strafsenrinne aus Walzprofileisen mit schräger widerlagerartiger Abflachung der nach der Strafse zu liegenden Rinnenwand. Gustav Möller, Hohenlimburg.

Kl. 19, Nr. 75020. Als Bordbekleidung und Strafsenrinne dienendes Walzprofileisen mit senkrechter oder annähernd senkrechter Rinnenwand an der Strafsenseite. Gustav Möller, Hohenlimburg.

Kl. 20, Nr. 75082. Gabelmuffe für Weichenzungenstangen mit konischer Sicherheitsmutter. Gustav Dickertmann, Berlin.

Kl. 20, Nr. 75215. Schlittenbremsschuh für Eisenbahnwagen mit Schleiffedern. Fr. Aug. Lesse, Leipzig.

Kl. 20, Nr. 75236. Drahtseilbahn-Laufwerk mit Rollenlager in der Laufrädernabe. J. Pohlig, Köln-Zollstock.

Kl. 49, Nr. 75328. Metallsägeblatt mit aufgesetztem, auswechselbarem Zahnring. Heinr. Ehrhardt, Düsseldorf.

Kl. 49, Nr. 75333. Glühofen für Feilen und dergleichen mit die Feilen aufnehmenden, luftdicht abschliefsbaren Retorten. Kaibel & Sieber, Worms a. Rh.

8. Juni 1897. Kl. 5, Nr. 75661. Schiefsmeistertasche, enthaltend einen elektrischen Zündapparat nebst Leitungskabel und gesonderte Räume zur Unterbringung von Sprengstoff und Zündschnüren. Wilhelm Middelmann, Laer bei Bochum.

Kl. 18, Nr. 75761. Elektrisch bewegte laufkrahnartige Beschickungsvorrichtung für Martinöfen mit Muldenträger im Hängekorb. Gustav Lentz, Düsseldorf.

Kl. 19, Nr. 75587. Schienenverbindung mit die Laschenbolzen gleichzeitig befestigender, gelochter und geschlitzter, seitwärts zu verschiebender Schiene. A. L. lieberle, Ueberlingen, und Johannes Winzeler, Storzeln, Baden.

Kl. 24, Nr. 75422. Mechanische Beschickungsvorrichtung mit Schaufel und in derselben Richtung wie diese bewegtem Zuführschieber. James Proctor, Burnley.

Kl. 24, Nr. 75765. Retortenglühofen mit nach der Längsachse der schräggelagerten Retorte geneigter, rauchverzehrender Feuerung. Hugo Drefsler & Sohn, Nürnberg.

Kl. 49, Nr. 75465. Glühtopf mit wellenförmigen Wandungen zwecks gröfserer Haltbarkeit. F. O. Beikirch, Ratibor.

Deutsche Reichspatente.

Kl. 1, Nr. 91307, vom 15. September 1895. Paul Drost in Zabrze, O.-Schl. *Klassirungsrost.*

Der Rost wird aus den Querstäben a und den Längsstäben *b* gebildet. Erstere sind excentrisch gelagerte angetriebene Rundstäbe, während *b* Flacheisen

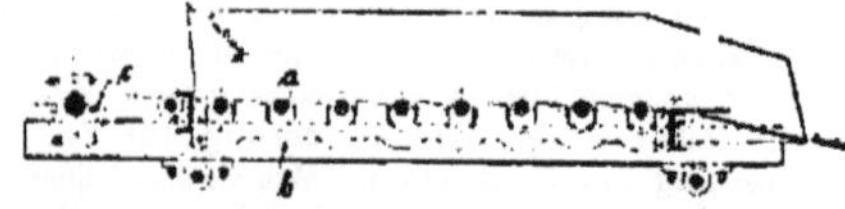

sind, die die Rundstäbe *a* theilweise umgreifen, zu einem Rahmen vereinigt sind und durch Excenter *e* entsprechend der Bewegung der Rundstäbe *a* bewegt werden. Letztere können auch direct die Bewegung des Flacheisenrahmens *b* bewirken.

Kl. 7, Nr. 91 367, vom 11. März 1896. Carl Arndt in Braunschweig. ***Walzwerk mit mehreren hintereinander liegenden Walzenpaaren.***

Um die Umdrehungsgeschwindigkeiten der Walzen der Querschnittsverminderung des Walzgutes genau

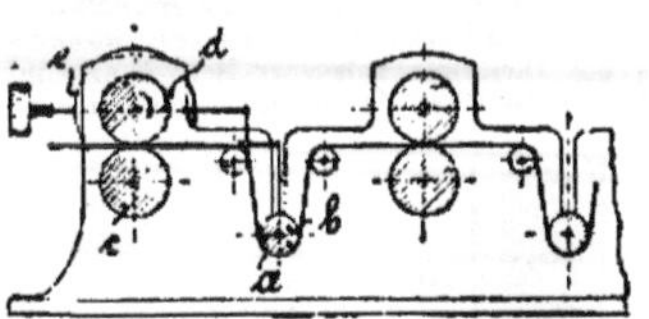

anpassen zu können, ruht in der Schleife a des letzteren die Spannrolle *b*, die durch ein Hobelwerk mit dem die Walzen c antreibenden Reibrad *d* verbunden ist. Das Steigen und Sinken der Spannrolle *b* bewirkt demnach eine Verschiebung des Reibrades *d* auf seiner Welle und eine entsprechende Veränderung der Umfangsgeschwindigkeit des Reibrades *e* bezw. der Walzen *c*.

Kl. 26, Nr. 90 747, vom 22. März 1895. Dr. Hugo Strache in Wien. ***Verfahren und Vorrichtung zur Erzeugung von Wassergas.***

Der Schacht *a* wird durch die Gicht mit Kohle gefüllt, die im Laufe des Betriebes nach unten zu in Koks übergeht. Während des Warmblasens wird durch Rohr *b* in dem Recuperator *c* erhitzte Luft in die Koks geblasen, so dafs das sich bildende Kohlenoxydgas durch den Kanal *d*, welchem durch den Kanal *e* aus dem Recuperator c kommende heifse Luft zuströmt, in den Regenerator *f* gelangt, hier verbrennt und denselben heizt. Die Abgase gehen dann durch den Recuperator c und entweichen bei *g*. Ist die nöthige Temperatur im Schacht *a* und im Regenerator *f* erreicht, so wird das Ventil *h* umgestellt, so dafs die heifsen Kohlenoxydgase die frisch aufgegebenen Kohlen durchstreichen und durch den Kanal *i* zum Regenerator *f* entweichen. Beginnt die Verkokung der frischen Kohle, so wird durch Schliefsung der Schieber *k l* die Windzufuhr und der Auslafs der Abgase geschlossen, während ein Ventil *m* zur Ableitung des Wassergases geöffnet wird. Nunmehr wird durch ein Dampfstrahlgebläse *n* Gas aus dem Schacht *a* angesaugt, durch den Regenerator *f* gedrückt und wieder oben in den Schacht *a* eingeführt. Bei diesem Kreislauf wird Wassergas bei *n* abgeleitet.

Kl. 49, Nr. 91 212, vom 22. November 1895. Deutsch-Oesterreichische Mannesmann-Röhrenwerke in Düsseldorf. ***Speisevorrichtung für ein Walzwerk zum Auswalzen von Röhren und anderen Hohlkörpern unter sogenanntem Rückwärtspilgern.***

Das auf dem Dorn *a* sitzende Werkstück *b* wird von ersterem durch die Schraubenfeder *c* zwischen die Walzen d geschoben, wenn diese ihre nicht arbeitenden Flächen einander zukehren. Erfassen

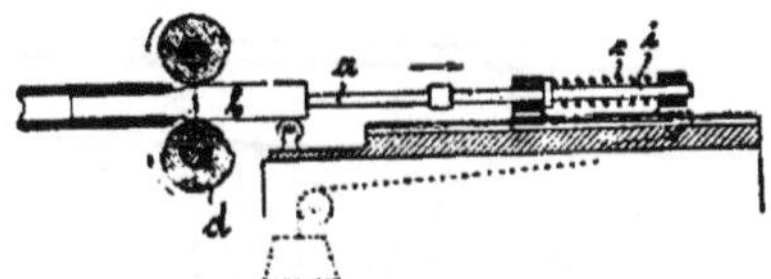

aber die Arbeitsflächen der Walzen *d* das Werkstück *b*, so wird dasselbe unter Zusammendrückung der Feder c nach rechts verschoben, sofort aber wieder nach links zwischen die Walzen geführt, wenn deren Arbeitsflächen das Werkstück *b* freigeben. Wird die Stange *i* mit steilem Schraubengewinde und einer mit Sperrrad versehenen Mutter ausgestattet, so erfolgt die Rückschiebung des Werkstücks unter achsialer Drehung desselben (vergl. Patent Nr. 88 414 und 58 762 in „Stahl und Eisen“ 1896, Seite 1017.

Kl. 19, Nr. 91 856, vom 27. August 1895. Martin Alberto de Palacio in Madrid. ***Hängebahn.***

Als Laufbahn für die Rollen der Wagen werden starre Schienen verwendet, welche an den Stöfsen durch Laschen verbunden sind und zwischen den Tragpfeilern kettenlinienartig durchhängen. Bei geringeren Entfernungen der Tragpfeiler tragen sich die Schienen selbst. Bei gröfseren Spannweiten hängen die Schienen an einem oder mehreren Tragseilen. Das Profil der Schienen kann ein verschiedenes sein.

Kl. 40, Nr. 91 899, v. 23. Juni 1896. Ernst Hasse in Friedrichshütte, O.-S. ***Verfahren zur Auslaugung des Silbers aus silberhaltigen Anodenschlämmen.***

Die Schlämme werden, wenn sie Schwefelsäure oder schwefelsaure Metallsalze in genügender Menge enthalten, für sich allein, sonst aber unter Zusatz solcher Salze oder auch von Schwefelsäure geglüht, wonach das entstehende Silbersulphat ausgelaugt wird.

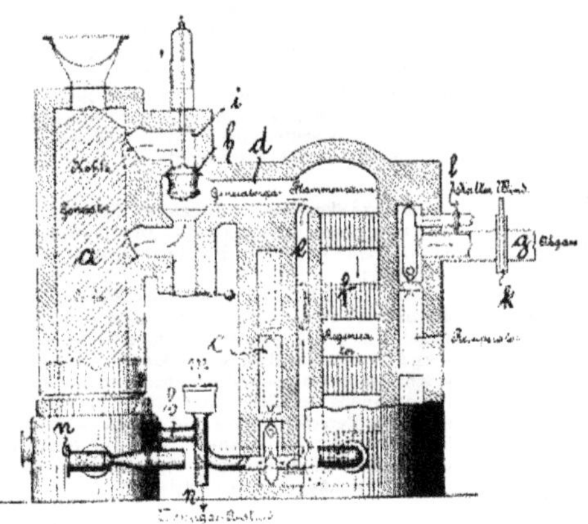

Kl. 5, Nr. 91 365, vom 31. August 1895. Farguhar Matheson Mc. Larty in London. ***Bohrkopf für Hohlgestänge zu drehendem Tiefbohren.***

Die Messer *a* des Bohrkopfes sind derart gestaltet, dafs bei seiner Drehung in der einen Richtung das lettige Gebirge in das Bohrrohr hinein und vermittelst der Kette *b* zu Tage gefördert, und bei seiner Drehung in der anderen Richtung entgegenstehende Steine in die Bohrlochssohle und Wandung hereingedrückt werden.

Kl. 49, Nr. 91 002, vom 19. September 1895. **The Patent-Weldless-Steel-Chaine & Cable Company Lim. in Birmingham.** *Verfahren zur Herstellung von Ketten ohne Schweifsnaht aus Kreuzeisen.*

In der Maschine werden zuerst durch die Stempel *b* die Stücke *a* in dem Rippenpaar *d* ausgestanzt; hierauf folgt eine Wendung des Kreuzeisens um 90° und ein entsprechender Vorschub, so dafs der Stempel *e* in den Raum *a* pafst und nun zusammen mit den vier

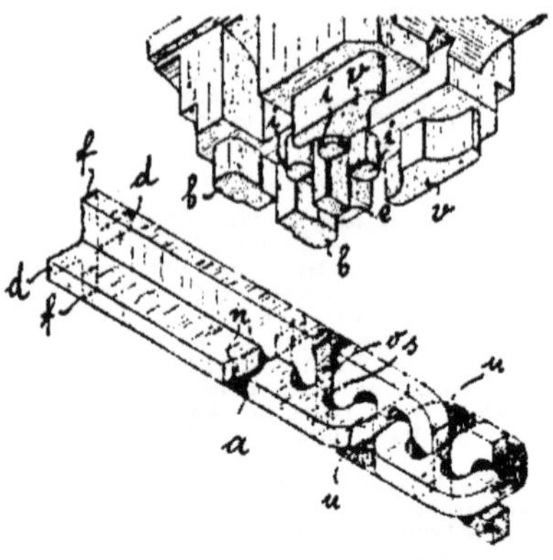

Stempeln *i* aus den Rippen *f* die Stücke *o s* und gleichzeitig durch die Stempel *b* die Stücke *u* ausstanzt. Hiernach erfolgen abermals Viertelwendung, Vorschub und Stempelniedergang. Dabei stanzen aus den Rippen *a* die Stempel *b* wieder Stücke *a*, der Stempel *e* das Stück *o*, die Stempel *i* die Stücke *s* aus, während die Stempel *v* die Ecken *n* abrunden. Die Stanzoperation für jedes Glied durchläuft also drei Stadien, welche durch einen Auf- und Niedergang der Stempel bewirkt werden, indem alle drei Stempelsorten gleichzeitig, aber verschiedene Glieder bearbeiten.

Bezüglich der Stanzeinrichtung der Maschine wird auf die Patentschrift verwiesen.

Britische Patente.

Nr. 27 808, vom 1. December 1896. **Cl. Kiesselbach in Rath bei Düsseldorf.** *Verbunddampfmaschine für Kehr-Walzwerke.*

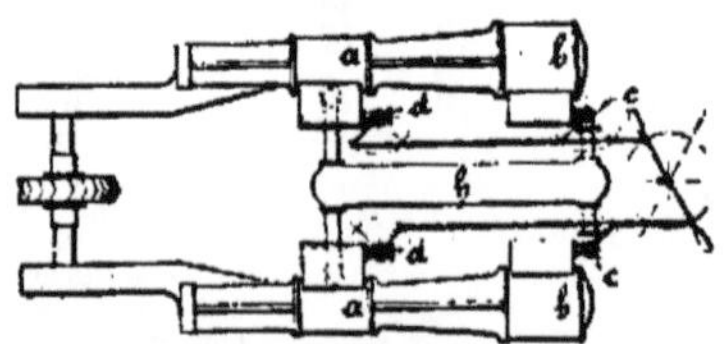

Der zwischen den Frischdampf- und den Expansionsdampf-Cylindern *a* und *b* angeordnete Dampfsammler *h* hat in den Verbindungsrohren mit den Expansionscylindern *b* Drosselventile *c*, welche mit den Frischdampfventilen *d* direct verbunden sind, so dafs beim Anlassen der Maschine frischer Dampf in die kleinen Cylinder *a* und Expansionsdampf in den grofsen Cylinder *b* tritt.

Nr. 5225, vom 9. Mai 1896. **W. Hutchinson in Manchester.** *Vorherd für Hochöfen.*

Vor dem Hochofen *a* ist ein geschlossener, tiefer als die Ofensohle gelegener Herd *b* angeordnet, in welchen das Eisen durch den Kanal c aus dem Ofen

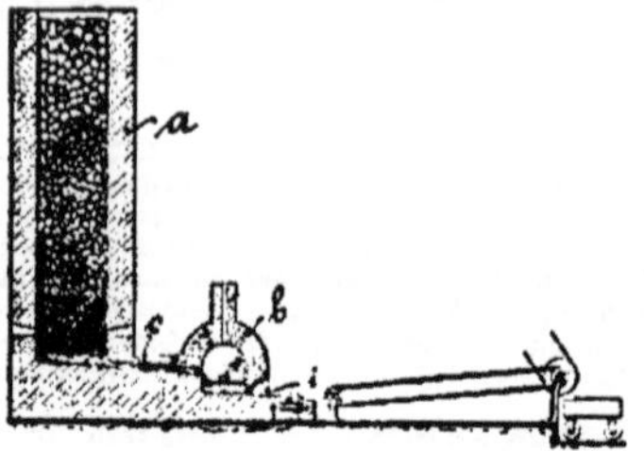

ununterbrochen einfliefst. Auf diesem Wege wird es durch die ebenfalls durch den Kanal *c* strömende Gebläseflamme beinflufst. Im Herd *b* findet bei *c* der Ablauf der Schlacke und bei *i* das Abstechen des flüssigen Eisens in die Masselformen statt.

Nr. 18 384, vom 2. October 1895. **J. Hayward in Warrington und Ch. Th. Powell in Birmingham.** *Blockwalzwerk.*

Ein Duo- und ein Triowalzwerk liegen hintereinander und arbeiten in der Weise zusammen, dafs der Block von dem Duo- in das untere Walzenpaar des Triowalzwerks und dann durch dessen oberes Walzenpaar

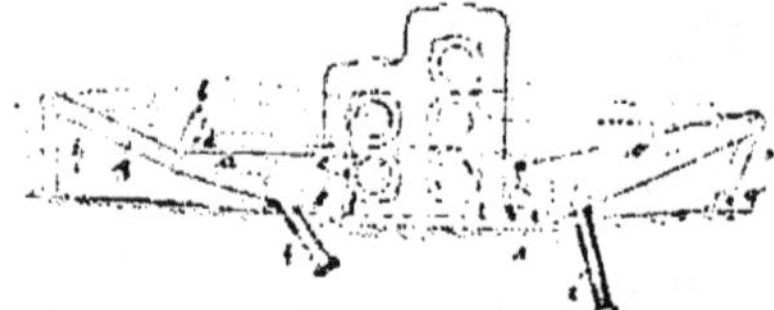

zurück wieder vor das Duowalzwerk gelangt. Auf jeder Seite des Walkswerks ist ein Walztisch angeordnet. Die Walztische *a o* hängen in bei *b c* bezw. *p q* gelagerten Gelenken *d e* bezw. *r s*, so dafs bei ihrer Hebung vermittelst der hydraulischen Kolben *f t* jeder Punkt der Walztische einen Kreisbogen beschreibt. *g* bedeutet eine Verlängerung des Tisches *a*, die um das Gelenk *h* schwingt.

Nr. 27 899, vom 7. December 1896. **La Compagnie Anonyme des Forges de Chatillon et Commentry in Paris.** *Giefsen von Flufseisenblöcken.*

Um ein Erkalten der Blockoberfläche während des Giefsens zu verhindern, läfst man den Flufseisenstrahl über die ganze Blockoberfläche sich bewegen, so dafs etwa sich bildende Krusten wieder geschmolzen werden und ein homogener Gufs entsteht. Die Bewegung des Giefsstrahls erfolgt entweder durch Hin- und Herschieben der Giefspfanne und Hin- und Herdrehen des Giefskrahns, oder bei feststehender Giefspfanne durch Bewegen eines kleinen unter der Giefspfanne hängenden Giefstrichters.

Patente der Ver. Staaten Amerikas.

Nr. 568949. S. V. Huber in Youngstown, Ohio. *Rollbahn für Walzwerke.*

Die Rollbahn ruht mit dem dem Walzwerk zugekehrten Ende auf dem Träger *a* und ist mit dem Fundament des Walzwerks durch das Gelenk *c* verbunden. Das hintere Ende der Rollbahn wird von dem Gelenk *b* unterstützt, in dessen Drehpunkt das Zahnrad *d* zur Uebertragung der Drehung der Antriebswelle *e* auf die Rollen gelagert ist. Die Hebung des anderen Rollbahnendes erfolgt durch den Dreharm *f*, wobei dessen Ende in ein Lager der Rollbahn

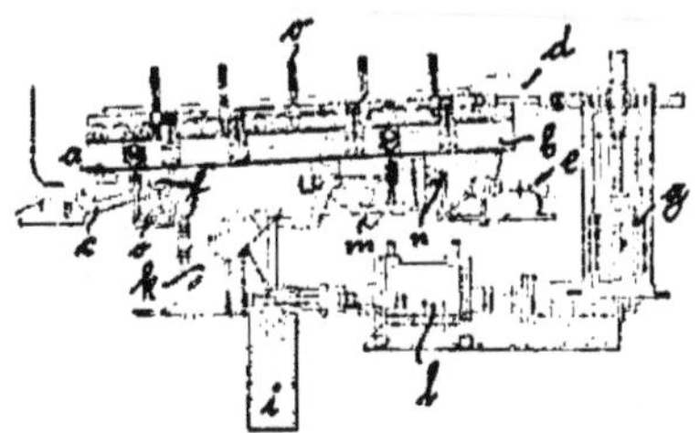

eingreift. Bei dieser Hebung schwingt letztere um den Arm *c*, so dafs sie sich dem Walzwerk nähert. Die Drehung des Armes *f* wird durch mit Gewichtsbelastung *i* versehenen Winkelhebel *k* vom Motor l aus bewirkt. Mit dem Dreharm *f* ist Arm *o* verbunden, der durch einen Zahnsector *m* eine Kurbelscheibe *n* bewegt und dadurch zwischen den Rollwalzen gelegene Querschieber *o* seitlich verschiebt, um das Walzgut auf der Rollbahn von einem Kaliber zum anderen zu führen. Aufserdem sind an einer Seite der Rollbahn Winkelhebel angeordnet, die durch einen Zahnstangen-Motor *g* um 180° gedreht werden können, um das fertige Walzgut von der Rollbahn abwerfen zu können.

Nr. 568786. Th. R., W. H. und J. R. Morgan in Alliance, Ohio. *Anlage der Glühöfen für Schwarzblech.*

Zwei Reihen Glühöfen *ab*, eine für das Vorglühen, die andere für das Glühen nach dem Kalt-

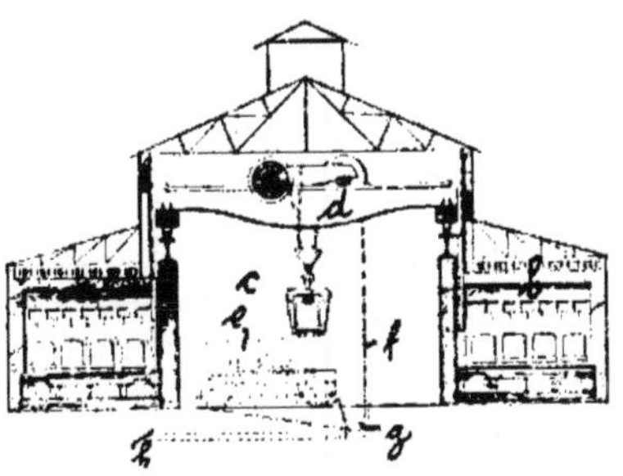

walzen, liegen einander gegenüber und bilden die Seiten einer Arbeitshalle c. In letzterer läuft ein Deckenkrahn *d*, durch welchen die Glühkisten *e* auf die fahrbaren Glühofensohlen gesetzt und wieder abgehoben, und auch letztere in die Oefen aus- und eingeschoben werden können. Zu diesem Zweck ist auf dem Krahn *d* ein besonderer (Elektro-) Motor vorgesehen, dessen Seil *f* über eine Rolle *g* — zum Herausziehen der Ofensohlen aus den Oefen, oder über zwei Rollen *gh*, zum Einführen der Sohlen in die Oefen — gelegt werden können.

Nr. 568895. M. A. Yeakley in Cleveland, Ohio. *Pneumatischer Hammer.*

Der Bärcylinder *a* und der Luftcylinder *b* sind durch einen Kanal *c* miteinander verbunden, in welchem eine cylindrische Kammer *d* angeordnet ist.

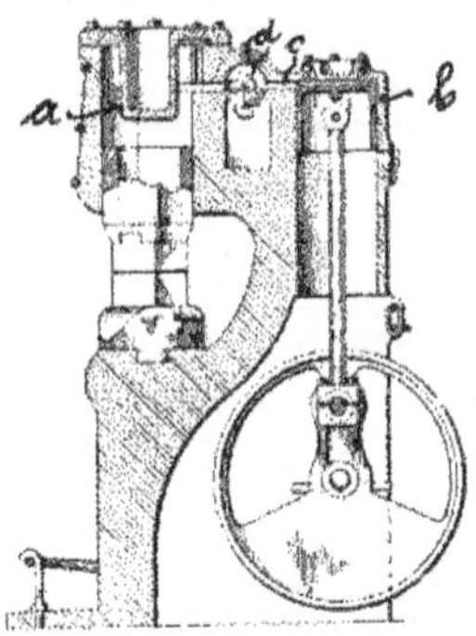

In dieser liegen zwei Drehschieber, deren Oeffnungen durch nach innen sich öffnende Klappen überdeckt werden. Beide Schieber können unabhängig voneinander vom Arbeiter mehr oder weniger geöffnet und geschlossen werden und gestatten es hierdurch, dem Hammerbär jede beliebige Bewegung zu geben.

Nr. 568254. S. V. Huber in Pittsburg, Pa. *Rollbahn zwischen Walzwerk und Scheere.*

Zwischen Walzwerk und Scheere *a* sind zwei parallele Rollbahnen *bc* angeordnet, von welchen *b* das Stabeisen vom Walzwerk aufnimmt und dann ersteres packetweise nach *c* überschiebt, um es von dieser der Scheere *a* zuzuführen. Beide Rollbahnen haben angetriebene Walzen. Die Rollbahn *b* ist mit

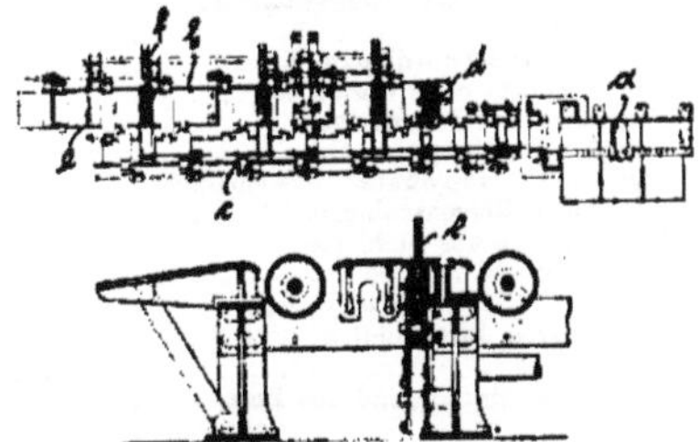

einem federnden Anschlag *d* für das Stabeisen und einem Verticalschieber *e*, sowie mit Querschiebern *f* versehen. Werden letztere — behufs Ueberschiebung des Stabeisenpackets von *b* nach *c* — durch einen Motor in der Querrichtung verschoben, so hebt sich gleichzeitig in der Rollbahn *b* der Schieber *e*, so dafs das ersterer weiter zugeführte Stabeisen angehalten wird. Die Walzen von *b* schleifen dann unter dem Stabeisen vorbei, ohne letzteres zu transportiren. Liegt dasselbe auf der Rollbahn c, so wird es von dieser der Scheere *a* zugeführt.

Statistisches.

Ein- und Ausfuhr des Deutschen Reiches.

	Einfuhr Januar bis April 1896	Einfuhr Januar bis April	Ausfuhr Januar bis April 1896	Ausfuhr Januar bis April 1897
Erze:	t	t	t	t
Eisenerze	658 853	783 822	778	804
Schlacken von Erzen, Schlackenwolle etc.		876	5 104	
Thomasschlacken, gemahlen	975			
Roheisen:				
Brucheisen und Eisenabfälle				971
Roheisen	944		728	
Luppeneisen, Rohschienen, Blöcke			19 413	
Fabricate:				
Eck- und Winkeleisen			978	534
Eisenbahnlaschen, Schwellen etc.				
Eisenbahnschienen				921
Schmiedbares Eisen in Stäben etc., Radkranz-, Pflugschaareneisen			974	71 853
Platten und Bleche aus schmiedbarem Eisen, roh	538	642	601	
Desgl. polirt, gefirnifst etc.	1 431	743	735	
Weifsblech	673	792		
Eisendraht, roh		546	40 317	757
Desgl. verkupfert, verzinnt etc.			31 003	761
Ganz grobe Eisenwaaren:				
Ganz grobe Eisengufswaaren	963	656		686
Ambosse, Brecheisen etc.				856
Anker, Ketten	880	885		
Brücken und Brückenbestandtheile			997	
Drahtseile			746	792
Eisen, zu grob. Maschinentheil. etc. roh vorgeschmied.			928	1 027
Eisenbahnachsen, Räder etc.	630	823		995
Kanonenrohre				
Röhren, geschmiedete, gewalzte etc.		627		544
Grobe Eisenwaaren:				
Grobe Eisenwaaren, nicht abgeschliffen und abgeschliffen, Werkzeuge	957	593		963
Geschosse aus schmiedb. Eisen, nicht abgeschliffen	0	0	563	—
Drahtstifte			670	
Geschosse ohne Bleimäntel, abgeschliffen etc.	—	—		
Schrauben, Schraubbolzen etc.			1 001	574
Feine Eisenwaaren:				
Gufswaaren			}	}
Waaren aus schmiedbarem Eisen	?		}	} 743
Nähmaschinen ohne Gestell etc.			720	
Fahrräder und Fahrradtheile	?		?	
Gewehre für Kriegszwecke				
Jagd- und Luxusgewehre, Gewehrtheile				
Nähnadeln, Nähmaschinennadeln				
Schreibfedern aus Stahl etc.				
Uhrfournituren				
Maschinen:				
Locomotiven, Locomobilen		611		1 883
Dampfkessel				
Maschinen, überwiegend aus Holz		552		
„ „ „ Gufseisen				34 066
„ „ „ schmiedbarem Eisen		857	542	6 418
„ „ „ and. unedl. Metallen				
Nähmaschinen mit Gestell, überwieg. aus Gufseisen		827		
Desgl. überwiegend aus schmiedbarem Eisen			—	—
Andere Fabricate:				
Kratzen und Kratzenbeschläge				
Eisenbahnfahrzeuge (Stck.)			627	
Andere Wagen und Schlitten (Stck.)				
Dampf-Seeschiffe (Stck.)			—	—
Segel-Seeschiffe (Stck.)	—	—	—	
Schiffe für Binnenschiffahrt (Stck.)	—		—	
Zus., ohne Erze, doch einschl. Instrum. u. Apparate t		707	593 719	934

Berichte über Versammlungen aus Fachvereinen.

Verein zur Wahrung der gemeinsamen wirthschaftlichen Interessen in Rheinland und Westfalen.

Die am 29. Mai zu Düsseldorf um 1 Uhr Mittags eröffnete Hauptversammlung wurde durch den stellvertretenden Vorsitzenden Commerzienrath **Servaes** geleitet, der die erschienenen Mitglieder und Gäste, unter letzteren insbesondere den Regierungspräsidenten Hrn. v. **Rheinhaben**, in herzlichen Worten begrüfste und sodann die Mittheilung machte, dafs der bisherige Vorsitzende des Vereins, Geheimrath Dr. **Jansen**, infolge schwerer Schicksalsschläge von der Leitung des Vereins zurückgetreten sei, um sich in dem nothwendigen Umfange seinen eigenen Geschäften widmen zu können. Nur ungern habe der Verein in diesen Entschlufs gewilligt, da Geheimrath Dr. Jansen seit dem 13. April 1883 ununterbrochen den Vorsitz im Verein geführt und unter persönlichen Opfern diese bedeutsame Stelle mit einer Hingabe bekleidet habe, für die ihm der aufrichtigste Dank der ganzen rheinisch-westfälischen Industrie gebühre (Lebhafte Zustimmung). Um diesem Dank Ausdruck zu geben, beschliefst die Versammlung auf Vorschlag des Vorsitzenden die Absendung eines Telegramms, worin die grofsen Verdienste des Hrn. Dr. Jansen anerkannt und ihm herzliebster Dank ausgesprochen wird. Die Stelle des Vorsitzenden wird satzungsgemäfs in der nächsten Sitzung des Ausschusses besetzt werden; einstweilen ist die Leitung auf den Commerzienrath Servaes übergegangen. Durch Tod hat der Ausschufs den Eisenbahndirectionspräsidenten Rennen verloren, dessen Andenken seitens der Versammlung durch Erheben von den Sitzen geehrt wird.

Nach Erledigung der Ausschufswahlen und der Aufstellung des Haushaltsplanes erstattet das geschäftsführende Vorstandsmitglied Landtagsabgeordneter Dr. **Beumer** den Bericht über das Wirthschaftsjahr 1896. Von der Thatsache ausgehend, dafs dasselbe durch einen Aufschwung gekennzeichnet werde, an welchem mit Ausnahme einiger Zweige des Stoffhandels durchweg alle Gewerbe theilnehmen, wobei in erfreulicher Weise der inländische Bedarf die Hauptrolle spielte, legt der Vortragende dar, dafs die Stetigkeit in der Entwicklung dieses Aufschwungs, das Fernbleiben des Sprunghaften nach oben wie nach unten, in erster Linie den Syndicaten und Verbänden zu danken sei, von deren volkswirthschaftlichem Nutzen kein anderes Jahr so deutliches Zeugnifs ablege als das Wirthschaftsjahr 1896.

Auch der Minister der öffentlichen Arbeiten in Preufsen, Hr. **Thielen**, habe das in der Sitzung des Abgeordnetenhauses vom 13. März d. J. anerkannt. Wenn der Minister dabei zugleich darauf hinwies, „dafs eine derartige Syndicatbildung wirthschaftliche Gefahren mit sich bringt, Gefahren, die ernst werden können, wenn die Syndicate nicht vorsichtig und mit weiser Mäfsigung geleitet werden", und dann hinzufügte, dafs die Eisenbahnverwaltung diese Gefahren „vielleicht nicht so tragisch aufzufassen brauchte, wie andere Consumenten; denn die Eisenbahnverwaltung hat immer noch die Macht, gegen ein Zuviel der Zumutbung durch die Syndicate sich erfolgreich zu wehren, was bei den anderen Consumenten vielfach nicht der Fall sein würde", so bemerkte der Redner, dafs die Gefahren auch für andere Consumenten nicht allzu grofse sein können; denn jede Coalition falle zusammen und müsse zusammenfallen, wenn sie über das durch die Verhältnisse des inländischen und des internationalen Marktes ihr gesteckte Ziel hinausgehe. Thatsächlich verbiete das eigene Interesse den Verbänden, das Publikum zu übertheuern. Denn, so sagt schon Prof. G. Cohn mit Recht, sobald dies geschehe und der Kapitalgewinn übermäfsig grofs würde, dann müfste das anderweitig angelegte Kapital diesen Anlagen zuströmen, um an dem aufserordentlichen Gewinn theilzunehmen und als Folge davon den Gesammtgewinn herabzudrücken. Einer solchen Gefahr durch eine vernünftige Preispolitik vorzubeugen, haben die Verbände selbst das gröfste Interesse.

Indem der Redner sodann die Angriffe darlegt, welche Graf **Kanitz** gegen die industriellen Verbände gerichtet, zeigt er, dafs durch derartige Angriffe ein neuer beklagenswerther Beitrag zu dem Gegensatz geliefert werde, in den die ostelbischen Agrarier immer wieder die Industrie zur Landwirthschaft bringen, während die Industrie an der Gemeinsamkeit der Interessen beider Productivstände festhält und mit der Landwirthschaft des Westens thatsächlich auch im besten Frieden lebt. Wir bringen die Ausführungen des Redners hierüber an anderer Stelle* nach dem stenographischen Bericht.

Im weiteren Verlauf seiner Darstellungen bespricht sodann der Redner die bedeutsamen Arbeiten, welche den Verein im abgelaufenen Jahre beschäftigt, das ein besonderes arbeitsreiches genannt zu werden verdient, indem er die Stellungnahme zu den Gesetzentwürfen betreffend die Invaliditäts- und Altersversicherung sowie die Unfallversicherung, zur Revision der Concursordnung, zum Handelsgesetzbuch, zur Frage der Beschickung der Pariser Weltausstellung, zur Frage der Dampfersubvention, der Vermehrung unserer Flotte und zur Frage unseres zollpolitischen Verhältnisses zu auswärtigen Ländern, insbesondere Nordamerika und Canada, des näheren erörtert. Er geht sodann zu der inländischen Steuergesetzgebung über und bespricht die Ungerechtigkeit der übertriebenen sogenannten Kopfsteuer, in Bezug auf die auch der Finanzminister und der Minister des Innern durch neueren Erlafs festgestellt haben, dafs „jene Steuerformen nur unter besonderen, in verhältnismäfsig wenigen Gemeinden gegebenen Voraussetzungen angemessen sind und daher eine allgemeine Verbreitung nicht finden können." Die diesem Erlafs beigefügten Muster eines neuen Steuermafsstabes sollen demnächst im Ausschusse des Vereins näher erörtert werden.

Redner wendet sich weiterhin zur Betrachtung der Verkehrsverhältnisse und erwähnt als erfreuliches Ereignifs die Ausdehnung des Rohstofftarifs auf Brennstoffe aller Art. So freudig aber auch diese Ermäfsigung begrüfst worden ist, so wenig kann es einem Zweifel unterliegen, dafs es mit der Einräumung dieses Zugeständnisses an die Industrie, das die Landwirthschaft bereits seit 1890 besitzt, nicht genug ist. Vor Allem haben wir bedeutend niedrigere Frachten für Erze und Kalksteine und eine ermäfsigte II. Stückgutklasse nöthig.

Dafs die Eisenbahnverwaltung sehr wohl in der Lage wäre, die wie eine „Verkehrssteuer" wirkenden Tarifsätze auf der ganzen Linie zu ermäfsigen, ist bei der glänzenden Gestaltung des Eisenbahnhaushalts, die jüngst der Minister im Landtage dargelegt hat,

* Siehe S. 477 den Artikel: „Der Osten und der Westen der preufsischen Monarchie".

zweifellos. Danach haben unsere Staatsbahnen im Jahre 1895/96 einen Gesammtüberschufs von 467 Millionen Mark erbracht, oder 52 Millionen Mark mehr, als veranschlagt worden war. Für das Haushaltsjahr 1896/97 wird sich der Gewinnertrag noch um etliche Millionen erhöhen. Da kann es wohl keinem Zweifel unterliegen, dafs es eine gesunde wirthschaftliche Auffassung ist, dahin zu streben, den Bedürfnissen der Erwerbszweige durch angemessene Gestaltung der Gütertarife entgegenzukommen, anstatt das ganze Augenmerk auf die Erzielung hoher Ueberschüsse zu richten.

Noch weniger Günstiges kann von dem Ausbau eines leistungsfähigen deutschen Wasserstrafsennetzes gemeldet werden. Im Gegensatz zu Frankreich, wo seit 16 Jahren die künstlichen und natürlichen Wasserstrafsen als „nationale Strafsen" den Interessenten abgabenfrei zur Verfügung stehen, hat sich bei uns aus engherzigster und kurzsichtigster Fiscalität einerseits und aus übertriebener Rücksicht auf agrarische Wünsche andererseits eine Abneigung gegen den Wasserstrafsenverkehr herausgebildet, die man geradezu als Wasserfeindschaft bezeichnen kann. Trägt man sich doch mit dem Gedanken, Schiffahrtsabgaben auf natürlichen Wasserstrafsen wieder einzuführen. Ganz abgesehen davon, dafs einem solchen Versuch zunächst Artikel 54 unserer Reichsverfassung und unsere internationalen Verträge mit Holland und Oesterreich-Ungarn entgegenstehen, kommen die gröfseren oder geringeren Aufwendungen für die Correctionsbauten unserer Ströme der Allgemeinheit und dem Lande in so hohem Grade zu gute, dafs sie durchaus nicht lediglich im Interesse der Schiffahrt gemacht werden. Die Tarife der Wasserwege aber um deswillen zu vertheuern, weil man nur auf diese Weise eine dauernde Rentabilität der Staatseisenbahnen erzielen könne, ist denn doch eine so ungeheuerliche Verkehrspolitik, dafs man dieselbe im 19. Jahrhundert für unmöglich halten sollte. Zudem erscheint uns die Annahme, dafs der billige Wassertransport die Eisenbahnen schädige, nicht richtig; denn die Statistik lehrt, dafs ein lebhafter Wasserverkehr stets auch einen lebhaften Eisenbahnverkehr im Gefolge hat.

Demgegenüber schildert Redner die wasserfeindliche Haltung der Ostelbier, wie sie neuerdings namentlich gelegentlich der Debatte über die Tarifbildung für den Dortmund-Emskanal hervorgetreten sei. Natürlich seien unter solchen Umständen die Aussichten für das Zustandekommen des Dortmund-Rheinkanals recht trübe. Zum Bedauern der Industrie ruhe auch das Vorhaben der Moselkanalisirung, die vor wie nach für die billigen Transporte der lothringischen Minette zum Kohlenrevier und der Kohlen und Koks zum Minetterevier für durchaus nothwendig ist, vergraben in den Acten. Der Ausbau eines leistungsfähigen Wasserstrafsennetzes bildet für die weitere Entwicklung unseres wirthschaftlichen Lebens eine Nothwendigkeit, zumal im Hinblick auf den Wettbewerb mit dem Ausland. Den Schlufs der Ausführungen des Redners bildet eine Betrachtung über die Arbeiterfrage. Auf diesem Gebiet hat es auch im abgelaufenen Jahre nicht an jenen Experimenten gefehlt, wie wir sie in den letzten Jahren auf dem Gebiet der Versuche zur „Besserung des Verhältnisses zwischen Arbeitgeber und Arbeitnehmer" so reichlich erlebt haben. Je mehr Fremde aber sich in das Verhältnifs, das zwischen dem Arbeiter und dem Fabricanten besteht, hineinzudrängen suchen, je mehr man mit Arbeiterausschüssen und dergleichen natürliche Verhältnisse künstlich stört, desto mehr Unzufriedenheit erzeugt man, eine desto gröfsere Ernte aus dem Kreise der Unzufriedenen hält die Socialdemokratie, die deshalb Leuten, wie Professor Wagner u. a., welche für sie die Vorarbeit verrichten, zu bestem Dank verpflichtet ist. Redner will des nähern auf jene bekannten Vorgänge nicht eingehen, da dieselben ja eine gründliche Besprechung im Abgeordnetenhause gefunden haben. Aus den bei dieser Gelegenheit seitens des Unterrichtsministers Dr. Bosse gethanen Aeufserungen scheint hervorzugehen, dafs man auch in Regierungskreisen die Nothwendigkeit empfindet, für die mafs- und ziellos ausschweifende „philosophische" Behandlung der socialen Fragen ein Gegengewicht zu schaffen in einer ernsthaften Beschäftigung mit der Rechtskunde; denn die Grundbegriffe des Rechts sind bei dem πάντα ῥεῖ vieler Kathedersocialisten, die den Begriff des Eigenthums und die durch diesen Begriff bedingten Institutionen „in den Flufs der Geschichte" stellen, vielfach verloren gegangen und haben jene Schaar gebildeter Socialisten grofsgezogen, die auch in dem grofsen Hamburger Hafenarbeiterausstande eine verhängnifsvolle Rolle gespielt haben, einem Arbeiterausstande, in welchem mit einer Frivolität ohnegleichen seitens der Arbeitnehmer ein Kampf um die Macht vom Zaune gebrochen wurde, der die Nothwendigkeit einer Coalition der Arbeitgeber in das hellste Licht setzte.

Durch festes Zusammenstehen werden die letztern auch einmal wieder Zeiten herbeiführen, in denen nicht nur von Rechten, sondern auch von Pflichten der Arbeiter die Rede ist, was man zeitweise als kaum zulässig zu betrachten scheint, und was doch recht eigentlich in dem altbewährten Spruch unseres Hohenzollernhauses gefordert wird: suum cuique. Im Sinne dieses suum cuiqe soll auch im Wirthschaftsjahr 1897 die Arbeit des „Wirthschaftlichen Vereins" gethan werden. (Lebhafter, lang anhaltender Beifall!)

Der Vorsitzende spricht dem Redner im Namen der Generalversammlung den herzlichsten Dank für seine interessanten Ausführungen aus. An dieselben schliefst sich eine Erörterung, in welcher der Director des westfälischen Kokssyndicats, Simmersbach, die Frage des Wagenmangels bespricht; er weist darauf hin, dafs der durchschnittliche Kohlenversand in Doppelwagen in der ersten Hälfte des Mai 1896 11325, in der zweiten Hälfte des November 13525 betrug, das ergiebt ein Mehr von 2200 D.-W. oder fast 20 %. Man dürfe annehmen, dafs die Steigerung in diesem Jahr dieselbe sein wird; es betrug nun der Versand in der ersten Hälfte des Mai d. J. 13378 D.-W. Wenn die Vermehrung vom Mai bis zum November ebenfalls 20 % betragen werde, so werde ein Versand von 16046 D.-W. zu erwarten sein. Redner bezweifelt, dafs für einen solchen Versand der gegenwärtige Wagenpark genügen könnte, man hege vielmehr die Befürchtung, dafs Wagenmangel hierdurch entstehen könnte; er gehe anheim, die Aufmerksamkeit der mafsgebenden Kreise schon beizeiten auf die Herbeiführung guter Verhältnisse zu lenken. Director Ott, Tauereigesellschaft in Ruhrort, knüpft an den Rohstofftarif an und weist darauf hin, dafs dieser die Rheinschiffahrt ganz umgestaltet habe und drohe, die Rheinschiffahrt lahm zu legen. Es sei eine Concurrenz zwischen der Rheinschiffahrt und dem Rohstofftarif für die meisten Zwecke nicht möglich; selbst wenn der Rheinwasserstand so gut sei, dafs der Rhein bis nach Strafsburg schiffbar wäre, was wohl selten der Fall ist, dann könnte die Rheinschiffahrt nicht mit dem Rohstofftarif nach Freiburg oder anderen ähnlichen Gegenden concurriren. Es müfsen daher die Umschlaghäfen dieselben Vortheile erhalten, welche dem Versand durch den Rohstofftarif zu gute kämen. Der Vorsitzende, Commerzienrath Servaes, verspricht, dafs der Ausschufs des Vereins die Sache prüfen werde. Sodann ergreift als letzter Redner Generalsecretär und Landtagsabgeordneter Hueck-Berlin das Wort und theilt mit, dafs er gestern Einsicht in die Commissionsberichte des Reichstags, betreffend das Unfallversicherungsgesetz, genommen habe. Redner führt verschiedene Einzelheiten an. Es ist danach zunächst die Versicherungspflicht der Betriebe weit ausgedehnter; z. B. auf Schlosser, Schmiede, Fleischer. Die Carenzzeit sei auf 13 Wochen belassen, dagegen solle für solche Fälle, wo die Unfallversicherung einzutreten habe, die Entschädigung bis zu 4 Wochen zu Lasten der Berufsgenossenschaften erfolgen. Ebenso sollen die Schiedsgerichte territorial umgestaltet werden; damit ist das Princip der Berufsgenossenschaften gebrochen. Abgeordneter Bueck geht sodann auf die Dampfersubvention ein, welche er lebhaft befürwortet, und spricht zum Schlufs über das Verhältnifs zwischen Industrie und Landwirthschaft; er neigt der Ansicht zu, dafs sich in conservativen Kreisen in letzter Zeit entschieden der Wunsch geltend gemacht habe, gemeinsam mit der Industrie vorzugehen, um bessere Verhältnisse anzubahnen. Dagegen spricht Redner die Befürchtung aus, dafs diese Kreise nicht den nöthigen Einflufs auf die Landwirthschaft haben, vielmehr sei die treibende Kraft in Kreisen der Landwirthe der „Bund der Landwirthe". Redner polemisirt schliefslich gegen diesen Bund und weist an der Hand des von demselben als Norm aufgestellten Programms die Forderungen nach, die dieser an diejenigen Candidaten stelle, welche die Unterstützung des Bundes wünschen. Ein Zusammengehen mit dem „Bund der Landwirthe" ist nach diesen Forderungen als ausgeschlossen zu erachten. Redner schliefst mit dem Ausdruck der Hoffnung, dafs es den friedlicher gesianten Kreisen der Landwirthschaft gelingen werde, ein gutes Verhältnifs zur Industrie wieder herzustellen. (Lebhafter Beifall!) Damit ist die Tagesordnung erschöpft, und der Vorsitzende schliefst die Versammlung um 3 Uhr Nachmittags.

Internationaler Verband für die Materialprüfung der Technik.

Der Verband, welcher bekanntlich aus der von Professor Bauschinger-München ins Leben gerufenen Conferenz zur Vereinbarung einheitlicher Prüfungsmethoden für Bau- und Constructionsmaterialien hervorgegangen ist, wird vom 23. bis 25. August einschliefslich in Stockholm tagen. Wie das soeben ausgegebene Programm aufweist, werden am 23. und 24. August Vollversammlungen stattfinden, zu e e folgende Vorträge auf der Tagesordnung stelwelch n

I. Verhandlungstag (23. August). 1. Uebersichtsvortrag von C. D. Dellwik, Director des Eisencomptoirs zu Stockholm, oder des Hrn. A. Wahlberg, Vorsteher der technischen Versuchsanstalten in Stockholm: „Ueber die Entwicklung der Industrie der Baustoffe und deren Prüfungsverfahren in Schweden".

2. Uebersichtsvortrag von Osmond, Civilingenieur, Paris: „Die Metallmikroskopie als Untersuchungsmethode" (begleitet von Demonstrationen mit dem Projectionsapparat).

II. Verhandlungstag (24. August). 1. Bericht des k. k. Regierungsraths Ast, Baudirector der Oesterr. Nordbahn, Wien, über den Stand der Vorarbeiten der internationalen Commission, betreffend Bearbeitung der Frage: „Es sind Mittel und Wege zu suchen zur Einführung einheitlicher internationaler Vorschriften für die Qualitätsprüfung und Abnahme von Eisen- und Stahlmaterial aller Art".

2. Bericht des Oberingenieurs Polonceau, ingénieur en chef de la Cie. Paris-Orleans, Paris, über den Stand der Bearbeitung der Frage: „Die Beschlufsfassungen der internationalen Conferenzen zu München, Dresden, Berlin, Wien und Zürich zur Vereinbarung einheitlicher Prüfungsmethoden von Bau- und Constructionsmaterialien gehen im Vergleich zu den Conclusionen der „Commission française des méthodes d'essai des matériaux de construction" in mehrfacher Beziehung auseinander. Der Vorstand des internationalen Verbandes für die Materialprüfungen der Technik hat eine Commission mit dem Auftrag einzusetzen, über die differirenden Punkte Bericht zu erstatten und Antrag zu stellen, in welcher Weise dieselben behoben werden können".

3. Bericht des Geheimrath Prof. Dr. Wedding, Berlin: „Ueber den Stand der Frage der Einrichtung eines internationalen siderochemischen Laboratoriums".

Für den Nachmittag des 24. und den Vormittag des 25. August sind Sectionsberathungen in Aussicht genommen, eine Neuerung, welcher man nur zustimmen kann.

Um die Vorarbeiten vor dem Stockholmer Congrefs zu besorgen, hat sich ein schwedisches National-Comité, an dessen Spitze der Statthalter Dr. v. d. Langen zu Stockholm steht, gebildet; es hat dasselbe Vorbereitungen getroffen, um die vom Vorstand aufgestellte Tagesordnung durch gesellige Vereinigungen und Ausflüge zu ergänzen. Mit Rücksicht darauf, dafs gleichzeitig in Stockholm die Landesausstellung noch stattfindet und die Hôtels stark besetzt sein werden, erklärt das Comité, nur dann für Unterkunft sorgen zu können, wenn die Zimmer rechtzeitig vorher bestellt werden; die Adresse ist für Zimmerbestellungen und für die Bestellungen der Festkarten, welche 15 Kronen für Herren und 10 Kronen für Damen kosten: Königlich-technische Versuchsanstalt, Technische Hochschule, Stockholm. Vom 20. August an wird in den Localen des Eisencomptoirs ein ständiges Bureau errichtet werden, von welchem alle wünschenswerthen Auskünfte ertheilt werden, wo auch der Nachbezug der Theilnehmerkarten und aller auf den Congrefs sich beziehender Drucksachen stattfinden wird.

Es sei hier nochmals daran erinnert, dafs der „Norwegische Ingenieur- und Architektenverein" und die „Polytechnische Vereinigung"* sich liebenswürdigerweise bereit erklärt haben, allen Congrefsbesuchern, welche einen Abstecher nach Norwegen zu machen beabsichtigen, mit Rath an Hand zu gehen. Der zu diesem Zweck eingesetzte Ausschufs hat praktische Reisehandbüchlein eigens drucken lassen und ersucht neuerdings in einem an den „Verein deutscher Eisenhüttenleute" gerichteten Schreiben alle Betheiligten, sich an das Comité unter der Adresse zu wenden:

De tekniske Foreningers Fremmed Comité
Carl Johans Gade 35[I]
Christiania.

Der Verband hat sich seit seiner Tagung in Zürich im Herbst 1895 hinsichtlich seiner Mitgliederzahl in starker Weise entwickelt; es gehören dem Verbande in den verschiedenen Ländern an Mitgliedern an: Australien 1, Belgien 16, Chili 1, Dänemark 36, Deutschland 371, England 9, Frankreich 45, Holland 43, Italien 32, Luxemburg 1, Norwegen 30, Oesterreich-Ungarn 138, Portugal 4, Rumänien 15, Rufsland 191, Schweden 64, Schweiz 82, Serbien 1, Spanien 32, Vereinigte Staaten von Nordamerika 60; somit gehören ihm insgesammt 1172 Mitglieder an.

* Vergl. „Stahl und Eisen" 1896, Nr. 2 S. 88.

Iron and Steel Institute.

(Fortsetzung und Schlufs von S. 471.)

Nach Verlesung der Eröffnungsrede beglückwünschten Windsor Richards und Sir Lowthian Bell den neuen Vorsitzenden zu seiner Rede und sprachen ihm den Dank des Institutes aus.

Den ersten Vortrag hielt John E. Stead „Ueber Mikroskop-Zubehör für Metallographen". Nach einer kurzen Einleitung, in welcher er auf die Bedeutung der Mikroskopie für das Studium der Metalle hinwies, beschrieb er eine von der „Millar's Fall Manufacturing Company" gebaute Kaltsäge, welche sowohl für den Hand- als für den Motorbetrieb eingerichtet ist und sich zum Abschneiden der Probestücke von Schienen und dergleichen vortrefflich eignet. Der Vortragende ging alsdann auf die Beschreibung einiger von ihm erfundener einfacher Hülfsmittel für mikroskopische Untersuchung über: er erläuterte zunächst einen kleinen Apparat, der dazu dient, um unregelmäfsig geformte Probestücke dergestalt auf Glas zu befestigen, dafs die polirte Schnittfläche stets mit derjenigen des Mikroskoptisches parallel ist; daran knüpfte er die Beschreibung eines einfachen Apparates für mikro-mechanische Untersuchungen und eines mikro-photographischen Apparates und anderer Hülfsmittel für mikroskopische Untersuchungen.

Auf den nächsten Vortrag von H. W. Hollis „Der Weardale-Wärmofen" werden wir an anderer Stelle ausführlich zurückkommen. — Der folgende Vortrag von J. O. Arnold und F. K. Knowles behandelte „Die Durchlässigkeit der Stahlschmelztiegel". Von der von Arnold im Jahre 1891 nachgewiesenen Thatsache ausgehend, dafs Kohlenoxyd, welches über weifsglühendes Aluminium streicht, auf dem Metall einen granen Ueberzug von Thonerde und Kohle erzeugt (nach der Gleichung $2Al + 3CO = Al_2O_3 + 3C$), wurde der Versuch in der Weise abgeändert, dafs man Kohlenoxydgas durch geschmolzenen weichen Stahl leitete, welcher 4 % Aluminium enthielt. Dabei stellte sich heraus, dafs der Kohlenstoffgehalt des Metalls während des Schmelzens von 0,38 auf 0,51 % gestiegen war. Diese Eigenschaft des Aluminiums, das Kohlenoxyd in hoher Temperatur zu zerlegen, ist dann benutzt worden, um nachzuweisen, dafs die Thonschmelztiegel für Ofengase durchlässig sind. Weiches Schmiedeisen wurde mit Aluminium zusammengeschmolzen, wobei der Schmelzkoks durch Zusatz von Schwefeleisen schwefelreicher gemacht worden war; es stellte sich heraus, dafs sich der Schwefelgehalt des Stahls beim Schmelzen verdoppelt hatte. Aus den Versuchen folgt, dafs die Wände der Schmelztiegel wenig Schutz gegen das Eindringen von Schwefeldioxyd aus den Feuergasen bieten und dafs man daher stets möglichst schwefelreinen Koks zum Schmelzen verwenden soll.

In der nun folgenden Erörterung wies Professor Bauermann auf die Vorzüge der Gasheizung gegenüber der Koksverwendung für Schmelzöfen hin, da man dort in der Lage sei, durch Waschen der Gase die Gefahr der Schwefelaufnahme gänzlich zu vermeiden. Pattinson fügte noch hinzu, dafs nicht nur Thontiegel, sondern auch Platintiegel für Gase durchlässig seien.

An die Verhandlungen des ersten Tages schlofs sich das gemeinsame Festmahl.

Am nächsten Tage sprach J. Head über „Das maschinelle Beschicken von Herdschmelzöfen"*. Wir behalten uns vor, an anderer Stelle auf diesen Vortrag ausführlich zurückzukommen. — Der Inhalt des nächstfolgenden Vortrages von E. Bertrand „Ueber die Ausführung des combinirten Herdofenverfahrens von Bertrand und Thiel" deckt sich zum grofsen Theile mit den Mittheilungen, welche Ingenieur Thiel auf der letzten Hauptversammlung unseres Vereins gemacht hat,* so dafs wir von der Wiedergabe dieses Vortrags absehen können. — Die beiden nächsten Vorträge von George Parker Royston „Ueber schmiedbares Gufseisen" und „Ueber die Aenderungen des Kohlenstoffs bei schmiedbarem Gufseisen" werden wir später in einem besonderen Artikel zusammenfassen. Thomas D. West hatte eine Mittheilung eingesandt über „Cupolöfen mit centraler Windzuführung". Wir haben bereits früher eine Beschreibung dieses Ofens gebracht.** Als Vortheile seiner Ofenconstruction giebt West an: Brennstoffersparnifs, geringe Abnutzung des Ofenmauerwerks, schnelleres Schmelzen, Arbeitsersparnifs, Fehlen einer Gichtflamme, geringe Schwefelaufnahme, erleichterte Windzuführung, weniger Arbeitsaufwand zum Freihalten der Düsen und endlich den Umstand, dafs das Eisen am Ende der Chargen ebenso heifs und rein wie zu Beginn derselben sei.

Baron H. Jüptner von Johnstorff hatte zwei gröfsere Abhandlungen eingeschickt: „Ueber den Einflufs des Phosphors auf die Kaltbrüchigkeit" und „Die Bestimmung der Härtungs- und Carbidkohle"; wir werden später auf dieselben zurückkommen.

F. J. R. Carolla machte eingehende Mittheilungen „Ueber den Werth des aus Hochöfen gewonnenen Ammoniumsulphats für die Landwirthschaft", welche Frage insbesondere für England grofse Bedeutung besitzt. — Zum Schlufs sprach noch Professor W. N. Hartley über „Die specifische Wärme des Eisens bei hohen Temperaturen". —

Die Herbstversammlung des Institutes findet am 3. bis 6. August in Cardiff statt. Im Anschlufs an die Verhandlungen sind Ausflüge in die Umgebung von Cardiff und die Besichtigung der Bute und Penarth Docks sowie der Cardiff-Dowlais, der Cyfarthfa und anderer Eisenwerke in Aussicht genommen.

* „Stahl und Eisen" 1897 Nr. 10, S. 403 bis 413.

** „Stahl und Eisen" 1894, Nr. 7, S. 323.

Referate und kleinere Mittheilungen.

Sauerstoffgas als Heilmittel gegen die Vergiftung durch Kohlenoxydgas.

Bei der beständig zunehmenden Ausdehnung des Gasfeuerungsbetriebes durch Benutzung von Hochofengasen, von Generatorgasen und von Leuchtgas kommen trotz aller Vorsicht, aller Vorbeugungsmafsregeln und aller Warnungen häufig genug noch Fälle vor, dafs Menschen durch Einathmen von Kohlenoxydgas, welches in jenen Gasen enthalten ist und aus den Apparaten oder Leitungen an unrechter Stelle ausströmt, betäubt werden. Hier und da kommen sogar Todesfälle vor, theils durch acute, mehr aber durch chronische Vergiftung mit diesem Gase, welches, wie Blausäure und Cyankalium, das Leben zerstört. Die Gefahr ist und bleibt bei jenem Gase so grofs, weil man es nicht sehen, noch schmecken, noch riechen kann, dasselbe aber beim Einathmen das Gehirn rasch lähmt und das Blut zersetzt.

Hat man solche Unglücksfälle bei anderen Menschen beobachtet oder am eigenen Körper durch die unerträglichen Nachwehen selbst empfunden, dann kann man sich des Gedankens nicht mehr erwehren:

Giebt es denn kein Vorbeugungs- oder wenigstens kein Heilmittel, um diesem Feinde des kostbaren Menschenlebens entgegenzutreten und zu helfen, das eigene wie das fremde Leben zu erhalten? —

Die ersten derartigen Unfälle lernte Schreiber dieser Zeilen 1854 auf der Niederrheinischen Hütte kennen, als Versuche gemacht wurden, einerseits die Gichtflamme zum Heizen von Wasseralfinger-Apparaten zu benutzen und andererseits auch aus tieferen Zonen der Gicht noch Gase abzuziehen, um durch deren Verbrennen den Gebläsewind stärker zu erwärmen.

Die Versuche mufsten aus anderen Ursachen abgebrochen werden,* wurden aber nicht wieder aufgenommen wegen der chronisch giftigen Wirkung des Kohlenoxyds der Hochofengase auf alle dabei beschäftigt gewesenen Menschen.

Erst nach Einführung der geschlossenen Langenschen Trichter mit Gasfang wurden auf allen gröfseren Hochofenwerken des rheinisch-westfälischen Reviers erneute Versuche gemacht, die Hochofengase abzuziehen und in Röhrenapparaten zu benutzen. Gleichzeitig traten aber auch auf allen diesen Werken, nach den mir vorliegenden Berichten, die Fälle von Kohlenoxydvergiftungen häufiger auf. Die vorgeschlagene Benutzung von Respiratoren, deren Wattefüllung mit Lösung von Palladiumchlorür getränkt war, brachte keine Abhülfe, trotzdem bekannt war, dafs dieses Salz das Kohlenoxyd absorbirt.

Man schenkte zu jener Zeit den gleichen Krankheitserscheinungen im tagtäglichen Leben mehr Aufmerksamkeit, insbesondere fand man in den gewöhnlichen Zimmeröfen, wenn dieselben Risse und Sprünge hatten, besonders veranlafst durch die seitdem verrufene, aber leider noch nicht überall verbotene Ofenklappe, eine wesentliche Ursache von solchen Vergiftungen.

Der Geh. Med.-Rath Dr. Eulenburg in Köln trat in seinem „Lehrbuch von den schädlichen und giftigen Gasen" 1865 (Braunschweig, bei Vieweg & Sohn) dagegen auf. Ebenso Dr. Hermann Friedberg, Berlin 1866, in seinem Werke: „Die Vergiftung durch Kohlenoxyd". Professor Dr. Klebs in Bern berichtete in Virchows Archiv Bd. 32, S. 471: „Ueber die giftigen Wirkungen des Kohlenoxyds auf den thierischen Organismus". In Wittsteins Schrift für praktische Pharmacie, Bd. 5, S. 379, wurde berichtet über Versuche, welche mehrere Mediciner in einem Laboratorium in Dublin mit Kohlenoxyd an sich selbst ausführten. Mit einer besonderen Broschüre trat ein Arzt in Linnich (vermuthlich Dr. H. Oidtmann), im Verlage von C. Quos daselbst, im Juni 1868 in den Kampf ein. Auch Familienblätter und Tageszeitungen brachten diesbezügliche Aufsätze. In der vorgenannten Broschüre aus Linnich ist die bis dahin erschienene Literatur umfassend mitgetheilt. Auf Seite 30 findet sich zuerst erwähnt, dafs schon 1814 bei den Wiederbelebungsversuchen, nach Erschöpfung aller anderen Mittel, Sauerstoff künstlich in die Lungen geleitet wurde. Das erloschene Leben kehrte nun langsam zurück, aber auch die Genesung erfolgte langsam. Später wurde durch die Spectralanalyse des Blutes nachgewiesen, wenn in diesem Kohlenoxyd vorhanden ist bezw. darauf eingewirkt hat und hierdurch aus dem Hämoglobin des Blutes das charakteristisch hellroth gefärbte Kohlenoxydhämoglobin entsteht.

* Siehe „Glasers Annalen" 1879 Nr. 47.

G. Hüfner in Tübingen berichtet im „Journal für praktische Chemie" 1884 S. 68 bis 84, dafs die Affinität von Kohlenoxyd zum Hämoglobin 200 mal stärker ist, als diejenige des Sauerstoffs zu demselben, und dafs bei einem Kohlenoxydgehalt der Luft von nur 0,14 Vol.-Proc. etwa die Hälfte, aber schon bei 0,07 Vol.-Proc. bereits ein Drittel des sämmtlichen Blutfarbstoffes in die Kohlenoxydverbindung umgewandelt ist. Man hat beobachtet, dafs das Athmen in einer Luft, deren Kohlenoxydgehalt nicht weniger als 0,08 Vol.-Proc. beträgt, schon unbehaglich und nicht mehr ohne Bedenken ist. Bei 17,33 Vol.-Proc. an Kohlenoxyd in der Athmungsluft ist nahezu sämmtliches Hämoglobin, nämlich 99,4 % desselben, von dem gefährlichen Gase mit Beschlag belegt. In einer solchen Atmosphäre tritt bereits der Tod ein.*

Ich will nicht verfehlen an dieser Stelle darauf hinzuweisen, dafs die Gefahr der Kohlenoxydgasvergiftung in hohem Grade durch die neuerdings so viel benutzten zierlichen, mit sog. Anthracit-Nufskohlen geheizten Regulir-Füllöfen herbeigeführt wird, d. h. nur dann, wenn diese an sich trefflichen Oefen falsch behandelt werden. Dieselben sind in ihrer Einrichtung den Gasgeneratoren mit Fülltrichtern aus dem Grofsbetrieb sehr ähnlich. Ihre Deckel liegen meist nur lose auf, sie haben keinen Gasverschlufs mit Wasserring. Rund um den Ofenkörper befinden sich in demselben so viele Spalten, als Glimmerblättchen in den ebenfalls nur lose anliegenden vielen Thüren eingesetzt sind. Aus allen diesen Fugen entweicht ohne Zweifel Kohlenoxyd aus dem brennenden Ofen in die Wohnräume, wenn die Regulirklappe dieser Oefen umgelegt ist, d. h. wenn der kürzere Weg zum Schornstein geschlossen, der Zug im Ofen gehemmt ist.

Aber wie oft hört man auch von den Bewohnern derart geheizter Zimmer dieselbe Klage: „Ich leide diesen Winter fast stets an Kopfschmerzen, die ich früher nicht kannte." Warum lassen diese Menschen in solchen Fällen nicht durch ihren Hausarzt ihr Blut chemisch und spektroskopisch auf Kohlenoxyd-Hämoglobin untersuchen? Es genügt dazu nur eine geringe Kleinigkeit ihres Blutes.

Ich schreibe diese Zeilen absichtlich hier nieder, um die Eisenschmelzer, welche derartige Oefen im Gufs herstellen, auf diese Gefahr aufmerksam zu machen. Gift ist Gift, und die Lieferung solcher Oefen mit einer Regulirklappe sollte unter allen Umständen unterbleiben. Daher fort mit derselben. An Stelle der jetzt üblichen Thüren wären aufgeschliffene Schraubenverschlüsse von aufsen anzubringen, aufserdem ist Beseitigung der Glimmerplatten und dichter Verschlufs geboten, wie dies jetzt bereits häufig geschieht.

Im Grofsbetriebe sind in der letzten Zeit schon vereinzelte Versuche gemacht worden, bei Vergiftungen durch Kohlenoxyd die künstliche Einathmung von Sauerstoffgas bei den Verletzten zur Anwendung zu bringen. Während früher die Beschaffung von reinem Sauerstoff in gröfseren Mengen umständlich und theuer war, wird jetzt reines Sauerstoffgas comprimirt in jeder verlangten Menge, in handlicher, gefahrloser Form, zum sofortigen Gebrauch geeignet, dabei zu billigem Preise, in den Handel gebracht.

Dr. Th. Elkan in Berlin N., Tegelerstrafse Nr. 15, liefert Sauerstoff zum Versand in leichten, sicheren, nahtlos gezogenen Stahlcylindern mit vorzüglichem Ventilverschlufs, und zwar:

* Im hiesigen pharmakologischen Institut wird jetzt von Hrn. Geheimrath Professor Dr. med. Binz den Studirenden die Nützlichkeit der Sauerstoff-Einathmung an Thieren gezeigt, welche durch Kohlenoxyd vorher vergiftet wurden.

Stahlcylinder Gröſse I, amtlich auf 250 Atm. Ueberdruck geprüft, mit Zubehör . . . . 49 ℳ
Füllung mit 1000 l Sauerstoff bei 100 Atm. Druck comprimirt, auch bei Wiederfüllung 10 „
Ein Gummi-Inhalationssack mit Schlauch und Mundstück . . . . 10 „

Kosten ab Fabrik Moabit-Berlin . . . . . . 69 ℳ

Ein Liter Sauerstoff kostet also etwa 1,1 bis 1,2 ₰. Einzelne Cylinder werden auch miethweise ausgeliehen, leere Cylinder zur Wiederfüllung zurückgenommen.

Bei Unfällen von Kohlenoxydvergiftungen durch Gase aus Hochöfen, aus Generatoren oder durch Leuchtgas, wird an das Ventil des Stahlcylinders ein Inhalationssack angeschraubt, dieser mit Sauerstoff gefüllt, dann nach Absperren und Abschrauben dem Verunglückten das Sauerstoffgas durch das Mundstück bei nöthigenfalls künstlich eingeleiteter Athmung in die Lungen geleitet.

Der Erfolg ist ein ziemlich schneller, sofern die Vergiftung nicht fast bis zum Erlöschen des Lebens stattgefunden hatte. Die schädlichen gefährlichen Nachwehen werden ebenso rasch beseitigt. Der Patient empfindet sehr bald die Wohlthat und athmet dann in tiefen Zügen das neubelebende Sauerstoffgas ein.*

Ein einziges auf diese Weise von zu frühem Tode gerettetes oder vor langem Siechthum bewahrtes Menschenleben wiegt wahrlich obige Ausgaben auf. Wie auf jedem gröſseren Werke die bekannten Verbandkasten vorhanden sind, so sollten auch diese Sauerstoffapparate vorräthig gehalten werden, um sie sofort in Gebrauch nehmen zu können.

Eigenes Leid, infolge von Kohlenoxydvergiftung, die den Verfasser auf einer Reise in Belgien im November v. J. durch mangelhaft eingerichtete Oefen bezw. Kamine in seinem Zimmer betroffen hatte, veranlaſste ihn, dieser Frage, wie schon 1868/69 in Duisburg, nochmals näher zu treten und die Ergebnisse neuerer Untersuchungen anderer Forscher den geehrten Fachgenossen vorzulegen, hoffentlich mit gutem Erfolg bei unvermeidlichen Unfällen.

Bonn, 25. April 1897. *Siegfried Stein.*

Verwendung von Schweiſseisen für Maschinenbauzwecke.

Hierüber machte Hr. Knoke im „Fränkisch-Oberpfälzischen Bezirksverein des Vereins deutscher Ingenieure“ nähere Mittheilungen. Er bemerkte, daſs für Maschinenbauzwecke Schweiſseisen in vielen Fällen recht schwer zu entbehren sei: daſs im Fluſseisen bis heute ein gleichwerthiger Ersatz gefunden sei, könne man entschieden verneinen. Im Maschinenbau wolle man da, wo man es mit reibenden Flächen zu thun habe, eine möglichst harte Oberfläche haben, während der Kern weich bleiben solle. Man könnte solche Theile zwar aus Stahl herstellen und dann härten, doch sei dies keine so einfache Sache, wie häufige Brüche gehärteter Stahltheile beweisen. So sei es bekannt, daſs Fräser häufig bei ruhigem Stehen auseinanderspringen. Für die Erzielung einer harten Oberfläche bei einem zähen Kern sei früher allein Schweiſseisen verwendet worden, das nach der Bearbeitung eingesetzt wurde. Dabei sei es schwer gewesen, innerhalb 36 bis 40 Stunden eine $1^1/_2$ mm tiefe, harte Oberfläche zu erhalten. Heute sei es bei Verwendung von Fluſseisen sehr leicht, eine wesentlich tiefergehende Härtung zu erzielen, weil Fluſseisen ein homogener Körper sei. Doch könne man häufig beobachten, daſs trotzdem die Härtung sehr ungleichmäſsig sei; ein Theil des Körpers sei ganz hart, ein anderer dagegen ganz weich. Das sei ein Miſsstand, der vielfach sehr schwer empfunden werde. Mannesmann habe zwar den Versuch gemacht, für diesen Zweck den sogenannten Verbundstahl herzustellen, der innen weich ist und auſsen eine harte Schicht hat. Es seien Kurbelzapfen für Locomotivräder aus diesem Material hergestellt worden, doch habe man damit keine guten Erfahrungen gemacht, da sich der Stahlmantel bald von dem weichen Kern loslöste. Im Anschluſs daran betonte Hr. Happel ebenfalls die Schwierigkeiten, die es mache, gute Zapfen herzustellen, und giebt an, daſs die besten Ergebnisse mit gut ausgeschweiſstem Siegener Eisen erzielt werden.

Das Berg- und Hüttenwesen in Bosnien und der Herzegowina

gestaltete sich nach amtlichen Quellen im Jahre 1896 folgendermaſsen:

Erzeugt wurden:

a) Bergwerksproducte.

		gegen 1895
Kupfererz . . .	4003 t	+ 2277 t
Eisenerz . . .	23213 t	+ 10478 t
Chromerz . . .	442 t	— 264 t
Manganerz . . .	6821 t	— 1324 t
Braunkohle . .	222724 t	+ 27282 t

b) Hüttenproducte.

		gegen 1895
Kupfer	206 t	+ 101 t
Roheisen . . .	10120 t	+ 7551 t
Guſswaaren . .	1039 t	— 41 t
Martinblöcke . .	3265 t	+ 3265 t
Walzeisen . . .	5418 t	
Kochsalz . . .	13720 t	+ 962 t

Die Erzeugung von Kupfer, Roheisen, Braunkohle und Salz hat sich sonach wesentlich vergröſsert, wogegen bei den Chrom- und Manganerzen ein Rückgang eingetreten ist. Die Zunahme der Production von Eisenerzen und Roheisen ist eine Folge der Erweiterung des Eisenwerks Vares und der Herstellung einer Eisenbahnverbindung desselben mit der Staatsbahn, wodurch die Abfuhr der reichen Eisenerze und des Roheisens von Vares wesentlich erleichtert wurde. Die Gesammtzahl der im Berg- und Hüttenbetrieb beschäftigten Arbeiter betrug 3300 oder 579 mehr als im Vorjahr, darunter befanden sich etwa 700 Fremde.

An wichtigeren Einrichtungen bei den Berg- und Hüttenwerken sind u. a. zu erwähnen der Bau eines zweiten Hochofens für 30 t Tagesproduction mit zwei neuen Winderhitzern und einem Dampf-Compoundgebläse beim Eisenwerk Vares und der Bau einer

* Eingehendere Berichte über Sauerstoff-Inhalationsversuche finden sich in der „Münchener Medic. Wochenschrift“ Nr. 31 von 1895, von Dr. L. Prochownick, und im „Medic. Correspondenzblatt des Württemb. ärztlichen Landesvereins“ 1896, aus dem Karl-Olga-Krankenhause in Stuttgart, von Dr. L. Grosse. Aus beiden Zeitschriften giebt Hr. Dr. Elkan auf Anfrage gerne Sonderabdrücke und sonstige Nachrichten wie Gebrauchsanweisung.

In umfassender Weise behandelt Dr. med. Rudolf Schwartau aus Altenwerder den Gegenstand in seiner Inaugural-Dissertation: „Die Therapie der Kohlenoxydvergiftung mittels Sauerstoff-Inhalation“. Druck von Louis Hofer in Göttingen. Er sagt am Schluſs seiner Abhandlung Seite 42: Als Resultat der Versuche ergiebt sich, daſs die Einathmung von reinem Sauerstoff in der That ein sehr wirksames Antidot gegen das Kohlenoxyd bildet. Nebenbei will ich nur noch erwähnen, daſs ich auch Versuche in der Weise angestellt habe, wie sie sich in der ärztlichen Praxis gestalten würden. Auch hier zeigte sich der günstige Effect der Sauerstoffinhalation.

neuen Kohlenaufbereitung mit mechanischer Verladung für 500 t Leistung im Tag beim Kohlenwerk Zenica.

Die Länge der Gruben- und Tageisenbahnen betrug 33,26 km und hat gegen das Vorjahr eine Verlängerung von 3,65 km erfahren.

Durch Organe der Regierung und der Gewerkschaft „Bosnia" wurde das cocäne Kohlenvorkommen im Majevica-Gebirge näher untersucht, woselbst eine Reihe von wenig mächtigen, steilstehenden Plötzen mit Kohlen von hohem Brennwerth auftreten: ferner veranlafsten die in demselben Gebirge nachgewiesenen Oelspuren die Inangriffnahme einer rationellen Schürfung auf Petroleum, welche im Jahre 1897 weitergeführt wird.

Schürfungen auf Eisenerze, Chrom- und Manganerze waren im Gebiet der Usora und bei Zepce im Gange.

(„Oesterr. Z. f. B- u. H.-W." 1897, S. 223.)

Bücherschau.

Leitfaden für die quantitative chemische Analyse. Von Prof. Dr. Carl Friedheim. Fünfte Auflage. Berlin 1897 (Carl Habel).

Das vorliegende Werk ist eine zeitgemäfse Neubearbeitung des weit verbreiteten Rammelsberg'schen Leitfadens für die quantitative Analyse, welche von der Mehrzahl der heutigen Analytiker bei ihrem Studium gebraucht worden ist.

Der Verfasser, welcher schon an der vorhergehenden Auflage mit Rammelsberg zusammen gearbeitet hatte, hat es verstanden, auf Grund eigener Erfahrungen beim Unterricht das Werk zweckmäfsig, den Anforderungen der Neuzeit entsprechend umzugestalten; er hat z. B. Mafsanalyse und Elektrolyse mit aufgenommen. Der Mafsanalyse ist sogar ein sehr grofser Baum gestattet (S. 56 bis 143). Auch die Gasanalyse ist eingehend berücksichtigt (S. 333 bis 415). Dem Anfänger namentlich sehr erwünscht werden die zahlreichen Beispiele im dritten und die Angaben besonderer Methoden im fünften Abschnitt sein.

Was man vielleicht vermifst, sind Literaturangaben, welche es ermöglichen, einzelne Methoden für besondere Fälle noch weiter verfolgen zu können; dagegen sind als ein hervorragender Zug des Buches lobend die Anmerkungen hervorzuheben, welche bei jeder passenden Gelegenheit darauf aufmerksam machen, aus welchem Grunde gewisse Operationen ausgeführt oder andere vermieden werden müssen.

Das Buch kann allen Analytikern auf dem Felde der unorganischen Chemie angelegentlich empfohlen werden. *Dr. H. W.*

Dampfkessel-Vorschriften nebst Anweisung, betreffend die Genehmigung und Untersuchung der Dampfkessel, vom 15. März 1897. Bei G. D. Bädeker in Essen. Preis 60 ₰.

Bei den vielen Aenderungen, welche die Bestimmungen zur Genehmigung und Untersuchung der Dampfkessel erfahren haben, wird das vorliegende billige Büchlein jedem Dampfkesselbesitzer und Interessenten willkommen sein; es enthält neben einem bezüglichen Auszug aus der Reichsgewerbeordnung die einschlägigen Verfügungen, Vorschriften u. s. w., wobei aber der auf S. 422 dieser Zeitschrift besprochene Erlafs vom 25. März noch nicht berücksichtigt ist, — hoffentlich in der zutreffenden Ahnung, dafs das auf starken Widerspruch gestofsene Schriftstück baldige Zurücknahme findet. *S.*

Appelt-Behrend, *Commentar zum Deutschen Zolltarif.* Fortgeführt bis auf die Gegenwart und neu bearbeitet von C. Behrend, Geh. Rechnungsrath im Königl. Preufs. Finanzministerium. Wittenberg 1897, R. Herrosés Verlag (H. Herrosé). Preis geh. 25 ℳ, geb. 26,75 ℳ.

Das erstmalig von dem im Jahre 1876 verstorbenen Rechnungsrath im Preufs. Finanzministerium Appelt im Jahre 1875 herausgegebene Werk ist seitdem bis auf die Gegenwart von dem Geheimen Rechnungsrath in demselben Ministerium Behrend fortgeführt und wegen der grofsen Tarifreform im Jahre 1879 sowie wegen der späteren Tarifänderungen mehrmals von ihm neu bearbeitet worden, so dafs er es schon längst als sein Werk hätte bezeichnen können. — Die jetzt vorliegende Auflage ist hauptsächlich durch die im Jahre 1891 und später zwischen dem Deutschen Reiche und anderen Ländern abgeschlossenen, noch für eine Reihe von Jahren gültigen Handels- und Zollverträge, sowie durch das neu aufgestellte, seit dem 1. Januar 1896 in Kraft befindliche amtliche Waarenverzeichnifs zum Zolltarif erforderlich geworden. — Das Werk, welches, beiläufig bemerkt, seit der 1. Auflage auf einen dreimal gröfseren Umfang angewachsen ist, hat in ganz Deutschland schnelle Verbreitung gefunden und als ein mit grofser Sachkenntnifs geschriebenes, zuverlässiges Nachschlagebuch sich eingebürgert. In ihm findet sich das im Tarifgesetz, dem Tarif, dem zugehörigen amtlichen Waarenverzeichnifs und den sonstigen Ausführungsbestimmungen des Bundesraths zerstreut enthaltene Material übersichtlich und für Jedermann leicht auffindbar geordnet. Auch sind bei jeder Tarifposition die bezüglichen Vereinbarungen in den Zoll- und Handelsverträgen für die Waareneinfuhr in das deutsche Zollgebiet, sowie die einschlägigen Tarabestimmungen, welche aufserdem im Anhang neben den sonstigen Instructionen für die Zollabfertigung vollständig wiedergegeben sind, angeführt. Ferner finden sich in dem Werke an betreffender Stelle die für das Verständnifs des Tarifs erforderlichen technischen Erläuterungen und Entscheidungen der competenten Behörden. Ein umfangreiches Wortregister und eine Nachweisung der Zollerträge im deutschen Zollgebiet für die Jahre 1893, 1894 und 1895 erhöhen noch den Werth des Werkes. Dasselbe ist für Kaufleute, Spediteure, Fabricanten, Juristen, Zoll- und Steuerbeamte u. s. w. geradezu unentbehrlich.

Die nach Abschlufs des Werks ergangenen wichtigeren Tarifentscheidungen sind in einem Nachtrage enthalten.

Industrielle Rundschau.

Rheinisch-westfälisches Kohlensyndicat.

In der in Essen am 29. Mai abgehaltenen Zechenbesitzerversammlung gelangte nach der „Rh.-W. Ztg." zunächst seitens des Vorstandes der Bericht für den Monat April zur Verlesung; es betrug darnach die rechnungsmäfsige Betheiligungsziffer 3 585 879 t, die Förderung 3 251 930 t, mithin die thatsächliche Einschränkung 333 949 t = 9,31 % gegen 6,07 % im Vormonat und 11,85 % im April v. Js. Der Absatz setzt sich zusammen aus 1. Selbstverbrauch 836 244 t, 2. Landdebit 54 550 t, 3. Lieferungen auf Zechenverträge 59 744 t, 4. Lieferungen auf Syndicatsvertrag 2 306 669 t, im ganzen 3 257 207 t. Der Versand betrug insgesammt 2 420 963 t, davon 95,28 % gegen 94,05 % im Vormonat für Rechnung des Syndicats. Der arbeitstägliche Versand der Syndicatszechen betrug

	April 1897	März 1897	April 1896
Kohlen	10 087 D.-W.	10 181 D.-W.	9 196 D.-W.
Koks	1 896 „	1 939 „	1 830 „
Briketts	291 „	306 „	256 „
	12 274 D.-W.	12 426 D.-W.	11 282 D.-W.

Der Kohlenabsatz betrug also 0,92 % weniger als im Vormonat und 9,69 % mehr als im gleichen Monat vorigen Jahres. Für Koks sind die entsprechenden Zahlen — 2,23 % und + 3,59 %, für Briketts — 4,80 % und + 13,57 %, für den ganzen Absatz — 1,22 % und + 8,79 %. Des weiteren berichtete der Vorstand, dafs Verbrauch und Abrufungen an Kohlen ungeschwächt anhalten, so dafs dieser Sommer für den Kohlenbergbau so zu werden verspricht, wie er bisher nicht zu verzeichnen war; es machte sich namentlich Knappheit in groben Nufskohlen empfindlich bemerkbar, so dafs Mehrforderungen zurückgewiesen werden mufsten. Der regelmäfsige Kohlenversand wurde vereinzelt durch Wagenmangel ungünstig beeinflufst.

Kudlicz-Feuerung.

In einer, von der Eisengiefserei J. Kudlicz in Prag-Bubna herausgegebenen Broschüre wird die unsern Lesern bereits bekannte* Unterwindfeuerung in Wort und Bild beschrieben und deren Vortheile aufgezählt und ferner angegeben, dafs die Kudlicz-Feuerung bei mehr als 2000 Anlagen in Berg- und Hüttenwerken und anderen gewerblichen Anlagen Deutschlands und des Auslandes in Anwendung gekommen ist; gleichzeitig sind der Broschüre zahlreiche Anerkennungsschreiben beigefügt, welche von diesen Unternehmungen dem Erfinder ausgestellt sind.

Es ist nicht die Absicht dieser Zeilen, über die Feuerung und deren Vorzüge in eine Besprechung einzutreten, wohl aber auf eine eigenartige Benutzung von Anerkennungsschreiben hinzuweisen, welche eine Berliner kaufmännische Firma, Percy Simundt, „Hüttenwerk, Stahl- und Eisengiefserei", von einem Theil dieser, der Kudlicz-Feuerung geltenden und der oben erwähnten Broschüre entnommenen Anerkennungsschreiben macht, indem sie diese in einer Broschüre „Patent-Injectoren-Feuerung" abdruckt, aber dabei alle Worte ausläfst, welche erkennen lassen, dafs die gezollte Anerkennung der Kudlicz-Feuerung gilt, obwohl die Aussteller ihre Schreiben ausdrücklich nur auf die Kudlicz-Feuerung bezogen haben.

Wir glauben eine Pflicht zu erfüllen, indem wir diese eigenartige, durch Vergleich mit dem Originalschreiben von uns authentisch festgestellte Benutzung von Anerkennungsschreiben hiermit öffentlich bekannt machen.

Die Redaction.

* Vergl. „Stahl und Eisen" 1893 Nr. 12, S. 529.

Vereins-Nachrichten.

Verein deutscher Eisenhüttenleute.

Peter von Tunner †.

Bei dem Schlufs der Redaction trifft die schmerzliche Kunde ein, dafs am 8. Juni zu Leoben das hochgeschätzte Ehrenmitglied unseres Vereins, Peter Ritter von Tunner, im eben vollendeten 88. Lebensjahre verschieden ist. Wir behalten uns vor, auf die hohen, überall wo Eisen erzeugt wird, gewürdigten Verdienste dieses Altmeisters des Eisenhüttenwesens um die Entwicklung unserer Fachwissenschaft demnächst eingehend zurückzukommen.

Aenderungen im Mitglieder-Verzeichnifs.

Heyerkamp, F., Giefsereichef bei der Firma Henschel & Sohn, Cassel.

Katterfeld, M., Hochofen-Betriebsassistent, Société Metallurgique, Taganrog.

Kupffer, M., Nicopol-Mariupoler Berg- und Hüttenwerk, Mariupol, Rufsland.

Mack, Dr. Fritz, Ludwigsburg (Württemberg).

Oelsner, O., Dr. phil., Betriebschef des Thomaswerks, Pompey bei Nancy, Hôtel d'Angleterre.

Thomas, Alfred, Stahlwerks-Ingenieur, Eisenwerk Riesa, Riesa i. S.

Ukena, Martin, Hütteningenieur und Chemiker. Chemische Laboratorien in Ruhrort und Dortmund, Dortmund, Münsterstrafse 89.

Neue Mitglieder:

Amende, Paul, Ingenieur, Stahlwerksbetriebsleiter im Eisenwerk Kladno, Kladno i. Böhmen.

Verstorben:

Schoeller, Hugo, Hochfeld-Duisburg.

Lightning Source UK Ltd.
Milton Keynes UK
UKHW020626231118
332756UK00009B/710/P